ATZ/MTZ-Fachbuch

Die komplexe Technik heutiger Kraftfahrzeuge und Motoren macht einen immer größer werdenden Fundus an Informationen notwendig, um die Funktion und die Arbeitsweise von Komponenten oder Systemen zu verstehen. Den raschen und sicheren Zugriff auf diese Informationen bietet die regelmäßig aktualisierte Reihe ATZ/MTZ-Fachbuch, welche die zum Verständnis erforderlichen Grundlagen, Daten und Erklärungen anschaulich, systematisch und anwendungsorientiert zusammenstellt.

Die Reihe wendet sich an Fahrzeug- und Motoreningenieure sowie Studierende, die Nachschlagebedarf haben und im Zusammenhang Fragestellungen ihres Arbeitsfeldes verstehen müssen und an Professoren und Dozenten an Universitäten und Hochschulen mit Schwerpunkt Kraftfahrzeug- und Motorentechnik. Sie liefert gleichzeitig das theoretische Rüstzeug für das Verständnis wie auch die Anwendungen, wie sie für Gutachter, Forscher und Entwicklungsingenieure in der Automobil- und Zulieferindustrie sowie bei Dienstleistern benötigt werden.

Konrad Reif

Automobilelektronik

Eine Einführung für Ingenieure

5., überarbeitete Auflage

Prof. Dr.-Ing. Konrad Reif
Duale Hochschule Baden-Württemberg
Ravensburg, Campus Friedrichshafen,
Friedrichshafen, Deutschland
reif@dhbw-ravensburg.de

ISBN 978-3-658-05047-4   ISBN 978-3-658-05048-1 (eBook)
DOI 10.1007/978-3-658-05048-1

Die Deutsche Nationalbibliothek verzeichnet diese Publikation in der Deutschen Nationalbibliografie; detaillierte bibliografische Daten sind im Internet über http://dnb.d-nb.de abrufbar.

Springer Vieweg
© Springer Fachmedien Wiesbaden 2006, 2007, 2009, 2012, 2014
Das Werk einschließlich aller seiner Teile ist urheberrechtlich geschützt. Jede Verwertung, die nicht ausdrücklich vom Urheberrechtsgesetz zugelassen ist, bedarf der vorherigen Zustimmung des Verlags. Das gilt insbesondere für Vervielfältigungen, Bearbeitungen, Übersetzungen, Mikroverfilmungen und die Einspeicherung und Verarbeitung in elektronischen Systemen.

Die Wiedergabe von Gebrauchsnamen, Handelsnamen, Warenbezeichnungen usw. in diesem Werk berechtigt auch ohne besondere Kennzeichnung nicht zu der Annahme, dass solche Namen im Sinne der Warenzeichen- und Markenschutz-Gesetzgebung als frei zu betrachten wären und daher von jedermann benutzt werden dürften.

Der Verlag, die Autoren und die Herausgeber gehen davon aus, dass die Angaben und Informationen in diesem Werk zum Zeitpunkt der Veröffentlichung vollständig und korrekt sind. Weder der Verlag noch die Autoren oder die Herausgeber übernehmen, ausdrücklich oder implizit, Gewähr für den Inhalt des Werkes, etwaige Fehler oder Äußerungen.

Einbandabbildung: Audi AG

Gedruckt auf säurefreiem und chlorfrei gebleichtem Papier.

Springer Fachmedien Wiesbaden GmbH ist Teil der Fachverlagsgruppe Springer Science+Business Media
(www.springer.com)
(www.springer-vieweg.de)

Vorwort

Automobilelektronik wendet sich an Studenten der Ingenieurwissenschaften, in der Praxis stehende Ingenieure, Ausbilder in der innerbetrieblichen Aus- und Weiterbildung und an Lehrer in den beruflichen Schulen. Das Buch spricht gleichzeitig den Leserkreis mit rein elektrotechnischem und mit rein fahrzeugtechnischem Vorwissen an. Es gibt einen ersten Überblick über die elektronische, elektrische und regelungstechnische Welt der Automobiltechnik. Dabei wird sowohl auf fahrzeugübergreifende Themen wie Vernetzung, Echtzeitsysteme, Software, funktionale Sicherheit und Diagnose, als auch auf wichtige elektronische Systeme wie Motor- und Getriebesteuerung, aktive und passive Sicherheit, elektrische Energieversorgung, Komfortelektronik sowie Navigations- und Fahrerassistenzsysteme eingegangen.

Die hier vorliegende 5. Auflage wurde ergänzt um einen Abschnitt zur erweiterten Diagnose. Dabei stand die Diagnose-Kommunikation im Vordergrund. Viele aktuelle Themen der Motorsteuerung betreffen sowohl den Otto- als auch den Dieselmotor. Um dies schlüssig und für den Leser transparent darzustellen, wurden die beiden Themen Otto- und Dieselmotorsteuerung in ein Kapitel zusammengefasst und einheitlich behandelt. Außerdem wurde in der neuen Auflage der Tatsache Rechnung getragen, dass sich gerade bei den Fahrerassistenzsystemen sehr viel getan hat. Daher wurde das entsprechende Kapitel grundlegend neu gefasst und um viele neue Themen erweitert. Dasselbe gilt für das Thema AUTOSAR: Auch hier war eine grundlegende Neufassung des entsprechenden Abschnitts notwendig. Ferner wurde das Kapitel über Diagnose verbessert und ergänzt. Es finden sich jetzt die Diagnoseaspekte von Entwicklung, Produktion und Service im selben Kapitel, so dass dem Leser die Übersicht wesentlich erleichtert wird.

Inhaltlich und didaktisch orientiert sich das Buch an Vorlesungen der Studienrichtung „Fahrzeugelektronik und Mechatronische Systeme" für Studenten der Elektrotechnik, wie sie an der Dualen Hochschule Baden-Württemberg, Ravensburg, Campus Friedrichshafen in Zusammenarbeit mit Automobil- und Zulieferfirmen seit zehn Jahren angeboten wird und regen Zulauf findet. Viele Erfahrungen bei der Vermittlung des Stoffes sind dabei in das Buch mit eingeflossen. Im Vordergrund steht nicht die vollständige Abdeckung des Fachgebietes, sondern die systematische Darstellung grundlegender Prinzipien. Das Buch muss für den Leser in einer vertretbaren Zeit lesbar sein, es darf also nicht zu viel Material beinhalten. Deshalb wurde der Inhalt auf Gebiete beschränkt, die besonders stark automobilspezifisch geprägt sind, und die sowohl für Leser mit rein elektrotechnischer als auch rein fahrzeugtechnischer Vorbildung verständlich sind. So mussten Gebiete wie z. B. Hardware-Entwicklung oder EMV ausgespart werden. Nicht behandelt werden außerdem Multimedia und Telematik (mit Ausnahme der Navigationssysteme), die zwar viel Elektronik beinhalten, aber zum größten Teil „aus der normalen Elektronik- und Computerwelt entliehen" sind. Auch wird hier nur der derzeitige Stand der Technik behandelt. Themen, die sich noch nicht in der vollen Breite durchgesetzt haben, sind der weiterführenden Literatur vorbehalten.

Die Automobilelektronik lässt sich aus zwei grundlegend verschiedenen Blickwinkeln erklären, nämlich aus dem funktionsorientierten und dem komponentenorientierten. Die funktionsorientierte Sichtweise ermöglicht ein vertieftes Verständnis des gesamten Fahrzeugs einschließlich der komponentenübergreifenden Funktionen. Dagegen erlaubt die komponentenorientierte Sichtweise sehr gut eine herstellerunabhängige Behandlung und die Berücksichtigung von Serviceaspekten. Daher wurden hier beide Sichtweisen gewählt.

Ohne die außerordentliche Unterstützung Vieler hätte auch die 5. Auflage nicht entstehen können: Besonderer Dank gilt daher den Verfassern der einzelnen Beiträge, die ihr wertvolles Fachwissen zur Verfügung gestellt haben. Für fachliche Diskussionen und Unterstützung danke ich Herrn Dipl.-Ing. M. Blanz, Herrn Dipl.-Ing. F. Gretzmeier, Herrn Dipl.-Ing. C. Hämmerling, Herrn Dipl.-Math. J. Köhnlein, Herrn Dipl.-Phys. B. Münch, Herrn Dr. R. Schmidgall, Herrn Dr.-Ing. K. Schmidt und Frau Prof. Dr.-Ing. S. Steffens. Ferner danke ich dem Springer Vieweg Verlag für die hervorragende Zusammenarbeit und professionelle Realisierung dieses Buchprojektes.

Herzlicher Dank gilt meiner Familie, die wieder sehr viel Geduld und Verständnis gezeigt hat.

Friedrichshafen, im Dezember 2014 *Konrad Reif*

Mitarbeiterverzeichnis

Dr.-Ing. C. Amsel, Hella KGaA Hueck & Co.

Dipl.-Ing. M. Blanz, Daimler AG

Dipl.-Ing. W. Bohne, BMW AG

Dipl.-Ing. M. Dornblueth, Audi AG

Dipl.-Ing. F. Gesele, Audi AG

Dipl.-Ing. (FH) F. Gretzmeier

Dr.-Ing. W.-D. Gruhle, ZF Friedrichshafen AG

Dipl.-Ing. C. Hämmerling, Daimler AG

Dr.-Ing. W. Kesseler, Hella KGaA Hueck & Co.

Dr. rer. nat. M. Kleinkes, Hella KGaA Hueck & Co.

Dipl.-Math. J. Köhnlein, Daimler AG

Dr.-Ing. B. Krasser

Dr. rer. nat. P. Kunath, Harman/Becker Automotive Systems GmbH

Dipl.-Inf. P. Milbredt, Audi AG

Dipl.-Phys. B. Münch, Audi AG

Dr.-Ing. M. Nalbach, Hella KGaA Hueck & Co.

Dr.-Ing. J. Olk, Hella KGaA Hueck & Co.

Dipl.-Ing. (BA) J. Pollmer, Audi AG

Dr. rer. nat. A. Pryakhin, Harman/Becker Automotive Systems GmbH

Prof. Dr.-Ing. M. Rebhan, Hochschule München

Prof. Dr. rer. nat. R. Rettig, HAW Hamburg

Dipl.-Ing. (FH) T. Richter, Audi AG

Dr.-Ing. M. Rosenmayr, Hella KGaA Hueck & Co.

Dipl.-Ing. F. Santos, Daimler AG

Dr. R. Schmidgall, Daimler AG

Dr.-Ing. K. Schmidt, Audi AG

Dr.-Ing. M. Schöllmann, Hella KGaA Hueck &Co.

Dipl.-Ing. A. H. Schulz, Audi AG

Prof. Dr.-Ing. S. Steffens, Hochschule Ravensburg-Weingarten

Dipl.-Ing. S. Stegmaier, Semcon Stuttgart GmbH

Dipl.-Ing. T. Weber, Brose Fahrzeugteile GmbH & Co.

MEng. Dipl.-Ing (FH) L. Weichenberger, Autoliv B.V. & Co. KG

Dipl.-Ing. (BA) M. Wilsdorf, Audi AG

Inhalt

Vorwort V
Mitarbeiterverzeichnis VIII

1 Bussysteme 1
   1.1 Grundlagen digitaler Bussysteme 2
      1.1.1 Grundbegriffe 2
      1.1.2 Das ISO/OSI-Referenzmodell 3
      1.1.3 Kommunikationsprinzipien 6
      1.1.4 Protokollprinzipien 6
      1.1.5 Topologien 7
      1.1.6 Systembausteine zur Kopplung von Bussystemen 7
      1.1.7 Buszugriffsverfahren 8
      1.1.8 Prinzipien der Datensicherung und der Fehlerkontrolle 10
   1.2 Bussysteme im Fahrzeug 13
      1.2.1 Anforderungen an Bussysteme im Fahrzeug 13
      1.2.2 CAN 14
      1.2.3 LIN 20
      1.2.4 Flexray 23
      1.2.5 MOST 32
      1.2.6 Kommunikationsarchitekturen im Fahrzeug 34

2 Echtzeitbetriebssysteme 35
   2.1 Allgemeines zu Echtzeitbetriebssystemen 35
      2.1.1 Grundlegende Begriffe 35
      2.1.2 Echtzeitbegriffe 36
      2.1.3 Prozess und Prozesszustände 40
      2.1.4 Kontextwechsel 40
      2.1.5 Scheduling 41
      2.1.6 Vertreter von Echtzeitbetriebssystemen 42
   2.2 OSEK/VDX 43
      2.2.1 Historie 43
      2.2.2 Grundlegende Eigenschaften von OSEK-Betriebssystemen 43
      2.2.3 Betriebsmittel 45
      2.2.4 Skalierbarkeit 48
      2.2.5 Prioritätssteuerung 49
      2.2.6 Konfiguration 50
      2.2.7 Hochlauf 52
      2.2.8 Kommunikation 53
      2.2.9 Netzwerk-Management 53
      2.2.10 OSEK/VDX-Erweiterungen 53
   2.3 AUTOSAR 54
      2.3.1 Entwicklungshistorie und Roadmap 55

2.3.2	Softwarekomponenten	55
2.3.3	Kommunikationsarten	56
2.3.4	Basissoftware	58
2.3.5	Virtueller Funktionsbus	60
2.3.6	Laufzeitumgebung	61
2.3.7	AUTOSAR-OS	62
2.3.8	Ausblick	63

3 Funktions- und Softwareentwicklung ... 61

- 3.1 Charakteristika eingebetteter Systeme im Fahrzeug ... 62
  - 3.1.1 Grundbegriffe der Systemtheorie ... 62
  - 3.1.2 Strukturierung, Modellierung und Beschreibung ... 62
  - 3.1.3 Steuergeräte und Mikrocontroller ... 65
  - 3.1.4 Zuverlässigkeit, Sicherheit und Überwachung ... 67
- 3.2 Vorgehensmodelle, Normen und Standards ... 67
  - 3.2.1 Normen und Vorgehensmodelle ... 68
  - 3.2.2 Übergreifende technische Standards ... 71
- 3.3 Funktions- und Softwareentwicklung nach dem V-Modell ... 72
  - 3.3.1 Konkretisierung des V-Modells ... 72
  - 3.3.2 Anforderungsmanagementprozesse ... 74
  - 3.3.3 Architekturfestlegung ... 76
  - 3.3.4 Komponentenfestlegung ... 79
  - 3.3.5 Integration ... 81
  - 3.3.6 Applikation ... 82
  - 3.3.7 Abnahme ... 83
- 3.4 Methoden in der Funktions- und Softwareentwicklung ... 84
  - 3.4.1 Anforderungsmanagement ... 84
  - 3.4.2 Testmethoden ... 90

4 Sensorik ... 95

- 4.1 Sensoren und ihre Eigenschaften ... 95
  - 4.1.1 Grundbegriffe ... 95
  - 4.1.2 Intensive und extensive Messgrößen ... 96
  - 4.1.3 Statische und dynamische Eigenschaften von Sensoren ... 96
- 4.2 Anforderungen an Sensoren ... 99
- 4.3 Partitionierung von Sensoren ... 100
- 4.4 Sensorschnittstellen ... 101
  - 4.4.1 Spannungsschnittstelle für induktive Sensoren ... 101
  - 4.4.2 Analoge, ratiometrische Schnittstelle ... 101
  - 4.4.3 Zweidrahtschnittstelle ... 103
  - 4.4.4 Dreidrahtschnittstelle ... 104
  - 4.4.5 Sensoranbindung über Bussysteme ... 105
- 4.5 Potentiometrische Winkelsensoren ... 106
- 4.6 Magnetische Sensoren zur Drehzahl- und Winkelbestimmung ... 107
  - 4.6.1 Grundlagen des Magnetismus ... 107
  - 4.6.2 Partitionierung magnetischer Sensoren ... 112
  - 4.6.3 Induktive Drehzahlsensoren ... 113

Inhalt

    4.6.4   Differentielle Hall-Sensoren zur Drehzahlmessung 114
    4.6.5   AMR-Sensoren als Drehzahlsensoren 116
    4.6.6   Hall-Sensoren als inkrementelle Positionssensoren 116
    4.6.7   Hall-Sensoren als lineare Winkelsensoren 118
    4.6.8   AMR-Sensoren als Winkelsensoren 119
4.7   Drucksensoren 120
4.8   Beschleunigungssensoren 122
4.9   Drehratensensoren 125
    4.9.1   Messprinzip von Drehratensensoren 125
    4.9.2   Aufbau und Funktionsweise von Drehratensensoren 127
4.10 Fertigung von mikromechanischen Sensoren 129
4.11 Regensensor 131

5 Steuerung und Regelung von Otto- und Dieselmotoren 133

5.1   Einleitung 133
5.2   Arbeitsweise von Verbrennungsmotoren 133
    5.2.1   Motoren mit Direkteinspritzung 134
    5.2.2   Motoren mit Saugrohreinspritzung 135
5.3   Aufbau und Aufgaben von Motorsteuerungssystemen 135
    5.3.1   Anforderungen an Motorsteuergeräte 135
    5.3.2   Aufbau der Steuergeräteelektronik 136
    5.3.3   Aufgaben von Motorsteuerungssystemen 137
5.4   Funktionsstruktur von Motorsteuerungen 138
    5.4.1   Drehmomentenbasierte Grundstruktur 138
    5.4.2   Koordination von Momentenanforderungen 139
    5.4.3   Filterung und Korrektur der Momentenanforderung 141
    5.4.4   Koordination der Momentenumsetzung 142
    5.4.5   Betriebsartenumschaltung 144
5.5   Füllungsfunktionen 144
    5.5.1   Füllungssteuerung 144
    5.5.2   Füllungserfassung 145
    5.5.3   Aufladung 147
5.6   Gemischbildung 150
    5.6.1   Ottomotor mit Direkteinspritzung 150
    5.6.2   Ottomotor mit Saugrohreinspritzung 152
    5.6.3   Zündungsfunktionen 153
    5.6.4   Klopfregelung 157
    5.6.5   Dieselmotor mit Direkteinspritzung 159
    5.6.6   Einspritzsysteme 162
5.7   Weitere wichtige Motorsteuerungsfunktionen 167
    5.7.1   Leerlaufregelung 167
    5.7.2   Laufruheregelung 167
    5.7.3   Nullmengenkalibrierung und Verbrennungserkennung beim Dieselmotor . 168
    5.7.4   Thermische Starthilfe beim Dieselmotor 169
5.8   Abgasfunktionen 170
    5.8.1   Abgasgesetzgebung 170
    5.8.2   Abgasnachbehandlung beim Ottomotor 171
    5.8.3   Abgasnachbehandlung beim Dieselmotor 174

	5.9 Diagnose 180
	5.9.1 Gesetzliche On-Board-Diagnose 180
	5.9.2 Diagnosefunktionen 182

6 Getriebesteuerung 183
6.1 Schaltpunktsteuerung 183
6.2 Geregelte Lastschaltung 185
    6.2.1 Systemerklärung 185
    6.2.2 Adaptive Drucksteuerung mit Kriterium „Schleifzeit" 188
    6.2.3 Adaptive Drucksteuerung mit Kriterium „Reglereingriff" 190
6.3 Geregelte Wandlerkupplung 192
    6.3.1 Systemerklärung 193
    6.3.2 Regelung 194
    6.3.3 Generierung und Anpassung des Sollwertes 194
    6.3.4 Adaption 196

7 Elektrische Energieversorgung 201
7.1 Topologie der Ein- und Mehrspannungsbordnetze 201
    7.1.1 12-V-Einspannungsbordnetz mit einer Batterie 201
    7.1.2 Einspannungsbordnetz mit zwei Batterien 202
    7.1.3 42-V-Einspannungsbordnetz 203
    7.1.4 Mehrspannungsbordnetz im Schutz-Kleinspannungsbereich 203
    7.1.5 Mehrspannungsbordnetz im Klein- und Niederspannungsbereich 205
    7.1.6 Leitungssatz 205
7.2 Batterien und ergänzende Energiespeicher 206
    7.2.1 Einführung 206
    7.2.2 Batterien als Energiespeicher 207
    7.2.3 Kondensatoren als ergänzende Energiespeicher 210
7.3 Fahrzeuggeneratoren 211
    7.3.1 Einleitung 211
    7.3.2 Klauenpolgenerator 211
    7.3.3 Startergenerator 219
7.4 Elektrisches Energiemanagement 225
    7.4.1 Fahrzustände und Leistungsbilanz 225
    7.4.2 Regelung der Energieversorgung 227
    7.4.3 Batteriesensorik 229
    7.4.4 Batteriezustandserkennung 231
    7.4.5 Bordnetzkomponenten des Energiemanagements 232
    7.4.6 Last- und Generatormanagement 235

8 Komfortelektronik 239
8.1 Überblick 239
8.2 Allgemeine Anforderungen 239
    8.2.1 Elektrische Anforderungen 239
    8.2.2 Mechanische Anforderungen 240
    8.2.3 Umweltanforderungen 241
8.3 Anforderungen an die Software 241

8.4	Vernetzung der Steuergeräte	242
8.5	Fensterheberelektronik	243
8.6	Türsteuergeräte	245
8.7	Sitzsteuergeräte	247
8.8	Klimasteuergeräte	249

9 Sicherheitsaspekte und funktionale Sicherheit ... 251
9.1 Definitionen von Begriffen ... 251
9.2 Gesetze, Normen und Entwicklungsprozess ... 253
    9.2.1 Normen und Standards ... 254
    9.2.2 Entwicklungsprozess ... 257
9.3 Analyse der Systemzuverlässigkeit und Systemsicherheit ... 258
    9.3.1 Fehlerarten ... 258
    9.3.2 Annahmen ... 258
    9.3.3 Zuverlässigkeitsfunktion und Ausfallwahrscheinlichkeit ... 259
    9.3.4 Ausfallrate ... 259
    9.3.5 Safe Failure Fraction ... 261
    9.3.6 Diagnoseüberdeckung ... 263
    9.3.7 Hardwarefehlertoleranz ... 263
    9.3.8 Typische Beispielgrößen ... 263
    9.3.9 Verfügbarkeitskenngrößen ... 265
    9.3.10 Zuverlässigkeitsfunktionen für Gesamtsysteme ... 265
9.4 Risikoabschätzung ... 267
    9.4.1 Grundlagen ... 267
    9.4.2 Risikoabschätzung und Safety Integrity Level ... 267
    9.4.3 Zusammenhang zwischen verschiedenen Kenngrößen ... 268
    9.4.4 Weitere Methoden der Risikoabschätzung ... 270
9.5 Methoden der Fehlererkennung ... 273
    9.5.1 Fehlererkennung auf Prozessorebene ... 273
    9.5.2 Fehlererkennung auf Programmausführungsebene ... 275
    9.5.3 Fehlererkennung auf Systemebene ... 275
9.6 Fehlerbehandlung ... 275
    9.6.1 Sicherheitslogik ... 275
    9.6.2 Einkanalige Systemstrukturen zur Beherrschung von Fehlern ... 276
    9.6.3 Mehrkanalige Systemstrukturen zur Beherrschung von Fehlern ... 277
9.7 Mögliche Realisierungen ... 278
9.8 Umwelteinflüsse ... 279
    9.8.1 Fehlerursachen elektrischer Ausfälle ... 279
    9.8.2 Umweltbelastungen als Fehlerursache ... 280

10 Passive Sicherheit ... 283
10.1 Grundlagen der Crashdynamik für die passive Sicherheit ... 284
10.2 Sicherheitselektronik und Rückhaltesysteme ... 285
10.3 Sicherheitskonzept und Algorithmus ... 290
10.4 Sitzbelegungserkennung und Insassenklassifizierung ... 293
10.5 Überrollschutz ... 296
10.6 Fußgängerschutz ... 298

11 Fahrwerksregelsysteme und aktive Sicherheit 301
11.1 Grundlagen 301
11.1.1 Grundlagen der Fahrdynamik 301
11.1.2 Grundlagen der Bremshydraulik 305
11.2 Brems- und Antriebsmomentenregelung 307
11.2.1 Anti-Blockier-System 307
11.2.2 Antriebs-Schlupf-Regelung und Motor-Schleppmoment-Regelung 310
11.2.3 Bremsassistent 312
11.3 Fahrdynamik-Regelung 314

12 Fahrerassistenzsysteme 321
12.1 Einleitung 321
12.1.1 Fahrerassistenz- und Fahrdynamikregelsysteme 321
12.1.2 Motivation 322
12.1.3 Rechtliche Randbedingungen 323
12.2 Umgebungserfassung 324
12.2.1 Relevante Größen 325
12.2.2 Ultraschallsensoren 325
12.2.3 Radar 330
12.2.4 Lidar 334
12.2.5 Kamera 337
12.3 Vernetzte Umgebungserfassung 341
12.3.1 Abdeckungsbereiche 341
12.3.2 Sensorfusion und Sensordatenfusion 341
12.3.3 Mathematische Methoden der Datenfusion 342
12.4 Parken und Rangieren 344
12.4.1 Passive Systeme 345
12.4.2 Anzeigende Systeme 345
12.4.3 Abstandsinformationssysteme 352
12.4.4 Parkhilfen 354
12.5 Abstand und Geschwindigkeit 355
12.5.1 Geschwindigkeitsregelsystem 355
12.5.2 Limiter 356
12.5.3 Adaptive Cruise Control 356
12.5.4 Kollisionsvermeidende Systeme 360
12.6 Abkommen von der Fahrbahn und Spurwechsel 363
12.6.1 Spurverlassenswarnung 363
12.6.2 Spurhaltesysteme 365
12.6.3 Spurwechselassistenz 365
12.7 Sichtverbesserung 366
12.7.1 Nachtsichtassistenten 366
12.7.2 Lichtassistenten 369
12.8 Nutzfahrzeuge 371

13 Navigationssysteme 369
13.1 Einführung in moderne Fahrzeugnavigationssysteme 369
13.2 Komponenten eines Navigationssystems 370
13.2.1 Benutzerschnittstelle 371
13.2.2 Datenbank 372
13.2.3 Positionierung 374
13.2.4 Map-Matching 375
13.2.5 Routenberechnung 376
13.2.6 Zielführung 380

14 Lichttechnik 383
14.1 Formeln und Einheiten der Lichttechnik 383
14.1.1 Von der strahlungsphysikalischen zur lichttechnischen Größe 383
14.1.2 Spektrale Empfindlichkeit des Auges 384
14.1.3 Lichtstrom 386
14.1.4 Raumwinkel 387
14.1.5 Lichtstärke 388
14.1.6 Beleuchtungsstärke 389
14.1.7 Leuchtdichte 390
14.2 Lichttechnische Stoffkennzahlen 391
14.3 Photometrie 392
14.3.1 Photometrisches Grundgesetz 392
14.3.2 Photometrisches Entfernungsgesetz 393
14.4 Farbmetrik 394
14.4.1 Begriffsbildung 394
14.4.2 Von der strahlungsphysikalischen zur farbmetrischen Größe 394
14.4.3 Grundspektralwertkurven 395
14.4.4 Die Farbtafel 396
14.4.5 Farbtemperatur 397
14.5 Farbe im Verkehrsraum 399
14.6 Lichttechnische Einrichtungen am Fahrzeug 399
14.7 Lichtquellen und deren elektrische Eigenschaften 402
14.7.1 Temperaturstrahler 402
14.7.2 Halogen-Lampen 402
14.7.3 Gasentladungslampen 403
14.7.4 Leuchtdioden 405
14.8 Frontbeleuchtungssysteme 406
14.8.1 Leuchtweitenregulierung 407
14.8.2 Kurvenlicht 408
14.8.3 Variable Lichtverteilungen 409
14.8.4 Absicherung und Ansteuerung 411

15 Diagnose 417
15.1 Begriffsdefinitionen 417
15.1.1 Der erweiterte Diagnosebegriff 417
15.1.2 Steuergeräte-Fehlercodes 417

15.2 Diagnosekommunikation ... 418
    15.2.1 Einführung ... 418
    15.2.2 Diagnoseprotokoll ... 419
    15.2.3 Steuergeräte-Programmierung ... 419
    15.2.4 Steuergeräte-Konfiguration ... 420
    15.2.5 Busspezifische Transportprotokolle ... 420
    15.2.6 Architekturmodell des Diagnose-Kommunikationssystems ... 421
    15.2.7 Diagnose-Kommunikationsinterface und Bussystemschnittstelle ... 423
    15.2.8 Diagnose-Daten ... 423
    15.2.9 Diagnose-Anwendungsschnittstelle ... 424
    15.2.10 Diagnosestandards ... 424
15.3 Diagnose-Entwicklungsprozess ... 425
    15.3.1 Diagnose als Funktion im Steuergerät ... 425
    15.3.2 Beteiligte am Diagnose-Entwicklungsprozess ... 425
    15.3.3 Entwicklungsprozess für Diagnosedaten ... 426
    15.3.4 Erweitertes V-Modell für die Diagnose ... 427
    15.3.5 Definition der Diagnoseinhalte ... 428
    15.3.6 Diagnosefunktionen im Steuergerät ... 428
    15.3.7 Test und Integration ... 429
15.4 Diagnose in der Fahrzeugproduktion ... 429
    15.4.1 Diagnoseprozesse in der Fahrzeugproduktion ... 429
    15.4.2 Diagnose-Testgeräte in der Fahrzeugproduktion ... 436
    15.4.3 Tools zur Analyse und zur Fehlersuche ... 438
    15.4.4 Diagnoseprozess Flashen in der Fahrzeugproduktion ... 440
15.5 Diagnose in der Werkstatt ... 443
    15.5.1 Off-Board-Diagnose in der Werkstatt ... 443
    15.5.2 Freie Fehlersuche ... 445

Anhang ... 453
  A Normung und Standardisierung ... 453
  B Kennzeichnungen ... 454
    B.1 Kennbuchstaben ... 454
    B.2 Klemmenbezeichnungen ... 456
    B.3 Leitungskennzeichnung ... 457
    B.4 Grafische Symbole für Schaltpläne ... 457
  C Darstellungs- und Schaltplanarten ... 457
    C.1 Anordnungsplan ... 457
    C.2 Übersichtsschaltplan ... 459
    C.3 Blockschaltplan ... 459
    C.4 Feldeinteilung als Orientierungshilfe ... 460
    C.5 Zusammenhängende und aufgelöste Darstellung ... 460
    C.6 Neue Darstellungsformen im Wandel der Technik ... 461
  D IP-Schutzarten ... 463

Literaturverzeichnis ... 465

Sachwortverzeichnis ... 477

1 Bussysteme

Während bis Ende der 1980er Jahre die elektronischen Systeme in Fahrzeugen aus einzelnen, nicht vernetzten Steuergeräten bestanden, markierte die Einführung des CAN-Busses im Antriebsbereich Anfang der 1990er Jahre den Beginn von neuen technischen Infrastrukturen [Gr1]. Kennzeichen dieser neuen Kommunikationsstrukturen war der Einsatz von digitalen Bussystemen, die neue Freiheitsgrade zur Realisierung von übergreifenden Funktionswelten schufen. Als Ergebnis dieser Entwicklung hat sich heute insbesondere der CAN-Bus als Standard-Kommunikationssystem in nahezu allen Fahrzeugklassen etabliert.

Aktuelle Entwicklungstendenzen weisen zunehmend in Richtung deutlich höherer Anforderungen an digitale Bussysteme. Vor allem die zu erwartende Ausdehnung vernetzter Funktionen in Richtung von echtzeit- und sicherheitsrelevanten Anwendungen (z. B. die elektromechanische Bremse) macht die Entwicklung von Kommunikationssystemen mit höherer Leistungsfähigkeit notwendig. Parallel hierzu steigt auch der Bedarf an Bussystemen, die die robuste und flexible Übertragung von Multimedia- und Telematik-Daten ermöglichen. Im Bereich der kostengünstigen kommunikationstechnischen Anbindung von Sensoren und Aktoren wurde ergänzend der Bedarf an Standard-Bussystemen durch die Einführung des LIN-Busses gedeckt.

Insgesamt erweisen sich digitale Bussysteme als wichtige infrastrukturelle Komponente im Gesamtfahrzeug. Ihre Aufgabe besteht darin, die zunehmende funktionale Ausrichtung der Fahrzeugkonzepte durch Bereitstellung des richtigen Kommunikationssystems zu ermöglichen.

Das vorliegende Kapitel gibt zunächst einen knappen Überblick über die Grundlagen von digitalen Bussystemen und setzt dabei den Schwerpunkt auf die zum Verständnis der nachfolgenden Abschnitte notwendigen Grundprinzipien. Als gedankliche „Leitplanke" wird das allgemein gültige ISO/OSI-Referenzmodell [Is1] eingeführt und auf den Anwendungsfall eines digitalen Bussystems im Fahrzeug bezogen. Nach Darstellung von Kommunikationsprinzipien und Topologien folgt eine ausführliche Betrachtung verschiedener Buszugriffsverfahren. Abgerundet wird dieser Grundlagen-Abschnitt durch einen kurzen Abriss zur Datensicherung und Fehlerkontrolle.

Aufbauend auf den Grundlagen wird im folgenden Abschnitt eine Einführung in die Anforderungen an Bussysteme im Fahrzeugbereich gegeben. Diese Konkretisierung allgemeiner Eigenschaften von Bussystemen in Richtung des Anwendungsfalls im Fahrzeug wird dann mit der Darstellung ausgewählter Systeme fortgesetzt.

Die Auswahl der erläuterten Systeme orientiert sich an der aktuellen und erwarteten zukünftigen Bedeutung. Deshalb wird der CAN-Bus aufgrund seiner hohen Verbreitung ausführlich dargestellt. Der bereits erwähnte LIN-Bus [Li1], der sich seit seiner Einführung im Jahr 1998 zunehmend einen „Stammplatz" erobert, wird ebenso wie das 2006 erstmalig eingeführte Flexray-System behandelt und in seinen Kerneigenschaften erläutert. Als typischer Vertreter eines Busses für die Vernetzung von Multimedia-Systemen wird auf den MOST-Bus abschließend kurz eingegangen.

Das Kapitel endet mit einer Betrachtung der Gesamt-Kommunikationsstruktur des Fahrzeugs. Die Herausforderung bei der Entwicklung dieser Gesamt-Architektur besteht darin, den richtigen Kompromiss in der Kopplung der unterschiedlichen Systeme bei gleichzeitiger Beherrschung von Varianten, unterschiedlichen Fahrzeugklassen-Anforderungen und hohem Kostendruck zu finden.

1.1 Grundlagen digitaler Bussysteme

Der erste Abschnitt dieses Kapitels dient dazu, die wesentlichen Grundlagen der Merkmale und Funktionsweise von digitalen Bussystemen in knapper Form darzulegen. Dazu wird nach Klärung von Grundbegriffen und allgemeinen Kommunikationsformen näher auf das so genannte ISO/OSI-Referenzmodell eingegangen, das in seiner vereinfachten Form eine geeignete „Leitplanke" zum Verständnis von Bussystemen im Kfz darstellt. Darauf aufbauend folgt eine Schilderung von Protokoll- und Kommunikationsprinzipien sowie Struktureigenschaften von Bussystemen. Letztere werden häufig als Bus-Topologien bezeichnet. Nach diesem Unterabschnitt wird kurz auf Elemente zur Kopplung von Bussystemen eingegangen.

Als Kernstück der Grundlagenbehandlung folgt im siebten Unterabschnitt die Darstellung verschiedener Buszugriffsverfahren. Darunter werden alle Mechanismen verstanden, die den Botschaftsverkehr regeln und mögliche Kollisionen von gleichzeitigen Sendewünschen geeignet behandeln. Als Abschluss werden schließlich Aspekte der fehlerbehafteten Signalübertragung behandelt.

1.1.1 Grundbegriffe

Bevor auf die grundsätzlichen Charakteristika digitaler Bussysteme eingegangen werden kann, ist es zunächst notwendig, einige grundlegende Begriffe zu definieren. Auf diese Definitionen wird in den folgenden Kapiteln mehrfach zurückgegriffen.

Unter dem Begriff *Bussystem* wird im Rahmen dieses Kapitels die Zusammenfassung verschiedener Charakteristika der Kommunikation mehrerer Teilnehmer verstanden. Diese Charakteristika beinhalten die Art der Verknüpfung der Teilnehmer (Topologie des Bussystems), die Regeln, die die Kommunikation unter den Teilnehmern festlegen (Protokoll des Bussystems) bis hin zur Spezifikation der physikalischen Realisierung. Gemäß dem gewählten Betrachtungsumfang wird der Begriff Bussystem hier nur für Systeme mit digitaler Signalübertragung verwendet.

Unter einem *Protokoll* wird ein vollständiges und eindeutiges Regelwerk für die Kommunikation von mindestens zwei Teilnehmern verstanden. Die Festlegungen in einem Protokoll betreffen Syntax, Semantik, Pragmatik und Zeitvorgaben. Auf die zwei erstgenannten Protokollbestandteile soll im Folgenden noch kurz eingegangen werden. Die Syntax eines Protokolls legt fest, welche Zeichen- oder Wortfolgen für die Kommunikation verwendet werden dürfen. Demgegenüber definiert die Semantik die richtige Verwendung syntaktisch korrekter Konstrukte. Die richtige Verwendung wird dabei durch die Verknüpfung der richtigen Bedeutung mit der richtigen Wirkung im Protokoll festgelegt.

Ein im Kontext von digitalen Bussystemen wichtiger Parameter zur Beschreibung der Performance ist die so genannte *Latenzzeit*. Darunter wird diejenige Zeit verstanden, die von Beginn der Sendung einer Botschaft bis zum tatsächlichen Beginn des Empfangs der Botschaft verstreicht. Damit schließt die Latenzzeit alle Verzögerungen bedingt durch das Durchlaufen der Schichten im ISO/OSI-Modell (siehe Abschnitt 1.1.2) und Arbitrierungsvorgänge (siehe Abschnitt 1.1.7) mit ein.

Das zweite wesentliche Beschreibungsmerkmal von Bussystemen ist die *Übertragungsrate*, die die Anzahl von Bytes, die pro Zeiteinheit übertragen werden, spezifiziert (in der Regel in kByte/s oder MByte/s). Häufig wird die *Bruttoübertragungsrate* angegeben, die alle Botschaftsinhalte, also Nutz- und Zusatzdaten beinhaltet. Für die Beurteilung eines Bussystems ist allerdings die *Nettoübertragungsrate* bedeutsamer, die sich nur auf die Nutzdaten bezieht.

1.1 Grundlagen digitaler Bussysteme

Zum Abschluss dieses Abschnitts soll noch kurz auf die drei verschiedenen Kommunikationsformen eingegangen werden, die innerhalb eines digitalen Bussystems möglich sind. Eine Zusammenstellung ist in Tabelle 1.1 angegeben. Die Kommunikationsformen werden dabei hinsichtlich der beteiligten Teilnehmer differenziert. Sind nur zwei Teilnehmer, also ein Sender und ein Empfänger vorhanden, so spricht man von einer *Punkt-zu-Punkt-* oder *Unicast-Verbindung*. Stellt ein Sender eine Botschaft für mehrere Teilnehmer zur Verfügung, ohne dass diese alle die Botschaft auch tatsächlich verwerten, so liegt eine *Broadcast-Verbindung* vor. Im letzten Fall, der so genannten *Multicast-Verbindung*, wird die Botschaft tatsächlich an mehrere Teilnehmer versandt und auch weiterverarbeitet. Für die Anwendung im Automobil sind insbesondere die Multicast- und die Broadcast-Kommunikation von Bedeutung.

Tabelle 1.1 Kommunikationsformen

Bezeichnung	Erläuterung
Punkt-zu-Punkt-Verbindung	Ein Sender, ein Empfänger
Broadcast-Verbindung	Ein Sender, potentiell viele Empfänger
Multicast-Verbindung	Ein Sender, tatsächlich viele Empfänger

1.1.2 Das ISO/OSI-Referenzmodell

Die Kommunikation in digitalen Systemen kann grundsätzlich in unterschiedlichen Modellen beschrieben werden. Für Bussysteme hat sich die Abstraktion in einem Schichtenmodell, das in Bild 1-1 dargestellt ist, als vorteilhaft erwiesen.

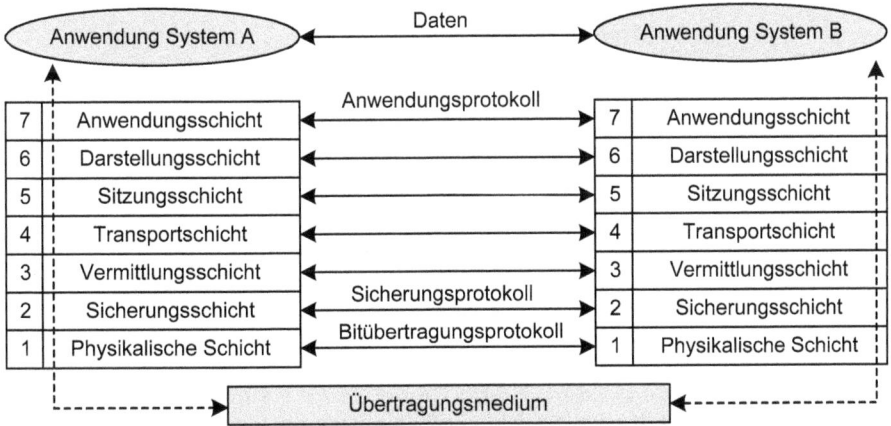

Bild 1-1 Das allgemeine ISO/OSI-Referenzmodell (nach [Is1])

Die zentralen Gedanken des Schichtenmodells werden dabei anhand der Kommunikation zweier Systeme A und B verdeutlicht, die Teil eines digitalen Bussystems sind. Die Informationsverarbeitung wird über sieben aufeinander aufbauende, vertikale Schichten abgewickelt, die jeweils spezifische Aufgaben übernehmen. Die Dienste, die die jeweilige Schicht beinhaltet, werden der darüber liegenden Schicht bereitgestellt. Auf der waagerechten Ebene kommuniziert jede Schicht über ein entsprechendes Protokoll mit seinem Pendant im Partner-System.

Zur Beschreibung von digitalen Bussystemen in Kfz-Anwendungen ist die in Bild 1-2 dargestellte Vereinfachung zulässig, da für den beschriebenen Anwendungsfall nur die angedeuteten drei Schichten relevant sind. Auf diese vereinfachte Modellvorstellung soll nachfolgend kurz eingegangen werden.

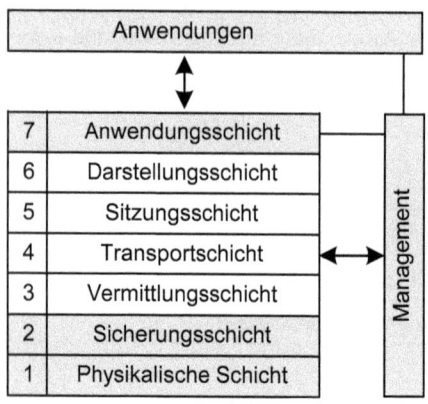

Bild 1-2 Das vereinfachte ISO/OSI-Referenzmodell (nach [Et1])

Die *physikalische Schicht* (*Physical Layer*) stellt die unterste Ebene der Kommunikation dar und definiert die elektrischen, mechanischen, funktionalen und prozeduralen Parameter der physikalischen Verbindung zwischen den Systemen (z. B. Typ, Art von Kabeln, siehe auch Bild 1-3).

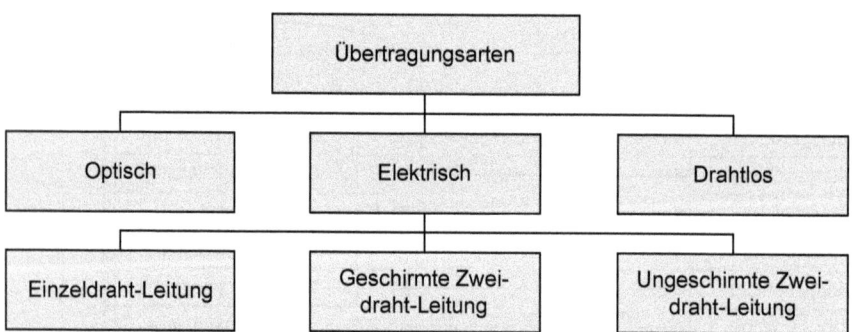

Bild 1-3 Übertragungsarten

Weiterhin werden in der physikalischen Schicht alle Funktionen für Betrieb und Synchronisation der System-Kommunikation festgelegt. Hierzu zählt auch die Festlegung des Bitcodierungsverfahrens. Zwei für den betrachteten Kontext bedeutsame Verfahren sind in Bild 1-4 gegenübergestellt: die *Non-Return-to-Zero-Codierung (NRZ-Codierung)* und die *Manchester-Codierung*. Der grundlegende Unterschied dieser zwei Verfahren liegt in der Anzahl der Zeitabschnitte, die zur Darstellung eines Bits herangezogen werden. Da beim Non-Return-to-Zero-Verfahren der gleiche Signalpegel über einen längeren Zeitraum erhalten bleiben kann, sind Zusatzmaßnahmen zur Sicherstellung der Synchronisation notwendig.

1.1 Grundlagen digitaler Bussysteme

Ein einfacher Ansatz besteht darin, nach einer definierten Anzahl gleicher Bitwerte ein komplementäres Bit einzufügen, das den notwendigen Signalwechsel zwangsweise herbeiführt. Dieses Verfahren wird als *Bitstuffing* bezeichnet. Da dem Empfänger bekannt ist, nach welcher Anzahl gleicher Bitwerte, der *Stuffweite*, ein so genanntes *Stuffbit* erscheint, kann er diese Zusatzinformation wieder problemlos entfernen. In Bild 1-5 ist beispielhaft eine Stuffweite von 5 angenommen. Die Bits Nummer 8 und 13 der übertragenen Bitsequenz (untere Kurve in Bild 1-5) sind eingefügte Stuffbits.

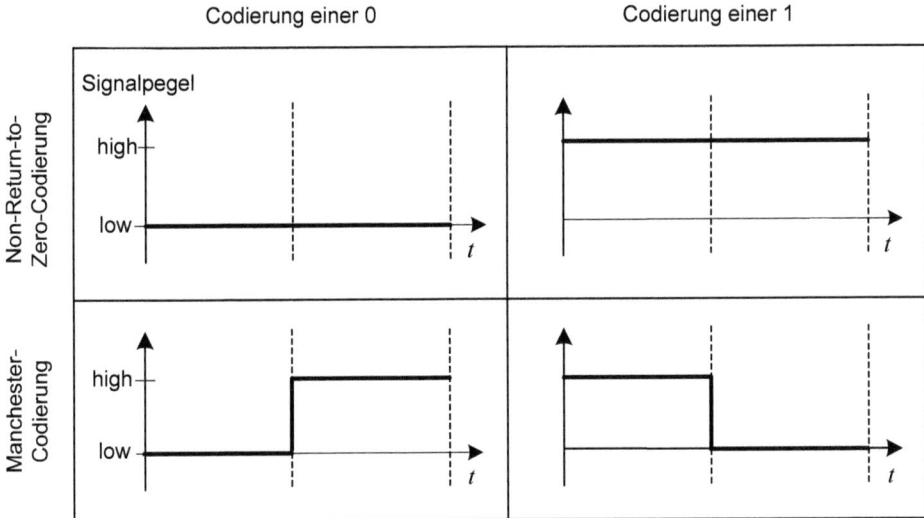

Bild 1-4 Verfahren der Bitcodierung. t ist dabei die Zeit

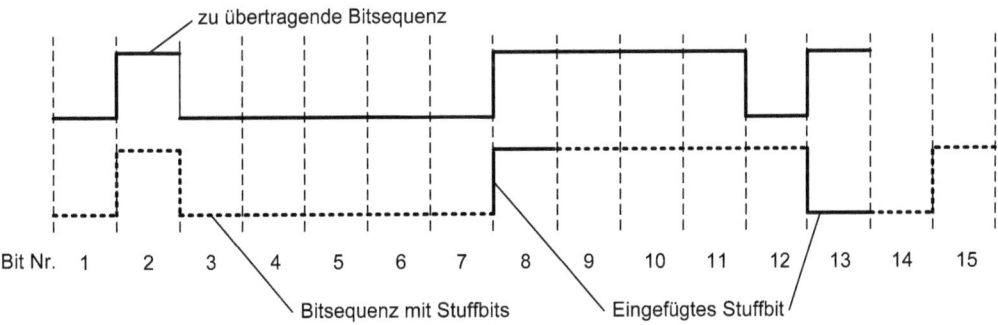

Bild 1-5 Beispiel für Bitstuffing (nach [Et1])

Die nächsthöhere Schicht im ISO/OSI-Modell, die *Sicherungsschicht* (*Data Link Layer*), regelt die Datenübertragung zwischen zwei „benachbarten", d. h. im selben Netz befindlichen Teilnehmern durch Steuerung des Datenflusses und Realisierung des Zugriffsverfahrens (siehe Abschnitt 1.1.7). Als weitere Aufgabe sichert diese Schicht die Teilstrecke durch Fehlererkennungs- und Korrekturverfahren.

Über die Dienste der *Anwendungsschicht* (*Application Layer*) werden allgemein verwendbare Grundfunktionalitäten bereitgestellt, die zur Kommunikation notwendig sind (z. B. Aufbau und Abbau von Verbindungen). Zusätzlich zu den kommunikationsbezogenen Funktionen ist für den Betrieb eines Bussystems aber auch eine Anzahl von organisatorischen Funktionen notwendig. Diese Funktionen werden unter dem Begriff *Management* oder *Netzwerkmanagement* zusammengefasst.

1.1.3 Kommunikationsprinzipien

Zur Beschreibung des Ablaufs der Kommunikation zwischen den Teilnehmern eines Bussystems haben sich zwei Grundformen etabliert: das *Client-Server-Modell* und das *Producer-Consumer-Modell*. Die Darstellung dieser Kommunikationsprinzipien erfolgt vorteilhaft in Sequenzdiagrammen, in denen die senkrechten Striche Teilnehmer (oder die entsprechenden Schichten im ISO/OSI-Modell) abbilden und die zeitbehaftete Datenübermittlung durch den schrägen Linienverlauf symbolisiert wird.

Das Client-Server-Modell beschreibt eine „One-to-One-Kommunikationsbeziehung", die in vier Teilschritten abläuft: Anforderung (Request), Anzeige (Indication), Antwort (Response) und Bestätigung (Confirmation) mit jeweils dazwischen gelagerten Datenübertragungen (siehe Bild 1-6a). Das Producer-Consumer-Modell beschreibt Kommunikationsvorgänge nach dem Broadcast- und Multicastverfahren (siehe Bild 1-6b).

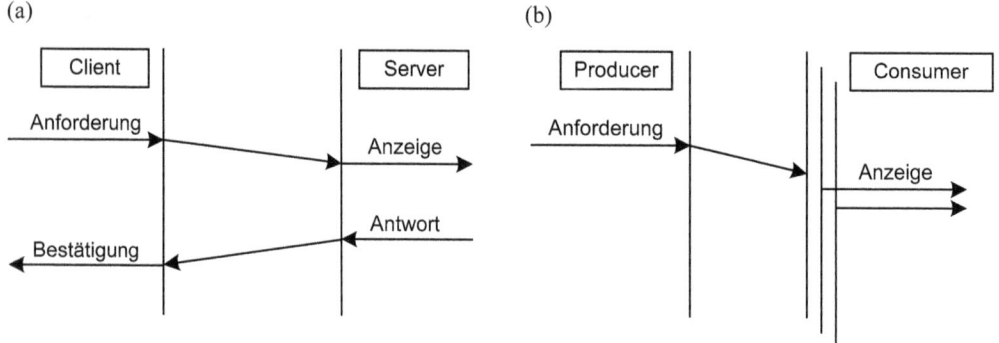

Bild 1-6 Kommunikationsprinzipien (nach [Et1]):
(a) Client-Server-Modell. (b) Producer-Consumer-Modell. Es sind daher sowohl nur einer als auch mehrere Consumer möglich

1.1.4 Protokollprinzipien

Protokolle können hinsichtlich zweier Prinzipien systematisiert werden. Bei *teilnehmerorientierten* Protokollen enthalten die versendeten Nachrichten eine eindeutige Identifikation der am Transfer beteiligten Teilnehmer; in der Regel handelt es sich um die Adresse des empfangenden Teilnehmers. Im Gegensatz dazu werden bei *nachrichtenorientierten* Protokollen die Nachrichten durch eine Kennung (*Identifier*) eindeutig identifiziert. Das Sendeziel wird bei diesem Protokollprinzip nicht definiert, sondern die Busteilnehmer entscheiden selbst über die Verwendung der Botschaft.

1.1.5 Topologien

Die Topologie eines Bussystems beschreibt die Art und Weise, wie die einzelnen Teilnehmer miteinander verknüpft sind. In der Regel bestehen Wechselwirkungen oder Zwangsverknüpfungen zwischen Topologie, verwendbaren Protokollen und Realisierungsaufwendungen.

Wesentliches Merkmal der *Stern-Topologie* (siehe Bild 1-7a) ist der zentrale Teilnehmer, der oft als Sternkoppler bezeichnet wird. Jeder andere Teilnehmer des Bussystems ist über eine Punkt-zu-Punkt-Verbindung mit dem Sternkoppler verbunden. Aufgrund der exklusiven Ankopplung der Teilnehmer ergeben sich bei dieser Topologie Vorteile hinsichtlich darstellbarer Übertragungsraten. Nachteilhaft ist allerdings der erhöhte Aufwand an Verbindungstechnik und das Systemverhalten bei Ausfall des zentralen Teilnehmers.

Die *Bus-* oder *Linien-Topologie* (siehe Bild 1-7b) ist dadurch gekennzeichnet, dass alle Teilnehmer durch ein gemeinsames Medium, den „Bus", gekoppelt sind. Die Informationen auf dem Bus stehen allen Busteilnehmern zur Verfügung. Der Ausfall eines Teilnehmers hat bei dieser Topologie geringeren Einfluss auf das Gesamtsystemverhalten. Da bei dieser Struktur grundsätzlich mehrere Teilnehmer gleichzeitig sendend auf den Bus zugreifen können, sind Mechanismen zur Kollisionserkennung oder -vermeidung notwendig.

Kennzeichen der *Ring-Topologie* (siehe Bild 1-7c) ist die geschlossene Kette von (in der Regel) gerichteten Punkt-zu-Punkt-Verbindungen. Da der Ausfall eines Teilnehmers zu einer Unterbrechung des Ringes führt, sind oft Zusatzmaßnahmen zur Erhöhung der Systemrobustheit erforderlich.

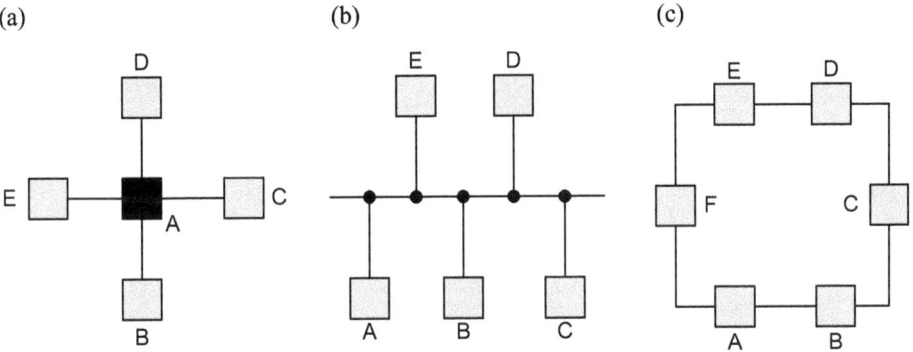

Bild 1-7 Topologien eines Bussystems: (a) Stern-Topologie. (b) Bus-Topologie. (c) Ring-Topologie

1.1.6 Systembausteine zur Kopplung von Bussystemen

In einer Reihe von Anwendungen ist es notwendig, gleichartige oder unterschiedliche Bussysteme miteinander zu verbinden. Diese Verbindung kann dabei rein zur Signalverstärkung erforderlich sein, oder weitergehende Funktionalitäten, etwa die Übertragung einer Botschaft in ein Netzwerk mit einem anderen Protokoll, bereitstellen. Zur Umsetzung dieser Anforderungen haben sich vier Grundbausteine etabliert, die in der praktischen Ausführung häufig auch in Mischformen anzutreffen sind: *Repeater, Bridge, Router* und *Gateway*. Die Merkmale dieser Systembausteine sind in Tabelle 1.2 zusammengefasst und durch die Zuordnung zu den jeweiligen Schichten des ISO/OSI-Modells ergänzt.

Tabelle 1.2 Übersicht über Systembausteine in Bussystemen

Baustein	Funktionen	Zuordnung ISO/OSI-Modell
Repeater	Verbindung von Bussystemen zur Signalverstärkung oder Signalaufbereitung	Schicht 1
Bridge	Speicherung und zeitverschobene Übertragung Verbindung von Bussystemen zur Weiterleitung von Botschaften an verbundene Bussysteme ohne explizite Adressierung	Schicht 2
Router	Verbindung von Bussystemen zur gerichteten Weiterleitung von Botschaften an verbundene Bussysteme	Schicht 3
Gateway	Verbindung von Bussystemen zur Adress-, Geschwindigkeits- oder Protokollwandlung	Schichten 5 bis 7

1.1.7 Buszugriffsverfahren

Buszugriffsverfahren regeln die Art und Weise, wie Teilnehmer auf den Bus zugreifen dürfen und dabei insbesondere die Behandlung von gleichzeitigen Zugriffsversuchen. Obwohl eine hohe Anzahl unterschiedlicher Bussysteme spezifiziert und im Einsatz ist, so lassen sich doch wesentliche Grundprinzipien des Buszugriffs herausarbeiten. Hierzu werden die bekannten Verfahren zunächst wie nachfolgend beschrieben systematisiert.

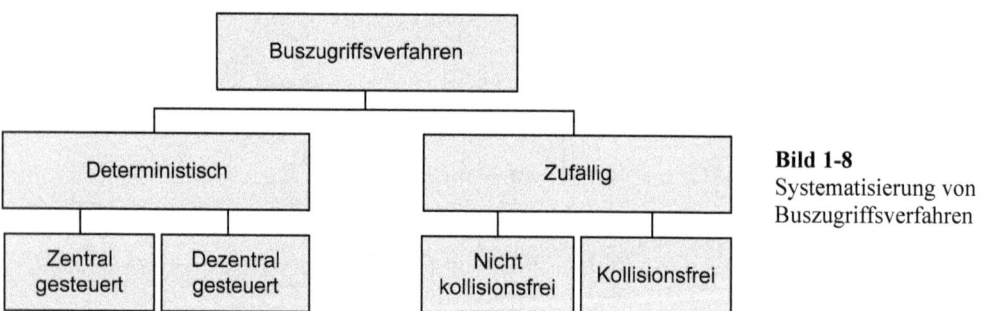

Bild 1-8 Systematisierung von Buszugriffsverfahren

Systematisierung von Buszugriffsverfahren

Buszugriffsverfahren können hinsichtlich der Art und Weise, wie auf den Bus zugegriffen wird, in *deterministische* und *zufällige Verfahren* unterschieden werden (siehe Bild 1-8). Bei den erstgenannten Verfahren liegt ein kontrollierter Vorgang vor, der einen gleichzeitigen Zugriffsversuch mehrerer Teilnehmer grundsätzlich ausschließt und es erlaubt, das Antwortverhalten des Bussystems auch zeitlich vorherzusagen. Deterministische Verfahren werden in *zentral gesteuerte* und *dezentral gesteuerte* Verfahren unterteilt. Während die zentral arbeitenden Verfahren geringere Komplexität in der Steuerungslogik aufweisen, sind sie doch aufgrund der Abhängigkeit von der Funktion des zentralen Steuerungsorgans weniger robust.

Bei den unkontrollierten oder zufälligen Buszugriffsverfahren wird der gleichzeitige Zugriff mehrerer Teilnehmer zugelassen. Das zeitliche Systemverhalten wird damit nicht deterministisch. Diese Verfahren werden deshalb auch mit dem Kürzel *CSMA* (*Carrier Sense Multiple Access*) bezeichnet und in *kollisionsfreie* und *nicht kollisionsfreie* Verfahren unterteilt. Die nicht kollisionsfreien Ansätze sind in der Lage, Kollisionen zu erkennen, können aber in der Regel erst nach Versenden von Teilen oder der gesamten Botschaft entsprechende Korrekturmaßnahmen einleiten. Die kollisionsfreien Verfahren verhindern vollständig das Auftreten der Kollision.

Verfahren mit deterministischem Buszugriff

Ein typischer Vertreter eines deterministischen, zentral gesteuerten Buszugriffsverfahrens ist das *Master-Slave-Verfahren* (siehe Bild 1-9). Bei diesem Verfahren ruft ein zentraler Busteilnehmer, der *Master M*, zyklisch alle anderen Teilnehmer, die Slaves $T_1...T_N$, auf und kontrolliert so das Busgeschehen. Neben der relativ einfachen Realisierbarkeit bietet dieses Verfahren auch den Vorteil definierter Latenzzeiten.

Dezentral gesteuerte Buszugriffsverfahren können token- oder zeitgesteuert ablaufen. Im erstgenannten Fall wird zur Buszuteilung eine spezielle Nachricht, das *Token*, eingesetzt. Zeitgesteuerte Verfahren sehen für die Teilnehmer exklusive Zeitfenster für die Benutzung des Busses vor. Das Grundprinzip dieses Mechanismus, der auch als *TDMA* (Time Division Multiple Access) bezeichnet wird, ist in Bild 1-10 dargestellt. Jeder Botschaft wird zyklisch ein festes Zeitfenster eingeräumt, der meist für jede Botschaft gleich lang ist. Wichtige Voraussetzung für die Funktionsfähigkeit dieses Verfahrens ist eine hohe Synchronität aller im System befindlichen Zeitbasen.

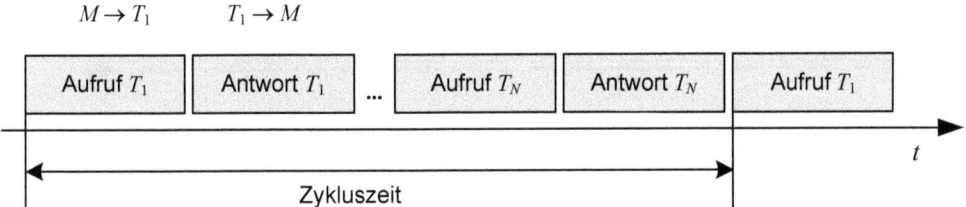

Bild 1-9 Prinzip des Master-Slave-Verfahrens

Eine weiterentwickelte Variante des TDMA stellt das *FTDMA* (Flexible Time Division Multiple Access) dar. Bei diesem Derivat basiert die Steuerung auf verteilten „Slot-Zählern" in den Netzknoten. Diese Zähler werden zu Beginn eines Übertragungszyklus synchronisiert und gestartet. Der Zählerstand repräsentiert den Identifier einer Botschaft. Erreicht der Zählerstand den vorher festgelegten Identifier einer Nachricht, erhält diese Nachricht Buszugriff. Wird die Nachricht gesendet, stoppen die Zähler. Besteht kein Sendewunsch, wird der Vorgang nach kurzer Verweilzeit mit dem nächsten Zählerstand fortgesetzt. Dieser dynamische und flexible Mechanismus erlaubt eine effektivere Nutzung der Übertragungskapazität des Systems. Eine ausführliche Darstellung und Illustration erfolgt im Rahmen der Diskussion des Flexray-Protokolls in Abschnitt 1.2.4.

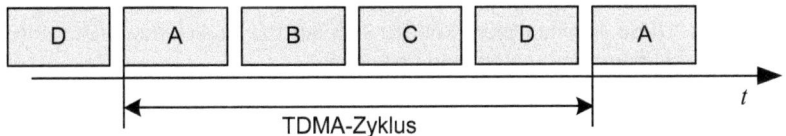

Bild 1-10 Prinzip des TDMA-Verfahrens. Die Buchstaben bezeichnen jeweils unterschiedliche Botschaften

Verfahren mit zufälligem Buszugriff

Wendet man sich dem rechten Ast von Bild 1-8 zu, nämlich den Verfahren mit zufälligem Buszugriff, wird zunächst die Unterscheidung in *kollisionsfreie* und *nicht kollisionsfreie* Verfahren vorgenommen. Letztere werden mit *CSMA/CD (Carrier Sense Multiple Access/ Collision Detection)* bezeichnet, weil sie in der Lage sind, einen gleichzeitigen Wunsch nach Buszugriff zu erkennen und anzuzeigen. Zur Signalisierung wird eine so genannte „Jam-Signalfolge" verwendet. Die Auflösung der Kollision geschieht durch teilnehmerspezifisches „Warten".

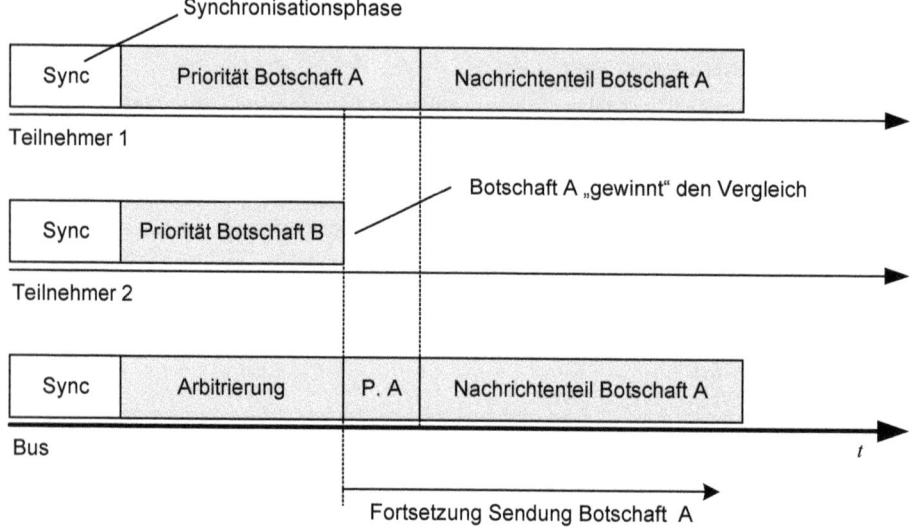

Bild 1-11 Prinzip des CSMA/CA-Verfahrens (P. A: Restlicher Teilumfang Priorität Botschaft A)

Im Gegensatz zu den CSMA/CD-Verfahren sind die *CSMA/CA-Verfahren (Carrier Sense Multiple Access/Collision Avoidance)* mit dem Ziel der vollständigen Kollisionsvermeidung konzipiert. Hierzu wird vor der eigentlichen Sendephase eine so genannte *Arbitrierungsphase* durchgeführt, die bei mehreren um den Buszugriff konkurrierenden Knoten durch bitweisen Vergleich denjenigen mit der höchsten Priorität ermittelt. Die „unterlegenen" Knoten ziehen sich jeweils vom Bus zurück, um im Anschluss einen erneuten Sendeversuch zu unternehmen (siehe Bild 1-11).

1.1.8 Prinzipien der Datensicherung und der Fehlerkontrolle

Bei der digitalen Signalübertragung kann es trotz elektrischer Schutzmaßnahmen wie Schirmung oder Verdrillung von Leitungen zu einer Störung der Datenübertragung kommen. Vor diesem Hintergrund sind Mechanismen notwendig, die Fehler in Botschaften erkennen und korrigieren können. Diese Mechanismen können sich auf die Botschaftsinhalte selbst oder den Ablauf der Fehlererkennung und -behandlung beziehen.

Datensicherung durch zusätzliche Prüfinformation

Sämtliche Verfahren zur Datensicherung basieren auf der Übertragung von zusätzlichen Prüfinformationen, um die die eigentlichen Nutzinformationen angereichert werden. Diese Anreicherung wird im Rahmen der *Codierung* der Botschaft vorgenommen. Dabei wird unter Codierung eine eindeutige Zuordnungsvorschrift zwischen zwei Zeichenvorräten verstanden. Neben dem angesprochenen Aspekt der sicheren Datenübertragung erfüllen Codes im Allgemeinen auch weitere Anforderungen, wie z. B. die Gewährleistung einer effizienten Übertragung.

Zur Umsetzung der Codiervorschrift enthalten die sendenden Einheiten eines Bussystems eine Funktion, die in Bild 1-12 als *Codierer* bezeichnet ist. Dieser Codierer ergänzt die Botschaft um die Prüfinformation, die nach Übertragung durch den *Decodierer*, der in dem Empfänger integriert ist, wieder extrahiert wird. Die übertragene Gesamtinformation ist das *Codewort*.

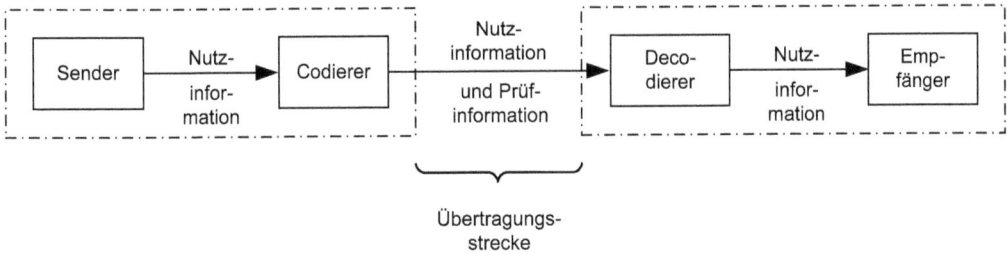

Bild 1-12 Grundprinzip zur Datensicherung durch Ergänzung von Prüfinformation

Einfache Verfahren der Datensicherung wie z. B. der *Parity Check* sorgen durch das Hinzufügen von so genannten *Parity Bits* dafür, dass das Gewicht des Codeworts, also die Anzahl von Einsen, systematisch auf eine gerade oder ungerade Anzahl gebracht wird.

Aufwändigere Verfahren, die so genannten *zyklischen Blocksicherungsverfahren* (CRC, *Cyclic Redundancy Check*) nutzen komplexere Berechnungen zur Fehlererkennung [Pr3]. Das Grundprinzip dieser Verfahren besteht darin, definierte, zu sichernde Anteile der Botschaft als Polynom zu interpretieren und durch ein festgelegtes Generatorpolynom zu dividieren (Modulo-2-Division). Der Divisionsrest ergibt dann die übertragene Prüfsequenz, die der Empfänger, der dieselbe Berechnung durchführt, mit seinem Rechenergebnis vergleichen kann.

Ein Gütekriterium, um die Fehlererkennungsfähigkeit eines Verfahrens zur Datensicherung zu beurteilen, ist die so genannte *Hamming-Distanz* (Hamming-Abstand, siehe auch [Pr3]). Bezogen auf zwei unterschiedliche, aber gültige Codewörter wird unter dieser Größe die Anzahl der unterschiedlichen Bits verstanden. Für die zwei Codewörter X und Y, die nachfolgend beispielhaft aufgeführt sind, ergibt sich somit eine Hamming-Distanz von 3; die unterschiedlichen Bits wurden unterstrichen:

X = 10110011,

Y = 11010010.

Für einen kompletten Code bezeichnet die Hamming-Distanz h das Minimum aller Hamming-Distanzen der Codewörter, die zum gesamten Code gehören. Aus der Hamming-Distanz eines Codes kann mit Hilfe der folgenden, einfachen Zusammenhänge die Fehlerkennungsfähigkeit und die Fehlerkorrekturfähigkeit eines Codes abgeleitet werden. So kann eine Anzahl von t Fehlern erkannt werden, wenn gilt:

$$h \geq t + 1. \tag{1.1}$$

Weiterhin gilt, dass die Fehlerkorrektur von *u* Fehlern möglich ist, sofern

$$h \geq 2u + 1 \tag{1.2}$$

gilt. Liegt z. B. ein Code mit einer Hamming-Distanz $h = 3$ vor, dann ist es möglich, 2-Bit-Fehler zu erkennen oder aber 1-Bit-Fehler zu korrigieren.

Grundprinzipien des Ablaufs von Fehlerkontrollen

Neben den unterschiedlichen Ansätzen zur Bildung der Prüfinformation unterscheidet man auch zwei Grundprinzipien des Ablaufs von Fehlerkontrollen.

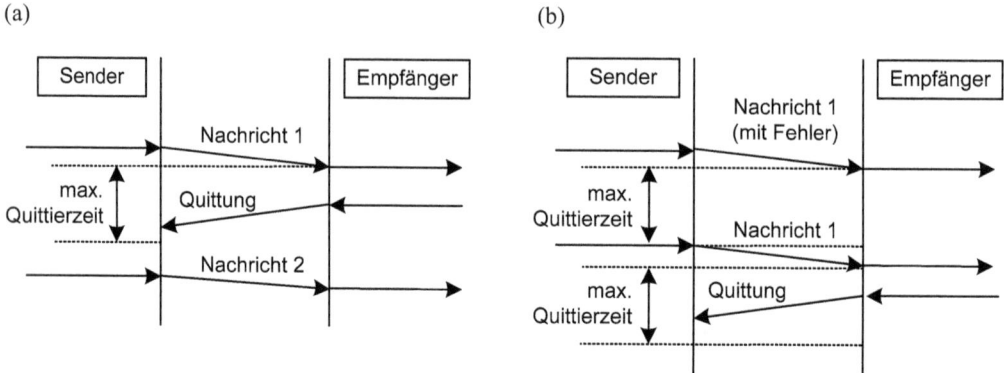

Bild 1-13 Prinzip der passiven Fehlerkontrolle (nach [Et1]):
(a) Fehlerfreie Kommunikation. (b) Fehlerbehaftete Kommunikation

Das *Prinzip der passiven Fehlerkontrolle* (siehe Bild 1-13) sieht vor, dass der Empfänger innerhalb einer festgelegten Zeitspanne den fehlerfreien Empfang der Nachricht quittiert. Erfolgt im Fehlerfall keine Quittierung, wird der Sender zur Wiederholung veranlasst. Dieses Prinzip findet vorwiegend bei teilnehmerorientierten Protokollen Anwendung.

Bei nachrichtenorientierten Protokollen wird das *Prinzip der aktiven Fehlersignalisierung* angewendet (siehe Bild 1-14). In diesem Fall signalisiert der Empfänger und Erkenner der fehlerhaften Nachricht allen Busteilnehmern, dass die Botschaft nicht verwendet werden soll.

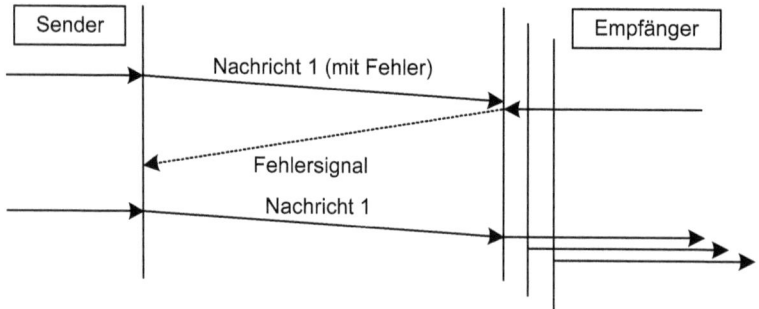

Bild 1-14 Prinzip der aktiven Fehlersignalisierung (nach [Et1])

1.2 Bussysteme im Fahrzeug

Während sich der Abschnitt 1.1 mit allgemeinen Grundlagen digitaler Bussysteme auseinandersetzt, ist es Zielsetzung des folgenden Abschnitts, die konkrete Anwendung im Fahrzeug zu betrachten. Dazu wird zunächst ein kurzer Abriss über die speziellen Anforderungen an Bussysteme im Fahrzeugeinsatz gegeben, um dann anhand von ausgewählten Systemen die Charakteristika von mehrheitlich im Einsatz befindlichen Bussystemen zu erläutern.

1.2.1 Anforderungen an Bussysteme im Fahrzeug

Bussysteme im Fahrzeug dienen dazu, die Kommunikation elektronischer Systeme zu ermöglichen. Die Erfüllung dieser Aufgabe ist allerdings nicht Selbstzweck, sondern ein Erfordernis funktionaler Anforderungen. Die relevanten Funktionen können sich dabei auf das gesamte Fahrzeug, einzelne Fahrzeugfunktionsbereiche wie etwa den Antriebsstrang, oder Systeme innerhalb eines Fahrzeugfunktionsbereiches beziehen. Aus den funktionalen Anforderungen leitet sich eine Menge von technischen Anforderungen für ein Bussystem ab.

Die Systematisierung von technischen Anforderungen ist nach verschiedenen Ordnungs-Prinzipien möglich. Eine erste Orientierung kann anhand der angesprochenen Fahrzeugfunktionsbereiche, die in Tabelle 1.3 zusammengefasst sind, erfolgen.

Tabelle 1.3 Funktionsbereiche im Fahrzeug

Funktionsbereich im Fahrzeug	Beispielsysteme
Antriebsstrang	Motor- und Getriebesteuerung
Aktive Sicherheit	Fahrdynamikregelung
Passive Sicherheit	Airbag, Gurtstraffer
Komfort	Innenraumbeleuchtung, Klimaautomatik
Multimedia und Telematik	Navigationssystem, CD-Wechsler

Darauf aufbauend können unter Berücksichtigung des Einsatzgebietes und der notwendigen Übertragungsrate sowie Botschaftslänge einfache Anwendungsklassen für Bussysteme definiert werden. Die so genannten SAE-Klassen unterscheiden vier typische Anforderungsklassen, die jeweils mit einem Beispiel in Tabelle 1.4 erläutert sind.

Darüber hinaus gewinnen bei den zukünftig zu erwartenden stark vernetzten Systemen zusätzliche technische Anforderungen wie etwa deterministische Datenübertragung oder fehlertolerante Topologien an Bedeutung, die bei der Spezifikation von Bussystemen berücksichtigt werden müssen.

Ergänzend existiert aber auch eine Reihe von nichttechnischen Anforderungen an Bussysteme (vgl. [He2]). Um etwa zu gewährleisten, dass ein Bussystem in verschiedenen Marken, Baureihen und Fahrzeugtypen eines Herstellers eingesetzt werden kann, sollte es flexibel, konfigurierbar und in verschiedenen Ausbaustufen (Skalierungen) ausgeführt werden können. Weiterhin ist sicherzustellen, dass auch Anforderungen aus dem Servicebereich (wie z. B. Diagnosefähigkeit) oder Produktion (wie z. B. Teilnetzbetrieb) berücksichtigt werden.

Tabelle 1.4 SAE-Klassen für Bussysteme

SAE-Klasse	Merkmale	Typisches Bussystem
A	Vernetzung von Aktoren und Sensoren Geringe Datenraten (ca. 10 kBit/s) Geringe Ausprägung von Fehlererkennungs- und -behebungsmechanismen	LIN-Bus
B	Vernetzung von Steuergeräten (z. B. Komfortbereich) Mittlere Datenraten (ca. 125 kBit/s) Komplexe Mechanismen zur Fehlererkennung und -behebung	CAN-Bus („Low Speed")
C	Vernetzung von Steuergeräten mit „einfachen" Echtzeitanwendungen (z. B. Antriebsstrang) Hohe Datenraten (bis zu 1 MBit/s)	CAN-Bus („High Speed")
D	Multimedia-Anwendungen Sehr hohe Datenraten (bis zu 10 MBit/s) und Botschaftslängen	MOST-Bus

1.2.2 CAN

Historie, Normen

Als eine der notwendigen Antworten auf die wachsenden Anforderungen der Kraftfahrzeugtechnik wurde 1986 von der Firma Bosch das *CAN-Protokoll* (*Controller Area Network*) vorgestellt (vgl. [Bo6]), das weltweit eine hohe Verbreitung als Standard-Bussystem in Personen- und Nutzfahrzeugen gefunden hat. Tabelle 1.5 fasst die aktuell wesentlichen Normen für den CAN zusammen, die sich alle auf die Schichten eins und zwei des ISO/OSI-Modells beziehen. Spezifikationen, die sich auf höhere Ebenen des Referenzmodells beziehen, wie etwa *CANopen* [Ca1] oder *DeviceNet* [Od1] haben für die Anwendung im Kraftfahrzeug nur geringe Bedeutung. Die Norm ISO 11898-2 ist eine wesentliche Basis-Norm für die Anwendung in der Automobilindustrie.

Tabelle 1.5 Übersicht CAN-Spezifikationen (siehe [Is2], [Is3], [Is4], [Is5], [Is6], [Sa1])

Spezifikation	Inhalte
ISO 11898-1	Physikalische Signaldarstellung für alle CAN-Anwendungen
ISO 11898-2	„High-Speed-CAN", Busankopplung bis 1 MBit/s zur Anwendung in Fahrzeugen
ISO 11898-3	„Low-Speed-CAN", Busankopplung bis 125 kBit/s zur Anwendung in Fahrzeugen, Schwerpunkt Komfortelektronik
ISO 11898-4	„Time-Triggered CAN", Erweiterung des CAN Protokolls um ein zeitgesteuertes Protokoll
SAE J2411	„Single Wire CAN", Low-Speed-CAN-Systeme mit geringen Anforderungen
ISO 11992	„Truck-to-Trailer-Norm", Low-Speed-CAN-Systeme für den Einsatz in Schleppfahrzeugen

Grundsätzliche Eigenschaften

Das CAN-Protokoll gehört zu den nachrichtenorientierten Protokollen, da jede Botschaft durch einen eindeutigen Identifier gekennzeichnet wird. Jeder Netzknoten prüft selbständig die Relevanz der aktuell auf dem Bus gesendeten Botschaft und entscheidet über die Übernahme. Damit kann prinzipiell die Botschaft von keinem oder einem bis zu allen Teilnehmern verarbeitet werden. Das CAN-Protokoll realisiert Broadcasting und Multicasting. Da es keinen ausgezeichneten Knoten gibt, gilt das CAN-System als Multi-Master-System.

Die für den CAN eingesetzte Topologie ist die Linien- oder Bus-Topologie. Bezüglich der Anzahl möglicher Teilnehmer existiert protokollseitig keine Beschränkung. In Abhängigkeit von den genutzten Bausteinen zur Ankopplung an das Bussystem sind 32, 64 oder bis zu 110 Teilnehmer möglich. Die Netzausdehnung wird durch die physikalische Schicht, insbesondere durch die Übertragungsrate begrenzt. So ist z. B. bei einer Übertragungsrate von 125 kBit/s eine maximale Leitungslänge von 500 m realisierbar. Durch den Einsatz von entsprechenden Kopplungsbausteinen (siehe Abschnitt 1.1.6) kann die Reichweite des Bussystems gesteigert werden.

Buszugriffsverfahren

Das im CAN-Protokoll eingesetzte Buszugriffsverfahren ist das CSMA/CA-Verfahren. Aufgrund der Eigenschaften dieses dezentralen Verfahrens besteht grundsätzlich die Möglichkeit, dass mehrere Teilnehmer gleichzeitig einen Sendewunsch haben. In diesem Fall wird der Konflikt durch eine Arbitrierungsphase vermieden, in der durch bitweisen Vergleich diejenige Botschaft mit der höchsten Priorität ermittelt wird. Der bitweise Vergleich basiert auf der Unterscheidung zweier definierter Buspegel: dem *dominanten* (überstimmenden) Low-Pegel und dem *rezessiven* (nachgebenden) High-Pegel.

In Bild 1-15 ist ein Arbitrierungsvorgang beispielhaft dargestellt. Im oberen Teil der Abbildung ist die Struktur der CAN-Botschaft angedeutet, die sich aus dem *SOF (Start of Frame)*, dem *Identifier*, dem *RTR (Remote Transmission Request)*, dem *Steuerfeld* und dem eigentlichen *Datenfeld* zusammensetzt. Der Arbitrierungsvorgang startet mit dem dominanten SOF, auf das nachfolgend der bitweise Vergleich der Identifier der drei konkurrierenden Netzknoten durchgeführt wird. Das Grundprinzip der Arbitrierung sieht vor, dass jeder der arbitrierenden Teilnehmer den Wert des von ihm aufgeschalteten Bits mit dem aktuellen Bit auf dem Bus vergleicht. Trifft ein Teilnehmer auf einen Low-Pegel auf dem Bus, obwohl er selbst einen High-Pegel sendet, zieht er seinen Sendewunsch aufgrund seiner geringeren Priorität vom Bus zurück und wechselt in den Empfangsmodus. Im Beispiel findet dieser Vorgang bei Bit 5 und Bit 2 statt. Da der „gewinnende" Teilnehmer seine Botschaft nach Abschluss der Arbitrierung zu keinem Teil wiederholen muss, wird dieses Verfahren auch *verlustlose Arbitrierung* genannt.

Erweiterungen durch TTCAN

Prinzipbedingt sind die Fähigkeiten des CAN-Systems zur deterministischen Datenübertragung begrenzt. Vor diesem Hintergrund und den Anforderungen zukünftiger sicherheitsrelevanter Regelsysteme wurde in der Norm ISO 11898-4 [Is5] eine Erweiterung des CAN-Protokolls spezifiziert, die die zeitgesteuerte Nachrichtenübertragung nach dem Prinzip des TDMA beinhaltet.

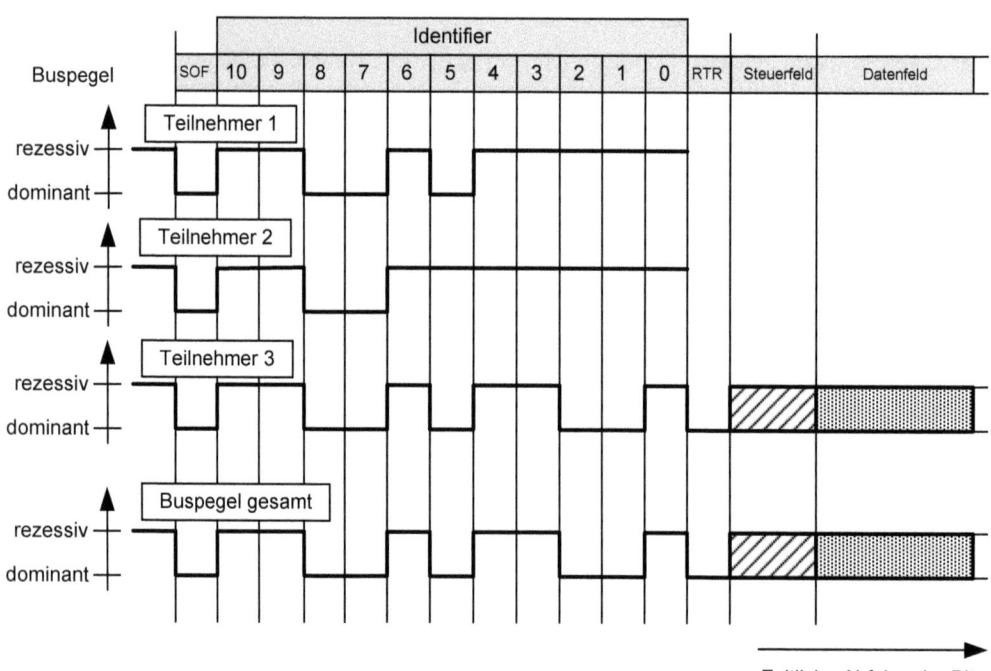

Bild 1-15 Arbitrierungsphase beim CAN (nach [Et1]). Identifier, SOF (Start of Frame), RTR (Remote Transmission Request), Steuerfeld und Datenfeld werden weiter unten erklärt. Teilnehmer 3 „gewinnt" den Buszugriff

Die Steuerung des zeitlichen Ablaufs in einem TTCAN-Netzwerk übernimmt ein Netzknoten, der als *Time Master* bezeichnet wird. Dieser Knoten initiiert die zyklische Kommunikation durch *Referenz-Nachrichten*, die so genannte *Basiszyklen* starten. Der Basiszyklus setzt sich aus Zeitfenstern zusammen, die durch Zeitmarkierungen zeitlich separiert werden und in denen die Botschaftsübertragung stattfindet.

Man unterscheidet *exklusive, arbitrierende* und *freie* Zeitfenster. Das exklusive Zeitfenster dient dabei zur Übertragung einer zyklischen Nachricht, die ohne Buskonflikt übertragen werden soll und stellt damit den Mechanismus zur deterministischen Datenübertragung zur Verfügung. Die arbitrierenden Zeitfenster dienen zur ereignisgesteuerten Übertragung nach dem CSMA/CA-Verfahren. Freie Zeitfenster sind für spätere Erweiterungen vorgesehen.

Nachrichtenformat

In Abhängigkeit von dem Zweck, der mit dem Versand der CAN-Botschaft verfolgt wird, unterscheidet das CAN-Protokoll drei Haupttypen von Botschaften, die auch als *CAN-Telegramme* bezeichnet werden und in Tabelle 1.6 zusammengefasst sind. Auf den vierten möglichen Telegrammtyp, das so genannte *Überlasttelegramm* (vgl. hierzu [Bo6]), wird hier nicht näher eingegangen.

Zusätzlich zu der Unterscheidung in Telegrammtypen werden im CAN-Protokoll grundsätzlich zwei verschiedene Nachrichtenformate definiert, die sich durch die Größe des Adressraumes unterscheiden: das *Standard-Format* (11-Bit-Identifier) und das *Extended-Format* (29-Bit-Identifier). Der detaillierte Botschaftsaufbau ist in Bild 1-16 und Tabelle 1.7 dargestellt.

1.2 Bussysteme im Fahrzeug

Tabelle 1.6 CAN-Telegrammtypen

Telegrammtyp	Telegramminhalt
Datentelegramm	Das Telegramm dient zur Datenübertragung zu einem oder mehreren Empfängern und wird auf Initiative des Senders versandt.
Datenanforderungstelegramm	Das Telegramm dient zur Anforderung einer Botschaft durch einen Busteilnehmer und wird auf Initiative des Empfängers versandt.
Fehlertelegramm	Mit diesem Telegramm signalisieren Sender oder Empfänger das Erkennen eines Fehlers.

Die Telegrammanfangskennung *Start of Frame* (SOF) besteht aus einem dominanten Pegel. Sie dient zur Identifikation des Telegrammbeginns und realisiert mit der ersten Flanke die Synchronisation. Der nachfolgende Identifier sorgt für die eindeutige Kennzeichnung und Priorität der Nachricht. Durch das *RTR-Bit* werden Datentelegramm und Datenanforderungstelegramm unterschieden. Das 6 Bit lange *Steuerfeld* beinhaltet mehrere Informationen: das Format (Standard oder Extended), Reserve für Erweiterungen und die Länge des Datenfeldes. Letzteres enthält die eigentliche Nutzinformation der Botschaft. Die nachfolgenden Botschaftsinhalte dienen zur Übertragung von Prüfinformationen und zum Abschluss des Telegramms.

Tabelle 1.7 CAN-Botschaftsaufbau

Feld	Bezeichnung	Länge (in Bit)	Pegel	Inhalt
A	SOF	1	dominant	Start of Frame, Botschaftsbeginn
B	ID	11 oder 29		Identifier (Standard oder Extended)
C	RTR			Telegrammtyp
D	Steuerfeld	6		Format, Erweiterungen, Datenfeldlänge
E	Datenfeld	0 bis 64		Nutzdaten
F	CRC-Segment	15		Prüfsequenz
G	CRC-Delimiter	1	rezessiv	CRC-Begrenzung
H	ACK	1		Bestätigungsfeld
I	ACK-Delimiter	1	rezessiv	ACK-Begrenzung
J	EOF	7	rezessiv	End-of-Frame-Feld
K	Interframe Space	3	rezessiv	Telegrammzwischenraum

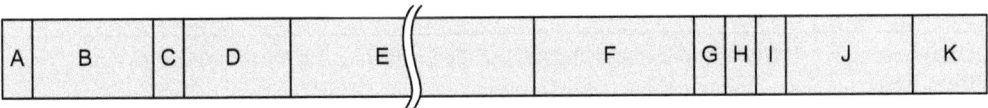

Bild 1-16 Botschaftsaufbau des CAN-Standard-Formats. Die Bedeutung der Buchstaben ist in Tabelle 1.7 erklärt. Die zeitliche Abfolge der Sequenz ist von links nach rechts

Fehlererkennung und -behandlung

Das CAN-Protokoll enthält fünf Grundmechanismen zur Erkennung gestörter oder verfälschter Botschaften, die in Tabelle 1.8 zusammengestellt sind. Wird eine der beschriebenen Fehlerbedingungen erkannt, so initiiert der erkennende Teilnehmer ein Fehlertelegramm. Dieses Telegramm beginnt mit sechs dominanten Bits, die als *Fehlerflag* bezeichnet werden und die die übertragene Nachricht zerstören. Das Fehlerflag verstößt damit bewusst gegen die Bitstuffing-Regel und veranlasst den Sender zur Wiederholung der Botschaft. Mit diesem Mechanismus ist netzweite Datenkonsistenz gewährleistet.

Physikalische Schicht

Die Definition der physikalischen Schicht des CAN-Protokolls umfasst die Festlegung der Verfahren zur Codierung, das Bittiming sowie die Bitsynchronisation und legt weiterhin die notwendigen Prozeduren und Parameter für die Busankopplung inkl. des Busmediums fest.

Das im CAN genutzte Codierungsverfahren ist die Non-Return-to-Zero-Codierung (vgl. Abschnitt 1.1.2). Der Nachteil dieses Verfahren, der Verlust an Synchronisationsinformation, wird durch Bitstuffing (Stuffweite fünf, vgl. Abschnitt 1.1.2) ausgeglichen. Die Übertragung der Botschaften erfolgt synchron, d. h. nur bei Beginn einer Botschaft wird im Rahmen der Start-of-Frame-Flanke synchronisiert. Die notwendige Nachsynchronisation erfolgt kontinuierlich während des Versands des Telegramms und wird durch entsprechende zeitliche Vorhalte im Bitzeitintervall, dessen gesamte Dauer durch die nominale Bitzeit definiert ist, sichergestellt (vgl. hierzu [Bo6]). Diese zeitlichen Vorhalte werden als *Phasen-Puffer* bezeichnet und erlauben die Variation des Abtastzeitpunktes. Zusätzlich zu diesen Phasen-Puffern wird die Verzögerung durch die Signalausbreitung über dem physikalischen Medium durch ein *Laufzeitsegment* berücksichtigt. Der Gesamtzusammenhang ist in Bild 1-17 dargestellt.

Tabelle 1.8 CAN-Fehlermechanismen

Mechanismus	Erläuterung
Bitmonitoring	Der sendende Knoten prüft, ob der zur Sendung beabsichtigte Pegel auch auf dem Bus „erscheint".
Überwachung des Telegrammformats	Jeder Netzknoten überwacht, ob die auf dem Bus gesendete Botschaft Formfehler enthält.
Zyklische Blocksicherung (CRC)	Bei diesem Verfahren wird aus Botschaftsbeginn, Arbitrierungsfeld, Steuerfeld und Nutzdaten eine Prüfsequenz durch Polynomdivision gemäß dem CRC-Verfahren gebildet. Diese Sequenz wird empfangsseitig ebenfalls gebildet und durch den Empfänger mit der übertragenen Prüfsequenz verglichen.
Überwachung Acknowledgement	Der Sender einer Botschaft erwartet die Bestätigung des fehlerfreien Empfangs durch Aufschaltung eines dominanten Pegels im ACK-Feld durch die Empfänger. Bleibt die Bestätigung aus, geht der Sender davon aus, dass ein Fehler aufgetreten ist.
Überwachung Bitstuffing	Alle Busteilnehmer überwachen die Einhaltung der Bitstuffing-Regel.

1.2 Bussysteme im Fahrzeug

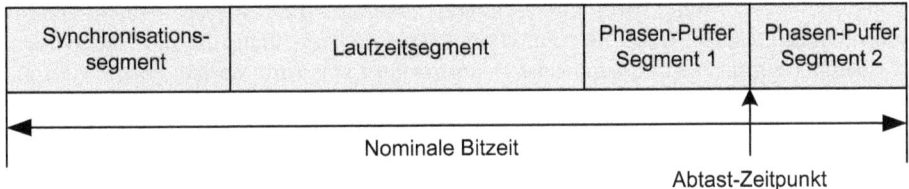

Bild 1-17 Aufteilung des Bitzeitintervalls beim CAN (nach [Et1])

Wie oben dargestellt, ist für das Arbitrierungsverfahren im CAN-Protokoll eine Differenzierung der Buspegel in *dominant* und *rezessiv* notwendig. Die relevanten nominellen Buspegel sind in Bild 1-18 für den High-Speed-CAN aufgeführt.

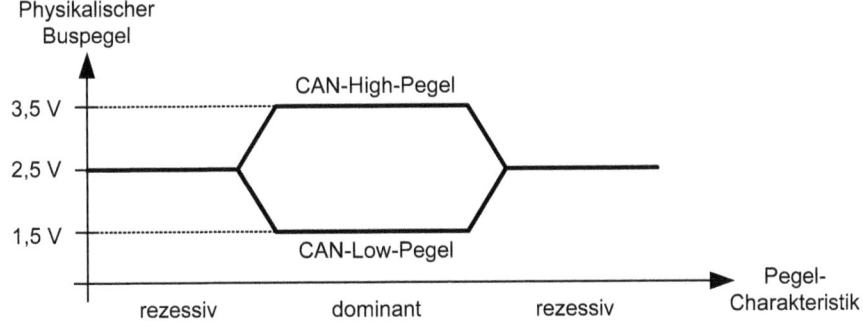

Bild 1-18 CAN-Buspegel nach ISO 11898-2 [Is3]

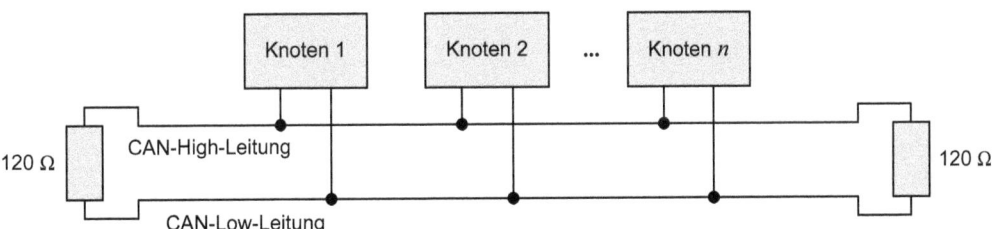

Bild 1-19 Ausführung eines CAN-Netzwerks (nach [Is3]) mit Abschlusswiderständen. Häufig entspricht ein Knoten im Netzwerk einem Steuergerät

Das häufigste Busmedium für CAN-Systeme im Kfz-Bereich ist die Zweidrahtleitung (vgl. Abschnitt 1.1.2), die in der Linien-Topologie ausgeführt wird. In Bild 1-19 ist dieses Busmedium gemäß den Festlegungen von ISO 11898-2 [Is3] mit den typischen Abschlusswiderständen von 120 Ohm dargestellt. Letztere dienen zur Vermeidung von Signalreflexionen.

CAN-Realisierungen

Die zur Realisierung eines CAN-Netzwerks notwendigen Bausteine mit den jeweiligen Funktionen sind in Bild 1-20 zusammengefasst. Kernstück ist der *CAN-Controller*, der die in den vorangestellten Kapiteln erläuterten Funktionen wie z. B. die Busarbitrierung, die CRC-Berechnung und -Überprüfung sowie die Fehlererkennung und die Fehlerbehandlung übernimmt. Ergänzend sind im CAN-Controller Funktionalitäten implementiert, die die Nachrichtenfilterung, -speicherung und die automatische Beantwortung von Anforderungen betreffen. In diesem Zusammenhang werden grundsätzlich zwei Konzepte, nämlich die so genannte *Basic-CAN-* und die *Full-CAN-Implementierung* unterschieden. Eine ausführliche Darstellung hierzu findet man in [Et1].

Der CAN-Controller, der wie geschildert die Funktionen der Schichten 1 und 2 im ISO/OSI-Referenzmodell realisiert, stellt seine Funktionalität dem übergeordneten *Host-Controller* zur Verfügung. Letzterer kann sich damit auf die Übergabe bzw. den Empfang der Botschaften beschränken.

Zusätzlich zu diesem Unterscheidungsmerkmal können CAN-Realisierungen auch hinsichtlich ihres Integrationsgrades unterschieden werden. Wird der CAN-Controller ohne eigene Intelligenz mit einem separaten Mikrocontroller, der als Host arbeitet, betrieben, so wird diese Topologie als *Stand-Alone-Controller* bezeichnet. Werden Host- und CAN-Controller integriert, so entsteht ein Mikrocontroller mit einer oder mehreren CAN-Schnittstellen.

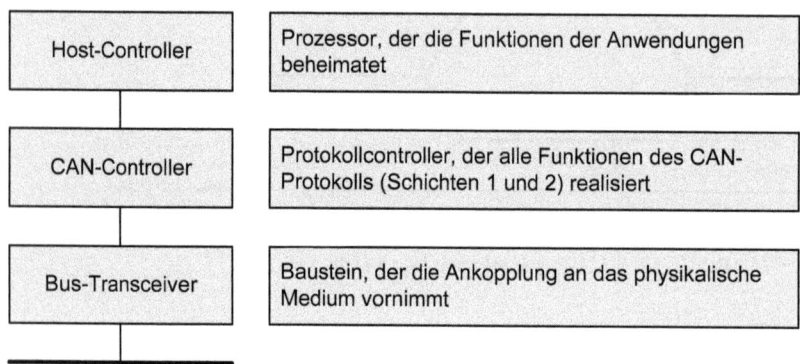

Bild 1-20 CAN-Realisierungsformen

1.2.3 LIN

Historie, Standards

Die *LIN-Spezifikation* (*Local Interconnect Network*) wurde im Jahr 1998 als Konsortialentwicklung mehrerer Hersteller und Systempartner initiiert. Dabei zielt der LIN-Bus auf die preisgünstige Vernetzung von mechatronischen Komponenten mit geringen Datenraten (bis zu 20 kBit/s). Die aktuelle Spezifikation mit der Version 2.1 wurde im November 2006 veröffentlicht [Li1] und enthält neben den Festlegungen für die physikalische Schicht und die Sicherungsschicht auch Definitionen für Diagnose, Schnittstellenbeschreibungen zu Anwendungen und Beschreibungssprachen.

Grundsätzliche Eigenschaften und Buszugriffsverfahren

Im Gegensatz zum CAN, bei dem jeder Knoten gleichberechtigt ist (*Multi-Master-System*) sieht die LIN-Systemtopologie, die in Bild 1-21 dargestellt ist, einen Masterknoten und in der Regel mehrere Slave-Knoten vor (*Single-Master-System*). Der Kommunikationsablauf wird über so genannte *Tasks* abgewickelt. Diese Tasks stehen für die Botschaftsanteile, die zwischen Master- und Slave-Knoten ausgetauscht werden. Da der Masterknoten auch in der Lage sein soll, Botschaften zu empfangen, enthält auch er einen Slave-Task. Damit sind Kommunikationsbeziehungen zwischen den Slaves aber auch zwischen Master und Slave möglich. Da der LIN nicht Teilnehmeradressen, sondern Nachrichten-Identifier in den Botschaften verwendet, zählt das LIN-Protokoll zu den nachrichtenorientierten Protokollen und ermöglicht Broadcast- und Multicast-Kommunikation.

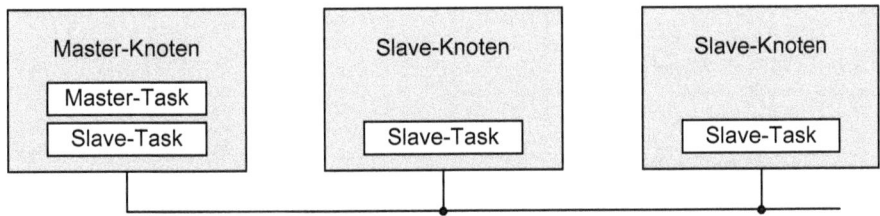

Bild 1-21 LIN-Systemtopologie (aus [Li1]). Ein Knoten ist in der Regel einem Steuergerät oder einem Sensor bzw. Aktor zugeordnet

Um den Buszugriff zu regeln, arbeitet der LIN-Bus mit dem Master-Slave-Verfahren. Der zeitgesteuerte Kommunikationsablauf ist im Master in Form einer Scheduling-Tabelle hinterlegt und wird durch den Master-Task durch den Versand von so genannten *Headern*, die den ersten Teil der Botschaft darstellen, vorgegeben (siehe Bild 1-22). Da der Header den Nachrichten-Identifier enthält, reagiert der für diese Nachricht zuständige Slave-Task mit dem *Response-Anteil* der Botschaft. Die Zusammensetzung aus Header und Response wird als *Frame* bezeichnet.

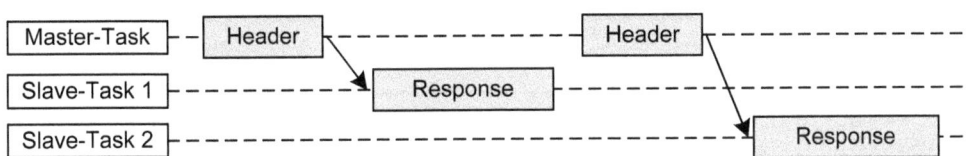

Bild 1-22 LIN-Kommunikationsablauf (aus [Li1])

Nachrichtenformat

Der Aufbau der LIN-Botschaft ist in Bild 1-23 dargestellt. Der Header wird immer durch das *Break-Field* eingeleitet, das den Botschaftsbeginn signalisiert. Nachfolgend werden die *Synchronisations-Bits* und der Nachrichten-Identifier gesendet. Letzterer besteht aus dem eigentlichen Identifier und zwei Parity-Bits und wird deshalb als *Protected Identifier* bezeichnet. Zur Trennung von Header und Response wird nach dem Identifier ein Zwischenraum eingefügt, nachdem dann die Nutzdaten (maximal **8 Byte** Daten) übertragen werden. Die Sicherung der Nutzdaten geschieht durch eine Prüfsumme.

Neben dem Standard-Botschaftstyp, der zeitgesteuert übertragen wird, sieht das LIN-Protokoll noch zusätzlich Typen vor, die etwa zur Übertragung von ereignisorientierten Nachrichten oder Diagnose-Informationen dienen. Näheres hierzu findet sich in [Li1].

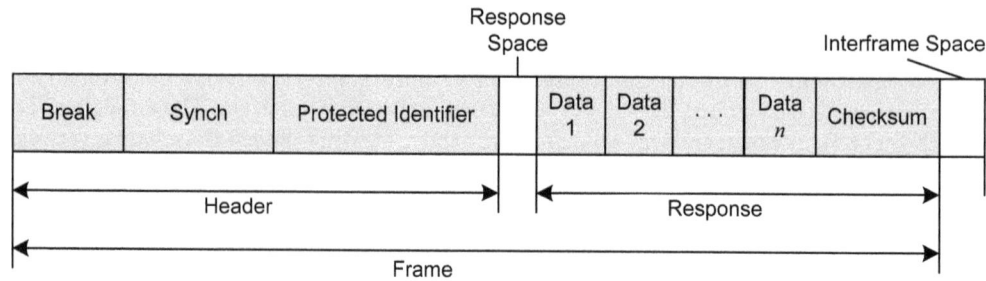

Bild 1-23 LIN-Botschaftsformat [Li1]

Fehlererkennung und -behandlung

Das LIN-Botschaftsformat sieht mehrere Mechanismen zur Erkennung von Fehlern vor, die in Tabelle 1.9 zusammengefasst sind. Das zentrale Fehler-Management wird durch den Master vorgenommen, der die Slaves mit Hilfe eines definierten Status-Bits überwacht. Die Slaves generieren eigene interne Status-Bits. Die Reaktionen auf Fehler werden in der Spezifikation nicht festgelegt (siehe hierzu [Li1] und [Gr2]).

Tabelle 1.9 LIN-Fehlermechanismen

Mechanismus	Erläuterung
Bitmonitoring	Der sendende Knoten prüft, ob der zur Sendung beabsichtigte Pegel auch auf dem Bus „erscheint". Im Fehlerfall wird die Übertragung abgebrochen.
Prüfsumme	Der Slave-Task kann durch Auswertung der Prüfsumme einen Fehler in der Datenübertragung feststellen.
Identifier-Parity	Der Slave-Task kann Fehler im Identifier durch Auswertung der Parity-Bits erkennen.
Überwachung der Antwortzeit	Ein wartender Slave-Task erkennt die Überschreitung der maximalen Übertragungszeit ohne Antwort.
Überwachung der Synchronisationsflanken	Der Slave erkennt Inkonsistenzen innerhalb des Synchronisationsfeldes.
Überwachung des Buspegels	Physikalische Fehler des Buspegels (z. B. Kurzschluss nach Masse) werden erkannt.

Physikalische Schicht

Ein Kostenvorteil des LIN-Busses resultiert aus der preisgünstigen Darstellung der physikalischen Schicht, da als Medium zur Datenübertragung eine Eindrahtleitung nach ISO 9141 [Is7] gewählt werden kann. Der Buspegel wird direkt aus dem Fahrzeug-Bordnetz abgeleitet; als Ausgangsstufe können Standard-Schnittstellen (SCI) verwendet werden. Mit dieser Konfiguration sind Datenraten bis zu 19200 Bit/s empfohlen. Die Pegeldarstellung differenziert analog zum CAN dominante und rezessive Pegel.

LIN-Realisierungen

Ähnlich wie beim CAN müssen beim LIN-Bus die Kernfunktionen Sensor- bzw. Aktor-Interface, Spannungsregler, Mikrocontroller und LIN-Transceiver in jeder Realisierung implementiert werden (siehe Bild 1-24). Hinsichtlich Integrationsgrad existieren singuläre Lösungen (siehe hierzu [Te1]) oder Lösungen, die LIN-Transceiver, Peripherie und Spannungsregler zusammenfassen. Bei vollständiger Integration der vier Kernfunktionen entsteht ein kompletter LIN-Slave auf einem Chip [Be1].

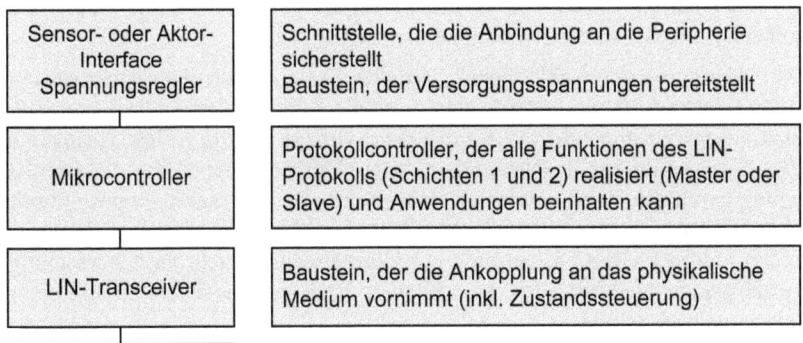

Bild 1-24 LIN-Realisierungsformen (nach [Gr3])

1.2.4 Flexray

Historie, Standards

Vor dem Hintergrund wachsender Vernetzung im Fahrzeug und steigenden Anforderungen an Kommunikationstechnologien hinsichtlich Bandbreite und Übertragungssicherheit wurde 1999 das Flexray-Konsortium gegründet. Ziel der Konsortialentwicklung ist ein deterministisches, fehlertolerantes Kommunikationssystem mit einer maximalen Übertragungsrate von 10 MBit/s. Die aktuelle Flexray-Spezifikation in der Version 2.0 besteht aus drei Teilen: der Protokoll-Spezifikation [Fl1], der Spezifikation der physikalischen Schicht [Fl3] und der Spezifikation des so genannten „Bus Guardian" [Fl2].

Grundsätzliche Eigenschaften

Zur Erfüllung der Anforderungen an zukünftige Kommunikationssysteme beinhalten die Flexray-Spezifikationen eine Reihe von vorteilhaften Eigenschaften. Das Gesamtsystem ist als Multimaster-System ausgeführt und erlaubt neben der Grundtopologie des Sterns auch die Realisierung von Linien- und Busstrukturen. Aufgrund der Ausführung als Einkanal- oder Zweikanal-System besteht ferner die Möglichkeit, Botschaften redundant zu übertragen.

Zur Erreichung einer hohen Fehlertoleranz sind weiterhin Mechanismen vorgesehen, die im Falle physikalischer Fehler fehlerbehaftete Teilbereiche des Netzwerkes deaktivieren können. So können durch die Einführung einer zusätzlichen Überwachungseinheit im Flexray-Knoten, dem so genannten *Bus Guardian*, Kommunikations- oder Synchronisationsfehler erkannt und durch direkte Beeinflussung der Botschaftsübertragung mit geeigneten Gegenmaßnahmen belegt werden. Hierzu wird der Bus Guardian in der logischen Struktur eines Flexray-Knotens zwischen den *Communication Controller* und den *Bus Driver* geschaltet und befähigt, auf den Bus Driver durch entsprechende Steuersignale einzuwirken (siehe Bild 1-25).

Letzterer realisiert analog zu CAN- oder LIN-Systemen die Ankopplung an das Busmedium und tauscht seinen Status und Steuerungsinformationen mit dem *Host*, der die eigentlichen Anwendungen beheimatet, aus. Der Übertragungspfad der Daten wird vom Host ausgehend über den Communication Controller reguliert, so dass die Daten (Communication Data) an den Bus Driver weitergegeben werden können. Zwischen Communication Controller und Bus Guardian werden eine Reihe von Synchronisierungsinformationen ausgetauscht. Diese erlauben es, dem Bus Guardian seiner Überwachungsaufgabe gerecht zu werden und seine Zeitbasis mit der globalen Zeitbasis abzugleichen (siehe unten).

Um den Anforderungen unterschiedlicher verteilter Systeme gerecht zu werden und eine deterministische Übertragung zu gewährleisten, wird die Kommunikation im Flexray-Protokoll in Kommunikationszyklen abgewickelt. Ein Zyklus wird in ein *statisches Segment* und in ein *dynamisches Segment* unterteilt. Während im statischen Segment streng deterministische Datenübertragung durch Zuteilung von festen Zeitfenstern für die Knoten dargestellt wird, ermöglicht das dynamische Segment eine prioritätsgesteuerte Zuteilung. Da der Einsatz dieser Segmente flexibel konfigurierbar ist, ist auch eine kurbelwellensynchrone Übertragung möglich, die im Antriebsstrang benötigt wird. Einzelheiten zu diesen zwei Kommunikationsverfahren werden weiter unten ausgeführt.

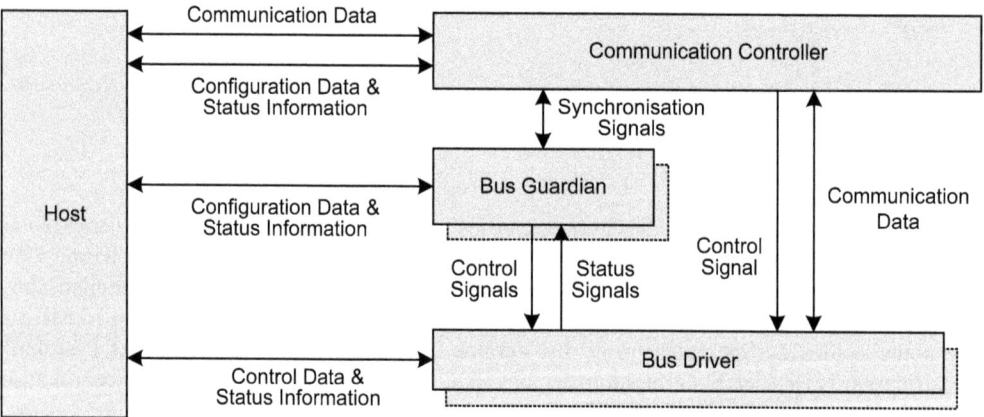

Bild 1-25 Beispielhafte Ausführung der Systemstruktur eines Flexray-Knotens (nach [Fl1], gestrichelt gezeichnete Blöcke sind im Fall einer zweikanaligen Ausführung vorzusehen). Die englischen Bezeichnungen wurden beibehalten, um eine hohe inhaltliche Nähe zur Spezifikation zu gewährleisten

Grundvoraussetzung für die Realisierung einer deterministischen Datenübertragung ist eine auch in verteilten Systemen gültige globale Zeitbasis. Diese Anforderung wird im Flexray-System durch zwei Korrekturverfahren erreicht, die die Abweichungen in den einzelnen Knoten, die sich über die Fahrzeuglebensdauer z. B. durch Bauteiltoleranzen einstellen, geeignet korrigieren.

1.2 Bussysteme im Fahrzeug

Mögliche Topologien

Zur sicheren Erhöhung der heute üblichen Übertragungsraten von maximal möglichen 1 MBit/s wurde für das Flexray-System als Grundtopologie der Stern festgelegt. Bezüglich der Eigenschaften der physikalischen Schicht bieten diese Punkt-zu-Punkt-Verbindungen eine Reihe von Vorteilen, wie z. B. die Vermeidung von Busabschlussproblemen. Der zentrale Knoten im Stern, der *Stern-Koppler*, treibt aktiv die Signale zu den angeschlossenen Knoten. Deshalb wird diese Topologie auch als *aktive Stern-Topologie* bezeichnet. Diese Stern-Topologie kann ein- oder zweikanalig ausgeführt werden. Eine zweikanalige Variante ist in Bild 1-26b dargestellt. Zur Beibehaltung der geforderten Flexibilität und Konfigurierbarkeit ist aber auch zusätzlich die Busstruktur möglich. Eine zweikanalige Ausführung ist in Bild 1-26a abgebildet. Die gesamte Bandbreite der Topologien, die das Flexray-System bietet, erschließt sich durch Kombination der zwei Grund-Topologien Stern und Bus. Diese Kombinationen werden als *hybride Topologien* bezeichnet. Ein Beispiel zeigt Bild 1-26c. Weitere Ausführungen finden sich in [Fl1].

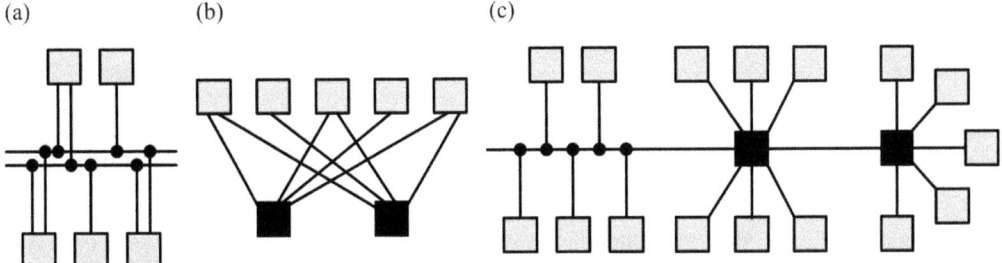

Bild 1-26 Mögliche Flexray-Topologien. (a) Zweikanalige Bus-Topologie. (b) Zweikanalige Stern-Topologie. (c) Einkanalige hybride Topologie. Die schwarzen Kästchen symbolisieren die Stern-Koppler

Kommunikations- und Buszugriffsverfahren

Der Flexray-Kommunikationszyklus wird in ein *statisches* und ein *dynamisches* Segment aufgeteilt. Der Buszugriff im erstgenannten Segment erfolgt nach dem TDMA-Verfahren, d. h., jeder Botschaft ist ein festes Zeitfenster zugeordnet (vgl. Abschnitt 1.1.7). Dadurch können die geforderten Echtzeiteigenschaften realisiert werden, da jede Nachricht zu einem definierten Zeitpunkt übertragen werden kann. Durch diese feste Zuordnung wird eine deterministische Datenübertragung gewährleistet, die z. B. für die Realisierung verteilter Regelsysteme eine wesentliche Anforderung darstellt.

Statisches Segment	Dynamisches Segment	Symbol-Fenster	Network Idle Time

Bild 1-27 Aufteilung eines Flexray-Kommunikationszyklus

Im Gegensatz dazu wird im dynamischen Segment das FTDMA-Verfahren benutzt, welches auch als Mini-Slotting bezeichnet wird. Dieser Zyklusbereich ist vorteilhaft für Botschaften mit geringeren Anforderungen hinsichtlich vorhersagbarer Latenzzeit. Die Steuerung des Buszugriffs erfolgt hier mit einem Slotzähler. Dabei gelten folgende Regeln (siehe Bild 1-28):

Wenn ein Minislot nicht benutzt wird, wird der Slotzähler inkrementiert und der Minislot verstreicht ungenutzt. Wenn der Slotzähler mit der Frame-Nummer (Frame-ID) übereinstimmt, belegt die Botschaft eine bestimmte Anzahl von Minislots. Nach dem nächsten freien Minislot wird der Slotzähler sofort inkrementiert. Der Platz im dynamischen Segment kann so besser ausgenutzt werden. Nachrichten mit einer hohen Frame-Nummer müssen so unter Umständen lange auf ihre Übertragung warten.

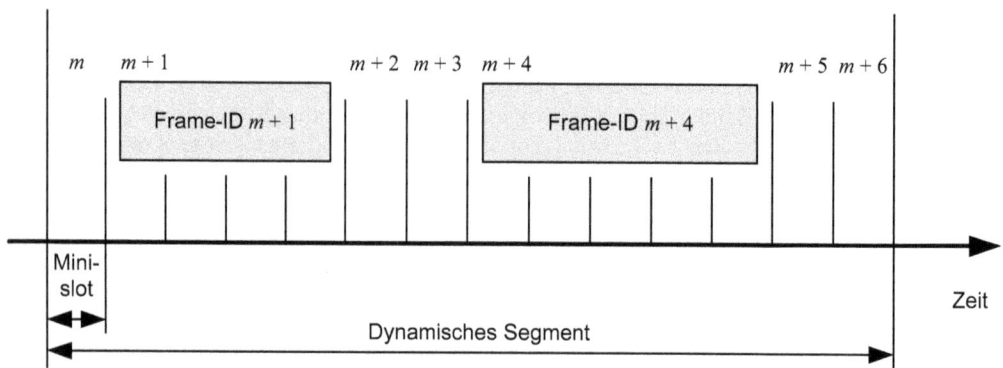

Bild 1-28 Prinzip des dynamischen Segments (exemplarisches Beispiel mit 14 Minislots): m, $m + 1$, $m + 2$, ... Slotzähler

Die minimale Länge des statischen Segments beträgt zwei TDMA-Zeitfenster (vgl. Abschnitt 1.1.7). Dies ist notwendig, um eine entsprechende Anzahl von so genannten Sync-Frames zu übertragen, die für die Uhrensynchronisation notwendig sind (siehe unten). Aus diesem Grund muss auch der Abschnitt „Network Idle Time" (siehe Bild 1-27) immer vorhanden sein. Das dynamische Segment sowie das Symbol-Fenster sind optional. Auf diese Weise ist es möglich, die Aufteilung des Kommunikationszyklus an unterschiedliche Anwendungsfälle anzupassen. Auf der einen Seite besteht die Möglichkeit, eine rein TDMA-basierte Kommunikation aufzubauen. Jedoch besteht weiterhin die Chance, das statische Segment lediglich zur Uhrensynchronisation zu nutzen und das dynamische Segment für eine eventgesteuerte Kommunikation mit priorisierter Reihenfolge und hoher Datenrate zu verwenden. Die Grundprinzipien der beiden Kommunikationen sind in Bild 1-29, das ein zweikanaliges Flexray-System mit den vier Knoten A, B, C und D zeigt, im Gesamtzusammenhang näher ausgeführt.

Im statischen Segment sind jedem Netzknoten feste Zeitfenster zugeordnet. In diesen Zeitfenstern können die Netzknoten zu definierten Zeitpunkten (im Beispiel in Bild 1-29 sind fünf statische Zeitfenster aufgeführt) ihre Nachrichten versenden. Zusätzlich können bei der dargestellten zweikanaligen Ausführung auch Botschaften redundant übertragen werden. Dies ist beispielhaft in den Zeitfenstern 3 und 5 dargestellt. Im dynamischen Segment wird der Buszugriff anhand der Priorität einer Botschaft reguliert. Wie in Bild 1-29 bei dem „Auslassen" der Zeitfenster 8 bis 10 im Kanal 1 angedeutet, kann für den Fall, dass ein Knoten nicht senden möchte, relativ schnell „weitergezählt" werden.

1.2 Bussysteme im Fahrzeug

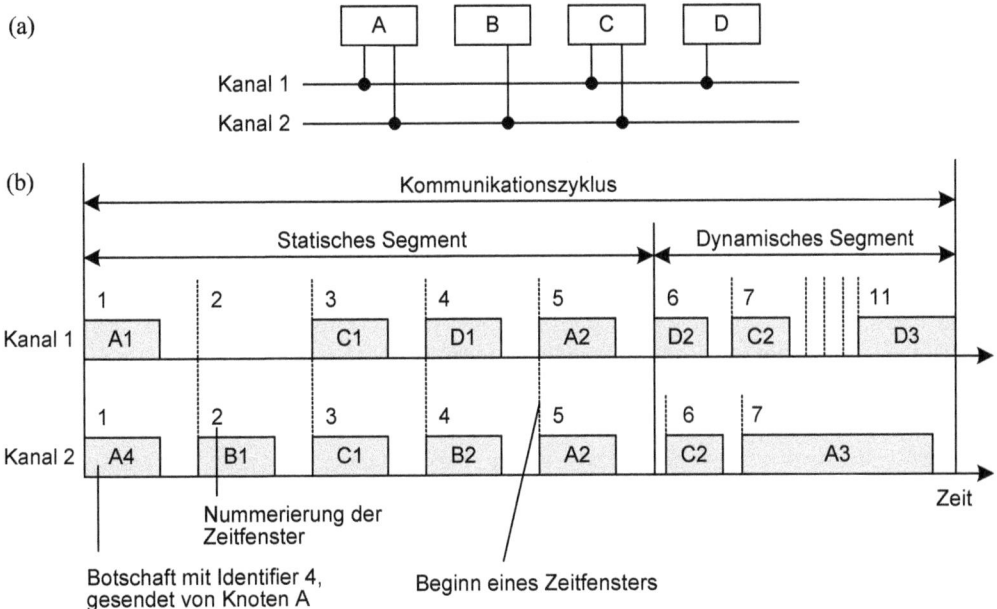

Bild 1-29 Flexray-Buszugriffsverfahren (nach [He2]): (a) Topologie. (b) Kommunikationssegmente

Uhrensynchronisation

Die Übertragungseigenschaften und Kommunikationsverfahren des Flexray-Systems basieren auf einem hierarchisch organisierten Zeitsystem. Auf der höchsten Ebene dieser Hierarchie ist der beschriebene und in Bild 1-29 dargestellte Kommunikationszyklus angesiedelt. Dieser Zyklus wird in so genannte *Makroticks* unterteilt, deren Anzahl je Zyklus in allen Knoten gleich ist. Während die Länge der Makroticks in jedem Knoten innerhalb festgelegter Toleranzen ebenfalls gleich sein muss, kann die Anzahl und Länge der kleinsten Zeiteinheit im Flexray-System, der so genannten *Mikroticks*, je Makrotick unterschiedlich sein. Die Mikroticks werden direkt aus der im jeweiligen Knoten verfügbaren Quarzfrequenz abgeleitet.

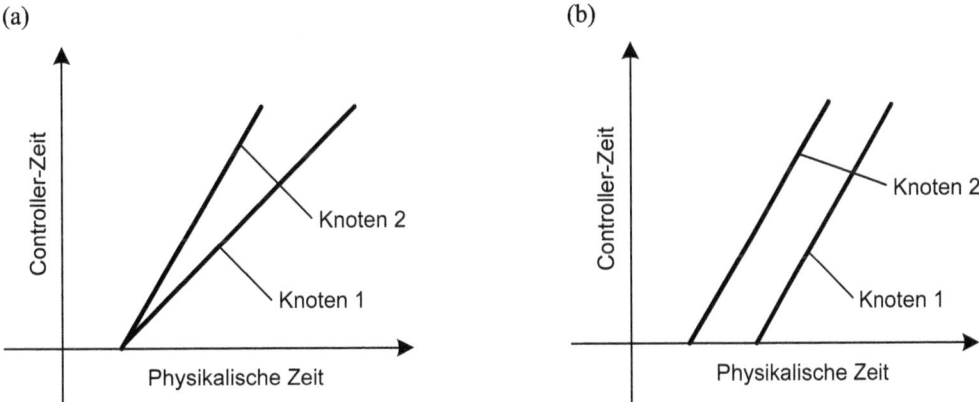

Bild 1-30 Steigungs- und Offsetfehler beim Flexray [He2]: (a) Steigungsfehler. (b) Offsetfehler

Unterschiede in den lokalen Zeitbasen der einzelnen Knoten zeigen sich in Form eines Offset-Fehlers oder eines Steigungsfehlers. Erstgenannter wird durch einmalige Messung im statischen Segment ermittelt und beschreibt die absolute Abweichung zwischen zwei Knoten. Der Steigungsfehler gibt an, wie sich zwei Knoten je Zyklus zeitlich voneinander entfernen (vgl. Bild 1-30) und erfordert zwei Messungen.

Zur Gewährleistung einer stabilen global gültigen Zeitbasis wird im Flexray-Protokoll eine Kombination aus Steigungskorrektur und Offsetkorrektur eingesetzt. Die Steigungskorrektur sorgt nach Messung der Abweichungen in den Knotenfrequenzen durch Ergänzung oder Entfernung entsprechender Mikroticks dafür, dass die Zykluslänge in allen Knoten gleich ist. Der möglicherweise noch verbleibende Offsetfehler, der z. B. aus Laufzeiteffekten herrührt, wird dann durch Modifikation des vorletzten Makroticks im Zyklus eliminiert. Eine ausführliche Darstellung der Korrekturverfahren findet man in [Fl1], [Ra1].

Wecken

Flexray-Transceiver können aktiv das Wecken eines Steuergerätes (auch Wake-up oder Wakeup genannt) über den Bus unterstützen [Re4]. Dazu steuert der Flexray-Baustein die Spannungsversorgung des Steuergerätes über so genannte *Inhibit-Anschlüsse*. Befindet sich ein Steuergerät im so genannten *Sleep-Zustand*, ist die Spannungsversorgung für alle Komponenten abgeschaltet. Nur der Flexray-Transceiver ist direkt an die Batteriespannung angeschlossen und befindet sich im Standby-Zustand, in dem nur die Erkennung des so genannten *Wakeup-Patterns* aktiv ist. Das Wakeup-Pattern wird über eine analoge Schaltung, die einen Tiefpassfilter enthält, erkannt; danach schaltet er durch die Inhibit-Anschlüsse die Spannungsversorgung des Steuergerätes ein, welches dann den Normalbetrieb aufnimmt. Das Wakeup-Pattern besteht aus mindestens zwei und höchstens 63 Wakeup-Symbolen, die jeweils aus einer 6 µs langen logischen Null und einer 18 µs langen Idle-Pause bestehen.

Das aktive Wecken eines Flexray-Verbundes kann grundsätzlich jedes Flexray-Steuergerät übernehmen. Ein Steuergerät darf aber aus Gründen der Fehlertoleranz nur einen Kanal wecken. Die Anwendung im Host kann das Wecken nach der Konfiguration des Flexray-Controllers und vor dem Hochlauf (siehe unten) anstoßen. Der Controller überwacht zunächst den Bus für die Dauer von zwei Kommunikationszyklen und versendet dann das Wakeup-Pattern auf dem konfigurierten Kanal, sofern keine bestehende Kommunikation erkannt wurde. Während der Idle-Phasen wird der Bus auf Kollision überwacht und gegebenenfalls das Versenden abgebrochen. Handelt es sich um ein zweikanaliges System, übernimmt ein anderer Knoten das Wecken auf dem zweiten Kanal, nachdem dieser auf dem ersten geweckt wurde.

Hochlauf

Wie bereits erwähnt, ist für die Kommunikation in einem TDMA-Buszugriff eine globale Zeitbasis erforderlich, die aus Gründen der Fehlertoleranz von mehreren Teilnehmern gebildet wird. Zum Start der Kommunikation muss diese erst etabliert werden; diese Phase nennt man *Startup* [Re4].

Die Knoten (Nodes) im System werden beim Entwurf in so genannte *Coldstart-* und *Non-Coldstart-Knoten* eingeteilt. Nur Coldstart-Knoten dürfen die gemeinsame Zeitbasis zu Beginn etablieren. Die Non-Coldstart-Knoten dürfen sich nur in ein synchrones System integrieren. Coldstart-Knoten werden wiederum in *Leading-* und *Following-Coldstart-Knoten* eingeteilt. Die Anwendung kann dabei dynamisch zur Laufzeit einen Following-Coldstart-Knoten zu einem Leading-Coldstart-Knoten machen; der umgekehrte Vorgang erfolgt automatisch durch das Flexray-Protokoll.

Wie beim Wecken überwachen die Leading-Coldstart-Knoten für zwei Kommunikationszyklen den Bus auf bestehenden Datenverkehr und versuchen sich zu integrieren, falls gültige Flexray-Frames erkannt wurden. Ein fehlerfreier Hochlauf mit zwei Coldstart-Knoten und einem Non-Coldstart-Knoten ist in Bild 1-31 dargestellt. Wenn der Bus in Ruhe ist, sendet ein Leading-Coldstart-Knoten ein so genanntes *Collosion Avoidance Symbol (CAS)*, das die anderen Coldstart-Knoten detektieren und dadurch zu Following-Coldstart-Knoten werden. Das Symbol reserviert den Bus gleichzeitig exklusiv für vier Zyklen für den Leading-Coldstart-Knoten, in denen er seine Startup-Frames versendet. Da es hier zu einer undetektierten Kollosion kommen kann, ist der Abstand zwischen Collosion Avoidance Symbol und Beginn eines Zyklus fixiert. Dies bedeutet, dass der Frame mit der niedrigsten Frame-Nummer zuerst auf dem Bus ist, wodurch die anderen Knoten, die das Collision Avoidance Symbol quasi gleichzeitig gesendet haben, sich zurückziehen und zu Following-Coldstart-Knoten werden.

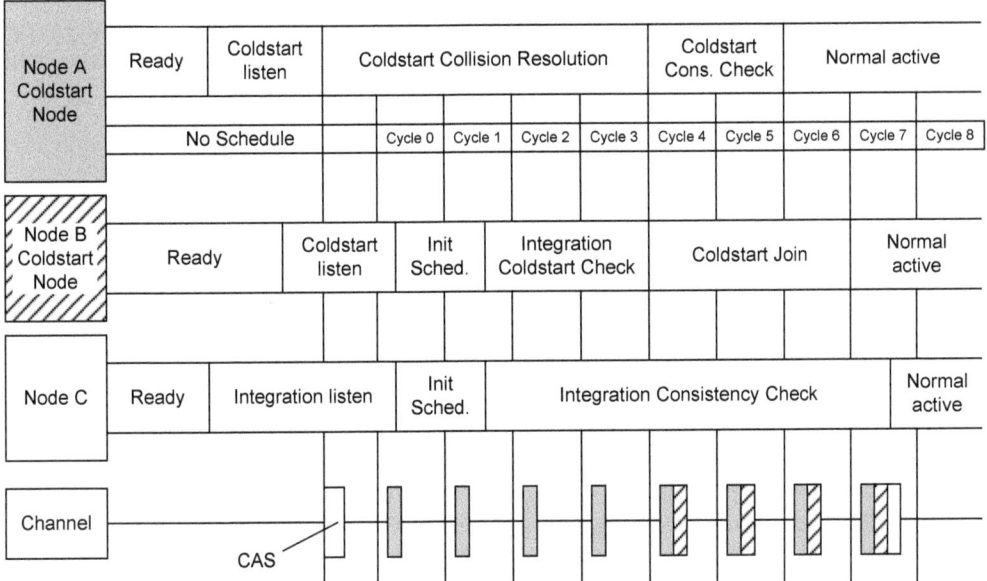

Bild 1-31 Startup eines Flexray-Verbundes (Es wurden die englischen Begriffe verwendet, um konform mit der Spezifikation zu sein. CAS Collision Avoidance Symbol; Cons. Consistency; Sched. Schedule)

Die Following-Coldstart-Knoten passen ihren Schedule nun auf den des Leading-Coldstart-Knoten an, indem sie vier Zyklen lang die Frames des Leading-Coldstart-Knotens auswerten. Danach senden sie ihre Coldstart Frames an der ensprechenden Stelle der TDMA-Runde. Der Leading-Coldstart-Knoten beobachtet nun in Runde 5, ob sich andere Coldstart-Knoten beteiligt haben. Falls dies nicht der Fall ist, setzt er einen Zyklus aus und beginnt von vorn, solange die konfigurierte Anzahl an Coldstart-Versuchen noch ausreicht. Liegt eine Beteiligung anderer Knoten vor, überprüft er in Zyklus 6, ob der oder die anderen Knoten korrekt arbeiten und nimmt ab Zyklus 7 den synchronen Betrieb auf. Dem Following-Coldstart-Knoten reicht ein gültiger Startup-Frame auf dem Bus für vier Zyklen, um sich zu integrieren. Sobald er für drei Zyklen seine Frames senden kann und der Schedule mit dem des Leading-Coldstart-Knotens übereinstimmt, ist er auch synchron und beginnt den normalen Sendebetrieb. Ein Non-Coldstart-Knoten muss vier Zyklen lang mindestens zwei Startup-Frames erkennen, um seine Uhr anzupassen. Anschließend ist auch er synchron und beginnt, seine Daten auf den Bus zu senden. Aus diesem Grund sollte man mindestens drei Knoten in einem System als Coldstart-Knoten festlegen, damit auch bei Ausfall eines Knotens ein Hochlauf erfolgen kann.

Vernetze Regelsysteme

Die gleiche Wahrnehmung der globalen Zeit in einem Flexray-Verbund ermöglicht den Aufbau von verteilten, vernetzten Regelsystemen [Re6]. Bei einem vernetzten Regelsystem sind die beteiligten Komponenten an verschiedenen Stellen im Fahrzeug angeordnet und über ein Bussystem (hier Flexray) vernetzt. Unter Umständen wird auch der Regelalgorithmus über mehrere Steuergeräte im Netzwerkverbund verteilt. Dabei gilt es, die Latenzzeit, verursacht durch die Signallaufzeit von der Senderanwendung zur Empfängeranwendung, zu minimieren. Beim Flexray ist diese Latenzzeit immer konstant. Dies vereinfacht den Regelentwurf.

Bild 1-32 zeigt ein Beispiel eines Regelsystems, das über Flexray vernetzt ist. Es besteht aus einem zentralen Steuergerät sowie zwei Sensoren und einem Aktor, jeweils mit integrierter Elektronik und Busanschluss. Die Sensoren erfassen physikalische Größen und das zentrale Steuergerät berechnet den Regelalgorithmus zur Ansteuerung der Aktoren.

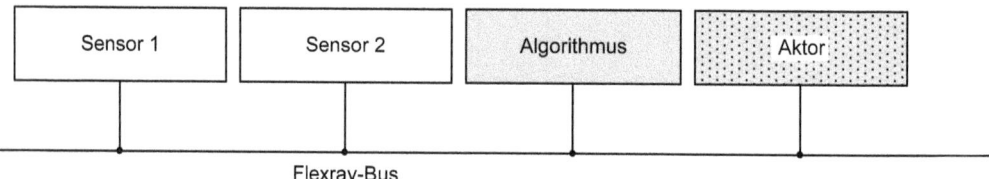

Bild 1-32 Vernetztes Regelsystem

Für ein vernetztes Regelsystem sind unter Echzeitbedingungen die Laufzeiten des Regelalgorithmus mit dem Buszugriff im statischen Segment zu verknüpfen. Unter der Annahme, dass der Regelalgorithmus innerhalb eines Buszyklus gerechnet werden soll, steht ihm nur eine begrenzte Rechenzeit zur Verfügung, die sich aus den Empfangs- und Sendezeiten ergibt. Bild 1-33 verdeutlicht diesen Zusammenhang. Dabei steht dem Algorithmus nur die Zeitdauer von etwas mehr als drei Zeitfenstern zur Verfügung, da während des siebten die Daten bereits zur Übertragung bereitgestellt werden müssen. Damit wird sichergestellt, dass die aktuellen Daten rechtzeitig auf dem Bus liegen.

Um die Möglichkeit des Flexray-Bussystems voll auszuschöpfen, sind spezielle Softwarearchitekturen im Steuergerät nötig. Sinnvollerweise verwendet man dafür ein Betriebssystem mit Zeitsteuerung. Auf diese Weise ergibt sich die Möglichkeit, die Zeitbasis der Anwendung mit der externen Zeitbasis, die durch das Flexray-System vorgegeben ist, zu synchronisieren. Als mögliches geeignetes Betriebssystem mit Zeitsteuerung kann etwa OSEKtime eingesetzt werden.

1.2 Bussysteme im Fahrzeug

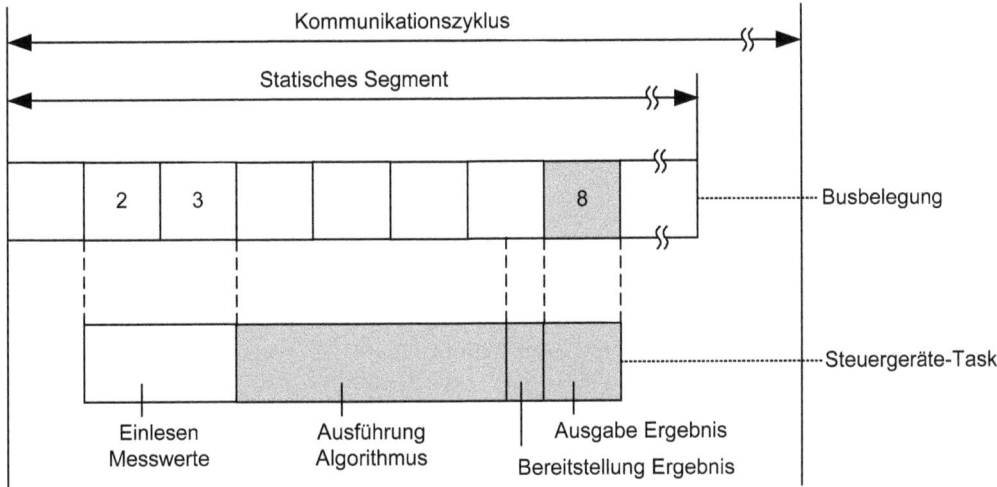

Bild 1-33 Zusammenhang von Buszugriff und Zeitverhalten des Regelalgorithmus

Nachrichtenformat

Die Flexray-Botschaft, die insgesamt als *Flexray-Frame* bezeichnet wird, ist in drei Segmente unterteilt (vgl. Bild 1-34). Im ersten Segment, dem *Header-Segment*, wird der Identifier der Botschaft (*Frame ID*) hinterlegt, der durch den nachfolgenden Botschaftsanteil, dem *Header CRC*, mit dem Verfahren der zyklischen Blocksicherung gesichert wird. Die eigentlichen Nutzdaten, die maximal 254 Byte lang sein können, werden im zweiten Teil der Botschaft, dem *Payload-Segment*, übertragen. Die Datensicherung dieser Nutzdaten wird im dritten Teil, dem *Trailer-Segment*, ebenfalls durch zyklische Blocksicherung vorgenommen.

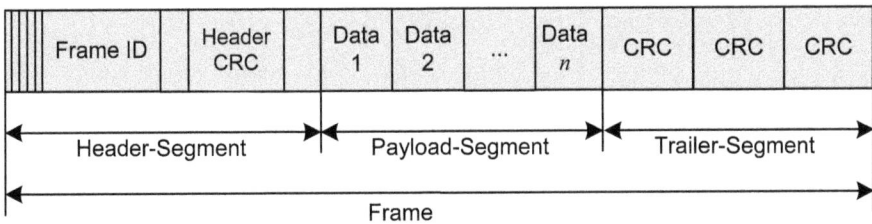

Bild 1-34 Flexray-Nachrichtenformat (zusammengefasste Darstellung nach [Fl1]). Die englischen Bezeichnungen wurden beibehalten, um eine hohe inhaltliche Nähe zur Spezifikation zu gewährleisten

Physikalische Schicht

Grundsätzlich ist der Einsatz des Flexray-Protokolls sowohl über optische als auch über elektrische Übertragungsmedien möglich. Die Flexray-Spezifikation der physikalischen Schicht [Fl3] beschreibt detailliert den zweitgenannten Fall. Die Informationsübertragung zwischen zwei Knoten wird dabei ähnlich wie beim High-Speed-CAN über eine differentielle Spannungsschnittstelle auf einer Zweidrahtleitung abgewickelt. Die elektrische Signalübertragung basiert auf drei Zuständen. Die Spannungslagen sind dabei symmetrisch um den Idle-Zustand bei 2,5 V angeordnet. Im Gegensatz zum CAN sind die beiden Datenpegel „logisch null" und „logisch eins" gleichberechtigt; sie setzen sich jedoch beide gegenüber dem Idle-Zustand durch. Für weitere Einzelheiten und Schaltungsarten sei auf die Spezifikation [Fl3] verwiesen.

1.2.5 MOST

Historie, Standards

Ähnlich wie die Flexray-Spezifikation entstand die MOST-Spezifikation (*Media Oriented Systems Transport*) ebenfalls im Rahmen einer Konsortialentwicklung verschiedener Fahrzeughersteller und relevanter Zulieferer. Zielsetzung des offenen MOST-Standards ist die Schaffung eines geeigneten Bussystems zur Übertragung von Multimedia-Daten im Fahrzeug. Die aktuelle Spezifikation (siehe [Mo1] und [Mo2]) umfasst alle sieben Schichten des ISO/OSI-Modells.

Grundsätzliche Eigenschaften

Ausgangspunkt für die nähere Betrachtung des MOST-Protokolls ist die in Bild 1-35 dargestellte funktionale Struktur, die das Zusammenwirken innerhalb eines *MOST-Knotens* (*MOST-Device*) beschreibt. Dabei wird unter einem MOST-Knoten eine Einheit verstanden, die in einem MOST-Netzwerk mit anderen Knoten kommuniziert, die aber mehrere Anwendungs-Funktionen beheimaten kann. Solche Funktionen sind in Bild 1-35 mit der Bezeichnung *Function Block Application* beispielhaft in zweifacher Ausprägung dargestellt und könnten etwa für einen Audio-Verstärker und ein Radio-Empfangsteil stehen.

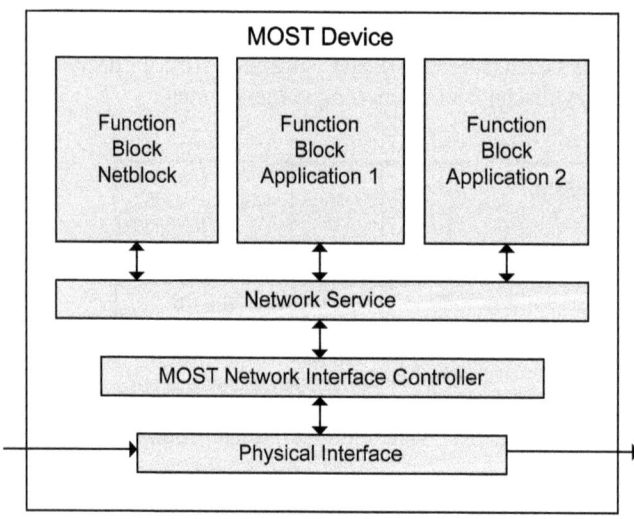

Bild 1-35 Funktionale Struktur eines MOST-Knotens (nach [Mo1]). Die englischen Bezeichnungen wurden beibehalten, um eine hohe inhaltliche Nähe zur Spezifikation zu gewährleisten

Ergänzend werden in einem MOST-Knoten auch Funktionalitäten bereitgestellt, die die gesamte Einheit nutzen kann. Diese Funktionen werden in dem *Function Block Netblock* zusammengefasst und kommunizieren mit dem *MOST Network Interface Controller*. Dieser stellt unter Nutzung einer gemeinsamen Schicht die Anbindung an das physikalische Medium sicher. Diese gemeinsame Schicht wird in Bild 1-35 durch den Block *Network Service* symbolisiert.

1.2 Bussysteme im Fahrzeug

Ein MOST-System kann aus bis zu 64 Knoten bestehen. Einer der Knoten wird als Timing-Master konfiguriert und stellt die Zeitbasis für alle Knoten des Systems bereit, so dass ein synchroner Betrieb möglich wird. Auf die eingesetzten Übertragungsverfahren und -raten wird noch näher eingegangen. Die typische Topologie eines MOST-Systems ist die Ring-Topologie, ausgeführt mit optischen Übertragungsmedien. Alternativ sind aber auch Punkt-zu-Punkt- oder Stern-Topologien zulässig.

Botschaftsformat und Buszugriffsverfahren

Die MOST-Kommunikation ist in *Blöcken* organisiert, die jeweils aus 16 so genannten *Frames* bestehen (siehe Bild 1-36). Jeder Frame umfasst drei verschiedene Kanäle, die abgearbeitet werden und mit unterschiedlichen Übertragungsraten und Zugriffsverfahren arbeiten. Die Länge eines Frames beträgt typischerweise 22,67 µs. Das entspricht der Abtastfrequenz von 44,1 kHz für eine Audio-CD.

Der *synchrone Kanal* dient zur Übertragung von Echtzeit-Daten wie z. B. Videodaten. Dieser Kanal verwendet das so genannte TDM-Verfahren, bei dem die Datenströme mehrerer Sender mit niedriger Bitrate zu einem Datenstrom hoher Bitrate durch Aufteilung der Datenströme auf einzelne Zeitfenster zusammengefasst werden. Demgegenüber basiert der *asynchrone Kanal* auf der Versendung von Daten-Paketen und beinhaltet z. B. Informationen aus dem Navigationssystem. Ergänzend werden im dritten Kanal Steuerungsinformationen übertragen.

Die Verteilung der Datenraten im synchronen und asynchronen Kanal wird durch den *Boundary Descriptor* eingestellt, der die Grenze zwischen dem synchronen und asynchronen Kanal festlegt und in dem ersten Byte des Frames, dem Header, übertragen wird (siehe auch Bild 1-36). Die Mindestlänge für synchrone Daten beträgt 24 Byte; unter Berücksichtigung der Gesamtlänge des Datenfeldes von 60 Byte ergibt sich damit eine Maximallänge für asynchrone Daten von 36 Byte pro Frame. In dem letzten Anteil des Frames, dem Trailer, werden Status- und Prüfinformationen gesendet. Die nominale Datenrate beträgt ca. 25 MBit/s.

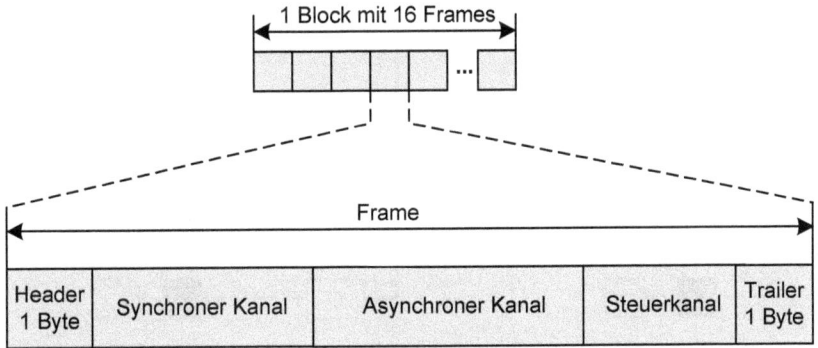

Bild 1-36 MOST-Botschaftsformat (nach [Mo1]). Die Länge eines Frames beträgt 22,67 µs, die Länge des gesamten Blocks 363 µs

1.2.6 Kommunikationsarchitekturen im Fahrzeug

In den vorangegangenen Abschnitten ist deutlich geworden, dass für die unterschiedlichen Anforderungsprofile im Fahrzeug unterschiedliche Bussysteme entwickelt wurden und sich in einigen Bereichen ausgewählte Systeme als Standards zu etablieren beginnen. Erweitert man den Betrachtungshorizont über mehrere Fahrzeugfunktionsbereiche hinaus, so wird schnell offensichtlich, dass auch Bedarf an geeigneten Kopplungen von verschiedenen Systemen und an sinnvoll strukturierten Gesamtarchitekturen besteht.

Mit den bereits beschriebenen Systembausteinen zur Kopplung von Bussystemen wie Gateways oder Router kann die Strukturierung der Kommunikationsarchitektur durchaus unterschiedlich ausgeführt werden. Bild 1-37a zeigt eine mögliche Alternative, die die verschiedenen Steuergeräte über ein *zentrales Gateway* verbindet. Die Vorteile dieses Ansatzes liegen in der Möglichkeit, das Gateway speziell für seinen Zweck zu optimieren und frei von funktionalen Quereinflüssen zu gestalten. Nachteil ist die Tatsache, dass ein zusätzliches, zentrales Steuergerät notwendig ist, dessen Versagen starken Einfluss auf die gesamte Kommunikation im Fahrzeug haben kann.

Die zweite Alternative in Bild 1-37b löst die Kopplungsaufgabe durch das Einführen von dezentralen Gateways, die durch einen so genannten *Backbone-Bus* verbunden werden, der durch eine dickere Linienbreite hervorgehoben ist. Dieser Bus stellt das „Rückgrat" des gesamten Kommunikationssystems dar und koppelt die Teilsysteme miteinander. Dadurch entsteht eine Struktur, die modularer und änderungsfreundlicher ist, aber gleichzeitig eine Vervielfachung von Gateway-Funktionalitäten bedeutet. Diese Gateways können allerdings auch durch Software-Bausteine in bestehenden Steuergeräten realisiert werden.

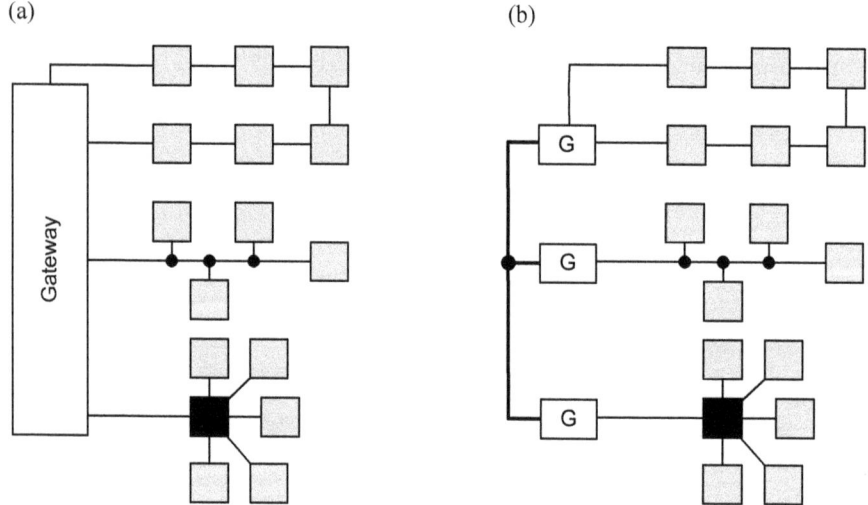

Bild 1-37 Mögliche Kommunikationsarchitekturen im Fahrzeug:
(a) Zentrales Gateway. (b) Backbone-Bus mit dezentralen Gateways (G Gateway)

2 Echtzeitbetriebssysteme

In den letzten Jahren hat sich die Automobilindustrie zu einem der wesentlichen Anwender von Echtzeitbetriebssystemen für eingebettete Systeme entwickelt. Relativ zeitig erkannten sowohl die Automobilhersteller als auch deren Zulieferer die Notwendigkeit, neben Hardwarestandards auch Standards für die verwendete Software festzulegen. Dies umfasst auch die Standardisierung der verwendeten Betriebssysteme. Dabei ist dem Zeitverhalten der Betriebssysteme die gebührende Aufmerksamkeit zu schenken.

2.1 Allgemeines zu Echtzeitbetriebssystemen

Betriebssysteme stellen die Basis eines jeden Rechnersystems dar. Dabei besteht ein Betriebssystem aus einer Sammlung von Programmen, welche die Betriebsmittel verwalten und die Ausführung von anderen Programmen überwachen und steuern. Speziell im Bereich der eingebetteten Systeme sind vielfach Echtzeitbetriebssysteme zu finden, die die zentrale Grundlage eines Rechnersystems innerhalb eines Echtzeitsystems darstellen. Echtzeitbetriebssysteme ermöglichen es, dem Gesamtsystem ein *deterministisches Laufzeitverhalten* zu geben. Das bedeutet, das Ergebnis muss nicht nur korrekt sein, sondern auch zu einem vorgegebenen Zeitpunkt bereitgestellt werden. Echtzeitsysteme müssen nicht besonders schnell sein, sondern nur „schnell genug" und deterministisch.

2.1.1 Grundlegende Begriffe

Zunächst gilt es, einige verwendete Begriffe zu erklären:

Unter einem *Betriebssystem* versteht man diejenigen Programme eines digitalen Rechnersystems, die zusammen mit den Eigenschaften der Rechenanlage die Grundlage der möglichen Betriebsarten des digitalen Rechnersystems bilden und insbesondere die Abwicklung von anderen Programmen steuern und überwachen [Di5]. Im Umfeld eingebetteter Systeme stellt sich ein Betriebssystem als einfacher Verwalter von Systemressourcen (im einfachsten Fall der Resource Prozessor) dar.

Der *Echtzeitbetrieb* ist der Betrieb eines Rechnersystems, bei dem Programme zur Verarbeitung anfallender Daten ständig derart betriebsbereit sind, dass die Verarbeitungsergebnisse innerhalb einer vorgegebenen Zeitspanne verfügbar sind. Die Daten können je nach Anwendungsfall nach einer zeitlich zufälligen Verteilung oder zu vorbestimmten Zeitpunkten anfallen [Di5].

Ein *Echtzeitsystem* realisiert den Echtzeitbetrieb unter den oben angegebenen Bedingungen. Die Entwicklung eines Echtzeitsystems erfolgt entweder ereignisgesteuert oder zeitgesteuert.

Unter einem *Prozess* verstehen wir den kleinsten, nicht mehr teilbaren Aufgabeninhalt, den ein Mikroprozessor ausführen kann. Er ist ein Kompositum aus einer sequenziell auszuführenden Berechnungsvorschrift (sequenzieller Programmcode) und dem zugehörigen Datenraum sowie sämtlichen Informationen zum Prozesszustand (Programmzähler und bestimmte Register des Prozessors).

Ein *Prozessor* ist eine „Ausführungsstation", die zu einem gegebenen Zeitpunkt maximal einen Prozess auszuführen vermag.

Der Übergang von der Ausführung eines Prozesses zur Ausführung eines anderen Prozesses wird als *Kontextwechsel* bezeichnet.

Weiterhin unterscheidet man zwischen Prozessen und *Threads*. Hier dienen als Unterscheidungsmerkmale die Separierung des Adressraumes und die damit höhere Komplexität des Verwaltungsaufwandes für Prozesse. Threads teilen sich einen gemeinsamen Adressraum. Der im Folgenden verwendete Begriff *Task* ist ein Oberbegriff über die Begriffe Prozess und Thread.

Wenn man die in eingebetteten Systemen anzutreffenden Betriebssysteme mit Standardbetriebssystemen – beispielsweise UNIX, Linux, Windows – vergleicht, stellt man fest, dass erstere meist deutlich kleiner sind – sowohl bezüglich des Codevolumens als auch bezüglich des Funktionsumfanges. Dies ermöglicht eine kosteneffiziente Integration in eingebettete Systeme. Weiterhin enthalten sie spezielle Mechanismen zur Herbeiführung eines verlässlichen Zeitverhaltens der einzelnen Prozesse. Betriebssysteme, die die letztgenannte Eigenschaft erfüllen, bezeichnet man auch als *Echtzeitbetriebssysteme* (Real-Time Operating System RTOS). Daneben existieren auch Betriebssysteme für eingebettete Systeme, die keine Echtzeiteigenschaften besitzen.

2.1.2 Echtzeitbegriffe

In Bild 2-1 werden einige wichtige Zeitbegriffe im Zusammenhang mit Echtzeitsystemen dargestellt. Unter *Echtzeitanforderungen* werden die zeitlichen Festlegungen verstanden, die das Zeitverhalten des Tasks bestimmen, das für eine Steuerung oder Regelung in Echtzeit notwendig ist. Dabei wird die Zeitspanne von der Aktivierung des Tasks bis zu dem Zeitpunkt, zu dem der Task spätestens abgeschlossen sein muss (*absolute Deadline*, häufig auch nur Deadline genannt), als *relative Deadline* bezeichnet. Die *Response-Zeit* beschreibt den Zeitabschnitt von der Aktivierung bis zum tatsächlichen Ende der Abarbeitung und schließt damit die *Ausführungszeit*, die mit dem tatsächlichen Start des Tasks beginnt, mit ein.

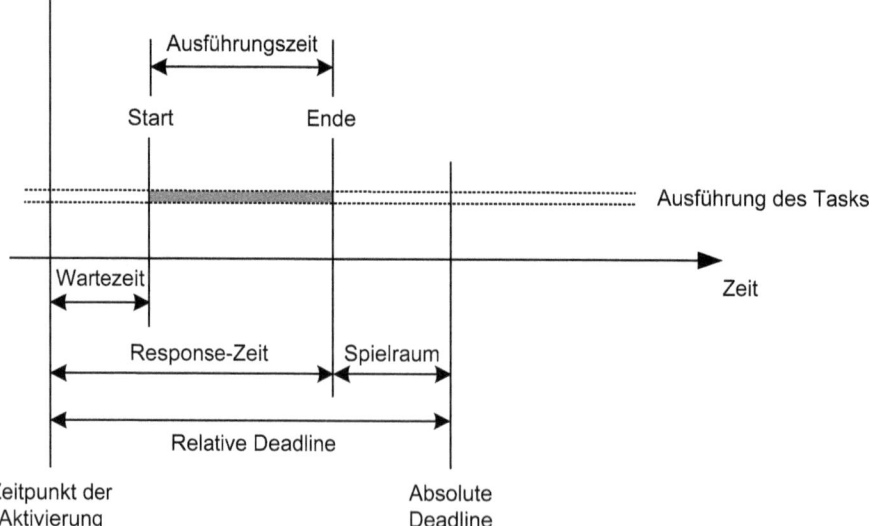

Bild 2-1 Parameter zur Festlegung von Echtzeitanforderungen (nach [Do1], [Li2])

2.1 Allgemeines zu Echtzeitbetriebssystemen

Zeitschranken

Für Anforderungen an Echtzeitsysteme hinsichtlich ihrer Fähigkeit, eine Berechnung bis zu einem festgelegten Zeitpunkt (Deadline) zu erledigen, existieren unterschiedliche Definitionen. Die folgende Definition lehnt sich an die Begriffe aus [Do1], [Pr2] und [Wö1] an.

Unter einer *harten Deadline* versteht man dabei eine zeitliche Vorgabe, welche unbedingt eingehalten werden muss. Ein verspätetes Liefern eines erwarteten Ergebnisses führt zu einem Fehlverhalten des Systems. Im Sinne einer Kostenfunktion bedeutet dies, dass das nicht rechtzeitige Liefern des erwarteten Ereignisses zu einem negativen Nutzen, also zu einem Schaden führt (Bild 2-2a). Harte Echtzeitanforderungen stellen beispielsweise Bremssysteme sowie die Ansteuerung von Verbrennungsmotoren.

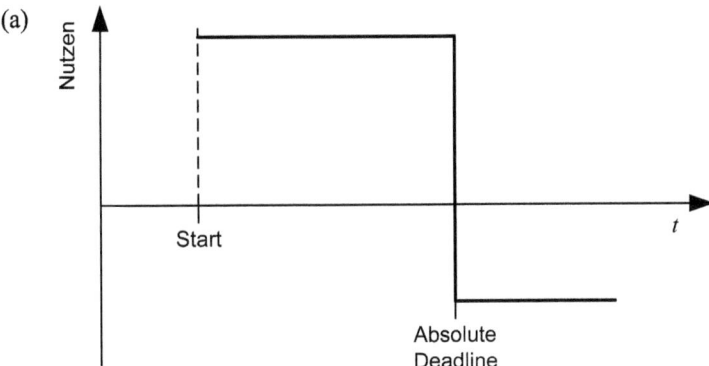

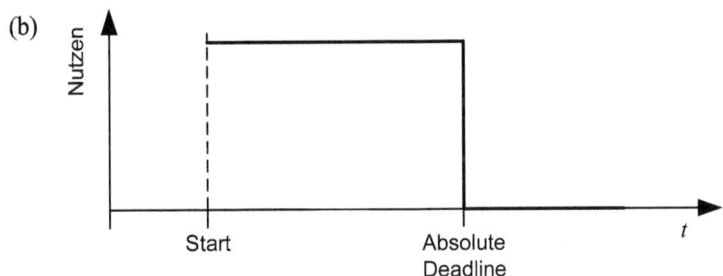

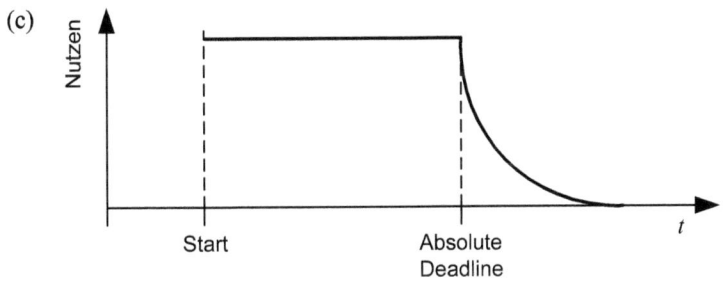

Bild 2-2 Nutzenfunktionen von Echtzeitbetriebssystemen als Funktion der Bereitstellungszeit t:
(a) Harte Deadline.
(b) Feste Deadline.
(c) Weiche Deadline

Im Gegensatz dazu wird bei einer *festen Deadline* und bei einer *weichen Deadline* die Nutzenfunktion nie negativ. Das Verhalten der Nutzenfunktion unterscheidet sich jedoch (siehe Bild 2-2b, c). Ein Beispiel für ein System mit einer festen Deadline, d. h. festen Echtzeitanforderungen, ist die Geschwindigkeitsregelung. Ein Beispielsystem mit einer weichen Deadline, d. h. weichen Echtzeitanforderungen, ist das Multimediasystem im Fahrzeug.

Echtzeitbetrieb

Echtzeitsysteme ändern ihren Zustand als Funktion der Zeit. Dabei wird der Zustand des Gesamtsystems durch eine Anzahl von Zustandsvariablen beschrieben. Ein solcher Zustand kann Größen wie z. B. die Geschwindigkeit eines Fahrzeuges, den aktuellen Gang oder die aktuelle Einspritzmenge in einem Verbrennungsmotor umfassen. Das Rechnersystem muss nun ein internes Abbild des Zustandes ermitteln oder erstellen. Dabei ist zu beachten, dass ein solches Abbild nur für eine begrenzte Zeit gültig ist. Weiterhin muss berücksichtigt werden, dass zu jeder Zustandsänderung rechtzeitig ein neues Abbild erstellt werden muss, um ebenfalls rechtzeitig auf diese Änderung reagieren zu können.

Echtzeitarchitektur

Zur Ermittlung des Systemzustandes und zur Berechnung der Reaktion bestehen zwei grundlegende Vorgehensweisen, die zu unterschiedlichen Architekturen von Echtzeitsystemen führen. Man unterscheidet nach [Ko2] *ereignisgesteuerte* (event-triggered) und *zeitgesteuerte* (time-triggered) Systeme.

Bei einem zeitgesteuerten System erfolgt die Aktualisierung des Zustandsabbildes periodisch in festgelegter Abfolge. Als Zeitgeber kann eine interne Uhr dienen, in verteilten Systemen kann als Zeitgeber – über eine Uhrensynchronisation – die globale Zeitbasis genutzt werden. Im Gegensatz dazu wird bei einem ereignisgesteuerten System das Abbild mit jeder Zustandsänderung aktualisiert.

Die Festlegung, welche Architektur zu benutzen ist, ist oft nicht einfach zu treffen. Vereinfacht kann man sagen, dass eine Abwägung zwischen Vorhersagbarkeit und Flexibilität zu treffen ist. Weiterhin kann das verwendete Bussystem einen Einfluss auf die Entscheidung zwischen einem ereignisgesteuerten oder einem zeitgesteuerten System haben.

Rechtzeitigkeit und Determinismus von Echtzeitsystemen

Echtzeitrechnersysteme sind nicht grundsätzlich schnelle Systeme. Zunächst geht es in diesem Zusammenhang um die rechtzeitige Reaktion auf Umgebungsereignisse. Im Kontext der Betriebssysteme versteht man unter der *Latenz* die Zeitspanne zwischen dem Auftreten eines Ereignisses und der entsprechenden Reaktion, z. B. der entsprechenden Ausgabe an den Aktor [Ko2].

Für manche Anwendungen genügt es nicht, dass das Ergebnis einer Berechnung rechtzeitig vorliegt. Vielmehr muss sichergestellt werden, dass der Zeitpunkt der Bereitstellung zusätzlich einen geringen *Jitter* (Differenz zwischen maximaler und minimaler Latenz) aufweist. Dieses Problem tritt besonders bei regelungstechnischen Problemstellungen auf.

2.1 Allgemeines zu Echtzeitbetriebssystemen

Zur Sicherstellung des Determinismus von Echtzeitsystemen benötigt man die Kenntnis der *maximalen Ausführungszeit* (Worst Case Execution Time WCET). Dies ist die maximale Ausführungszeit eines bestimmten Programmteils auf einer bestimmten Ausführungsplattform. Dabei sind alle möglichen Verzögerungen (Interrupts, Cacheverhalten etc.) zu berücksichtigen, die auftreten können.

2.1.3 Prozess und Prozesszustände

Eines der grundlegenden Konzepte in der Theorie der Betriebssysteme ist der Prozessbegriff. Prozesse stellen das grundlegende Beschreibungsmittel von Nebenläufigkeiten dar. Ein Prozess ist ein laufendes Programm zusammen mit den zugehörigen Betriebsmitteln sowie den dazugehörenden aktuellen Werten des Programmzählers, der Register und der Variablen. Dabei kann ein Prozess mehrere grundlegende Zustände annehmen. Im Folgenden wird von vier grundlegenden Prozesszuständen ausgegangen (siehe Bild 2-3): Beim Systemstart ist der Zustand jedes Prozesses „suspended". Durch die Aktivierung eines Prozesses wechselt dieser in den Zustand „ready". Damit ist dem Scheduler dieser Prozess als ablauffähig bekannt gemacht. Bei tatsächlicher Ausführung geht der Prozess in den Zustand „running" über. Dieser Zustand kann entweder durch Beendigung des Tasks (terminate) oder Verdrängung (preempt) verlassen werden. Letzteres geschieht zum Beispiel, wenn ein höher priorisierter Task den gerade aktuell ausgeführten Task zwangsweise unterbricht. Nun nutzt dieser Prozess den Prozessor und kann auf Betriebsmittel zugreifen. Beim Warten auf ein Ereignis wechselt der Prozess nach „waiting", und ihm wird vom Scheduler der Prozessor entzogen. Dieser Zustand wird in manchen Systemen als „blocked" bezeichnet. Nach der Abarbeitung aller Anweisungen beendet sich der Prozess selbständig und gibt die ihm zugeteilten Betriebsmittel zurück.

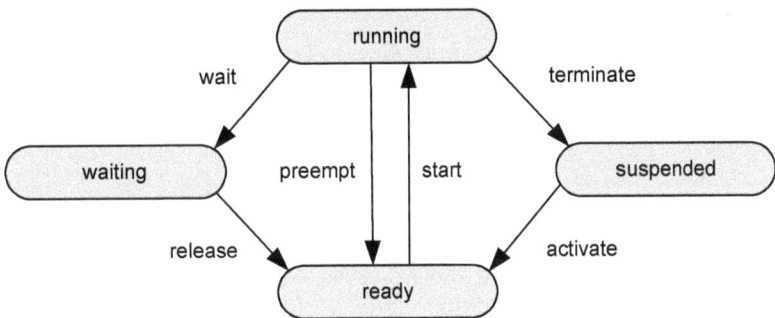

Bild 2-3 Grundlegende Prozesszustände und Übergänge (angelehnt an [Os1], daher wurden englische Begriffe gewählt)

2.1.4 Kontextwechsel

Um einen Prozess in den Zustand „running" zu versetzen, muss ein anderer Prozess verdrängt werden (Kontextwechsel). Damit dieser später – durch einen weiteren Kontextwechsel – fortgesetzt werden kann, müssen bestimmte Informationen durch das Betriebssystem gesichert werden. Dies umfasst mindestens den Programmcode, den Datenbereich und einen so genannten Task-Control-Block (TCB).

In den Task-Control-Block werden zum Kontextwechsel alle für die Prozessausführung relevanten Registerinhalte des Prozessors gesichert. Wenn der Prozessor einem Prozess wieder zugeteilt wird, werden die Registerinhalte durch Auslesen des dem Prozess zugehörigen Task-Control-Blocks wiederhergestellt. Viele Prozessoren enthalten für diesen Vorgang optimierte Hardware, damit nicht mehrere Register gesichert und geladen werden müssen, sondern nur zwischen verschiedenen Registerbänken umgeschaltet werden muss.

2.1.5 Scheduling

Der Dispatcher führt die im vorangegangenen Abschnitt dargelegten Zustandsübergänge durch. Bis auf den Zustand „running" besitzt jeder Prozesszustand mindestens eine Warteschlange im Dispatcher. Die Zuordnung einer Ausführungsreihenfolge zu einem gegebenen Prozesssystem und einer gegebenen Aktivierungssequenz wird als Scheduling bezeichnet. Diese Festlegung wird von einem Scheduler berechnet. Als Resultat erhält man einen Schedule, welcher eine derartige Ausführungsreihenfolge darstellt. Umgangssprachlich fasst man den Dispatcher und den Scheduler zusammen und spricht nur vom Scheduler. Der vereinfachte Ablauf, um die Zustandswechsel der Tasks zu steuern, ist in Bild 2-4 beispielhaft dargestellt. Es zeigt die in diesem Zusammenhang relevanten Funktionalitäten eines Echtzeitbetriebssystems.

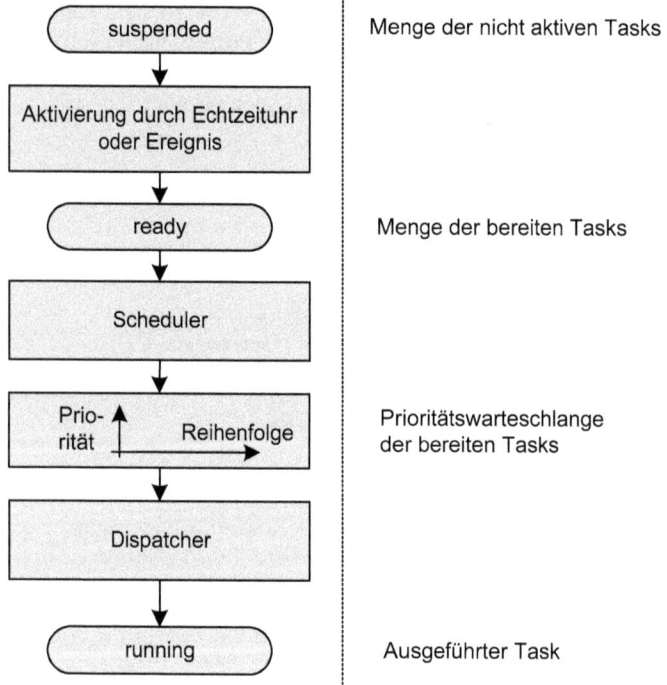

Bild 2-4 Beispiel eines vereinfachten Ablaufs innerhalb eines Echtzeitbetriebssystems (nach [Sc1])

Das Scheduling für Echtzeitsysteme kann sowohl statisch als auch dynamisch erfolgen. Bild 2-5 systematisiert die prinzipiellen Schedulingansätze für Echtzeitbetriebssysteme. Beim *statischen Scheduling* erfolgt die Berechnung der Schedule vorab, d. h. nicht während der Laufzeit. Damit erhält man ein absolut deterministisches Laufzeitverhalten, welches aber nicht mehr änderbar ist. Im Gegensatz dazu wird bei einem *dynamischen Scheduling* die Berechnung während der Laufzeit durchgeführt, was einen erhöhten Aufwand erfordert. Schedules, die teilausgeführte Prozesse jederzeit zu Gunsten anderer, höher priorisierter Prozesse (durch einen Kontextwechsel) unterbrechen, heißen *präemptiv*.

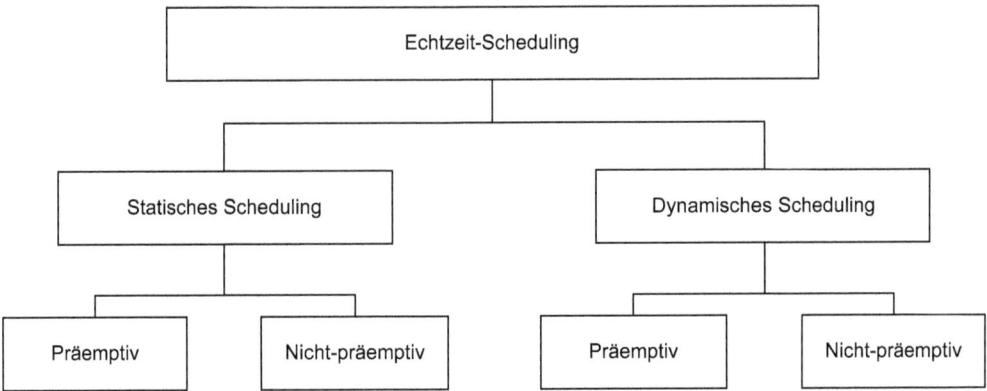

Bild 2-5 Klassifikation von Scheduling-Algorithmen (statische Prioritäten, nach [Ko2])

Wenn alle Zeitbedingungen des Prozesssystems erfüllt sind, also keine Deadline überschritten wird, bezeichnet man diesen Schedule als *zulässig* (feasible). Als *schedulebar* bezeichnet man Prozesssysteme, die für jede bezüglich der Prozessparameter mögliche Aktivierungssequenz einen zulässigen Schedule besitzen.

Es existieren verschiedene Strategien, nach denen das Task-Scheduling erfolgen kann. Beispiele für die verwendeten Strategien sind z. B. das Round-Robin-Verfahren, bei dem allen Prozessen nacheinander für jeweils einen kurzen Zeitraum Zugang zu den benötigten Ressourcen gewährt wird. Beim Least-Laxity-First-Ansatz wählt der Scheduler diejenigen Prozesse aus, die den geringsten Spielraum (Laxity, vgl. Bild 2-1) haben. Ein Überblick über verschiedene Scheduling-Algorithmen ist in [Ho3] zu finden.

2.1.6 Vertreter von Echtzeitbetriebssystemen

Die Anzahl der Standard-Echtzeitbetriebssysteme ist sehr groß. Ursache dafür ist vor allem die Notwendigkeit einer zugeschnittenen Speziallösung für den jeweiligen Einsatzbereich. Zu den Vertretern von Echtzeitbetriebssystemen gehören VxWorks, QNX, OSEK/VDX, LynxOS und RTLinux [Pr2]. Die Auswahl des einzusetzenden Betriebssystems richtet sich nach unterschiedlichen Gesichtspunkten. Dazu zählen z. B. Kostenaspekte, die Toolkettenintegration und die verwendete Hardware. OSEK/VDX ist im Automobilbereich das Standardbetriebssystem und wird im Folgenden näher erläutert.

2.2 OSEK/VDX

Jede Innovation im Fahrzeugbereich ist direkt oder indirekt mit elektronischen Steuerungen verbunden. Auf Grund der steigenden Anzahl von elektronischen Systemen erhöht sich auch die Anzahl der beteiligten Entwicklungspartner. Das Projekt OSEK/VDX (Offene Systeme und deren Schnittstellen für die Elektronik im Kraftfahrzeug) wurde 1993 ins Leben gerufen, um im Bereich der eingebetteten Betriebssysteme für Kraftfahrzeuge eine Standardisierung zu erreichen.

2.2.1 Historie

Als Gründungsmitglieder der OSEK-Organisation waren BMW, Bosch, DaimlerChrysler, Opel, Siemens, VW und die Universität Karlsruhe aktiv tätig. Die französischen Hersteller PSA und Renault schlossen sich im Jahre 1994 an und brachten VDX (Vehicle Distributed Executive) mit ein. Die zusammengeführten Spezifikationen wurden 1995 erstmals veröffentlicht. Die OSEK/VDX-Organisation steht unter der Führung der oben genannten Firmen. Momentan sind mehr als 50 Partner aus dem Umfeld der Automobilelektronik an der Weiterentwicklung der Standards beteiligt.

Die OSEK/VDX-Organisation hat mehrere Standards veröffentlicht. Tabelle 2.1 listet diese auf. Teile der OSEK/VDX-Spezifikationen wurden in die ISO 17356 [Is9] überführt. Diese umfasst OSEK-OS 2.2.1, OSEK-COM 3.0.2, OSEK-NM 2.5.2 und OSEK-OIL 2.4.1. Die Arbeiten der OSEK/VDX-Gremien finden ihre Fortsetzung im 2003 gestarteten AUTOSAR-Projekt (siehe Abschnitt 2.3).

Tabelle 2.1 Übersicht über die OSEK/VDX-Standards

Standard	Version
Betriebssystem (OSEK-OS)	2.2.3
Kommunikation (OSEK-COM)	3.0.3
Netzmanagement (OSEK-NM)	2.5.3
OSEK Implementation Language (OIL)	2.5
Time Triggered OS (OSEKtime)	1.0
Fault Tolerant Communication (FTCOM)	1.0
OSEK Runtime Interface (ORTI)	2.2

2.2.2 Grundlegende Eigenschaften von OSEK-Betriebssystemen

OSEK-OS umfasst die herstellerübergreifende Spezifikation für ein Echtzeitbetriebssystem sowie deren Softwareschnittstellen und Funktionen für Kommunikations- und Netzwerkmanagement (siehe Abschnitt 2.2.8 und 2.2.9). Damit ergibt sich der in Bild 2-6 dargestellte Grundaufbau.

2.2 OSEK/VDX

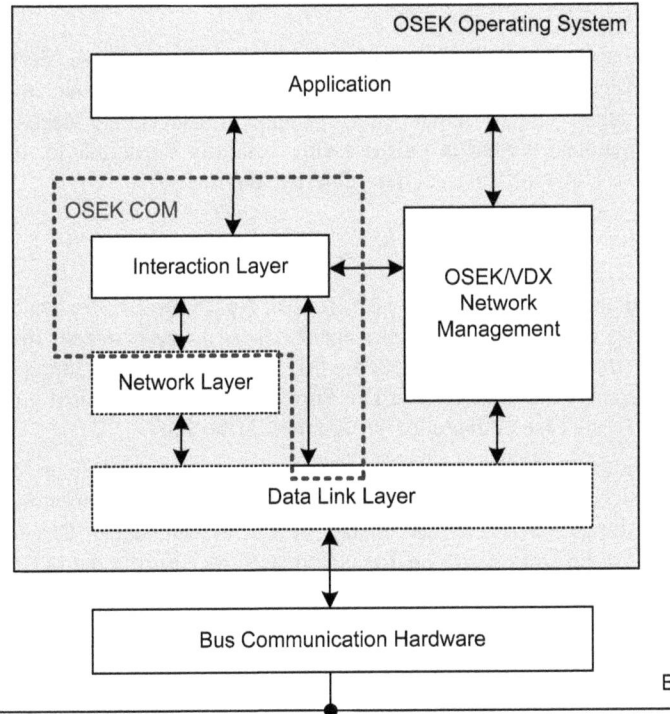

Bild 2-6 Grundaufbau eines OSEK/VDX-Systems (es wurden die englischen Begriffe verwendet, um konform mit der Spezifikation zu sein)

Den speziellen Bedingungen in der Automobilbranche wie Verlässlichkeit, Echtzeitfähigkeit und Kostensensitivität wird durch folgende Eigenschaften Rechnung getragen: Das OSEK/VDX-Betriebssystem ist statisch konfigurier- und skalierbar. Die Anzahl der Tasks, die Ressourcen und die benötigten Funktionen sind statisch. Das heißt, die Konfiguration wird vor der Laufzeit festgelegt und ist dynamisch nicht änderbar. Nur auf diese Weise kann ein geringer Speicherbedarf realisiert werden. Die OSEK/VDX-Spezifikation erlaubt es weiterhin, dass Programme direkt im ROM ausgeführt werden können. Anwendungssoftware kann zwischen verschiedenen Betriebssystemen, welche gemäß des OSEK/VDX-Standards implementiert wurden, ausgetauscht werden. Schließlich ermöglicht die Spezifikation ein vorhersagbares und dokumentiertes Verhalten der Betriebssystemimplementierung, das für die harten Echtzeitbedingungen in der Automobilindustrie ausreichend ist.

Das OSEK/VDX-konforme Betriebssystem ist ein Ein-Prozessor-Betriebssystem für verteilte eingebettete Systeme. Es stellt eine einheitliche Systemumgebung zur Ausführung von automobilspezifischen Anwendungen zur Verfügung. Dabei ist zu beachten, dass streng gesprochen OSEK-OS kein eigenes Betriebssystem darstellt, sondern lediglich eine Spezifikation, nach der der Softwarehersteller OSEK-konforme Betriebssysteme erstellen kann.

2.2.3 Betriebsmittel

Ein OSEK-OS-konformes Betriebssystem stellt die grundlegenden Betriebsmittel zur Verfügung. Dazu gehören als zentrale Elemente die Tasks als Prozessäquivalent. Es sind Mechanismen zur Synchronisation und Signalisierung zwischen den Tasks und ein Konzept zur Realisierung zeitabhängiger Dienste vorhanden. Weiterhin existiert eine Grundfunktionalität für den Austausch von Nachrichten und die Unterstützung bei der Fehlerbehandlung.

Task

Das grundlegende Zustandsverhalten von OSEK-Tasks ist bereits in Abschnitt 2.1.3 behandelt worden. Hierbei ist der Begriff des Prozesses durch den Begriff des Tasks zu ersetzen. Jeder Task besitzt eine bestimmte *Priorität*, die statisch vergeben wird. Das bedeutet, sie kann während der Ausführung nicht dynamisch verändert werden. Die Priorität legt fest, wie wichtig die Ausführung der Tasks bzw. die in dem Task enthaltenen Programmschritte sind.

OSEK/VDX schreibt zur Definition von Tasks eine C-Erweiterung vor. Diese wird über Makros realisiert. Ein Task verhält sich wie eine Funktion, wobei eine Übergabe von Parametern nicht möglich ist, jedoch gelten die gleichen Sichtbarkeitsregeln (nach C-Standard). Das folgende Codebeispiel veranschaulicht die Definition von Tasks und stellt gleichzeitig die kürzest mögliche OSEK/VDX-Anwendung dar:

```
DeclareTask(RteTaskSensor); /* Task declaration */
....
TASK(RteTaskSensor)
{
   /* do something */
   TerminateTask(); /* finish the task */
}
```

Interruptverwaltung

Externe und interne Ereignisse innerhalb einer Recheneinheit erzeugen eine Unterbrechungsanforderung (Interrupt Requests IRQ), durch welche Interrupt-Service-Routinen (ISR) angestoßen werden. Damit besteht die Möglichkeit, einen festen Ablauf zu unterbrechen. Unter OSEK/VDX wird durch Interrupt-Service-Routinen jeder Task unterbrochen. Grundsätzlich sollten Interrupt-Service-Routinen klein und schnell abzuarbeiten sein, da sie meist bis zu ihrem Ende durchlaufen werden. Anhand der Nutzung von Betriebssystemfunktionen können Interrupt-Service-Routinen innerhalb von OSEK/VDX in zwei Kategorien eingeteilt werden.

Die Interrupt-Service-Routinen der Kategorie 1 besitzen den geringsten Overhead, da diese Interrupt-Service-Routinen keinen Einfluss auf die Verwaltung von Tasks haben und keine Nutzung von Betriebssystemfunktionen erfolgt.

Innerhalb von Interrupt-Service-Routinen der Kategorie 2 ist die Nutzung von Betriebssystemfunktionen möglich. Das Betriebssystem muss einen Funktionsrahmen zur Verfügung stellen. Damit bekommt das Betriebssystem die Möglichkeit, vor der Ausführung der Routine einige Aktionen durchzuführen. Weiterhin findet ein eventuell erforderliches Scheduling niemals in der Interrupt-Service-Routine statt, sondern erst bei deren Beendigung. Im OSEK/VDX-Betriebssystem existieren Möglichkeiten, einzelne Unterbrechungsanforderungen oder Gruppen von Unterbrechungsanforderungen ab- und anzuschalten.

Ähnlich wie für Tasks erfordert die Definition von Interrupt-Service-Routinen eine C-Spracherweiterung:

```
ISR(I_CAN_CTRL0_TX)
{
   /* place user code here */
   Can_IsrSrn4TransmitHandler0();
}
```

Eventsteuerung

Events dienen zur Steuerung des Programmflusses und werden im OSEK-OS zur Signalisierung zwischen Tasks und Interrupt-Service-Routinen benutzt. Sie können von beliebigen Tasks und Interrupt-Service-Routinen der Kategorie 2 ausgelöst werden. Events dienen weiterhin zum Aufbau von ereignisgesteuerten Diensten und Client-Server-Beziehungen zwischen Tasks. Manche Tasks, nämlich die so genannten *Extended Tasks*, können ohne CPU-Belastung warten (vgl. Zustand „waiting" in Bild 2-3), wobei ihnen bestimmte Ereignisse durch Events signalisiert werden, die zu einem Wechsel aus dem Zustand „waiting" führen. Die Nutzung von Events als Interface zwischen den beteiligten Kommunikationspartnern resultiert in kleinen, genau beschriebenen Schnittstellen. Technisch werden Events durch Bitfelder realisiert, wobei jedes Bit genau einen Event repräsentiert.

Counter und Alarme

Echtzeitfähige Systeme benötigen die Fähigkeit zur Behandlung von zeitabhängigen Diensten. OSEK/VDX stellt dazu die Kombination von Countern und Alarmen zur Verfügung. Ein Counter kann beliebige Ereignisse zählen. Dazu werden sehr oft die „Ticks" einer internen Uhr (clock) verwendet. Möglich ist auch das Zählen von externen Ereignissen oder das Auftreten von Fehlern innerhalb der Anwendung. Erreicht der Counter einen voreingestellten Wert, so wird eine festgelegte Aktion ausgeführt. Mögliche Aktionen sind das Aktivieren eines Tasks, das Auslösen eines Events oder das Aufrufen einer Rückruffunktion (callback function). Eine *Rückruffunktion* ist dabei eine Funktion, die einer anderen Funktion als Parameter übergeben wird und von dieser unter gewissen Bedingungen aufgerufen wird.

Mit Hilfe dieses Konzeptes lässt sich die zyklische Ausführung von Tasks realisieren, wobei modernere OSEK/VDX-Varianten für die zyklische Taskaktivierung die Möglichkeit der so genannten *Scheduletables* anbieten. Weiterhin kann ein Task auch nach jeder Kurbelwellenumdrehung gestartet werden. Synchronität zwischen verschiedenen Tasks kann durch das Binden von mehreren Alarmen an einen Counter realisiert werden.

Ressourcenverwaltung

In Multitaskingsystemen besteht grundsätzlich das Problem der Konsistenzsicherung von gemeinsam benutzten Systemressourcen, wie z. B. Speicher oder Hardwarekomponenten. In der Praxis werden dazu Semaphoren, das Unterbinden von Kontextwechseln und das Unterbinden von Interrupts benutzt. Semaphoren signalisieren den Zustand der gemeinsam benutzten Systemressourcen und werden zur Steuerung des Taskzustandes („running" oder „waiting") benutzt.

Ein Problem, das bei der Verwendung von Semaphoren auftreten kann, ist das Entstehen von Verklemmungen (Deadlocks). Darunter versteht man Situationen, in denen Tasks im Zustand

„waiting" verharren, weil diese jeweils auf eine durch einen anderen Task gesperrte Ressource warten. Dies ist in Echtzeitsystemen nicht tragbar.

Eine Möglichkeit, Verklemmungen zu vermeiden, ist die Methode der *Prioritätsgrenze* (Priority Ceiling Protocol). Die Prioritätsgrenze einer Ressource ist die höchste Priorität aller Tasks, die diese Ressource verwenden. Beim OSEK/VDX wird für den Task, der gerade die Ressource belegt, die aktuelle Priorität während der Belegung auf die Prioritätsgrenze hochgesetzt. So wird vermieden, dass er während der Ausführung verdrängt wird. Bei Freigabe der Ressource wird die Priorität des Tasks auf den ursprünglichen Wert zurückgesetzt.

Messages

Der aktuelle OSEK-OS-Standard verlangt auch eine Message-Basisfunktionalität. Basis ist ein asynchrones Kommunikationsprotokoll, wobei sich das dazugehörige Application Programming Interface (API) auf das Ablegen eines Wertes und die Abfrage bestimmter Werte beschränkt. Weiterhin kann beim Senden oder Empfangen von Nachrichten eine Aktion getriggert werden. Auf diese Weise besteht die Möglichkeit, beim Empfangen einer Nachricht den zugehörigen Task zu wecken oder auch zu starten.

Man unterscheidet zunächst die Kommunikation innerhalb des Steuergerätes und die Kommunikation über ein Bussystem. Die Kommunikation wird durch den OSEK-COM-Layer (siehe Abschnitt 2.2.8) ausgeführt.

Hooks und Fehlerbehandlung

Mit Hilfe von *Hooks* werden Mechanismen sowohl für eine zentrale als auch für eine dezentrale Fehlerbehandlung zur Verfügung gestellt. Dabei handelt es sich um vom Entwickler bereit zu stellende Funktionen, die das Betriebssystem in bestimmten Situationen aufruft (vgl. Bild 2-7).

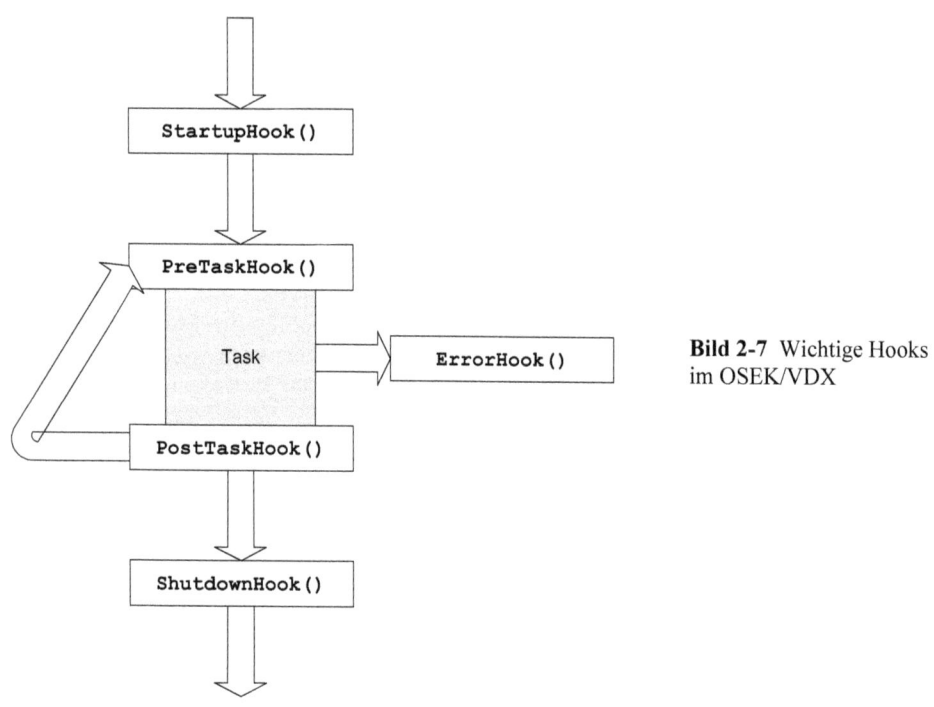

Bild 2-7 Wichtige Hooks im OSEK/VDX

Der StartupHook() wird beim Hochfahren des Systems (noch vor dem Start des Schedulers) ausgeführt und kann für systemweite Initialisierungen benutzt werden. Beim Herunterfahren wird der ShutdownHook() ausgeführt. Der ErrorHook() wird jedes Mal aufgerufen, wenn beim Aufruf einer API-Routine ein Fehler auftritt. Dabei wird der Fehlercode dem Hook übergeben. Der PreTaskHook() und der PostTaskHook() werden bei jedem Taskwechsel in oder aus dem Zustand „running" aufgerufen.

2.2.4 Skalierbarkeit

OSEK/VDX wird auf einer breiten Anzahl von Mikroprozessoren benutzt, sowohl auf 8-Bit-Prozessoren als auch auf leistungsfähiger 32-Bit-Hardware. Um eine betriebsmitteleffiziente Anpassung des Betriebssystems an die Anwendung zu ermöglichen, stellt OSEK/VDX vier verschiedene *Kompatibilitätsklassen* (Conformance Classes) zur Verfügung (siehe Tabelle 2.2). Sie unterscheiden sich in der Anzahl der möglichen Tasks, deren Prioritäten und deren Art (Basic und Extended Tasks) sowie in der Ausführung des Schedulers.

Tabelle 2.2 Kompatibilitätsklassen

Klasse	Eigenschaften
BCC1 (Basic Conformance Class 1)	Nur einfache Tasks Nur eine Aktivierung pro Task erlaubt Nur ein Task pro Prioritätslevel
BCC2 (Basic Conformance Class 2)	Nur einfache Tasks Mehrfache Aktivierung pro Task erlaubt Mehr als ein Task pro Prioritätslevel möglich
ECC1 (Extended Conformance Class 1)	Extended Tasks sind erlaubt Nur eine Aktivierung pro Task erlaubt Nur ein Task pro Prioritätslevel
ECC2 (Extended Conformance Class 2)	Extended Tasks sind erlaubt Mehrfache Aktivierung pro Task erlaubt Mehr als ein Task pro Prioritätslevel möglich

2.2.5 Prioritätssteuerung

Wie bereits erwähnt, hat ein Task eine ihm zugewiesene Priorität. Über diese wird gesteuert, in wie weit sich die Tasks untereinander unterbrechen können. Grundsätzlich darf ein Task nur von einem Task mit einer höheren Priorität unterbrochen werden. Der Scheduler stützt sich bei der Auswahl des Tasks, der als nächstes ausgeführt werden soll, auf die Taskpriorität. Es wird der ablauffähige Task mit der höchsten Priorität ausgeführt.

Der Zeitpunkt, zu dem der Scheduler in Aktion tritt, hängt von der Schedulingstrategie ab. OSEK/VDX kennt drei Modi. Im *nicht-präemptiven Modus* sind Tasks nicht durch andere Tasks unterbrechbar. Ein Taskwechsel kann erst nach Beendigung des Tasks oder durch das Warten des Tasks auf einen Event erreicht werden (vgl. Bild 2-8a). Im Gegensatz dazu ist im *präemptiven Modus* jeder Task durch einen anderen Task mit höherer Priorität unterbrechbar.

Damit läuft zu jedem Zeitpunkt der ausführbare Task mit der höchsten Priorität (vgl. Bild 2-8b). Im *gemischten Modus* ist es möglich, das Verhalten jedes einzelnen Tasks individuell festzulegen.

Das OSEK/VDX-Betriebssystem unterscheidet mit der Interruptebene, der Betriebssystemebene und der Taskebene drei Prioritätsebenen. Es unterstützt eine implementierungsspezifische Anzahl von Taskprioritäten. Für die Interruptebene müssen prozessorspezifische Eigenheiten berücksichtigt werden. Weiterhin muss eine Zuordnung von Betriebssystemprioritäten zu Hardwareprioritäten erfolgen, was besonders sorgfältig zu erfolgen hat, da dies eine häufige Fehlerquelle darstellt.

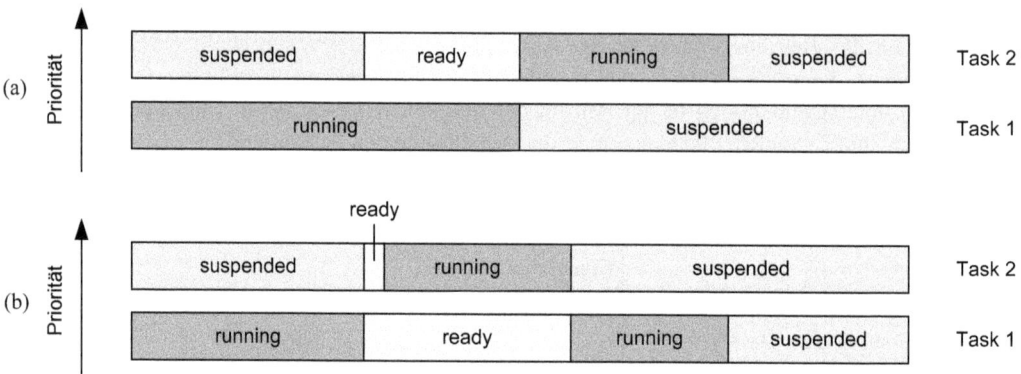

Bild 2-8 Unterschiedliche Schedulingstrategien: (a) Nicht präemptiv. (b) Präemptiv

2.2.6 Konfiguration

Das OSEK/VDX-Entwicklungsmodell setzt voraus, dass das vollständige Betriebssystem statisch konfiguriert wird und sich somit zur Laufzeit nicht ändern kann. Diese Konfiguration des OSEK-OS-Kernels und der weiteren Komponenten erfolgt über eine Datei, die in der so genannten OSEK Implementation Language (OIL) geschrieben ist, wobei häufig grafische Konfigurationswerkzeuge benutzt werden. Diese ermöglichen eine Beschreibung der Betriebsmittel und deren mögliche Verknüpfung. Dazu zählen z. B.:

- die verwendete Scheduling-Strategie,
- die Priorität von Tasks,
- die Sichtbarkeit von Events in Tasks,
- die Zuordnung von Interrupt Requests und Interrupt-Service-Routinen,
- Verknüpfungen zwischen Countern und Alarmen sowie die von Alarmen ausgelösten Aktionen,
- Messages,
- Hook-Routinen.

Eine derartige Datei zur Konfiguration kann z. B. folgendermaßen aussehen:

```
CPU OSEK_Demo
{
  OS Example_OS
  {
    MICROCONTROLLER = Intel80x86;
    STATUS = EXTENDED;
    STARTUPHOOK = FALSE;
    ERRORHOOK = FALSE;
    SHUTDOWNHOOK = FALSE;
  };
  TASK Sample_TASK
  {
    TYPE = EXTENDED;
    PRIORITY = 12;
    SCHEDULE = FULL;
    AUTOSTART = TRUE;
    ACTIVATION = 1;
  };
  COUNTER System_COUNTER
  {
    MINCYCLE = 1;
    MAXALLOWEDVALUE = 1000;
    TICKSPERBASE = 5;
  };
  ALARM Sample_ALARM
  {
    ACTION = ACTIVATETASK
    {
      TASK = Sample_TASK;
    };
    AUTOSTART = FALSE;
    COUNTER = System_COUNTER;
  };
  ISR Sample_ISR
  {
      CATEGORY = 2;
  };
};
```

Mit Hilfe der Konfiguration kann man das benötigte OSEK-OS an die Anforderungen anpassen. Bild 2-9 zeigt den prinzipiellen Ablauf beim Erzeugen von Steuergerätesoftware. Durch einen entsprechenden Ablauf wird aus dem Programmcode und den entsprechenden Konfigurationsfiles ein ausführbares und downloadbares Kompilat erzeugt.

Prinzipiell besteht die Möglichkeit, die Konfiguration für verschiedene Plattformen zu benutzen. Dabei bietet es sich an, diese Konfigurationen in unterschiedliche Teile zu strukturieren, die per include-Anweisung eingebunden werden können.

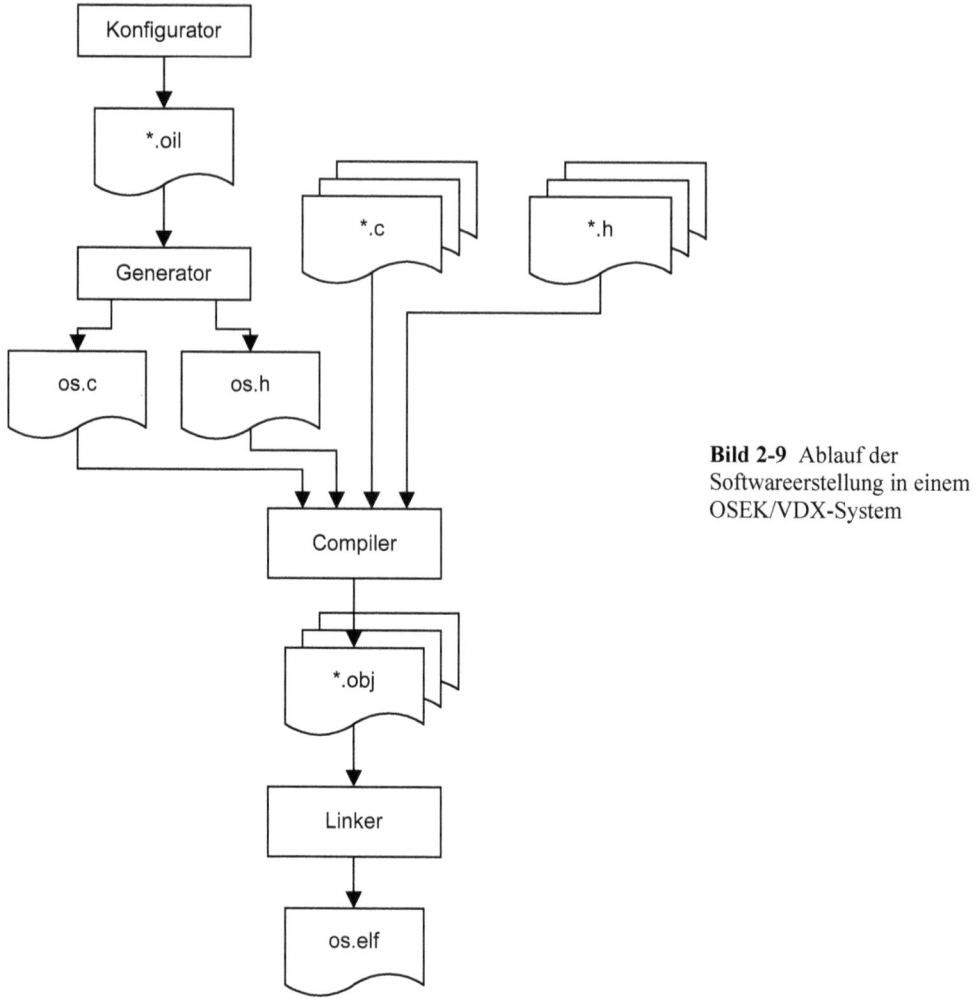

Bild 2-9 Ablauf der Softwareerstellung in einem OSEK/VDX-System

2.2.7 Hochlauf

Der Hochlauf (Start-up) eines elektronischen Steuergerätes ist ein wichtiger Gesichtspunkt der Entwicklung, da die Systemfunktionen möglichst schnell zur Verfügung stehen müssen. Ein Steuergerät muss in unterschiedlichen Betriebsmodi starten können. Dazu zählen z. B. der normale Betriebsmodus, ein Modus für die Neuprogrammierung der Steuergeräte oder ein Testmodus. OSEK/VDX unterstützt dazu die so genannten *Application Modes*, die es ermöglichen, die Steuergerätesoftware in klare funktionale Teile zu zerlegen, die zu unterschiedlichen Zeitpunkten ausgeführt werden. Die Festlegung, welcher Application Mode benutzt wird, wird während des Hochlaufs getroffen und kann im laufenden Betrieb nicht mehr geändert werden.

Der eigentliche Start-up gliedert sich in mehrere Teile. Zunächst müssen die Hardware, der Mikrocontrollerkern sowie das Speichersystem initialisiert werden. Daran schließt sich die Initialisierung des verwendeten Laufzeitsystems an, und es wird die Funktion main() aufgerufen. In dieser erfolgen weitere Einstellungen der Peripherie sowie der Aufruf der Funktion StartOS() mit dem verwendeten Application Modes. Die Funktion StartOS() wird erst beim Aufruf der Funktion ShutdownOS() beendet.

2.2.8 Kommunikation

Die Spezifikation OSEK-COM stellt die Kommunikationsschicht innerhalb eines OSEK/VDX-Systems dar. Dabei werden sowohl innerhalb als auch zwischen den verschiedenen Steuergeräten Schnittstellen und Protokolle zum Datenaustausch spezifiziert (vgl. Bild 2-6). OSEK-COM ist primär auf die Zusammenarbeit mit einem Betriebssystem ausgelegt, das den OSEK-OS-Spezifikationen genügt. Die Spezifikation umfasst den Interaction Layer, den Network Layer sowie den Datalink Layer. Zur Kommunikation existieren unterschiedliche API-Befehle, wobei SendMessage() und ReceiveMessage() die wichtigsten sind.

2.2.9 Netzwerk-Management

Die Spezifikation OSEK-NM ist verantwortlich für das Netzwerk-Management zwischen den unterschiedlichen Steuergeräten. Hauptaufgabe des Netzwerk-Managements ist es, die Netzwerkknoten zu überwachen, um die Sicherheit und die Verfügbarkeit des Netzwerkes sicherzustellen. Weiterhin dient es dazu, den Anwendungsprogrammen Informationen über die Erreichbarkeit von Busteilnehmern bereitzustellen. OSEK-NM bietet im Zusammenspiel mit OSEK-OS und OSEK-COM (siehe auch Bild 2-6) den Mechanismus der direkten sowie der indirekten Überwachung an [Ho3].

Bei der direkten Überwachung werden bestimmte Nachrichten nach dem Token-Prinzip in einem logischen Ring versandt (vgl. Abschnitt 1.1.7). Dabei wird jeder Knoten von allen Knoten überwacht. Ein Nachteil der direkten Überwachung ist die erhöhte Buslast. Für Systeme, bei denen die direkte Überwachung nicht möglich oder nicht notwendig ist, gibt es auch die Möglichkeit der indirekten Überwachung. Hierbei werden die Nachrichten der Anwendungen überwacht. Dies funktioniert nur bei Knoten, die periodisch Nachrichten verschicken.

2.2.10 OSEK/VDX-Erweiterungen

OSEK/VDX hat sich de facto als Standard in der Automobilbranche durchgesetzt, was durch die ISO-Norm 17356 [Is9] weiter gefördert wird. Im Laufe der Entwicklungen sind weitere Anforderungen wie z. B. die Notwendigkeit von Schutzmechanismen zur Nutzung mehrerer Anwendungen auf einem Steuergerät sowie die Nutzung zeitgesteuerter Bussysteme entstanden. So stellt z. B. OSEK-FTCom Schnittstellen und Protokolle für eine fehlertolerante Kommunikation zur Verfügung. Innerhalb der AUTOSAR-Initiative (siehe Abschnitt 2.3) wird OSEK/VDX in Form des darunter liegenden Betriebssystems weiterentwickelt.

Für bestimmte Anwendungen bietet OSEKtime Dienste für verteilte, fehlertolerante Echtzeitanwendungen an, die z. B. die Task-Synchronisation über eine globale Zeitbasis erfordern. Sollten die Funktionen von OSEK-OS und OSEKtime-OS gleichzeitig benötigt werden, ist es möglich, beide parallel auf einem Steuergerät laufen zu lassen. Dabei läuft das klassische OSEK-OS als Background-Task unter dem OSEKtime-OS.

Tasks innerhalb von OSEKtime besitzen ein anderes Task-Modell, d. h., Tasks sind grundsätzlich Funktionen ohne Endlosschleifen oder Wartevorgänge. Für jeden Task ist die maximale Ausführungszeit (WCET) bekannt. Die Zeitpunkte des Aufrufes eines Tasks werden im Voraus berechnet und in einer Ablauftabelle (Dispatch-Tabelle) gespeichert.

Wie bereits beschrieben, bilden am Ende des Entwicklungsprozesses die so genannte Fahrsoftware und der OSEK-Kern eine Softwareeinheit. Dabei wird weder eine Adressraumisolation noch Speicherschutz umgesetzt. Anforderungen seitens der Automobilhersteller wie auch der Hersteller von Steuergeräten (speziell im Zusammenhang mit der Integration unterschiedlicher Software auf einem Steuergerät) führten zu Überlegungen, OSEK-OS um bestimmte Schutzmechanismen zu erweitern.

Neuere OSEK/VDX-Versionen unterstützen inzwischen einen Speicherschutz auf Anwendungsebene sowie einen Laufzeitschutz für Tasks. Für den Speicherschutz werden leistungsfähige Mikrocontroller benötigt, welche eine Memory-Management-Unit (MMU) oder eine Memory-Protection-Unit (MPU) implementiert haben.

2.3 AUTOSAR

Moderne Fahrzeuge besitzen eine Vielzahl von Funktionen. Die Erstellung dieser Funktionen erfolgt meist unter der Nutzung fahrzeugspezifischer Lösungen. Damit entstehen erhöhte Schwierigkeiten, bereits entwickelte Funktionalitäten zwischen verschiedenen Fahrzeugbaureihen wieder zu verwenden. Dies führt zu einer weiter steigenden Komplexität im Entwicklungsprozess. Daher wurde im Juli 2003 die Automotive Open System Architecture (AUTOSAR) als eine internationale Organisation gegründet, die das Ziel verfolgt, einen offenen Standard für Elektrik/Elektronik-Architekturen in Kraftfahrzeugen zu etablieren. Mitglieder sind verschiedene Automobilhersteller und Zulieferer von Elektronikkomponenten. Als so genannte Core-Partner arbeiten Bosch, BMW, Continental, Daimler, Ford, General Motors, PSA Peugeot Citroën, Toyota und Volkswagen aktiv an der Weiterentwicklung des Standards mit. Die Core-Partner werden durch weitere Premium-Mitglieder sowie assoziierte Mitglieder unterstützt. Eine der Grundideen des Konsortiums lautet „Zusammenarbeit bei Standards – Wettbewerb bei der Umsetzung" (Cooperate on Standards – Compete on Implementation). Folgende Fragestellungen werden behandelt:

- Standardisierung wichtiger Systemfunktionen,
- Skalierbarkeit,
- Verschiebbarkeit von Funktionen im Fahrzeugnetzwerk,
- Integration und Austauschbarkeit von Software verschiedener Hersteller,
- Unterstützung so genannter Commercial Off-The-Shelf-Software (COTS), d. h. von „Seriensoftware" ohne individuelle Anpassung,
- Wartbarkeit über den gesamten Produktlebenszyklus.

AUTOSAR bietet neben einer standardisierten und werkzeuggestützten Konfiguration der hardwarenahen Software auch die Möglichkeit, Anwendungssoftware in Softwarekomponenten zu strukturieren und diese mit Hilfe einer statischen Middleware transparent (z. B. auch über Steuergerätegrenzen hinaus) miteinander kommunizieren zu lassen. Dieses Prinzip trägt zu einer erhöhten Wiederverwendbarkeit und Portierbarkeit der Anwendungssoftware und damit zu einer beschleunigten Entwicklung zukünftiger Anwendungen bei.

2.3.1 Entwicklungshistorie und Roadmap

Innerhalb der AUTOSAR-Initiative werden unter Berücksichtigung dieser Fragestellungen Standards definiert, auf deren Grundlage zukünftige Anwendungen im Fahrzeug entwickelt werden können. Man erhofft sich durch die Nutzung der definierten Standards, die wachsende

2.3 AUTOSAR

Komplexität bei der Entwicklung von elektrischen und elektronischen Fahrzeugkomponenten beherrschbar zu halten. Bislang wurden ein Basis-Softwarekern, funktionale Schnittstellen sowie Methoden zur Integration von Software definiert. Die Erarbeitung und Verabschiedung der Standards erfolgt in verschiedenen Arbeitsgruppen. Eine gemeinsam erarbeitete Roadmap sichert sowohl die Inhalte als auch den Zeithorizont ab. Erste Spezifikationen stehen seit Mitte 2005 zur Verfügung, Steuergeräte mit Teilfunktionen gemäß dem AUTOSAR-Standard werden seit 2009 in Serienfahrzeugen verbaut. Die weitere AUTOSAR-Entwicklung fokussiert sich auf die Stabilisierung des Standards und der Integration notwendiger Erweiterungen.

2.3.2 Softwarekomponenten

Bild 2-10 zeigt die grundlegende AUTOSAR-Softwarearchitektur. Die Anwendungssoftware ist in unabhängigen Einheiten, den so genannten Softwarekomponenten (SWC), organisiert. Eine solche Komponente kapselt die Implementierungsdetails und stellt einfache und klar definierte Schnittstellen zur Verfügung. Auf diese Weise ist die Softwarekomponente ein wichtiges Strukturierungs- und Architekturelement der gesamten Steuergerätesoftware.

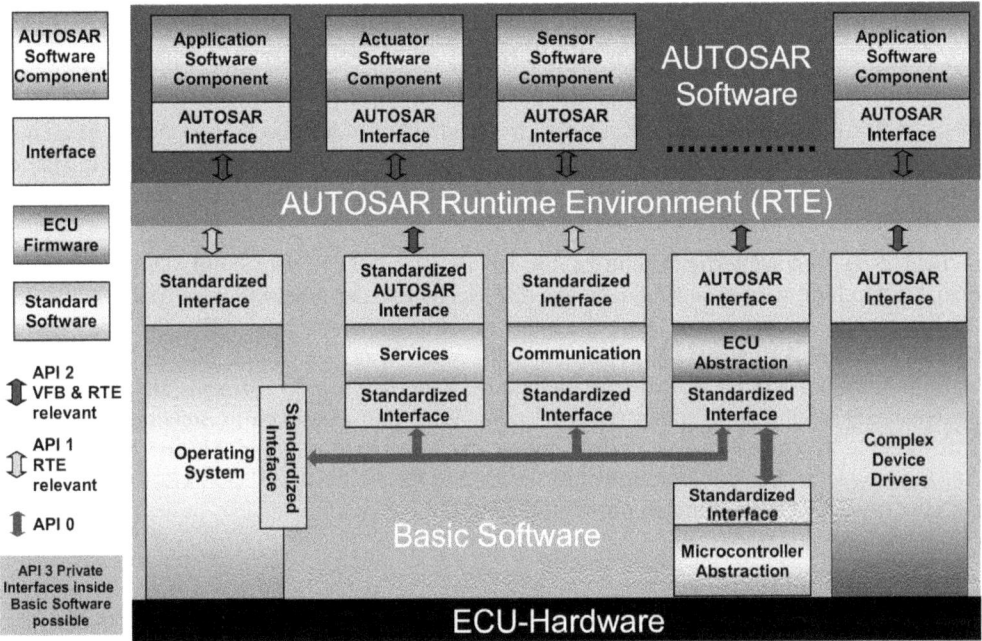

Bild 2-10 AUTOSAR-Softwarearchitektur (aus [Au2]; es wurden die englischen Begriffe verwendet, um konform mit der Spezifikation zu sein): ECU Steuergerät, API Programmierschnittstelle (Application Programming Interface)

Neben den hardwareunabhängigen Softwarekomponenten existieren noch Sensor-Softwarekomponenten sowie Aktor-Softwarekomponenten. Diese Komponenten dienen zur Ankopplung von Sensoren oder Aktoren, was bedeutet, dass sie hardwarespezifisch sind. Ziel dieser Komponenten ist es, physikalische Eigenschaften eines Sensors oder eines Aktors in speziellen Softwarekomponenten zu kapseln. Auf diese Weise existiert ein einheitlicher Zugriff auf die Hardware der Steuergeräte.

Nicht weiter teilbare Softwarekomponenten werden als Atomic Software Components bezeichnet. Zusätzlich können Softwarekomponenten hierarchisch strukturiert werden. Diese so genannten Compositions können neben Softwarekomponenten wiederum Kompositionen von Softwarekomponenten enthalten. Die Nutzung dieser Strukturierungskonzepte ist Grundlage zur Bildung einer Komponentenbibliothek, die logisch zusammenhängende Funktionalitäten als Softwarekomponenten oder – im Falle von komplexeren Konstrukten – als Kompositionen zur Verfügung stellen kann.

Ein wichtiger Baustein der Beschreibung einer Softwarekomponente ist das interne Verhalten (Internal Behavior), welches den Ablauf der einzelnen ausführbaren Elemente (ein Algorithmus oder eine Funktion) innerhalb einer jeden Softwarekomponente beschreibt. Zusätzlich wird zur Beschreibung ein Triggerereignis benötigt. Dieses Triggerereignis beschreibt den Start eines solchen Elements. Dazu zählen:

- zeitliche Ereignisse (Timing Events),
- Ereignisse beim Senden oder Empfangen von Daten (Data Received Event, Data Receive Error Event, Data Send Completed Event),
- Ereignisse bei Zustandsänderungen (Mode-Switch Event),
- Ereignisse im Zusammenhang mit Client-Server-Operationen (Operation Invoked Event, Asynchronous Server Call Returns Event).

Weitere Informationen über Triggerereignisse sind in [Au2] zu finden.

In einer Softwarekomponente befinden sich verschiedene Codeabschnitte, die so genannten Runnables. Diese Runnables, aus Softwarearchitektursicht die kleinsten Teile, sind Funktionen innerhalb einer Softwarekomponente, welche in verschiedenen Zeitrastern oder eventbasiert von der Basissoftware aufgerufen werden können.

In Bild 2-10 sind weiterhin Complex Device Drivers (CDD) dargestellt. Diese heben die Schichtenstruktur wieder auf, indem sie alle Schichten der Basissoftware durchschneiden. Auch wenn sie auf den ersten Blick die Schichtenstruktur verletzen, erfüllen Complex Device Drivers wichtige Aufgaben. Sie öffnen zunächst einen Weg, um bestehende Software stufenweise in eine AUTOSAR-Softwarearchitektur zu integrieren, indem bestehende Software um die entsprechenden Schnittstellen erweitert wird. Weiterhin existieren in Steuergeräten immer Softwareteile, typischerweise zur Ansteuerung spezieller Sensoren und Aktoren, die spezielle Anforderungen an die benötigte Software stellen und für die keine AUTOSAR-Treiber existieren oder spezielle Optimierungen notwendig sind.

2.3.3 Kommunikationsarten

Der Datenaustausch zwischen Softwarekomponenten kann sowohl innerhalb eines Steuergerätes als auch zwischen unterschiedlichen Steuergeräten stattfinden. Die Kommunikation zwischen AUTOSAR-Softwarekomponenten findet über Ports statt, wie in Bild 2-11 skizziert. Dabei wird zwischen der Client-Server- und der Sender-Receiver-Kommunikation unterschieden. Beide besitzen durch ihre unterschiedlichen Eigenschaften verschiedene Anwendungsgebiete.

Das Modell der Client-Server-Kommunikation geht davon aus, dass eine Rückmeldung über den erfolgreichen Datenaustausch zwischen Client und Server stattfindet. Dabei startet der Client den Kommunikationsaufbau und auf dem Server eine bestimmte Aktion. Vereinfacht ausgedrückt stellt die Client-Server-Kommunikation einen Funktionsaufruf in einer anderen Komponente dar.

2.3 AUTOSAR

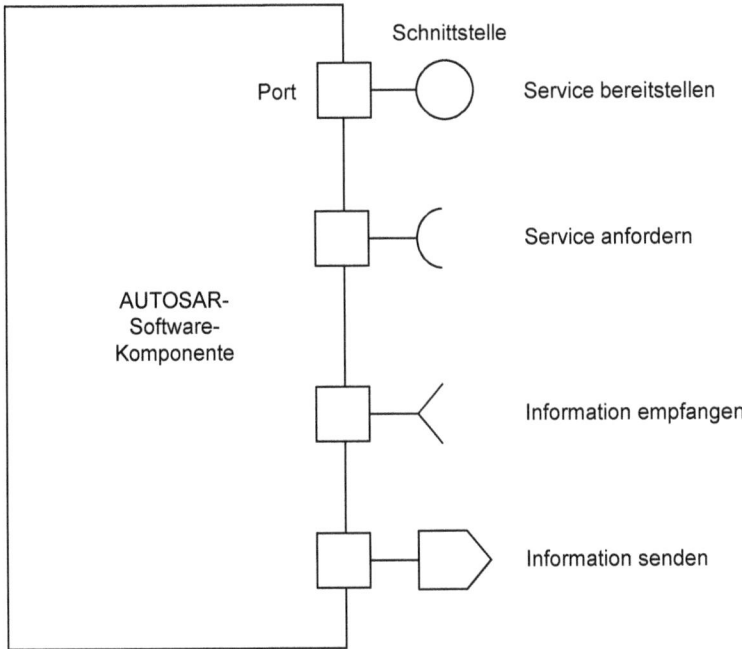

Bild 2-11 Mögliche Kommunikationsarten einer AUTOSAR-Softwarekomponente

Die Sender-Receiver-Kommunikation ist ein Kommunikationsmuster, welches zum asynchronen Informationsaustausch zwischen Sender und Receiver benutzt werden kann. Dabei ist es möglich, 1:1-, 1:m- und n:1-Beziehungen aufzubauen. Es erfolgt keine Rückmeldung an den Sender und der Empfänger entscheidet selbst, ob und wann die empfangene Information genutzt wird.

2.3.4 Basissoftware

Alle Softwaremodule, die unterhalb des Runtime Environment angesiedelt sind und die spezifische Dienste erbringen, werden als Basissoftware bezeichnet. Dabei wird versucht, die Arbeiten und Standards von OSEK, HIS [Hi2], ASAM [As3] und ISO sowie der Industriekonsortien für CAN, Flexray, LIN (vgl. Kapitel 1) zu nutzen. Ein wesentliches Ziel von AUTOSAR ist es, die Funktionalität der Basissoftware zu standardisieren. Daher existieren für alle relevanten Module entsprechende Beschreibungsmodelle. Dazu gehören z. B. die Softwaremodule für die Kommunikationssysteme, die Softwareteile für die Nutzung von Speicher und die Module zur Nutzung typischer Mikrocontrollerperipherie. In Bild 2-12 realisieren alle Softwareteile, die unterhalb des Runtime Environment abgebildet sind, Funktionalitäten der Basis-Software.

Typischerweise erfolgt die Einführung von AUTOSAR-Konzepten im Bereich der Basissoftware über den Weg der Kommunikationssoftware [Hi1], da hier die Standardisierung am weitesten fortgeschritten ist. Durch den hohen Vernetzungsgrad moderner Fahrzeuge ergab sich hier der größte Nutzen bei der AUTOSAR-Einführung.

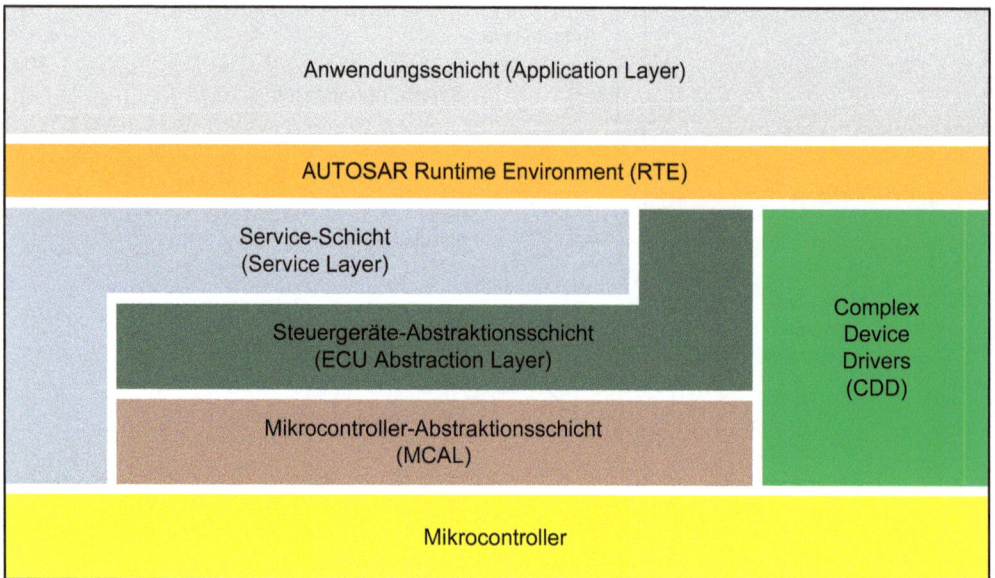

Bild 2-12 Übersicht über die Schichtenstruktur [Au2]

Allgemein besitzen die Kommunikationsstacks eine hohe Komplexität. Am Beispiel des Aufbaus des CAN-Kommunikationsstacks (siehe Bild 2-13) soll die typische Struktur erläutert werden. Weitere Informationen über den Aufbau unterschiedlicher Kommunikationsstacks sind in [Ki2] zu finden. Oberhalb des Runtime Environment wird eine signalbasierte Schnittstelle benutzt. Das Runtime Environment stellt dazu das entsprechende Signalmapping zwischen dem RTE-Signal und dem zugehörigen Identifier im Kommunikationsstack her. Die Zusammenfassung der Signale auf bustypische Strukturen bzw. Botschaften erfolgt im COM. Der PDU-Router vermittelt bustypische Strukturen zwischen den unterschiedlichen busspezifischen Schnittstellen und den verschiedenen Nutzern. In Bild 2-13 sind beispielhaft nur der PDU-Router als Nutzer und das CAN-Interface als busspezifische Schnittstelle dargestellt. Das CAN-Interface abstrahiert die Ansteuerung unterschiedlicher CAN-Treiber. Aufgaben des CAN-Interface sind:

- Initialisierung der CAN-Treiber,
- Handling und Versand der bustypischen Botschaften,
- zugehöriges Fehlerhandling.

Zwischen dem CAN-Interface und der eigentlichen Hardware (CAN-Controller und CAN-Transceiver) befinden sich der CAN-Driver und der CAN-Transceiver-Driver. Der CAN-Transceiver-Driver nutzt Dienste des DIO-Drivers (Digital Input/Output), um die notwendigen Mikrocontroller-Pins zu setzen und den CAN-Transceiver anzusteuern. Die Information über den Empfang neuer Nachrichten kann entweder interruptgesteuert oder durch einen Pollingmechanismus realisiert werden.

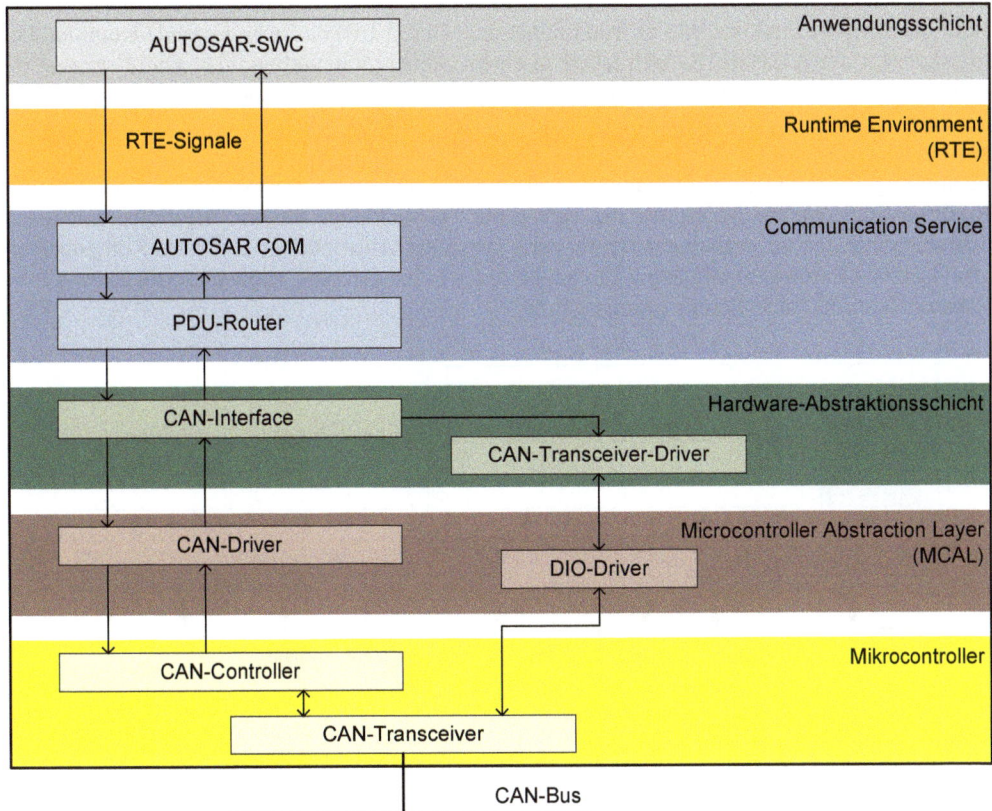

Bild 2-13 Aufbau, Zusammenhänge und Ablauf im CAN-Kommunikationsstack. SWC Software-Komponente, RTE Runtime Environment, PDU Protocol Data Unit, DIO Digital Input/Output

2.3.5 Virtueller Funktionsbus

Die Entwicklung komplexer Funktionen, die häufig auch im Steuergeräteverbund realisiert werden, erzwingt den konsequenten Einsatz von Softwarearchitekturmethoden, wobei hier besonders die Idee der *Separation of Concerns* [Di6] erwähnt werden soll. Diese Idee besagt, dass Aufgaben in unabhängige Teilbereiche zerlegt werden, die auch unabhängig voneinander entwickelt werden können.

Des Weiteren ist es notwendig, von einer auf einzelne Steuergeräte bezogenen Sicht den Weg zu einem steuergeräteübergreifenden und funktionsorientierten Entwicklungsansatz zu gehen. Dies erfordert, dass verschiedene Aspekte des zu realisierenden Systems in sauber definierten Teilen steuergeräteunabhängig umgesetzt werden. AUTOSAR kombiniert dazu die Schichten- und die Komponentenarchitektur und versucht auf diese Weise fachliche und technische Softwareteile zu trennen.

Für einen Entwickler einer neuen Fahrzeugfunktion besteht diese Funktion aus einer Menge von Software-Komponenten (siehe Abschnitt 2.3.2), die über Ports miteinander kommunizieren (siehe Abschnitt 2.3.3). Auch die notwendigen Systemservices der Basissoftware (siehe Abschnitt 2.3.4) sind über entsprechende Ports ansprechbar.

Diese grundsätzliche Idee eines virtuellen Funktionsbusses ist in Bild 2-14 dargestellt. Dabei stellt der virtuelle Funktionsbus (Virtual Functional Bus, VFB) das übergreifende Kommunikationskonzept der AUTOSAR-Architektur in einem Steuergeräteverbund dar. Diese steuergeräteübergreifende Schicht setzt sich aus allen durch AUTOSAR spezifizierten Kommunikationskonzepten zusammen. Der virtuelle Funktionsbus ist ein Modellierungselement, das während des Generierungsprozesses in Steuergerätecode überführt wird, d.h. er existiert auf der Implementierungsebene der einzelnen Steuergeräte in Form des Runtime Environment. Das Ziel des Runtime Environment ist es, für die eigentliche Anwendungssoftware die tiefer gelegenen Softwareschichten zu verbergen. Damit wird klar, dass Anwendungs-Software-Komponenten grundsätzlich hardwareunabhängig implementiert werden müssen, wie am Beispiel des CAN-Kommunikationsstacks bereits gezeigt wurde.

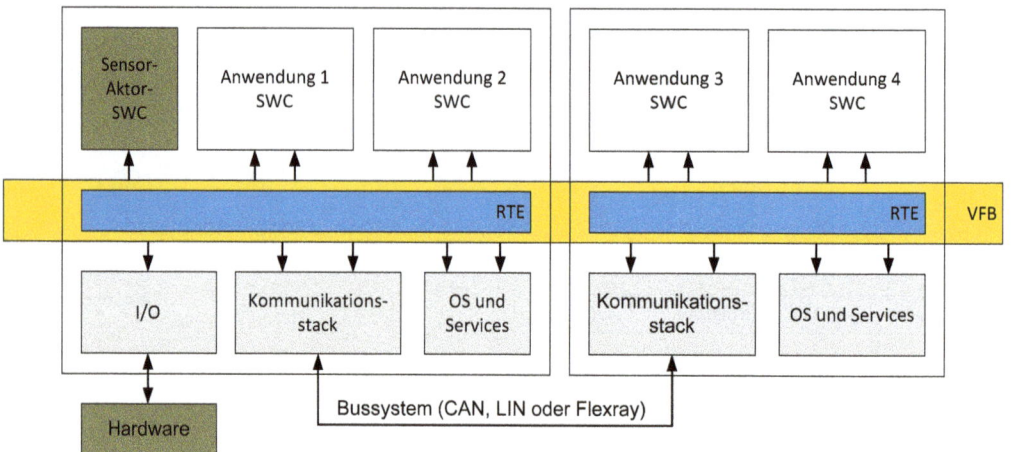

Bild 2-14 Darstellung des virtuellen Funktionsbusses zwischen zwei Steuergeräten und einer möglichen Verteilung von Softwarekomponenten zwischen den Steuergeräten. I/O Ein- und Ausgabe, OS Betriebssystem, RTE Runtime Environment, SWC Software-Komponente, VFB virtueller Funktionsbus

Zwei Anwendungen können unter Nutzung so genannter Kommunikationsports ohne Kenntnis des realen Signalpfades Informationen austauschen. Dabei werden die Softwareteile für die Ansteuerung der Sensorik und Aktorik (Sensor-SWC, Aktor-SWC und zugehörige I/O-Treiber) in Abhängigkeit verschiedener Randbedingungen auf geeigneten Steuergeräten integriert (Deployment). Die eigentlichen Anwendungen werden entsprechend der funktionalen Anforderungen verteilt. Fahrzeugspezifische Funktionen können unter Ausnutzung dieser Eigenschaft zunächst ohne Kenntnis der im Fahrzeug verwendeten Vernetzungstopologie entwickelt werden. Die tatsächlich verwendeten Signalpfade werden im späteren Phasen der Entwicklung durch eine Konfiguration festgelegt. Bei der Verteilung der Software auf die Steuergeräte ist das unterschiedliche Zeitverhalten der Kommunikation innerhalb eines Steuergerätes und zwischen den Steuergräten zu berücksichtigen.

2.3.6 Laufzeitumgebung

Das Kernstück des AUTOSAR-Architekturkonzepts ist die Laufzeitumgebung (Runtime Environment, RTE). Sie implementiert den virtuellen Funktionsbus auf der Steuergeräte-Ebene und ist damit eine einfache und statisch konfigurierbare Middleware. Sie stellt für jede Softwarekomponente eines Steuergerätes spezifische Funktionsaufrufe zur Verfügung, die nur dieser Anwendung zugeordnet und bekannt sind. Für die Konfiguration des Runtime Environment muss somit bekannt sein, welche Softwarekomponente auf welchem Steuergerät ausgeführt wird. Entsprechend dieser Kenntnis wird das Runtime Environment anschließend von einem Softwaretool generiert. Aufgabe dieses Werkzeuges ist es, ein leistungsfähiges und effizientes Runtime Environment zu generieren.

2.3.7 AUTOSAR-OS

Der AUTOSAR-Standard nutzt, wie in Abschnitt 2.2.10 beschrieben, zur Festlegung eines Betriebssystems die grundlegenden Konzepte des OSEK-OS. Das AUTOSAR-OS stellt in der Regel nur grundlegende Funktionalitäten wie eine statische Ablaufplanung (z. B. Scheduletables), das Ressourcenmanagement, die Zeitverwaltung und ein Interrupt-Handling zur Verfügung.

Um eine höhere Absicherung zu erreichen, sind die grundlegenden Konzepte von OSEKtime und Protected-OS (siehe Abschnitt 2.2.10) in das AUTOSAR-OS eingeflossen, die die Speicherschutzfunktionen und die Zeitüberwachungen realisieren. In Bezug auf die umgesetzten Schutzmechanismen existieren vier so genannte Scalability Classes. Über den Umfang der verfügbaren Mechanismen gibt Tabelle 2.3 Auskunft. Um diese Schutzmechanismen anwenden zu können, werden verstärkt Mikrocontroller eingesetzt, die bereits in Hardware realisierte Schutzmechanismen enthalten. Diese in Hardware realisierten Schutzmechanismen sind erheblich leistungsfähiger als rein softwarebasierte Lösungen. Derartige Mikrocontroller verfügen typischerweise über einen so genannten Kernel Mode und einen User Mode, um den privilegierten vom nicht-privilegierten Betriebsmodus zu separieren [Ma4].

Die Mechanismen der Zeitüberwachung ermöglichen eine Überwachung der definierten Zeitbudgets zur Laufzeit und im Fehlerfall eine entsprechende Fehlerreaktion. Weiterhin besteht die Möglichkeit, den zeitlichen Ablauf im Steuergerät mit einer externen Zeitbasis zu synchronisieren. Speziell bei der Nutzung von Flexray (siehe Abschnitt 1.2.4) ergeben sich damit vielfältige Möglichkeiten [Re9].

Tabelle 2.3 Übersicht über den Funktionsumfang der unterschiedlichen Scalability Classes

Scalability Class	Schedule Tables	Zeitüberwachung	Globale Zeit/ Synchronisierung	Speicherschutz	Bemerkung
SC4	×	×	×	×	
SC3	×	–	–	×	Basiert auf Konzepten von OSEKtime
SC2	×	×	×	–	Basiert auf Konzepten des Protected OS
SC1	×	–	–	–	

Das ursprüngliche OSEK-Konzept erlaubt nur ereignisgesteuertes Multitasking. Zeitgesteuerte Abläufe müssen aufwendig über Alarme nachgebildet werden. Dieses Vorgehen führt schnell zu komplexen und unübersichtlichen Systemen. Um eine übersichtliche Darstellung komplexer zeitlicher Vorgänge zu ermöglichen, wurde im AUTOSAR-OS das Konzept der Scheduletabellen (Schedule Tables) umgesetzt. Die prinzipielle Idee ist in Bild 2-15 dargestellt. Dabei werden vordefinierte zeitliche Abläufe mittels entsprechender Einträge in einer Scheduletabelle organisiert. Bei Erreichen der entsprechenden Zählerstände wird die zugehörige Aktion ausgeführt. Exemplarisch sind die Aktionen der Taskaktivierung (ActivateTask) und das Setzen eines Events (SetEvent) in der entsprechenden C-Syntax dargestellt. Ein streng deterministischer Ablauf ergibt sich jedoch nur, wenn zusätzlich zur Ablaufplanung eine passende Festlegung der Taskprioritäten erfolgt und entsprechende Schedulinganalysen [Je1], [Mü1] während aller relevanten Entwicklungsphasen durchgeführt werden.

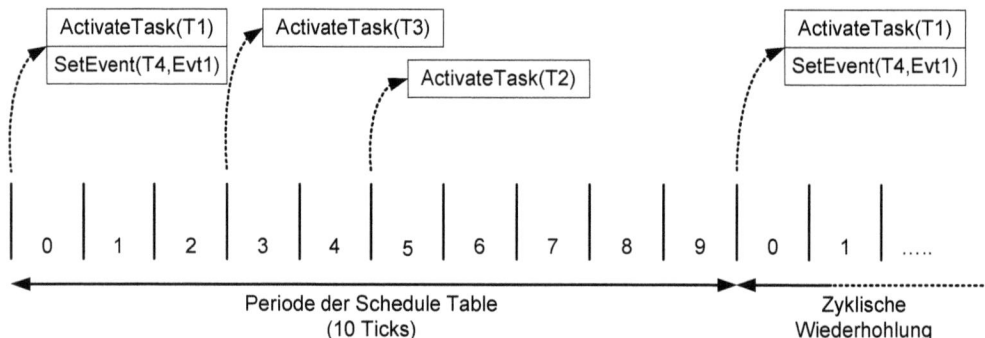

Bild 2-15 Beispiel einer Scheduletabelle (vordefinierter zeitlicher Ablauf mit zugehörigen Aktionen und Zählerständen); die dargestellten Zahlen (0, 1, ..., 9) repräsentieren Zählerstände; T1, T2, T3, T4 repräsentieren Tasks und Evt1 einen Event entsprechend Abschnitt 2.2.3

2.3.8 Ausblick

Ein wichtiger Aspekt bei der Einführung und Nutzung von AUTOSAR stellt das sich verändernde Verhältnis zwischen Fahrzeughersteller und Zulieferer dar. Der gemeinsame Standard ermöglicht es den Automobilherstellern, sich auf die Kernkompetenz zu fokussieren und markenprägende Eigenschaften durch eine Funktions- und Softwareeigenentwicklung schnell umzusetzen. Des Weiteren bietet sich die Möglichkeit, durch einen gemeinsamen Standard neue Geschäftsmodelle zu entwickeln [Sc7]. Die AUTOSAR-Versionen ab Release 3.1 und folgend haben einen stabilen Stand erreicht und werden in Serienprojekten bereits eingesetzt. In den Versionen ab Release 4.0 werden unter anderem folgende Punkte bearbeitet und ergänzt:

- Verbesserung der Methodik sowie der Templates,
- die Erweiterung des Standards um Aspekte der funktionalen Sicherheit (vgl. Kapitel 9),
- die Berücksichtigung von zeitlichen Eigenschaften beim Entwurf von Steuergeräten durch ein Timing-Modell [Ri2],
- erste Ansätze zur Beschreibung Multicore-spezifischer Funktionalitäten,
- die Unterstützung weiterer Kommunikationsstandards wie z. B. von LIN 2.1 und Flexray 3.0,
- Standardisierung der Anwendungsschnittstellen.

3 Funktions- und Softwareentwicklung

Ein wesentlicher Anteil der Innovationen in heutigen Fahrzeugkonzepten wird durch Funktionen dargestellt, die durch Software abgebildet werden. Dieser Tatbestand zeigt sich eindrucksvoll sowohl in dem stetig wachsenden Bedarf an Speicherplatz und Rechenzeit in Steuergeräten als auch in der steigenden Anzahl von komplexen und vernetzt wirkenden Funktionen. Als Beispiel sei etwa auf Fahrerassistenz- oder Telematik-Funktionalitäten verwiesen, die sich die Eigenschaften mehrerer Funktionsbereiche im Fahrzeug in Form einer intelligenten Verknüpfung zu Nutze machen.

Damit sind neue Fahrzeugfunktionen und die intelligente Vernetzung vorhandener Systeme zu einem wichtigen Differenzierungspotential für Fahrzeughersteller herangewachsen. Neben den genannten und viel zitierten Vorteilen komplexer mechatronischer Systeme und ihrer Vernetzung ist auf der anderen Seite die Beherrschung dieser Technik zu einer echten Herausforderung geworden. Diese drückt sich nicht nur in den zu entwickelnden technischen Umfängen, sondern auch in den Entwicklungsprozessen aus, die sowohl der internen Vernetzung beim Fahrzeughersteller Rechnung tragen müssen, als auch die Kopplung zu einem Lieferantennetzwerk beherrschen müssen.

Die vernetzte Fahrzeugfunktion ist der Haupt-Betrachtungsgegenstand dieses Kapitels. Deshalb beginnt es mit den notwendigen Grundlagen zum Verständnis so genannter eingebetteter Systeme, die die Darstellung von vernetzten Fahrzeugfunktionen ermöglichen. Dabei werden als Kernelement eines mechatronischen Systems der Aufbau und die Charakteristika eines Steuergerätes geschildert. Den Abschluss dieses Grundlagen-Abschnittes bildet eine kurze Betrachtung von Aspekten der Sicherheit, Zuverlässigkeit und Verfügbarkeit; also Themenbereichen, die sich mit dem Fehlerverhalten des Systems auseinandersetzen.

Im Anschluss daran werden gängige Vorgehensmodelle und technische Standards erläutert, die für die Funktions- und Softwareentwicklung im Fahrzeugbereich relevant sind. Dies geschieht vor dem Hintergrund, dass heutige Qualitätsmanagementsysteme unter anderem die Prozessgestaltung als Hebel zur Qualitätssicherung ansehen. Damit wird an dieser Stelle der genannten prozessbezogenen Herausforderung bei der Entwicklung von Fahrzeugfunktionen Rechnung getragen.

Zur Konkretisierung der Vorgehensweisen bei der Entwicklung von Fahrzeugfunktionen wird im dritten Abschnitt des Kapitels ein weit verbreitetes Vorgehensmodell, das so genannte V-Modell, für die Anwendung in der Funktions- und Softwareentwicklung aufgegriffen und Schritt für Schritt durchgegangen. Einen Schwerpunkt bildet dabei die Betrachtung von Entwicklungsprozessen auf Systemebene, den so genannten Architekturprozessen, die mit einem einfachen Beispiel erläutert werden.

Der letzte Abschnitt dieses Kapitels ist der Behandlung von Methoden gewidmet, die entlang des V-Modells angewendet werden. Aufgrund ihrer hohen Relevanz wurde der Fokus auf den Bereich des Anforderungsmanagements als einer der Schlüsselmethoden auf der einen Seite des V-Modells und der Testmethodik als einem Vertreter der anderen Seite gewählt.

3.1 Charakteristika eingebetteter Systeme im Fahrzeug

Die heutigen Fahrzeuggenerationen beherbergen eine Vielzahl von technischen Systemen, die zunehmend durch Elektronik und Software geprägt werden. Diese mechatronischen Systeme ermöglichen es, vernetzte und kundenwertige Fahrzeugfunktionen darzustellen. Bevor auf die Vorgehensweisen zur Funktionsentwicklung näher eingegangen werden kann, ist es deshalb erforderlich, die Eigenschaften dieser so genannten *eingebetteten Systeme*, also ihre Struktur, ihren Aufbau, ihr Zeitverhalten und ihr Verhalten im Fehlerfall zu erläutern.

Aufbauend auf Grundbegriffen der Systemtheorie werden dazu zunächst geeignete Beschreibungsformen für die funktionale und technische Sicht erläutert. Im Anschluss daran wird der Aufbau von Steuergeräten kurz erklärt. Abgerundet werden die Charakteristika eingebetteter Systeme durch Aspekte der Zuverlässigkeit, Sicherheit und Überwachung.

3.1.1 Grundbegriffe der Systemtheorie

Da für elementare Begriffe wie *Funktion* oder *System* in den verschiedenen Anwendungsgebieten der Technik unterschiedliche inhaltliche Interpretationen existieren, ist es im ersten Schritt notwendig, die hier gewählte Terminologie festzulegen. Dabei ist die Unterscheidung zwischen dem technischen System, das als eine von ihrer Umgebung abgegrenzte Anordnung aufeinander einwirkender Komponenten oder Subsysteme verstanden wird und einer Funktion von Bedeutung. Unter einer Funktion wird hier ein gewollter Ursache-Wirkungs-Zusammenhang aufgefasst. Damit dienen technische Systeme der Darstellung oder Realisierung von Funktionen. Die Systembestandteile können im allgemeinen Fall sowohl mechanischer, elektronischer als auch softwaretechnischer Natur sein. In Abhängigkeit von der Komplexität werden Systeme in der Regel nach geeigneten Kriterien wie z. B. nach Hierarchien strukturiert und oft modular gestaltet.

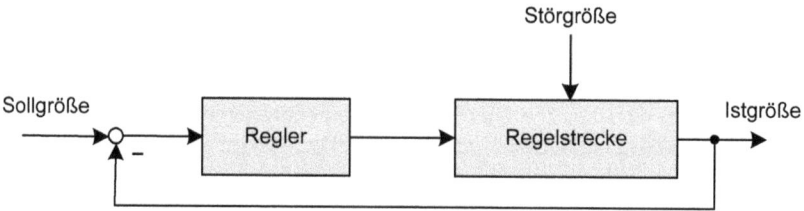

Bild 3-1 Blockschaltbild eines Regelsystems

Eine typische Beschreibungsweise der Systemtheorie ist das Blockschaltbild (siehe Bild 3-1). Damit kann auch die gedankliche Trennung zwischen der Funktion (Angleichung der Istgröße an die Sollgröße) und dem System (gesamtes Blockschaltbild) nachvollzogen werden. Bild 3-1 stellt die in diesem Zusammenhang vorherrschende, grundlegende Topologie bestehend aus Regler und Regelstrecke dar. Der Fall einer offenen Wirkungskette (Steuerung) ist in diesem Bild ebenfalls gedanklich enthalten, wenn auf die Rückführung verzichtet wird.

3.1.2 Strukturierung, Modellierung und Beschreibung

Technische Systeme im Fahrzeug zeichnen sich dadurch aus, dass eine Vielzahl von unterschiedlichen Komponenten der Disziplinen Mechanik, Elektronik und Softwaretechnik zusammenwirken. Da der Betrachtungsumfang dieses Kapitels die Anteile aus dem Bereich

3.1 Charakteristika eingebetteter Systeme im Fahrzeug

Software umfasst, werden in den folgenden Abschnitten dieses Kapitels nur noch Systeme mit signifikanten elektronischen Anteilen und Softwarekomponenten betrachtet.

Sind umfangreiche Softwarekomponenten zur Darstellung der gewünschten Funktion notwendig, so werden diese Softwareanteile in der Regel auf einem elektronischen Steuergerät implementiert. Häufig gibt es für diese Steuergeräte keine direkten Benutzerschnittstellen. Sie verrichten ihren Dienst quasi unsichtbar. Systeme, die Steuergeräte dieser Art enthalten, werden als *eingebettete Systeme* bezeichnet.

Zur Klassifikation und Beschreibung solcher Systeme ist z. B. eine Zuordnung zu den Fahrzeugfunktionsbereichen Antrieb, aktive und passive Sicherheit, Komfort, Multimedia und Telematik sinnvoll. Ergänzend lassen sich diese Systeme auch vertikal in Systemebenen strukturieren, wie in Tabelle 3.1 aufgelistet.

Tabelle 3.1 Systemebenen eingebetteter Systeme (nach [Sc1])

Systemebene	Beispiel für zugeordnete Funktion	Beispiel für betroffene eingebettete Systeme oder Komponenten
Fahrzeug	Vernetzte Fahrzeugfunktion: automatische Fahrgeschwindigkeitsregelung	Kombiinstrument, Steuergerät Lenksäule, Motorsteuerung, Getriebesteuerung, notwendige Aktoren und Sensoren
Fahrzeugsubsystem	Antriebsstrangfunktion Gangwahl Automatikgetriebe	Motorsteuerung, Getriebesteuerung, notwendige Aktoren und Sensoren
Steuergerät	Motorfunktion Lasterfassung	Motorsteuerung mit Softwareanteil zur Lastberechnung, notwendige Sensoren
Mikrocontroller	Softwarefunktion Klopfregelung	Softwarekomponenten zur Signalverarbeitung für Klopfsensor, Klopfereignisermittlung, und Klopfkorrektur
Komponente	Softwarefunktion für Signalverarbeitung Klopfsensor	

Funktionsnetzwerke und technische Systeme sind durch Zuordnungsbeziehungen miteinander verbunden. Diese Beziehungen sind in Bild 3-2 dargestellt. In der funktionalen Sicht werden die Wechselwirkungen durch logische Verknüpfungen, d. h. durch Festlegung der auszutauschenden Informationen und durch Definition der hierzu notwendigen Abläufe, beschrieben. Beispielsweise könnte an dieser Stelle definiert sein, dass die Motordrehzahl zyklisch zwischen Funktion 1 und Funktion 3 ausgetauscht und im Fehlerfall durch einen Ersatzwert substituiert wird.

Wie in Bild 3-2 dargestellt, werden die beteiligten Funktionen 1 und 3 zwei unterschiedlichen Steuergeräten zugeordnet, d. h. auf zwei unterschiedlichen Mikroprozessoren implementiert und zur Ausführung gebracht. Die Motordrehzahl entspricht in der technischen Sicht einer CAN-Botschaft, die mit 16 Bit quantisiert in einem Zeitraster von 20 ms über den CAN-Bus übertragen wird.

Verbindet man in Anlehnung an [Sc1] die Beschreibungsform eines Regelkreises (siehe Bild 3-1) mit der Zuordnung einer Fahrzeugfunktion in der logischen Sicht zu der technischen Sicht in der Implementierung in einem Steuergerät (siehe Bild 3-2), so gelangt man zu einer zusammenhängenden Darstellung, die die Einbettung einer Fahrzeugfunktion in einen „Fahrzeugregelkreis" zum Inhalt hat (Bild 3-3). Diese Sichtweise wird auch bei der so genannten Systemarchitektur angewendet, die die im System eingesetzten elektrischen und elektronischen Komponenten, deren Anzahl, Verknüpfung und Verteilung bestimmt: Man spricht dabei von der *logischen* und von der *technischen Systemarchitektur*. Diese Darstellung kann sinngemäß auch auf eine tiefer liegende Ebene wie z. B. die Ebene der Fahrzeugsubsysteme übertragen werden.

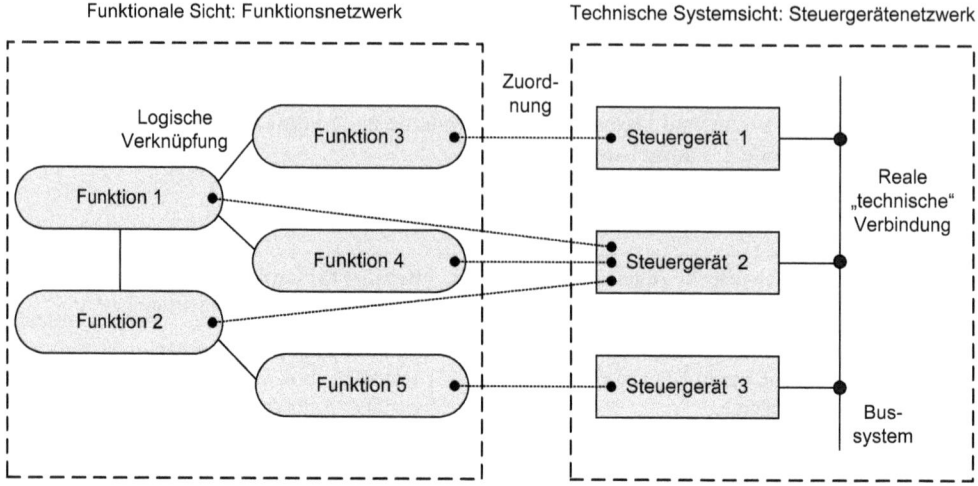

Bild 3-2 Funktionale und technische Sicht

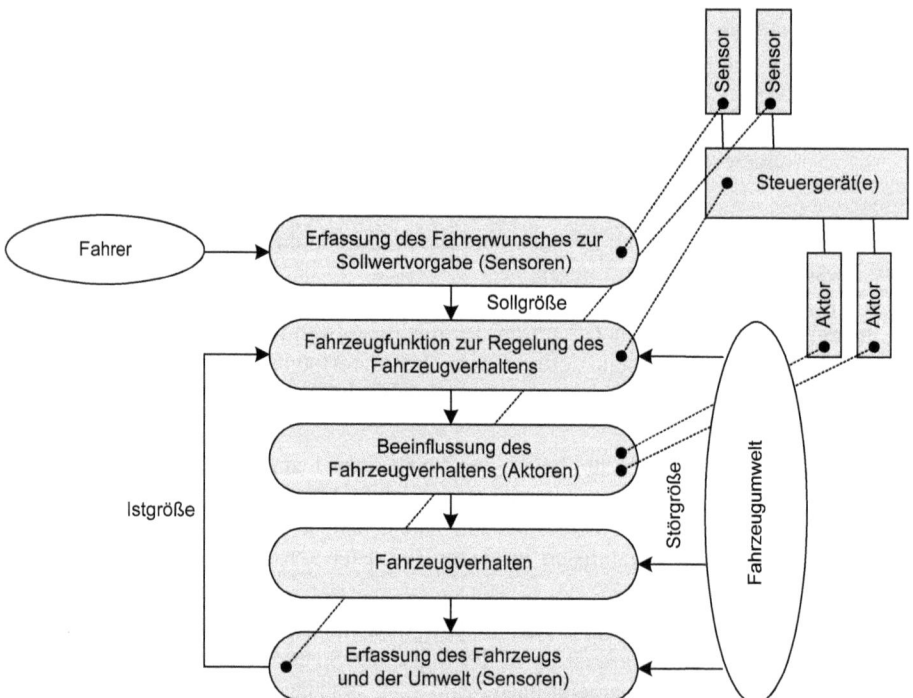

Bild 3-3 Realisierung einer Fahrzeugfunktion durch einen Regelkreis

3.1 Charakteristika eingebetteter Systeme im Fahrzeug

Die Fahrzeugfunktion in diesem Regelkreis wird einem oder, sofern die Funktion möglicherweise aus mehreren Teilfunktionen besteht, auch mehreren Steuergeräten zugeordnet. Ferner wird sie durch die vom Fahrer vorgegebenen und durch entsprechende Sollwertgeber ermittelten Sollwerte sowie Messgrößen der Fahrzeugumwelt und des aktuellen Fahrzeugverhaltens gespeist. Das Berechnungsergebnis der Funktion wird zur Stimulation von Aktoren verwendet, die das Fahrzeugverhalten auf die gewünschte Art beeinflussen.

Die Blöcke in dem beschriebenen Regelkreis enthalten als Bestandteile der Regelung oder Prozessführung *Modelle*. Hier wird häufig zwischen *Funktionsmodellen*, die die Fahrzeugfunktion beschreiben, *Verhaltensmodellen*, die das Verhalten des Fahrzeugs, der Sensoren und Aktoren beinhalten und *Umweltmodellen*, die das Verhalten der Fahrzeugumwelt abbilden, unterschieden.

3.1.3 Steuergeräte und Mikrocontroller

Bild 3-4 zeigt vereinfacht den Aufbau eines elektronischen Steuergerätes, das exemplarisch mit je drei Sensoren und Aktoren verknüpft ist. Die Sensoren liefern häufig zeit- und wertkontinuierliche Signale; teilweise ist die Anbindung aber auch digital über entsprechende Subbusse durchgeführt. Spätestens bei Eintritt in den Mikrocontroller werden die notwendigen Signalwandlungen durchgeführt, so dass die Verarbeitung in den Softwarekomponenten vollständig auf Basis von wert- und zeitdiskreten Signalen geschehen kann.

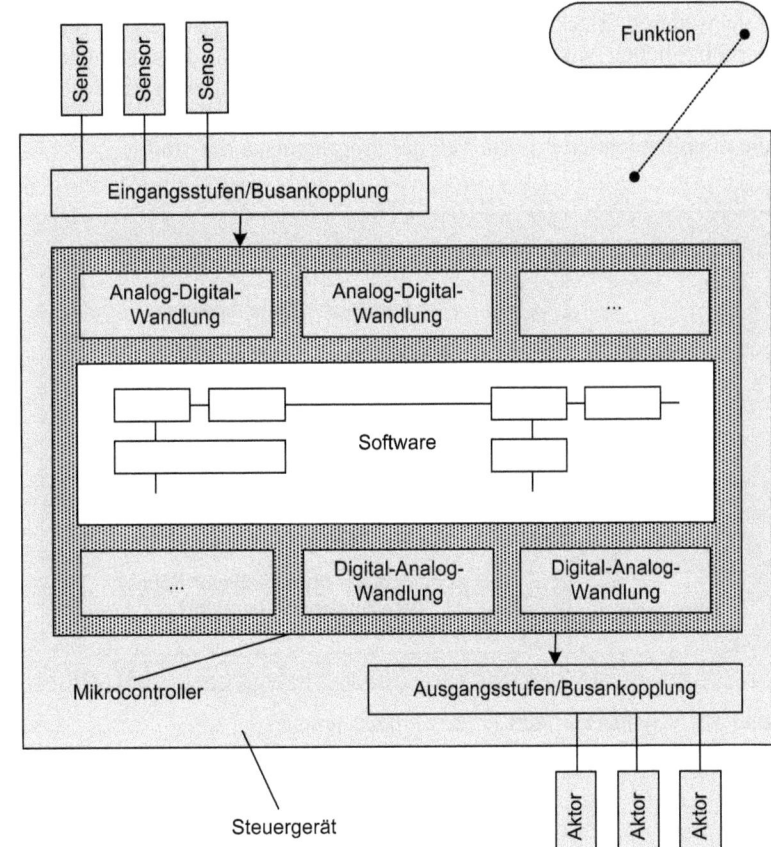

Bild 3-4 Aufbau eines Steuergeräts mit Mikrocontroller und Software

Unter dem Begriff *Software* wird in diesem Zusammenhang die Gesamtheit der Softwarekomponenten unter Einbeziehung aller Daten verstanden. Die codierten Algorithmen werden häufig als *Programmcode* oder *Programmstand* bezeichnet. Die Anpassung dieser Algorithmen an die spezifischen Eigenschaften des zu steuernden oder zu regelnden Systems und die Optimierung der Funktionsweise wird im Rahmen der *Applikation* oder *Parametrierung* der Software durchgeführt und mündet in den so genannten *Datenstand*. Diese bewusste Aufteilung in Programm- und Datenstand bietet im Entwicklungsprozess eine Reihe von Vorteilen, auf die später noch eingegangen wird.

Der Speicherort für Programm- und Datenstand ist der Programm- und Datenspeicher, der in Bild 3-5 in der vereinfachten Darstellung eines Mikrocontrollers abgebildet ist. Dieser Speicher wird nichtflüchtig ausgeführt, da hier die Algorithmen und Parametersätze auch ohne anliegende Betriebsspannung gesichert sein müssen. Als Speichertechnologie wird häufig der so genannte *Flash-Speicher* eingesetzt. Dieser ermöglicht es, das Steuergerät auch im verbauten Zustand im Fahrzeug vollständig neu zu programmieren und stellt damit die notwendige Flexibilität für Programm- und Datenänderungen im Service-Fall sicher.

Der reine Datenspeicher beherbergt Daten, die sich während der Ausführung des Programms verändern und ist deshalb als Schreib-Lese-Speicher konzipiert. Da Daten, die sich während der Abarbeitung ändern (z. B. Adaptionswerte), häufig auch nach Abstellen des Fahrzeugs erhalten bleiben müssen, werden hier neben flüchtigen auch und nichtflüchtige Speichertechnologien eingesetzt.

Alle weiteren Blöcke in Bild 3-5 entsprechen weitgehend den Standardkonfigurationen von herkömmlichen Mikrocontrollern. Hervorzuheben ist, dass die abgebildete Überwachungseinheit die hardwareseitig implementierten Maßnahmen zur Überwachung des Programmablaufs (z. B. Watchdog oder Überwachungsrechner) beinhaltet, und nicht die funktionalen Ansätze, die in implementierter Form Teil des Programmstandes sind.

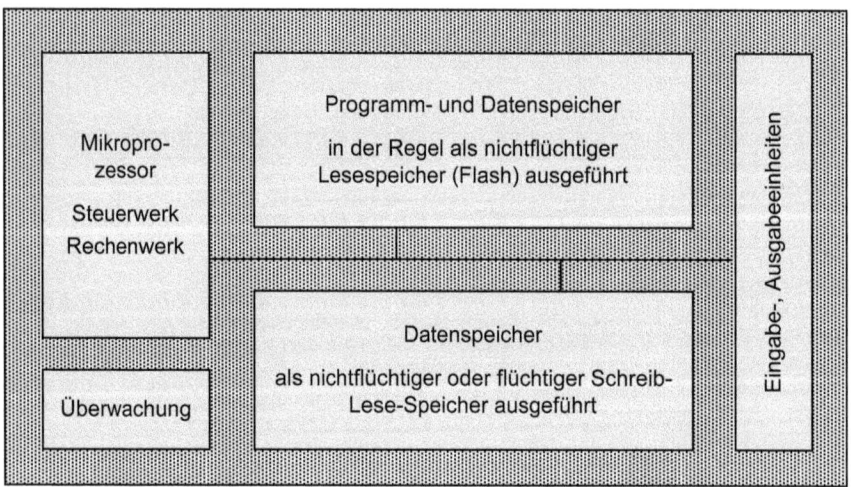

Bild 3-5 Vereinfachter Aufbau eines Mikrocontrollers

3.1.4 Zuverlässigkeit, Sicherheit und Überwachung

Fahrzeugfunktionen beeinflussen in dem in Bild 3-3 dargestellten Regelkreis das Fahrzeugverhalten. Insbesondere in den Fahrzeugfunktionsbereichen Antrieb und aktive Sicherheit sind Systeme angesiedelt, die auf das Fahrverhalten gezielt einwirken und damit im Falle eines Fehlers die Sicherheit der Insassen tangieren oder sogar gefährden können. Vor diesem Hintergrund ist der Entwicklung dieser Systeme unter den Gesichtspunkten der Erkennung und Behandlung von Fehlern große Beachtung zu schenken (siehe auch [Ju1]).

Zur Beschreibung der Systemeigenschaften und des Systemverhaltens in diesem Kontext werden die Begriffe *Zuverlässigkeit*, *Verfügbarkeit* und *Sicherheit* herangezogen, die in Abschnitt 9.1 definiert werden (siehe hierzu auch [Di1], [Di2], [Di3]). Im Gegensatz zu Verfügbarkeit und Zuverlässigkeit ist das bestimmende Element für die Sicherheit nicht die Funktion eines Systems, sondern das Risiko, das bei fehlerfreiem oder fehlerbehaftetem Betrieb entsteht. Aus diesem Grund haben Maßnahmen zur Erhöhung der Zuverlässigkeit eine andere Zielsetzung als (Schutz-)Maßnahmen zur Erhöhung der Sicherheit. Letztere bezwecken die Verringerung des Risikos, während die erstgenannten generell und präventiv gegen das Auftreten von Fehlern gerichtet sind.

Der Umgang mit Fehlern in Systemen erfolgt grundsätzlich in zwei Schritten: Zunächst ist durch geeignete Maßnahmen die Erkennung von Fehlerzuständen zu gewährleisten, bevor im zweiten Schritt die Fehlerbehandlung erfolgt. Für eine erfolgreiche Fehlererkennung existieren mehrere Ansätze, die in der Regel auf Vergleich beruhen. So können etwa Redundanzen im System genutzt werden, um Signalwerte zu plausibilisieren, oder es können zusätzliche Prüfinformationen mit den Signalen übertragen werden. Typisch ist auch die Plausibilisierung des Programmablaufs in einem Mikroprozessor durch eine Überwachungseinheit (Watchdog) oder die Plausibilisierung von Signalverläufen aufgrund physikalischer Zusammenhänge. Bei der Fehlerbehandlung werden in der Regel gestuft Maßnahmen eingeleitet, die „harmlos" bei der Verwendung von Ersatzwerten beginnen und sich über die Abschaltung von Subsystemen bis hin zum gezielten Neustart des Gesamtsystems erstrecken können.

3.2 Vorgehensmodelle, Normen und Standards

Nicht zuletzt wegen der zunehmenden Komplexität vernetzter elektronischer und durch Software geprägter Systeme gewinnen Maßnahmen zur Qualitätssicherung immer mehr an Bedeutung. Während traditionelle Ansätze des Qualitätsmanagements darauf ausgerichtet waren, das System oder die Software nach Abschluss der Erstellung zu testen, rückt heute zunehmend die Verbesserung des Erstellungsprozesses als indirekte Einwirkung auf die Produktqualität in den Betrachtungsfokus. Diesem Tatbestand wurde durch eine Reihe von Vorschlägen für das Vorgehen bei der Entwicklung Rechnung getragen: entweder in Form von Vorgehensmodellen, die den Charakter von Rahmenrichtlinien haben, oder in Form von Prozessbeschreibungen. Der folgende Abschnitt gibt deshalb einen Einblick in mehrere gängige Vorgehensmodelle.

Zusätzlich zu den angesprochenen prozessorientierten Maßnahmen zur Qualitätsverbesserung sind die aktuellen Entwicklungen auch zunehmend durch den Einsatz von übergreifenden technischen Standards geprägt. Solche Standards werden häufig in firmenübergreifenden Kooperationen definiert; und zwar in Themenfeldern, die für die Fahrzeughersteller und die Zulieferer kein Differenzierungspotenzial bieten, sondern Synergien durch Plattformtechnologien ermöglichen.

3.2.1 Normen und Vorgehensmodelle

Während die weit verbreitete ISO-9000-Normen-Familie den Charakter eines allgemeinen Qualitätsstandards hat und nur in Teilschriften auf das Gebiet der Funktions- und Softwareentwicklung eingeht, existieren mittlerweile mehrere Vorgehensmodelle, die das Gebiet der Systementwicklung und auch den Teilbereich der Softwareentwicklung umfassen. Erwähnt seien CMMI (siehe [Kn1] und [Cm1]) und SPICE [Sp1], die insbesondere zur Reifebewertung von Prozessen und Organisationen herangezogen werden können. Weit verbreitet ist auch das V-Modell des Bundesministeriums des Inneren (siehe [Vm1] und [Vm2]).

Als Gegensatz zu den so genannten „schweren" Vorgehensmodellen mit vielen Vorgaben, zu denen z. B. das V-Modell gehört, existieren auch Ansätze, die als „agile" Prozesse bezeichnet werden (vgl. hierzu [Ru1]). Als ein typisches Beispiel für diesen Typ von Vorgehensmodell gilt Extreme Programming [Be2].

Für den Bereich der Funktionssicherheit existieren eigene Normen, wie etwa die IEC 61508. Auf dieses Themenfeld wird in Abschnitt 9.2 näher eingegangen. Eine Übersicht der in diesem Kontext relevanten Vorschriften findet sich in [Ju1].

ISO-9000-Familie

ISO 9000 ist ein Sammelbegriff für eine Familie von Normen, die den Aufbau von Qualitätsmanagement-Systemen zum Inhalt hat und 1994 verabschiedet wurde. Über den Begriff der Qualitätssicherung hinausgehend wird unter einem *Qualitätsmanagement-System* sowohl die Organisationsstruktur und zugehörige Verantwortlichkeiten als auch die notwendigen Prozesse und Maßnahmen zum Qualitätsmanagement verstanden. Relevant für den betrachteten Kontext dieses Kapitels ist der dritte Teil der ISO 9000 (informativer Normenteil), der die Anwendung der Norm ISO 9001 auf die Entwicklung von Software beschreibt.

Die ISO 9001 umfasst Nachweisforderungen an ein Qualitätsmanagement-System und wird deshalb für den externen Nachweis eines „ausreichenden" oder angemessenen Qualitätsmanagements herangezogen. Die Anforderungen dieser Norm betreffen den gesamten Produktlebenszyklus, beginnend mit der Entwicklung über die Produktion bis zur Wartung und sind deshalb für den Bereich der Softwareentwicklung relevant. Der Schwerpunkt der Anforderungen besteht in der verbindlichen und dokumentierten Definition von Prozessen und Abläufen, deren inhaltliche Gestaltung allerdings nicht in der Norm geregelt ist, sondern dem anwendenden Unternehmen überlassen wird. Damit besitzt diese Norm eher allgemeinen und abstrakten Charakter.

CMMI

Eine alternative Konzeption stellt das CMMI (*Capability Maturity Model Integration*) [Cm1] dar, das als Nachfolger des CMM (*Capability Maturity Model*) am Software Engineering Institute in Pittsburgh (SEI) entwickelt wird. Ähnlich wie in der ISO-9000-Familie besteht auch hier die Grundphilosophie darin, die Produktqualität durch verbesserte Produktentstehungsprozesse zu erhöhen und ein Instrumentarium zur Beurteilung der Prozessreife zu schaffen. Wesentlicher Betrachtungsgegenstand des CMMI sind die System- und Softwareentwicklung (siehe auch [Kn1]).

3.2 Vorgehensmodelle, Normen und Standards

Zur Strukturierung verwendet das CMMI Darstellungsformen (stufenförmig oder kontinuierlich), Anwendungsgebiete (z. B. Softwareentwicklung), Prozessgebiete (z. B. Projektplanung) und Ziele. Unter einem Prozessgebiet wird dabei eine geeignete, thematisch orientierte Zusammenfassung von Anforderungen verstanden.

Die stufenförmige Darstellung der Reifegrade des CMMI ist in Bild 3-6 dargestellt. Der niedrigste Reifegrad wird häufig auch als „Heldenkultur" bezeichnet, weil die Einzelleistungen von wenigen, individuellen Wissensträgern erbracht werden. Ab Reifegrad 2 werden als wesentliche Grundlage für verbesserte Prozesse ein Projektmanagement und ein Anforderungsmanagement gefordert. Darauf aufbauend ist der Reifegrad 3 durch die Übertragung einheitlicher Prozesse auf die gesamte Organisationsform charakterisiert, die ab Reifegrad 4 durch die Einführung von Metriken auch quantitativ beherrscht werden sollen. Der höchste Reifegrad nach CMMI sieht kontinuierliche und systematische Verbesserungsprozesse vor. Die Reifegrade in der stufenförmigen Darstellung werden für die gesamte Organisation vergeben und sind jeweils mit Prozessgebieten und konkreten Anforderungen für diese Gebiete verknüpft.

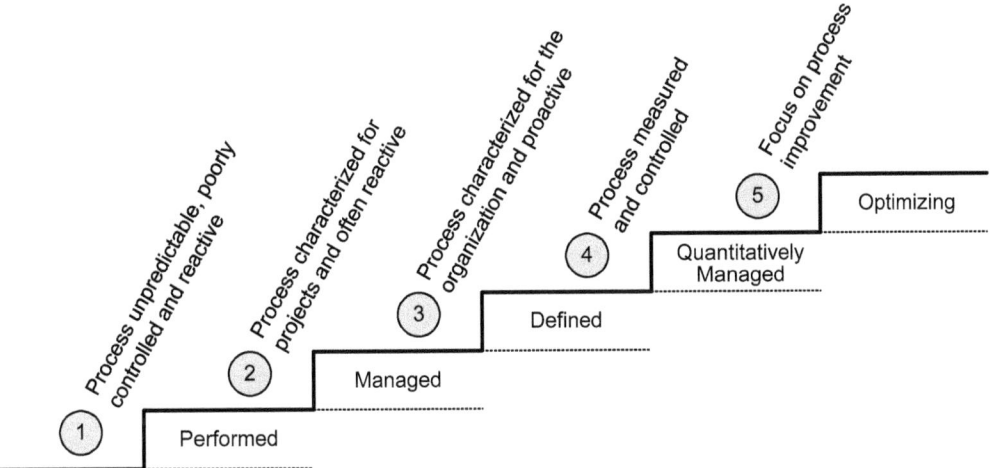

Bild 3-6 Reifegrade nach CMMI in der stufenförmigen Ausprägung (nach [Cm1], aufgrund der klareren Begriffsbildung wurden die englischen Bezeichnungen beibehalten)

Die kontinuierliche Darstellung des CMMI, die alternativ zu der stufenförmigen Darstellung unter Nutzung der gleichen Strukturelemente definiert ist, beschreibt Fähigkeitsgrade und nicht Reifegrade. Diese Fähigkeitsgrade werden pro Prozessgebiet vergeben und ergeben zusammen ein Fähigkeitsprofil für die Organisationsform, so dass insgesamt ein differenzierteres Bild als in der stufenförmigen Darstellung entsteht. Die Bewertung und Einschätzung der Prozessreife nach CMMI geschieht im Rahmen eines so genannten *Appraisals*, das nach der durch das SEI definierten Methode SCAMPI (*Standard CMMI Appraisal Method for Process Improvement*) durchgeführt werden kann.

Durch die Bewertung, aber auch durch die einhergehenden Prozessveränderungen im Rahmen der Einführung des CMMI entstehen für das jeweilige Unternehmen signifikante Aufwendungen, denen aber positive Qualitätseffekte gegenüberstehen. Deshalb und aufgrund des konkreten Bezugs zur System- und Softwareentwicklung und der konsequenten Strukturierung setzen mittlerweile eine Reihe von Automobilherstellern und Zulieferern das CMMI-Modell ein.

V-Modell

Das V-Modell ist ein Vorgehensmodell, das 1992 im Auftrag des Bundesministeriums für Verteidigung entwickelt wurde und als Grundlage für die öffentliche Vergabe von Softwareausschreibungen vorgesehen war. Ursprüngliches Anwendungsgebiet des V-Modells in der Fassung von 1997 [Vm1] war die Softwareentwicklung; es wurde aber auch zunehmend in der Automobilindustrie eingesetzt. In der aktuellsten Fassung (V-Modell XT) ist der Anwendungsfokus breiter gefasst und auch komplexe Elektronik-Systeme werden unterstützt (siehe [Vm2]).

Der Systementwicklungsprozess im V-Modell wird gedanklich in zwei Prozessphasen separiert. Die erste Prozessphase setzt bei den Benutzeranforderungen an, führt dann schrittweise durch einen Top-down-Prozess, der in der Implementierung von Systemelementen wie etwa Softwaremodulen endet. In der zweiten Prozessphase finden die Integration und der Test der entwickelten Elemente bis hin zur Systemabnahme statt. Diese Phase stellt somit einen Bottom-up-Prozess dar. Werden beide Teilprozesse zusammengesetzt, entsteht ein V-förmiger Gesamtablauf, der zu der Bezeichnung V-Modell geführt hat (siehe Bild 3-7).

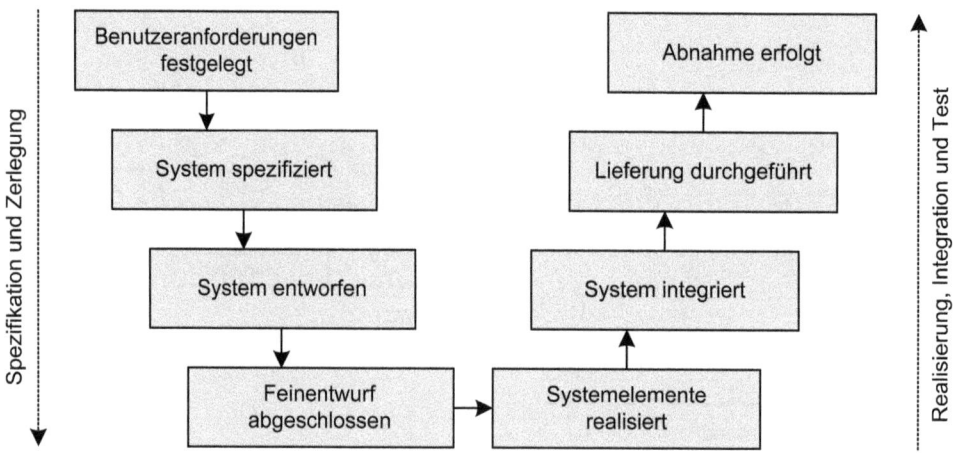

Bild 3-7 Grundzüge des V-Modells (nach [Vm2]). Die Benutzeranforderungen werden im Rahmen der Projektdefinition oder Projektbeauftragung festgelegt

Für die Umsetzung im Unternehmen sind die im V-Modell allgemein formulierten Vorgehensweisen durch ein so genanntes *Tayloring* auf das jeweilige Anwendungsgebiet anzupassen. Dieser Schritt wird im nachfolgenden Kapitel für die Entwicklung von eingebetteten Systemen im Fahrzeug detaillierter ausgeführt. In der realen Anwendung ist auch davon auszugehen, dass Prozessschritte des V-Modells oder das gesamte Modell nicht nur einmal, sondern mehrfach durchlaufen werden. Insbesondere bei Entwicklungen mit hohem Innovationsgehalt, bei denen das vollständige Gerüst an Anforderungen noch nicht vollständig zu Projektbeginn definiert werden kann, sind Iterationen im V-Modell sehr wahrscheinlich.

3.2.2 Übergreifende technische Standards

Übergreifende technische Standards entstehen häufig durch firmenübergreifende Kooperationen. Die Zielsetzung besteht in der Regel darin, gemeinsame Definitionen für Plattformtechnologien zu finden, um Synergien zu schaffen und neuen und damit häufig kostenintensiven Technologien zum Durchbruch zu verhelfen. Neben den hier dargestellten Standards, die im Rahmen der Funktions- und Softwareentwicklung Anwendung finden, ist dieses Vorgehen auch zunehmend im Bereich der Bussysteme, z. B. bei der Definition von FlexRay oder LIN zu beobachten.

ASAM

Neben der angesprochenen zunehmenden technischen Komplexität ist die Entwicklung vernetzter eingebetteter Systeme auch durch heterogene Zusammenarbeitsmodelle unterschiedlicher Unternehmen über die Phasen Entwicklung, Produktion und Service gekennzeichnet. Diese Situation hat zur Folge, dass die betrachteten Systeme in verschiedenen Konfigurationen und Umgebungen, z. B. bei der zum Teil automatischen Testdurchführung, der Parametrierung, der Fertigung und im Servicefall betrieben werden müssen. Insgesamt entsteht ein erheblicher Aufwand durch die Anpassung von Datenformaten und Schnittstellen an die genutzten Prüf-, Kalibrier- und Serviceumgebungen.

Zur Verringerung dieser Adaptions- und Anpassungsaufwände entstand ab 1990 die ASAM-Initiative (Association for Standardization of Automation and Measuring Systems), die 1999 in die Gründung des ASAM e.V. einmündete und sich zum Ziel gesetzt hat, Standards für Daten und Schnittstellen in den Anwendungsfeldern Analyse, Simulation, Automation, Kalibrierung, Diagnose und Messtechnik zu entwickeln. Der ASAM-Standard wird in Kooperation von Fahrzeugherstellern und Systempartnern entwickelt und ist in mehrere Teilspezifikationen untergliedert. In Tabelle 3.2 sind die wesentlichen Spezifikationen zusammengefasst aufgelistet.

Tabelle 3.2 Inhalte des ASAM-Standards

Spezifikation	Kurzbezeichnung	Inhalte
ASAM ODS	Open Data Services	Generisches Datenmodell, Syntax und Format des Datenaustausches, Zugriff auf Datenablagen
ASAM MCD	Measurement, Calibration and Diagnostics	Schnittstellen zur Beschreibung und Integration von Steuer- und Regelsystemen (Mess-, Kalibrier- und Diagnoseschnittstellen)
ASAM GDI	Generic Device Interface	Schnittstellen zur Integration von Messgeräten
ASAM ACI	Automatic Calibration Interface	Schnittstellen zwischen Optimierungs- und Automatisierungskomponenten (automatische Steuergerätekalibrierung)
ASAM CEA	Components for Evaluation and Analysis	Komponentenschnittstelle und Basisfunktionalität für die standardisierte Auswertung und Darstellung von Messergebnissen

Eine intensive Weiterentwicklung und Implementierung findet dabei zurzeit im Bereich der ASAM-MCD-Spezifikation statt. Dieser Standard kann vorteilhaft und effizient im Bereich der Steuergeräte-Schnittstellen und Diagnosedatenhaltung genutzt werden. So beschreibt z. B. die MCD-2D-Spezifikation (ODX) ein Datenmodell zum Austausch von Diagnosedaten im Fahrzeug [As2].

OSEK/VDX

Der Betriebssystemstandard OSEK/VDX vereinheitlicht Echtzeitbetriebssysteme mit Kommunikations- und Netzwerkdiensten, die den Anforderungen von Steuergeräten in Kraftfahrzeugen entsprechen. Er besteht aus den drei Hauptspezifikationen OSEK-OS (Betriebssystem), OSEK-COM (Kommunikation) und OSEK-NM (Netzwerkmanagement), deren inhaltliche Beziehung in Bild 2-6 verdeutlicht ist. Basis für alle nachfolgenden Festlegungen ist das OSEK-OS, das als ereignisgesteuertes Betriebssystem fungiert. Diese Echtzeit-Systemumgebung bildet das Fundament für die Anwendungs-Software der Steuergeräte und ist Grundlage für alle anderen OSEK/VDX-Module. Kernmerkmal des Betriebssystems ist das Taskkonzept, das in seiner Basis-Fassung bereits in Bild 2-3 dargestellt wurde. Für eine ausführliche Darstellung des OSEK/VDX-Standards sei auf Kapitel 2 verwiesen.

3.3 Funktions- und Softwareentwicklung nach dem V-Modell

Wie in Abschnitt 3.2.1 ausgeführt, liegen die Stärken des V-Modells in der konsequenten Top-down-Strukturierung des Entwicklungsprozesses. Diese Durchgängigkeit erweist sich dann als problematisch, wenn zu Beginn des Entwicklungsvorhabens die Informationsbasis noch nicht vollständig ist und folglich das System nicht „von oben nach unten" entwickelt werden kann. In diesem Fall wird das V-Modell vollständig oder in Teilschritten iterativ durchlaufen.

Ergänzend zu dem eigentlichen Entwicklungsprozess, der durch das V-Modell beschrieben wird, wird ein Entwicklungsvorhaben in der Regel durch weitere parallel ablaufende Prozesse wie etwa Projekt-, Konfigurations- oder Änderungsmanagement begleitet (siehe auch [Sc1]). Gerade die Aspekte verteilter Entwicklungsanteile und die Synchronisation mehrerer Entwicklungspartner stellen heute zusätzliche Herausforderungen an das Management von Automobilprojekten. Diese Teilprozesse werden im Rahmen dieses Kapitels nur kurz angesprochen, aber nicht näher ausgeführt.

Das V-Modell in seiner aktuellen Ausprägung ist zur Entwicklung von elektronischen Systemen ausgebildet. In den folgenden Unterabschnitten soll dieser allgemeine Betrachtungshorizont im Hinblick auf die Entwicklung von Fahrzeugfunktionen, die durch eingebettete elektronische Systeme dargestellt werden, konkretisiert werden. Dabei ist zu berücksichtigen, dass das V-Modell in seiner Eigenschaft als Vorgehensmodell einen „reinen" oder idealen Prozess beschreibt. In der praktischen Anwendung sind die Übergänge zwischen den einzelnen Prozessschritten zum Teil fließend.

Ein größerer Schwerpunkt in der Erläuterung des V-Modells wird auf die ausführliche Darstellung der Architekturfestlegungen gelegt, die mit einem einfachen Beispiel illustriert werden. Dies geschieht vor dem Erfahrungshintergrund, dass diese Prozesse angesichts der gravierenden Auswirkungen von Design-Fehlern großen Einfluss auf den Projekterfolg haben.

Da eine Fahrzeugentwicklung in der Regel in mehrere Projektphasen unterteilt wird und den einzelnen Phasen definierte Entwicklungsstände zugewiesen werden, ist der nachfolgend beschriebene Durchlauf durch das V-Modell bezogen auf eine Projektphase zu verstehen.

3.3.1 Konkretisierung des V-Modells

In Bild 3-8 ist das V-Modell für die Entwicklung von eingebetteten Systemen im Kraftfahrzeug dargestellt. Der Übergang von der Systementwicklung zur Softwareentwicklung ist durch die waagerechte, gestrichelte Linie markiert. An dieser Stelle im Entwicklungsprozess wird der Entwicklungsstrang der Systementwicklung in die drei Stränge der Systemanteile Aktorik und

3.3 Funktions- und Softwareentwicklung nach dem V-Modell

Sensorik, Steuergeräte-Hardware sowie Steuergeräte-Software aufgesplittet. Für jeden Einzelstrang wird jeweils ein eigenes V-Modell durchlaufen. In Bild 3-8 wird der Strang der Softwareentwicklung weiter ausgeführt. Im rechten Ast des V-Modells laufen die drei Stränge dann wieder bei der Integration des gesamten Systems zusammen.

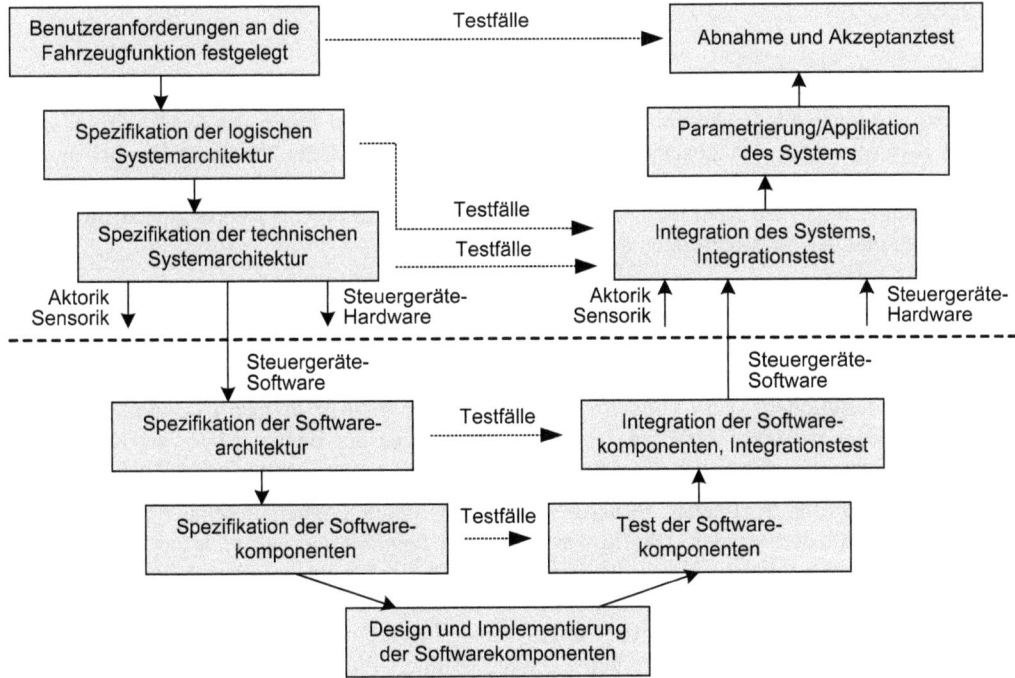

Bild 3-8 V-Modell zur Systementwicklung eingebetteter Systeme im Kraftfahrzeug

Ein weiteres Charakteristikum des V-Modells ist durch die waagerechten Pfeile illustriert, die eine Querbeziehung zwischen absteigendem und aufsteigendem Ast des V-Modells herstellen. Durch diese Darstellung wird verdeutlicht, dass auf jeder Ebene des V-Modells jeweils im linken Ast diejenigen Informationen entstehen, die auf dem rechten Ast zur Ableitung von Testfällen benötigt werden. Dieser Tatbestand wird später noch ausführlich aufgegriffen.

Der Informationsrückfluss von der rechten Seite des V-Modells zur linken Seite, der in Form von Spezifikationskorrekturen bedingt durch Erkenntnisse aus den Testaktivitäten stattfindet, ist in Bild 3-8 aus Gründen der Übersichtlichkeit nicht eingezeichnet. Im Rahmen der Komponentenfestlegung wird diese Thematik noch ausführlicher aufgegriffen.

In der komprimierten Darstellung des V-Modells in Bild 3-8 ist der linke Ast durch die Spezifikationsprozess-Schritte geprägt. Bei detaillierter Betrachtung (siehe Bild 3-10) tritt zu Tage, dass jedem Spezifikationsschritt ein Prozess-Schritt vorangeht, in dem die Anforderungen an das jeweilige technische Konstrukt konsolidiert werden, um dann zu einer Lösung „entwickelt" zu werden.

Diese Trennung in die Anforderungsseite, die sich mit dem „was" befasst, und der Lösungsseite, die sich mit dem „wie" befasst, ist für alle weiteren Betrachtungen bedeutsam und wird im weiteren Verlauf der Darstellung noch mehrfach aufgegriffen. Der angeführte Top-down-Prozess, der durch das V-Modell konsequent beschrieben wird, drückt sich durch die diagonalen Pfeile aus, die jeweils das Ableiten von Anforderungen an die nächste tiefere Ebene symbolisieren.

3.3.2 Anforderungsmanagementprozesse

Wie im vorangehenden Abschnitt erläutert, wird der linke Ast durch das Wechselspiel zwischen Anforderungs- und Lösungsseite geprägt. Diese gedankliche Trennung hat sich insbesondere bei komplexen Entwicklungsprojekten bewährt, weil dadurch das Risiko verringert werden kann, dass zum Ende des Projektes ein Entwicklungsergebnis vorliegt, das nicht den Wünschen und den Anforderungen der Benutzer entspricht.

Betrachtet man den Auszug aus dem V-Modell in Bild 3-9, so wird deutlich, dass analog zu der Hierarchie der Systemebenen nach Tabelle 3.1, die auf der Lösungsseite angesiedelt ist, auch eine Anforderungshierarchie existiert. Auf der obersten Ebene dieser Anforderungshierarchie werden in der Regel allgemeine Produktziele verankert, die in der folgenden Ebene, der Ebene der Kundenfunktionen, dann konkretisiert werden. Der Eintritt in das V-Modell geschieht genau an dieser Hierarchiestufe, an der die Anforderungen der Benutzer oder der Kunden an die Fahrzeugfunktion formuliert werden.

Ergänzend zu dieser „vertikalen" Struktur von Anforderungen können diese auch thematisch in Kategorien gegliedert werden. Häufig wird zwischen *funktionalen* und *nichtfunktionalen* Anforderungen unterschieden. Unter die funktionalen Anforderungen fallen dabei sowohl die Anforderungen an das gewünschte Sollverhalten als auch die Anforderungen an das nicht erlaubte Verhalten, d. h. an das, was die Funktion im Fehlerfall nicht tun darf. In diesem Kontext werden in der Regel auch die Sicherheits-, Zuverlässigkeits- und Verfügbarkeitsanforderungen angesiedelt. Unter den nichtfunktionalen Anforderungen werden typischerweise Kosten-, Termin-, Qualitäts- oder strategische Anforderungen verstanden. Zu der letzten Kategorie gehören etwa die Anforderungen, offene Standards einzusetzen (siehe Abschnitt 3.2.2) oder Gleichteilkonzepte umzusetzen, wie z. B. gleiche Softwarekomponenten für mehrere Projekte.

Wie in Bild 3-10 dargestellt, startet der Anforderungsmanagementprozess auf jeder Ebene mit einer Erhebungsphase. In dieser Phase werden alle Anforderungen gesammelt, um im nächsten Schritt konsolidiert zu werden. Unter Konsolidierung wird dabei das Anwenden von einer Reihe von Gütekriterien für Anforderungen, wie z. B. die Konfliktfreiheit, verstanden (siehe Abschnitt 3.4.1). Im Idealprozess liegt nach diesem Schritt ein qualitativ hochwertiges Anforderungsgerüst vor, das durch verschiedene Lösungen erfüllt werden könnte. Im realen Prozess wird häufig die Lösungsebene mitbetrachtet, da Anforderungskategorien wie Kosten oder Terminsituation nur unter Berücksichtigung von Aspekten der jeweiligen Lösung zielkonfliktfrei gestaltet werden können.

Nach Abschluss der Konsolidierungsphase wird die Lösung spezifiziert. Dieser Schritt wird häufig auch als „Anforderungsentwicklung" bezeichnet. Die erarbeitete Lösung generiert dabei neue Anforderungen für die nächst tiefer liegende Entwicklungsebene. Zusätzlich zu diesen „abgeleiteten" Anforderungen sind in der Regel noch Anforderungen aus derselben Ebene zu berücksichtigen (siehe Bild 3-9). Bedingt durch die Top-down-Struktur des V-Modells werden die Anforderungen beim „Abstieg" entlang des linken Astes zunehmend lösungsnäher, bis die Stufe des Komponentendesigns und der Implementierung erreicht ist.

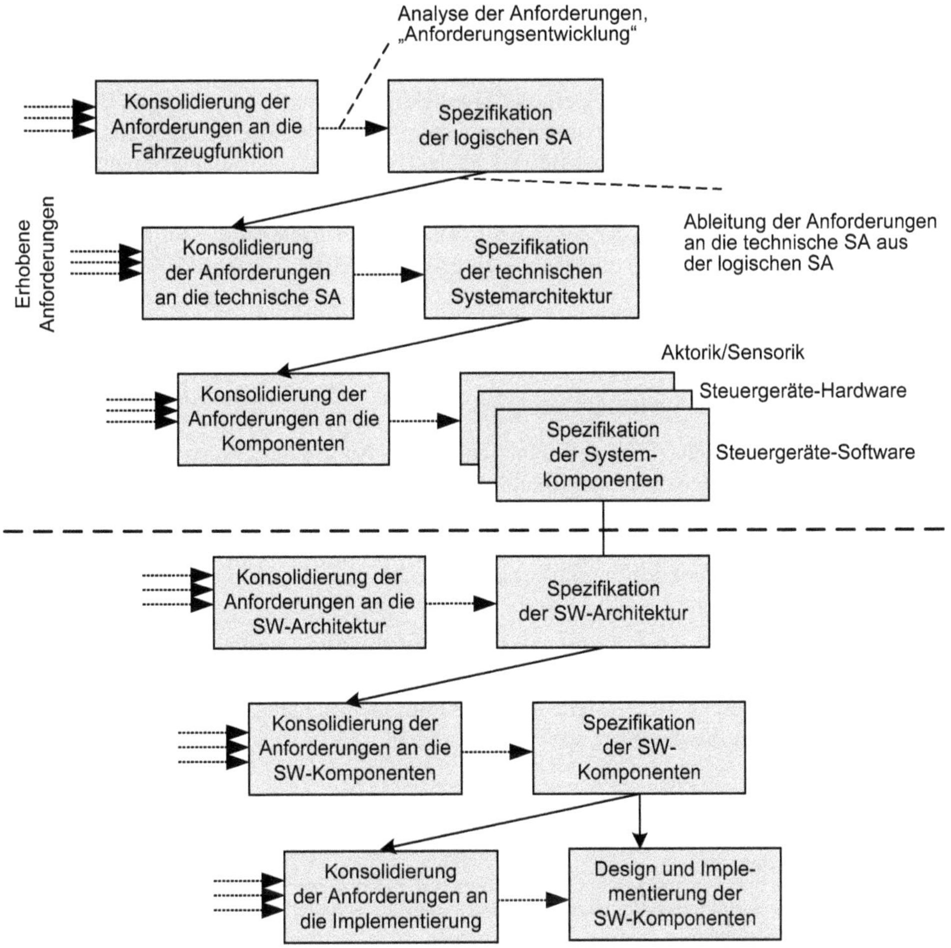

3.3 Funktions- und Softwareentwicklung nach dem V-Modell

Bild 3-9 Detaillierung des linken Asts des V-Modells: SA Systemarchitektur, SW Software, HW Hardware

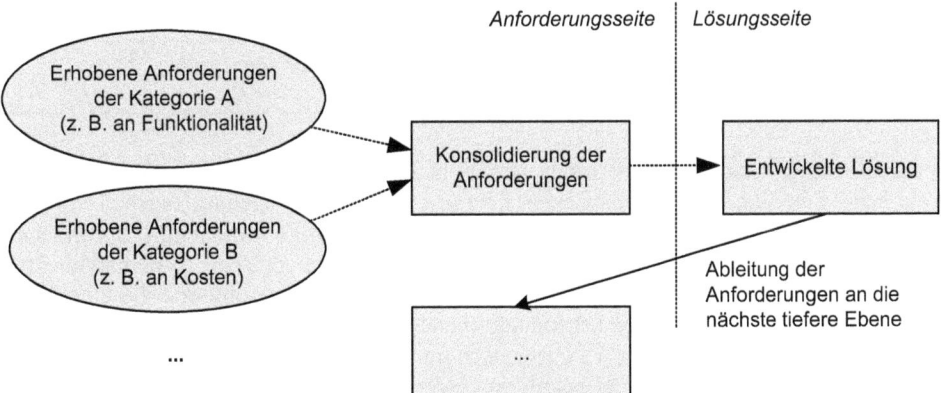

Bild 3-10 Gegenüberstellung von Anforderungs- und Lösungsseite

Neben der bereits erläuterten vorteilhaften Trennung in „was" und „wie" erlaubt der konsequente Einsatz von Anforderungsmanagement auch eine schlüssige Zuordnung von Anforderungen zu Lösungsanteilen. Insbesondere bei komplexen Systemen bleibt dadurch zu jeder Zeit transparent, durch welche Anforderungen das Entwicklungsergebnis seine Ausprägung erhalten hat. Ergänzend liefert das Anforderungsmanagement wertvolle Informationen für die parallel zur Entwicklung ablaufenden Prozesse des Projekt- und Änderungsmanagements, da mit jeder Anforderung auch der Anforderer erfasst und dokumentiert wird.

Auf die während des Anforderungsmanagements eingesetzten Detailprozesse, Methoden und Werkzeuge wird nachfolgend noch ausführlich eingegangen (siehe Abschnitt 3.4.1).

3.3.3 Architekturfestlegung

Spezifikation der logischen Systemarchitektur

Wie aus Bild 3-9 ersichtlich, folgt auf den Schritt der Anforderungskonsolidierung in der obersten Ebene des V-Modells die Spezifikation der logischen Systemarchitektur. Dieser Prozessbaustein wird häufig auch als Spezifikation der Funktionsarchitektur oder des Funktionsnetzwerks bezeichnet (vgl. [Sc1]). Zielsetzung dieses Schrittes ist es, die konsolidierten Anforderungen an die Fahrzeugfunktion in ein Funktionsmodell und damit in eine abstraktere Darstellungsform zu überführen.

In dem Funktionsmodell werden die gewünschten Teilfunktionen geeignet strukturiert und gruppiert, so dass ihre Vernetzung deutlich wird. Je nach Detaillierungsgrad der logischen Systemarchitektur können an dieser Stelle auch die logischen Signale, die die Kommunikation der einzelnen Funktionen beschreiben, spezifiziert werden.

Tabelle 3.3 Kundenanforderungen an eine automatische Fahrgeschwindigkeitsregelung (Auszug)

Kennung	Anforderung	Anforderer
1.1	Die Funktion muss durch ein Bedienelement („Einschalter") aktiviert werden können.	Schulz
1.2	Bei Betätigung der Bremse muss die Funktion ohne merkliche Verzögerung deaktiviert werden.	Müller
1.3	Bei Aktivierung der Funktion wird die zu diesem Zeitpunkt aktuelle Fahrzeuggeschwindigkeit als Sollgeschwindigkeit gesetzt.	Meyer
1.4	Die gesetzte Sollgeschwindigkeit ist mit einer Genauigkeit von ... automatisch einzuregeln.	Meyer

Zur Verdeutlichung dieses Prozessschrittes werden in Tabelle 3.3 die Kundenanforderungen an eine einfache Funktion zur automatischen Fahrgeschwindigkeitsregelung (auch Tempomat genannt) auszugsweise formuliert und jeweils mit einer eindeutigen Kennung (ID) versehen. Diese Anforderungen münden in die in Bild 3-11 dargestellte logische Systemarchitektur. Diese gliedert sich grob in einen Erkennungsteil, eine Zustandssteuerung und die eigentliche Fahrgeschwindigkeitsregelung. Die Erkennungsebene wertet alle relevanten Eingangssignale aus und leitet daraus zum einen den Fahrerwunsch hinsichtlich des Aktivierungszustandes und andererseits die aktuelle Situation der beteiligten Aggregate ab. Diese zwei zentralen Informationen gehen in die Zustandssteuerung ein, die den Status der Funktion (z. B. „aus", „aktiviert" oder „regelnd") festlegt. Das kontinuierliche Einregeln der Fahrzeuggeschwindigkeit wird über den Block „Fahrgeschwindigkeitsregelung" abgebildet, der hierzu in das Motor- und das Getriebemanagement eingreift. Schließlich erhält der Fahrer eine optische Rückmeldung durch den Block „Anzeige".

Zentrales Merkmal der logischen Systemarchitektur ist die Unabhängigkeit von der realen technischen Ausprägung. Sie entspricht der in Bild 3-2 angeführten funktionalen Sicht. Oft werden in Abhängigkeit von dem relevanten Detaillierungsgrad in dieser Sicht auch die logischen Signale festgelegt. In dem gewählten Beispiel wird aus Gründen der Übersichtlichkeit darauf verzichtet. Der Zusammenhang zwischen Anforderungs- und Lösungsseite wird in Bild 3-11 durch die beispielhafte Zuordnung zweier Anforderungen (Anforderung 1.1 und Anforderung 1.2, vgl. Tabelle 3.3) zu den jeweiligen Funktionsblöcken verdeutlicht.

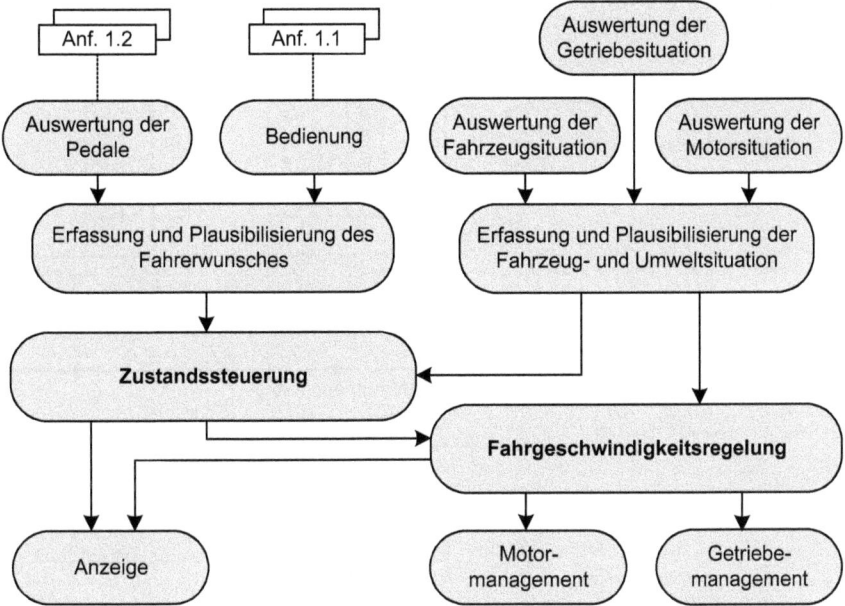

Bild 3-11 Logische Systemarchitektur einer automatischen Fahrgeschwindigkeitsregelung (Anf. Anforderung gemäß Tabelle 3.3)

Spezifikation der technischen Systemarchitektur

Die technische Systemarchitektur wird aus den konsolidierten Anforderungen auf dieser Ebene gemäß Bild 3-9 entwickelt. Dabei spielen neben den funktionalen und strukturellen Anforderungen aus der logischen Systemarchitektur auch realisierungsnahe Anforderungen wie z. B. das gewünschte Echtzeitverhalten eine Rolle.

Ergänzend müssen in der Regel auch Anforderungen bezüglich Gleichteilstrategien von Steuergeräten oder Konfigurationsanforderungen wie z. B. die Zuordnung der Funktion zu einer Sonderausstattung berücksichtigt werden. Auch die für diese Ebene relevanten Aspekte der Sicherheit, Zuverlässigkeit und Verfügbarkeit (siehe Abschnitte 3.1.4 und 9.1) werden an dieser Stelle berücksichtigt.

Die technische Systemarchitektur legt die beteiligten Steuergeräte und deren technische Verknüpfung fest. Letztere beinhaltet das verwendete Bussystem, aber auch die Zuordnung der logischen Signale, die im Rahmen der logischen Systemarchitektur spezifiziert werden, zu den Botschaften, die auf dem jeweiligen Bus gesendet werden sollen. Als weiterer wesentlicher Festlegungsumfang wird in der technischen Systemarchitektur die Zuordnung der Funktionen zu den Steuergeräten definiert, wie in Bild 3-2 beschrieben.

In Bild 3-12 ist eine mögliche technische Systemarchitektur für die automatische Fahrgeschwindigkeitsregelung dargestellt. Das Steuergerätenetzwerk besteht aus Motor- und Getriebesteuerung, die durch eine CAN Verbindung miteinander kommunizieren. Die Kopplung an den zweiten betroffenen Fahrzeugfunktionsbereich geschieht über ein Gateway, das die Verbindung zu den zwei weiteren Steuergeräten sicherstellt. Ergänzend sind in der Abbildung die Funktionen „Zustandssteuerung" und „Bedienung" den relevanten technischen Elementen beispielhaft zugeordnet.

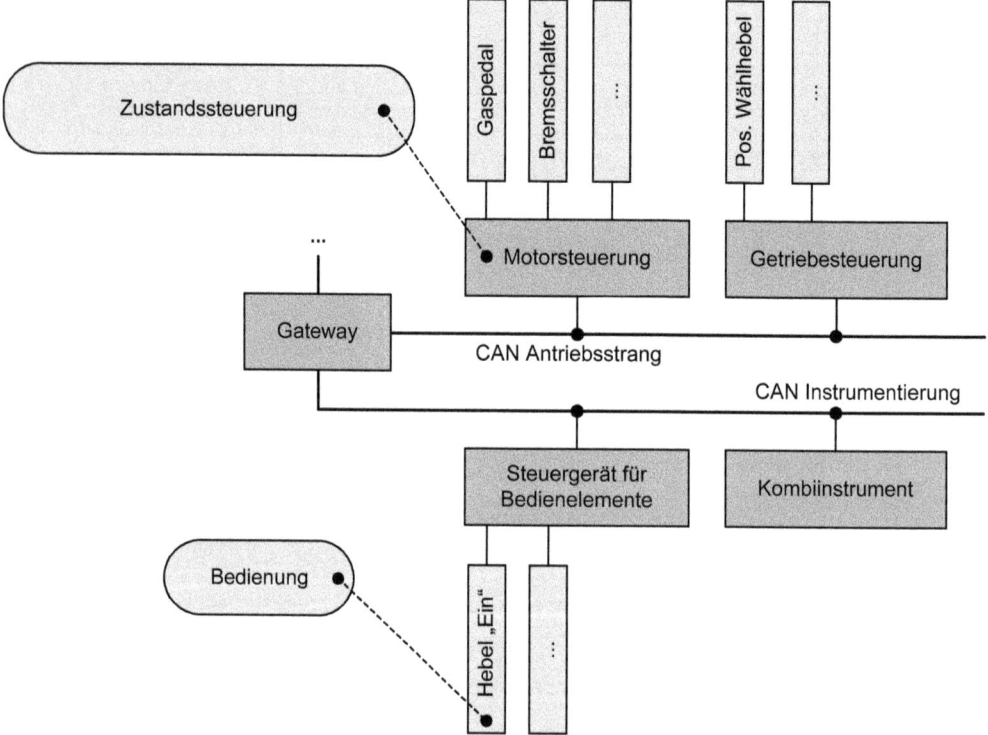

Bild 3-12 Technische Systemarchitektur einer automatischen Fahrgeschwindigkeitsregelung (Pos. Position)

Spezifikation der Softwarearchitektur

Mit dem Übergang im V-Modell von der System- zur Komponentenebene erfolgt wie in Abschnitt 3.3.1 beschrieben die Aufgliederung in mehrere Teilprozesse, die bei der Systemintegration auf dem rechten Ast des V-Modells später wieder vereinigt werden. Konzentriert man sich auf den Betrachtungsumfang der Steuergeräte-Software, so ist der folgende Schritt im V-Modell die Spezifikation der Softwarearchitektur in einem Steuergerät.

Unter der Softwarearchitektur wird dabei die Strukturierung und Vernetzung der Softwaremodule verstanden. Diese Festlegungen umfassen daher die Schnittstellen zwischen den Modulen und diejenigen zur Außenwelt. Neben den aus der technischen Systemarchitektur abgeleiteten Anforderungen müssen an dieser Stelle häufig auch Anforderungen übergreifender Standards oder firmeninterner Softwarestandards berücksichtigt werden.

Die Softwarearchitektur orientiert sich in der Regel an einem Schichtenmodell. Kerngedanke der vertikalen Schichtung von Software ist es, einen hierarchischen Aufbau zu gewährleisten, in dem die höhere Schicht jeweils auf die Funktionen der niedrigeren Schichten zurückgreifen kann. Ein typisches Beispiel für eine solche Struktur ist das ISO/OSI-Schichtenmodell, das zur Beschreibung von Kommunikationssystemen dient (vgl. Abschnitt 1.1.2). Auch der in Abschnitt 2.2 beschriebene OSEK/VDX-Standard ist als Schichtenmodell ausgeführt.

Neben der beschriebenen Festlegung der Struktur wird in der Phase der Softwarearchitektur-Festlegung auch definiert, welche Betriebszustände für die Software relevant sind und wie die Übergänge zwischen den einzelnen Zuständen sind. Typische Zustände sind z. B. des „Fahrprogramm", in dem die Software ausgeführt wird oder der „Nachlauf", in dem ein Steuergerät nach Ausschalten der Zündung noch permanent zu sichernde Daten abspeichert.

3.3.4 Komponentenfestlegung

Spezifikation der Softwarekomponenten

Die Spezifikation der Softwarekomponenten kann nach [Sc1] in drei Teilschritte zerlegt werden, nämlich die Festlegung des Daten-, des Verhaltens- und des Echtzeitmodells. Der erstgenannte Schritt umfasst die Festlegung der zu verwendenden Datenstrukturen, ohne deren konkrete Implementierung zu definieren. Eine typische Festlegung in diesem Zusammenhang ist die Dimension einer Variablen (z. B. Skalar, Vektor oder Matrix).

Der zweitgenannte Schritt, die Festlegung des Verhaltensmodells, dient zur Beschreibung, wie die Daten verarbeitet werden. Die Datenverarbeitung beinhaltet den Datenfluss (z. B. Rechenoperationen) und den Kontrollfluss (z. B. Schleifenoperationen). Für die Festlegung und Dokumentation des Verhaltensmodells können unterschiedliche Methoden und Werkzeuge herangezogen werden. Häufig wird das Verhaltensmodell zusammen mit dem Datenmodell grafisch mit Hilfe eines Simulationswerkzeugs spezifiziert.

Im dritten Teilschritt der Spezifikation der Softwarekomponenten wird das Echtzeitverhalten der Komponente definiert. Hierzu werden die auszuführenden Anweisungen der Softwarekomponente zu Prozessen zugeordnet, die zu Tasks zusammengefasst werden (vgl. Abschnitt 2.1.1). In der Regel existieren „langsame Tasks", also Tasks, die in größeren Zeitabständen berechnet werden und „schnelle Tasks", die für zeitkritischere Berechnungen herangezogen werden können. Durch diese Zuordnung wird das Zeitverhalten der Softwarekomponente definiert. Ergänzend muss an dieser Stelle auch die Abarbeitungsreihenfolge der einzelnen Anweisungen der Komponente festgelegt werden, da die Reihenfolge, in der der Datenfluss verarbeitet wird, Einfluss auf das Rechenergebnis hat.

Da es schon für das einzelne Steuergerät üblich ist, dass Softwarekomponenten nicht aus einer Hand, sondern von unterschiedlichen Abteilungen eines Unternehmens bis hin zu unterschiedlichen entwickelnden Unternehmen entstammen, ist die Komponentenspezifikation häufig ein stark arbeitsteiliger Prozess.

Komponenten-Design und Implementierung

In diesem Schritt im V-Modell wird die Softwarelösung schließlich vollständig konkretisiert. Konkretisierung bedeutet in diesem Zusammenhang, dass die implementierungsunabhängige Darstellung in eine mikroprozessornahe Lösung überführt wird. Wie in Bild 3-9 dargestellt, müssen auch auf dieser Ebene Anforderungen berücksichtigt werden, die die funktionalen Anforderungen aus der nächst höheren Ebene ergänzen. Hierzu zählen z. B. Anforderungen, die aus dem Speicherkonzept der Prozessorplattform herrühren oder Anforderungen, die die Konfiguration der Software betreffen.

An dieser Stelle wird auch die in Abschnitt 3.1.3 angesprochene Trennung in Programm- und Datenstand vorgenommen. Dem Datenstand werden alle Parameter zugeordnet, die zur Anpassung der Algorithmen dienen und in nachfolgenden Prozessschritten appliziert werden sollen. Unter Applikation wird dabei das Festlegen der Werte von Parametern verstanden. Die Motivation zur Verwendung von Parametern kann dabei unterschiedlich sein. Ein typischer Beweggrund ist etwa, dass ein funktionaler Zusammenhang nicht analytisch abgebildet werden kann. In diesem Fall wird die „Modellierung" durch Kennlinien vorgenommen, die während des Applikationsprozesses in der Regel in der realen Systemumgebung zur Erzielung der gewünschten Wirkung eingestellt werden.

Häufig werden Softwareblöcke auch durch applizierbare Parameter konfiguriert. So ist es häufig zweckmäßig, die Algorithmen möglichst generisch für mehrere Anwendungsfälle, z. B. für Vier-, Sechs- und Achtzylindermotoren auszulegen, und dann für den konkreten Anwendungsfall nur die benötigten Anteile „frei zu schalten". Der Nachteil, der durch den zusätzlich benötigten Speicherplatz des nicht genutzten Codes entsteht, wird durch die Vorteile hinsichtlich Test und Absicherung von nur einer Funktion häufig mehr als aufgehoben.

Neben der erläuterten Trennung in Programm- und Datenstand erfolgt in der Design- und Implementierungsphase auch die konkrete Abbildung des Datenmodells auf eine prozessorspezifische Speicherarchitektur. Hierunter fallen z. B. die Festlegung der Quantisierung und die Zuordnung zu dem notwendigen Speichertyp (flüchtig, nichtflüchtig etc.). Das Verhaltensmodell, das z. B. in Form eines grafisch modellierten Datenflusses vorliegt, wird an dieser Stelle unter Einsatz des notwendigen Werkzeugs und unter Beachtung der prozessorspezifischen numerischen Verarbeitung feinspezifiziert. In der Regel liegt nach Abschluss dieses Schrittes die Softwarekomponente in Form eines Quellcodes in einer Hochsprache oder in einer maschinennahen Sprache vor. Ergänzt wird dieses Ergebnis durch Konfigurationen des Echtzeitbetriebssystems.

Komponententest

Mit dem Schritt des Komponenten-Designs und der Implementierung ist der linke Ast des V-Modells vollständig durchschritten. Ab hier beginnt eine schrittweise Integration der Komponenten und Subsysteme, die jeweils von Testaktivitäten auf der jeweiligen Ebene flankiert wird. Der erste dieser Schritte auf dem rechten Ast des V-Modells ist der Komponententest, der bei reiner Betrachtung der Softwareumfänge in dem Test von Softwarekomponenten besteht. Analoge Aktivitäten finden bei den parallel ablaufenden V-Modellen für die Steuergeräte-Hardware und für die Aktorik und die Sensorik statt.

Wie in Bild 3-8 durch den waagerechten Pfeil dargestellt, greift der Komponententest auf die Anforderungen an die Komponente und die Spezifikation der Komponente zurück. Zurückgreifen bedeutet hier, dass aus den Anforderungen und aus der Spezifikation die Testfälle für den Komponententest abgeleitet werden. Ein Testfall beinhaltet dabei immer die Festlegung

3.3 Funktions- und Softwareentwicklung nach dem V-Modell

der zu variierenden Eingangsparameter einer Softwarekomponente, der einzuhaltenden Randbedingungen und das geforderte Verhalten der Ausgangsgrößen. Auf die verschiedenen methodischen Ansätze, die in diesem Zusammenhang eingesetzt werden können, wird in Abschnitt 3.4.2 noch ausführlich eingegangen.

Obwohl der idealtypische Ablauf des V-Modells jeweils eine rein sequentielle Abarbeitung auf dem linken und rechten Ast suggeriert, finden im realen Entwicklungsgeschehen nach Abarbeitung von Testschritten auch häufig Iterationsschritte statt. Ein Beispiel hierfür ist in Bild 3-13 im Kontext des Komponententests angedeutet. Die Ergebnisse der Komponententests, und zwar insbesondere der nicht bestandenen Tests, führen in der Regel zu Korrekturen in der Spezifikation oder in der Implementierung, die dann erneut in den Testprozess einfließen.

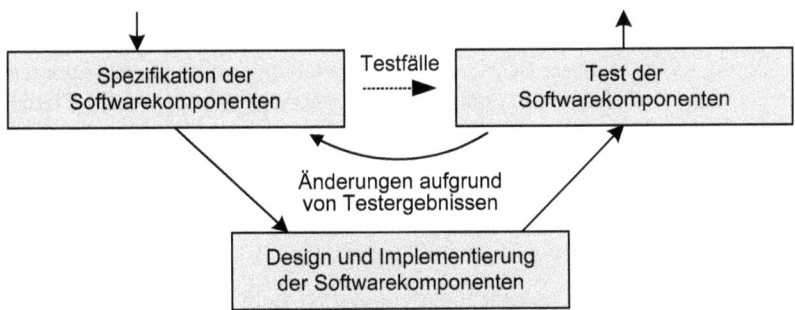

Bild 3-13 Iteratives Durchlaufen des V-Modells (unterer Teil)

3.3.5 Integration

Software-Integration

Wie dargestellt, werden auf der untersten Ebene des V-Modells die einzelnen Softwarekomponenten implementiert und nachfolgend getestet. Um zu einem ablauffähigen Gesamtprogramm- und Datenstand zu kommen, ist der nächste Schritt die Integration der Komponenten. In diesem Teilprozess werden alle Softwarekomponenten zusammengeführt und zu einem Softwaregebilde vereinigt, das auf einem Mikroprozessor ausführbar ist. Dabei werden die in der Softwaretechnik üblichen Schritte des Compilierens, Assemblierens und Linkens ausgeführt (vgl. auch [Br2]). Ergänzend werden an dieser Stelle auch Standarddokumentationen und so genannte Beschreibungsdateien erzeugt. Letztere liefern die notwendigen Informationen für Produktions- und Servicewerkzeuge oder Mess- und Kalibriertools und basieren häufig auf standardisierten Formaten wie etwa dem ASAM-Standard (vgl. Abschnitt 3.2.2).

Begleitet wird der Integrationsprozess durch Software-Integrationstests. Darunter sind Testverfahren zu verstehen, die in der Regel toolgestützt ablaufen und dafür sorgen, dass die Kompatibilität der Softwarekomponenten untereinander und die korrekte Abbildung auf die Mikroprozessorplattform, insbesondere auf die Speicherkonfiguration, gewährleistet sind.

Systemintegration

Mit dem Abschluss der Software-Integration liegt ein ausführbarer Programm- und Datenstand vor, der im nächsten Aufwärtsschritt im V-Modell, in der Systemintegration, weiter integriert wird. Dazu erfolgt zunächst die Zusammenführung aller Komponenten eines Steuergerätes, also Steuergeräte-Software und Steuergeräte-Hardware. Dazu werden Programm- und Datenstand auf den Programm- und Datenspeicher des Steuergerätes, das als Real- oder Experimentalsystem vorliegen kann, übertragen. Nachfolgend findet in der Regel eine Inbetriebnahme des „geflashten" Steuergerätes in einer Experimentalumgebung statt, um sicherzustellen, dass der Downloadvorgang korrekt abgelaufen ist. Je nach Vernetzungsgrad des Systems findet dieser Integrationsschritt für ein oder mehrere Steuergeräte statt.

Zur Komplettierung der Systemintegration ist es nach erfolgreicher Steuergeräteintegration notwendig, die fehlenden Systembestandteile, nämlich die Aktoren und Sensoren, zu ergänzen. Vor dem Hintergrund der häufig hohen Komplexität und der firmenübergreifenden, arbeitsteiligen Entwicklung gewinnt dieser Schritt bei der Entwicklung von Fahrzeugfunktionen zunehmend an Bedeutung. Grundsätzlich könnte dieser Prozessschritt in der realen Zielfahrzeugumgebung erfolgen. Angesichts hoher Fahrzeugprototypenkosten und steigender Gesamtvernetzung ist es in der Regel sinnvoller, das zur Darstellung der Fahrzeugfunktion notwendige System in einer Experimentalkonfiguration zu integrieren und zu testen, bevor die Gesamtfahrzeugintegration durchgeführt wird. Diese Systemintegration kann auch vorteilhaft zur Abnahme von gelieferten Komponenten genutzt werden (vgl. [Sc1]).

Die konkrete Ausprägung der Experimentalkonfiguration stellt dabei in der Regel eine größere Herausforderung dar, da die richtige Mischung aus realen und virtuellen Komponenten gefunden werden muss. Aufgrund der Tatsache, dass das zu integrierende System nur einen Ausschnitt aus dem vollständigen Fahrzeugsystem darstellt, muss das Verhalten jenseits der Systemgrenzen geeignet nachgebildet werden. Beispielhaft ist in Bild 3-14 eine mögliche Konfiguration für die automatische Fahrgeschwindigkeitsregelung dargestellt. In dieser Konfiguration werden die Kernelemente durch die realen Steuergeräte dargestellt und die verbleibenden Umfänge durch entsprechende Modelle abgebildet. Der Botschaftsverkehr zu und von den anderen Fahrzeugfunktionsbereichen wird durch so genannte „Restbussimulationen" simuliert, die teilweise durch einfache Fahrzeugmodelle gespeist werden. Da das Motorverhalten nicht Schwerpunkt der Funktion ist, aber trotzdem Einfluss hat, werden die Aktoren und Sensoren des Motors mit Hilfe eines einfachen Motormodells nachgebildet.

Integration und Integrationstest gehen in dieser Entwicklungsphase eng verknüpft einher. Die Testfälle für den Systemintegrationstest können aus den korrespondierenden Schritten des linken Astes im V-Modell abgeleitet werden.

3.3.6 Applikation

Unter der Applikation (Parametrierung, Kalibrierung) wird die Feinabstimmung und Konfiguration der Softwarefunktionen verstanden. Je nach Charakter der zu applizierenden Funktion kann dieser Teilprozess geringere oder auch größere Aufwendungen verursachen. In der Regel verlangen Funktionen, die das Fahrzeugerlebnis prägen, wie z. B. Fahrverhaltensfunktionen aus dem Funktionsbereich Antrieb, eine intensive Abstimmung. Diese Funktionen müssen auch häufig subjektiv geprägte Anforderungen erfüllen.

Da das Gesamtverhalten der Funktion in der realen Umgebung abgestimmt werden soll, können viele Applikationsumfänge nur direkt im Fahrzeug bearbeitet werden. Angesichts des expandierenden Umfangs von Softwarefunktionen und des damit einhergehenden steigenden Applikationsumfangs werden aber auch zunehmend Methoden zur Vorapplikation an Prüfständen eingesetzt.

3.3.7 Abnahme

Bei der Erläuterung der einzelnen Schritte des V-Modells ist deutlich geworden, dass die Entwicklung einer Fahrzeugfunktion eine Reihe von differenzierenden und integrierenden Schritten beinhaltet, die in wechselnden Entwicklungsumgebungen mit intensiver Arbeitsteilung stattfinden. Ein Teil der Prozesse stützt sich dabei auf Modelle und ist damit von den realen Gegebenheiten abstrahiert. Ergänzend sind hierarchisch organisierte Anforderungsprozesse durchzuführen, die sich von der obersten Ebene der Benutzeranforderungen bis hin zur konkreten Lösung auf Komponentenebene erstrecken. Insgesamt beherbergt der Entwicklungsprozess also eine Reihe von Vereinfachungen, Unschärfen und letztendlich auch Fehlerquellen. Die Tatsache, dass bei komplexen Fahrzeugfunktionen eine Reihe von Ebenen im V-Modell durchlaufen wird, führt auch zu einer Distanz zwischen den Benutzeranforderungen und den Lösungen auf der untersten Ebene.

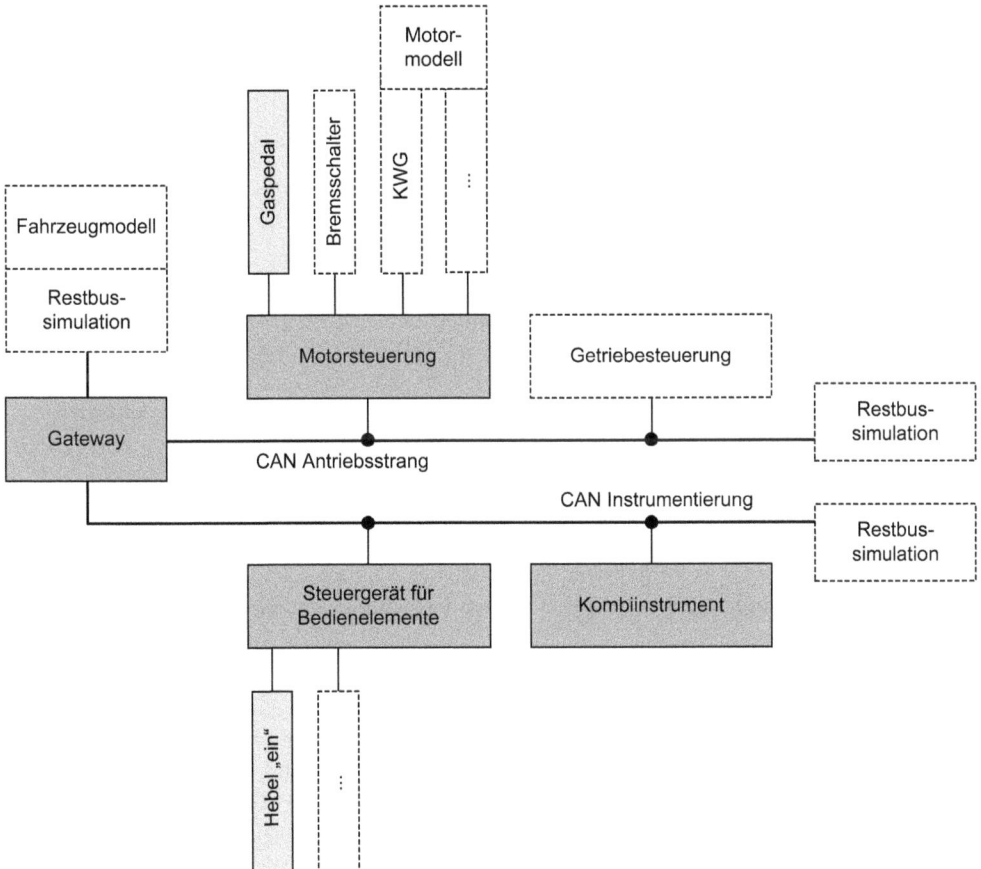

Bild 3-14 Konfiguration zur Systemintegration und zum Test der automatischen Fahrgeschwindigkeitsregelung, gestrichelte Blöcke werden virtuell durch ein Experimentalsystem nachgebildet: KWG Kurbelwellengeber

Aus diesen Gründen spielt der letzte Prozessschritt auf dem rechten Ast des V-Modells, die Abnahme, eine entscheidende Rolle. Bei diesem Schritt wird in der realen Fahrzeugumgebung und im Fahrversuch getestet, ob die Funktion die Anforderungen erfüllt. An dieser Stelle wird also zum letzten Mal die Querbeziehung zwischen dem absteigenden und dem aufsteigenden Ast des V-Modells genutzt, indem aus den Kundenanforderungen Testfälle für den Akzeptanztest abgeleitet werden. Das Ergebnis aus dem Abnahmetest ist die Freigabe für die entwickelte und parametrierte Funktion.

3.4 Methoden in der Funktions- und Softwareentwicklung

Während der vorangegangene Abschnitt dazu dienen sollte, den Entwicklungsprozess von Fahrzeugfunktionen beim Durchschreiten des V-Modells zu erläutern, werden im Folgenden ausgewählte Methoden, die bei den jeweiligen Prozessschritten zum Einsatz kommen, näher erklärt. Als Schwerpunktthemen werden Anforderungsmanagement und Testmethoden behandelt. Der Fokus liegt dabei auf den für den Bereich der Funktions- und Softwareentwicklung relevanten Aspekten und weniger auf der Behandlung vollständiger mechatronischer Systeme.

Ergänzend sei erwähnt, dass grundsätzlich Methode und Prozess eng thematisch verzahnt sind. Deshalb werden Prozessaspekte, soweit sie zum Gesamtverständnis notwendig sind, nicht vollständig ausgespart. Auf eine vertiefte Darstellung der methodischen Ansätze zur Begleitung der geschilderten Architektur- und Komponentenprozesse wird in diesem Abschnitt verzichtet. Hierzu sei auf die einschlägige Literatur verwiesen (z. B. [Ba1], [Sc1] oder [Oe1]).

3.4.1 Anforderungsmanagement

Mit zunehmender Komplexität der Funktionen und der Systeme im Fahrzeug, aber auch vor dem Hintergrund negativer Erfahrungen mit gescheiterten Entwicklungsvorhaben in anderen Branchen, ist deutlich geworden, dass das systematische Erheben, Konsolidieren und Dokumentieren von Anforderungen ein wesentlicher Erfolgsfaktor ist (siehe hierzu [Ro1], [Ru1]). Diese Erkenntnis findet sich auch beispielsweise in dem in Abschnitt 3.2.1 vorgestellten CMMI-Modell wieder, das in der stufenförmigen Ausprägung ab Level 2 ein Anforderungsmanagement fordert.

Die Kernaspekte, die im Kontext des Anforderungsmanagements beachtenswert sind, sind in Bild 3-15 dargestellt und werden in den nachfolgenden Abschnitten zum Teil noch ausführlich diskutiert. Neben der Erhebung und Konsolidierung der Anforderungen stehen dabei auch die so genannten *Stakeholder* im Mittelpunkt des Interesses. Darunter sind diejenigen Personen zu verstehen, die ein „berechtigtes" Interesse an der Gestaltung des zu entwickelnden Systems haben.

Als Vorstufe zu den Anforderungen benötigt jedes Projekt zur Entwicklung einer Fahrzeugfunktion klar umrissene und nach Möglichkeit messbar formulierte Ziele, die deshalb auch als wesentlicher Kernaspekt angeführt sind. Als letzter Aspekt, der im Themenfeld Anforderungsmanagement zu nennen ist, ist in Bild 3-15 der Systemumfang oder Kontext angeführt. Hierunter ist der Vorgang der Systemabgrenzung in der jeweiligen Abstraktionsebene zu verstehen.

3.4 Methoden in der Funktions- und Softwareentwicklung

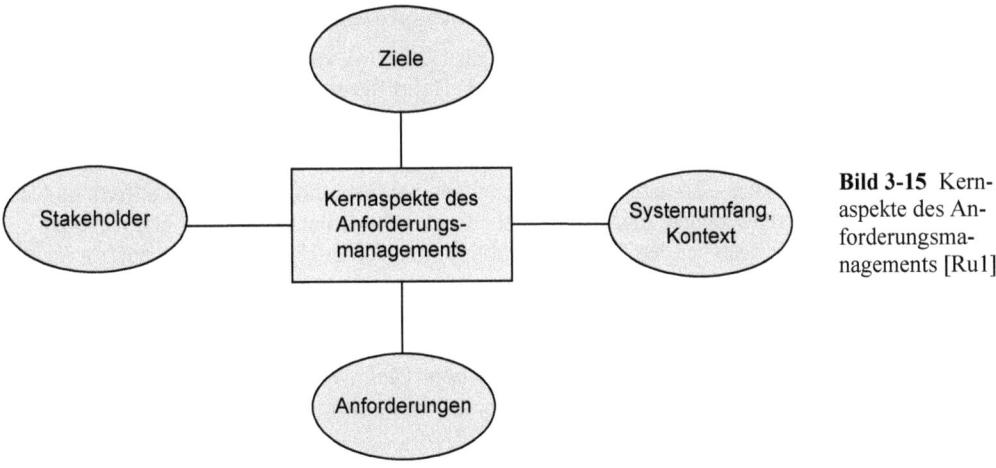

Bild 3-15 Kernaspekte des Anforderungsmanagements [Ru1]

Abstraktionsebenen

Die Tatsache, dass der Anforderungsmanagementprozess über mehrere Ebenen hinweg den Entwicklungsprozess begleitet, wurde schon im Abschnitt 3.3.2 im Zusammenhang mit dem V-Modell hervorgehoben. Die verallgemeinerte Form der Trennung zwischen Anforderungsseite und Lösungsseite wird in Bild 3-16 erneut aufgegriffen und ergänzt, um die unterschiedlichen Abstraktionsebenen zu verdeutlichen.

Die Anforderungen auf der höchsten Ebene, die schon mehrfach genannten Kundenanforderungen, werden in der Regel dem so genannten *Problembereich* zugeordnet. Dieser Bereich verdankt seine Benennung der Tatsache, dass neue Systeme aufgrund von erkannten Defiziten oder bekannten Problemen entstehen. Er beantwortet somit die Frage: Warum wird das System entwickelt?

In der nächst tieferen Ebene, in der bereits abgeleitete Anforderungen vorkommen, findet im Anforderungsbereich die Beantwortung der Frage „Was soll das System leisten?" statt. Wie in Bild 3-9 illustriert, beginnt ab dieser Ebene das z-förmige Wechselspiel zwischen Anforderungs- und Lösungsbereich, das in Bild 3-16 nochmals zusammenfassend angedeutet ist.

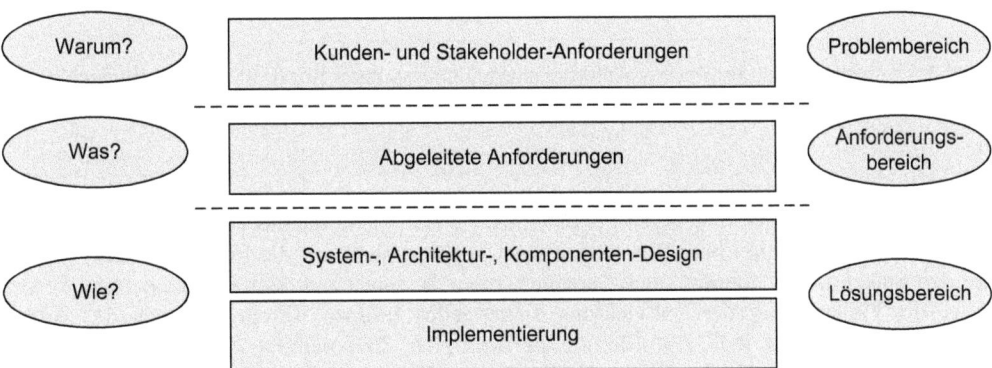

Bild 3-16 Abstraktionsebenen im Anforderungsmanagement

Vereinfachter, allgemeiner Anforderungsdefinitionsprozess

In den Bildern 3-9 und 3-10 wurde der Prozess zur Definition von Anforderungen auf die zwei Schritte Erhebung und Konsolidierung verdichtet. Bei differenzierterer Betrachtung lässt sich die Konsolidierung aus drei Teilschritten zusammensetzen, die in Bild 3-17 dargestellt sind.

Im ersten Schritt des vereinfachten Anforderungsdefinitionsprozesses findet das „Einsammeln" von Anforderungen statt, das sich aus Erhebungen von Stakeholdern (siehe unten) und der Ableitung aus höheren Ebenen zusammensetzt. Werden bestehende Systeme ergänzt oder optimiert, so sind diese bestehenden Systeme und deren Anforderungsdokumente auch wesentliche Quellen zur Anforderungsermittlung. Die so gewonnenen Anforderungen werden im Folgeschritt strukturiert und analysiert, um Widersprüche, Redundanzen und Unvollständigkeiten im Rohgerüst zu vermeiden. Zusätzlich erfolgt an dieser Stelle auch die Lösung von Anforderungskonflikten. Dieser Teilprozess wird durch den Titel „Verhandlung" in der Abbildung ausgedrückt und bedeutet in der letzten Konsequenz, dass strittige Anforderungen bewertet und zur Entscheidung gebracht werden.

Der nächste Teilschritt in der Anforderungsdefinition stellt die Modellierung und Dokumentation dar. Dabei werden die Anforderungen so abgebildet, dass sie zwar zur Ableitung von Lösungen hinreichend präzise sind, aber noch von den ursprünglichen Autoren der Anforderung verstanden werden. An dieser Stelle erfolgen auch erste Reviews und Überprüfungen der Anforderungen, deren Ergebnisse in die Vorgängerschritte eingespeist werden. Die modellierten und dokumentierten Anforderungen münden nach erfolgreicher Prüfung in eine Anforderungsspezifikation, die freigegebene und akzeptierte Anforderungen mit jeweils eindeutiger Kennzeichnung (ID) enthält. Die Anforderungsdokumentation erfolgt dabei häufig toolgestützt.

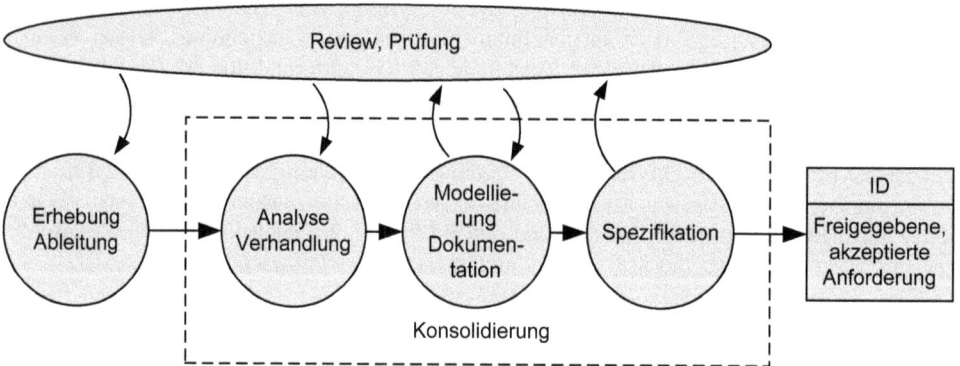

Bild 3-17 Vereinfachter, allgemeiner Anforderungsdefinitionsprozess [Ru1]: ID eindeutige Identifizierung der Anforderung

Stakeholder

Als *Stakeholder* werden diejenigen Personen bezeichnet, die durch das betrachtete System oder die betrachtete Funktion betroffen sind. Damit gehören nicht nur die Entwickler des Systems zu den Stakeholdern, sondern auch Personen, die z. B. später mit dem Service betraut werden oder die Finanzierung der Entwicklung sicherstellen müssen. Da im Rahmen des Anforderungsmanagements jede Anforderung personifiziert dokumentiert werden muss und die Vollständigkeit des Anforderungsgerüstes auch signifikant von der Vollständigkeit der befragten Stakeholder abhängt, kommt dem Prozess der Stakeholderermittlung hohe Bedeutung zu.

Liegt keine Stakeholderliste aus einem Vorgängerprojekt vor, so bleibt als einzige Möglichkeit, unter Nutzung der Projekterfahrung von relevanten Projektleitern eine erste Zusammenstellung von Stakeholdern zu bilden. Die Stakeholder werden namentlich mit Erläuterung ihrer Rolle und Entscheidungsbefugnis erfasst. Zur Verdeutlichung sind in Tabelle 3.4 typische Rollen von Stakeholdern auszugsweise aufgelistet. Der Prozess der Stakeholderermittlung wird in der Regel nicht nur einmalig, sondern fortlaufend durchgeführt, da beim Durchschreiten der Ebenen des V-Modells neue Stakeholder betroffen sind oder identifiziert werden.

Tabelle 3.4 Rollen von Stakeholdern (Auszug, nach [Ru1])

Rolle	Erläuterung
Manager	Auftraggeber für die Entwicklung, trifft Entscheidungen bei Anforderungskonflikten
Fahrzeugkunde	Käufer des Fahrzeugs, für das die Funktion entwickelt wird (Anforderungen des Kunden werden häufig von Marketingabteilungen ermittelt)
Werkstattpersonal	Formuliert Anforderungen, die die Diagnosefähigkeit und Wartbarkeit des Systems betreffen
Entwickler	Steuert technologieorientierte Anforderungen ein, oftmals auf den lösungsnäheren Ebenen
Projektgegner	Hinter dem Widerstand von Projektgegnern verbergen sich häufig ernstzunehmende Anforderungen, die erschlossen werden sollten
Sicherheitsbeauftragter	Formuliert Anforderungen, die die Sicherheit des Systems betreffen
Controller	Bringt Anforderungen ein, die die finanziellen Rahmenbedingungen des Projektes betreffen

Charakterisierung und Qualitätsmerkmale von Anforderungen

Für den Begriff einer Anforderung existiert eine Reihe von Definitionen (siehe [Ie1] oder [Ro1]), die jeweils unterschiedliche Aspekte unterstreichen. Eine anschauliche Definition, die für den thematischen Kontext dieses Kapitels geeignet ist, lautet [Ru1]: „Eine Anforderung ist eine Aussage über die Leistung eines Produktes, eines Prozesses oder der am Prozess beteiligten Personen".

Da für die Entwicklung komplexer Fahrzeugsysteme eine Vielzahl von Anforderungen berücksichtigt werden müssen, ist eine Strukturierung zwingend erforderlich. Hierzu hat es sich nach [Ru1] bewährt, die drei Hauptgruppen *Art*, *Ebene* und *Priorität* zu verwenden. Die Hauptgruppe „Art" einer Anforderung ist identisch mit der in Abschnitt 3.3.2 genannten thematischen Gliederung von Anforderungen. Typische Kategorien sind etwa funktionale Anforderungen, Qualitätsanforderungen oder rechtliche Anforderungen. Die zweite Hauptgruppe zur Strukturierung von Anforderungen, nämlich die „Ebene", ist schon anhand des V-Modells (Bild 3-9) oder bei Betrachtung der Abstraktionsebenen des Anforderungsmanagements (Bild 3-16) deutlich geworden. Die dritte Hauptgruppe, die Systematisierung von Anforderungen nach Priorität, spiegelt eine gängige Praxis des Projektmanagements wider. Hierunter ist ein Bewertungsprozess zu verstehen, der jeder Anforderung einen „Stellenwert" zuordnet. Dadurch werden Anforderungen, die notwendig zur Erreichung der Projektziele sind, von denjenigen separiert, die lediglich wünschenswert sind.

Tabelle 3.5 Gütekriterien für Anforderungen (Auszug, nach [Ro1], [Ru1])

Merkmal	Erläuterung
Vollständigkeit	Der Anforderungssatz ist vollständig, d. h., er enthält Subjekt, Prädikat und Objekt. Die Informationen sind vollständig (z. B. kein „tbd.", „to be done").
Eindeutigkeit	Der Anforderungssatz ist für den betroffenen Leserkreis eindeutig, d. h., er enthält keinen Interpretationsspielraum. Benutzte Fachwörter sind definiert. So genannte „weak words" wie z. B. „absolut" oder „äußerst" werden vermieden.
Nachweisbarkeit	Die Anforderung kann durch Test oder Review verifiziert werden.
Atomizität	Die Anforderung enthält genau eine Aussage.

Neben der Wahl der richtigen Struktur für die Dokumentation der Anforderungen kommt der sprachlichen Formulierung von Anforderungen, die vor der Modellierung häufig in Prosa erfolgt, hohe Bedeutung zu. Um die Qualität von Anforderungen zu sichern, hat es sich in diesem Zusammenhang als vorteilhaft erwiesen, geeignet geschulte Mitarbeiter einzusetzen, oder den Entwicklungsprozess durch „Anforderungsmanager" zu begleiten, die die Aussagen der befragten Stakeholder unter Beachtung von Gütekriterien ausformulieren. Beispiele für Gütekriterien sind in Tabelle 3.5 aufgelistet.

Erhebung von Anforderungen

Bei der Erhebung von Anforderungen ist neben der Auffindung der relevanten Stakeholder auch eine Reihe von weiteren Aspekten zu beachten. Ein Aspekt ist die Erhebungstechnik, also die Art und Weise, wie die Anforderungen im Dialog mit den Stakeholdern ermittelt werden. Sie muss an die Projektsituation, an die Erfahrungen des Anforderungsermittlers und der Stakeholder sowie an weitere Einflüsse angepasst werden. Nach [Ru1] ist auch beachtenswert, welche Bedeutung die Anforderungen für die Kundenzufriedenheit haben, da die Anforderungsermittlung und die Informationsbereitschaft der Stakeholder durch diese Einsortierung beeinflusst werden.

Zur Kategorisierung der Produkteigenschaften wird häufig das Kano-Modell eingesetzt (siehe [Sa2]), das die Anforderungen in *Basisfaktoren*, *Leistungsfaktoren* und *Begeisterungsfaktoren* einteilt. Dabei werden unter Basisfaktoren selbstverständlich vorausgesetzte Produkteigenschaften verstanden, die häufig in Vorgängerversionen des zu entwickelnden Systems schon enthalten sind und von Stakeholdern deshalb nicht explizit benannt werden. Leistungsfaktoren sind im Gegensatz dazu vom Kunden bewusst verlangte Eigenschaften und tragen deshalb stärker zur Kundenzufriedenheit bei. Diese Eigenschaften werden von Stakeholdern in der Regel direkt eingebracht. Als dritte Kategorie wird im Kano-Modell der Begeisterungsfaktor verwendet, der erst während der Produktnutzung durch den Kunden wahrgenommen wird. Produkteigenschaften dieser Kategorie werden im Rahmen der Anforderungserhebung häufig durch Kreativitätstechniken gewonnen. Beispiele für übliche Kreativitätstechniken, eingebettet in eine Gesamtübersicht über Ermittlungstechniken, die im Rahmen der Anforderungserhebung genutzt werden können, zeigt Bild 3-18.

Eine häufig eingesetzte Form der Anforderungsermittlung ist das *Interview*, das in Bild 3-18 unter den Befragungstechniken eingeordnet ist. Wie bereits ausgeführt, ist es in der Regel sinnvoll, diese Methode durch geeignet qualifizierte Anforderungsmanager ausführen zu lassen, um die Erfüllung der genannten Qualitätsmerkmale sicherzustellen.

3.4 Methoden in der Funktions- und Softwareentwicklung 89

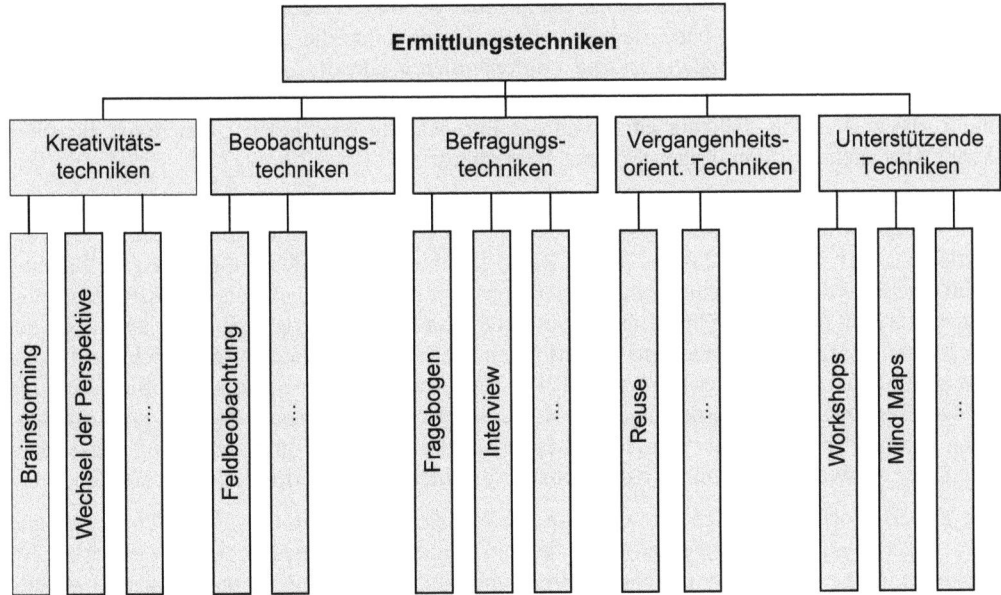

Bild 3-18 Ermittlungstechniken im Anforderungsmanagement (Auszug, nach [Ru1])

3.4.2 Testmethoden

Während der linke Ast des V-Modells durch Anforderungs- und Spezifikationsschritte geprägt ist, findet auf dem rechten Ast die Integration und der Test statt (siehe Bild 3-8). Der Vorgang des Testens hat dabei nicht nur technische, sondern auch ökonomische, psychologische und organisatorische Facetten, die den Erfolg einer Entwicklung nachhaltig beeinflussen können (siehe hierzu auch [Br1] und [My1]).

Die Schwerpunkte des Kapitels über Testmethoden werden dabei auf die Zuordnung zum V-Modell und damit auf die verschiedenen Testebenen, auf Verfahren zum Testfallentwurf sowie auf wesentliche Grundlagen und Prinzipien gelegt. Dies umfasst auch Aspekte der Psychologie, Ökonomie und Organisation. Auf die Betrachtung operativer Themenstellungen der Testdurchführung, des Ablaufs und der Auswahl geeigneter Testumgebungen wird im Rahmen dieses Kapitels verzichtet. Näheres hierzu findet man in [Br1], [De1] und [Sc1].

Grundbetrachtungen

Die Kerngedanken des Testens werden durch folgende Begriffsdefinition deutlich [My1]: *Testen* ist ein Prozess, ein Programm mit der Absicht auszuführen, Fehler zu finden. Unter einem Programm wird im Kontext der Funktions- und Softwareentwicklung im Fahrzeug entweder eine Softwarekomponente oder ein integrierter Stand von Softwarekomponenten oder ein über mehrere Steuergeräte verteilter Umfang von Software verstanden.

Entscheidend in der Definition ist die formulierte Absicht, Fehler zu finden und nicht etwa, den Nachweis zu führen, dass die Software fehlerfrei ist. In dieser gedanklichen Ausprägung ist der notwendige „destruktive" Charakter, der dem Testen innewohnt, bewusst hervorgehoben. Als Schlussfolgerung ergibt sich, dass ein erfolgreicher Test dann vorliegt, wenn tatsächlich ein Fehler gefunden wurde. Bei konsequenter Weiterverfolgung dieses Gedankenganges liegt ebenfalls der Schluss nahe, dass es vorteilhaft sein kann, die „konstruktive" Aufgabe des Entwicklers, also das Spezifizieren und Implementieren von der „destruktiven" Aufgabe des Testens, personell zu trennen. Diese personelle und damit häufig auch organisatorische Trennung, die z. B. in der Bildung eines von der Entwicklung separierten „Testteams" bestehen kann, wird auch als „Vier-Augen-Prinzip" bezeichnet.

Neben der soeben beschriebenen psychologischen Facette des Testens sind die in diesem Zusammenhang relevanten ökonomischen Aspekte ebenfalls von grundlegender Natur. Dies resultiert aus der Tatsache, dass es in der Regel kombinatorisch nicht möglich ist, selbst eine „einfache Funktion", also eine Funktion geringer Komplexität, vollständig zu testen. Vollständig bedeutet in diesem Zusammenhang, dass alle Kombinationen der erlaubten, aber auch der unerlaubten Eingangsparameter der Funktion, einschließlich der zugehörigen „richtigen" Ausgangsparameter getestet werden (vgl. [My1]). Da Entwicklungsprojekte hinsichtlich Zeit und Budget Begrenzungen unterliegen, ergibt sich aus dieser Erkenntnis der Zwang, die Testaktivitäten auf die richtigen Schwerpunkte und damit auf die richtigen Funktionsumfänge auszurichten. Diese Schwerpunkte können dabei anhand verschiedener Kriterien abgeleitet werden.

Die Kriterien orientieren sich zum einen an der Wahrscheinlichkeit, dass Fehler vorliegen, und zum anderen an dem Schadensausmaß, das bei „Übersehen" eines Fehlers zu erwarten ist. Letzteres führt z. B. dazu, dass sicherheitsrelevante Funktionen häufiger und intensiver getestet werden als nicht sicherheitsrelevante Funktionen.

Die Fehlerwahrscheinlichkeit kann z. B. aus dem Innovationsgrad, der Komplexität oder dem Vernetzungsgrad einer Funktion abgeschätzt werden. Ein Anhaltspunkt können in diesem Zusammenhang aber auch die Ergebnisse vorhergehender Tests des gleichen Softwareumfangs sein. Häufig deuten in einem bestimmten Teil einer Software gefundene Fehler darauf hin, dass in diesem Teil noch weitere Fehler zu erwarten sind.

Sind die richtigen Schwerpunkte für die Testaktivitäten definiert, so ist als Folgefragestellung der geeignete Testansatz oder die geeignete Teststrategie zu wählen. Hierunter soll die Auswahl der passenden Methoden zur effektiven und effizienten Ermittlung und Durchführung der Testfälle verstanden werden. Häufig werden die relevanten Verfahren in *statische* und *dynamische* Verfahren unterteilt (siehe [Sc1]). Dabei umfassen die statischen Verfahren Tests, bei denen die Funktion nicht zum Ablauf gebracht wird, sondern die im Entwicklungsablauf entstehenden Dokumentationen untersucht werden. Demgegenüber beinhalten die dynamischen Testverfahren die Ausführung der Software in einer entsprechend gewählten Testumgebung.

Testfallentwurf für dynamische Tests

Die wesentliche Fragestellung, die sich aus den Vorüberlegungen für erfolgreiche dynamische Tests ableitet, besteht darin, welche Untermenge aller denkbaren Testfälle die größte Wahrscheinlichkeit zum Finden möglichst vieler Fehler bietet. Zur Beantwortung dieser Frage können zwei grundsätzlich verschiedene Ansätze gewählt werden: der *Blackbox-Test* und der *Whitebox-Test*. Der Wesensunterschied dieser zwei Ansätze besteht in dem unterschiedlichen Kenntnisgrad über die Interna der zu testenden Funktion.

Der Blackbox-Test betrachtet den Testumfang als ein Objekt, von dem nur die Schnittstellen nach außen hin und das definierte Verhalten bekannt sind. Dieses Verhalten wird im Kontext des V-Modells in der Regel durch die Anforderungen beschrieben. Damit sind die gewählte

3.4 Methoden in der Funktions- und Softwareentwicklung

Struktur oder die gewählten Algorithmen, die in der Spezifikation beschrieben sind, für den Blackbox-Test nicht bekannt. Ziel des Tests ist es, Abweichungen von den Anforderungen zu ermitteln.

Im Gegensatz zum Blackbox-Test verwendet der Whitebox-Test bei der Definition der Testfälle explizit das Wissen über die innere Struktur und die Logik einer Funktion. Dabei orientiert sich dieser Testansatz an den in der Funktion vorhandenen logischen Pfaden. Nicht vorhandene, aber notwendige Pfade werden durch diesen Ansatz allerdings nicht entdeckt.

Beide Testansätze führen bei „vollständiger" Anwendung in der Regel zu einer Explosion an Testfällen, da entweder die Kombinatorik der Eingangssignale und Ausgangssignale oder die Kombinatorik der internen logischen Pfade der Funktion zu berücksichtigen ist. Deshalb sind methodische Ansätze zur Reduktion im Sinne einer sinnvollen Auswahl der Testfälle notwendig.

Bei der Anwendung des Blackbox-Tests kann diese Eingrenzung z. B. durch die Einführung von *Äquivalenzklassen, durch Grenzwertanalyse* oder durch die Verwendung von *Ursache-Wirkungsgraphen* vollzogen werden (vgl. [My1], [Wa1]). Der Whitebox-Ansatz kann durch verschieden „starke" Kriterien, wie z. B. die Forderung nach Abdeckung aller Sprünge oder Bedingungen konkretisiert werden. Insgesamt empfiehlt es sich, sowohl Blackbox- als auch Whitebox-Tests zu einer gesamthaften Strategie für die Testfallableitung zu kombinieren. Alternativ oder ergänzend können auch Mischformen der beiden Ansätze gewählt werden. Man spricht dabei häufig von so genannten *Graybox-Tests*.

Testverfahren für statische Tests

Statische Testverfahren finden ohne tatsächlichen Ablauf der Funktion auf einem Steuergerät statt. Häufig werden diese Verfahren auch als „nicht Computer-unterstützte" Verfahren bezeichnet. Eine der wesentlichen Motivationen für die Anwendung dieser Ansätze ist die allgemein akzeptierte Erkenntnis, dass die Fehlerbeseitigungskosten mit zunehmendem Fortschritt eines Projektes überproportional steigen. Bezogen auf den beschriebenen Ablauf im V-Modell ist es also vorteilhaft, bereits im linken Ast des V-Modells Fehler zu finden, bevor die Schritte der Implementierung und Integration ausgeführt werden.

Typische statische Verfahren sind *Code-Inspektionen*, *Walkthroughs* und *Peer Ratings*, die in unterschiedlichen Detailausprägungen durchgeführt werden können (siehe hierzu [Br1] und [My1]). Zur Verdeutlichung der Kerngedanken soll an dieser Stelle auf die zwei erstgenannten Verfahren ausführlicher eingegangen werden.

Sowohl Code-Inspektionen als auch Walkthroughs basieren auf dem Gedanken des „Vier-Augen-Prinzips". Bei beiden Verfahren werden Design und Implementierung der Softwarekomponente in einem Team analysiert. Dieses Team sollte dabei neben dem Verantwortlichen für die Implementierung, also dem Autor der Software, auch einen Testspezialisten enthalten, der die beschriebene „destruktive" Sichtweise einnimmt. Ergänzend hat es sich bewährt, den Analyseprozess, aber auch den anschließenden Fehlerbeseitigungsprozess durch einen erfahrenen Moderator oder Qualitätsingenieur zu begleiten.

Die Code-Inspektion erfolgt in einer konzertierten, vorbereiteten Sitzung des Teams und besteht darin, den Code Anweisung für Anweisung durchzugehen. Dieser Durchgang wird durch Erläuterungen des Software-Autors begleitet, der seine Software damit präsentiert. Vorteilhaft ist der Einsatz von Checklisten, die typische Fehler wie etwa fehlende Initialisierungen von Variablen oder Berechnungsfehler aufgrund von unterschiedlichen Quantisierungen enthalten.

Die für die Code-Inspektion beschriebene Grundkonstellation des Teams wird auch für den Walkthrough genutzt. Zur Ausweitung des „Vier-Augen-Prinzips" und zur Integration alternativer Sichtweisen ist zusätzlich das Hinzuziehen von neuen Mitarbeitern oder Mitarbeitern anderer Projekte von Vorteil. Im Gegensatz zur Inspektion besteht der Walkthrough dann jedoch nicht in dem Durchgehen des Codes, sondern in dem gedanklichen Durchspielen von Testfällen. Dieses Vorgehen dient dazu, die kritische Auseinandersetzung mit der Komponente zu stimulieren.

Code-Inspektion und Walkthrough leben einerseits von dem „destruktiven" Blickwinkel des Testens und andererseits von den Effekten der Gruppendynamik. Wichtig für einen nachhaltigen Erfolg und für die Akzeptanz der Methode ist allerdings die richtige Balance zwischen dem Konkurrenzkampf um das Finden möglichst vieler Fehler und dem gemeinsamen Ziel, die Qualität der Software zu erhöhen, ohne dass der Software-Autor zum „Schuldigen" wird.

Die in diesem Abschnitt dargestellten statischen Verfahren sind aufgrund ihrer Herkunft vordringlich auf den untersten Ebenen des V-Modells angesiedelt. Grundsätzlich ist aber eine Übertragung von Teilaspekten dieser Ansätze auf höhere Ebenen im linken Ast des V-Modells problemlos möglich und vor dem Hintergrund der genannten Fehlerkostenzusammenhänge auch zielführend. So bietet sich auch für die Architekturprozesse der Einsatz von Reviews unter der Anwendung des „Vier-Augen-Prinzips" an, um Fehler in dieser Entwicklungsphase rechtzeitig zu erkennen.

Tests auf den verschiedenen Ebenen des V-Modells

Bereits bei der Darstellung des V-Modells in Abschnitt 3.3 war deutlich geworden, dass sich sowohl das Anforderungsmanagement und die Spezifikation als auch die korrespondierenden Testschritte auf unterschiedlichen Abstraktionsebenen abspielen. Diese Struktur wird in Tabelle 3.6 erneut aufgegriffen. Im Folgenden sollen die Testaktivitäten orientiert am V-Modell etwas ausführlicher beleuchtet werden.

Tabelle 3.6 Testschritte im V-Modell (nach [Sc1])

Testebene	Testtyp	Erläuterung
Komponente	Komponententest Modultest	Test gegen Anforderungen an die Komponente und Spezifikation der Komponente
Integrierte Software oder Programmstand	Software-Integrationstest	Test gegen Anforderungen an die Softwarearchitektur und Spezifikation der Softwarearchitektur
Integriertes System	System-Integrationstest Systemtest	Test gegen Anforderungen an die logische und die technische Systemarchitektur und die zugehörigen Spezifikationen
Parametriertes System	Akzeptanztest	Test gegen die Benutzeranforderungen

Der Komponententest dient dazu, Fehler in der implementierten Softwarekomponente zu finden. Hierzu wird in der Regel eine Mischung aus Blackbox- und Whitebox-Test eingesetzt. Während der Whitebox-Test unter Berücksichtigung der Spezifikation und des Designs der Komponente aufgesetzt wird, fokussieren sich die Anteile des Blackbox-Tests stärker auf das funktionale Verhalten, das in den Anforderungen formuliert ist. Eingebettet in einen Entwicklungsprozess, der sich stark auf virtuelle Komponenten, also Modelle abstützt, wird der Blackbox-Komponententest häufig in einer entsprechenden Softwareumgebung durchgeführt, die alle notwendigen Stimulanzsignale durch entsprechende Modelle bereitstellt. Dieser Ansatz wird als „Software in the Loop" (SIL) bezeichnet.

Moderne Entwicklungswerkzeuge bieten in diesem Zusammenhang in der Regel zusätzlich die Möglichkeit, die grafisch spezifizierte Softwarekomponente auch direkt in einer Software-in-the-Loop-Umgebung zu testen. Diese Tests erlauben es, Fehler in der Spezifikation gemessen an den Anforderungen zu finden, machen jedoch keine Aussage bezüglich Fehler in der Implementierung.

In der nächsten Testebene werden nicht mehr einzelne Module, sondern die Zusammensetzung von Softwarekomponenten betrachtet, häufig bezogen auf ein Steuergerät und damit als Programmstand eines Steuergerätes. Der Schwerpunkt der an dieser Stelle durchgeführten Tests ist weniger funktional, sondern setzt mehr Schwerpunkte bezüglich Kompatibilität (siehe Abschnitt 3.3.5).

Bei der darauf folgenden Systemintegration und den korrespondierenden Systemtests ist der Fokus deutlich in Richtung Funktionalität ausgeprägt. Als Quelle für Blackbox-Testfälle wird die logische und die technische Systemarchitektur herangezogen. Die Verwendung von Whitebox-Ansätzen ist dagegen an dieser Stelle eher unüblich. Ergänzende Aspekte und Anforderungen, die an dieser Stelle testbar sind, können etwa das Verhalten des Systems unter Belastungen verschiedener Art sein. Da hier in der Regel die Software auf der Zielhardware abläuft, ist es nämlich möglich, die Eigenschaften des Mikroprozessorsystems in die Tests mit einzubeziehen. Eine Belastung für eine Motorsteuerung kann z. B. in der Simulation der Maximaldrehzahl des Motors bestehen, da in diesem Betriebspunkt aufgrund der kurbelwellensynchronen Taktung der Steuerung die kürzesten Rechenzyklen vorliegen. Die genutzte Testumgebung beinhaltet, wie in Abschnitt 3.3.5 ausgeführt, meistens virtuelle und reale Komponenten. In Analogie zu dem geschilderten Software-in-the-Loop-Ansatz wird hier die Bezeichnung „Hardware in the Loop" (HIL) verwendet.

Die höchste Hierarchiestufe im Sinne der verschiedenen Testebenen wird mit Erreichen der Abnahme im V-Modell erreicht. Der korrespondierende Abnahmetest ist ein Blackbox-Test, in dem überprüft wird, ob die Benutzeranforderungen erfüllt werden. Bei diesem Test erweist sich die erläuterte Trennung zwischen Entwickler und Tester als besonders gewinnbringend, zumal komplexe Fahrzeugfunktionen in der Regel von mehreren Entwicklern über die verschiedenen Phasen des V-Modells gestaltet werden. Entscheidend für den Erfolg des Abnahmetests ist es, die Perspektive des Benutzers, also des Fahrzeugkundens einzunehmen. Um diese wesentliche Randbedingung sicherzustellen, ist bei Fahrzeugherstellen die Abteilung, die die Fahrzeugfunktionalität freigibt, in der Regel von der entwickelnden Abteilung organisatorisch getrennt.

4 Sensorik

4.1 Sensoren und ihre Eigenschaften

Dieses Kapitel führt in die Thematik „Sensorik im Auto" ein. Zuerst werden die Grundbegriffe und fundamentale Eigenschaften von Sensoren erläutert. Anschließend werden die Anforderungen an die Sensoren diskutiert und auf die Partitionierung und Schnittstellen eingegangen. Im Hauptteil dieses Kapitels werden verschiedene Sensoren wie Winkel-, Drehzahl- und Beschleunigungssensoren vorgestellt.

4.1.1 Grundbegriffe

Ein Sensor wandelt eine meist nichtelektrische Messgröße (Eingangsgröße) in ein elektrisches Ausgangssignal um. Häufig werden Sensoren auch als Wandler (Transducer) bezeichnet: Sie wandeln eine Messgröße von einer Energieform in eine andere. Dies geschieht in der Regel nicht ohne Fehler: Neben der eigentlichen Messgröße tragen Störgrößen zum Ausgangssignal bei (siehe Bild 4-1). Typische Störgrößen sind z. B. Temperaturschwankungen oder auch die schwankende Versorgungsspannung des Sensors, die das elektrische Ausgangssignal beeinflusst. Weiterhin sind Sensoren oft als Kette von Wandlern ausgebildet, wie Bild 4-2 zeigt. Bild 4-3 zeigt die Aneinanderreihung mehrerer Wandler für ein Druckmesssystem: Zunächst wird die Druckdifferenz zwischen Innen- und Außendruck durch eine Membran in eine Positionsänderung eines Magneten umgesetzt. Diese wiederum führt zu einer Änderung des Magnetfeldes am Ort des Hall-Sensors. Dieser setzt die Größe des Magnetfeldes in ein elektrisches Ausgangssignal um.

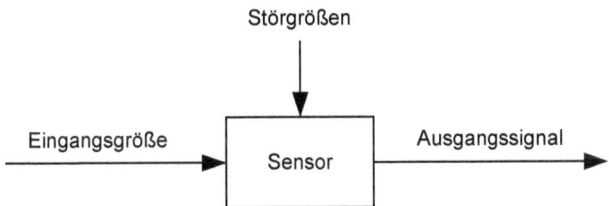

Bild 4-1 Schematische Darstellung eines Sensors. Die Eingangsgröße ist in der Regel nichtelektrisch, das Ausgangssignal elektrisch

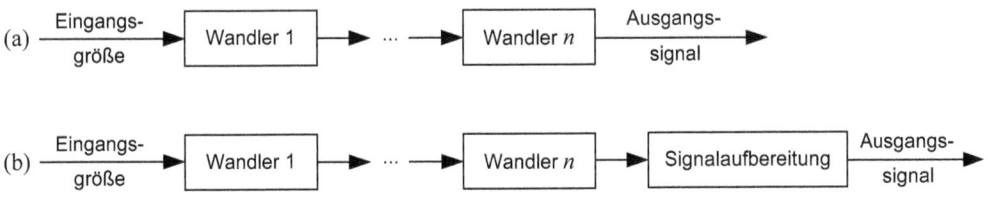

Bild 4-2 Schematische Darstellung einer Kette von Wandlern:
(a) Ohne Signalaufbereitung. (b) Mit Signalaufbereitung

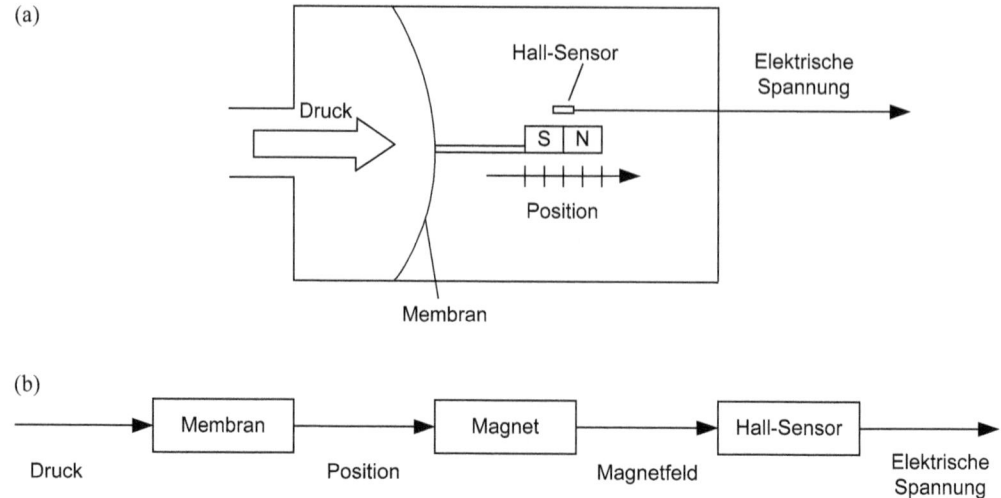

Bild 4-3 Druckmesssystem: (a) Prinzipieller Aufbau. Bei Verformung der Membran wird der Magnet verschoben. (b) Darstellung als Kette von Wandlern

4.1.2 Intensive und extensive Messgrößen

Man unterscheidet zwei Arten von Messgrößen, intensive und extensive. Intensive Messgrößen ändern sich bei Zerlegung des betrachtenden Systems in kleinere Teilsysteme nicht, d. h., sie sind unabhängig vom Ort der Messung und vom betrachteten Messvolumen. Beispiele hierfür sind Druck, Dichte, Temperatur oder die chemische Zusammensetzung. Diese Größen lassen sich an einem kleinen Ausschnitt eines Systems korrekt bestimmen und lassen sich daher sehr gut mit miniaturisierten Sensoren messen. Im Gegensatz dazu sind extensive Messgrößen mengenartige Messgrößen, die sich aus den Beiträgen einzelner Teilsysteme zusammensetzen. Beispiele für extensive Messgrößen sind Volumen, Masse oder Massenfluss. Um eine extensive Messgröße mit einem miniaturisierten Sensor messen zu können, muss man sie zuvor in eine intensive Messgröße umwandeln. Um beispielsweise einen Massenfluss mit einem miniaturisierten Sensor (für eine intensive Messgröße) zu bestimmen, kann man beispielsweise die Massenflussdichte in einem kleinen Bereich messen.

4.1.3 Statische und dynamische Eigenschaften von Sensoren

Statische Eigenschaften

Eine sehr anschauliche Beschreibung der statischen Eigenschaften eines Sensors ist seine Kennlinie. Sie beschreibt das Verhalten ohne dynamische Effekte, wie beispielsweise Verzögerungszeiten zwischen Ein- und Ausgangssignal. Aufgetragen wird das Ausgangssignal y als Funktion des Eingangssignals x. Bild 4-4 zeigt Beispiele für unterschiedliche Arten von Kennlinien. In Bild 4-4a ist eine lineare Kennlinie dargestellt, Bild 4-4b zeigt eine Begrenzung des Ausgangssignals (das so genannte „Clamping"). Bild 4-4c zeigt eine zweistufige, nichtlineare Kennlinie mit Hysterese, wie sie z. B. typisch für Schalter und inkrementelle Drehzahlsensoren ist. Analog-Digital-Wandler (A/D-Wandler) weisen Kennlinien auf, wie sie in Bild 4-4d dargestellt sind. Die Auflösung des A/D-Wandlers bestimmt die Höhe der einzelnen Treppenstufen und damit den Quantisierungsfehler des Wandlers.

4.1 Sensoren und ihre Eigenschaften

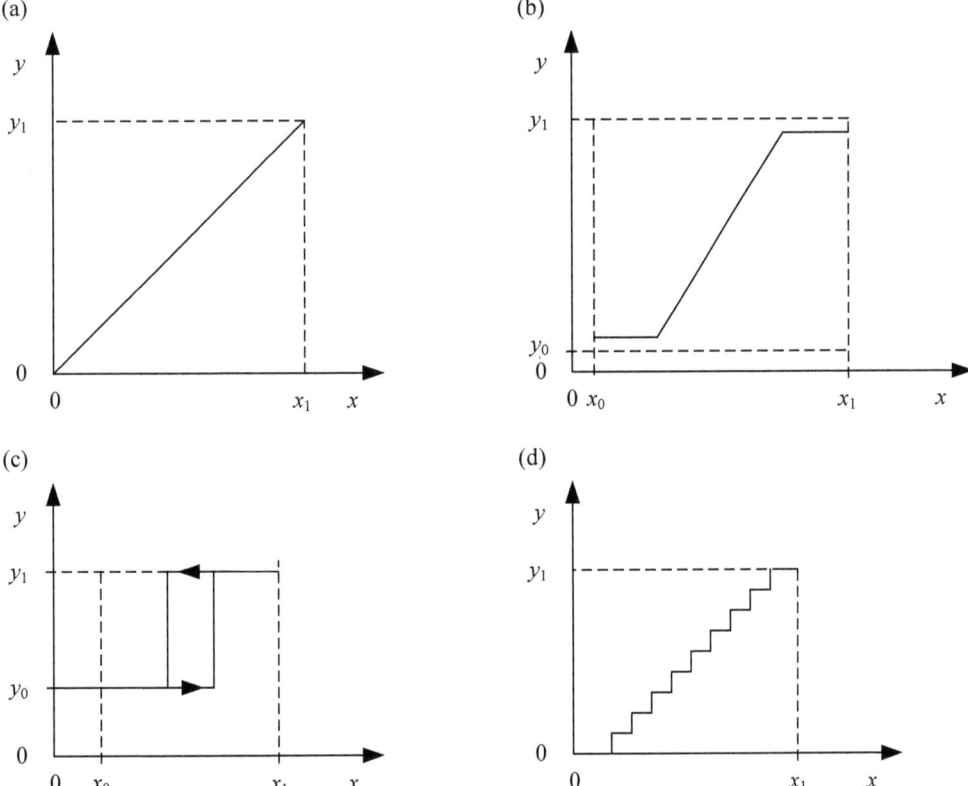

Bild 4-4 Beispiele für Sensorkennlinien: (a) Lineare Kennlinie. (b) Lineare Kennlinie mit Begrenzung. (c) Nichtlineare Kennlinie mit Hysterese. Die Pfeile symbolisieren, dass für steigende x-Werte der untere Ast, für fallende x-Werte der obere Ast durchlaufen wird. (d) Treppenförmige Kennlinie. In den Fällen (a) und (d) wurden $x_0 = 0$ und $y_0 = 0$ gesetzt, was jeweils durch eine Nullpunktverschiebung erreicht werden kann.

Zur richtigen Spezifikation von Sensoren ist neben einer geeigneten Darstellung der Kennlinie auch immer der zulässige Eingangs- und Ausgangsbereich des Sensors festzulegen. Dies ist in Bild 4-4 durch die Größen x_0 und x_1 sowie y_0 und y_1 geschehen. Auch für den Fall, dass das Messsignal außerhalb des spezifizierten Bereiches liegt, muss das Verhalten des Sensors festgelegt werden, um später eine sichere Funktion im Fahrzeug zu gewährleisten. Daneben ist auch die Festlegung der Grenzbelastung sowie der Überlast wesentlich. Als Beispiel sei die Messung großer Drehmomente mit Torsionsbalken genannt, bei welcher im Falle der Überlast der Torsionsbalken mechanisch irreversibel verformt wird. Um ein robustes Design zu gewährleisten, müssen ausreichend große Sicherheitsabstände vom spezifizierten Bereich des Messsignals zur Überlast eingehalten werden.

Die Steigung einer Kennlinie

$$s(x_0) = \frac{dy}{dx}\bigg|_{x=x_0} \tag{4.1}$$

ist ein Maß für die Empfindlichkeit des Sensors. Als *Auflösung* bezeichnet man die kleinste am Ausgang beobachtbare Änderung des Eingangssignals in den Einheiten der Eingangsgröße. Im

Falle von A/D-gewandelten Signalen wird die Auflösung des Sensors häufig durch die Auflösung des A/D-Wandlers bestimmt. Im Unterschied dazu werden bei der *Genauigkeit* eines Sensors die Fehler durch Abweichung der realen Sensorkennlinie von der idealen berücksichtigt. Üblicherweise wird für die Genauigkeit der größtmögliche Fehler angegeben.

Im Folgenden sind mögliche statische Fehlergrößen eines Sensors beschrieben: Als *Linearitätsfehler* bezeichnet man die Abweichung der realen Sensorkennlinie von einer ideal linearen. Zeigt die Sensorkennlinie eine nicht gewollte Abhängigkeit von der Richtung, in welcher sie durchfahren wird, so nennt man diesen Fehler *Hysteresefehler*. Von *Quantisierungsfehlern* spricht man bei Sensoren mit digitalem Ausgangssignal, da bei der Wandlung vom analogen in den digitalen Wertebereich abhängig von der Auflösung des A/D-Wandlers Zwischenwerte verloren gehen. Der Quantisierungsfehler entspricht der Schrittweite des A/D-Wandlers, die man auch als „Least Significant Bit" (LSB) bezeichnet. Ändert sich das Ausgangssignals eines Sensors bei Änderung von Größen, die eigentlich nicht gemessen werden sollen, so spricht man von einer *Querempfindlichkeit*. Beispielsweise zeigen Drucksensoren im Allgemeinen eine starke Temperaturabhängigkeit, die einen großen Fehler im Messsignal ausmacht, wenn sie nicht durch die elektronische Signalaufbereitung korrigiert wird. Von einer *Drift* spricht man, wenn sich das Ausgangssignal des Sensors (z. B. durch Alterung) ungewollt und langsam verändert. Ursachen für Sensordriften sind häufig Wechselwirkungen mit der Aufbau- und Verbindungstechnik, die sich über die Lebensdauer eines Sensors langsam verändern.

Dynamische Eigenschaften

Neben den statischen Eigenschaften eines Sensors ist sein dynamisches Verhalten in vielen Anwendungen von großer Bedeutung. Es lässt sich durch die so genannte Übertragungsfunktion beschreiben. Sie stellt einen mathematischen Zusammenhang zwischen der Eingangsgröße $x(t)$ und der Ausgangsgröße $y(t)$ her. Die Übertragungsfunktion $G(s)$ ist durch

$$G(s) = \frac{\mathsf{L}\{y(t)\}}{\mathsf{L}\{x(t)\}} \tag{4.2}$$

gegeben, wobei L die Laplace-Transformation

$$\mathsf{L}\{x(t)\} = \int_0^\infty x(t)\, e^{-st}\, dt \tag{4.3}$$

mit der komplexwertigen Variable s bezeichnet. Ist die Übertragungsfunktion des Sensors bekannt, so lässt sich zu einer gegebenen Eingangsgröße $x(t)$ das Ausgangssignal $y(t)$ des Sensors ermitteln (siehe z. B. [Un1]). Um das Sensorverhalten systemkonform spezifizieren zu können, ist es sehr wichtig, das Verhalten der Messgröße im System zu kennen. So muss für die Spezifikation eines Drucksensors in einem Bremssystem beispielsweise festgelegt werden, mit welcher Dynamik Druckänderungen in diesem System auftreten können.

Die *Bandbreite* ist eine weitere wichtige dynamische Kenngröße eines Sensors. Sie ist die Differenz zwischen einer oberen und einer unteren Grenzfrequenz. Die Grenzfrequenzen sind dadurch bestimmt, dass die Beträge der frequenzabhängigen Ausgangsgröße gegenüber ihrem Maximalwert um den Faktor $1/\sqrt{2}$ geringer sind.

Für Sensoren, die periodische Vorgänge messen, wie z. B. für einen Phasengeber an der Nockenwelle eines Verbrennungsmotors, wird weiterhin die *Wiederholgenauigkeit* spezifiziert. Sie ist eine statistische Größe, wobei der Sensor mehrmals in gleicher Weise z. B. durch ein sich definiert änderndes Magnetfeld stimuliert wird. Gemessen wird die Variation der Antwort des Sensors (z. B. der Zeitverzug zwischen Überschreiten eines festgelegten Magnetfeldes und Umschalten des Sensorausgangssignals). Ist diese Variable gaußförmig verteilt, so definiert man die Wiederholgenauigkeit als die Standardabweichung dieser Verteilung. Die Wiederholgenauigkeit wird häufig in Winkelgrad angegeben. Alternativ dazu spezifiziert man die Wiederholgenauigkeit eines Sensors bei definierter Anregung mit einem sinusförmigen Feld festgelegter Frequenz und Amplitude in der Einheit Prozent, bezogen auf die Periodenlänge der Anregung.

Neben den statischen Sensorfehlern gibt es auch dynamische Sensorfehler: Das so genannte variable Signalalter findet man üblicherweise bei A/D-gewandelten Signalen vor. Es besagt, dass der Abtastzeitpunkt nicht genau bekannt ist („sample time uncertainty"). Es ist lediglich das Zeitfenster bekannt, in dem die Abtastung stattfindet. Abhängig davon, wie stark sich das Sensorsignal in dem Zeitfenster ändert, zieht dies immer eine Unsicherheit bezüglich des Eingangssignals nach sich.

4.2 Anforderungen an Sensoren

Da die Messgrößen, die Sensoren in modernen Kraftfahrzeugen erfassen, meist nur an bestimmten Orten verfügbar sind, muss der Sensor nahe an dem jeweiligen Ort platziert werden. Daher gehören die Anforderungen an die Fahrzeugsensorik zu den anspruchsvollsten, denen Elektronik im Kraftfahrzeug standhalten muss.

An vielen Stellen im Kraftfahrzeug ist der Einbauraum beschränkt. Dies betrifft in besonderem Maße den Außenbereich des Fahrzeuges, wo Sensoren meist unsichtbar untergebracht werden müssen. Geringe Größe und hohe Flexibilität beim Einbau sind daher wichtige Anforderungen. Üblicherweise müssen Sensoren für eine bestimmte Messgröße in unmittelbarer Nähe zum Messobjekt (z. B. dem Motor) angebracht werden. Dies begrenzt den verfügbaren Einbauraum in ähnlicher Weise. Hoher Kostendruck erzwingt den Einsatz der gleichen Sensoren in verschiedenen Anwendungen. Außerdem müssen die eingesetzten Sensoren unter unterschiedlichen Messbedingungen ihre Funktion erfüllen. Neben der Funktion als Messelement müssen Sensoren häufig auch weitere sekundäre Funktionen erfüllen und beispielsweise bestimmte Baugruppen abdichten. So muss die Drehzahlsensorik im Getriebe und am Motor gleichzeitig ihren Anbauort inert abdichten.

Folgende Bereiche im Automobil stellen jeweils spezifische Anforderungen: Sensoren im Außenbereich von Fahrzeugen sind den üblichen thermischen und chemischen Umgebungseinflüssen eines Fahrzeuges ausgesetzt: Chemisch muss ein dort montierter Sensor robust sein gegen Wasser, Salzwasser und Reinigungsmittel. Schläge, z. B. durch Steine, dürfen nicht zu einer Beschädigung führen.

Temperaturen in direkter Motornähe sind eine große Herausforderung für Sensor- und Elektronikentwickler. Aufgrund der langen Betriebszeiten moderner Motoren müssen die Sensoren mehrere hundert Stunden Temperaturen oberhalb von 120 °C widerstehen. Außerdem treten während des Motorbetriebs andauernde Vibrationen auf. Ferner muss eine Beständigkeit gegen Motoröl und Kraftstoffe gegeben sein. Im Bereich des Abgassystems treten sehr hohe Temperaturen bis zu 1000 °C auf. Direkt im Abgas ist Stabilität gegenüber einer Vielzahl von Reaktionsprodukten aus der Verbrennung des Kraftstoffs gefordert. Ebenso sind Sensoren im Bereich der Abgasnachbehandlung hohen Beschleunigungen durch Steinschlag ausgesetzt. Im Getriebe gelten die gleichen Anforderungen wie im Motorbereich. Die Dichtigkeit und die chemische Stabilität gegenüber Getriebeöl ist eine weitere wichtige Anforderung an Sensoren im Getriebe.

Im Bremssystem ist als zusätzliches Merkmal die chemische Beständigkeit gegenüber Bremsflüssigkeit zu nennen. Die Raddrehzahlsensorik ist üblicherweise nahe an den Bremsen positioniert. Dies führt in einigen Fällen zu Betriebstemperaturen von bis zu 170 °C. An den Rädern des Fahrzeuges treten weiterhin sehr große Beschleunigungen bis zu mehreren hundert g (mit der Erdbeschleunigung $g = 9{,}81$ m/s²) auf.

Der Fahrzeuginnenraum ist eine vergleichsweise angenehme Umgebung für Sensoren. Üblicherweise muss ein Betriebstemperaturbereich von –40 °C bis 85 °C abgedeckt werden. Die Beständigkeit gegen Reinigungsmittel für den Fahrzeuginnenraum ist dabei gefordert.

Da viele Sensoren nur mit großem Aufwand im Fahrzeug zu tauschen sind, der meist weit über dem Aufwand zur Herstellung der Sensoren liegt, ist eine hohe Zuverlässigkeit über die gesamte Lebensdauer des Sensors gefordert. Die Lebensdauer von Systemen im Automobil liegt heute bei mehreren tausend Betriebsstunden verteilt über Zeiträume von 10 Jahren und mehr. Verglichen mit Mobiltelefonen, bei denen Fehlerraten bis zu 5000 ppm (parts per million) auftreten, liegen die geforderten Fehlerraten für Systeme im Automobil um mehrere Größenordnungen darunter. Da ein solches System aus mehreren Komponenten besteht (z. B. besteht eine Fahrdynamikregelung aus einem Steuergerät, einer Hydraulikeinheit und sieben Sensoren), bleibt für die Komponenten meist eine maximal zulässige Fehlerrate im Bereich weniger ppm übrig (siehe auch Abschnitt 6.1.1).

4.3 Partitionierung von Sensoren

Das Bild 4-5 zeigt unterschiedliche Möglichkeiten zur Partitionierung von Steuergerät und Sensor. In Bild 4-5a besteht der Sensor ausschließlich aus dem Wandler. Die Signalaufbereitung, die Verstärkung und die Digitalisierung erfolgt im Steuergerät. Nachteilig an dieser Partitionierung ist das meist sehr kleine Messsignal, welches sich kaum störungsfrei über größere Distanzen übertragen lässt. Anwendung findet diese Variante meist bei vollständig in das Steuergerät integrierten Sensoren. Sobald die Signalaufbereitung zusätzliche Messgrößen nutzt, die nur an der Messstelle direkt verfügbar sind (wie z. B. die Temperatur eines Drucksensors) ist es vorteilhaft, die Signalaufbereitung in den Sensor zu integrieren, wie in Bild 4-5b dargestellt.

Bild 4-5c zeigt die nächste Stufe der Integration: Der A/D-Wandler wird mit im Sensor integriert. Ein Vorteil dieser Variante ist die Möglichkeit, die empfindliche analoge Signalverarbeitung sehr hoch zu integrieren und damit vor äußeren Einflüssen, wie z. B. elektromagnetischen Einstreuungen zu schützen. Beispiele für die in dieser Abbildung dargestellten Stufe der Integration sind integrierte AMR- oder GMR-Winkelsensoren mit digitaler Ausgabe der Winkelinformation.

Die Variante in Bild 4-5d integriert weiterhin einen Mikrocontroller mit im Sensor, über welchen der Sensor an ein Bussystem, wie z. B. CAN oder Flexray, angeschlossen werden kann. Beispiele sind Drehraten- und Lenkradwinkelsensoren, wie sie in den Abschnitten 4.9 und 4.6.8 beschrieben werden.

Speziell für Sensoren in sicherheitskritischen Systemen spielen die Eigenüberwachung sowie der Einsatz redundanter Sensoren eine wichtige Rolle. So werden in Bremsregelsystemen beispielsweise Drucksensoren mit integrierter Eigenüberwachung eingesetzt. Um Kosten zu sparen, werden immer häufiger vormals getrennt angebrachte Sensoren in das Steuergerät integriert. Beispielsweise werden Druck- und Drehratensensoren heute zunehmend in das Steuergerät integriert, auch wenn dies für die Drehratensensorik eine merkliche Verschlechterung in der Signalqualität durch eine weniger günstige Messposition bewirkt. Weiterhin werden besonders im Bereich der Beschleunigungs- und der Drehratensensorik, der so genannten Inertialsensorik, unterschiedliche Sensoren in einem so genannten „Sensorcluster" zusammengefasst. Zum einen ermöglicht dies die Realisierung von selbstüberwachten Sensoren, z. B. durch redundante Ausführung, zum anderen können derartige Sensorcluster von unterschiedlichen Systemen gemeinsam genutzt werden.

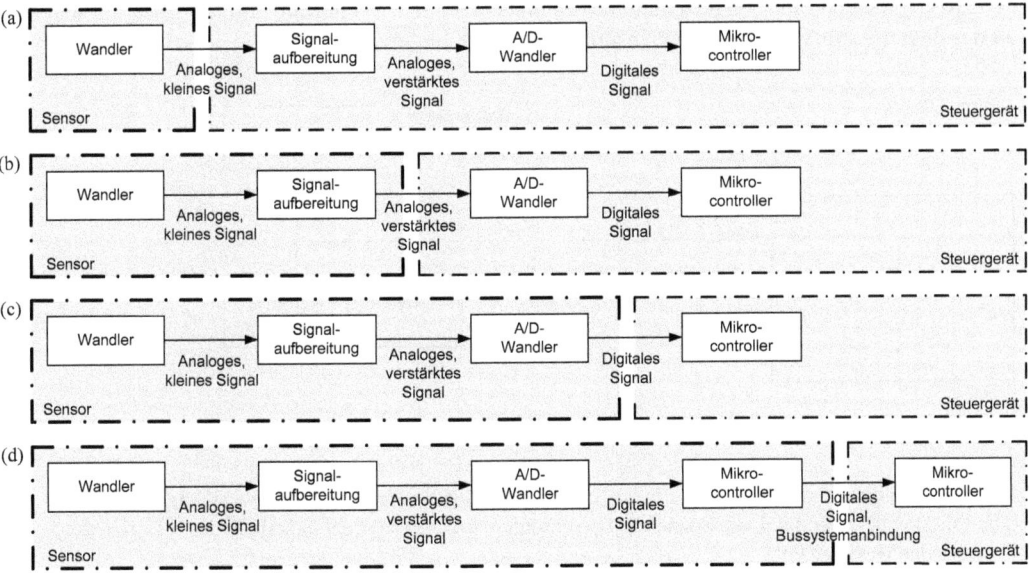

Bild 4-5 Sensorpartitionierung

4.4 Sensorschnittstellen

4.4.1 Spannungsschnittstelle für induktive Sensoren

Induktive Drehzahlsensoren, wie sie im Fahrzeug zur Messung der Motordrehzahl oder der Raddrehzahl zum Einsatz kommen, sind einfache Spulen mit Eisenkern und gegebenenfalls integriertem Magnet und fallen in die Kategorie (a) in Bild 4-5. Im Sensor befindet sich lediglich der Wandler; die Signalaufbereitung erfolgt vollständig im Steuergerät. Als schwierig erweist sich für diese Art von Sensoren die extreme Schwankung von Ausgangsspannungen im Betrieb zwischen wenigen Millivolt bei niedrigen Drehzahlen bis zu Vielfachen von zehn Volt bei hohen Drehzahlen. Induktive Drehzahlsensoren werden in Abschnitt 4.6.3 beschrieben.

4.4.2 Analoge, ratiometrische Schnittstelle

Um Signale hochaufgelöst, robust und fehlertolerant auf analoge Weise zu übertragen, wurden Sensoren mit ratiometrischer Schnittstelle entwickelt. Ein Sensor mit einer ratiometrischen Schnittstelle erzeugt eine Signalspannung, die zum einen das Messsignal überträgt, gleichzeitig aber auch proportional mit der Versorgungsspannung des Sensors variiert. Die Versorgungsspannung wird durch das Steuergerät bereitgestellt (siehe Bild 4-6). Diese Spannung wird aber auch als Referenz für den A/D-Wandler im Steuergerät genutzt. Schwankt sie, so wird sowohl die Signalspannung des Sensors als auch die Spannungsbasis für die Digitalisierung angepasst. Auf diese Weise wird das digitalisierte Signal im Steuergerät unabhängig von der Versorgungsspannung des Sensors. Die Schaltung in Bild 4-6 bietet außerdem die Möglichkeit, den

Abriss der Signalleitung zu erkennen. Dies wird durch einen im Steuergerät integrierten Pull-up- oder Pull-down-Widerstand erreicht, der das Eingangssignal bei Abriss der Signal- oder Versorgungsleitung in einen nicht zulässigen Bereich zieht. Bei der Auslegung des Widerstandes ist zu beachten, dass die zusätzlich fließenden Ströme abhängig von Leitungs- und Übergangswiderständen eine Verfälschung des Signals erzeugen. Weiterhin sind die Anforderungen an das dynamische Verhalten des Sensors zu berücksichtigen.

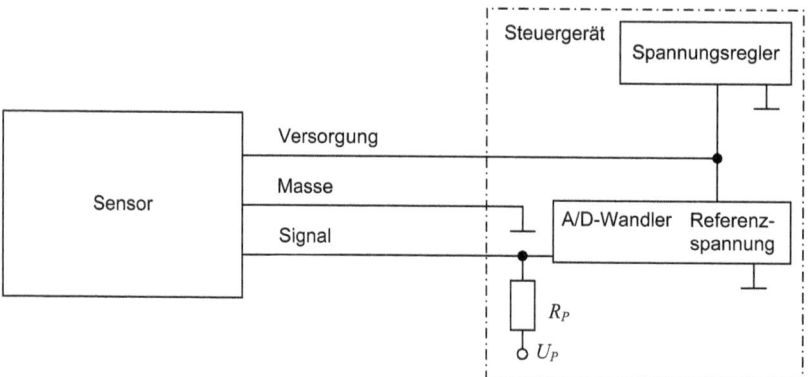

Bild 4-6 Schematische Darstellung einer ratiometrischen Sensorschnittstelle. R_P bezeichnet den Pull-up- oder Pull-down-Widerstand, die Spannung U_P (gezählt gegen Masse) liegt außerhalb des spezifizierten Bereichs der Messsignale

Bild 4-7 zeigt die Kennlinie eines Drucksensors mit ratiometrischer Spannungsschnittstelle und dem oberen und unteren Fehlerband. Die Signalaufbereitung im Drucksensor begrenzt das Signal auf den zulässigen Bereich zwischen 10 Prozent und 90 Prozent der Versorgungsspannung.

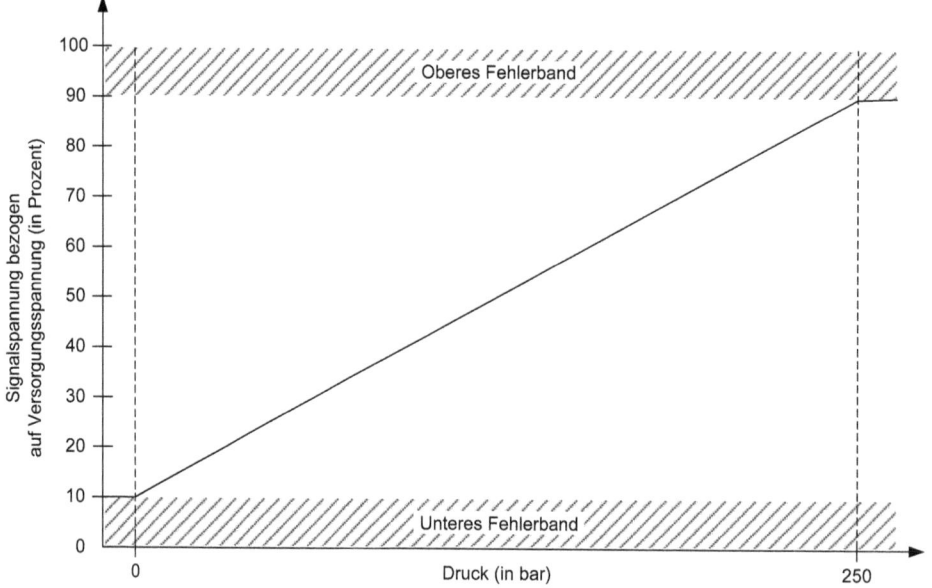

Bild 4-7 Kennlinie eines Drucksensors mit ratiometrischer Spannungsschnittstelle

4.4 Sensorschnittstellen

4.4.3 Zweidrahtschnittstelle

Das Sensorausgangssignal wird bei Zweidrahtschnittstellen auf die Stromaufnahme des Sensors codiert. Bild 4-8 zeigt eine Beschaltung zum Auslesen einer Zweidrahtschnittstelle. Diese Schnittstelle kommt z. B. bei Raddrehzahlsensoren (vgl. Abschnitt 4.6.4) zum Einsatz. Eine Periode des Geberrades wird durch den Sensor in einen Wechsel der Stromaufnahme von I_l nach I_h und wieder zurück nach I_l umgesetzt. I_l bezeichnet hierbei den niedrigen, I_h den hohen Strompegel (siehe Bild 4-9a). Neben der Codierung der Information auf die Strompegel und die Positionen der Flanken besteht weiterhin die Möglichkeit, zusätzliche Informationen durch Pulsweitenmodulation zu übertragen (siehe Bild 4-9b,c), z. B. die Drehrichtung oder eine Dejustierung des Sensors.

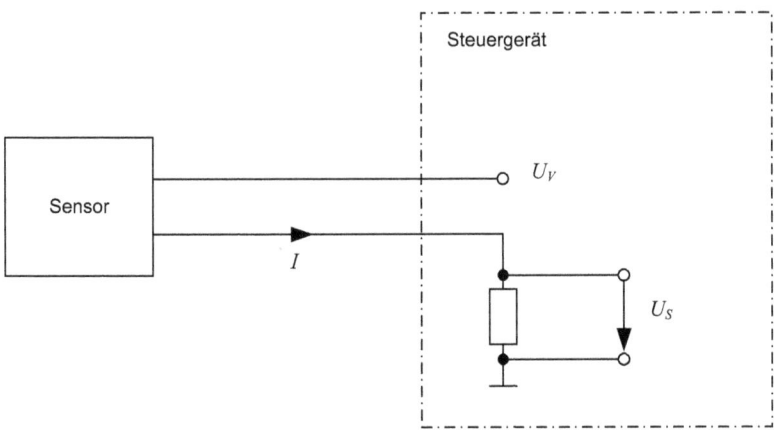

Bild 4-8 Beschaltung einer Zweidrahtschnittstelle. U_S bezeichnet die Signalspannung, U_V die Versorgungsspannung des Sensors und I den Strom durch den Sensor

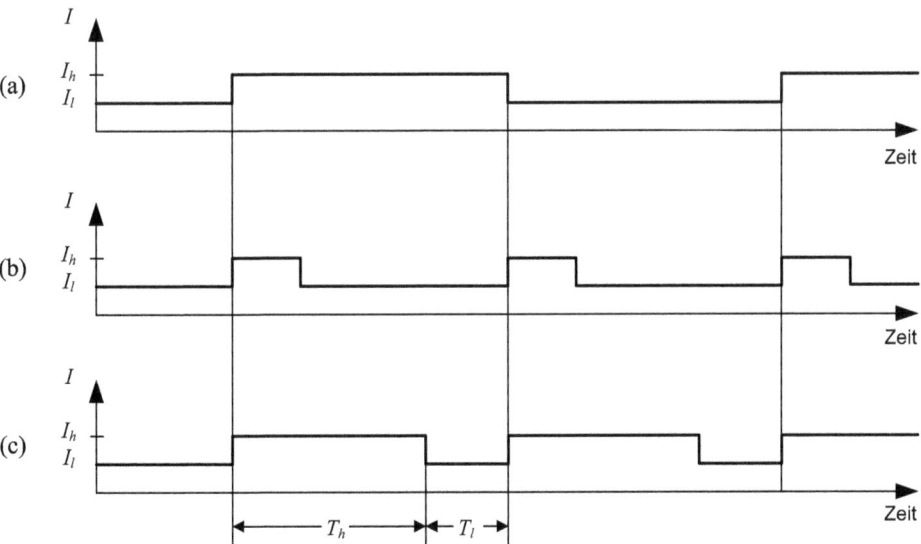

Bild 4-9 Signale eines Raddrehzahlsensors: (a) Ausgangssignal einer einfachen Zweidrahtschnittstelle ohne Zusatzinformation. (b), (c) Codierung von zusätzlichen Informationen durch Pulsweitenmodulation

Statt der Codierung von zusätzlichen diskreten Signalen auf die Pulsweite, wie hier anhand des Raddrehzahlsensors beschrieben, lassen sich bei fester Frequenz auch kontinuierliche Messgrößen auf den Duty-Cycle codieren. Der Duty-Cycle D ist durch

$$D = \frac{T_h}{T_l + T_h} \tag{4.4}$$

definiert, d. h. als Quotient aus der Zeit T_h, die der Strom I_h fließt, und der Periodendauer $T_l + T_h$ (siehe hierzu auch Bild 4-9c).

Der wichtigste Vorteil der Zweidrahtschnittstelle liegt im geringen Aufwand der Verdrahtung und in der sehr einfachen Beschaltung im Steuergerät. Durch den Einsatz verdrillter Kabel in Kombination mit der Zweidrahtschnittstelle lassen sich Sensoren realisieren, die sehr robust gegenüber elektromagnetischer Einstreuungen sind.

4.4.4 Dreidrahtschnittstelle

Die Dreidrahtschnittstelle wird häufig abhängig von der Ausführung des Ausgangstransistors auch als Open-Collector- oder Open-Drain-Interface bezeichnet. Bild 4-10 zeigt schematisch die Beschaltung dieser Schnittstelle: Wenn der Ausgangstransistors geöffnet ist, zieht der im Steuergerät befindliche Pull-up-Widerstand die Spannung U_S auf die angeschlossene Spannung U_P. Ist der Ausgangstransistor geschlossen, so übersteuert er niederohmig den Pull-up-Widerstand und zieht die Ausgangsspannung auf Masse. Analog zur Zweidrahtschnittstelle lassen sich auch hier diskrete und kontinuierliche Informationen auf die Pulsweite oder die Frequenz codieren.

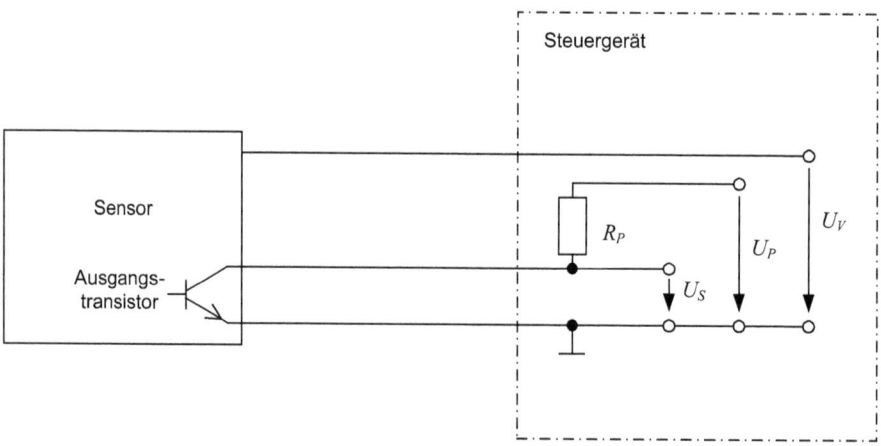

Bild 4-10 Schematische Darstellung der Beschaltung einer Dreidrahtschnittstelle. U_S bezeichnet das Sensorsignal, U_P ist die am Pull-up-Widerstand R_P angeschlossene Spannung und U_V die Versorgungsspannung des Sensors. Der Ausgangstransistor kann auch als Feldeffekttransistor aufgeführt werden

Bild 4-11 zeigt das Ausgangssignal eines zweikanalig-redundanten Pedalwertgebers am Bremspedal. Die Stellung des Pedals wird hierbei durch die Pulsweite repräsentiert. Die übertragenen Pulsweiten weisen einen konstanten Offset auf, der im angeschlossenen Steuergerät geprüft wird.

Vorteile der Dreidrahtschnittstelle liegen insbesondere in der Einstellbarkeit der Flankensteilheit durch den externen Pull-up-Widerstand. Auf diese Weise lassen sich Systeme optimal in

4.4 Sensorschnittstellen

Bezug auf die elektromagnetische Abstrahlung sowie die erforderliche Genauigkeit an der Flanke einstellen. Der Nachteil gegenüber der Zweidrahtschnittstelle liegt in einem erhöhten Aufwand in Kontaktierung und Kabelbaum. Die Dreidrahtschnittstelle wird zur Messung der Motor- und Getriebedrehzahl, der Nockenwellen-Position sowie der Position von Gas- und Bremspedal eingesetzt.

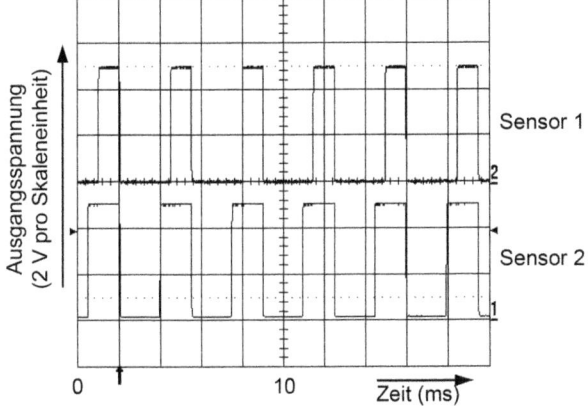

Bild 4-11 Mit einem Oszilloskop gemessenes Ausgangssignal eines redundanten Pedalwertgebers am Bremspedal. Es ist zu beachten, dass die beiden Kanäle unterschiedlich codiert sind, d. h. bei derselben zu messenden Pedalstellung verschiedene Pulsweiten aufweisen

4.4.5 Sensoranbindung über Bussysteme

Mit der zunehmenden Vernetzung im Automobil und der Mehrfachnutzung von Sensorsignalen in verschiedenen Systemen wurden auch zunehmend Sensoren entwickelt, die sich in Busstrukturen integrieren lassen. Ein Vorzug der Kommunikation über einen Bus liegt in der Verringerung des Aufwandes für Kontaktierung und Kabelbaum, wie Bild 4-12 veranschaulicht. Weiterhin erhöht der Einsatz eines Bussystems die Flexibilität, verschiedene Fahrzeugvarianten mit einer hohen Quote an Gleichteilen herzustellen, da sich einzelne Busteilnehmer in der Regel ohne weitere Modifikationen entfernen oder hinzufügen lassen.

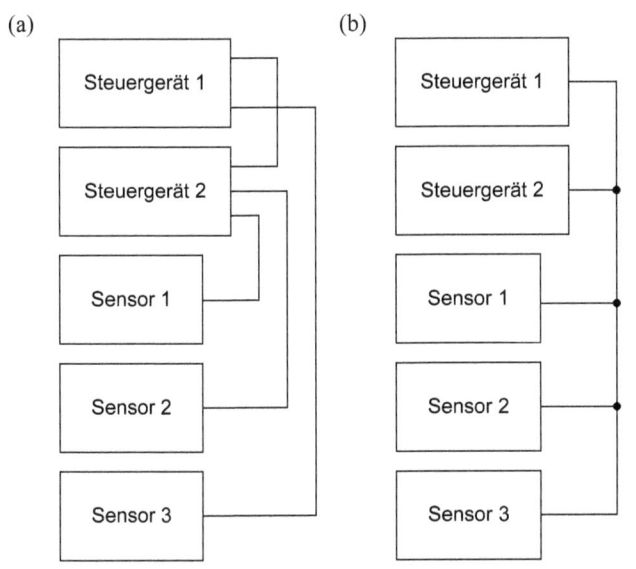

Bild 4-12 Vernetzung eines Systems aus zwei Steuergeräten und drei Sensoren:
(a) Ohne Bussystem durch direkte Punkt-zu-Punkt-Verbindungen.
(b) Unter Einsatz eines Bussystems

Auf der anderen Seite erhöht der Einsatz von Bussystemen üblicherweise die Kosten für ein angeschlossenes System: Typischerweise ist ein Mikrocontroller mit integrierter Bussystem-Logik erforderlich. Für die physikalische Realisierung ist weiterhin ein spezieller Treiberbaustein („Transceiver", d. h. Transmitter und Receiver) sowie die passive Netzwerkbeschaltung zum Senden und Empfangen erforderlich. Zudem ist zu beachten, dass der Einsatz von Bussystemen die Komplexität im Allgemeinen erhöht, da die Anzahl möglicher Netzwerk-Konstellationen verglichen mit einfachen Punkt-zu-Punkt-Verbindungen sehr hoch ist. Dies erhöht die Wahrscheinlichkeit unerkannter Fehler in nicht abgeprüften Systemkonstellationen.

Das derzeit im Kraftfahrzeug meistgenutzte Bussystem ist der CAN-Bus. Der CAN-Bus ist ein nicht-deterministisches Bussystem, d. h., er ist ohne besondere Maßnahmen nicht echtzeitfähig. Abhängig von der Funktion des Gesamtsystems ist daher zu prüfen, ob ausreichend niedrige Verzögerungszeiten bei variabler Buslast sichergestellt werden können. Der CAN-Bus wird z. B. zur Vernetzung der Lenkradwinkel- und der Drehratensensorik für Fahrdynamik-Regelsysteme eingesetzt.

4.5 Potentiometrische Winkelsensoren

Das am längsten im Einsatz befindliche Sensorprinzip zur Wandlung eines Winkels in eine Spannung ist ein Potentiometer. Bild 4-13 veranschaulicht den prinzipiellen Aufbau und das Ersatzschaltbild für einen potentiometrischen Winkelsensor. Ein Schleifkontakt wird entlang eines Schichtwiderstandes verfahren; bei redundanter Ausführung mehrere Schleifkontakte entlang nebeneinanderliegender Schichtwiderstände. Die Funktionsweise ist in Bild 4-14 schematisch zusammengefasst.

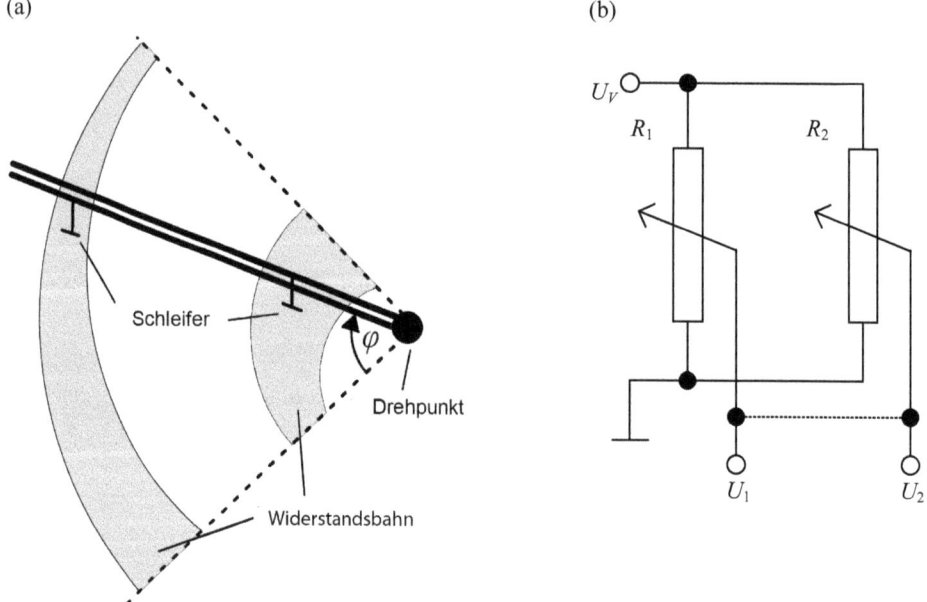

Bild 4-13 Redundanter, potentiometrischer Winkelsensor: (a) Prinzipieller Aufbau. φ bezeichnet den Drehwinkel des Potentiometers. (b) Schaltbild mit der Versorgungsspannung U_V und den Ausgangsspannungen U_1 und U_2 (gezählt gegen Masse)

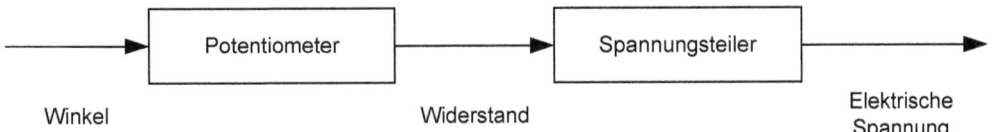

Bild 4-14 Funktionsweise eines potentiometrischen Winkelsensors

Potentiometrische Winkelsensoren werden im Automobil zur Messung der Position des Gaspedals sowie der Drosselklappe eingesetzt. Durch die Schaltung als Spannungsteiler (siehe Bild 4-13b) sind sie die einfachste Form eines Sensors mit ratiometrischer Spannungsschnittstelle. Die Vorzüge dieses Messverfahrens liegen im einfachen Aufbau ohne die Erfordernis, Elektronik zu integrieren und dem sehr niedrigen Preis. Weiterhin lassen sich durch die nahezu freie Form der Bahnbreite des Schichtwiderstandes unterschiedlichste Kennlinien realisieren. Das Sensorverfahren ist durch den großen Messeffekt sehr robust und störspannungsfest. Eine redundante Messung lässt sich einfach realisieren, wie in Bild 4-13 dargestellt. Temperaturbereich und Genauigkeit erreichen die Anforderungen der genannten Systeme (Gaspedal und Drosselklappe). Winkelsensoren mit einem maximalen Messbereich von nahezu 360° lassen sich damit gut realisieren. Falls größere Messbereiche erforderlich sind, so eignen sich potentiometrische Winkelsensoren nur bedingt, da sich diese nicht mehr planar aufbauen lassen und der erforderliche Aufwand stark steigt.

Den Vorzügen stehen folgende Nachteile gegenüber: Das System ist nicht verschleißfrei; Abrieb kann den Übergangswiderstand zwischen Schleifer und Widerstandsbahn verändern und damit zu Messfehlern führen. Kondensation von Feuchtigkeit erzeugt Parallelwiderstände, die insbesondere für große Schichtwiderstände signifikante Messfehler bewirken. Vibrationen und Beschleunigungen können zum Abheben des Schleifers von der Widerstandsbahn mit resultierendem falschen Ausgangssignal des Sensors führen. Widerstandsrauschen ist inhärent in diesem auf Widerstandsänderungen beruhenden Messprinzip. Als weiterer Nachteil sei die erforderliche Mindestgröße eines Sensors mit potentiometrischem Messprinzip genannt. Weitere Informationen zu potentiometrischen Sensoren findet sich z. B. in [Bo2].

4.6 Magnetische Sensoren zur Drehzahl- und Winkelbestimmung

Magnetische Sensoren spielen im Automobil eine wichtige Rolle als Drehzahl- und Winkelsensoren. Darüber hinaus werden einfache magnetische Schalter in vielen Anwendungen eingesetzt. Sie sind unempfindlich gegenüber „nichtmagnetischer" Verschmutzung aufgrund von kontaktlosen, magnetischen Funktionsprinzipien. Auch gegenüber Verschmutzung mit magnetischen Materialien wie z. B. Metallspänen zeigen sich magnetische Sensoren aufgrund der Eigenschaften des magnetischen Feldes im Allgemeinen sehr robust.

4.6.1 Grundlagen des Magnetismus

Bringt man einen geschlossenen Stromkreis in ein zeitlich veränderliches Magnetfeld, so wird ein Strom induziert. Dies wird in der induktiven Drehzahlsensorik ausgenutzt. Kräfte aufgrund magnetischer Felder wirken nicht in der Richtung der Feldlinien, sondern senkrecht dazu. Die Kräfte auf bewegte Ladungsträger sind die Ursache des Hall-Effektes und lassen sich ebenfalls ausnutzen, um Sensoren zu realisieren, z. B. Drehzahl- und Winkelsensoren. Außerdem sei an dieser Stelle auf magnetoresistive Sensoren hingewiesen, die die Abhängigkeit des Widerstands bestimmter Materialsysteme vom anliegenden Magnetfeld ausnutzen. Solche Sensoren werden z. B. als Drehzahl- und Winkelsensoren eingesetzt.

Im Rahmen dieses Abschnittes werden die Grundlagen des Magnetismus auszugsweise wiederholt, soweit sie für die Funktionsweise magnetischer Sensoren von Bedeutung sind. Für eine vollständige Einführung sei auf die einschlägigen Lehrbücher verwiesen [Ha1], [He1], Kr1].

Materie im magnetischen Feld

Für die weiteren Ausführungen genügt hier eine eindimensionale Betrachtungsweise. Bringt man Materie in ein konstantes magnetisches Feld der Feldstärke H, so gilt für die magnetische Flussdichte

$$B = \mu_r \mu_0 H, \tag{4.5}$$

wobei μ_r die Permeabilitätszahl und $\mu_0 = 4\pi \cdot 10^{-7}$ H/m die magnetische Feldkonstante ist. Abhängig vom Wert der Permeabilitätszahl unterscheidet man folgende Arten von Stoffen: *diamagnetische* Stoffe mit $\mu_r < 1$, *paramagnetische* Stoffe mit $\mu_r > 1$ und *ferromagnetische* Stoffe mit $\mu_r \gg 1$.

Bei ferromagnetischen Stoffen hängt die Permeabilitätszahl von der angelegten Feldstärke H ab. Daraus resultierend besteht für diese Materialien zwischen B und H ein nichtlinearer Zusammenhang. Bild 4-15 zeigt den Zusammenhang zwischen der magnetischen Feldstärke H und der magnetischen Flussdichte B in Form einer Hysteresekurve. Man erhält sie, wenn man mit Hilfe des Spulenstroms eines Elektromagneten die Werte H folgendermaßen variiert: Beginnend bei $H = 0$ mit unmagnetisiertem Material zunehmend bis H_{max}, dann abnehmend bis $-H_{max}$ und wieder zunehmend bis H_{max}. Im unmagnetisierten Zustand im Ursprung startend, durchläuft das Material bei steigender magnetischer Feldstärke zunächst die Neukurve (1) bis H_{max}. Erhöht man die Feldstärke weiter, so vergrößert sich die Flussdichte wie im Vakuum mit der Steigung μ_0. Bei Verringerung der Feldstärke wird der obere Pfad (2) der Hysteresekurve durchlaufen. Bei Feldstärke null bleibt eine Restmagnetisierung, die Remanenz B_R erhalten. Erreicht man $-H_{CB}$, so ist die Flussdichte null.

Abhängig von der Koerzitivfeldstärke H_{CB} klassifiziert man magnetische Werkstoffe in zwei Kategorien: *Magnetisch weiche Werkstoffe* mit $0{,}1$ A/m $< H_{CB} < 10^3$ A/m lassen sich leicht ummagnetisieren. Sie kommen daher z. B. als Kerne für die Spulen induktiver Drehzahlsensoren zum Einsatz. *Magnetisch harte Werkstoffe* mit 10^4 A/m $< H_{CB} < 10^7$ A/m werden als Dauermagnete in magnetischen Sensoren eingesetzt. Neben der Koerzitivfeldstärke stellt die Curie-Temperatur eine weitere wichtige Größe dar, die über die Anwendbarkeit in Sensoren bestimmt. Oberhalb der Curie-Temperatur T_C geht der Ferromagnetismus in Paramagnetismus über. Ein Dauermagnet verliert daher oberhalb der Curie-Temperatur seine Magnetisierung und muss erneut aufmagnetisiert werden.

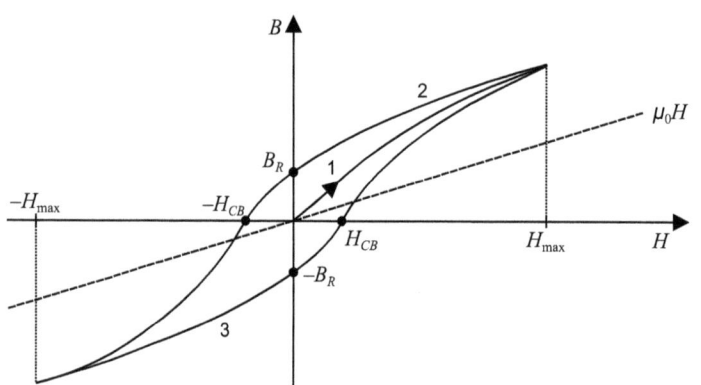

Bild 4-15 Hysteresekurve eines ferromagnetischen Stoffes [Kr1]. Dabei bezeichnet B_R die Remanenz und H_{CB} die Koerzitivfeldstärke

4.6 Magnetische Sensoren zur Drehzahl- und Winkelbestimmung

Dauermagneten werden in allen Anwendungen magnetischer Sensoren eingesetzt. Zum Einsatz kommen meist Magneten aus AlNiCo-Legierungen oder aus seltenen Erden, wie Samarium-Kobalt (SmCo). Eine Übersicht über magnetische Werkstoffe findet sich z. B. in [He1].

Das Induktionsgesetz

Der magnetische Fluss Φ durch eine Fläche A, die von der räumlich homogenen Flussdichte $\vec{B}$ durchdrungen wird, lautet

$$\Phi = B_n A, \tag{4.6}$$

wobei B_n die Komponente der magnetischen Induktion $\vec{B}$ senkrecht zur Fläche A in der in Bild 4-16 angegebenen Bezugsrichtung von Φ ist. Wird die Fläche A von einer Leitschleife umfasst und verändert sich der Fluss mit der Zeit, so gilt für die in Bild 4-16 eingezeichnete induzierte Spannung

$$U_i = \frac{d\Phi}{dt}. \tag{4.7}$$

Wird die Leiterschleife durch eine Spule mit mehreren Windungen (Windungszahl w) ersetzt, so ist die induzierte Spannung durch

$$U_i = w\frac{d\Phi}{dt} \tag{4.8}$$

gegeben.

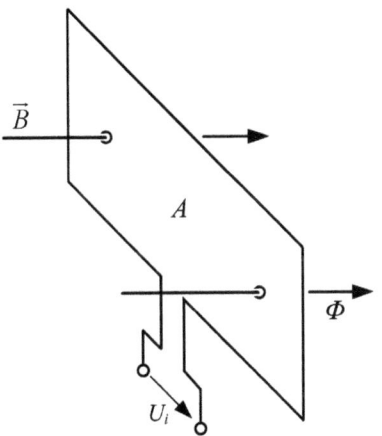

Bild 4-16   Induktion in einer Leiterschleife

Der Hall-Effekt

Bewegt sich ein Elektron mit der Geschwindigkeit $\vec{v}$ in einem Gebiet homogener Flussdichte $\vec{B}$, so wirkt auf dieses Elektron die Kraft

$$\vec{F}_B = -e\,\vec{v} \times \vec{B}. \tag{4.9}$$

Bild 4-17 zeigt schematisch die Funktionsweise eines Hall-Elementes. Ein streifenförmiger Leiter wird von einem Strom I von oben nach unten durchflossen; die Elektronen bewegen sich in Gegenrichtung von unten nach oben mit der Driftgeschwindigkeit $\vec{v}$. Senkrecht zum Streifen liegt eine magnetische Flussdichte an, die in die Zeichenebene hinein zeigt. Daraus resul-tiert die Kraft $\vec{F}_B = -e\,\vec{v} \times \vec{B}$ auf die von unten nach oben fließenden Elektronen. Sie bewegen sich dadurch zusätzlich von links nach rechts. Im Folgenden wird angenommen, dass es sich bei dem streifenförmigen Leiter um einen n-leitenden Halbleiter handelt. Auf der linken Seite bleiben dann ortsfeste positive Ladungen zurück. Auf diese Weise bildet sich ein elektrisches Feld $\vec{E}$ aus, welches eine entgegengesetzte Kraft $\vec{F}_E$ auf die Elektronen bewirkt (siehe Bild 4-17b). Im Gleichgewicht ist die Summe der Kräfte auf ein Elektron null, d. h.

$$\vec{F}_B + \vec{F}_E = 0. \tag{4.10}$$

Benutzt man Gl. (4.9), $\vec{F}_E = -e\vec{E}$ und die Tatsache, dass $\vec{v}$, $\vec{B}$ und $\vec{E}$ jeweils aufeinander senkrecht stehen, so folgt

$$e\,v\,B = e\,E, \tag{4.11}$$

wobei E die Komponente des elektrischen Feldes bezeichnet, die in Bild 4-17 in der Zeichenebene senkrecht zur Stromrichtung von links nach rechts zeigt. Dem elektrischen Feld $\vec{E}$ entspricht eine Spannung U_H, die so genannte Hall-Spannung (siehe Bild 4-17b). Geht man davon aus, dass sich durch die auf die driftenden Elektronen wirkende Kraft $\vec{F}_B$ Flächenladungen wie bei einem Plattenkondensator gebildet haben, so gilt für die Hall-Spannung $U_H = -Ed$, wobei d die Breite des streifenförmigen Leiters ist (siehe Bild 4-17b). Daraus folgt mit Gl. (4.11)

$$U_H = -v\,B\,d. \tag{4.12}$$

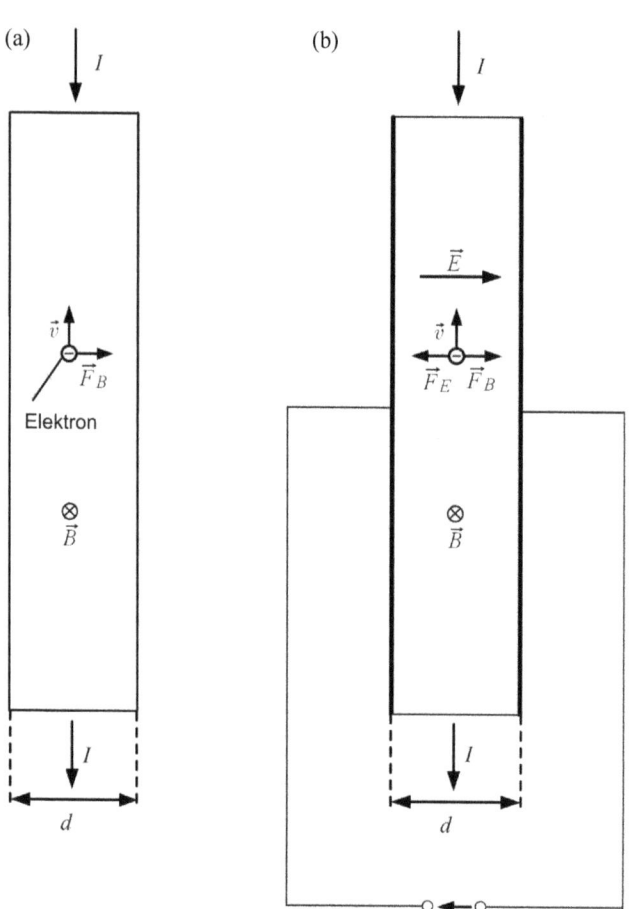

Bild 4-17 Funktionsprinzip eines Hall-Elements. Die magnetische Induktion $\vec{B}$ zeigt in die Zeichenebene hinein:
(a) Situation direkt nach dem Einschalten des Magnetfeldes.
(b) Zustand im Gleichgewicht. Weil sich die Elektronen rechts sammeln, ist für die eingezeichnete Zählrichtung $U_H < 0$

4.6 Magnetische Sensoren zur Drehzahl- und Winkelbestimmung

Die Driftgeschwindigkeit der Elektronen beträgt (siehe z. B. [Un2])

$$v = \frac{1}{ne} \frac{I}{A}, \qquad (4.13)$$

wobei n die Konzentration der Leitungselektronen und A die Querschnittsfläche des Streifens ist. Damit ergibt sich

$$U_H = R_H \frac{I}{A} Bd \qquad (4.14)$$

mit der materialabhängigen Konstante

$$R_H = -\frac{1}{ne}, \qquad (4.15)$$

dem so genannten Hall-Koeffizienten. Hier wurde nur der Fall betrachtet, dass die Stromleitung durch Elektronen erfolgt. Im Falle von Löcherleitung hat der Hall-Koeffizient R_H umgekehrtes Vorzeichen.

Aufgrund der monolithischen Integrierbarkeit in siliziumbasierte, integrierte Schaltkreise bilden Hall-Elemente eine sehr kostengünstige Basis zur Herstellung von Sensoren.

Magnetoresistive Effekte

Materialien, die einen magnetoresistiven Effekt zeigen, sind üblicherweise als dünne Schichten aufgebaut. Sie verändern ihren Widerstand in Abhängigkeit vom anliegenden Magnetfeld, wobei nur Feldanteile parallel zur Schichtebene eine Rolle spielen. Man unterscheidet den anisotrop-magnetoresistiven Effekt (AMR-Effekt) und den „Giant Magnetoresistive Effect" (GMR-Effekt). Beide Effekte beruhen auf quantenmechanischen Phänomenen. Der prinzipielle Verlauf der Kennlinie ist für einen AMR- und für einen GMR-Sensor gleich (siehe Bild 4-18).

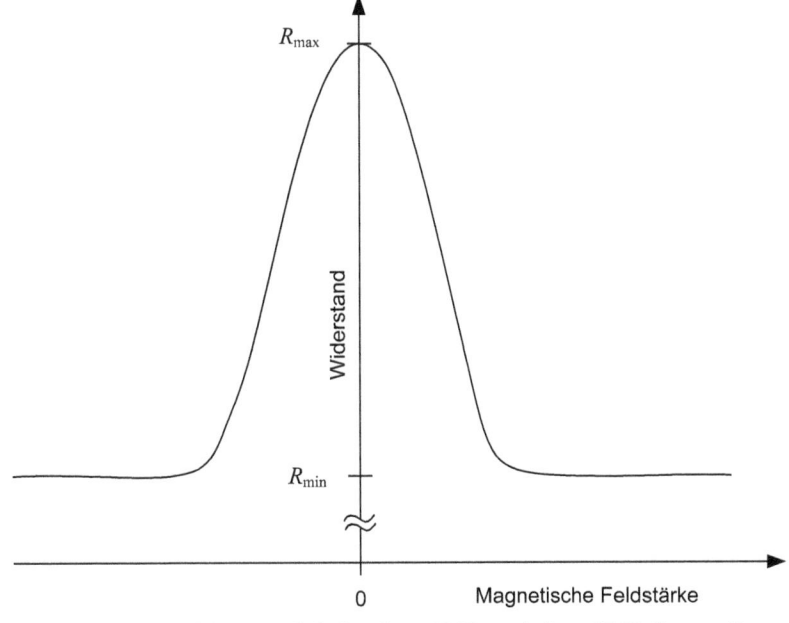

Bild 4-18 Prinzipieller Verlauf der Kennlinie für einen AMR- und einen GMR-Sensor: R_{max} maximaler Widerstand, R_{min} minimaler Widerstand

Der Widerstand erreicht ohne anliegendes Magnetfeld den Maximalwert R_{max} und nimmt im Magnetfeld ab. Für betragsmäßige große Feldstärken erreicht die Kennlinie eine Sättigung. Der Widerstand ändert sich dann kaum noch und liegt beim minimalen Wert R_{min}. Die auf den minimalen Widerstand bezogene maximale Widerstandsänderung

$$\gamma = \frac{R_{max} - R_{min}}{R_{min}}$$

liegt für GMR-Widerstände bei 13 bis 16 Prozent, bei AMR-Widerständen etwa um den Faktor 10 niedriger. Üblicherweise kombiniert man mehrere AMR-Widerstände elektrisch in einer Brückenschaltung. AMR-Sensoren werden zur Detektion kleiner Magnetfelder sowie zur Winkel- und Drehzahlmessung eingesetzt. GMR-Sensoren kommen beispielsweise in Festplatten zum Einsatz. AMR-Effekt, GMR-Effekt und ähnliche Effekte werden häufig auch als XMR-Effekte zusammengefasst.

4.6.2 Partitionierung magnetischer Sensoren

Alle Sensoren, die auf magnetischen Prinzipien beruhen, lassen sich gemäß Bild 4-2 partitionieren. Kombiniert wird immer ein Magnetkreis und ein Wandler, welcher ein veränderliches Magnetfeld in ein elektrisches Signal wandelt. Als Magnetkreis bezeichnet man die Kombination aus einem Dauermagneten und einem oder mehreren weichmagnetischen Elementen, die z. B. durch Änderung ihrer Position eine Änderung der magnetischen Flussdichte am Ort des Wandlers erzeugen. Bild 4-19 zeigt ein Beispiel eines magnetischen Sensors. Im Gegensatz zu den induktiven Drehzahlsensoren, die lediglich aus einer Spule bestehen und deshalb „passive Drehzahlsensoren" genannt werden, bezeichnet man Drehzahlsensoren, die auf dem Hall- oder einem XMR-Effekt beruhen und weitere, aktive Bauelemente wie Verstärker oder Komparatoren beinhalten, als aktive Drehzahlsensoren.

Bild 4-19 Partitionierung eines Winkelsensors, der auf einem magnetischen Prinzip beruht

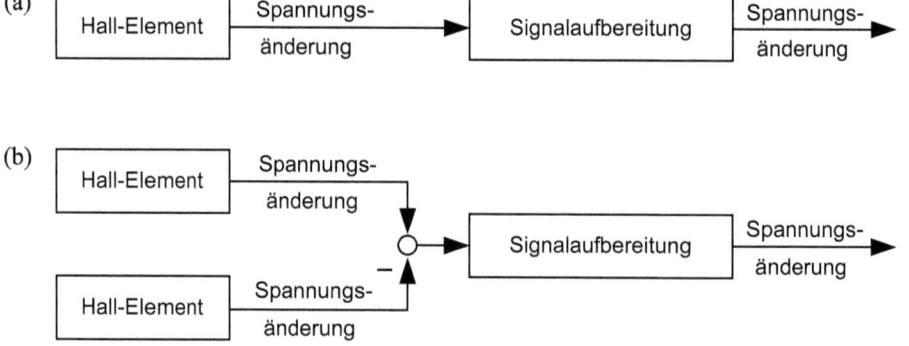

Bild 4-20 Vergleich von Drehzahlsensoren: (a) Absolut messender Sensor. (b) Differentiell messender Sensor. Die Signalaufbereitung beinhaltet jeweils eine Offsetkorrektur, eine Temperaturkompensation und eine Filterung

Hier unterscheidet man weiterhin differentiell von nicht-differentiell, d. h. absolut, messenden Drehzahlsensoren. Absolut messende Sensoren bestehen aus einem einzigen Hall-Element mit nachgeschalteter Elektronik zur Weiterverarbeitung des Ausgangssignals. Differentiell messende Sensoren bilden im Unterschied dazu direkt nach der Wandlung des magnetischen Feldes in ein elektrisches Signal die Differenz der Signale zweier räumlich getrennter Hall- oder XMR-Elemente (siehe Bild 4-20). Ein Vorzug differentiell messender Sensoren liegt in der Unempfindlichkeit gegenüber homogenen Störfeldern, da diese durch die Bildung der Differenz unterdrückt werden.

4.6.3 Induktive Drehzahlsensoren

Induktive Drehzahlsensoren werden als Raddrehzahlsensoren zur Bestimmung der Fahrzeuggeschwindigkeit und im Bereich der Motorsteuerung zur Messung der Motordrehzahl eingesetzt. Vorteile induktiver Drehzahlsensoren sind ihr einfacher Aufbau, die daraus resultierende Robustheit sowie niedrige Herstellungskosten. Nachteilig wirken sich ihre Größe und ihr Gewicht aus. Weiterhin zeigt die Amplitude des Ausgangssignals eine starke Frequenzabhängigkeit, so dass niedrige Drehzahlen bis nahe an den Stillstand nicht gemessen werden können. In der Eingangsbeschaltung des angeschlossenen Steuergerätes ist ein erhöhter Aufwand zur Verarbeitung der Amplitudendifferenzen erforderlich. Zeitlich veränderliche Magnetfelder, die als elektromagnetische Einstreuung auftreten, erzeugen ebenfalls eine induzierte Spannung, die durch zusätzliche Filtermaßnahmen im Steuergerät vom Drehzahlsignal separiert werden muss.

Das Funktionsprinzip beruht auf dem Induktionsgesetz (siehe Bild 4-21). Wenn sich das Geberrad dreht, dann ändert sich der Luftspalt und damit die Flussdichte in der Spule. Dadurch wird in der Spule eine Spannung induziert, die umso größer ist, je schneller sich das Geberrad dreht. Bild 4-22 zeigt schematisch die Partitionierung.

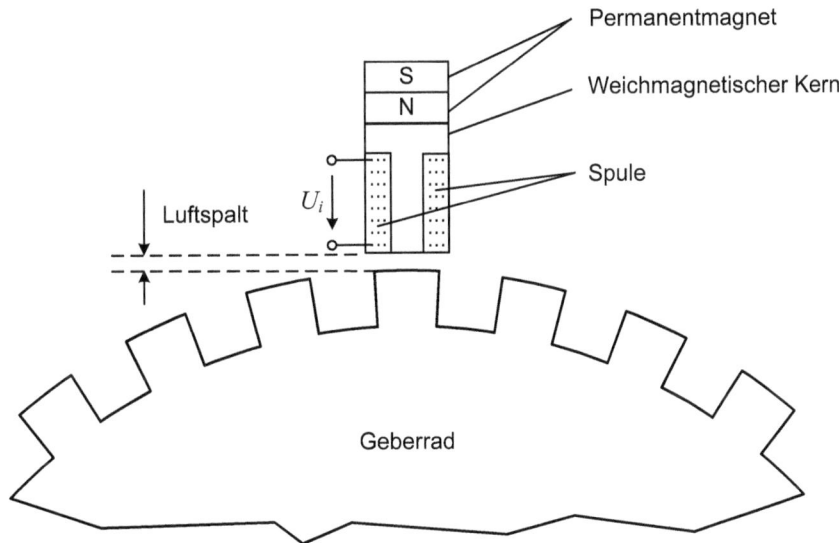

Bild 4-21 Induktiver Drehzahlsensor mit weichmagnetischem Geberrad

Bild 4-22 Partionierung eines induktiven Drehzahlsensors

4.6.4 Differentielle Hall-Sensoren zur Drehzahlmessung

Hall-Elemente werden aus den gleichen Halbleiterwerkstoffen gefertigt wie die Bauelemente für die elektronische Beschaltung zur Verstärkung und Auswertung des Messsignals. Dadurch ist es möglich, die Hall-Elemente mit der Elektronik monolithisch zu integrieren. So lassen sich immer kleinere und leichtere Sensoren zur Messung der Drehzahl realisieren, die durch eine hohe Robustheit gegenüber Umwelteinflüssen wie Feuchtigkeit und elektromagnetischen Feldern gekennzeichnet sind. Außerdem können sie im Gegensatz zu induktiven Drehzahlsensoren auch sehr niedrige Drehzahlen bis zum Stillstand detektieren.

Anwendungen

Differentielle Drehzahlsensoren auf Basis des Hall-Effekts werden im Kraftfahrzeug zur Messung der Raddrehzahlen für Fahrdynamik-Regelsysteme eingesetzt, wobei aus ihren Signalen die Fahrzeuggeschwindigkeit ermittelt wird. Anforderungen an Raddrehzahlsensoren sind insbesondere die Funktion im Temperaturbereich von –40 °C bis 150 °C sowie kurzzeitig bis 170 °C und sehr hohe Robustheit gegen mechanische und chemische Beanspruchungen. Große Kabellängen zwischen den Sensoren und dem Steuergerät erfordern eine hohe Robustheit gegenüber elektromagnetischen Einstreuungen. Durch die exponierte Lage der Sensoren ist die dichte Kapselung gegen Feuchtigkeit erforderlich. Differentielle Hall-Drehzahlsensoren kommen weiterhin im Getriebe zum Einsatz. Dabei müssen Drehzahlsensoren im Getriebe meist vorhandene Zahnräder als Geberräder nutzen, so dass eine optimale Anpassung von Geberrad und Sensor häufig nicht möglich ist. Abhängig vom Aufbau des Getriebes treten weiterhin Vibrationen des Geberrades auf, die in ihrer magnetischen Amplitude kaum von der zu messenden Bewegung zu unterscheiden sind. Solche „Geistersignale" können z. B. an einer permanent wechselnden Drehrichtung erkannt und im Sensor gefiltert werden [Re3].

Bild 4-20b zeigt schematisch die Funktionsweise eines differentiellen Raddrehzahlsensors. Auf der Achse jedes Rades befindet sich ein Geberrad. Man unterscheidet die passiven Geberräder, die kein Magnetfeld erzeugen, von den aktiven Geberrädern, die periodisch aufmagnetisiert sind. Für den Einsatz passiver Geberräder ist die Montage eines Magneten im Sensor erforderlich.

Eine Bewegung des Geberrades erzeugt eine Modulation der magnetischen Flussdichte am Ort des Sensors. Zwei räumlich getrennt angeordnete Hall-Elemente wandeln die Flussdichte in eine elektrische Spannung (Bild 4-23). Nach der Bildung der Differenz und der Signalaufbereitung durch Offsetkorrektur und Verstärkung wird das Spannungssignal einem Komparator zugeführt, der daraus ein binäres Signal erzeugt. Dieses Signal wiederum wird genutzt, um eine Stromquelle zu- und abzuschalten. Der Sensor erzeugt am Ausgang jeweils einen Wechsel des Ausgangsstroms zwischen $I_l = 7$ mA und $I_h = 14$ mA, wie Bild 4-9 veranschaulicht. Der Raddrehzahlsensor setzt also eine Raddrehung als Eingangssignal in Flanken im Ausgangsstrom um.

4.6 Magnetische Sensoren zur Drehzahl- und Winkelbestimmung

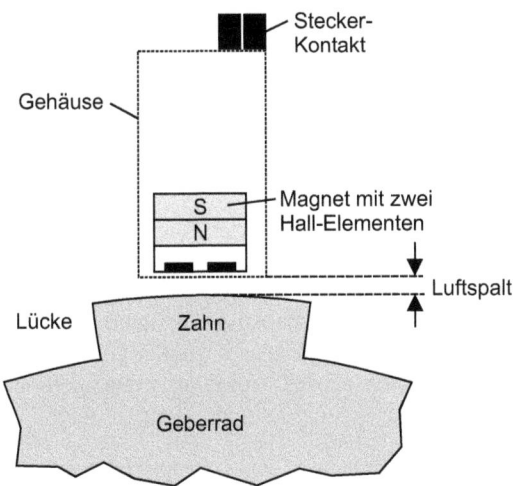

Bild 4-23 Differentieller Hall-Sensor zur Drehzahlmessung

Über die Drehzahlinformation hinaus können aktive Raddrehzahlsensoren dem angeschlossenen Steuergerät Informationen über die Drehrichtung sowie über die magnetische Amplitude durch Änderung der Pulsbreite des Ausgangssignals übermitteln (vgl. Bild 4-9). Weitere technische Details finden sich in [Gu1].

Wesentlich für die Auslegung eines Raddrehzahlsensors ist die minimal erforderliche Änderung des magnetischen Feldes, die zur Erzeugung einer Flanke im elektrischen Ausgangssignal führt. Einerseits muss diese groß genug sein, um ein fälschliche Erzeugung einer Flanke z. B. bei Vibrationen des Geberrades oder bei elektromagnetischen Einstreuungen zu verhindern. Andererseits begrenzt sie den maximal zulässigen Luftspalt, wie Bild 4-24 illustriert: Für Luftspalte größer als d_0 werden nicht mehr alle magnetischen Flanken am Ausgang des Sensors durch Flanken im Ausgangsstrom abgebildet, d. h., man beobachtet weniger Flanken am Ausgang als aufgrund des zurückgelegten Winkels erwartet würden.

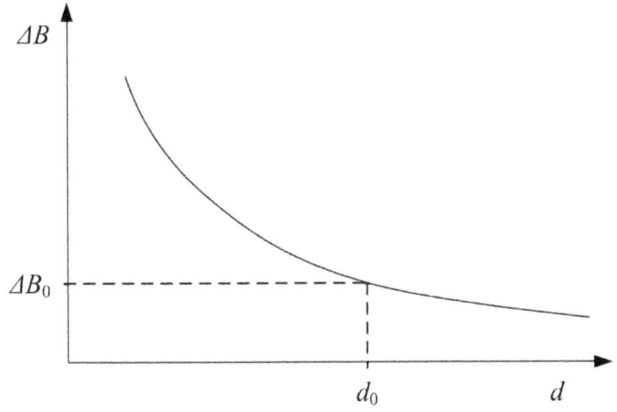

Bild 4-24 Änderung der magnetischen Flussdichte ΔB als Funktion des Luftspaltes d; ΔB_0 Empfindlichkeit des Sensors, d_0 zugehöriger Maximalluftspalt

4.6.5 AMR-Sensoren als Drehzahlsensoren

Neben differentiellen Hall-Sensoren werden zur Drehzahlerfassung im Kraftfahrzeug auch AMR-basierte Sensoren eingesetzt. Beispiele hierfür sind die Raddrehzahlsensoren für Fahrdynamik-Regelsysteme (mit Zweidraht-Schnittstelle) und die Motordrehzahlsensoren. Im Falle der Motordrehzahlsensoren wird typischerweise eine Dreidrahtschnittstelle mit einem Pull-up-Widerstand eingesetzt (vgl. Bild 4-10).

Bild 4-25 veranschaulicht die Funktionsweise eines AMR-basierten Raddrehzahlsensors: Eingangsgröße ist der Drehwinkel des Rades. Das Geberrad erfährt die zugehörige Winkeländerung und moduliert so das Magnetfeld am Ort des Sensors. Üblicherweise werden vier AMR-Widerstände als Brückenschaltung angeordnet. Das elektrische Ausgangssignal der Brücke wird in der nachfolgenden Schaltung um einen Offset korrigiert und verstärkt. Ein Komparator erzeugt daraus Schaltflanken, die in einen Wechsel des Ausgangsstrompegels zwischen $I_l = 7$ mA und $I_h = 14$ mA umgesetzt werden.

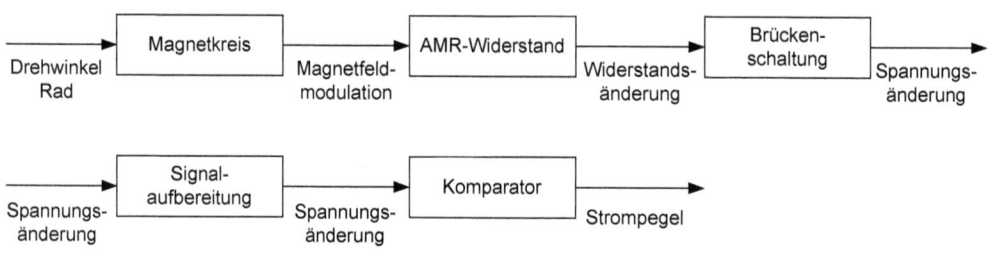

Bild 4-25 Funktionsweise eines AMR-basierten Raddrehzahlsensors

4.6.6 Hall-Sensoren als inkrementelle Positionssensoren

Neben der Drehzahlerfassung ist die inkrementelle Positionserfassung ein verwandtes, gleichermaßen wichtiges Anwendungsgebiet für Hall-Sensoren. Typischerweise besteht die Aufgabe in der Erkennung bestimmter Positionen einer Achse. Hierzu wird auf der Achse ein Geberrad mit einem oder mehreren Segmenten angebracht, welches an den zu erkennenden Stellen Zahnflanken trägt. Bild 4-26 zeigt ein solches Segmentgeberrad und den zugehörigen Phasengeber.

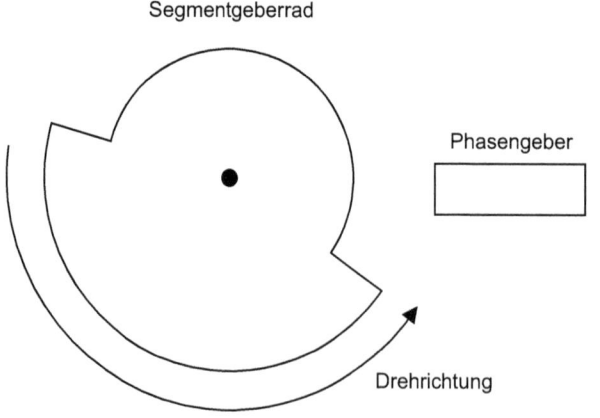

Bild 4-26 Schematische Darstellung eines Segmentgeberrades mit einem Segment und einem radial angeordneten Phasengeber

4.6 Magnetische Sensoren zur Drehzahl- und Winkelbestimmung

Im Unterschied zu den linearen Weg- und Winkelsensoren, die in Abschnitt 4.6.7 behandelt werden, liefern inkrementelle Positionssensoren kein kontinuierliches Positionssignal, sondern bilden das Überschreiten bestimmter, vorgegebener Positionen elektrisch ab.

Eine Anwendung für einen solchen Sensor ist der Phasengeber für die Nockenwelle eines Motors. Ein solcher Sensor hat eine Reihe von Anforderungen zu erfüllen: Für die Schnellstartfunktion der Motorsteuerung wird beim Starten des Systems (d. h. bei Stillstand des Geberrades) abgefragt, ob der Sensor über einem Zahn oder über einer Lücke steht. Man bezeichnet diese Eigenschaft als „True Power on". Dies lässt sich mit einem differentiellen Sensor nicht erreichen, da dieser nur Zahnflanken erkennt und die beiden Positionen daher nicht unterscheiden kann. In modernen Phasengebern kommt typischerweise ein integrierter Schaltkreis mit einem einzigen Hall-Element zum Einsatz. Dadurch erreicht man eine flexibel drehbare Einbaulage des Sensors um eine Achse senkrecht durch das Hall-Element, wie Bild 4-28 veranschaulicht. Diese Eigenschaft wird auch als Twist Insensitive Mounting bezeichnet und erlaubt den Einsatz einer Sensorkonstruktion in verschiedenen Motoren mit unterschiedlichen Anforderungen an die Richtung des Steckers. Typische Anforderungen an einen solchen Sensor sind der Betrieb über lange Zeiten bei hohen Temperaturen und die Robustheit gegenüber Vibrationen des Verbrennungsmotors. Phasengeber für die Motorsteuerung werden meist mit einer Dreidrahtschnittstelle (Open Drain, vgl. Abschnitt 4.4.4) ausgestattet. Weitere Anwendungen für inkrementelle Positionssensoren bestehen z. B. in der Erkennung der Getriebestellung für den Allradantrieb.

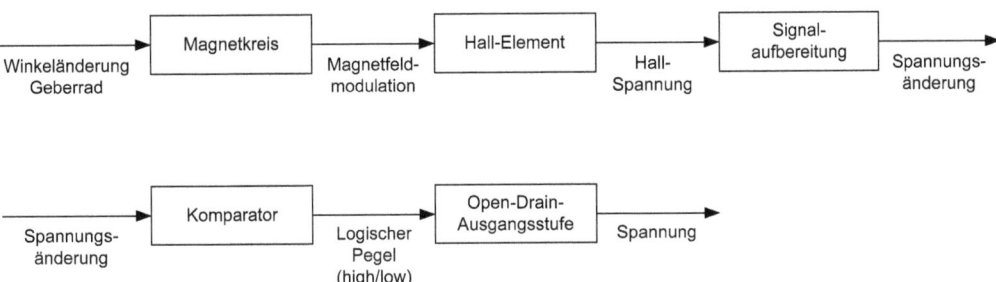

Bild 4-27 Schematische Darstellung eines Hall-basierten Phasensensors für die Motorsteuerung

Bild 4-28 Phasengeber (Bosch). Der Pfeil symbolisiert die flexibel drehbare Einbaulage des Sensors.

Bild 4-30 veranschaulicht das Messprinzip: Ein Geberrad ändert seine Position und moduliert damit die magnetische Flussdichte am Ort des Hall-Elementes. Dies wandelt die veränderliche Flussdichte in ein elektrisches Signal. Nach der Verstärkung und Signalaufbereitung wird mit einem Komparator die Überschreitung der Schaltschwelle ermittelt und am Signalausgang durch das Öffnen oder Schließen eines Transistors nach Masse signalisiert. Eine mögliche Bauform zeigt Bild 4-31.

4.6.7 Hall-Sensoren als lineare Winkelsensoren

Hall-Sensoren lassen sich auch zur „linearen" Bestimmung eines Winkels einsetzen, indem die Linearität der Hall-Spannung in Abhängigkeit vom angelegten Magnetfeld ausgenutzt wird. Sie ersetzen in dieser Funktion zunehmend potentiometrische Winkelsensoren. Die Messung der Position von Gaspedal und Drosselklappe sind wichtige Anwendungen dieser Art von Sensoren in der Motorsteuerung. In der elektrohydraulischen Bremse wird beispielsweise die Stellung des Bremspedals mit einem solchen Sensor ermittelt (siehe hierzu [Bo3]).

Bild 4-29 zeigt die Funktionsweise: Die Eingangsgröße ist die Stellung des Bremspedals, gegeben durch eine lineare Position der Betätigungsstange. Diese wird mechanisch in einen Winkel umgesetzt, der als Eingangssignal für den Sensor dient. Im Inneren des Sensors befindet sich ein drehbarer Permanentmagnet, zwei nicht bewegliche weichmagnetische Halbzylinder mit einem Hall-Element im Zentrum. Die Anordnung ist in Bild 4-30 dargestellt. In der abgebildeten Position wird der magnetische Fluss über die weichmagnetischen Halbzylinder an dem Hall-Element vorbeigeleitet. Rotiert man den Magneten um seine Hochachse (senkrecht zur Zeichenebene), so treten zunehmend zum Hall-Element senkrechte Flusskomponenten durch es hindurch. Je weiter der Magnet gedreht wird, desto mehr magnetischer Fluss tritt durch das Hall-Element. Der Betrag der magnetischen Flussdichte senkrecht zum Hall-Element ist daher ein Maß für den Winkel des Permanentmagneten. Die Hall-Spannung wird weiterverarbeitet, verstärkt und A/D-gewandelt. Der digitale Wert wird zur Übermittlung an das Steuergerät in ein pulsweitenmoduliertes Signal umgewandelt. Der Duty-Cycle codiert hierbei die Winkelposition des Magneten. Bild 4-11 zeigt das Ausgangssignal. Zur Überwachung der Funktion wird ein Teil des Sensorpfades redundant ausgelegt und das gemessene Signal mehrfach auf getrennten Signalleitungen übertragen.

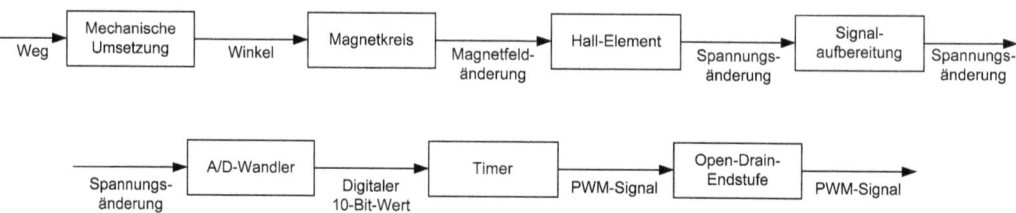

Bild 4-29 Funktionsweise eines Hall-basierten Winkelsensors mit pulsweitenmodulierter Dreidraht-Schnittstelle

4.6 Magnetische Sensoren zur Drehzahl- und Winkelbestimmung

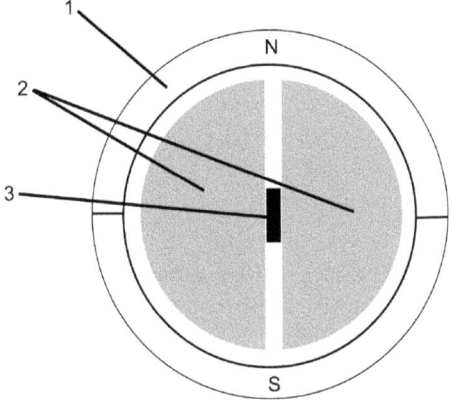

Bild 4-30 Magnetkreis eines Hall-Sensors zur Winkelmessung:
1 Drehbarer, ringförmiger Permanentmagnet,
2 Unbewegliche weichmagnetische Halbzylinder,
3 Hall-Element

4.6.8 AMR-Sensoren als Winkelsensoren

Durch die Abhängigkeit des elektrischen Widerstandes von der Richtung eines betragsmäßig konstanten, aber drehbaren Magnetfeldes eignen sich AMR-Sensoren auch zur Bestimmung eines Winkels. Ein Vorzug gegenüber Hall-basierten Winkelsensoren liegt im größeren Messsignal, ein Nachteil im komplizierteren Aufbau der AMR-Sensoren. AMR-Winkelsensoren werden zur Bestimmung der Gaspedalstellung, der Drosselklappenposition sowie des Lenkradwinkels eingesetzt. Durch eine besondere Bauform ist es möglich, den Lenkradwinkel über den vollen Winkelbereich von etwa 1440° zu messen, wobei der Sensor nach der Montage und dem einmaligen Abgleich der Null-Position jederzeit, d. h. auch direkt nach dem Einschalten, die aktuelle Winkelposition liefert.

Der Lenkradwinkel wird mechanisch auf zwei Einzelwinkel codiert, indem die Lenksäule zwei Zahnräder mit unterschiedlicher Zähnezahl antreibt (vgl. Bild 4-32). Im Zentrum der Zahnräder befindet sich jeweils ein Magnet und darunter jeweils ein AMR-Winkelsensor. Die Signale der AMR-Winkelsensoren werden digitalisiert und zur Berechnung des Lenkradwinkels verwendet. Die Verbindung zum Steuergerät erfolgt über den CAN-Bus. Bild 4-31 zeigt die Funktionsweise; der Aufbau des Sensors in Explosionsdarstellung ist in Bild 4-32 zu sehen. Weitere Details zu diesem Sensor finden sich z. B. in [Bo2].

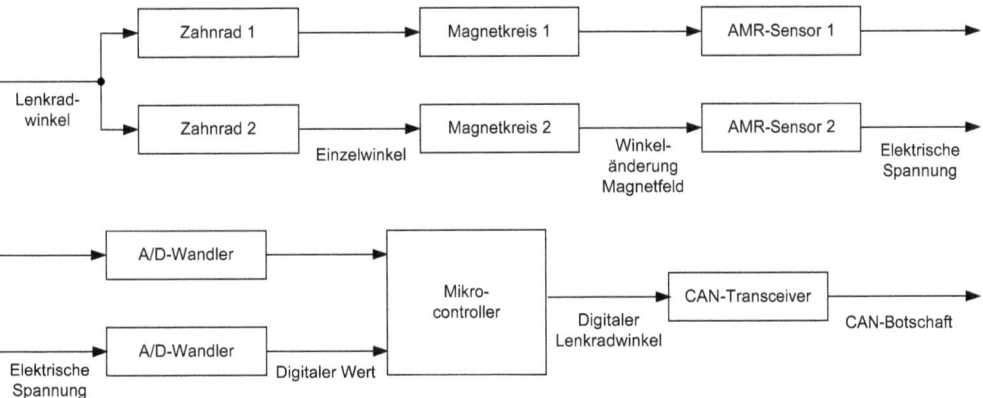

Bild 4-31 Schematische Darstellung der Funktionsweise eines AMR-basierten Lenkradwinkelsensors

Bild 4-32 Explosionsdarstellung eines Lenkradwinkelsensors (Bosch):
1,2 Magnete,
3   Mess- und Auswerteschaltung

4.7 Drucksensoren

Drucksensoren sind eine weitere Gruppe von Sensoren mit vielen Anwendungen im Automobil. Tabelle 4.1 gibt eine Übersicht über ausgewählte Anwendungen mit den jeweils zugehörigen Messbereichen.

Tabelle 4.1 Übersicht ausgewählter Anwendungen für Drucksensoren [Bo2]

Drucksensor	Obergrenze Messbereich [bar]
Kraftstoffdruck Common Rail	2000
Bremsdruck	250
Hydraulikdruck Getriebe	35
Reifendruck	5
Saugrohrdruck	5

Neben der Änderung einer Kapazität mit nachfolgender Kapazitäts-Spannungs-Wandlung wird häufig die Änderung des Widerstandes von einem oder mehreren zu einer Messbrücke verschalteten Dehnungsmessstreifen genutzt, um den Druck in ein elektrisches Signal zu wandeln. Zum Einsatz kommen sowohl piezoresistive Materialien (z. B. Silizium) als auch Metallstreifen. Zur Messung eines Absolutdrucks mit einem membranbasierten Sensor ist ein Referenzdruck erforderlich, weil die Membranverformung von der Differenz der beiden anliegenden Drücke abhängt (siehe Bild 4-33). In vielen Fällen genügt es, den Umgebungsdruck als Refe-

4.7 Drucksensoren

renz zu verwenden. Eine wichtige Anforderung an Drucksensoren ist die Medienbeständigkeit. So muss ein Drucksensor für das Bremssystem gegen den Kontakt mit Bremsflüssigkeit beständig sein. Weiterhin ist durch geeignete Aufbau- und Verbindungstechnik sicherzustellen, dass eine Undichtigkeit des Bremssystems nicht auftreten kann.

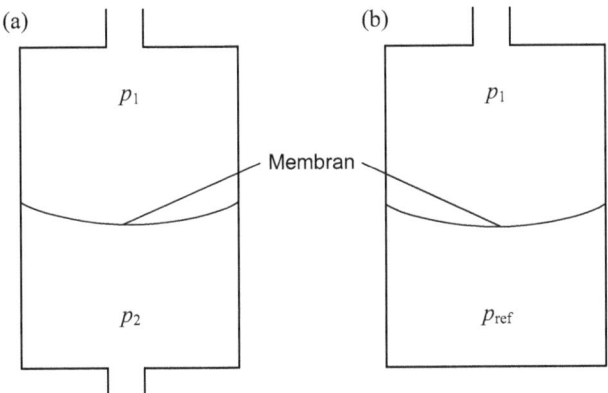

Bild 4-33 Schematische Darstellung eines Drucksensors:
(a) Differenzdrucksensor für den Druck $\Delta p = p_1 - p_2$.
(b) Absolutdrucksensor mit integriertem Referenzdruck p_{ref}

Im Falle des in Bild 4-34 dargestellten Bremsdrucksensors wird dies durch Einsatz einer Stahlmembran sichergestellt, die eine Messbrückenschaltung aus piezoresistiven Elementen auf der dem Bremskreislauf abgewandten Seite trägt.

Bild 4-34 Explosionsdarstellung eines Bremsdrucksensors (Bosch):
1 Druckanschluss,
2 Auswerteschaltkreis,
3 Gehäuse,
4 Kontaktstifte.
Die Stahlmembran mit den Dehnungsmessstreifen liegt unter dem Auswerteschaltkreis

Bild 4-35 illustriert die Funktionsweise: Der anliegende Druck wird über eine Membran einer definierten Fläche in eine Kraft gewandelt, die zur Verformung der Membran führt. Mit der Membran verbundene Dehnungsmessstreifen erfahren ihre Formänderung und verändern ihren Widerstand. Am Ausgang einer Brückenschaltung aus Dehnungsmessstreifen wird eine elektrische Spannung abgegriffen, die in guter Näherung proportional zum angelegten Druck ist. Weiterhin spielt die Temperatur besonders beim Einsatz von Dehnungsmessstreifen aus Silizium eine große Rolle. Die nachfolgende Schaltung korrigiert Offset und Temperaturverhalten der Messbrücke und bildet den anliegenden Druck ratiometrisch im Bereich $U = 0...5$ V ab. Die Kennlinie eines solchen Drucksensors zeigt Bild 4-7. Die in der Schaltung realisierten Überwachungen signalisieren einen Fehler durch ein Ausgangssignal im Fehlerbandbereich nahe 0 V oder nahe 5 V, das laut Bild 4-7 bei einer normalen Messung nicht auftreten kann. Eine umfassende Übersicht über Niederdrucksensoren ist in [Ti1] nachzulesen, schaltungstechnische Details finden sich z. B. in [Ho1].

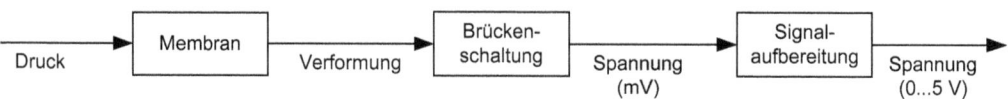

Bild 4-35 Funktionsweise eines Drucksensors mit ratiometrischer Schnittstelle

4.8 Beschleunigungssensoren

Sensoren zur Messung von Bewegungsgrößen, die auf Trägheitseffekten basieren, werden Inertialsensoren genannt. Zu den Inertialsensoren zählen neben den hier behandelten Beschleunigungssensoren auch die Drehratensensoren, die Gegenstand von Abschnitt 4.9 sind.

Beschleunigungssensoren werden im Automobil für passive Sicherheitssysteme wie die Airbag-Steuerung zur Erkennung eines Aufpralls eingesetzt. Ein weiteres Einsatzgebiet sind Fahrdynamik-Regelsysteme, wo sie zur Messung von Querbeschleunigungen dienen. Die Klopferkennung in der Motorsteuerung ist ein weiterer wichtiger Bereich, in welchem Beschleunigungssensoren eingesetzt werden. Tabelle 4.2 gibt eine Übersicht über verschiedene Anwendungen von Beschleunigungssensoren im Automobil sowie die zugehörigen Messbereiche. Es hat sich eingebürgert, hierbei die Beschleunigung nicht in m/s^2, sondern in Vielfachen der Erdbeschleunigung $g = 9{,}81$ m/s^2 anzugeben.

Anwendung	Typischer Messbereich
Klopfregelung	$10g$
Passive Sicherheitssysteme	1 bis $250g$
Fahrdynamik-Regelsysteme	0,8 bis $1{,}2g$
Fahrwerksregelung	1 bis $10g$
Alarmanlagen	$1g$

Tabelle 4.2 Übersicht ausgewählter Anwendungen von Beschleunigungssensoren mit den zugehörigen Messbereichen [Bo2] ($g = 9{,}81$ m/s^2)

Zur Messung von Beschleunigungen dient meist eine an Federn aufgehängte seismische Masse, die mit einem Wegaufnehmer gekoppelt ist. Eine Beschleunigung des Sensors führt zu einer Auslenkung der seismischen Masse bezogen auf den Sensor, die mit dem Wegaufnehmer erfasst wird. Der Wegaufnehmer kann beispielsweise kapazitiv ausgeführt sein. Eine weitere Möglichkeit, wie sie z. B. in Klopfsensoren genutzt wird, ist die Messung der an einem Piezoelement durch Verformung erzeugten elektrischen Spannung. Die an Federn aufgehängte seismische Masse ist in vielen Fällen mikromechanisch ausgeführt.

4.8 Beschleunigungssensoren

Bild 4-36 zeigt hierfür ein Beispiel, nämlich eine seismische Masse zwischen zwei Elektroden. Die Wegmessung erfolgt dabei kapazitiv. Neben der hier gezeigten flächigen Ausführung des Wegaufnehmers kommen aber auch häufig Kammstrukturen zum Einsatz.

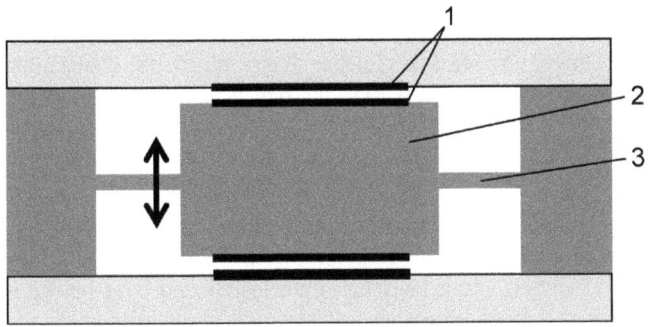

Bild 4-36 Mikromechanischer Beschleunigungssensor:
1 Kapazitiver Wegaufnehmer,
2 seismische Masse,
3 Feder.
Der Pfeil zeigt die Bewegungsrichtung der seismischen Masse

Bild 4-37 zeigt den schematischen Aufbau eines Beschleunigungssensors und dessen Ankopplung an das Fahrzeug. Das dynamische Verhalten des Sensors wird durch die gesamte Wirkungskette von der Beschleunigung des Fahrzeugs bis zur gemessenen Auslenkung der seismischen Masse bestimmt. Jede Verbindung von einem Subsystem in das jeweils darunter liegende lässt sich durch eine Kopplung mit einer Federkonstanten k_i und einer Dämpfung d_i beschreiben.

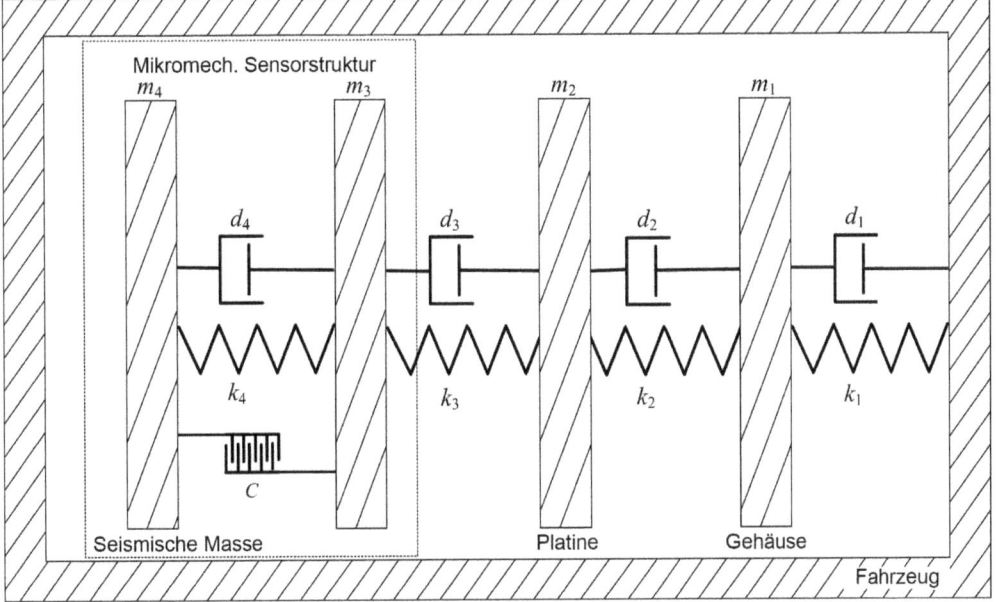

Bild 4-37 Schematische Darstellung des Beschleunigungssensors im Fahrzeug mit den Massen m_i, den Dämpfungskonstanten d_i und den Federkonstanten k_i; $i = 1,...,4$; C beschreibt die positionsabhängige Kapazität des Wegaufnehmers

Die Kopplung vom Fahrzeug zum Sensorgehäuse wird durch die Federkonstante k_1 und die Dämpfung d_1 beschrieben. Im Gehäuse befindet sich eine Platine, deren Ankopplung ihrerseits über die Konstanten k_2 und d_2 erfolgt. Die mikromechanische Sensorstruktur ist mit der Platine z. B. durch eine Lötverbindung verbunden. Die Kopplungseigenschaften dieser Verbindung werden durch k_3 und d_3 beschrieben. Die Kopplung der seismischen Masse der mikromechanischen Sensorstruktur an ihre direkte Umgebung wird in gleicher Weise durch die Konstanten k_4 und d_4 beschrieben. Das elektrische Ausgangssignal wird durch den Wegaufnehmer mit der veränderlichen Kapazität C und der angeschlossenen Elektronik zur Kapazitäts-Spannungs-Wandlung bestimmt. Der gesamte Beschleunigungssensor lässt sich also durch eine Reihe von gekoppelten Feder-Masse Schwingern mit jeweils zugehöriger Dämpfung beschreiben.

Bild 4-38 illustriert die Funktionsweise eines mikromechanischen Beschleunigungssensors. Eine Beschleunigung wirkt auf eine an einer Feder aufgehängte seismische Masse und verformt die Feder. Die resultierende Relativbewegung zwischen dem festen und dem beweglichen Teil des Sensors führt im kapazitiven Wegaufnehmer (meist durch ineinander greifende Kammstrukturen realisiert) zu einer Kapazitätsänderung. Diese wird in eine Spannung gewandelt, verstärkt und über eine ratiometrische Spannungsschnittstelle an das angeschlossene Steuergerät übermittelt.

Piezoelektrische Beschleunigungsaufnehmer, wie sie beispielsweise als Klopfsensoren eingesetzt werden, können deutlich einfacher aufgebaut werden, da die auftretenden Piezospannungen bereits ausreichend groß sind und prinzipiell ohne weitere Verstärkung kabelgebunden übermittelt werden können (vgl. Bild 4-39).

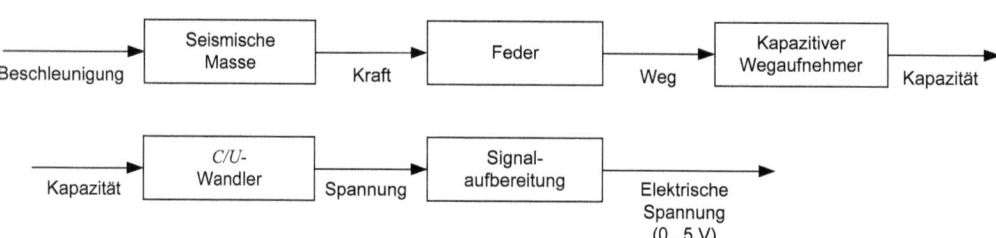

Bild 4-38 Schematische Darstellung eines kapazitiven Beschleunigungssensors mit ratiometrischer Schnittstelle

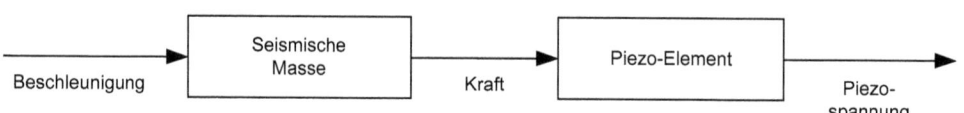

Bild 4-39 Schematische Darstellung eines piezoelektrischen Beschleunigungssensors

4.9 Drehratensensoren

Die Drehrate eines Fahrzeugs um seine Längs- oder Hochachse ist eine weitere wichtige Messgröße, deren Messung für Fahrdynamik-Regelsysteme, Airbagsteuerungen und Navigationssysteme von großer Bedeutung ist. Eine Übersicht der Anforderungen an Messbereich, Auflösung und Genauigkeit zeigt Tabelle 4.3.

Tabelle 4.3 Übersicht ausgewählter Anwendungen mit den zugehörigen Anforderungen an Drehratensensoren [Ma1]. Der Fehler ist auf den Messbereich bezogen

Anwendung	Messbereich [°/s]	Auflösung [°/s]	Bandbreite [Hz]	Fehler [%]
Fahrdynamik-Regelsystem	±100	< 0,02 bis 0,1	50	±1 bis ±2
Airbagsteuerung, Überrollschutz	±250	< 0,5	30	±5
Navigation	±70	< 0,5	15	±5

4.9.1 Messprinzip von Drehratensensoren

Drehratensensoren basieren auf der Coriolis-Beschleunigung, die im Folgenden kurz erläutert wird. Der physikalische Ursprung lässt sich an folgendem Beispiel nachvollziehen. Es wird eine rotierende Scheibe gemäß Bild 4-40 mit einem Massepunkt in Position 1 betrachtet. Der Massepunkt ist bezüglich der rotierenden Scheibe in Ruhe, d. h. er bewegt sich mit einer Geschwindigkeit v_1 in Umfangsrichtung. Würde der Massepunkt mit gleichbleibender Umfangsgeschwindigkeit v_1 nach außen bewegt, so würde er bezüglich der rotierenden Scheibe eine gekrümmte Bahn beschreiben, weil sich die Scheibe aufgrund der nach außen hin zunehmenden Umfangsgeschwindigkeit unter dem Massepunkt wegbewegt. Damit der Massepunkt bezüglich der rotierenden Scheibe eine gerade Bahn beschreibt, muss seine Umfangsgeschwindigkeit auf dem Weg von Punkt 1 zu Punkt 2 von v_1 auf v_2 erhöht werden (siehe Bild 4-40). Würde sich der Massepunkt von Punkt 1 zu Punkt 2 in einer Rinne bewegen, so würde er sich an den rechten Rand legen.

Die hier durchgeführte Überlegung zeigt, dass die Coriolis-Beschleunigung senkrecht zur Bewegungsrichtung und zur Drehachse steht. Dies gilt zwar zunächst nur im Falle von radialen Bewegungen. Diese Einschränkung für die Bewegungsrichtung kann jedoch aufgehoben werden, weil die Winkelgeschwindigkeit eines starren Körpers unabhängig von der zu Grunde gelegten Drehachse ist (siehe z. B. [As1]).

Mathematisch lässt sich die Coriolis-Beschleunigung in folgender Weise ableiten: Ausgangspunkt ist die Bewegung auf einem Kreis, die sich in der komplexen Ebene durch

$$z = re^{i\Phi} \qquad (4.16)$$

mit den reellen zeitabhängigen Größen $r = r(t)$ und $\Phi = \Phi(t)$ beschreiben lässt. Ableitung nach der Zeit führt auf

$$\frac{dz}{dt} = \frac{dr}{dt}e^{i\Phi} + ir\,\omega e^{i\Phi} \qquad (4.17)$$

mit der Drehrate $\omega = d\Phi/dt$. Durch erneute Ableitung nach der Zeit ergibt sich

$$\frac{d^2z}{dt^2} = \underbrace{\frac{d^2r}{dt^2}e^{i\Phi} - r\omega^2 e^{i\Phi}}_{\text{Radialbeschleunigung}} + \underbrace{ir\frac{d\omega}{dt}e^{i\Phi} + 2i\frac{dr}{dt}\omega e^{i\Phi}}_{\text{Umfangsbeschleunigung}}, \qquad (4.18)$$

wobei die ersten beiden Terme die Radialbeschleunigung und die letzten beiden Terme die Umfangsbeschleunigung ausmachen. Die Umfangbeschleunigung besteht aus zwei Anteilen: Der erste Summand $ir\,e^{i\Phi}\,d\omega/dt$ tritt auch bei einer Kreisbewegung mit konstantem r auf und heißt üblicherweise Tangentialbeschleunigung. Der zweite Summand $2i\,e^{i\Phi}\,\omega\,dr/dt$ hat den Absolutbetrag $2\omega\,dr/dt$ und wird Coriolis-Beschleunigung genannt.

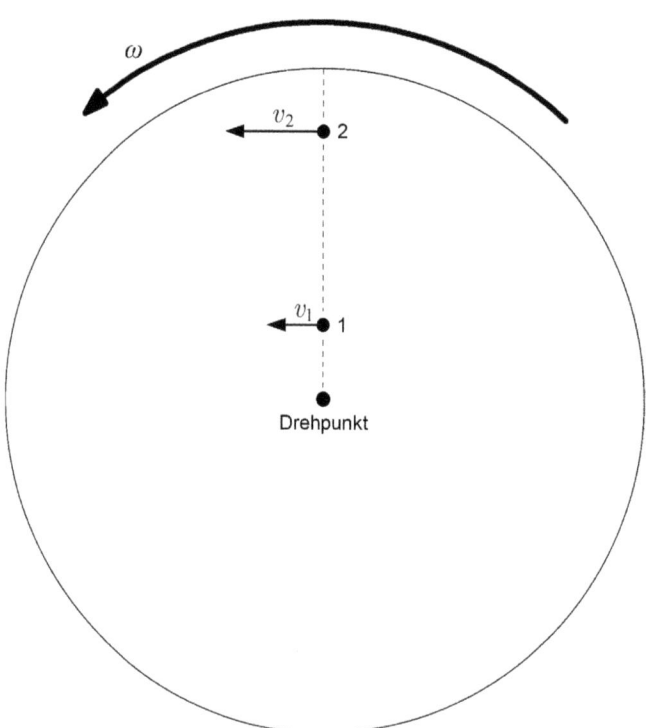

Bild 4-40 Veranschaulichung der Coriolis-Beschleunigung

Zur Messung der Coriolis-Beschleunigung wird ein Beschleunigungssensor senkrecht zur Drehachse zu einer Schwingung zwischen den Punkten 1 und 2 angeregt. Ohne Drehrate des Systems wird der Beschleunigungssensor nicht ausgelenkt, d. h., sein Ausgangssignal ist null. Liegt jedoch eine Drehrate vor, so zeigt der Beschleunigungssensor die Coriolis-Beschleunigung an.

4.9.2 Aufbau und Funktionsweise von Drehratensensoren

Zur Bestimmung der Drehrate haben sich unterschiedliche Verfahren etabliert: *Piezoelektrische Drehratensensoren (schwingende Becher)* wurden ursprünglich für die Luftfahrt entwickelt. Sie waren die ersten Drehratensensoren, die im Automobilbereich in der Serienfertigung eingesetzt wurden. Zur Messung wird ein Becher mit insgesamt acht über den Umfang verteilten Piezokristallen genutzt. Der Becher wird zu Eigenschwingungen angeregt, deren Bäuche ohne Drehrate um die Becherhochachse eine feste Position haben. Durch eine Drehung des Bechers um seine Hochachse werden diese verschoben. Durch Einspeisung eines Korrektursignals in eines der Piezopaare werden die Schwingungsbäuche wieder in ihre Ausgangslage zurückbewegt. Das Korrektursignal ist ein Maß für die Drehrate um die Hochachse des Bechers. Details zu diesem Verfahren finden sich in [Bo2].

Piezoelektrische Stimmgabel-Drehratensensoren basieren auf der Anregung einer Stimmgabel aus einem piezoelektrischen Material, meist Quarz. Die Stimmgabel wird durch eine elektrische Wechselspannung in Schwingungen versetzt. Durch Coriolis-Kräfte, die bei Drehbewegungen um die Hochachse auftreten, kommt es zu einer zusätzlichen Verformung der Stimmgabel senkrecht zur Anregungsrichtung. Durch die piezoelektrischen Eigenschaften von Quarz lässt sich diese Verformung elektronisch erfassen. Details zu Stimmgabel-Drehratensensoren finden sich in [Bo2], [Ma1]. Stimmgabel-Drehratensensoren kommen heute im Automobil im Bereich der Fahrdynamik-Regelsysteme sowie der Navigation zum Einsatz.

Mikromechanische Drehratensensoren lassen sich in zwei Typen klassifizieren: Die Linearschwinger bestehen aus schwingenden Massen, auf denen jeweils ein senkrecht zur Bewegungsrichtung empfindlicher Beschleunigungssensor angeordnet ist. Bei dem in Bild 4-41 gezeigten Drehratensensor ist über der schwingenden Masse ein Magnet angebracht, der in Bild 4-41 jedoch nicht eingezeichnet ist. Fließt in der Leitung in der unteren Hälfte des Bildes ein oszillierender Strom I, so wirkt aufgrund der Lorentz-Kraft eine oszillierende Kraft auf die schwingende Masse und sie wird dadurch in Schwingung versetzt. Rotiert der Sensor um eine Achse senkrecht zur Zeichenebene, so tritt eine Coriolis-Beschleunigung (in der Zeichenebene senkrecht zur Schwingungsrichtung) auf, die durch den kammförmigen Beschleunigungssensor detektiert wird.

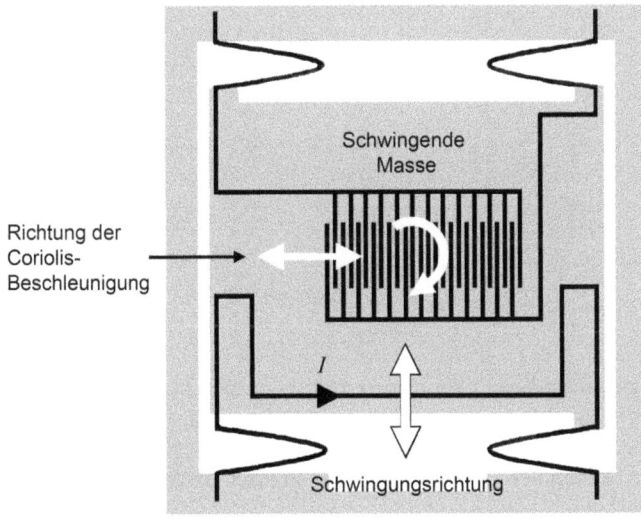

Bild 4-41 Schematischer Aufbau eines mikromechanischen Drehratensensors mit schwingender Masse und kammförmigen Beschleunigungssensor. Der runde Pfeil gibt die Richtung der zu messenden Drehrate an

Weiterhin werden mikromechanische Drehratensensoren als Drehschwinger aufgebaut. Hierzu wird eine kreisförmige Struktur zentrisch an Federn aufgehängt. Durch elektrostatische Anregung über Kammstrukturen wird sie in Drehschwingungen versetzt. Liegt zusätzlich senkrecht zur Drehschwingrichtung eine Drehrate an, so kommt es zu einer periodischen Auslenkung aus der Ebene heraus. Diese kann kapazitiv detektiert werden. Details zu mikromechanischen Drehratensensoren sind ebenfalls in [Bo2], [Ma1] nachzulesen.

Bild 4-42 zeigt schematisch die Funktionsweise eines Drehratensensors mit ratiometrischer Schnittstelle: Das Eingangssignal des Sensors ist die Drehrate. Durch schwingende Massen wird die Drehrate zunächst in eine Coriolis-Beschleunigung, dann in eine Kapazität und schließlich in eine Spannung gewandelt, die proportional zur Coriolis-Beschleunigung und damit zur Drehrate ist. Ausgangssignal des Sensors ist eine Spannung im Bereich zwischen 0 und 5 V, wie Bild 4-43 veranschaulicht.

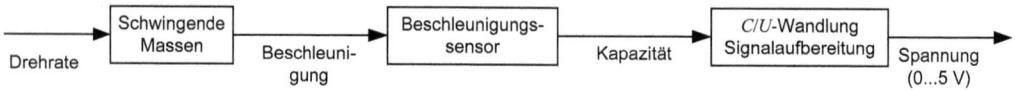

Bild 4-42 Drehratensensor mit ratiometrischer Schnittstelle

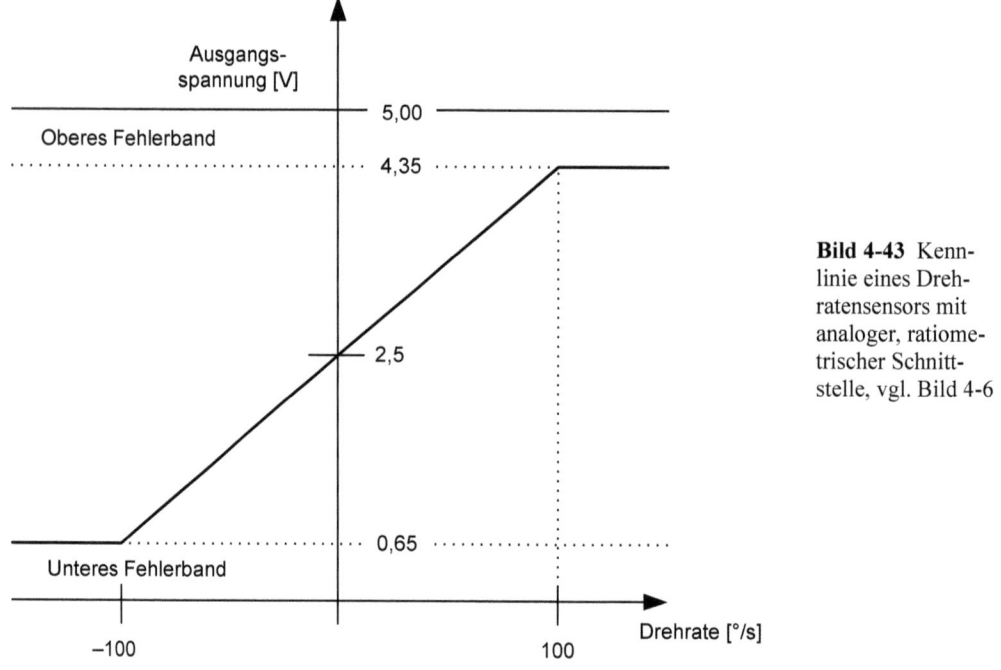

Bild 4-43 Kennlinie eines Drehratensensors mit analoger, ratiometrischer Schnittstelle, vgl. Bild 4-6

Bild 4-44 zeigt die Explosionsdarstellung eines Drehratensensors, der die Drehrate nach interner A/D-Wandlung über den CAN-Bus an das angeschlossene Steuergerät übermittelt. Aufgrund der erforderlichen geringen Latenzzeiten wird dieser Sensor üblicherweise über einen separaten CAN-Bus ohne weitere Teilnehmer an das Steuergerät angeschlossen.

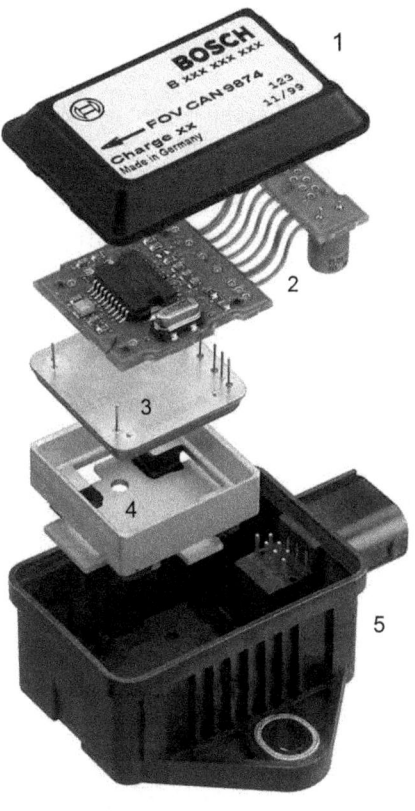

Bild 4-44 Drehratensensor in Explosionsdarstellung (Bosch):
1 Deckel,
2 Elektronik zu Signalaufbereitung und zur Ansteuerung der Schnittstelle,
3 Hermetisch abgedichtetes Metallmodul mit mikromechanischen Sensorstrukturen,
4 Dämpfereinheit,
5 Gehäuse

4.10 Fertigung von mikromechanischen Sensoren

Die mikromechanischen Sensoren, die heutzutage im Automobil eingesetzt werden, werden in der so genannten MEMS-Technologie hergestellt (MEMS steht für mikro-elektromechanische Systeme). Sie bestehen aus einem mechanischen Sensor, der wenige Quadratmillimeter klein ist und ein elektrisches Ausgangssignal liefert. Die typische Größe der einzelnen Sensorstrukturen liegt bei wenigen Mikrometern oder im Sub-Mikrometer-Bereich.

Um so feine Strukturen erzeugen zu können, müssen die Fertigungsbedingungen sehr genau eingestellt werden. Ein wesentlicher Aspekt ist dabei, dass MEMS-Sensoren in Reinräumen gefertigt werden. Dazu wird die Luft gereinigt, so dass die Kontaminationsgefahr der Sensoren gemindert wird. MEMS-Sensoren werden typischerweise in Reinräumen der Klasse 100 oder darunter gefertigt. Klasse 100 entspricht weniger als 100 Partikeln mit maximalem Durchmesser 0,5 µm pro Kubikfuß. (Ein Kubikfuß sind 28,32 Liter.) Im Vergleich dazu entspricht Umgebungsluft einer Klasse von 100000 oder darüber.

Das Basismaterial der MEMS-Technologie ist der Halbleiter Silizium (Si). Mit Hilfe von verschiedenen Strukturierungs- und Ätzverfahren können komplexe dreidimensionale Sensoren hergestellt werden. Die MEMS-Technologie hat sich aus der CMOS (Complementary Metal Oxide Semiconductor) genannten Halbleiter-Technologie entwickelt [Ni1], [In1], mit deren Hilfe Chips und Speicher hergestellt werden. Dadurch überlappen sich die Technologien beider Felder sehr stark. Während die CMOS-Technologie zur Herstellung von elektrischen Komponenten wie Transistoren, Widerständen und Kondensatoren für die Logik- und Speicherbausteine verwendet wird, dient die MEMS-Technologie dazu, dreidimensionale Sensoren und Aktoren zu erzeugen.

Die zur Herstellung von mikromechanischen Sensoren notwendigen Technologien und Prozesse werden im Folgenden kurz erläutert: Mit Hilfe der Fotolithographie werden die gewünschten Strukturen auf der Oberfläche erzeugt [Eh1], [Ni1], [Vö1]. Ausgehend von einer Siliziumscheibe mit einem typischen Durchmesser von 150 mm oder 200 mm wird ein Fotolack auf die Oberfläche aufgebracht. Eine monochromatische Lichtquelle beleuchtet eine strukturierte Maske (Bild 4-45a). Der Fotolack wird an den Stellen belichtet, an denen die Maske transparent ist (Bild 4-45b). Im Falle eines positiven Lacks werden die belichteten Stellen weg entwickelt.

Für die gewünschten Sensoreigenschaften und die elektrischen Verbindungen werden verschiedene leitende und isolierende Materialien benötigt. Diese werden meist durch Sputtern, Aufdampfen oder Gasphasenabscheidung (Chemical Vapour Deposition, CVD) auf die Waferoberfläche aufgebracht [Ni1], [Vö1]. Dabei hängen die mikroskopischen Schichteigenschaften wie Kornstruktur, Porosität sowie elektrische Leitfähigkeit und intrinsische Spannungen sowohl vom gewählten Abscheidungsverfahren als auch von Abscheide-Parametern ab.

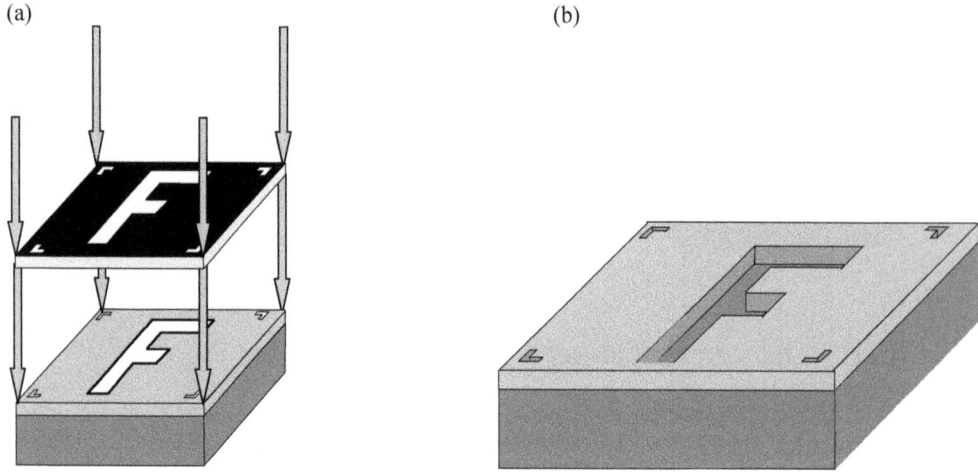

Bild 4-45 Fotolithographie: (a) Beleuchtungsvorgang. (b) Entwickelte Lackschicht

Um den Sensor im Automobil einzusetzen und seinen Betrieb über Jahre garantieren zu können, muss dieser gegen Umwelteinflüsse geschützt werden. Dazu wird er mit einem Package versehen. Dabei ist entscheidend, dass das Package die Sensorfunktion ermöglicht, wie beispielsweise die Druckmessung. Andererseits muss die elektrische oder elektronische Verbindung mit den Auswerteeinheiten ermöglicht werden. Diese widerstreitenden Anforderungen müssen sinnvoll vereint werden. Zudem soll das Package kostengünstig sein. Daher wird es bevorzugt auf Waferebene (Wafer Level) hergestellt, um viele Sensoren gleichzeitig mit Packages zu versehen, anstelle einer teuren Einzelprozessierung. Dabei werden gleichzeitig hunderte oder tausende von Sensoren auf einer Siliziumscheibe (Wafer) prozessiert und hergestellt.

MEMS-Sensoren mit Hohlräumen, wie z. B. Drucksensoren, können durch Wafer-Bondprozesse [Ga1], [Vö1] hergestellt werden. Dazu werden zwei strukturierte Wafer zueinander justiert, in Kontakt gebracht und anschließend im Bondprozess miteinander verbunden. So können

Röhren erzeugt werden, durch die Flüssigkeiten oder Gase strömen, Membranen über Hohlräumen positioniert werden oder hermetisch dichte Einheiten geschaffen werden. In Bild 4-46 ist ein Drucksensor dargestellt, der aus mehreren gebondeten Komponenten aufgebaut ist.

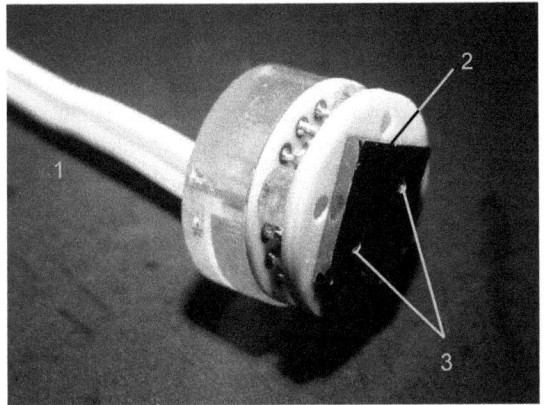

Bild 4-46 Drucksensor:
1 Stromversorgung und Datenleitung,
2 Drucksensor aus Si,
3 Öffnungen für Gas- und Flüssigkeitseinlass und -auslass.
Die Auswerteelektronik befindet sich unter dem Drucksensor zwischen den beiden weißen Kunststoffscheiben

4.11 Regensensor

In Automobilen mit hoher Ausstattungsrate sind oft automatische Scheibenwischer eingebaut. Sie schalten sich bei Regen ein, und auch wieder aus, wenn die Scheibe wieder trocken ist (siehe auch [Bo4]). Das zugrunde liegende System nutzt die Reflexion des Lichtes an Oberflächen aus (Bild 4-47).

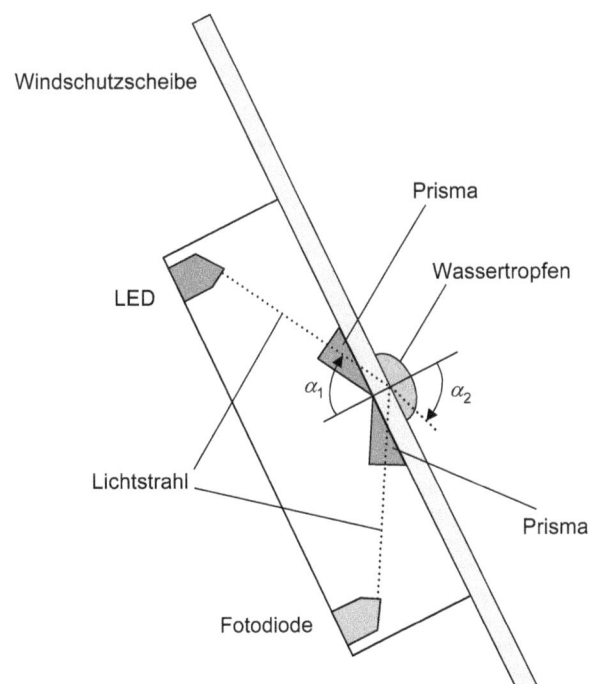

Bild 4-47 Regensensor: Schematischer Aufbau und Funktionsprinzip

Eine LED emittiert Licht im Infrarot-Bereich, das mit Hilfe eines Prismas in die Windschutzscheibe eingekoppelt wird. Darin trifft das Licht unter einem flachen Winkel auf die Oberfläche und wird dort totalreflektiert, wenn die Scheibe trocken ist. Nach dem Brechungsgesetz

$$\frac{\sin \alpha_1}{\sin \alpha_2} = \frac{n_2}{n_1},$$

bei dem α_1 den Einfalls- und α_2 den Ausfallswinkel (zur Oberflächennormalen, vgl. Bild 4-47) sowie $n_1 = 1{,}51$ den Brechungsindex für Glas und $n_2 = 1$ den für Luft bezeichnen, erhält man Totalreflexion (entspricht $\alpha_2 > 90°$) bei Einfallswinkeln $\alpha_1 > 41°$. Über ein weiteres Prisma wird das Infrarotlicht aus der Scheibe ausgekoppelt und mit einer Fotodiode detektiert. Fällt Regen auf die Windschutzscheibe, so gilt $n_2 = 1{,}33$ für Wasser und die Totalreflexion tritt erst oberhalb von etwa 62° auf. Bei kleineren Winkeln wird damit Licht aus der Scheibe herausgebrochen. Somit sinkt die Intensität des Lichtes, das an der Windschutzscheibe reflektiert wird, und die Fotodiode detektiert ein geringeres Signal als bei trockener Windschutzscheibe. Als Folge davon wird der Scheibenwischer eingeschaltet.

Beim Regensensor sind folgende Punkte zu beachten: Das Licht, das zur Detektion der Wassertropfen benutzt wird, darf den Fahrer nicht stören. Daher wird es aus dem Infrarot-Bereich gewählt. Außerdem muss der Sensor Schmutz von Feuchtigkeit unterscheiden können. Schließlich darf der Detektor durch Licht von Straßenbeleuchtung oder anderen Fahrzeugen nicht gestört werden. Deshalb messen zusätzliche Sensoren die Lichtverhältnisse der Umgebung.

5 Steuerung und Regelung von Otto- und Dieselmotoren

5.1 Einleitung

Die Motorsteuerung beeinflusst gezielt das Motorverhalten. Zur elektronischen Steuerung eines Verbrennungsmotors müssen elektrische Sensorsignale erfasst und per Software verarbeitet sowie die größtenteils elektromechanischen Aktoren entsprechend angesteuert werden. Zu den Grundaufgaben der Motorsteuerung zählen Regelungs- und Steuerungsaufgaben, Überwachungsaufgaben, Diagnose und die Kommunikation mit anderen Steuergeräten oder einem Werkstatttester. Die elektronische Motorsteuerung beeinflusst somit Fahrdynamik, Komfort, Leistung, Emissionen und Kraftstoffverbrauch. Außerdem werden durch sie die Wartungs- und Betriebskosten, die Lebensdauer und die Zuverlässigkeit sowie die Herstellungskosten eines Motors und damit auch eines Fahrzeugs entscheidend geprägt.

Die Anforderungen des Marktes und des Gesetzgebers nach immer leistungsfähigeren und dabei wirtschaftlichen Fahrzeugen bei erheblich reduzierten Abgasemissionen erfordern nicht nur die konsequente Optimierung der mechanischen und der thermodynamischen Eigenschaften des Motors. Auch die steigenden Ansprüche an Fahrkomfort, Sicherheit, Kraftstoffverbrauch und Abgasemissionen machen auch die Motorsteuerung immer aufwändiger. Dies gilt für Art und Umfang der Sensoren und Aktoren, für die Komplexität der Software, für motorspezifische Zusatzsysteme (z. B. Vorglühanlage, Kraftstoffvorwärmung und Kraftstoffkühlung, Aufladung, Abgasrückführung, Abgasnachbehandlung, Katalysatorregenerierung, Partikelfilter) und für das Zusammenspiel mit anderen Fahrzeugsystemen (z. B. Wegfahrsperre, Fahrdynamikregelung). Erweiterte Variabilitäten wie Ventilsteuerzeiten und Ventilhub und die Entwicklung gänzlich neuer Brennverfahren wie der Benzindirekteinspritzung sind aus den Bestrebungen der Motorenentwickler hervorgegangen, die Zielkonflikte zwischen Leistung, Verbrauch und Emission aufzulösen. Der Otto- und der Dieselmotor sind dadurch zu äußerst komplexen mechatronischen Systemen geworden, dessen Eigenschaften in stark steigendem Maße von der eingesetzten Elektronik und von den Softwarefunktionen bestimmt werden.

5.2 Arbeitsweise von Verbrennungsmotoren

Der Arbeitsprozess eines Verbrennungsmotors besteht in der Umwandlung der chemisch im Kraftstoff gebundenen Energie in mechanische Energie durch einen Verbrennungsvorgang. Ziel dabei ist es, durch einen möglichst hohen Wirkungsgrad die Energie optimal zu nutzen. Dazu haben sich abhängig vom Einsatzzweck unterschiedliche Konzepte und Bauformen durchgesetzt [Ba3]. Im Fahrzeugeinsatz dominiert der Viertakt-Hubkolbenmotor mit Zylinderanordnungen in Reihen- und V-Form. Erhebliche Unterschiede bestehen heute im Wesentlichen in der Art der Laststeuerung, der Gemischbildung und des Ladungswechsels.

5.2.1 Motoren mit Direkteinspritzung

Bei Motoren mit Direkteinspritzung, d. h. mit innerer Gemischbildung, werden zwei Verfahren zur Lasteinstellung unterschieden. Die Einstellung des Drehmoments erfolgt entweder nach dem Prinzip der Quantitäts- oder der Qualitätsregelung.

Wird zur Lasteinstellung beim direkteinspritzenden Ottomotor die Masse des Luft-Kraftstoff-Gemischs bei konstanter Gemischzusammensetzung (konstantem Luftverhältnis λ) variiert, so spricht man von Quantitätsregelung. Das Luftverhältnis λ berechnet sich als Quotient aus der aktuellen und der für eine stöchiometrische Verbrennung des Kraftstoffs erforderlichen Frischluftmasse. Hierfür wird entweder durch Drosselung oder durch zeitliche Steuerung des Ladungswechsels die Gemischmasse an den jeweiligen Lastbedarf angepasst. Beim Ottomotor wird dieses Prinzip im oberen Teillast- und im Vollastbereich angewendet.

Bei Motoren mit Qualitätsregelung hingegen erfolgt die Einstellung des Drehmomentes direkt über die bedarfsgerechte Dosierung des Kraftstoffs bei konstanter Luftmasse. Diese Art der Laststeuerung wird bei Dieselmotoren ausschließlich und beim direkteinspritzenden Ottomotoren im Teillastbereich verwendet. Die Gemischbildung findet dabei immer im Brennraum statt (innere Gemischbildung). In erster Linie wird nicht die Gemischmenge, sondern die Gemischqualität verändert, d. h. die Verstellung des Drehmomentes geschieht durch Variation der Zugabe von Kraftstoff zur angesaugten Luft. Die Ermittlung der geeigneten Kraftstoffmenge ist dabei von großer Bedeutung. Aber auch die zugeführte Luftmasse und die damit der Verbrennung zur Verfügung stehende Sauerstoffmasse lässt sich durch Aufladung, Drosselung oder Abgasrückführung steuern.

Beim Ottomotor dient die Direkteinspritzung vor allem dazu, den Verbrauch weiter abzusenken. Um beim Ottomotor eine Entflammung des sehr mageren Gemischs sicherzustellen, erfolgt eine Ladungsschichtung im Brennraum, bei der in Zündkerzennähe ein brennfähiges Luft-Kraftstoff-Gemisch vorliegt (Schichtbetrieb). Mit der direkten Einspritzung des Kraftstoffs in den Brennraum kann der Wirkungsgrad des Motors erheblich gesteigert werden. Neben der Vermeidung der sonst auftretenden Drosselverluste im Teillastbereich tragen dazu insbesondere das erhöhte Verdichtungsverhältnis und die Verringerung der Wandwärmeverluste bei.

Beim Dieselmotor dient die Direkteinspritzung zusammen mit der Aufladung des Motors dem geringen Verbrauch bei hoher Leistungsausbeute und der Emissionsreduktion. Die Selbstzündung bei Dieselmotoren wird durch die Kompressionstemperatur ausgelöst. Beim Start unterstützt z. B. eine Glühkerze die Erwärmung der Luft im Brennraum. Die Verbrennung beginnt, wenn der Kraftstoff in den verdichteten Zylinderraum gelangt oder auf die erhitzte Glühkerze trifft. Von großer Bedeutung ist neben den konstruktiven Gegebenheiten wie Kolbenform, Einspritzwinkel, Ventilsteuerzeiten und Drall der einströmenden Luft die Zuordnung von Spritzbeginn und Spritzdauer zur Kolbenstellung. Wirkungsgrad und Emissionen des Motors können somit zielgerichtet beeinflusst werden. Je früher die Einspritzung beginnt, desto höher sind die Leistung und der Wirkungsgrad des Motors. Dadurch steigt die Verbrennungstemperatur, was wiederum zu hohen Stickoxid-Emissionen (NO_x) führt. Legt man den Spritzbeginn auf einen späteren Zeitpunkt, so sinkt die Verbrennungstemperatur und damit der Wirkungsgrad und die Leistung. Es steigen jedoch die Rußemissionen, da die Zeit, die der Verbrennung zur Verfügung steht, kürzer wird und der Kraftstoff nicht vollständig oxidiert werden kann.

Zur Ladung des Brennraums existieren neben frei ansaugenden Verfahren auch solche, die die Ladung vor dem Eintritt in den Zylinder vorverdichten, um die Ladungsmasse im Brennraum zu erhöhen. Für derartige Aufladungen sind verschiedene technische Lösungen umgesetzt. Die bekanntesten darunter sind die mechanisch angetriebene Auflage und die Abgasturbo-Auflagung. Insbesondere in Verbindung mit der Direkteinspritzung ermöglichen Aufladeverfahren die Realisierung leistungsstarker Verbrennungsmotoren mit hohen Wirkungsgraden.

5.2.2 Motoren mit Saugrohreinspritzung

Ein großer Teil der heutigen Ottomotoren verfügt mit der Saugrohreinspritzung über eine externe Gemischbildung. Das Drehmoment wird somit über eine Quantitätsregelung eingestellt. Dabei wird der Kraftstoff in das Ansaugsystem des Motors eingespritzt, in dem er zu einem homogenen Gemisch verdampft. Auch bei diesen Saugmotoren kann das angesaugte Luft-Kraftstoff-Gemisch vor dem Eintritt in den Zylinder verdichtet werden, wenn sie mit Schwing- und Resonanzsaugrohren ausgestattet sind.

5.3 Aufbau und Aufgaben von Motorsteuerungssystemen

5.3.1 Anforderungen an Motorsteuergeräte

Kernstück moderner Motorsteuerungssysteme ist das Motorsteuergerät, in dem aus den Eingangssignalen der Sensoren die bedarfsgerechte Ansteuerung der Aktorik ermittelt wird. Die Verwendung von Mikrocontrollern im Fahrzeug setzt voraus, dass den harten Betriebsbedingungen im Fahrzeugeinsatz Rechnung getragen wird. Abhängig von der Verbauposition ist das Motorsteuergerät hohen Belastungen hinsichtlich Temperatur, Vibration und Medienbeaufschlagung (z. B. Feuchtigkeit, Spritzwasser) ausgesetzt. In der Regel werden heutige Motorsteuerungen entweder in speziellen abgeschlossenen Bauräumen (E-Boxen) oder im Motorraum, zum Teil auch motornah, angebracht. Dabei steigen die Anforderungen mit der Nähe zum Motor stark an, bis hin zu 140 °C Temperaturbeständigkeit und einer absoluten Strahlwasserdichtigkeit.

Entscheidende Konstruktionsmerkmale der Steuergeräte sind dabei das Gehäuse und das Stecksystem, die durch ihren modularen Aufbau die flexible Anpassung an die jeweiligen Einsatzbedingungen erlauben. Der steigende Integrationsgrad und der wachsende Funktionsumfang der Steuergeräte spiegeln sich in einer kontinuierlich ansteigenden Verlustleistung wider, die nach außen abzuführen ist. Neben einem optimierten Platinenlayout wird der Wärmeabfuhrbedarf insbesondere bei der Gehäusegestaltung und der Ausführung der E-Boxen berücksichtigt, die teilweise über Zusatzlüfter verfügen.

Entscheidenden Einfluss hat das Layout der elektronischen Bauteile auf das Verhalten bezüglich elektromagnetischer Einstrahlung sowie Abstrahlung. Die elektromagnetische Verträglichkeit (EMV) ist eine unverzichtbare Eigenschaft aller Steuergeräte, die im Entwicklungsablauf eines neuen Steuergerätes kontinuierlich abgesichert werden muss, um die Betriebssicherheit des Steuergeräteverbunds zu gewährleisten. Eine beträchtliche Entwicklungsleistung fließt ebenfalls in die Kontaktierung des Steuergerätes. Dabei besteht die Anforderung, teilweise weit mehr als 150 elektrische Kontakte zwischen der Steuergeräteplatine und dem Motorkabelbaum herzustellen. Eine Herausforderung stellt bei der Stecksystementwicklung unter anderem die Darstellung einer dichten, verriegel- und montierbaren Lösung dar, die die sichere Kontaktfunktion während der Lebenszeit des Motors leisten muss.

5.3.2 Aufbau der Steuergeräteelektronik

Die Steuergeräteelektronik lässt sich in drei Komponentengruppen aufteilen: die Eingänge, die Signalverarbeitung und die Ausgänge. Mit diesen Komponenten wird auf Basis der aufbereiteten Informationen aus der Sensorik entsprechend den Anforderungen des Motorbetriebs die Ansteuerung der angeschlossenen Aktoren vorgenommen (Bild 5-1).

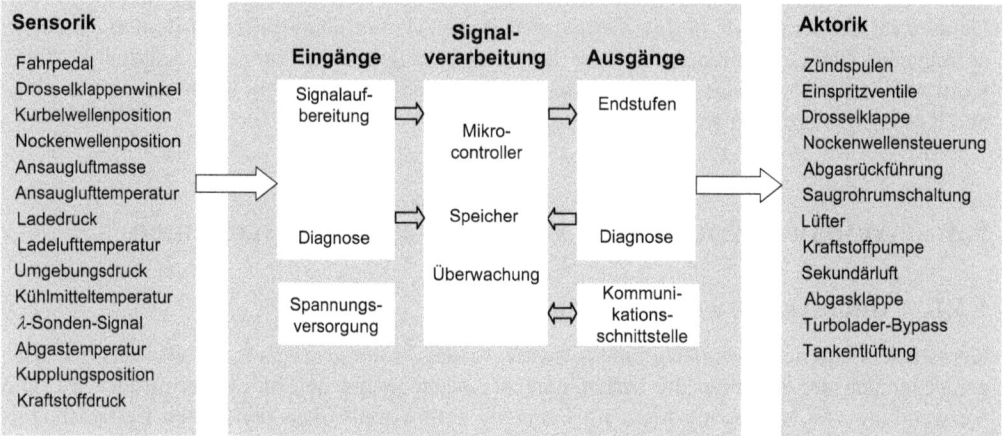

Bild 5-1 Aufbau von Motorsteuerungssystemen

Die eingehenden Signale beschreiben entweder digitale Zustände oder beinhalten analoge Informationen. Letztere müssen vor der Weiterverarbeitung in einem Analog-Digital-Wandler digitalisiert werden. Ebenso erfahren eingehende Pulssignale, die durch Sensoren mit induktivem Messprinzip erzeugt werden, zunächst eine Digitalisierung. Zum Schutz der weiteren elektronischen Bauelemente erfolgen eine Filterung und eine Begrenzung der Signalspannung, die zudem an die Spannungsanforderungen der Signalverarbeitung angepasst wird.

Die zentrale Aufgabe der Signalverarbeitung übernimmt im Motorsteuergerät ein Mikrocontroller, der damit den Kern der Motorsteuerung bildet. In einem Mikrocontroller sind neben der eigentlichen Berechnungseinheit noch weitere wesentliche Komponenten integriert. Dazu zählen die Speicherelemente für Programm und Parameter sowie diverse Schnittstellen. Die Steuerungs- und Regelungsalgorithmen sind in binärer Form im Programmspeicher abgelegt, der meist als Flash-EPROM (Erasable Programmable Read Only Memory) ausgeführt ist. Dadurch ist es möglich, ohne mechanische Eingriffe in das Steuergerät den Programmcode, etwa im Servicefall, zu ändern. Das gilt ebenso für die Parametersätze der Steuergerätefunktionen. Mit ihnen wird während der Motorenentwicklung die Anpassung der Funktionen an den jeweiligen Motor vollzogen. Durch die Vielzahl an Funktionen und Daten sind häufig neben den integrierten Speicherumfängen zusätzliche Bausteine im Einsatz, die Teile von Programm und Daten aufnehmen. Zur Ablage von Berechnungsergebnissen während der Signalverarbeitung ist ein Speicher mit Lese- und Schreibmöglichkeiten erforderlich. In diesem RAM (Random Access Memory) werden die aktuellen Variableninhalte der Softwarefunktionen und Adaptionswerte zwischengespeichert. Bedarfsorientiert bleiben einige Adaptionswerte auch nach Ausschalten der Zündspannung erhalten. Ein Speicherbaustein, der dafür geeignet ist, ist

5.3 Aufbau und Aufgaben von Motorsteuerungssystemen 137

ein EEPROM (Electrical Erasable Programmable Read Only Memory). Zu den wichtigsten Schnittstellen, die im Mikrocontroller realisiert werden, zählen Kommunikationsschnittstellen zu anderen Steuergeräten oder zu intelligenten Komponenten, wie z. B. über CAN.

Nach Ablauf der Signalverarbeitung liegt das Ergebnis der Steuerungs- und Regelungsfunktionen zur Umsetzung durch die Aktorik an den Ausgangselementen der Motorsteuerung vor. Die Ausgabe an die entsprechenden Pins erfolgt nach unterschiedlichen Prinzipien, die sich durch die Art der angeschlossenen Aktorik ergeben. Ein typisches Beispiel ist dabei die Brückenendstufe, mit der elektrische Motoren angesteuert und in beliebige Positionen verfahren werden können. Die Ausgangselemente sind zum Schutz des Steuergerätes gegen Kurzschluss abgesichert [Bo1].

5.3.3 Aufgaben von Motorsteuerungssystemen

Die Bedeutung elektronischer Motorsteuerungen für Otto- und Dieselmotoren ist seit ihren Anfängen in den 1970er Jahren stark angestiegen. Besonders die erhöhten Anforderungen an die Emissionen der Fahrzeuge zunächst in den USA (insbesondere in Kalifornien) und später in Europa beschleunigten die Ablösung mechanischer Steuerungseinrichtungen durch elektronische. Heutige Verbrennungsmotoren befinden sich in einem Spannungsfeld zwischen den Erwartungen des Marktes in Form von immer weiter steigenden Wünschen nach mehr Leistung, Komfort und Wirtschaftlichkeit auf der einen Seite und den Vorgaben des Gesetzgebers bezüglich der Einhaltung strengerer Abgasgrenzwerte auf der anderen Seite.

Unverzichtbare Voraussetzung für eine erfolgreiche Positionierung der unterschiedlichen Pkw-Motoren innerhalb dieses Spannungsfeldes ist die konsequente Optimierung sowohl der mechanischen als auch der thermodynamischen Eigenschaften. Besonders hinsichtlich der Emissionen ist es erforderlich, für jede einzelne Verbrennung des Motors bestmögliche Voraussetzungen zu schaffen und den Verbrennungsablauf zu diagnostizieren. Die Verbrennungsrandbedingungen werden wesentlich durch den thermodynamischen Zustand des Luft-Kraftstoff-Gemischs im Brennraum bestimmt. Daraus leitet sich eine der zentralen Aufgaben der Motorsteuerung ab, nämlich das präzise Einstellen des gewünschten Gemischs im Brennraum hinsichtlich Gemischmenge, chemischer Zusammensetzung (Luft-Kraftstoff-Verhältnis, Restgasanteil) und Strömungszustand (Ladungsbewegung, Turbulenzniveau).

Eine weitere wesentliche Aufgabe der Motorsteuerung ist die bedarfsgerechte Auslösung der Einspritzung und bei Ottomotoren der Zündung, durch die der Verbrennungsablauf wesentlich geformt wird. Weitere Funktionen der Motorsteuerung bestehen in der kontrollierten Nachbehandlung des Abgases und in umfangreichen Regelungen, die in Abhängigkeit vom Verbrennungsablauf Einstellwerte korrigieren. Die wichtigsten Funktionsgruppen eines Motorsteuerungssystems sind in Bild 5-2 zusammengefasst und bilden den Großteil der Motorsteuerungssoftware.

Mehr als die Hälfte der Rechenkapazität heutiger Motorsteuerungssysteme wird für Diagnose- und Überwachungsfunktionen verwendet, die Betriebs- und Emissionssicherheit des Antriebs gewährleisten. Zentrale Überwachungsfunktionen beziehen sich dabei insbesondere auf die Absicherung der momentenbasierten Grundstruktur der Motorsteuerung, die die direkte Kopplung von Fahrpedal und Lasteinstellung ersetzt und das funktionale Grundgerüst der Steuerung darstellt.

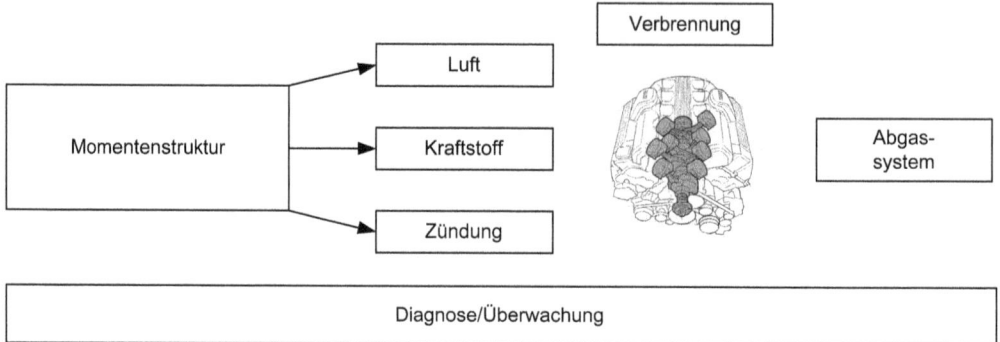

Bild 5-2 Funktionsgruppen der Motorsteuerung mit Luft- und Kraftstoffsystem sowie der Zündung für Ottomotoren

5.4 Funktionsstruktur von Motorsteuerungen

5.4.1 Drehmomentenbasierte Grundstruktur

Seit Mitte der 1990er Jahre bildet die drehmomentenbasierte Grundstruktur, kurz Momentenstruktur, das funktionale Rückgrat von Motorsteuerungssystemen. Frühere Systeme wiesen eine direkte mechanische Kopplung des Fahrpedals mit der Drosselklappe als Laststellorgan auf. Zwei Tendenzen haben dazu geführt, dass diese Kopplung aufgehoben wurde: Zum einen benötigen vernetzte elektronische Systeme im Fahrzeug (z. B. Geschwindigkeitsregelung, Fahrdynamikregelungen) zusätzliche Verstellmöglichkeiten, zum anderen wird durch die Variabilitäten der Motoren der Leistungswunsch auf unterschiedlichen Wegen umgesetzt. Bei einer drehmomentenbasierten Grundstruktur werden alle Motorsteuer- und Regelanforderungen, die sich als Drehmoment oder Wirkungsgrad darstellen lassen, als physikalische Drehmomentanforderung definiert. Heutige Motorsteuerungen interpretieren demnach den Winkel des Fahrpedals als Drehmomentenanforderung, deren Umsetzung durch zahlreiche weitere Funktionen in der Ansteuerung der Aktorik mündet. Die Hauptaufgaben der Momentenstruktur sind demnach:

- die Koordination und die Priorisierung verschiedener Momentenanforderungen,
- die Filterung und die Korrektur der Anforderung nach Fahrbarkeitskriterien,
- die Koordination der Momentenumsetzung bei verschiedenen Betriebsarten.

Aufbau der Momentenstruktur

Im Antrieb liegen Drehmomente verschiedener Klassen vor (Bild 5-3). Durch den Brennraumdruck bewirkt die Verbrennung zunächst ein rechnerisches Drehmoment bezogen auf die Kurbelwelle, das als „inneres Moment" bezeichnet wird. An der Kurbelwelle selbst ist ein geringeres Moment verfügbar, da eine Reduzierung um die Ladungswechsel- und Reibungsverluste stattfindet. Am Getriebeeingang liegt nach Abzug der Momente der Nebenaggregate das so genannte „Kupplungsmoment" vor. Dieses Moment steht letztlich für den Vortrieb zur Verfü-

5.4 Funktionsstruktur von Motorsteuerungen

gung, so dass sich der Drehmomentenwunsch aus dem Fahrpedalwinkel meist auf dieses bezieht. Von Bedeutung ist daneben noch das „Radmoment", das sich aus der Berücksichtigung der Getriebeverluste und der Gesamtübersetzung ergibt. Die Momentenstruktur besteht demnach aus einer modularen Beschreibung der Drehmomente, die im Antriebsstrang vorliegen. Durch diese Architektur können Schnittstellen in den verschiedenen Drehmomentklassen einfach und nachvollziehbar abgebildet und Verluste physikalisch über Wirkungsgrade berücksichtigt werden.

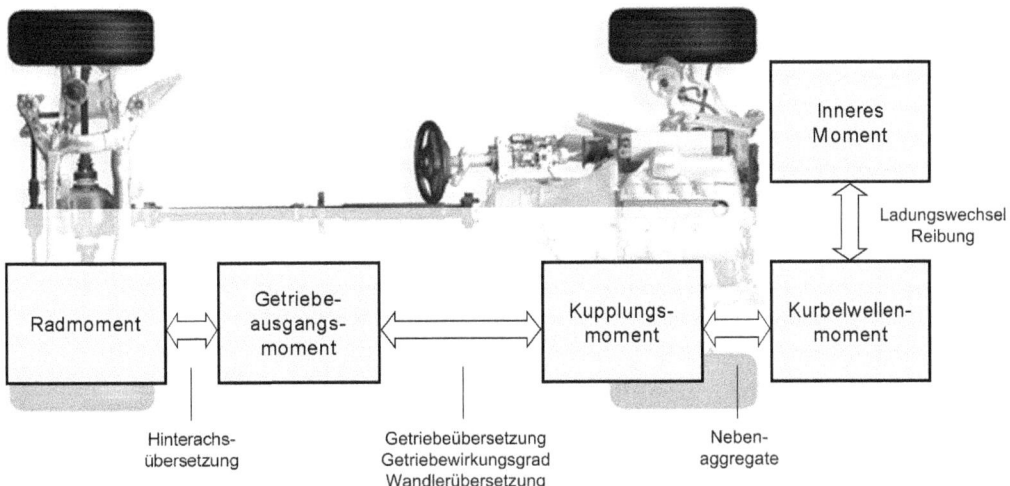

Bild 5-3 Drehmomentklassen im Antriebsstrang

5.4.2 Koordination von Momentenanforderungen

Zur Bestimmung des Fahrerwunschmomentes erfolgt zunächst die Berechnung der bei der aktuellen Motordrehzahl minimal und maximal möglichen Kupplungsmomente (siehe Bild 5-3), zwischen denen der Momentenwunsch des Fahrers entsprechend dem Fahrpedalwinkel realisiert werden kann. Neben dem Fahrerwunsch werden verschiedene motorinterne und -externe Anforderungen an das Motormoment nach ihrer jeweiligen Priorität eingerechnet (Bild 5-4). Typische motorexterne Momentenanforderungen sind Eingriffe des Getriebes zur Momentenführung bei Schaltvorgängen, der Fahrdynamikregelungs- und Fahrerassistenzsysteme sowie der Nebenaggregate. In Abhängigkeit ihrer Priorität können sie den Fahrerwunsch in Richtung Erhöhung oder Verringerung des Momentes überstimmen, um das Kupplungsmoment auf den für sie erforderlichen Wert zu korrigieren.

Über den Riementrieb greifen die am Motor verbauten Nebenaggregate einen Teil des Kurbelwellenmomentes ab, das daher als Kupplungsmoment nicht zur Verfügung steht. Für eine gezielte Kompensation dieser Verlustmomente wird das jeweils aktuell abgegriffene Moment über Bussysteme an die Motorsteuerung übermittelt oder in der Steuerung selbst modelliert. Ziel dabei ist es, das innere Moment des Motors bedarfsorientiert den Momenten der Nebenaggregate anzupassen, um das Kupplungsmoment konstant zu halten. Entsprechende Verlustmomentinformationen werden von den Nebenaggregaten der Fahrwerkssysteme (Lenkung, Wankstabilisierung), dem Generator, dem Klimakompressor sowie von dem Getriebe übermittelt.

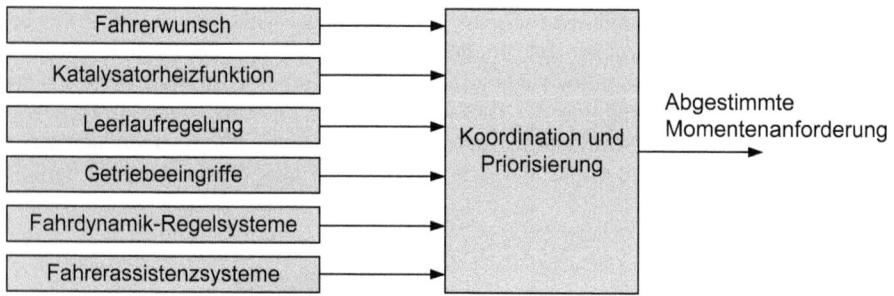

Bild 5-4 Koordination und Priorisierung der Momentenanforderungen

Zu den motorinternen Momentenanforderungen zählen die gezielte Beeinflussung des Startvorgangs, die Leerlaufregelung, die auch bei Störgrößenaufschaltungen einen sicheren und komfortablen Leerlauf des Motors gewährleisten soll, sowie die Antiruckelregelung. Zur Vermeidung von sicherheitskritischen oder motorgefährdenden Zuständen existieren ebenfalls momentenbasierte Funktionen zur Drehzahl-, Einspritzmengen- und Drehmomentenbegrenzung etwa bei Maximaldrehzahl oder bei Begrenzung der Höchstgeschwindigkeit.

Beispiel für eine Momentenkoordination

In dem Topologiebeispiel in Bild 5-5 ist das Motorsteuergerät über einen CAN-Bus mit dem Steuergerät für Zugangs- und Fahrberechtigung, mit dem Getriebesteuergerät und mit dem Steuergerät für die Fahrdynamikregelung verbunden. Moderne Fahrzeuge lassen sich nur dann starten, wenn die Motorsteuerung die Zugangs- und Fahrberechtigung erkennt. Falls das Getriebesteuergerät einen Gangwechsel meldet, reduziert die Motorsteuerung das Motorantriebsmoment für diesen Augenblick. In diesem Beispiel wird angenommen, dass das Motorsteuergerät den Stellmotor des Abgasturboladers digital über das CAN-Bussystem ansteuert.

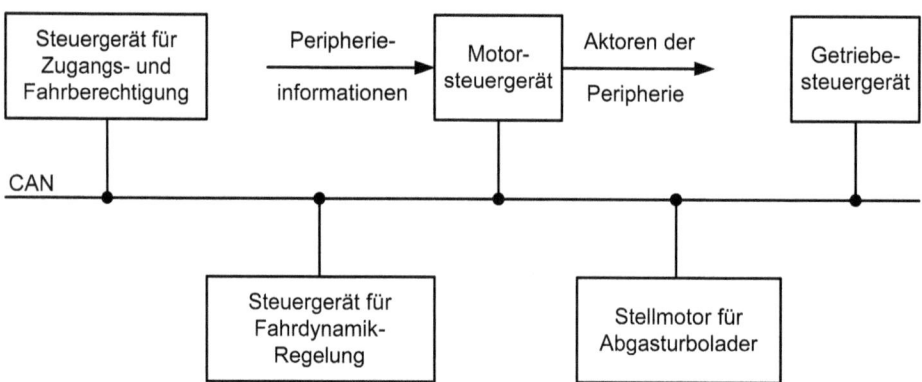

Bild 5-5 Topologiebeispiel für eine Motorsteuerung

5.4.3 Filterung und Korrektur der Momentenanforderung

Ein wesentliches Merkmal, das der Kunde an einem Antrieb wahrnimmt, ist die Reaktion des Fahrzeugs auf Änderungen des Fahrpedals. Insbesondere bei Fahrzeugen mit leistungsstarken Motoren darf die Motorsteuerung einen plötzlichen Kick-down-Wunsch des Fahrers nur gefiltert weitergeben. Bei einer plötzlichen Erhöhung der Kraftstoffmenge besteht die Gefahr, dass das Fahrzeug Beschleunigungsänderungen ausführt, die von den Insassen als unangenehme Ruckelschwingungen empfunden werden.

Dieses Ansprechverhalten wird durch mehrere Softwarefunktionen gezielt auf die Anforderungen des jeweiligen Fahrzeugs abgestimmt. Dazu wird der Fahrerwunsch nach der beschriebenen Koordination und Priorisierung gefiltert und korrigiert, so dass die gewünschte Momentenänderung in der aktuellen Fahrsituation ausgelöst wird. Diese Fahrbarkeitsfunktionen bilden einen zweiten Schwerpunkt im Rahmen der momentenbasierten Grundstruktur und lassen sich in zwei unterschiedliche Wirkprinzipien unterteilen (siehe Bild 5-6).

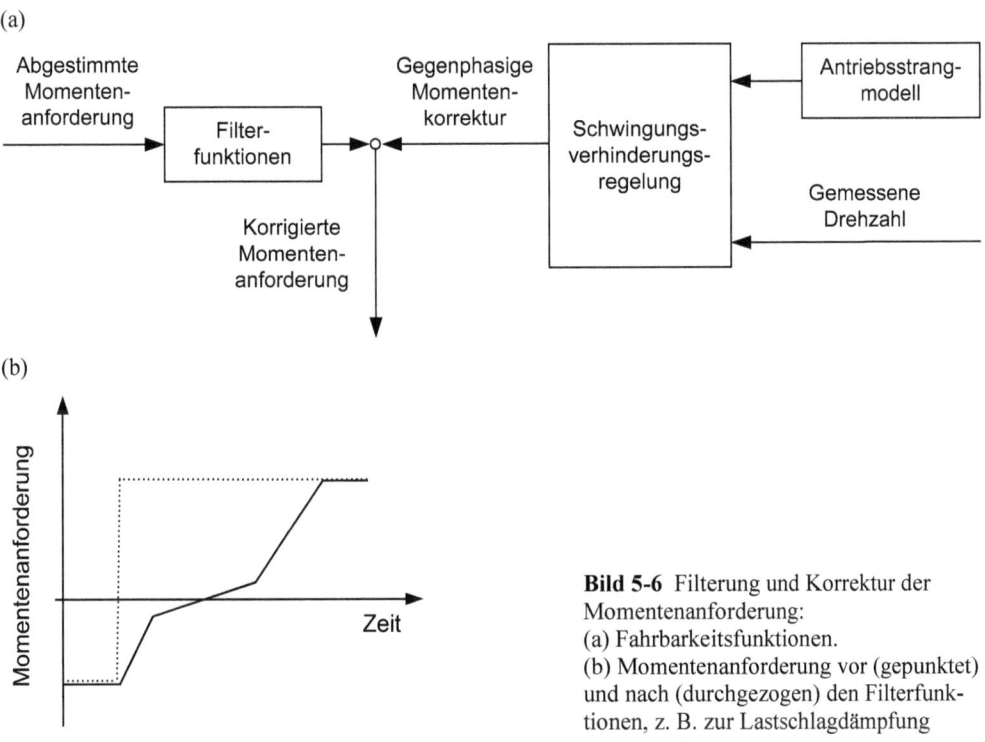

Bild 5-6 Filterung und Korrektur der Momentenanforderung:
(a) Fahrbarkeitsfunktionen.
(b) Momentenanforderung vor (gepunktet) und nach (durchgezogen) den Filterfunktionen, z. B. zur Lastschlagdämpfung

Lastschlagdämpfung

Zunächst erfolgt eine Filterung des Fahrerwunschmomentes, die flexibel parametrierbar ist und an diverse Fahrsituationen angepasst werden kann. Der entscheidende Zielkonflikt besteht in einer möglichst dynamischen Erhöhung des Motormomentes bei gleichzeitiger Vermeidung von Ruckelschwingungen und Lastschlagreaktionen im Antriebsstrang. Dazu zielen die Filterfunktionen bei einem Übergang vom Schub- in den Zug-Bereich (positive Laständerung) auf einen sehr langsamen Anlagewechsel der Antriebsstrangkomponenten (Nulldurchgang des Drehmomentes) ab und versuchen, vor und nach dem Anlagewechsel den Momentenaufbau möglichst dynamisch umzusetzen. Umgekehrt wird bei einem negativen Lastwechsel der Übergang vom Zug- in den Schubbereich gefiltert.

Antiruckelregelung

Neben der Lastschlagdämpfung als rein gesteuerter Korrektur des Momentenwunsches, greift zusätzlich eine Regelung ein, wenn es zu Antriebsstrangschwingungen (Ruckelschwingungen) kommt. Sobald diese Schwingungen entstehen, ändert sich die Belastung der antreibenden Räder, was sich sofort auf die Motordrehzahl auswirkt. Dazu wird das aktuell gemessene Drehzahlsignal der Kurbelwelle mit einer modellierten Drehzahl verglichen. Treten auf dem gemessenen Signal Schwingungen auf, so wird diesen mit gezielten, gegenphasigen Momenteneingriffen entgegengewirkt. Die gleiche Logik kann die Motorsteuerung bei plötzlichem Loslassen des Fahrpedals einsetzen, falls das Kupplungs- oder das Bremspedal nicht betätigt wird.

5.4.4 Koordination der Momentenumsetzung

Nach der Koordination und der Nachverarbeitung der Momentenanforderungen stellt der dritte Block der Momentenstruktur die Umsetzung der Anforderung sicher. An dieser Stelle erfolgt die gezielte Weitergabe der Momentenwünsche an die momentenwirksamen Komponenten der Füllungssteuerung, der Kraftstoffzumessung (Einspritzung) und der Zündung. Die Motorsteuerung kann das Moment entweder auf einem Pfad durch Zündung und Einspritzung (Ottomotor mit Schichtladung, Dieselmotor) oder auf zwei Pfaden (Ottomotor mit homogener Ladung) einstellen. Die Momentenstruktur nutzt dabei die unterschiedlichen Dynamiken der Aktorik aus, um mit der erforderlichen Geschwindigkeit auf Momentenanforderungen zu reagieren.

Zu den Einstellgrößen des „schnellen" Pfades (arbeitsspielsynchrone Momentenbeeinflussung) zählen Zündzeitpunkt, Einspritzmengen (in den Zylinder) und die Zylinderabschaltung. Die Zündverstellung dient beim Ottomotor dazu, Effekte der Füllungsregelung soweit erforderlich zu kompensieren. Als „langsamer" Pfad gelten Eingriffe in die Frischgasfüllung (Füllungssteuerung durch die Drosselklappe) beim Ottomotor mit homogener Verbrennung (siehe Bilder 5-7 und 5-8).

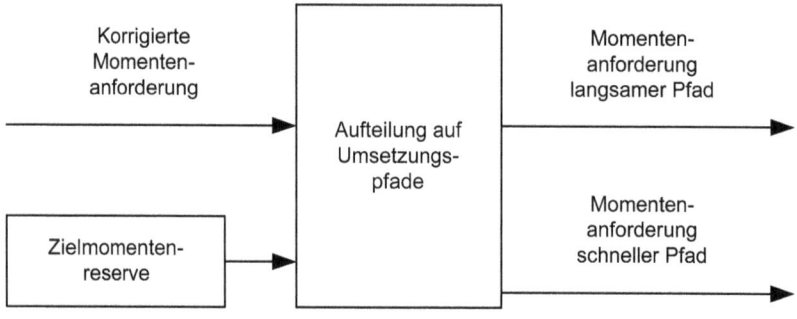

Bild 5-7 Aufteilung der Momentenanforderung auf die Umsetzungspfade

5.5 Füllungsfunktionen

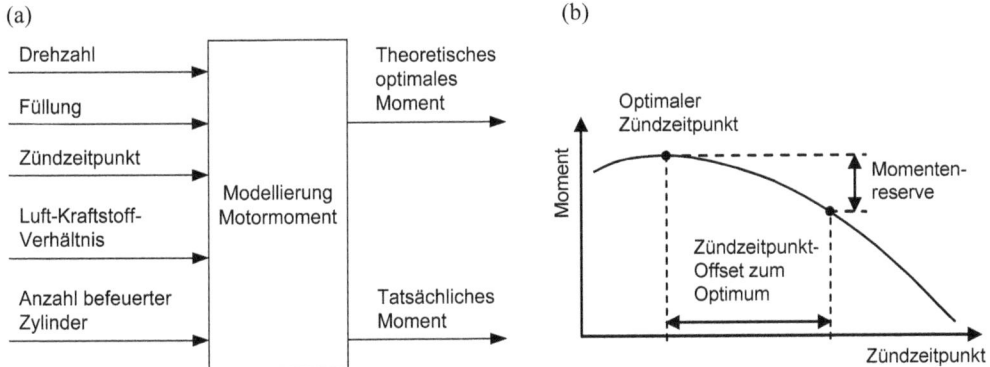

Bild 5-8 Modellierung des Motormoments:
(a) Prinzip. (b) Drehmoment als Funktion des Zündzeitpunktes (Zündhaken)

Beim Ottomotor im Homogenbetrieb ergibt sich durch die Aufteilung auf zwei Einstellpfade die Möglichkeit, eine Momentenreserve aufzubauen (siehe Bild 5-8b). Unter Momentenreserve versteht man eine kupplungsmomentenneutrale Füllungserhöhung bei gleichzeitiger Verstellung des Zündwinkels in Richtung spät. Der schlechtere Wirkungsgrad führt zu einer Momentenreduzierung und damit zu einer höheren Abgastemperatur, die für Heizmaßnahmen von Komponenten (Dreiwegekatalysator, NO_x-Speicherkatalysator) im Abgastrakt genutzt werden kann. Gleichzeitig bietet sich die Möglichkeit, durch eine plötzliche Zündwinkelverstellung in Richtung früh aktiv auf diese Momentenreserve zuzugreifen und für eine arbeitsspielsynchrone Anhebung des Kupplungsmomentes zu nutzen. Diese schnelle Eingriffsmöglichkeit wird beispielsweise für die Leerlaufregelung und für Fahrbarkeitsfunktionen (z. B. Antiruckelregelung) genutzt [Wa1]. Zur Koordination und Aufteilung der Momentenanforderungen an die umsetzenden Pfade (Füllung, Zündung, Einspritzung, siehe Bild 5-2) sind Modelle zur Berechnung des aktuellen Momentes und der Wirkungsgrade in der Motorsteuerung abgelegt, da keine entsprechende Sensoren zur Messung des Drehmomentes am Motor vorhanden ist. Ein zentrales Element der Ottomotor-Steuerung ist dabei der so genannte „Zündhaken", der den Wirkungsgradverlauf der Verbrennung in Abhängigkeit vom Zündzeitpunkt abbildet und beispielsweise für die Einstellung der Momentenreserve benötigt wird (siehe Bild 5-8b).

5.4.5 Betriebsartenumschaltung

Die Vielzahl von Variabilitäten, insbesondere in Verbindung mit der Direkteinspritzung beim Ottomotor, ermöglicht unterschiedliche Betriebsarten des Motors zur Realisierung des Momentes. Die Umschaltungen zwischen den Betriebsarten müssen exakt durchgeführt werden, um für den Fahrer nicht als Momentensprung spürbar zu sein und keine Emissionsnachteile zu bewirken. Die Auswahl der Betriebsart und die Ablaufsteuerung der Umschaltprozesse nimmt besonders bei direkteinspritzenden Ottomotoren eine zentrale Position in der Motorsteuerung ein (ergänzende Informationen dazu in [Wa1]).

5.5 Füllungsfunktionen

Die Frischgasfüllung ist die Haupteinflussgröße auf das Nutzmoment des Ottomotors im stöchiometrischen Betrieb (Homogenbetrieb) und Voraussetzung zur Bestimmung der erforderlichen Einspritzmenge. Deshalb bestehen zwei zentrale Funktionen darin, die Sollwerte für die füllungsbezogene Aktorik aus der Momentenanforderung an den Füllungspfad zu ermitteln (Füllungssteuerung) und die aktuelle Füllung zu berechnen (Füllungserfassung).

5.5.1 Füllungssteuerung

Menge und Zusammensetzung der Gasfüllung des Zylinders beeinflussen den Verbrennungsablauf entscheidend und bestimmen sowohl das abgegebene Moment als auch Emissionen und Verbrauch. Daher ist es erforderlich, in jedem Betriebspunkt das gewünschte Verhältnis aus Frischgas und Restgas einzustellen. Dazu werden bei Ottomotoren verschiedene Variabilitäten genutzt. Die gewünschte Frischgasmasse stellt in der Regel die Drosselklappe über die Beeinflussung der Dichte des angesaugten Gemischs ein, während für die Zumessung der Restgasmenge entweder Nockenwellenverstellungen mit variabler Phasenlage (interne Abgasrückführung) oder zusätzliche äußere Systeme zur Überleitung von Abgas in die Sauganlage (externe Abgasrückführung) Verwendung finden. Teilweise wird auch die maximale Höhe der Einlassventilöffnung variabel ausgestaltet, entweder zur Erzeugung von Ladungsbewegung (Turbulenz durch kleine Ventilspalte) oder um über einen variablen Einlassschluss-Zeitpunkt die Zylinderfüllung und somit das Moment zu steuern. Bei aufgeladenen Ottomotoren erfolgt in diesem Funktionsbereich zudem die Regelung des Ladedrucks, der über ein Bypassventil eingestellt werden kann. Saugmotoren verfügen hingegen häufig über variable Ansauganlagen, um Resonanzeffekte zur Drehmomentensteigerung zu nutzen. Dabei werden über Klappen oder Schiebemuffen in der Sauganlage die wirksamen Längen der Saugrohre an die jeweilige Drehzahl angepasst, damit Druckwellen die Zylinderfüllung im gesamten Drehzahlbereich erhöhen [Bo4]. Die Sollwerte für Drosselklappenwinkel, Nockenwellenposition, Ventilhub, Stellung des Abgasrückführ- und des Bypassventils sowie der variablen Sauganlage werden entweder als Kennfelddaten abgelegt oder durch Modelle berechnet. Zur Regelung der tatsächlichen Position gegen diese Sollwerte dienen Lageregler, die die Aktorik über entsprechende Schnittstellen ansteuern.

Zu den Aufgaben der Füllungssteuerung gehört ebenso das Androsseln. Bei Ottomotoren mit Schichtladung und bei Dieselmotoren wird durch eine Drosselklappe gezielt Unterdruck im Saugrohr erzeugt. Dieser Unterdruck steht vor allem für das Ansaugen von Abgas im Zuge der Abgasrückführung zur Verfügung, sowie für den Unterdruckbremskraftverstärker, zur Einspeisung von Blow-by-Gasen aus dem Kurbelgehäuse und für die Regenerierung des Aktivkohlebehälters für Kraftstoffdämpfe [Wa1].

Beim Dieselmotor wird die Füllung primär über das Abgasrückführventil geregelt. Da kein enges Toleranzfenster um $\lambda = 1$ eingehalten werden muss, sind die Anforderungen an die Zumessgenauigkeit etwas geringer, allerdings ist die Komplexität wegen der Vielzahl an Komponenten (Abgasrückführventil, Turbolader mit variabler Turbinengeometrie VTG, schaltbarer Abgasrückführkühler und Bypass des Ladeluftkühlers etc.) ungleich größer. Um die strengen Abgasanforderungen zu erfüllen, kommt der exakten Luftzumessung beim Dieselmotor insbesondere bei transienten Betriebsbedingungen eine sehr wichtige Rolle zu. Aus diesem Grund und um den Bedatungsaufwand für das Steuergerät zu reduzieren, werden auch beim Dieselmotor zunehmend modellbasierte Strategien zur Füllungserfassung angewendet [Wa1].

5.5.2 Füllungserfassung

Eine der elementaren Informationen über den Betriebszustand des Motors ist die Last, d. h. die Masse der Zylinderladung. Diese Information wird in der Regel aus der Füllungserfassung bezogen. Diese Funktion besteht aus einem mathematischen Modell der Luftführung des Mo-

5.5 Füllungsfunktionen

tors (Saugrohrmodell), das zu jedem Zeitpunkt die Luftmasse, die in den Brennraum gelangt, als Modellgröße zur Verfügung stellt. Typischerweise ist das Modell komponentenorientiert aufgebaut und beschreibt die Ansaugstrecke als Behältermodell, das aus den zu- und abströmenden Massenströmen den Druck in der Sauganlage berechnet. Gemäß Bild 5-9 ist das Modell durch die Differentialgleichung

$$\dot{p}_S = \frac{R_G T_S}{V_S}(\dot{m}_D - \dot{m}_Z) \tag{5.1}$$

gegeben. Dabei ist p_S der Saugrohrdruck, $R_G \approx 287$ J/(kg K) die Gaskonstante für Luft, T_S die Gastemperatur im Saugrohr, V_S das Saugrohrvolumen, $\dot{m}_D$ der Massenstrom über die Drosselklappe und $\dot{m}_Z$ der Massenstrom über die Einlassventile. Die Differentialgleichung (5.1) ist zwar streng genommen nur für konstantes T_S und V_S gültig, sie wird aber in der Praxis trotzdem oft eingesetzt.

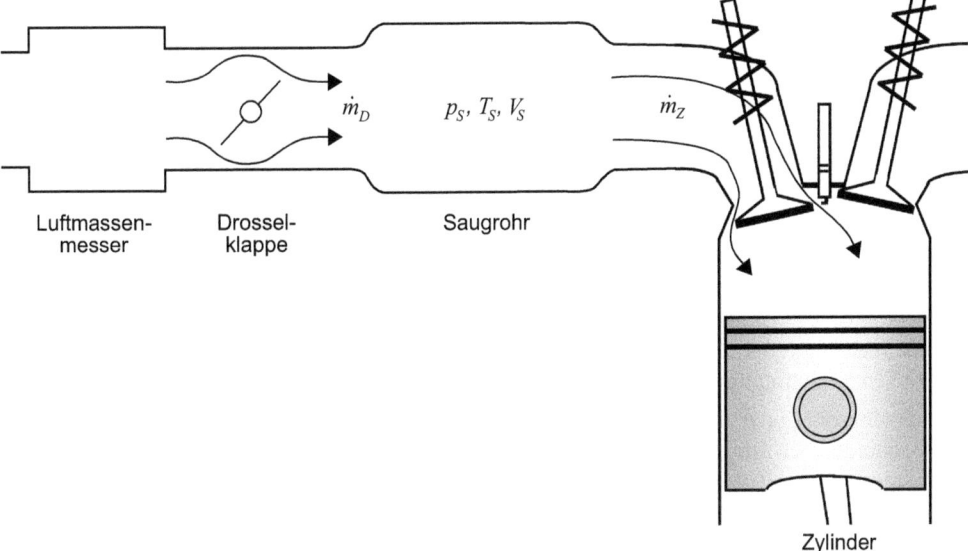

Bild 5-9 Zur Funktionsweise der Füllungserfassung: $\dot{m}_D$ Massenstrom über die Drosselklappe, $\dot{m}_Z$ Massenstrom über die Einlassventile, p_S Saugrohrdruck, T_S Gastemperatur im Saugrohr, V_S Saugrohrvolumen

Die über die Einlassventile in den Brennraum gelangende Luftmasse wird letztlich als Lastsignal ausgegeben. Die Parameter der Modelle zur Berechnung der Luftmassenströme über die Drosselklappe und über die Einlassventile werden während der Entwicklung bestimmt und teilweise durch Messungen des Luftmassenstroms am Eintritt in die Sauganlage (Luftmassenmesser) und des Saugrohrdrucks während des Motorbetriebs abgeglichen, um Exemplarstreuungen und Alterungseffekte zu berücksichtigen. Die modellbasierte Füllungserfassung ist insbesondere bei transienten Betriebsbedingungen mit hoher Lastdynamik im Vergleich zu einer direkten Verwendung des Luftmassenmessers von Vorteil, da Befüll- und Entleervorgänge des Saugrohrs durch die physikalische Modellierung des Behälters berücksichtigt werden.

Die Modellierung der Füllungserfassung ist durch die Vielzahl an Variabilitäten, die Einfluss auf die Zylinderfüllung haben, äußerst komplex. Derzeit existieren unterschiedliche Modellansätze, die in der Regel teils physikalisch, teils empirisch aufgebaut sind. Insbesondere bei

Motoren mit Abgasturboaufladung wird eine Modellierung der Prozesse im Abgassystem benötigt. Über den Brennraumdruck sind Einlass- und Auslasssystem miteinander gekoppelt, gerade bei Ventilsteuerzeiten mit großer Überschneidung der Öffnungsphasen von Einlass- und Auslassventilen (d. h., Einlass- und Auslassventile sind gleichzeitig geöffnet). Der Frischluftmassenstrom und die Restgasmasse hängen in diesen Betriebszuständen stark vom Druck im Abgassystem ab. Füllungserfassungssysteme von Turbomotoren umfassen daher gekoppelte Modelle für Einlass- und Auslasskomponenten. Die Füllungssteuerung und die Füllungserfassung sind konsistent ausgelegt und greifen auf identische Modellvorstellungen zurück, um eine robuste und stabile Laststeuerung zu gewährleisten.

5.5.3 Aufladung

Die Motoraufladung dient der Drehmoment- und damit auch der Leistungssteigerung. Wenn das vom Fahrer angeforderte Drehmoment entsprechend hoch ist und übergeordnete Gesichtspunkte (z. B. Fahrstabilität) dem nicht entgegenstehen, wird dem Brennraum mit Überdruck Luft zugeführt, um dann entsprechend die Einspritzmenge zu erhöhen. So erreicht man mit Ladermotoren auf das Gewicht oder das Volumen bezogen eine höhere Leistung als bei Motoren mit Saugrohreinspritzung. Anders betrachtet sind Gewicht und Größe geringer als beim Motor gleicher Leistung ohne Aufladung (Downsizing). Dies setzt natürlich voraus, dass der Motor für die höheren mechanischen und thermischen Belastungen berechnet und dimensioniert ist.

Bei Verwendung geeigneter, elektronisch geregelter, abgasgetriebener Lader ist auch im unteren Drehzahlbereich das Motordrehmoment bereits hoch, und es stellen sich gleichzeitig günstige spezifische Verbrauchswerte ein. Beim Dieselmotor stellt der Turbolader eine mittlerweile unverzichtbare Maßnahme zur Emissionsreduzierung dar, um ausreichend Luftsauerstoff für eine rußarme Verbrennung anzubieten. Die dabei zugeführte Luftmasse lässt sich gegenüber einem reinen Saugmotor auf den rund zwei- bis dreifachen Wert steigern.

Eine Schwingrohr- oder Resonanzaufladung (wie bei Ottomotoren mit Saugrohreinspritzung üblich) scheidet bei direkteinspritzenden Motoren generell aus. Bei der Schwingrohr- oder Resonanzaufladung nutzt man die Druckschwingungen der angesaugten Frischluft im Ansaugtrakt aus, um die Zylinderfüllung zu steigern. Dabei ist allerdings nicht über den gesamten Drehzahlbereich die Füllungserhöhung bei allen Zylindern gleichmäßig. Abhilfe schaffen so genannte Schaltsaugrohre, die abhängig von der Motordrehzahl unterschiedliche Resonanzrohrlängen ermöglichen.

Bei Ottomotoren mit Direkteinspritzung wird eine möglichst gleichmäßige Zylinderfüllung angestrebt, um möglichst nahe beieinander liegende Solleinspritzmengen für Mehrfacheinspritzungen und eine Gleichverteilung der Abgasrückführung auf die einzelnen Zylinder zu erreichen. Für diese Gleichverteilungen werden möglichst kurze Ansaugrohre verwendet.

Gemeinsamkeiten der Turbolader-Systeme

Der Abgasturbolader (siehe Bild 5-10) besteht aus zwei Strömungsmaschinen, die über eine gemeinsame Welle verbunden sind. Die Antriebsmaschine ist eine Abgasturbine, die ihre Energie aus dem heißen, ausströmenden Abgas aufnimmt und die Frischgasturbine (Luftverdichter) antreibt. Dabei treten Drehzahlen bis 300000/min auf. Die Verstelleinrichtung, die den Abgasstrom steuert, wird meist durch Unterdruck und nicht elektrisch gesteuert, weil am Stellort so hohe Temperaturen herrschen, denen elektrische Komponenten nur schwer Stand halten können.

5.5 Füllungsfunktionen

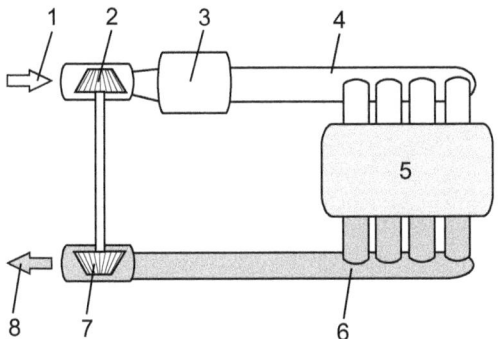

Bild 5-10 Schema der Abgas-Turboaufladung:
1 Frischluftzufuhr,
2 Luftverdichter,
3 Wärmetauscher (Ladeluftkühler),
4 Sammelsaugrohr mit verdichteter Frischluft,
5 Dieselmotor,
6 Abgasführung,
7 Abgasturbine,
8 Abgasausstoß

Der Turbolader ist für einen kleinen Abgasmassenstrom konstruiert, so dass er bereits bei niedrigen Drehzahlen eine große Aufladung bewirkt. Der maximale Ladedruck soll bei Pkw-Dieselmotoren schon bei einer Drehzahl um 2000/min erreicht werden. Eine elektronische Ladedruckregelung sorgt für den jeweils angestrebten Ladedruck, in dem sie den wirksamen Abgasstrom verstellt und so auch ein Überladen bei großen Abgasmassenströmen verhindert.

Durch das Komprimieren wird die Ladeluft erwärmt. Damit die Zylinder mehr Luftmasse aufnehmen können, wird die komprimierte und aufgewärmte Luft auf dem Weg zum Sammelsaugrohr (siehe Bild 5-10) in einem Wärmetauscher (Ladeluftkühler) wieder abgekühlt. Die Temperatur der komprimierten Luft wird durch einen Temperatursensor vom Motorsteuergerät erfasst. In Verbindung mit dem Ladedruck kann dann auf die tatsächlich angebotene Sauerstoffmasse geschlossen werden. Die Luftfeuchtigkeit geht dabei als Störgröße in die Ladedruckregelung ein.

Unabhängig von der Laderart ermittelt die Motorsteuerung auf Grund der gemessenen und modellierten aktuellen Bedingungen den Ladedruck-Sollwert. Der erzielbare Ladedruck hängt hauptsächlich von der Turbinendrehzahl und der Motordrehzahl ab. Ein Ladedrucksensor liefert dem Steuergerät die Rückmeldung über den eingestellten Istwert des Ladedrucks.

Laderarten

In der Fahrzeugtechnik haben sich zwei Konstruktionsarten etabliert, der Turbolader mit Bypass (Wastegate-Lader) und der Turbolader mit variabler Turbinengeometrie (VTG-Lader).

Beim *Turbolader mit Bypass* (siehe Bild 5-11) bestimmt die Bypassöffnung (9) des unterdruckgesteuerten Bypassventils (6) den Abgasanteil (8) durch die Abgasturbine und somit deren Drehzahl. Soll beispielsweise der Ladedruck erhöht werden, muss sich der Abgasanteil durch die Abgasturbine erhöhen. Dies geschieht, wenn das Bypassventil die Bypassöffnung verkleinert. Dazu muss der von der Motorsteuerung pulsweitenmoduliert angesteuerte Unterdrucksteller die Verbindung zwischen Unterdruckpumpe und Unterdruckraum weiter öffnen, damit sich der Unterdruck im Bypassventil erhöht. Bei zu hohem Ladedruck wird entweder durch ein Schubumluftventil (in Bild 5-11 nicht eingezeichnet) verdichtete Luft abgeblasen oder ein Teil des Abgases durch das Bypassventil an der Laderturbine vorbeigeführt. Die Regelgröße ist dabei meist der Ladedruck. Im Teillastbereich reduziert ein Öffnen des Bypassventils den Abgasgegendruck, der zwischen Brennraum und Turbine herrscht. Die Ladedruckregelung nimmt damit Einfluss auf den Verbrauch im Teillastbereich, da so die Ausschiebearbeit des Motors sinkt.

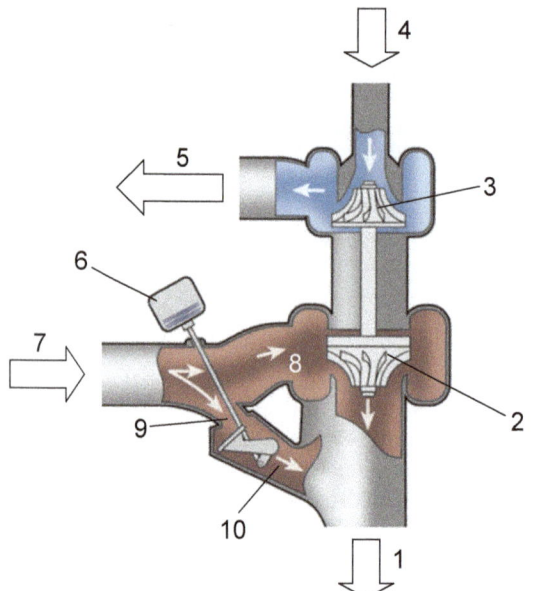

Bild 5-11 Aufbauschema des Turboladers mit Bypass [Ba7]:
1 Abgas zum Auspuff,
2 Abgasturbine,
3 Luftverdichter,
4 Frischluft,
5 komprimierte Frischluft,
6 Bypassventil, unterdruckgesteuert vom Unterdrucksteller,
7 heißes Abgas aus dem Motor,
8 Abgasanteil zur Abgasturbine,
9 Bypassöffnung,
10 Bypass-Abgasstrom

Beim Dieselmotor erlaubt die im Verhältnis zur ottomotorischen Verbrennung niedrigere Abgastemperatur auch eine Regelung des Ladedrucks mit Hilfe einer verstellbaren Turbinengeometrie in Verbindung mit einem Wastegate. Beim *Turbolader mit variabler Turbinengeometrie* (VTG, siehe Bild 5-12) bestimmt die Stellung der Leitschaufeln bei gegebener Abgasgeschwindigkeit die Turboladerdrehzahl. Der Ladedruck steigt und sinkt mit der Turbinendrehzahl.

(a) (b)

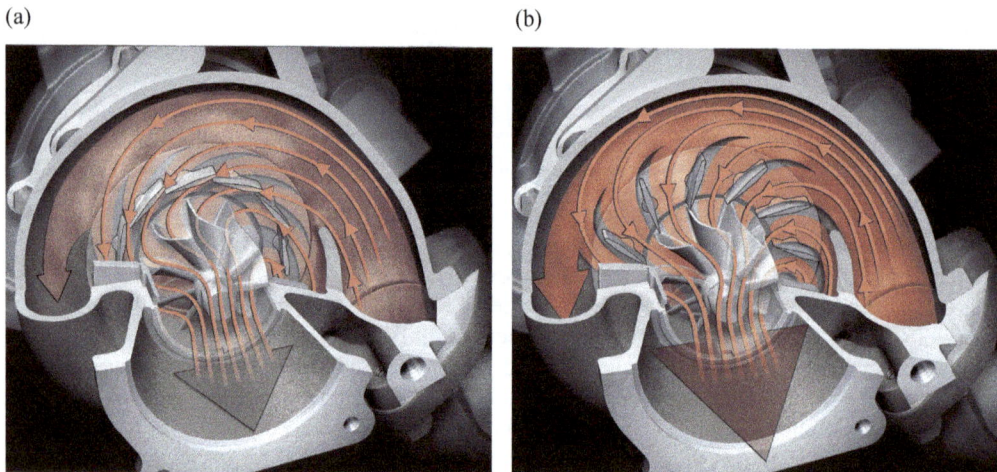

Bild 5-12 Turbolader mit variabler Turbinengeometrie (Porsche). Der Abgasstrom ist rot gezeichnet:
(a) Leitschaufelstellung für geringe Abgasdurchsätze.
(b) Leitschaufelstellung für hohe Abgasdurchsätze

5.6 Gemischbildung

Die Aufgabe dieser Funktionsgruppe ist es, mittels Magnetventil- oder Piezoinjektoren sowohl in stationären als auch in transienten Betriebszuständen den Kraftstoff in der erforderlichen Menge und in dem gewünschten Aufbereitungszustand der Verbrennung zum richtigen Zeitpunkt zur Verfügung zu stellen. Die exakte Dosierung des Kraftstoffs ist insbesondere für die Einhaltung der Emissionsgrenzwerte von entscheidender Bedeutung. Bei direkteinspritzenden Motoren (Ottomotor im Schichtbetrieb, Dieselmotor) führt zudem bei der so genannten Qualitätsregelung eine abweichende Kraftstoffmasse direkt zu einer Momentenänderung. Eine fehlerhafte Aufbereitung des Kraftstoffs hinsichtlich des Zeitpunkts der Einspritzung oder der Einspritzstrahlgeometrie und Zerstäubung gefährdet die Entflammung des Gemischs und kann beim Ottomotor Aussetzer hervorrufen.

5.6.1 Ottomotor mit Direkteinspritzung

Die wesentlichen Aufgaben der die Einspritzung betreffenden Gemischbildungsfunktionen beim Ottomotor lassen sich zusammenfassen zu: Berechnung der Grundeinspritzmasse, Regelung auf ein gewünschtes Luftverhältnis und zeitliche Koordination der Einspritzung.

Berechnung der Grundeinspritzmasse

Im homogenen Motorbetrieb wird in der Regel ein stöchiometrisches Luftverhältnis angestrebt. Dazu wird zunächst auf Basis der aktuellen Lastinformation aus dem Füllungsmodell und der aktuellen Drehzahl die erforderliche Einspritzmasse berechnet. Dieser Basiswert wird durch mehrere Korrekturen verändert (siehe Bild 5-13).

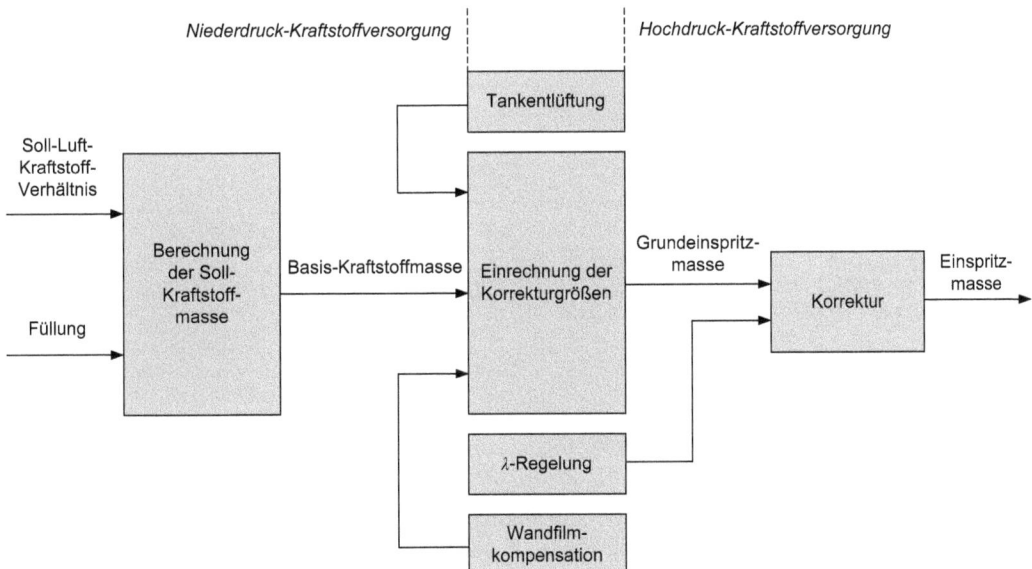

Bild 5-13 Funktionsstruktur der Gemischbildungsfunktionen

Diese berücksichtigen Instationäreffekte (Wandfilmkompensation) sowie Anpassungen der Kraftstoffmasse für den Start oder den Warmlauf. Ebenso wird die Kraftstoffmasse aus der Tankentlüftung eingerechnet. Im Schichtbetrieb bei Direkteinspritzmotoren wird die Grundeinspritzmasse aus dem Momentenwunsch ermittelt.

Regelung auf ein gewünschtes Luftverhältnis (λ-Regelung)

Um in allen Betriebszuständen auch mit toleranzbehafteten Bauteilen sicherzustellen, dass das gewünschte Luftverhältnis eingestellt wird, ist der Vorsteuerung eine Regelung hinzugefügt (siehe Bild 5-14). Dazu wird im Abgas das aktuelle Luftverhältnis mit Hilfe von λ-Sonden (auch λ-Sensoren genannt) erfasst und mit dem Sollwert verglichen. λ-Sonden messen den Restsauerstoffgehalt des Abgases und erlauben so die Bestimmung des Luft-Kraftstoff-Verhältnisses im Brennraum. Der Aufbau und die Funktion von λ-Sonden werden z. B. in [Bo4] erklärt. Man unterscheidet dabei im Wesentlichen zwei Varianten der λ-Sonden. Eine *Sprungsonde* gibt abhängig vom Sauerstoffgehalt des Abgases eine Spannung U_λ aus, die beim Übergang zwischen $\lambda < 1$ und $\lambda > 1$ und umgekehrt einen charakteristischen Sprung aufweist (siehe Bild 5-15a). Der Messbereich der Sprungsonde ist daher auf den Bereich um $\lambda = 1$ beschränkt. Mit der *Breitband-λ-Sonde* kann die Sauerstoffkonzentration im Abgas über einen weiten Bereich bestimmt und damit auf das Luftverhältnis λ geschlossen werden. Das Ausgangssignal der Breitband-λ-Sonde ist ein Strom I_p, der vom Sauerstoffgehalt des Abgases und damit vom Luftverhältnis λ abhängt (siehe Bild 5-15b). Die optimale Effizienz des Dreiwegekatalysators hinsichtlich Oxidation von HC und CO und Reduktion von NO_x ist gegeben, wenn durch eine gezielte Schwankung des Luftverhältnisses um den Wert eins der Sauerstoffspeicher befüllt und entleert wird. Dazu erfolgt bei Systemen mit Breitband-λ-Sonden eine periodische Modulation des λ-Sollwertes mit einer Amplitude von 1 bis 3 Prozent, die als Zwangsanregung bezeichnet wird.

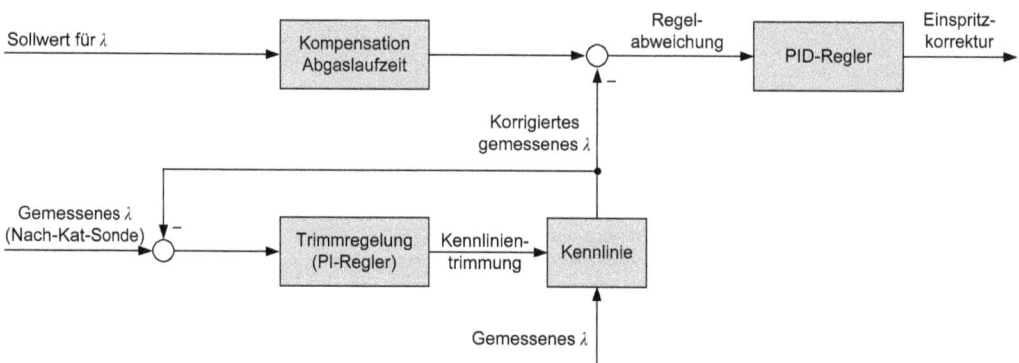

Bild 5-14 Einspritzkorrektur durch λ-Regelung

Der λ-Regler ist meist als PID-Regler oder ähnlich ausgeführt. Um den Regler zu entlasten und um in den Zeitanteilen des Motorbetriebs, in denen die λ-Sonden nicht betriebsbereit sind, eine Korrektur der Grundeinspritzung zu erhalten, verfügt die λ-Regelung über eine Adaption, in der beispielsweise der I-Anteil des Reglers abgespeichert wird. Ein hoher Regelbedarf kann durch Toleranzen sowohl des Luftpfades (Luftmassenmesser, Drucksensor) als auch des Kraftstoffpfades (Einspritzventile) hervorgerufen werden.

5.6 Gemischbildung

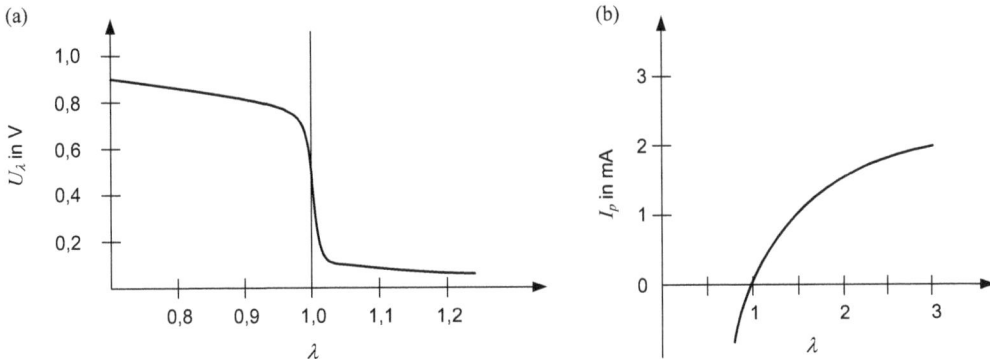

Bild 5-15 Typische Kennlinien von λ-Sonden: (a) Sprungsonde. (b) Breitband-λ-Sonde. U_λ Spannung an der Sprungsonde, I_p Strom durch die Breitband-λ-Sonde, λ Luftverhältnis

Zeitliche Koordination der Einspritzung

Die korrigierte Einspritzmasse wird anschließend in die Ansteuersignale der Einspritzkomponenten umgerechnet. In Abhängigkeit von der Batteriespannung, den Drücken und den Temperaturen wird zunächst die benötigte Öffnungsdauer der Einspritzventile bestimmt. Besonders für direkteinspritzende Motoren ist der richtige Einspritzzeitpunkt entscheidend, da im Schichtbetrieb ein zündfähiges Gemisch zum Zündzeitpunkt an die Zündkerze gebracht werden muss. Daher wird in der Software sichergestellt, dass auch bei Mehrfacheinspritzung die zyklischen Einspritzimpulse zeitgerecht und konsistent zur Zündungsausgabe erfolgen. Dies ist auch für Betriebsartenumschaltungen entscheidend, bei denen zwischen Homogen- und Schichtbetrieb gewechselt wird. Eine Voraussetzung für die exakte Dosierung des Kraftstoffs ist die Einhaltung des gewünschten Kraftstoffdrucks. Dazu existiert bei Hochdrucksystemen eine Druckregelung, die in Abhängigkeit des Betriebspunktes den gewünschten Kraftstoffdruck exakt einstellt.

5.6.2 Ottomotor mit Saugrohreinspritzung

Bei einem Ottomotor mit Saugrohreinspritzung erfolgt die Berechnung der Einspritzmenge analog zu der eines direkteinspritzenden Ottomotors im Homogenbetrieb. Beginn und Ende der Einspritzung sind für die verschiedenen Betriebspunkte in Kennfeldern des Motorsteuergeräts abgelegt. Mit einem Betriebsdruck von rund 350 kPa stellt das Kraftstoffsystem jedoch wesentlich geringere Anforderungen an die elektronische Steuerung als das Hochdrucksystem des direkteinspritzenden Ottomotors mit bis zu 20 MPa. Die Druckregelung erfolgt bei der Saugrohreinspritzung über ein Druckregelventil, in dem eine Druckmembran mit dem Saugrohrdruck beaufschlagt wird [Wa1].

5.6.3 Zündungsfunktionen

Aufgabe der Zündungsfunktionen ist es, den optimalen Zündzeitpunkt für den Motor zu berechnen und die entsprechenden Ansteuersignale für die Zündspulen zu generieren. Am Zündzeitpunkt wird die Entflammung des Gemischs initiiert und ist somit für den Ablauf der Verbrennungen entscheidend. Das zeitgerechte Auslösen des Zündfunkens bestimmt wesentlich den Wirkungsgrad des Motors und die Bauteilbelastung der Komponenten im Brennraum. Strukturell sind die Zündungsfunktionen (siehe Bild 5-16) ähnlich aufgebaut wie die Gemischbildungsfunktionen. Hier wird zunächst ein Basiszündzeitpunkt bestimmt, der sich aus Last, Drehzahl und unter Umständen aus der aktuellen Betriebsart des Motors ergibt. Der Basiszündzeitpunkt wird während der Entwicklung durch Prüfstandsmessungen ermittelt und in umfangreichen Kennfeldern abgelegt.

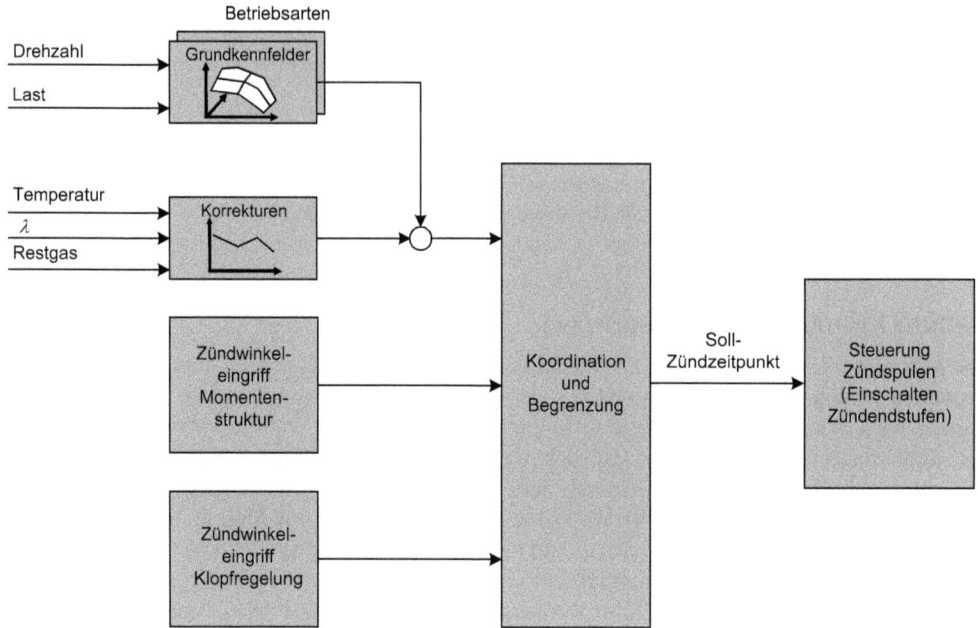

Bild 5-16 Funktionsstruktur der Zündungsfunktionen

Anschließend erfolgt eine Korrektur des Zündzeitpunkts, mit der die Temperaturen von Kühlmittel und Ansaugluft berücksichtigt werden. Da die Gemischzusammensetzung hinsichtlich Luftverhältnis und Restgasgehalt ebenfalls Einfluss auf den erforderlichen Zündzeitpunkt hat, fließen diese Parameter auch in Korrekturwerte ein. Der korrigierte Basiszündzeitpunkt beschreibt den Zündzeitpunkt, der unter thermodynamischen Gesichtspunkten zum optimalen Wirkungsgrad führt. Falls dieser optimale Betrieb gezielt verlassen werden soll, etwa um Drehmoment für Regelsysteme zu reduzieren, so kann der entsprechende Eingriff aus der Momentenstruktur den Zündzeitpunkt bestimmen. Eine weitere Begrenzung des Zündzeitpunkts erfolgt durch die Klopfregelung.

Hochspannungserzeugung

Zur Umsetzung der Zündung wird zunächst die in dem aktuellen Betriebszustand benötigte Schließzeit (Einschaltdauer des Primärstroms bis zur Unterbrechung) berechnet. Durch das Unterbrechen des Primärstroms der Zündspule wird eine Sekundärspannung aufgebaut, die zum gewünschten Zündzeitpunkt als Funken an der Zündkerze durchbricht (Bild 5-17).

5.6 Gemischbildung

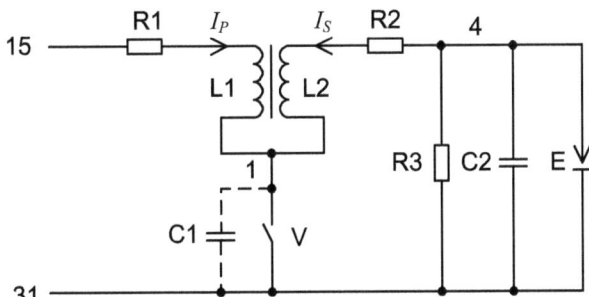

Bild 5-17 Prinzip einer Zündanlage. Klemmenbezeichnungen: 1 Ausgang der Primärwicklung (L1) zum Schalttransistor oder Unterbrecherkontakt V, 4 Hochspannungsausgang der Sekundärwicklung (L2), 15 Plusanschluss der Primärwicklung, 31 Masse. L1 Primärwicklung, L2 Sekundärwicklung, E Zündkerze, R1 Reihenverlustwiderstand, R2 Entstörwiderstand, R3 Querwiderstand der Zündkerze, C1 Zündkondensator (verhindert Funkenbildung am Unterbrecherkontakt), C2 Querkapazität der Zündkerze, I_P Primärstrom, I_S Sekundärstrom

Bei eingeschalteter Zündung liegt an Klemme 15 die Bordnetzspannung an. Soll ein Primärstrom I_P fließen, muss Klemme 1 mit der Masse (Klemme 31) verbunden werden. Dieser Kontakt wird heutzutage durch ein Schalttransistor realisiert, der die elektromechachische Zündung vollständig verdrängt hat. Dieser Schalttransistor befindet sich entweder im Steuergerät oder direkt an der Zündspule. Die Zündspule ist als Transformator realisiert. Der Primärstrom baut den für die Hochspannungserzeugung erforderlichen Magnetfluss auf. Der geschichtete Eisenkern bündelt den Magnetfluss und durchsetzt die Sekundärwicklung. Sperrt der mit Klemme 1 verbundene Schalttransistor, bricht der Magnetfluss der Zündspule zusammen. Bei diesem schnellen Flussabbau entsteht je Spulenwindung eine Spannung von ca. 1 V. Die Sekundärwicklung besteht aus ca. 30000 Windungen und es entsteht eine Spannung von ca. 30 kV. Der Flussabbau findet aber nicht nur in der Sekundärwicklung, sondern auch in der Primärwicklung statt. Wenn diese beispielsweise 300 Windungen hat, entstehen an Klemme 1 etwa 300 V gegenüber Klemme 15. Der Schalttransistor muss für diese hohe Sperrspannung ausgelegt sein.

Einzelfunken-Spulenzündung

Je nach Konzept versorgt die Sekundärwicklung einen oder zwei Zylinder. Entsprechend handelt es sich um eine Einzelfunken- oder um eine Doppelfunken-Spulenzündung. Im Folgenden wird beispielhaft das Konzept der Einzelfunken-Spulenzündung erläutert.

Die Aufgabe des Steuergerätes ist es, im Verdichtungstakt der jeweiligen Zylinder den Primärstrom mit Hilfe des zugeordneten Transistors ein- und auszuschalten. Unmittelbar nach dem Schließen eines Primärstromkreises baut sich in dessen Zündspule ein Magnetfluss auf. Dieser Flussaufbau erzeugt in beiden Wicklungen der Zündspule eine elektrische Spannung, die unmittelbar nach dem Einschalten knapp 50 mV pro Windung betragen kann. Auf die Primärwicklung bezogen wird diese Spannung als Gegenspannung bezeichnet, weil sie gegen die angelegte Bordnetzspannung wirkt und den Stromanstieg verzögert. In der Sekundärwicklung entstehen so während des Primärstromanstiegs ca. 1500 V. Diese Spannung könnte an der betroffenen Zündkerze einen Funken entstehen lassen und die noch nahezu drucklose Zylinderfüllung (zu früh) entzünden. Diese Spannung besitzt beim Flussaufbau jedoch eine entgegengesetzte Polarität im Vergleich zum späteren Flussabbau. Eine Sperrdiode für jede Zündkerze (V5...V8 in Bild 5-18) verhindert, dass diese unerwünschte Spannung an der Zündkerzenelektrode anliegt.

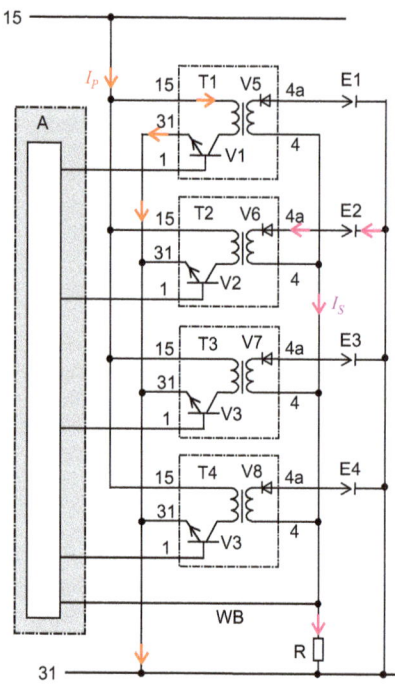

Bild 5-18 Schaltbeispiel einer Vierzylinder-Zündanlage für Einzelfunken-Spulenzündung mit Treiberstufen der Zündspule. A Steuergerät, E1...E4 Zündkerzen, I_P Primärstrom (im Beispiel Zündspule T1), I_S Sekundärstrom (im Beispiel Zündspule T2), R Messwiderstand, T1...T4 Zündspulen der Zylinder, V1...V4 Leistungstransistoren, V5...V8 Sperrdioden, WB Leitung

Zum gewünschten Zündzeitpunkt sperrt der Leistungstransistor im Primärstromkreis und der Magnetfluss bricht zur Zündspannungserzeugung zusammen. Die Zündspannung ist so gepolt, dass die Elektronen von der Kerzenmittelelektrode zur Masseelektrode springen. Dies ist so gewollt, weil die Mittelelektrode heißer ist als die Masseelektrode und dadurch leichter Elektronen abgibt als die kältere Masseelektrode. In Bild 5-18 ist ein Schaltbeispiel einer Vierzylinder-Zündanlage gezeigt und, wie allgemein üblich, die technische Stromrichtung eingezeichnet.

Der Zündkerzenstrom fließt durch den Messwiderstand (R) und verursacht einen Spannungsabfall, den die Leitung (WB) dem Steuergerät meldet. Der Verlauf dieses Spannungsabfalls gibt dem Steuergerät Auskunft über Zündzeitpunkt, Brennspannungsdauer und Sekundärstromhöhe. Bei Zündungsausfall bleibt auch der Spannungsfall aus und das Steuergerät reagiert mit Unterbrechung der Kraftstoffeinspritzung.

Verlauf der Primär- und Sekundärspannung

Zwischen der Ausgangsklemme der Primärspule (Klemme 1) und der Fahrzeugmasse sowie zwischen der Ausgangsklemme der Sekundärspule (Klemme 4a) und ebenfalls der Fahrzeugmasse treten typische Spannungsverläufe auf (siehe Bild 5-19 und Tabelle 5.1). Exemplarisch wird die Schließzeit mit 3 ms angenommen und die Funkendauer mit 1 ms. Die Zeit t_n zwischen dem Einschalten des Primärstromes und dem Funkenabriss ist drehzahlabhängig.

Während der Funkendauer (Brenndauer des Lichtbogens) treten in der Realität starke Spannungsschwankungen auf, da während dieses Vorgangs der Widerstand der Funkenstrecke stark schwankt. Zusätzlich bildet die Zündspule zusammen mit der Kapazität des Schalttransistors einen Reihenschwingkreis. Dadurch treten unmittelbar nach dem Unterbrechen primärseitig an Klemme 1 und sekundärseitig an Klemme 4 Schwingungen auf (z. B. mit 10 kHz). Zündkerzen müssen deshalb funkentstört werden.

5.6 Gemischbildung

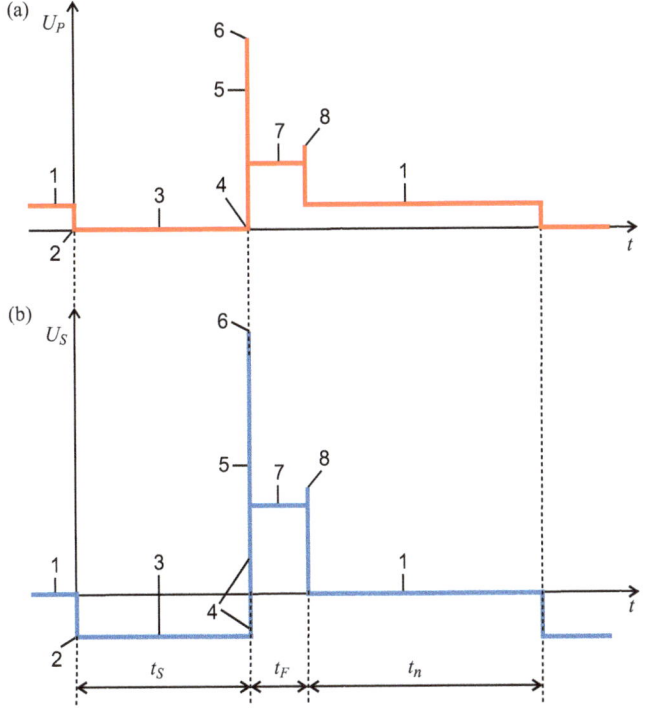

Bild 5-19 Grundform der typischen Spannungsverläufe einer Zündspule: (a) Primärseite zwischen Klemme 1 und Masse. (b) Sekundärseite zwischen Klemme 4a und Masse. t Zeit, t_F Funkendauer (Brenndauer des Lichtbogens), t_S Schließzeit, t_n drehzahlabhängige Zeit zwischen Funkenabriss und erneutem Schließen des Primärstromkreises. U_p Primärspannung, U_s Sekundärspannung. Die Bezifferung 1,…,8 wird in Tabelle 5.1 erklärt

Tabelle 5.1 Zuordnung der physikalischen Vorgänge in der Primär- und in der Sekundärwicklung

Abschn.	Vorgang	Primärseite	Sekundärseite
1	Primärstromkreis ist unterbrochen	An Klemme 1 liegt Bordnetzspannung an	Keine Magnetflussänderung, somit sekundärseitig keine Induktionsspannung
2	Primärstromkreis wird geschlossen	Klemme 1 wird mit Masse verbunden, Primärstrom steigt an, Flussaufbau	Flussaufbau auch in der Sekundärspule, deshalb Spannung an Klemme 4a
3	Klemme 1 mit Masse verbunden	Annähernd konstante Flussaufbaugeschwindigkeit während der Schließzeit	An Klemme 4a konstante Spannungshöhe, solange Primärstrom ansteigt. Spannung fällt ab, wenn Primärstrom konstant gehalten (getaktet) wird
4	Primärstromkreis wird unterbrochen	Schneller Flussabbau in der Primärwicklung	Schneller Flussabbau in der Sekundärwicklung bewirkt Umpolung der Induktionsspannung, schneller Spannungsanstieg
5	Magnetfluss in der Zündspule bricht zusammen	Schneller Spannungsanstieg	Schneller Spannungsanstieg
6	Funkenüberschlag, Zündspannung	Spannungsanstieg beendet, z. B. bei 300 V	Spannungsanstieg beendet, z. B. bei 30 kV
7	Lichtbogen entsteht zwischen den Zündkerzenelektroden, immer noch Flussabbau	Spannungshöhe an Klemme 1 entsprechend der Flussabbaugeschwindigkeit und der Primärwindungszahl, z. B. 30 V	Spannungshöhe entsprechend der Flussabbaugeschwindigkeit und der Sekundärwindungszahl, z. B. 15 kV
8	Überschlag beendet, Zündfunken reißt ab	Schneller Abbau des Restflusses, kurzer Spannungsanstieg	Schneller Abbau des Restflusses, kurzer Spannungsanstieg, Spannungshöhe zu gering für erneuten Überschlag

5.6.4 Klopfregelung

Die Klopfregelung ist ein Beispiel für die Funktionen in der Motorsteuerung, die direkte Effekte der Verbrennung auswerten und durch Regelungen den Verbrennungsablauf gezielt beeinflussen. Ziel der Klopfregelung ist es, unkontrollierte Verbrennungsabläufe, die durch eine Entflammung des unverbrannten Gemischs vor der Flammenfront entstehen, zu vermeiden. Klopfende Verbrennungen werden durch einen zu frühen Zündzeitpunkt hervorgerufen. Dabei besteht der Zielkonflikt, dass für einen hohen Wirkungsgrad ein früher Zündzeitpunkt wünschenswert ist, auf der anderen Seite jedoch die Grenze zur klopfenden Verbrennung durch Kraftstoffqualität und Temperaturen beeinflusst wird und somit variabel ist. Ein dauerhaft klopfender Betrieb muss in jedem Fall vermieden werden, da durch die extrem hohen Druckamplituden und -frequenzen Motorschäden entstehen würden.

Daher wertet die Klopfregelung den Verlauf der Verbrennung aus und korrigiert gegebenenfalls den Zündzeitpunkt, falls irreguläre Verbrennungen detektiert werden. So kann die Grundauslegung des Zündzeitpunkts ohne Sicherheitsabstand von der Klopfgrenze mit dem optimalen Wirkungsgrad erfolgen, ohne dass Motorschäden befürchtet werden müssten. Die Klopfregelung lässt sich in drei Abschnitte aufteilen: Klopferkennung, Regeleingriffe und Adaption (siehe Bild 5-20). Sämtliche Funktionen und Komponenten der Klopfregelung werden kontinuierlich diagnostiziert, um bei einer möglichen Fehlfunktion den Motorbetrieb mit nicht bauteilschädigenden Zündzeitpunkten sicherzustellen.

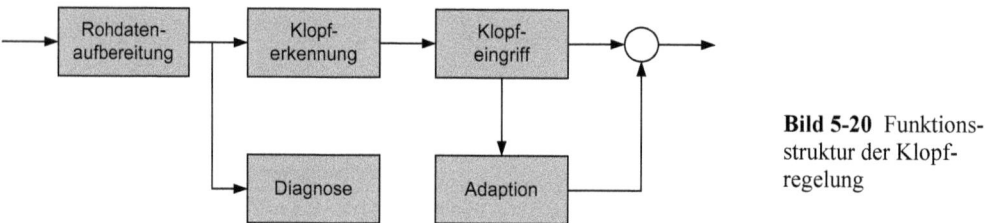

Bild 5-20 Funktionsstruktur der Klopfregelung

Klopferkennung

Die Bewertung des Verbrennungsablaufs durch die Klopferkennung basiert auf den Signalen der Klopfsensoren. Der Verbrennungsdruckverlauf überträgt sich durch die Kurbelgehäusestruktur als Körperschall auf die Klopfsensoren, die nach dem seismischen Prinzip in Piezokeramiken Spannungen erzeugen (siehe Abschnitt 4.8) und an die Motorsteuerung weiterleiten. Für die Auswertung der Spannungsverläufe werden in der Regel in den Steuergeräten spezielle integrierte Schaltungen verwendet, die aus dem Körperschallsignal die Information extrahieren, ob eine Verbrennung regulär oder klopfend verlaufen ist (siehe Bild 5-21).

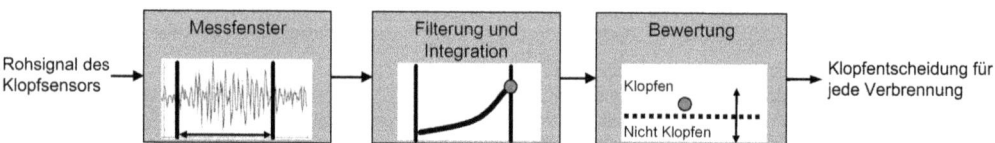

Bild 5-21 Funktionsprinzip der Klopferkennung

Die Signalanalysekette beginnt dabei meist mit dem Herausschneiden des gewünschten zeitlichen Bereichs (Kurbelwellenwinkelfenster), in dem Klopfereignisse zu erwarten sind. Damit können mögliche Störgeräusche, die nicht durch den Verbrennungsdruck hervorgerufen werden, erheblich reduziert werden. Zum gleichen Zweck werden in dem Signal anschließend durch eine Bandpassfilterung die für das Klopfen charakteristischen Schwingungsanteile isoliert. Die Frequenzbänder können bei vielen Steuergeräten beispielsweise über der Drehzahl verändert werden. Anschließend wird für jedes Messfenster das gefilterte Signal gleichgerichtet, integriert und verstärkt, so dass letztlich für jede Verbrennung ein Intensitätsmaß des von ihr hervorgerufenen Körperschalls vorliegt. Zur Bewertung dieser Intensität wird der Betrag der aktuellen Verbrennung mit einem Referenzwert verglichen, der aus einem gleitenden Mittelwert der Intensitäten gebildet wird und das Grundgeräusch des Motors darstellt. Liegt der Quotient aus aktuellem Wert und Referenzwert über einem Schwellwert, so wird für das aktuelle Arbeitsspiel auf eine klopfende Verbrennung geschlossen. Diese Kette wird im gesamten Drehzahlbereich zylinderindividuell durchlaufen.

Regeleingriffe

Nach der Bewertung des Arbeitsspiels in der Klopferkennung erfolgt bei einem erkannten Klopfereignis eine Reaktion in Form eines Zündzeitpunkteingriffs. Durch die Verstellung des Zündzeitpunktes des betreffenden Zylinders in Richtung „spät" wird für die folgenden Verbrennungen eine reguläre Flammenausbreitung sichergestellt. Da durch die klopfende Verbrennung die Bauteile im Brennraum stark erhitzt werden, steigt die Klopfneigung für die nachfolgenden Verbrennungen an. Daher wird der Zündzeitpunkt nicht nur für eine, sondern für mehrere aufeinander folgende Verbrennungen auf dem späteren Niveau gehalten. Um auf der anderen Seite unnötigen dauerhaften Betrieb mit einem verringerten Wirkungsgrad zu vermeiden, wird anschließend der Zündzeitpunkt in Stufen wieder auf den Ursprungswert zurückgestellt. Dadurch ergibt sich eine charakteristische Treppenform der Klopfregeleingriffe.

Adaption

Die Regeleingriffe der Klopfregelung können immer nur auf eine erkannte klopfende Verbrennung reagieren. Gerade im Bereich niedriger Drehzahlen sind auch einzelne Klopfereignisse für den Fahrer als störendes Geräusch wahrnehmbar. Daher wird der Regeleingriff um eine Adaption erweitert, die die erforderlichen Regeleingriffe abspeichert und die Zündzeitpunkt-Vorsteuerung in geeigneter Form korrigiert. Besonders bei Betriebspunktwechseln ist eine Adaption hilfreich, damit die erforderlichen Regeleingriffe reduziert werden können. Aus den Beträgen der adaptierten Zündzeitpunktverstellungen lassen sich zudem Rückschlüsse auf die Kraftstoffqualität ziehen, da diese wesentlich das Klopfniveau des Motors bestimmen.

5.6.5 Dieselmotor mit Direkteinspritzung

Die aktuellen Abgasbestimmungen sind so streng, dass in Neufahrzeugen nur noch Systeme zum Zuge kommen, die eine dynamische, zylinderindividuelle Spritzbeginnanpassung und eine hochgenaue Mengendosierung ermöglichen. Diese Forderungen erfüllen das Pumpe-Düse-System (PD), das Pumpe-Leitung-Düse-System (PLD) in Nutzfahrzeugen und insbesondere das Common-Rail-System (CR) in Personenkraftwagen und in Nutzfahrzeugen. Weiterentwickelte Werkstoffe erlauben Einspritzdrücke über 200 MPa. Diese hohen Drücke begünstigen die Zerstäubung des Kraftstoffs und damit die Verbrennung und die Reduktion der Abgasemissionen. Das eigens für den VW-Konzern entwickelte Pumpe-Düse-System wird nunmehr seit

2007 aus Kosten- und aus Komfortgründen bei Pkw-Dieselmotoren nicht mehr eingesetzt. Damit hat sich das Common-Rail-System bei den Pkw-Dieselmotoren vollständig auf dem Markt durchgesetzt.

Die Fahrbarkeit des Dieselmotors wird maßgeblich von der Einspritzung definiert. Für die Umsetzung des Fahrerwunsches in das erforderliche Motordrehmoment spielt die Steuerung und Regelung der Einspritzung eine zentrale Rolle. Die wesentlichen Aufgaben der Einspritzung beim Dieselmotor lassen sich zusammenfassen zu: Koordinierung von Mehrfacheinspritzungen, Berechnung der Einspritzmenge und Bestimmung des Einspritzzeitpunktes.

Mehrfacheinspritzung

Der Druckverlauf im Brennraum und damit die Geräuschentwicklung und die Zusammensetzung des Abgases hängen von der zeitlichen Aufteilung der Einspritzmenge ab. Systeme mit schnell schaltenden Piezo- oder Magentventilinjektoren teilen die Kraftstoffeinspritzung in drei Einspritzabschnitte auf, so dass ein Einspritzzyklus entsteht. Die Kraftstoffzugabe beginnt mit einer oder zwei kurzen Voreinspritzungen (Piloteinspritzungen), um eine weiche, geräuscharme Verbrennung zu erreichen. Mit zunehmender Last, wenn die Energieumsetzung im Brennraum größer und lauter verläuft, kann auf diese Maßnahme immer mehr verzichtet werden. Deshalb entfällt im oberen Lastbereich die Voreinspritzung meist ganz. Der Voreinspritzung folgt die Haupteinspritzung. Hierbei wird die Kraftstoffmenge eingespritzt, die für das gewünschte Motordrehmoment erforderlich ist. An die Haupteinspritzung schließt sich in einem dritten Abschnitt die Nacheinspritzung an, die der optimalen Abgasnachbehandlung im Abgastrakt des Motors dient.

Die Motorsteuerung hat hier die Aufgabe, den Betriebszustand des Motors genau zu erfassen und individuell für jeden Verbrennungsvorgang den Zeitpunkt und die Dauer der Einspritzung sowie die Pausen dazwischen zu berechnen.

Einspritzmenge

Auf die Einspritzmenge bezogen kann man die Betriebszustände eines Dieselmotors in fünf Bereiche einteilen, nämlich Start, Leerlauf, Teillast, Volllast und Schubabschaltung (Nullmenge). Über die oberen Grenzwerte der Einspritzmenge eines Ladermotors gibt Bild 5-22 einen Überblick.

Zum Start wird eine relativ große Kraftstoffmenge, die so genannte Startmenge, benötigt. Einflussgrößen sind hierbei vor allem die Kompressionsendtemperatur, die Kraftstofftemperatur und die Motortemperatur (erhöhte Reibung).

Im Leerlauf sorgt die Motorsteuerung (mit Hilfe der Leerlaufregelung) dafür, dass der Motor die richtige Drehzahl einnimmt. Dies ist in Bild 5-22 dadurch symbolisiert, dass im Bereich um die Leerlaufdrehzahl n_0 bei sinkender Drehzahl die Einspritzmenge erhöht und bei steigender Drehzahl reduziert wird. Der Sollwert n_0 der Drehzahl hängt z. B. von der Motortemperatur, dem Ladezustand der Batterie oder einer eingelegten Fahrstufe (beim Automatikgetriebe) ab.

Im Teillastbereich richtet sich die Einspritzmenge hauptsächlich nach der Stellung des Fahrpedals. Wenn die Motorsteuerung keinen plötzlichen Lastwechsel erwartet (z. B. bei aktivierter Geschwindigkeitsregelung), kann der Einspritzzeitpunkt so gewählt werden, dass der Kraftstoffverbrauch minimiert wird.

5.6 Gemischbildung

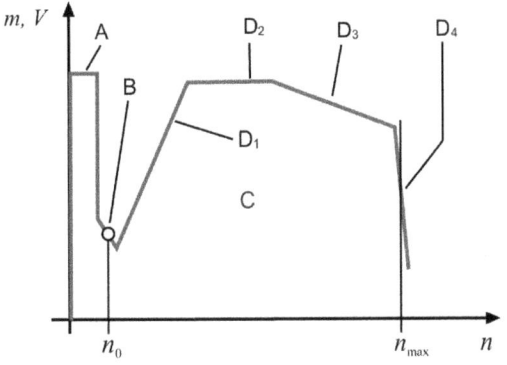

Bild 5-22 Obere Grenzwerte der Einspritzmenge:
A Startmenge,
B Leerlaufmenge,
C Teillastmenge,
D_1 Rauchgasbegrenzung,
D_2 Drehmomentbegrenzung,
D_3 thermische Begrenzung,
D_4 Drehzahlbegrenzung,
m Einspritzmasse pro Einspritzvorgang,
n Motordrehzahl,
n_0 Leerlaufdrehzahl,
n_{max} maximal zulässige Motordrehzahl,
V Einspritzvolumen pro Einspritzvorgang

Um den unteren Drehzahlbereich schnell zu verlassen, fordert der Fahrer über das Fahrpedal ein entsprechend hohes Drehmoment an. Um den Fahrerwunsch direkt umzusetzen, müsste die Motorsteuerung die größtmögliche Kraftstoffmenge bereitstellen. Mit Rücksicht auf die Rauchgasneigung im unteren Drehzahlbereich muss die Einspritzmenge jedoch begrenzt werden. In die Berechnung der maximal zulässigen Einspritzmenge gehen neben der Drehzahl weitere Parameter ein, z. B. Luftmasse, Motortemperatur, konstruktive Faktoren, Zerstäubung u. a. Mit Rücksicht auf die mechanischen und thermischen Belastungen der Motorkomponenten muss häufig im mittleren, in jedem Fall jedoch im oberen Drehzahlbereich die maximale Einspritzmenge begrenzt werden. Diese Begrenzungsmenge wird in der Motorsteuerung durch entsprechende Schutzfunktionen berechnet. Wenn das Steuergerät Schubbetrieb erkennt und die Drehzahl eine von verschiedenen Parametern (z. B. Motortemperatur) abhängige Drehzahlschwelle überschritten hat, unterbricht es die Kraftstoffzufuhr (Nullmenge).

Einspritzzeitpunkt

Der Einspritzzeitpunkt wird vorrangig mit Rücksicht auf die Abgaszusammensetzung festgelegt. Der optimale Zeitpunkt hängt von vielen Gesichtspunkten ab, insbesondere von denen, die die Verbrennungsgeschwindigkeit beeinflussen. Zu den Parametern, die bei der Festlegung des Einspritzzeitpunktes berücksichtigt werden müssen, gehören die Kaltstartsituation, die Motor-, die Luft- und die Kraftstofftemperatur, der Druck und die Temperatur im Brennraum, der Einspritzdruck sowie die Gemischbildung im Brennraum (Kraftstoffgeschwindigkeit sowie die drehzahl- und füllungsabhängige Luftströmung im Brennraum). Wie sehr sich geringe Abweichungen vom optimalen Einspritzbeginn auf die Abgaskomponenten HC und NO_x auswirken, zeigt Bild 5-23.

Die Injektoren der Common-Rail-Systeme werden elektrisch angesteuert. Der Beginn der Ansteuerung leitet den Einspritzvorgang ein. Die Ansteuerzeit bestimmt in Verbindung mit dem Raildruck die Einspritzmenge. Im unteren Lastbereich wird der Raildruck abgesenkt, so dass sich längere Ansteuerzeiten gegenüber hohem Einspritzdruck ergeben. Wie in den meisten elektronischen Einspritzsystemen liefert ein Kurbelwellensensor (Induktionsgeber oder Hallgeber) die Kurbelwellendrehzahl und mit Hilfe einer Geberradcodierung auch die Kurbelwellenposition. Der Nockenwellengeber, ebenfalls mit codiertem Geberrad, meldet die Nockenwellendrehzahl und die Nockenwellenposition. Die Motorsteuerung setzt mit Hilfe von Kennfeldern und unter Berücksichtigung verschiedener Parameter (z. B. Temperaturen) die berechnete Solleinspritzmenge in den Beginn und die Dauer der Einspritzung fest.

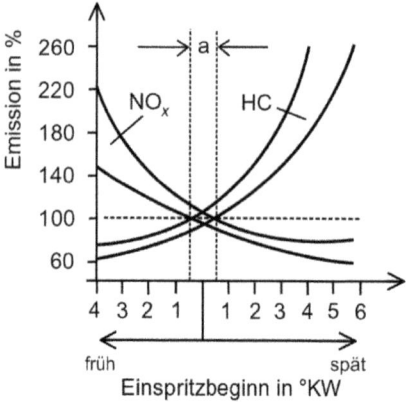

Bild 5-23 Einfluss des Einspritzbeginns auf die Emission:
a optimaler Einspritzbeginn,
°KW Winkel der Kurbelwelle in Grad

5.6.6 Einspritzsysteme

Magnetventilinjektoren

Um einen definierten und reproduzierbaren Einspritzvorgang zu gewährleisten, muss das Hochdruck-Einspritzventil mit einem komplexen Stromverlauf angesteuert werden (siehe Bild 5-25). Die Magnetspule eines Magnetinjektors wird dazu mit hoher Spannung angesteuert, damit der Spulenstrom schnell ansteigt und die Ventilansprechverzögerung möglichst kurz ist. Diese hohe Ansteuerspannung (Boosterspannung), beispielsweise 65 V, kann aus den Abschaltspannungsspitzen der Magnetspulen (17 in Bild 5-24) gewonnen und in einem Kondensator zwischengespeichert werden.

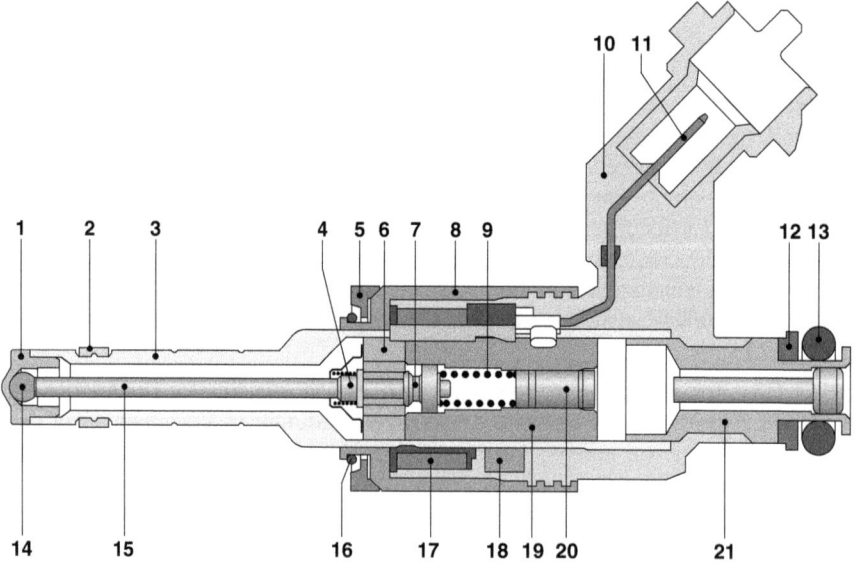

Bild 5-24 Hochdruck-Magneteinspritzventil für Benzin-Direkteinspritzung (Bosch): 1 Ventilsitz, 2 Dichtring, 3 Ventilhülse, 4 Anschlaghülse, 5 Abstützelement, 6 Magnetanker, 7 Anschlagring, 8 Magnettopf, 9 Druckfeder, 10 Umspritzung, 11 Flachstecker, 12 Stützscheibe, 13 O-Ring, 14 Ventilkugel, 15 Ventilnadel, 16 Sicherungsring, 17 Magnetspule, 18 Deckel, 19 Innenpol, 20 Einstellhülse, 21 Anschlusshülse

5.6 Gemischbildung

Diese Technik stellt gleichzeitig eine „Energierückgewinnung" dar. In der Anzugsphase erreicht die Ventilnadel den maximalen Öffnungshub. Diese Bewegung der Ventilnadel verursacht eine Änderung des Magnetflusses in der Magnetspule. Dadurch bricht der Spulenstrom kurz ein. Am Einbrechen des Spulenstromes erkennt das Steuergerät den Beginn der Nadelbewegung und damit den Einspritzbeginn (Beginning of Injection Period BIP). Bei geöffnetem Einspritzventil (maximaler Ventilnadelhub) reicht anschließend ein geringerer Ansteuerstrom (Haltestrom I_H) aus, um das Ventil offen zu halten. Bei konstantem Ventilnadelhub ergibt sich eine zur Einspritzdauer proportionale Einspritzmenge. Diese Stromreduzierung und die oben beschriebene Energierückgewinnung vermindern den elektrischen Energiebedarf für eine Injektoransteuerung. Außerdem reduziert der verringerte Haltestrom die thermische Beanspruchung der Steuerventilspulen.

Ein grundsätzliches Problem besteht bei den Magentventilinjektoren darin, dass die Verzögerungszeit zwischen Ventilansteuerung und Anheben der Ventilnadel in Relation zur Einspritzdauer recht lang ist. Diese Verzögerungszeit kann nur relativ ungenau erfasst werden. Auf Grund der hohen Einspritzdrücke liegen die Ansteuerzeiten in der Größenordnung von 0,2 bis 1,5 ms.

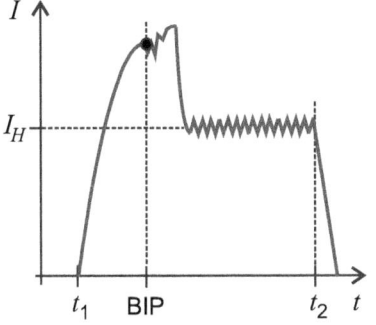

Bild 5-25 Spritzbeginn-Erkennung:
BIP (Beginning of Injection Period). Ventilnadel beginnt sich zu bewegen:
I Strom der Magnetspule,
I_H Haltestromstärke in der Magnetspule,
t Zeit,
t_1 Beginn der Ansteuerung,
t_2 Ende der Ansteuerung

Piezoinjektoren

Das Ansprechverhalten von Piezoinjektoren ist dagegen wesentlich schneller. Das Kraft erzeugende Bauelement des Piezoinjektors besteht aus aufeinander geschichteten Piezokristall-Plättchen. Bei dieser Piezoanwendung wird nicht durch Druck elektrische Spannung erzeugt, sondern mit Hilfe elektrischer Spannung eine Höhenänderung der Piezoschichtung. Diese Höhenänderung beträgt etwa 0,15 Prozent der Höhe der aufgeschichteten Kristallplättchen und liegt beim Injektor in der Größenordnung von 30...50 µm. Die Höhe der Ansteuerspannung ist dem Raildruck angepasst und liegt herstellerabhängig etwa zwischen 130 und 160 V.

Bild 5-26 zeigt den Piezoinjektor im Ruhezustand. In dieser Situation herrscht im Steuerraum (10) wie in der Hochdruckkammer an der Düsennadel (8) Raildruck. Weil die Kopffläche der Injektornadel (4) größer ist als die effektive Druck aufnehmende Fläche der Druckschulter (9), ist die Schubkraft F_1 des Steuerdrucks größer als die Schubkraft F_2 auf die Druckschulter und die Injektornadel (4) wird in ihren Sitz gedrückt.

Sobald das Piezo-Stellmodul bestromt wird, dehnt es sich aus und drückt über den Kipphebel (2) den Ventilkolben (3) nach unten. Der Ventilkolben drückt den Ventilpilz (13) gegen die Ventilpilzfeder (12). Der Ventilpilz gibt den Zulauf in den Absteuerkanal (14) frei, der in den Kraftstoffrücklaufkanal (6) mündet. Der Druck im Steuerraum (10) nimmt ab, weil die Entkopplungsdrossel (11) ein schnelles Nachfüllen verhindert. Durch diese Druckabsenkung im Steuerraum sinkt die Schubkraft F_1 unter den Wert der Schubkraft F_2. Die resultierende Schubkraft schiebt die Injektornadel (4) nach oben. Diese gibt die Düsenspritzlöcher frei und es wird Kraftstoff in den Brennraum gespritzt.

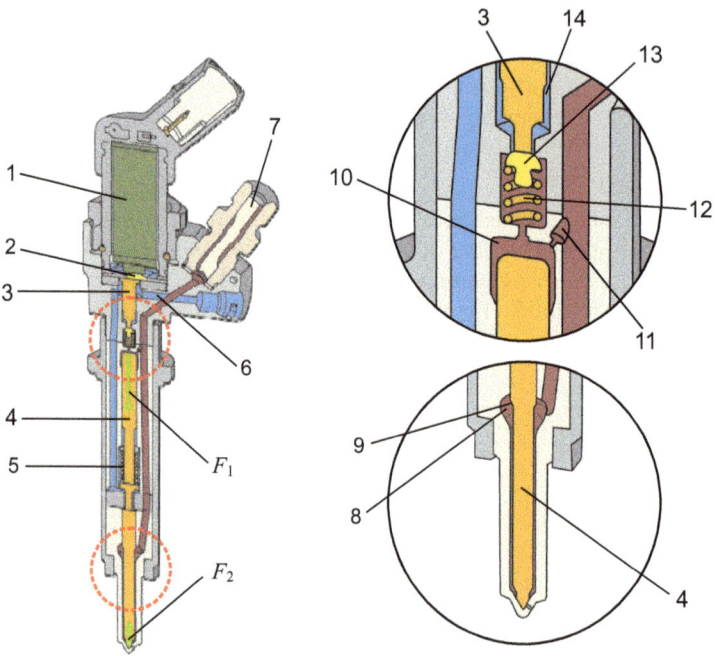

Bild 5-26 Aufbau eines Piezoinjektors (Continental Automotive): 1 Piezo-Stellmodul (geschichtete Piezokristallplättchen, umgeben von einer Rohrfeder), 2 Kipphebel, 3 Ventilkolben, 4 Injektornadel, 5 Rückstellfeder, 6 Kraftstoffrücklaufkanal, 7 Hochdruckanschluss, 8 Hochdruckkammer an der Düsennadel, 9 Druckschulter der Injektornadel, 10 Steuerraum, 11 Entkopplungsdrossel, 12 Ventilpilzfeder, 13 Ventilpilz, 14 Absteuerkanal, F_1 Schubkraft des Steuerdrucks, F_2 Schubkraft des Drucks auf die Druckschulter

Wenn das Piezo-Stellmodul wieder entladen wird, zieht es sich in seine Ausgangslage zusammen und die Ventilpilzfeder drückt über den Ventilpilz den Ventilkolben und den Kipphebel nach oben. Dabei dichtet der Ventilpilz den Zulauf in den Absteuerkanal ab und im Steuerraum steigt der Druck auf den aktuellen Raildruckwert. Die Schubkraft des Steuerdrucks F_1 übersteigt wieder den Wert der Schubkraft F_2, und die Düsennadel versperrt die Düsenspritzlöcher.

Bei Piezoinjektoren beträgt die Ansteuerzeit nur etwa 0,15 bis 0,2 ms. Das Öffnen und das Schließen des Piezoinjektors nimmt also nur sehr wenig Zeit in Anspruch. Diese schnellen Ansprechzeiten ermöglichen in Verbindung mit dem ständig zur Verfügung stehenden Hochdruck im Druckspeicherrohr die für Verbrennung und Abgasemission günstigen Mehrfacheinspritzungen.

Die Verwendung von Piezoinjektoren bietet den großen Vorteil, den Piezoaktor gleichzeitig als Sensor zur Beobachtung des Einspritzvorgangs zu verwenden. Dazu sind in der Motorsteuerung entsprechende Modelle hinterlegt, die das elektrische und mechanische Verhalten simulieren.

5.6 Gemischbildung

Common-Rail-System

Das Common-Rail-System eines direkteinspritzenden Dieselmotors hat (bis auf die erreichbaren Einspritzdrücke) viele Gemeinsamkeiten mit dem eines direkteinspritzenden Benzinmotors. Der auf Hochdruck komprimierte Kraftstoff wird in einem – oder bei V-Motoren auch in zwei – für alle Injektoren gemeinsamen Rohr gespeichert und je nach Bedarf abgerufen. Dieses Rohr wird Druckspeicherrohr, Common Rail (CR) oder einfach nur Rail genannt.

Die Hochdruckpumpe des Common-Rail-Systems ist eine Radialkolbenpumpe. Sie wird über einen Riemen- oder einen Zahntrieb vom Dieselmotor angetrieben. Weil die Pumpendrehzahl an die Motordrehzahl gekoppelt ist, steigt und sinkt die mögliche Fördermenge mit der Motordrehzahl.

Das Common-Rail-System (siehe Bild 5-27) zeichnet sich unter anderem dadurch aus, dass der Raildruck drehzahl- und lastabhängig zwischen etwa 20 MPa (im Leerlauf) und bis über 200 MPa angepasst werden kann. (Zum Vergleich: Bei der Benzindirekteinspritzung werden derzeit Einspritzdrücke von maximal 20 MPa realisiert.) Der Raildrucksensor (12) meldet dem Steuergerät den Istwert des Kraftstoffdrucks in den Druckspeicherrohren (13). Für die Regelung dieses Drucks stehen das niederdruckseitige Ventil zur Kraftstoffdosierung (2) oder das hochdruckseitige Druckregelventil (11) zur Verfügung. Durch diese Ansteuerung beeinflusst das Motorsteuergerät die Öffnung zum jeweils angeschlossenen Kraftstoffrücklauf (18 und 19) und regelt somit den Drucksollwert ein.

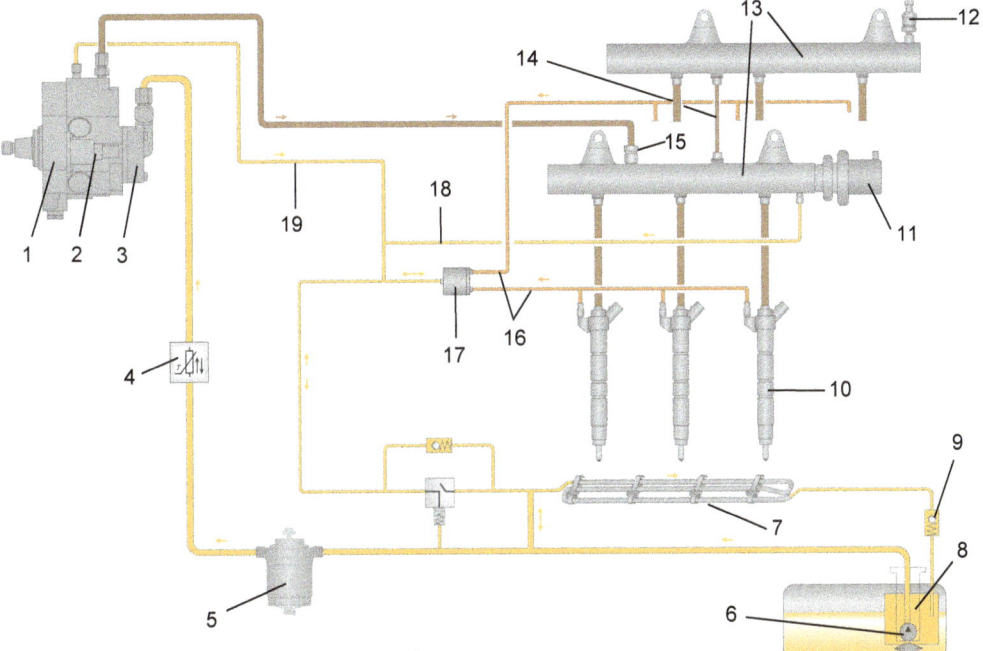

Bild 5-27 Beispiel für das Kraftstoffsystem einer Common-Rail-Einspritzung [Au1]: 1 Hochdruckpumpe, 2 Ventil zur Kraftstoffdosierung (Zumesseinheit), 3 Niederdruckpumpe (Zahnradpumpe), 4 Kraftstofftemperatursensor, 5 Kraftstofffilter mit Wasserabscheider, 6 Vorförderpumpe, 7 Kraftstoffkühler (Luftkühlung, z. B. am Fahrzeugunterboden), 8 Staugehäuse, 9 mechanisches Crashventil (schließt bei Aufprall), 10 Injektor, 11 Druckregelventil, 12 Raildrucksensor, 13 Druckspeicherrohre, 14 Ausgleichsleitung, 15 Zulaufdrossel, 16 Leckleitungen, 17 Druckhalteventil, 18 Druckreglerrücklaufleitung, 19 Rücklauf vom Ventil für Kraftstoffdosierung (2)

Das Druckregelventil übernimmt die Druckanpassung bei kaltem Motor, im untersten Lastbereich und bei einer geforderten Momentenbegrenzung. In allen anderen Betriebspunkten passt das Ventil für die Kraftstoffdosierung die Fördermengen zur Hochdruckpumpe dem tatsächlichen Bedarf an. So wird verhindert, dass unnötig viel Kraftstoff in die Hochdruckpumpe gelangt, dort komprimiert wird, den Motor belastet und sich während des Umlaufs unnötig erwärmt.

Jeweils eine Hochdruckleitung führt vom nahe gelegenen Druckspeicherrohr (13) zum elektrisch gesteuerten Injektor (10) am jeweiligen Zylinder. Drosseln im Railzulauf (15) und im Injektorzulauf reduzieren die von der Hochdruckpumpe und von den individuellen Einspritzvorgängen hervorgerufenen Druckwellen so weit, dass diese auf die Einspritzungen keinen Einfluss mehr haben.

5.7 Weitere wichtige Motorsteuerungsfunktionen

5.7.1 Leerlaufregelung

Bei nicht betätigtem Fahrpedal muss das Motormanagement den Motorlauf selbsttätig übernehmen. Bei vorgegebener Leerlaufnenndrehzahl muss das vom Motor abgegebene Drehmoment mit den Verlustmomenten im Gleichgewicht stehen. Faktoren wie temperaturabhängiges, inneres Motorreibmoment, Leistungsaufnahme des Generators, Ladezustand der Batterie, Lastmoment der Kraftstoff-Hochdruckpumpe und der Pumpe für die Servolenkung oder Schaltstufe D des Automatikgetriebes belasten den Motor. Unter Berücksichtigung des Emissionsausstoßes, der gewünschten Batterienachladung und der gewünschten Laufruhe legt das Motormanagement aus den abgelegten Kennfeldern die optimale Leerlauf-Solldrehzahl fest und sorgt für dessen Einhaltung.

Beim Ottomotor wird bei einer durch Störgrößen hervorgerufenen Abweichung der Drehzahl vom Sollwert mit einer PID-Regelung jeweils ein Korrekturmoment für den schnellen und für den langsamen Pfad ausgegeben. Für eine schnelle arbeitsspielsynchrone Momentenanhebung wird die Funktion der Momentenreserve genutzt. Für eine arbeitsspielsynchrone Momentenabsenkung kann entsprechend im Homogenbetrieb der Zündwinkel zur Wirkungsgradverschlechterung nach spät verstellt werden oder im Schichtbetrieb die Einspritzmenge verringert werden. Die Leerlaufregelung beim Ottomotor berücksichtigt zudem das Selbststabilisierungsverhalten des Motors im Homogenbetrieb. Der Ottomotor ist durch dieses Verhalten in der Lage, eine stabile Leerlaufdrehzahl selbstregulierend einhalten zu können. Durch eine im Leerlauf überkritische Strömung über die Drosselklappe (Strömung mit Schallgeschwindigkeit) bleibt der Frischluftmassenstrom und damit die Leistung konstant.

Beim Dieselmotor wird ebenfalls zur Einhaltung der Leerlauf-Solldrehzahl ein PID-Regler eingesetzt. Da beim Dieselmotor keine Drosselung der zuströmenden Frischluftmenge erfolgt, hängt die erreichbare Drehzahl nur von der Einspritzmenge und der aktuellen Motorbelastung ab. Bei einer niedrigen Belastung und einer hohen Einspritzmenge kann der Motor prinzipiell bis zur mechanischen Zerstörung hochdrehen. Wegen dieser mangelnden Eigenstabilität muss beim Dieselmotor mit einem Enddrehzahlregler auch die zulässige obere Enddrehzahl geregelt werden. Auch dafür wird ein PID-Regler eingesetzt. Leerlaufregler und Enddrehzahlregler werden auch als Fahrzeug- oder Intervallregler bezeichnet, dessen alleinige Stellgröße die Kraftstoffmenge und damit die Injektoransteuerzeit ist. Im Drehzahlband zwischen unterer und oberer Drehzahlgrenze ist der Fahrzeug- bzw. Intervallregler inaktiv und der Fahrer übernimmt mit seinem Pedalwunsch die Funktion der Drehzahlregelung.

5.7.2 Laufruheregelung

Heutige Motoren genügen hohen Anforderungen hinsichtlich Leistung, Komfort, Wirtschaftlichkeit und Emissionen. Um auf allen Gebieten weitere Optimierungen zu erreichen, werden zunehmend durch Softwarefunktionen exemplar- und zylinderindividuelle Anpassungen von Einspritzung und Zündung vorgenommen.

Ein Beispiel dafür ist die Laufruheregelung. Bedingt durch Bauteiltoleranzen, ungleiche Zylinderverdichtung und ungleiche Kolbenreibung kann sich eine gewisse Laufunruhe ergeben, wenn alle Zylinder exakt die gleiche Kraftstoffmenge erhielten. Die Laufruheoptimierung reduziert die Drehungleichförmigkeit des Motors, die durch Momentenunterschiede zwischen den einzelnen Zylindern hervorgerufen wird. Dazu wird auf Basis der gemessenen Drehzahl oder des Luftverhältnisses auf den Momentenbeitrag jedes einzelnen Zylinders geschlossen. Entsprechend der Unterschiede zwischen den Zylindern werden individuell Korrekturen der Einspritzmenge, des Einspritzzeitpunktes und gegebenenfalls der Zündung ermittelt und eingestellt.

5.7.3 Nullmengenkalibrierung und Verbrennungserkennung beim Dieselmotor

Verschleißerscheinungen bei den Injektoren, die in der Reibung beim Öffnen und Schließen ihre Ursache haben, bringen es mit sich, dass sich die Öffnungsverzögerung der Injektoren während einer längeren Laufzeit verändert. Die tatsächliche Einspritzzeit hängt neben der Ansteuerzeit auch ganz wesentlich von der Öffnungsverzögerung ab. Vergleicht man die kurzen Ansteuerzeiten z. B. eines Piezoinjektors in Tabelle 5.2 mit dessen Öffnungsverzögerung von 0,1 bis 0,2 ms, dann ist ersichtlich, dass der relative Zeitanteil der Öffnungsverzögerung an der Injektoransteuerzeit in den drei Einspritzphasen sehr groß sein kann, insbesondere bei der Voreinspritzung. Die Motorsteuerung kann aber nur dann kleine Einspritzmengen genau dosieren, wenn der Einfluss der Öffnungsverzögerung bekannt ist.

Tabelle 5.2 Ansteuerzeiten eines Piezoinjektors im Teillastbereich (80 MPa Einspritzdruck)

Einspritzphase	Einspritzmenge	Ansteuerzeit
Voreinspritzung	1 mm^3	ca. 0,15 ms
Haupteinspritzung	10 mm^3	ca. 0,4 ms
Nacheinspritzung	4 mm^3	ca. 0,3 ms

Zum Ausgleich von Fertigungstoleranzen und alterungsbedingten Einflüssen auf das Injektorverhalten haben sich zwei alternative Messmethoden herauskristallisiert. Sie ermöglichen es der Motorsteuerung, den Einfluss der Öffnungsverzögerung in regelmäßigen Abständen zu erfassen und bei der Ansteuerzeitberechnung zu berücksichtigen. Mit diesen Funktionen lassen sich auch die Mengenkennlinien der Injektoren für kleinste Mengen zylinderindividuell einstellen. Somit werden auch die Injektoransteuerzeiten für die Voreinspritzung kontinuierlich adaptiert.

Nullmengenkalibrierung

Die Nullmengenkalibrierung [Ma2] findet im Schubbetrieb statt. Im Schubbetrieb, wenn kein Kraftstoff eingespritzt wird, bewirken die Kompressionstakte der einzelnen Zylinder jeweils eine Drehzahlverzögerung. Zur Erfassung der Öffnungsverzögerung stellt das Motorsteuergerät zunächst den Raildruck über das Ventil zur Kraftstoffdosierung (Zumesseinheit) oder über das Druckregelventil auf einen festen Wert ein. Danach steuert es die einzelnen Injektoren von einem niedrigen Wert beginnend immer länger an. Die sich steigernde Verbrennungsarbeit wirkt sich auf das Drehzahlverhalten der Kurbelwelle aus, die vom Kurbelwellengeber erfasst wird.

Verbrennungserkennung

Bei der Verbrennungserkennung mit einem Beschleunigungssensor [Sc2] erfasst ein am Kurbelgehäuse angebrachter Beschleunigungsaufnehmer (Klopfsensor, ähnlich der Klopfregelung beim Ottomotor) den über den Motorblock weitergeleiteten und von der Verbrennung verursachten Körperschall. Das Motorsteuergerät variiert in der Messphase in verschiedenen Betriebspunkten die Injektoransteuerzeit für die Voreinspritzung und kann so ihre Auswirkung auf die Verbrennung erkennen.

5.7.4 Thermische Starthilfe beim Dieselmotor

Dieselkraftstoff ist zündwilliger als Benzin, seine Selbstzündungstemperatur liegt bei etwa 250 °C. Hochverdichtende Direkteinspritzmotoren erreichen diese Temperatur noch bei Außentemperaturen um den Gefrierpunkt. Der Start gelingt jedoch rauch- und partikelfreier, wenn eine Glühkerze die Ansaugluft erwärmt. Die Dauer der Vorglühzeit ist hauptsächlich von der Kühlmitteltemperatur, der Außen- und der Kraftstofftemperatur und von konstruktiv bedingten Motoreigenschaften abhängig. Die Ansteuerung der Glühkerze unter Berücksichtigung der genannten Einflussgrößen wird durch die so genannte Glühfunktion realisiert.

Moderne Dieselmotoren sind mit extrem schnell heiß werdenden Glühkerzen ausgestattet, die innerhalb von zwei Sekunden eine Temperatur von über 1000 °C erreichen. Dabei muss die hohe Stromaufnahme der Glühkerzen während der Motorwarmlaufphase vom Energiemanagement berücksichtigt werden.

Bei Lufttemperaturen um den Gefrierpunkt, niedrigen Motor- und Kraftstofftemperaturen und im unteren Drehzahlbereich kann das Steuergerät die Glühkerzen auch nach der Warmlaufphase wieder einschalten. Durch diese Maßnahmen verringern sich die Emissionen und die Verbrennungsgeräusche und der Motor läuft runder.

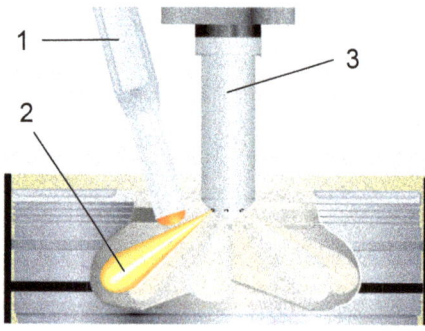

Bild 5-28 Einspritzdüse und Glühkerze [Vo2]:
1 Glühkerze,
2 Zündstrahl,
3 Kraftstoffinjektor

5.8 Abgasfunktionen

Eine weitere Besonderheit zur Verbesserung des Kaltstart- und des Warmlaufverhaltens sind Injektoren, bei denen eines der Kraftstoffeinspritzlöcher seinen Kraftstoffstrahl (den so genannten Zündstrahl) so auf die Glühkerze richtet, dass die Verbrennung dabei direkt an der Glühkerze beginnt (siehe Bild 5-28).

5.8 Abgasfunktionen

5.8.1 Abgasgesetzgebung

Die gesetzlichen Bestimmungen über Abgasgrenzwerte werden weltweit immer weiter verschärft, allerdings weltweit nicht einheitlich. Für die Europäische Union gilt eine einheitliche EU-Gesetzgebung. Diese kontinuierlich immer strenger werdenden Abgasbestimmungen sind neben den steigenden Komfortansprüchen der wichtigste Grund, Innovationen weiter voranzutreiben. Die verschiedenen Abgasgesetzgebungen unterscheiden sich teilweise in der Art der Prüfung und in den Grenzwerten. Die Motorsteuerung nimmt dadurch eine entscheidende Rolle ein, weil baugleiche Motoren durch Verstellung von Parametern an verschiedene Abgasgesetzgebungen angepasst werden können. Die Abgasbestimmungen beziehen sich auf nicht verbrannte Kohlenwasserstoffe (HC) und die bei der Verbrennung entstehenden Schadstoffe Kohlenmonoxid (CO), Stickoxide (NO_x) und Abgaspartikel bei direkteinspritzenden Motoren (hauptsächlich Ruß und angelagerte Abgasreste).

Zur Abgasmessung werden die Pkw-Fahrzeuge und Light Duty Trucks (LDT, Nfz bis 3,5 t) bei ihrer Typprüfung zur Erlangung der allgemeinen Betriebserlaubnis auf einem Rollenprüfstand in einem vorgeschriebenen Fahrzyklus betrieben. Seit 2000 gilt für diese Fahrzeuge der so genannte modifizierte neue europäische Fahrzyklus (MNEFZ), der in Bild 5-29 gezeigt ist. Der mit 40 s bezeichnete Vorlauf ist mit Euro 3 (seit 2000) entfallen. Die Zykluslänge entspricht 11 km Fahrt und dauert nach Wegfall des Vorlaufs nach dem modifizierten neuen europäischen Fahrzyklus 1180 s mit einer mittleren Geschwindigkeit von 32,5 km/h und einer Höchstgeschwindigkeit von 120 km/h. Für die Abgasprüfung muss das Fahrzeug bei einer Temperatur von 20...30 °C zuvor sechs Stunden abgestellt sein. Tabelle 5.3 zeigt, wie sehr die Emissionsgrenzwerte besonders für Diesel-Pkw reduziert wurden. Ab Euro 3 gelten für den Dieselmotor Summengrenzwerte für NO_x und HC, wobei für die Einzelkomponente NO_x innerhalb der Summengrenzwerte spezielle Höchstwerte gelten.

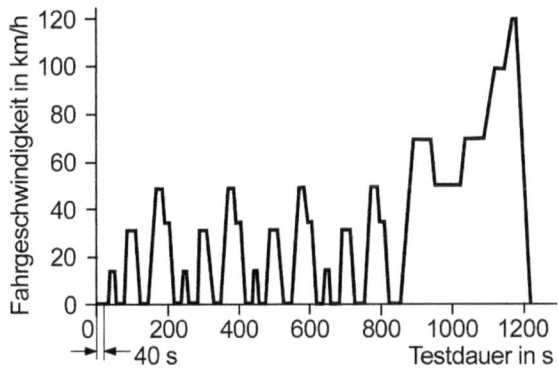

Bild 5-29 Modifizierter neuer europäischer Fahrzyklus (MNEFZ)

Tabelle 5.3 Emissionsgrenzwerte für Pkw und Light Duty Trucks mit Otto- oder Dieselmotoren

Stufe	Jahr	CO [g/km]		NO_x und HC [g/km]		HC [g/km]		NO_x [g/km]		Partikel [g/km]	
		Otto	Diesel	Otto	Diesel	Otto	Diesel	Otto	Diesel	Otto	Diesel
Euro 1	1992	3,16	3,16	1,13	1,13	–	–	–	1,13	–	0,18
Euro 2	1996	2,20	1,00	0,50	0,70	–	–	–	0,70	–	0,08
Euro 3	2000	2,30	0,64	–	0,56	0,20	–	0,15	0,50	–	0,05
Euro 4	2005	1,00	0,50	–	0,30	0,10	–	0,08	0,25	–	0,025
Euro 5	2009	1,00	0,50	–	0,23	0,10	–	0,06	0,18	0,005	0,005
Euro 6	2014	1,00	0,50	–	0,17	0,10	–	0,06	0,08	0,0045	0,0045

Bei Nutzfahrzeugen über 3,5 t werden die Abgaswerte zur Erlangung der allgemeinen Betriebserlaubnis nicht auf einem Rollenprüfstand getestet, sondern ihr Motor wird auf einem Motorenprüfstand bestimmten Lastsituationen ausgesetzt. Die dabei gemessenen Abgase werden nach bestimmten Kriterien gewichtet und verrechnet. Die Grenzwerte werden dann nicht in g/km, sondern in g/kWh angegeben.

5.8.2 Abgasnachbehandlung beim Ottomotor

Für die Einhaltung der immer schärferen Emissionsgrenzwerte werden die Komponenten der Abgassysteme (z. B. Sekundärluftsystem, Dreiwegekatalysator) durch umfangreiche Softwarefunktionen im Steuergerät ergänzt. Im Folgenden sollen die wesentlichen angesprochen werden. Dazu zählen insbesondere die Abgastemperaturmodellierung, die Sekundärluftansteuerung, das Prinzip des Dreiwegekatalysators und die Katalysatorregenerierung. Die Einhaltung der Emissionsgrenzwerte wird durch Diagnosefunktionen überwacht, die im nächsten Abschnitt vorgestellt werden.

Abgastemperaturmodellierung

Da bei den meisten Pkw-Verbrennungsmotoren keine Sensorik für die Temperaturmessung des Abgasmassenstroms oder der abgasführenden Bauteile eingesetzt wird, schätzen Softwarefunktionen die aktuelle Temperatur des Abgases und der abgasführenden Komponenten. Erforderlich sind diese Informationen als Freischaltbedingungen für die Beheizung der λ-Sonden, für Diagnosezwecke und für die Temperaturbegrenzung der kritischen Bauteile in der Abgasführung. Üblicherweise kommen dafür heute Modellansätze zum Einsatz, die teils empirisch, teils physikalisch aufgebaut sind. Während die Abhängigkeit der Gastemperatur von Luftverhältnis, Last, Drehzahl und beim Ottomotor vom Zündzeitpunkt in der Regel empirisch bestimmt und in Kennfeldern abgelegt wird, existieren physikalisch basierte Modelle für den Wärmeübergang in den Komponenten der Abgasanlage.

Für einen kurzen Rohrabschnitt können die Abgastemperaturveränderung sowie die Rohrwandtemperatur berechnet werden. Bild 5-30a zeigt Komponenten der Abgasführung mit ver-

5.8 Abgasfunktionen

schiedenen Rohrabschnitten. Im Folgenden wird ein einzelner Rohrabschnitt (Bild 5-30b) betrachtet, durch den ein Abgasmassenstrom $\dot{m}$ mit der Temperatur T_E ein- und der Temperatur $T_A < T_E$ ausströmt. Die Abkühlung des Abgases wird durch einen Wärmestrom $\dot{Q}_1$ vom Abgas an die Rohrwand bewirkt. Die Rohrwand mit der Temperatur T_W wird ihrerseits durch den Wärmestrom $\dot{Q}_2$ von der Rohrwand zur Umgebung (Umgebungstemperatur T_U) gekühlt. Mit den bekannten Größen $\dot{m}$ (aus dem Lastsignal der Motorsteuerung), T_E (aus den Kennfelddaten des empirischen Verbrennungsmodells), T_U (Erfassung durch einen Sensor), der Fläche A des Rohrabschnittes, der spezifischen Wärmekapazität c_A des Abgases sowie den Wärmeübergangskoeffizienten k_G (zwischen Gas und Rohrwand) und k_U (zwischen Rohrwand und Umgebung) ergibt sich für die Wärmeströme näherungsweise:

$$\dot{Q}_1 = \dot{m}\, c_A\, (T_E - T_A), \tag{5.2}$$

$$\dot{Q}_1 = k_G\, A\, (T_E - T_W), \tag{5.3}$$

$$\dot{Q}_2 = k_U A\, (T_W - T_U), \tag{5.4}$$

wobei die Temperatur T_W der Rohrwand noch berechnet werden muss. Mit der spezifischen Wärmekapazität c_W der Rohrwand und der Masse m_W des Rohrs kann dies mit der Gleichung

$$m_W c_W \dot{T}_W = \dot{Q}_1 - \dot{Q}_2 \tag{5.5}$$

erfolgen. Die Gleichungen (5.3), (5.4) und (5.5) dienen zur Bestimmung von T_W, $\dot{Q}_2$ und insbesondere von $\dot{Q}_1$. Die gesuchte Austrittstemperatur T_A erhält man durch Auflösen von Gleichung (5.2) und Einsetzen von $\dot{Q}_1$.

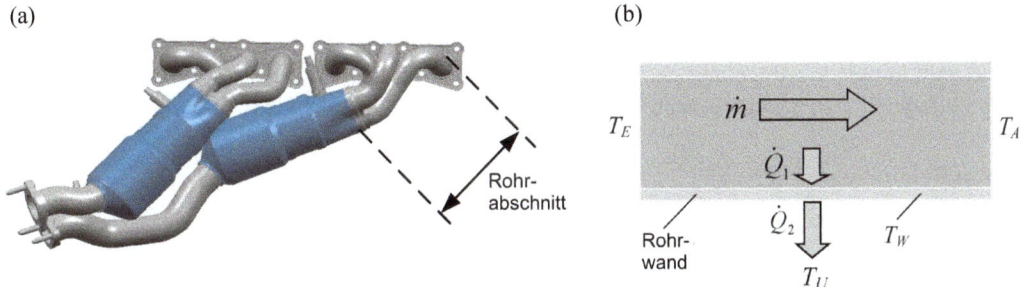

Bild 5-30 Zur Berechnung der Abgastemperaturveränderung: (a) Komponenten der Abgasführung direkt nach dem Zylinderkopf. (b) Rohrabschnitt (schematisch). $\dot{m}$ Abgasmassenstrom, T_E Einströmtemperatur, T_A Ausströmtemperatur, T_W Wandtemperatur, T_U Umgebungstemperatur, $\dot{Q}_1$ Wärmestrom vom Abgas an die Rohrwand, $\dot{Q}_2$ Wärmestrom von der Rohrwand zur Umgebung

Sekundärluftansteuerung

Ein Großteil der Emissionen entsteht in den ersten Sekunden des Motorbetriebs, wenn der Katalysator seine volle Konvertierungsleistung noch nicht erreicht hat. Daher wird angestrebt, diesen so genannten Anspringpunkt des Katalysators möglichst früh zu erreichen. Beim Ottomotor wird neben motorinternen Maßnahmen wie Zündwinkelanpassungen in einigen Fällen auch eine weitere Maßnahme zur Beschleunigung der Katalysatorerwärmung ergriffen, nämlich die Einblasung von Sekundärluft. Dazu wird mit einer elektrischen Pumpe Frischluft in die

Auslasskanäle des Motors geblasen, die zusammen mit einem fetten Motorluftverhältnis ($\lambda < 1$) zu Nachreaktionen im Abgas führt. Die Aktivierung des Katalysators wird dadurch erheblich beschleunigt, was insbesondere für Niedrigstemissionskonzepte benutzt wird. Für die Ansteuerung der elektrischen Pumpe und für die entsprechende Diagnose sind in der Motorsteuerung Funktionen implementiert.

Dreiwegekatalysator

Der Dreiwegekatalysator ist sowohl für Motoren mit Saugrohreinspritzung als auch für Motoren mit Benzin-Direkteinspritzung ein Bestandteil des Abgasreinigungssystems. Der Dreiwegekatalysator hat die Aufgabe, die bei der Verbrennung des Luft-Kraftstoff-Gemischs entstehenden drei Schadstoffkomponenten HC, CO und NO_x in ungiftige Bestandteile zu konvertieren. Als Endprodukte entstehen H_2O (Wasserdampf), CO_2 (Kohlendioxid) und N_2 (Stickstoff).

Zur Konvertierung der Schadstoffe werden das Kohlenmonoxid und die Kohlenwasserstoffe durch Oxidation umgewandelt. Der für die Oxidation benötigte Sauerstoff ist entweder als Restsauerstoff aufgrund von unvollständiger Verbrennung im Abgas vorhanden oder er wird den Stickoxiden entnommen, die auf diese Weise gleichzeitig reduziert werden. Die Reaktionsgleichungen im Dreiwegekatalysator lauten wie folgt:

$$2\,CO + O_2 \rightarrow 2\,CO_2$$
$$2\,C_2H_6 + 7\,O_2 \rightarrow 4\,CO_2 + 6\,H_2O$$
$$2\,NO + 2\,CO \rightarrow N_2 + 2\,CO_2$$
$$2\,NO_2 + 2\,CO \rightarrow N_2 + 2\,CO_2 + O_2$$

Damit die Konvertierungsrate des Katalysators für alle drei Schadstoffkomponenten möglichst hoch ist, müssen die Schadstoffe im richtigen Verhältnis vorliegen. Das erfordert eine Gemischzusammensetzung im stöchiometrischen Verhältnis mit $\lambda = 1$. Die Gemischbildung muss deshalb mit einer λ-Regelung nachgeführt werden [Bo1]. Die Effizienz des Katalysators kann noch zusätzlich durch eine Zwangsanregung optimiert werden (siehe Abschnitt 5.6.1).

Katalysatorregenerierung

Die Abgasnachbehandlung erfordert bei schichtfähigen Motoren mit Direkteinspritzung einen erheblich höheren Aufwand als bei solchen mit stöchiometrischen Brennverfahren. Beim Magerbetrieb ($\lambda > 1$) können die Stickoxide durch den Sauerstoffüberschuss im Abgas vom Dreiwegekatalysator nicht vollständig konvertiert werden. Als Abhilfemaßnahme dient in diesem Fall in der Regel ein Speicherkatalysator, der die Stickoxide im Abgas in Phasen des Luftüberschusses einlagert und Phasen des Luftmangels konvertiert. Die dazu erforderlichen Betriebsartenwechsel werden durch die Motorsteuerung gezielt koordiniert. Zunächst ist es erforderlich, den Speichergrad des Katalysators zu ermitteln. Dazu werden entweder modellbasierte Annahmen getroffen oder direkt Messwerte für die verbliebene Stickoxidkonzentration verwendet. Falls aus diesen Informationen die Sättigung des Speichers mit Stickoxiden erkannt wird, erfolgt eine Umschaltung der Betriebsart des Motors in den Homogenbetrieb mit einem fetten Gemisch. In einem zweistufigen Prozess werden die eingelagerten Stickoxide vom Speicher gelöst und in Stickstoff und Kohlendioxid konvertiert. Nach Abschluss der Konvertierung wird nach Möglichkeit die ursprüngliche Betriebsart erneut eingestellt. Neben Stickoxiden lagert sich an dem Speichermaterial ebenfalls Schwefel an, der im Kraftstoff enthalten sein kann. Da diese Verbindung temperaturstabiler ist als die der eingelagerten Stickoxide, bleibt die Schwefeleinlagerung auch nach einer Stickoxidregeneration erhalten. Um diese Vergiftung zu verhindern, werden zusätzlich Desulfatisierungsphasen eingelegt, in denen gezielt die Abgastemperatur auf über 600 °C erhöht wird. Auch diese Betriebszustände werden in der Motorsteuerung koordiniert und für den Fahrer nicht spürbar umgesetzt.

5.8.3 Abgasnachbehandlung beim Dieselmotor

Innermotorische Schadstoffreduzierung

Die Konzentration der Schadstoffe CO und HC ist auf Grund des Luftüberschusses beim Dieselmotor sehr gering. Ein im Abgastrakt angebrachter Oxidationskatalysator reduziert anschließend diese beiden Komponenten noch zusätzlich auf die geforderten Grenzwerte. Bezüglich der Stickoxide und der Rußpartikel stellt sich die Situation anders dar. Die NO_x-Bildung während eines Verbrennungsvorgangs im Dieselmotor wird durch die hohen Temperaturen und Drücke und den Sauerstoffüberschuss im unteren Teillastbereich begünstigt. Während man, um eine möglichst hohe Kraftstoffausnutzung zu erreichen, die Verdichtungsverhältnisse nicht beeinflussen will, lassen sich Verbrennungstemperatur und Sauerstoffanteil durch Abgasrückführung (AGR) stark vermindern. Abgasrückführung bedeutet, dass der zugeführten Frischluft eine gewisse Menge Abgas zugemischt wird, so dass dieser Abgasanteil nicht direkt an die Umwelt ausgestoßen wird. Dadurch steht der Verbrennung zum einen weniger Sauerstoff zur Verfügung und zum anderen ist die spezifische Wärmekapazität des Abgases (größtenteils CO_2 und Wasserdampf) größer als die der Frischluft, so dass die Temperaturspitzen während der Verbrennung niedriger sind.

Unter *innerer Abgasrückführung* versteht man eine Maßnahme, die verhindert, dass alle Gase nach dem Verbrennungstakt ausgestoßen werden. Dies lässt sich gezielt durch Ventilüberschneidung beeinflussen. Ventilüberschneidung bedeutet, dass das Einlassventil öffnet, bevor das Auslassventil schließt. Dadurch verbleibt ein Teil der Abgase im Brennraum.

Die *äußere Abgasrückführung* ist die mittlerweile gebräuchlichste Methode zur Verringerung der NO_x-Emissionen beim Pkw. Dabei strömt Abgas gezielt dosiert wieder in die angesaugte Frischluft (siehe Bild 5-31). Die Abgasentnahme erfolgt zwischen den Auslassventilen und dem Turbolader. Weil sich vor dem Turbolader und dem Katalysator immer ein kleiner Staudruck bildet, liegt der Druck im Entnahmebereich sicher über dem Druck im Ansaugbereich, zumal die Abgasrückführung nur im unteren Lastbereich aktiv ist.

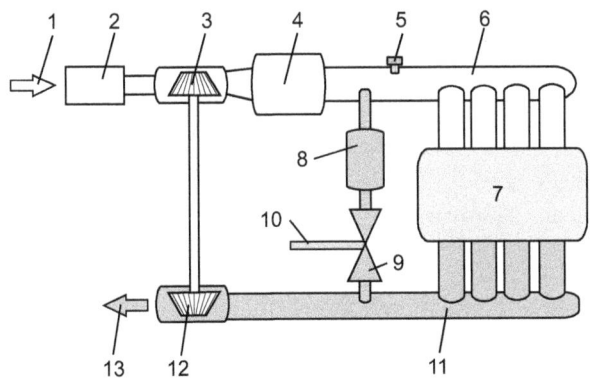

Bild 5-31 Schema der äußeren Abgasrückführung:
1 Frischluftzufuhr,
2 Luftmassenmesser,
3 Luftverdichter,
4 Ladeluftkühler,
5 Ladedrucksensor,
6 Ansaug- und Ladedruckbereich,
7 Dieselmotor,
8 Kühler für rückgeführtes Abgas,
9 Abgas-Rückführungsventil,
10 Unterdruckanschluss,
11 Abgasrohr,
12 Abgasturbine,
13 Abgasausstoß

Die Abgasmenge, die der Frischluft beigemengt werden kann, hängt von mehreren Faktoren ab, wie beispielsweise Last, Motordrehzahl, Ansauglufttemperatur und Luftdruck. Der Kühler für das rückgeführte Abgas reduziert die Abgastemperatur, so dass es während der Verbrennung mehr Wärme aufnehmen kann. Mit Hilfe des Luftmassenmessers kontrolliert das Motormanagement, ob trotz Abgasrückführung die Frischluftmasse noch ausreicht. Bei modernen Pkw-Dieselmotoren kann die Abgasrückführungsrate über 50 Prozent liegen.

Die Regelung der Abgasrückführungsrate ist sehr komplex, da bei hohen Rückführungsraten und stark transienten Vorgängen die Gefahr einer Rauchgasentwicklung oder sogar einer Fehlzündung besteht. Bei modernen Regelungen werden daher die Luftbewegungen und die -aufenthaltszeiten bei Änderung der Stellposition des Abgasrückführungsventils oder des Abgasturboladers modelliert und die Regelung von Einspritzzeitpunkt, -menge und Ventilstellungen entsprechend angepasst.

Grundsätzliche Aspekte der Abgasnachbehandlung

Die innermotorischen Maßnahmen zur Schadstoffreduzierung müssen zur Einhaltung der Abgasvorschriften durch Maßnahmen der Abgasnachbehandlung im Auspuffbereich ergänzt werden. Wie bereits erläutert, treten im Abgas eines Dieselmotors die Bestandteile CO und HC nur in geringeren Mengen auf. Das Hauptaugenmerk der Abgasnachbehandlung liegt demnach auf der Stickoxid- und der Rußreduzierung. NO_x muss zu N_2 und O_2 umgewandelt werden und die Rußpartikel sollen zu CO_2 verbrennen. Außerdem setzen sich auch HC-Moleküle an den Rußpartikeln ab, die sich wieder von diesen lösen sollen, um dann mit Sauerstoff zu oxidieren. Für diese Anforderungen wurden verschiedene Verfahren entwickelt.

Die gewählte Technik der Abgasnachbehandlungssysteme muss berücksichtigen, ob bei der Motorgestaltung und der innermotorischen Schadstoffreduzierung die Minimierung der NO_x-Abgasbestandteile oder die Minimierung des Rußausstoßes im Vordergrund steht und welcher Abgasnorm der Motor genügen muss. Bild 5-32 zeigt exemplarisch den Zusammenhang zwischen Stickoxidminimierung und Auswirkung auf die Rußpartikelentstehung. Für den CO_2-Ausstoß pro km gibt es derzeit nur Obergrenzenzusagen, aber noch keine gesetzlichen Vorgaben.

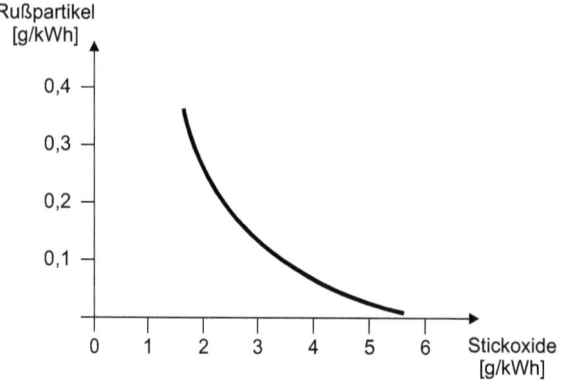

Bild 5-32 Innermotorisch erreichbare Grenzwerte, entsprechen etwa Euro 3

Bei Pkw-Motoren kommen abhängig von der Emissionsklasse Partikelfilter und zusätzlich auch Komponenten für die NO_x-Reduzierung zum Einsatz. Ab der Euro-5-Norm sind für alle Diesel-Pkw Partikelfilter notwendig. NO_x-Katalysatoren werden zusätzlich bei mittleren und schweren Pkw sowie Nfz eingesetzt, um die geforderten NO_x-Grenzwerte der Euro-6-Norm zu erreichen.

5.8 Abgasfunktionen

Grundsätzlich ist eine Unterscheidung in offene und geschlossene Abgasnachbehandlungssysteme möglich und üblich. So genannte *offene Abgasnachbehandlungssysteme* arbeiten ohne Steuerelektronik und werden daher hier nicht weiter betrachtet. Diese Abgassysteme arbeiten mit einem Partikelfilter und einem separaten oder integrierten Katalysator. Diese Systeme eignen sich damit besonders für die Nachrüstung von Partikelfiltern in Altfahrzeugen, um nachträglich in die Euro-3-Kategorie eingestuft zu werden. Bei Neufahrzeugen kommen ausschließlich geschlossene Abgasnachbehandlungssysteme zum Einsatz.

Bei Dieselmotoren ist eine optimale Abgasnachbehandlung nur möglich, wenn die Kraftstoffeinspritzmenge sehr variabel dosierbar ist oder wenn spezielle chemische Flüssigkeiten zusätzlich zum Einsatz kommen. Dies ist meist nur mit steuerungs- und regelungstechnischem Aufwand möglich. Für solche Lösungen hat sich der Begriff *geschlossenes Abgasnachbehandlungssystem* etabliert.

Abgasnachbehandlung mit Oxidationskatalysator und Partikelfilter

Bild 5-33 zeigt die Abgasanlage eines Dieselmotors mit Common-Rail-System und Piezoinjektoren, die ohne Additiv und ohne Reduktionsmittel auskommt. In dem betrachteten System oxidieren bei Temperaturen ab ca. 300 °C im motornahen und damit schnell betriebswarmen Katalysator (6) die Abgasbestandteile CO und HC zu CO_2 und H_2O. Die NO_x- und die Rußreduzierungen finden dagegen erst im Partikelfilter (9) statt, der mit einem Gemisch aus Platin und Ceroxid beschichtet ist. Zunächst begünstigt das Platin im Filter die Oxidation von NO zu NO_2. Bei Temperaturen zwischen 350 und 500 °C entzieht dann der Ruß dem Stickstoffdioxid Sauerstoff, um selbst zu oxidieren. So entstehen reiner Stickstoff (N_2) und Kohlenstoffdioxid (CO_2). Beide gasförmigen Komponenten verlassen den Partikelfilter, ohne dass sich dieser zusetzt. Diese Phase heißt „passive Regeneration". Die geforderten Filtertemperaturen von 350 bis 500 °C werden im Kurzstrecken- und im Stadtbetrieb jedoch kaum erreicht. Der Partikelfilter würde sich deshalb bereits nach 1000 bis 1500 km mit Ruß zusetzen. Somit sind zusätzliche Maßnahmen („aktive Regeneration") erforderlich, die verhältnismäßig aufwändig sind.

Um den Bedarf einer aktiven Regeneration zu erkennen, bedient sich das Motorsteuergerät eines Software-Simulationsmodells. Dieses Modell beobachtet und verwertet das Fahrprofil des Benutzers und verarbeitet gleichzeitig die Information des Partikelfilter-Differenzdrucksensors (10). Unter Berücksichtigung der Abgastemperatur vor dem Turbolader (der entsprechende Temperatursensor ist in Bild 5-33a in Position 3 eingezeichnet) legt die Motorsteuerung eine Nacheinspritzung fest, die nahe an der Haupteinspritzung liegt. Gleichzeitig wird der thermodynamische Wirkungsgrad des Motors so verringert, dass die Abgastemperatur ansteigt, ohne eine Drehmomentsteigerung zu bewirken. Dies wird unter anderem durch einen späteren Spritzbeginn bei gleichzeitig abgeschalteter Abgasrückführung und eventuell kennfeldgesteuerter Frischluftzuführung erreicht.

Sobald die Temperatur hinter dem Katalysator auf Grund der Nacheinspritzung 350 °C überschreitet (Messung mit Sensor 7), erfolgt eine zweite Nacheinspritzung, die so spät ist, dass der Kraftstoff im Motor nur noch verdampft. Der Kraftstoff verbrennt dann erst im Katalysator (6) und erhöht dadurch die Abgastemperatur. Zur Dosierung dieser zweiten Kraftstoffmenge verwertet die Motorsteuerung die Temperatur vor dem Partikelfilter, die der Sensor (8) meldet. Über diese Dosierung wird diese Abgastemperatur auf etwa 620 °C eingeregelt. So ist sichergestellt, dass die Temperatur im Partikelfilter mindestens 580 °C erreicht. Diese Temperaturhöhe und der Ceroxidanteil im Filter bewirken einen schnellen Abbrand des angesammelten Rußes innerhalb weniger Minuten. Mit dem Abgas strömen noch weitere chemische Substanzen in den Partikelfilter. Diese bilden dort Rückstände (Ölasche) und können seine Lebensdauer je nach Ölverbrauch auf 150000 bis 200000 km beschränken.

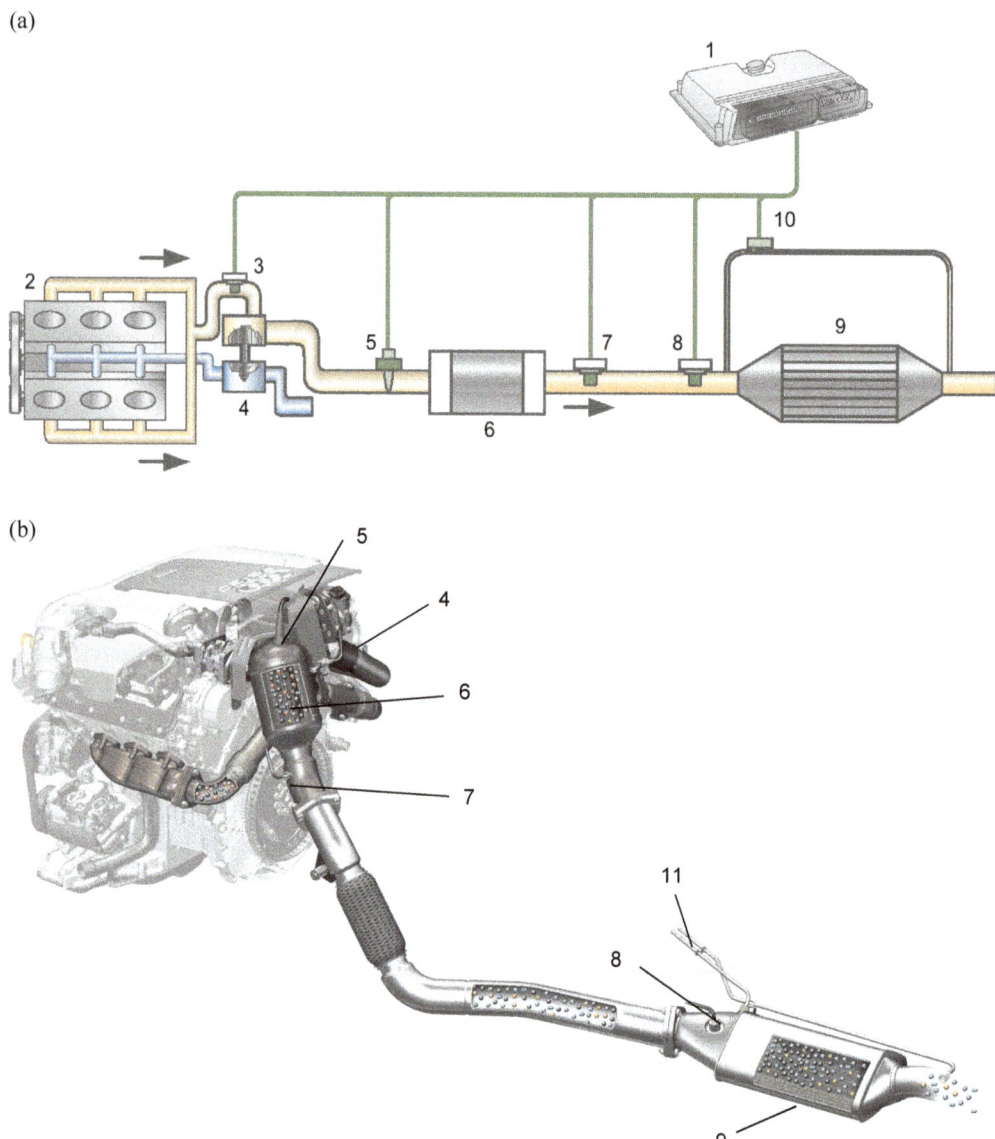

Bild 5-33 Abgasnachbehandlung ohne Additiv und ohne Reduktionsmittel [Au1], [Vo4]:
(a) Übersicht. (b) Aufbau des Abgastrakts. 1 Steuergerät; 2 Dieselmotor; 3 Temperatursensor; 4 Turbolader; 5 Breitband-λ-Sonde; 6 Katalysator; 7, 8 Temperatursensoren; 9 Partikelfilter; 10 Differenzdrucksensor, 11 Rohrleitungen zum Differenzdrucksensor

Das beschriebene Beispiel zeigt, dass gezielte Nacheinspritzungen nach Einspritzung der Hauptmenge erforderlich sind. Somit kann diese Methode nur dann angewandt werden, wenn das Diesel-Einspritzsystem variable Nacheinspritzungen mit den entsprechenden Injektoren technisch überhaupt ermöglicht.

Abgasnachbehandlung zur Rußreduzierung mit Additiv

Bei diesem Verfahren handelt es sich um ein erstes serientaugliches Verfahren zur Regeneration des Partikelfilters (siehe Bild 5-34). Hierbei wird dem Kraftstoff unmittelbar nach dem Betanken ein eisenhaltiger Wirkstoff, der in einem Kohlenwasserstoffgemisch aufgelöst ist, als Additiv aus einem separaten Tank (2) über den Kraftstoffrücklauf zwischen Motor und Kraftstofftank zugemischt. Das Additiv gelangt mit dem Kraftstoff in den Brennraum des Motors und lagert sich nach dem Ausstoßen zusammen mit dem Ruß im Partikelfilter ab. Das Additiv reduziert die zur Rußverbrennung erforderliche Partikelfilter-Temperatur um 80 bis 100 °C auf etwa 500 °C. Diese Temperaturreduzierung schont die Filterbeschichtung. Auf 1 Liter Kraftstoff werden etwa 0,3 bis 0,4 ml Additiv benötigt. Das Motorsteuergerät erhält vom Tankgeber für den Kraftstoffvorrat (in Bild 5-34 nicht eingezeichnet) den Istwert der jeweiligen Tankfüllung und kann so die Einschaltdauer der Additivpumpe (3) in Abhängigkeit von der jeweils getankten Kraftstoffmenge festlegen.

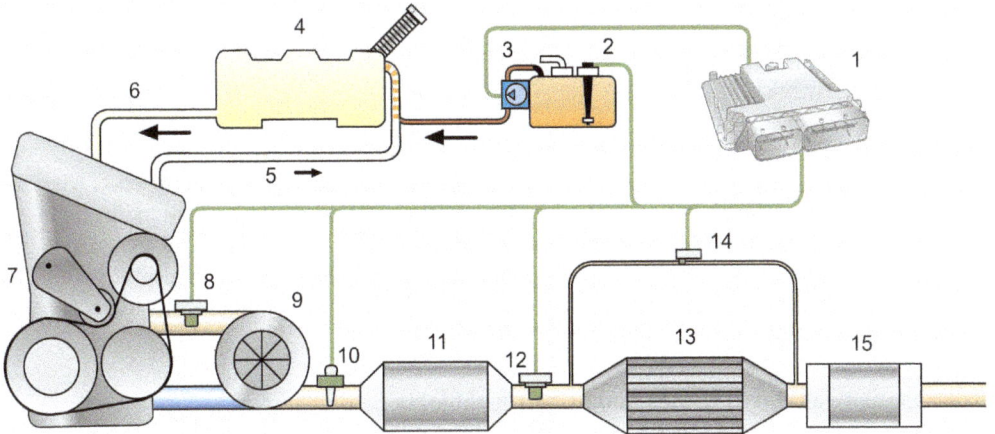

Bild 5-34 Abgasnachbehandlung zur Rußreduzierung mit Additiv [Vo5]: 1 Motorsteuergerät, 2 Additivtank, 3 Additivpumpe, 4 Kraftstofftank, 5 Kraftstoffrücklauf, 6 Kraftstoffversorgungsleitung, 7 Dieselmotor, 8 Temperatursensor, 9 Turbolader, 10 beheizte Breitband-λ-Sonde, 11 Katalysator, 12 Temperatursensor, 13 Partikelfilter, 14 Differenzdrucksensor, 15 Schalldämpfer

Ein wesentlicher Nachteil des Verfahrens ist, dass Reste des Additivs als Asche im Partikelfilter zurückbleiben und sich der Filter dadurch zusetzt. Dies verringert die Lebensdauer und der Partikelfilter muss nach ca. 120000 km ersetzt werden. Aus diesem Grund werden heute nur noch Partikelfilter ohne Additiv eingesetzt.

Abgasnachbehandlung zur NO_x-Reduzierung mit SCR-Technologie

Enthält das unbehandelte Abgas einen hohen Anteil an Stickoxiden und muss das Fahrzeug die Abgasnorm Euro 4 oder Euro 5 einhalten, so wird häufig in das Abgas ein Reduktionsmittel eingesprüht, das die Umwandlung von Stickoxiden in elementaren Stickstoff begünstigt. Die Abgasnachbehandlung mit einem Reduktionsmittel wird SCR-Technologie genannt. SCR steht für Selective Catalytic Reduction (Selektive katalytische Reduktion). Bei Motoren mit geringem Ruß-, aber hohem Stickoxid-Ausstoß wird durch den Einsatz eines Reduktionsmittels der NO_x-Anteil im Abgas auf ein Minimum reduziert. Das derzeit eingesetzte ungiftige Reduktionsmittel besteht aus etwa $1/3$ Harnstoff und $2/3$ Wasser und erhielt den Markennamen Adblue.

Eine technische Lösung für diese Art der Abgasnachbehandlung besteht beispielsweise darin, dass eine spezielle Dosiereinheit das Reduktionsmittel möglichst nahe am Motor in das Auspuffrohr einspritzt (siehe Bild 5-35). Das Reduktionsmittel kann sich so auf dem Weg zum Katalysator gut mit dem Abgas vermischen. Dabei verdampfen das Wasser und der Harnstoff und es bildet sich unter anderem Ammoniak (NH_3), der im Katalysator mit den Stickoxiden so reagiert, dass Stickstoff und Wasserdampf entstehen. Erfahrungen im Nfz-Bereich zeigen, dass je 100 Liter Kraftstoff etwa 7 Liter Reduktionsmittel einzuspritzen sind, um Euro-5-Grenzwerte einzuhalten. Weil dieses Verfahren keine Partikelfilter einsetzt, entfallen die damit einhergehenden Ablagerungsprobleme. Somit eignet sich dieses Verfahren besonders für Langstreckenfahrzeuge.

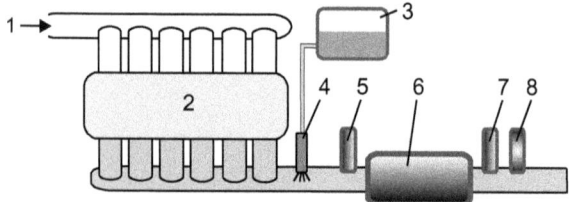

Bild 5-35 SCR-Technologie: 1 Frischluftzufuhr, 2 Dieselmotor, 3 Tank für das Reduktionsmittel mit Pumpe, 4 Einspritzdüse, 5 Temperatursensor, 6 NO_x-Speicherkatalysator, 7 Temperatursensor, 8 NO_x-Sensor

Für Dieselmotoren, die auch strengste Emissionsvorschriften des US-amerikanischen Marktes erfüllen, hat sich bei manchen Fahrzeugherstellern der Begriff Bluetec etabliert. In der Entwicklungsphase befinden sich technische Abgasnachbehandlungssysteme, bei denen das zusätzliche Reduktionsmittel nicht von außen dosiert in den Abgasstrom eingesprüht, sondern chemisch aus dem Abgas gewonnen wird. Solche Techniken wären dann, falls keine Steuerelektronik erforderlich wird, wieder offene Systeme.

Kombination von Partikelfilter und SCR-Technologie

Eine weitere Reduzierung der Schadstoffkomponenten ist durch die Kombination von Partikelfilter und SCR-Technologie möglich (siehe Bild 5-36). Der Partikelfilter, dem ein Oxidationskatalysator vorgeschaltet sein kann, reduziert in einer ersten Phase den Rußanteil und das SCR-Verfahren in einer zweiten Phase die Stickoxide. Mit der Information des nachgeschalteten NO_x-Sensors kann die elektronische Motorsteuerung auch die Abgasrückführrate korrigieren. Diese Version wird bereits auf dem amerikanischen Markt aufgrund der strengen Abgasvorschriften eingesetzt und gilt als Konzept für Euro-6-Fahrzeuge (siehe Tabelle 5.3).

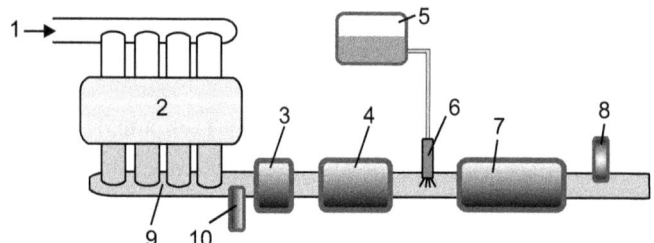

Bild 5-36 Kombination von Partikelfilter und SCR-Technologie: 1 Frischluftzufuhr, 2 Dieselmotor, 3 Katalysator, 4 Partikelfilter, 5 Tank für das Reduktionsmittel mit Pumpe, 6 Einspritzdüse, 7 Katalysator, 8 NO_x-Sensor, 9 Abgasrohr, 10 Temperatursensor

5.9 Diagnose

5.9.1 Gesetzliche On-Board-Diagnose

Die gesetzlich vorgeschriebene On-Board-Diagnose hatte unter der Abkürzung OBD I im Jahr 1988 in Kalifornien ihren Ursprung und wurde als OBD II 1994 mit erweiterten Prüfkriterien versehen und in die kalifornische Gesetzgebung aufgenommen. Diese Bestimmungen dienten den heute in Europa geltenden Vorschriften als Vorlage. Die für Europa geltenden Bestimmungen, auf die im folgenden Abschnitt eingegangen wird, werden allgemein als EOBD (europäische On-Board-Diagnose) bezeichnet.

Der Gesetzgeber schreibt die ununterbrochene Kontrolle aller abgasrelevanten Komponenten und Systeme vor. Ebenso zu überwachen sind auch die an der gesetzlich vorgeschriebenen Kontrolle beteiligten Komponenten und Kontrollabläufe. Diagnosefunktionen in den Motorsteuerungen sind Funktionen, die den störungsfreien Betrieb des Systems sicherstellen und eventuelle Fehler erkennen sollen. Durch die funktionale Komplexität der Motorsteuerungen nehmen diese Diagnosefunktionen heute etwa die Hälfte der Kapazität des Steuergerätes ein.

Neben dem Ablauf der eigentlichen Diagnosen beziehen sich die gesetzlichen Anforderungen ebenfalls auf die Aktivierungs- und Sperrbedingungen, die Häufigkeit der Durchführung und die Reaktion auf erkannte Fehler im Form von Fehlerspeichereinträgen und der Ansteuerung der Motorkontrollleuchte (Malfunction Indicator Lamp MIL), die den Fahrer auf einen Fehler aufmerksam macht. Falls das Steuergerät Fehler erkennt, muss es diese in einer genormten Codierung abspeichern. Ist die Abweichung gravierend, muss es die Motorkontrollleuchte ansteuern. Besteht die Gefahr einer Bauteilzerstörung, blinkt die Motorkontrollleuchte. Es besteht auch die Möglichkeit, Fehler außerhalb der Motorsteuerung über die Motorkontrollleuchte zu signalisieren, wenn diese die Ursache für erhöhte Emissionen sein können.

Um das Fehlerauslesen zu vereinfachen, hat der Gesetzgeber einen vom Fahrersitz aus erreichbaren, genormten Diagnosestecker vorgeschrieben. Dieser Stecker ist 16-polig, wobei die Pinbelegung, so weit sie das Fehlerspeicherauslesen betrifft, vorgeschrieben ist (siehe Bild 5-37). Dadurch lässt sich der Fehlerspeicher mit jedem beliebigen OBD-Datensichtgerät (Scan-Tool) auslesen.

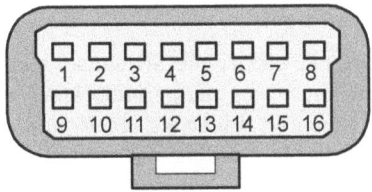

Bild 5-37 Pinbelegung eines vorgeschriebenen 16-poligen Diagnosesteckers:
2, 10 Datenübertragung nach SAE J 1850;
7, 15 Datenübertragung nach
DIN ISO 9141-2 oder 14 230-4;
4 Fahrzeugmasse;
5 Signalmasse;
6 CAN-High-Leitung;
14 CAN-Low-Leitung;
16 Batterie-Plus;
1, 3, 8, 9, 11, 12, 13 nicht von OBD belegt

5.9.2 Diagnosefunktionen

Bei den Diagnosefunktionen lassen sich drei Klassen unterscheiden: die Diagnose der Erfassung, der Verarbeitung und der Ausgabe der elektrischen Signale, die Diagnose der Systemfunktion und die Überwachung hinsichtlich sicherheitsrelevanter Fehlfunktionen (siehe Bild 5-38).

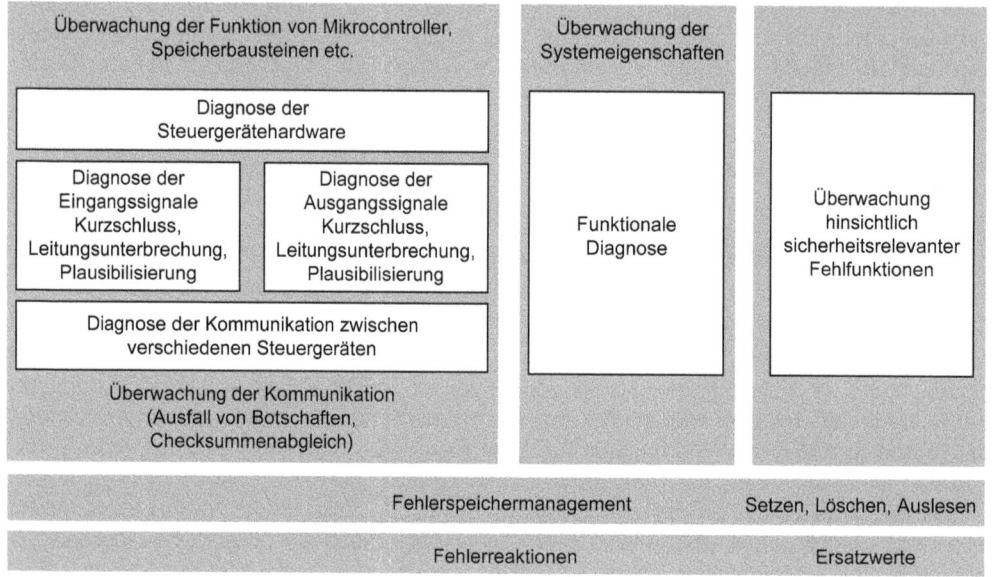

Bild 5-38 Übersicht über Diagnosen in der Motorsteuerung

Diagnose der Erfassung, der Verarbeitung und der Ausgabe elektrischer Signale

Eine Diagnoseanforderung besteht in der Überwachung der Eingangssignale. Damit werden die Sensoren selbst und die Verbindungskomponenten überprüft, indem Kurzschlüsse zur Masse oder zur Versorgungsspannung sowie eine unterbrochene Leitung erkannt werden (Peripheriefehler). Neben der Diagnose der eingehenden Signale wird auch die Signalverarbeitung im Mikrocontroller durch verschiedene Selbsttests abgesichert, um so fehlerhafte Rechen- und Speicheroperationen aufzudecken. Analog zu den Eingangssignalen kann auch die Ausgabe der Signale hinsichtlich Unterbrechung oder Kurzschluss überprüft werden.

Zur Diagnose der Peripheriefehler kann die Motorsteuerung nur elektrische Spannungen auswerten. Dazu gehören die Spannungshöhe, Spannungsänderungen und bei periodischen Vorgängen die Frequenz. Diese drei physikalischen Größen haben als Eingangssignale und als Ausgangssignale einen Informationsgehalt. Dieser Informationsgehalt kann plausibel oder unplausibel sein. Plausible Werte der Eingangssignale sind für intakte Komponenten realistisch und widersprechen sich und gegebenenfalls anderen Informationen nicht. Die Eindeutigkeit lässt sich durch redundante Sensorausführungen steigern. Falschwerte entstehen durch fehlerhafte Sensoren, korrodierte Kontaktierungen, (feuchtigkeitsbedingte) Nebenschlüsse, unterbrochene oder kurzgeschlossene Leitungen oder durch elektromagnetische Einstreuungen. Im Steuergerät selbst kann die Signalaufbereitung oder die A/D-Wandlung defekt sein. Seine Ausgangssignale legt ein Steuergerät als Ergebnis umfangreicher und komplizierter Verarbeitungsprozesse fest. Sie können im Ausgangsbereich eines Steuergerätes durch fehlerhafte Hardwarekomponenten oder Fehler in der Peripherie verfälscht werden.

Eindeutig falsche Eingangs- oder Ausgangssignale liegen außerhalb der erwarteten Spannungshöhe, Spannungsänderung oder Frequenz. Diese Abweichungen kann das Steuergerät sicher als Fehler diagnostizieren und im Fehlerspeicher ablegen. Besonders tückisch sind dagegen Spannungswerte, die zwar falsch sind, aber auch bei intakten Komponenten vorkommen können und deshalb noch innerhalb eines Toleranzbandes liegen.

Diagnose der Systemfunktion

Erheblich komplexer sind die Diagnosen, die die Funktion von einzelnen Systemen absichern. Sie betrachten nicht mehr nur einzelne Signalwerte, sondern diagnostizieren unplausible Verläufe innerhalb eines Systems. Dazu müssen teilweise komplexe Modelle von Teilsystemen in der Motorsteuerung berechnet werden, um Plausibilitätsüberprüfungen einzelner Größen durchführen zu können. Die Prüfungen der OBD II, der zweiten Stufe der Diagnosevorschriften, schreiben eine Reihe von funktionalen Diagnosen ausdrücklich vor. Dies sind in der momentanen Gültigkeit:

- Katalysatordiagnose,
- λ-Sonden,
- Verbrennungsaussetzer,
- Abgasrückführung,
- Tankleckdiagnose,
- Sekundärlufteinblasung,
- Kraftstoffsystem,
- Kurbelgehäuseentlüftung,
- Motorkühlung,
- Kaltstartemissionsminderung,
- Klimaanlage,
- variabler Ventiltrieb,
- Ozonminderung,
- Partikelfilter,
- sonstige Bauteile und Funktionen, die emissionsrelevant sind.

Von diesen vorgeschriebenen Diagnosen sollen hier einige näher beschrieben werden.

Katalysatordiagnose beim Ottomotor

Zur Sicherstellung einer dauerhaften Konvertierungsfunktion des Dreiwegekatalysators muss eine funktionale Überprüfung der schadstoffreduzierenden Wirkung erfolgen. Dazu macht sich die Motorsteuerung zu Nutze, dass sich die Konvertierungsleistung eines Dreiwegekatalysators in seiner Sauerstoffspeicherfähigkeit widerspiegelt. Bei sehr guter Sauerstoffspeicherfähigkeit kann eine Änderung des Luftverhältnisses, mit dem der Motor betrieben wird, nach dem Katalysator nur stark reduziert gemessen werden, da der Katalysator die variierte Sauerstoffmenge einspeichern und wieder abgeben kann. Die Katalysatordiagnose prägt dem Motor gezielt eine überlagerte, periodische Luftverhältnisänderung auf. Sollte die Amplitude dieser Änderung nach dem Katalysator nahezu ungedämpft zu erkennen sein, wird von einem defekten Katalysator ausgegangen und ein Fehler gemeldet.

Katalysatordiagnose beim Dieselmotor

Beim Dieselmotor werden im Oxidationskatalysator Kohlenmonoxid (CO) und unverbrannte Kohlenwasserstoffe (HC) oxidiert. Diagnosefunktionen basieren unter anderem auf Temperatur- und Druckdifferenzen. Durch eine aktive Nacheinspritzung wird Wärme durch eine exotherme HC-Reaktion im Oxidationskatalysator erzeugt. Die Temperatur wird gemessen und mit berechneten Modellwerten verglichen. Daraus kann die Funktionsfähigkeit des Katalysators abgeleitet werden.

Ebenso arbeiten Überwachungsfunktionen für die Speicher- und Regenerationsfähigkeit des NO_x-Speicherkatalysators mit Beladungs- und Entladungsmodellen sowie der gemessenen Regenerationsdauer. Dazu ist der Einsatz von λ-Sonden oder NO_x-Sensoren erforderlich [Re7].

λ-Sonden

Die λ-Sonden sind neben den Katalysatoren die wesentlichen Komponenten des Abgasnachbehandlungssystems und unterliegen ebenfalls einer Diagnosepflicht. Dazu werden die elektrischen Signale wie Ausgangsspannung und Innenwiderstand der Sonde auf Plausibilität überprüft, sowie das erwartete Folgeverhalten des λ-Sonden-Signals auf Luftverhältnisänderungen und die Beheizungsfunktion der λ-Sonden überwacht.

Verbrennungsaussetzer

Falls eine Verbrennung nicht ausgelöst werden kann, hat dies für die Emissionen des Fahrzeugs in zweierlei Hinsicht Konsequenzen: Das entstandene unverbrannte Luft-Kraftstoff-Gemisch gelangt in die Umwelt und erhöht insbesondere die Kohlenwasserstoffemissionen. Die zweite Konsequenz kann noch folgenschwerer sein: Sollten mehrere Aussetzer auftreten, kann durch die exotherme Reaktion des unverbrannten Kraftstoffs mit dem ebenfalls vorhandenen Sauerstoff im Katalysator die Beschichtung des Katalysators extrem gealtert oder sogar der Träger zerstört werden. Um dies zu verhindern, ist die Erkennung von Verbrennungsaussetzern gesetzlich vorgeschrieben und mit Anweisungen für Fehlerreaktionen verbunden. Beim Ottomotor wird die Diagnose der Verbrennungsaussetzer in jedem Betriebspunkt gefordert, beim Dieselmotor nur im Leerlauf.

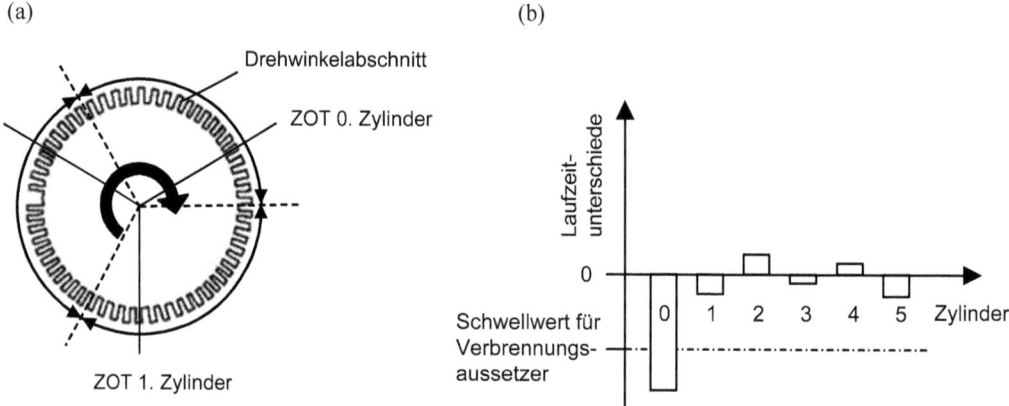

Bild 5-39 Funktionsprinzip der Aussetzererkennung (Beispiel Sechszylindermotor):
(a) Kurbelwellen-Geberrad. ZOT bezeichnet dabei den oberen Totpunkt im Zündtakt, die Bezeichnung der Zylinder erfolgt in Zündreihenfolge. Die Pfeile außen markieren überstrichene Winkelbeträge (Drehwinkelabschnitte), der Pfeil in der Mitte gibt die Drehrichtung an. (b) Berechnung und Bewertung der Laufzeitunterschiede

Die Aussetzererkennung basiert in der Regel auf der Tatsache, dass eine ausbleibende Verbrennung einen reduzierten Momentenbeitrag des betreffenden Zylinders zur Folge hat. Dieses fehlende Moment führt zu einer verlangsamten Drehbewegung des Motors, die gemessen werden kann. Die Messung erfolgt durch die Bestimmung der Zeit, in der die Drehung der Kurbelwelle einen bestimmten Winkelbetrag überstrichen hat. Dieser Drehwinkelabschnitt wird jeweils einem Zylinder zugeordnet, dessen beschleunigendes Moment zu dem Zeitpunkt auf die Kurbelwelle wirkt. Vergleicht man aufeinanderfolgende Zeiten, die jeweils für einen Drehwinkelabschnitt benötigt werden, so kann eine Schwelle definiert werden, ab der eine ansteigende Zeit als Folge einer ausgebliebenen Verbrennung interpretiert werden kann (siehe Bild 5-39).

Um die erforderliche Genauigkeit bei der Zeitmessung zu erhalten, werden eventuelle Fertigungstoleranzen bei den Zähnen des Geberrades durch eine Adaption ausgeglichen. Dazu werden im Schubbetrieb des Motors (z. B. während einer Bergab-Fahrt) Zeitdifferenzen in Korrekturwerte umgerechnet, da in diesem Zustand die Verbrennung selber nicht Ursache von Drehungleichförmigkeiten sein kann. Sollte die Anzahl der diagnostizierten Aussetzer über einem Grenzwert liegen, bei dem eine Schädigung des Katalysators zu befürchten ist, so wird zu dessen Schutz die Einspritzung des aussetzenden Zylinders abgeschaltet. Die Aussetzererkennung führt zur blinkenden Ansteuerung der Motorkontrollleuchte.

Diagnose Kraftstoffsystem beim Dieselmotor

Zur Diagnose des Common-Rail-Systems gehören die elektrische Überwachung der Injektoren und der Raildruck-Regelung (Hochdruckregelung). Beim Pumpe-Düse-System (Unit-Injector-System) wird vor allem die Schaltzeit der Einspritzventile überwacht. Spezielle Funktionen des Einspritzsystems, die die Einspritzmengengenauigkeit erhöhen, werden ebenfalls überwacht. Beispiele dafür sind die Nullmengenkalibrierung und die Mengen-Mittelwertadaption. Letztere benutzt Informationen der λ-Sonde als Eingangssignal und berechnet daraus und aus Modellen die Abweichungen zwischen Soll- und Ist-Einspritzmenge [Re7].

Diagnose Abgasrückführsystem

Beim Abgasrückführsystem werden das AGR-Ventil und, falls vorhanden, der Abgaskühler überwacht. Das Abgasrückführventil wird sowohl elektrisch als auch funktional überwacht. Die funktionale Überwachung erfolgt über die Luftmassenregelung und die Lageregelung, die auf eine bleibende Regelabweichung überprüft werden.

Hat das Abgasrückführsystem einen Kühler, so muss dessen Funktionsfähigkeit ebenfalls überwacht werden. Die Überwachung erfolgt über eine zusätzliche Temperaturmessung hinter dem Kühler. Die gemessene Temperatur wird mit einem aus einem Modell berechneten Sollwert verglichen. Liegt ein Defekt vor, so kann dieser über die Abweichung von Soll- und Istwert erkannt werden [Re7].

Diagnose Partikelfilter

Beim Partikelfilter wird derzeit auf einen gebrochenen, entfernten oder verstopften Filter überwacht. Dazu wird ein Differenzdrucksensor eingesetzt, der bei einem bestimmten Volumenstrom die Druckdifferenz (Abgasgegendruck vor und nach dem Filter) misst. Aus dem Messwert kann auf einen defekten Filter geschlossen werden [Re7].

Überwachung hinsichtlich sicherheitsrelevanter Fehlfunktionen

Die mechanische Entkopplung des Fahrpedals von der Drosselklappe (Drive by Wire) hat eine permanente Überwachung der drehmomentrelevanten Systeme des Motors erforderlich gemacht. Durch sie wird verhindert, dass durch ein Fehlverhalten eine unerwünschte Beschleunigung des Fahrzeugs eintritt. Die Umsetzung dieses Überwachungskonzeptes hat zu umfangreichen Maßnahmen in der Motorsteuerung geführt und wird zwischen den Automobilherstellern teilweise übergreifend abgestimmt. Kernstück der Überwachung ist eine Diagnose in drei Ebenen (siehe Bild 5-40).

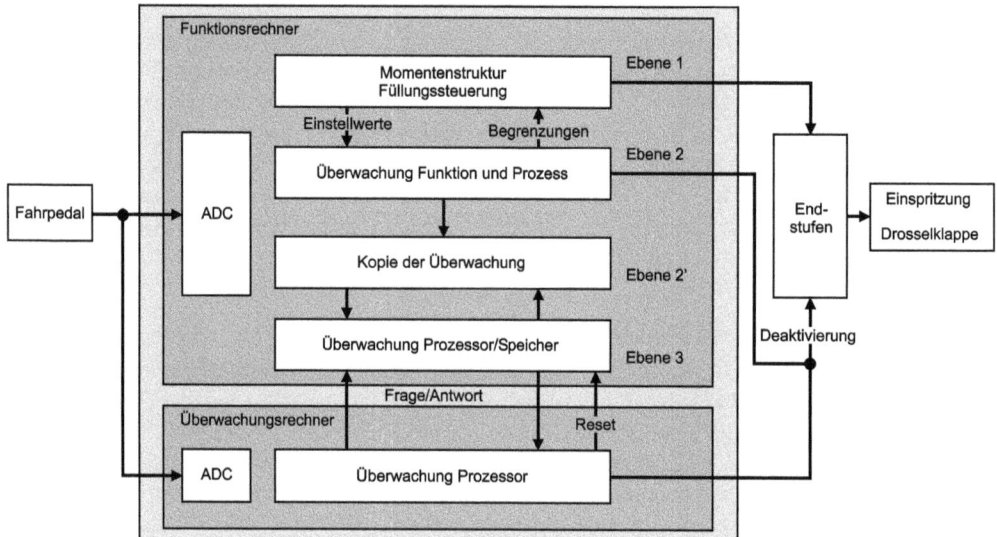

Bild 5-40 Aufbau des Sicherheitskonzeptes. ADC steht für A/D-Wandler (Analog Digital Converter)

Ebene 1 beschreibt dabei die Funktionen der Momentenstruktur und der Füllungssteuerung, die aus dem Wert des Fahrpedals (der wie die Position der Drosselklappe aus Redundanzgründen über zwei Potentiometer ermittelt wird) die Ansteuerung der Füllungssteuerungsaktorik vornehmen. Die Ebene 2 bildet die Prozesse der Ebene 1 unabhängig von dieser auf eine alternative Art ab, um eine Redundanz darzustellen. Dabei werden Funktionen teilweise vereinfacht nachgebildet und mit unabhängig ermittelten Parametern bedatet. Sollten zwischen den beiden Darstellungen momentenerhöhende Abweichungen auftreten, so werden geeignete Maßnahmen ergriffen. Die Ebene 3 schließlich zielt auf die Absicherung der Rechenoperationen des Prozessors ab. Dazu wird der eigens integrierte Überwachungsrechner eingesetzt, der unabhängig vom Hauptprozessor agiert. Durch Plausibilitätsuntersuchungen werden in der Ebene 3 sowohl die Umwandlung der analogen Signale, als auch die korrekte Durchführung der Befehle selbst und der Speicherzugriffe überwacht. Sollten Fehlfunktionen durch das Überwachungskonzept festgestellt werden, so besteht die Möglichkeit, einen Prozessor-Reset auszulösen, das Drehmoment auf einen Notlaufwert zu begrenzen oder die Einspritzung zu deaktivieren [Ba3].

6 Getriebesteuerung

Wesentliche Aufgabe der Steuerung automatischer Getriebe ist es, abhängig von verschiedenen Randbedingungen stets den richtigen Gang einzulegen, den Gangwechsel in allen Betriebspunkten und Sonderfällen möglichst komfortabel auszuführen, zusätzliche Bedieneingriffe des Fahrers richtig zu verarbeiten und dabei Fehlbedienungen sicher abzufangen.

Heutige Steuerungen werden fast ausnahmslos elektronisch-hydraulisch ausgeführt. Bei automatischen Getrieben kommt auch pneumatische oder elektromotorische Aktorik zum Einsatz. Allen Steuerungen ist jedoch gemeinsam, dass eine Elektronik zur Realisierung der umfangreichen und immer noch zunehmenden Funktionalität unerlässlich ist.

Zu den ersten beiden der oben genannten Aufgaben werden im Folgenden die Funktionen erläutert, wobei insbesondere regelungstechnische und adaptive Aspekte erklärt werden.

6.1 Schaltpunktsteuerung

Die Grundfunktionalität der Schaltpunktsteuerung stammt noch aus der Zeit rein hydraulisch gesteuerter Getriebe und lässt sich als Kennlinie für die Gaspedalstellung als Funktion der Abtriebsdrehzahl beschreiben (siehe Bild 6-1). Mit dieser Art von Schaltkennlinien lassen sich folgende Grundtendenzen darstellen:

- kleine Gaspedalstellung führt zu niedriger verbrauchsgünstiger Drehzahl,
- große Gaspedalstellung führt zu größerer Drehzahl, d. h. zu höherer Leistung,
- Verfügbarkeit der maximal möglichen Leistung und Drehzahl über Kickdown.

Außerdem ist eine Hysterese zwischen Hoch- und Rückschaltkennlinie realisiert, um unerwünschtes Schaltpendeln zu vermeiden.

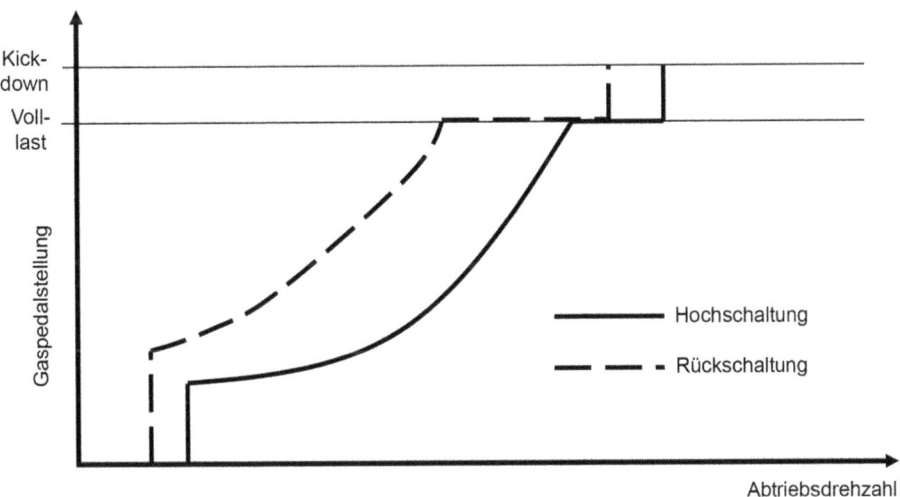

Bild 6-1 Schaltkennlinien eines automatischen Getriebes (Prinzipdarstellung für einen Gangwechsel)

Es leuchtet schnell ein, dass die beschriebene Grundtendenz zwar richtig ist, aber in modernen automatischen Getrieben nicht ausreicht, alle Betriebspunkte und Anwendungsfälle abzudecken. Die ersten elektronisch gesteuerten Getriebe hatten daher die Möglichkeit, über einen Programmwahltaster eine Schaltprogrammauswahl in Richtung Wirtschaftlichkeit (Schalterstellung E für Economy) oder Sportlichkeit (Schalterstellung S für Sport) vorzunehmen. Dabei lagen die E-Kennlinien bei niedrigeren, die S-Kennlinien bei höheren Drehzahlen.

Es entstand jedoch bald der Wunsch, zusätzlich zu dieser manuellen Eingriffsmöglichkeit eine Funktion zu realisieren, die die Schaltkennlinien automatisch an die Fahrsituation anpasst. Diesen „adaptiven Schaltkennlinien" liegt der Ansatz zugrunde, dass bei höherem Fahrwiderstand mehr Leistung gefordert wird, was entsprechend zu höheren Drehzahlen führen soll. Die Erkennung eines höheren Fahrwiderstandes wird anhand eines Beschleunigungsvergleiches durchgeführt (Bild 6-2). Ein erhöhter Fahrwiderstand liegt dann vor, wenn die gemessene Istbeschleunigung a_{ist} nicht gleich dem erwarteten Nominalwert a_{nom} ist, der sich bei einem Fahrzeug mit Nominalmasse m auf der Ebene einstellen müsste. Zur Bestimmung von a_{nom} wird das Motormoment T_{Mot} mit Wandlerverstärkung μ_W, Getriebeübersetzung i_G und Achsübersetzung i_{Achs} multipliziert und mit dem Reifenradius r auf die fahrzeugseitige Kraft umgerechnet. Durch Division durch die Fahrzeugmasse m erhält man die Nominalbeschleunigung a_{nom}. Die Istbeschleunigung a_{ist} erhält man durch Differenzierung der Abtriebsdrehzahl n_{Ab}, wobei mit r und i_{Achs} eine Umrechnung auf die Fahrzeugseite erfolgt.

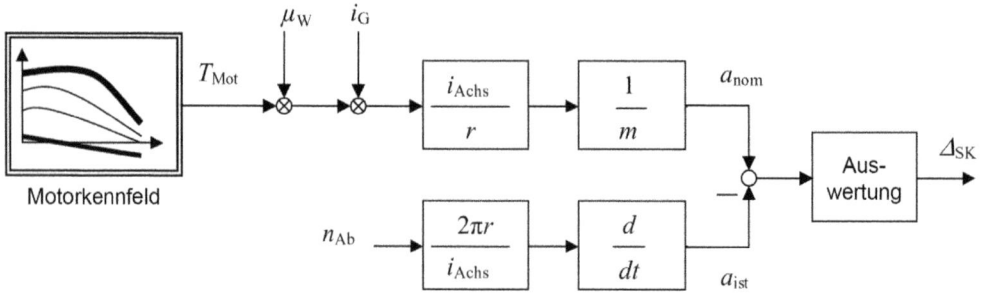

Bild 6-2 Blockschaltbild zur Erkennung eines erhöhten Fahrwiderstandes für die Anpassung adaptiver Schaltkennlinien. Dabei bezeichnet Δ_{SK} = 0, 1, 2 die Veränderung der Schaltkennlinie

Hierbei wird nicht unterschieden, ob der erhöhte Fahrwiderstand durch eine Steigung verursacht wird oder durch ein Fahrzeug mit höherer Masse (Beladung oder Anhänger). In beiden Fällen wird die Istbeschleunigung a_{ist} niedriger sein, und es werden richtigerweise Schaltkennlinien mit höheren Schaltdrehzahlen eingestellt. Die Umschaltung auf die anderen Schaltkennlinien erfolgt über den identifizierten Parameter Δ_{SK} (siehe Bild 6-2).

Diese seit vielen Jahren erfolgreich eingesetzte Funktion ist auch heute noch Grundlage adaptiver Schaltprogramme. Inzwischen fanden jedoch umfangreiche Erweiterungen statt, um differenzierter auf die einzelnen Fahrsituationen einzugehen, und um weitere Anpassungen der Schaltprogramme und der Gangschaltungen zu realisieren. So kann man z. B. unerwünschte Schaltungen vor oder in Kurven unterdrücken, Schaltpendeln im Stop-and-Go-Verkehr verhindern oder zur Unterstützung der Bremse Rückschaltungen einleiten. Mittlerweile nutzt der Fahrzeughersteller die vielfältigen Möglichkeiten der Elektronik, eigene Schaltstrategien zu entwickeln und in seinen Fahrzeugen einzusetzen.

6.2 Geregelte Lastschaltung

In diesem Abschnitt werden die Grundlagen der Lastschaltung sowie deren Steuerung und Regelung erläutert. Nach einer Systemerklärung folgen verschiedene Prinzipien der adaptiven Drucksteuerung für die Lastschaltkupplung.

6.2.1 Systemerklärung

Eine Lastschaltung liegt dann vor, wenn bei einem Gangwechsel der Kraftfluss kontinuierlich, d. h. ohne Zugkraftunterbrechung, von einer Kupplung zu einer anderen übertragen wird. Dementsprechend haben automatische Getriebe gemäß ihrer Gangzahl mehrere Kupplungen. Das Prinzip der Lastschaltung wird in Bild 6-3 beispielhaft an einem Getriebe in Vorgelegebauweise erläutert, es gilt aber grundsätzlich auch für Planetengetriebe. Die Zahnräder seien fest mit der Ausgangswelle (Drehmoment T_a, Drehzahl n_a) verbunden, eine Verbindung mit der Eingangswelle (Drehmoment T_e, Drehzahl n_e) ist nur durch Aktivieren der zugehörigen Kupplung K möglich.

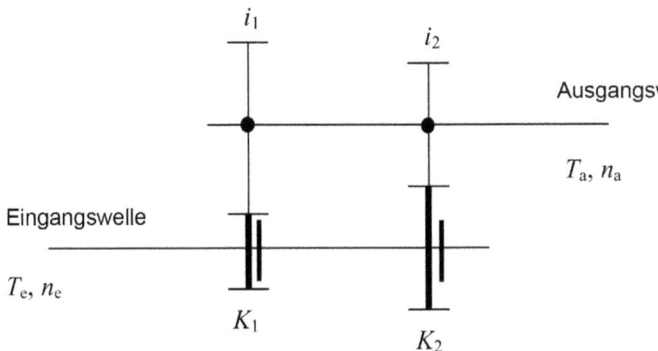

Bild 6-3 Prinzipdarstellung einer Lastschaltung mit je einer Kupplung für jeden Gang

Wir betrachten eine Hochschaltung, d. h. einen Wechsel von der Gangstufe 1 (Übersetzung i_1 = 1,5; Kupplung K_1) in die Gangstufe 2 (Übersetzung i_2 = 1; Kupplung K_2). Diese Schaltung wird durch Öffnen der Kupplung K_1 und Schließen der Kupplung K_2 ausgeführt. Dabei müssen bestimmte zeitliche Verläufe der entsprechenden Kupplungsmomente und der zugehörigen Kupplungsdrücke beachtet werden (Bild 6-4).

Solange an der Kupplung eine Drehzahldifferenz besteht, lautet der Zusammenhang zwischen Druck p und Moment T einer rutschenden Kupplung:

$$T = z\,\mu\,r\,A\,p, \tag{6.1}$$

wobei z die Lamellenzahl, μ der Reibwert, r der Radius und A die Fläche der Kupplung ist.

Wie Bild 6-4 zeigt, ist die Schaltung ist in mehrere Phasen eingeteilt:

Mit dem Schaltbefehl wird die zuschaltende Kupplung K_2 durch den Öldruck p_2 schnellbefüllt, sie überträgt dabei noch kein Moment. Gleichzeitig wird der Druck p_1 der abschaltenden Kupplung K_1 auf einem Niveau gehalten, das einem Moment knapp oberhalb des zu übertragenden Moments entspricht. Bei K_2 folgt zum Ausgleich von Fülltoleranzen die Füllausgleichsphase. Während der Lastübernahme wird das Moment an K_1 auf null heruntergefahren und das Moment an K_2 auf einen Wert erhöht, so dass das Eingangsmoment gerade gehalten werden kann. Bis jetzt hat sich an der Eingangsdrehzahl n_e noch nichts geändert, es wurde lediglich das Moment von einer Kupplung auf die andere übergeben. In der anschließenden

Rutschphase wird das Moment an K_2 weiter erhöht. Damit entsteht ein negativer Drehzahlgradient. Dieser dauert solange an, bis die Drehzahldifferenz an K_2 null ist. Zum Schluss wird der Druck an K_2 auf ein Sicherheitsniveau hochgefahren.

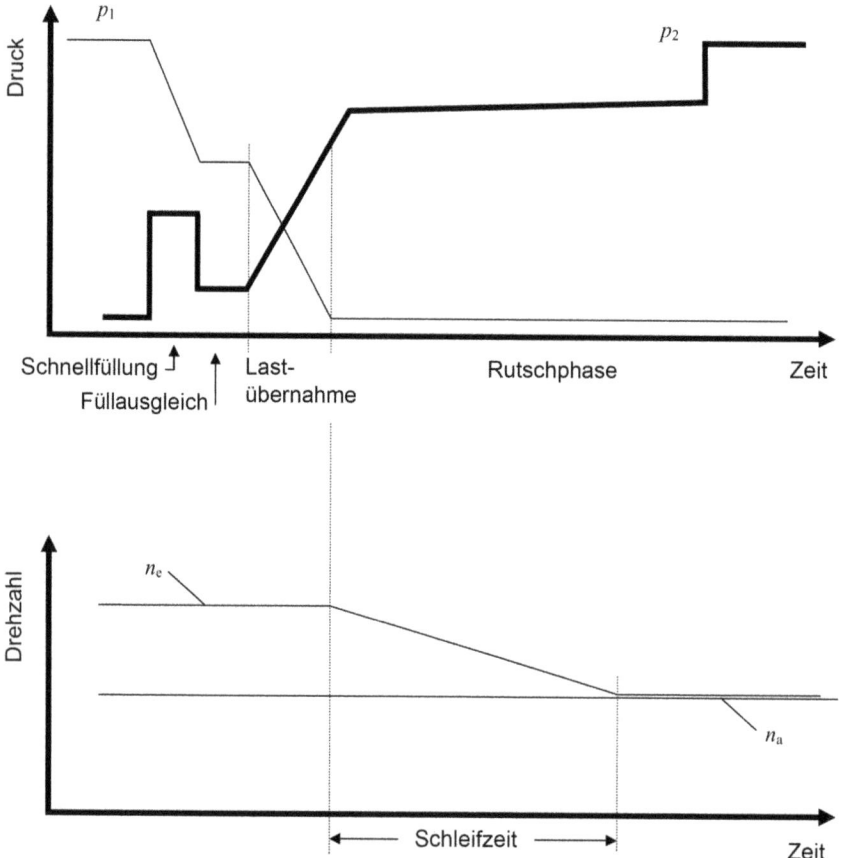

Bild 6-4 Grundsätzlicher Verlauf einer Last-Hochschaltung mit charakteristischen Verläufen von Drehzahlen und Drücken

Wir formulieren nun eine Bilanzgleichung für das Drehmoment an der zuschaltenden Kupplung K_2. Dabei gehen wir von folgenden Annahmen aus:

1. Die Abtriebsdrehzahl n_a ist während der Schaltung konstant. Da an der Abtriebsseite das Fahrzeug mit relativ großer Trägheit (Masse) hängt, trifft dies mit guter Näherung zu.
2. Die Lastübernahme ist abgeschlossen, d. h., $T_1 = 0$ und $p_1 = 0$.

Die Momentenbilanz an der Eingangswelle lautet:

$$J_e 2\pi \, \dot{n}_e = T_e - \underbrace{T_1}_{=0} - T_2$$

Dabei bezeichnet J_e das eingangsseitige Trägheitsmoment, T_e das eingangsseitige Drehmoment und T_1 und T_2 die Drehmomente an den Kupplungen K_1 und K_2. Man erkennt, dass für $T_e = T_2$ die rechte Seite null wird; damit ist n_e konstant. Das ist genau am Ende der Lastübernahme der

6.2 Geregelte Lastschaltung

Fall. Für $T_2 > T_e$ wird die rechte Seite negativ, was einen abfallenden Drehzahlverlauf zur Folge hat.

Wie groß ist nun T_2 bzw. p_2 zu wählen? Es geht darum, in einer endlichen Zeit (ein typischer Wert für die Schleifzeit t_S ist 0,5 s) die Eingangsdrehzahl n_e von dem Wert im alten Gang $n_{e1} = n_a\, i_1$ auf den Wert im neuen Gang $n_{e2} = n_a\, i_2$ zu bringen. Dabei ist davon auszugehen, dass man das Eingangsmoment $T_e = T_\text{Mot}\, \mu_W$ messen oder berechnen kann. T_Mot erhält man von der Motorsteuerung, μ_W über Drehzahlen aus dem Wandlerkennfeld. Außerdem seien das Trägheitsmoment J_e und die Übersetzungen i_1, i_2 bekannt. Die Abtriebsdrehzahl n_a ist ebenfalls aus einer Messung bekannt. Dann gilt mit Gl. (6.1):

$$2\pi J_e (i_2 - i_1)\frac{n_a}{t_s} = T_\text{Mot}\, \mu_W - z\, \mu\, r\, A\, p_2. \tag{6.2}$$

Nach p_2 aufgelöst ergibt sich

$$p_2 = \frac{T_\text{Mot}\, \mu_W - J_e 2\pi (i_2 - i_1) n_a / t_s}{z\, \mu\, r\, A}. \tag{6.3}$$

Wenn die Parameter und die Messgrößen exakt bekannt sind, kann man mit dieser Gleichung den Schaltdruck p_2 in der zuschaltenden Kupplung K_2 bestimmen. Diese „gesteuerte Lastschaltung" ist durch eine vorwärtsgerichtete Struktur (siehe Bild 6-5) gekennzeichnet.

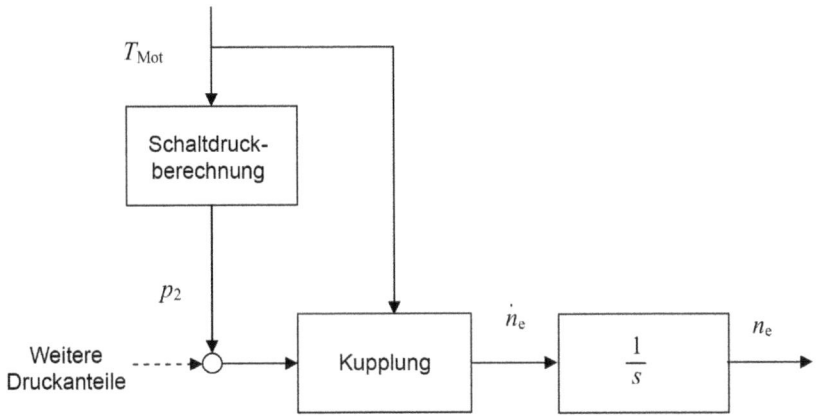

Bild 6-5 Blockschaltbild einer gesteuerten Lastschaltung. Die weiteren Druckanteile werden in Bild 6-7 und 6-10 erklärt

Das bedeutet, dass sie keine Rückführung enthält und dass deshalb keine Stabilitätsprobleme entstehen können. Sie wurde in den früheren hydraulischen Steuerungen realisiert, indem das Motormoment über die Gaspedalstellung und eine Nockenscheibe in einen hydraulischen Druck umgesetzt wurde. Die übrigen Abhängigkeiten konnten jedoch nur ungenau erfasst werden, so dass die Schaltqualität nicht so gut war. Mit der Einführung elektronischer Steuerungen konnte man die verschiedenen Größen erfassen und den Druck genauer berechnen. Dennoch gab es noch Einflüsse über Toleranzen, Streuungen und Lebensdauereffekte, die nachfolgend erklärt werden, und die den Einsatz einer Adaption nahe legten.

6.2.2 Adaptive Drucksteuerung mit Kriterium „Schleifzeit"

Bild 6-6 zeigt noch einmal die zentrale Gleichung (6.3) zur Schaltdruckberechnung mit Erklärungen einzelner Parameter, die durch Ungenauigkeiten einen nachteiligen Einfluss haben können.

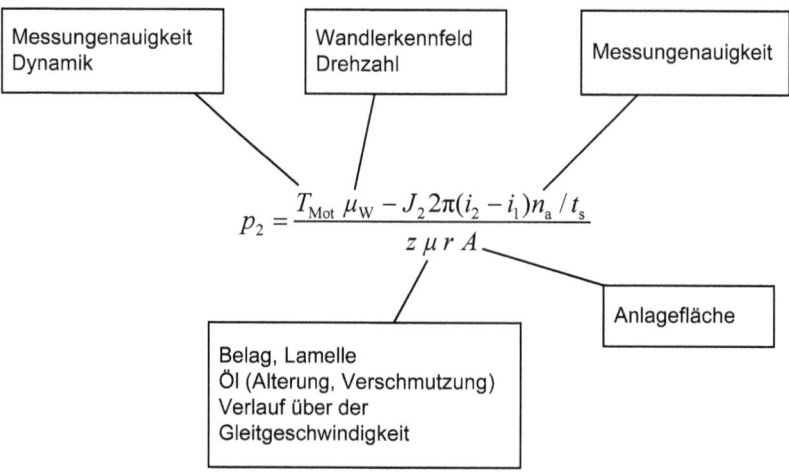

Bild 6-6 Gleichung zur Schaltdruckberechnung mit Ungenauigkeiten

Es gibt viele Einflussgrößen, die entweder nicht genau bekannt sind oder sich über der Lebensdauer ändern können. Neben der Messungenauigkeit von Drehzahl und Drehmoment ist besonders der Reibwert μ eine entscheidende Größe. Wird er zu groß, ist auch das Kupplungsmoment größer, die Schaltung wird kürzer und unkomfortabel. Schlimmer ist jedoch der umgekehrte Fall: Wird der Reibwert zu klein, ist auch das Moment zu klein, das die Kupplung überträgt. Die Schaltung wird länger, die Kupplung kann geschädigt werden und verbrennen. Wir sehen aus der oben genannten Gleichung und aus dem Drehzahlverlauf, dass der Druck unmittelbar den Drehzahlgradienten und (bei fester Drehzahldifferenz zwischen den Gängen) die Schleifzeit beeinflusst. Dies legt es nahe, die Schleifzeit als Kriterium für eine Adaption heranzuziehen. Grundgedanke ist, bei zu großer Schleifzeit den Druck zu erhöhen, und bei zu niedriger Schleifzeit den Druck abzusenken. Damit wird das Blockschaltbild wie in Bild 6-7 gezeigt um die Adaptionsfunktion erweitert.

Der Ablauf der Adaption erfolgt grundsätzlich folgendermaßen: Jede Hochschaltung, die für einen Adaptionsvorgang herangezogen wird (Kriterien siehe unten), wird bzgl. ihrer Schleifzeit t_S ausgewertet. Die Schleifzeit wird vom Drehzahlmaximum (Beginn des Drehzahlabfalls) bis zum Erreichen des Synchronpunktes gemessen. Zur sicheren Erkennung des Drehzahlmaximums muss dabei die Drehzahl um einen definierten Wert Δn_1 abgefallen sein. Entsprechend wird das Schaltungsende dann erkannt, wenn die Drehzahl weniger als Δn_2 am Synchronpunkt liegt. Die Schleifzeit wird mit dem vorgegebenen Wert (z. B. 0,5 s) verglichen. In einem bestimmten Toleranzband (z. B. zwischen 0,4 und 0,6 s) wird keine Änderung des Korrekturdruckes p_{Ad} vorgenommen. Bei Überschreiten von 0,6 s (bzw. umgekehrt bei Unterschreiten von 0,4 s) wird der Druck p_{Ad} inkremental um 0,1 bar erhöht (bzw. erniedrigt). Nach einer Filterung wird der Korrekturdruck in das Adaptionskennfeld eingeschrieben. Dabei gibt es unterschiedliche Werte je nach Last und Drehzahl.

6.2 Geregelte Lastschaltung

Die Adaption, d. h. das Einschreiben in das Kennfeld, darf nur dann durchgeführt werden, wenn es sich um eine Schaltung unter Normalbedingungen handelt, die aussagekräftige signifikante Kriterien liefert. Dazu muss die Öltemperatur größer als ein vorgegebener Grenzwert sein, damit keine Verfälschung durch eine zu niedrige Viskosität vorliegt. Außerdem muss das Eingangsdrehmoment oberhalb eines Grenzwerts liegen, da bei niedriger Last eine Verfälschung durch einen verschliffenen Drehzahlverlauf entsteht. Eine Änderung des Eingangsdrehmoments darf nur sehr klein sein, um eine Verfälschung durch dynamische Vorgänge zu vermeiden. Aus dem gleichen Grund sind Schaltungen, bei denen Lastwechsel (Zug-Schub) während der Schaltung auftreten, von der Bewertung auszuschließen. Das Auslesen und die Addition von p_{Ad} erfolgt allerdings bei jeder Schaltung. Es existiert für jede Schaltungsart eine solche Tabelle.

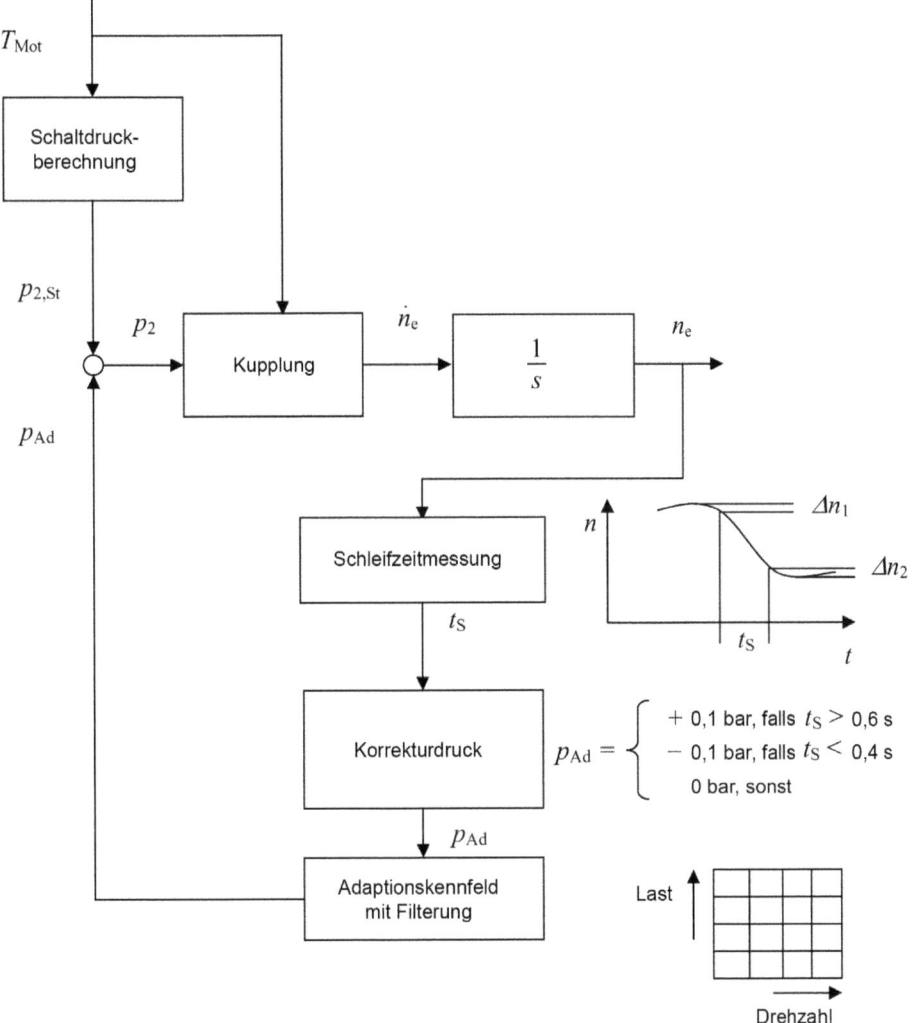

Bild 6-7 Gesteuerte Lastschaltung mit Adaption über das Kriterium Schleifzeit, Blockschaltbild zur Funktionsweise (Zahlenwerte beispielhaft)

Es handelt sich hier um eine Adaption mit Rückführung, denn es muss zunächst ein Adaptionskriterium identifiziert werden (im vorliegenden Fall die Schleifzeit), aus dem dann durch ein Adaptionsgesetz die veränderte Steuergröße berechnet wird. Adaptiert wird hier die Steuerung.

6.2.3 Adaptive Drucksteuerung mit Kriterium „Reglereingriff"

Der Nachteil bei der zuvor beschriebenen Adaption besteht darin, dass erst eine Abweichung der Schleifzeit auftreten muss, bevor eine Korrektur des Druckes erfolgt. Besser ist es, wenn die Korrektur unmittelbar während der Schaltung durchgeführt wird. Um dies zu erreichen, wird die gesteuerte Lastschaltung um einen Regler zur „geregelten Lastschaltung" (GLS) erweitert (Bild 6-8). Die Grundidee der geregelten Lastschaltung ist, bereits während der Schaltung Abweichungen des Drehzahlgradienten von seinem Sollwert zu erkennen und über einen Regler korrigierend einzugreifen.

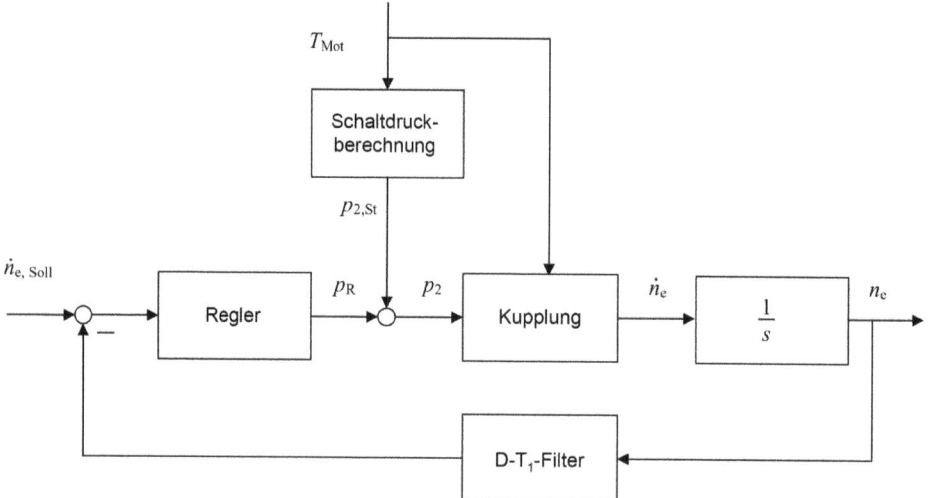

Bild 6-8 Geregelte Lastschaltung

Ein typischer Regelverlauf in Bild 6-9 zeigt, dass nach einer Anfangsabweichung bereits während der Schaltung eine Korrektur stattfindet. Der Regler erkennt nach einer Anfangsabweichung, dass der Drehzahlgradient vom Idealverlauf abweicht und erhöht den Druck p_R und damit den Kupplungsdruck p_2. Dadurch wird der Drehzahlverlauf so verändert, dass der Drehzahlgradient dem Sollwert folgt, d. h., dass der Drehzahlverlauf parallel zum Idealverlauf liegt. Es ist zu beachten, dass auf diese Weise die Sollschleifzeit nicht ganz erreicht wird. Diese geringe Abweichung kann aber toleriert werden (siehe Bild 6-9).

Auch hier ist es sinnvoll, eine Adaption für den gesteuerten Druck einzuführen, damit es gar nicht erst zu einer Anfangsabweichung kommt. Als Adaptionskriterium kann in diesem Fall aber nicht die Schleifzeit herangezogen werden, da diese ja durch den Reglereingriff weitestgehend dem Sollwert angeglichen wird. Es eignet sich eher der Reglereingriff p_R (Bild 6-9), denn der ist ja ein Maß dafür, wie stark der Druck von seinem „richtigen" Wert abgewichen ist. Der Reglereingriff wird als gemittelter Reglerdruck durch Integration und Division durch die Schleifzeit berechnet:

$$\overline{p}_R = \frac{1}{t_S} \int p_R(t)\, dt. \tag{6.4}$$

6.2 Geregelte Lastschaltung

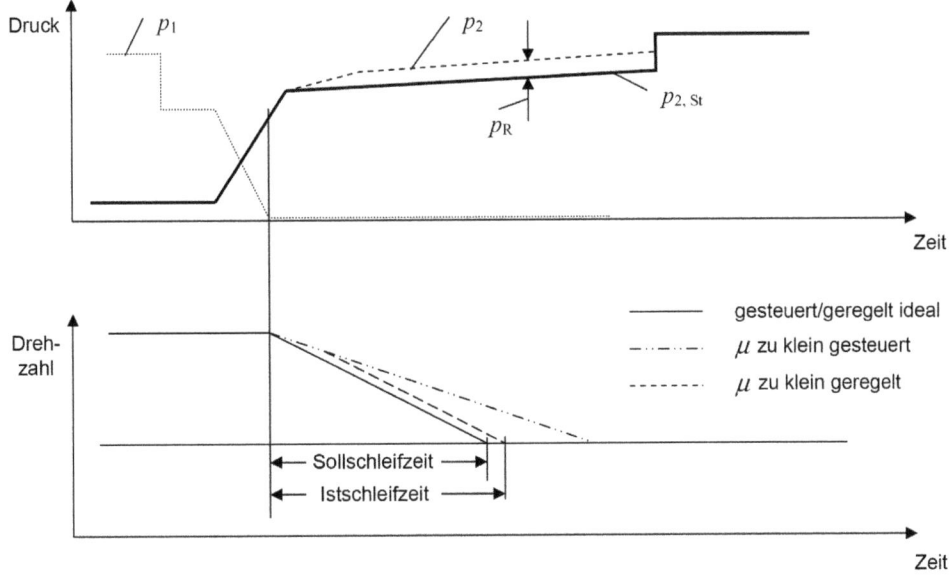

Bild 6-9 Typische Druck- und Drehzahlverläufe einer geregelten Lastschaltung

Anschließend wird er gefiltert und ähnlich wie oben als Korrekturdruck in eine Tabelle, abhängig von Last und Drehzahl, eingetragen. Auch hier gelten wieder die einschränkenden Randbedingungen für den Eintrag in die Tabelle, und es wird bei jeder Schaltung der Korrekturwert p_{Ad} ausgelesen und verwendet (Bild 6-10). Auch hier handelt es sich um eine Adaption mit Rückführung, die auf den gesteuerten Anteil eingreift. Die Erprobung muss daher entsprechend sorgfältig erfolgen.

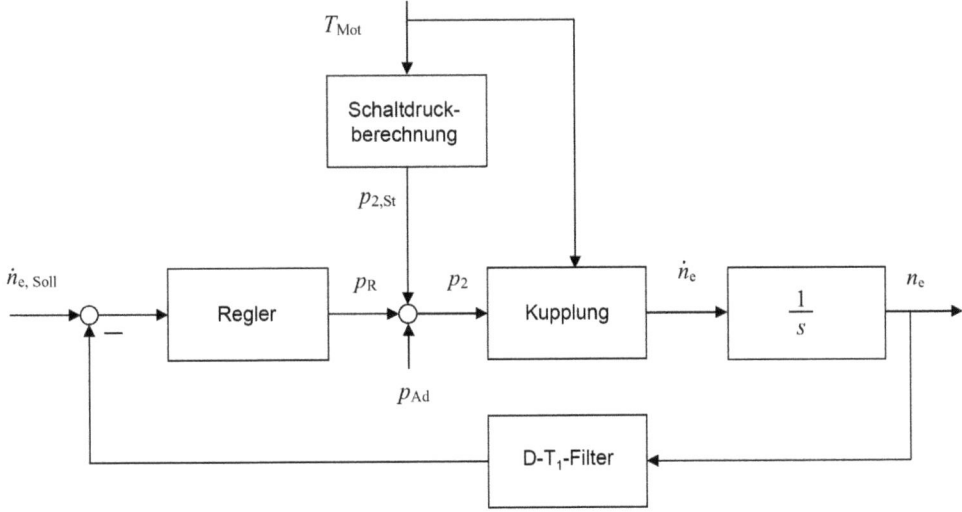

Bild 6-10 Geregelte Lastschaltung mit gesteuertem Anteil $p_{2,St}$, geregeltem Anteil p_R und adaptivem Anteil p_{Ad} (siehe Bild 6-8, ergänzt um Adaptionsdruck p_{Ad})

Der Vollständigkeit halber sei vermerkt, dass bei Rückschaltungen prinzipiell das gleiche Verfahren verwendet wird. Im Unterschied zu Hochschaltungen wird hier der Druck um einen bestimmten Betrag abgesenkt, damit die Drehzahl auf den neuen Synchronpunkt hochlaufen kann.

6.3 Geregelte Wandlerkupplung

Bis heute ist der hydrodynamische Drehmomentwandler ein bewährtes Element zur Verbindung des Verbrennungsmotors mit dem mechanischen Teil des automatischen Getriebes (Bild 6-11). Es bietet eine Reihe von Vorteilen: Neben dem weichen, komfortablen Anfahren ermöglicht er eine Erhöhung des übertragenen Drehmoments, besonders bei Lastanforderung. Außerdem dämpft er die Drehungleichförmigkeiten des Verbrennungsmotors.

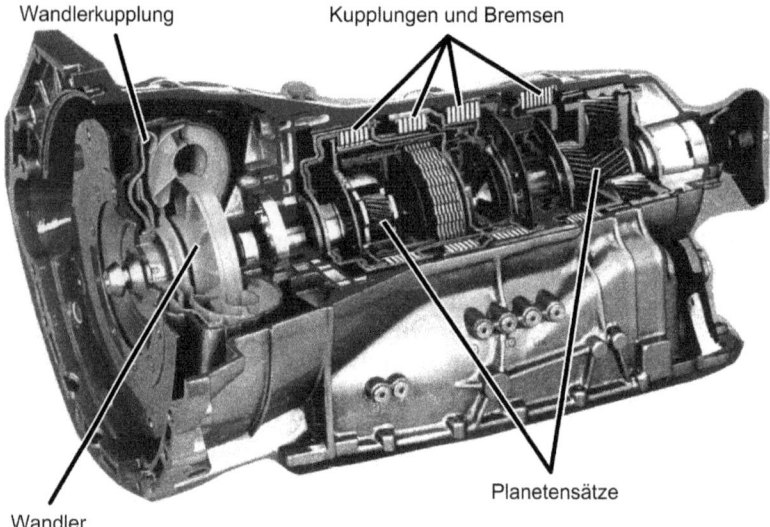

Bild 6-11 ZF-Automatgetriebe 6HP26 mit Darstellung der wesentlichen Komponenten

Diesen Vorteilen steht ein entscheidender Nachteil gegenüber. Es entsteht nämlich prinzipbedingt ein Schlupf zwischen Antrieb und Abtrieb. Dieser führt zu entsprechender Verlustleistung, was erhöhten Kraftstoffverbrauch zur Folge hat. Daraus resultierte vor Jahren die Motivation, den Wandler mit einer Wandlerüberbrückungskupplung (im weiteren Verlauf „Wandlerkupplung" oder abgekürzt WK genannt) auszustatten. Diese Kupplung ermöglichte eine deutliche Verminderung der Verluste ohne merkliche Einbußen der Vorteile. Es gibt allerdings immer noch Bereiche, in denen die Wandlerkupplung offen bleiben muss, da ansonsten keine genügende Dämpfung der Drehungleichförmigkeit erzielt wird. Dies führte zur Entwicklung der geregelten Wandlerkupplung (GWK). Ihr Ziel ist, auch bei niedrigen Drehzahlen einen nahezu überbrückten Zustand (zur Kraftstoffersparnis) zu bewirken und gleichzeitig durch eine geringe Drehzahldifferenz zwischen Pumpe und Turbine eine Dämpfungsfunktion zu realisieren. Damit bleiben bei weitestgehender Vermeidung der Nachteile die wesentlichen Vorteile des Wandlers erhalten. Eine zusammenfassende Darstellung der verschiedenen Betriebszustände zeigt Bild 6-12.

6.3.1 Systemerklärung

Im Betrieb „WK offen" in Bild 6-12 ist die ursprüngliche Wandlerfunktion aktiv, d. h., der Verbrennungsmotor treibt die Pumpe, diese versetzt das Öl in Bewegung (vom Innen- zum Außendurchmesser), im Turbinenrad strömt das Öl umgekehrt vom Außen- zum Innendurchmesser und nimmt die Turbine mit. Bei entsprechenden Drehzahlverhältnissen wird der Ölstrom vom Leitrad so umgelenkt, dass eine Momentenverstärkung (Wandlung) entsteht. Für weitere Erläuterungen sei auf die Literatur verwiesen, z. B. [Da1]. Wird nun die Wandlerkupplung (WK) aktiviert, entsteht ein mechanisch parallelgeschalteter Übertragungszweig, der umso stärker wirkt, je kleiner die Differenzgeschwindigkeit zwischen Pumpe und Turbine ist (Bild 6-13).

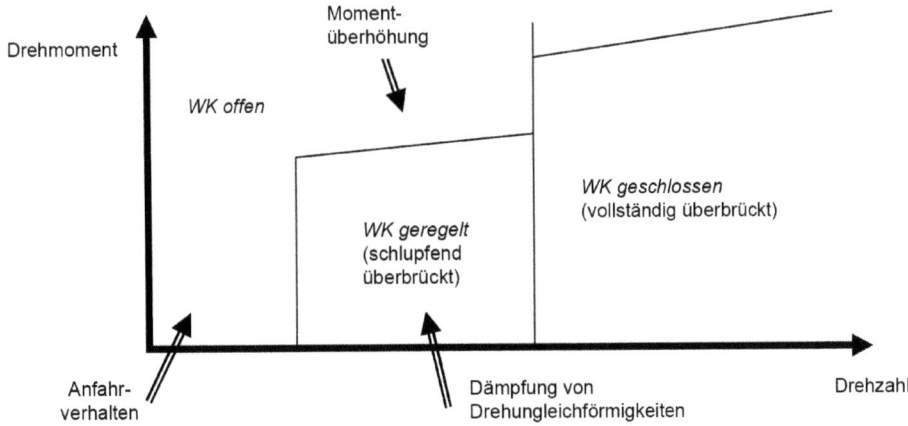

Bild 6-12 Betriebszustände einer Wandlerkupplung (WK)

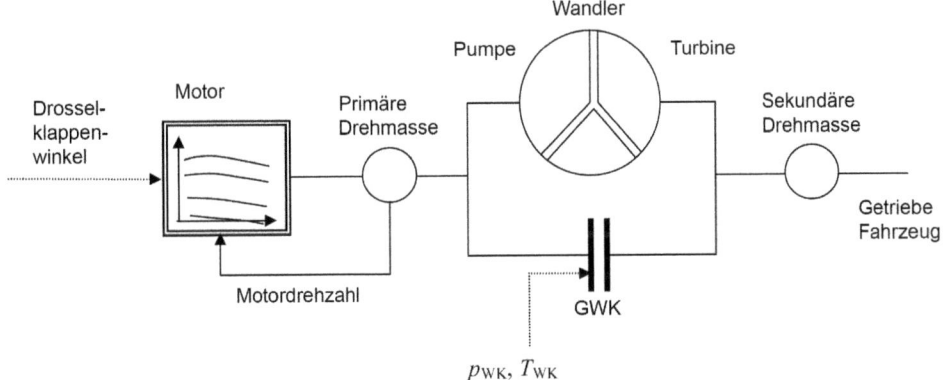

Bild 6-13 Prinzipielle Anordnung von Wandler und geregelter Wandlerkupplung (GWK)

6.3.2 Regelung

Bei der geregelten Wandlerkupplung gestattet eine kontinuierliche Druckeinstellung, das Moment der Wandlerkupplung T_{WK} mit Hilfe des Drucks p_{WK} stufenlos einzustellen, und damit an jedes Motormoment anzupassen. Es ist möglich, zwischen den Zuständen „WK offen" und „WK geschlossen" (siehe Bild 6-12) beliebige Schlupfzustände (d. h. Differenzdrehzahlen) an der Wandlerkupplung einzustellen. Dieser schlupfende Betriebszustand wird „WK geregelt" genannt.

Bild 6-14 zeigt das regelungstechnische Blockschaltbild, bestehend aus der Steuerung und der Regelung der Wandlerkupplung sowie der Regelstrecke (Modell von Wandler und Wandlerkupplung).

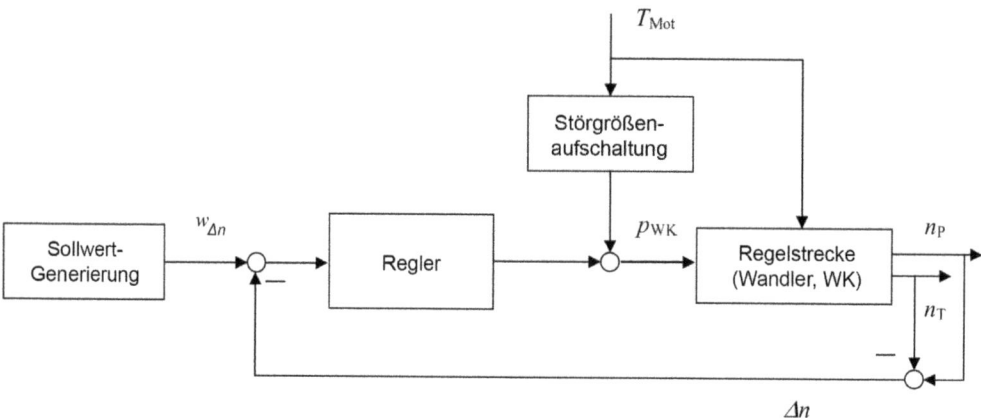

Bild 6-14 Regelkreis der geregelten Wandlerkupplung (WK)

Der Regelkreis enthält einen gesteuerten Pfad, der abhängig vom gemessenen Motormoment T_{Mot} einen gesteuerten Druck erzeugt. Zusätzlich erfolgt eine Regelung auf die Regelgröße Differenzdrehzahl Δn von Pumpe und Turbine. Die Pumpendrehzahl n_P ist identisch mit der Motordrehzahl und wird üblicherweise über CAN vom Motorsteuergerät zur Verfügung gestellt. Die Turbinendrehzahl n_T wird mit einem Sensor gemessen, in der Getriebesteuerung erfolgt die Ermittlung der Differenzdrehzahl Δn und des zugehörigen Sollwertes $w_{\Delta n}$. Auf Details der Regelung, der Fallunterscheidung zwischen Zug und Schub sowie auf verschiedene Sonderfunktionen wird im Rahmen dieses Buches nicht eingegangen. Hierfür wird auf entsprechende Literatur verwiesen [Gr4].

Wir werden uns hier an zwei Stellen mit Adaptionen beschäftigen: Bei der Sollwertgenerierung und bei der Störgrößenaufschaltung, d. h. bei dem gesteuerten Anteil.

6.3.3 Generierung und Anpassung des Sollwertes

Nach welchen Kriterien soll der Sollwert für die Differenzdrehzahl einer geregelten Wandlerkupplung gewählt werden? Kriterien sind (wie aus den oben genannten Anforderungen ersichtlich):

6.3 Geregelte Wandlerkupplung

1. Zur Minimierung der Wandlerverluste ist die Differenzdrehzahl möglichst klein zu wählen.
2. Zur Sicherstellung des Fahrkomforts (d. h. zur Abkopplung von Drehungleichförmigkeiten) ist die Differenzdrehzahl möglichst groß zu wählen.
3. Die Grenzfälle sehr große und sehr kleine Differenzdrehzahl müssen von der Regelung nicht abgedeckt werden, denn in diesen Fällen sind die anderen Betriebszustände „WK offen" oder „WK geschlossen" einzustellen.

Die Anforderung lautet also: Der Differenzdrehzahl-Sollwert ist so zu wählen, dass die Wandlerkupplung weitestgehend überbrückt ist, Drehungleichförmigkeiten aber nicht übertragen werden. Letztere würden über den Antriebstrang und die Getriebeaufhängung in die Karosserie übertragen und störende Brummgeräusche hervorrufen.

Dazu ist folgender physikalischer Hintergrund von Interesse: Die Motordrehzahl n_{Mot} ist aufgrund des diskontinuierlichen Momentenaufbaus im Verbrennungsmotor keine konstante oder langsam veränderliche Drehzahl, sondern sie oszilliert um einen Mittelwert. Nur jeder 4. Takt pro Zylinder ist ein Arbeitstakt, d. h., alle zwei Umdrehungen tritt ein Arbeitstakt auf. Ein Vierzylindermotor hat pro Umdrehung zwei Arbeitstakte, ein Sechszylindermotor drei Arbeitstakte, ein Achtzylindermotor vier, usw. Im Allgemeinen hat also ein N-Zylindermotor pro Umdrehung $N/2$ Arbeitstakte. Die gemessene Motordrehzahl ist ein gemittelter Wert, der die Ungleichförmigkeit nicht enthält (Bild 6-15).

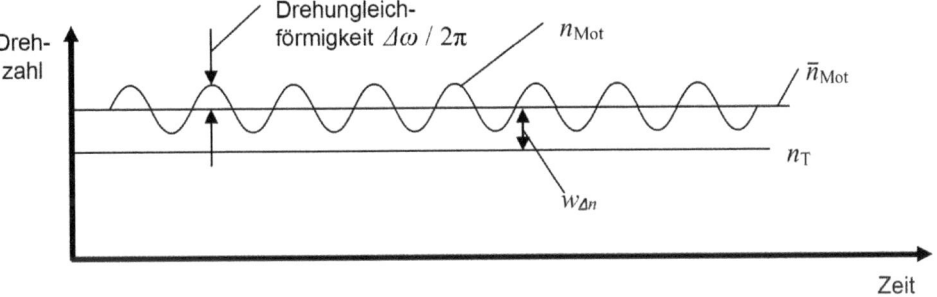

Bild 6-15 Grundsätzlicher Verlauf der Drehzahlen an einer geregelten Wandlerkupplung

Der Sollwert der Differenzdrehzahl $w_{\Delta n}$ zwischen der mittleren Motordrehzahl $\bar{n}_{Mot}$ und der Turbinendrehzahl n_T ist nun so vorzugeben und einzustellen, dass selbst bei einem Minimum der ungleichförmigen Motordrehzahl n_{Mot} immer noch ein Abstand zur Turbinendrehzahl verbleibt (Bild 6-15). Auf diese Weise wird sichergestellt, dass die Ungleichförmigkeit nicht auf die Turbine durchschlägt. Somit ist die Größe der Drehungleichförmigkeit $\Delta\omega / 2\pi$ ein Maß für den Sollwert der Differenzdrehzahl. Üblicherweise legt man sich hier „auf die sichere Seite" und wählt einen Sollwert, der größer ist als notwendig. Das heißt, er passt an einzelnen Betriebspunkten und ist an anderen Betriebspunkten zu groß.

Die Drehungleichförmigkeit eines Verbrennungsmotors ist nicht konstant. Sie ist bei niedrigen Drehzahlen und hoher Last am größten und nimmt zu hohen Drehzahlen und niedrigen Lasten hin ab. Mit Kenntnis dieser Werte, die man z. B. aus Messungen ermitteln kann, lassen sich die Δn-Sollwerte $w_{\Delta n}$ in Form eines Kennfeldes (Bild 6-16) angeben.

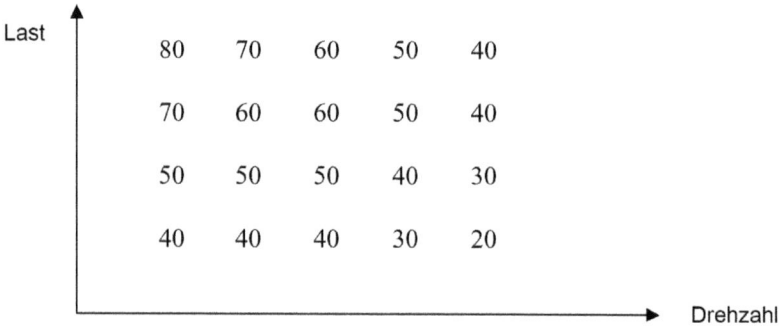

Bild 6-16 Sollwerte der Differenzdrehzahl $w_{\Delta n}$ abhängig von Last und Drehzahl (Zahlenwerte beispielhaft)

Es sei angemerkt, dass es sich hier um eine gesteuerte Adaption handelt. Denn hier wird ein vorab bekannter Zusammenhang ausgenutzt, nämlich die Abhängigkeit der Drehungleichförmigkeit von Last und Drehzahl. Voraussetzung für diese Art der Adaption ist, dass sich der bekannte Zusammenhang über der Lebensdauer nicht wesentlich ändert. Da diese Voraussetzung in der Praxis nicht streng erfüllt ist, wird ein „Sicherheitszuschlag" addiert, um auch im Falle größer werdender Drehungleichförmigkeiten noch ausreichenden Komfort sicherzustellen.

Die Abhängigkeit des Sollwertes $w_{\Delta n}$ von Last und Drehzahl ist fest zugeordnet und wird während des Betriebes nicht verändert; es handelt sich dabei um eine vorwärtsgerichtete Struktur.

6.3.4 Adaption

Wir wollen uns zunächst anhand einer Modellbetrachtung die grundsätzlichen Zusammenhänge klarmachen. Später werden Vereinfachungen getroffen, um das Prinzip der Adaption zu erläutern.

Die Bilanzgleichung der primären Drehmassen J_p lautet

$$J_p \dot{\omega}_p = T_{\text{Mot}} - T_P - T_{\text{WK}}, \tag{6.5}$$

wobei T_P das Pumpenmoment ist, das auch primäres Wandlermoment genannt wird und T_{WK} das Moment an der Wandlerkupplung. ω_p ist die primäre Winkelgeschwindigkeit, d. h. 2π mal die Motordrehzahl.

Mit $T_{\text{WK}} = r_{\text{WK}} A_{\text{WK}} \mu p_{\text{WK}}$ (nach Gl. (6.1) mit $z = 1$, dem Wandlerkupplungsradius r_{WK}, der Wandlerkupplungsfläche A_{WK}, dem Reibwert μ und dem Wandlerkupplungsdruck p_{WK}) ergibt sich:

$$J_p \dot{\omega}_p = T_{\text{Mot}} - T_P - r_{\text{WK}} A_{\text{WK}} \mu p_{\text{WK}}. \tag{6.6}$$

6.3 Geregelte Wandlerkupplung

Entsprechend lautet die Bilanzgleichung der sekundären Drehmassen J_s (Getriebe, Achse und Fahrzeug)

$$J_s \dot{\omega}_s = T_T + T_{WK} - T_{Wid}, \tag{6.7}$$

wobei $T_T = \mu_W T_P$ (μ_W ist die Wandlerverstäkung) das Turbinenmoment ist, das auch sekundäres Wandlermoment genannt wird. ω_s ist die sekundäre Winkelgeschwindigkeit, welche 2π mal der Turbinendrehzahl ist. T_{Wid} bezeichnet das auf die Sekundärseite des Wandlers transformierte Fahrwiderstandsmoment. Das primäre Wandlermoment T_P wird i. A. über ein nichtlineares Kennfeld (Wandlerkennfeld) berechnet, das von den beiden Drehzahlen ω_p und ω_s abhängt. Details werden hier nicht betrachtet, da bei der Regelung der Wandlerkupplung dieser Anteil sehr klein ist. Für die Regelung der Wandlerkupplung ist die primäre Bilanz von Bedeutung, die in Bild 6-17 als Blockschaltbild dargestellt ist.

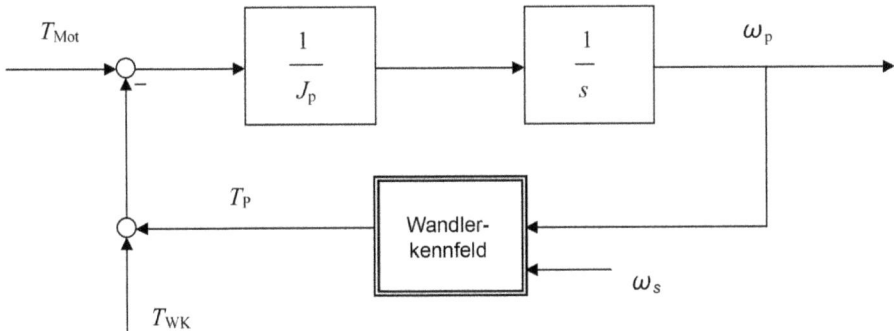

Bild 6-17 Blockschaltbild für die primärseitige Drehmomentenbilanz der Wandlerkupplung

Wir zeichnen dieses Blockschaltbild in Bild 6-18 um und fügen die Beziehung zwischen Druck und Moment ein, um eine Darstellung als Regelstrecke (gestrichelt) zu erhalten.

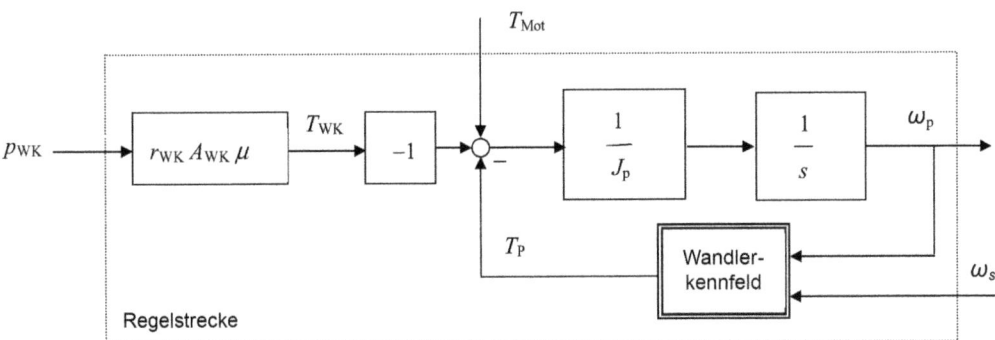

Bild 6-18 Blockschaltbild für die primärseitige Drehmomentenbilanz der Wandlerkupplung, Darstellung als Regelstrecke mit Stellgröße p_{WK} und Störgröße T_{Mot}

Man erkennt, dass im stationären Zustand im Wesentlichen (bis auf den kleinen Anteil aus dem Wandlerkennfeld) das Moment an der Wandlerkupplung dem Motormoment gleich sein muss.

Dies gibt einen Hinweis auf die Auslegung der in Bild 6-19 gezeigten Störgrößenaufschaltung, die den Regler im Regelkreis entscheidend unterstützt.

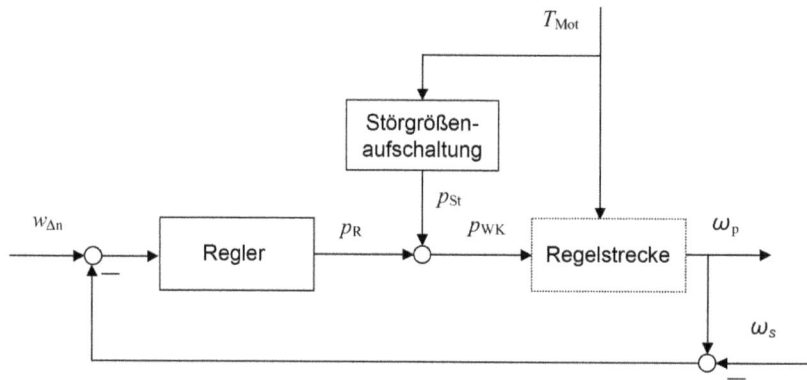

Bild 6-19 Blockschaltbild für die Regelung der Wandlerkupplung. Die Regelstrecke ist in Bild 6-18 genauer beschrieben

Geht man von der idealen Annahme aus, dass im stationären Fall die Störgrößenaufschaltung p_{St} vollständig den richtigen Druck in der Wandlerkupplung einstellt, dann ist in diesem Fall der Reglerdruck p_R null, und das Moment T_{WK} kompensiert gerade das Motormoment T_{Mot}:

$$T_{WK} = r_{WK}\, A_{WK}\, \mu\, p_{WK} = T_{Mot}. \tag{6.8}$$

Daraus folgt

$$p_{St} = p_{WK} = \frac{1}{r_{WK}\, A_{WK}\, \mu} T_{Mot} = K_{WK} T_{Mot} \tag{6.9}$$

mit $K_{WK} = 1/(r_{WK}\, A_{WK}\, \mu)$.

Im Folgenden wird ein Adaptionsvorgang beschrieben, der den gesteuerten Anteil, nämlich den Faktor K_{WK} anpasst, wenn sich ein physikalischer Parameter der Regelstrecke (z. B. der Reibwert μ) ändert. Da es sich um eine statische Aufschaltung handelt, brauchen keine Dynamikanteile berücksichtigt werden und es genügt, stationäre Zustände zu betrachten. Dazu betrachten wir den Teil des Blockschaltbildes, an dem der geregelte und der gesteuerte Teil addiert werden und die Momentenbilanz der Regelstrecke gebildet wird. Letztere muss im stationären Fall, wie in Bild 6-20 gezeigt, null ergeben.

Wir müssen jetzt unterscheiden zwischen dem Reibwert μ, den wir in der Steuerung in der Störgrößenaufschaltung abgespeichert haben (Faktor K_{WK}), und dem Reibwert μ_r, der sich als tatsächlicher realer Reibwert an der Wandlerkupplung einstellt und der sich über der Lebensdauer ändern kann. Die Aufgabe der Adaption ist es nun, anhand eines signifikanten Merkmals diese Änderung zu erkennen und in eine Korrektur des Faktors K_{WK} umzusetzen. Als Kriterium werde hier der im stationären Zustand eingeregelte Druck p_{WK} an der Wandlerkupplung (der sich aus dem gesteuerten und dem geregelten Anteil zusammensetzt) herangezogen.

6.3 Geregelte Wandlerkupplung

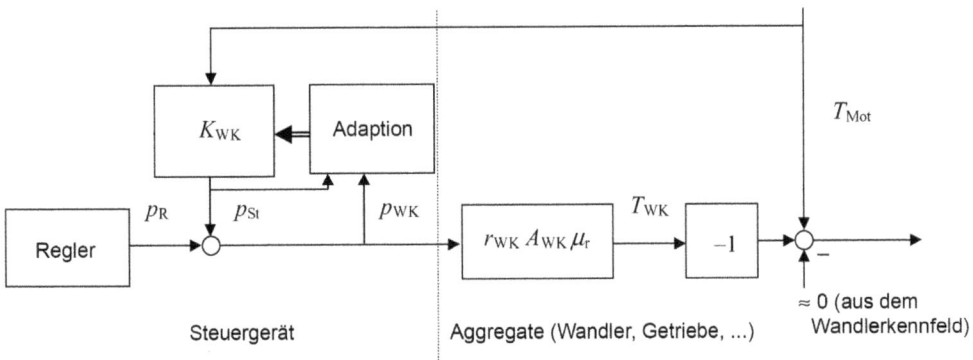

Bild 6-20 Blockschaltbild für die Regelung und die Adaption der Wandlerkupplung, $K_{WK} = 1/(r_{WK} A_{WK} \mu)$

Um den grundsätzlichen Ablauf zu erläutern, sei beispielhaft angenommen, dass μ_r kleiner wird. Als Folge davon wird das Moment an der Wandlerkupplung kleiner und an der Momentenbilanz ist nun T_{Mot} größer als T_{WK}, dadurch wächst Δn in Bild 6-14 an. Der Regler greift ein, erhöht den Druck p_R und damit das Moment an der Wandlerkupplung, um die Momentenbilanz wieder auszugleichen. Die Adaption erkennt (im stationären Fall), dass der Druck p_{WK} höher ist, als er nach der Berechnung der Störgrößenaufschaltung sein müsste, und erhöht den Faktor K_{WK} um ein bestimmtes Maß. Hierbei wird die Abweichung der Drücke mit einem bestimmten Faktor gewichtet und dem ursprünglichen Wert des Faktors K_{WK} zugeschlagen.

Dabei laufen in der Adaption folgende Vorgänge ab: Zuerst wird überprüft, ob ein stationärer Zustand vorliegt, d. h., ob der Druck oder die Differenzdrehzahl für eine bestimmte Zeit innerhalb eines bestimmten Toleranzbandes bleibt. Dann misst man den eingeregelten Druck p_{WK}, den gesteuerten Druck p_{St} und führt folgende Korrektur durch:

$$K_{WK} = K_{WK,\,alt} + F_{Adapt}\,(p_{WK} - p_{St}), \tag{6.10}$$

wobei F_{Adapt} ein Adaptionsfaktor zur Gewichtung der Druckabweichung und $K_{WK,\,alt}$ der bisherige Wert für K_{WK} ist. Da es sich hier um langsam veränderliche Größen handelt, kann (und soll) der Faktor F_{Adapt} so klein gewählt werden, dass keine Gefahr der Instabilität für die Adaption besteht und keine inakzeptablen Sprünge in der Stellgröße entstehen.

Es sei noch vermerkt, dass es sich hier um eine „Adaption mit Rückführung" handelt, denn es ist keine eindeutig messbare Abhängigkeit (von einer dritten Größe) vorhanden. Das veränderliche Merkmal muss aus anderen messbaren Signalen des Regelkreises identifiziert werden.

Daher müssen bestimmte Randbedingungen beachtet werden. Der gesamte Regelkreis muss in einem stationären Zustand sein, denn nicht jeder Betriebspunkt ist für eine Identifikation der Adaptionsmerkmale geeignet. Obwohl das Adaptionsgesetz selbst verhältnismäßig einfach ist, muss es im Betrieb über die Lebensdauer sorgfältig validiert werden.

7 Elektrische Energieversorgung

Elektrische und elektronische Geräte können nur dann richtig arbeiten, wenn ihre Energieversorgung stabil ist. Bis zum heutigen Tag dient, von wenigen Ausnahmen abgesehen, in Kraftfahrzeugen ein Drehstromgenerator als Energiequelle und eine (oder mehrere) Batterie(n) als Energiepuffer und Energiespeicher.

Der elektrische Leistungsbedarf der Kraftfahrzeuge erhöht sich insbesondere bei Systemen im Bereich der Sicherheits- und Komfortelektronik immer mehr. Um den anteiligen Kraftstoffbedarf für die elektrische Energieversorgung, ihren Raumbedarf, das Gewicht ihrer Komponenten und ihre Kosten so gering wie möglich zu halten, muss der Verbrauch elektrischer Energie minimiert und deshalb geschickt gesteuert und geregelt werden.

7.1 Topologie der Ein- und Mehrspannungsbordnetze

7.1.1 12-V-Einspannungsbordnetz mit einer Batterie

Meist sind Fahrzeugbordnetze Einspannungsbordnetze mit der Spannungshöhe 12 V (Pkw) oder 24 V (Nfz). Üblicherweise wandelt ein Drehstromgenerator mechanische Energie in elektrische um, und eine Blei-Säure-Batterie dient als Energiepuffer und Energiespeicher. In 24-V-Einspannungsbordnetzen sind zwei 12-V-Blei-Säure-Batterien in Reihe geschaltet. Die Energieverteilung erfolgt in einer durch das Leitungs- und das Verbrauchernetz eindeutig gegliederten Struktur.

Der verlegte Leitungsquerschnitt ist auf die maximale Stromaufnahme der angeschlossenen Verbraucher und ihre Einschaltdauer (thermische Belastung) sowie auf die Leitungslänge (Spannungsfall) abgestimmt. Eine Absicherung richtet sich nach dem gewählten Leitungsquerschnitt. Mechanische und elektronische Steuerelemente dienen der Inbetriebnahme. In der Regel dient die Fahrzeugkarosserie als Minusleitung.

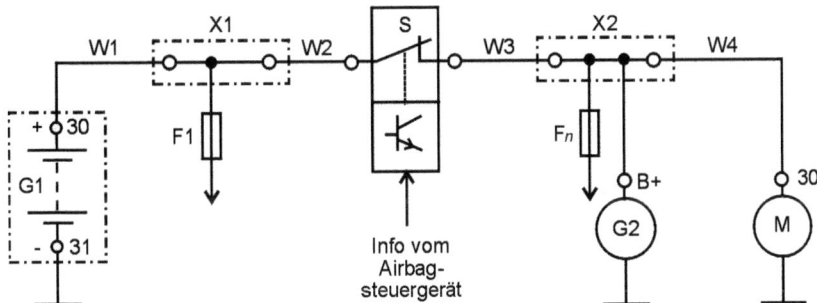

Bild 7-1 12-V-Einspannungsbordnetz mit einer Batterie: F1...Fn ca. 50 bis 100 Sicherungen zur thermischen Absicherung der verschiedenen Strompfade, G1 Blei-Säure-Batterie, G2 Drehstromgenerator, M Starter, S Trennschalter als Batterie-Hauptschalter, W1...W4 Starterhauptleitung mit großem Querschnitt, z. B. 70 mm², X1 und X2 hochstromfeste Unterverteiler (zu den Klemmenbezeichnungen siehe Anhang B.2)

Während in früheren leistungsschwächeren Bordnetzsystemen die Hauptleitung nicht abgesichert war und die thermische Absicherung erst in der Unterverteilung begann, ist mit zunehmender Bordnetzleistung immer häufiger eine Hauptsicherung oder eine Batterietrennvorrichtung vorgesehen, um das Risiko eines Kabelbrandes zu reduzieren. Hauptsicherungen in der Größenordnung von 200 A könnten im Leitungsteil W1, W2 oder W3 des Bildes 7-1 angeordnet sein. Das Einführen von Hauptsicherungen oder Batterietrennschaltern hängt damit zusammen, dass die gespeicherte Energie immer größer wird, aber auch damit, dass das Ensemble, bestehend aus Batterie, Starter, Generator und Stromverteilung nicht mehr nahe zusammen liegt, sondern räumlich aufgeteilt werden muss.

In Bild 7-1 reduziert ein Batteriehauptschalter die Gefahr, dass bei einem Unfall Leitungskurzschlüsse einen Kabelbrand auslösen. Im gewählten Beispiel werden allerdings die Komponenten zwischen Batterie G1 und Trennschalter S im Crashfall nicht vom Energiespeicher Batterie G1 getrennt. Die von X1 abgehenden Strompfade könnten beispielsweise den Multimediabereich betreffen. Somit wären Notruf und Displayanzeige noch betriebsbereit, wenn dieser Bereich unbeschädigt bleibt.

Sicherungen und Relais werden häufig in separaten Boxen zusammengefasst: z. B. in einer Box alles, was zum Bereich Vorsicherung gehört (Bild 7-2), in einer zweiten Box hauptsächlich Relais und Sicherungen der Unterverteilung (Bild 7-3) und in einer dritten Box hauptsächlich Entlastungsrelais. Diese entlasten z. B. Schalter am Armaturenbrett, die dann nur den Steuerstrom des Relais schalten müssen. Die Ausführungen der Boxen sind nicht standardisiert, sondern werden vom Automobilhersteller spezifisch für jedes Fahrzeugmodell festgelegt.

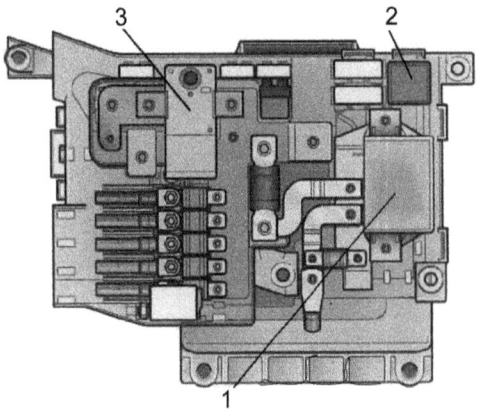

Bild 7-2 Beispiel für eine Vorsicherungsbox [Vo3]:
1 Laderelais für Zweitbatterie,
2 Relais zur Entlastung von Klemme 15,
3 Batteriehauptschalter (Trennschalter)

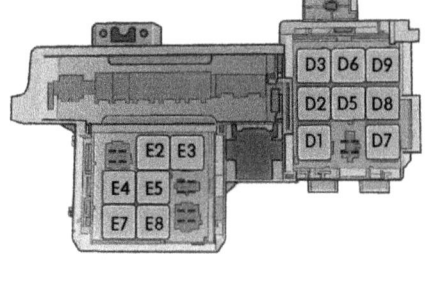

Bild 7-3 Relaisbox, beispielsweise für die Bereiche Sicherheit und Komfort [Vo3]

7.1.2 Einspannungsbordnetz mit zwei Batterien

24-V-Bordnetze sind immer mit zwei in Reihe geschalteten 12-V-Batterien ausgestattet. Diese Reihenschaltung kann im Zusammenhang mit den Betrachtungen dieses Kapitels als eine Batterie aufgefasst werden. Im Gegensatz dazu gibt es für das Konzept eines „echten" Zwei-Batterien-Bordnetzes von Hersteller zu Hersteller große Unterschiede. Mehrheitlich sichert die zweite Batterie die Startfähigkeit des Fahrzeuges, falls dieses längere Zeit still steht und Standverbraucher wie Diebstahlwarnanlage, Wegfahrsperre, Steuergeräte, Multimedia- und Infotainmentsysteme usw. trotzdem Strom (Ruhestrom) aufnehmen. Problematisch kann es auch sein, wenn beispielsweise, bedingt durch kurze Fahrzeiten, die Hauptbatterie nach dem Start nicht genügend nachgeladen wird. Eine Zweitbatterie wird aber nicht einfach zur ersten Batterie parallel geschaltet, sondern mit Hilfe eines speziellen Bordnetz-Steuergerätes bedarfsgerecht in das Gesamtbordnetz eingebunden (siehe Bild 7-4). Mit Hilfe der Energie-Verteilungsrelais K1...K3 kann das Bordnetz-Steuergerät unter Berücksichtigung der Energieanforderungen und der Batteriezustände die optimale Energieverteilung vornehmen, wobei die Batterien sich im Bedarfsfall gegenseitig unterstützen.

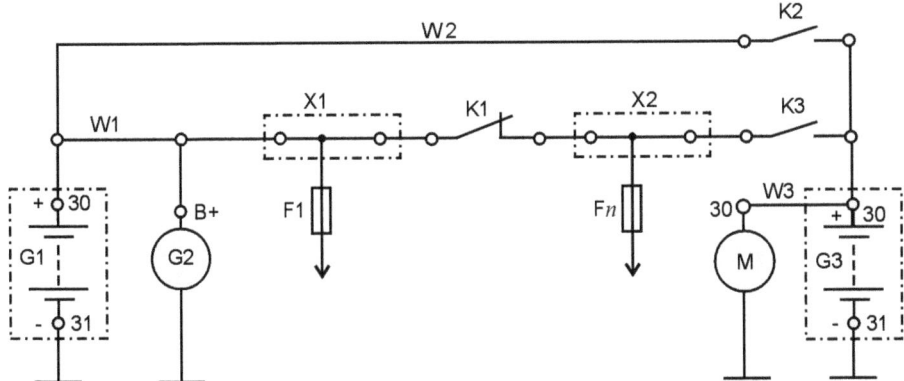

Bild 7-4 Beispiel für ein 12-V-Einspannungsbordnetz mit zwei Batterien: F1...Fn ca. 50 bis 100 Sicherungen zur thermischen Absicherung der verschiedenen Strompfade, G1 Blei-Säure-Batterie als Bordnetzbatterie, G2 Drehstromgenerator, G3 Blei-Säure-Batterie als Starterbatterie, K1...K3 Energie-Verteilungsrelais, angesteuert vom Bordnetz-Steuergerät, M Starter, W1, W2 Hauptleitungen mit großem Querschnitt, W3 Starterhauptleitung, X1 und X2 hochstromfeste Unterverteiler

7.1.3 42-V-Einspannungsbordnetz

42-V-Bordnetze wären eine günstige Voraussetzung dafür, die Stromstärken und Leitungsquerschnitte trotz steigender elektrischer Verbraucherleistungen in Zukunft nicht weiter erhöhen zu müssen. Die Ursachen für die ausbleibende serienmäßige Einführung dieser Spannungsebene als Einspannungsbordnetz liegen u. a. in dem Fehlen von technisch ausgereifter und preisgünstiger Elektronik und in Anpassungsschwierigkeiten im Aktorbereich. Viele heute bereits vorhandene 12-V- und 24-V-Aktoren sind jedoch bei pulsweitenmodulierter Ansteuerung auch im 42-V-Bordnetz einsetzbar.

7.1.4 Mehrspannungsbordnetz im Schutz-Kleinspannungsbereich

Bordnetzspannungen bis zu 42 V fallen in den Bereich der Schutz-Kleinspannung und unterliegen somit keinem besonderem Berührungsschutz. Es ist zu beachten, dass sich die Bezeichnung 12-V-Bordnetz auf die Batteriespannung, die Bezeichnung 42-V-Bordnetz dagegen auf die Generatorspannung bezieht. Eine konsistente Bezeichnung müsste in beiden Fällen entweder die Batteriespannung (12 V und 36 V) oder die Generatorspannung (14 V und 42 V) nennen. Im Folgenden wird trotzdem die inkonsistente, aber gebräuchliche Bezeichnung mit 12 V und 42 V verwendet.

Bei Fahrzeugen mit den zwei Bordnetzspannungen 12 V und 42 V sind diese beiden Bereiche von einander getrennt. Die 12-V-Ebene ist beispielsweise den herkömmlichen Fahrzeugsystemen zugeordnet und die 42-V-Ebene den Hochleistungsverbrauchern, z. B. leistungsstarken elektrischen Heizungen für die Frontscheibe oder für den Katalysator (siehe Bild 7-5a). Diese Topologien stehen erst in der Anfangsphase und werden auf dem Weg zum reinen 42-V-Bordnetz noch viele Varianten durchlaufen.

Bild 7-5b zeigt ein Zweispannungsbordnetz mit einer einzigen Maschine auf der 42-V-Ebene, die in der Verlängerung der Kurbelwelle des Verbrennungsmotors angeordnet, je nach Bedarf die Starterfunktion oder die Generatorfunktion ausübt. Sie wird daher auch Startergenerator, Kurbelwellen-Startergenerator oder integrierter Startergenerator genannt.

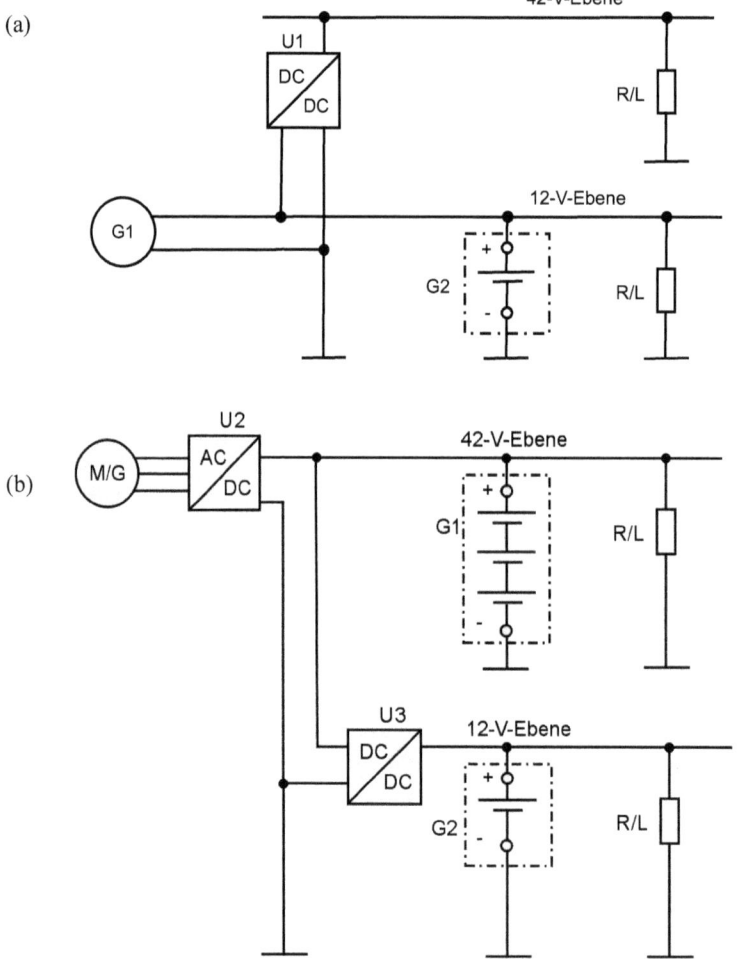

Bild 7-5 Zweispannungsbordnetze mit 12-V- und 42-V-Ebenen unterschiedlicher Topologien: (a) Mit herkömmlichem 14-V-Generator. (b) Mit 42-V-Generator. G1 14-V-Generator mit integrierter Gleichrichtung und Spannungsregelung, G2 Batterie der 12-V-Ebene, G3 Batterie der 42-V-Ebene, G4 Batterie der 12-V-Ebene, M/G Startergenerator, R/L Verbraucher, U1 Gleichspannungswandler 12 V/42 V, U2 Umrichter, U3 Gleichspannungswandler 42 V/12 V

Das entscheidende Bindeglied zwischen den beiden Spannungsebenen ist ein Gleichspannungswandler (DC/DC), der sowohl vom 42-V-Netz aus das 12-V-Netz als auch vom 12-V-Netz aus das 42-V-Netz speisen kann. Das Bindeglied zwischen dem Startergenerator und der 42-V-Ebene ist ein Umrichter (AC/DC), der ebenfalls in beiden Richtungen arbeiten kann, je nachdem ob der Startergenerator gerade als Generator oder als Motor arbeitet.

7.1.5 Mehrspannungsbordnetz im Klein- und Niederspannungsbereich

Niederspannungen sind Spannungen zwischen 42 V und 1000 V. Inzwischen gibt es Hybridfahrzeuge, die zwei elektrische Maschinen besitzen und mit über 600 V Gleichspannung arbeiten. Die Antriebsbatterie ist beispielsweise eine Nickel-Metallhydrid-Batterie (siehe Abschnitt 7.2) mit einer Nennspannung von über 200 V. Das Fahrzeugbordnetz der fahrzeugüblichen Verbraucher (Beleuchtung, Sicherheits- und Komfortsysteme usw.) arbeitet mit 12 V und besitzt eine eigene Batterie, die beispielsweise über einen Gleichspannungswandler aus der hohen Spannungsebene versorgt wird.

7.1.6 Leitungssatz

Der Fahrzeugleitungssatz (auch Car Set genannt) dient der Verbindung und Vernetzung aller elektrischen Komponenten im Fahrzeug. Er besteht aus elektrischen Leitungen und Teilen sowie mechanischen Komponenten. Neben einfachen Kupferadern werden Koaxialleitungen, Lichtleitfaserleitungen und hochflexible oder hitzebeständige Adern verwendet. Dazu kommen unter anderem Kontaktbuchsen, Kontaktstecker, Sicherungen und Sicherungsgehäuse. Auch Befestigungs- und Schutzteile wie Clipse, Klebebänder, Wellrohre und Bandagen gehören zum Lieferumfang eines Leitungssatzes. Der gesamte Fahrzeugleitungssatz wird aufgrund der Fertigungsfolge des betroffenen Fahrzeugbaumusters in verschiedene Verlegebereiche physisch aufgeteilt. Alle getrennten Leitungssätze der jeweiligen Bauräume werden über Steckverbindungen während der Fahrzeugmontage wieder zu einem Leitungssatz zusammengefügt.

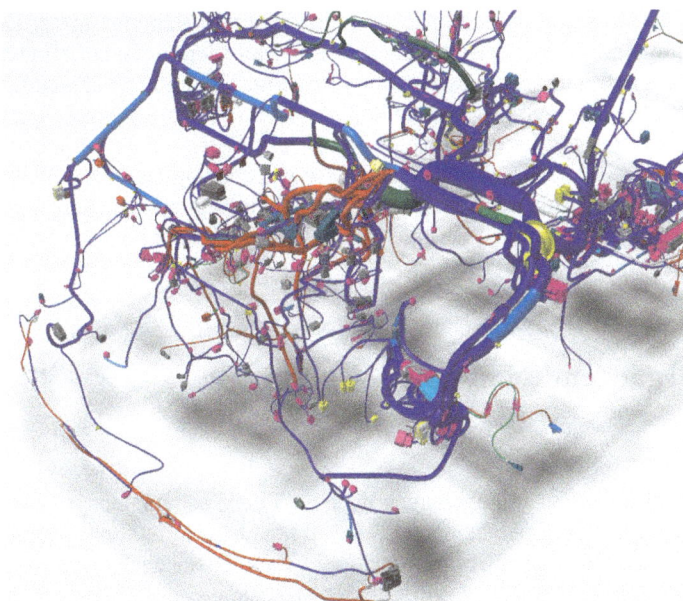

Bild 7-6 Ausschnitt aus dem Leitungssatz eines Transporters (Daimler AG)

Leitungssätze verschiedener Fahrzeuge mit nahezu identischer Ausstattung weisen technische Unterschiede auf. Sie unterscheiden sich in der Anzahl der Adern und im Teileumfang. Die Adernanzahl wirkt sich direkt auf den Leitungssatzpreis aus. Der Fahrzeughersteller hat daher ein großes Interesse an der Reduktion der Adern im Leitungssatzumfang. Betrachtet werden müssen jedoch auch Rahmenbedingungen, die eine Einsparung in der Produktion des Fahrzeuges versprechen, jedoch eine Erhöhung der Adernanzahl zur Folge haben. Das Fabriklayout des produzierenden Werks wirkt sich auf die Geometrie des Leitungssatzes ebenso aus, wie die fahrzeugspezifischen Definitionen der Verlegebereiche. Für die Verlegung des Leitungssatzes werden aufgrund dieser Gegebenheiten zusätzliche Steckverbindungen oder Schutz- und Befestigungsteile notwendig. Der Umfang an Adern und Teilen erhöht sich. Eine andere Montagefolge oder Leitungssatzanordnung im Fahrzeug ist meist aufgrund der Rahmenbedingungen nicht ohne weiteres möglich. Andererseits sind auch Einsparungspotentiale in der Entwicklung eines Leitungssatzes vorhanden.

Die Herstellung eines kundenspezifischen Leitungssatzes hat, im Vergleich zur Modulbauweise von Leitungssätzen, weniger Adern zur Folge. Ein kundenspezifischer Leitungssatz enthält nur Adern, die im Fahrzeug aufgrund der gewählten Ausstattungen benötigt werden. Der auf Funktionsmodule basierende Leitungssatz hingegen enthält Vorhaltungen im Basisleitungssatz für den Anschluss weiterer Leitungssatzmodule. Seine Adernanzahl erhöht sich durch die zusätzlichen Trennstellen.

Während der Entwicklung eines Leitungssatzes bieten sich zwei Vorgehensweisen zur Umsetzung von Einsparungspotentialen an, nämlich Systemoptimierung und Adernoptimierung. Der Systemoptimierungsprozess untersucht detailliert die im Fahrzeug vorgesehenen Steuergeräte. Ziel ist die Reduktion der teuren Steuergeräte auf eine Mindestanzahl. Die Systemoptimierung kann, aufgrund einer zwangsweise geänderten Leitungsverlegung, eine Zunahme der Adernanzahl zur Folge haben. Die Adernoptimierung reduziert dagegen die Anzahl der Adern im Fahrzeug auf ein Minimum. Jeder Leitungssatz wird kundenspezifisch gefertigt. Abhängig von der Bestellung des Kunden werden nur notwendige Adern verbaut. Vorhaltungen für weitere elektrische Komponenten entfallen.

Der Motorleitungssatz gehört in der Regel nicht zum Umfang des Fahrzeugleitungssatzes. Er wird direkt am Motorblock montiert und mit diesem geliefert. Der Motorleitungssatz befindet sich in einem Verlegebereich mit extremen Einflussfaktoren. Der Motorraum eines Fahrzeuges ist nicht vor Schmutz, Spritzwasser, Ölen und Treibstoff geschützt. Außerdem erfahren einige Komponenten hohe Temperaturen und der Leitungssatz ist von sich bewegenden Teilen umgeben. Hitze und Reibung könnten die Adern beschädigen. All diese Randbedingungen haben zur Folge, dass der Motorleitungssatz mit Hilfe von Schutz- und Befestigungsteilen gesichert werden muss. Der Aufwand ist dabei, im Vergleich zu einer Verlegung im Innenraum der Fahrzeugkarosserie, erhöht.

7.2 Batterien und ergänzende Energiespeicher

7.2.1 Einführung

Bisher mussten elektrische Energiespeicher in Fahrzeugen dann als Energiequelle einspringen, wenn der Generator den elektrischen Energiebedarf nicht abdeckt. Solche Situationen waren schon immer der Motorstart, kurzzeitiger hoher Strombedarf (z. B. Lampeneinschaltstrom) und der Betrieb elektrischer Teilsysteme, wenn der Motor still steht. Der klassische Energiespeicher für diese Situationen ist bislang die Blei-Säure-Batterie. Je nach Situation werden einem elektrischen Energiespeicher unterschiedliche Eigenschaften abverlangt, die eine einzige Speicherart auf Grund vorgegebener physikalischer und chemischer Gesetzmäßigkeiten unter Umständen nicht gleichzeitig abdecken kann.

Nach einer Phase der Energieentnahme muss immer eine Ladeperiode folgen, um den Energiespeicher für den nächsten Bedarfsfall einsatzbereit zu haben. Als Energiespeicher bieten sich für den reversiblen Energiebetrieb in Fahrzeugen Batterien und Kondensatoren an. Während bisher Kondensatoren nur in HiFi-Anlagen als Energiespeicher Anwendung fanden, werden sie zwischenzeitlich auch für Hybridantriebe immer wichtiger.

7.2.2 Batterien als Energiespeicher

Gemeinsamkeiten der verschiedenen Batterien

Batterien sind reversible elektrochemische Energiespeicher. Beim Laden erhöht sich durch Zufuhr elektrischer Energie ihr chemischer Energiegehalt, beim Entladen verringert er sich wieder durch Abgabe elektrischer Energie. Der Aufbau der Batteriezellen verschiedener Batterien ist prinzipiell gleich. Eine Batteriezelle besteht aus zwei Elektroden, die von einem Elektrolyten umgeben sind. Über diesen stehen sie miteinander in leitender Verbindung. Zwischen den Elektroden entsteht eine elektrolytische Polarisationsspannung. Die Höhe dieser Spannung hängt von den aktiven Elektrodenwerkstoffen und von der Art, der Dichte und der Temperatur des Elektrolyten ab. Eine Batterie wird als entladen oder leer bezeichnet, wenn die von außen messbare Polarisationsspannung zwischen den Elektroden null Volt ist. Allerdings darf man in der Praxis die Batterien nicht so tief entladen.

Allgemeine Kriterien für die Eignungsbewertung einer Fahrzeugbatterie

Aus Kosten-, Platz- und Gewichtsgründen sind die Energiedichte pro dm^3 und pro kg sowie der Produktions- und der Wartungsaufwand für die Bewertung einer Batterie wichtige Aspekte. Unter dem Gesichtspunkt des Arbeitsschutzes spielen die Sicherheit (Explosionsgefahr, Ätzwirkung des Elektrolyten) und die Robustheit eine wichtige Rolle. Im Sinne der Umweltverträglichkeit sind die Lebensdauer und die Recycling-Fähigkeit wichtige Kriterien. Aus technischer Sicht wiederum interessiert die Geschwindigkeit, mit der Ladung und Entladung möglich sind und die mögliche Lade- und Entladehäufigkeit.

Elektrodenwerkstoffe und Elektrolyte verschiedener geladener Batterien

In der Elektrochemie ist die Anode die Elektrode, an der die Oxidationsvorgänge stattfinden. Entweder, die Anionen (negativ geladene Ionen) werden an der Anode oxidiert, oder die Metalle der Anode gehen als Kationen in Lösung. Die Kathode ist die Gegenelektrode zur Anode, also diejenige Elektrode, an der Reduktionsvorgänge statt finden. Dort werden entweder Kationen (positiv geladene Ionen) reduziert, oder Anionen gehen in Lösung. Da bei den Batterien je nach Richtung des Stromes (Ladung oder Entladung) Anode und Kathode ihre Rollen tauschen, ist es nicht korrekt, eine bestimmte Elektrode immer als Anode oder als Kathode zu bezeichnen. Trotzdem hat es sich eingebürgert, die Elektroden der Batterien nach deren Rolle bei der Ladung zu bezeichnen. Als Anode wird die positive Elektrode bezeichnet, als Kathode die negative. In Tabelle 7.1 werden die Werkstoffe verschiedener Batteriearten, die an den chemischen Umwandlungen beteiligt sind, miteinander verglichen.

Tabelle 7.1 Werkstoffe verschiedener Batteriearten

Batterietyp	Positive Elektrode	Negative Elektrode	Elektrolyt
Blei-Säure-Batterie	Bleidioxid (PbO_2)	Blei (Pb)	Verdünnte Schwefelsäure
Nickel-Metallhydrid-Batterie	Nickeloxid-Hydroxid (NiOOH)	Metalllegierung als Wasserstoffspeicher	Verdünnte Kalilauge
Nickel-Cadmium-Batterie	Nickeloxid-Hydroxid (NiOOH)	Cadmium (Cd)	Verdünnte Kalilauge
Lithium-Ionen-Batterie (Lithium-Polymer-Batterie)	Zum Beispiel Lithium-Kobalt-Oxid ($LiCoO_2$)	Zum Beispiel Graphit mit eingelagertem Lithium	Organische Flüssigkeit oder Polymer als Gel

Blei-Säure-Batterie

Dieser Batterietyp hat sich in der Fahrzeugtechnik außerordentlich bewährt. Seine Vorteile sind aus technischer Sicht die Fähigkeit, hohen Startstrom abgeben zu können und aus kaufmännischer Sicht das nach wie vor günstige Preis-Leistungs-Verhältnis. Bild 7-7 zeigt die relevanten chemischen Verbindungen, die beim Laden und beim Entladen entstehen.

(a)   (b)

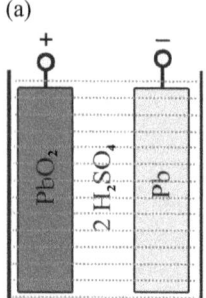
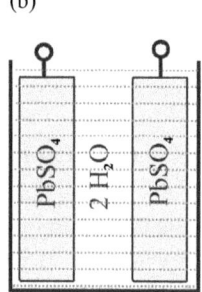

Bild 7-7 Chemische Verbindungen einer Blei-Säure-Batterie:
(a) Batterie geladen.
(b) Batterie entladen

Im geladenen Zustand beträgt bei der Blei-Säure-Batterie die Zellenspannung 2,08 V und die Säuredichte 1,285 kg/dm³. Die Nennspannung wird allgemein jedoch mit 2 V angegeben. Eine Blei-Säure-Batterie gilt als entladen, wenn die Zellenspannung etwa 1,75 V unterschreitet, wobei die Säuredichte gleichzeitig noch etwa 1,14 kg/dm³ beträgt. In den kälteren nördlichen Ländern wird die Säuredichte etwa um 0,04 kg/dm³ erhöht, um den Gefrierpunkt zu senken und in den wärmeren südlichen Ländern etwa um 0,05 kg/dm³ verringert, um die Aggressivität des Elektrolyten zu reduzieren. Beides dient jeweils der Erhöhung der möglichen Lade- und Entladezyklenzahl.

Die ständigen Bemühungen, zusätzlich zur Blei-Säure-Batterie eine Alternative anbieten zu können, sind auch in den anerkannten Nachteilen der Blei-Säure-Batterie begründet. Zu diesen Nachteilen gehören neben der Gefahr der Knallgasbildung und dem Wasserverlust die Schichtung des Elektrolyten, die Abhängigkeit des Wirkungsgrades, der Batteriekenngrößen und der Lebensdauer von der Temperatur und ihre umweltbelastenden Werkstoffe wie Blei und Schwefelsäure.

7.2 Batterien und ergänzende Energiespeicher

Mit zunehmenden Ansprüchen an das Energiebordnetz wurden für die Blei-Säure-Batterie Lösungen gesucht, die insbesondere die Säureschichtung und die Knallgasbildung auf ein Minimum reduzieren. Die Schichtung entsteht, weil sich im oberen Teil der Batterie wegen der geringeren Dichte hauptsächlich Wasser und im unteren Teil auf Grund der höheren Dichte hauptsächlich konzentrierte Schwefelsäure aufhält. Dadurch nimmt nicht die gesamte aktive Masse in gewünschter Weise an den elektrochemischen Umwandlungsprozessen teil. Folgen solcher Schichtungen sind ein Rückgang der Kapazität, der Startstromabgabe und der Lebensdauer.

Die Säureschichtung und das Entweichen von Knallgas werden erfolgreich verringert, indem der Elektrolyt entweder geliert wird, beispielsweise durch Zusatz von Silizium-Dioxid (SiO_2), oder der Säurebereich mit Matten (Vlies) aus extrem feinen Glasfasern mit einem Durchmesser im µm-Bereich ausgefüllt wird, die die Säure aufsaugen. Auf Grund dieser Maßnahme steigen Wasserstoff- und Sauerstoffgas nicht mehr nach oben, sondern gelangen an die elektrisch polarisierte aktive Masse, werden dort ionisiert und rekombinieren wieder zu Wasser. Außerdem verringern dosierte Zusätze von Antimon, Selen und anderen Spurenelementen die Wasserzerlegung im Elektrolyten erheblich. Moderne Blei-Säure-Batterien kommen viele Jahre ohne Nachfüllen von Wasser aus, können deshalb verschlossen ausgeliefert werden und gelten als wartungsfrei. Geschlossene Batterien mit geliertem oder von Vlies aufgesaugten Elektrolyten sind lageunabhängig einsetzbar.

Technische Daten verschiedener Batterietypen

Ein aus wirtschaftlicher und technischer Sicht interessanter Vergleich beinhaltet die Gegenüberstellung der Energiedichte. Die Zahlenwerte in Tabelle 7.2 sind Anhaltspunkte und abhängig vom Stand der Technik des Gesamtmaterials einer Batterie. Die Zahl der in Reihe geschalteten Zellen richtet sich nach der Zellenspannung und der Höhe der Spannungsebene, der die Batterie angehört. Eine ausführliche Behandlung verschiedener Batterietypen ist in [Wa1] zu finden.

Tabelle 7.2 Vergleich verschiedener Batterietypen (Temperatur 25 °C)

Batterietyp	Zellenspannung [V]	Energiedichte pro Volumen [Wh/dm^3]	Energiedichte pro Masse [Wh/kg]
Blei-Säure-Batterie	2,08	70	35
Nickel-Metallhydrid-Batterie (NiMH)	1,32	180	75
Lithium-Ionen-Batterie (Li-Ionen)	2,5...4,2; z. B. 3,6	300	150

Weitere Vergleichskriterien sind der Innenwiderstand (bei Lithium-Ionen-Batterien verhältnismäßig hoch) und davon abhängig der Wirkungsgrad und die maximal mögliche Stromangabe, außerdem Eigenschaften wie mögliche Zyklenhäufigkeit, Batterieinnendruck (deshalb eventuell Stahlgehäuse erforderlich), Batteriebetriebstemperatur oder vorhandener Memoryeffekt und seine Rückgängigmachung. Im Zusammenhang mit dem Memoryeffekt fällt unter Umständen ein großer Aufwand im Ladeelektronikbereich an.

7.2.3 Kondensatoren als ergänzende Energiespeicher

Üblicherweise meint man mit Kondensatoren jene Bauteile, die im Prinzip aus zwei Leiterschichten bestehen, die durch einen Isolator (Dielektrikum) getrennt sind. Das Laden und Entladen dieser Kondensatoren ist ein rein physikalischer Vorgang. Ihr möglicher Energiegehalt ist jedoch sehr gering, so dass sie im Allgemeinen als batterieergänzende oder gar batterieersetzende Energiespeicher ausscheiden. Kondensatoren, die sich als batterieergänzende Energiespeicher eignen, haben einen besonderen Aufbau und heißen Doppelschichtkondensatoren. Wegen ihrer extrem hohen Kapazität werden sie auch Supercaps oder Ultracaps genannt.

Bei Kondensatoren ist die Kapazität C proportional zur Elektrodenfläche und umgekehrt proportional zur Stärke des Dielektrikums. Die sehr hohe Kapazität entsteht, weil einerseits die Elektrodenfläche extrem groß und andererseits das Dielektrikum extrem dünn ist. Die extrem große Elektrodenfläche kommt zu Stande, weil als Elektrodenwerkstoff hochporöser Kohlenstoff eingesetzt wird.

Weil die Schicht des Dielektrikums sehr dünn ist, entsteht bereits bei niedriger Spannung eine gefährlich hohe elektrische Feldstärke. Als maximalen Grenzwert legt man allgemein 2 V zu Grunde. Somit sind viele Doppelschichtkondensator-Zellen in Reihe zu schalten, damit sich das Kondensatorpaket für Kfz-Bordspannungsnetze (42 V) eignet. Zusätzliche Schutzmaßnahmen müssen bewirken, dass sich die Gesamtspannung gleichmäßig auf die einzelnen Zellen aufteilt.

Die spezifische Energiedichte (in kJ/kg oder Wh/kg) des Doppelschichtkondensators beträgt nur etwa 10 Prozent verglichen mit der einer Blei-Säure-Batterie. Während eine Batterie Stunden benötigt, um geladen zu werden, kann ein Doppelschicht-Kondensator innerhalb weniger Sekunden die maximal mögliche Ladung aufnehmen. Gleiches gilt für den Zeitbedarf beim Entladen. Je schneller eine Batterie ge- oder entladen wird, umso größer sind die Verluste. Ein Doppelschichtkondensator kann dagegen ohne nennenswerte Verluste innerhalb weniger Sekunden die elektrische Energie aufnehmen oder abgeben.

Der folgende Zahlenvergleich zeigt den Vorteil der schnellen Lade- und Entlademöglichkeit. Angenommen, ein Doppelschichtkondensator mit der Kapazität C = 200 F wird mit 42 V aufgeladen. Seine gespeicherte Energie beträgt dann $W = CU^2/2$ = 49 Wh. Damit könnte man selbst eine einfache Fahrzeugaußenbeleuchtung maximal 20 min versorgen. Würde man die im Kondensator gespeicherte Energie jedoch für eine ca. 10 s dauernde Beschleunigungsphase in einem Hybridantrieb abrufen, dann ergibt dies eine Leistung von 17,64 kW. Die Nachladung könnte beim nächsten Bremsvorgang (Rekuperation) in wenigen Sekunden geschehen. Wollte man die Energie von 49 Wh innerhalb 10 s einer 42-V-Batterie zuführen, müsste der Ladestrom 420 A betragen. Eine derart hohe Stromstärke kann eine Batterie nicht aufnehmen, außerdem sinkt ihr Wirkungsgrad mit zunehmender Ladestromstärke. Dieses einfache Beispiel verdeutlicht die Stärken und Einsatzmöglichkeiten des Doppelschichtkondensators im Fahrzeugbereich. Ein weiterer Vorteil des Doppelschichtkondensators besteht darin, dass er viele hunderttausend Lade- und Entladezyklen schadlos übersteht, während z. B. eine Blei-Säure-Batterie maximal 2000 Zyklen aushält.

7.3 Fahrzeuggeneratoren

7.3.1 Einleitung

Die Generatoren aller modernen Fahrzeuge sind Drehstromgeneratoren. Sie haben die Aufgabe, das Bordnetz mit elektrischer Energie zu versorgen, sobald der Verbrennungsmotor gestartet wurde. Zu dieser Versorgung gehört auch das Laden der Batterie(n). Gemeinsam ist allen Generatoren, dass sie mit Hilfe eines Magnetfeldes die zugeführte mechanische Energie in elektrische Energie wandeln. Alle Generatoren verwirklichen die geforderte Magnetfeldänderung mit Hilfe einer Drehbewegung, die üblicherweise der Träger des Erregerfeldes ausführt. Weil sich die Magnetfeldänderungen periodisch wiederholen, erzeugen alle Generatoren Wechselspannungen, die für das Fahrzeugbordnetz gleichgerichtet werden müssen.

Versorgt der Generator nur ein Einspannungsnetz, dann muss er seine Ausgangsspannung in engen Grenzen nahezu konstant halten. Ist das Fahrzeug dagegen mit einem Zweispannungsnetz ausgestattet, richtet sich der Sollwert der Ausgangsspannung üblicherweise nach dem höheren Spannungswert, und ein Gleichspannungswandler (DC/DC) reduziert sie für das Netz mit der niedrigen Spannung.

Ursprünglich war der Generator im Zusammenspiel mit seinem externen oder integrierten Regler ein eigenständiges Regelsystem. Der laufend steigende elektrische Energieumsatz in den Fahrzeugen verlangt jedoch inzwischen für den elektrischen Bereich ein gut konzeptioniertes und gut funktionierendes Energiemanagement (siehe Abschnitt 7.4).

Jedes Drehstromgeneratorsystem besteht aus den folgenden vier Funktionsbereichen:

- Magnetkreis des Erregerfeldes,
- Spannungserzeugung in der Drehstromwicklung,
- Gleichrichtung der Dreiphasenwechselspannung,
- Einrichtung zur Festlegung des Sollwertes sowie zur Istwertbeeinflussung der Generatorausgangsspannung (Regelkreis).

7.3.2 Klauenpolgenerator

Herkömmliche Fahrzeugdrehstromgeneratoren sind Klauenpolgeneratoren. Der prinzipielle Aufbau ist seit Jahrzehnten gleich, obwohl die Anforderungen gegenüber den Vorgängermodellen immer steigen. Verbesserungen im Bereich der Werkstoffe und der Elektronik begünstigen die Weiterentwicklungen. Programmpunkte eines neuen Pflichtenheftes sind die Ausgangsleistung allgemein und insbesondere im unteren Drehzahlbereich, die Reduzierung der Laufgeräusche (Luft- oder Wasserkühlung) und der magnetisch verursachten Geräusche, die mechanische Stabilität (Schwingungsfestigkeit), das Leistungsvolumen, das Leistungsgewicht und der Wirkungsgrad. Die heute übliche Ausführungsart wird wegen der gesteigerten Baudichte häufig Compactgenerator genannt.

Klauenpol-Compactgenerator

Bild 7-8a zeigt einen modernen Klauenpolgenerator, einen sogenannten Compactgenerator mit kleinem Schleifringdurchmesser als auffälliges Merkmal. Der Erregerstrom, der vom feststehenden Generatorteil (Ständer) über einen der Schleifkontakte in die Erregerwicklung und über den anderen Schleifkontakt wieder in den Ständer zurück fließt, erzeugt den erforderlichen

Erreger-Magnetfluss. Die Achse der Erregerspule fällt mit der Rotationsachse zusammen. Dieser Erreger-Magnetfluss verlässt über die Nordpolklauen das rotierende Polrad und wird von den gegenüberliegenden Zähnen des Ständerblechpaketes aufgenommen (siehe Bild 7-8b).

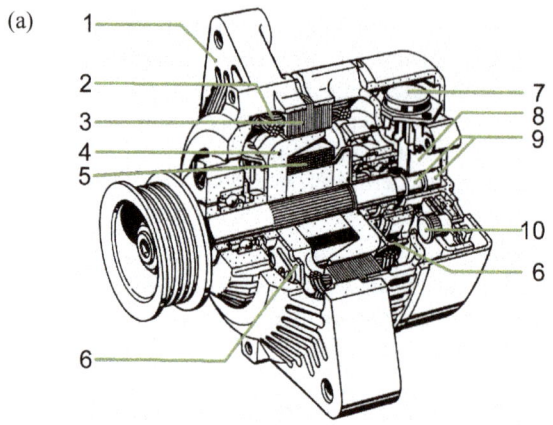

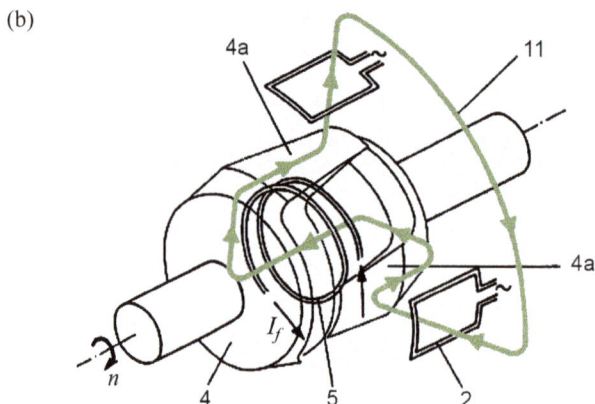

Bild 7-8 Klauenpolgenerator:
(a) Aufbau eines Compact-generators (Bosch).
(b) Schematischer Flussverlauf für einen vierpoligen Generator [Bl1].
1 Gehäuse,
2 Ständerspule,
3 Ständerblechpaket,
4 Klauenpolrad
4a Klaue,
5 Erregerwicklung,
6 Lüfter,
7 elektronischer Spannungsregler,
8 Kohlenhalter,
9 Schleifringe des Polrades,
10 Gleichrichterdioden,
11 Flussverlauf,
n Drehzahl,
I_f Erregerstrom

Durch die Blechpaketzähne, denen die Südpolklauen des Polrades gegenüberliegen, verlässt der Magnetfluss wieder das Ständerblechpaket und gelangt zurück in die Erregerwicklung. Auf dem Weg durch das Ständerblechpaket verläuft das Erregerfeld gleichzeitig auch durch die Ständerspulen (Drehstromwicklung).

Um einen großen Magnetfluss und damit einen hohen Wirkungsgrad zu erreichen, wird der Luftspalt zwischen Polrad und Ständerblechpaket möglichst klein gehalten. Zwischen den Klauen des Polrades dagegen ist der Luftspalt relativ groß, um das magnetische Streufeld zwischen den Klauenpolen auf ein Minimum zu reduzieren. Der kleine Schleifringdurchmesser erlaubt wegen der relativ geringen Umfangsgeschwindigkeit der Schleifringe eine hohe Maximaldrehzahl (über 20000/min) und lange Wartungsintervalle. Mittlere und große Klauenpolgeneratoren sind meist 12-polig, kleine häufig 16-polig ausgelegt.

Eine Drehstromwicklung besteht aus drei Einzelspulen (drei Stränge). Polzahl und Wickelschritt sind an die Polzahl des Läufers angepasst. Der Strang einer Drehstromwicklung hat

7.3 Fahrzeuggeneratoren

entsprechend der Höhe der Generator-Ausgangsspannung (14 V, 28 V oder 42 V) etwa zwischen 10 und 30 Windungen. Bei der Berechnung der Windungszahl spielen neben der Bordnetzspannungshöhe die Art der Strangverkettungen (Stern- oder Dreieckschaltung, siehe Bild 7-9) und der Drehzahlbereich eine wichtige Rolle. Bei kleineren Generatoren sind die Stränge als Sternschaltung und bei größeren als Dreieckschaltung miteinander verbunden. Die Breite des Ständerblechpaketes und der Generatordurchmesser hängen in erster Linie vom geforderten Maximalstrom ab.

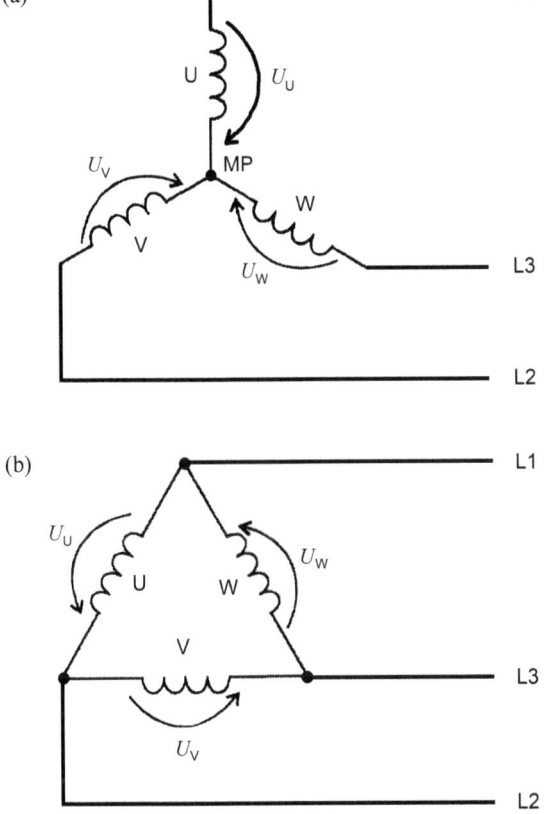

Bild 7-9 Drehstromwicklungen:
(a) Sternschaltung.
(b) Dreieckschaltung.
L1, L2, L3 Außenleiter der Drehstromwicklung;
MP Mittelpunktsleiter der Sternschaltung;
U,V,W Stränge der Drehstromrichtung;
U_U, U_V, U_W Strangspannungen

Die Drehbewegung des Polrades verursacht in der Drehstromwicklung die erforderliche Magnetflussänderung. In jedem Strang entsteht eine Wechselspannung, deren Frequenz sich proportional mit der Drehzahl ändert. Beim 12-poligen Generator entstehen in jedem Strang sechs Wechselspannungsperioden je Läuferumdrehung. Auf Grund der gleichmäßig räumlichen Versetzung der drei Stränge am Ständerumfang sind ihre drei entstehenden Wechselspannungen gleichmäßig zeitlich versetzt (siehe Bild 7-10a).

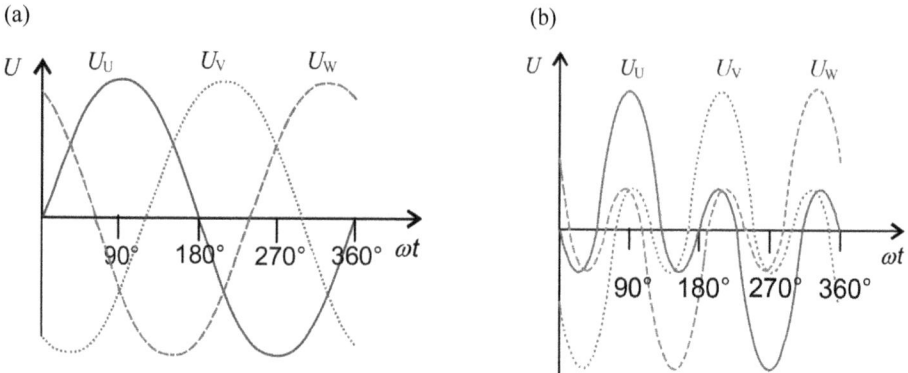

Bild 7-10 Drehstrom-Wechselspannung. U_U, U_V, U_W Wechselspannung im Strang U, V bzw. W (siehe Bild 7-9): (a) Mit sinusförmigem Verlauf. (b) Überlagert mit einer Oberwelle dreifacher Frequenz

Wegen der Ankerrückwirkung, die zur Begrenzung des Maximalstromes gezielt eingesetzt wird, weicht die induzierte Strangspannung mit zunehmender Stromabgabe immer mehr von einer reinen Sinusform ab und wird von Oberwellen, insbesondere von einer Oberwelle mit der dreifachen Frequenz überlagert (siehe Bild 7-10b). Im oberen Lastbereich gibt es deshalb innerhalb einer Periode drei Zeitabschnitte, in denen bei einer Sternschaltung keiner der drei Leiter positiver ist als der gemeinsame Mittelpunkt MP der Sternschaltung (z. B. bei ωt = 270°). Ebenso gibt es drei Zeitabschnitte, in denen keiner dieser drei Leiter negativer ist als der Mittelpunkt (z. B. bei ωt = 90°).

Die Gleichrichtung erfolgt in Pkw- und Nfz-Generatoren ausschließlich mit Hilfe einer Sechspulsgleichrichtung, wobei zur Begrenzung von Spannungsspitzen auch Z-Dioden als Gleichrichterdioden verwendet werden. In Generatoren mit hoher Leistung sind jeweils zwei preisgünstige kleinere Gleichrichterdioden oder Z-Dioden parallel geschaltet. In Bild 7-11 enthält die Sechspulsgleichrichtung parallel geschaltete Dioden.

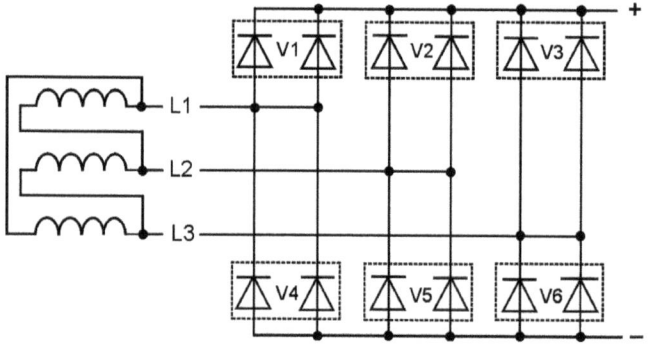

Bild 7-11 Sechspuls-Gleichrichtung, angeschlossen an die Ständerwicklung: L1...L3 Außenleiter einer im Dreieck geschalteten Drehstromwicklung, V1...V3 parallel geschaltete Plusdioden, V4...V6 parallel geschaltete Minusdioden

Um bei einem im Stern geschalteten Generator bei hoher Last die Stränge trotz Oberwelligkeit besser auszunützen, versieht man die Sechpulsgleichrichtung mit zusätzlichen Mittelpunktsdioden (Bild 7-12). In den drei Abschnitten, in denen der Mittelpunkt MP am positivsten ist, fließt der Strom vom Mittelpunkt zum Generatorausgang B+, in Bild 7-12 durch die Diode V3. In den drei Abschnitten, in denen der Mittelpunkt am negativsten ist, fließt er vom Generatoranschluss B– zum Mittelpunkt, in Bild 7-12 durch die Diode V4. Dadurch erhöht sich die mögliche Stromabgabe und somit die Maximalleistung eines Generators um 5 bis 15 Prozent, ohne dass das Ständerblechpaket vergrößert werden muss.

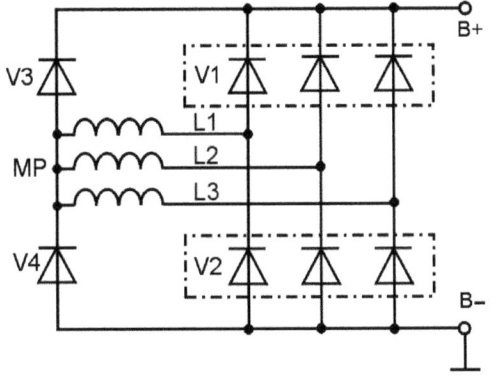

Bild 7-12 Drehstromwicklung im Stern geschaltet mit Sechspulsgleichrichtung und Mittelpunktsdioden:
V1 Plusdiodensatz, V2 Minusdiodensatz,
V3 Mittelpunktsdiode zwischen MP und B+,
V4 Mittelpunktsdiode zwischen B– und MP

Die Ausgangsspannung der Sechspulsgleichrichtung ist eine pulsierende Gleichspannung (Mischspannung). Wenn die Strangspannungen reine Sinusspannungen sind, ist bei einer Sternschaltung der Verkettungsfaktor $\sqrt{3} \approx 1{,}73$. Beträgt die Strang-Maximalspannung genau 10 V, dann pulsiert die gleichgerichtete Spannung zwischen 15 V und 17,3 V (siehe Bild 7-13).

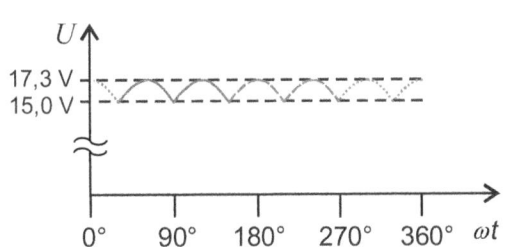

Bild 7-13 Spannungspulsation einer Sechspulsgleichrichtung bei sinusförmigen Strangspannungen

Gemäß Induktionsgesetz ist der Betrag der induzierten Spannung in einer Spulenwindung identisch mit dem Betrag der Änderungsgeschwindigkeit des Magnetflusses, der in der Windung axial verläuft (vgl. hierzu Bild 4-16). Diese Änderungsgeschwindigkeit ist bei einem Generator drehzahl- und magnetflussabhängig. Der Magnetfluss, der in der Drehstromwicklung die Spannungen induziert, setzt sich aus dem Magnetfluss des Erregerstromes und dem Magnetfluss des Laststromes zusammen. Während die Generatordrehzahl an die Motordrehzahl gebunden ist, lassen sich der Erregerstrom von einem Spannungsregler und in gewissen Grenzen auch der Laststrom von einem Energiemanagement beeinflussen.

Im einfachsten Fall ist der Sollwert der Generatorausgangsspannung immer ein konstanter Wert, solange die maximal zulässige Stromabgabe nicht überschritten wird. Für diesen Fall genügt ein herkömmlicher Spannungsregler, der einen Soll-Ist-Vergleich der Generatorspannung durchführt und den Erregerstrom entsprechend pulsweitenmoduliert anpasst. Bei Erreichen der konstruktiv festgelegten Maximalstromstärke wirkt sich die Ankerrückwirkung so stark aus, dass die induzierte Generatorspannung knickartig einbricht und dadurch das Bordnetz nicht mehr Strom aufnehmen kann, als maximal zugestanden wird.

In modernen Fahrzeugen liegt die Summenleistung aller einschaltbaren elektrischen Verbraucher weit über der Generatorleistung. Anders betrachtet, darf die maximale Generatorleistung weit unter dieser Summenleistung liegen, wenn ein geeignetes Energiemanagement die Lastverteilung priorisiert und organisiert. Auch mit Rücksicht auf die hohe Drehmomentaufnahme des Generators im unteren Drehzahlbereich muss die Lastverteilung gesteuert werden.

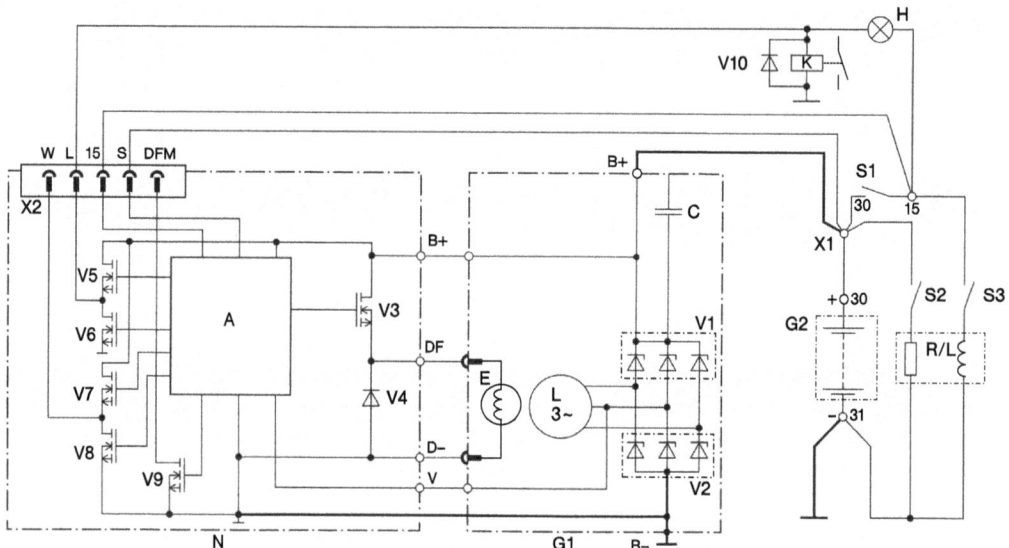

Bild 7-14 Generatorregelsystem mit Multifunktionsregler.
Bauteilbezeichnungen: A Reglerelektronik (IC), C Entstörkondensator, E Erregerwicklung des Klauenpolrades, G1 Drehstromgenerator, G2 Fahrzeugbatterie, H Meldelampe/Fehlerlampe, K Verbraucher-Steuerrelais, L Drehstromwicklungen im Generator (Stern- oder Dreieckschaltung), N Mehrfunktionsregler (Multifunktionsregler), R/L Lasten, S1 Fahrtschalter, S2, S3 Schalter im Bordnetz, V1, V2 Z-Dioden als Gleichrichterdioden, V3 Steuertransistor (FET) zur Steuerung des Erregerstromes (plusseitige Steuerung), V4 Freilaufdiode, V5 und V6 steuerbarer Spannungsteiler für die L-Leitung, V7 und V8 steuerbarer Spannungsteiler für die W-Leitung, V9 Steuertransistor für das DFM-Signal, X2 Schnittstelle Regler.
Abkürzungen und Klemmenbezeichnungen: 15 Ausgangsklemme des Fahrtschalters, DF Dynamo-Feld, DFM DF-Monitor (DF-Tastsignal), L Anschluss für Steuerleitung, S Sense (Information über die Höhe des Pluspotentials an der Batterie), V Informationsleitung (Generatordrehzahl) für die Reglerelektronik, W Informationsleitung (Generatordrehzahl) für das Bordnetz, X1 Plusstützpunkt

Eine aus elektrischer Sicht interessante Lösung ist der Einsatz eines so genannten Multifunktionsreglers (Bild 7-14), der nicht nur den Erregerstrom steuert, sondern weitere Funktionen übernimmt. Bei einem Generator mit Multifunktionsregler sind Generator und Regler räumlich getrennt. Den erforderlichen Erregerstrom bezieht der Regler über B+. Neben der Spannungsregelung übernimmt der Regler zusätzliche Funktionen, auf die im Folgenden exemplarisch eingegangen wird. Für viele Situationen benötigt die Reglerelektronik die Generatordrehzahl. Bereits beim Start ist es wichtig, dass die Reglerelektronik die Drehbewegung des Generatorläufers erkennt. Der Phasenanschluss V liefert diese Information, er ist direkt mit dem Strang V verbunden.

Zwischenzeitlich haben Kfz-Generatoren eine so hohe Nennleistung, dass sie bei konstanter größtmöglicher Fremderregung zunächst dem Starter und dann beim Hochlauf dem Verbrennungsmotor zu sehr „zur Last fallen". Um den Erregerstrom in dieser Situation zu reduzieren, taktet der Multifunktionsregler den Transistor V3 so, dass der Generator während des Hochlaufs gerade noch in den Zustand der Eigenerregung übergeht. Diese Maßnahme heißt gesteuerte Vorerregung. Der Steuertransistor V3 befindet sich auf der Plusseite der Erregerwicklung. Die Meldelampe H leuchtet (Transistor V6 leitet) so lange, wie der Generator fremderregt wird.

Im Fahrbetrieb sinkt bei plötzlicher Lastzuschaltung der Istwert der Generatorspannung unter den Sollwert. Auf Grund eines als Load-Response-Funktion bezeichneten Steuerprogramms reagiert der Generatorregler verzögert. Dadurch belastet der Generator den Antriebsmotor nicht sprunghaft, wenn er seine Ausgangsleistung erhöhen muss. Während beim Load-Response die mögliche Generatorleistung durch gezielte Erregerstromsteuerung variiert wird, kann der Multifunktionsregler über die Leitung L und das Relais K auch komplette Verbraucher drehzahl- und ladespannungsabhängig zuschalten und abkoppeln.

Die Leitung, die in Bild 7-14 vom Plusstützpunkt X1 nach X2-S führt, meldet der Reglerelektronik den Istwert des elektrischen Potentials, das am Stützpunkt X1 herrscht. Hieraus leitet die Reglerelektronik ab, ob und in welche Richtung die Generatorspannung regelnd korrigiert werden soll, um die Batterie möglichst voll aufzuladen oder vor Überladung zu schützen. Falls die Leitung zwischen X1 nach X2-S eine Unterbrechung hat, nimmt der Regler die Spannung an B+ als Ist-Richtwert (Notregelung).

Bei jedem Generatorregler ist das Tastverhältnis, das mit dem der Erregerstrom eingestellt wird, ein Maß für die Generatorauslastung. Der vorliegende Multifunktionsregler stellt für die Auslastungsmeldung ein an X2-DFM messbares Rechteck-Tastverhältnis zur Verfügung (DF-Monitor). Diese Meldung können das Energiemanagement oder das Motormanagement verwerten, beispielsweise zur Stabilisierung der Leerlaufdrehzahl oder zur gezielten Lastzuschaltung oder -wegnahme im Komfortbereich (Sitzheizung usw.).

Der Multifunktionsregler verfügt auch über eine Temperaturüberwachung. Falls die Temperatur zu hoch wird, reduziert er den Spannungssollwert. Als Folge gibt der Generator weniger Strom ab und seine Eigenerwärmung geht zurück. Dieser Übertemperaturschutz kann allerdings zu Lasten der Batterieladung gehen.

Sobald der elektronische Regler einen Fehler erkennt, schaltet der Transistor V6 gegen Masse durch und die Fehlerlampe H leuchtet. Zu den erkennbaren Fehlern gehören auch ein Generatorausfall (z. B. bei Keilriemenbruch), eine Unterbrechung oder ein Kurzschluss im Erregerstromkreis, ein Reglerfehler (z. B. fehlerhafte Endstufe V3), ein fehlerhafter Freilaufkreis (z. B. Freilaufdiode V4 unterbrochen), Bordnetzfehler wie Überspannung, Unterbrechung der Ladeleitung zwischen Generator und Batterie und Unterbrechung oder Masseschluss der Leitung zwischen X1 und X2-S. Bei stehendem Motor reduziert der Multifunktionsregler seine Stromaufnahme auf ein Minimum.

Tabelle 7.3 listet die gebräuchlichsten Generatorvarianten auf. Beim Einzelpolgenerator (Bild 7-15) besitzt jeder einzelne Läuferpol seine eigene Wicklung. Das Verhältnis von Läuferlänge zu Läuferdurchmesser kann dabei größer gewählt werden.

Tabelle 7.3 Generatorvarianten

Generatorart	Besonderheiten
Busgesteuerter Drehstromgenerator	Im Rahmen eines Energiemanagements lassen sich Fahrzeuggeneratoren mit dem Fahrzeug über ein Bussystem vernetzen
Drehstromgenerator ohne Schleifringe	Schleifringe sind, trotz kleinem Durchmesser und damit reduzierter Umfangsgeschwindigkeit, das Verschleißteil Nummer eins. Im Nfz-Bereich mit Fahrzeug-Jahreslaufleistungen von über 250000 km kann sich eine aufwändige Konstruktion ohne Schleifringe rentabel darstellen
Flüssigkeitsgekühlter Drehstromgenerator	Flüssigkeitsgekühlte Generatoren sind als leistungsstarke Generatoren in der gehobenen Mittel- und in der Oberklasse Standard. Leistungsstarke Generatoren produzieren zwangsläufig eine hohe Wärmeverlustleistung. Wollte man die hohe Verlustwärme mit Luftkühlung nach außen transportieren, müssten lautstarke Lüfter eingesetzt werden, die das Fahrzeuginnengeräusch anheben würden. Um diese Geräuschentstehung zu umgehen, wird die Luftkühlung durch eine Flüssigkeitskühlung ersetzt. Die Flüssigkeitskühlung ist am Kühlmittelkreislauf des Motors angeschlossen. Schlecht zu kühlende Schleifkontakte wie Kontaktkohlen und Schleifringe müssen entfallen
Zweifach-Drehstromgenerator (Doppelgenerator)	Ein Doppelgenerator ist für sehr hohe Generatorleistungen konzipiert, z. B. für Komfortreisebusse. Er besteht aus zwei Ständern und zwei Klauenpolläufern. Die Stränge der beiden Drehstromwicklungen sind parallel geschaltet, die Erregerspulen ebenfalls. Eine Reglerendstufe taktet beide Erregerspulen gemeinsam. Jeder Strang hat drei parallel geschaltete Plus- und drei parallel geschaltete Minusdioden
Einzelpolgenerator, siehe Bild 7-15	Einzelpolgeneratoren sind für große Leistungen eines 24-V-Bordnetzes konzipiert. Die Generatordrehzahl ist, verglichen mit Pkw-Generatoren, relativ niedrig. Die massive Polkonstruktion ermöglicht große Magnetflüsse
Startergeneratoren	Startergeneratoren sind Maschinen, die sowohl als Starter als auch als Generator betrieben werden. Diese Maschinen werden im Abschnitt 7.3.3 behandelt

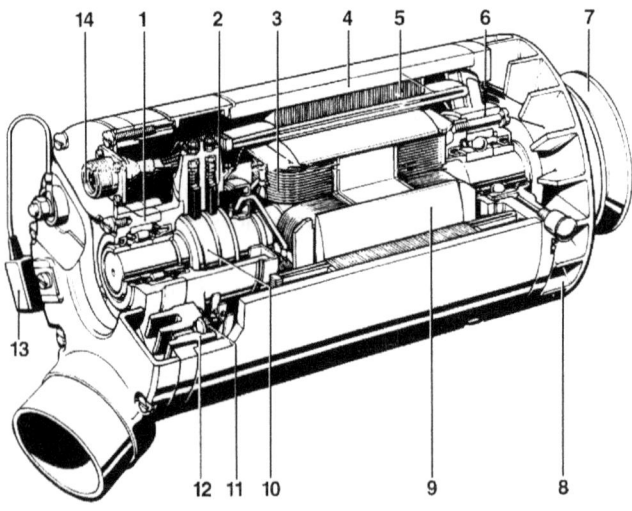

Bild 7-15 Einzelpolgenerator [Bo4]:
1 Schleifringlagerschild,
2 Schleifkontakte,
3 Erregerwicklung,
4 Gehäuse,
5 Ständer,
6 Antriebslagerschild,
7 Riemenscheibe,
8 Radialgebläse,
9 Einzelpolläufer,
10 Schleifring,
11 Leistungsdiode,
12 Kühlkörper,
13 Entstörkondensator,
14 Steckdose für Verbindungsleitungen zum Regler

7.3.3 Startergenerator

Steigender elektrischer Energiebedarf in den Fahrzeugen, Bemühungen um reduzierten Kraftstoffverbrauch, verbunden mit weniger Emissionsausstoß und Bemühungen, die Vorteile eines Elektromotors mit denen eines Verbrennungsmotors zu kombinieren, legen es nahe, die Einzelaggregate Starter und Generator durch eine Maschine mit kombinierter Funktion, den Startergenerator, zu ersetzen.

Ein Startergenerator ist eine elektrische Maschine, die in einem Fahrzeug nach Bedarf als Elektromotor oder als Generator betrieben wird. In der Funktion als Generator hat diese Maschine zunächst alle Aufgaben zu übernehmen, die bisher der Drehstromgenerator erfüllt, nämlich die elektrische Versorgung des Bordnetzes und das Laden der Fahrzeugbatterie(n). In der Funktion als Motor steht an erster Stelle das Antreiben der Kurbelwelle des Verbrennungsmotors auf Startdrehzahl beim Motorstart.

Der Einsatz der Startergeneratoren beschränkt sich nicht nur auf den herkömmlichen Bereich der getrennten Maschinen Starter und Generator. Bei entsprechend großer Nennleistung soll der Startergenerator im Motorbetrieb den Verbrennungsmotor beim Antreiben unterstützen, z. B. beim Beschleunigen (Boostbetrieb). Ein Vorteil einer derartigen Kombination ist das Drehzahl-Drehmoment-Verhalten beider Motorarten. Während ein Elektromotor bereits im unteren Drehzahlbereich sein maximales Drehmoment entwickeln kann, hat ein Verbrennungsmotor im mittleren und oberen Bereich seine Maximalwerte. Beim Bremsen bietet sich die Energierückgewinnung an (Rekuperation). Deshalb werden Fahrzeuge, in denen dieser Maschinensatz eingesetzt wird, auch als Hybridfahrzeuge bezeichnet. Die Einsatzkonzepte sind sehr fahrzeugspezifisch, eine Drehrichtungsumkehr wird allerdings nicht gefordert.

Tabelle 7.4 Einteilung der Hybridfahrzeuge in unterschiedliche Kategorien. Die Zahlenwerte beziehen sich auf ein Mittelklassefahrzeug.

Bezeichnung	Micro-Hybrid	Mild-Hybrid, Soft-Hybrid	Full-Hybrid
Einsatzmöglichkeiten	Stop/Start, leichte Rekuperation	Stop/Start, Rekuperation und Drehmomentunterstützung	Stop/Start, Rekuperation und Drehmomentunterstützung, reiner Elektrofahrbetrieb
Leistung	Bis etwa 6 kW	Bis etwa 15 kW	Über 15 kW
Einbindung in den Antrieb	Riementrieb	Mit Kurbelwellenende verflanscht (Kurbelwellen-Startergenerator)	Über spezielles Getriebe
Bordnetzbeispiele	Einspannungsbordnetz 12 V	Zweispannungsbordnetz 12 V/42 V, eventuell auch Dreispannungsbordnetz mit bis zu mehreren hundert Volt	Dreispannungsbordnetz mit bis zu mehreren hundert Volt
Energiespeicher	Blei-Säure-Batterie	Blei-Säure-Batterie und Doppelschichtkondensatoren, Nickel-Metallhydrid-Batterie	Blei-Säure-Batterie und Nickel-Metallhydrid-Batterie, eventuell zusätzlich Doppelschichtkondensatoren

Bei Hybridfahrzeugen setzt sich eine nicht genormte Einteilung in drei Kategorien durch, die sich in den Leistungen der Startergeneratoren widerspiegeln. Abhängig von der Leistung des Startergenerators ist nicht nur deren mechanische Einbindung in den Antriebsbereich, sondern auch die Ausgestaltung des Bordnetzes und der elektrischen Energiespeicher. Tabelle 7.4 zeigt eine mögliche Einteilung der Hybridfahrzeuge und damit verbundene Besonderheiten. Dabei ist zu beachten, dass der Energiespeicher meist ein Energiespeichersystem ist und auf die Funktionen (Einsatzmöglichkeiten) präzise abgestimmt werden muss. Die angegebenen Varianten der Bordnetze weisen auf die Möglichkeiten hin, einen Startergenerator einzusetzen und die Vielfalt der Fahrzeugkonzepte zu berücksichtigen.

Im Vergleich zum Verbrennungsmotor kann ein Elektromotor in sehr kurzen Zeitspannen reagieren. So kann ein Startergenerator auf Basis eines Drehfeldantriebs (siehe unten) innerhalb von 100 bis 200 Millisekunden vom maximalen Motordrehmoment auf maximales Generatorlastmoment umsteuern. Auf Grund dieser Eigenschaften stellt ein Startergenerator eine sehr dynamische Steuer- und Regeleinheit dar. Mit Hilfe der heute zur Verfügung stehenden Leistungselektronik kann diese Dynamik so umgesetzt werden, dass sich Generatorbetrieb und Motorbetrieb in kürzesten Phasen abwechseln. Diese möglichen schnellen Betriebswechsel können insofern auch zur Erhöhung des Fahrkomforts beitragen, als sie zum Tilgen von Drehungleichförmigkeiten des Motors und zum Dämpfen von Drehschwingungen im Antriebsstrang (Ruckeln) eingesetzt werden. Voraussetzung ist dabei, dass das Fahrzeug über geeignete Energiespeicher verfügt, die in beiden Energierichtungen hohe Leistungen ermöglichen und eine hohe Zyklenzahl aushalten. Als Nebeneffekt der Minderung von Drehungleichförmigkeiten können sich Einsparungen bei Materialaufwendungen für Geräuschdämpfungsmaßnahmen positiv auswirken.

Auch an einen Startergenerator werden die in Kraftfahrzeugen üblichen hohen technischen Anforderungen gestellt, wie hoher Wirkungsgrad, gute Drehzahlregelung, mechanische Robustheit, einfache, möglichst kompakte Bauweise, lange Lebensdauer, wartungsfreier Betrieb, Unempfindlichkeit gegen chemische Einflüsse und gegen extreme Temperaturschwankungen. Außerdem können hohe Fliehkräfte entstehen. Falls sich der Fahrer beim Gangwechsel verschaltet, kann die doppelte Drehzahl auftreten.

Der Startergenerator muss über Wechselrichter und Spannungswandler mit der Gleichspannungsseite zusammenarbeiten. Wie Tabelle 7.4 zeigt, können dies drei Spannungsebenen sein. Hierfür ist nicht nur eine aufwändige Steuer- und Regelsoftware, sondern auch eine leistungsstarke Elektronikhardware erforderlich. Unabhängig von der Leistung des Startergenerators hat sich bisher die Drehstrommaschine als Startergenerator durchgesetzt. Ob eine Klauenpolmaschine, eine Synchron- oder eine Asynchronmaschine Anwendung findet, richtet sich nach der geforderten Maschinenleistung und nach dem Fahrzeugkonzept.

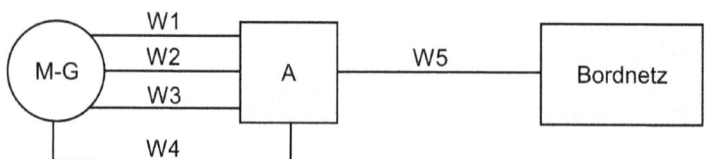

Bild 7-16 Zusammenwirken zwischen Startergenerator, Steuer- und Leistungselektronik und Bordnetz: A Steuer-, Regel- und Leistungselektronik, M-G Startergenerator (Motor-Generator), W1...W3 Drehstromleitungen, W4 Signalleitungen zwischen M-G und A, W5 Leitungen der Gleichspannungsseite

Nachdem der Startergenerator eine Drehstrommaschine ist, muss zwischen Maschine und Elektronik ein Drehstrom-Leitungsnetz (Dreileitungsnetz) installiert sein; außerdem zum Datenaustausch eine Signalleitung. Um die drei Speisespannungen korrekt einstellen zu können, werden von der elektronischen Steuerung verschiedene Informationen benötigt. Dazu gehören beispielsweise die Frequenz und die Phasenlage der drei Wechselspannungen und die aktuelle Läuferposition (Synchronmaschine) und -drehzahl (Asynchronmaschine).

Im Generatorbetrieb erzeugt der Startergenerator eine Dreiphasenwechselspannung, deren Frequenz von der Polpaarzahl des Startergenerators und von seiner Drehzahl abhängig ist. Die Ausgangsspannung ändert sich ebenfalls mit der Drehzahl, sie ist aber auch lastabhängig. Somit muss die Leistungselektronik die drei Wechselspannungen nicht nur gleichrichten, sondern auch die gleichgerichtete Spannung auf die erforderliche Höhe anpassen.

Für den Motorbetrieb gilt, dass die aktuelle Drehzahl des Verbrennungsmotors zunächst den Sollwert für die Frequenz der einzuspeisenden Spannung vorgibt. Auf dem Weg zur Solldrehzahl muss dann die elektronische Steuerung die Höhe und die Frequenz der Einspeisespannung steigern oder verringern.

Startergenerator für die Kategorie Micro-Hybrid

Bisher werden in dieser Kategorie Drehstrom-Klauenpolmaschinen eingesetzt, deren grundsätzlicher Aufbau im Abschnitt 7.3.2 behandelt wurde. Allerdings ist im Startergenerator kein Gleichrichter untergebracht. Im Generatorbetrieb gibt der Startergenerator Drehstrom ab, im Motorbetrieb nimmt er Drehstrom auf. Als Alternative zu einem Riementrieb, wie in Bild 7-17 dargestellt, ist auch ein Zahntrieb möglich.

Das Übersetzungsverhältnis zwischen Kurbelwelle und Startergenerator muss mit Rücksicht auf die hohen Fliehkräfte im oberen Drehzahlbereich ähnlich gewählt werden wie beim herkömmlichen Fahrzeuggenerator. Dies bedeutet, dass der Startergenerator ein größeres Startdrehmoment besitzen muss als herkömmliche Ritzelstarter. Einer der Vorteile ist aber das geräuscharme Starten, weil kein Ritzel eingespurt werden muss. Da die Übersetzung kleiner ist, erfolgt der Start schneller, denn ein herkömmlicher Starter muss wegen des großen Übersetzungsverhältnisses eine Drehzahl von etwa 1000...2000/min erreichen, damit die Kurbelwelle die Startdrehzahl von etwa 100/min erreicht. Beim Übersetzungsverhältnis von 2...3 genügen dem Startergenerator etwa 200...300 Umdrehungen pro Minute. Deshalb dauert das Erreichen der Startdrehzahl weniger als eine halbe Sekunde. Dies ist insbesondere für den Stop-Start-Betrieb vorteilhaft.

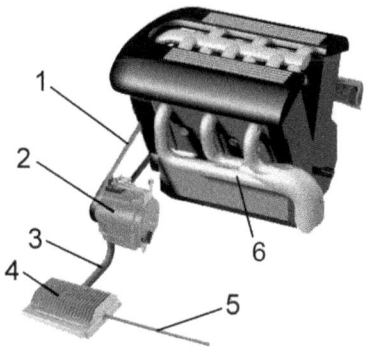

Bild 7-17 Riementrieb verbindet Startergenerator und Verbrennungsmotor [Bi1]:
1 Riementrieb,
2 Startergenerator,
3 Drehstromnetz und Steuerleitungen,
4 Steuer-, Regel- und Leistungselektronik,
5 Verbindung zu den Gleichspannungsebenen,
6 Verbrennungsmotor

Startergenerator für die Kategorie Mild-Hybrid

Startergeneratoren für die Kategorie Mild-Hybrid sind Drehstromsynchron- oder Drehstromasynchronmaschinen. Sie werden in den bisherigen Realisierungen in der Verlängerung der Kurbelwelle angebracht (siehe Bild 7-18) und heißen deshalb auch Kurbelwellen-Startergenerator. Beachtlich ist, dass der Wirkungsgrad einer Drehstrommaschine, unabhängig davon, ob Synchron- oder Asynchronmaschine, und unabhängig davon, ob Motor- oder Generatorbetrieb, in der Regel über 75 Prozent und in vielen Betriebspunkten bei 90 Prozent liegt.

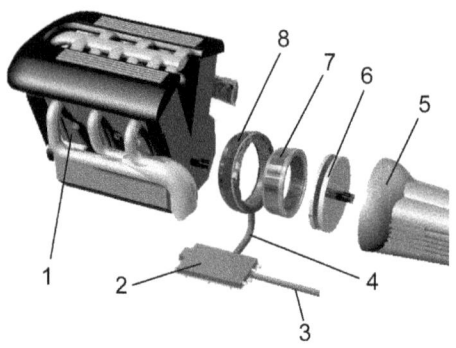

Bild 7-18 Startergenerator zwischen Verbrennungsmotor und Kupplung [Bi1]:
1 Verbrennungsmotor,
2 Steuer-, Regel- und Leistungselektronik,
3 Verbindung zu den Gleichspannungsebenen,
4 Drehstromnetz und Steuerleitungen,
5 Getriebe,
6 Kupplung,
7 Läufer des Startergenerators,
8 Ständer des Startergenerators

Die in Bild 7-19 dargestellte Ständerdrehstromwicklung besteht aus achtzehn Einzelspulen (1). Jeweils drei nebeneinander angebrachte Einzelspulen bilden eine zweipolige Drehstromwicklung, der ein Nord- und ein Südpol des Läufers zugeordnet ist. Somit ist die abgebildete Drehstromwicklung 12-polig. Bild 7-19 zeigt auch die auffällig kurze Bauform von Startergeneratoren, die am Kurbelwellenende angeflanscht sind. Diese Bauform wird gewählt, damit der in Verlängerung zur Kurbelwelle angebrachte Startergenerator die mögliche Einbaulage des Verbrennungsmotors nicht allzu sehr beeinflusst (siehe auch Bild 7-18).

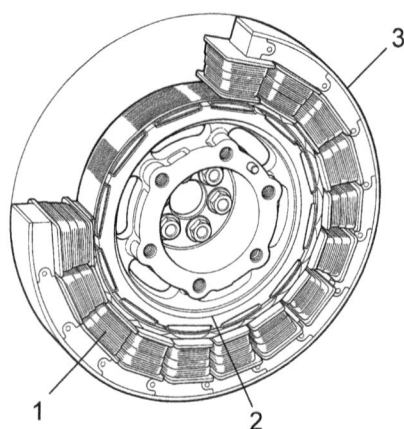

Bild 7-19 Aufbau einer 12-poligen Synchronmaschine (Honda). Zwölf Pole entsprechen sechs Polpaaren:
1 Achtzehn Einzelpolspulen der Ständerdrehstromwicklung,
2 Läufer mit sechs Permanentmagnet-Polpaaren,
3 Ständerblechpaket

Im Generatorbetrieb durchläuft bei einer Maschine mit sechs Läuferpolpaaren jede der drei induzierten Strang-Wechselspannungen alle Werte einer Sinuskurve, wenn der Läufer einen räumlichen Drehwinkel von 60° ausgeführt hat. Das bedeutet, die 120°-Phasenversetzung der drei Strangspannungen entsprechen einem räumlichen Drehwinkel des Läufers von 20°. Somit erzeugt die 12-polige Maschine Wechselspannungen mit der sechsfachen Frequenz der Kurbelwellendrehfrequenz. Es gilt die Beziehung $f = pn$, wobei f die Frequenz der erzeugten Spannungen in Hz, p die Polpaarzahl und n die Motordrehzahl in 1/s bezeichnet. Die 120°-Phasenverschiebung bezieht sich auf $\omega t = 360°$.

Für den Betrieb der Synchronmaschine prägt der Wechselrichter an den Maschinenklemmen eine Spannung ein, die zusammen mit der drehzahlproportionalen induzierten Spannung zu einem Strom führt, der das gewünschte Motor- oder Generatormoment bei einer vom Verbrennungsmotor gegebenen Drehzahl entstehen lässt. Die Permanentmagnete des Läufers (Bauteil 2 in Bild 7-19) sind wegen der geforderten hohen Remanenz und Koerzitivfeldstärke Seltenerd-Magnete. So lässt sich eine hohe Luftspaltinduktion und damit ein kleiner Bauraum erreichen.

Aus der Bezeichnung „Drehstromsynchronmaschine" ist ersichtlich, dass es sich um eine Drehstrommaschine handelt, deren Läufer im Motorbetrieb sich exakt synchron mit dem magnetischen Drehfeld des Ständers dreht. Eine 12-polige Drehstromwicklung erzeugt ein 12-poliges Drehfeld, das proportional zur Frequenz der Ständerströme umläuft. Die Magnete im Läufer bauen ebenfalls ein 12-poliges Feld auf. Im Leerlauf ziehen sich ungleichnamige Pole von Ständer- und Läuferfelder an (N → S, S → N). Dabei stehen sich die Pole von Ständer- und Läuferfeld genau gegenüber. Bei Belastung verschieben sich die Pole um einige Winkelgrade gegeneinander, woraus sich ein Drehmoment entwickelt. Im Motorbetrieb eilt das Läuferfeld dem Ständerfeld etwas nach; im Generatorbetrieb eilt es voraus. Wird die Belastung höher, so vergrößert sich der Winkelunterschied bis zu einem dem maximalen Moment entsprechenden Wert von 90°/p mit der Polpaarzahl p. Wird das Lastmoment weiter erhöht, so fällt das Maschinenmoment wieder ab und Maschine gerät außer Tritt. Um dies zu verhindern, passt die Steuerelektronik die Frequenz der Ständerspannungen kontrolliert der Läuferdrehbewegung an.

Der Startvorgang von Stillstand auf Leerlaufdrehzahl bei einem Warmstart soll innerhalb einer halben Sekunde stattfinden. Um dies sicherzustellen, ist eine sehr präzise Frequenzanpassung erforderlich. Dies wiederum ist nur möglich, wenn die Steuerelektronik laufend eine Rückmeldung über die Position des Läufers erhält. Aus diesem Grund sind mindestens zwei räumlich versetzte Positionssensoren angebracht. Die Sensoren gestatten die Bestimmung von Position, Drehzahl und -richtung. So kann die Steuerelektronik die drei Strangspannungen kontrolliert mit dem Läufer synchronisieren. Als Sensoren finden beispielsweise magnetoresistive Widerstände Anwendung.

Bild 7-20 stellt exemplarisch dar, wie das Antriebsmoment des permanent erregten Drehstromsynchronmotors mit steigender Drehzahl zurückgeht.

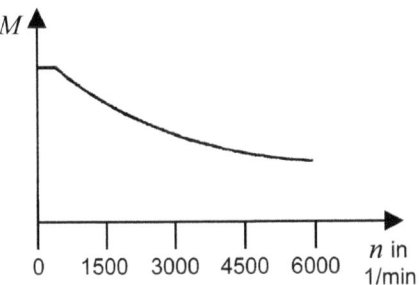

Bild 7-20 Drehmoment eines Drehstromsynchron-Startergenerators im Motorbetrieb in Abhängigkeit von der Drehzahl. Durch Steuerung der Spannungshöhe kann der Drehmomentverlauf über die Drehzahl angepasst werden: M Drehmoment, n Drehzahl

Eine Drehstromasynchronmaschine hat einen sehr einfachen Aufbau und ist deshalb eine robuste und gern eingesetzte Maschine. Am Ständerumfang ist die mehrpolige Drehstromwicklung untergebracht. Zur Reduzierung von Wirbelströmen besteht der Läufer und der Ständer aus geschichtetem Eisenblech. Die Läuferwicklung ist keine Wicklung im herkömmlichen Sinn. Sie besteht aus mehreren im Ankerumfang in axialer Richtung eingegossenen einzelnen Stäben eines nichtmagnetischen Metalls (siehe Bild 7-21). Alle Stäbe enden an den Stirnseiten jeweils in einem Metallring und sind damit beidseitig kurzgeschlossen. Der Läufer heißt wegen dieser Konstruktion auch Kurzschlussläufer oder Käfigläufer. Aus Fertigungsgründen wird für Stäbe und Kurzschlussringe üblicherweise leicht gießbares Aluminium verwendet.

Bild 7-21 Kurzschlussläufer einer Asynchronmaschine als Startergenerator [Kr2]:
1 eingegossene Stäbe,
2 Kurzschlussringe,
3 geschichtetes Eisenblech

Aus der Bezeichnung „Drehstromasynchronmaschine" ist ersichtlich, dass sich der Läufer im Motorbetrieb nicht synchron, sondern langsamer als das magnetische Drehfeld des Ständers dreht. Dieser asynchrone Betrieb ist zwingend erforderlich, weil der Läufer keine Permanentmagnete besitzt und weil das zur Erzeugung einer Drehbewegung notwendige Läufermagnetfeld auch nicht von einem von außen zugeführten Strom aufgebaut wird. Der Drehzahlunterschied bewirkt, dass in der Kurzschlusswicklung ein Strom induziert wird (Kurzschlussstrom). Das Magnetfeld dieses Kurzschlussstromes hat zwangsläufig die gleiche Drehfrequenz wie das Ständerdrehfeld. Es bildet den magnetischen Gegenpol zum Ständerfeld, so dass es von diesem mitgezogen wird und dabei dem Läufer die Drehbewegung aufzwingt. Der Drehzahlunterschied zwischen Ständerdrehfeld und Läufer heißt Schlupf und beträgt auf das Ständerdrehfeld bezogen ca. 2…5 Prozent im Generatorbetrieb und bis zu 20 Prozent im Startbetrieb.

Das Drehmoment lässt sich über die Höhe der eingespeisten Spannung und deren Frequenz beeinflussen. Der Kaltstart verlangt das größte Moment. Nach dem Starten wird mit Rücksicht auf den Gesamtenergiehaushalt des elektrischen Netzes das Antriebsmoment drehzahlabhängig zurückgenommen, zumal das Drehmoment des Verbrennungsmotors nach dem Start mit der Motordrehzahl steigt. Bild 7-22 verdeutlicht, dass die Steuerelektronik das Antriebsmoment konstant hält, bis die Startdrehzahl des Verbrennungsmotors sicher überschritten ist, im Beispiel ca. 400/min.

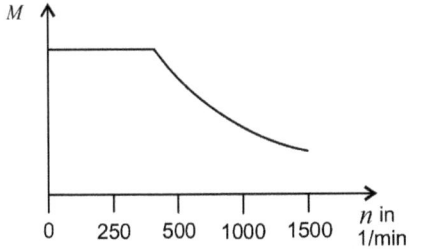

Bild 7-22 Gesteuerter Drehmomentverlauf bei einem Drehstromasynchron-Startergenerator im Motorbetrieb (unterer Drehzahlbereich): M Drehmoment, n Drehzahl

Der Generatorbetrieb einer Drehstromasynchronmaschine ist nur möglich, wenn sich der Läufer schneller dreht als das Ständermagnetfeld. Dann entsteht auf die Drehbewegung des Ständermagnetfeldes bezogen wieder ein Schlupf. Diese Relativbewegung induziert einen Strom in der Käfigwicklung des Läufers. Das Magnetfeld des Läuferstromes induziert in der Ständerwicklung die Generatorspannung.

7.4 Elektrisches Energiemanagement

7.4.1 Fahrzustände und Leistungsbilanz

Für die kontinuierlich steigende Anzahl der elektrischen Verbraucher steht nach wie vor nur die Batterie als passiver Energiespeicher zur Verfügung. Während die Hauptaufgabe der Batterie in früheren Zeiten bei der (kurzzeitigen) Leistungsabgabe für den Motorstart lag, muss die Batterie in modernen Fahrzeugen zur Stromversorgung aller elektronischen Aggregate beitragen. Weitere Innovationen wie Stop-Start-Betrieb und Rekuperation führen zu einem weiter erhöhten Energieumsatz und beanspruchen die Batterie zusätzlich. Trotz gestiegener Qualität der Starterbatterien gehören entladene Batterien zu den häufigsten Ausfallsachen in Kraftfahrzeugen. Bei diesen Fahrzeugen sind Laden und Stromentnahme nicht im Gleichgewicht, so dass die Batterien sukzessive entladen werden.

Der Batterie als Energiespeicher und deren Überwachung durch eine Batteriediagnose kommt daher steigende Bedeutung zu. Das Energiemanagement bilanziert die von den Verbrauchern angeforderte elektrische Energie mit der durch den Generator und die Batterie lieferbaren Energie. Das Energiemanagement sorgt so für einen Ausgleich zwischen erzeugter, gespeicherter und benötigter Energie. Ein wichtiges Ziel ist, die Startfähigkeit des Fahrzeugs jederzeit gewährleisten zu können. Je nach Ausstattung des Fahrzeugs sind die Vorgaben für das Energiemanagement zu setzen. Hierbei ist insbesondere auf die abgesicherte elektrische Versorgung von sicherheitsrelevanten Funktionen zu achten.

In Tabelle 7.5 ist dargestellt, welche Anforderungen in den verschiedenen Betriebszuständen des Fahrzeugs an die Batterie gestellt werden und wie diese Betriebszustände zu einer Entladung der Batterie beitragen können [Ol2]. Mit P_{Last} wird dabei die gesamte Leistungsaufnahme aller Verbraucher bezeichnet. Die gesamte Leistung aller Energiequellen ist unter P_{Gen} zusammengefasst. In den meisten Bordnetzen ist dies die Leistung des Generators.

Im Ruhezustand, im Standbetrieb und beim Start liefert der Generator keine Leistung und die Batterie übernimmt die Versorgung des Fahrzeugs. Für kleine und mittlere Ströme ist allein die gespeicherte Ladung in der Batterie relevant. Diese kann durch die Größe der Batterie und den Ladezustand beeinflusst werden. Während des Starts werden darüber hinaus hohe Leistungen angefordert, die einen niedrigen Innenwiderstand der Batterie voraussetzen. Hierbei wirkt sich neben einer starken Entladung der Batterie auch der Alterungszustand der Batterie negativ aus.

Aber auch im Leerlauf und während der Fahrt kann die Batterie entladen werden, wenn der Leistungsbedarf P_{Last} der Verbraucher die maximal verfügbare Leistung P_{Gen} des Generators übersteigt ($P_{Last} > P_{Gen}$). Im Leerlauf steht bei niedrigen Drehzahlen nur ein Teil der Maximalleistung zur Verfügung, was im Stadtverkehr bei kurzen Fahrzyklen und eingeschalteten Hochleistungsverbrauchern ebenfalls zur sukzessiven Entladung der Batterie führen kann.

Tabelle 7.5 Betriebszustände der Bordnetzbatterie. Dabei bezeichnet P_{Last} die von den Verbrauchern aufgenommene und P_{Gen} die vom Generator (und ggf. weiteren Energiequellen) abgegebene Leistung

Betriebszustand Fahrzeug	Betriebszustand Generator	Betriebszustand Batterie	Leistungsbilanz Bordnetz
Ruhestrom (Diebstahlwarnanlage, Zugangssysteme, ...)	Aus	Entladung, Kapazität entscheidend	$P_{Last} > 0$
Standverbraucher (Lüfter, Radio, ...)	Aus	Entladung, Kapazität entscheidend	$P_{Last} > 0$
Start	Aus	Entladung, Innenwiderstand entscheidend	$P_{Last} > 0$
Leerlauf (nur Kleinverbraucher)	Aktiv	Ladung	$P_{Last} < P_{Gen}$
Leerlauf	Aktiv	Entladung	$P_{Last} > P_{Gen}$
Fahrt	Aktiv	Ladung	$P_{Last} < P_{Gen}$
Fahrt (Hochlastverbraucher)	Aktiv	Entladung	$P_{Last} > P_{Gen}$

In den meisten Betriebszuständen des Fahrzeugs, z. B. während Fahrt auf der Landstraße bei mittleren Temperaturen und bei normaler elektrischer Verbraucherlast, reicht die Leistung des Generators zur Deckung des Leistungsbedarfs aus. Dennoch können eine Reihe von Betriebszuständen zu einem Entladen der Batterie selbst über längere Zeit führen, z. B. die intensive Nutzung von Standverbrauchern wie Radio oder Infotainment, aber auch Kurzfahrten mit hoher elektrischer Verbraucherlast bei tiefen Temperaturen.

Die Aufgabe des Energiemanagements ist es, eine dauerhafte Entladung der Batterie zu verhindern und so den Start und die elektrischen Hilfsfunktionen sicherzustellen. Alle Maßnahmen, die mit dem Energiemanagement eingeführt werden, sollen in Summe den Nutzwert des Fahrzeugs verbessern. Die Funktionen des Energiemanagements dürfen also nicht regelmäßig zu deutlichen Einschränkungen in der Nutzung von Fahrzeugfunktionen führen. Weiterhin ist die Ausgabe von Warnmeldungen im Falle eines beherrschbaren Mangelzustands nicht erwünscht. Das Energiemanagement sollte vielmehr zur Verminderung von Warnmeldungen und Funktionseinschränkungen beitragen. Ein optimaler Betrieb des Generators zur Versorgung der Verbraucher und zum Laden der Batterie ist einer Reduzierung der Verbraucherleistung vorzuziehen.

Um einen stabilen Betrieb gewährleisten zu können und um eine Batterieentladung zu vermeiden, müssen im zeitlichen Mittel – wie in Bild 7-23 symbolisch dargestellt – Leistungsbedarf und Erzeugerleistung ins Gleichgewicht gebracht werden. Diese Aufgabe übernimmt in modernen Fahrzeugen das elektrische Energiemanagement.

7.4 Elektrisches Energiemanagement

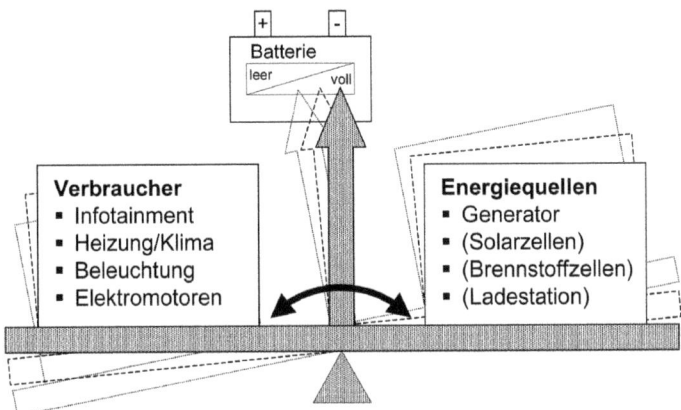

Bild 7-23 Energiemanagementsysteme bilanzieren kontinuierlich die erzeugte, verbrauchte und gespeicherte Energie

7.4.2 Regelung der Energieversorgung

In Bild 7-24 ist dargestellt, wie der Batteriezustand stabilisiert und einer Entladung der Batterie entgegengewirkt werden kann. Zunächst wird eine Vorgabe als Sollwert für den Batteriezustand benötigt. Dies ist meist die Vollladung der Batterie. In Fahrzeugen mit Rückgewinnung von Bremsenergie ist ein Ladezustand kleiner als 100 Prozent sinnvoll, damit über die erhöhte Generatorleistung elektrische Energie in der Batterie gespeichert und für die Nutzung im Fahrzeug zurückgewonnen werden kann. Wünschenswert, aber in üblichen Fahrzeugen aus Kostengründen nicht realisiert ist die Regelung der Batterietemperatur. Bei Hochleistungsbatterien in Hybridfahrzeugen wird zumindest eine Kühlung zur Begrenzung der Batterietemperatur eingebaut.

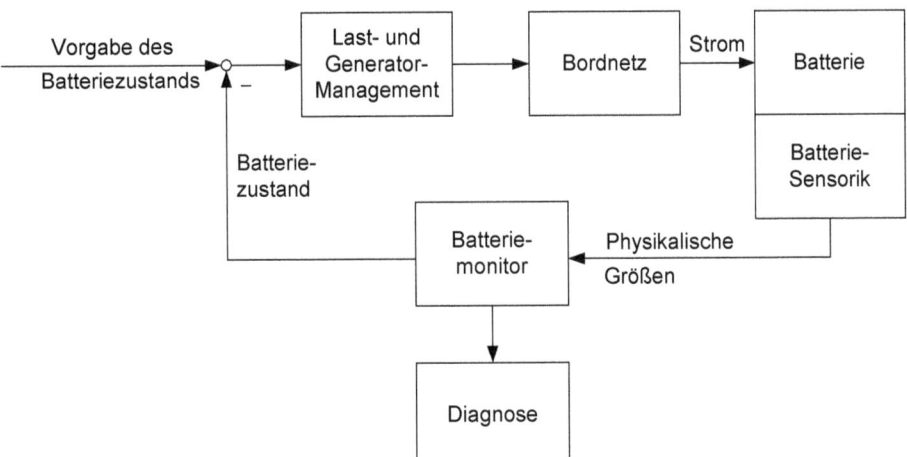

Bild 7-24 Geschlossener Regelkreis des Energiemanagements. Wenn (z. B. bei stehendem Motor) die Batterie das Bordnetz versorgt, ist der eingezeichnete Strom negativ. Die Komponenten des Regelkreises werden weiter unten erklärt

Im geschlossenen Kreis wird der aktuelle Batteriezustand mit dem Sollwert verglichen und den Abweichungen entgegengewirkt. Dazu werden die physikalischen Größen Strom, Spannung und Temperatur erfasst. Aus diesen Werten wird mit Hilfe der Batteriemonitor-Software der Batteriezustand berechnet. Aus dem Vergleich mit dem Sollwert wird die Abweichung ermittelt und gemäß dieser Abweichung der Bordnetzzustand korrigierend eingestellt. Der Regelkreis nutzt also überwiegend Komponenten, die schon im Fahrzeug vorhanden sind. Das Last- und Generatormanagement sowie der Batteriemonitor sind Softwaremodule, die in vorhandenen Steuergeräten integriert werden können. Generatoren besitzen zunehmend Kommunikationsschnittstellen, über die die Auslastung abgefragt und ein Spannungssollwert vorgegeben werden kann.

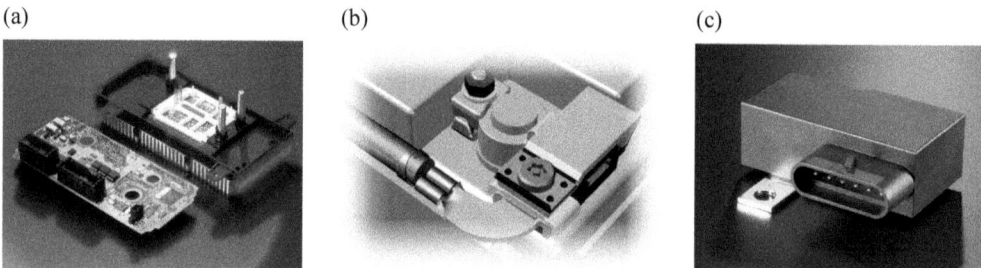

Bild 7-25 Komponenten zur Implementierung des Energiemanagements:
(a) Separates, zusätzliches Steuergerät. (b), (c) Dezentrale, modulare Lösung mit Einzelkomponenten.
(b) Batteriesensor. (c) Bistabiles Ruhestromrelais (Hella)

Ein spezielles Steuergerät nur für das Energiemanagement kann prinzipiell alle notwendigen Funktionalitäten wie Messung der Batteriegrößen, Berechnung der Leistungsbilanz sowie Ansteuerung der Lasten und Schaltelemente in einer Einheit durchführen. Ein solches zusätzliches Steuergerät (Bild 7-25a) ist für die Einführung der neuen Funktionalität in ein bestehendes Fahrzeugkonzept sinnvoll, erhöht aber Kosten und Komplexität des Bordnetzes [Ol1], [He4]. Die Batteriespannung und die Batterietemperatur werden von der Elektronik erfasst, für die Messung dieser physikalischen Größen sind aber zusätzlich ein Spannungsabgriff und ein Temperatursensor an der Batterie mit der zugehörigen Verkabelung erforderlich. Die Messung des Stromflusses ist eine besondere Herausforderung, da der Batteriestrom durch dieses Steuergerät hindurch geführt werden muss. In Bild 7-25a rechts ist auch der auf einem Kühlkörper montierte Batterietrennschalter zu sehen, der in diesem Gerät als Halbleiterschalter in technologisch anspruchsvoller Hybridbauweise (ungehäuste Halbleiterbauelemente auf isoliertem Metallsubstrat) ausgeführt wurde.

Neben den Softwareanteilen liegt die eigentliche Schlüsselfunktionaltät des Regelkreises in der Erfassung der physikalischen Größen Strom, Spannung und Temperatur der Batterie. Zur störungsarmen Messung der Batterietemperatur und der Batteriespannung ist die Sensorik möglichst nahe an der Batterie anzuordnen. Eine technisch und kommerziell sinnvolle Lösung ist die Integration der Sensorik in die Polklemme der Batterie (Bild 7-25b). Die Kombination aus der hochpräzisen Sensorelektronik mit einer Vorverarbeitung in Verbindung mit einer zuverlässigen Datenschnittstelle wird als intelligenter Batteriesensor bezeichnet. Der Halbleiter-Batterietrennschalter kann bei der dezentralen Lösung durch ein kostengünstigeres elektromechanisches Bauelement (Bild 7-25c) ersetzt werden, wenn die schnelle Schaltfunktion der Halbleiterschalter nicht benötigt wird.

7.4.3 Batteriesensorik

Der intelligente Batteriesensor hat über die Polklemme eine gute thermische und elektrische Anbindung an die Batterie. Die ermittelten Daten werden mit geringem Aufwand über einfache Schnittstellen an ein Steuergerät übermittelt. Zur Reduzierung der Datenkommunikation wird auch ein Teil der Batteriemonitor-Software auf dem Batteriesensor integriert. Die Integration des Batteriesensors in die Polnische des Batterieminuspols stellt eine kostengünstige Lösung für die präzise und zuverlässige Batteriediagnose dar. Durch diesen Ansatz ist das Sensorkonzept unabhängig von der elektrischen Ausstattungsrate und der eingesetzten Fahrzeugbatterie.

Die Ergebnisse des Batteriemonitors können, wie in Bild 7-24 dargestellt, zusätzlich zur Ermittlung von Diagnosedaten beim Betrieb des Fahrzeugs, im Service und in der Fertigung genutzt werden. Durch die Zuordnung von Schaltzuständen zur dazugehörigen Stromänderung können Fehlfunktionen ermittelt werden. Eine wichtige Diagnosefunktion ist beispielsweise die Überwachung des Ruhestroms bei Fahrzeugstillstand.

Die Funktionen (Blöcke in Bild 7-24), die bei der Neueinführung eines Energiemanagementsystems in ein Fahrzeug hinzukommen, bestehen überwiegend aus Softwaremodulen. Aufgrund der Modularität des Sensors, der durch die Integration in die standardisierte Polnische direkt am Batterieminuspol in jedem Fahrzeug Platz findet, sind unterschiedliche Bordnetzarchitekturen mit Energiemanagement möglich.

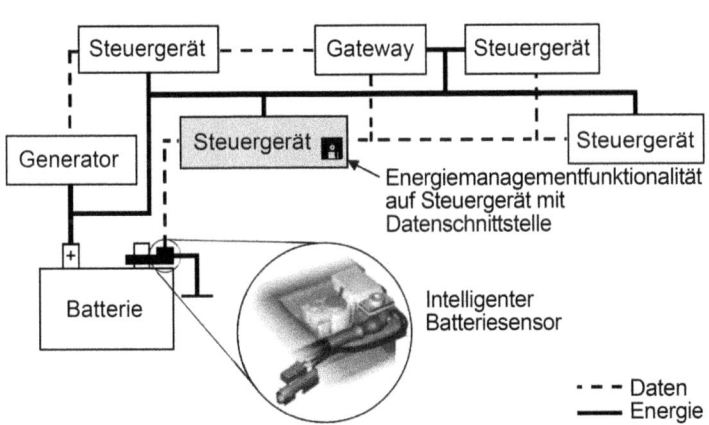

Bild 7-26 Energiemanagementfunktionalität auf bereits vorhandenem Steuergerät

In Bild 7-26 ist verallgemeinert dargestellt, wie der intelligente Batteriesensor im Kommunikations-Bordnetz eingebunden wird. Durch eine Datenvorverarbeitung wird der Kommunikationsaufwand soweit reduziert, dass der Sensor z. B. über eine LIN-Schnittstelle an die Fahrzeugkommunikation angebunden werden kann. Besitzt der Batteriesensor eine LIN-Schnittstelle, so wird ein Steuergerät mit der Funktionalität „LIN-Gateway" benötigt. Dieses Steuergerät liest die Daten des Batteriesensors ein und übergibt Nachrichten aus dem Bordnetz an den Sensor. Diese Aufgabe kann im Prinzip jedes Steuergerät übernehmen, das den Anforderungen an eine zuverlässige Kommunikation zwischen dem Batteriesensor und dem restlichen Bordnetz genügt. Bei der Definition einer solchen Bordnetzarchitektur müssen viele Aspekte wie Ausstattung des Fahrzeugs, Plattformstrategien und Fertigungslogistik berücksichtigt werden. Das Konzept des intelligenten Batteriesensors erleichtert durch die Kompatibilität mit der herkömmlichen Polklemme und der einfachen Schnittstelle eine flexible und skalierbare Erweiterung der Bordnetzfunktionalität.

Das Kernstück des intelligenten Batteriesensors ist die hochpräzise Messwerterfassung der physikalischen Batteriegrößen Spannung, Strom und Temperatur über weite Betriebsbereiche hinweg. Die Messwerterfassung hat dabei sehr hohe Anforderungen zu erfüllen. Es müssen aber auch die automobilspezifischen Randbedingungen wie Bauraum, Zuverlässigkeit, Lebensdauer und geringe Kosten berücksichtigt werden.

Diese Anforderungen können beispielsweise durch einen einzigen, optimierten Baustein in Form eines Single-Chip-ASICs erfüllt werden, der folgendermaßen aufgebaut ist [Ro2]: Zwei parallel arbeitende 16-Bit-A/D-Wandler erfassen zeitsynchron die Batteriespannung und den Batteriestrom. Eine Spannungsmessung ist ebenso wie ein Temperatursensor im IC integriert. Der eingesetzte Embedded-Controller basiert auf einer 32-Bit-Technologie und greift in Abhängigkeit der Softwareumfänge auf einen internen Flash-Speicher von 32 kByte bis 96 kByte und ein SRAM von 4 kByte bis 6 kByte zu. Alle nötigen Zusatzfunktionen wie Oszillator, Wake-up-Timer und unabhängiger Watchdog sind ebenfalls integriert. Ein integrierter Spannungsregler ermöglicht eine direkte Spannungsversorgung durch Batterie-Plus (Klemme 30). Die serielle Kommunikation erfolgt über den integrierten Transceiver z. B. für den LIN-Bus.

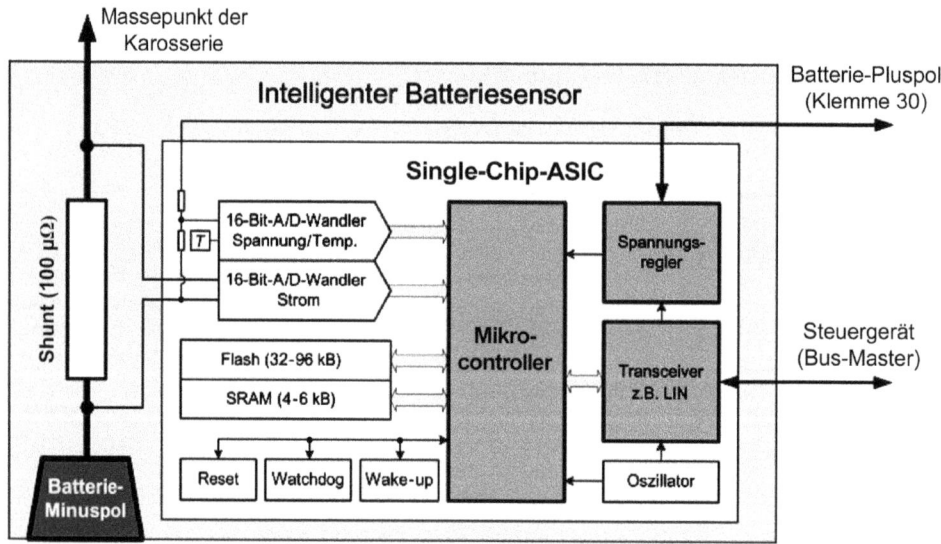

Bild 7-27 Intelligenter Batteriesensor: T Temperatur)

Neben der eigentlichen Messgenauigkeit sind die Abtastrate sowie das Frequenzverhalten weitere wesentliche Kenngrößen der Sensorik. Moderne Algorithmen für die Batteriediagnose werten beispielsweise neben den zeitlichen Mittelwerten auch die in jedem Bordnetz vorhandene Welligkeit der Spannung und des Stroms zur Bestimmung der charakteristischen Batteriegrößen aus.

7.4.4 Batteriezustandserkennung

Aufgrund der Tatsache, dass Batterien auf elektrochemischen Prozessen basieren, lässt sich deren elektrisches Verhalten mit einfachen Ersatzschaltbildern nicht hinreichend genau beschreiben. Von den vielen Kenngrößen einer Batterie interessieren für das Energiemanagement nur einzelne, ausgewählte Werte wie der Ladezustand (State of Charge SOC), die verfügbare Kapazität, die Kalt- und Warmstartfähigkeit, die optimale Ladespannung oder der Innenwiderstand der Batterie (Bild 7-28).

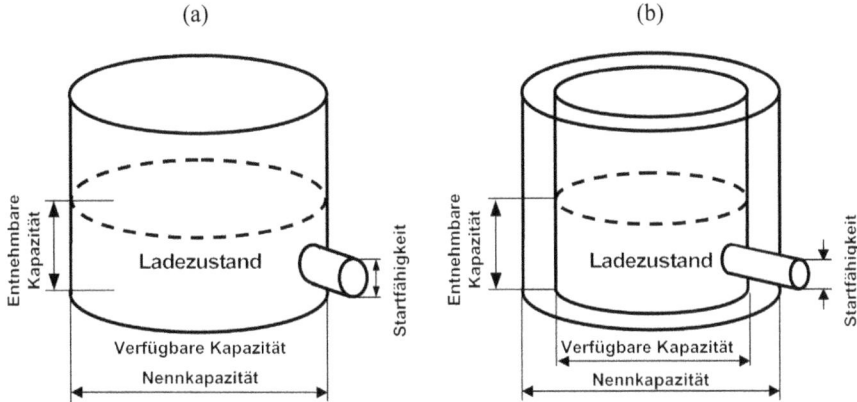

Bild 7-28 Veranschaulichung von wichtigen Kenngrößen für den Batteriemonitor:
(a) Neue Batterie. (b) Gealterte Batterie

In einem ersten Schritt wurden beispielsweise in [Na1] verschiedene direkte und indirekte Messgrößen auf deren Eignung für die Zustandserkennung untersucht. Sofern die Batterie nach einer Beanspruchung über längere Zeit in Ruhe ist, kann über die Messung der Klemmenleerlaufspannung auf den Ladezustand geschlossen werden. Unter realen Betriebsbedingungen herrscht in den einzelnen Batteriezellen aber meist eine inhomogene Säuredichteverteilung, welche die Leerlaufspannung stark beeinflusst.

Die Messung der Säuredichte in den Batteriezellen könnte hierbei Abhilfe schaffen, denn sie stellt eine sehr zuverlässige Methode zur direkten Bestimmung des Ladezustands dar. Da jedoch bisher keine entsprechend kostengünstigen Säuresensoren verfügbar sind, kommt dieses Verfahren im Automobilbereich nicht zu einer praktischen Anwendung.

Eine Abschätzung der Ladezustandsänderung wäre mit Hilfe einer Energiebilanzierung über die Strommessung denkbar. Dabei würde die zeitliche Integration der Lade- und Entladestrommenge die Bestimmung des Batteriezustands erlauben. Allerdings führen die chemischen Nebenreaktionen (wie beispielsweise das Gasen bei Überladung) dazu, dass nicht die gesamte eingebrachte Ladung auch wieder entnommen werden kann. Nach mehreren Lade- und Entladezyklen ergeben sich daher große Abweichungen vom tatsächlichen Ladezustand der Batterie.

Die Batteriekenngrößen wie Startfähigkeit, Innenwiderstand und optimale Ladespannung sind von diversen Parametern wie z. B. der Temperatur abhängig. Da diese Abhängigkeiten fast ausschließlich nichtlinearen Funktionen folgen, ist eine einfache Modellbildung mit linearen Differentialgleichungen für eine präzise Batteriezustandserkennung nicht möglich. Deshalb ist die Entwicklung eines umfassenden, geschlossenen Batteriemodells für Blei-Akkumulatoren sehr aufwendig.

Ein sinnvoller Weg zur Batteriezustandsbestimmung führt über mehrere, unterschiedliche Algorithmen, welche jeweils nur eine Betriebsart der Batterie bewerten, wie Ruhezustand, Startvorgang, Ladung und Entladung. Aus einer Kombination dieser Einzelaussagen lassen sich der Batteriezustand und die für das Energiemanagement wichtigen Kenngrößen hinreichend genau berechnen.

Um die Algorithmen zu überprüfen, sind gezielte Messungen zur Ermittlung der Batteriezustände durchzuführen. Alternativ können auch verfügbare Messergebnisse mit bekannten Zuständen herangezogen werden. Ergebnisse, die der Algorithmus liefert, werden zusätzlich durch Berechnungen und Simulationsmodelle auf deren Plausibilität hin überprüft.

Die in den einschlägigen Prüfnormen [En3] aufgeführten Tests zur Kapazitätsbestimmung, Kaltstartfähigkeit, Stromaufnahmevermögen, Selbstentladung, Ruhespannungsverhalten (Berücksichtigung der Ladeverfahren zur Verhinderung einer Säureschichtung) stellen einen Bezug zu den charakteristischen Batteriekenngrößen her.

Zur Validierung des Batteriealgorithmus werden Prüfprofile genutzt, wie diese auch zur Normprüfung von Batterien Anwendung finden. Dabei werden die erforderlichen Belastungen unter definierten Zuständen überprüft, wie z. B. die Feststellung des aktuellen Ladezustandes durch die Ermittlung der Restkapazität der Batterie über eine Normentladung K20 bei 27 °C [En3].

Zusätzlich sind auch Prüfungen sinnvoll, welche sich aus tatsächlich erfassten Fahrprofilen und den damit verbundenen Erzeuger- und Lastprofilen ergeben. Die Stromprofile spezieller mechatronischer Hochleistungsverbraucher dienen dabei z. B. der Überprüfung der vom Algorithmus berechneten Leistungsfähigkeit der Batterie. Darüber hinaus sind entsprechende Prüfungen im Labor und unter realen Fahrzeugbedingungen mit neuen und gealterten Batterien zur Ermittlung des Einflusses von Sulfatierung, Masseverlust und Säureschichtung nötig.

Bei allen Prüfungen muss jedoch der Temperatureinfluss auf das Batterieverhalten berücksichtigt werden. Für die Festlegung der Bezugsgröße für die Temperatur bestehen grundsätzlich drei Möglichkeiten: Normtemperatur 27 °C, aktuell gemessene Temperatur (insbesondere für die Prognose der kurzzeitigen Verfügbarkeit mechatronischer Systeme wichtig) sowie die Einbindung von statistisch aufbereiteten und langfristig prognostizierten Temperaturen (z. B. zur Ermittlung der Startfähigkeit im Winter).

7.4.5 Bordnetzkomponenten des Energiemanagements

In einfachen Bordnetzen stehen ein Generator, Steuergeräte und ein Batteriesensor für die Realisierung eines elektrischen Energiemanagements zur Verfügung. Wie in Bild 7-29 dargestellt, weisen Fahrzeuge mit einer hohen Komfort- und Sicherheitsausstattung komplexe Bordnetztopologien auf, die mehrere Speicher (Batterien, Doppelschichtkondensatoren) und Energiequellen (Generator, Solarzellen, Brennstoffzellen), Spannungswandler und Batterietrennschalter beinhalten können [Ol3].

Während heute der Klauenpolgenerator im Bordnetz meist noch der einzige Lieferant elektrischer Energie ist, sind Solardächer, Solar- und Brennstoffzellen und Ladestationen im Prinzip realisierbare Erweiterungen. Leistungsschalter und bistabile Relais dienen zur Entkopplung von Bordnetzzweigen. So können Bereiche mit hohen Spannungsschwankungen (z. B. zur Versorgung von Motoren oder mit Startergeneratoren im Stop-Start-Betrieb) arbeiten, ohne den übrigen Bordnetzbetrieb zu stören. Im einfachsten Fall werden durch einen Leistungsschalter zwei Energiespeicher parallel geschaltet.

7.4 Elektrisches Energiemanagement

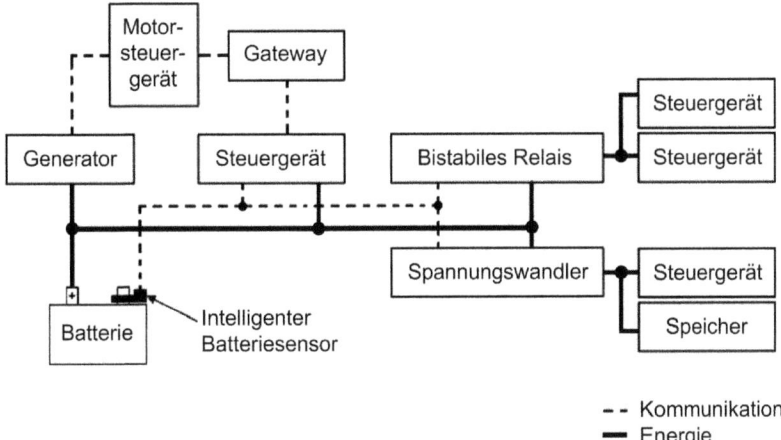

Bild 7-29 Komplexe Bordnetzstrukturen mit einem intelligenten Energiemanagement (Ausschnitt). Es wurden nur die Verbindungen (Kommunikation und Energie) eingezeichnet, die für das Energiemanagement wesentlich sind

Eine weitere Möglichkeit, die Einbrüche der Bordnetzspannung insbesondere während des Startvorgangs bei Stop-Start-Betrieb für unterspannungsempfindliche Verbraucher zu stützen, sind Spannungswandler (DC/DC-Wandler). Diese werden funktional als Hochsetzsteller betrieben und versorgen einen Teilbereich des Fahrzeugbordnetzes. Die zugehörige Bordnetztopologie ist in Bild 7-30 dargestellt.

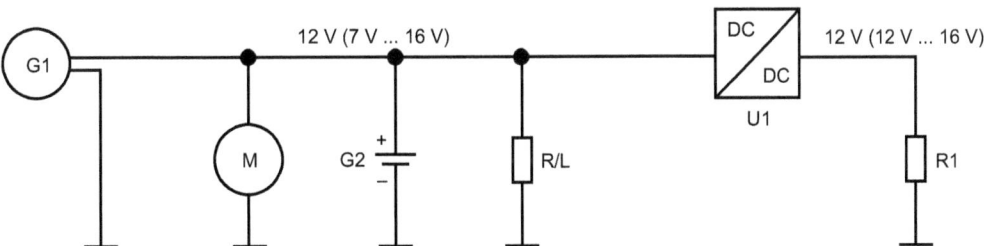

Bild 7-30 Bordnetztopologie mit stabilisiertem Teilbordnetz: G1 14-V-Generator mit integrierter Spannungsregelung und Gleichrichtung, M Starter, G2 Batterie, R/L Verbraucher, R1 unterspannungssensitive Verbraucher, U1 Spannungswandler

Ein solcher Spannungswandler ist gemäß seiner Ausgangsleistung so auszulegen, dass der Leistungsbedarf des angeschlossenen Teilbordnetzes gedeckt wird. Zu beachten ist, dass durch den Spannungseinbruch bei stabilisierter Ausgangsspannung und gegebener Ausgangsleistung des DC/DC-Wandlers ein entsprechend erhöhter Strom von der Batterie zusätzlich zum Starterstrom für die Teilbereichsversorgung bereitgestellt werden muss. In Bild 7-31 sind die zum Starterstrom hinzuzuaddierenden Ströme zur Versorgung des Teilnetzes in Abhängigkeit von der Eingangsspannung dargestellt. Die Ausgangsspannung wird beispielhaft an dieser Stelle mit 12,5 V und der Wandlerwirkungsgrad mit 85 Prozent angesetzt.

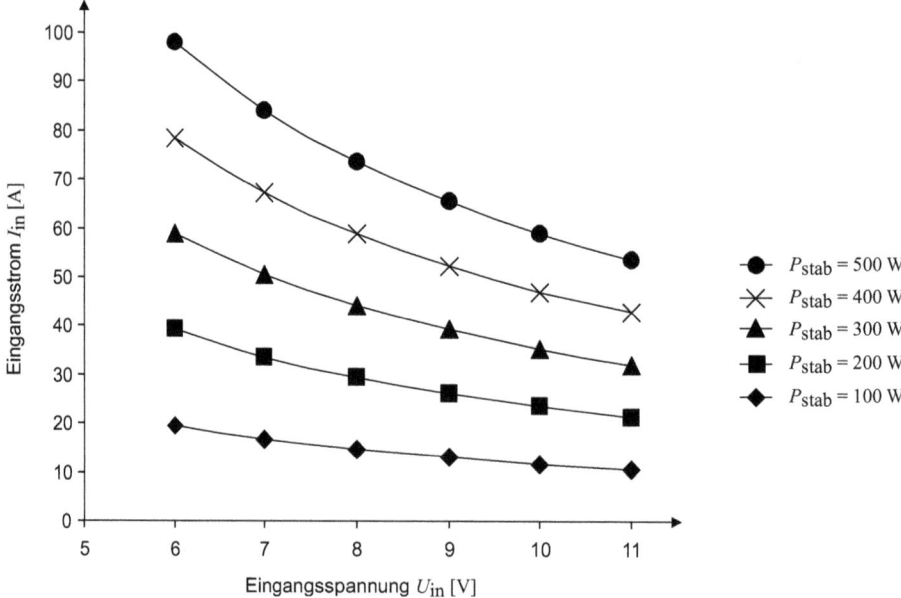

Bild 7-31 Eingangsströme eines Spannungswandlers in Abhängigkeit der Eingangsspannungen bei gegebenen Ausgangsleistungen P_{stab} [We1]

Anhand der Kurven ist ersichtlich, dass bereits relativ kleine zu stabilisierende Leistungen einen hohen Eingangsstrom hervorrufen, der zusätzlich von der Starterbatterie zur Verfügung gestellt werden muss. Aufgrund dessen ist es sinnvoll, nur Teilbereiche des Bordnetzes zu stabilisieren. Diese Teilbereiche umfassen vornehmlich Lasten, deren Unterspannungsabschaltung von den Fahrzeuginsassen direkt wahrgenommen werden. Als Beispiele sind hier das Infotainment-System sowie Innenraumbeleuchtungselemente zu nennen.

Des Weiteren versorgen Spannungswandler auch Zweitbatterien oder andere Energiespeicher mit elektrischer Energie, die dann gezielt für Spitzenlasten oder spannungsempfindliche Verbraucher zur Verfügung steht. Beispielsweise kann ein solches Speichersystem durch Rekuperation aufgeladen werden und seine gespeicherte Energie dem Starter beim Fahrzeugstart oder einem anderen Spitzenleistungsverbraucher zur Verfügung stellen. Solche Speichersysteme decken folglich sowohl die Funktionalität „Spannungsstabilisierung" und „Versorgung von Leistungsverbrauchern" als auch die Rekuperation ab.

Ein Spannungswandler ohne Energiespeicher liefert elektrische Leistung bis zu seiner spezifizierten Leistungsgrenze, ohne dass er selbst Energie speichern und im Folgenden zur Verfügung stellen kann. Eine Blei-Säure-Batterie hingegen ist vornehmlich durch die Funktion als Energiespeicher ohne integrierten Elektronikanteil gekennzeichnet. Damit stellen die Blei-Säure-Batterie und der Spannungswandler jeweils die Extremfälle hinsichtlich Energiespeicher auf der einen und reiner Leistungselektronik auf der anderen Seite dar (Bild 7-32). Lithium-Ionen-Batterien sowie Doppelschichtkondensatorsysteme (Ultracaps) bilden eine Kombination aus Energiespeicher, Leistungs- und Ausgleichselektronik. Dabei zeichnen sich die Lithium-Ionen-Batterien durch eine hohe Energiedichte aus, während die Doppelschichtkondensatoren eine hohe Leistungsdichte aufweisen. Die enthaltene Energiemenge ist jedoch bei Doppel-

7.4 Elektrisches Energiemanagement

schichtkondensatoren im Vergleich zu den Batteriesystemen geringer. Je nach Lastszenario und Art sowie Anzahl der elektrischen Verbraucher muss der Anteil an Leistungsbereitstellung im Verhältnis zu den Energiespeichern in der Systemarchitektur optimiert werden, um die Versorgung der verschiedenen Klassen von Verbrauchern sicher zu stellen.

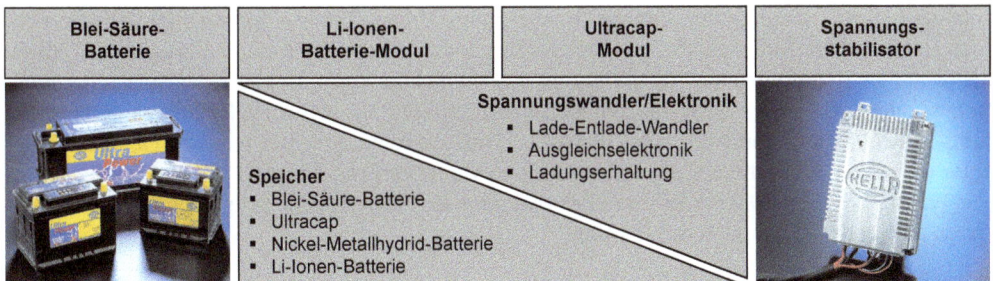

Bild 7-32 Anteil von Energiespeicher (Energiebereitstellung) und Leistungselektronik (Leistungsbereitstellung) in Energiespeichersystemen (Hella)

Weiterhin wird ein so genannter Ladewandler eingesetzt, wenn Batterien in Fahrzeugbauräumen mit unterschiedlicher Temperatur verbaut werden [De2]. Der Ladewandler passt die Ladespannung an die aktuelle Temperatur der Batterie an und kompensiert Unterschiede im Innenwiderstand. In Hybridfahrzeugen versorgt ein Spannungswandler das Bordnetz aus der Hochspannungsebene der Speicherbatterien und lädt gleichzeitig die 12-V-Batterie.

7.4.6 Last- und Generatormanagement

In vernetzten Fahrzeugen mit einer hohen Komfort- und Sicherheitsausstattung ist ein erhöhter Strombedarf zu verzeichnen. Andererseits bietet gerade die Vernetzung der Komponenten die Möglichkeit, einen Abgleich zwischen benötigter und verfügbarer Leistung durchzuführen.

Aufgrund der Komplexität moderner Bordnetztopologien werden in das Last- und Generatormanagement verschiedene Komponenten und Softwarefunktionen einbezogen:

- Generator,
- Batterie,
- Batterietrennschalter zum Abtrennen von Bordnetzzweigen,
- Steuergeräte und Verbraucher,
- Sensoren zur Erfassung der Anforderungen durch den Fahrer und der Umwelt,
- Verbrennungsmotor als Antrieb für den Generator,
- gegebenenfalls Spannungswandler im Zweibatterien- oder Mehrspannungsbordnetz.

In den verschiedenen Betriebssituationen werden diese Komponenten und Softwarefunktionen zu unterschiedlichen Steuermaßnahmen des Energieflusses genutzt. Durch die Vorgabe einer höheren Generatorsollspannung wird der Ladestrom erhöht und gleichzeitig kann der Spannungsabfall im Kabel zwischen Generator und Batterie kompensiert werden. Da Tiefentladezyklen die Batterie vorzeitig altern lassen, wird ein möglichst gleichmäßiger Ladezustand und möglichst eine Volladung der Batterie angestrebt. Gleichzeitig wird die Ladespannung in Abhängigkeit der Batterietemperatur so vorgegeben, dass die Batterie zwar ausreichend geladen wird, die Gasungsspannung der Batterie aber nicht überschritten wird. So werden Wasserverlust und Korrosionsschäden reduziert. Ist im Motorleerlauf die Generatorleistung zu gering zur Deckung des Leistungsbedarfs der Verbraucher, wird die Generatorleistung durch Anhebung der Leerlaufdrehzahl erhöht.

Im Ruhezustand des Fahrzeugs werden Verbraucher nach und nach situationsgerecht abgeschaltet, um die Standzeit zu erhöhen. Ein leistungsfähiger Batterietrennschalter kann darüber hinaus speziell im Ruhezustand größere Bordnetzzweige von der Batterie abtrennen. Ist dieser als bistabiles Relais ausgelegt, benötigt dieser keinen Haltestrom. In extremen Belastungssituationen kann die Batterie auch im normalen Fahrbetrieb durch zeitweise Reduzierung der Leistung in Komfortverbrauchern wie elektrische Heizelemente entlastet werden. Der Leistungsfluss wird dabei so gesteuert, dass sicherheitsrelevante Verbraucher stets mit elektrischer Energie versorgt werden. Dazu wird eine Priorisierung der Verbraucher festgelegt und dynamisch durch das Energiemanagement verwaltet.

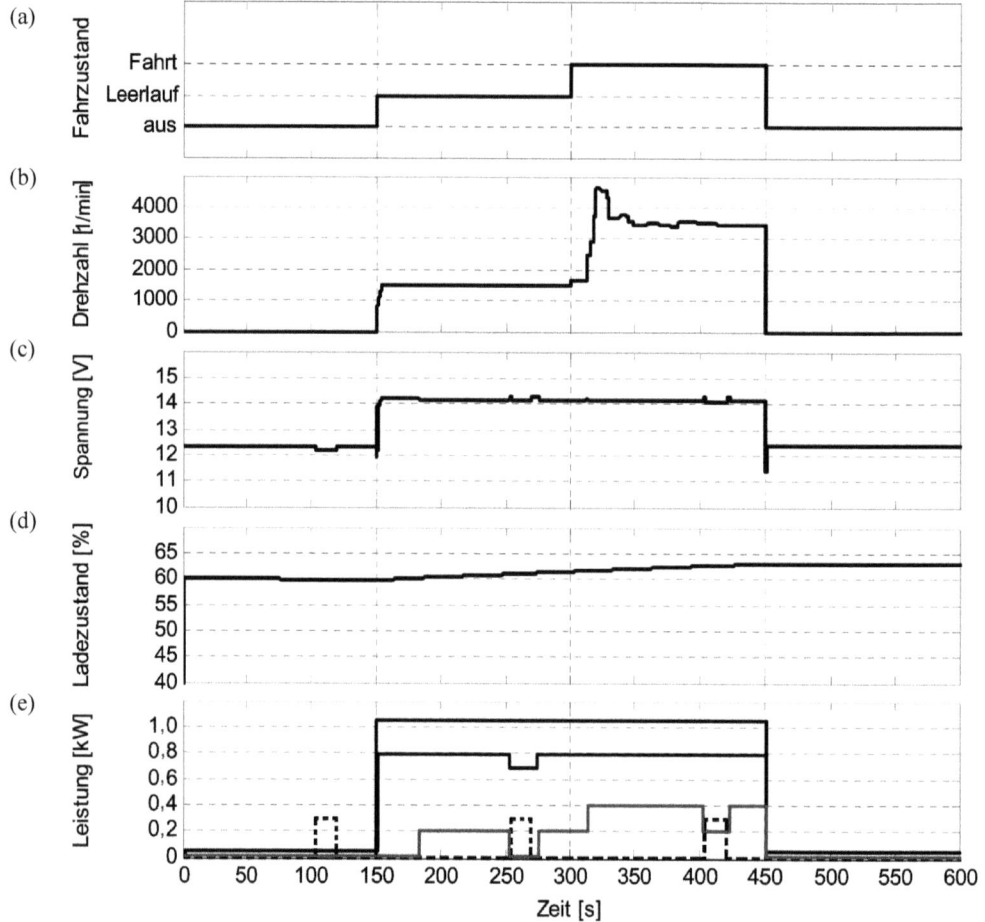

Bild 7-33 Beispielhafter Fahrzyklus mit Leistungsflussregelung:
(a) Fahrzustand. (b) Motordrehzahl. (c) Batteriespannung. (d) Ladezustand der Batterie.
(e) Leistungsaufnahme verschiedener Verbraucher

7.4 Elektrisches Energiemanagement

Bild 7-33 zeigt die Ergebnisse einer Simulation mit abstrahierten generischen Verbrauchertypen, denen dann nach Parametrierung reale Verbraucher zugeordnet werden können. Um die Darstellung übersichtlicher zu gestalten, wurde das Schaltverhalten vereinfacht als Rechteckpuls dargestellt. In der Simulation sind die Parameter Maximalleistung, Einschaltdauer und Priorität relevant. Reale Verbraucher haben meist ein komplexeres Einschaltverhalten (Einschaltspitzen, Anstiegsflanken bei geregelten Systemen usw.). Für eine erste Übersicht zum grundsätzlichen Verhalten im Bordnetz bietet die dargestellte Simulation aber einen guten Überblick, insbesondere bezüglich Drehzahlanhebung zur Erhöhung der Generatorleistung und Entlastung durch Leistungsreduzierung zugunsten höher priorisierter Verbraucher.

Der Verbraucher mit niedriger Priorität, der zwischen 0 und 400 W stufenweise geschaltet wird, könnte eine Gruppe von Sitzheizungen repräsentieren. Diese können tendenziell schneller herabgeregelt werden. Anderen Verbrauchern wie der Scheibenheizung kann eine höhere Priorität zugeordnet werden. Dies ist beim Verbraucher mit 800 W zu sehen, der nur kurzzeitig in der Leistung reduziert wird. Der gestrichelt gezeichnete Verbraucher mit ca. 300 W hat höchste Priorität und wird in keiner Phase in seiner Leistung beschränkt. Solche Verbraucher findet man z. B. bei der Lenkunterstützung oder bei Aktoren im Bremssystem.

Wichtig ist das Wechselspiel zwischen Generatorspannung, Motordrehzahl und Leistungsanpassung der Verbraucher. Das Ziel muss sein, im ersten Schritt die Möglichkeiten des Generators über den Regelkreis in Bild 7-24 möglichst gut auszunutzen und erst im zweiten Schritt die Verbraucherleistung einzuschränken. Ein Beispiel für den ersten Schritt ist die Anhebung der Leerlaufdrehzahl von 800/min auf 1500/min (Bild 7-33b), damit der Ladezustand der Batterie erhöht wird (Bild 7-33d). Im zweiten Schritt erfolgt beispielsweise eine Lastreduktion, wenn ein Verbraucher mit höherer Priorität Leistung verlangt (siehe Bild 7-33e, kurz nach 250 s).

8 Komfortelektronik

8.1 Überblick

Die Komfortelektronik steuert, regelt oder unterstützt Funktionen, die sowohl dem Fahrer als auch den Insassen den Aufenthalt in einem Kraftfahrzeug angenehmer gestalten. Auf diese Funktionen kann ohne weiteres verzichtet werden, ohne dass die primären Fahraufgaben (vgl. Tabelle 12.1) davon betroffen wären. Die primären Fahraufgaben sind unbedingt erforderlich, um Menschen mit dem Automobil zu jeder Tages- und Nachtzeit sicher von einem Ort zu einem anderen Ort zu bewegen.

Der Übergang zwischen Komfort- und Sicherheitselektronik kann an einem Türsteuergerät erklärt werden. Ein Türsteuergerät ist zunächst eine Komfortelektronik, wird jedoch zur Sicherheitselektronik, wenn es einen Airbag ansteuert oder als Gateway für Steuersignale mindestens eines Airbags dient. Die Aufwendungen für Dokumentation und Freigabe von Sicherheitselektronik sind ungleich höher und daher teurer als für Komfortelektronik. Dies hat einen unmittelbaren Einfluss auf den Produktpreis. Weiterhin können die Folgen im Versagensfall im Sinne der Produkthaftung sehr unterschiedlich sein.

8.2 Allgemeine Anforderungen

Da die Anforderungen des Fahrzeugherstellers an die Komfortelektronik sehr unterschiedlich ausfallen, werden diese im Folgenden meist nur allgemein beschrieben. Wenn angebracht, wird auf gültige deutsche und internationale Normen verwiesen.

8.2.1 Elektrische Anforderungen

Der Betriebsspannungsbereich beträgt im Allgemeinen 9 bis 16 V. Die Testspannung liegt meist zwischen 13 und 14 V. Alle Ein- und Ausgänge der Steuergeräte sind in der Regel kurzschlussfest gegen Klemme 30 (permanente Versorgungsspannung) und Klemme 31 (Fahrzeugmasse) auszulegen. Weiterhin sind die Steuergeräte gegen Verpolung zu schützen. Fahrzeugspezifisch gibt es Anforderungen nach einem Verpolschutz bis ±26 V (z. B. wegen fehlerhaften Fremdstarts durch Lkw), denn die wenigsten Fahrzeuge verfügen heute über einen zentralen Verpolschutz.

Um potentielle so genannte Liegenbleiber aufgrund leerer Fahrzeugbatterien zu reduzieren, legen die meisten Fahrzeughersteller den maximal zulässigen Ruhestrom auf 100 µA fest. Mit der starken Zunahme elektrischer Funktionen im Fahrzeug werden die Anforderungen an den Ruhestrom jedoch beständig höher, sodass heute schon vereinzelt Werte von maximal 30 µA gefordert werden. Diese Anforderungen sind unter allen Bedingungen zu erfüllen.

Dies erfordert Lösungskonzepte im Falle von Fehlfunktionen des Steuergerätes sowie Konzepte für vernetzte Steuergeräte. Viele Steuergeräte werden in aller Regel nicht mit dem Abstellen des Fahrzeuges abgeschaltet, sondern bleiben noch über eine gewisse Zeit in Betrieb, um sich nach der Abarbeitung diverser Funktionen (z. B. Sicherung von Daten aus dem RAM in das EEPROM) selbst abzuschalten oder über den jeweiligen Datenbus abgeschaltet zu werden. Das Steuergerät „legt sich schlafen", geht also in den „Sleep-Mode" über. Das „Aufwecken" erfolgt spätestens über „Zündung ein", in den meisten Fällen jedoch schon früher durch einen „Wakeup" entweder über den jeweiligen Datenbus oder direkt über Sensor- oder Tastensignale. Die Umsetzung der Wake-up-Fähigkeit eines Steuergerätes bei minimalem Ruhestromverbrauch und geringsten Kosten stellt eine große Herausforderung dar. Diverse ASICs (Application Specific Integrated Circuits), ASSPs (Application Specific Standard Products) sowie Bustreiberbausteine bieten entsprechende Möglichkeiten zur Realisierung.

Die Zeit, die für die Entwicklung von Komfortelektronik zur Verfügung steht, wird immer kürzer. Von der Beauftragung bis zum Serienanlauf verbleiben oft weniger als 20 Monate. Späte Änderungen der Funktionalität sowie die erforderliche schnelle Beseitigung von Fehlern in der Software erlauben heute keine langen Laufzeiten für die Herstellung von Maskensätzen zur Produktion von ROM-Speichern. Daher werden die Forderungen nach Mikrocontrollern mit Flash-Speicher und deren Flashbarkeit über CAN- oder LIN-Bus auch bei kleinen Speichergrößen immer häufiger.

8.2.2 Mechanische Anforderungen

Hierbei handelt es sich um die Beständigkeit eines Steuergerätes gegenüber Vibrationen und mechanischem Stoß. Vibrationen unterschiedlicher Frequenzen und Amplituden treten permanent während des Fahrens, aber auch während des Transports des Fahrzeugs und des Steuergeräts auf. Mechanischer Stoß bezieht sich auch auf die Handhabung des Steuergeräts außerhalb des Fahrzeugs vor dem Verbau oder während des Serviceaufenthalts in den Werkstätten. Die Steuergeräte können zu Boden fallen oder, verladen auf Paletten, unsanft per Gabelstapler abgesetzt werden. Komponenten, die in der Tür verbaut werden, sind dem Türzuschlag ausgesetzt.

In allen Fällen können erhebliche mechanische Belastungen auf die Steuergeräte und deren Einzelkomponenten (z. B. Elektrolytkondensatoren, Drosseln, Gehäuse) einwirken, die Fehlfunktionen, Ausfälle oder störende Klappergeräusche verursachen. Wärmebrücken zur Ableitung von Verlustleistung an Kühlkörper können ebenfalls geschädigt werden. Die Wirkketten sind oft komplex und das Ausfallgeschehen daher schwierig nachzuweisen.

Die Elektronik ist so auszulegen, dass sie unterschiedlichen Stoßbelastungen standhält. Elektroniken in Türen sind bei jedem Türzuschlag einer Stoßbelastung ausgesetzt. Die Beanspruchung liegt bei bis zu $50g$ und einer Häufigkeit von bis zu 100000 Türzuschlägen. Stoßbelastungen werden zusätzlich zu den Türzuschlägen z. B. durch Schlaglöcher oder Kollisionen verursacht. Bei Schlaglöchern treten durch Beschleunigungen bis zu $25g$, bei leichten Kollisionen Beschleunigungen bis zu $100g$ an der Elektronik auf. In diesen Fällen darf die Elektronik durch die Beanspruchung nicht beschädigt oder zerstört werden. Während des mechanischen Stoßes darf keine Fehlfunktion ausgelöst werden.

Die Elektronik im Fahrzeug ist während des Fahrens ständig Vibrationen ausgesetzt. Um sicherzustellen, dass die Elektronik für den Dauereinsatz geeignet ist, werden Vibrationstests mit der Elektronik durchgeführt. Die Prüflinge werden dabei für mehrere Stunden im Frequenzbereich von 5 Hz bis 1000 Hz geprüft. Die Beschleunigungswerte liegen dabei frequenzabhängig zwischen $0{,}1g$ und $5g$. Kundenspezifisch werden diese Werte teilweise noch überschritten. Neben dieser Prüfung, bei der die Elektronik über einen festen Frequenzbereich mit einer definierten Beschleunigung vibriert wird, gibt es noch die Resonanzprüfung. Dabei wird der Prüfling zuerst über einen Frequenzbereich getestet und dabei die Resonanzfrequenzen ermittelt.

Danach wird der Prüfling bei den ermittelten Resonanzfrequenzen getestet. Während der und nach den Tests darf der Prüfling weder beschädigt oder zerstört werden, noch dürfen Fehlfunktionen auftreten. Für alle Tests gilt: Um eine entsprechende statistische Aussage über die Qualität und Zuverlässigkeit treffen zu können, werden diese mit mehreren Prüflingen durchgeführt. Die Anzahl der Prüflinge liegt je nach Test zwischen 2 und 10 je Elektronikvariante.

8.2.3 Umweltanforderungen

Um sicherzustellen, dass die Elektronik innerhalb des spezifizierten Temperaturbereiches (z. B. −40 °C bis 80 °C) funktioniert, wird die Elektronik über mehrere Tage bei diesen Temperaturen betrieben und parametrisch überwacht (Temperaturtest).

Beim Temperaturschocktest werden die Elektroniken innerhalb von wenigen Sekunden zwischen extremen Temperaturen, (z. B. −40 °C und 80 °C) umgelagert. Die Elektroniken werden dann jeweils für eine Verweildauer von mindestens 30 min bei der entsprechenden Temperatur gelagert. Die Anzahl der Schockzyklen liegt je nach Fahrzeughersteller zwischen 100 und 3000. Anschließend werden die Lötstellen auf mechanische Beanspruchung (z. B. Risse) überprüft.

Während eines Betauungstests werden die Elektroniken mehrmals von niedrigen Temperaturen (z. B. −10 °C) in hohe Temperaturen (z. B. 65 °C) mit hoher Luftfeuchtigkeit umgelagert. Die Testdauer beträgt je nach Prüfzyklus einige Tage bis mehrere Wochen. Während des Tests oder danach werden Ruhestrommessungen durchgeführt, um Elektromigrationen (Ionenwanderungen durch Elektrolyse) ausschließen zu können.

Der Test bei hoher Luftfeuchtigkeit prüft die Eignung der Elektronik für Betrieb und Lagerung bei hoher Temperatur und Luftfeuchtigkeit. Die Elektronik wird dabei für mehrere Wochen (z. B. 21 Tage) bei einer bestimmten Temperatur (z. B. 40 °C) und einer Luftfeuchtigkeit von 95 Prozent betrieben.

Die Steuergeräte, die vorzugsweise im Fahrzeuginnenraum verbaut werden, sind potentiell allen Arten von Reinigungsmitteln und Lebensmitteln ausgesetzt (mit Lebensmittel sind hier vor allem Getränke gemeint), gegenüber denen sie beständig sein müssen. Die Anforderungen hinsichtlich der durchzuführenden Prüfungen sind abhängig vom Fahrzeughersteller sehr unterschiedlich.

8.3 Anforderungen an die Software

Die Entwicklung der Software für Komfortelektronik erfolgt in aller Regel nach dem V-Modell. Der Entwicklungsprozess muss reproduzierbar Software hoher Qualität liefern und gleichzeitig den effizienten Einsatz von Ressourcen ermöglichen. Dies ist kein Widerspruch. Ein leistungsfähiger Entwicklungsprozess liefert im Gegenteil gute Ergebnisse bei sich ständig optimierendem Ressourceneinsatz. Die Qualität des Entwicklungsprozesses selbst wird über so genannte Reifegradmodelle gemessen. Die bekanntesten Modelle sind SPICE und CMMI. Während SPICE sich auf die Software und auf das Projektmanagement konzentriert, berücksichtigt CMMI den Reifegrad der Organisation und der Abläufe innerhalb der und zwischen den am Entwicklungsprozess beteiligten Geschäftseinheiten.

Neben den klassischen Werkzeugen zur Softwareerstellung wie Compiler, Emulatoren, Linker etc. werden beim Durchlaufen des V-Modells in zunehmendem Maße weitere Werkzeuge eingesetzt. Dies betrifft vor allem die Erstellung und das Management der Anforderungen, das Versions- und Änderungsmanagement sowie System- und Softwaredesign.

Werkzeuge zur Modellbildung und Simulation unterstützen den Ingenieur zunehmend im gesamten Entwicklungsprozess in der Erstellung der Anforderungen und in der Durchführung der Systemanalyse. Aus den verifizierten Modellen kann automatisch ein Code erzeugt werden. Teilweise wird dieser Code spezifisch für einige Mikrocontroller-Familien generiert. Der Einsatz von Modellierungs- und Simulations-Tools unterstützt weiterhin automatisierte Softwaremodul- und Softwareintegrationstests.

So genannte Rule-Checker sind Programme zur Verifikation des erzeugten Software-Codes nach dem MISRA-Standard [Mi1]. Weiterhin sind am Markt Programme verfügbar, die anhand mathematischer Algorithmen den Source-Code analysieren und Fehler sowie potentielle Risiken für Fehler in vielfältiger Art darstellen.

Grundsätzlich jedoch gilt nach wie vor: Die Software muss modular aufgebaut und gut kommentiert sein. Ein hoher Grad an wiederverwendeten Modulen ist im Sinne von Qualität und geringem Ressourceneinsatz unbedingt anzustreben.

8.4 Vernetzung der Steuergeräte

Steuergeräte für Komfortfunktionen benötigen oft für die in ihnen implementierte Funktionssoftware Informationen von anderen Steuergeräten. Hierbei handelt es sich meistens um Messwerte oder Steuersignale. Messwerte sind z. B. Temperaturen oder die Helligkeit außerhalb oder innerhalb des Fahrzeuges, die abgestrahlte Leistung der Sonne, aber auch die Motordrehzahl oder die Fahrgeschwindigkeit. Bei Steuersignalen handelt es sich z. B. um Signale wie „Zündung ein", die aktuell eingestellte Dimmung oder das Generatorlastsignal. Die Messwerte werden heute in der Regel über den CAN-Bus zur Verfügung gestellt. Auch die Steuersignale, die heute noch teilweise einzeln verdrahtet werden, werden in zunehmendem Maße über den CAN-Bus eingelesen. Eine kostengünstige Alternative zur Vernetzung von elektronischen Komponenten der Komfortelektronik wie intelligenten Sensoren, intelligenten Aktoren und Steuergeräten ist der LIN-Bus. Die Anforderungen an die Datenübertragungsraten, die Sicherheit und die Diagnosefähigkeit sind bei der Komfortelektronik nicht so hoch wie in anderen Anwendungen (z. B. Motor- oder Sicherheitselektronik).

Komfortsteuergeräte haben in aller Regel die Aufgabe, ein lokales System zu steuern oder zu regeln. Ein Beispiel hierfür ist die Fahrertür mit einem Fensterheber, einem Schloss, einem Spiegel sowie mit einem Schalterblock zur Bedienung der Fensterheber und des Spiegels. Ein weiteres Beispiel ist die Klimaanlage inklusive der erforderlichen Kälte- und Heizkreisläufe und gegebenenfalls der Standheizungs- und der Solardachfunktion. Die Vernetzung solcher lokaler Systeme erfolgt in zunehmendem Maße über den LIN-Bus. Dies umfasst in der Klimaanlage heute schon Aktoren zur Klappenverstellung, Gebläseregler, elektrisch geregelte Zusatzheizer (besonders für Dieselfahrzeuge), Regelventile für den Kompressor und Luftgütesensoren. Bei hochkomplexen Klimasystemen, z. B. für Geländefahrzeuge (Sports Utility Vehicles SUV), werden die über das gesamte Fahrzeug verteilten Komponenten ebenfalls über den LIN-Bus an ein zentrales Steuergerät angebunden. Die dem LIN-Bus gesetzten physikalischen Grenzen werden in solchen Systemen heute schon erreicht. Auf die EMV-Entstörung ist hierbei besonders zu achten.

8.5 Fensterheberelektronik

Das elektrische Öffnen und Schließen von Fenstern erfolgt elektromotorisch, im einfachsten Fall über einen Lastschalter ohne jegliche Intelligenz. Die Motoren leisten typischerweise Drehmomente von 8 Nm bis 15 Nm und geben ihre Kraft meist über ein integriertes Getriebe ab. Die Verletzungsgefahr im Falle von Fehlbedienung ist hierbei jedoch hoch. Im schlimmsten Fall kann dies beim Einklemmen des Halses zum Tod durch Ersticken führen. Daher werden vor allem in Europa vermehrt Systeme mit elektronischer Überschusskraftbegrenzung eingesetzt. In den USA setzen sich diese Systeme in zunehmendem Maße ebenfalls durch.

Der Einsatz fremdkraftbetätigter Fenster ist in den Richtlinien [Eu1], [Fm1] geregelt. Verfügt ein Fenster über eine automatische Reversiereinrichtung (Einrichtung zur Umkehr der Bewegungsrichtung), muss die Bewegungsrichtung umkehren, bevor eine Klemmkraft von mehr als 100 N erreicht wird. Die Richtlinien [Eu1], [Fm1] spezifizieren jeweils eine Federrate eines Prüfzylinders. Sie sind sehr umfangreich und weitere wichtige Details zur unbedingten Beachtung sind dort direkt zu entnehmen. Verschiedene Hersteller spezifizieren außerdem Funktionen (teilweise auch länderkodiert), die im Falle eines externen Zugriffs durch ein geöffnetes Fenster ein sicheres Schließen gewährleisten sollen, um Leib und Eigentum der Insassen zu schützen. Diese so genannten Panikfunktionen setzen das automatische Reversieren außer Kraft. Aus diesem Grund dürfen Kinder auch in Fahrzeugen, deren Fensterheber mit Überschusskraftbegrenzung ausgestattet sind, niemals unbeaufsichtigt zurückgelassen werden.

Die typischen Funktionen einer Fensterheberelektronik mit Überschusskraftbegrenzung sind manuelles Heben und Senken, automatisches Öffnen und Schließen durch manuelle Bedienung sowie automatisches Öffnen und Schließen durch Fernbedienung über Schlüssel. Cabrios und Coupés mit rahmenlosen Türen verfügen oft über ein Dichtungssystem, bei dem die Fensterscheibe direkt in die Dachdichtung oder in die Verdeckdichtung eintaucht. Um die Türen öffnen und schließen zu können, wird eine so genannte Kurzhubfunktion eingesetzt. Hierbei wird der Status des Türschlosses in die Fensterheberelektronik zurückgelesen und die Scheibe während des Öffnens oder Schließens der Türe schnell einige Millimeter abgesenkt und wieder angehoben.

Die Bedienung der Fensterheberfunktionen erfolgt über Schalter. Aus Sicherheitsgründen sollten ausschließlich Schalter zum Drücken und Ziehen (so genannte Push-Pull-Schalter) eingesetzt werden, die zum Schließen der Fenster gezogen werden müssen. Fahrerseitig wird meist ein Schalterblock eingesetzt, der die Bedienung aller Fenster erlaubt. In den übrigen Türen befindet sich jeweils nur ein Schalter zur Bedienung des lokalen Fensterhebers. Das Einlesen der Bedienschalter erfolgt entweder über eine direkte Verkabelung, z. B. spannungskodiert, oder über den LIN-Bus.

Zur Bestimmung der Scheibenposition und der Überschusskraft gibt es vielfältige Verfahren, die sich durch ihren Grad der Genauigkeit und Zuverlässigkeit teilweise signifikant unterscheiden. Direkt erkennende Prinzipien basieren auf sensierenden Verfahren, die entweder das Einklemmen direkt messen (z. B. durch Kontaktleisten in der Fensterdichtung) oder ein potentielles Hindernis berührungslos detektieren (z. B. durch Ultraschall, Infrarot oder durch Kapazitätsmessung). Die Zuverlässigkeit der heute verfügbaren Systeme ist jedoch aufgrund der Umweltbedingungen (z. B. Feuchte, EMV) und Bauraumvorgaben (z. B. Abschattungen) nicht in allen Fällen gegeben. Ein weiterer Nachteil ist, dass immer relativ hohe Zusatzaufwendungen für Sensorik, Bauraum und Verkabelung erforderlich werden.

Indirekt erkennende Systeme kommen weitestgehend ohne diese Zusatzaufwendungen aus. Sie basieren auf der Messung des Motorstromes oder der Motordrehzahl. Der Motorstrom enthält neben dem Gleichanteil auch einen Wechselanteil. Der Wechselanteil entsteht durch die Kommutierung und enthält somit Informationen, die zur Bestimmung der Scheibenposition herangezogen werden können. Im unbestromten Zustand, bei Richtungswechsel sowie vor dem Einschalten und nach dem Abschalten ist diese Auswertung allerdings für Bewegungen des Motors „blind". Weiterhin variieren die Wechselanteile von Motor zu Motor sowie beim gleichen Motor unter verschiedenen Umgebungsbedingungen und über die Lebensdauer teilweise erheblich. Die Zuverlässigkeit dieses auf der Strommessung basierenden Verfahrens ist daher geringer als die direkte Drehzahlmessung. Zu dieser werden zwei Hall-Sensoren unter einem auf die Motorwelle aufgepressten mehrpoligen Ringmagneten positioniert. Diese Sensoren messen unabhängig von der Bestromung des Motors dessen Drehzahl und Drehrichtung. Aus der Motordrehzahl lässt sich die Änderung der Verschiebekraft der Fensterscheibe berechnen. Die indirekte Messung der Verschiebekraftänderung kann heute am zuverlässigsten mit zwei in den Motor integrierten Hall-Sensoren erfolgen. Zwei Hall-Sensoren werden benötigt, um Drehzahl und Drehrichtung zuverlässig bestimmen zu können.

Die kostengünstigste und zuverlässigste Umsetzung einer Fensterheberelektronik mit Überschusskraftbegrenzung ist die Integration in den Fensterhebermotor. Die so entstehende mechatronische Antriebseinheit (bestehend aus Motor, Getriebe und Elektronik) ist kompakt und sollte idealerweise in einer Türe auf der so genannten „Trockenraumseite" montiert sein. Durch einen so genannten Aggregateträger wird die Tür innen in einen trockenen und einen nassen Bereich getrennt. Im nassen Bereich läuft die Scheibe, im trockenen Bereich, dem Fahrzeuginnenraum zugewandt, befinden sich vorzugsweise alle Komponenten, deren Abdichtung gegen Nässe erhebliche Kosten verursachen würde: Dies sind vor allem die Fensterheberelektronik oder das Türsteuergerät, der Motor, die Verkabelung sowie verschiedene Sensoren.

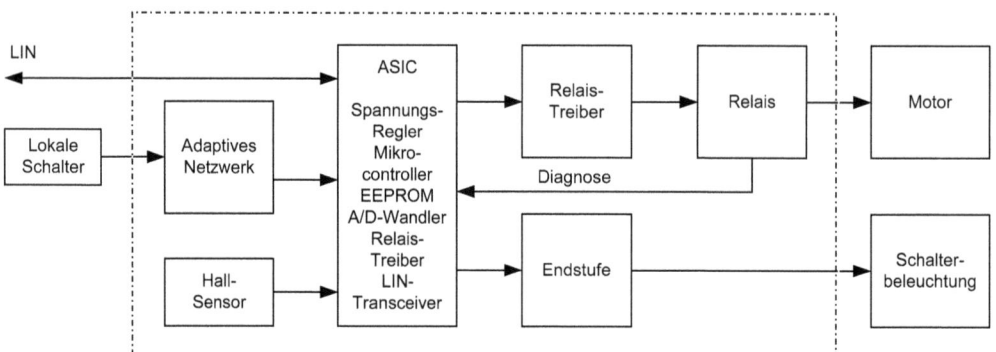

Bild 8-1 Fensterheberelektronik

Bild 8-1 zeigt den Aufbau einer Fensterheberelektronik. Die Versorgung erfolgt über die Batteriespannung (Klemme 30). Die Signale vom Schalterblock zur Bedienung der Fensterheber liegen hier spannungskodiert vor und werden über ein adaptives Netzwerk (anpassbare Schaltung) ausgewertet. Da es sich hier um eine Fensterheberelektronik handelt, die in den Motor eingesteckt wird, befinden sich die Hall-Sensoren zur Erfassung von Drehzahl und Drehrichtung des Motors auf der Leiterplatte. Spannungsregler, Mikrocontroller, EEPROM, A/D-Wandler, Timer, Relaistreiber sowie LIN-Transceiver sind in einem ASIC integriert. Dies spart Kosten, reduziert den Bauraum, erhöht die EMV und verbessert die Qualität. Über den LIN-Bus kommuniziert die Fensterheberelektronik mit anderen Steuergeräten, um Abläufe zu synchronisieren (z. B. Dimmung, Kurzhub, Verdecksteuerung) oder um Diagnosedaten zur Verfügung zu stellen. Die Ansteuerung des Motors erfolgt aus dem ASIC über das Relais. Über Rückführleitungen zum ASIC erfolgt die Relaisdiagnose, um das mögliche Verkleben der Kontakte erfassen zu können und Gegenmaßnahmen zu ergreifen. Der Einsatz von Halbleitern zur Ansteuerung des Motors bietet eine Vielzahl funktionaler Vorteile, erlaubt sich jedoch aus Kostengründen nicht. Im Schaltbild ist weiterhin ein Ausgang zur dimmbaren Ausleuchtung des Schalterblocks dargestellt. Im EEPROM werden Fertigungsdaten, Fahrzeugdaten und Parameter des Fensterhebersystems abgelegt. Einige dieser Parameter werden für die Algorithmen zur Berechnung der Überschusskraft benötigt. Falls zur Speicherung des Programms kein Flash-Speicher verwendet wird, wird im EEPROM Platz für Programm-Code zur Korrektur kleinerer Softwarefehler reserviert (ROM-Patch). Aus Sicherheitgründen erfolgt die Ablage der Daten im EEPROM mehrfach. Die Programmierung des EEPROM erfolgt am Bandende in der Elektronikfertigung und in der Fensterheber-Fertigung.

8.6 Türsteuergeräte

In den vergangenen Jahren hat der Funktionsumfang in der Fahrzeugtüre beständig zugenommen. Viele dieser Funktionen sind heute Bestandteil von Sonderausstattungen, so dass eine große Variantenvielfalt in der Tür pro Fahrzeug oder Fahrzeugplattform abzudecken ist. In aller Regel werden diese Komfortfunktionen in einem Satz von unterschiedlich komplexen Türsteuergeräten zusammengefasst.

Ein Türsteuergerät umfasst die Ansteuerung der elektrischen Fensterheber (mit Überschusskraftbegrenzung), der Spiegel (Verstellung, Heizung usw.) der Funktionsbeleuchtung und des Nachtdesigns (LED, Glühlampen) sowie gegebenenfalls der Zuziehhilfe. Außerdem enthält es in der Regel die Ansteuerung des in der Tür befindlichen Schlosses und des Blinkers im Außenspiegel. Die Vernetzung der Türsteuergeräte ermöglicht die Synchronisation der Blinker, die Funktion der Zentralverriegelung und das Komfortschließen und -öffnen aller Fenster über die Funkfernbedienung.

Um diese Komplexität zu beherrschen, sind teilweise 16-Bit-Rechner mit bis zu 256 kByte Speicher erforderlich. Je nach Verfahren zur Berechnung der Überschusskraftbegrenzung, wie z. B. die Auswertung des Wechselanteils des Motorstroms oder die Simulation von Motormodellen, werden 32-Bit-Rechnereinheiten benötigt. Die Türsteuergeräte in den verschiedenen Türen werden untereinander über ein Bussystem vernetzt. In der Regel ist dies der CAN-Bus. Die Steuergeräte in den hinteren Türen können auch über den kostengünstigeren LIN-Bus angebunden werden, da deren Funktionen nicht so komplex sind.

In Bild 8-2 ist ein Türsteuergerät dargestellt. Prinzipiell kann ein Steuergerät in drei Bereiche unterteilt werden: Eingangsseite, Verarbeitungslogik und Ausgangsseite. Eingangsseitig sind die Funktionen Spannungsversorgung, Verpolschutz, Kommunikation sowie analoge und digitale Eingänge zusammengefasst. Die Spannungsversorgung wird in diesem Beispiel über einen System-Basis-Chip realisiert, in dem Spannungsregler, CAN-Transceiver, Watchdog (zur Überwachung des korrekten Programmablaufs) und einige High-Side-Schalter in einem Bauteil zusammengefasst sind. Er regelt die Spannung auf 5 V zur Versorgung der Verarbeitungslogik. Die integrierten High-Side-Schalter werden zum Ein- und Ausschalten der Versorgungsspannung verschiedener Bauelemente wie Hall-Sensor, LIN-Transceiver oder der Messleitungen verwendet. Der Verpolschutz ist in diesem Beispiel zweigeteilt. Eine Diode schützt den System-Basis-Chip und die gesamte 5-V-Logik. Die Leistungstreiber werden durch einen MOSFET geschützt, der im Fall eines Verpolens nicht eingeschaltet wird.

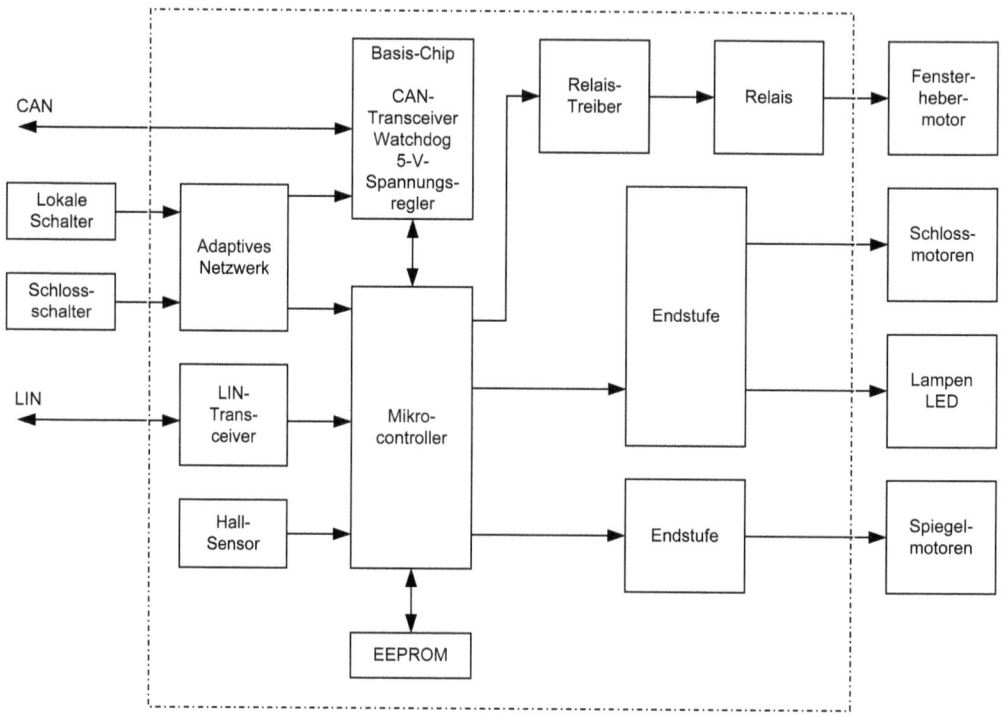

Bild 8-2 Türsteuergerät

Analoge und digitale Eingänge überwachen den Status der in der Tür verbauten Schalter und den Zustand verschiedener Verbraucher (z. B. Schlosszustand über Mikroschalter oder Lampenzustand über Spannungsmessung). Eine Pegelanpassung an die Verarbeitungslogik wird ebenfalls durchgeführt. Der LIN-Bus wird häufig verwendet, um mit anderen Steuergeräten in der Tür (z. B. dem Schalterblock) oder dem Steuergerät in der hinteren Tür zu kommunizieren. Die Hall-Sensoren geben zu jedem Zeitpunkt Auskunft über die Position des Fensterheber-Motors.

Die Verarbeitungslogik besteht meistens aus Standardbauelementen oder aus einem herstellerspezifischen ASIC. In diesem Beispiel wird ein Mikrocontroller mit einer 16-Bit-Recheneinheit, 1024 Byte RAM, einem CAN-Transceiver, einem 10-Bit-A/D-Wandler, Eingängen zur Auswertung des Hall-Sensors und verschiedenen Schnittstellen eingesetzt. Für Steuergeräte mit geringerem Funktionsumfang kann eine 8-Bit-Recheneinheit ausreichend sein. Der Watchdog zur Überwachung des korrekten Programmablaufs ist im System-Basis-Chip integriert. Bei dem Watchdog sollte es sich um einen so genannten Fensterwatchdog handeln, der von der Software regelmäßig innerhalb eines Zeitfensters angesteuert werden muss. Geschieht dies z. B. aufgrund eines Softwarefehlers nicht, so wird automatisch ein Reset durchgeführt. Das EEPROM dient zur Ablage von Parametern, welche die Software an die unterschiedlichen Bedingungen in Fahrzeugtüren anpassen (Fenstergeometrie, Schlossansteuerzeiten etc.). Weiterhin werden dort Laufzeitdaten und Diagnoseinformationen abgelegt. Das EEPROM wurde bisher extern realisiert, da externe Bausteine zurzeit 10-mal mehr Schreibzyklen erlauben als im Mikrocontroller integrierte Ausführungen.

Die Ausgangsseite des Steuergerätes besteht aus diversen Endstufen, welche die verschiedenen Aktoren in der Tür ansteuern: Der Fensterhebermotor wird in der Regel mit einem Relais angesteuert. Ein Halbleiter ist wegen der hohen Ströme bei blockiertem Fenster von bis zu 35 A nicht einsetzbar. Der Markt bietet heute eine Vielzahl von integrierten Endstufen in verschiedensten Kombinationen (eine oder mehrere Brückenschaltungen zum Ansteuern von Motoren, High-Side- oder Low-Side-Schalter zum Ansteuern von LED oder Lampen). Je nach Ausstattungsgrad der Fahrzeugtür ist hier eine sinnvolle Kombination auszuwählen. In diesem Beispiel wird der Spiegel (2 Motoren mit ca. 1,5 A) über einen Treiberbaustein und das Schloss (2 Motoren mit bis zu 5 A) sowie diverse Lampen (bis zu 2 A) über einen anderen Treiberbaustein angesteuert. Integrierte Endstufen bieten zudem den Vorteil, dass der Zustand der Ausgänge (z. B. Kurzschluss) diagnostiziert werden kann. Die Kommunikation zum Mikrocontroller erfolgt über den SPI-Bus.

8.7 Sitzsteuergeräte

Die Verstellung des Sitzes erfolgt heute in den meisten Fahrzeugen manuell. Teilweise werden Fahrzeuge mit elektromotorischer Verstellung angeboten. Der maximale Gewinn an Komfort kann erzielt werden, wenn eine Elektronik die Sitzpositionen, Spiegel- und Lenkradeinstellungen speichert und auf Abruf wiederherstellt. Es handelt sich dann um eine so genannte Memory-Funktion. Die Bedienung eines solchen Sitzes erfordert einen Schalterblock, der aus ergonomischen Gründen in der Regel separat von dem Sitzsteuergerät verbaut ist. Die Integration der Schalter in das Steuergerät scheitert meist an der Bauraumsituation. Die Funktionen Sitzheizung sowie Sitzklimatisierung können ebenfalls in diese Elektronik integriert werden.

Jede Teilbewegung des Sitzes erfolgt translatorisch in zwei Richtungen durch Elektromotoren, man spricht dabei von zwei Wegen. Die Positionsbestimmung erfolgt über Hall-Sensoren, die in den Motoren integriert sind. Gängig sind heute Sitzmemoryfunktionen mit 8 bis 12 Wegen: Längsverstellung, Höhe, Lehnenneigung und Kopfstützenhöhe plus Sitzneigung und Lehnenlordosentiefe. Eine weitere Erhöhung des Komforts wird über eine automatische Massagefunktion der Lordosenversteller erzielt. Je nach Ausstattung des Autos können weitere Verstellmöglichkeiten dazu kommen.

Die Ansteuerung der Motoren erfolgt aus Kostengründen in der Regel über Relais. Lastabhängige Verstellgeräusche können durch die Regelung der Antriebsleistung über Halbleiterschalter vollständig unterdrückt werden.

Bei einem Sitzsteuergerät und dem entsprechenden Sitz handelt es sich in der Regel um eine Sonderausstattung mit verschiedenen Varianten pro Fahrzeug, die sich durch die Anzahl der angebotenen Verstellmöglichkeiten unterscheiden. Um diese Variantenvielfalt bei geringen Stückzahlen kostengünstig abzudecken, bietet sich die Kombination von standardisierten Steuergeräten an, die z. B. über den LIN-Bus vernetzt werden. Das Basissteuergerät kann dann ein 8-Wege-Sitzsteuergerät sein, das über CAN vernetzt ist. Die Erweiterung erfolgt z. B. über zusätzliche standardisierte 4-Wege-Steuergeräte, so genannte Satelliten, die über LIN mit dem Basissteuergerät vernetzt werden und nahe an den anzusteuernden Motoren platziert werden können. Dadurch wird gleichzeitig der erforderliche Bauraum über den gesamten Sitz verteilt und konzentriert sich nicht auf eine Stelle. Im Falle PWM-gesteuerter Antriebe verbessert sich so zudem das EMV-Verhalten.

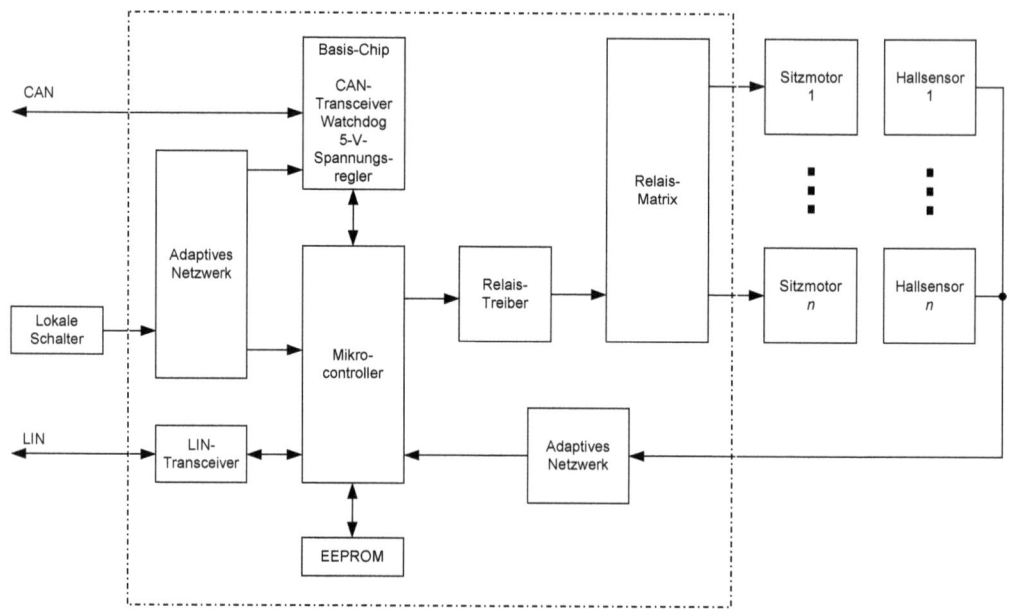

Bild 8-3 Sitzsteuergerät mit Memory-Funktion

Bild 8-3 zeigt ein Sitzsteuergerät mit Memory-Funktion. Ein 8-Bit-, 16-Bit- oder 32-Bit-Mikrocontroller mit ROM-Größen zwischen 32 kByte und 256 kByte steuert die Funktionen einer Sitzmemory-Elektronik. Veränderliche Parameter werden dabei zumeist nicht flüchtig in EEPROM-Speicherbausteinen abgespeichert. Je nach eingesetzter Mikrocontrollerversion kommen auch externe EEPROM-Bausteine zum Einsatz. Die Versorgung des Rechners und seiner Peripherie am 12-V-Bordnetz wird in diesem Beispiel durch einen System-Basis-Chip sichergestellt, der die Aufgaben eines Konstantspannungsreglers (5 V), des Bus-Interfaces (CAN- oder LIN-Transceiver) sowie Watchdog- und Schaltfunktionen übernimmt und dessen technische Auslegung besonderen Einfluss zur Einhaltung der strengen Ruhestromanforderungen im Kfz-Bordnetz hat.

Der Rechner wertet die Tasten- und Statusinformationen der angeschlossenen Peripherie aus und aktiviert gegebenenfalls mehr als 10 Verstellachsen, deren Gleichstrommotoren über Relais oder Halbleiterschalter angesteuert werden. Die Positionsinformation der Verstellachsen erhält das Steuergerät von in den Gleichstrommotoren integrierten Hall-Sensoren. Die Überwachung der Peripherie hinsichtlich auftretender Fehler und die Handhabung derselben runden das Aufgabenspektrum des Mikrocontrollers ab. Die Anbindung an den Komfort-CAN ermöglicht die Diagnose der Elektronik sowie weitere nutzerspezifische Memory-Funktionen (z. B. Spiegel-, Lenksäulen- und Pedalposition, bevorzugtes Radioprogramm).

8.8 Klimasteuergeräte

Das Wohlbefinden eines Menschen wird wesentlich durch die Temperatur, die relative Feuchte, die Strömungsgeschwindigkeit der umgebenden Luft sowie die Bekleidung und die Aktivität des Menschen beeinflusst. Ziel eines Klimasystems im Kraftfahrzeug ist es, unter allen Fahrbedingungen ein für die Insassen behagliches und stabiles Raumklima zu erzeugen. Weiterhin sind zusätzliche Anforderungen, wie z. B. das Enteisen der Frontscheibe sowie die Vermeidung von Scheibenbeschlag zu erfüllen.

Wesentliche Bestandteile eines Klimasystems im Fahrzeug sind der Kälte- und der Heizkreislauf sowie die Steuer- und Bedienelektronik. Letztere sind meist in einem oder mehreren Klimasteuergeräten zusammengefasst. Das Klimasteuergerät regelt die Temperaturen des Innenraums, indem es die Stellgrößen wie Kompressor-, Heiz- und Gebläseleistung und die Luftverteilung im Fahrzeuginnenraum beeinflusst. Parameter wie Sonneneinstrahlung, Innen-, Außen- und Luftausströmtemperaturen werden hierzu sensorisch erfasst. Steuer- und Sensorsignale werden in zunehmendem Maße über Bussysteme wie CAN- und LIN-Bus übertragen.

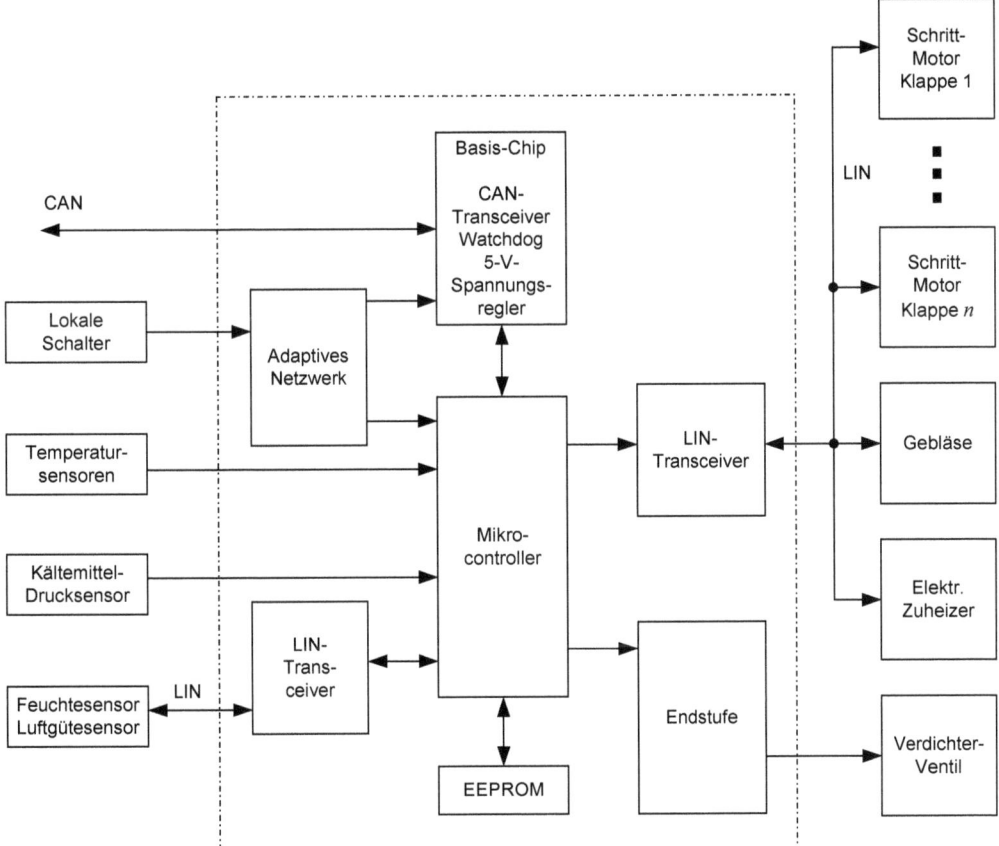

Bild 8-4 Klimasteuergerät

Aufgrund der Wirkungsgradverbesserung von Verbrennungsmotoren reduzierte sich die zum Heizen verwendete Verlustleistung derart, dass sie zum schnellen Entfrosten der Scheiben und zum Erzeugen einer behaglichen Innenraumtemperatur in einer vertretbaren Zeit nicht mehr ausreicht. Abhilfe schaffen heute in zunehmendem Maße elektrische Zuheizer basierend auf PTC-Widerständen (Widerstände mit positiven Temperaturkoeffizienten) mit Leistungen über 2 kW. Die Leistung der Zuheizer kann heute in Abhängigkeit der vom Generator zur Verfügung gestellten Leistung angesteuert werden. Hierzu wird das z. B. über den CAN-Bus verfügbare Generatorlastsignal ausgewertet.

In einem Klimasteuergerät (siehe Bild 8-4) finden sich die gleichen wesentlichen Bestandteile wieder, wie sie bereits für das Türsteuergerät beschrieben wurden: Mikrocontroller, System-Basis-Chip, LIN- und CAN-Transceiver sowie externes EEPROM, adaptives Netzwerk und Endstufe. Ein wesentlicher Unterschied ist, dass in der Fahrzeugklimatechnik heute viele Sensoren und Aktoren bereits über eine LIN-Schnittstelle verfügen. Dies sind hier z. B. Sensoren für Taupunkt und Feuchte, Luftgüte und für die von der Sonne eingestrahlte Wärmeleistung. Die Aktoren und Leistungssteller werden über einen zweiten LIN-Bus angesteuert; es handelt sich hierbei um Schrittmotoren zur Verstellung der Klappen, den PWM-Regler zur Gebläseansteuerung und gegebenenfalls den elektrischen Zuheizer. Die Temperatursensoren in der Klimaanlage, in den Luftkanälen und im Kältekreislauf werden direkt in das Steuergerät eingelesen. Dasselbe gilt für den Sensor zur Messung des Kältemitteldrucks. Das Verdichterventil am Klimakompressor wird hier direkt über ein PWM-Signal angesteuert.

9 Sicherheitsaspekte und funktionale Sicherheit

Mögliche Fehlfunktionen elektronischer Steuergeräte in Kraftfahrzeugen können Sach- oder Personenschäden hervorrufen und müssen nach Möglichkeit ausgeschlossen werden. Um die Bedeutung dieser Sicherheitsaspekte einzuschätzen, muss man sich nur vor Augen führen, welche Funktionen inzwischen mit Hilfe elektronischer Steuergeräte realisiert werden. Systeme, die das Fahrverhalten gezielt beeinflussen, findet man z. B. in den Fahrzeugfunktionsbereichen Antrieb und aktive Sicherheit. Überall dort, wo ein elektronisches System direkt oder indirekt steuernd eingreift, muss überprüft werden, ob eine Fehlfunktion des Systems zur Gefährdung von Leben führen kann. Wichtig ist hier, dass dies nicht nur für die so genannten Sicherheitssysteme gilt (Airbag, ABS, Fahrdynamik-Regelung etc.), sondern auch für viele andere Systeme. Beispielsweise könnte ein Fehler in einem Motorsteuergerät das Fahrzeug plötzlich und unerwartet beschleunigen lassen – dennoch ist die eigentliche Motorsteuerung kein Sicherheitssystem. Bei der Entwicklung ist zusätzlich zur eigentlichen Funktionalität der Erkennung und Behandlung von Fehlern große Beachtung zu schenken.

Dabei muss die Sicherheit (im Sinne der englischen Entsprechung „Safety") bereits von Entwicklungsbeginn an Berücksichtigung finden. Dies erfordert einen entsprechenden Entwicklungsprozess sowohl für die Hardware als auch für die Software (siehe Abschnitt 9.2.2). Ziel muss es deshalb sein, die Wahrscheinlichkeit des Auftretens von Schäden möglichst gering zu halten und nicht tolerierbare Risiken zu vermeiden oder auf ein akzeptables Maß zu senken. Zusätzlich stellen die speziellen Software-Aspekte dabei eine besondere Herausforderung dar.

Zur Beschreibung der Systemeigenschaften und des Systemverhaltens unter sicherheitskritischen Aspekten werden die Begriffe *Zuverlässigkeit*, *Verfügbarkeit* und *Sicherheit* herangezogen. Bei der Betrachtung der Systemeigenschaften und des Systemverhaltens in diesem Bereich hat die klare Systemabgrenzung eine wichtige Bedeutung. Es muss klar festgelegt werden, welches System oder Teilsystem gerade betrachtet wird.

Das folgende Kapitel nähert sich diesem Thema von mehreren Seiten. Zunächst werden die wichtigsten Begriffe erklärt, und es erfolgt eine grundlegende Einführung in die mathematischen Grundlagen der Verlässlichkeitsanalyse. Die folgenden Abschnitte behandeln den Umgang mit Fehlern in Systemen. Dabei wird auf die Schritte der Erkennung von Fehlerzuständen und der darauf folgenden Fehlerbehandlung eingegangen. Die wichtigsten Normen in diesem Umfeld werden aufgelistet und diskutiert.

9.1 Definitionen von Begriffen

Folgende Begriffe finden sich wiederholt in den Normentexten und in den Regelwerken und sollen daher kurz erläutert werden:

Das *Risiko* (Risk) ist ein quantitatives Maß für die Unsicherheit. Es ist umso größer, je höher die Eintrittswahrscheinlichkeit des Schadensfalls und je größer das Ausmaß des drohenden Schadens ist [Di3]. Meist definiert man es als Produkt von Eintrittswahrscheinlichkeit und Schadensausmaß, ggf. summiert über die möglichen Schadensszenarien.

Sicherheit (Safety) ist nach DIN VDE 31000, Teil 2 [Di3] eine Sachlage, bei der das zulässige Grenzrisiko nicht überschritten wird. Als Grenzrisiko bezeichnet man einen Wert, der das größte, noch vertretbare Risiko darstellt (siehe Bild 9-1). Wenn das Risiko der gesteuerten Einrichtung, wie in Bild 9-1 gezeigt, größer als das Grenzrisiko ist, so muss das Risiko mindestens bis zum Grenzrisiko reduziert werden. Tatsächlich wird zumeist das Risiko noch weiter abgesenkt, so dass das noch verbleibende Restrisiko deutlich unter dem Grenzrisiko liegt. In der Praxis wird Sicherheit oft als Zustand der Gefahrenfreiheit unter bestimmten Bedingungen betrachtet.

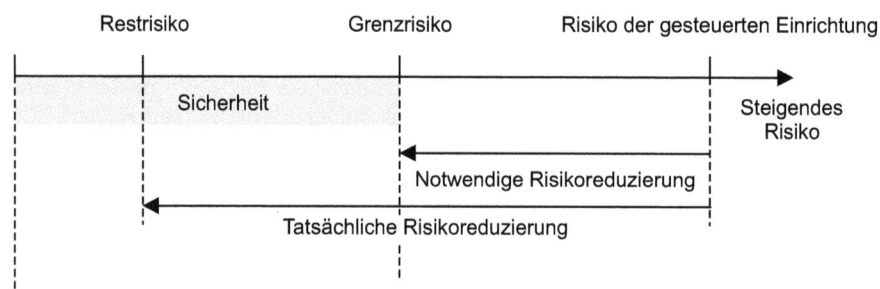

Bild 9-1 Zusammenhang zwischen Risiko und Sicherheit

Ein *Fehler* (Fault oder Defect) ist laut DIN 40041 [Di2] eine unzulässige Abweichung einer oder mehrerer Eigenschaften, welche die Unterscheidung und Beurteilung von Geräten oder Bauelementen (Betrachtungseinheiten) ermöglichen. Die Norm IEC 61508 [Ie5] definiert in Teil 4 einen Fehler als eine ungewöhnliche Bedingung, die möglicherweise dazu führt, dass eine Systemeinheit ihre spezifizierte Funktion nicht mehr oder nur eingeschränkt erfüllen kann (zu Fehlerarten siehe Abschnitt 9.3.1).

Die *Abweichung* (Error) betrifft einen berechneten, beobachteten oder gemessenen Wert bezogen auf den wahren, spezifizierten oder theoretisch korrekten Wert (siehe [Ie5], Teil 4).

Ausfall (Failure) ist die Beendigung der Funktionsfähigkeit einer materiellen Einheit im Rahmen der zulässigen Beanspruchung [Di2]. Die Norm IEC 61508 [Ie5] definiert in Teil 4 einen Ausfall als den Verlust der Fähigkeit eines Systems, die spezifizierte Funktion zu erfüllen.

Als *Fehlfunktion* kann man die als Folge eines Ausfalls hervorgerufene Aktion eines Systems bezeichnen. Diese Fehlfunktion sowie der Ausfall können gefährlich oder ungefährlich sein. Ziel muss es sein, gefährliche Zustände zu vermeiden. So darf ein Ausfall im Fahrdynamik-Regelsystem nicht dazu führen, dass die Bremse eines Rades irrtümlich betätigt wird, da das (als alleinige Ursache) zu einem Unfall führen könnte. Es ist jedoch möglich, die Funktionalität des Fahrdynamik-Regelsystems auf die Funktion eines ABS-Systems einzuschränken (zu degradieren) und dies dem Fahrer entsprechend mitzuteilen.

Als *sicheren Zustand* eines Systems bezeichnet man den Zustand, in dem vom System keine weitere Gefährdung ausgeht.

Eine *Sicherheitsfunkion* (Safety Function) ist eine Funktion des sicherheitsrelevanten Systems oder eine externe Risikominimierungsmaßnahme, die im Falle eines gefährlichen Vorfalls den sicheren Zustand herstellt oder bewahrt (siehe [Ie5], Teil 4). Es handelt sich dabei um die logische Abgrenzung zu den eigentlichen Funktionen des Systems. In einer vereinfachten Betrachtungsweise ist aus der Sicht des Nutzers eine Sicherheitsfunktion dadurch gekennzeichnet, dass sie den Fahrer in kritischen Situationen unterstützt oder Gefahren abwendet, wenn durch den Ausfall einer Funktion ein Risiko entsteht.

Funktionale Sicherheit (Functional Safety) ist der Teil der Gesamtsicherheit, der von der korrekten Funktion der sicherheitsbezogenen Teilsysteme sowie externen Risikominimierungsmaßnahmen abhängt.

Redundanz (Redundancy) bezeichnet die Tatsache, dass bestimmte Komponenten oder Mittel (z. B. Daten, Berechnungsalgorithmen) mehrfach vorhanden sind, obwohl sie für die Funktion des Systems nur einmalig nötig sind. Es gibt zwei prinzipielle Arten der Redundanz, nämlich die homogene Redundanz, die die Mehrfachausführung mit gleichartigen Mitteln realisiert und die diversitäre Redundanz, die die Mehrfachausführung mit nichtgleichartigen Mitteln realisiert. Ein typisches Beispiel für ein redundantes System ist das Zweikreisbremssystem im Auto, bei dem die Bremsen über zwei voneinander unabhängige Leitungskreise betätigt werden.

Zuverlässigkeit (Reliability) bezeichnet die Gesamtheit derjenigen Eigenschaften einer Betrachtungseinheit, welche zur Erfüllung gegebener Erfordernisse unter vorgegebenen Bedingungen für ein gegebenes Zeitintervall geeignet sind [Vd4]. Gemäß [Be6] ist die Zuverlässigkeit die Wahrscheinlichkeit dafür, dass ein Produkt während einer definierten Zeitdauer unter gegebenen Funktions- und Umgebungsbedingungen nicht ausfällt. Auch diese Definition enthält die Aspekte der Nutzungsdauer und die dabei herrschenden Randbedingungen.

Die *Verfügbarkeit* (Availability) ist die Wahrscheinlichkeit, ein System zu einem vorgegebenen Zeitpunkt in einem funktionsfähigen Zustand anzutreffen [Di1] (siehe auch 9.3.9).

Ein System ist *betriebsbewährt (erprobt)*, wenn es im Wesentlichen unverändert über einen ausreichenden Zeitraum in der Anwendung betrieben wurde, ohne dass wesentliche Fehler auftraten.

9.2 Gesetze, Normen und Entwicklungsprozess

Gesetze und Normen stellen Anforderungen an die Beschaffenheit von Produkten und Vorgehensweisen bei deren Entwicklung und Herstellung. Dies gilt auch für die Kraftfahrzeugelektronik. Ergänzt werden diese Schriften durch Verträge und Verbandsregeln sowie durch den Stand der Technik, der sich z. B. aus Patentschriften und Veröffentlichungen ableiten lässt. Die Einhaltung und die Erfüllung dieser Forderungen muss gegebenenfalls nachgewiesen werden. In Gesetzen sind beispielsweise Forderungen formuliert, die den Entstehungsprozess eines Fahrzeugs oder seiner Komponenten bis zur Verkehrszulassung beschreiben. Diese gesetzlichen Forderungen sind allerdings nur als Mindestvoraussetzung in Form einer Rahmenforderung abgefasst und auch so zu verstehen. Eine Nachweisführung ist darin nicht definiert. Deshalb sind Art und Umfang der Nachweisführung und der Dokumentation des Prozesses sowie die Einhaltung der Forderungen auch in Form einer Risikobetrachtung im Einzelfall von den Verantwortlichen selbst zu bestimmen. Zu beachten ist jedoch, dass im Schadensfall der Hersteller nach dem Produkthaftungsgesetz [Pr1] möglicherweise den Nachweis führen muss, dass entsprechend dem Stand der Technik entwickelt wurde.

Entscheidungshilfen dazu sind in der Literatur als Regeln zu finden. Beispiele hierfür sind Gesetze und Festlegungen, die die Mindestanforderungen beschreiben. Zu den Gesetzen zählen unter anderen die Straßenverkehrszulassungsordnung [St1], das Produkthaftungsgesetz [Pr1], internationale Sicherheitsvorschriften (siehe z. B. [Fm2]) und Richtlinien zum Umweltschutz (siehe z. B. [Eu3]). Zusätzliche Anforderungen sind auch die Einhaltung von Verbandsregelungen (z. B. Verband der Automobilindustrie VDA) und Normen zur Qualitätssicherung und zum Qualitätsmanagement sowie die Beachtung des Standes von Wissenschaft und Technik (siehe z. B. [Vd2]).

9.2.1 Normen und Standards

Im Folgenden sollen einige wichtige Normenwerke betrachtet werden, die im Zusammenhang mit der funktionalen Sicherheit Anwendung finden.

Mitte der 1990er Jahre erfolgten Standardisierungsversuche für die Softwareentwicklung im Automobilbereich. Die Ergebnisse der Arbeiten der MISRA-Organisation sind im Technical Report TR 15497:2000 der Development Guidelines for Vehicle Based Software verfügbar [Is10].

Der Standard RTCA DO-178B [Ra2] definiert Richtlinien für die Entwicklung von Luftfahrt-Software. Die DO-178B stellt seit ihrem Erscheinen de facto den Standard für die Zertifizierung neuer, in der Luftfahrt verwendeter Software dar und wurde auch in Europa als ED-12B übernommen.

Die internationale Norm IEC 61508 [Ie5] (es wird auch die Bezeichnung IEC EN 61508 verwendet, wobei die Abkürzung EN für „Europäische Norm" steht) dient als generischer Standard für die Entwicklung von sicherheitskritischen Systemen. Eine Festlegung auf das Einsatzgebiet erfolgt durch die Norm nicht. Sie ermöglicht die Bereitstellung einer allgemeingültigen Grundlage für die Implementierung anwendungsorientierter Standards. Aus der IEC 61508 wurden weitere Normen abgeleitet, die für das jeweilige Anwendungsgebiet angepasst wurden. Dazu zählen z. B. die IEC 62061 für den Maschinenbau, die IEC 61511 für die Prozessindustrie sowie die eingereichte ISO 26262 [Is11] für die Automobilindustrie (siehe nächsten Abschnitt).

Die IEC 61508 ist in sieben Teile unterteilt:

- Teil 1: Allgemeine Anforderungen
- Teil 2: Hardware
- Teil 3: Software
- Teil 4: Definitionen
- Teil 5: Richtlinien zu Teil 1
- Teil 6: Richtlinien zu Teil 2 und 3
- Teil 7: Techniken und Beispiele

Dabei haben die Teile 1 bis 4 einen normativen, die Teile 5 bis 7 einen informativen Charakter. Die IEC 61508 zeichnet sich durch einen ganzheitlichen Ansatz aus und deckt mit ihren sieben Teilen den vollständigen Umfang und Lebenszyklus eines Systems ab. Dies ist auch einsichtig, da ein sicheres Gesamtprodukt nur dann gegeben ist, wenn sichere Software auf sicherer Hardware läuft, wozu die Mechanik, Sensorik, Aktorik, Stromversorgung und weitere Teile gehören. Des Weiteren müssen die Vorgaben der Entwicklungsprozesse und deren Management eingehalten werden. Deshalb werden, neben den sicherheitstechnischen Anforderungen an einzelne Systemelemente, Fragen bezüglich der kompletten Sicherheitsinstallation und der Managementrahmenbedingungen behandelt. Der letzte Punkt, wozu z. B. organisatorische Maßnahmen und Rahmenbedingungen der Entwicklungsprozesse zählen, wird in Kapitel 3 und Abschnitt 9.2.2 behandelt.

9.2 Gesetze, Normen und Entwicklungsprozess

Man versteht unter einem sicherheitsbezogenen System nach IEC 61508 eine Einrichtung, die zur Ausführung von einer oder mehrerer Sicherheitsfunktionen notwendig ist. Dazu gehören elektrische, elektronische und programmierbare elektronische Systeme. Die Norm spricht deshalb von E/E/PE-Systemen. Ziel der implementierten Sicherheitsfunktionen ist es, unter Berücksichtigung eines festgelegten gefährlichen Vorfalls einen sicheren Systemzustand herbeizuführen und danach aufrechtzuerhalten. Man bezeichnet die zu überwachende Einrichtung, welche zu Gefährdungen mit unvertretbarem Risiko führen kann, als „Equipment under Control" (EUC). Sie umfasst alle Einrichtungen, Maschinen, Geräte oder Anlagen, die Gefährdungen verursachen können, und für die sicherheitsbezogene Systeme erforderlich sind.

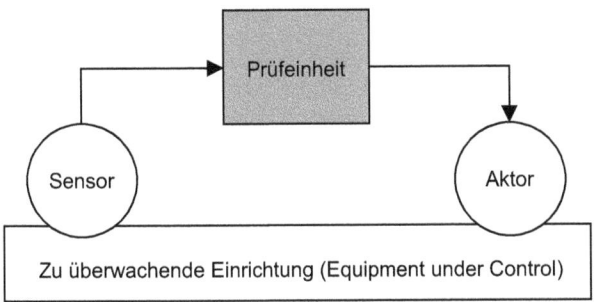

Bild 9-2 Aufbau eines Systems mit einer einfachen Sicherheitsfunktion

In Bild 9-2 ist der grundlegende Aufbau eines Systems mit einer einfachen Sicherheitsfunktion dargestellt. Es enthält einen Sensor, der Informationen über die zu überwachende Einrichtung zur Verfügung stellt, eine Prüfeinheit, welche den Wert mit einem vorbestimmten Grenzwert vergleicht und über einen entsprechenden Aktor die notwendige Notfunktion auslöst.

Als einfaches Beispiel für den Einstieg soll eine Dampflokomotive dienen. Ein Dampfkessel benötigt eine bestimmte Temperatur, um den notwendigen Betriebsdruck zu erzeugen. Ein zu hoher Druck kann jedoch zur Zerstörung des Dampfkessels führen. Aus diesem Grund baut man ein Überdruckventil in das System ein. Zusammen mit dem Bediener und seinen Bedienelementen kann das Risiko einer Zerstörung des Kessels vermieden werden. Weiterhin besteht durch den Bediener aufgrund des Vergleiches zwischen Druckanzeige und Ventilverhalten eine kontinuierliche Kontrolle des Sicherheitsventils. In diesem Beispiel ist der Dampfkessel mit den Bedienelementen und Anzeigen die zu überwachende Einrichtung (EUC) und das Überdruckventil realisiert die Sicherheitsfunktion.

Ausfälle der Sicherheitsfunktionen bewirken eine Erhöhung des Sicherheitsrisikos für die Nutzer dieses Systems. Damit ergibt sich die Notwendigkeit, diese Sicherheitsfunktionen zu überwachen und deren korrekte Funktion sicherzustellen.

Die Norm IEC 61508 unterscheidet zwei Betriebsarten für Sicherheitsfunktionen, nämlich die Betriebsart mit niedriger Anforderungsrate (*Low Demand Mode*) sowie die Betriebsart mit hoher Anforderungsrate (*High Demand Mode*), auch Betriebsart mit kontinuierlicher Anforderungsrate (*Continuous Mode*) genannt.

Eine niedrige Anforderungsrate liegt vor, wenn das sicherheitsbezogene System nicht mehr als einmal pro Jahr aktiv wird, oder nicht öfter als die doppelte Frequenz der Wiederholungsprüfung. (Die Prüfung der Sicherheitsfunktion wird periodisch wiederholt, daher spricht man von der „Frequenz der Wiederholungsprüfung".) Die Sicherheitsfunktion hat so lange keinen Einfluss auf die zu überwachende Einrichtung, bis eine Anforderung an die Sicherheitsfunktion auftritt. Ein Beispiel hierfür ist die Auslösung der Airbags bei einem Unfall. Die zu überwachende Einrichtung ist in diesem Falle das Fahrzeug einschließlich des Fahrers.

Eine kontinuierliche Anforderungsrate liegt vor, wenn das sicherheitsbezogene System mehr als einmal pro Jahr aktiv wird, oder öfter als die doppelte Frequenz der Wiederholungsprüfung. Hier wird das System von der Sicherheitsfunktion immer in seinem normalen sicheren Zustand gehalten. Ein gefährlicher Ausfall oder eine Fehlfunktion dieses sicherheitsbezogenen Systems resultiert in einer Gefährdung, falls keine Risikominderungsmaßnahmen ergriffen werden. Als Beispiel soll hier die kontinuierliche Überwachung des Airbag-Systems dienen. Hier stellt die Sicherheitsfunktion sicher, dass beim normalen Betrieb keine Fehlauslösung passieren kann. Dabei stellt das Airbagsystem die zu überwachende Einrichtung dar.

In Abhängigkeit von der Betriebsart teilt die Norm IEC 61508 die Anforderungen an die Sicherheitssysteme in vier Safety Integrity Levels (SIL) ein. Dabei ist SIL 4 die höchste, SIL 1 die niedrigste Stufe. Die höchste ist für Systeme relevant, bei denen Fehlerszenarien mit katastrophalen Auswirkungen möglich sind. Der Safety Integrity Level beschreibt die durch eine Sicherheitsfunktion erreichbare Risikoreduzierung. Wichtig ist hierbei, dass ein Safety Integrity Level eine Eigenschaft einer Sicherheitsfunktion ist und sich nicht auf ein Gesamtsystem oder Teilsystem bezieht.

Die Norm IEC 61508 bietet für die Ermittlung des Safety Integrity Level zwei Ansätze an. Der erste Ansatz besteht darin, mit einer Gefahren- und Risikoanalyse (siehe Abschnitt 9.4.2) den notwendigen Safety Integrity Level zu bestimmen. Im zweiten Ansatz erfolgt über eine Bestimmung der Hardwarefehlertoleranz *HFT* (siehe Abschnitt 9.3.7) und der Safe Failure Fraction *SFF* (siehe Abschnitt 9.3.5) die Kontrolle, ob der notwendige Safety Integrity Level (siehe Abschnitt 9.4.3) mit dem realisierten System erreicht wird. Beide Verfahren ergänzen sich für eine letztliche Bewertung der Systeme.

Aufgrund ihrer historischen Entwicklung enthält die IEC 61508 eine Reihe von Vorgaben, die die Anwendung in der Automobilindustrie erschwert. Trotzdem finden Kerngedanken dieser Norm Anwendung in der Automobilentwicklung. Um eine für die Automobilindustrie verbindliche Norm zu schaffen, hat sich in Deutschland eine Arbeitsgruppe unter der Federführung des VDA gebildet. Ziel ist es, eine branchenspezifische Lösung zu erarbeiten und als Standard zu etablieren.

Im Rahmen des Fachausschusses Kraftfahrzeuge (FAKRA), Arbeitskreis 16 „Funktionssicherheit", wurde der Entwurf einer automobilspezifischen Ausprägung der IEC 61508 erarbeitet, die auch „Automotive 61508" genannt wird. Diese wurde Anfang November 2005 als Working Draft an die ISO mit dem Ziel der Standardisierung übergeben. Diese eingereichte Norm mit der Bezeichnung ISO 26262 ([Is11], auch ISO/WD 26262 genannt, wobei WD für „Working Draft" steht) enthält u. a. Teile zur Softwareentwicklung sowie zu übergreifenden Aktivitäten, wie der Zertifizierung von Entwicklungswerkzeugen. Eine Freigabe ist im Jahr 2009 geplant. Die eingereichte Norm benutzt anstelle des Safety Integrity Level die angepassten ASIL-Einstufungen (ASIL steht für Automotive Safety Integrity Level). Es besteht eine eingeschränkte Möglichkeit, die Einstufungen der Normen ISO 26262 und IEC 61508 miteinander zu vergleichen (siehe Bild 9-3).

9.2 Gesetze, Normen und Entwicklungsprozess

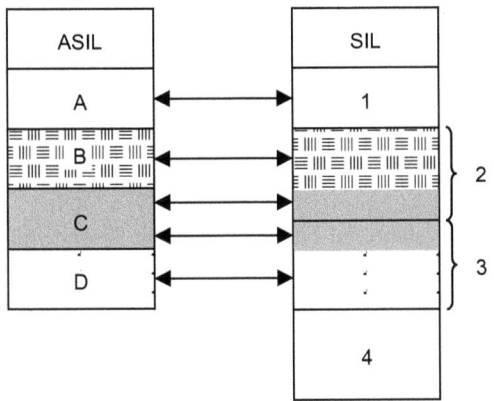

Bild 9-3 Zusammenhang zwischen Automotive Safety Integrity Level (ASIL) gemäß ISO 26262 und Safety Integrity Level (SIL) gemäß IEC 61508 [Lo1]. Die Pfeile zeigen mögliche Zuordnungen der verschiedenen Einstufungen

9.2.2 Entwicklungsprozess

In Kapitel 3 wurde auf den Entwicklungsprozess für Fahrzeugsoftware und mechatronische Systeme bereits grundlegend eingegangen. Die Entwicklung sicherheitskritischer Systeme erfordert aber weitere Schritte, die im Folgenden näher beschrieben werden sollen. Hierbei erfolgt eine Fokussierung auf die Norm IEC 61508.

Sicherheitslebenszyklus nach IEC 61508

Die systematische Herangehensweise an die Probleme der funktionalen Sicherheit wird durch den in der Norm IEC 61508 definierten Sicherheitslebenszyklus ermöglicht. Er beschreibt jede Phase der Systementwicklung und des Systembetriebs, beginnend von der Konzeption bis zur Außerbetriebnahme.

Diese Vorgehensweise lässt sich grob in drei Abschnitte unterteilen [Bö2]:

1. Bestimmung der Sicherheitsanforderung,
2. Realisierung des Systems,
3. Inbetriebnahme, Sicherheitsgesamtvalidation, Betrieb, Wartung und Außerdienststellung.

Zu den organisatorischen Maßnahmen, die in der Norm beschrieben werden, gehört ein funktionierendes Projektmanagement bezüglich Terminen, Preisen, Verantwortlichkeiten und auch Befugnissen. Weiterhin gehören dazu die entsprechende Dokumentation der Entwicklungsdetails, eine unabhängige Qualitätssicherung sowie die Erstellung eines entsprechenden Sicherheitsplans (Safety Plan). Dieser enthält die Ableitung der notwendigen Maßnahmen, Methoden, Techniken und Werkzeuge.

Software-Sicherheitslebenszyklus

Die Norm IEC 61508 beschäftigt sich in Teil 3 intensiv mit Fragen des Software-Sicherheitslebenszyklus. Die Unterscheidung zwischen Hardware und Software wird deutlich, wenn man das Ausfallverhalten mechanischer Systeme mit dem Fehlverhalten von Software vergleicht. Zunächst ist Software an sich nicht sicherheitskritisch, sie erbt aber den Sicherheitskontext des Systems, in dem die Software dann eingesetzt wird [Li3]. Software kann nicht im klassischen

Sinne ausfallen, sondern es existieren systematische Fehler. Man geht davon aus, dass in einem Softwareprodukt Fehler latent enthalten sind, welche im Extremfall zu großen Auswirkungen führen können. Aus diesem Grund sind Maßnahmen zur Fehlervermeidung, Fehlererkennung und Fehlerbeherrschung notwendig.

Im Sicherheitslebenszyklus existiert die Phase „Realisierung", die alle Entwicklungsaktivitäten für die Hard- und Software abdeckt. Für diese Phase gibt es einen untergeordneten Lebenszyklus für die eigentliche Softwareentwicklung.

Für eine Softwareentwicklung sicherheitskritischer Systeme im Fahrzeug wird die kommende Norm ISO 26262 anzuwenden sein. Es empfiehlt sich aber für aktuelle Entwicklungen, die Norm IEC 61508 zu berücksichtigen. Dieser Ansatz muss aber um einige Aspekte erweitert werden. Dazu zählen z. B. die Heranziehung weiterer Standards wie z. B. MISRA [Mi1], Vorgaben an die Entwicklungstools und die Spezifikation des Fehlerverhaltens. Bei der Spezifikation des Verhaltens im Fehlerfall versucht man eine schrittweise Reduzierung der Funktionalität des Gesamtsystems zu erreichen. Dies bezeichnet man als „Graceful Degradation".

9.3 Analyse der Systemzuverlässigkeit und Systemsicherheit

An Systeme im Kraftfahrzeug werden hohe Lebensdaueranforderungen gestellt. Sowohl über 150000 km Laufleistung als auch über 15 Jahre Einsatzzeitraum ist die geforderte Qualität und Zuverlässigkeit zu gewährleisten. Im Folgenden soll gezeigt werden, wie man die Zuverlässigkeit von Systemen analysieren kann. Ziel ist es, die Zuverlässigkeit eines Gesamtsystems aus der Zuverlässigkeit seiner Komponenten zu bestimmen. Die bereits in Abschnitt 9.2 erwähnten Normen IEC 61508 und ISO 26262 beruhen zum Teil auf der Kenntnis entsprechender Zuverlässigkeitskenngrößen.

9.3.1 Fehlerarten

Der Entwurf sicherer Systeme hängt stark vom Fehlerverhalten der verwendeten Systeme ab. Fehler unterscheiden sich unter Anderem durch ihr zeitliches Verhalten (transient, dauernd, zufällig, periodisch, intermittierend), ihre Ursache (systematisch, zufällig) und ihre Auswirkung (global, lokal). Transiente Fehler können einen störungsfreien Betrieb verhindern, wenn sie zu fehlerhaft gespeicherten Daten führen. Aus diesem Grund müssen transiente Fehler sicher erkannt werden. Systematische Fehler haben ihre Ursache oft in Spezifikations- oder Entwurfsfehlern. Auch Softwarefehler weisen ein systematisches Verhalten auf. Mechatronische Systeme zeigen im Fehlerfall jedoch ein zufälliges Verhalten. Fehlerursachen für elektrische Ausfälle werden in den Abschnitten 9.8.1 und 9.8.2 näher erklärt.

9.3.2 Annahmen

Gegeben ist eine gewisse Anzahl N_0 von gleichartigen Betrachtungseinheiten oder Komponenten. Das Ausfallverhalten einer Betrachtungseinheit $i \leq N_0$ wird durch die Zeit T_i beschrieben, in der sie funktionsfähig ist. T_i bezeichnet man auch als ausfallfreie Arbeitszeit. Mit $n(t)$ bezeichnet man die zum Zeitpunkt t ausgefallenen Einheiten, mit $v(t)$ die zum Zeitpunkt t noch funktionsfähigen Einheiten. Es gilt:

$$N_0 = n(t) + v(t).$$

9.3.3 Zuverlässigkeitsfunktion und Ausfallwahrscheinlichkeit

Die relative Summenhäufigkeit $\hat{F}(t)$ des Ausfalls wird *empirische Ausfallfunktion* genannt. Man erhält sie durch die Beobachtung einer großen Anzahl gleichartiger Betrachtungseinheiten:

$$\hat{F}(t) = \frac{n(t)}{N_0}. \tag{9.1}$$

Die *empirische Zuverlässigkeitsfunktion* $\hat{R}(t)$ ist wie folgt definiert:

$$\hat{R}(t) = \frac{v(t)}{N_0}. \tag{9.2}$$

Es gilt also $\hat{F}(t) + \hat{R}(t) = 1$.

Die *Ausfallwahrscheinlichkeit* oder *Lebensdauerverteilung* $F(t)$ beschreibt die Wahrscheinlichkeit, dass eine Betrachtungseinheit zum Zeitpunkt t einen Ausfall zeigt. Es wird vorausgesetzt, dass eine neue Betrachtungseinheit funktionsfähig ist, d. h. $F(0) = 0$, und spätestens zu einem bestimmten Zeitpunkt t_A ausfällt, d. h. $F(t) = 0$ für $t < t_A$ und $F(t) = 1$ für $t > t_A$. Die *Zuverlässigkeitsfunktion* oder *Überlebenswahrscheinlichkeit* $R(t)$ beschreibt die Wahrscheinlichkeit, dass eine Betrachtungseinheit zum Zeitpunkt t noch keinen Ausfall zeigt. Es gilt $F(t) + R(t) = 1$.

Die Ausfallwahrscheinlichkeit und die Zuverlässigkeitsfunktion können experimentell nicht exakt bestimmt werden. Für eine große Zahl von Betrachtungseinheiten approximiert die Ausfallhäufigkeit $\hat{F}(t)$ die Ausfallwahrscheinlichkeit $F(t)$, entsprechend approximiert die empirische Zuverlässigkeitsfunktion $\hat{R}(t)$ die Zuverlässigkeitsfunktion $R(t)$. Als *Ausfalldichte* oder *Wahrscheinlichkeitsdichte der Lebensdauer* $f(t)$ bezeichnet man die erste Ableitung der Ausfallwahrscheinlichkeit, d. h. $f(t) = \dot{F}(t)$. Damit beschreibt man die Änderung der Wahrscheinlichkeit, ein System ausgefallen anzutreffen.

9.3.4 Ausfallrate

Die *empirische Ausfallrate* $\hat{\lambda}(t)$ drückt die relative Anzahl ausfallender Betrachtungseinheiten pro Zeiteinheit Δt aus:

$$\hat{\lambda}(t) = \frac{v(t) - v(t + \Delta t)}{v(t) \Delta t}. \tag{9.3}$$

Sie ist also das Verhältnis aus der Anzahl der Ausfälle pro Zeiteinheit und der noch nicht ausgefallenen Systeme. Man erhält mit Gleichung (9.2)

$$\hat{\lambda}(t) = \frac{\hat{R}(t) - \hat{R}(t + \Delta t)}{\hat{R}(t) \Delta t}, \tag{9.4}$$

und die Grenzwertbetrachtung $\Delta t \to 0$ führt zu:

$$\lim_{\Delta t \to 0} \hat{\lambda}(t) = -\frac{1}{R(t)} \frac{dR(t)}{dt} = \lambda(t). \tag{9.5}$$

Im Grenzfall kann hier also die empirische Zuverlässigkeitsfunktion durch die Zuverlässigkeitsfunktion ersetzt werden. Somit beschreibt die *Ausfallrate* $\lambda(t)$ das Maß für das (bedingte) Ausfallverhalten einer Betrachtungseinheit, die zum Zeitpunkt t noch funktioniert. Sie stellt für die Betrachtung sicherheitsgerichteter Systeme eine der wichtigsten Kenngrößen da. Sie ist der Quotient aus Ausfalldichte $f(t)$ und Zuverlässigkeitsfunktion $R(t)$, d. h.

$$\lambda(t) = \frac{f(t)}{R(t)}. \tag{9.6}$$

Oft interessiert auch die Zuverlässigkeitsfunktion als Funktion der Ausfallrate. Um diese zu berechnen, wird Gleichung (9.5) integriert:

$$-\int_{R(0)}^{R(t)} \frac{1}{R(\tau)} dR(\tau) = -\ln R(t) + \ln R(0) = \int_0^t \lambda(\tau) d\tau. \tag{9.7}$$

Die Zuverlässigkeitsfunktion ergibt sich hiermit zu

$$R(t) = R(0)\, e^{-\int_0^t \lambda(\tau) d\tau}. \tag{9.8}$$

Unter Beachtung der Randbedingung, dass zum Zeitpunkt $t = 0$ das System funktioniert, d. h. $R(0) = 1$, ergibt sich

$$R(t) = e^{-\int_0^t \lambda(\tau) d\tau}. \tag{9.9}$$

Wenn keine Frühausfälle und keine Verschleißausfälle auftreten, ist die Ausfallrate konstant, d. h. $\lambda(t) = \lambda = $ const. Die Frühausfälle können dabei durch gezielte Vorbehandlung, die Verschleißausfälle durch geeignete Wartungsintervalle vermieden werden. Unter Annahme einer konstanten Ausfallrate erhält man dann:

$$R(t) = e^{-\lambda t}. \tag{9.10}$$

Entsprechend gilt dann auch $F(t) = 1 - e^{-\lambda t}$. Damit die Ausfallrate konstant bleibt, müssen auch spezifizierte konstante Umweltbedingungen (z. B. Temperatur oder mechanische Belastung) eingehalten werden.

Für $\lambda t \ll 1$ kann $e^{-\lambda t} \approx 1 - \lambda t$ und damit $F(t) \approx \lambda t$ gesetzt werden. Daraus folgt:

$$\lambda \approx \frac{F(t)}{t} \approx \frac{n(t)}{N_0 t}. \tag{9.11}$$

In Bild 9-4 sind exemplarisch die Verläufe der Zuverlässigkeitsfunktion $R(t)$ und der Ausfallwahrscheinlichkeit $F(t)$ bei konstanter Ausfallrate $\lambda(t) = \lambda$ dargestellt.

Die Ausfallrate $\lambda(t)$ muss meist durch Experimente bestimmt werden. Bei elektronischen Komponenten erkennt man oft drei Phasen (siehe Bild 9-5):

- Frühausfälle mit fallender Ausfallrate,
- Zufallsausfälle mit konstanter Ausfallrate,
- Verschleißausfälle mit steigender Ausfallrate.

Für dieses Verhalten hat sich der Begriff der „Badewannenkurve" (siehe Bild 9-5) eingebürgert. Für eine konstante Ausfallrate von $\lambda(t) = \lambda_0$ (mittlerer Abschnitt in Bild 9-5) gilt gemäß Gleichung (9.10) der Zusammenhang $R(t) = e^{-\lambda t}$.

9.3 Analyse der Systemzuverlässigkeit und Systemsicherheit

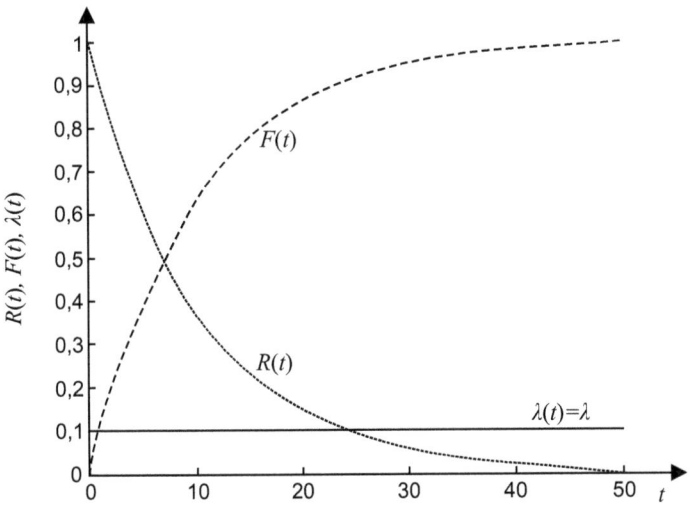

Bild 9-4 Verlauf der Zuverlässigkeitskenngrößen $R(t)$, $F(t)$ und $\lambda(t)$ für konstante Ausfallrate

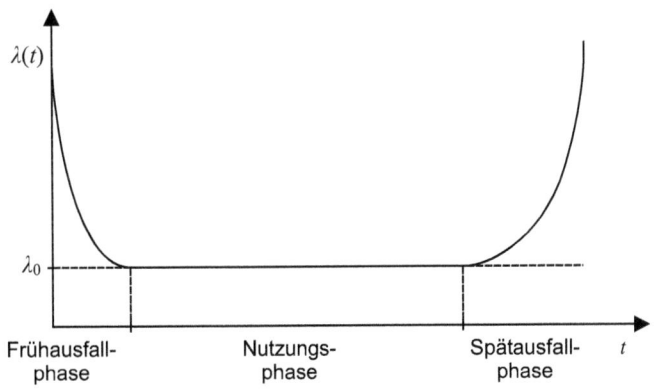

Bild 9-5 Ausfallrate $\lambda(t)$ als Funktion der Zeit t (Badewannenkurve)

9.3.5 Safe Failure Fraction

Die *Safe Failure Fraction SFF*, die man mit dem Anteil ungefährlicher Ausfälle übersetzen kann, beschreibt den prozentualen Anteil von Ausfällen ohne das Potential, das sicherheitsbezogene System in einen gefährlichen Funktionszustand zu versetzen. Bei der Ausfallanalyse unterscheidet man sichere und gefährliche Ausfälle. *Sichere Ausfälle* besitzen keinen Einfluss auf die Sicherheitsfunktion, unabhängig davon, ob sie entdeckt werden oder nicht. Auf der anderen Seite führen *gefährliche Ausfälle* zu einem gefährlichen Zustand des Systems, wenn sie nicht entdeckt oder entsprechend behandelt werden. Man unterscheidet entdeckbare und nicht entdeckbare Ausfälle, wobei gefährliche, nicht entdeckbare Ausfälle den problematischsten Fall repräsentieren. Es ist zu beachten, dass die deutsche Bezeichnung „Anteil ungefährlicher Ausfälle" für *SFF* insofern irreführend ist, als in Gleichung (9.12) im Zähler auch die gefährlichen, entdeckbaren Fehler berücksichtigt werden. Deshalb, und um den unmittelbaren Zusammenhang zum Formelzeichen *SFF* herzustellen, wird hier die englische Bezeichnung „Safe Failure Fraction" aus der Norm IEC 61508 verwendet.

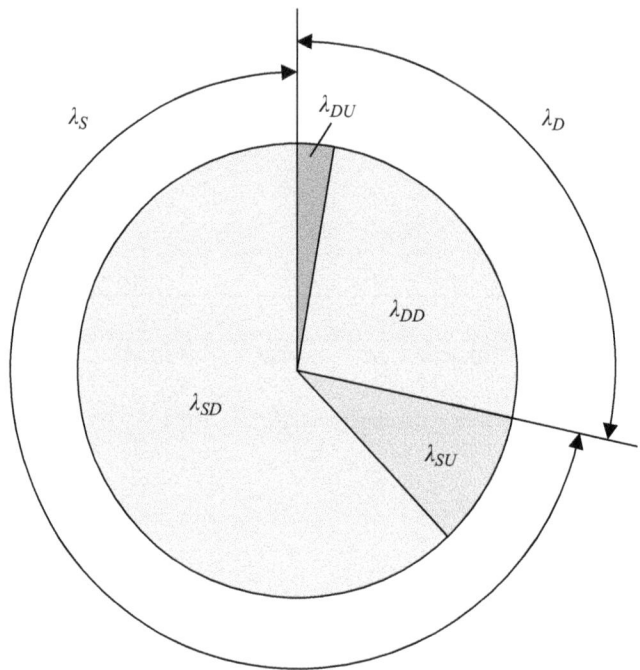

Bild 9-6 Beispielhafte Raten unterschiedlicher Ausfallarten: λ_{SD} Rate sicherer, entdeckbarer Ausfälle; λ_{SU} Rate sicherer, nicht entdeckbarer Ausfälle; λ_{DD} Rate gefährlicher, entdeckbarer Ausfälle; λ_{DU} Rate gefährlicher, nicht entdeckbarer Ausfälle. Der gesamte Kreis entspricht der gesamten Ausfallrate λ

Zur Berechnung der Safe Failure Fraction werden folgende Ausfallraten zu Grunde gelegt [Bö1], [Bö2]:

λ_{SD} Rate sicherer, entdeckbarer Ausfälle (der Index *S* steht für safe, *D* für detectable),

λ_{SU} Rate sicherer, nicht entdeckbarer Ausfälle (der Index *U* steht für undetectable),

λ_{DD} Rate gefährlicher, entdeckbarer Ausfälle (der erste Index *D* steht für dangerous),

λ_{DU} Rate gefährlicher, nicht entdeckbarer Ausfälle.

In Bild 9-6 sind die Zusammenhänge zwischen den unterschiedlichen Ausfallraten dargestellt. Der wichtige Fall, nämlich die Rate der gefährlichen, nicht entdeckbaren Ausfälle wurde dunkel gekennzeichnet.

Es gilt $\lambda_{SU} + \lambda_{SD} + \lambda_{DU} + \lambda_{DD} = \lambda$. Ferner definiert man die Rate λ_S aller sicheren Ausfälle zu $\lambda_S = \lambda_{SU} + \lambda_{SD}$ und die Rate λ_D aller gefährlichen Ausfälle zu $\lambda_D = \lambda_{DU} + \lambda_{DD}$. Damit ergibt sich gemäß IEC 61805, Teil 2 die Safe Failure Fraction *SFF* zu:

$$SFF = \frac{\sum \lambda_S + \sum \lambda_{DD}}{\sum \lambda},\qquad(9.12)$$

9.3 Analyse der Systemzuverlässigkeit und Systemsicherheit   263

wobei in den Summen jeweils über die verschiedenen Komponenten summiert wird (siehe hierzu Abschnitt 9.3.10). Hierbei ist zu beachten, dass SFF eine einzelne Variable repräsentiert, und nicht das Produkt aus S, F und F. Dies entspricht dem üblichen Vorgehen in der Literatur (siehe z. B. [Bö1]). Im Folgenden werden an mehreren Stellen Variablen verwendet, die aus mehreren Buchstaben bestehen. Für diese Variablen gilt diese Bemerkung ebenso.

9.3.6 Diagnoseüberdeckung

Die Diagnoseüberdeckung (Diagnostic Coverage Factor) für die gefährlichen Ausfälle eines Systems bestimmt sich gemäß IEC 61508, Teil 2 zu

$$DC = \frac{\sum \lambda_{DD}}{\sum \lambda_D}, \qquad (9.13)$$

wobei in den Summen jeweils über die verschiedenen Kompontenten summiert wird (siehe hierzu Abschnitt 9.3.10). Sie gibt das Verhältnis zwischen allen durch Diagnose und Überwachung entdeckbaren gefährlichen Ausfälle und der gesamten Anzahl von gefährlichen Ausfällen an. Sie ist ein Maß dafür, wie gut ein sicherheitsrelevantes System gefährliche Ausfälle entdeckt. Die Diagnoseüberdeckung kann man sowohl über das gesamte System als auch über Teilsysteme bestimmen.

Aus Gleichung (9.12) ergibt sich $\sum \lambda_{DD} = SFF \sum \lambda - \sum \lambda_S$ und aus Gleichung (9.13) erhält man $\sum \lambda_{DD} = DC \sum \lambda_D$. Gleichsetzen und Auflösen nach DC liefern

$$DC = \frac{SFF \sum \lambda - \sum \lambda_S}{\sum \lambda_D} \qquad (9.14)$$

und aufgelöst nach SFF ergibt sich

$$SFF = \frac{DC \sum \lambda_D + \sum \lambda_S}{\sum \lambda}. \qquad (9.15)$$

Man erkennt, dass hohe Werte für DC auch hohe Werte für SFF bedingen und umgekehrt.

9.3.7 Hardwarefehlertoleranz

Die Hardwarefehlertoleranz (Hardware Failure Tolerance) HFT ist die Fähigkeit eines Systems, eine Sicherheitsfunktion bei Hardwarefehlern ohne Zusatzmaßnahmen weiter korrekt auszuführen und beschreibt die Güte einer Sicherheitsfunktion. Eine Hardwarefehlertoleranz von N bedeutet, dass $N + 1$ Fehler zu einem Verlust der Sicherheitsfunktion führen können. So bedeutet beispielsweise $HFT = 2$, dass mindestens drei Hardwarefehler gleichzeitig auftreten müssen, um einen Sicherheitsverlust zu verursachen. Eine Hardwarefehlertoleranz von $HFT = 2$ wird z. B. durch eine zweifach redundante Ausführung erreicht.

9.3.8 Typische Beispielgrößen

Bei Halbleitern liegen die typischen Ausfallraten zwischen $2 \cdot 10^{-9}$/h und $5 \cdot 10^{-9}$/h. Für Ausfallraten wird auch die Einheit FIT verwendet. FIT steht für „Failure in Time" und ist die Beschreibungsgröße von Ausfällen im Einsatz. 1 FIT bedeutet 10^{-9} Ausfälle pro Stunde oder ein

Ausfall in 10^9 Stunden. Für häufig verwendete Bauelemente sind typische Ausfallraten in Tabelle 9.1 angegeben. Für ein Steuergerät im Feld liegen die zulässigen Ausfallraten im Kraftfahrzeug bei weniger als 50 FIT.

Eine weitere wichtige Kenngröße ist die *Fehlerrate*, welche den relativen Anteil der defekten Bauteile im Verhältnis zur Gesamtheit bezeichnet. Diese Größe wird in ppm angegeben, wobei ppm für „parts per million" steht (n ppm sind n Teile pro 10^6 Teile). Die Fehlerraten sind typischerweise für Steuergeräte bei Anlieferung kleiner als 15 ppm, für kundenspezifische Halbleiter-ASICs bei Werten unter 3 ppm, für Standard-Schaltkreise und für diskrete Komponenten kleiner als 1 ppm.

Bauelement-Typ	Ausfallrate in FIT
IC digital, bipolar	200
IC digital, MOS	200
IC analog	200
Si-Leistungstransistoren	60
Si-Universaltransistoren	5
Si-Universaldioden	3
Optokoppler	200
Tantal-Kondensatoren	40
Papier-Kondensatoren	10
Keramik-Kondensatoren	6
Kohleschichtwiderstand, fest	10
Kohleschichtwiderstand, variabel	200
Metallfilmwiderstand	2
Drahtwiderstand, fest	10
Drahtwiderstand, variabel	200
Industrie-Steckerfassung	100
Steckkontakt (seltene Steckung)	10
Taste, Schalter	1500
Relais (geringe Schaltzahl)	500

Tabelle 9.1 Typische Ausfallraten elektronischer Bauelemente [Vd3]

Neben den Daten des VDA [Vd3] existieren weitere Ausfalldatenbanken. Diese sammeln anhand typischer Geräte entsprechende Datensätze, die für eine Zuverlässigkeitsabschätzung eine wertvolle Datenquelle bieten. Das Handbuch [Mi4] stellt einen Grundpfeiler der Zuverlässigkeitsvorhersagen dar. Es enthält eine Reihe von empirisch entwickelten Ausfallraten-Modellen, welche auf historischen Bauelemente-Teilausfallraten für eine breite Palette von Bauteiltypen basieren. Die Telcordia-Vorhersage [Te2] ist in der Fernmeldeindustrie weit verbreitet und wurde zuletzt im Mai 2001 aktualisiert. Das Verfahren ähnelt dem des Handbuches [Mi4]. In [Ie6] ist die neueste und umfassendste durch CNET in Europa entwickelte Methodik enthalten, einschließlich großer Teile von [Mi4].

9.3.9 Verfügbarkeitskenngrößen

Die folgenden Begriffsdefinitionen lehnen sich an die Definitionen in [Bö1] an: Die *Mean Time to Failure MTTF* ist die erwartete Zeit bis zum ersten Fehler. Bei konstanter Ausfallrate λ gilt $MTFF = 1/\lambda$. Die Mean Time to Failure gibt gemäß Gleichung (9.10) mit $t = MTTF$ eine Zeitdauer an, in der die Betrachtungseinheiten noch mit etwa 37 % Wahrscheinlichkeit funktionstüchtig sind. Die *Mean Time to Repair MTTR* ist die erwartete, zur Durchführung der Instandhaltungsreparaturen notwendige Zeitdauer. Die *Mean Time between Failure MTBF* repräsentiert die erwartete Ausfallzeit zwischen auftretenden Fehlern unter Berücksichtigung der erwarteten Reparaturzeit. Die Formel $MTBF = MTTF + MTTR$ gilt jedoch nur unter der Annahme, dass die ausgefallene Komponente nach dem Auftreten eines Fehlers sofort repariert wird. Bei Konsumgütern wird dieser Zuverlässigkeitswert oft durch vermeidbare Wartezeiten verlängert. Es ist zu beachten, dass die Mean Time between Failure nur für reparierbare Einheiten gilt. Die *Mean down Time MDT* bezeichnet die erwartete Zeit, während der ein System nicht verfügbar ist. Sie setzt sich aus der erwarteten Reparaturzeit und der erwarteten Zeit bis zum Beginn der Reparatur (Wartezeit) zusammen. Geht die (erwartete) Wartezeit gegen null, dann sind die Mean down Time und die Mean Time to Repair gleich groß. In Bild 9-7 sind die verschiedenen Zeiten grafisch veranschaulicht.

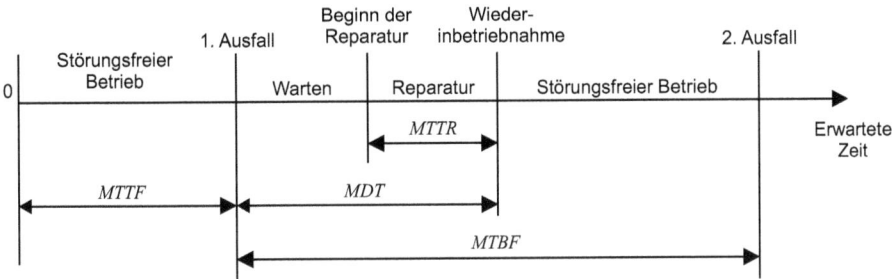

Bild 9-7 Zusammenhang der Verfügbarkeitskenngrößen

Mit diesen Größen erfolgt unter Vernachlässigung der (erwarteten) Wartezeit die Berechnung der Verfügbarkeit gemäß

$$V = \frac{MTTF}{MTTF + MTTR}. \tag{9.16}$$

Um eine hohe Verfügbarkeit zu erreichen, muss $MTTF$ im Verhältnis zu $MTTR$ groß sein.

9.3.10 Zuverlässigkeitsfunktionen für Gesamtsysteme

Ein System besteht oft aus mehreren unterschiedlichen Teilsystemen oder Komponenten, die mit $j = 1,...,n$ durchnummeriert werden (siehe Bild 9-8). Man benötigt nun einen Zusammenhang zur Bestimmung der Zuverlässigkeitsfunktion R_s und der Ausfallrate λ_s des Gesamtsystems aus den zugehörigen Teilsystemen.

Die Serienanordnung (siehe Bild 9-8a) liegt dann vor, wenn für die Funktionsfähigkeit des Gesamtsystems alle Komponenten K_j erforderlich sind. Daher wirkt sie sich ungünstig auf die Zuverlässigkeit aus. Eine Parallelanordnung (siehe Bild 9-8b,c) erhöht die Zuverlässigkeit, da von n redundanten Komponenten nur eine funktionsfähig zu sein braucht. Man spricht in diesem Zusammenhang auch von Redundanz. Die einfachste Möglichkeit besteht in der 1-aus-2-Redundanz (siehe Bild 9-8b). In Tabelle 9.2 sind die Zuverlässigkeitsfunktionen und die Ausfallraten für die Zusammenschaltung von Einzelkomponenten zusammengefasst, soweit einfache, unmittelbar einsichtige Formeln verfügbar sind.

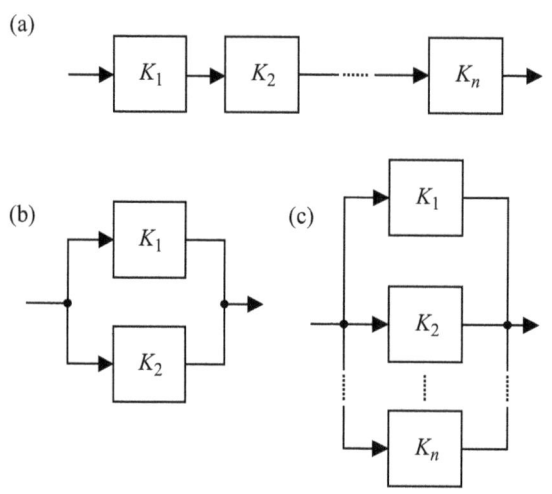

Bild 9-8 Grundstrukturen von Systemen, die aus mehreren Komponenten $K_1, K_2, ..., K_n$ bestehen:
(a) Serienanordnung.
(b) Parallelanordnung von zwei Komponenten.
(c) Parallelanordnung von n Komponenten

Tabelle 9.2 Zuverlässigkeitsfunktionen und Ausfallraten für Gesamtsysteme (in Anlehnung an [Bi2]). Für die beiden Felder rechts unten (mit – markiert) sind keine einfachen, unmittelbar einsichtigen Formeln verfügbar

Schaltung	Zuverlässigkeitsfunktion	Ausfallrate
Einzelelement	$R_s = R_j$	$\lambda_s = \lambda_j$
Reihenschaltung (Bild 9-8a)	$R_s = \prod_{j=1}^{n} R_j$	$\lambda_s = \sum_{j=1}^{n} \lambda_j$
1-aus-2-Redundanz (Bild 9-8b)	$R_s = 1 - (1 - R_1)(1 - R_2)$ $= R_1 + R_2 - R_1 R_2$	–
1-aus-n-Redundanz (Bild 9-8c)	$R_s = 1 - \prod_{j=1}^{n}(1 - R_j)$	–

9.4 Risikoabschätzung

9.4.1 Grundlagen

Grundsätzlich ist das Risiko R eines technischen Vorganges oder eines Zustandes eine Funktion der Frequenz f_E des gefährlichen Ereignisses und den daraus resultierenden Auswirkungen des Schadens S in der Form

$$R = \varphi(f_E, S)$$

gegeben [Ie5]. Dabei repräsentiert $\varphi(\cdot,\cdot)$ die beschriebene Risikofunktion. Die Frequenz f_E des gefährlichen Ereignisses hängt von weiteren Größen ab. Dazu gehört die Kontrollierbarkeit der Situation oder die Möglichkeit der Gefahrenabwendung G. Bei einer Fehlauslösung eines Airbags bei hoher Geschwindigkeit auf der Autobahn, welche durch den Fahrer nicht kontrollierbar ist, besteht beispielsweise keine Möglichkeit der Gefahrenabwendung. Weitere Einflussgrößen sind die Eintrittswahrscheinlichkeit W und die Aufenthaltsdauer A im Gefahrenbereich. Es gilt also für die Frequenz des gefährlichen Ereignisses

$$f_E = f_E(G, W, A).$$

9.4.2 Risikoabschätzung und Safety Integrity Level

Aus dem Risiko kann die daraus resultierende Einstufung in den notwendigen Safety Integrity Level ermittelt werden. Im Folgenden wird eine dafür geeignete Vorgehensweise beschrieben. Der Safety Integrity Level ist als Niveau der Risikoreduktion durch eine Sicherheitsfunktion definiert. Man klassifiziert dabei die Risikoparameter in bestimmte Klassen, welche in Tabelle 9.3 aufgelistet sind.

Bezeichnung	Bedeutung
S	Schadensausmaß
S1	Leichte Verletzungen
S2	Schwere Verletzungen, Tod einer Person
S3	Tod mehrerer Personen
S4	Katastrophale Auswirkungen
A	Aufenthaltsdauer
A1	Selten bis öfter
A2	Häufig bis dauernd
G	Gefahrenabwendung
G1	Möglich
G2	Unmöglich
W	Eintrittswahrscheinlichkeit
W1	Sehr gering
W2	Gering
W3	Relativ hoch

Tabelle 9.3 Risikoparameter für den Risikograf in Bild 9-9 gemäß [Ie5]

Basierend auf einer Analyse der möglichen Situationen und des jeweils dabei möglichen auftretenden Schadens S, der möglichen Aufenthaltsdauer A in dieser Situation, der Möglichkeit der Gefahrenabwendung G sowie der Eintrittswahrscheinlichkeit W erfolgt ein entsprechendes Durchlaufen der Verzweigungen im Risikografen in Bild 9-9. Auf diese Weise kann der zugehörige Safety Integrity Level 0, 1, 2, 3 oder 4 für jede mögliche Situation bestimmt werden.

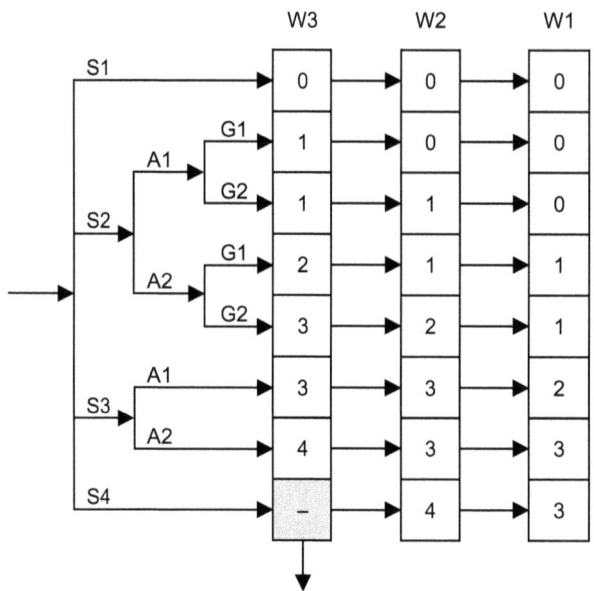

Bild 9-9 Risikograf zur Bestimmung des Safety Integrity Level. Zur Bedeutung der Buchstaben siehe Tabelle 9.3. Die Zahlen in den Kästchen geben den Safety Integrity Level an

Mit elektronischen Mitteln allein nicht realisierbar

9.4.3 Zusammenhang zwischen verschiedenen Kenngrößen

Die Norm IEC 61508 unterscheidet zwischen „einfachen" (Typ A) und „komplexen" Geräten (Typ B), wobei letztere dadurch gekennzeichnet sind, dass nicht alle Fehler bekannt und beschreibbar sind. Dies trifft meist auf Mikroprozessor-Systeme und die dazugehörige Software zu. Für komplexe Geräte besteht ein Zusammenhang zwischen der Safe Failure Fraction, der Hardwarefehlertoleranz sowie dem geforderten Safety Integrity Level, den Tabelle 9.4 zeigt. Dabei ist der erreichbare Safety Integrity Level einer Sicherheitsfunktion von der Kombination der Safe Failure Fraction und der Hardwarefehlertoleranz abhängig.

Hierbei wird der Grundsatz berücksichtigt, dass ein einkanalig gestaltetes Sicherheitssystem eine Diagnose mit sehr hoher Wirksamkeit aufweisen muss, also eine hohe Diagnoseüberdeckung (und damit auch eine hohe Safe Failure Fraction), um einen Systemfehler zuverlässig zu detektieren. Ein mehrkanaliges Diagnosesystem kann dagegen über Diagnoseeinrichtungen geringerer Wirksamkeit verfügen, da mehrere Kanäle unabhängig voneinander die Sicherheitsfunktion auslösen können. Die Struktur eines Sicherheitssystems (ein- oder mehrkanalig) wird durch die Hardwarefehlertoleranz gekennzeichnet. In Verbindung mit dem als Ziel gesetzten Safety Integrity Level ermöglicht die Tabelle 9.4 eine Aussage über die geforderte Wirksamkeit der Diagnose, d. h. eine (untere) Schranke für SFF.

9.4 Risikoabschätzung

Tabelle 9.4 Zusammenhang zwischen der Safe Failure Fraction (Anteil ungefährlicher Ausfälle), der Hardwarefehlertoleranz und dem Safety Integrity Level (SIL) für komplexe Geräte [Ie5]. n. e. steht für nicht erlaubt

Safe Failure Fraction SFF	Hardwarefehlertoleranz HFT		
	0	1	2
< 60 %	n. e.	SIL 1	SIL 2
60 ... 90 %	SIL 1	SIL 2	SIL 3
90 ... 99 %	SIL 2	SIL 3	SIL 4
≥ 99 %	SIL 3	SIL 4	SIL 4

Weiterhin definiert die Norm IEC 61508 Anforderungen für Versagenswahrscheinlichkeiten. Die *Probability of Failure on Demand PFD* steht für die Wahrscheinlichkeit eines Fehlers, wenn die entsprechende Sicherheitsfunktion angefordert wird. Dies ist die Wahrscheinlichkeit dafür, dass das Sicherheitssystem genau dann ausfällt, wenn es benötigt wird. Nach dem ersten Einschalten des Systems ist die Probability of Failure on Demand sehr klein. Mit fortlaufender Betriebszeit steigt sie jedoch an. Mit der Durchführung einer Wiederholungsprüfung (Proof-Test) kann erneut von einer sehr kleinen Ausfallwahrscheinlichkeit ausgegangen werden. Man spricht in diesem Zusammenhang vom „Wie-neu-Zustand". Je kleiner der Wert *PFD* ist, desto besser ist das System. Als handhabbare Größe wird die durchschnittliche Wahrscheinlichkeit PFD_{avg} benutzt; für Systeme mit geringer Anforderungsrate (vgl. Abschnitt 9.2.1) typischerweise bezogen auf ein Jahr. Ist die Anforderungsrate mehr als einmal pro Jahr oder größer als die doppelte Frequenz der Wiederholungsprüfung (High Demand Mode), dann ist die *Wahrscheinlichkeit eines gefahrbringenden Ausfalls pro Stunde* (Probability of Dangerous Failure per Hour) *PFH* einzusetzen.

Tabelle 9.5 Anforderungen an Versagenswahrscheinlichkeiten, um einen entsprechenden Safety Integrity Level zu erreichen [Ie5]

Safety Integrity Level	PFD_{avg}	PFH
4	$< 10^{-4}$	$< 10^{-8}$
3	$< 10^{-3}$	$< 10^{-7}$
2	$< 10^{-2}$	$< 10^{-6}$
1	$< 10^{-1}$	$< 10^{-5}$

Damit eine Sicherheitsfunktion einen vorgegebenen Safety Integrity Level erreicht, müssen die Kenngrößen PFD_{avg} und *PFH* unterhalb gewisser Schranken liegen, wie Tabelle 9.5 zeigt. Um beispielsweise ein System für den Safety Integrity Level 3 zu entwickeln, sind folgende Anforderungen zu erfüllen: Im typischen Fall von *HFT* = 0 muss die betrachtete Systemfunktion eine hohe Safe Failure Fraction aufweisen. Entsprechend Tabelle 9.4 entspricht dies einem Wert von größer als 99 Prozent. Ferner muss $PFH < 10^{-7}$/h innerhalb der Betriebszeit gelten (siehe Tabelle 9.5).

9.4.4 Weitere Methoden der Risikoabschätzung

Mit Beginn der 60er Jahre wurden Methoden zur systematischen Analyse sicherheitskritischer Systeme entwickelt (siehe hierzu auch [Bö1] und [Li3]). Dazu zählen unter anderem die Fehlermöglichkeits- und Einflussanalyse (Failure Mode and Effect Analysis FMEA), die Hazard and Operability Analysis (HAZOP), Markoff-Modelle und die Fehlerbaumanalyse (Fault Tree Analysis FTA), wobei hier nur auf die Fehlermöglichkeits- und Einflussanalyse und die Fehlerbaumanalyse eingegangen wird.

Fehlermöglichkeits- und Einflussanalyse

Die Fehlermöglichkeits- und Einflussanalyse (auch FMEA oder Auswirkungsanalyse genannt) wurde wie viele Ansätze der Sicherheitstechnik im Rahmen von Raumfahrtprojekten entwickelt. Sie entstand während des Apollo-Projektes, wurde danach kontinuierlich weiterentwickelt und findet inzwischen auch in der Automobilindustrie Anwendung, wo sie innerhalb der VDA normiert wurde (vgl. [Vd1]). Die Fehlermöglichkeits- und Einflussanalyse stellt eine Methode des vorbeugenden Fehler- und Qualitätsmanagements da. Der Grundansatz besteht darin, Schwachstellen des Entwurfes oder des Prozesses rechtzeitig zu erkennen und so Fehler präventiv zu verhindern. Dazu werden für beliebige Systeme, Teilsysteme oder Bauteile alle denkbaren Ausfallarten ermittelt. Ziel ist es also, Risiken zu erkennen und zu minimieren. Das grundsätzliche Vorgehen erfolgt in fünf Schritten, die in Bild 9-10 dargestellt sind.

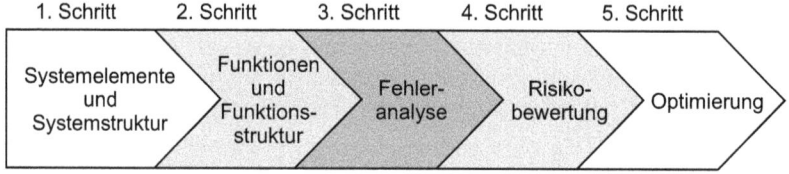

Bild 9-10 Die fünf Schritte der Fehlermöglichkeits- und Einflussanalyse

Entsprechend der in Bild 9-10 abgebildeten Schritte sucht die Fehlermöglichkeits- und Einflussanalyse detailliert nach potentiellen Fehlern sowie deren potentiellen Folgen und Ursachen. Des Weiteren erfolgt eine Auflistung der geplanten oder realisierten Maßnahmen zur Fehlervermeidung und zur Fehlerentdeckung. In einem weiteren Schritt erfolgt eine Risikoermittlung, indem folgende Gewichtsfaktoren zwischen 1 (entspricht günstig) und 10 (entspricht ungünstig) eingeführt werden: B für die Fehlerfolgen, A für die Auftretens- und E für die Entdeckungswahrscheinlichkeit. Die Risikoprioritätszahl RPZ entsteht durch Multiplikation dieser drei Gewichtsfaktoren B, A und E. Sie kann dementsprechend Werte zwischen 1 und 1000 annehmen. Sie ist ein grobes Maß für das mit einer möglichen Fehlerursache verknüpfte Risiko. Im Einzelfall sind jedoch trotzdem die einzelnen Faktoren B, A und E zu untersuchen.

Man unterscheidet typischerweise die System-, die Konstruktions- und die Prozess-FMEA (vgl. Tabelle 9.6). Für die praktische Anwendung empfiehlt sich die Nutzung der Formblätter oder die Werkzeugunterstützung mit entsprechenden Programmpaketen.

Tabelle 9.6 Übersicht der FMEA-Arten zur Analyse elektronischer Systeme [Br4]

Verfahren	Objekt	Ziel	Grundlagen
System-FMEA	Fahrzeugsysteme (z. B. elektrische Bremsanlage)	Sicherstellen der Funktion, Zuverlässigkeit und Sicherheit nach Lastenheft	Systemkonzept
Produkt-FMEA	Einzelne Bauteile (z. B. Sensoren)	Sicherstellen der Eigenschaften, Gestaltung und Auslegung nach Lastenheft	Konstruktionsunterlagen
Prozess-FMEA	Schritte im Fertigungsprozess (z. B. von Prüfpunkt zu Prüfpunkt)	Sicherstellen einer fehlerfreien Fertigung	Fertigungspläne

Fehlerbaumanalyse

Die Fehlerbaumanalyse (Fault Tree Analysis FTA) wurde 1961 in den Bell Telephone Laboratories entwickelt und fand in der Nuklearindustrie weite Verbreitung [Ve1]. Sie ist ein deduktives Verfahren, um die Wahrscheinlichkeit eines Ausfalls zu bestimmen. Dazu werden Anlagen oder technische Systeme daraufhin untersucht, ob sie Gefährdungen verursachen können. Für einen bestimmten Versagensfall wird das System logisch unterteilt und die Komponenten ausgewertet, die den Fehler verursachen könnten. Dies erfordert es, alle Ursachen für einen Fehler zu analysieren, die dann mit Hilfe der Booleschen Algebra logisch miteinander kombiniert werden. Die Fehlerbaumanalyse stellt eine spezifische Anwendungsform eines Entscheidungsbaumes dar. Im Gegensatz zur Fehlermöglichkeits- und Einflussanalyse, die ein Vertreter der „Bottom-up-Werkzeuge" ist, gehört die Fehlerbaumanalyse zu den „Top-down-Analyseformen".

Für die grafische Darstellung des untersuchten Systems werden zwei Hauptgruppen von Symbolen unterschieden: so genannte *Ereignisse (Events)* und deren *logische Verknüpfungen (Gates)*. Zu den wichtigsten Ereignissen gehören:

- *Fault Events*, die als Rechtecke grafisch dargestellt werden, sind komplexe Fehlerereignisse, die mit logischen Verknüpfungen weiter in einfachere Ereignisse unterteilt werden können. Das zu untersuchende Fehlerereignis ist der so genannte *Top Event*.
- *Basic Events* werden als Kreise dargestellt und sind Fehlerereignisse, die sich nicht weiter unterteilen lassen.
- Fehlerereignisse, die sich zwar weiter unterteilen lassen, jedoch nicht weiter unterteilt wurden, nennt man *Undeveloped Events*. Diese werden durch Rauten repräsentiert.
- Als *House Events* (dargestellt durch ein kleines Haus) werden Ereignisse bezeichnet, die gewöhnlich im System auftreten können und Teile des Entscheidungsbaumes maßgebend beeinflussen. Ein typisches Beispiel für einen House Event ist Regen, welcher z. B. das Ereignis „Aquaplaning" aktiviert.

Zu den wichtigsten logischen Verknüpfungen gehören die folgenden:

- Bei der *ODER-Verknüpfung* tritt das Ausgangsereignis auf, wenn mindestens eine Ursache zutrifft.
- Im Gegensatz dazu tritt das Ausgangsereignis bei der *UND-Verknüpfung* auf, wenn alle eingehenden Ereignisse zutreffen.

- Zusätzlich zu den UND- und ODER-Verknüpfungen gibt es noch so genannte *Transfer-Verknüpfungen*. Diese werden grafisch als Dreiecke dargestellt und dienen der Strukturierung großer Fehlerbäume.

Bild 9-11 zeigt ein einfaches Beispiel für einen Fehlerbaum, welches das grundlegende Vorgehen verdeutlicht. Als zu untersuchender Top-Event liegt das Ereignis „Fahrzeugkollision" vor. Dieses Ereignis tritt auf, wenn sich ein Objekt auf der Fahrspur befindet (Basic Event) und ein Anhaltefehler (Fault Event) auftritt. Dieser Fault Event kann weiter analysiert werden, wie in Bild 9-11 dargestellt. Die Fehlerbaumanalyse ist durch die Top-down-Vorgehensweise leicht nachzuvollziehen.

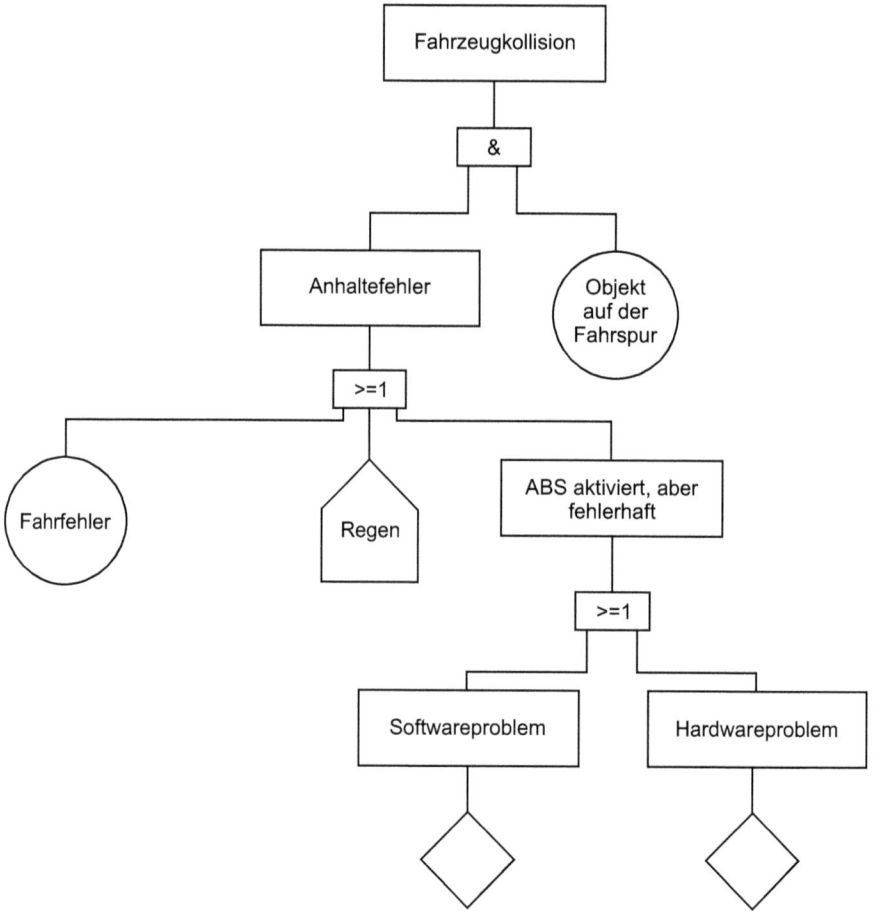

Bild 9-11 Beispiel für eine Fehlerbaumanalyse

9.5 Methoden der Fehlererkennung

Da nicht auszuschließen ist, dass ein mechatronisches System Fehler aufweist, sind Maßnahmen zu ergreifen, dass diese Fehler keinen Schaden anrichten können. Dabei muss bei sicherheitsrelevanten Systemen eine Reaktion nach einer festgelegten Sicherheitslogik (siehe Abschnitt 9.6) erfolgen. Der Umgang mit Fehlern in Systemen beruht auf zwei grundsätzlichen Schritten: Zunächst ist durch geeignete Maßnahmen die Erkennung von Fehlerzuständen zu gewährleisten, bevor im zweiten Schritt die Fehlerbehandlung erfolgen kann. Dieser Abschnitt befasst sich mit der Fehlererkennung, und der daran anschließende mit der Fehlerbehandlung.

Eine Fehlererkennung dient dazu, unzulässige Abweichungen von bestehenden Zusammenhängen zu erkennen. Als Startpunkt bei der Definition der Maßnahmen dienen die möglichen Fehlerausprägungen der verwendeten Systemkomponenten. Diese müssen mit den definierten Maßnahmen sicher erkannt und sicherheitsgerichtet behandelt werden. Es können in elektronischen Systemen folgende Verfahren benutzt werden [Sc1]:

- Referenzwertüberprüfung: Dabei werden typische Eingangswerte vor dem Betrieb eingespeist und mit der spezifizierten Reaktion, die abgespeichert vorliegt, verglichen.
- Überwachung der Kommunikationsverbindungen und Senden von Bestätigungen.
- Beobachtung der Programmausführung: Darunter ist z. B. die Plausibilisierung des Programmablaufs in einem Mikroprozessor durch eine Überwachungseinheit (Watchdog oder zweiter Prozessor) zu verstehen [Br3], [Sc6].
- Nutzung von Redundanzkonzepten. Dazu gehört beispielsweise die Überprüfung mit redundanter Sensorik. Teilweise werden auch Algorithmen redundant gerechnet.
- Plausibilisierung von Signalverläufen aufgrund physikalischer Zusammenhänge.

9.5.1 Fehlererkennung auf Prozessorebene

In jedem Steuergerät bilden Mikrocontroller die Basis der Systemfunktion. Somit stellt die korrekte und stabile Funktionalität des Mikrocontrollers einen der wichtigsten Aspekte der Systemsicherheit moderner Steuergeräte dar. Mögliche Ursachen für Fehlfunktionen des Steuergeräts müssen detektiert werden, um ein kritisches Verhalten zu verhindern. Dies macht die Überwachung der Steuergeräte notwendig, was auch eine Überwachung der Mikrocontroller einschließt.

Prozessor

Einen Mikrocontroller zu überwachen bedeutet, alle Hardwareeinheiten zu überwachen, deren Fehlfunktion zu einem sicherheitskritischen Systemverhalten führen kann. Dazu zählen der Speicher, Logikeinheiten wie das Rechenwerk (Arithmetical and Logical Unit) sowie spezielle Funktionseinheiten wie z. B. der CAN-Baustein. Es erweist sich jedoch als schwierig, den Prozessorkern selbständig zu überprüfen. Wenn die Überwachungsfunktion auf dem Prozessorkern läuft, welcher überwacht werden soll, kann im Falle eines Prozessorfehlers nicht garantiert werden, dass der Fehler erkannt wird. Um dieses Problem zu lösen, existieren unterschiedliche Überwachungskonzepte (siehe z. B. [Br3] und [Su1]). Typischerweise beruhen diese Verfahren meist auf der Verwendung eines zweiten Prozessors, welcher mit dem Hauptprozessor kommuniziert, um seine Integrität zu überprüfen. Dies führt meist zwangsläufig zu einer Erhöhung der Gesamtkosten des Steuergerätes und der Systemkomplexität. Beispiele für typische Umsetzungen sind im Abschnitt 9.7 zu finden. Ein Prozessorselbsttest kann in diversen Abstufungen implementiert werden. Im einfachsten Fall werden im Hochlauf typische Eingangswerte eingespeist und mit der abgespeicherten spezifizierten Reaktion verglichen.

Speicher

In Speichern sind Maßnahmen anzuwenden, die ein unzulässiges Verändern von Informationen verhindern, erkennen oder korrigieren. Wird ein Fehler erkannt, so muss eine Fehlermeldung erfolgen. In jedem Fall muss die Systemreaktion sicherheitsgerichtet sein.

Zur Prüfung von ROM und anderen statischen Speichern kommt die *wortweise Sicherung mit einfacher Redundanz* zum Einsatz. Hier wird beispielsweise jede im Speicher abgelegte Information um ein Paritätsbit ergänzt. Die Parität wird derart gesetzt, dass die Summe aller Bits inklusive des Paritätsbits je nach Definition gerade oder ungerade ist. Eine Verfälschung eines einzelnen Bits kann somit erkannt werden. Es ist jedoch keine Datenkorrektur oder Mehrfachfehlererkennung möglich. Der Speicherbedarf erhöht sich um je ein Bit für jeden zu sichernden Wert. Daneben wird auch das *wortweise Sicherungsverfahren mit mehrfacher Redundanz* verwendet. Hier werden mehrere Sicherungsbits für jeden zu sichernden Wert im Speicher abgelegt, die bei einem Datenzugriff überprüft werden. So kann eine Veränderung der Daten erkannt werden. Der zusätzliche Speicherbedarf entspricht der Anzahl der Sicherungsbits.

Das ebenfalls eingesetzte *Blocksicherungsverfahren* berechnet durch logische Verknüpfung aller Datenfelder im Speicher eine Prüfsumme und vergleicht sie mit einer vorher abgelegten Prüfsumme. Beim *Blocksicherungsverfahren mit Blockreplikation* ist der vollständige Datensatz in einem weiteren Speicher abgelegt. Die beiden Speicherbereiche werden verglichen. Um auszuschließen, dass gleichartige Fehler beide Speicher gleichartig verändern, sind die Daten im zweiten Speicher andersartig abzulegen, z. B. invertiert.

Die Prüfung von RAM und anderen variablen, veränderbaren Speichern ist etwas komplexer. Es sind hier wie beim statischen Speicher Fehler im Speicher selbst zu erkennen. Hierzu kommen noch Fehler in Schreibzugriffen sowie Adressfehler. Die Fehler werden hier mit Testmustern detektiert: Bei Anwendung der *Checkerboard-Methode* werden 01-Folgen in die Speicheradressen geschrieben („Schachbrettmuster"). Anschließend werden die Adressen paarweise verglichen. Nach einem ersten Durchlauf durch den Speicherbereich wird der Vorgang mit invertiertem Muster wiederholt. Die *March-Methode* belegt die Speicherzellen einheitlich vor, prüft und invertiert deren Inhalt in aufsteigender Reihenfolge. Danach wird der Vorgang mit dem entstandenen Speicherbild abwärts durchlaufen. Eine Wiederholung mit invertierter Vorbelegung ist möglich. Eine Einbeziehung dynamischer Fehler ist durch die *Walkpath-Methode* möglich. Hier wird eine Prüfschablone auf einen kleinen Teil des Speichers (Bit, Byte, Wort) gelegt und über den Speicherbereich geschoben. Dabei wird jeweils der maskierte Bereich verändert und der nicht betroffene Speicher auf Veränderungen durchsucht. Die Maskierung wird danach beseitigt, überprüft und die Maske verschoben. Außerdem werden hier auch die Prüfmaßnahmen zur Prüfung vom ROM und anderen statischen Speichern verwendet.

Ein- und Ausgabeeinheiten

Die Überwachung der Ein- und Ausgabeeinheiten stellt eine besondere Herausforderung dar, da diese anwendungsspezifisch stark variieren und die Maßnahmen entsprechend angepasst oder entworfen werden müssen. Denkbar sind hier Testmuster, mehrkanalige Ausführungen mit Vergleichern, rückgelesene Ausgaben und Plausibilitätsprüfungen.

9.5.2 Fehlererkennung auf Programmausführungsebene

Für die Überwachung der Programmausführung kann ein Watchdog genutzt werden. Dieser muss zu bestimmten Zeiten vom Mikrocontroller zurückgesetzt werden, sonst erfolgt ein Reset des Systems. Eine weitere Möglichkeit bieten moderne OSEK-Betriebssysteme (siehe Abschnitt 2.2), die jedem Task eine bestimmte Rechenzeit zuteilen und bei Überschreitung dieser zugeteilten Rechenzeit Maßnahmen zur Fehlerbehandlung einleiten.

9.5.3 Fehlererkennung auf Systemebene

In manchen Systemen sind bestimmte Signale in unterschiedlichen Ausprägungen vorhanden. Dies kann für eine Signalplausibilisierung benutzt werden. Typische Bespiele hierfür sind die Abtriebsdrehzahl eines Automatikgetriebes und die Raddrehzahlen (unter Berücksichtigung der Umrechnung), zwei Potentiometer beim Fahrpedal oder zwei redundante Lenkwinkelsensoren bei einer Überlagerungslenkung. Die modellbasierte Fehlererkennung nutzt den Vergleich zwischen messbaren und in einem Fahrzeugmodell berechneten Größen. Eine weitere, relativ einfache Methode zur Fehlererkennung stellt der Vergleich von Messgrößen mit festgelegten Grenzwerten dar.

9.6 Fehlerbehandlung

Nach einer Fehlererkennung muss eine entsprechende Fehlerbehandlung erfolgen. Dabei versucht man in der Regel gestufte Maßnahmen einzuleiten, die „harmlos" bei der Verwendung von Ersatzwerten beginnen und sich über die Abschaltung von Subsystemen bis hin zum gezielten Neustart des Gesamtsystems erstrecken können. Es bestehen folgende grundlegende Methoden der Fehlerbehandlung (siehe hierzu auch [Sc1]):

- Umschalten auf redundante Werte oder Ersatzwerte,
- Fehlerkorrektur (z. B. durch Verwendung von zeitlich zurückliegenden Werten, Mittelung oder Extrapolation),
- Fehlermaskierung, um z. B. fehlerhafte Messwerte auszublenden,
- Rekonfigurierung des Systems (Umschaltung auf redundante Teilsysteme),
- Abschalten eines Systems beim Auftreten nicht behebbarer Fehler,
- Funktionseinschränkung zum Ausschluss von Gefährdungen für die Umgebung,
- Fehlerspeicherung (Typischerweise erfolgt der Eintrag in den Fehlerspeicher des Steuergerätes, wodurch er für Diagnosezwecke verfügbar ist.),
- Neustart des Steuergerätes.

9.6.1 Sicherheitslogik

Die Sicherheitslogik beschreibt die Fehlerbehandlungsmaßnahmen in sicherheitsrelevanten Systemen. Man unterscheidet verschiedene Klassen von Systemen, die sich im Grad der Degradation, d. h. der Reduzierung des Funktionsumfanges, unterscheiden.

Für viele sicherheitsrelevante Systeme kann ein so genannter „sicherer Zustand" definiert werden, den das System im Falle eines erkannten Fehlers einnimmt. Die Sicherheitsreaktion besteht in einem *Fail-Safe-System* darin, im Fehlerfall diesen definierten sicheren Zustand einzunehmen. In diesem sicheren Zustand verharrt das System dann, bis es von außen wieder in Gang gesetzt wird, z. B. durch Reset.

Ein *Fail-Silent-System* verhält sich nach einem Fehler passiv und beeinflusst keine weiteren Komponenten. Solange es in diesem passiven Zustand ist, reagiert es nicht mehr auf Signale von außen und erfüllt seine normale Funktion nicht mehr. Beispielsweise kann ein ABS-System im Fehlerfall abgeschaltet werden – die „normale" Bremsfunktion ohne ABS steht dann immer noch zur Verfügung. Dabei muss sichergestellt werden, dass das Abschalten keine kritischen Systemzustände hervorruft.

Ein *Fail-Reduced-System* besitzt nach einem Ausfall eine eingeschränkte Funktionsfähigkeit. Man spricht in diesem Zusammenhang auch vom Notlauf. So besitzen Automatikgetriebe oft einen mechanischen Notlauf (3. Gang).

Ein *Fail-Operational-System* erfüllt auch im Fehlerfall seine Funktion ohne Einschränkung der Funktionalität. Dies ist vor allem dort nötig, wo eine mechanische oder hydraulische Rückfallebene nicht realisiert werden kann.

Man versucht typischerweise, eine stufenweise Reduzierung der Funktionen (Graceful Degradation) zu erreichen. Ziel dieser Maßnahme ist es, die kritischen Systemfunktionen zu erhalten. Es gibt aber kein System, das bei beliebiger Anzahl und Kombination von Fehlern verfügbar bleibt. Die Zahl der tolerierbaren Fehler ohne Einbuße der Sicherheitsfunktion wird gemäß der Norm IEC 61508 bei Hardware (entsprechend Abschnitt 9.3.7) als Hardwarefehlertoleranz *HFT* bezeichnet. Wenn *HFT* = 1 ist, so kann das System bei jedem betrachteten Einfachfehler seine Sicherheitsfunktion noch weiter leisten. Sobald ein zweiter Fehler auftritt, würde aber auch ein solches System ausfallen. Für Fail-Silent-Systeme gilt *HFT* = 0, d. h., es gibt mindestens einen Einzelfehler, bei dem das System total ausfällt.

9.6.2 Einkanalige Systemstrukturen zur Beherrschung von Fehlern

Als Basis soll zuerst eine einkanalige Systemstruktur (wie in Bild 9-12 dargestellt) angenommen werden. Die Kreise stellen die Eingangsdaten bzw. die durch die Funktionseinheit (1) bearbeiteten Daten dar.

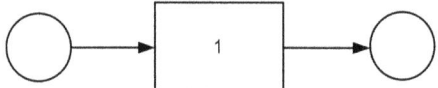

Bild 9-12 Einfache einkanalige Systemstruktur ohne Sicherungsmaßnahme (Die einzelnen Blöcke werden im Text erklärt.)

Im Folgenden werden Maßnahmen aufgezeigt, die diese einkanalige Struktur geringen Sicherheitsanforderungen genügen lässt (siehe Bild 9-13). Die Prüfeinheit (2) stellt die Sicherungsmaßnahme dar, die zur Funktionsabschaltung (3) führen kann. Die Prüfeinheit (2) kann verschieden ausgeführt werden: Bei der Ausführung als Funktionstest werden typische Eingangswerte (A) vor dem Betrieb appliziert und mit der spezifizierten Reaktion (C) verglichen. Während des Betriebs wird keine Prüfung vorgenommen. Dagegen wird der zyklische Selbsttest (B) parallel zum Datenfluss im System durchgeführt, ohne den Datenstrom zu verändern. Eine dritte Möglichkeit besteht darin, die Einhaltung von gültigen oder richtigen Daten- und Funktionsbereichen über B und C zu überwachen, z. B. mit Grenzwert-Vergleichseinrichtungen, durch die Verwendung von Prüfbits oder durch Zeitüberwachung. Im Fehlerfall wird eine Fehlermeldung ausgegeben und eine sicherheitsgerichtete Reaktion eingeleitet, z. B. ein Abschalten der fehlerhaften Funktion oder des fehlerhaften Systems über D. Dies ist jedoch nur dann

9.6 Fehlerbehandlung

möglich, wenn es sich nicht um einen Fehler in der Prüfeinheit (2) oder in der Funktionsabschaltung (3) handelt.

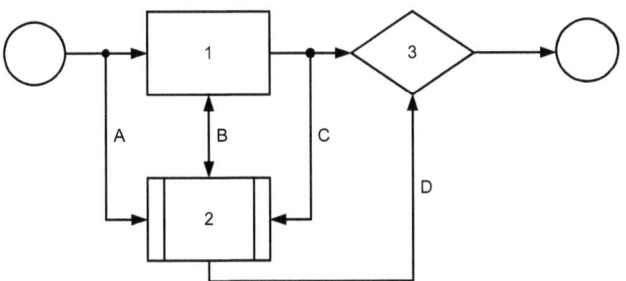

Bild 9-13 Einfache einkanalige Systemstruktur mit Sicherungsmaßnahmen (Die einzelnen Blöcke werden im Text erklärt.)

9.6.3 Mehrkanalige Systemstrukturen zur Beherrschung von Fehlern

Sicherheitsgerichtete Systemstrukturen wie in Bild 9-14 verfolgen eine andere Entscheidungsbildung.

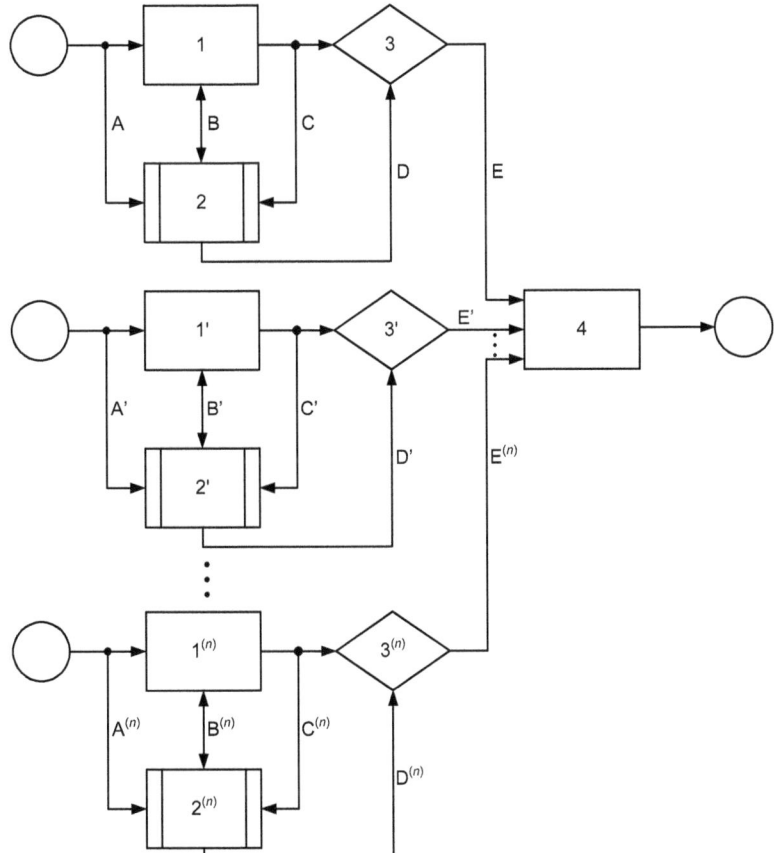

Bild 9-14 n-kanalige Mehrfach-Systemstruktur (Die einzelnen Blöcke werden im Text erklärt.)

Wird Block 4 als *Vergleicher* ausgeführt, so müssen alle Kanäle das gleiche Ergebnis liefern, um die gewünschte Funktion einzuleiten. Bei Abweichung kann die Funktion abgeschaltet werden (abhängig davon, welcher Zustand der sicherheitsgerichtete ist) oder es kann eine Fehlermeldung ausgegeben werden. Bei sicherheitsgerichteten Strukturen ohne Fehlertoleranz kommen so genannte Systeme der Struktur n von n (z. B. 2 von 2) zum Einsatz. Das bedeutet, alle vorhandenen Kanäle müssen die gleiche Entscheidung treffen. Dies entspricht einer logischen UND-Verknüpfung.

Alternativ dazu kann Block 4 in Bild 9-14 als *Mehrheitsentscheider* ausgeführt werden. Diese Anordnung wird bei sicherheitsgerichteten und gleichzeitig fehlertoleranten Systemen eingesetzt. Sie bedürfen der Struktur m von n mit $2 \leq m < n$ und $m > n/2$ (z. B. 2 von 3). Das bedeutet, dass m Kanäle von n vorhandenen Kanälen die gleiche Entscheidung treffen müssen. Die „mehrheitliche" Entscheidung wird als die richtige angenommen. Die Verfügbarkeit dieser Systemstrukturen ist höher als die derjenigen mit Vergleicher. Durch diversitäre Redundanz ist eine verbesserte Absicherung gegen systematische Fehler möglich (z. B. durch unterschiedliche Steuerrechner mit unterschiedlichen Betriebssystemen). Dies erhöht aber die Entwicklungs- und Herstellungskosten.

9.7 Mögliche Realisierungen

Nachfolgend sollen Lösungsansätze für ein sicheres Steuergerät aufgezeigt werden. Die Anforderungen an ein sicheres Steuergerät sind, dass kritische Fehler erkannt und die schädlichen Auswirkungen minimiert oder vermieden werden, indem das Steuergerät in einen sicheren Zustand überführt wird. (Eine vollständige Sicherheit in allen möglichen Fehlerfällen kann aber meist nicht gewährleistet werden.) Zur Realisierung dienen verschiedene Steuergeräte-Konzepte.

Im Folgenden soll auf die zwei in Bild 9-15 dargestellten Konzepte eingegangen werden. In Bild 9-15 ist ein Einprozessorsystem mit Watchdogfunktion zu sehen. Die Fehlererkennung ist dabei in dem vom Anwendungsprozessor getrennten Watchdog umgesetzt, der den Prozessor im Fehlerfall in einen definierten Zustand versetzt oder einen Neustart initiiert. In Bild 9-15b ist ein Zweiprozessorsystem mit homogener oder diversitärer Redundanz dargestellt. Im Falle homogener Redundanz läuft die gleiche Software auf zwei baugleichen Prozessoren, im Falle diversitärer Redundanz unterschiedliche Software (mit gleicher Funktion) auf zwei unterschiedlichen Prozessoren. Erkennt einer der beiden Prozessoren eine Abweichung, so kann er das Steuergerät in einen sicheren Zustand überführen.

Beide Systeme in Bild 9-15 haben grundsätzlich den gleichen Leistungsumfang, das Einprozessorsystem hat jedoch den niedrigeren Materialpreis. Beim Einprozessorsystem (und der diversitär ausgeführten Redundanz) fallen die höheren Entwicklungskosten für den unabhängigen Überwachungsprozess ins Gewicht. Bei hohen Stückzahlen ist somit meist das Einprozessorsystem kostengünstiger.

9.8 Umwelteinflüsse

(a)

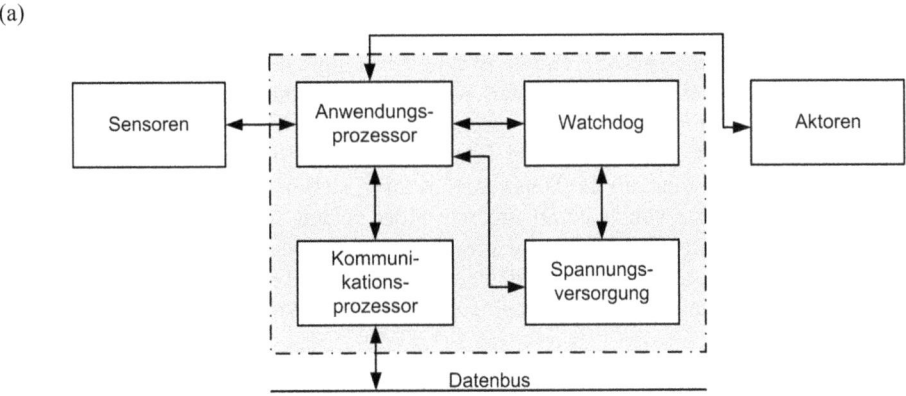

(b)

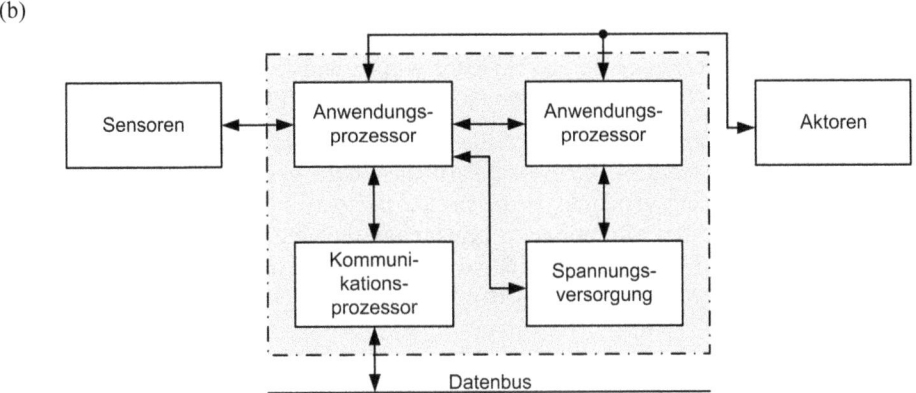

Bild 9-15 Fehlersichere Steuergeräte-Konzepte:
(a) Einprozessorsystem mit Watchdog. (b) Zweiprozessorsystem

9.8 Umwelteinflüsse

9.8.1 Fehlerursachen elektrischer Ausfälle

Mögliche Fehlerursachen elektrischer Störungen sind Kurzschlüsse, offene und alternierende Verbindungen. Ursachen für offene Verbindungen sind beispielsweise Korrosion, Kriechvorgänge und Bonddefekte oder auch Abrisse von Leitungen oder Steckverbindern. Kurzschlüsse können durch Verschiebung von Bondanschlüssen, durch Migration oder auch durch Durchbruch von Isolationsschichten verursacht werden. Unter Migration versteht man das Eindringen von Ladungsträgern wie Ionen oder Radikalen durch die vorgesehenen Schutzschichten wie Modulgehäuse, Schutzlack oder Halbleitergehäuse auf elektrisch aktive Strukturen durch Elektrolyse.

9.8.2 Umweltbelastungen als Fehlerursache

Um den Umweltanforderungen gerecht zu werden, müssen mögliche Ausfallmechanismen und Wirkungen durch Umwelteinflüsse verstanden werden. Eine Hauptbelastung ist eine hohe Temperatur, die zu Diffusion, zur Bildung intermetallischer Phasen und zu Zersetzungsvorgängen führt. Ein weiterer Einflussfaktor sind Temperaturzyklen. Sie führen zu Materialermüdung, Bruch und Delamination. Bei der Delamination lösen sich benachbarte Schichten durch Kräfte, die über die Differenz von Materialparametern der beiden Schichten wie z. B. Temperaturausdehnungskoeffizienten entstehen und die Haltekräfte zwischen den Schichten überschreiten. Beaufschlagung mit Feuchte und Medien (z. B. Wasser, Öle, Salze, Schadgase) führt zur ionischen Verunreinigung und daraus resultierenden Kriechströmen, Migration, Korrosion und Delamination.

Weitere Faktoren sind Stöße und mechanische Spannungen. Sie führen zu Materialermüdung, Bruch und Delamination. Zudem kann ein elektrisches Feld noch Dielektrikumsdurchbruch, Sticking und Latch-up verursachen. Beim Sticking nähern sich Mikrostrukuren so nahe einander an, dass Kapillarkräfte, elektrostatische Kräfte oder andere Kräfte zu einem unerwünschten Zusammenkleben führen. Latch-up wird der Effekt genannt, bei dem benachbarte Strukturen im Halbleiter unerwünschterweise wie ein Thyristor wirken und leitende Schaltzustände herstellen, die über thermische Effekte zur Zerstörung führen können [Pa1].

Für den Nachweis der Zuverlässigkeit müssen die über die Betriebs- und Lebensdauer möglichen Ausfälle nachgebildet werden. Um diese Belastungen in der verfügbaren Zeit abprüfen zu können, sind Beschleunigungsverfahren anzuwenden. Beispielhaft sei hier das Arrhenius-Gesetz [Vd3] erwähnt. Mit ihm wird mit einer Temperaturerhöhung eine höhere Einwirkdauer simuliert. Es ist aber darauf zu achten, dass durch die Temperaturerhöhung keine abweichenden Ausfallmechanismen generiert werden. Die maximale Beschleunigung der Ausfallmechanismen ist somit limitiert.

Ablauf von Zuverlässigkeitsprüfungen und Qualifikationen

Um eine gute Aussagekraft von Prüfungen und somit auch einen brauchbaren Nachweis der Zuverlässigkeit zu erhalten, sind die zu untersuchenden Baugruppen und Komponenten gemäß aktuellem Entwicklungsstand unter Anwendung von möglichst seriennahen Fertigungsprozessen anzufertigen. Die Prüflinge durchlaufen eine visuelle Kontrolle sowie eine Eingangsfunktionsprüfung, bei der alle relevanten und spezifizierten Parameter erfasst und dokumentiert werden.

Anschließend können die entsprechenden Umwelttests angewendet werden, welche die oben genannten Ausfallmechanismen und andere funktionsspezifische Einflüsse nachbilden. Das sind z. B. Temperaturlagerungen und Temperaturzyklen, mechanische Stoß-, Vibrations- und Verspannungsprüfungen, elektromagnetische Ein- und Abstrahlung und elektrostatische Entladungen (siehe unten). Die Auswirkungen werden teilweise durch Messung während der Beaufschlagung überwacht. Abschließend findet die Endbeurteilung statt. Dabei werden zusätzlich mögliche Veränderungen der spezifizierten Funktionsparameter der Baugruppe bewertet. Hieraus lassen sich die Qualität und die Zuverlässigkeit beurteilen.

Kennzahlen für Zuverlässigkeitsprüfungen

Exemplarisch sollen hier Kennzahlen für die Halbleiterprüfungen angegeben werden, wie sie vergleichbar auch in [Ae1] definiert sind. Folgende mechanische Tests werden zum Anregen der beschriebenen Ausfallmechanismen angewendet: Ein mechanischer Stoß in Form einer halbsinusförmigen Pulsbeschleunigung mit einer Amplitude von $500g$ ($g = 9,81 \text{m/s}^2$) und einer Pulsdauer von einer Millisekunde sowie mit einer Amplitude von $1500g$ und einer halben Millisekunde Pulsdauer wird in allen Raumrichtungen ausgeübt. Eine weitere mechanische Beanspruchung ist eine Vibration in Form einer Sinusschwingung mit einer Spitzenbeschleunigung von $20g$ über den Frequenzbereich 20 Hz bis 2000 Hz in allen drei Raumrichtungen. Um mit vertretbaren Kosten eine statistische Aussagekraft zu erhalten, werden die Versuche an jeweils 30 Probanden aus drei Losen durchgeführt. Zur Prüfung der Stabilität von Bondverbindungen werden der Bond Shear Test (Abscherversuch) und der Bond Pull Test (Abzugversuch) angewendet. Hier werden Kräfte von 0,1 N bis 0,9 N auf jede Bondverbindung eines Bauteils ausgeübt. Getestet werden hier fünf Bauelemente aus einem Los.

Zur Vorbehandlung für thermische Tests werden alle Bauteile einer künstlichen Alterung (Preconditioning) unterzogen. Diese bestehen aus Temperaturzyklen und Temperaturlagerung, einer Feuchtebeaufschlagung und einem Lötprozess. Zu den thermischen Tests zählen Temperaturzyklen und Temperaturschocks. Bei den Temperaturzyklen werden die Probanden von –40 °C auf 125 °C und zurück auf –40 °C temperiert. Die Umlagerung findet 1000-mal statt, wobei die Änderungsgeschwindigkeit der Temperatur vier Kelvin pro Minute beträgt. Beim Temperaturschock wird das Bauteil 15-mal zwischen den extremen Temperaturniveaus umgelagert. Für die Aussagekraft werden aus drei Losen je 77 Stück verwendet. Abhängig von der Wärmekapazität des Bauteils wird eine Verweildauer bei den Hoch- und Tieftemperaturen definiert, die ein Durchtemperieren sicherstellt. Auch werden die Zuverlässigkeit der Funktion nach einem Lötvorgang (durch Eintauchen in flüssiges Lot) und der beschleunigte Alterungsprozess (durch Hochtemperaturlagerung über 1000 Stunden bei 125 °C) nachgebildet. Wieder werden je 77 Stück aus drei Losen verwendet.

Elektrostatische Entladungen (Electro Static Discharge ESD) werden durch ungeschützten Kontakt mit Personen oder Maschinen verursacht, die sich vorher auf ein vom Bauelement abweichendes elektrisches Potential aufgeladen haben. Für den Test zur Nachbildung dieser Situation werden drei Bauelemente je Testspannung aus einem Los verwendet. Es gibt drei gebräuchliche Nachbildungen der Entladungssituation. Sie werden als Human Body Model (HBM), Machine Model (MM) und Charged Device Model (CDM) bezeichnet. Die Unterschiede liegen im Wesentlichen in der Größe des Ladungsspeichers und der Impedanz des Entladepfades. Die Entladungen werden prinzipiell auf zwei Arten durchgeführt, nämlich durch die Kontaktentladung bis 8 kV ohne externe Beschaltung des Bauelementes auf alle externen Pins und durch Luftentladung bis 25 kV. Dabei wird die Testspitze des Modells an das Bauelement angenähert, bis es zur Entladung kommt.

Im Autoklav (Hochdruck-Dampfsterilisator) werden je 77 Bauelemente aus drei Losen einer Umgebung mit 121 °C, einer relativen Luftfeuchte von 100 Prozent und einem Umgebungsdruck von 2100 hPa ausgesetzt. Die Einlagerungsdauer beträgt je nach Anforderung etwa 48 Stunden bis 96 Stunden. Bei der Prüfung „Feuchte Wärme zyklisch" werden wie auch beim Autoklav wieder je 77 Bauelemente aus drei Losen Temperaturzyklen ausgesetzt. Diese finden unter Einfluss von feuchtem Klima statt. Die Extremtemperaturen von –40 °C bis 125 °C und zurück werden für mindestens 1000 Zyklen über einen definierten Temperaturgradienten von 4 K/min angesteuert. Bei den Extremtemperaturen wird dann jeweils für mehr als zwei Stunden verweilt, um eine Temperaturveränderung im Inneren des Bauelementes auch bei größeren Wärmekapazitäten zu gewährleisten. Dabei wird ein kontinuierlicher oder zyklischer Betrieb verlangt.

Die elektrische Charakterisierung dient dem statistischen Nachweis der Datenblatttoleranzen im Anlieferzustand. Dazu werden 30 Stück je Los aus bis zu drei Losen verwendet. Alle spezifizierten Parameter sind zu messen, ausgenommen mechanische Abmessungen. Auf Baugruppenebene sind vergleichbare Anforderungen und Prüfungen zu finden. Zusätzlich sind hier auch noch die mechanischen und elektrischen Schutzeigenschaften nachzuweisen, z. B. Dichtigkeitsanforderungen gegen Feuchte und Nässe, Beständigkeit gegen Öle, Säuren und Salze sowie die Funktionssicherheit bei Bordnetzschwankungen (Load-Dump, Unterspannung, Überspannung, Welligkeit) und bei elektrischen Einzelfehlern. Außerdem sind die elektromagnetische Verträglichkeit, die Einhaltung von Recyclinganforderungen (leichte Demontage und Zerlegung) und die Vermeidung von Umweltschadstoffen (z. B. Blei) zu prüfen.

10 Passive Sicherheit

Die Phasen vor und nach einem Zusammenstoß eines Fahrzeugs mit einem Unfallgegner (siehe Bild 10-1) lassen sich in sieben Kategorien einordnen [Ba4]. Die normale Fahrsituation und die ersten drei kritischen Phasen vor einem Unfall werden der so genannten *aktiven Sicherheit* zugeordnet. Systeme, deren Funktionen in diesen ersten Phasen ablaufen, werden *aktive Sicherheitssysteme* genannt und in Kapitel 11 behandelt. Nach dem Zusammenstoß mit einem Verkehrsteilnehmer folgen drei weitere Phasen. Dafür im Fahrzeug integrierte Systeme werden der so genannten *passiven Sicherheit* zugeordnet und heißen *passive Sicherheitssysteme*. Sie sind Gegenstand des vorliegenden Kapitels. Beispiele von Sicherheitssystemen für die Phasen in Bild 10-1 sind in Tabelle 10.1 angegeben.

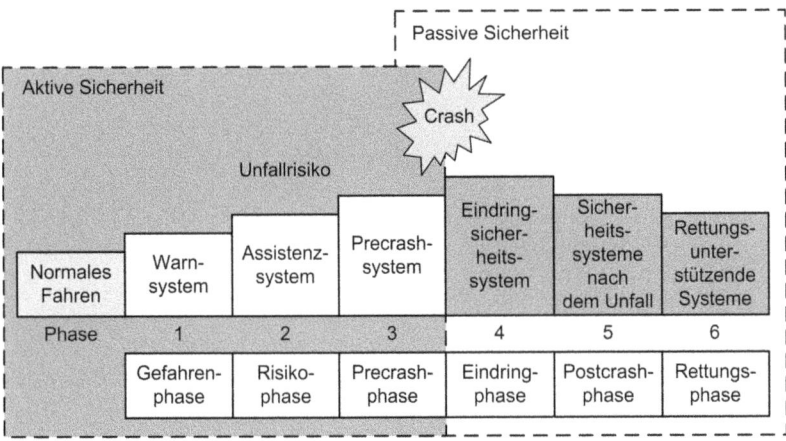

Bild 10-1 Phasen vor und nach einem Zusammenstoß und zugehörige Sicherheitssysteme. Die aktive Sicherheit schützt den Verkehrsteilnehmer vor Unfällen, die passive vor Unfallverletzungen

Tabelle 10.1 Unfallphasen und zugehörige Sicherheitssysteme. Die Nummer bezieht sich auf Bild 10-1

Nummer	Unfallphase	Art des Sicherheitssystems	Beispiele
1	Gefahrenphase	Warnsysteme	Spurhaltesysteme; Überwachung des toten Winkels; Warnlampe des Bremsregelsystems
2	Risikophase	Assistenzsysteme	Abstandsregelung; Stabilisierungssysteme; Bremsassistent
3	Precrashphase	Precrashsysteme	Automatische Notbremsung; Lenkeingriff
4	Eindringphase	Eindringsicherheitssysteme	Airbag; Fußgängerschutzsystem
5	Postcrashphase	Sicherheitssysteme nach dem Unfall	Absprengung der Batterie; Absperrung der Benzinzufuhr; Öffnung der Zentralverriegelung
6	Rettungsphase	Rettungsunterstützende Systeme	Automatischer Ruf eines Rettungsdienstes

10.1 Grundlagen der Crashdynamik für die passive Sicherheit

Im Folgenden soll ein vereinfachter Unfallablauf betrachtet werden (siehe Bild 10-2): Ein Fahrzeug bewegt sich zunächst mit konstanter Geschwindigkeit v (50 km/h in Bild 10-2) in Fahrtrichtung fort, wobei keine Beschleunigung a auf das Fahrzeug wirken soll. Das Fahrzeug und die Insassen besitzen relativ zur Umwelt die Geschwindigkeit v. Die Geschwindigkeit und die Beschleunigung der Insassen bezogen auf das Fahrzeug ist gleich null. Trifft das Fahrzeug frontal auf ein Hindernis, wird es in einem Zeitintervall Δt (0,1 s in Bild 10-2) abgebremst. Die dabei auftretende Verzögerung wird durch eine äußere Krafteinwirkung F nach der Gesetzmäßigkeit $F = ma$ verursacht. m ist hierbei die Fahrzeugmasse. Diese Kraft wirkt allerdings nur an der Kontaktstelle auf das Fahrzeug und leitet dort durch die Kraft F die Umwandlung von kinetischer Energie in Verformungsenergie ein. Diese Kraft wirkt in diesem Moment nicht auf die Insassen. Sind diese nicht durch eine Rückhalteeinrichtung fixiert, bewegen sie sich nahezu mit konstanter Geschwindigkeit zur Umwelt weiter. Die relative Geschwindigkeit zum Fahrzeug nimmt jedoch zu. Sie bewegen sich in der Fahrgastzelle nach vorne.

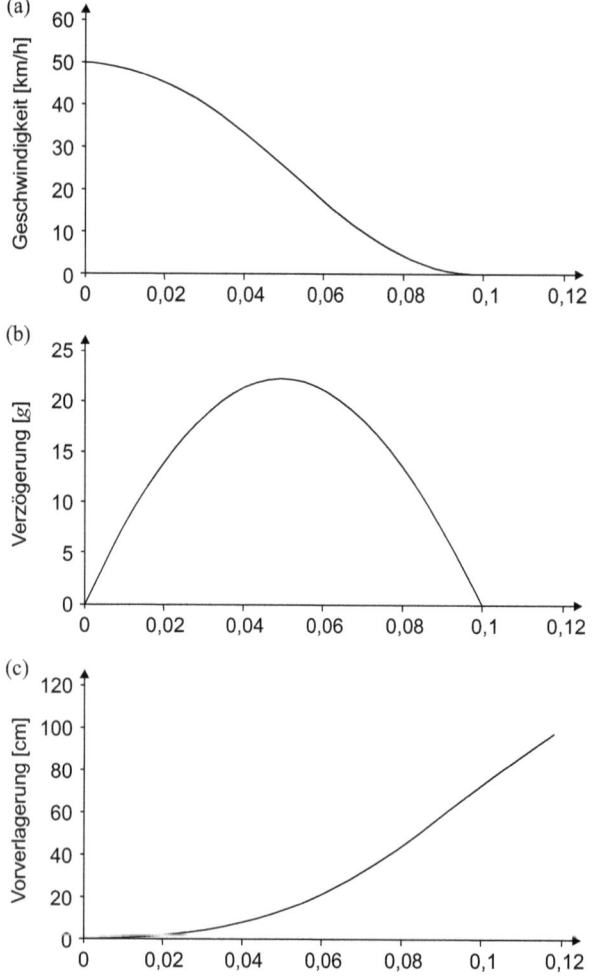

Bild 10-2 Vereinfachter Unfallablauf:
(a) Fahrzeuggeschwindigkeit.
(b) Verzögerung.
(c) Vorverlagerung der Insassen

Diese Bewegung wird erst durch fixe Fahrzeugobjekte in der Bewegungsrichtung verzögert. Die Insassen treffen also mit der Differenz der ursprünglichen Fahrzeuggeschwindigkeit zur aktuellen Fahrzeuggeschwindigkeit auf eine Fahrzeugkomponente wie z. B. das Lenkrad, das Armaturenbrett oder die Frontscheibe auf.

Bei einer angenommenen konstanten Fahrzeuggeschwindigkeit von $v = 50$ km/h vor dem Unfall wird diese über eine Wegstrecke von $s = 0{,}7$ m (Knautschzone) abgebaut. Das bedeutet eine mittlere Beschleunigung von

$$\bar{a} = \frac{v^2}{2s} \approx 138\ \frac{\text{m}}{\text{s}^2} \approx 14g \tag{10.1}$$

mit $g = 9{,}81$ m/s². Das bedeutet, das Lenkrad wird mit etwa $14g$ auf den Fahrer zu beschleunigt. Für eine Person mit einem Gewicht von 70 kg bedeutet das, sein Körper hat eine „um etwa Faktor 14 größere Gewichtskraft" beim Abstützen auf das feststehende Objekt, das Lenkrad. Will er das mit seinen Armen abfangen, belastet das die Knochen mit etwa 980 kg. Es kommt zum Bruch der Knochen. In Bild 10-2 ist zu erkennen, wie das Fahrzeug zum Stillstand kommt, sich jedoch die Insassen noch immer weiter bewegen.

Die Aufgabe eines Insassenschutzsystems besteht nun darin, das Belastungspotential auf die Insassen möglichst gering zu halten. Das bedeutet, die absolute Insassengeschwindigkeit muss möglichst frühzeitig durch geringe und erträgliche Verzögerung mit Hilfe des Gurtes auf die Fahrzeuggeschwindigkeit reduziert werden. Zudem ist die Vorverlagerung mit dem Airbag sanft zu stoppen und der Körper vor einem Aufprall auf ein starres Fahrzeugobjekt wie dem Lenkrad zu schützen.

Die Beschreibung stellt nur vereinfacht den Ablauf bei einem Unfall dar. Die fahrzeugspezifischen Eigenschaften und die Fahrzeug-Unfallgegner-Paarungen bewirken einen nichtlinearen, nichtdeterministischen Zusammenhang zwischen Krafteinprägung an der Fahrzeugfront und Verzögerungswirkung an der Fahrgastzelle [La2].

10.2 Sicherheitselektronik und Rückhaltesysteme

Zur Realisierung der Schutzmechanismen sind zahlreiche Komponenten notwendig, die über geeignete Schnittstellen an das Airbagsteuergerät angeschlossen sind (vgl. Bild 10-3). Die außer dem Steuergerät verbauten Komponenten können in die Gruppen Rückhaltemittel, Sensoren und Peripherie unterteilt werden.

Zu den Rückhaltemitteln gehören der Fahrer- und der Beifahrerairbag, die Seiten-, Kopf- und Knieairbags sowie die Gurtstraffer und die Gurtkraftbegrenzer. Ein Airbag ist ein Luftsack, der sich in wenigen Millisekunden entfaltet und somit das Auftreffen von Gliedmaßen auf harten Gegenständen verhindert. Im Falle eines Frontaufpralls werden Fahrer- und Beifahrerairbag ausgelöst. Im Zusammenspiel mit dem Sicherheitsgurt wird somit eine starke Vorverlagerung der Insassen verhindert. Für den Schutz des Kopf- und Hüftbereiches bei einem Seitencrash finden Seiten- und Kopfairbags auf der Fahrer- und Beifahrerseite Verwendung. Die Rückhaltemittel Gurtstraffer und Gurtkraftbegrenzer werden bei jeder Art von Unfallereignis ausgelöst. Die Gurtstraffer dienen zur Reduzierung der Gurtlose und verringern somit die Vorverlagerung der Insassen bei einem Unfall. Um die Krafteinwirkung des Gurtes auf die Insassen bei einem Unfall zeitlich variabel zu begrenzen, kommen Gurtkraftbegrenzer zum Einsatz.

Für die Erkennung eines Aufpralls sind im Fahrzeug mehrere Sensoren verteilt: zum einen die internen Sensoren im Airbagsteuergerät, zum anderen die externen Sensoren an verschiedenen

Stellen im Fahrzeug. Im Steuergerät befinden sich häufig ein Beschleunigungssensor in Längsrichtung und einer in Querrichtung. Diese erfassen die Verzögerung der Fahrgastzelle und dienen zur Erkennung von Heck-, Seiten- und Frontcrash. Zu den externen Sensoren der Sicherheitselektronik gehören Beschleunigungssensoren in der Front des Fahrzeugs (Upfrontsensoren), Drucksensoren in den Hohlräumen der vorderen Türen und Beschleunigungssensoren in den Deformationszonen (vgl. Bild 10-3).

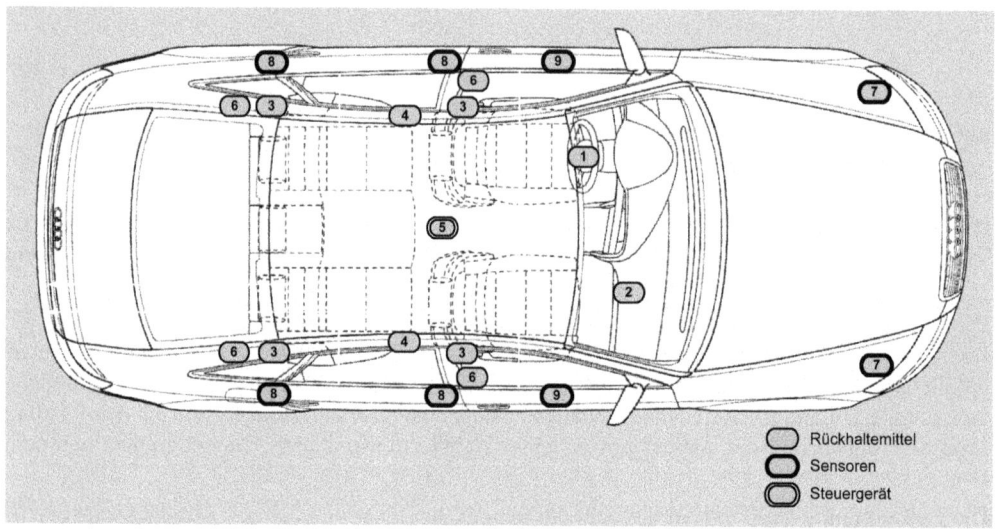

Bild 10-3 Die wichtigsten Komponenten der passiven Sicherheit (ohne Sitzbelegungserkennung, Überrollschutz und Fußgängerschutz): 1 Fahrerairbag, 2 Beifahrerairbag, 3 Seitenairbags, 4 Kopfairbags, 5 Airbagsteuergerät, 6 Gurtstraffer und Gurtkraftbegrenzer, 7 Upfrontsensoren, 8 Seitenbeschleunigungssensoren, 9 Drucksensoren im Türvolumen

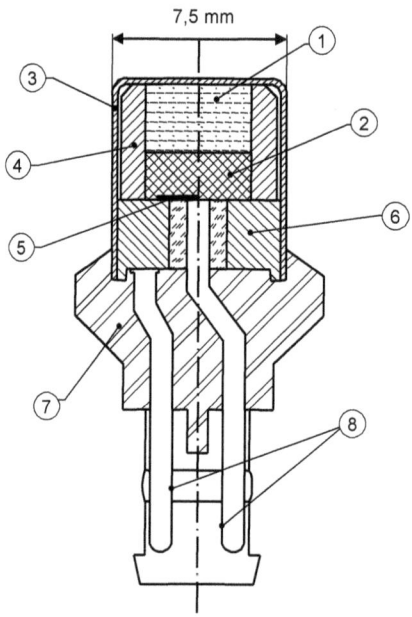

Bild 10-4 Zündpille für die Airbagauslösung:
1 Treibladung,
2 Zündsatz,
3 Kappe,
4 Ladungshalter,
5 Zünddraht,
6 Zündkopf,
7 Gehäuse,
8 elektrischer Anschluss

Die genannten Rückhaltemittel werden meist pyrotechnisch aktiviert. Dabei leitet eine so genannte Zündpille mit einem Glühdraht (siehe Bild 10-4) den Abbrennvorgang eines Treibsatzes ein. Der anschließende Abbrennvorgang erfolgt nicht explosionsartig, sondern definiert. Für Diagnosezwecke (Erkennung von Verpolung der Zündkreise untereinander, Kurzschluss nach Masse und Kurzschluss zur Versorgungsspannung) erfolgt die Prüfung mit einem Strom, der sehr viel geringer als der Ansteuerstrom ist.

Bild 10-5 zeigt einen zweistufigen Airbag und zwei Gasgeneratoren. Abhängig von der Sitzbelegung, der Position des Insassen, der Insassenklassifizierung und der Art des Aufpralls werden die beiden Stufen des Airbags gleichzeitig, zeitversetzt oder gar nicht gezündet. Ein Gasgenerator zum Aufblasen eines Airbags besteht aus einer Zündpille (3, 6) mit einem Glühdraht, gegebenenfalls einem Zündverstärker (2) und Treibstoff (1, 7). Die Zündpille (3, 6) wird durch einen elektrischen Zündstrom über die Anschlüsse (4, 5) aktiviert und leitet das Abbrennen des Zündverstärkers (soweit vorhanden) und des Treibstoffs ein, der mit der geforderten Geschwindigkeit abbrennt und das Füllgas des Airbags erzeugt. Das Füllgas strömt durch den Filter (9) in den Luftsack (10), der die Abdeckklappe an einer vordefinierten Sollbruchstelle durchbricht und sich als schützende Hülle zwischen Insasse und Fahrzeug schiebt. Der Aufblasvorgang dauert etwa 60 ms.

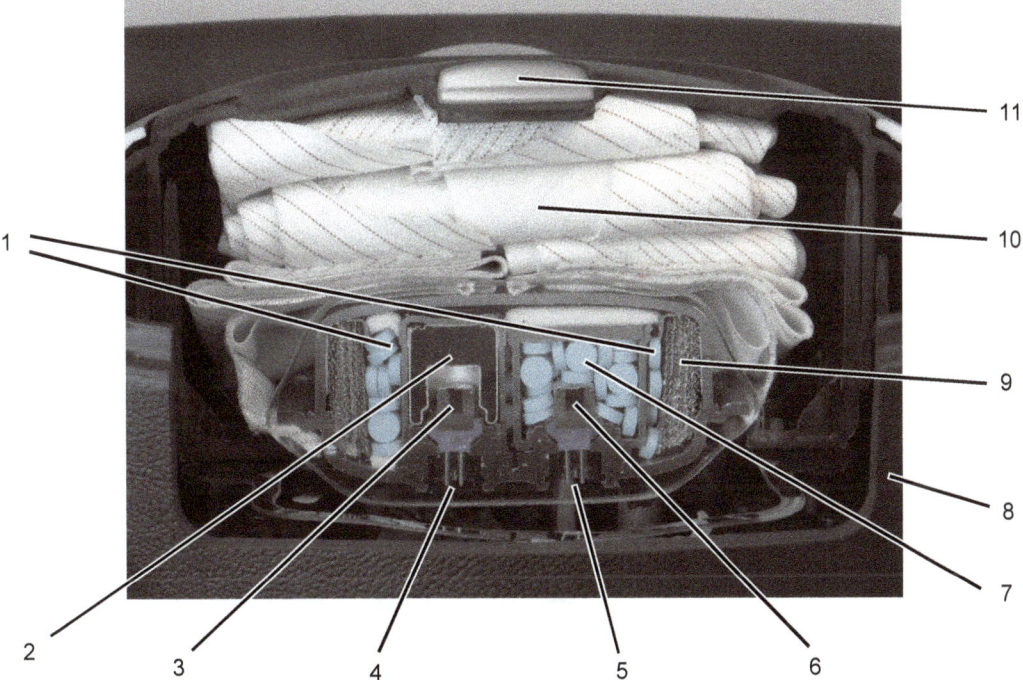

Bild 10-5 Zweistufiger Airbag (Autoliv): 1 Treibstoff 1. Stufe, 2 Zündverstärker 1. Stufe, 3 Zündpille für 1. Stufe, 4 elektrischer Anschluss 1. Stufe, 5 elektrischer Anschluss 2. Stufe, 6 Zündpille für 2. Stufe, 7 Treibstoff 2. Stufe, 8 Container (Verbindung zum Lenkrad), 9 Filter, 10 Luftsack, 11 Abdeckklappe mit Sollbruchstelle

Aufteilung von Airbagsystemen

Die Aufteilung und die Positionierung der Airbagsystemkomponenten im Fahrzeug können sehr unterschiedlich sein. Zu den Komponenten zählen die Sensoren sowie die Auswerte- und Ansteuerungseinheit. Gründe, warum man die einzelnen Komponenten im Fahrzeug verteilt, sind sehr vielfältig. Die Sensoren werden so angeordnet, dass man für die einzelnen Unfallereignisse möglichst gute Signalverläufe erhält. Die Komponenten der Auswerte- und Ansteuereinheiten mit der Energiereserve müssen unter Beachtung von verschiedenen Anforderungen (z. B. Bauraum, Modularität etc.) sinnvoll im Fahrzeug verteilt werden.

Eine weit verbreitete Ausführung ist die Verwendung eines einzigen, zentral angeordneten Steuergerätes (siehe Bild 10-6a). Dieses ist meist zentral im Fahrgastraum angebracht und beinhaltet die Komponenten der Auswerte- und Ansteuerungseinheit sowie die Energiereserve und die zentrale Sensorik. Außerdem kommen zusätzliche Sensoren im Bereich möglicher Deformationszonen zum Einsatz.

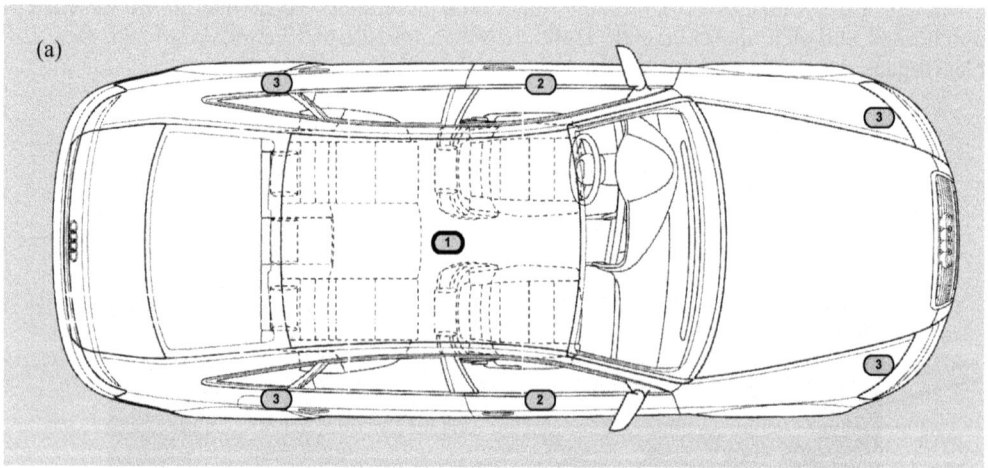

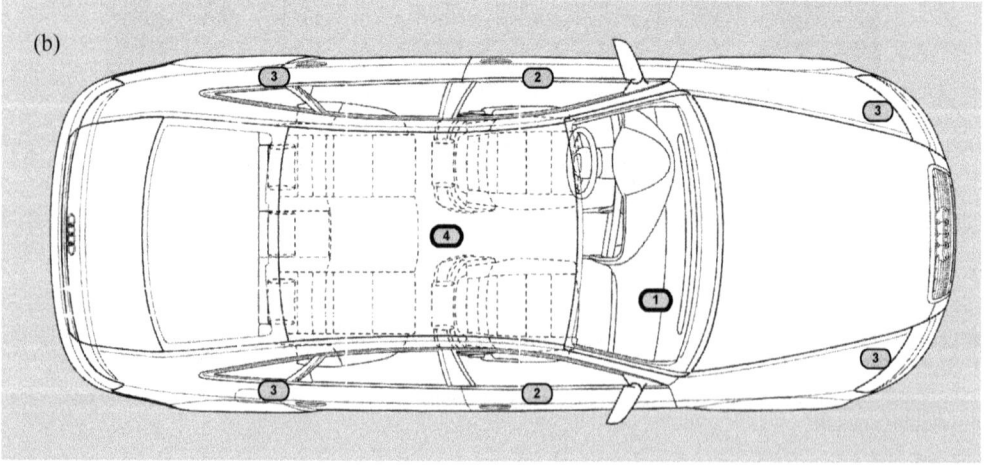

Bild 10-6 Verschiedene Airbagsysteme: (a) Mit Zentralsteuergerät. (b) Mit zentralem Sensor-Modul.
1 Steuergerät, 2 Drucksensoren, 3 Beschleunigungssensoren, 4 zentrales Sensor-Modul

10.2 Sicherheitselektronik und Rückhaltesysteme

Der zentrale Verbau eines Sensor-Moduls (siehe Bild 10-6b) ist eine weitere Möglichkeit. Das Sensor-Modul enthält Beschleunigungssensoren in allen Raumrichtungen und wird analog zum zentral angeordneten Airbagsteuergerät im Fahrgastraum verbaut. In dieser Variante kann das Airbagsteuergerät an verschiedenen Stellen im Fahrzeug positioniert werden. Das Airbagsteuergerät enthält in diesem Fall die Bestandteile der Auswerte- und Ansteuerungseinheit sowie die Energiereserve. Bei dieser Variante muss ein Datenaustausch zwischen dem Airbagsteuergerät und dem Sensor-Modul über eine digitale Schnittstelle erfolgen. Dieser Datenaustausch muss den Sicherheitsanforderungen und dem Sicherheitskonzept des Airbagsystems entsprechen.

Airbagsteuergerät

Die wichtigste Komponente der Sicherheitselektronik stellt das Airbagsteuergerät dar [Sc3]. Es ist in seiner Hauptfunktion für die Erkennung eines Aufpralls (oder eines Überrollens) und die anschließende Ansteuerung der notwendigen Rückhaltemittel, der Abtrennung der Batterie und gegebenenfalls der Aktivierung des Notrufs zuständig. Neben der Ausführung mit einem einzigen Steuergerät werden auch vernetzte Systeme mit verteilten, komplexen Steuergerätefunktionen eingesetzt. Zudem kann es noch dafür sorgen, dass in der Post-Crash-Phase Batterie und Kraftstoffzufuhr abgetrennt werden, um Sekundärschäden beim Unfall durch Feuer oder Umweltschädigung zu verhindern.

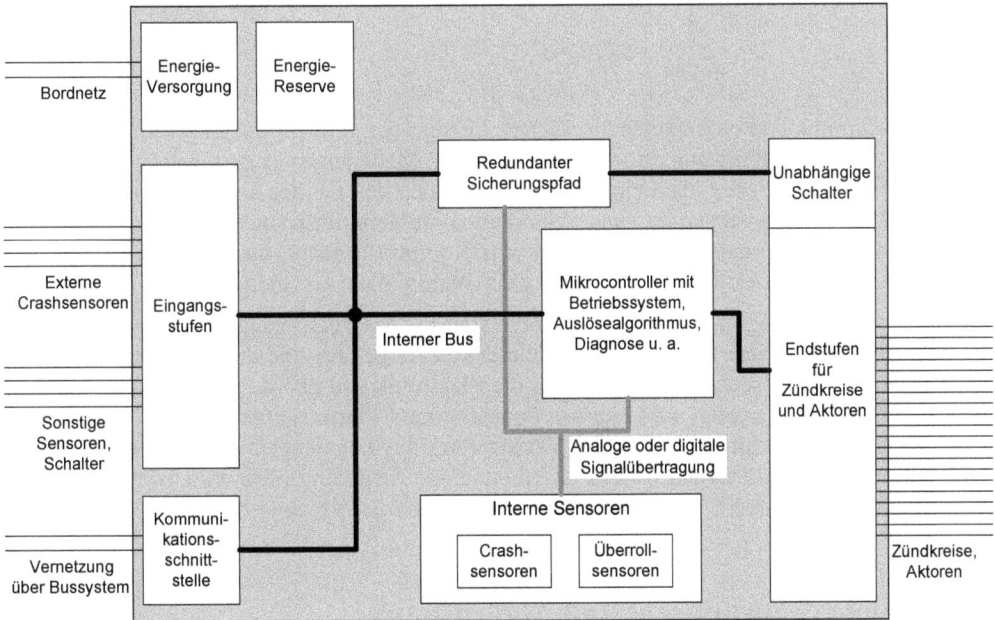

Bild 10-7 Aufbau eines Airbagsteuergerätes. Die Crashsensoren messen häufig die Beschleunigung in Längs- und in Querrichtung bezogen auf das Fahrzeug, die Überrollsensoren die Drehrate um die Fahrzeuglängsachse und andere Größen (siehe hierzu Abschnitt 10.5)

Die Hauptbestandteile eines Airbagsteuergerätes (siehe Bild 10-7) sind ein Mikrocontroller mit Betriebssystem, Auslösealgorithmus, Diagnose u. a., ein redundanter Sicherungspfad (z. B. als Logikschaltung oder Mikrocontroller ausgeführt), interne Sensoren, die Energieversorgung, die

Energiereserve, eine Busankopplung, redundante Endstufen für Zündkreise und Aktoren sowie Eingangsstufen für externe Sensoren und Schalter.

Die Zündkreis-Endstufen (vgl. Bild 10-8) schalten die für die Aktivierung der Zündpillen nötige Energie. In den Endstufen befindet sich für jeden Zündkreis jeweils ein Schalter, der die Masse zuschaltet – der Low-Side-Schalter – und ein weiterer Schalter, der die Energiereserve an den Zündkreis schaltet – der High-Side-Schalter. Für die Zündkreise werden bewusst beide Anschlüsse geschaltet, damit Kurzschlüsse auf den Leitungen zu den Zündpillen nicht zur ungewollten Auslösung führen.

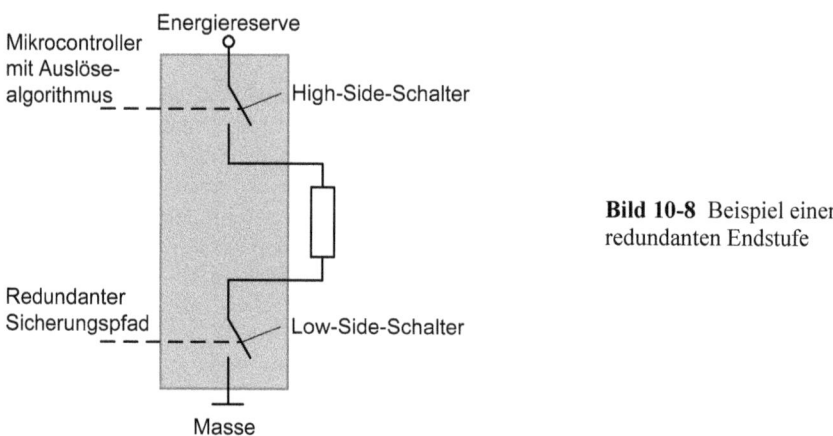

Bild 10-8 Beispiel einer redundanten Endstufe

Über die Kommunikationsschnittstelle ist das Airbagsteuergerät in der Lage, einen erfolgten Crash an das Gesamtfahrzeug zu melden, um nötige Maßnahmen anzustoßen. Neben der Information an das Fahrzeug, dass ein Crash stattgefunden hat, werden auch die Diagnose-Kommunikation und die Ansteuerung einer Fehlerlampe im Kombiinstrument realisiert. Kommunikationspartner des Airbagsteuergerätes sind das Kombiinstrument, das Motorsteuergerät und das Steuergerät, welches für die Ansteuerung der Warnblinker zuständig ist.

Die Energieversorgung und die Energiereserve sind für die Versorgung des Airbagsteuergerätes zuständig. Es werden für alle Bestandteile des Steuergerätes und die Zündkreise verschiedene Spannungen zwischen einigen Volt für die Elektronik und bis zu 30 Volt für die Ansteuerung der Zündkreise erzeugt. Die internen Sensoren im Airbagsteuergerät dienen – neben den externen Sensoren – zur Erfassung der Verzögerung des Fahrzeuges und gegebenenfalls der Drehung um die Fahrzeuglängsachse. Der redundante Sicherungspfad wird zur Absicherung der sicherheitsrelevanten Entscheidungen im Airbagsteuergerät eingesetzt.

10.3 Sicherheitskonzept und Algorithmus

Sicherheitskonzept des Airbagsteuergerätes

Da es sich bei der im letzten Abschnitt beschriebenen Elektronik um sicherheitsrelevante Elektronik handelt, muss durch mehrere Methoden und Mechanismen sichergestellt werden, dass Fehler und Ausfälle nicht unmittelbar zu Fehlfunktionen und damit zu einer Gefährdung der Insassen oder anderer Verkehrsteilnehmer führen. Daher werden die in Kapitel 9 beschriebenen Verfahren und Schutzmechanismen eingesetzt.

10.3 Sicherheitskonzept und Algorithmus

Für die Erkennung eines Aufpralls müssen immer mindestens zwei Sensoren mit getrennten Signalpfaden ein ausreichendes Signal liefern. Dadurch wird sichergestellt, dass durch Missbrauch oder Fehler verursachte Signale an einem der verwendeten Sensoren nicht zu einer Fehlauslösung führen können. Tabelle 10.2 zeigt eine Auswahl möglicher Plausibilisierungskonzepte.

Außerdem müssen der Mikrocontroller mit dem Auslösungsalgorithmus und der redundante Sicherungspfad unabhängig voneinander eine Auslöseentscheidung treffen. Nur eine zeitgleiche und einstimmige Entscheidung, dass ein Crash stattgefunden hat, führt zu einer Auslösung. Dies wird z. B. dadurch umgesetzt, dass der redundante Sicherungspfad die Sensorsignale der internen und externen Sensoren auf eine Überschreitung (einfacher) fester Schwellen überwacht. Geschieht dies gemeinsam mit der deutlich komplexeren Entscheidung im Auslösealgorithmus, so werden die Endstufen freigegeben.

Tabelle 10.2 Beispiele für die Plausibilisierung von Sensorsignalen. Zum Überrollen siehe auch Abschnitt 10.5

Unfallart	Nutzsignal	Signal zur Plausibilisierung
Frontaufprall	Upfront-Sensoren	Interner Beschleunigungssensor in Längsrichtung
	Upfront-Sensoren	Interner Beschleunigungssensor in Querrichtung
	Interner Beschleunigungssensor in Längsrichtung	Interner Beschleunigungssensor in Querrichtung
Seitenaufprall	Drucksensor im Türvolumen	Seitlicher Beschleunigungssensor
	Drucksensor im Türvolumen	Interner Beschleunigungssensor in Querrichtung
	Seitlicher Beschleunigungssensor	Interner Beschleunigungssensor in Querrichtung
Überrollen	Interner Drehratensensor um die Fahrzeuglängsachse	Hochempfindlicher Beschleunigungssensor in Querrichtung
	Interner Drehratensensor um die Fahrzeuglängsachse	Hochempfindlicher Beschleunigungssensor in vertikale Richtung

Ferner dürfen Fehler oder Ausfälle in einem Bauteil nicht zur Fehlauslösung führen. Dies ist der Grund dafür, dass auch die Zündkreis-Endstufen über zwei Eingänge für die Auslösung verfügen.

Um die Funktion auch im Verlauf des Aufpralls zu gewährleisten, ist das Airbagsteuergerät in der Lage, über eine integrierte Energiereserve eine gewisse Zeit auch ohne Versorgungsspannung fehlerfrei zu arbeiten. Hintergrund dafür ist, dass die Batterie durch die hohen Beschleunigungen, die bei einem Aufprall auftreten, abreißen kann. Selbst wenn kein Abriss auftritt, ist es dennoch möglich, dass durch die Zerstörung der Scheinwerfer oder anderer spannungsführender Teile im Bereich der Fahrzeugaußenhaut die Bordnetzspannung während des Aufpralls einbricht. Durch die vollständige Versorgung des Steuergerätes aus der Energiereserve haben derartige Effekte keinen Einfluss.

Um Fehler und Ausfälle zu erkennen und den daraus resultierenden Sicherheitsverlust dem Insassen melden zu können, sind zahlreiche Überwachungsfunktionen umgesetzt. Zum einen überwacht das Airbagsteuergerät jeden Ausgang und jeden Eingang auf Kurzschlüsse zur Fahrzeugmasse und auf Kurzschlüsse zu Versorgungsleitungen. Zum anderen werden die ermittelten Messwerte auf Plausibilität überwacht. Die Kommunikation zu den externen Sensoren sowie die Kommunikation zwischen den Komponenten des Airbagsteuergerätes werden über Botschafts-Identifier, Checksummen und Botschaftszähler abgesichert. Die externen und internen Sensoren sind in der Lage, einen Selbsttest durchzuführen. Auch der Datenspeicher (RAM, ROM, EEPROM) und die Energiereserve werden zyklischen Tests unterzogen (vgl. hierzu Kapitel 9). Wird ein Fehler in einer Komponente gefunden, wird ein sicherer Zustand eingeleitet und die Airbag-Warnlampe aktiviert.

Algorithmus

Um den Insassen bei einem Aufprall zu schützen, müssen die Rückhaltemittel des Fahrzeugs zum richtigen Zeitpunkt angesteuert werden. Um dies zu gewährleisten, muss der Zeitpunkt, die Art und der Verlauf des Aufpralls ermittelt und unterschieden werden. Dazu werden die von den Sensoren zur Verfügung stehenden Signale vielfältig aufbereitet und ausgewertet [La2]. In der Regel laufen in einem Steuergerät zwei Algorithmen, je einer für die Front und für die Seite. Bei Fahrzeugen mit Überrollerkennung wird zusätzlich ein Überrollalgorithmus gerechnet.

Für den Front-Algorithmus werden hauptsächlich die Signale der internen Beschleunigungssensoren in Längsrichtung des Fahrzeugs und der Upfront-Sensoren verwendet. Das interne Beschleunigungssignal entspricht dabei der Verzögerung, die die Insassen erfahren. Das Signal der Upfront-Sensoren entspricht der Beschleunigung der Fahrzeugfront. Aus der unterschiedlichen Intensität und dem zeitlichen Versatz beider Signale lässt sich die Schwere und – bei Einsatz von zwei Upfront-Sensoren – die Richtung des Aufpralls in Bezug zur Fahrzeuglängsachse (und ggf. eine Teilüberdeckung der Aufprallfläche) bestimmen. Auch das Signal der internen Beschleunigungssensoren in seitlicher Richtung kann ein Anzeichen für einen schrägen Aufprall sein. Neben der reinen Beschleunigung lässt sich über Integration der Beschleunigung auch der Geschwindigkeitsabbau und (durch eine weitere Integration) der Weg bestimmen, den der Sensor zurückgelegt hat. Die genannten Signale werden durch den Algorithmus bezogen auf die Zeit oder den ermittelten Deformationsweg ausgewertet. Durch den Einsatz der Upfront-Sensoren erreicht man sehr kurze Auslösezeiten, da sie (im Vergleich zu den Sensoren im Airbagsteuergerät) sehr früh ein hohes Signal liefern. Die typischen Auslösezeiten beim Frontcrash liegen je nach Ablauf des Aufpralls zwischen sieben Millisekunden und 45 Millisekunden.

Der Seiten-Algorithmus verwendet die Signale der internen Beschleunigungssensoren in seitlicher Richtung, die Signale der Drucksensoren in den Türen und die Signale der Beschleunigungssensoren im Bereich der Deformationszone. Die Ansprüche an die Auslösezeiten für den Seitenschutz sind sehr hoch. Das Prinzip der Aufbereitung und Auswertung der Signale für die Seite entspricht dem des Frontalgorithmus. Die typischen Auslösezeiten beim Seitencrash liegen je nach Ablauf des Aufpralls zwischen vier Millisekunden und ca. 15 Millisekunden.

Zum Zeitpunkt einer Auslöseentscheidung beträgt die Beschleunigung teilweise erst wenige g, obwohl im Unfallverlauf noch Beschleunigungen bis zu $100g$ am zentral angeordneten Steuergerät oder $500g$ an der Fahrzeugaußenfläche auftreten können. Bei Störsignalen können dagegen schon mehrere tausend g auftreten, bei denen aber keine Auslösung erfolgen darf. Daher ist es oft notwendig, noch weitere Kriterien in die Auslöseentscheidung mit einzubinden. So können z. B. auch Gradienten, Frequenzspektren oder Mittelwertverschiebungen ausgewertet werden.

10.4 Sitzbelegungserkennung und Insassenklassifizierung

Die Einführung von Sicherheitsgurten im Kraftfahrzeug hat eine deutliche Reduzierung der Unfalltoten bewirkt und ist inzwischen weltweiter Standard. Eine weitere Verbesserung der Unfallstatistiken geht mit dem Einsatz von Airbags im Kraftfahrzeug einher. Es ist jedoch zu beachten, dass es sich bei der Airbagauslösung um einen pyrotechnischen Vorgang handelt. Zum Zündzeitpunkt wird eine sehr hohe Energie in kurzer Zeit freigesetzt. Deshalb kann eine bessere Schutzwirkung erreicht werden, wenn die Energie des Airbags abhängig von der Insassenposition dosiert wird. Diese sollte abhängig vom Abstand, von der Körpergröße und vom Gewicht passend eingestellt werden. Ferner ist es notwendig, den Beifahrerairbag bei einem rückwärtsgerichteten Kindersitz vollständig abzuschalten. Die Abschaltung kann dabei manuell über einen Schlüsselschalter oder automatisch (Forderung der US-Gesetzgebung) erfolgen. Weiterhin ist Unfallstatistiken zu entnehmen, dass bei mehr als 50 Prozent der Unfallereignisse der Beifahrer- und der entsprechende Seitenairbag ausgelöst wird, ohne dass der Beifahrersitz belegt ist. Somit werden unnötige Reparaturkosten verursacht. Auf Grund der genannten Situationen und der gesetzlichen Regelungen [Fm2] ergeben sich die Anforderungen an Systeme wie eine Sitzbelegungserkennung, eine Positionserkennung für Insassen und eine Insassenklassifizierung.

Sitzbelegungserkennung

Die Bestimmung des Sitzbelegungszustandes (leer oder belegt) für den Beifahrersitz basiert in den meisten Fällen auf einfachen Prinzipien, z. B. auf einer Sitzmatte mit elektrischen Widerständen, die ihren Wert bei Druckbelastung ändern (siehe Bild 10-9). Bei einem leeren Sitz ist es möglich, den Beifahrerairbag und den entsprechenden Seitenairbag zu deaktivieren und somit die Kosten bei Unfallschäden zu reduzieren.

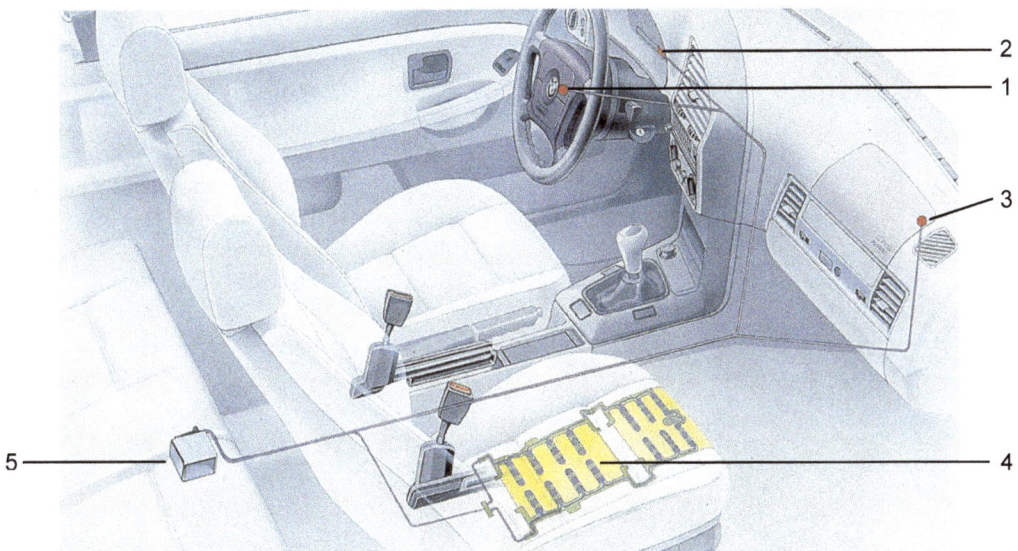

Bild 10-9 Sitzbelegungserkennung (BMW AG): 1 Anzeige, 2 Fahrzeugairbag, 3 Beifahrerairbag, 4 Sitzmatte, 5 Steuergerät

Insassenklassifizierung

Systeme zur Insassenklassifizierung besitzen eine deutlich größere Auflösung als Systeme zur Sitzbelegungserkennung. Die wesentliche Forderung an alle Systeme ist die Unterscheidung zwischen einem einjährigen Kind im Kindersitz (rückwärtsgerichtet) und einer Fünf-Prozent-Frau. Eine Fünf-Prozent-Frau repräsentiert eine Personengruppe (etwa 5 Prozent der Erwachsenen) mit kleiner Körpergröße (ca. 150 cm) und geringem Gewicht (ca. 50 kg). Es existieren stark unterschiedliche Messprinzipien zur Insassenklassifizierung. Unter anderen sind das die Gewichtsmessung an der Sitzschiene oder über eine Sitzmatte, die Druckmessung über eine Sitzmatte, die Sensierung über elektrische oder magnetische Felder, die zweidimensionale optische Sensierung über Triangulation und die dreidimensionale optische Sensierung mit einer 3D-Kamera (Photomischdetektor oder Stereo-Kamera).

Systeme zur Gewichtsmessung sind in den meisten Fällen in die Sitzschiene des Beifahrersitzes integriert. Die Messung erfolgt mit Hall-Sensoren oder mit kraftabhängigen Widerständen wie z. B. Dehnungsmessstreifen. Für eine genaue Bestimmung werden mindestens zwei, typischerweise vier Messstellen benötigt. Vier Messstellen ermöglichen die Bestimmung der Insassenmasse und der Gewichtsverteilung. Außerdem liefern sie eine Positionsinformation des Insassen. Für eine genaue und sichere Insassenklassifizierung werden weitere Eingangsinformationen, beispielsweise die Sitzposition oder der Status des Gurtschlosses, verarbeitet.

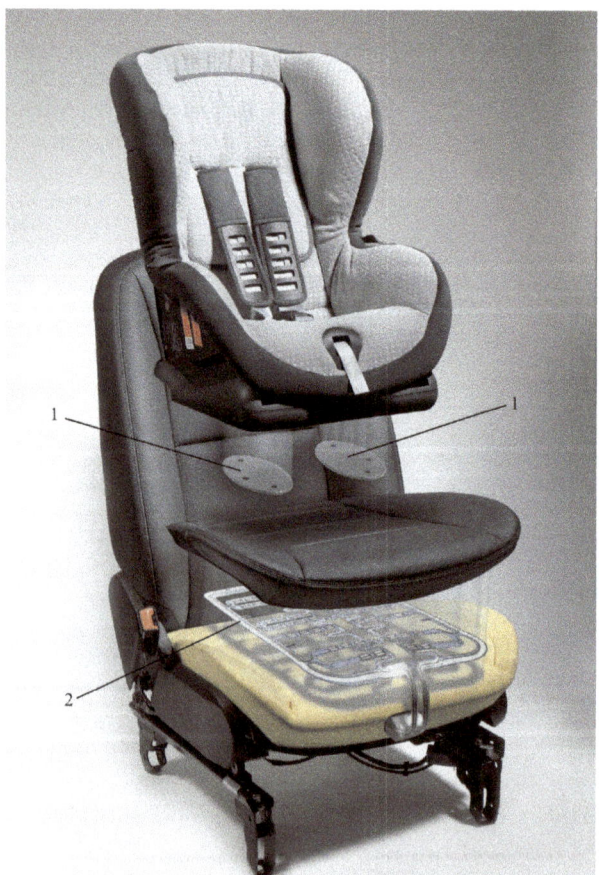

Bild 10-10 Automatische Kindersitzerkennung (IEE S. A.):
1 Transponder,
2 Sitzmatte

Das Prinzip der Druckmessung kann auf zwei Arten ausgeführt sein. Zum einen kann der relative Druck auf eine Sitzmatte gemessen werden. In diesem Fall wird durch statische und dynamische Versuche ein Druckschwellwert mit einem definierten Toleranzband ermittelt. Unterhalb des Toleranzbandes befinden sich sämtliche Kindersitze und oberhalb befinden sich Personen, welche größer oder gleich einer Fünf-Prozent-Frau sind. Zum anderen besteht die Möglichkeit, eine Sitzmatte zu verwenden, die eine höhere Anzahl an druckabhängigen Widerständen in Form einer Matrix besitzt. Mit dieser Messmethode kann die Gewichtsverteilung auf der Sitzfläche ermittelt werden. Die Gewichtsverteilung von rückwärtsgerichteten Kindersitzen unterscheidet sich dabei stark von der einer Fünf-Prozent-Frau. Um einen Kindersitz und dessen Ausrichtung zu erkennen, können auch Transponder im Kindersitz integriert werden, die über die Sitzmatte angesprochen und ausgelesen werden (siehe Bild 10-10).

Eine Sensierung über elektrische oder magnetische Felder nutzt das Prinzip aus, dass der Insasse eine andere Dielektrizitätskonstante oder Permeabilität als Luft besitzt. Die Felder werden von Sendern in der Sitzfläche, in der Sitzlehne oder im Armaturenbrett erzeugt. Es kann die Sitzbelegung und – abhängig von der Zahl und der Anordnung der Felder – auch die Position und die Größe des Insassen abgeschätzt werden. Ein Nachteil ist dabei die Beeinflussung durch mögliche Sitzbezüge und durch abgelegte Gegenstände, durch Feuchtigkeit und metallische oder ferromagnetische Gegenstände. Auch kann die Lage des Kopfes nur sehr ungenau bestimmt werden.

Eine optische Sensierung ist gegen solche Störeinflüsse resistent. Die Kopfposition kann damit relativ gut ermittelt werden. Nachteil aller optischen Systeme ist jedoch der Totalausfall bei Blockade der optischen Messstrecke. Der Beifahrer kann beispielsweise mit einer aufgefalteten Landkarte den gesamten Strahlengang abdecken und die Messung verhindern.

Durch den Einsatz eines Photomischdetektors (Photonic Mixer Device PMD) sind eine Abstandsmessung des Kopfes zum Airbag, eine Sitzbelegungserkennung mit Positionsbestimmung sowie eine ausgezeichnete Klassifizierung möglich. Auf den Photomischdetektor wird im Rahmen des Fußgängerschutzes (Abschnitt 10.6) näher eingegangen.

Die optische Sensierung mit einer Stereokamera weist ein Kamerasystem mit zwei Grau- oder Farbwertkamerachips auf. Die Bildinformationen werden über Korrelationen und Kantenerkennung zu einer dreidimensionalen Information weiter verarbeitet. Das Ergebnis hängt sehr von den optischen Eigenschaften des Insassen und dem Umgebungsstörlicht ab. Zudem hängt die Genauigkeit sehr stark vom präzisen Positionieren der beiden Kameras zueinander ab.

10.5 Überrollschutz

Aus den Unfallstatistiken geht hervor, dass bei Überrollvorgängen (seitlichen Überschlägen) die meisten tödlichen Unfälle verursacht werden [Be4]. Verstärkt zeigt sich dieser Effekt in den USA, wo der Anteil von Fahrzeugen mit erhöhtem Schwerpunkt (Light Trucks und Sports Utility Vehicles) höher ist als in Europa. Durch den erhöhten Schwerpunkt neigen diese Fahrzeuge in kritischen Fahrsituationen verstärkt zum Überrollen. Die erste Maßnahme bei drohendem Überrollen ist die Überrollvermeidung durch aktive Bremseingriffe aus dem Bereich der aktiven Sicherheit. Der hier behandelte Überrollschutz greift, wenn die physikalischen Grenzen für eine stabile Fahrdynamik überschritten wurden und ein Überrollen unvermeidlich ist. Ziel der Überrollerkennung ist es, im Fall eines seitlichen Überschlages geeignete Rückhalte- und Schutzsysteme wie Gurtstraffer, Kopfairbag, Überrollbügel oder Seitenairbag situationsabhängig auszulösen. Physikalische Grundlage der Algorithmen zur Auslösung ist die Energieerhaltung und die Drehmomenterhaltung.

Folgende Größen beschreiben die Überrollanfälligkeit eines Fahrzeugs: Die kritische Gleitgeschwindigkeit v_{CS} ist die Quergeschwindigkeit (ohne Längsanteile), die aufgebracht werden muss, um ein Umkippen des Fahrzeugs zu bewirken (siehe Bild 10-11a). Sie wird auch Critical Sliding Velocity CSV genannt. Es ist hierbei zu beachten, dass CSV eine einzelne Variable repräsentiert, und nicht etwa das Produkt aus C, S und V. Diese Bezeichnungsweise ist in der Literatur (siehe z. B. [Od2] und die darin zitierten Referenzen) üblich. Diese Bemerkung gilt auch für alle weiteren Variablen, die aus mehreren Buchstaben bestehen. Eine weitere verwendete Größe ist die Tilt Table Ratio TTR, ein statischer Stabilitätskoeffizient, der den Einfluss der Aufbauquerneigung wiedergibt. Die Tilt Table Ratio ist durch

$$TTR = \tan\varphi \qquad (10.2)$$

definiert, wobei φ den Winkel bezeichnet, um den eine Plattform mit dem Fahrzeug um die Längsachse gedreht werden muss, so dass die weiter oben liegenden Räder abheben (siehe Bild 10-11b). Außerdem kann ein Fahrzeug zum Kippen gebracht werden, indem auf den Schwerpunkt eine Querkraft F_y ausgeübt wird. Das Verhältnis dieser Kraft F_y zur Gewichtskraft F_g heißt Side Pull Ratio:

$$SPR = \frac{F_y}{F_g}.$$

Dagegen beschreibt die Rollover Prevention Metric RPM die Umwandlung der Translationsenergie der Querbewegung in Rotationsenergie der Überrollbewegung (siehe auch [Od2] und die darin zitierten Referenzen für eine weitere Behandlung der Kenngrößen für die Überrollanfälligkeit).

(a)

(b)

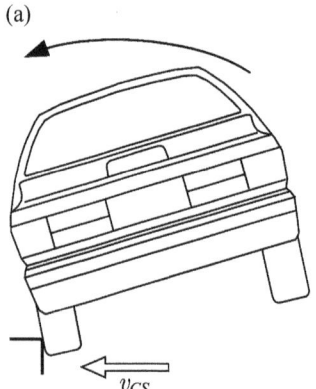
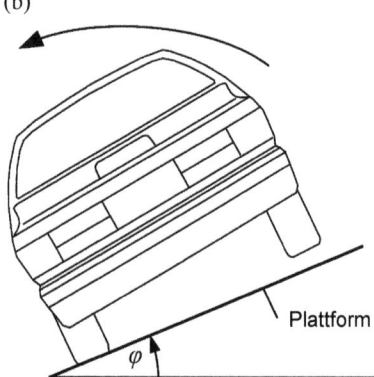

Bild 10-11 Zur Beschreibung der Überrollanfälligkeit eines Fahrzeugs [En4]. Der Pfeil oben gibt jeweils die Richtung des Überrollens an: (a) Kritische Gleitgeschwindigkeit v_{CS} (Critical Sliding Velocity). (b) Tilt Table Ratio $TTR = \tan\varphi$ mit dem Drehwinkel φ der Plattform

Das System zum Überrollschutz ist üblicherweise in das Airbagsteuergerät integriert und nützt dessen Möglichkeiten wie z. B. die Endstufen, den Energiespeicher und die Diagnosefunktion. Das Überrollschutzsystem erkennt den drohenden Überrollvorgang auf Basis eines Drehratensensors, der Überrollvorgänge um die Fahrzeuglängsachse erfasst. Weitere Sensoren unterstützen den Algorithmus zur exakten Differenzierung der Situation. Das kann z. B. ein hochempfindlicher Beschleunigungssensor in Querrichtung zum Fahrzeug sein, um seitliches Rutschen und Anstoßen des Fahrzeuges zu erkennen; oder aber auch ein hochempfindlicher Beschleunigungssensor in der Fahrzeughochachse, um ein Abheben des Fahrzeugs von der Fahrbahn zu detektieren. Der Algorithmus beinhaltet mehrere Plausibilitätsabfragen, bevor eine Auslöseentscheidung getroffen wird, um eine hohe Zuverlässigkeit gegen Fehlauslösung zu gewährleisten. Zu beachten ist auch, dass eine statische Schräglage des Fahrzeugs beim Einschalten des Systems (d. h. beim Fahrzeugstart) die Funktion nicht beeinträchtigen darf. Die typischen Auslösezeiten bei einem Überrollen des Fahrzeugs liegen bei 300 bis 400 ms.

Optional werden im Falle eines Überrollvorgangs alle Fahrzeugöffnungen (Seitenscheiben, Schiebedach) geschlossen, und die Gurte werden wird durch die Aktivierung der Gurtstraffer stramm gezogen. Im weiteren Verlauf können dann Kopfairbag, Überrollbügel oder Seitenairbag aktiviert werden. Um das maximale Schutzpotential zu erreichen, ist ein optimales Zusammenwirken des Sicherheitsgurtes, der stabilen Fahrgastzelle sowie des Airbags notwendig.

10.6 Fußgängerschutz

Nach einer Erhebung des Statistischen Bundesamtes von 1994 handelt es sich bei 48 Prozent der bei Unfällen Getöteten nicht um Fahrzeuginsassen. Seither ist, um den Schutz der Fahrradfahrer, Fußgänger und weiterer Verkehrsteilnehmer zu verbessern, die Richtlinie [Eu2] erarbeitet worden, die Komponententests und andere Maßnahmen vorsieht. In dieser Rahmenrichtlinie zum Fußgängerschutz werden sowohl passive als auch aktive Schutzmaßnahmen beschrieben. Unter passiven Maßnahmen sind hier konstruktive Merkmale der Fahrzeuge zu verstehen. Dazu zählen Stoßfänger, das Frontend und die Motorhaube. Durch konstruktive Lösungen werden die für einen Fußgänger-Aufprall notwendigen Deformationswege und die entsprechende Nachgiebigkeit der Fahrzeugstruktur geschaffen. Die Deformationswege sollen dafür sorgen, dass der Kopf beim Aufprall auf die Motorhaube nicht auf den Motorblock oder sonstige, massive Elemente unterhalb der Motorhaube trifft und dadurch der Fußgänger nicht tödlich verletzt wird.

Eine aktive Schutzmaßnahme zum Fußgängerschutz ist z. B. das Aufstellen der Motorhaube, um den Deformationsweg zu vergrößern (siehe Bild 10-12), oder das Aktivieren von Airbags im Bereich außerhalb des Fahrzeuges. Beim Schutzkonzept zum Aufstellen der Motorhaube vor dem Aufschlagen des Fußgängers auf dem Fahrzeug werden, ähnlich wie beim Auslösen des Airbags beim Insassenschutz, exakte zeitliche Anforderungen gestellt. Dazu gehören neben der Aktorik zum Aufstellen der Motorhaube auch die geeignete Sensorik zum Detektieren und zur Klassifizierung der Kollision mit einem potentiellen Fußgänger. Abhängig davon, wie sicher eine Kollision mit einem Fußgänger erkannt wird, muss die Aktorik gegebenenfalls reversibel ausgeführt sein, um nach einer Fehlauslösung zurückgestellt werden zu können. So erfordert eine Sensorik mit einer geringen Klassifizierungsgüte eine vollständig rückstellbare Aktorik. Außerdem ist die Reaktionszeit der Aktorik ein entscheidender Faktor für die Anforderungen an die Sensorik.

Bild 10-12 Fußgängerschutz durch Aufstellen der Motorhaube [Mi3]

Zudem ist noch das Prinzip der Plausibilisierung, also das Verwenden von mindestens zwei unabhängigen Signalen, gefordert. So kann beispielsweise Abstandssensorik (Radar oder Lidar, siehe Abschnitte 12.2.3, 12.2.4) in Verbindung mit einem sehr schnellen Sensor in der Stoßstange oder an der Fahrzeugfront Verwendung finden. Als schneller Fahrzeugfrontsensor kann ein optisches System dienen, das die Dämpfung durch einen Lichtleiter in der Stoßstange bewertet, welche sich kraftabhängig ändert. Auch hochempfindliche Beschleunigungssensoren an der Stoßstange sind einsetzbar [Ai1], [Vi1]. Außerdem können Photomischdetektoren eingesetzt werden. Diese liefern eine dreidimensionale Hüllfläche des detektierten Objektes. Im Prinzip erfasst ein Photomischdetektor (Photonic Mixer Device PMD) ähnlich wie eine Grauwertkamera (CCD- oder CMOS-Kamera) eine Punktmatrix, wobei die Pixelinfomation eine Abstandsinformation des Bildpunktes enthält. Es ist damit möglich, Entfernungswerte direkt zu „sehen". Das Funktionsprinzip ist z. B. in [He4], [Sc4] erklärt. Bild 10-13 veranschaulicht den Einsatz in der Fußgängererkennung. Der Photomischdetektor erfasst den Fußgänger und das stehende Auto einschließlich deren Abstand zum fahrenden Auto.

10.6 Fußgängerschutz

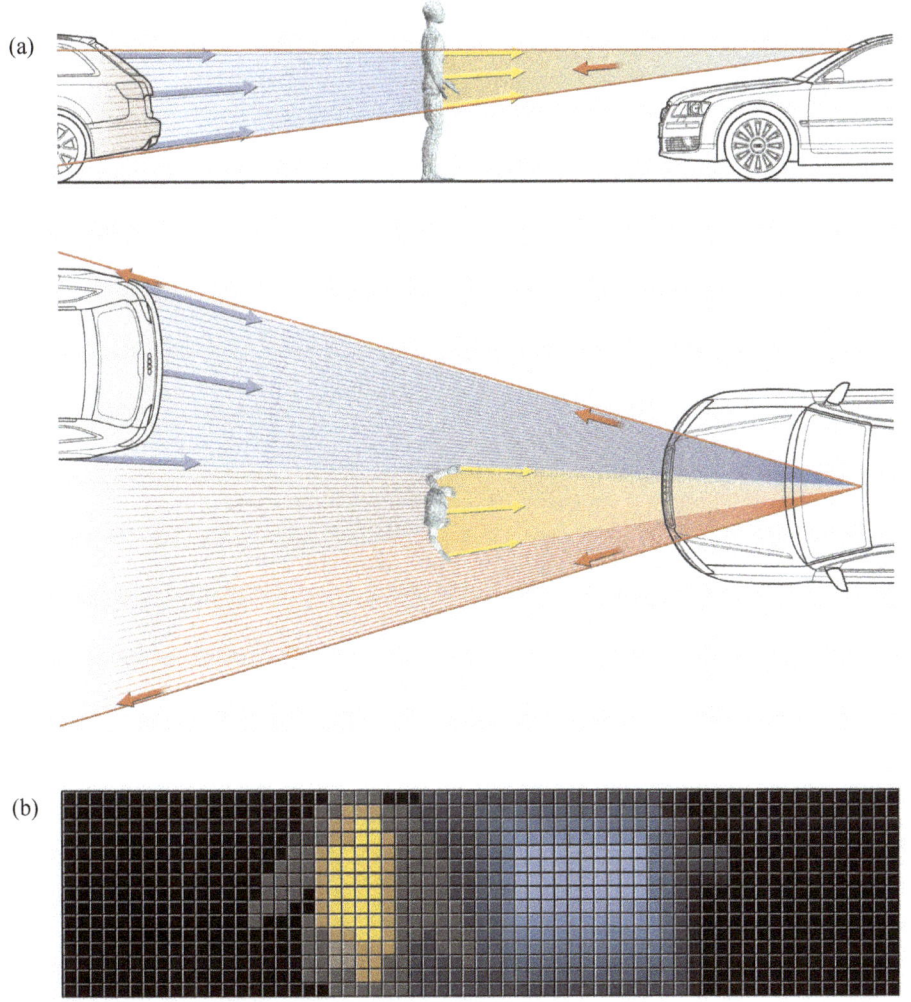

Bild 10-13 Messprinzip eines Photomischdetektors (PMD-Sensors): (a) Aufgenommenes Szenario.
(b) Erfasste Punktmatrix. Verschiedene Abstände sind in verschiedenen Farben gezeichnet (Audi AG)

11 Fahrwerksregelsysteme und aktive Sicherheit

11.1 Grundlagen

11.1.1 Grundlagen der Fahrdynamik

Kräfte auf das Rad

Die maximal über einen Reifen übertragbare Kraft hängt von der maximalen Reibungszahl μ_h (Haftreibungszahl) zwischen Reifen und Fahrbahn ab. Die gewünschte Bremskraft wird durch den Druck auf das Bremspedal vorgegeben. Überschreitet man bei Steigerung des Bremsdrucks die maximale Haftkraft, so beginnt das Rad zu blockieren und man geht von der Haftreibung in die Gleitreibung über [Ri1]. Gleiten ist jedoch nicht erwünscht, da die Gleitreibungszahl μ_r geringer ist als die Haftreibungszahl μ_h und damit auch die übertragbaren Bremskräfte geringer sind. Zudem kann das gleitende Rad durch Störkräfte seitlich aus der Spur ausbrechen. Das Fahrzeug wird dadurch unkontrollierbar.

Die in der Kontaktzone (Latsch) zwischen Reifen und Fahrbahn übertragene Kraft kann in eine Normalkraft F_z (wirkt senkrecht zur Fahrbahn) und in die Horizontalkräfte F_x in Umfangsrichtung und F_y in seitliche Richtung aufgeteilt werden (siehe Bild 11-1). Das Verhältnis μ von Horizontalkraft zu Normalkraft wird Kraftschlussbeiwert genannt: $\mu_x = F_x/F_z$ in Umfangsrichtung, $\mu_y = F_y/F_z$ (Seitenkraftbeiwert) in seitliche Richtung. Die maximale horizontal übertragbare Kraft ist insgesamt $\mu_h F_z$, d. h. die Normalkraft F_z multipliziert mit der Haftreibungszahl μ_h. Auf trockener Straße erzielbare Kraftschlussbeiwerte liegen zwischen 0,8 und 1,2 (mit Serienreifen). Bei nasser Fahrbahn sinken sie bis auf 0,4 ab, bei Eis und Schnee auf unter 0,1.

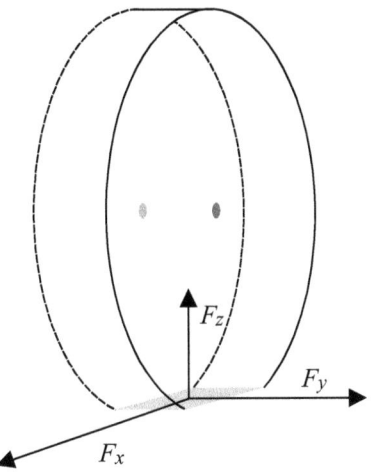

Bild 11-1 Kräfte auf das Rad:
F_x Horizontalkraft in Umfangsrichtung,
F_y Horizontalkraft in seitliche Richtung,
F_z Normalkraft

Schräglauf eines Reifens

Um ein Fahrzeug bei einer Kurvenfahrt in der Spur zu halten, ist eine Seitenkraft notwendig. Diese Seitenkraft kann der Reifen nur dadurch aufbauen, indem er seitlich verformt wird und leicht „seitlich wegrollt". Das bedeutet, die Bewegungsrichtung des Radmittelpunktes zeigt nicht in die Umfangsrichtung, sondern ist um den so genannten Schräglaufwinkel α verdreht (siehe Bild 11-2).

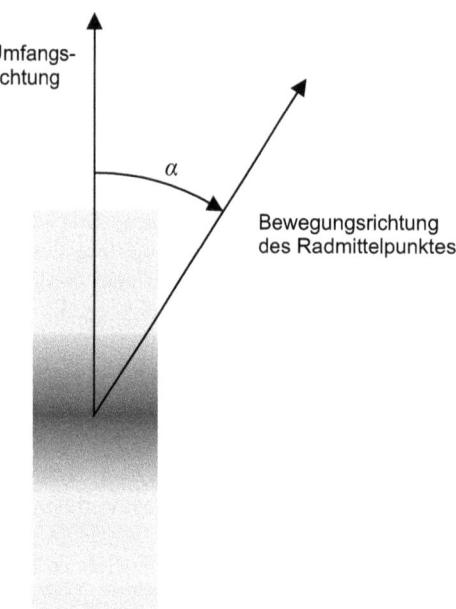

Bild 11-2 Schräglauf eines Reifens

Kraftschluss-Schlupf-Kurve

Die Umfangsgeschwindigkeit v_U eines Reifens ist nur dann gleich der Geschwindigkeit v_R des Radmittelpunktes, wenn das Rad ohne Antrieb oder Verzögerung frei rollt. Für ein gebremstes Rad ist die Umfangsgeschwindigkeit kleiner, für ein angetriebenes Rad größer als die Geschwindigkeit des Radmittelpunktes. Es ist üblich, im Falle eines gebremsten Rades die Differenz zwischen Radmittelpunktsgeschwindigkeit v_R und Umfangsgeschwindigkeit v_U auf die Radmittelpunktsgeschwindigkeit zu beziehen und diese Größe als Schlupf S zu bezeichnen:

$$S = \frac{v_R - v_U}{v_R}. \tag{11.1}$$

Im Falle eines angetriebenen Rades zieht man die (kleinere) Radmittelpunktsgeschwindigkeit von der (größeren) Umfangsgeschwindigkeit ab und bezieht die Differenz auf die Umfangsgeschwindigkeit. Der Schlupf S lautet also in diesem Fall:

$$S = \frac{v_U - v_R}{v_U}. \tag{11.2}$$

So ergibt sich in beiden Fällen für ein frei rollendes Rad $S = 0$ und für ein blockiertes oder im Stillstand durchdrehendes Rad $S = 1$.

11.1 Grundlagen

Der Kraftschlussbeiwert μ_x in Umfangs- und μ_y in seitlicher Richtung ist (für einen festen Wert des Schräglaufwinkels α) eine Funktion des Schlupfes S in Längsrichtung und zeigt für die beiden Fälle Bremsen und Antreiben im Wesentlichen den gleichen charakteristischen Verlauf, der in Bild 11-3 gezeigt ist. Der maximale Kraftschlussbeiwert μ_L in Längsrichtung tritt in der Gegend von 20 Prozent Schlupf (in Längsrichtung) auf. Wird dieses Maximum überschritten, so geht das Rad von dem rollenden in den gleitenden Zustand über und das Rad läuft in den blockierten oder durchdrehenden Zustand, sofern es nicht geregelt wird. Das Fahrzeug wird dann instabil. Dies gilt für eine Reifen-Asphalt-Kombination unter trockenen Bedingungen. Auf trockener Straße ist der Unterschied zwischen der Haftreibungszahl μ_h und der Gleitreibungszahl μ_r gering. Auf nasser Straße ist die Haftreibungszahl μ_h etwas, die Gleitreibungszahl μ_r erheblich geringer als auf trockener. Es zeigt sich aber auch, dass der Seitenkraftbeiwert mit steigendem Schlupf kontinuierlich abnimmt, d. h., das Fahrzeug bricht mit zunehmendem Schlupf leichter aus der Spur aus.

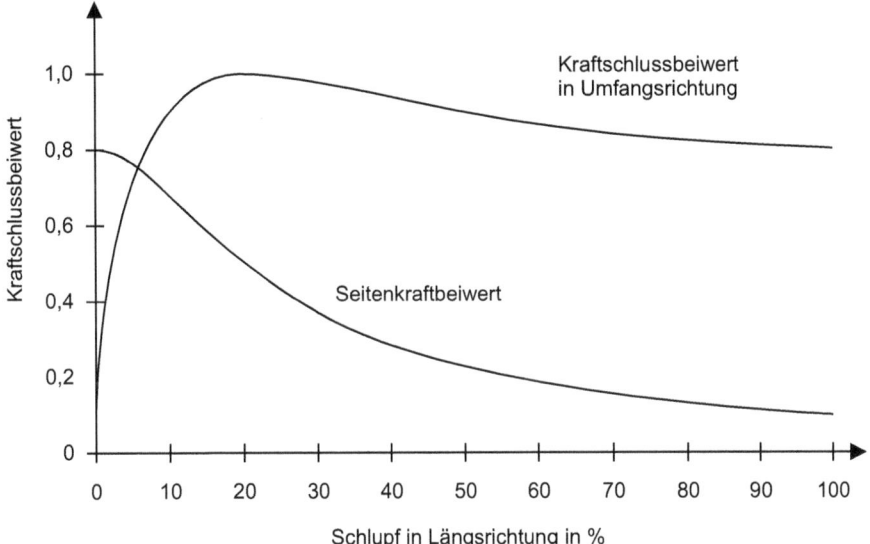

Bild 11-3 Kraftschluss-Schlupf-Kurve bei trockener Fahrbahn. Bis zu einem Schlupf von etwa 20 Prozent rollt das Rad und das Fahrzeug ist stabil, darüber sind (mit Ausnahme des voll blockierten Rades) keine stationären Vorgänge möglich, das Fahrzeug ist dann instabil

Kammscher Kreis

Tritt an einem Reifen gleichzeitig eine Kraft F_x in Umfangsrichtung und eine Seitenkraft F_y auf (z. B. bei Bremsung während einer Kurvenfahrt), so kann die resultierende übertragene Horizontalkraft

$$F_h = \sqrt{F_x^2 + F_y^2} \qquad (11.3)$$

den Wert $\mu_h F_z$ nicht überschreiten. Dieser Sachverhalt lässt sich anhand eines Kreises, des so genannten Kammschen Kreises, veranschaulichen (siehe Bild 11-4). Der Radius des Kammschen Kreises ist gleich der maximalen über den Reifen übertragbaren horizontalen Kraft $\mu_h F_z$. Die maximale Seitenkraft F_y ist also kleiner, wenn gleichzeitig eine Kraft F_x in Umfangsrichtung auftritt.

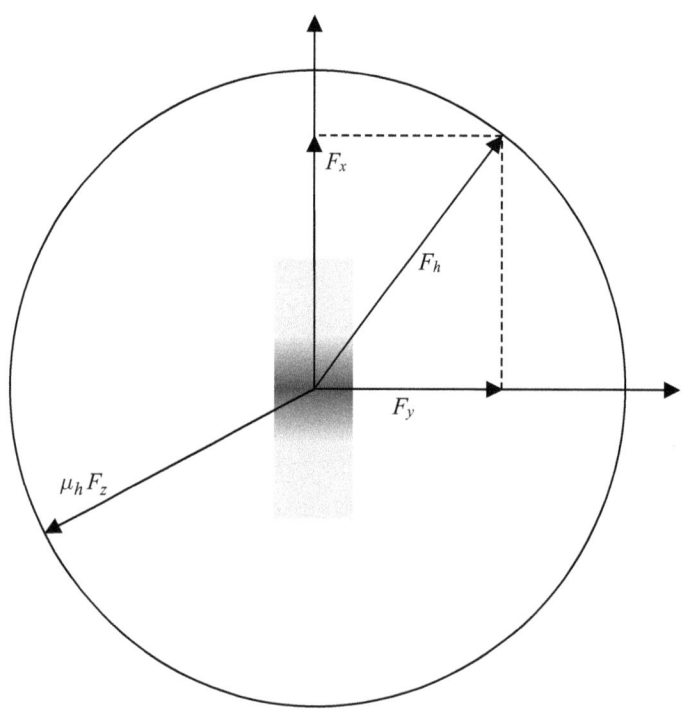

Bild 11-4 Kammscher Kreis. Mit den eingezeichneten Kräften F_x und F_y liegt das Rad genau an der Grenze der maximal übertragbaren Horizontalkraft

Kraftverteilung am Fahrzeug

Durch die Lage des Fahrzeugschwerpunktes über den Reifenauflageflächen kommt es beim Bremsen zu einer Erhöhung der Normalkraft auf den Vorderreifen und zu einer Verringerung auf den Hinterreifen. Dadurch kann man über die Vorderreifen eine höhere Bremswirkung erzielen als über die Hinterreifen (siehe z. B. [Ha3]).

Lineares Einspurmodell

Das lineare Einspurmodell ist ein stark vereinfachtes Modell, das die grundsätzlichen Zusammenhänge des Fahrzeugverhaltens und der Fahrdynamik bei Kurvenfahrten beschreibt und eine Abschätzung über den Einfluss einzelner Fahrzeugparameter erlaubt. Hier sollen nur die wichtigsten Eigenschaften und Beschränkungen kurz angesprochen werden. Eine ausführliche Darstellung findet sich z. B. in [Mi2].

Wie in Bild 11-5 angedeutet, werden die Radaufstandspunkte für jede Achse in der Fahrzeugmitte zusammengefasst. Dabei bezeichnet S den Schwerpunkt, v die Schwerpunktsgeschwindigkeit, $\dot{\psi}$ die Gierrate (Drehrate um die Hochachse) und β den Schwimmwinkel (Winkel zwischen Fahrzeuglängsachse und Schwerpunktsgeschwindigkeit).

11.1 Grundlagen

Das lineare Einspurmodell eignet sich nur für die Modellierung von fahrdynamisch stabilen Kurvenfahrten mit einer Querbeschleunigung $a_y \leq 0{,}4g \approx 4$ m/s². Die Fahrgeschwindigkeit wird als konstant angenommen, d. h., es erfolgt keine Modellierung der Fahrzeugbeschleunigung in Längsrichtung. Das Modell hat dann zwei Freiheitsgrade, nämlich die Gierrate $\dot\psi$ und den Schwimmwinkel β. Außerdem wird die Schwerpunktshöhe zu null gestzt. Daraus folgt, dass keine Radlastdifferenz zwischen Kurveninnenseite und Kurvenaußenseite und keine dynamischen Radlastschwankungen zwischen Vorderachse und Hinterachse berücksichtigt werden. Des Weiteren ist das Modell nur für kleine Lenk- und Schräglaufwinkel gültig (vgl. z. B. [Re5]).

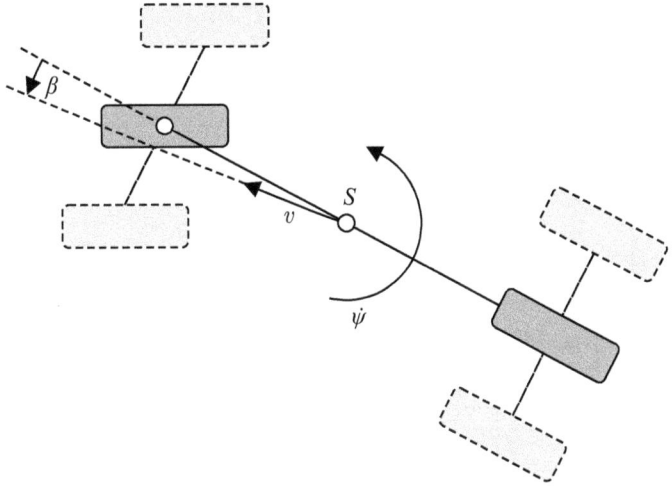

Bild 11-5 Zur Erklärung des Einspurmodells:
β Schwimmwinkel,
$\dot\psi$ Gierrate,
v Schwerpunktsgeschwindigkeit,
S Schwerpunkt

11.1.2 Grundlagen der Bremshydraulik

Zur Steigerung der aktiven Sicherheit verfügen moderne Fahrzeuge über kombinierte elektrohydraulische Systeme, auf die in den folgenden Abschnitten eingegangen wird. Diese Systeme optimieren das Anfahren, das Beschleunigen, die Fahrdynamik und das Bremsen. Bild 11-6 stellt beispielhaft den Hydraulikteil eines derartigen Systems dar, wobei es sich im vorliegenden Beispiel um ein 4-Kanal-System mit diagonaler Bremskraftaufteilung handelt. Der Bremskreis 1 betrifft das linke Vorderrad (VL) und das rechte Hinterrad (HR), der Bremskreis 2 die beiden anderen Räder.

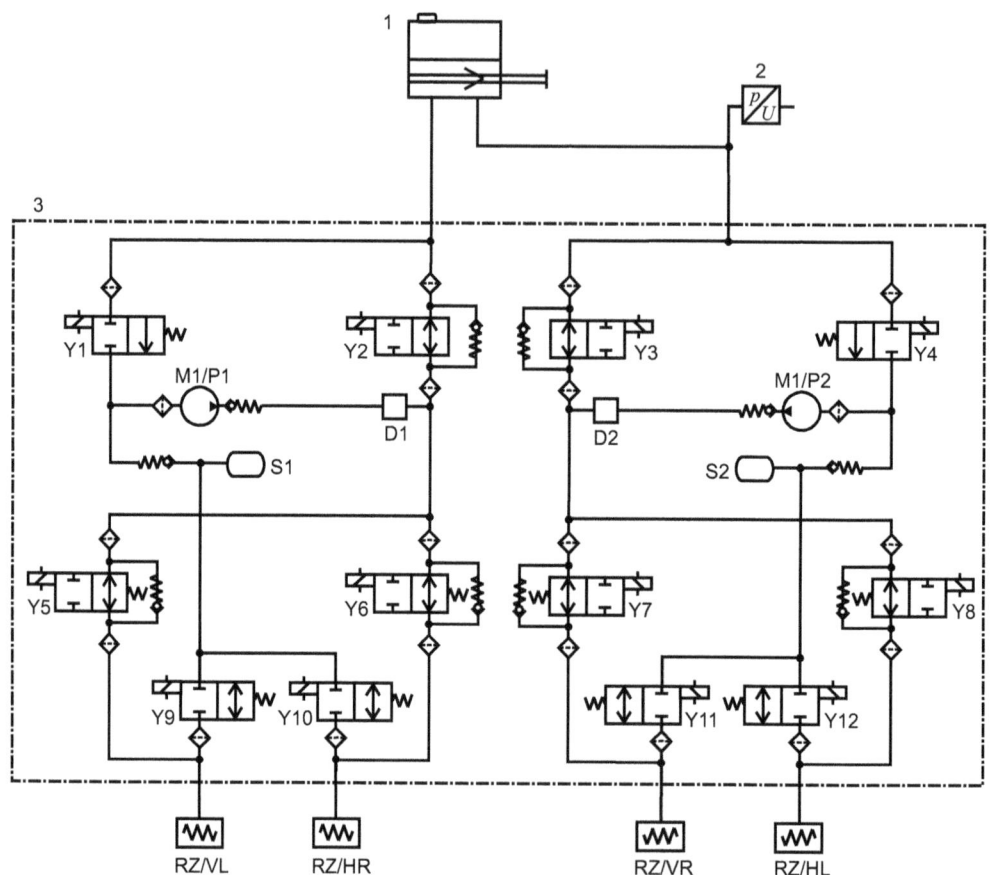

Bild 11-6 Hydraulikplan eines Systems zur Optimierung des Anfahrens, des Beschleunigens, der Fahrdynamik und des Bremsens: 1 Bremsgerät bestehend aus Bremspedal, Hauptbremszylinder mit Vorratsspeicher und Bremskraftverstärker; 2 Druck-Spannungswandler (Drucksensor); 3 Hydroaggregat mit den erforderlichen Ventilen, Speichern, Dämpfern, Filtern und der angeflanschten Rückförderpumpe; D1, D2 Dämpfer; M1 elektrisch angetriebene Rückförder-Doppelpumpe (P1 bedeutet Kammer 1 und P2 Kammer 2); RZ Radzylinder (V vorne, H hinten, L links, R rechts); S1, S2 Speicher; Y1 Ansaugventil Bremskreis 1; Y2, Y3, Umschaltventile mit integrierter Druckbegrenzung; Y4 Ansaugventil Bremskreis 2; Y5...Y8 Einlassventile der zugeordneten Radzylinder; Y9...Y12 Auslassventile der zugeordneten Radzylinder

Beim Normalbremsen, wenn die Regelelektronik nicht eingreift, bestimmt die Kraft auf das Fahrpedal den Druck, mit dem die Bremsflüssigkeit in den Radzylindern auf die Bremskolben wirkt. Als Systemdruck p_S wird der Druck bezeichnet, den der Bremskraftverstärker erzeugt. Der Druck in den Radzylindern ist der Bremsdruck p_B. Bild 11-7 zeigt den Wirkbereich des Systemdruckes p_S, der im Bremskraftverstärker (1) erzeugt wird. Weil die Regelelektronik nicht eingreift, ist im Idealfall der Bremsdruck in den Radzylindern gleich dem Systemdruck, d. h., $p_B = p_S$. Aufgrund der Drosselwirkung der durchströmten Ventile wird der Bremsdruck gegenüber dem Systemdruck zeitlich verzögert aufgebaut. Damit beim Normalbremsen die Bremsflüssigkeit ausschließlich in die Radbremsen und nicht in die Speicher S1 und S2 gedrückt wird, sind Rückschlagventile mit Vorspannfeder eingesetzt.

11.2 Brems- und Antriebsmomentenregelung

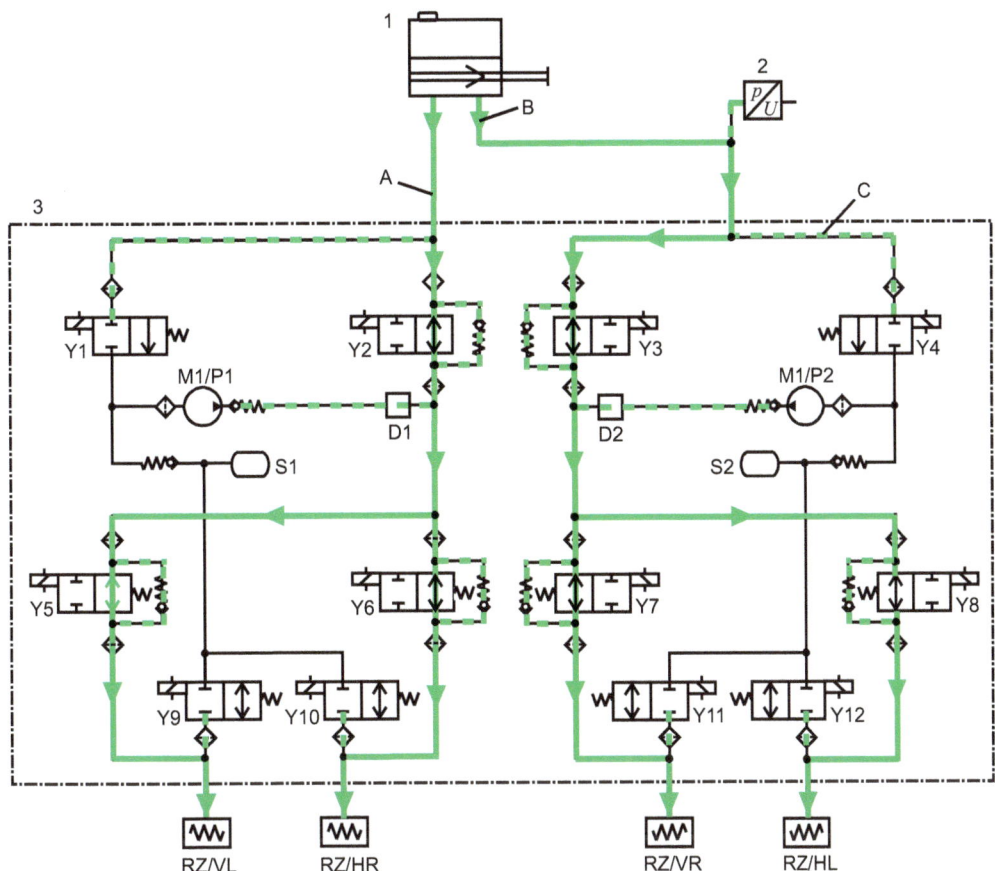

Bild 11-7 Bremspedal wird betätigt: A aufgabengemäßer Wirkbereich des Systemdruckes, B Wirkrichtung, C gestrichelte Linie zeigt Bereiche, in denen der Systemdruck wirkt, weil diese Leitungen mit den Leitungen des Wirkbereichs Verbindung haben. Diese Bereiche sind in der hier vorliegenden Situation jedoch nicht am Bremsvorgang beteiligt. Die Komponenten werden in Bild 11-6 erklärt.

11.2 Brems- und Antriebsmomentenregelung

11.2.1 Anti-Blockier-System

Die optimale Kraftübertragung auf die Straße kann unter allen Umständen nur bei einem relativ geringen Schlupf erreicht werden (siehe Abschnitt 11.1.1). Deshalb ist die Aufgabe des Anti-Blockier-Systems (ABS) das Verhindern von blockierten Rädern beim Bremsen, um die Lenkfähigkeit des Fahrzeugs zu erhalten und den optimalen Reibwert für das Abbremsen ausnutzen zu können. Dadurch wird vermieden, dass das Fahrzeug beim Verzögern ausbricht. In Bild 11-3 ist zu sehen, dass bei geringerem Reifenschlupf noch Seitenführungskräfte verfügbar sind. Bei geringem Schlupf bleibt das Fahrzeug lenkbar und es werden Reifenschäden, die durch das Blockieren auftreten würden, verhindert.

Wie in Bild 11-8 dargestellt, verarbeitet der ABS-Regler die Bremspedalstellung und die vier Raddrehzahlsignale. Aus der Raddrehzahl wird die Radgeschwindigkeit, die Radbeschleunigung und über einen Algorithmus, dem so genannten Schätzer, auch die Fahrzeuggeschwindigkeit ermittelt. Bei Fahrzeugen mit einer angetriebenen Achse stützen daher im Wesentlichen die nicht angetriebenen Räder die Berechnung der Fahrzeuggeschwindigkeit, weil diese schlupffrei sind, solange sie frei rollen. Bei allradangetriebenen Fahrzeugen muss der Antriebsschlupf erkannt und berücksichtigt werden. Deshalb gehört die Berechnung der Fahrzeuggeschwindigkeit zu den aufwändigsten Teilen des ABS-Reglers. Über die Differenzen der einzelnen Radgeschwindigkeiten zur Fahrzeuggeschwindigkeit wird der Radschlupf bestimmt. Wird über die Raddrehzahlsensoren ein zu hoher Wert für den Radschlupf ermittelt, wird für dieses Rad ein weiterer Aufbau des hydraulischen Bremsdruckes gestoppt. Im nächsten Schritt wird bei immer noch steigendem Schlupf der Bremsdruck so lange reduziert, bis sich konstante oder fallende Schlupfwerte einstellen.

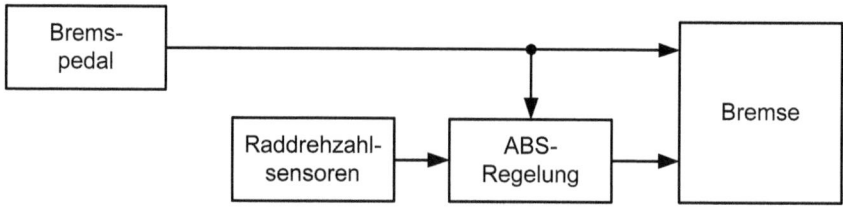

Bild 11-8 ABS-Regler

In diesem schlupfreduzierenden Algorithmus müssen aber auch Störeinflüsse berücksichtigt werden, die an verschiedenen Stellen im System einwirken. Hier ist das System verstärkt auf Robustheit auszulegen. Es ändert sich z. B. durch Einfedern des Reifens die Radumfangsgeschwindigkeit (z. B. an Schwellen bei der Zufahrt zu verkehrsberuhigten Zonen). Diese Unebenheiten und andere fahrdynamische Eigenschaften führen zu einer dynamischen Veränderung der Radlast, also der Normalkraft auf das Rad. Das kann selbst bei sonst konstanten Verhältnissen, wie z. B. konstantem Bremsdruck, dazu führen, dass (bei Reduzierung der Radlast) das Rad blockiert oder dass (bei Erhöhung der Radlast) nicht die maximal mögliche Bremskraft übertragen wird.

Außerdem wird die Raddrehbeschleunigung analysiert, um einen zu hohen Bremsdruck zu erkennen. Dabei wird der Betrag der Umfangsbeschleunigung mit einem eingestellten Schwellwert verglichen, der einem optimalen Bremsvorgang entspricht. So kann man erkennen, ob die Raddrehung zu schnell verzögert. Falls beispielsweise die Radumfangsverzögerung einer Längsverzögerung von $2g$ entspricht und damit größer ist als die entsprechende Längsverzögerung von ca. $1{,}2g$ bei einem optimalen Bremsvorgang, nimmt folglich der Schlupf zu und der Bremsdruck muss vermindert werden.

Im folgenden Beispiel wird der Übersicht wegen die Situation gezeigt, wenn nur ein Rad zur Blockierung neigt, z. B. das Rad vorne rechts (etwa durch Eis am Straßenrand). Die Gegenmaßnahme der ABS-Regelung arbeitet in zwei Schritten. Im ersten Schritt wird die Zufuhr der Bremsflüssigkeit zum betroffenen Radbremszylinder blockiert, in dem die ABS-Regelung das zuständige Einlassventil (siehe Bild 11-9a, Bauteil Y7, für Rad vorne rechts) ansteuert. Somit überträgt sich eine Systemdrucksteigerung nicht auf diesen Radbremszylinder, auch wenn das Bremspedal immer fester gedrückt wird. Je nach Straßenbeschaffenheit genügt oft diese Maßnahme, so dass sich das Rad im Rahmen der festgelegten Toleranz wieder akzeptabel verzögert.

11.2 Brems- und Antriebsmomentenregelung

Falls die Blockierneigung (schnelle Verzögerung der Raddrehzahl trotz geschlossenem Einlassventil Y7) bestehen bleibt, öffnet das zugeordnete Auslassventil (Y11) und der Bremsdruck in diesem Radzylinder baut sich ab, wie in Bild 11-9b dargestellt. Die zurückfließende Bremsflüssigkeit wird von der zwischenzeitlich eingeschalteten Rückförderpumpe M1/P2 angesaugt und über das Einlassventil Y8 in den Bremsdruckbereich des linken Hinterrades gedrückt. Der von der Rückförderpumpe erzeugte Druck übersteigt den Systemdruck. Das bedeutet, die Rückförderpumpe speist über das Umschaltventil Y3, das Bremsgerät 1 und das Umschaltventil Y2 auch den Bremskreis 1.

Die Dämpferkammern D1 und D2 sowie die Speicher S1 und S2 wirken dämpfend auf Druckspitzen und Druckschwankungen. Trotzdem sind oft die Rückwirkungen auf das Fahrpedal spürbar. Das Pulsen des Bremspedals entsteht auch durch das Öffnen und Schließen der Ventile. Wird der Bremsdruck in den Radbremsen erhöht, so sinkt das Bremspedal. Wird hingegen die Bremsflüssigkeit nach dem Druckabbau durch die Rückförderpumpe zurückgepumpt, muss das Bremspedal zurückgehen, um den notwendigen Raum im Hauptbremszylinder freizugeben.

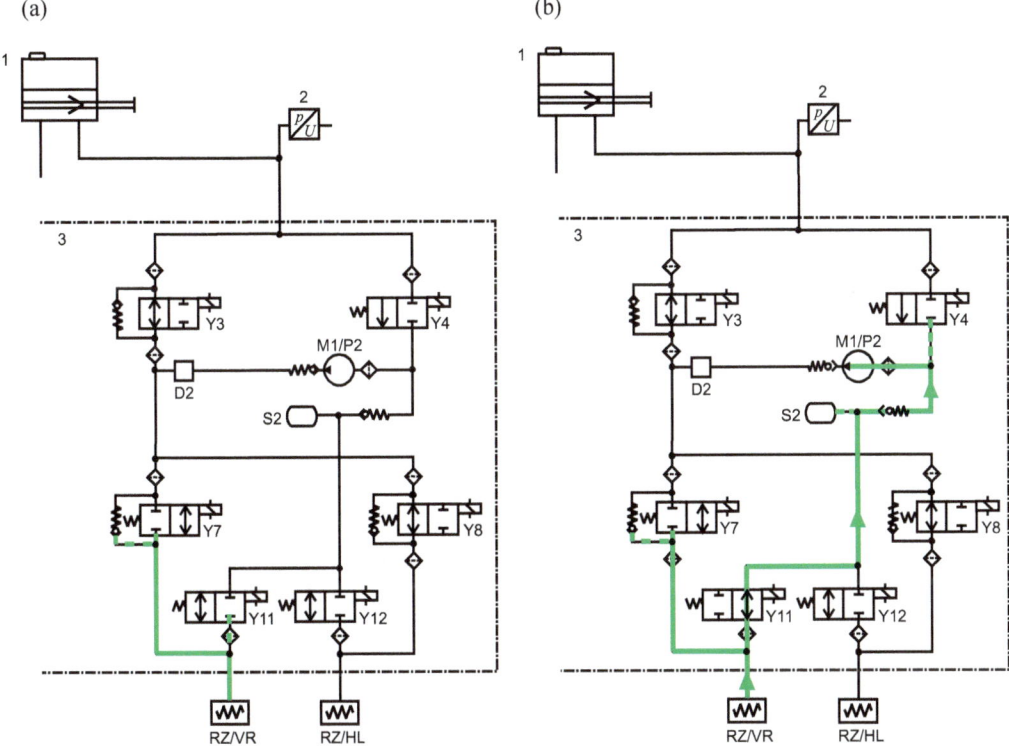

Bild 11-9 Rechtes Vorderrad zeigt Blockierneigung. Die von der ABS-Regelung betroffenen Bereiche sind grün hervorgehoben: (a) Auf den Bremszylinder im rechten Vorderrad wirkt der aktuelle Bremsdruck p_B, der im Moment im System herrschte, als das Einlassventil Y7 geschlossen wurde. (b) Nach dem Öffnen des Anlassventils Y11 bricht der Bremsdruck im Bremszylinder des rechten Vorderrades zusammen, das Einlassventil Y7 ist angesteuert und damit geschlossen. Die einzelnen Komponenten werden in Bild 11-6 erklärt

Nachdem sich im Bremszylinder des zur Blockierung neigenden Rades der Druck abgebaut hat, dreht sich das betroffene Rad wieder und die ABS-Regelung stellt „versuchsweise" wieder die in Bild 11-7 dargestellte Situation her. Falls der Fahrer weiterhin bremst, müssten sich zwischenzeitlich die Drehzahlen der anderen Räder verringert haben. Es hängt nun von der momentanen Pedalkraft und der Straßenbeschaffenheit ab, ob sich die Druckregelvorgänge wiederholen und auch an anderen Rädern ablaufen.

11.2.2 Antriebs-Schlupf-Regelung und Motor-Schleppmoment-Regelung

Starke Beschleunigungen können bei schlechten Fahrbahnverhältnissen zu einem Durchdrehen der Antriebsräder führen. Ziel der Antriebs-Schlupf-Regelung (ASR) ist es, dieses Durchdrehen zu verhindern und ein optimales Traktionsverhalten zu gewährleisten. Dadurch sorgt sie auch dafür, dass das Fahrzeug lenkbar und stabil bleibt. Dazu wird der Schlupf an den Antriebsrädern so weit reduziert, dass ein maximaler Kraftschluss ermöglicht wird. Die Motor-Schleppmoment-Regelung (MSR) dient ebenfalls zur Optimierung des Kraftschlusses. Sie kommt zum Einsatz, wenn beim abrupten Gaswegnehmen oder beim Zurückschalten hohe Momente auf die Antriebsräder entstehen, die die Kraftübertragung auf die Straße ungünstig beeinflussen.

Prinzipiell kann das Zuviel an Antriebsmoment durch einen Bremseingriff ausreichend reduziert werden. Da dabei aber die Energie in den Bremsen in Wärme umgesetzt werden muss, kann es hier zum Überhitzen des Bremssystems kommen. Deshalb erfolgt ein Regeleingriff zum Verringern des Motordrehmomentes kombiniert mit gezieltem, kurzzeitigen Bremsen (siehe Bild 11-10). Die Motor-Schleppmoment-Regelung greift beim Gaswegnehmen und Zurückschalten mit dämpfenden Maßnahmen ein. Das bedeutet, das System „gibt leicht Gas", um das Motorbremsmoment zu reduzieren und den Radschlupf der antreibenden Räder wieder in den zulässigen Bereich zu führen.

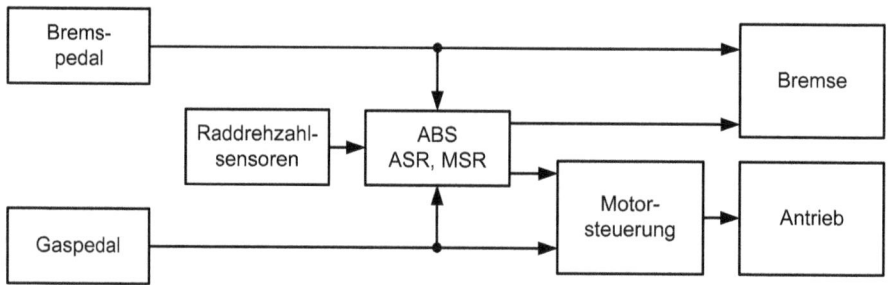

Bild 11-10 Prinzipielle Wirkungsweise eines Systems zur Antriebs-Schlupf-Regelung und zur Schleppmoment-Regelung (mit ABS)

In bestimmten Fällen ist der Bremseingriff an einem Antriebsrad während der Regelung unbedingt erforderlich, z. B. beim Befahren einer einseitig glatten Fahrbahn oder beim Beschleunigen in einer Kurve. Bei der Kurvenfahrt kann durch die dynamische Verlagerung der Radlast das kurveninnere Rad weniger Horizontalkraft und somit auch weniger Umfangskraft übertragen. Wird dieses kurveninnere Rad durch einen einseitigen Bremseingriff am Durchdrehen gehindert, so kann das kurvenäußere Rad sein volles Antriebsmoment übertragen. Somit wird das vorhandene Kraftschlusspotenzial ohne Stabilitätsverlust voll ausgeschöpft. Außerdem wird die Funktion einer Differentialsperre mit erfüllt.

11.2 Brems- und Antriebsmomentenregelung

Neben dem Radschlupf wird die Radbeschleunigung ausgewertet. Ist sie im Vergleich zu groß, dann ist davon auszugehen, dass das Antriebsmoment so groß wird, dass der verfügbare Kraftschluss nicht ausreicht, um dieses Moment auf die Fahrbahn zu übertragen. Dies macht einen Bremsdruckaufbau erforderlich, bis die Radbeschleunigung wieder auf tolerierbare Werte sinkt.

Der für einen Bremseingriff erforderliche Bremsdruck kann nicht mit Hilfe des Bremspedals und des Bremskraftverstärkers erzeugt werden. Die Druckregelung wird vom Steuergerät der Antriebs-Schlupf-Regelung oder der Fahrdynamikregelung (vgl. Abschnitt 11.3) veranlasst. Angenommen, das rechte Vorderrad dreht zu schnell. Damit nun der Bremsdruck, wie in Bild 11-11 gezeigt, nur den Bremszylinder dieses Rades erreicht, muss zunächst das Umschaltventil Y2 (siehe Bild 11-6) schließen, also elektrisch angesteuert werden. Den erforderlichen Bremsdruck erzeugt die ebenfalls angesteuerte Rückförderpumpe M1/P2. Dies ist nur möglich, weil das Ansaugventil Y4, wie in Bild 11-11 gezeigt, angesteuert wurde, so dass es den Zulauf freigibt. Damit keine Umlaufströmung zu Stande kommt, ist das Umschaltventil Y3 ebenfalls angesteuert und sperrt. Somit wirkt der Bremsdruck nur in Richtung der Radbremszylinder des Bremskreises 2. Das ebenfalls angesteuerte Einlassventil Y8 sperrt und verhindert, dass der Bremsdruck auf den Bremszylinder am linken Hinterrad wirkt.

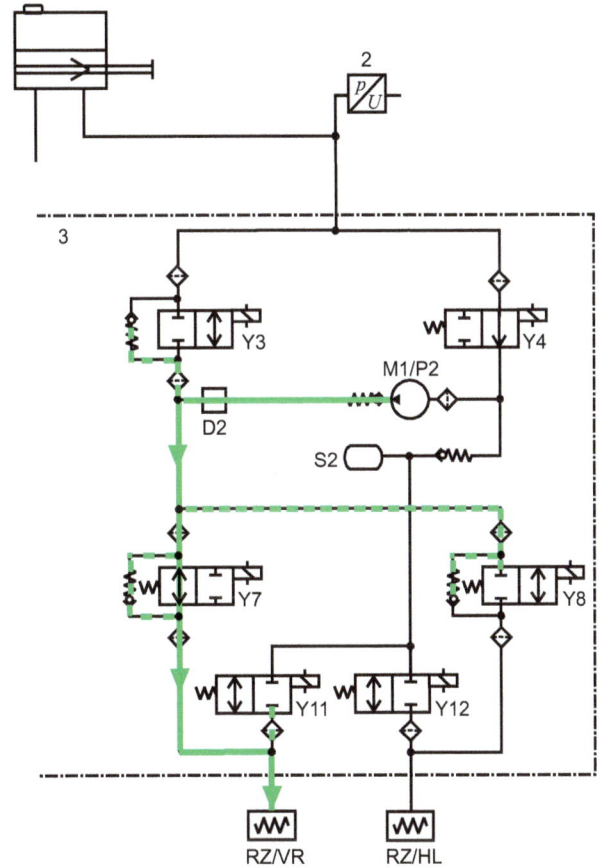

Bild 11-11 Rechtes Vorderrad wird selbsttätig abgebremst: Die einzelnen Komponenten werden in Bild 11-6 erklärt

Aufgrund der Drosselwirkung der durchströmten Ventile baut sich der Bremsdruck im betroffenen Radbremszylinder leicht verzögert auf. Wenn nun das betroffene Rad seine Drehzahl entsprechend reduziert, bevor der Bremsdruck dort sein Maximum erreicht, muss in die Druckhaltephase umgeschaltet werden und das Einlassventil des betroffenen Rades schließt, z. B. das Ventil Y7 in Bild 11-11. Bei zu starker Drehzahlreduzierung öffnet außerdem zum Druckabbau das entsprechende Auslassventil (in Bild 11-11 wäre das das Ventil Y11).

11.2.3 Bremsassistent

Untersuchungen zeigen immer wieder, dass nur wenige Fahrer in Notsituationen richtig und ausreichend bremsen (siehe [Ki1]). Typischerweise wird das Bremspedal zwar schnell genug betätigt, aber bei weitem nicht ausreichend stark (siehe Bild 11-12). Ein späteres Steigern des Bremsdrucks kann den dadurch verlorenen Bremsweg nicht mehr ausgleichen. Dies hat zur Entwicklung des Bremsassistenten geführt.

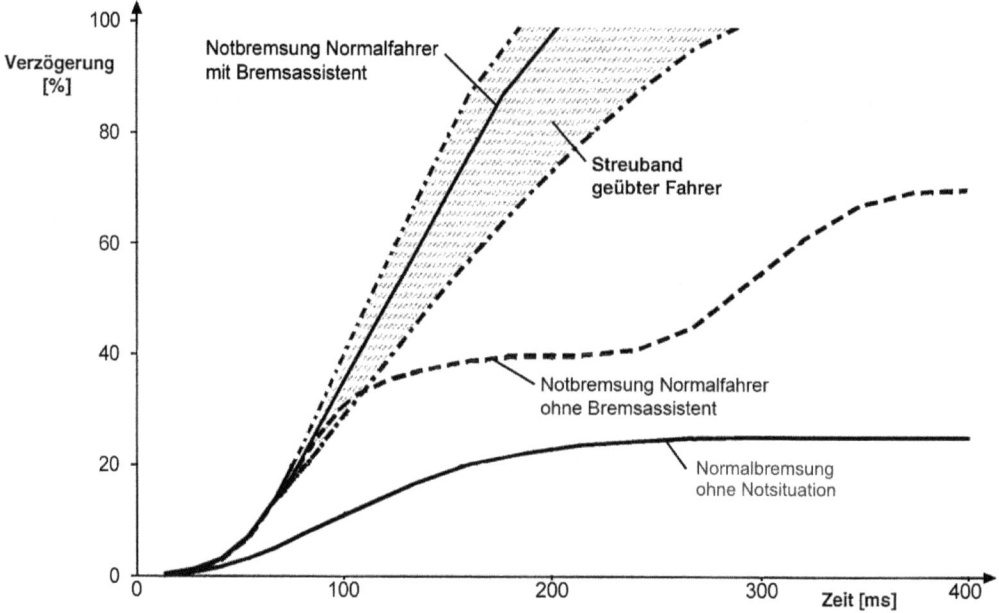

Bild 11-12 Bremsvorgänge mit und ohne Bremsassistent [Ko1]

Der Bremsassistent hat die Aufgabe, den Anhalteweg zu reduzieren. Er reagiert in kritischen Situationen, in denen der Fahrer schnell auf das Bremspedal tritt, auch wenn der Bremsdruck nicht kraftvoll genug aufgebaut wird. Meist wertet der Bremsassistent den Bremspedalweg aus. Die Aktivierung der Notbremsfunktion hängt neben der Pedalinformation auch von der Fahrzeuggeschwindigkeit ab. Oberhalb einer definierten Fahrzeuggeschwindigkeit wird dabei die Geschwindigkeit der Pedalbetätigung ausgewertet. Wird eine Notbremssituation aufgrund einer schnellen Pedalbetätigung erkannt, so steigert der Bremsassistent den Bremsdruck bis zur Kraftschlussgrenze (siehe Bild 11-12). Durch ein leichtes Zurücknehmen des Bremspedals wird die Unterstützung wieder abgeschaltet.

11.3 Fahrdynamik-Regelung

Allein durch Lenkvorgänge (ohne dass der Fahrer bremst oder beschleunigt) können kritische Fahrzustände entstehen, die im Extremfall sogar ein Umkippen des Fahrzeugs bewirken können. Eine Fahrdynamik-Regelung (FDR) kann das seitliche Ausbrechen des Fahrzeugs verhindern, indem durch radselektive (einseitige) Bremsvorgänge Momente, d. h. „Lenkkorrekturen", ausgeübt werden. Herstellerabhängig werden verschiedene Bezeichnungen für die Fahrdynamik-Regelung verwendet, z. B. Elektronisches Stabilitäts-Programm (ESP) oder Dynamisches Stabilitäts Control (DSC).

Bei einer vereinfachten Betrachtungsweise stellt sich die Situation folgendermaßen dar: Ein untersteuerndes Fahrzeug (das über die Vorderräder nach außen schiebt, siehe Bild 11-13a), wird beispielsweise durch Abbremsen des kurveninneren Hinterrads wieder auf Wunschkurs gebracht; beim übersteuernden Fahrzeug (das Heck droht auszubrechen, siehe Bild 11-13b) wird das kurvenäußere Vorderrad abgebremst. Es wird also das Ausbrechen (beim Übersteuern) wie auch das Hinausschieben über das Vorderrad (beim Untersteuern) des Fahrzeuges verhindert.

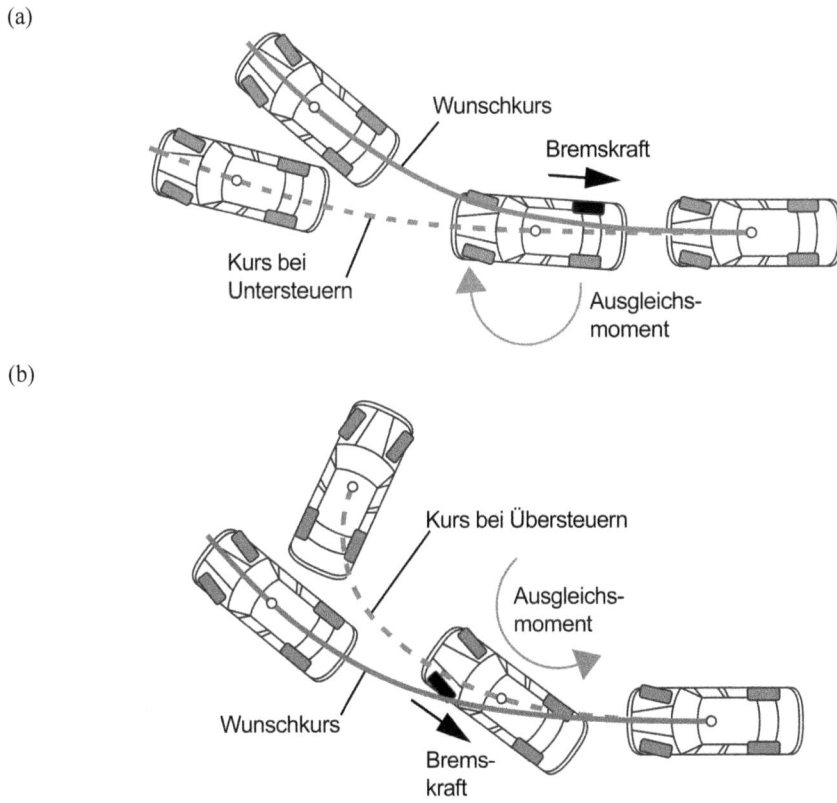

Bild 11-13 Regelung eines Fahrzeugs entlang des Wunschkurses durch radselektive Bremsvorgänge (vereinfachte Betrachtungsweise):
(a) Beim Untersteuern durch Bremsung des rechten Hinterrades.
(b) Beim Übersteuern durch Bremsung des linken Vorderrades

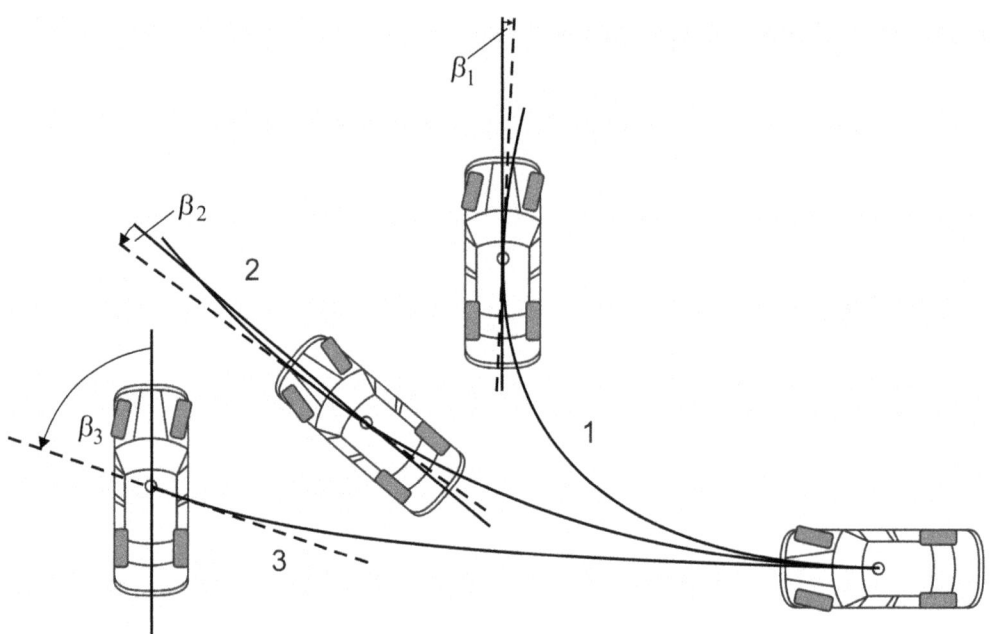

Bild 11-14 Die Bedeutung des Schwimmwinkels β bei einer Kurvenfahrt: 1 griffige Fahrbahn, 2, 3 glatte Fahrbahn, 2 mit Fahrdynamik-Regelung, 3 ohne Fahrdynamik-Regelung. Die Fahrzeuglängsachse ist jeweils durchgezogen, die Richtung der aktuellen Geschwindigkeit (Bahntangente) gestrichelt gezeichnet

Viele kritische Fahrzustände lassen sich durch Vergleich der gemessenen Gierrate mit der zum Wunschkurs gehörigen Gierrate (kann über ein modifiziertes lineares Einspurmodell berechnet werden) ermitteln, wie z. B. die in Bild 11-13 gezeigten Situationen. Es gibt jedoch auch kritische Fahrzustände, die allein durch Überprüfung der Gierrate nicht erkennbar sind. Bild 11-14 zeigt einen solchen Fall, wobei den Kurven 1 und 3 der gleiche zeitliche Verlauf der Gierrate entspricht. Es ist daher neben der Gierrate noch eine zweite Größe zur Charakterisierung des Fahrzustands zu wählen, nämlich der Schwimmwinkel (siehe Abschnitt 11.1.1). Leider ist der Schwimmwinkel nicht wie die Gierrate direkt messbar, sondern muss durch einen so genannten Fahrzustandsschätzer aus messbaren Größen (wie Gierrate, Querbeschleunigung und gegebenenfalls weiteren) berechnet werden. Die Fahrdynamik-Regelung muss sowohl die Gierrate als auch den Schwimmwinkel innerhalb von bestimmten Grenzen halten, innerhalb derer das Fahrzeug stabil ist (vgl. Bild 11-14).

Bild 11-15 verdeutlicht den Algorithmus zur Fahrdynamik-Regelung in vereinfachter Form. Der linke Pfad oben berechnet den vom Fahrer vorgegebenen Sollwert, nämlich die gewünschte Fahrzeugbewegung. Dieser wird im einfachsten Fall mit dem linearen Einspurmodell ermittelt. Rechts oben wird die tatsächliche Fahrzeugbewegung berechnet. Die Eingangsdaten dafür sind Sensorsignale, die den Istzustand des Fahrzeugs charakterisieren. Diese sind die Giergeschwindigkeit, die Querbeschleunigung und gegebenenfalls weitere Größen. Die Giermomentenregelung vergleicht die gewünschte Fahrzeugbewegung mit der tatsächlichen, wobei sowohl der Schwimmwinkel als auch die Gierrate berücksichtigt werden.

11.3 Fahrdynamik-Regelung

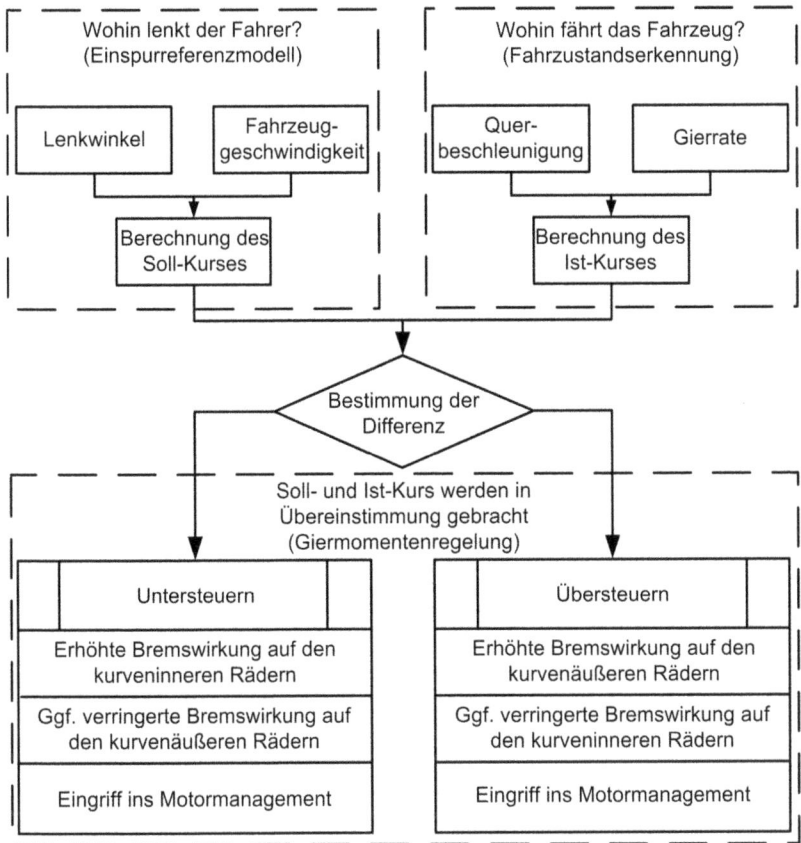

Bild 11-15 Vereinfachter Algorithmus zur Fahrdynamik-Regelung

Bewegen sich die Abweichungen vom tatsächlichen zum gewünschten Verlauf für Schwimmwinkel und Gierrate innerhalb der zulässigen Toleranzgrenzen, so ist das Fahrzeug ohne Maßnahmen der Fahrdynamik-Regelung kontrollierbar. Werden diese Toleranzgrenzen überschritten, sind aktive Maßnahmen zur Fahrzeugstabilisierung einzuleiten. Dazu werden Giermomente (Drehmomente um die Fahrzeughochachse) ausgeübt. Das geschieht durch radindividuelle Schlupfregelung. Das heißt, an jedem einzelnen Rad wird ein bestimmter Sollschlupf vorgegeben, der über Antriebs- und Bremseingriffe an dem betreffenden Rad einzeln eingeregelt wird. Anschaulich bedeutet dies eine „Lenkung" durch einseitige Bremsvorgänge (siehe Abschnitt 11.2.2) und gegebenenfalls durch erhöhte Antriebswirkung auf der gegenüberliegenden Seite. Das Zusammenwirken der verschiedenen Subsysteme und Sensoren zeigt Bild 11-16.

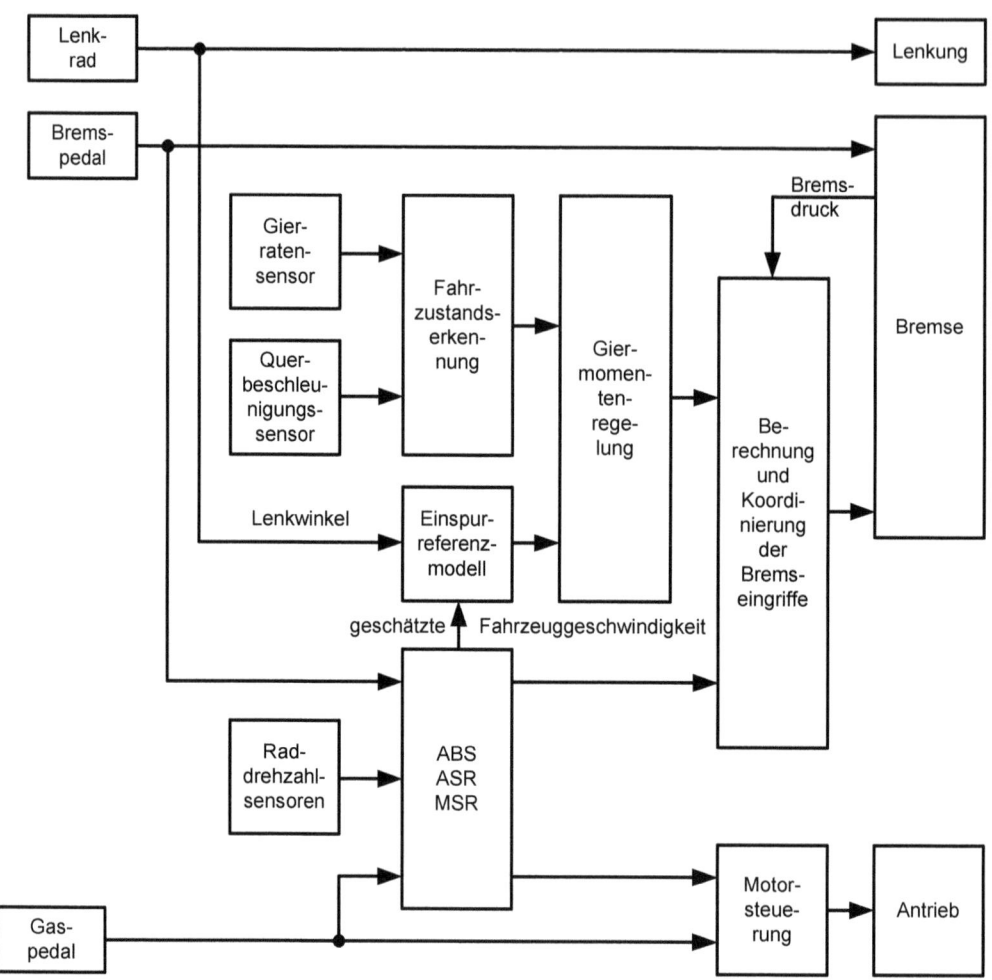

Bild 11-16 Fahrdynamik-Regelsystem

Zur Erläuterung wirkungsvoller Bremseingriffe werden die Hebelarme am Fahrzeug in Verbindung mit den Längs- und Seitenkräften an jedem Rad betrachtet. An den einzelnen Rädern wirken die Kräfte F_{vl}, F_{vr}, F_{hl} und F_{hr}, wobei F hier für die resultierende Kraft steht, die Indizes v für vorne, h für hinten, l für links, r für rechts (siehe Bild 11-17). Diese Einzelkräfte wirken mit einem jeweiligen Hebelarm gemeinsam um den gedachten Drehpunkt (Punkt in der Mitte des Bildes 11-17) und bewirken ein resultierendes Giermoment M_G.

11.3 Fahrdynamik-Regelung

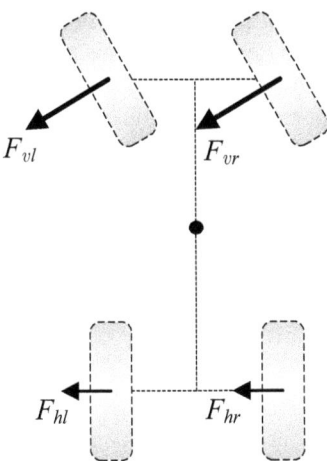

Bild 11-17 Kräfte während einer Kurvenfahrt. Die Variablen werden im Text erklärt

Durch eine vektorielle Aufspaltung der Radkräfte in eine Komponente Seitenkraft (gekennzeichnet durch den Index s, z. B. F_{vls}) und eine darauf senkrechtstehende Längskraft in Fahrzeuglängsrichtung (gekennzeichnet durch den Index l, z. B. F_{vll}) ergibt sich Bild 11-18a. Diese Kräfte sind mit ihren Hebelarmen nochmals in Bild 11-18b dargestellt. Jede dieser Einzelkräfte multipliziert mit dem jeweiligen Hebelarm ergibt ein Drehmoment um den Drehpunkt, welches auf das Fahrzeug einwirkt. Der Drehpunkt ist oft der Schwerpunkt des Fahrzeuges, er ist also nicht ortsfest. Zur Veranschaulichung wurden in Bild 11-18b,c noch Dreiecke eingezeichnet, deren Fläche zum Drehmoment proportional ist. Addiert man (unter Berücksichtigung der Zählrichtung und damit deren Vorzeichen) diese vier einzelnen Drehmomente, so ergibt sich das resultierende Giermoment M_G (siehe Bild 11-18c).

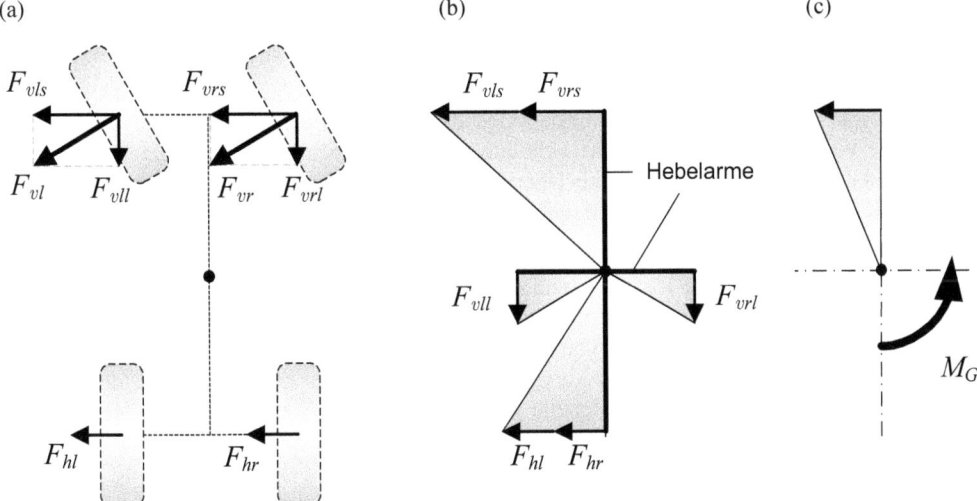

Bild 11-18 Kräfteverteilung auf die Hebelarme und daraus folgendes Giermoment. Die Variablen werden im Text erklärt

Wird nun bei der Kurvenfahrt z. B. das kurvenäußere Vorderrad (in Bild 11-18 vorne rechts) mit der Kraft F_b verzögert, so beeinflusst dies sowohl die Kräfte an der Längsache als auch die an der Querachse, wie in Bild 11-19 dargestellt. Die Längskraft F_{vrl} vorne rechts wird größer, die entsprechende Seitenkraft F_{vrs} wird kleiner. Die Verringerung der Seitenkraft F_{vrs} und die Erhöhung der Längskraft F_{vrl} bewirken zusammen eine Verringerung des Giermomentes M_G (siehe Bild 11-19b,c). Dem Fahrzeug wird also durch das Abbremsen des kurvenäußeren Rades ein kleineres Giermoment eingeprägt, und es neigt nicht mehr so stark zum Eindrehen und damit zum Übersteuern. Dadurch kann das übersteuernde Fahrzeug durch einen Bremseingriff effektiv korrigiert werden.

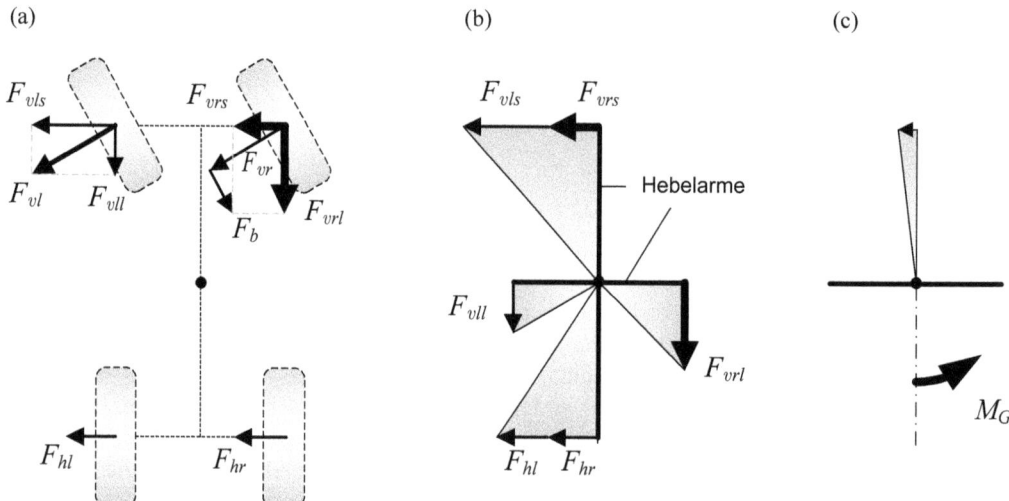

Bild 11-19 Kräfteverteilung bei gebremstem rechtem Vorderrad und daraus folgendes Giermoment. Die Variablen werden im Text erklärt

Wird nun statt des kurvenäußeren Vorderrades das kurveninnere Hinterrad abgebremst, so bewirkt die verzögernde Kraft F_b eine Erhöhung des resultierenden Giermomentes M_G. Dies ist in Bild 11-20 dargestellt, wobei die Überlegungen hierzu analog zu den Überlegungen zu Bild 11-19 sind. Untersteuernde Fahrzeuge können so korrigierend in die Kurve gesteuert werden.

Wird die Bremskraft auf ein Rad während einer gebremsten Kurvenfahrt verringert, bewirkt dies jeweils eine gegenteilige Änderung. Die Längskraft am Rad sinkt, die Seitenkraft steigt. Eine Bremskraftreduzierung des kurvenäußeren Vorderrades führt somit zu einem erhöhten Giermoment und das Fahrzeug wird kurvenwilliger. Außerdem erkennt man in den Bildern 11-18 bis 11-20, dass aufgrund der Hebelarme die Eingriffe am Rad über die Seitenführungskraft effektiver sind als über die Längskraft, weil die Seitenkraft an einem längeren Hebelarm wirkt.

11.3 Fahrdynamik-Regelung

Bei den hier erläuterten Bremseingriffen addieren sich die durch den Bremseingriff auf das Gesamtfahrzeug wirkenden Momente (Moment aus Längskraft und Moment aus Seitenkraft), weil das Produkt aus Hebelarm und Seitenkraft in die gleiche Richtung wirkt wie das Produkt aus Längskraft und zugehörigem Hebelarm. Ebenso gibt es auch Räder, wo sich diese Momente betragsmäßig subtrahieren, was natürlich unerwünscht ist. Nachdem aber Seiten und Längskraft immer nur zusammen beeinflussbar sind, scheiden diese Eingriffe auf Räder, bei denen sich die Momente aus Längs- und Seitenkraft gegenseitig schwächen, als sinnvolle Eingriffe aus.

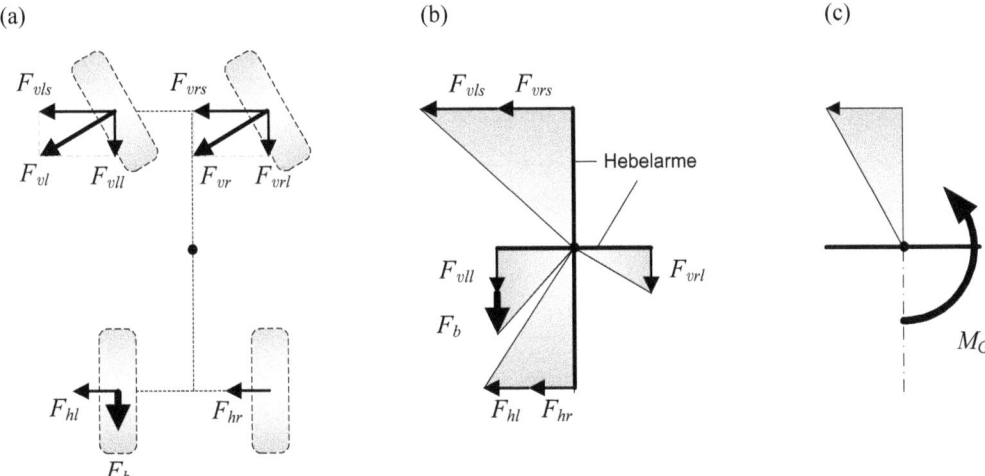

Bild 11-20 Kräfteverteilung bei gebremstem linkem Hinterrad und daraus folgendes Giermoment. Die Variablen werden im Text erklärt

Eine Betrachtung aller Fahrsituationen führt dann zu Tabelle 11.1. Dabei ist zu beachten, dass ein Kraftaufbau der Längskraft (↑ in der Zeile LK) durch Bremsdruckaufbau, ein Kraftabbau der Längskraft (↓ in der Zeile LK) durch Bremsdruckabbau erreicht wird. Sie zeigt als Zusammenfassung obiger Überlegungen, dass sowohl für übersteuerndes als auch für untersteuerndes Fahrverhalten prinzipiell zwei mögliche Eingriffsräder sinnvoll sind. Als Beispiel wird eine Linkskurve betrachtet (wie in den Bildern 11-18 bis 11-20 dargestellt). Bei einem übersteuernden Fahrzeug ist ein Bremsdruckaufbau vorne rechts und ein Bremsdruckabbau hinten links sinnvoll, da hier alle Momente in die gewünschte Richtung wirken. Analog ist für ein untersteuerndes Fahrzeug ein Druckaufbau hinten links und ein Druckabbau vorne rechts sinnvoll. Auch die geeigneten Bremseingriffe für Rechtskurven lassen sich aus der Tabelle ablesen.

Tabelle 11.1 Sinnvolle Bremseingriffe (entweder Bremsdruckauf- oder -abbau) und deren Auswirkung am Eingriffsrad: LK Längskraft, SK Seitenkraft, ↑ Kraftaufbau, ↓ Kraftabbau, Eingriff am primären Eingriffsrad. Die mit – markierten Felder werden nicht weiter betrachtet, weil sich die Wirkungen von Längs- und Seitenkraft ganz oder teilweise gegenseitig aufheben (bei den Vorderrädern) oder weil durch den Bremsdruckauf- oder -abbau keine zusätzliche Kraft ausgeübt werden kann (bei den Seitenkräften der Hinterräder)

Eingriffsrad		Kraft-richtung	Linkskurve		Rechtskurve	
			übersteuernd	untersteuernd	übersteuernd	untersteuernd
vorne	links	LK	–	–	↑	↓
		SK	–	–	↓	↑
	rechts	LK	↑	↓	–	–
		SK	↓	↑	–	–
hinten	links	LK	↓	↑	↑	↓
		SK	–	–	–	–
	rechts	LK	↑	↓	↓	↑
		SK	–	–	–	–

Prinzipiell ist ein Bremsdruckaufbau in einem einzelnen Rad immer möglich (über das Hydroaggregat, siehe Abschnitt 11.2.2); ein Druckabbau jedoch nur dann, wenn an dem entsprechenden Radzylinder bereits Druck anliegt, das Fahrzeug sich also im gebremsten Fahrzustand befindet. Das Rad, an dem der Druck aufgebaut wird, nennt man „primäres Eingriffsrad", das korrespondierende Rad, in dem Druckabbau sinnvoll ist, dementsprechend „sekundäres Eingriffsrad". Der Eingriff am primären Eingriffsrad ist wirkungsvoller als der am sekundären und im Gegensatz zu letzterem immer möglich. Je nach Kurvenrichtung und Fahrzustand (über- oder untersteuernd) sind also Bremseingriffe immer an zwei Rädern sinnvoll, wobei bei einem Rad der Druck aufgebaut wird (primäres Eingriffsrad) und am anderen Rad (sekundäres Eingriffsrad) der Druck abgebaut wird.

Durch Kenntnis der Divergenz von Fahrerwunsch und Fahrzeugverhalten lässt sich auch ein drohendes Überrollen über die Fahrer- oder Beifahrerseite erkennen und durch Abbremsung innerhalb der physikalischen Grenzen auch verhindern. Ein Überrollen des Fahrzeugs erfolgt häufig nur in Wechselkurven, da hierbei eine ständig wechselnde Wankbeschleunigung (Winkelbeschleunigung um die Fahrzeuglängsachse) auftritt und das Fahrzeug somit „aufgeschaukelt" wird. Solche Wechselkurven können anhand des zeitlichen Verlaufs gemessener und geschätzter fahrdynamischer Größen erkannt werden. So kann in der Fahrdynamikregelung die auftretende Wankbeschleunigung abgeschätzt und einem drohenden Umkippen des Fahrzeugs durch Bremseingriffe entgegengewirkt werden.

12 Fahrerassistenzsysteme

12.1 Einleitung

Fahrerassistenzsysteme (FAS) steigern den Komfort im Fahrzeug und helfen dem Fahrer, Gefahrensituationen frühzeitig zu erkennen oder zu vermeiden. Der Fahrer kann das Fahrzeug zwar auch alleine bewegen, aber mit Assistenzsystemen wird es für ihn angenehmer und sicherer. Die Unfallvermeidung rückte dabei erst nach und nach in den Fokus; ursprünglich standen die Entlastung des Fahrers und die Reduktion der Betriebskosten im Mittelpunkt. So weist die Betriebsanleitung zum ersten Geschwindigkeitsregelsystem (Cruise Control CC, auch Tempomat genannt) speziell auf die Kraftstoffersparnis hin. Heute werden Fahrerassistenzsysteme gezielt nach den Erkenntnissen der Unfallforschung entwickelt.

12.1.1 Fahrerassistenz- und Fahrdynamikregelsysteme

Fahrerassistenzsysteme assistieren dem Fahrer, wie ihre Bezeichnung schon ausdrückt. Eine ganze Reihe an Funktionen kann dies für sich reklamieren: Automatische Getriebe assistieren bei der Wahl des richtigen Gangs, Navigationssysteme unterstützen bei der Wahl der Fahrtroute, eine Fahrgeschwindigkeitsregelung hält die gewünschte Geschwindigkeit und eine Fahrdynamikregelung führt das Fahrzeug in kritischen Situationen auf dem vom Fahrer gewählten Pfad. Ehe Fahrerassistenzsysteme im Weiteren beschrieben werden, ist also eine genauere Definition erforderlich. Es existieren verschiedene Modelle, die das Verhalten des Fahrers und die Aufteilung seiner Fahraufgabe beschreiben (siehe z. B. [Do2], [Ra3]). Tabelle 12.1 zeigt eine Gliederung der Tätigkeiten zur Lösung der Fahraufgabe in primäre, sekundäre und tertiäre Aufgaben.

Tabelle 12.1 Unterteilung der Fahraufgabe

Aufgabe	Tätigkeit	Beispiele
Primäre Aufgaben	Navigation	Fahrtroute und zeitlichen Ablauf der Fahrt wählen
	Führung	Fahrspur wählen, Abstand zum vorausfahrenden Fahrzeug halten, beschleunigen, …
	Stabilisierung	Lenken, bremsen, beschleunigen, ….
Sekundäre Aufgaben	Einstellung des Betriebspunkts	Gänge schalten, Blinker und Licht bedienen, Scheibenwischer betätigen
Tertiäre Aufgaben	Steuerung des Ambientes	Temperatur einstellen, Infotainment bedienen (Radio, Telefon, …)

Navigation, Führung und Stabilisierung werden als primäre Aufgaben bezeichnet. Dabei hängen diese drei Tätigkeiten voneinander ab: Zum Beispiel setzt das richtige Lenken auf eine Abbiegespur die Wahl der richtigen Fahrspur voraus, diese wiederum erfordert eine gewählte Fahrtroute.

Die Zeit, die dem Fahrer für die Umsetzung der primären Aufgaben zur Verfügung steht, wird von oben nach unten kürzer. Die Wahl einer geeigneten Fahrtroute kann noch vor Fahrtantritt erfolgen und dann „beliebig lange" dauern. Die Entscheidung für die Trajektorie, in diesem Fall die beste Fahrspur, muss kurzfristig und in Abhängigkeit von der Fahrsituation erfolgen. Für die Stabilisierung steht dem Fahrer nur eine sehr kurze Zeitspanne zur Verfügung, in der er z. B. ein untersteuerndes Fahrzeug wieder „fangen" kann.

Je kürzer die Zeit ist, die er zur Verfügung hat, desto mehr ist der Fahrer auf intuitives Handeln angewiesen. Abhängig von seinem Zustand (z. B. seiner Müdigkeit) und seiner Erfahrung (z. B. als Fahranfänger) sind dieser Intuition Grenzen gesetzt und der Nutzen von Systemen, die ihn in seinem Handeln unterstützen, ist entsprechend höher. An diesem Punkt setzen Fahrdynamikregelsysteme (FDR) und Fahrerassistenzsysteme an.

Fahrdynamikregelsysteme lassen sich der Stabilisierung in Tabelle 12.1 zuordnen. Ihre Wirkungsweise und ihre Ausprägungen werden in Kapitel 11 beschrieben. Sie greifen automatisch ein, wenn das Fahrzeug instabil wird.

Die im weiteren Verlauf dieses Kapitels betrachteten Fahrerassistenzsysteme lassen sich wie folgt definieren: Sie unterstützen den Fahrer bei seiner Führungsaufgabe, ohne ihn zu „bevormunden". Ihre Eingriffe können jederzeit überstimmt werden.

Mit dieser Definition können die am Anfang dieses Abschnittes genannten Beispiele eingeordnet werden. Die Fahrgeschwindigkeitsregelung lässt sich der Führung in Tabelle 12.1 zuordnen und ist in diesem Sinne ein Fahrerassistenzsystem. Sie wird im Abschnitt „Abstand und Geschwindigkeit" genauer beschrieben.

12.1.2 Motivation

Ursprünglich stand die Entlastung des Fahrers von Routinetätigkeiten im Mittelpunkt der Entwicklung der Fahrerassistenzsysteme. Durch den Komfortgewinn ermüdet der Fahrer langsamer und kann entsprechend länger konzentriert die primären Aufgaben erfüllen. Kritischen Situationen ist er so besser gewachsen. Ein Beispiel hierfür ist die bereits erwähnte Fahrgeschwindigkeitsregelung.

Aus Unfallstatistiken lassen sich ebenfalls Handlungsfelder für die Fahrerunterstützung ableiten. So kamen 2002 europaweit rund 40000 Menschen bei Verkehrsunfällen zu Tode. Der volkswirtschaftliche Schaden belief sich auf geschätzte 160 Milliarden Euro.

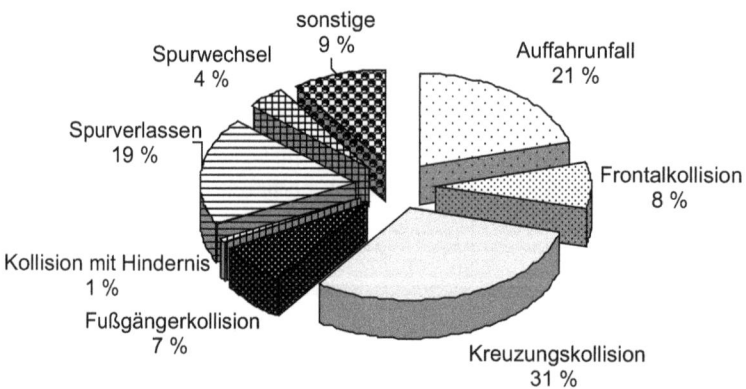

Bild 12-1 Verteilung der Unfallursachen in Deutschland 2002 [Wa1]

Bild 12-1 zeigt eine Verteilung der Unfälle in Deutschland. Fast ein Viertel der Unfälle geht auf das Verlassen der Fahrbahn oder auf den Spurwechsel zurück; Systeme, die den Fahrer vor dem Verlassen der Spur oder vor dem Abkommen von der Fahrbahn warnen, können diesen Wert beeinflussen.

30 Prozent aller Unfälle sind Kollisionen mit Hindernissen oder anderen Fahrzeugen; hier setzen Rangierhilfen und Kollisionswarnungen an. Außerdem findet nachts zwar nur 20 Prozent des Verkehrsaufkommens statt, es passieren aber 40 Prozent der Unfälle mit Getöteten. Eine bessere und situationsgerechtere Ausleuchtung der Fahrbahn und Nachtsichtassistenten unterstützen den Fahrer in der Dunkelheit.

12.1.3 Rechtliche Randbedingungen

Fahrerassistenzsysteme müssen verschiedene rechtliche Randbedingungen erfüllen. In erster Linie muss das Fahrzeug, in dem sie zum Einsatz kommen, zertifizierbar sein. Hierfür muss es allen fahrzeugtechnischen Vorschriften genügen. Für Fahrerassistenzsysteme gibt es einzelne Bestimmungen, z. B. [Ec4], die Vorgaben zur Ausführung der Lenkung und deren Ansteuerung durch ein Fahrerassistenzsystem machen.

Darüber hinaus muss sichergestellt sein, dass ein Fahrerassistenzsystem den Fahrer nicht daran hindert, sich gesetzeskonform zu verhalten, z. B. im Sinne der Straßenverkehrsordnung. Auch darf das Fahrerassistenzsystem selbst nicht im Widerspruch zu den Gesetzen stehen; beispielsweise darf ein Abstandsregelsystem den gesetzlich vorgeschriebenen Mindestabstand nicht unterschreiten.

Für Fahrerassistenzsysteme von besonderer Bedeutung ist das Wiener Übereinkommen über den Straßenverkehr von 1968 [Ec5]. Staaten, die dem Übereinkommen beigetreten sind, haben ihre nationalen Gesetze an dessen Vorgaben ausgerichtet.

Beispielhaft werden hier drei Vorschriften aus dem Übereinkommen genannt:

Art. 8, Abs. 1: „Jedes Fahrzeug und miteinander verbundene Fahrzeuge müssen, wenn sie in Bewegung sind, einen Führer haben."

Art. 8, Abs. 5: „Jeder Führer muss dauernd sein Fahrzeug beherrschen oder seine Tiere führen können."

Art. 13, Abs. 1: „Jeder Fahrzeugführer muss unter allen Umständen sein Fahrzeug beherrschen, um den Sorgfaltspflichten genügen zu können und um ständig in der Lage zu sein, alle ihm obliegenden Fahrbewegungen auszuführen."

Fahrerassistenzsysteme müssen durch den Fahrer überstimmbar sein, sonst hätte das Fahrzeug zwei Führer. Systeme, die nicht jederzeit vollständig überstimmbar sind, können die Beherrschbarkeit des Fahrzeugs für den Fahrer einschränken und so im Widerspruch zum Wiener Übereinkommen stehen [Wi1].

Eine Sonderstellung nehmen die Fahrdynamikregelsysteme ein, beispielsweise elektronische Stabilitätsprogramme. Eine Übersteuerung ist während deren Eingriff nicht möglich. Sie sind dennoch zulässige Systeme, da sie den Fahrerwunsch (z. B. Lenkeinschlag) in einer zeitkritischen Situation so gut wie möglich umsetzen.

Die Überprüfung der Beherrschbarkeit eines Fahrzeugs mit Fahrerassistenzsystemen für den Fahrer muss der Fahrzeughersteller vornehmen und nachweisen können. Sie hat für ihn erhebliche Auswirkung auf die Produkthaftung.

Neben diesen Rahmenbedingungen wurden im Wiener Übereinkommen die Verkehrszeichen normiert. Das in allen Unterzeichnerstaaten gleiche Erscheinungsbild von beispielsweise Schildern für Geschwindigkeitsbeschränkungen ist für die Entwicklung von Assistenzsystemen, die diese Zeichen erkennen sollen, von wesentlicher Bedeutung.

12.2 Umgebungserfassung

Die ersten Fahrerassistenzsysteme kamen noch ohne Umgebungserfassung durch Sensoren aus, beispielsweise die bereits erwähnte Fahrgeschwindigkeitsregelung. Sie benötigt lediglich Informationen über den Bewegungszustand (z. B. Geschwindigkeit, Beschleunigung) des Fahrzeugs. Die Entwicklung von Sensoren, die das Umfeld des Fahrzeugs erfassen, hat den Fahrerassistenzsystemen weiteren Schub gegeben. Mit entsprechender Sensorik kann die Fahrsituation erfasst und der Fahrer weiter entlastet werden. Ein Beispiel hierfür ist die Weiterentwicklung der Fahrgeschwindigkeitsregelung (Cruise Control CC) zum ACC (Adaptive Cruise Control), das neben der Geschwindigkeit auch den Abstand zum vorausfahrenden Fahrzeug berücksichtigt.

Die Informationen, die den Systemen zur Verfügung stehen, können auf unterschiedlichen Wegen gewonnen werden, siehe hierzu Bild 12-2. Im Vorausschaubereich agieren Fahrerinformationssysteme. Sie wirken über sehr große Entfernungen und unterstützen den Fahrer z. B. bei der Navigation. Hierzu zählen z. B. Informationen zum Verkehrsfluss (Stauinfo aus dem Radio oder über GSM). Fahrerassistenzsysteme nutzen bisher keine Daten aus dem Vorausschaubereich.

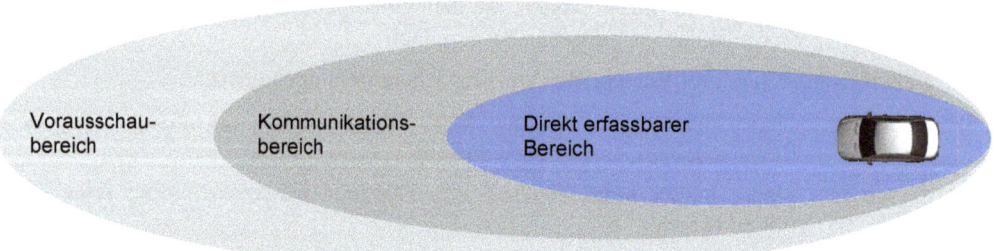

Bild 12-2 Durch Sensoren erfassbaren Bereiche. Der Vorausschau- und der Kommunikationsbereich sind nicht durch Fahrzeugsensoren abdeckbar [Wa1]

Im Kommunikationsbereich erfolgt ein Informationsaustausch zwischen Fahrzeug und Infrastruktur (Car to Infrastructure, C2I) oder zwischen Fahrzeugen (Car to Car, C2C). Der Vorteil für Fahrerassistenzsysteme ist offensichtlich: Sie können den Fahrer vor Situationen warnen, die weder er noch die Fahrzeugsensoren erfassen können. Ein Beispiel hierfür ist eine Unfallstelle hinter einer Kuppe, die von den Unfallfahrzeugen „gemeldet" wird. Besonders wichtig sind die Datenqualität und -sicherheit: Der Fahrzeughersteller und der Fahrer müssen sich auf Daten verlassen, die sie nicht prüfen können. C2C- und C2I-Systeme befinden sich derzeit in der Entwicklung. Den direkt erfassbaren Bereich können am Fahrzeug angebrachte Sensoren abdecken. Im weiteren Verlauf dieses Kapitels werden die gängigen Sensoren für Fahrerassistenzsysteme betrachtet, soweit dies zum Verständnis der Assistenzsysteme erforderlich ist.

12.2.1 Relevante Größen

Jedes Fahrerassistenzsystem benötigt für seine Funktion bestimmte Messgrößen. Für eine Parkhilfe ist dies beispielsweise der Abstand zum nächsten Hindernis. Dessen exakte Position relativ zum Fahrzeug ist zweitrangig. Ein ACC-System benötigt nur den Abstand zum vorausfahrenden Fahrzeug. Um dieses identifizieren zu können, werden jedoch zusätzliche Informationen wie die Lage von vor dem Fahrzeug befindlichen Objekten, deren Relativgeschwindigkeit u. Ä. benötigt. Daraus lässt sich dann das vorausfahrende Fahrzeug ermitteln. Zu jedem der im Folgenden vorgestellten Sensorsysteme wird die Funktionsweise erläutert und es werden die messbaren Größen vorgestellt.

12.2.2 Ultraschallsensoren

Ultraschallsensoren werden seit 1995 in Fahrzeugen als Grundlage für Parkhilfen eingesetzt. Daneben kommen sie in vielen Bereichen außerhalb der Fahrzeugtechnik zum Einsatz, beispielsweise in der Medizintechnik oder bei der zerstörungsfreien Werkstoffprüfung. Die theoretischen Grundlagen des Ultraschalls sind seit dem späten 19. Jahrhundert bekannt; erste Anwendungen waren Echolote etwa 1913.

Beim Ultraschallmessverfahren wird eine Schallwelle ausgesendet und ihr Echo nach Reflexion an einem Hindernis ausgewertet. Durch Auswertung der Laufzeit t zwischen Aussenden und Empfangen ergibt sich die Entfernung zu

$$d = \frac{ct}{2}$$

mit der Schallgeschwindigkeit c. Tabelle 12.2 zeigt exemplarisch die Schallgeschwindigkeit in Luft bei verschiedenen Temperaturen.

Tabelle 12.2 Schallgeschwindigkeit in Luft bei verschiedenen Temperaturen

Temperatur [°C]	Schallgeschwindigkeit c [m/s]
−10	325,4
0	331,5
20	343,4

Ablauf einer Messung

Zunächst arbeitet der Ultraschallsensor als Aktor und erzeugt ein „kurzes Paket" Schallwellen. Diese liegen mit ihrer Frequenz von 40 kHz bis 50 kHz oberhalb des für Menschen wahrnehmbaren Bereichs. Die Schallwelle breitet sich in der umgebenden Luft aus. Nach Reflexion an einem Hindernis werden Anteile des Wellenpakets zum Sender reflektiert. Die Wellen versetzen die Membran des Sensors in Schwingung. Überschreitet die Amplitude der Schwingungen einen Schwellwert, wird das empfangene Signal als gültiges Echo gewertet.

Aufbau eines Sensors

Bild 12-3 zeigt den prinzipiellen Aufbau eines Ultraschallsensors. Für die Schallerzeugung wird der piezoelektrische Effekt genutzt. Er besteht darin, dass sich Kristalle bei Anlegen einer elektrischen Spannung in ihrer Form ändern und umgekehrt bei einer Formänderung eine elektrische Spannung abgegriffen werden kann (siehe z. B. [Br5], [Re10]).

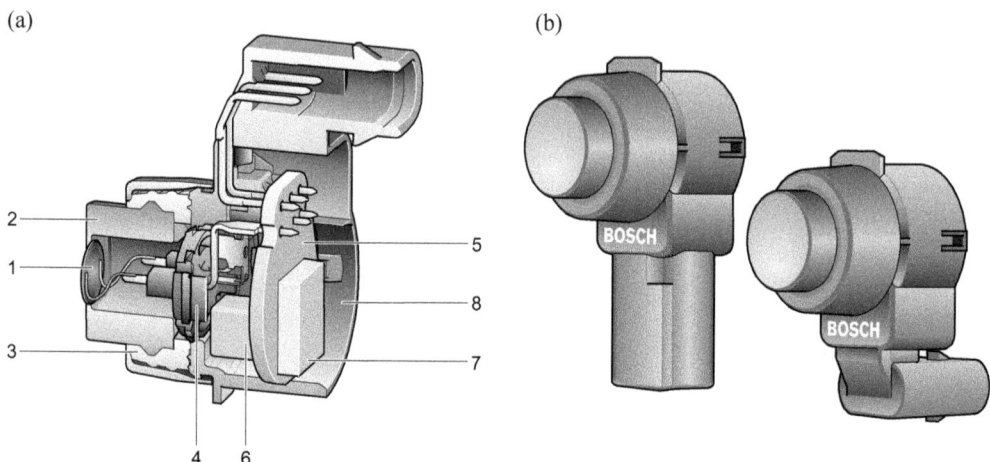

Bild 12-3 (a) Aufbau eines Ultraschallsensors [Wi1]: 1 Piezoplättchen, 2 Topf, 3 Silikonring, 4 Kontaktträger, 5 Leiterplatte, 6 Übertrager, 7 ASIC, 8 Gehäuse. (b) Verschiedene Gehäuse je nach Bauraumanforderungen. Im Aufbau unterscheiden sich die Sensoren lediglich in der Form der Steckverbindung

Wesentliche Komponente ist das Piezoplättchen, das in den Topf eingeklebt wird. Wird an dieses eine Wechselspannung angelegt, vollzieht es eine Formänderung mit deren Frequenz. Diese überträgt sich auf den Boden des Topfes, der dadurch in seiner Eigenfrequenz angeregt wird. Dies führt zu einer Verstärkung der Amplitude der Schwingung und dadurch zu einer besseren Übertragung der Schwingung auf die angrenzende Luft. Der Topf hat unterschiedliche Wandstärken. Dadurch wird die Form des Bodens bei seiner Schwingung beeinflusst. Dies wiederum schlägt sich in der keulenförmigen Abstrahlcharakteristik des Sensors nieder. In der Horizontalen wird eine möglichst breite Keule angestrebt, um „Löcher" im Bereich zwischen den Sensoren vor dem Stoßfänger zu vermeiden; in der Vertikalen wird ein kleinerer Öffnungswinkel gewählt, um Echos vom Boden zu vermeiden.

Die Detektion des Echos erfolgt umgekehrt: Die auf den Topf treffenden Schallwellen regen diesen und damit das Piezoplättchen zur Schwingung an. Die Schwingung kann als Wechselspannung am Piezoplättchen gemessen werden. Damit die Schwingung nicht in das Sensorgehäuse eingekoppelt wird, ist der Topf in einem Silikonring gelagert. Ohne diesen würde das Schwingungsverhalten des Topfes verändert. Im Sensor ist eine Elektronik integriert, die die zum Senden benötigte Wechselspannung erzeugt, das Echo auswertet (Filterung und Schwellwertvergleich) und die Schnittstelle zum Steuergerät bedient.

Heute verfügbare Sensoren haben drei elektrische Kontakte nach außen: Zwei für die Spannungsversorgung und einen als bidirektionale Signalleitung. Über diese erhält der Sensor das Signal zum Aussenden des Pulses und zeigt den Empfang des Echos an. Ferner kann der Sensor über diese Schnittstelle durch Vorgabe von Schwellwerten parametriert werden. Eine Aus-

12.2 Umgebungserfassung

wertung der Frequenz des Echos zur Bestimmung der Dopplerfrequenz und damit der Relativgeschwindigkeit des Objektes erfolgt nicht. Diese Information ist für Parksysteme nicht von Bedeutung.

Zusammenspiel von Steuerung und Sensor

Aus der bisherigen Beschreibung wird deutlich, dass der Sensor Schallwellen aussenden und deren Echo auswerten kann. Die Laufzeitmessung und die Abstandsberechnung unter Berücksichtigung der Temperatur erfolgt in einem Steuergerät.

Mit einem in Bild 12-3 dargestellten einzelnen Sensor ist es ohne weitere Informationen nicht möglich, zu erkennen, aus welcher Richtung das Echo kommt und von welchem Sensor das empfangene Echo abgestrahlt wurde. Das kann zu Situationen wie in Bild 12-4 führen: Sowohl Sensor 1 als auch Sensor 2 messen einen Abstand zum Hindernis, der größer ist als der Abstand zwischen Hindernis und Stoßfänger. Es ist nicht möglich, die beiden einzelnen Messwerte einem Hindernis zuzuordnen. Sie können von zwei Einzelhindernissen oder von einem ausgedehnten Hindernis stammen.

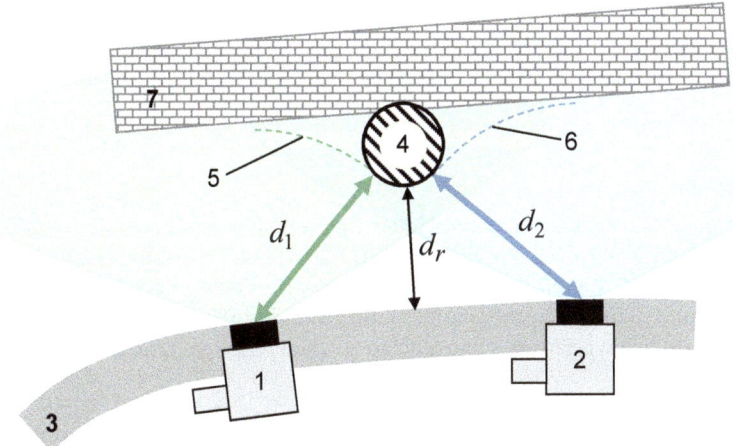

Bild 12-4 Fehlerhafte Abstandsmessung. Beide Sensoren messen nacheinander, das Steuergerät wertet nur die Direktechos aus. Es kann dann nicht unterscheiden, ob es sich um das tatsächliche Hindernis im Abstand d_r handelt oder um ein ausgedehntes Hindernis im Abstand d_1 vom Sensor 1 und d_2 vom Sensor 2. Die farbigen Flächen deuten die keulenförmige Abstrahlcharakteristik an.
1, 2 Sensoren, 3 Stoßfänger, 4 tatsächliches Hindernis, 5 Kreisbogen mit Radius d_1 um Sensor 1, 6 Kreisbogen mit Radius d_2 um Sensor 2, 7 irrtümlich ermitteltes Hindernis, d_1 vom Sensor 1 gemessener Abstand, d_2 vom Sensor 2 gemessener Abstand, d_r tatsächlicher Abstand zwischen Hindernis und Stoßfänger

Wird jedoch nur Sensor 1 als Sender verwendet, beide Sensoren aber als Empfänger, ergeben sich zwei Echos, die einem Sendeimpuls zugeordnet werden können (siehe Bild 12-5): Sensor 1 wertet das Direktecho (Echo 1) aus, Sensor 2 das so genannte Kreuzecho (Echo 2). Das Steuergerät kann die beiden Messwerte nun in Zusammenhang bringen, indem es die Laufzeiten des einen Ultraschallpulses zu den beiden Sensoren ermittelt. So kann der Ort des Hindernisses geschätzt und der wahre Abstand zum Stoßfänger angezeigt werden.

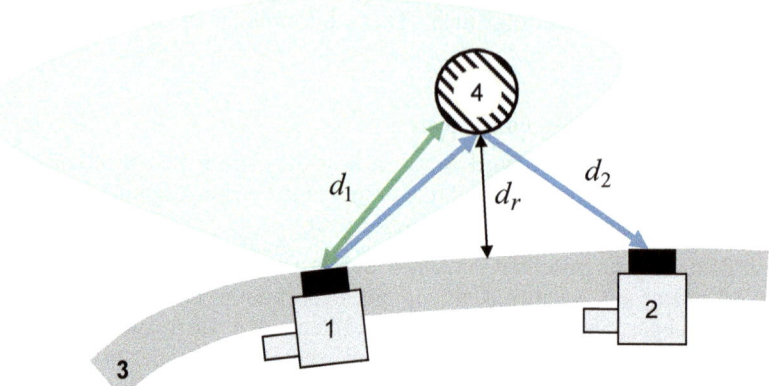

Bild 12-5 Richtige Abstandsmessung. Sensor 1 sendet und empfängt das Direktecho (grüner Pfeil), Sensor 2 empfängt das Kreuzecho (blaue Pfeile). Das Steuergerät wertet Direkt- und Kreuzecho aus. Anhand der Laufzeiten und der bekannten Lage der Sensoren zueinander kann die Lage des Hindernisses ermittelt werden.
1, 2 Sensoren, 3 Stoßfänger, 4 Hindernis, d_1 vom Sensor 1 gemessener Abstand (grüner Pfeil), d_2 vom Sensor 2 gemessener Abstand (blaue Pfeile), d_r tatsächlicher Abstand zwischen Hindernis und Stoßfänger

Fahrzeugintegration

Der Sensor wird im Stoßfänger durch einen Halter fixiert und gegenüber Halter und Stoßfänger durch einen Silikonring akustisch entkoppelt (Bild 12-6). Die Positionierung der Sensoren muss eine ganze Reihe von Randbedingungen erfüllen: Vermeidung toter Winkel bei der gegebenen Abstrahlcharakteristik der Sensoren, Designaspekte, der Platzbedarf anderer Komponenten im Stoßfänger (Scheinwerferreinigungsanlage, weitere Sensoren) und die Crashtauglichkeit, um einige zu nennen.

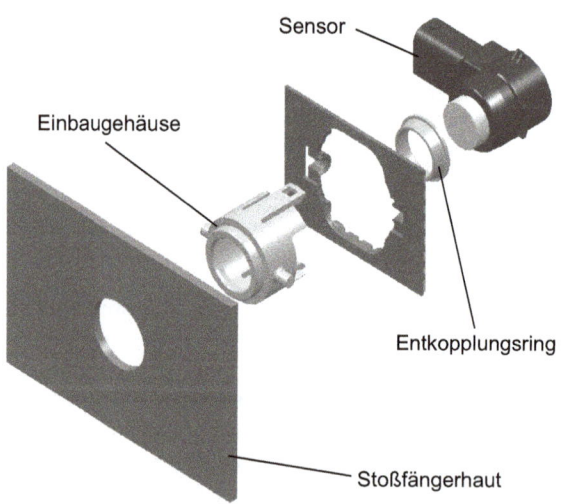

Bild 12-6 Einbau eines Ultraschallsensors [Wa1]

Besonderheiten

Nach dem Aussenden des Ultraschallpulses muss der Topfboden zunächst zur Ruhe kommen, sonst ist das Auftreffen des Echos nicht vom Ausschwingen des Bodens zu unterscheiden. Durch diese Ruhephase ergibt sich ein Mindestabstand, unterhalb dessen ein einzelner Sensor keinen Abstand als Direktecho messen kann. Auch diese Einschränkung lässt sich durch die Auswertung der Kreuzechos umgehen.

Die weiter oben beschriebene Temperaturabhängigkeit der Schallgeschwindigkeit führt an Stellen, an denen unterschiedlich warme Luftschichten aufeinanderstoßen, zur Brechung der Schallwellen, wie in Bild 12-7 gezeigt. Solche Grenzschichten gibt es z. B. nach der Einfahrt eines kalten Fahrzeugs in eine warme Garage. Sie führen zu einer falschen Abstandsmessung. Im Extremfall kommt es zur Totalreflexion zwischen den Grenzschichten. Dies kann zur Anzeige von Phantomhindernissen führen.

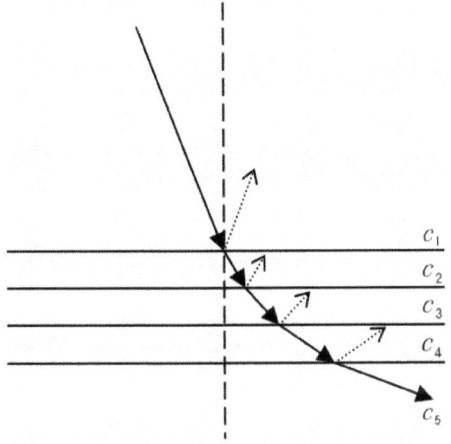

Bild 12-7 Brechung von Schallwellen an den Grenzen zwischen Luftschichten mit verschiedenen Temperaturen, wobei bei den aneinandergrenzenden Luftschichten jeweils die oben liegende Luftschicht kälter ist als die darunter liegende (z. B. an einem kalten Stoßfänger in einer warmen Garage). Die Pfeile bezeichnen die Ausbreitungsrichtung der Schallwellenfront, $c_1, ..., c_5$ die Brechungsindizes der Luftschichten

12.2.3 Radar

Die ersten Versuche mit Radar (Radio Detecting and Ranging, Ortung und Entfernungsmessung durch Funkwellen) fanden wie beim Ultraschall Ende des 19. Jahrhunderts statt: Heinrich Hertz stellte 1886 beim experimentellen Nachweis von elektromagnetischen Wellen fest, dass Radiowellen von metallischen Gegenständen reflektiert werden. 1904 meldete Christian Hülsmeyer ein Verfahren zur Ortung entfernter metallischer Gegenstände zum Patent an. Die weitere Entwicklung des Radars war stark durch das Militär geprägt. 1998 wurde der erste Radar in einem ACC-System im europäischen Automobilmarkt eingesetzt.

Auch Radar-Systeme messen nach dem Prinzip des Echolotes. Im Gegensatz zum Ultraschall kommen keine mechanischen, sondern elektromagnetische Wellen zum Einsatz. Diese pflanzen sich mit Lichtgeschwindigkeit fort. Auch große Entfernungen lassen sich damit schnell messen und eine Korrektur mit der Umgebungstemperatur ist nicht erforderlich.

Radar kommt im ACC und in Kollisionswarnungs- und -vermeidungssystemen zum Einsatz. Diese benötigen für ihre Funktion ein relevantes Objekt, auf das sie regeln. Das relevante Objekt ist das nächste Hindernis im Fahrschlauch des Fahrzeugs. (Der Fahrschlauch ist der Teil der vorausliegenden Fläche, den das Fahrzeug voraussichtlich befahren wird.) Um dieses korrekt bestimmen zu können, sind neben dem Abstand noch weitere Informationen zum Objekt erforderlich, beispielsweise die Relativgeschwindigkeit und der Azimutwinkel (Winkel in der Horizontalen), unter dem die Reflexion detektiert wurde. Diese drei Größen sind für mehrere mögliche Objekte zu liefern, aus denen das Assistenzsystem dann das für seine Funktion relevante Objekt ermitteln kann.

Funktionsweise und Aufbau eines Radarsensors

Die folgenden Erläuterungen bieten einen ersten Einblick in die Radartechnik. Weiterführende Informationen gibt es z. B. in [Bo4], [Re8], [Wa1], [Wi1]. Bild 12-8 zeigt den schematischen Aufbau eines Radarsensors. In einem Oszillator wird die zur Abstrahlung erforderliche Frequenz erzeugt, z. B. mit Hilfe einer Gunndiode (siehe z. B. [Br5], [Re10]). Der Radarstrahl wird an der Sendeantenne abgestrahlt, das empfangene Signal an der Empfangsantenne empfangen. Es ist möglich, beide Antennen zu kombinieren; dann kommt ein Zirkulator (siehe z. B. [Br5]) ins Spiel, der die beiden Signalflüsse eindeutig trennt. Sende- und Empfangssignal werden anschließend miteinander gemischt, wodurch die Auswertung der Dopplerfrequenz möglich wird. Das gemischte Signal wird verstärkt, digitalisiert und erfährt eine Transformation in den Frequenzbereich (mit der Fast Fourier Transformation FFT). Die Auswertung erfolgt in einem HF-Mikrocontroller, der zugleich die Ansteuerung der Frequenzerzeugung und des Sendens übernimmt. Die bisher beschriebenen Umfänge werden in einem Hochfrequenzteil gebündelt, der schaltungstechnisch an die hohen Frequenzen angepasst ist. Der HF-Mikrocontroller tauscht Daten mit einem zweiten Mikrocontroller aus, der die Kommunikation mit dem Fahrzeug und die Systemdiagnose übernimmt. Bustransceiver und Spannungsregler komplettieren den NF-Teil.

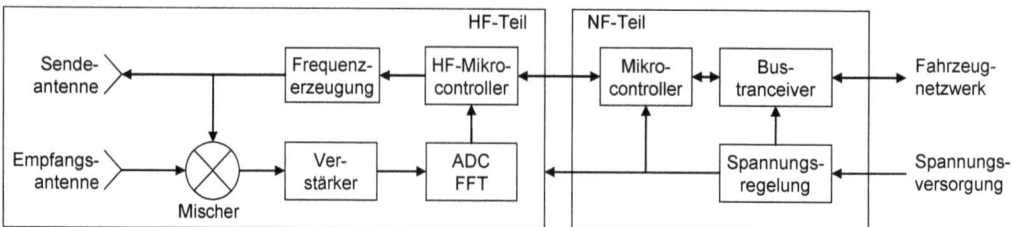

Bild 12-8 Schematischer Aufbau eines Radarsensors: NF Niederfrequenz, HF Hochfrequenz, ADC Analog-Digital-Wandler, FFT Fast Fourier Transfomation. Die Spannungsregelung aus dem NF-Teil übernimmt auch die Versorgung des gesamten HF-Teils

In Fahrzeugen kommen im Wesentlichen zwei Gruppen von Radarsensoren zum Einsatz, nämlich Puls- und Dauerstrichradare. Beide unterscheiden sich in der Modulation des ausgesendeten Radarsignals: Während der Pulsradar einzelne kurze Wellenpakete konstanter Frequenz aussendet, sendet der Dauerstrichradar (CW-Radar, Continuous Wave) ein kontinuierliches Signal wechselnder Frequenz.

Die ausgesendeten Radarsignale werden an Objekten reflektiert und im Sensor detektiert. Die Abstandsmessung zwischen Sensor und Objekt erfolgt beim Pulsradar durch eine Laufzeitmessung, analog zum Vorgehen beim Ultraschallsensor:

$$d = \frac{ct}{2} \tag{12.1}$$

mit der Lichtgeschwindigkeit $c = 299792458$ m/s.

12.2 Umgebungserfassung

Beim Dauerstrichradar kann keine Laufzeit ermittelt werden, da ständig gesendet wird. Der fehlende Zeitbezug wird durch eine Änderung der ausgesendeten Frequenz erzeugt, wie in Bild 12-9 zu sehen ist.

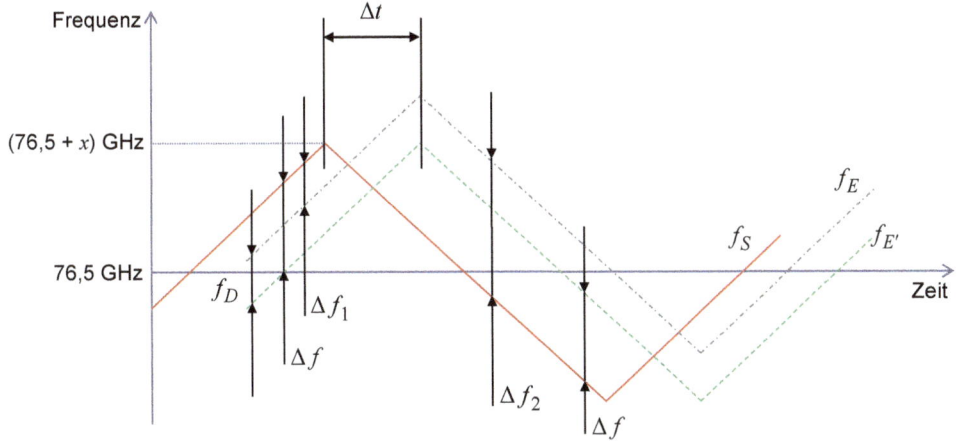

Bild 12-9 FMCW-Verfahren. Die durchgezogene Linie zeigt die Frequenz f_S des gesendeten Signals, hier beispielhaft mit linearem Frequenzverlauf. Die strichpunktierte Linie zeigt die Frequenz f_E des empfangenen Signals. Die Frequenzdifferenzen Δf_1 und Δf_2 können direkt ermittelt werden. Die für die Abstandsermittlung relevante Differenzzeit Δt und die Dopplerfrequenz f_D für die Relativgeschwindigkeit werden als Lösung eines Gleichungssystems ermittelt [Wi1]. Die gestrichelte Linie $f_{E'}$ zeigt die Empfangsfrequenz für den Sonderfall, dass die Geschwindigkeit des detektierten Objektes gleich der des Sensors ist. In diesem Fall ist $f_D = 0$ und das empfangene Signal ist lediglich um die Zeit Δt verschoben [Wa1]

Die Sendefrequenz f_S kann in verschiedenen Formen verändert werden, z. B. treppenförmig oder linear. Das empfangene Signal ist um die Zeit Δt und zugleich um die Dopplerfrequenz f_D verschoben, seine Frequenz f_E kann gemessen werden. Kommen mehrere Rampen verschiedener Steigung zum Einsatz, lassen sich weitere Empfangsfrequenzen ermitteln und aus diesen die beiden Werte Δt und f_D (und damit auch Abstand und Relativgeschwindigkeit) als Lösung eines linearen Gleichungssystems ermitteln [Wi1].

Die Relativgeschwindigkeit v_r des Objektes lässt sich anhand des Dopplereffekts aus dem empfangenen Signal ermitteln. Als Dopplereffekt wird die Veränderung der Frequenz von Wellen bezeichnet, wenn sich die Quelle und der Beobachter relativ zueinander bewegen. Nähern sich Beobachter und Quelle einander, so erhöht sich die vom Beobachter wahrgenommene Frequenz, bei Entfernung verringert sich die Frequenz. Die Dopplerfrequenz f_D ist die Differenz zwischen der Frequenz des empfangenen Signals f_E und der des gesendeten Signals f_S:

$$f_D = f_E - f_S. \tag{12.2}$$

Annähernde Objekte (mit $v_r < 0$) führen zu einer höheren Empfangsfrequenz. Ein bekanntes Beispiel ist die Tonhöhenänderung des Martinshorns eines Rettungswagens. Nähert er sich, ist der wahrgenommene Ton höher als im Stand, bei Entfernung ist er tiefer. Für den Radar im Fahrzeug bestimmt sich die Dopplerfrequenz zu

$$f_D = -\frac{2v_r f_S}{c}. \tag{12.3}$$

Das Verhältnis zwischen v_r und c ist dabei sehr klein. So ergibt sich beispielsweise für ein Fahrzeug, das mit 72 km/h = 20 m/s auf ein stehendes Hindernis zufährt, für f_S = 76,5 GHz eine Dopplerfrequenz von 10,2 kHz. Diese geringe Frequenzdifferenz muss im Sensor bestimmt werden, um die Relativgeschwindigkeit zu ermitteln.

Zur Bestimmung des Winkels zwischen Sensorlängsachse und Objekt werden drei verschiedene Verfahren eingesetzt. Am anschaulichsten ist das Scanning, bei dem der Radarstrahl über den benötigten Erfassungsbereich geschwenkt wird. Dies kann entweder durch Schwenken der Antenne erfolgen oder durch Ablenken des Strahls mit einem Spiegel. Die Charakteristik der Sendeantenne wird so gewählt, dass sich eine möglichst schmale Keule ausbildet. Die Messwerte werden der jeweiligen Position der Antenne oder des Spiegels beim Senden zugeordnet.

Beim Monopulsverfahren kommen neben einer Sendeantenne zwei Empfangsantennen zum Einsatz. Die beiden Empfangsantennen sind in der Horizontalen gegeneinander verschoben. Eine schräg auftreffende Radarwelle erzeugt dadurch eine winkelabhängige Phasendifferenz zwischen beiden Antennen. Dadurch wird eine unterschiedliche Amplitude in beiden Empfangsantennen gemessen. Die Amplituden der empfangenen Signale werden einmal addiert und einmal subtrahiert. Aus dem Verhältnis vom Differenz- zum Summensignal kann der Winkel in der Horizontalen trigonometrisch bestimmt werden [Wi1].

Der Einsatz von Mehrstrahlern ist eine Anwendung des Monopulsverfahrens auf mehrere Sendeantennen. Der Winkel wird hier aus dem Vergleich der Empfangsamplitude mit einer sensorspezifischen Kennlinie ermittelt. Der Sensor wird hierzu nach seiner Produktion vermessen und die ermittelte Kennlinie im Speicher des Sensors abgelegt [Wi1].

Fahrzeugintegration

Da die Radarstrahlen prinzipiell nichtleitende Gegenstände durchdringen können, kann der Radarsensor hinter Blenden montiert werden. Je nach Ausführung des Sensors kann er auch ohne weitere Abdeckungen an der Fahrzeugfront montiert werden. Dann kommen die vom Ultraschall schon bekannten Ansprüche an das Fahrzeugdesign besonders zum Tragen.

Bei Verbau des Sensors hinter einer Blende sind eine Reihe von Einschränkungen zu beachten: Die Radarstrahlung darf durch den für die Abdeckung eingesetzten Werkstoff nicht zu stark gedämpft werden, außerdem darf keine Verfälschung des Strahlverlaufs durch Beugung an Kanten in der Abdeckung erfolgen. Die Winkelbestimmung im Sensor würde sonst zu falschen Ergebnissen führen.

Die richtige Ausrichtung des Sensors bezüglich der Fahrzeugachsen ist wichtig; üblicherweise wird der Sensor nach seinem Verbau (beim Fahrzeughersteller oder nach einer Reparatur) neu justiert. Hierzu weisen ausgeführte Sensoren ein geeignetes Befestigungskonzept auf, beispielsweise eine Befestigung an drei Punkten, von denen zwei die Ausrichtung des Sensors erlauben. Auf einem Prüfstand ermittelte Abweichungen der Sensorausrichtung können so ausgeglichen werden.

Bei der Sensorjustage am stehenden Fahrzeug können Fehler, die sich aus dem Fahrverhalten des Fahrzeugs ergeben, nicht eliminiert werden. Auch wenn der Sensor genau an der Fahrzeuglängsachse ausgerichtet ist, kann seine Sensorachse durch Einflüsse aus dem Fahrwerk in eine andere Richtung als die Fahrtrichtung weisen. Dies tritt beispielsweise auf, wenn das Fahrzeug im „Hundegang", also mit seitlichem Versatz zwischen Vorder- und Hinterachse fährt. Die Ermittlung des Azimutwinkels muss daher ständig um einen Offset korrigiert werden; dessen Bestimmung erfolgt üblicherweise bereits im Radarsensor. Eine Auswertung des Elevationsfehlers, d. h. des Winkels in der Vertikalen, beispielsweise durch Nicken des Fahrzeugs oder durch seine Beladung, erfolgt meistens nicht.

Frequenzzulassung

Die von einem Radar eingesetzten Frequenzen sind nicht frei wählbar. Für den Einsatz im Straßenverkehr sehen die Regulierungsbehörden verschiedene Frequenzbänder vor. Die Frequenzbereiche von 24 GHz bis 24,25 GHz und von 76 GHz bis 77 GHz wurden für den Automobil-Radar definiert und sind weltweit freigegeben.

Weiterhin wird in Breitbandradaren der Frequenzbereich von 21,65 GHz bis 26,65 GHz verwendet. Hier werden benachbarte Frequenzbänder mitgenutzt, deswegen ist er nur mit Einschränkungen nutzbar. Weil der für radioastronomische Anlagen reservierte Frequenzbereich genutzt wird, müssen diese Radarsysteme bei Annäherung an entsprechende Anlagen automatisch abgeschaltet werden. Sie dürfen erst nach Verlassen eines Schutzradius wieder aktiviert werden. Die Freigabe ist bis zum 30.06.2013 beschränkt; danach dürfen keine neuen Fahrzeuge dieses Frequenzband verwenden. Insgesamt dürfen nicht mehr als sieben Prozent der Fahrzeuge pro europäisches Land diesen Breitbandradar einsetzen.

Diese Einschränkungen stellen eine Reihe an Anforderungen an die Systeme, die den Breitbandradar einsetzen: Neben einer kostenintensiven Kopplung an ein System zur Standortbestimmung (z. B. ein Navigationssystem) müssen auch die Steuerung und die Bedienung der Fahrerassistenzsysteme die automatische Zu- und Abschaltung beherrschen und dem Fahrer erklären.

12.2.4 Lidar

Lidar (Light Detection and Ranging) ist ein optisches Messverfahren zur Ortung und zur Messung der Entfernung von Objekten im Raum. Wie beim Radar kommen elektromagnetische Wellen zum Einsatz, allerdings in einem anderen Frequenzbereich. Es können ultraviolette, infrarote oder sichtbare Lichtstrahlen verwendet werden. Es gibt verschiedene Messverfahren beim Einsatz von Infrarotsensoriken.

Die im Fahrzeug benutzte Methode ist die Laufzeitmessung (analog zum Ultraschall und zum Pulsradar). Bei der Laufzeitmessung werden ein oder mehrere Lichtpulse ausgesendet und an einem Objekt reflektiert. Die Zeit t bis zum Empfang des reflektierten Signals ist dann proportional zur Entfernung d zwischen dem Sender und dem detektierten Objekt:

$$d = \frac{ct}{2}, \tag{12.4}$$

wobei c die Lichtgeschwindigkeit ist. So beträgt bei einer Geschwindigkeit des Lichtes von 299792458 m/s die zu messende Laufzeit bei einem Abstand von 50 m etwas über 333 ns. Beschränkt durch die laserklassenlimitierte Ausgangsleistung und die diffuse Reflexion am Objekt werden enorme Anforderungen an den Empfänger sowie an die Auswertemethode gestellt. Dabei ist zu beachten, dass gewöhnlich das reflektierende Fahrzeug ähnlich einem Lambert-Strahler seine Energie in einem weiten Raumwinkel abstrahlt. (Beim Lambert-Strahler ist die Strahldichte, d. h. die abgestrahlte Energie pro wirksame Fläche, unabhängig vom Beobachtungswinkel. Er erscheint unter jedem Beobachtungswinkel gleich hell [Re10].) Ferner kann die Absorption bis zu 80 Prozent betragen.

Um eine Detektierung sicherzustellen, sind folgende Maßnahmen möglich: Eine hohe Sendeleistung, ein stark gebündelter Strahl (mit hoher Energiedichte) oder eine hohe Empfindlichkeit des Empfängers. Da aufgrund der Augensicherheit die Sendeleistung beschränkt ist, kann man den Strahl stark bündeln, um eine hohe Energiedichte zu erreichen, oder einen hoch verstärkenden Empfänger einsetzen. Die Bündelung hat jedoch einen Nachteil: Wenn der gebündelte Lichtpuls auf eine ebene Fläche am Fahrzeug trifft, z. B. auf die Stoßstange, wird der gesamte Strahl durch Totalreflexion wegreflektiert. Totalreflexion tritt besonders dann auf, wenn gebündeltes Licht auf eine schräge Fläche trifft. Um Totalreflexion zu verhindern, muss man auf Kanten oder anders gerichtete Teile treffen. Eine Strahlaufweitung kommt meist wegen der niedrigen Sendeleistung nicht in Frage. Es bleibt daher nur noch der Einsatz von mehreren Strahlen, was jedoch Mehrkosten verursacht.

Für die Funktion eines ACC ist die Erfassung der eigenen Fahrspur vor dem Fahrzeug notwendig. Es gibt verschiedene Möglichkeiten, um mit einem Laser den notwendigen Erfassungsbereich vor dem Fahrzeug zu detektieren (siehe Bild 12-10). Dabei können ein einzelner Strahl (Single Beam) oder mehrere Strahlen (Multi-Beam) verwendet werden. Die verwendeten Strahlen können entweder starr sein oder zum Folgen des Straßenverlaufs langsam geschwenkt werden (Sweep). Eine weitere Möglichkeit besteht in einem schnellen Schwenken zur Erweiterung des Erfassungsbereichs (Scan).

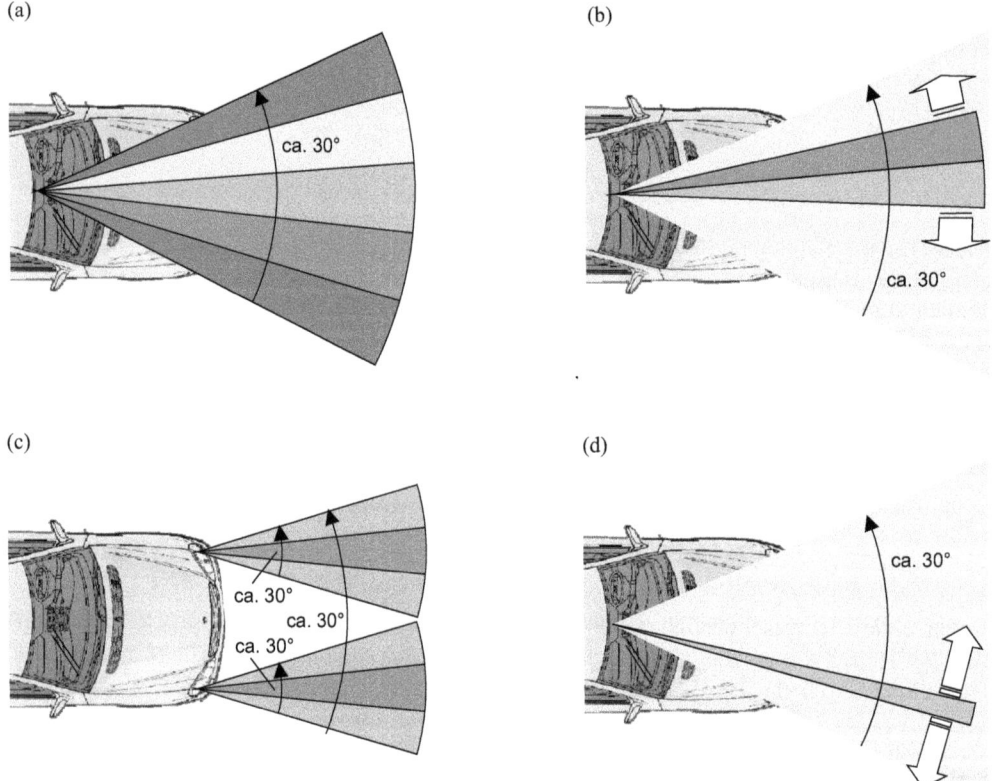

Bild 12-10 Beispiele für Strahlanordnungen: (a) Mehrere Strahlen starr angeordnet. (b) Mehrere Strahlen langsam schwenkbar angeordnet (Sweep). (c) Mehrere Strahlen verteilt angeordnet. (d) Einzelner Strahl schnell schwenkbar angeordnet (Scan)

12.2 Umgebungserfassung

Dabei ergeben sich folgende Möglichkeiten der Auswertung: Entweder man erfasst das gesamte bestrahlte Gebiet und wertet das relevanten Ziel anhand der ermittelten Fahrtrajektorie aus. (Die Fahrtrajektorie ist dabei die Bahn, die das betrachtete Fahrzeug auf der Straße oder auf dem befahrenen Gelände fährt.) Oder man steuert die Blickrichtung und erfasst damit vorausfahrende Fahrzeuge nur im relevanten Bereich, dem Fahrschlauch. Beide Verfahren haben Vor- wie auch Nachteile, wie die Gegenüberstellung in Tabelle 12.3 zeigt.

Tabelle 12.3 Möglichkeiten zur Zielauswahl

	Erste Möglichkeit	**Zweite Möglichkeit**
Funktionsweise	Erfassung von Objekten im gesamten Bereich, nachträgliche Zielauswahl	Ermittlung der relevanten Blickrichtung, Messung nur im relevanten Bereich
Vorteil	Erfassung aller Objekte	Geringer Rechenaufwand
Nachteil	Hoher Rechenaufwand	Erfassung blickwinkelabhängig

Der Dopplereffekt wird bei Lidar-Sensoren nicht genutzt, da die Auswerteelektronik des Lidar-Sensors sonst deutlich teurer würde. Die Bestimmung der Relativgeschwindigkeit erfolgt durch Differenzieren des Abstandes aus zwei aufeinanderfolgenden Messungen. Dadurch tritt ein Phasenverzug auf. Je nach Messgenauigkeit wird außerdem eine Filterung der Relativgeschwindigkeit erforderlich, die zu einem weiteren Phasenverzug führt. Diese beiden Phasenverzüge sind für die auf dem Signal aufbauenden Regler der Assistenzsysteme von Bedeutung.

Fahrzeugintegration

Der Lidar-Sensor kann innen oder außen an der Front eines Fahrzeugs montiert werden. Es wird kein Bild aufgenommen, sondern lediglich ein Strahl ausgesendet und wieder empfangen; daher sind die Anforderungen an die Sauberkeit der Scheibe gegenüber denen einer Kamera reduziert. Bevorzugt wird ein solcher Sensor an der Innenseite der Windschutzscheibe und im Wischbereich des Scheibenwischers platziert. Bei Montage außerhalb des Fahrzeugs (z. B. in der Kühlermaske) ist die Verschmutzung höher, was das Leistungsvermögen des Sensors beeinflusst. Die Platzierung an der Windschutzscheibe kann zu Bauraumkonflikten mit anderen Systemen führen, etwa wenn zusätzliche Kameras oder ein Regen- oder Lichtsensor untergebracht werden müssen.

Besondere Bedeutung kommt beim Lidar-Sensor dem Augenschutz zu: Da die verwendete Wellenlänge nahe dem sichtbaren Licht ist, fokussiert die Linse des Auges auch die vom Lidar ausgesendeten Strahlen auf die Netzhaut. Da die Strahlung aber nicht sichtbar ist, kann die Pupille die einfallende Energie nicht reduzieren. Es muss daher sichergestellt werden, dass keine Schädigung der Netzhaut erfolgen kann. Hierzu stehen dem Sensorhersteller eine Reihe von Stellhebeln zur Verfügung (z. B. Wellenlänge und Einschaltdauer).

Vergleich von Radar und Lidar

Der Lidar bietet eine vergleichbar gute Entfernungsmessung wie der Radar und ist gegenüber diesem zunächst einmal preiswerter. Ein wichtiger Vorteil des Radars ist die Unempfindlichkeit der Radarwellenausbreitung gegenüber Witterungseinflüssen wie Regen, Schneefall oder Nebel. Der Lidar verhält sich hier ähnlich wie das menschliche Auge, die Dämpfung des Signals über der zurückgelegten Strecke ist z. B. bei Sprühregen deutlich höher als beim Radar.

Die Gischt vorausfahrender Fahrzeuge ist einem Sprühregen ähnlich. In solchen Situationen wird der Lidar blind; moderne Sensoren können die Sichtweite messen und die entsprechenden Assistenzsysteme können gegebenenfalls deaktiviert werden. Umgekehrt kann natürlich der Fahrer besonders auf die eingeschränkte Sichtweite hingewiesen werden. Trotz seines Kostennachteils ist der Radar derzeit in europäischen Fahrzeugen deutlich stärker verbreitet als der Lidar.

12.2.5 Kamera

Den Hauptteil der für das Führen eines Fahrzeugs notwendigen Informationen erhält der Fahrer über den Sehsinn. Die Fahrsituation und wichtige Objekte sind nur optisch erfassbar (z. B. Ampeln und andere Verkehrszeichen, die Erkennung der Position des Fahrzeugs innerhalb der Fahrspur). Entsprechende Systeme zur Fahrerunterstützung sind daher auf Kameras angewiesen.

Prinzipieller Aufbau

Den prinzipiellen Aufbau eines Kamerasystems zeigt Bild 12-11. Über eine Optik wird ein Bildpunkt auf den Imager (Bildsensor) projiziert. Er digitalisiert die Szene und stellt ein Rohbild zur Verfügung. Dieses wird entweder für die Darstellung auf einem Bildschirm aufbereitet (Entzerrung, Helligkeitsabgleich, ...) oder ausgewertet (Suche nach Merkmalen im Bild, z. B. Verkehrszeichen). Die Ergebnisse der Auswertung werden dann von einer Funktion weiterverwendet, das Rohbild ist in diesem Fall nicht mehr relevant.

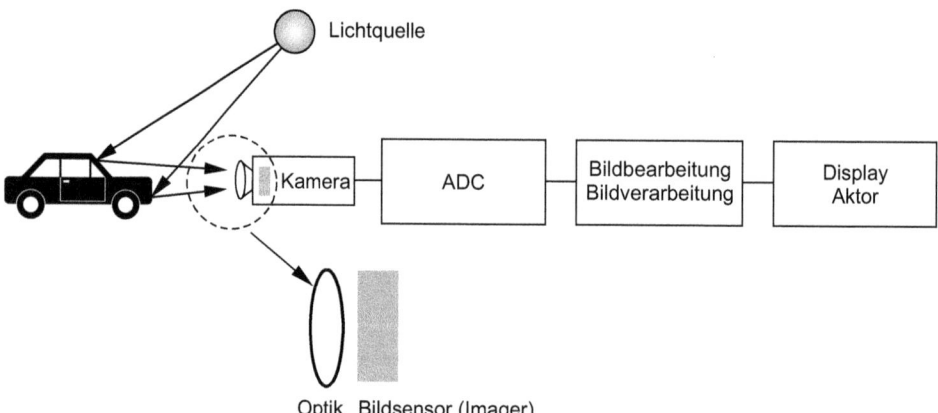

Bild 12-11 Aufbau eines Kamerasystems für Fahrerassistenzsysteme. ADC Analog-Digital-Wandler [Wa1]

Unterschiedliche Funktionen haben unterschiedliche Anforderungen an den Imager: Eine Fahrspurerkennung braucht eine hohe Bewegungsschärfe und deswegen kurze Belichtungszeiten, eine Verkehrzeichenerkennung muss auch mit gepulsten LED von Wechselverkehrszeichen zurechtkommen und setzt dafür längere Belichtungszeiten voraus.

Das Rohbild kann auch von mehreren Funktionen parallel verwendet werden, z. B. für eine Spurerkennung, eine Verkehrszeichenerkennung und für die gleichzeitige Anzeige des Bildes auf einem Monitor. Es muss dann ein Kompromiss zwischen den unterschiedlichen Anforderungen bei der Auslegung des Imagers gesucht werden.

Beim Verbau der Kamera ins Fahrzeug treten an verschiedenen Stellen Toleranzen auf. Eine Justage der Kamera ist möglich, indem nur ein Teil der tatsächlich verfügbaren Auflösung für die eigentliche Funktion genutzt wird (z. B. statt 640 × 480 Pixel nur 576 × 432 Pixel). Bei der Kalibrierung wird ein definiertes Muster in einer definierten Position relativ zur Karosserie (z. B. in der Mitte des vorderen Kennzeichenträgers auf einer Höhe von 1,4 m über der Fahrbahn) platziert. Eine Bildauswertung erkennt das Muster und kann nun den funktionalen Bildbereich so schieben, dass das Muster im Bild an der dafür vorgesehenen Stelle zu liegen kommt. Die für den Ausgleich vorzusehende Reserve hängt von der Toleranzkette ab, die sich aus den Toleranzen im Rohbau der Karosserie und den Einbautoleranzen der Kamerahalterung zusammensetzt.

Fotoelektrischer Effekt

Alle heute für Fahrerassistenzsysteme eingesetzten Imager sind als integrierte Schaltungen ausgeführt. Ihre Funktion basiert auf dem inneren fotoelektrischen Effekt bei Halbleitern [Gö1]. Dabei tritt an *pn*-Übergängen eine Ladungsverschiebung auf, wenn Licht auf den Halbleiter fällt, und der *pn*-Übergang wirkt als Fotodiode. Elektronen werden vom Valenzband in das Leitungsband gehoben und dadurch frei beweglich. Zugleich bleibt eine positiv geladene Leerstelle im Valenzband zurück, die ebenfalls frei beweglich ist. Für die Verschiebung muss die Energie des einfallenden Photons höher sein als die Energiedifferenz zwischen dem Valenz- und dem Leitungsband.

Die freien Elektronen werden in Ladungspools gesammelt, die positiven Ladungen werden durch bestimmte Schaltungen abtransportiert. Eine Reihe von Faktoren bestimmt, wie viele Elektronen frei werden; vor allem sind dies die Stärke des Lichteinfalls (Menge der einfallenden Photonen), die Wellenlänge des Lichts, der (wiederum wellenlängenabhängige) Absorptionskoeffizient und das eingesetzte Material. Die Ladungspools können eine bestimmte Menge an Elektronen aufnehmen, wodurch die Dynamik der Kamera bestimmt wird.

Ein Imager besteht aus einer Matrix solcher Fotodioden mit den dazugehörigen Ladungspools. Für das Auslesen der Ladungsmenge in den Pools und die weitere Verarbeitung existieren die zwei Technologien CCD und CMOS, die im Folgenden beschrieben werden. Der fotoelektrische Effekt bei Halbleitern tritt bei Wellenlängen zwischen 400 nm und 1100 nm auf. Dies deckt den Bereich des sichtbaren Lichts (von 380 nm bis 780 nm) sowie den nahinfraroten Bereich (NIR, von 800 nm bis 1000 nm) ab. Für einige Anwendungen ist auch der ferninfrarote Bereich (FIR, von 7,5 µm bis 14 µm) der Wärmestrahlung relevant. Dieser erfordert eigene Sensoren, die in Abschnitt „FIR-Kameras" beschrieben werden.

CCD-Chips

CCD-Chips (Charge-Coupled Devices, ladungsgekoppelte Elemente) wurden in den 1960er Jahren als Speicherbausteine entwickelt. Sie werden wie andere integrierte Schaltkreise auf Silizium-Wafern hergestellt und in Gehäuse mit einem Fenster für den Lichteintritt verpackt. Bei den CCD-Chips sind die Fotodioden mit ihren Ladungspools als Matrix in Reihe geschalteter Schieberegister ausgeführt. Zum Auslesen der Bildpunkte werden die einzelnen Ladungspakete der ersten Zeile durch Verschieben zu einem Ausgangsknoten an einer Ecke des Sensors geführt. Hier erfolgt die Verstärkung und die Erfassung der Ladungen. Im nächsten Schritt werden alle Zeilen um eins verschoben (die zweite Zeile wird also zur ersten Zeile usw.). Es erfolgt das erneute Verschieben der Ladungen zum Eckpunkt. Dieser Vorgang wird wiederholt, bis die letzte Zeile ausgelesen und digitalisiert ist. Als Ergebnis liegen die Ladungsmengen der einzelnen Bildpunkte in einem zweidimensionalen Feld vor. Das Bild kann beim CCD-Chip also nur als Ganzes ausgelesen werden, ein Auslesen von Teilbildern ist nicht möglich. Die Verstärkung und Auswertung erfolgt meistens nicht mehr im gleichen IC.

Ein besonderer Effekt bei CCD-Chips ist das „Blooming": Sammeln sich – z. B. wegen zu starker Belichtung – zu viele Ladungen in einem Pool, so treten die Ladungen aus dem Pool aus und gehen auf benachbarte Pools über. Je nach Ladungsmenge können größere Bereiche betroffen sein. Im Bild sind diese Flächen überstrahlt.

Vorteile der CCD-Imager sind eine hohe Gleichförmigkeit des ausgelesenen Bildes, da die Ladungen aller Pixel nur an einer Stelle verstärkt und digitalisiert werden, und eine hohe Lichtempfindlichkeit wegen der großen aktiven Fläche. Nachteilig ist, dass das Bild nur als Ganzes ausgelesen werden kann und dass der Imager wegen möglicher Bloomingeffekte speziell auf das Anwendungsgebiet abgestimmt werden muss.

CMOS-Imager

Im Gegensatz zum CCD bezeichnet CMOS (Complementary Metal Oxide Semiconductor) nur den Aufbau des Imagers, nicht die Funktionsweise. Die Idee, jede Fotodiode und damit jeden Bildpunkt einzeln auslesen zu können, stammt bereits aus den 1970er Jahren, konnte damals jedoch nicht zufriedenstellend umgesetzt werden. Erst seit Ende der 1980er Jahre sind geeignete CMOS-Sensoren herstellbar.

CMOS-Imager vereinen in jedem Bildpunkt eine Fotodiode, einen Ladungspool und zusätzlich noch eine Ausleseelektronik. Die Bildpunkte sind von außen einzeln adressierbar. Die Analogsignale jedes Bildpunktes können so gezielt zu einem Analog-Digital-Wandler geführt werden und das Auslesen eines Teilbildes wird ermöglicht. Die für jedes Pixel erforderliche Hardware benötigt Platz an der Oberfläche des Chips, der deswegen eine geringere aktive Fläche hat als der eines CCD-Imagers. Dadurch sinkt die Lichtempfindlichkeit. Dies wird durch Mikrolinsen ausgeglichen, die das Licht über dem gesamten Pixel sammeln und auf die aktive Fläche lenken. Jedes Pixel besitzt eine eigene Ausleseelektronik; da diese von Pixel zu Pixel unterschiedlich ausfällt, ergibt sich ein für den Imager typischer Fehler im aufgenommenen Bild. Dieser lässt sich durch Auswertung eines dunklen Bildes korrigieren.

Vorteile der CMOS-Imager sind die geringe Baugröße, da viele Funktionen auf dem Chip integriert werden können, die Vermeidung von Bloomingeffekten und die Auswertbarkeit von Teilbildern mit hoher Bildwiederholrate. Nachteilig sind die Ungleichförmigkeit des Bildes, die kompensiert werden muss, und die geringe Lichtausbeute. Für Fahrerassistenzsysteme kommen heute nur noch CMOS-Imager zum Einsatz.

FIR-Kameras

Alle Körper emittieren eine Wärmestrahlung. Bei Festkörpern hängt die Wellenlänge der Strahlung von der Temperatur ab. Bei den typischen Temperaturen von Lebewesen liegen die Wellenlängen zwischen 7,5 µm und 14 µm. Wellenlängen größer als 1,1 µm durchdringen Halbleiter, der fotoelektrische Effekt tritt dann nicht auf. Für diese Wellenlänge sind zwei andere Imagertypen bekannt, pyroelektrische und mikrobolometrische.

Pyroelektrizität ist die Eigenschaft einiger Kristalle, auf eine Temperaturänderung ΔT mit einer Ladungstrennung zu reagieren. Pyroelektrizität tritt nur bei bestimmten piezoelektrischen Kristallen auf. Erwärmt man diese oder kühlt sie ab, so laden sich die gegenüberliegenden Flächen entgegengesetzt elektrisch auf (siehe z. B. [Br5], [Re10]). Die resultierende Spannungsdifferenz kann an den entsprechenden Kristallkanten (Oberflächen) mit Elektroden abgegriffen werden. Schon sehr kleine Temperaturänderungen rufen eine elektrische Spannung hervor.

Dadurch können beispielsweise passive Infrarot-Bewegungsmelder schon dann auf die Bewegung von Lebewesen reagieren, wenn diese noch etliche Meter entfernt sind.

Ein Mikrobolometer ist ein thermischer Detektor für mittleres und langwelliges Infrarot. Es ist besonders klein und daher schnell und sehr empfindlich. Mikrobolometer nutzen die Änderung ihres elektrischen Widerstandes aufgrund der an ihnen absorbierten und in ihnen zu einer Temperaturänderung führenden Strahlung. Sie können bei Raumtemperatur – also ohne aufwendige Kühlung – arbeiten, benötigen jedoch eine konstante Arbeitstemperatur.

Pyroelektrische und mikrobolometrische Imager sind als Arrays verfügbar. Eine Besonderheit ist, dass die Optiken der FIR-Kameras nicht aus normalem Glas oder aus Kunststoffen hergestellt werden können, da diese für den FIR-Bereich nicht durchlässig sind. Stattdessen kommt der Einsatz von Quarzgläsern in Frage. Als Konsequenz müssen FIR-Kameras außerhalb des Fahrgastraumes platziert werden, wo sie besonders vor Verunreinigung und Beschädigung geschützt werden müssen.

12.3 Vernetzte Umgebungserfassung

Die strenge Zuordnung eines Fahrerassistenzsystems zu einer bestimmten Sensorik verliert inzwischen mehr und mehr an Bedeutung. Ein gut ausgestattetes Fahrzeug verfügt über ein ganzes „Bündel" an umgebungserfassender Sensorik wie beispielsweise Kameras, Radar- und Ultraschallsensoren. Dabei können einzelne Systeme wahlweise mit der einen oder mit der anderen Sensorik realisiert werden. Die Schnittstelle zwischen System und Umgebungserfassung muss also entsprechend offen gestaltet werden. Gleichzeitig können auch verschiedene Systeme auf Basis desselben Sensors arbeiten. Aus der Mehrfachnutzung eines Sensors können jedoch Abhängigkeiten der nutzenden Systeme untereinander entstehen. Zudem widersprechen sich eventuell die individuellen Anforderungen der einzelnen Systeme, z. B. bezüglich der Auflösung einer Kamera oder des Abdeckungsbereichs eines Radarsensors. Dies gilt es bei der Sensorauslegung zu berücksichtigen.

Ein großer Nutzen, insbesondere für sicherheitsrelevante Systeme, besteht in der gleichzeitigen Auswertung der Signale verschiedener Sensoren, die denselben Umgebungsbereich abdecken. Dies wird als Sensorfusion oder Sensordatenfusion bezeichnet. Dabei können drei wesentliche Erkenntnisse gewonnen werden, nämlich:

- die Plausibilisierung der Daten,
- die Erhöhung der Genauigkeit,
- die Detaillierung gefundener Objekte.

12.3.1 Abdeckungsbereiche

Die unterschiedlichen Sensoren müssen jedoch nicht zwangsläufig denselben Umgebungsbereich abdecken. Komplementäre Sensoren haben disjunkte Abdeckungsbereiche. Es wird also mit dem einzelnen Sensor und ausschließlich mit diesem ein ganz spezielles Feld vermessen. Konkurrierende Sensoren betrachten denselben Umgebungsbereich, während kooperative Sensoren lediglich eine gemeinsame Schnittmenge, aber auch jeweils disjunkte Erfassungsbereiche haben. Ein Beispiel für kooperative Sensoren ist die Kombination zwischen Nah- und Fernbereichsradar. Relevante Objekte werden bei Annäherung an das Fahrzeug in einem bestimmten Bereich von beiden Sensoren erkannt. Hier erfolgt die Übergabe vom Fern- zum Nahbereichsradar, das relevante Objekt wird also in diesem Bereich sowohl in der Auswertelogik des Nah- als auch des Fernbereichsradars berechnet und es erfolgt eine Plausibilisierung dahingehend, ob es sich um dasselbe Objekt handelt.

12.3.2 Sensorfusion und Sensordatenfusion

Der wesentliche Unterschied zwischen Sensorfusion und Sensordatenfusion ist in den Bildern 12-12 und 12-13 dargestellt. Während bei der Sensorfusion die Daten der einzelnen Sensoren in einer gemeinsamen Recheneinheit ausgewertet werden, geschieht die Datenaufbereitung bei der Sensordatenfusion für jeden Sensor oder für jede Sensorart in einer separaten Recheneinheit. Weiterführende Informationen sind z. B. in [Ma5] zu finden.

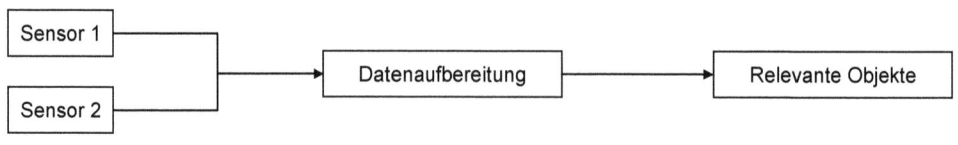

Bild 12-12 Sensorfusion [Ma5]

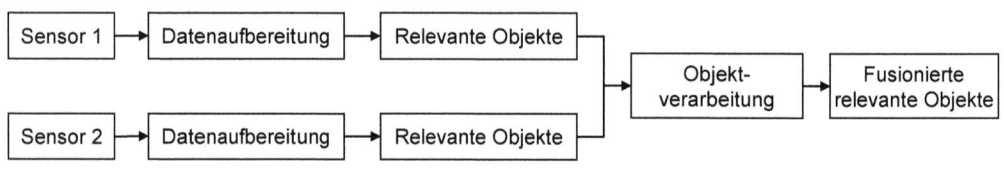

Bild 12-13 Sensordatenfusion [Ma5]

Sensorfusion

Die Sensorfusion liefert für das Assistenzsystem notwendige spezifische Umgebungsinformationen aus zwei oder noch mehr Sensoren. Der Vorteil hierbei ist, dass die Datenaufbereitung exakt auf das jeweilige System abgestimmt ist. Ein denkbares Beispiel hierfür ist die gemeinsame Auswertung eines Fernbereichs-Radarsensors und einer Stereokamera zur exakten Bestimmung eines Objektes für ein teilautonomes Notbremssystem in einem Steuergerät. Dabei wird das Objekt mit seiner Geschwindigkeit durch den Radarsensor erfasst und mittels der Kameradaten plausibilisiert und kategorisiert. So kann mit der Kamerainformation beispielsweise die Größe des Objektes bestimmt werden oder eine Einteilung stattfinden, ob es sich um einen Fußgänger oder um ein Fahrzeug handelt.

Sensordatenfusion

Die Sensordatenfusion verwendet bereits berechnete Umgebungsinformationen für separate Assistenzfunktionen, um daraus eine Schnittmenge für eine weitere Funktion zur Verfügung zu stellen. Ein Beispiel hierfür ist die Verwendung von Daten aus einer ultraschallbasierten Einparkhilfe und einer Rückfahrkamera. Beide Systeme sind unabhängig voneinander in ein Fahrzeug implementierbar. Gekoppelt lassen sich jedoch durch das Wissen um Hindernisse in der Nähe des Fahrzeughecks und das entzerrte Kamerabild völlig neue Systeme zur Vermeidung von Heckschäden im Rangierbetrieb entwerfen.

Informationsplattform

Auf Basis der hohen Vernetzung in modernen Fahrzeugen und der Mehrfachnutzung von umgebungserfassenden Sensoren geht der Trend zu einer Informationsplattform. Dabei verarbeitet eine zentrale leistungsstarke Recheneinheit alle hierfür relevanten Sensoren und generiert daraus sowohl Umgebungsinformationen für Funktionen, die an einer speziellen Sensorik hängen, als auch fusionierte Umgebungsinformationen für komplexe Funktionen, die unterschiedliche Sensorik benötigen.

12.3.3 Mathematische Methoden der Datenfusion

Zur Fusion verschiedener Daten steht eine Vielzahl mathematischer Methoden zur Verfügung. In diesem Kapitel wird ein kurzer Überblick gegeben.

Gewichteter Durchschnitt

Beim gewichteten Durchschnitt erhält jeder der n Sensoren eine Gewichtung a_j mit $j = 1, \ldots, n$. Diese Gewichtung basiert z. B. auf physikalischen Eigenschaften des jeweiligen Sensors oder auf der Kenntnis der jeweiligen Genauigkeit. Haben nun die n Sensoren ein relevantes Objekt im Abstand x_j erkannt, so errechnet sich der fusionierte Abstand aus

$$x = \frac{\sum_{j=1}^{n} a_j x_j}{\sum_{j=1}^{n} a_j}.$$

Das Verfahren ist sehr einfach und schnell. Jedoch können Ausreißer in einem Sensor, besonders in einem hoch gewichteten Sensor, zu einem stark verfälschten Ergebnis führen.

Methode der kleinsten Fehlerquadrate

Unter der Annahme, dass die Messfehler stochastisch unabhängig und normalverteilt sind, liefert die Methode der kleinsten Quadrate zuverlässige Ergebnisse. Dabei muss die Minimierungsaufgabe

$$\min_{a} \sum_{j=1}^{n} (f(t_j, a) - y_j)^2$$

gelöst werden. Es werden also zu einer Funktion $f(t,a)$ die Parameter $a = [a_1, \ldots, a_n]^T$ gesucht. Die Messwerte y_j zum Zeitpunkt t_j können von verschiedenen Sensoren stammen. Das Quadrat der Differenz zwischen dem Funktionswert $f(t_j, a)$ und dem Messwert y_j zu diesem Zeitpunkt soll dabei minimiert werden. Im zweidimensionalen Fall ergibt dies eine Gerade, welche die Sensorwerte annähert. Ein Beispiel ist in Bild 12-14 schematisch dargestellt. Sind die Parameter bekannt, so kann zu jedem Zeitpunkt ein approximierter Wert berechnet werden. Die Methode der kleinsten Fehlerquadrate ist z. B. in [Ma5] und [Sc8] ausführlich dargestellt.

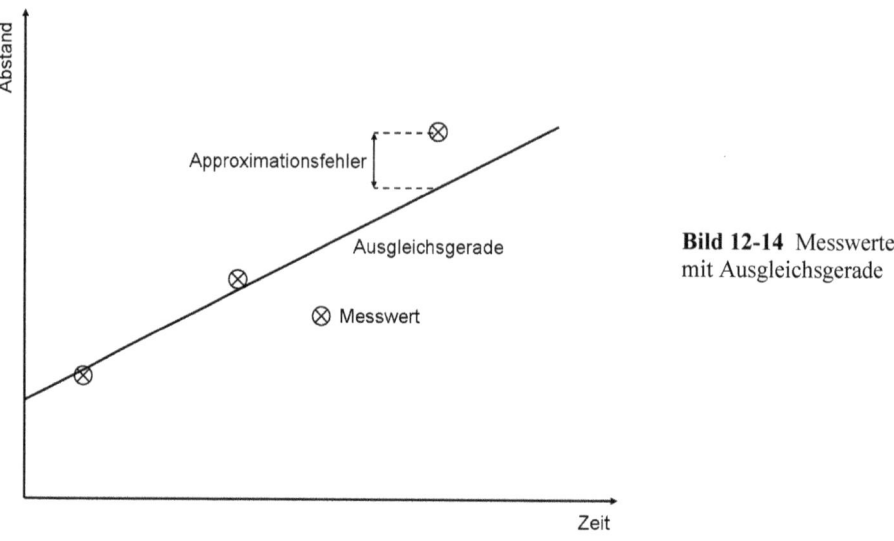

Bild 12-14 Messwerte mit Ausgleichsgerade

Kalman-Filter

Das in der Regelungstechnik sehr häufig verwendete Kalman-Filter kann in seiner diskreten Form auch bei der Auswertung verschiedener Sensorsignale herangezogen werden. Dabei handelt es sich um eine iterative Aktualisierung und Verbesserung der Schätzwerte. Das typische Vorgehen ist in drei Schritten zu beschreiben.

Schritt 1: Auf Basis des derzeitigen Wertes und des Fahrzeugmodells wird der nächste Wert geschätzt.

Schritt 2: Der berechnete Wert wird mit dem tatsächlich gemessenen Wert verglichen.

Schritt 3: Die Differenz wird gewichtet und der geschätzte Wert wird damit korrigiert.

Weiterführende Literatur zum Kalman-Filter findet sich z. B. in [Ge1], [Kö1], [Ma5], [Re1], [Re2] und [Sc8].

Weitere Verfahren

Zur Datenfusion stehen weitere Verfahren, wie z. B. die Fuzzy-Logik oder der Bayes'sche Schätzer zur Verfügung. Bei der Fuzzy-Logik werden den Sensoren Wahrheitswerte zwischen null und eins zugeordnet, um deren jeweilige Güte widerzuspiegeln. Es wird also angenommen, dass jeder Sensor zu einem gewissen Grad den richtigen Wert liefert und nicht pauschal falsch oder richtig liegt. Eine ausführliche Beschreibung der Fuzzy-Logik findet sich z. B. in [Ru2]. Der Bayes'sche Schätzer basiert auf der Wahrscheinlichkeit, bestimmte Sensorsignale der einzelnen Sensoren zu bekommen, wenn ein bestimmtes Objekt erkannt ist [Ge1].

12.4 Parken und Rangieren

Das Design moderner Fahrzeuge mit fließenden Formen und hohen Fensterlinien erschwert in vielen Fällen die Abschätzung der Grenzen des eigenen Fahrzeugs. Park- und Rangierhilfen unterstützen bei der Suche nach einem geeigneten Parkplatz, beim Einfahren in diesen und beim allgemeinen Rangieren.

12.4 Parken und Rangieren

Prinzipiell wird zwischen aktiven und passiven Systemen unterschieden. Aktive Systeme stellen dem Fahrer über eine Sensorik Informationen oder Funktionen zur Verfügung. Sie lassen sich weiter in anzeigende Systeme ohne Messung und in messende Systeme unterteilen. Die Messung bezieht sich dabei auf die Erfassung von Abständen rund um das Fahrzeug mit dem Ziel, das Parken und Rangieren zu vereinfachen. Im weiteren Verlauf des Kapitels werden anzeigende und messende Systeme ausgehend von ihrer Sensortechnologie beschrieben.

12.4.1 Passive Systeme

Passive Systeme sind am Fahrzeug angebrachte Marken, die dem Fahrer die Orientierung und Abschätzung der Fahrzeugabmessungen erleichtern, beispielsweise Peilstäbe oder die Heckflossen der Fahrzeuge aus den 1960er Jahren. Die Peilstäbe an der ab 1991 gebauten S-Klasse von Mercedes-Benz waren bei normaler Fahrt bündig mit der Karosserie und fuhren beim Einlegen des Rückwärtsgangs automatisch aus. Dieses System wurde 1995 von der ersten Ultraschalleinparkhilfe abgelöst. Passive Systeme sind bei Pkw nicht mehr in Gebrauch und werden nicht weiter betrachtet.

12.4.2 Anzeigende Systeme

Bei anzeigenden Systemen werden die Flächen rund um das Fahrzeug von Kameras beobachtet, deren Bild dem Fahrer auf einem Monitor gezeigt wird. Historisch hat sich eine Unterscheidung zwischen Rückfahrkameras und Surroundview-Systemen (auch Top-View-Systeme genannt) ergeben. Im Folgenden werden beide Ausprägungen betrachtet.

Rückfahrkamera

Als Rückfahrkamera wird eine Kamera bezeichnet, die dem Fahrer einen Blick auf die Fläche direkt hinter dem Fahrzeug ermöglicht. Sie war das erste Kamerasystem, das im Fahrzeug eingesetzt wurde. Bei den meisten Fahrzeugherstellern sind Rückfahrkameras als Sonderausstattung verfügbar, außerdem gibt es eine große Auswahl an Nachrüstlösungen. Im einfachsten Fall wird eine Kamera direkt an die Betriebsspannung und einen Monitor angeschlossen (Bild 12-15a). Die Verbindung zwischen Kamera und Monitor kann analog oder digital ausgeführt sein. Die digitale Schnittstelle bietet ein besseres Bild zu höheren Kosten.

Die Bedienung und die Anzeigen werden bei werkseitig eingebauten Systemen immer in das Gesamtkonzept des Fahrzeugs integriert, also beispielsweise werden der Monitor und die Bedienelemente des Navigationssystems verwendet; außerdem sind alle Fahrzeugdaten verfügbar (Gang oder Fahrstufe, Fahrzeuggeschwindigkeit usw.). Die Aufgabe für den Hersteller besteht darin, das Bild der Kamera wirklich nur dann anzuzeigen, wenn es der Fahrer benötigt. Außerdem muss der Fahrer eine Möglichkeit haben, zu den anderen im Monitor darstellbaren Funktionen zu wechseln.

Da die Rückfahrkamera nur den Bereich hinter dem Fahrzeug darstellt, sind die Aktivierung und die Deaktivierung verhältnismäßig einfach: Meist wird das Bild bei Einlegen des Rückwärtsgangs aktiviert und bei Überschreiten einer definierten Geschwindigkeit oder Zeit nach Verlassen des Rückwärtsgangs wieder zum vorhergehenden Bild gewechselt. Bei Nachrüstlösungen werden die Komponenten zusätzlich installiert, die Bedienung erfolgt über separate Tasten. Ein Konflikt mit anderen Funktionen kann dabei nicht auftreten.

Bei werkseitig verbauten Systemen kommen überwiegend CMOS-Kameras zum Einsatz, um auch bei schwierigen Lichtverhältnissen ein ausreichend gutes Bild darstellen zu können. Nachrüstlösungen sind auch als CCD-Kameras erhältlich und haben dadurch Kostenvorteile.

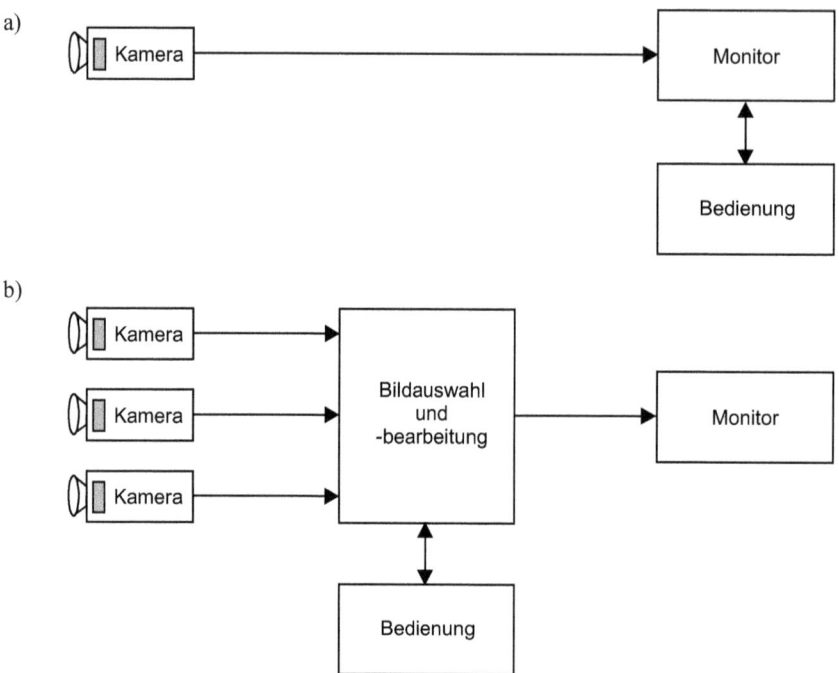

Bild 12-15 Blockschaltbilder von Kamerasystemen für Park- und Rangieraufgaben:
(a) System mit einer Kamera. Dabei erfolgt die direkte Anzeige eines Kamerabildes auf dem Monitor ohne Bildbearbeitung. Die Bedienung ist in die des Monitors integriert.
(b) System mit mehreren Kameras. Dabei muss das anzuzeigende Bild ausgewählt werden. Die Bildbearbeitung erfolgt in einem Steuergerät. Die bei solchen Systemen komplexe Auswahl des richtigen Bildes erfolgt oft im gleichen Steuergerät. Die Bildbearbeitung kann auch im Zusammenfügen mehrerer Einzelbilder bestehen

Das Kamerabild wird dem Fahrer üblicherweise gespiegelt dargestellt, da dies dem Blick in den Rückspiegel entspricht und schneller erfasst wird als ein ungespiegeltes Bild. Die Optik der Kamera hat einen großen Öffnungswinkel, um einen möglichst breiten Bereich hinter dem Fahrzeug darzustellen. Dadurch kommt es zu einer Verzerrung des Bildes (Fischaugeneffekt), die das Abschätzen von Abständen im Bild erschwert. Als Abhilfe können feste (statische) Hilfslinien in das Bild eingeblendet werden, die eine Orientierung im Bild erlauben. Typischerweise werden die Verlängerungen der Fahrzeugflanken dargestellt, sowie Querlinien in bestimmten Abständen hinter dem Fahrzeug, meistens in 30 cm und 1 m Entfernung (Bild 12-16). Dies hilft beispielsweise, das Fahrzeug zum Öffnen des Heckdeckels weit genug vor einer Wand zu stoppen. Einige Hersteller blenden auch die Grenzen der vom Fahrzeug überstrichenen Fläche bei maximalem Lenkeinschlag ein; dies erlaubt eine Abschätzung, ob ein Hindernis noch umrundet werden kann oder ob ein Vorwärtszug erforderlich ist. Die Überlagerung der Linien mit dem Kamerabild kann von der Elektronik des Monitors übernommen werden. Es muss dann eine Möglichkeit der Justage geschaffen werden, damit Montagetoleranzen der Kamera ausgeglichen werden.

12.4 Parken und Rangieren

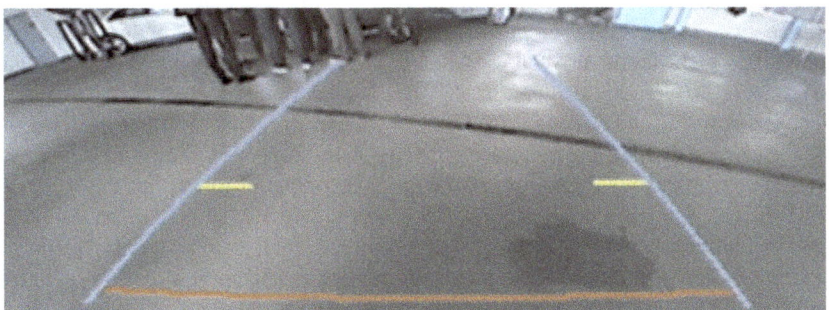

Bild 12-16 Bild eines Rückfahrkamerasystems mit statischen Hilfslinien (Mercedes-Benz). Die blauen Linien sind die Verlängerungen der Fahrzeugflanken. Die rote Querlinie liegt im Abstand von 30 cm hinter dem Fahrzeug, die gelben Balken liegen im Abstand von 1 m. Alle Linien sind in die Fahrebene eingeblendet

Neben dem Einblenden von Hilfslinien ist auch eine Entzerrung des Bildes möglich. Mit Kenntnis der Objektiveigenschaften wird das digitalisierte Bild so transformiert, dass der Fischaugeneffekt minimiert wird. Auch in dieses Bild können natürlich Linien eingeblendet werden. Die Entzerrung des Bildes kann zwar prinzipiell in der Monitorelektronik erfolgen; die hierfür benötigte Rechenkapazität ist jedoch oft nicht vorgesehen, weswegen entweder die Kamera selbst um entsprechende Hardware erweitert oder ein zusätzliches Steuergerät installiert wird. Dann ergibt sich eine Systemarchitektur nach Bild 12-15b.

Die statischen Hilfslinien können noch um dynamische Hilfslinien erweitert werden, die die vom Fahrzeug überstrichene Fläche in Abhängigkeit vom aktuellen Lenkwinkel darstellen (Bild 12-17). Dies ist beispielsweise beim Einparken in Querparklücken hilfreich, wo das Zielen in die Parklücke erleichtert wird.

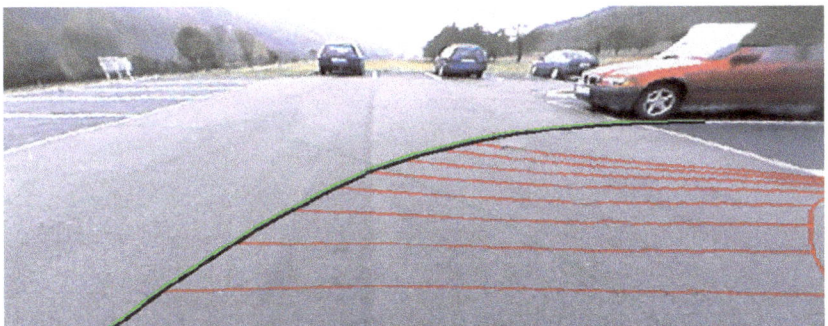

Bild 12-17 Bild einer Rückfahrkamera mit dynamischen Hilfslinien (BMW). Die rot schraffierte Fläche wird vom Fahrzeug bei der Rückwärtsfahrt überstrichen. Sie wird in Abhängigkeit vom Einschlag der Vorderräder dargestellt

In einigen Ländern (unter anderen Japan) gibt es gesetzliche Randbedingungen, die die Einsehbarkeit des Bereichs neben dem Fahrzeug vorschreiben, beispielsweise in Fahrzeugen mit einer bestimmten Höhe der Fensterunterkante. Dies soll das Überfahren von Kindern im toten Winkel des Fahrzeugs verhindern. Neben Spiegelsystemen ist der Einsatz einer Seitenkamera zusätzlich zu einer Rückfahrkamera eine mögliche Umsetzung der Vorschrift. Die technische Umsetzung erfolgt in Form einer weiteren Kamera, die z. B. in den Außenspiegel integriert wird. Das Bild muss nun nicht mehr nur während der Rückwärtsfahrt, sondern auch während der Vorwärtsfahrt angezeigt werden. Außerdem soll bei Rückwärtsfahrt auch das Bild vom Fahrzeugheck zu sehen sein. Für die Anzeige des Bildes bedeutet dies eine Änderung der Aktivierungs- und Deaktivierungsbedingungen und eine neue Aufteilung der Monitorinhalte. Ist nur ein Monitor verfügbar, muss der Fahrer gegebenenfalls akzeptieren, in bestimmten Fahrsituationen nur das Bild der Kameras angezeigt zu bekommen. Die Bedienung muss dann so gestaltet sein, dass der Fahrer eine Möglichkeit hat, andere Funktionen zu aktivieren. Das muss natürlich im Einklang mit den gesetzlichen Rahmenbedingungen erfolgen. Schließlich sei noch erwähnt, dass die Ergebnisse messender Systeme in die Ausgabe anzeigender Systeme einfließen können, beispielsweise in Form der Einblendung von Ultraschallmessdaten in das Kamerabild.

Parkführung mit anzeigenden Systemen

Mithilfe überlagerter Grafiken ist auch eine sehr einfache Führung in eine Parklücke möglich, wie Bild 12-18 zeigt: Steuert der Fahrer das Fahrzeug so, dass eine der schraffierten Flächen im Bild sich mit der Parkfläche (in Bild 12-18 vor dem Hindernis rechts) deckt, kann das Fahrzeug in einem Zug in die Lücke gefahren werden: Zunächst Volleinschlag der Lenkung in Richtung der Parkfläche, dann Fahren, bis die entsprechende von der Parkfläche weg gekrümmte Linie (das ist die grüne Linie für die Parkfläche in Bild 12-18 vor dem Hindernis rechts) die innere seitliche Begrenzung der Parkfläche touchiert; danach Gegenlenken mit maximalem Lenkeinschlag und das Fahrzeug in die Zielposition fahren. Eine Vermessung der Parklücke findet nicht statt. Das Prinzip basiert auf der Kenntnis der minimal fahrbaren Radien und der damit erreichbaren Parkposition. Da das Fahrzeug am Ende des ersten Zuges parallel zur Vorbeifahrtrichtung stehen soll, ist zum Einschwenken der Fahrzeugfront Parkfläche vorzusehen. Die erreichbaren Parklücken sind daher größer als mit mehrzügigen Systemen. Die Positionierung des Fahrzeugs relativ zur Parklücke zum Beginn des Einparkvorgangs ist vor allem dann schwierig, wenn das Bild der Kamera im Vorwärtsgang nicht verfügbar ist.

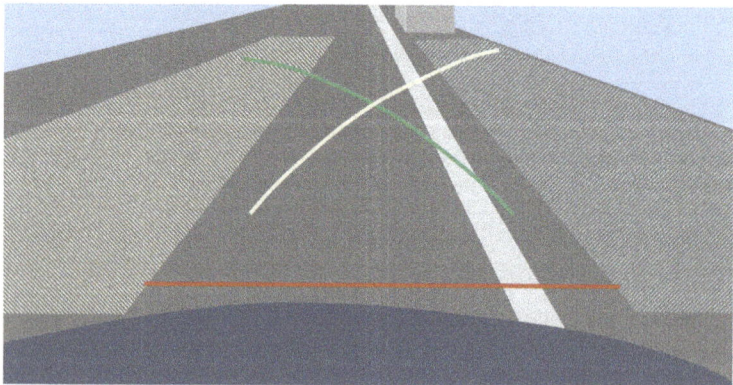

Bild 12-18 Führung in eine Parklücke mit Hilfe einer Rückfahrkamera. Das Fahrzeug muss so positioniert werden, dass eine der schraffierten Flächen die reale Parklücke abdeckt. Im gezeigten Beispiel befindet sich die Parklücke vor dem Hindernis rechts

12.4 Parken und Rangieren

Da die Distanz bis zum Parklückenende groß ist, kommt der richtigen Ausrichtung der Kamera und der Einblendungen eine hohe Bedeutung zu: Kleine Fehler wirken sich auf die Distanz groß aus. Wie bei allen Systemen, bei denen der Fahrer selbst lenken muss, wird entweder gefahren oder gelenkt. Lenken während der Fahrt würde den Fahrer daran hindern, den Raum um das Fahrzeug ausreichend zu beobachten.

Auch bei der Parkführung mit Kamerasystemen sind dynamische Hilfslinien einsetzbar. Diese können die Positionierung des Fahrzeugs zum Beginn des Parkvorgangs vereinfachen: Nach dem Einlegen des Rückwärtsgangs positioniert der Fahrer durch Drehen des Lenkrads eine virtuelle Parklücke in seinem Kamerabild. Stimmt die Position, fährt er mit genau diesem Lenkwinkel los, bis eine Marke im Bild die innere seitliche Begrenzung der Parkfläche berührt. Beim Fahren wird die virtuelle Parklücke ausgeblendet. Der nächste Lenkwinkel wird so eingestellt, dass die Anzeige der überfahrenen Fläche die innere seitliche Begrenzung der Parkfläche eben touchiert. Auch hier steht das Fahrzeug am Ende des ersten Zuges in der Zielposition. Die Startposition ist jedoch freier wählbar und es wird nicht ausschließlich mit Volleinschlägen gefahren. Es bleibt aber beim „Lenken oder Fahren". Es wird bei diesem System angenommen, dass die Parkfläche von je einem Fahrzeug vorne und hinten begrenzt wird. Zu steile Lenkwinkel würden in das vordere Hindernis führen. Der Fahrer kann diese Lenkwinkel zwar einstellen, er erhält jedoch eine Warnung und die Führung lässt sich nicht wie oben beschrieben fortsetzen.

Bei der höchsten Ausbaustufe der Parkführung mit anzeigenden Systemen wird die Parkfläche durch den Fahrer ausgewählt, indem er eine auf einem Monitor dargestellte virtuelle Parklücke per Tasten schiebt und dreht. Die virtuelle Parklücke wird dabei in das Bild einer Rückfahrkamera eingeblendet. Dies funktioniert für Längs- und Querparklücken. Ist die Parkfläche in einem Zug nicht erreichbar, erhält der Fahrer eine entsprechende Meldung. Er muss dann die Startposition des Fahrzeugs korrigieren. Beim Einfahren in die Parklücke wird die Querführung des Fahrzeugs vom Parksystem übernommen. Einige Systeme bieten eine Vorpositionierung der Parklücke mithilfe einer einfachen Vermessung durch Ultraschallsensoren an. Solche Systeme sind in Japan im Einsatz, werden in Europa aber kaum angeboten. Gründe hierfür sind das langwierige Platzieren der Parkfläche, das in Europa keine Akzeptanz findet, und dass die japanische Zertifizierung vorschreibt, dass die Lenkassistenz bei Betätigen des Gaspedals abzubrechen ist. Dadurch sind Parklücken an Steigungen oder auf Bordsteinen nicht erreichbar. Europäische Parkführungssysteme müssen für den Verkauf in Japan an die japanische Gesetzgebung angepasst werden. Der Aufwand hierfür ist hoch, weshalb die europäischen Parksysteme in Japan nicht verfügbar sind.

Surroundview

Bei Surroundview-Systemen (auch als Top-View-Systeme bezeichnet) wird das Bild einer virtuellen Kamera aus einem oder mehreren realen Kamerabildern berechnet. Die Position und die Perspektive der virtuellen Kamera ist dabei in den physikalischen Grenzen der realen Kamerapositionen frei wählbar. Ihr Bild zeigt das Fahrzeug und seine direkte Umgebung aus der Vogelperspektive und ermöglicht so einen Blick rund um das Fahrzeug (Bild 12-19).

Die Systemarchitektur von Surroundview-Systemen entspricht der in Bild 12-15b. Die meist vier realen Kameras werden in der Front, in den Außenspiegeln und im Heck des Fahrzeugs platziert. Ihre Bilder werden in einem Steuergerät ausgewertet und bearbeitet. Zum Einsatz kommen CMOS-Imager mit Optiken, die einen sehr großen Öffnungswinkel haben, um einen großen Bereich neben dem Fahrzeug abzubilden. Ihre Einzelbilder werden entzerrt und zu einem Gesamtbild zusammengesetzt. Dies erfolgt in zwei Schritten: Zunächst wird jeder Bildpunkt einer Kamera auf einen Punkt auf der Fahrbahn abgebildet. Im zweiten Schritt wird dann das Bild der virtuellen Kamera aus den Bildpunkten der Fahrbahn zusammengesetzt. Durch die Umrechnung werden Objekte, die aus der Fahrbahn herausragen, stark verzerrt dargestellt („Manhattan-Effekt", zu sehen in Bild 12-19). Je höher die Position der realen Kameras, desto geringer ist dieser Effekt.

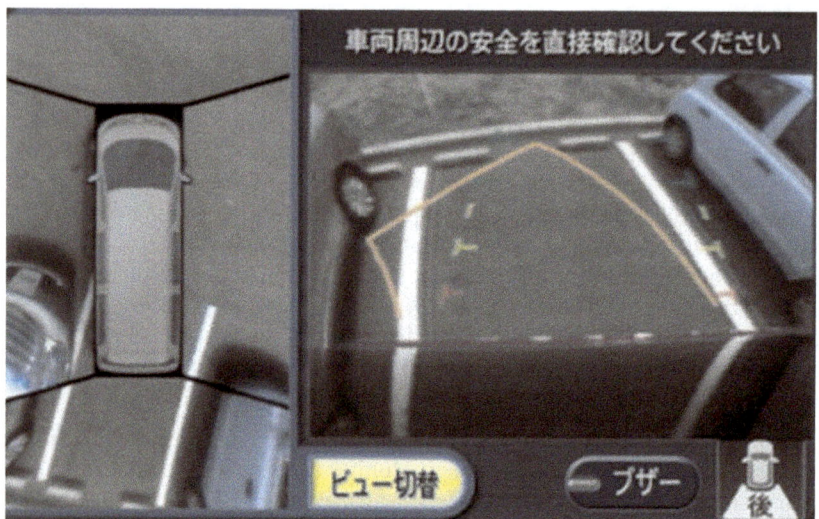

Bild 12-19 Angezeigtes Bild während eines Einparkvorgangs (Nissan). Das linke Teilbild zeigt die Darstellung eines Surround-View-Systems. Dabei wird die Verzerrung in die Höhe ragender Hindernisse deutlich (Manhattan-Effekt). Das rechte Teilbild wird hier nicht weiter betrachtet

Das virtuelle Bild wird dem Fahrer auf einem Monitor angezeigt. Dabei sollte die Längsachse des eigenen Fahrzeugs nach oben zeigen; so kann das Bild intuitiv erfasst und verstanden werden. Weil Monitore breiter sind als hoch, steht für die Darstellung der gesamten Umgebung wenig Fläche zur Verfügung, das Bild ist entsprechend skaliert. Dies reicht, um einen Überblick über die Situation rund ums Fahrzeug zu bekommen; kleine Details können jedoch übersehen werden. Es ist möglich, einzelne Bereiche des Bildes zu zoomen und neben dem Übersichtsbild in anderer Skalierung darzustellen. Wichtig ist dabei die Auswahl des richtigen Bereiches in der richtigen Situation anhand von Fahrzeugdaten oder Bedieneingaben des Fahrers.

Wie auch bei den Rückfahrkamerasystemen können in das Surroundview-Bild weitere Informationen eingeblendet werden (Fahrschlauch, Messwerte von Ultraschallsystemen usw.). Die Überlagerung dieser Daten im Bild muss so erfolgen, dass das Bild schnell erfasst werden kann.

Beim Positionieren der Kameras muss auf eine ausreichende Überlappung der Bildausschnitte geachtet werden, sonst entsteht ein „toter Keil" (blind wedge): An der Nahtstelle zwischen den Bildern werden Objekte, die nicht aus dem Boden herausragen, korrekt dargestellt; Objekte, die aus dem Boden herausragen, verschwinden beim Übergang von einer Kamera zur nächsten, z. B. der Fußgänger in der Mitte des Fahrzeugs in Bild 12-20 (vgl. hierzu [Eh2]). Eine mögliche Lösung ist, diesen Bereich nicht anzuzeigen (im Monitor schwarz darzustellen). Der Fahrer hat dann keine falsche Erwartung an die Leistungen des Systems.

Die Kalibrierung der Positionen der Kameras ist von großer Bedeutung, um Toleranzen in den Einbaulagen der Kameras zu kompensieren. Ein Weg ist die Kalibrierung über ein Muster, das auf die Fahrbahn aufgebracht oder -gelegt und in mehreren Positionen aufgenommen wird [Ch1].

12.4 Parken und Rangieren

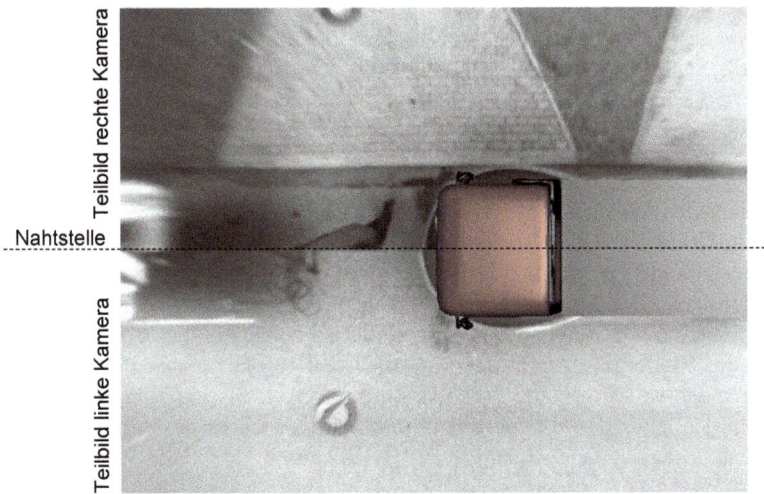

Bild 12-20 Surround-View-Bild am Beispiel einer Sattelzugmaschine. An der Nahtstelle der beiden Kamerabilder kommt es durch die unterschiedlichen Verzerrungen zu schwer interpretierbaren Darstellungen: Im Bild sind die Beine des Fußgängers nur im Teilbild der rechten Kamera deutlich zu erkennen, im Teilbild der linken Kamera nur schemenhaft

Einschränkungen

Ablagerungen von Staub und Salz – besonders im Winter – führen schnell zu einer Einschränkung der Bildqualität, die das System unbrauchbar macht. Daher müssen alle Kamerasysteme vor Schmutz geschützt werden. Bei einigen Fahrzeugherstellern werden die Kameras z. B. hinter Blenden untergebracht, die diese nur bei aktiver Funktion freigeben und so die Verschmutzung deutlich reduzieren. Der Nutzen für den Fahrer rechtfertigt die erhöhten Kosten. Es bleibt das Risiko, dass bei Ausfall des Klappmechanismus das Kamerasystem seine Funktion verliert.

Außerdem müssen die anzeigenden Systeme bei Dunkelheit, bei schlechter Beleuchtung und bei nasser Fahrbahn (hier kommt es zu Spiegelungen) verfügbar sein. Diese Szenarien stellen hohe Anforderungen an die Kamera, die mit wenig Licht und mit Blendungen zurechtkommen muss. Der Einsatz von CMOS-Imagern hat hier eine deutliche Verbesserung gebracht.

12.4.3 Abstandsinformationssysteme

Inzwischen weit verbreitet und in allen Fahrzeugklassen vertreten sind ultraschallbasierte Einpark- und Rangierhilfen. Mit Ultraschallsensoren wird mindestens der Rückraum, bei aufwändigeren Systemen auch die Umgebung vor der Fahrzeugfront überwacht. Erstmalig kam ein solches System in der S-Klasse von Mercedes-Benz in enger Zusammenarbeit mit der Robert Bosch GmbH 1995 in Serie.

Sensorik

Eine reine Hecküberwachung kann bereits mit zwei in den Stoßfänger integrierten Ultraschallsensoren umgesetzt werden. Jedoch können von solchen Systemen schmale Hindernisse wie z. B. ein Rohr leicht übersehen werden. Deshalb werden in der Regel vier Sensoren zur Überwachung des Rückraumes eingesetzt. Da die Fahrzeugfront einen deutlich größeren Bereich überstreicht als das Fahrzeugheck, müssen für eine qualitativ gute Hindernisdetektion vor dem Fahrzeug sechs Sensoren im Frontstoßfänger integriert werden. Es sind jedoch auch 4-Kanal-Systeme auf dem Markt. Die Messweite beträgt je nach Systemausprägung 0,2 bis 1,2 m.

Anzeige und Bedienung

Die Aktivierung der Abstandsanzeige erfolgt geschwindigkeitsabhängig, über einen separaten Taster oder durch Einlegen des Rückwärtsgangs. Die Anzeige relevanter Abstände kann aufgrund der Einschränkungen von Ultraschallsensoren nur im niedrigen Geschwindigkeitsbereich zuverlässig erfolgen. Die Signalisierung relevanter Hindernisse geschieht akustisch, optisch oder als Kombination von Beidem. Viele Hersteller signalisieren den Abstand über Intervalltöne. Je weiter das Hindernis entfernt ist, desto niedriger ist die Frequenz. Nähert sich das Fahrzeug einem Hindernis, so wird die Frequenz immer höher, bis hin zum Dauerton beim Minimalabstand. In den letzten Jahren werden immer häufiger Bilder aus der Vogelperspektive mit stilisierter Abstandsanzeige eingeblendet. Ein Beispiel dafür ist in Bild 12-21 dargestellt.

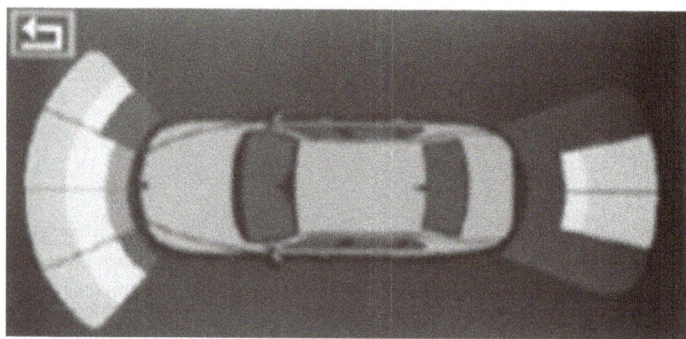

Bild 12-21 Rangierhilfe in Vogelperspektive

Das in Bild 12-22 gezeigte System ist immer unterhalb 16 km/h aktiv und zeigt Abstände an. Hierbei wäre eine reine Tonausgabe oder eine Überblendung anderer Anzeigen unkomfortabel. Deshalb wird in separaten Warnelementen der Abstand über gelbe und rote LED angezeigt. Eine akustische Warntonausgabe erfolgt erst bei Abständen zwischen 20 und 30 cm.

Bild 12-22 Warnelemente bei Mercedes-Benz

12.4.4 Parkhilfen

Einparken erzeugt bei ungünstigen Randbedingungen Stress und wird oft durch widrige Umstände erschwert. Fahrerassistenzsysteme bieten hier eine einfache Unterstützung. In der Regel werden Ultraschallsensoren zur Vermessung von Parklücken verwendet, es gibt jedoch auch Systeme, die auf Basis von Radarsensoren arbeiten.

Parklückenvermessung

Die einfachste Ausprägung von Parkhilfen unterstützt den Fahrer bei der Abschätzung der Parklückenlänge. So kann die Größe einer Lücke schneller eingeschätzt werden und das daraufhin folgende Einparkmanöver in die richtige Parklücke erfolgen. Bei Systemen der Parklückenvermessung werden während der Vorbeifahrt Parklücken rechts und links des Fahrzeugs vermessen. Ist eine gefundene Lücke ausreichend groß, so wird dies dem Fahrer signalisiert.

Parklückenlokalisierung

Um weitergehende Systeme zu ermöglichen, ist deutlich mehr Kenntnis der Parklücke notwendig als die reine Länge. Mit Hilfe der Ultraschallsensoren wird auch die Tiefe vermessen, insbesondere wird ein eventuell vorhandener Bordstein erkannt. Damit kann eine genaue Zielparkposition bestimmt werden. Die gesamte Vermessung der Parklücke funktioniert in den aktuellen Systemen bis zu einer Geschwindigkeit von etwa 35 km/h. Dies hat sich in der Praxis als ausreichend herausgestellt. Eine Vermessung bei höheren Geschwindigkeiten ist weder unbedingt nötig noch mit der aktuellen Ultraschallsensorik möglich.

Parkführung

Bei Parkführungssystemen wird dem Fahrer angezeigt, wie er in die Parklücke einfahren kann. Ähnlich wie bei der Rückfahrkamera erhält der Fahrer mit Hilfslinien Informationen über den einzuschlagenden Lenkradwinkel. Da eine kontinuierliche Lenkradwinkelvorgabe vom Fahrer nicht umsetzbar ist, wird bei solchen Systemen nur im Stand gelenkt. Es wird im ersten Zug, falls nötig, geradeaus zurückgefahren, dann angehalten und gelenkt. Unter konstantem Lenkradwinkel wird dann das erste Kreissegment bis zu einem signalisierten Umlenkpunkt gefahren. Dort ist wiederum anzuhalten und nach Vorgabe gegenzulenken. Der folgende Rückwärtszug führt zum hinteren Ende der Parklücke. Hier werden gegebenenfalls weitere Lenkhinweise für Rangierzüge gegeben.

Semiautonome Einparksysteme

Besitzt ein Fahrzeug einen Lenkungssteller, so kann die Lenkbewegung vom Einparksystem übernommen werden. In der Regel kommen elektrische Lenkungssteller zum Einsatz, die inzwischen so robust ausgelegt sind, dass sie auch bei schweren Fahrzeugen die notwendigen Lenkbewegungen mit der notwendigen Geschwindigkeit ausführen können. Die Querführung wird also bei semiautonomen Einparksystemen vom System übernommen; für die Längsführung, also Beschleunigen und Bremsen, ist nach wie vor der Fahrer verantwortlich. In Europa existiert eine gesetzliche Geschwindigkeitslimitierung von 10 km/h bei solchen Systemen.

Da der Fahrer nicht mehr in der Regelschleife bezüglich der Querführung ist, können bei semiautonomen Einparksystemen komfortablere und natürlichere Trajektorien abgefahren werden als bei der Parkführung. Das Lenken im Stand kann zumindest im ersten Rückwärtszug vermieden werden. Bei sehr kleinen Parklücken werden mehrere Züge unterstützt, es wird also auch bei Vorwärtsfahrt automatisch gelenkt. Die kürzeste Längsparklücke ist bei den aktuell im Markt befindlichen Systemen 0,9 m länger als das Fahrzeug. Dabei ist nicht nur die abzufahrende Trajektorie das limitierende Element, sondern auch die Messungenauigkeit der Ultraschallsensorik. Es müssen Streuungen von ca. 20 cm berücksichtigt werden. Aktuell sind Systeme für Längs- und Querparklücken im Serieneinsatz.

Anzeige und Bedienung

Die Parklückensuche wird über einen Taster aktiviert oder läuft permanent im Hintergrund. Eine gefundene Parklücke wird dem Fahrer angezeigt. Spätestens nach Einlegen des Rückwärtsgangs erscheint eine Aktivierungsabfrage, die der Fahrer über eine Tasterbetätigung bestätigen muss. Der daraufhin folgende aktive Lenkeingriff muss dem Fahrer optisch, das Ende der Lenkunterstützung optisch und akustisch angezeigt werden.

Lenkt der Fahrer während des semiautonomen Parkvorgangs, so wird der Parkvorgang sofort abgebrochen. Weitere Abbruchkriterien sind Fehler im Systemverbund sowie eine Beschleunigung über eine vom Hersteller festgelegte Höchstgeschwindigkeit hinaus. Spätestens bei der gesetzlich zulässigen Höchstgeschwindigkeit von 10 km/h muss der Parkvorgang ebenfalls abgebrochen werden.

Die Zielposition wird bei Parkhilfen recht gut erreicht, wenn die vordere und die hintere Begrenzung ein Fahrzeug und die seitliche Begrenzung ein Bordstein ist. Ist die Parklücke durch andere Objekte begrenzt, z. B. Mülltonnen oder Bäume, so treten Messungenauigkeiten auf und die Bestimmung der Zielparkposition entspricht nicht immer der Vorstellung des Fahrers. Liegt in der Parklücke Laub oder Schnee oder befinden sich sonstige den Ultraschall reflektierende Hindernisse darin, so wird die Parklücke nicht angeboten, obwohl eingefahren werden könnte.

12.5 Abstand und Geschwindigkeit

Ein Großteil der Fahrzeugnutzung entfällt auf Fahrten auf Autobahnen oder Landstraßen. Hierbei kann dem Fahrer eine wesentliche Erleichterung bei der Fahraufgabe in Form der Längsregelung des Fahrzeugs gegeben werden. In diesem Abschnitt wird auf die einfache Form der reinen Regelung, auf die situationsabhängige Regelung und auf Notbremssysteme eingegangen.

12.5.1 Geschwindigkeitsregelsystem

Bereits im Jahr 1958 bot Chrysler im Modell Imperial ein Geschwindigkeitsregelsystem an. Die Historie reicht hier also weit zurück und das Geschwindigkeitsregelsystem könnte somit als abgeschlossene Entwicklung betrachtet werden. Jedoch ist diese Funktion nach wie vor die Basis für alle folgenden längsregelnden Systeme. Die Grundfunktion des Geschwindigkeitsregelsystems besteht darin, eine vom Fahrer eingestellte Geschwindigkeit konstant zu halten; nicht nur in der Ebene, sondern auch bei starkem Gefälle oder steilem Anstieg der Fahrbahn sowie auf wechselnden Fahrbahnbelägen. Gerade im niedrigen Geschwindigkeitsbereich werden von den Fahrzeuginsassen auch kleinste Temposchwankungen wahrgenommen.

Die Regeleingriffe bestehen dabei aus dem aktiven Beschleunigen, dem Bremsen über die Getriebeansteuerung und dem Bremsen über die Ansteuerung der Bremse. Einfache Systeme steuern die Bremse nicht an, was zu Performance-Einschränkungen bei starkem Gefälle führt. Aufwändigere Systeme hingegen greifen aktiv in die Bremse ein, sobald über das Getriebe nicht die notwendige Verzögerung erreicht werden kann.

12.5 Abstand und Geschwindigkeit

Die Wunschgeschwindigkeit wählt der Fahrer üblicherweise über einen Taster oder einen Hebel. Gegebenenfalls kann diese auch mit einem Stellhebel erhöht oder vermindert werden. Die Deaktivierung kann, abhängig von der Systemausprägung, durch Taster- oder Hebelbetätigung, durch Bremsbetätigung oder durch Kickdown erfolgen. Das System kann vom Fahrer jederzeit übersteuert werden.

12.5.2 Limiter

Im Gegensatz zum Geschwindigkeitsregelsystem regelt der Limiter nicht auf eine voreingestellte Geschwindigkeit, sondern begrenzt die Höchstgeschwindigkeit. Die Aktivierung ist ähnlich der Aktivierung des Geschwindigkeitsregelsystems, die Deaktivierung erfolgt üblicherweise über eine Taster- oder Hebelbetätigung. Um beispielsweise in Ausweich- oder Überholsituationen schnell und intuitiv reagieren zu können, wird der Limiter bei einem Kickdown deaktiviert.

Geschwindigkeitsregelsystem und Limiter arbeiten ohne umgebungserfassende Sensorik. Die Software läuft nicht auf einem separaten Steuergerät, sondern ist in das Fahrdynamik- oder in das Motorsteuergerät integriert.

12.5.3 Adaptive Cruise Control

Als Weiterentwicklung des klassischen Geschwindigkeitsregelsystems verarbeitet das ACC (Adaptive Cruise Control) auch Informationen aus der Fahrzeugumgebung, insbesondere das aktuelle Verkehrsgeschehen vor dem Fahrzeug. Weitere Bezeichnungen für solche Systeme sind Abstandsregeltempomat oder aktive Geschwindigkeitsregelung.

Grundfunktion

Der Fahrer stellt, wie auch beim Geschwindigkeitsregelsystem, eine Geschwindigkeit ein, die das System als Wunschgeschwindigkeit regelt. Fährt das vorausfahrende Fahrzeug jedoch langsamer, so verzögert auch das betrachtete Fahrzeug automatisch und hält einen festgelegten Abstand ein. Dieser muss zwei Bedingungen genügen, nämlich die gesetzlichen Vorgaben erfüllen und eine kollisionsfreie Bremsung – notfalls mit Unterstützung des Fahrers – in den Stillstand erlauben, wenn das vorausfahrende Fahrzeug eine Vollbremsung macht. Innerhalb dieser Randbedingungen kann der Abstand mit einer sinnvollen Obergrenze vom Fahrer eingestellt werden.

Entwicklungsgeschichte

Einer langen internationalen Forschung folgte 1998 das erste ACC-System in einem Serienfahrzeug der Mercedes-Benz-S-Klasse. Dieses als Distronic bezeichnete System arbeitet in einem Geschwindigkeitsbereich zwischen 30 und 180 km/h mit einer maximalen Verzögerung von 2 m/s^2. 2005 folgte wiederum in der Mercedes-Benz-S-Klasse die Einführung eines ACC-Systems für den Geschwindigkeitsbereich zwischen 0 und 250 km/h mit einer maximalen Verzögerung von 4 m/s^2. Dieses ACC-System bremst das Fahrzeug auch in den Stillstand, sofern das vorausfahrende Fahrzeug ebenfalls in den Stillstand gebremst hat. Darüber hinaus ist die Verzögerung von 4 km/h deutlich von den Fahrzeuginsassen zu spüren.

Sensorik

Zur Realisierung eines ACC-Systems eignen sich Radar- oder Lidar-Sensoren. Ein deutlicher Vorteil der Radarsensorik ist dabei die Möglichkeit, die Geschwindigkeit detektierter Objekte über den Dopplereffekt zu bestimmen. Je höher die Geschwindigkeit des Fahrzeugs ist, desto weiter muss der Bereich vor dem Fahrzeug überwacht werden. Zudem soll das System unabhängig von Wetterlage und Sichtverhältnissen arbeiten, also z. B. auch bei plötzlich auftretenden Nebelbänken verfügbar bleiben.

Die ersten Systeme arbeiteten mit einem Radar-Fernbereichssensor. In einem Abstand zwischen 50 und 100 m vor dem Fahrzeug ist die keulenförmige Abstrahlcharakteristik breit genug, um die gesamte Fahrspurbreite und sogar noch Bereiche eventueller Nebenspuren zu überwachen. Näher als 50 m vor dem Fahrzeug kann jedoch durch die Keulenform des Überwachungsbereichs des Radarsensors nicht mehr die gesamte Fahrspur überwacht werden. Es entstehen rechts und links Detektionslücken. Beispielsweise könnten Motorräder, die seitlich versetzt vor dem Fahrzeug fahren, nicht erfasst werden. Diese Detektionslücken erklären die Geschwindigkeitseinschränkung auf über 30 km/h der ersten Systeme. Erst mit Einführung der Nahbereichssensorik und damit der Möglichkeit, den gesamten Bereich vor der Fahrzeugfront zu überwachen, konnte eine Regelung bis in den Stillstand zuverlässig umgesetzt werden.

Vernetzung

Die Funktionssoftware ist üblicherweise nicht in das Fahrdynamik- oder das Motorsteuergerät integriert, sondern läuft in einem separaten ACC-Steuergerät. Das ACC-System ist stark vernetzt. Die wichtigsten Systemkomponenten sind neben dem ACC-Steuergerät die Sensorik, das Brems- und das Fahrdynamikregelsystem mit Gierraten- und Raddrehzahlsensoren, die Bremse mit aktiver Bremsdruckerzeugung, die Motorsteuerung, eine Anzeigeeinheit und die direkten Bedienungselemente wie Hebel oder Schalter.

Funktionsweise

Die Funktionsweise des aktivierten ACC-Systems kann in verschiedene Phasen aufgeteilt werden, wobei v_W die vom Fahrer eingestellte Wunschgeschwindigkeit ist.

Die *einfache ACC-Regelung* funktioniert folgendermaßen: Erkennt der Radar kein vorausfahrendes Fahrzeug, oder aber ein vorausfahrendes Fahrzeug mit einer Geschwindigkeit über v_W, so regelt das ACC-System das Fahrzeug auf die eingestellte Wunschgeschwindigkeit v_W.

Bei der *angepassten ACC-Regelung* ist die Funktion erweitert: Fährt ein Fahrzeug mit einer Geschwindigkeit unter v_W voraus, so bremst das ACC-System das eigene Fahrzeug und hält den vom Fahrer eingestellten Abstand, soweit dies mit den Regelgrenzen bezüglich Beschleunigung und Bremsverzögerung möglich ist. Nach der ACC-Bremsung in den Stillstand ist je nach Systemauslegung eine erneute Aktivierung oder aber ein Impuls, beispielsweise durch Betätigung des Fahrpedals, nötig.

Liegt eine *passive ACC-Regelung* vor, so bricht die ACC-Regelung nicht automatisch ab, wenn der Fahrer das Fahrpedal betätigt, sondern nimmt den eigentlichen Regelbetrieb sofort wieder auf, wenn der Fahrer das Fahrpedal nicht mehr betätigt.

Das ACC-System bricht ab, sobald die Regelung innerhalb der Regelgrenzen bezüglich Bremsverzögerung nicht mehr den notwendigen Abstand einhalten kann. Es erfolgt dann eine akustische und optische Meldung für den Fahrer. Darüber hinaus bricht das System ab, falls eine der notwendigen Systemkomponenten nicht mehr zur Verfügung steht. Auch dieser Abbruch wird dem Fahrer selbstverständlich signalisiert. Eine weitere sehr intuitive Abbruchbedingung ist die Bremsbetätigung durch den Fahrer.

Die Regelung muss in komplexen Fahrsituationen ein sinnvolles Fahrzeugverhalten sicherstellen. Verschwindet beispielsweise das vorausfahrende Fahrzeug durch Abbiegen aus dem von den Sensoren erfassten Bereich, so beschleunigt das ACC-System nicht spontan und stark auf v_W, sondern regelt konservativ und abwartend. Eine vergleichbare Situation tritt auch auf, wenn der Fahrer ein vorausfahrendes Fahrzeug überholen möchte. In diesem Fall kann durch starkes Beschleunigen kurzzeitig in die passive ACC-Regelung gewechselt werden.

Anzeige und Bedienung

Die Bedienung ist sehr stark herstellerabhängig. Wie oben beschrieben, sind jedoch immer eine Aktivierung sowie eine Deaktivierung und optional eine Abstandsvorgabe vorzusehen. Wichtig ist bei solchen Systemen, die aktiv in die Längsregelung eingreifen, den Fahrer jederzeit über den Systemzustand zu informieren. Insbesondere bei einem ACC-Abbruch oder beim Modus der passiven ACC-Regelung muss dies dem Fahrer über eine geeignete Meldung angezeigt werden.

Systemgrenzen

Generell bremsen ACC-Systeme in der aktuellen Ausprägung nicht vor stehenden Hindernissen. Sie orientieren sich stets nur an vorausfahrenden Objekten. Darüber hinaus gibt es aber auch verschiedene Situationen, in denen ein ACC-System keine angemessene Reaktion ausführen kann, oder aber abbrechen muss. Solche Situationen treten insbesondere bei starken Kurven auf, etwa in Kreisverkehren oder bei scharfen Kurven auf mehrspurigen Straßen.

In Kreisverkehren biegt das vorausfahrende Fahrzeug scharf ab, das eigene Fahrzeug verliert das bisher verfolgte Ziel und beschleunigt auf die Wunschgeschwindigkeit. Der Fahrer wird in diesem Fall unweigerlich zur Bremsung gezwungen, um den Kreisverkehr sicher befahren zu können. Dabei wird das ACC-System abgebrochen und muss nach dem Kreisverkehr erneut aktiviert werden. Bei mehrspurigen Fahrbahnen mit extremem Kurvenverlauf detektiert das System eventuell mehrere oder nicht die gewünschten plausiblen Ziele, da die vorausfahrenden Fahrzeuge „wechseln" (siehe Bild 12-23).

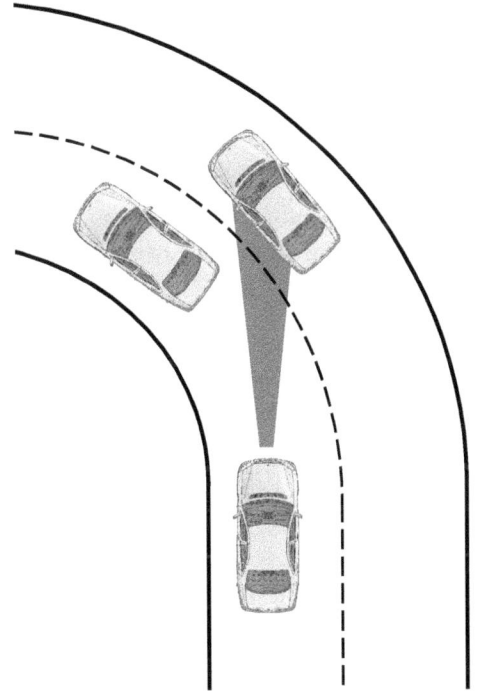

Bild 12-23 ACC bei einer mehrspurigen Fahrbahn in einer engen Kurve: 1 Erfassungsbereich des Radars, 2 ursprüngliches vorausfahrendes Fahrzeug, 3 detektiertes Fahrzeug

12.5.4 Kollisionsvermeidende Systeme

In Kapitel 11 wird der Bremsassistent beschrieben. Dieser unterstützt den Fahrer bei Notbremsungen in dem Fall, wenn in Gefahrensituationen die Bremse zwar schnell, jedoch nicht stark genug betätigt wird. Im Zusammenhang mit der Umgebungserfassung moderner Fahrerassistenzsysteme wie dem ACC-System liegt es nahe, die Informationen über die Fahrzeugumgebung, insbesondere über die Situation vor dem Fahrzeug, auch zur Optimierung von Notbremssystemen einzusetzen. Kollisionsvermeidende Systeme können einen Aufprall nicht generell verhindern. Sie helfen jedoch zumindest, die Folgen einer Kollision zu mindern.

Vorausschauendes Insassenschutzsystem

Im Rahmen der kollisionsvermeidenden Systeme wird nicht nur versucht, die Schwere einer Kollision zu mindern oder die Kollision sogar zu verhindern, sondern auch, die Fahrzeuginsassen zu schützen. Dazu werden unmittelbar vor dem Aufprall Maßnahmen eingeleitet, um die Insassen in eine ideale Position zu bringen und die Verletzung durch in das Fahrzeug eindringende Gegenstände zu verhindern. Ein solches vorausschauendes Insassenschutzsystem wurde zuerst bei Mercedes-Benz im Jahr 2002 unter dem Namen Presafe eingeführt. Die wesentlichen Maßnahmen sind dabei

- die ideale Einstellung der Sitzpositionen,
- die Gurtstraffung,
- die Schließung des Schiebe-Hebe-Dachs,
- die Schließung der Seitenscheiben,
- das Aufstellen der Fondkopfstützen.

Frontalkollision

Einer Frontalkollision gehen drei Prekollisionsphasen voraus, die geeignet beeinflusst werden können, um eine Kollision zu verhindern. Die erste Phase ist eine riskante Fahrsituation. Dies kann eine schnelle Fahrt mit zu wenig Sicherheitsabstand oder mit zu hoher Geschwindigkeit sein. In dieser Phase können Fahrerassistenzsysteme wie das ACC oder der Limiter unterstützen. Sie helfen dabei, ausreichend Abstand zu halten oder eine vorgeschriebene Geschwindigkeit einzuhalten. In der zweiten Phase entsteht eine zusätzliche Störung, die das Risiko aus Phase eins deutlich erhöht. Diese Störung kann eine starke Bremsung des vorausfahrenden Fahrzeugs oder ein querendes Fahrzeug sein. Die dritte Phase ist die Zeit von der Erkennung der Gefahr bis zur Kollision. In dieser Zeit kann noch reagiert werden, um die Kollision zu verhindern oder zumindest die Schwere des Aufpralls zu mindern. In den Phasen zwei und drei setzen die kollisionsvermeidenden Systeme an. Generell gibt es drei Möglichkeiten, einer drohenden Kollision zu entgehen, nämlich eine genügend starke Bremsung, ein Ausweichmanöver oder eine Kombination von beidem.

Ausweichverhalten

Bei Betrachtung eines reinen Ausweichverhaltens sind unterschiedliche zeitliche Aspekte interessant. In [Wi1] sind diese detailliert hergeleitet und werden hier nur als feste Zeitwerte aufgeführt. Wesentlich in der zeitlichen Betrachtung des Ausweichverhaltens ist das Zeitkriterium „Time to Collision", nämlich der Zeitraum vom aktuellen Moment bis zum Eintritt der Kollision. Zirka 2,5 Sekunden vor einem Aufprall wird die Situation vom Fahrer als kritisch empfunden, dann ist der Eintritt in die Prekollisionsphase drei. Nach ca. 0,9 Sekunden, also 1,6 Sekunden vor dem Aufprall, wird ein Ausweichmanöver vom Fahrer als gefährlich eingestuft.

12.5 Abstand und Geschwindigkeit

Zirka eine Sekunde vor dem Aufprall ist ein Ausweichen noch fahrphysikalisch möglich, kann aber nur noch von einem geübten Fahrer gewährleistet werden. 0,6 Sekunden vor dem Aufprall ist ein Ausweichen nicht mehr möglich, die Kollision ist also unumgänglich. Diese Werte basieren auf Durchschnittswerten bezüglich Fahrzeugbreiten, Lenkverhalten und maximaler Bremsverzögerung. Die Praxis zeigt jedoch, dass diese Annahmen für die Auslegung kollisionsvermeidender Systeme geeignet sind.

Adaptiver Bremsassistent

Der erste Schritt in Richtung Kollisionsvermeidung besteht in der Unterstützung des herkömmlichen Bremsassistenten durch eine Umgebungserfassung. Während der Bremsdruck beim herkömmlichen Bremsassistenten stets maximal verstärkt wird, kann dagegen beim adaptiven Bremsassistenten aus der Kenntnis der Entfernung eines Kollisionsobjektes eine geregelte Zielbremsung erfolgen. Wenn das Hindernis noch ausreichend weit vom Systemfahrzeug entfernt ist, dann muss beispielsweise nicht der maximale Bremsdruck aufgebaut werden, sondern es genügt eine geringere Bremsleistung. Der adaptive Bremsassistent berücksichtigt dabei den Abstand und die Relativgeschwindigkeit zum vorausfahrenden Fahrzeug. Er unterstützt den Fahrer bei einer Notbremsung, wenn ein sicher erkanntes Objekt ein Risiko für einen Auffahrunfall darstellt. Er kann die Bremse bereits vorkonditionieren, wenn ein Objekt als kollisionsrelevant erkannt wird. Sobald der Fahrer das Bremspedal betätigt, wird der Bremsdruck schneller aufgebaut.

Voraussetzungen für die Auslösung des adaptiven Bremsassistenten sind eine sichere Objekterkennung und ein eindeutiger Bremswunsch des Fahrers. Damit können Falschauslösungen vermieden werden. Bei Nicht-Erkennung entsteht keine kritischere Situation als in einem Fahrzeug ohne dieses System. Die gesamte Sicherheitssituation wird also in keinem Fall schlechter als ohne den adaptiven Bremsassistenten. Unter dem Namen Bremsassistent Plus (BAS Plus) kam ein solches System 2005 erstmalig in der S-Klasse von Mercedes-Benz zum Serieneinsatz. Bei diesem wird dem Fahrer 2,6 Sekunden vor dem Aufprall darüber hinaus eine akustische und optische Kollisionswarnung gegeben. Tabelle 12.4 zeigt den zeitlichen Ablauf eines adaptiven Bremsassistenten im Falle, dass der Fahrer auf die Warnung reagiert.

Tabelle 12.4 Zeitlicher Ablauf beim Einsatz des adaptiven Bremsassistenten mit Fahrerreaktion

Zeitpunkt	Fahrerreaktion	Systemreaktion
2,6 s vor dem Aufprall	–	Warnung
Nach der Warnung	Bremsbetätigung	–
0,05 s nach der Bremsbetätigung	–	Aufbau des Bremsdrucks zur geregelten Zielbremsung

Autonome Teilbremsung

Die nächste Ausbaustufe sind Systeme, die eine autonome Teilbremsung ausführen. Neben einer akustischen und einer optischen Warnung wird der Fahrer ca. 1,6 Sekunden vor dem Aufprall durch einen Bremsruck auf eine Gefahrensituation aufmerksam gemacht. Bremst der Fahrer daraufhin, wird er durch eine geregelte Bremsung unterstützt. Diese ist genügend stark, um rechtzeitig vor dem Hindernis zum Stehen zu kommen, aber nur so stark, wie unbedingt nötig.

Es muss bei solchen Systemen unbedingt eine Falschauslösung verhindert werden. Eine Fehlwarnmeldung beim Bremsassistenten wird vom Fahrer nur als lästig eingestuft. Hingegen kann eine autonome Teilbremsung, die fälschlicherweise vom System eingeleitet wird, gefährliche Reaktionen verursachen. Die Hindernisse müssen also sicher erkannt werden und die Absicherungsmaßnahmen betreffen nicht nur die Hardware wie Sensoren oder die Bremsanlage, sondern auch den gesamten Softwarepfad.

Der Funktionsumfang eines autonom teilbremsenden Systems umfasst eine optische und akustische Warnung. Erfolgt keine Reaktion, so führt das System eine autonome Teilbremsung mit einer maximalen Verzögerung von 4 m/s² durch und verstärkt oder wiederholt eventuell die Warnausgabe. Daraufhin werden die Maßnahmen des vorausschauenden Insassenschutzsystems eingeleitet. Bremst nun der Fahrer, so wird diese Bremsung durch eine geregelte Zielbremsung unterstützt.

Autonome Vollbremsung

Der Zeitraum der letzten 0,6 Sekunden vor der Kollision wird von den bisher beschriebenen Systemen nicht voll unterstützt. Hier muss der Fahrer eingreifen und bekommt daraufhin eine Bremsdruckverstärkung. Seit 2009 sind Systeme in Serie verfügbar, die in dieser Phase durch eine autonome Vollbremsung unterstützen. Reagiert der Fahrer also weder auf die Warnungen, noch auf die autonome Teilbremsung, so wird 0,6 Sekunden vor der Kollision eine autonome Vollbremsung eingeleitet. Damit ist zwar nicht in jedem Fall ein Aufprall zu verhindern, die Unfallschwere lässt sich jedoch deutlich mindern. Die Abfolge der einzelnen Schritte im Falle, dass der Fahrer nicht auf die Warnungen reagiert, ist in Tabelle 12.5 beschrieben.

Tabelle 12.5 Zeitlicher Ablauf bei autonomer Vollbremsung ohne Fahrerreaktion

Zeitpunkt	Fahrerreaktion	Systemreaktion
2,6 s vor dem Aufprall	–	Warnung
Nach der Warnung	Keine Bremsbetätigung	–
1,6 s vor dem Aufprall	–	Erneute Warnung und autonome Teilbremsung
Nach der Teilbremsung	Keine Bremsbetätigung	–
0,6 s vor dem Aufprall	–	Autonome Vollbremsung

Neben der systemseitigen Absicherung wie beispielsweise der Plausibilisierung von Hindernissen, um Fehlauslösungen zu verhindern, sind hierbei auch die Abbruchkriterien der autonomen Bremsung relevant. Sie muss intuitiv durch den Fahrer überstimmt werden können. Ist das Hindernis nicht mehr vorhanden, drückt der Fahrer das Gaspedal zum Kick-down durch oder führt er spürbare Lenkbewegungen aus, so wird der Bremsvorgang sofort abgebrochen.

Neben Systemen, die im nahezu gesamten Geschwindigkeitsbereich unterstützen, kamen in den letzten Jahren auch Systeme in Serie, die ganz bestimmte Fahrsituationen abdecken. So führt das System City Safety von Volvo zwar nur im Geschwindigkeitsbereich bis 30 km/h autonome Vollbremsungen durch, vermeidet so aber viele lästige Bagatellschäden oder schwächt die Schadensschwere ab. Mit dem Einsatz eines Lidar-Sensors wird ein Wirkbereich bis zu sechs Meter vor dem Fahrzeug abgedeckt. Die autonome Vollbremsung erfolgt so, dass bei einer Geschwindigkeitsdifferenz zum Hindernis von bis zu 15 km/h ein Aufprall verhindert wird, zwischen 15 km/h und 30 km/h wird die Folgenschwere deutlich reduziert.

12.6 Abkommen von der Fahrbahn und Spurwechsel

Nicht nur die Situation vor dem Fahrzeug kann durch umgebungserfassende Sensorik ausgewertet werden. Auch die für die Querdynamik relevanten Bereiche können erkannt werden. Das Verlassen der Fahrspur zählt zu den häufigsten Unfallursachen. Die Hauptursachen dafür sind Fahrerablenkung, -überforderung und Sekundenschlaf. Hier kann der Fahrer durch warnende oder aktiv in die Fahrdynamik eingreifende Systeme unterstützt werden.

12.6.1 Spurverlassenswarnung

Systeme zur Spurverlassenswarnung (Lane Departure Warning LDW) signalisieren dem Fahrer, dass ein Verlassen der Fahrspur droht. Dabei wird die Fahrbahn mit einer Kamera beobachtet und die Gestaltung und der Verlauf der Fahrstreifen ausgewertet. Droht das Fahrzeug einen Fahrstreifen zu überfahren, ohne dass der entsprechende Blinker gesetzt ist, so erhält der Fahrer eine Warnung. Diese kann akustisch, optisch, haptisch oder aus einer Kombination dieser drei Varianten erfolgen.

Fahrspurauswertung

Fahrspurmarkierungen werden durch einen aufwändigen Algorithmus detektiert. Die Bildverarbeitung läuft dabei nach folgendem Schema ab (vgl. Bild 12-24):

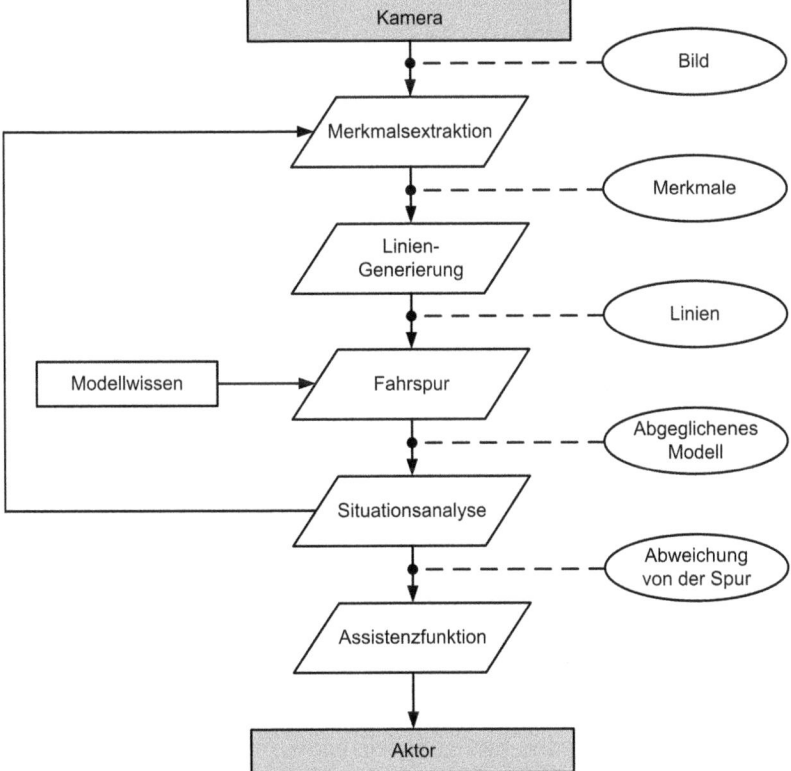

Bild 12-24 Prinzipielle Arbeitsweise der Spurerkennung

Mit einem Modell, das Spurbreite, Spurkrümmung, Krümmungsänderung, die Lage des Fahrzeugs innerhalb der Spur und den Kameranickwinkel berücksichtigt, wird die Spur bis zu 50 m weit vorhergesagt (siehe Bild 12-25a). Entlang dieser Spur werden Messfenster platziert (siehe Bild 12-25b). Die in diesen Messfenstern erkannten Fahrbahnmarkierungen dienen der Bestimmung von Spurbreite, Spurkrümmung, Krümmungsänderung und der Lage des Fahrzeugs innerhalb der Spur (siehe Bild 12-25c). Diese Daten werden für eine erneute Spurvorhersage verwendet und der Messzyklus beginnt erneut.

(a)

(b)
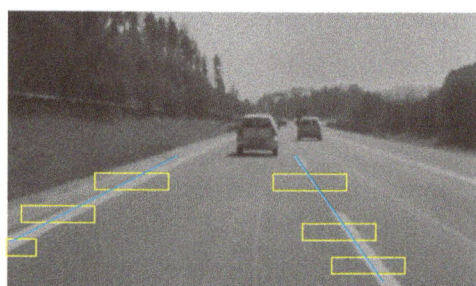

(c)
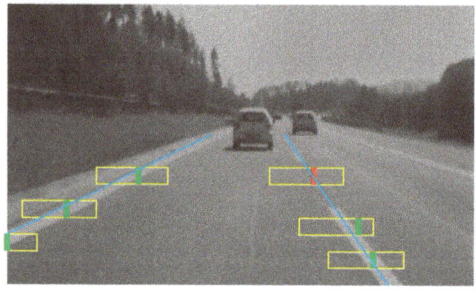

Bild 12-25 Fahrspurerkennung:
(a) Vorhersage der Spur.
(b) Festlegung der Messfenster.
(c) Erkennung der Fahrbahnmarkierungen

Systemeinschränkungen

Die Qualität der Fahrspurerkennung ist stark von Umwelteinflüssen abhängig. Schneebedeckte Straßen, schwierige Lichtverhältnisse oder Zusatzmarkierungen in Baustellenbereichen erschweren eine genaue Erkennung und können zu Fehl- oder auch zu Nichtauslösungen der Spurverlassenswarnung führen. In Innenstadtbereichen sind Fahrspuren häufig nicht klar zuzuordnen. Zudem werden diese oft bewusst überfahren. Aus diesem Grund ist die Spurverlassenswarnung oft erst ab höheren Geschwindigkeiten aktiv.

12.6.2 Spurhaltesysteme

Über eine reine Warnung hinaus wird bei Spurhaltesystemen (Lane Departure Protection LDP) aktiv in das Fahrzeugverhalten eingegriffen. Überfährt der Fahrer die Fahrspurmarkierung, so wird das Fahrzeug in die Fahrspur zurückgelenkt. Dies kann durch einen Eingriff in die Lenkung erfolgen, oder aber durch gezielte Bremsung einzelner Räder. Auch die Stärke des Eingriffs kann unterschiedlich ausgelegt werden. Erfolgt nur ein leichter Impuls, so kann der Fahrer damit motiviert werden, den Rest der Lenkbewegung selbst auszuführen. Bei einem starken Impuls erfolgt die Rückführung in die Fahrspur vollautonom.

12.6.3 Spurwechselassistenz

Eine weitere häufige Unfallursache sind Kollisionen beim Spurwechsel, insbesondere der Zusammenstoß mit Fahrzeugen, die sich im toten Winkel befinden, die also in den Seitenspiegeln nicht zu erkennen sind. Hier kann der Fahrer durch Totwinkel- und Spurwechselassistenten unterstützt werden.

Die Erfassung relevanter Hindernisse erfolgt mit einer Radarsensorik im Heckstoßfänger oder nach hinten gerichteten Kameras. Totwinkelassistenten erfassen das Umfeld seitlich und hinter dem Fahrzeug auch dort, wo es im klassischen Innenspiegel und Außenspiegel nicht sichtbar ist. Die Reichweite nach hinten ist ein bis zwei Fahrzeuglängen, also zirka drei bis zehn Meter. Solche Systeme sind seit 2005 auf dem Markt verfügbar. Spurwechselassistenten erfassen die Umgebung ebenfalls seitlich und hinter dem Fahrzeug, verfügen aber über einen größeren Erfassungsbereich von bis zu 50 m. So können auch schnell von hinten herannahende Fahrzeuge ausreichend früh erkannt werden. Der erste Spurwechselassistent wurde 2006 eingeführt.

Da die Situation eines Fahrzeugs im toten Winkel häufig im Fahrzyklus auftritt, ist die Warnung sehr defensiv auszulegen. Eine akustische Warnung vor einem Hindernis im Seitenbereich, selbst wenn der Fahrer gar keinen Spurwechsel plant, würde zur Ablehnung solcher Systeme führen. Deshalb erfolgt die Warnung üblicherweise nur durch optische Hinweise, in der Regel im Sichtbereich während des Spurwechsels, idealerweise im Blickfeld zu den Außenspiegeln. Fährt der Fahrer einfach geradeaus und plant keinen Spurwechsel, so wird er diese Hinweise nicht wahrnehmen und somit auch nicht als unnütz oder lästig empfinden. Eine Anzeige erfolgt z. B. im Fahrzeuginnenraum an der A-Säule (Säule zwischen Front- und Seitenscheibe) oder als Warnsymbol im Außenspiegel. Einige Systeme geben zusätzlich eine akustische Warnung aus, jedoch nur dann, wenn der Fahrer trotz optischer Warnung zum Spurwechsel ansetzt oder den Blinker betätigt.

12.7 Sichtverbesserung

Ziel der Sichtverbesserung ist es, dem Fahrer auch bei schlechten Lichtverhältnissen einen ausreichend guten Blick auf die Straße und andere Verkehrsteilnehmer zu geben. Besonders nachts und bei schlechter Witterung ist die Sichtweite eingeschränkt, was sich wie eingangs erwähnt auch in den Unfallstatistiken niederschlägt.

Zur Sichtverbesserung tragen natürlich auch Systeme wie der Regensensor bei, der automatisch den Scheibenwischer aktiviert und den Fahrer von dieser Tätigkeit entlastet. In diesem Abschnitt sollen jedoch nur Kamerasysteme betrachtet werden, die den Fahrer unterstützen. Zwei große Gruppen lassen sich unterscheiden: Nachtsichtassistenten und Lichtassistenten.

12.7.1 Nachtsichtassistenten

Nachtsichtassistenten erweitern den Sichtbereich des Fahrers, indem sie ihm mehr zeigen, als er mit eigenen Augen erkennen kann. Sie basieren auf infrarotem Licht, das von einer Kamera aufgenommen wird und deren Bild dem Fahrer auf einem Monitor dargestellt wird. Unterschieden werden aktive und passive Systeme. Bild 12-26 zeigt die Blockschaltbilder beider Ausprägungen. Aktive Systeme beleuchten die Szene, passive Systeme benötigen keine eigene Beleuchtung. Beide Varianten sind heute in Fahrzeugen vertreten. Gemeinsam ist ihnen, dass die Szene mit einer Infrarotkamera aufgenommen und dem Fahrer dargestellt wird. Dies kann auf einem Monitor oder über ein Head-up-Display erfolgen. Passive und aktive Nachtsichtassistenten sind mittlerweile um eine Personenerkennung erweitert, die dem Fahrer im Bild erkannte Fußgänger und Radfahrer besonders hervorhebt.

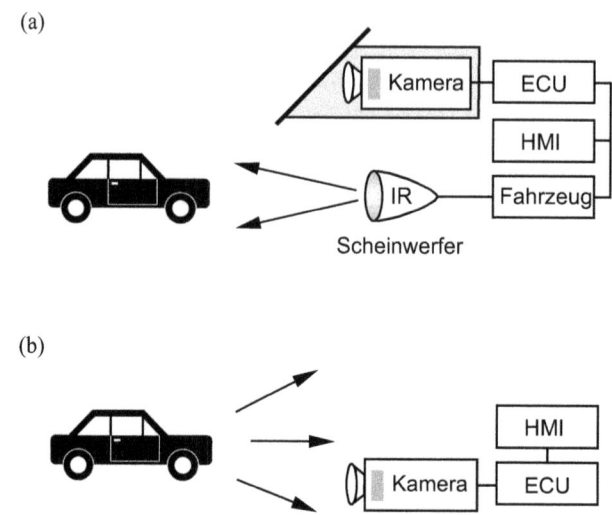

Bild 12-26 Blockschaltbilder eines Nachtsichtassistenten: (a) Passiver Nachtsichtassistent. (b) Aktiver Nachtsichtassistent. ECU Steuergerät, HMI Anzeige, IR Infrarot [Wa1]

Passive Systeme

Für passive Systeme sind zwei Basistechnologien verfügbar: Die Verstärkung vorhandenen Restlichts und die Sichtbarmachung der Wärmestrahlung (FIR-Strahlung) von Körpern. Restlichtverstärker sind aus dem militärischen Bereich bekannt. Für den Einsatz im Automobil sind sie nicht geeignet und werden nicht eingesetzt. FIR-Kameras (sie sind im entsprechenden Abschnitt beschrieben) für den Kfz-Bereich stehen seit Mitte der 1990er Jahre mit ausreichender Robustheit zu geeigneten Kosten zur Verfügung [Di7].

Bild 12-27 zeigt das Bild eines passiven Nachtsichtassistenten. Warme Objekte wie Menschen oder Tiere werden im Bild hell dargestellt, kalte Objekte und ein kalter Hintergrund erscheinen schwarz. Dieser Bildeindruck ist ungewohnt, hat aber eine gute Erkennbarkeit von Personen, Tieren und Fahrzeugen zufolge, wenn sich deren Temperatur oder ihr Emissionsgrad vom Hintergrund unterscheiden. Da die Erkennbarkeit der Fahrbahn nicht signifikant verbessert wird, gibt es keine unbewusste Erhöhung der Fahrgeschwindigkeit. Beschriftungen, Markierungen und Lichter (Ampeln, Blinklichter etc.) werden im Bild nicht dargestellt. Bei Regen und Kälte verschlechtert sich die Erkennbarkeit von „toter Szenerie" (nichtlebendigen Objekten, z. B. Bäumen, Straßenbegrenzungen).

Passive Systeme senden keine IR-Strahlung aus, deswegen ist die Augensicherheit jederzeit gewährleistet und die Leistungsaufnahme gering (eine Erläuterung folgt hierzu bei den aktiven Systemen). Die Reichweite ist nicht an die Reichweite der Scheinwerfer gebunden, daher sind bis zu 300 m Sichtweite erreichbar. Bei Dunst und Nebel sinkt die Reichweite, bleibt aber noch besser als ohne das passive Nachtsichtsystem. Entgegenkommende Fahrzeuge können nicht blenden. Die Kamera kann nur hinter IR-transmittierendem Material platziert werden, nicht

12.7 Sichtverbesserung

hinter Fensterglas. Der Einbauort darf nicht in Nähe starker Wärmequellen liegen, da die Streuung der Wärmestrahlung das Bild beeinflusst. Der Systempreis ist gegenüber aktiven Systemen höher, die Bildauflösung ist wesentlich geringer.

(a)

(b)

Bild 12-27 Passiver Nachtsichtassistent mit Personenerkennung (BMW):
(a) Sicht des Fahrers. (b) Angezeigtes Bild

Seit 1999 wird der Cadillac DeVille in den USA mit einem passiven Nachtsicht-System angeboten. Seitdem haben eine Reihe weiterer Fahrzeughersteller passive Systeme im Angebot. Der erste europäische Anbieter war BMW: Die etwa faustgroße FIR-Kamera befindet sich im Kühlergrill und liefert ein digitales Videosignal an das Auswertesystem. Die Bilder werden dem Fahrer auf dem Monitor des Navigationssystems angezeigt.

Aktive Systeme

Die aktiven Nachtsichtassistenten nutzen infrarotes Licht im Frequenzbereich nahe dem sichtbaren Licht (NIR). Sie beleuchten die Szene zusätzlich mit NIR-Scheinwerfern. Bild 12-28 zeigt das Bild eines aktiven Nachtsichtassistenten. Das Bild wird von einer CMOS:-Kamera aufgenommen, deren Empfindlichkeit für die entsprechenden Wellenlängen optimiert wird. Sichtbares Licht wird ebenfalls aufgenommen; dadurch sind Markierungen, Schilder und Lichtzeichen auch im Bild erkennbar. Als Folge hieraus sind auch die Scheinwerfer entgegenkommender Fahrzeuge sichtbar. Der Imager muss also sehr dynamisch sein, da er die sehr hellen Scheinwerfer abbilden können muss, neben denen sich die dunkle Umgebung oder ein dunkles Hindernis befinden können. An die Optik der Kamera werden wegen der hohen Dynamik des Imagers sehr hohe Ansprüche gestellt. Diese reichen bis zur Minimierung der Reflexionen am Imager zurück auf die Optik. Als Anzeige steht dem Display ein wesentlich geringerer Dynamikbereich zur Verfügung. Eine Bildbearbeitung ist deswegen unumgänglich.

Die Ausleuchtung der Szene wird für den Fernbereich optimiert. Der Einsatz der IR-Strahler erfordert Maßnahmen zum Augenschutz: Das infrarote Licht wird durch Lebewesen nicht wahrgenommen, daher kann die Pupille nicht reagieren (analog zum Lidar). Daher werden die IR-Strahler nur mit dem normalen Scheinwerfer zusammen und nur oberhalb einer Mindestgeschwindigkeit aktiviert. Zusätzlich darf ein maximaler Abstand zwischen Scheinwerfer und

IR-Strahler nicht überschritten werden. Der NIR-Strahler ist in die bestehende Scheinwerfer-Baugruppe integrierbar. Die Leistungsaufnahme der IR-Strahler ist nicht zu vernachlässigen.

(a)

(b)

Bild 12-28 Aktiver Nachtsichtassistent (Mercedes-Benz): (a) Sicht des Fahrers. (b) Angezeigtes Bild

Es ist eine CMOS-Kamera mit gesteigerter NIR-Empfindlichkeit und nichtlinearer Kennlinie erforderlich; die einsetzbaren Silizium-CMOS-Kameras haben einen niedrigeren Preis als Wärmebildkameras. Die Kamera kann hinter der Frontscheibe im Innenraum montiert sein. Sie ist damit weitgehend geschützt und das Blickfeld wird vom Scheibenwischer bei Bedarf gereinigt. Der Bildeindruck aktiver Systeme ist vergleichbar mit dem gewohnten visuellen Eindruck. Eine hohe Pixelzahl ist möglich. Allerdings ist der Sichtbereich der Kamera an den Ausleuchtungsbereich des Scheinwerfers gebunden, daher erlaubt er keine Einsicht in Kurven, abseits der Straße oder in Entfernungen über 150 m. Gegenüber visueller Sicht gibt es nur eine leicht verbesserte Dunstdurchdringung und keine Sichtverbesserung bei Nebel [Di7].

12.7.2 Lichtassistenten

Ziel der Lichtassistenten ist es, die Ausleuchtung der Straße so zu verbessern, dass der Fahrer von dem für ihn relevanten Bereich so viel wie möglich sehen kann. Andere Verkehrteilnehmer dürfen zu keinem Zeitpunkt geblendet werden. Heute ist eine ganze Reihe von Lichtassistenten verfügbar. Auch hier ist eine Unterteilung in nichtmessende und messende Systeme möglich. Die Messung bezieht sich dabei auf die Vermessung der Fahrzeugumgebung. Nichtmessende Systeme basieren auf den Informationen aus dem Fahrzeug. Sie werden in Kapitel 14 erläutert.

Messende Systeme

Das Fernlicht verschafft dem Fahrer eine deutlich weiter ausgeleuchtete Fahrbahn, blendet jedoch den Gegenverkehr. Das Ein- und Ausschalten des Fernlichts ist eine ermüdende Tätigkeit, weshalb das Fernlicht weniger genutzt wird, als es möglich ist. Eine wissenschaftliche Studie in den Vereinigten Staaten im Auftrag des US-Verkehrsministeriums hat ergeben, dass das Fernlicht nur etwa in 25 Prozent der Fälle, in dem ein Einsatz möglich wäre, tatsächlich

12.7 Sichtverbesserung

auch eingeschaltet wird. Eine automatische Bedienung des Fernlichts entlastet den Fahrer und verbessert seine Sicht, sobald die Umgebung des Fahrzeugs dies zulässt. Außerdem vermeidet es ein versehentliches Blenden des Gegenverkehrs.

Zwei verschiedene Ausprägungen der Fernlichtassistenten sind im Einsatz, mit statischer oder mit variabler Hell-Dunkel-Grenze. Diese Grenze beschreibt vereinfacht dargestellt die Leuchtweite des Fernlichts. Ist sie fest, kann das Fernlicht nur zu- und abgeschaltet werden. Dies ist die klassische Form des Fernlichts. Bei variabler Grenze kann die Leuchtweite des Fernlichts in einem bestimmten Bereich angepasst werden. Untergrenze der Leuchtweite ist das Abblendlicht, Obergrenze das Fernlicht. Mit diesen Systemen ist ein fließender Übergang zwischen Abblend- und Fernlicht darstellbar. Die Fähigkeit hierzu muss das Lichtsystem bieten. Studien haben gezeigt, dass der Fahrer den fließenden Übergang zwischen Abblend- und Fernlicht als angenehmer empfindet als den abrupten Wechsel bei fester Hell-Dunkel-Grenze, da sich das Auge besser an die geänderte Ausleuchtung anpassen kann.

Bild 12-29 zeigt das Blockschaltbild der Fernlichtassistenten. Das Fernlicht darf zugeschaltet werden, wenn keine Fahrzeuge geblendet werden, unabhängig davon, ob diese entgegenkommen oder vorausfahren. Diese Erkennung kann in erster Linie mit einer Kamera erfolgen, die nach vorne gerichtet ist und in ihrem Sichtfeld nach den Lichtpunkten von Scheinwerfern oder Rückleuchten von Fahrzeugen sucht. Um diese unterscheiden zu können, kommen Farbkameras mit CMOS-Imager zum Einsatz.

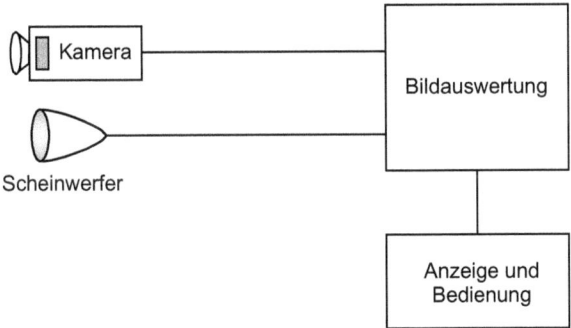

Bild 12-29 Blockschaltbild eines Fernlichtassistenten. Die Bildauswertung kann bereits in der Kamera stattfinden, das Steuergerät übernimmt dann die Schnittstelle zum Fahrer sowie die Kommunikation mit dem Scheinwerfer

Je nach Ausprägung des Systems muss die Kamera unterschiedliche Informationen liefern: Bei fester Hell-Dunkel-Grenze darf das Fernlicht nur bis zu einem Mindestabstand zu vorausfahrenden Fahrzeugen aktiviert sein. Bei variabler Hell-Dunkel-Grenze kann der Fernlichtkegel bis an das nächste vorausfahrende Fahrzeug reichen. Damit das Lichtsystem dies einstellen kann, benötigt es die maximale Leuchtweite oder eine äquivalente Größe. In die Aktivierung des Fernlichts gehen noch weitere Kriterien wie die Fahrgeschwindigkeit und Umgebungshelligkeit ein; außerdem muss der Fahrer die Funktion aktiviert haben und das Fahrlicht muss wegen Dunkelheit eingeschaltet sein. Dies wird über einen Lichtsensor detektiert.

Bei der Erkennung der vorausfahrenden Fahrzeuge geht das Kamerasystem von definierten Randbedingungen aus, z. B. der Mindestlichtstärke der Scheinwerfer eines entgegenkommenden Fahrzeugs. Fahrzeuge mit schwächerem Licht führen nicht zum automatischen Abblenden;

ein Beispiel sind die Begrenzungsleuchten an der Front von Nutzfahrzeugen, wenn der Hauptscheinwerfer durch eine Leitplanke abgeschattet wird. Umgekehrt können starke Reflektoren (Verkehrsschilder) irrtümlich für vorausfahrende Fahrzeuge gehalten werden und das Fernlicht deaktivieren.

Eine Weiterentwicklung der beschriebenen Fernlichtassistenten ist das „blendfreie Fernlicht". Bei diesem ist das Lichtsystem in der Lage, die Hell-Dunkel-Grenze für Bereiche des Lichtkegels getrennt einstellen zu können. So wird es möglich, die Grenze nur vor entgegenkommenden Fahrzeugen heranzuziehen und sonst weiterhin mit Fernlicht zu fahren. Hierfür muss die Kamera nicht nur die Entfernung, sondern auch die Lage und die Breite des anderen Fahrzeugs ermitteln und dem Lichtsystem mitteilen.

Eine neue Entwicklung stellt das Markierungslicht dar, bei dem erkannte Hindernisse neben der Straße durch das Lichtsystem angestrahlt werden. Diese Funktion nutzt neben der Kamera des Fernlichtassistenten ein Nachtsichtsystem, um Fußgänger zu erkennen. Diese werden in der Anzeige des Nachtsichtsystems dargestellt und markiert, zugleich wird die Position des Fußgängers an den Fernlichtassistenten gesendet. Dieser prüft, ob andere Verkehrsteilnehmer in der Nähe der Person sind. Wenn nicht, wird der detektierte Fußgänger zur Warnung angeleuchtet.

Für die variable Lichtverteilung ist in der Kulisse der Frontscheinwerfer eine Nut ausgefräst, mit deren Hilfe ein steuerbares Punktlicht, das Spotlight, realisiert wird. Bis zu vier Mal wird der Fußgänger außerhalb von Ortschaften bei Dunkelheit mit dem Punktlicht angeleuchtet, solange er sich im Lichtkegel befindet. Eine Blendung weiterer Verkehrsteilnehmer wird ausgeschlossen, da das Anleuchten mit dem Punktlicht nicht erfolgt, wenn andere Fahrzeuge vorausfahren oder entgegenkommen. Der Fahrer kann die Funktion deaktivieren.

12.8 Nutzfahrzeuge

Dieser Abschnitt zeigt die Besonderheiten der Fahrerassistenzsysteme für Nutzfahrzeuge auf. Obwohl die Transportleistung der Nutzfahrzeuge erheblich stieg, sanken die Zahlen der bei Lkw-Unfällen getöteten und schwerverletzten Personen. Dies liegt vor allem an der technischen Weiterentwicklung des Fahrzeugs und an der Einführung von Fahrdynamik- und Fahrerassistenzsystemen. Die Transportleistung stieg von 1992 bis 2008 um 88 Prozent, die Zahl der schwer verletzten Personen sank um 40 Prozent, die der getöteten um 46 Prozent [Bu2].

Die Unterschiede zwischen Personenkraftwagen und Nutzfahrzeugen sind erheblich und schlagen sich auch in den Fahrerassistenzsystemen nieder. Am offensichtlichsten sind die physikalischen und technischen Unterschiede. Länge, Breite, Höhe und Gewicht weichen vom Pkw deutlich ab. Die Fahrzeugdynamik ist deutlich kleiner, z. B. liegt die gesetzlich geforderte Mindestleistung bei nur 5 kW/t. Teilbare Fahrzeuge (Motorwagen und Anhänger oder Auflieger) sind nur in seltenen Fällen dauerhaft gekoppelt. Viele verschiedene Anwendungen bedeuten eine hohe Variantenvielfalt (z. B. 20 verschiedene Motorisierungen mit neun Getrieben). Außerdem liegt die Bordnetzspannung im Nutzfahrzeug bei 24 V.

Der wirtschaftliche Druck beim Nutzfahrzeug ist hoch. Die Investitionen in Fahrerassistenzsysteme können nicht direkt den Einnahmen an anderer Stelle entgegengesetzt werden. Es gibt einzelne Versicherungen, die Fahrzeuge mit Fahrerassistenzsystemen bei der Fahrzeugversicherung günstiger einstufen. Fahrerassistenzsysteme dürfen auf keinen Fall für unnötige Stillstandszeiten sorgen.

Im Gegensatz zu Pkw gelten für Nutzfahrzeuge weitere Reglementierungen, die der Fahrer zu berücksichtigen hat (Lenk- und Ruhezeiten, Fahrverbote, Mautpflicht usw.). Besonders beim Fahrer unterscheiden sich Personenkraftwagen und Nutzfahrzeug: Im Nutzfahrzeug übt der Fahrer einen Beruf aus, was sich in der Motivation und Emotion anders niederschlägt als bei der Fahrt mit einem privaten Pkw. Zudem ist der Fahrer im Umgang mit dem Fahrzeug geübt, hat es aber meistens nicht selbst erstanden. Fahrerassistenzsysteme müssen also einen geübten, skeptischen Anwender entlasten, was einen sehr hohen Systemanspruch mit sich bringt.

Nach Auflistung der Unterschiede wird deutlich, dass Fahrerassistenzsysteme nicht ohne Anpassung vom Personenkraftwagen ins Nutzfahrzeug portiert werden können. Reglerstrukturen und -parameter sind anzupassen. Diese müssen die Fahrzeugmaße und -masse berücksichtigen. Besonders die Fahrzeugmasse kann sich innerhalb kürzester Zeit um Größenordnungen ändern. Die Einbaulage einer Kamera und damit ihr Blickwinkel auf die Straße ändern sich stark. Bedingt durch die Fahrerhauslagerung von Lkw treten andere Nick- und Wankbewegungen auf, die sich im Kamerabild niederschlagen und von den nachfolgenden Verarbeitungsschritten toleriert werden müssen.

Anzeige und Bedienung müssen an verschiedene Nutzfahrzeuge angepasst werden. Beispielsweise können Systeme zur Spurverlassenswarnung im Lkw durch ein Nagelbandrattern aus dem linken oder rechten Lautsprecher intuitiv warnen. In Reisebussen würde diese Warnung die Fahrgäste verunsichern. Ähnliches gilt für den Bremsruck eines Notbremssystems: In einem Lkw dient er zur Sensibilisierung des Fahrers, in einem Omnibus jedoch könnten stehende Fahrgäste stürzen, weshalb der Bremsruck durch eine kontinuierlich steigende Verzögerung ersetzt wird.

Der Designaspekt hat bei Nutzfahrzeugen gegenüber dem Pkw einen geringeren Stellenwert, da die hohe Variantenvielfalt in Verbindung mit geringen Stückzahlen die gefällige Integration von Sensoren für Fahrerassistenzsysteme schwierig macht. Besonders bei Rangierhilfen kommen Nachrüstlösungen zum Einsatz. Rangierhilfen sind bei teilbaren Fahrzeugen mangels genormter Schnittstellen schwer zu integrieren. Dies trifft besonders auf Videoschnittstellen zu.

Technisch stehen Nutzfahrzeuge den Pkw nicht nach, einige der für Fahrerassistenzsysteme relevanten Komponenten waren sogar zuerst im Lkw verfügbar (z. B. elektronische Bremssysteme). Für die elektrische Lenkung gibt es bei Lkw wegen der hohen Achslasten noch keine Lösung, weshalb Fahrerassistenzsysteme, die eine elektronisch ansteuerbare Lenkung benötigen, nicht verfügbar sind. Mit den genannten Einschränkungen existieren für Nutzfahrzeuge nahezu die gleichen Fahrerassistenzsysteme wie für Pkw. Weitere Informationen finden sich z. B. in [Wa1] und [Wi1].

13 Navigationssysteme

Sowohl die Komplexität als auch der Umfang des Straßennetzwerks für Fahrzeuge ist in den letzten Jahrzehnten beträchtlich gewachsen. Dieses rapide Wachstum bedingt einen stetig ansteigenden Bedarf an Systemen, die Funktionen zur Navigation eines Automobils durch das Straßennetz ermöglichen. Ein Navigationssystem besteht aus Hard- und Software und ist unter Zuhilfenahme eines geographischen Ortungssystems und gegebenenfalls weiterer Sensoren bei der Erreichung eines gewünschten Ziels behilflich. Die grundlegenden Funktionalitäten eines Navigationssystems lassen sich in die folgenden drei Bereiche unterteilen:

1. die Positionsbestimmung, d. h. die Berechnung des derzeitigen Standortes mit Hilfe von mathematischen Methoden aufgrund von Sensorsignalen,
2. die Routenberechnung, d. h. die Berechnung einer Route von der derzeitigen Position zu einem vorgegebenen Ziel nach teilweise individuell wählbaren Kriterien,
3. die Zielführung, d. h. die Leitung des Fahrers mit akustischen und visuellen Hinweisen entlang der berechneten Route.

Navigationssysteme lassen sich grundsätzlich in zwei Arten unterteilen. Auf der einen Seite stehen Systeme, die ab Werk im Fahrzeug montiert werden. Diese Systeme sind umfassend mit der Fahrzeugelektronik vernetzt und müssen vom Kunden beim Kauf eines Autos üblicherweise als Sonderausstattung mitbestellt werden. Auf der anderen Seite existieren die Nachrüstsysteme, die über den Kraftfahrzeughandel oder Elektronikmärkte verkauft werden. Systeme zum Nachrüsten werden oft als eigenständiges Gerät auf dem Armaturenbrett montiert. Ihre Integration in die Fahrzeugelektronik ist normalerweise weniger vollständig.

Der Funktionsumfang beider Navigationssystemarten kann sich von der Grundfunktionalität bis zu sehr komplexen Multimediasystemen erstrecken. Zur Grundfunktionalität gehört ein einfaches Display mit Pfeilangaben ohne Sprachunterstützung. Fortgeschrittene Systeme bieten ein breites Spektrum von nützlichen Eigenschaften, wie beispielsweise eine Karte mit dreidimensionaler Darstellung, Sprachsteuerung oder Berücksichtigung von aktuellen Verkehrsinformationen. Im Folgenden wird eine modulare Sichtweise auf ein Fahrzeugnavigationssystem vorgestellt, um die Funktionalitätsbreite beider Arten abdecken zu können.

13.1 Einführung in moderne Fahrzeugnavigationssysteme

Zur Positionsbestimmung und Zielführung benötigt ein Navigationssystem die Hilfe von externen und internen Sensoren. Externe Sensoren sind üblicherweise über diverse Schnittstellen mit der Fahrzeugelektronik verbunden. Neuerdings existieren sogar Nachrüstsysteme, bei denen externe Sensoren kabellos angebunden werden können. Des Weiteren verfügen moderne Navigationssysteme zur Kommunikation mit dem Benutzer über eine Vielzahl von Bedien- und Anzeigeelementen. Außerdem berücksichtigen solche Systeme auch die aktuelle Verkehrslage, indem sie Informationen des Traffic Message Channel (TMC) der Radiosender oder anderer externer Datenquellen auswerten. Dies versetzt sie in die Lage, die Route dynamisch um Staus oder Behinderungen herumzuführen. Darüber hinaus verwalten Navigationssysteme individuelle oder gewerbliche Datenbanken mit speziellen Zieladressen und Reisehinweisen. Durch eine vollständige Integration in die Fahrzeugelektronik übernehmen zukünftige Navigationssysteme Teilfunktionen vielfältiger Fahrerassistenzsysteme.

Ein Navigationssystem umfasst neben den Sensoren zur Bestimmung von Fahrzeugposition und -bewegung sowie der digitalen Straßenkarte weitere Hard- und Software-Komponenten, deren Aufbau, Funktion und Wirkungsweise in diesem Abschnitt beschrieben wird. Im Allgemeinen wird zur Entwicklung einer Navigationssoftware eine weitgehend standardisierte Entwicklungsumgebung eingesetzt. Die Navigationssoftware wird dabei auf gängigen Workstations entwickelt, wobei typischerweise Cross-Compiler zum Einsatz kommen. Um eine zügige Entwicklung zu gewährleisten, wird die Software zuerst in einer Simulationsumgebung getestet. Erst nach erfolgreichen Testläufen erfolgt eine Portierung auf das eigentliche Zielsystem.

Die hierbei in den Entwicklungsumgebungen eingesetzten Cross-Compiler unterstützen verschiedene Prozessor-Architekturen für eingebettete Systeme, wie beispielsweise ARM, Motorola Coldfire, Hitachi SH-4 und neuerdings auch den Intel-Atom-Prozessor. Prozessoren für eingebettete Systeme zeichnen sich insbesondere durch eine geringe Leistungsaufnahme aus. Normalerweise kommt auf dem Zielsystem entweder Linux oder Windows als Betriebssystem zum Einsatz, oft auch ein Echtzeitbetriebssystem wie Vx Works oder QNX. Der Hardwareausbau eines Navigationssystems orientiert sich am geforderten Leistungsumfang: Systeme mit Kartendarstellung benötigen einen leistungsfähigeren Prozessor und mehr Speicher als so genannte Turn-by-Turn-Systeme, die nur eine Piktogrammdarstellung bieten.

Eine wichtige Anforderung an moderne Navigationssysteme ist, nachträgliche Updates zu unterstützen. Dabei wird zwischen Updates des Kartenmaterials und Software-Updates unterschieden. Regelmäßige Karten-Updates sorgen dafür, dass ein Navigationssystem über geänderte Straßenverläufe und neu erschlossene Gebiete informiert ist. Heutige Navigationssysteme verwenden allerdings fahrzeugspezifische Kartenformate, so dass das System eines jeden Herstellers sein eigenes Kartenmaterial benötigt. Die Software ist ebenfalls meist auf ein bestimmtes Gerät oder auf eine Baureihe eines Herstellers zugeschnitten. Ein Software-Update kann z. B. in Verbindung mit einer neuen Karten-CD oder -DVD erfolgen. Oft kann ein Software-Update aber nur in der Werkstatt über die Diagnoseschnittstelle durchgeführt werden.

13.2 Komponenten eines Navigationssystems

Ein typisches Navigationssystem besteht aus den folgenden Komponenten (Modulen): Datenbankmodul, Positionierungsmodul, Map-Matching, Routenberechnung, Zielführung, Kommunikation über Funk und Benutzerschnittstelle – auch als Human-Machine-Interface (HMI) bezeichnet (siehe Bild 13-1). Diese Komponenten können als einzelne Soft- oder Hardwarekomponenten oder (am häufigsten) als eine Kombination von beidem realisiert werden.

Das Datenbankmodul verwaltet vor allem digitalisiertes Kartenmaterial und einige weitere für das Navigationssystem relevante Informationen. Das Positionierungsmodul erhält Sensorsignale als Eingabe (z. B. Signale von GPS- und Radsensoren) und ist in der Lage, durch die Fusion dieser – unter Umständen auch widersprüchlichen – Informationen die aktuelle geografische Position zu berechnen. Die im Positionierungsmodul ermittelte Position und ggf. die beobachtete Trajektorie werden durch das so genannte Map-Matching bestimmten Kartenelementen zugeordnet, die im Datenbankmodul gespeichert sind. Die Berücksichtigung der bisherigen Bewegungsmuster sowie der Einsatz komplexer Algorithmen erlaubt einem Navigationssystem die Berechnung einer exakten Position.

13.2 Komponenten eines Navigationssystems

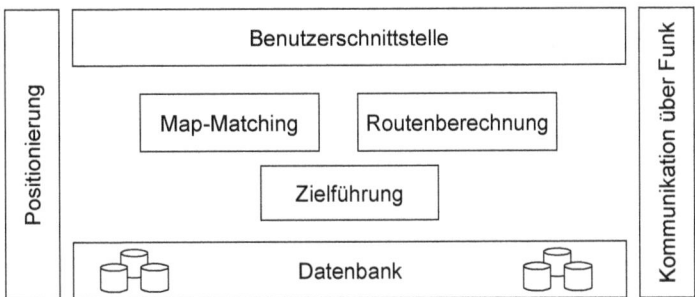

Bild 13-1 Komponenten (Module) eines Navigationssystems

Das Routenberechnungsmodul hilft dem Fahrer – vor oder während der Fahrt – bei der Routenplanung von der aktuellen Position zu einem ausgewählten Ziel. Diese Berechnung beruht auf Daten, die aus dem Datenbankmodul stammen. Außerdem kann das Routenberechnungsmodul moderner Navigationssysteme die über TMC übertragenen Verkehrsinformationen bei der Berechnung der jeweiligen Route berücksichtigen. Die von der Routenplanung berechnete Route soll bezüglich Kriterien wie Zeit, Distanz oder Komplexität optimal sein. Einige Algorithmen sind sogar in der Lage, diese einzelnen Kriterien zu kombinieren. Die fertig berechnete Route wird dem Zielführungsmodul übergeben. Das Zielführungsmodul ist für die Führung des Benutzers entlang der vorher berechneten Route zuständig. Bei Abweichungen von der vorberechneten Route wird eine neue Routenberechnung durch das Zielführungsmodul initiiert. Das Zielführungsmodul bedient sich bei Map-Matching und Datenbankmodul, um die der aktuellen Umgebung und Position entsprechenden Hinweise in Echtzeit zu generieren.

Die Benutzerschnittstelle dient zur Interaktion zwischen dem Navigationssystem und dem Benutzer. Sie ist beispielsweise für die Zieleingabe der Routenplanung und die Ausgabe von visuellen und akustischen Hinweisen des Zielführungsmoduls verantwortlich. Das für die Kommunikation über Funk zuständige Modul versorgt das Navigationssystem mit dynamischen Informationen und Datenaktualisierungen von außen. Die dynamischen Informationen werden vor allem im Routenberechnungsmodul verwendet, z. B. um Staus und Straßensperrungen zu umfahren. Datenaktualisierungen sind in erster Linie für das Datenbankmodul wichtig. Im Folgenden werden die typischen Komponenten eines Navigationssystems genauer beschrieben.

13.2.1 Benutzerschnittstelle

Die Benutzerinteraktionen mit dem System, die Visualisierung der berechneten Route und des Kartenmaterials sowie die Ausgabe der Routenanweisungen erfolgen beim integrierten Navigationssystem über eine Benutzerschnittstelle (Mensch-Maschine-Schnittstelle). Sie ist üblicherweise in die gesamte Fahrzeugbedienkonsole und die Bedienelemente des Lenkrades eingebettet. Die Interaktion von Mensch zu Maschine basiert auf den folgenden zwei Kommunikationskanälen: die haptische Bedienung über Touchscreen, Tasten, Einstellräder oder andere Schaltflächen und die akustische Eingabe von Anweisungen mit festgelegtem Wortlaut anhand der Sprachsteuerungsfunktionalität. In der umgekehrten Richtung, d. h. von Maschine zu Mensch, greifen moderne Navigationssysteme auf die folgenden Möglichkeiten zurück: die visuelle Darstellung von Karten, Routen sowie Navigationshinweisen, die gesprochene Wegführung und Rückmeldung über haptisches Feedback. Diese Möglichkeiten kommen je nach Ausstattungsvariante entweder einzeln oder in Kombination zum Einsatz.

Zuerst wird die Kommunikationsrichtung von Mensch zu Maschine betrachtet. In erster Linie kommen an dieser Stelle haptische Bedienelemente zum Einsatz. Bewegungen und Betätigungen von Hardware-Bedienelementen wie Drücksteller, Drehelemente und Schiebeschalter werden durch das System an die Navigationssystem-Software weitergegeben. Die in den entsprechenden Softwarekomponenten implementierten Funktionalitäten ermöglichen, dass die Benutzereingaben erkannt und die zugehörigen Aktivitäten des Systems ausgelöst werden.

Um die Cockpit-Gestaltung aus ergonomischer Sicht zu optimieren, werden in Fahrzeugen seit einigen Jahren Bildschirme mit Touchscreenfunktionalität installiert. Diese Hardwarekomponenten ermöglichen es, die haptikbasierte Eingabe mit der grafischen Ausgabe zu kombinieren. Ein Vorteil beim Einsatz von Touchscreens liegt in der wesentlich flexibleren Positionierung und Skalierung der Bedienelemente, die per Software generiert und gesteuert werden. Die Touchscreens der ersten Generation hatten noch den Nachteil, über keine haptische Rückmeldung zu verfügen. Die Benutzer konnten also nicht wahrnehmen, ob die Eingabe vom System angenommen wurde oder nicht.

Neben der haptischen Eingabe ist die Spracheingabe sehr weit verbreitet. Zuerst werden Anweisungen in gesprochener Sprache von dem System erfasst. Im Anschluss kommt eine zweistufige Sprachverarbeitung zum Einsatz. In der ersten Stufe wird die aufgenommene Sprache in kleinstmögliche Teile zerlegt, die auch Phoneme genannt werden. Hierbei kommen linguistische Algorithmen zum Einsatz. Die zweite Verarbeitungsstufe wendet Algorithmen zur Ähnlichkeitssuche an. Die grundlegende Idee besteht darin, dass die Sequenzen oder Teilsequenzen aus eingegebenen Phonemen mit Sequenzen aus der Datenbank verglichen werden. Die beste Übereinstimmung wird als Ergebnis der Sprachverarbeitung ausgegeben. Die Software prüft im Anschluss das Ergebnis der Sprachverarbeitung auf Übereinstimmung mit ihr bekannten Befehlen. Ist eine gute Übereinstimmung gefunden, so werden die Aktivitäten gestartet, die zu diesem Befehl korrespondieren.

Der Informationsfluss in die umgekehrte Richtung, d. h. von Maschine zu Mensch, bietet dem Navigationssystem die folgenden Möglichkeiten, um Informationsausgabe und Rückmeldungen des Systems an den Benutzer weiterzugeben: visuelle Darstellung, akustische Hinweise und haptisches Feedback, letzteres ist allerdings eher selten vorzufinden. Die visuelle Informationsausgabe geschieht häufig am in der Mittelkonsole eingebauten Bildschirm. Die Aufbereitung der visuellen Informationen erfolgt zuerst in der Navigationssoftware. Im Anschluss wird die Information an den Grafikprozessor weitergegeben, der als Hardwarelösung realisiert ist. Der Grafikprozessor sendet das Signal weiter an den Bildschirm. Mehrfarbige oder seltener einfarbige TFT-Displays dienen in modernen Fahrzeugen als Bildschirm. Da auf einfarbigen Navigationssystemen im Allgemeinen keine sinnvolle Kartendarstellung möglich ist, stellen diese in der Regel lediglich Hinweise und Piktogramme dar. Mehrfarbige Bildschirme lassen eine realistische Kartendarstellung zu und dienen darüber hinaus oft als Anzeige für den Bordcomputer.

13.2.2 Datenbank

Als Basis von Map-Matching, Routenberechnung und Zielführung dient eine digitalisierte Straßenkarte, die im Unterschied zu einem gedruckten Autoatlas nicht nur die Straßen und ihre Namen, sondern auch zahlreiche Informationen zur Verkehrsführung sowie Abbiegehinweise und -restriktionen enthält. In ihr werden digitalisierte Landkarten, Luftaufnahmen, sowie Sammlungen von Points of Interest zu einer einzigen Datenbank zusammengeführt. Je nachdem, für welche Anwendung die Datenbank bestimmt ist, können Datendichte und Abstraktionsgrad variieren.

13.2 Komponenten eines Navigationssystems

Mittlerweile ist die Erstellung von digitalen Karten für weite Teile Europas, der USA und Asiens weitgehend abgeschlossen. Allerdings sind diese Datenbanken nicht statisch. Weil sich z. B. in Deutschland pro Jahr mehr als 10 Prozent der Navigationsdaten ändern, müssen die digitalen Landkarten ständig aktualisiert werden.

Zur Verwendung in einem Navigationssystem wird die Rohversion der digitalen Karte von einem Karten-Compiler in ein kompakteres Format umgewandelt und mit zusätzlichen Indexstrukturen versehen. Eine digitale Straßenkarte besteht mindestens aus den folgenden geometrischen Objekten: Knoten, Segmente, Kurvaturpunkte und Flächen (siehe Bild 13-2). Ein Knoten repräsentiert Kreuzungen oder das Ende einer Straße. Er wird gewöhnlich durch Längen- und Breitengrad spezifiziert. Ein Segment ist ein Straßenstück zwischen zwei Knoten. Es dient der Modellierung topologischer Information. Kurvaturpunkte modellieren den genauen Verlauf eines Segments. Sie beinhalten also die exakte geometrische Information. Die Unterscheidung zwischen geometrischer und topologischer Information liegt an den unterschiedlichen Einsatzzwecken der digitalen Karte. Die Routenberechnung benötigt in der Regel nur die Topologie, während die Geometrie für die visuelle Darstellung verwendet wird. Flächen werden durch Segmente abgegrenzt und normalerweise trianguliert abgespeichert, wenn eine Hardware-Beschleunigung bei der Darstellung gefordert ist. Aus all diesen Bausteinen setzt der Karten-Compiler eine erste digitale Straßenkarte zusammen, bevor jedem Objekt auf der Karte bis zu 150 Zusatzinformationen von der Hausnummer bis zur erlaubten Höchstgeschwindigkeit zugewiesen werden.

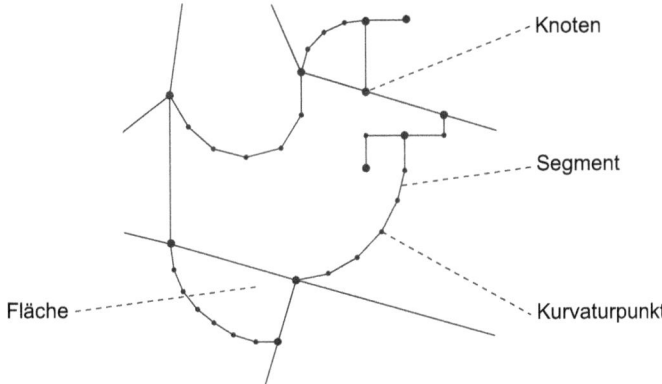

Bild 13-2 Geometrische Inhalte einer digitalen Karte. Ein Segment bezeichnet nicht das Straßenstück zwischen zwei Kurvaturpunkten, sondern das Straßenstück zwischen zwei Knoten; im hier gezeichneten Fall also das gesamte bogenförmige Linienstück

Zusätzlich zur Speicherung von Topologie und Geometrie beinhaltet die Datenbank weitere Informationen, um erweiterte Funktionalitäten von Navigationssystemen zu unterstützen. Um eine Sprachsteuerung möglich zu machen, muss für sämtliche Adressen in der digitalen Karte eine so genannte Phonemdarstellung vorhanden sein. Dabei werden akustische Signale in eine digitale Lautschrift übersetzt, die das System bei der Zieleingabe mit einem Kommando des Fahrers vergleicht. Damit ein System verschiedene Sprachen und Dialekte verstehen kann, muss jede Adresse mit mehreren Phonemen belegt werden. Die Entwicklung von Navigationssystemen mit dreidimensionaler Kartendarstellung erfordert ebenfalls eine Erweiterung der Datenbanken. Moderne Navigationssysteme können darüber hinaus auf eine umfassende Datenbasis von Drittanbietern zugreifen. Diese Datenbestände können z. B. auch die Tempolimits auf Bundesstraßen und Autobahnen oder die Standorte stationärer Geschwindigkeitskontrollen enthalten.

13.2.3 Positionierung

Die Bestimmung der Position des Fahrzeugs kann entweder absolut mit Satellitenpeilung oder relativ zu einem Ausgangspunkt per Koppelnavigation erfolgen. Bei letzterem Verfahren, auch als Dead-Reckoning bezeichnet, wird die neue Position aus dem zurückgelegten Weg bestimmt, der sich aus Geschwindigkeit und Fahrtrichtung berechnet. Üblicherweise werden diese Werte aus den Radumdrehungen und dem Lenkwinkel bestimmt. Die Messfehler der Sensoren akkumulieren sich dabei allerdings, so dass für größere Distanzen eine absolute Positionierung unabdingbar ist.

Die absolute Positionsbestimmung wird mit Hilfe des Global Positioning System (GPS) durchgeführt, das auf dem Prinzip der Satellitenpeilung basiert. Das GPS wurde 1973 vom amerikanischen Verteidigungsministerium geplant und ist seit dem Jahr 1995 voll einsatzbereit. Es wurde ursprünglich für eine militärische Nutzung entwickelt, kann inzwischen aber auch zivil in voller Genauigkeit genutzt werden. Um auf jedem Punkt der Erde eine Satellitenpeilung zu ermöglichen, benötigt das System mindestens 24 Satelliten, die in einer Umlaufbahn mit einem Radius von 26560 Kilometern um den Erdmittelpunkt kreisen (siehe Bild 13-3). Jeder Satellit ist mit einer Atomuhr ausgestattet und sendet permanent ein Signal mit seiner Identifikationsnummer, seiner Position und einem Zeitstempel aus. Dieses Signal wird von einem GPS-Empfänger im Navigationssystem weiterverarbeitet. Sofern der Empfänger ebenfalls über eine Atomuhr verfügt, genügen die Entfernungsberechnungen zu drei Satelliten, um daraus auch die geographische Länge, die geographische Breite und die Höhe des Empfängers und damit die Position des Fahrzeugs zu ermitteln. Üblicherweise wird das Signal eines vierten Satelliten benötigt, da GPS-Empfänger meist nur mit unpräzisen Zeitgebern ausgestattet sind, die keine genaue Messung der Signallaufzeiten ermöglichen.

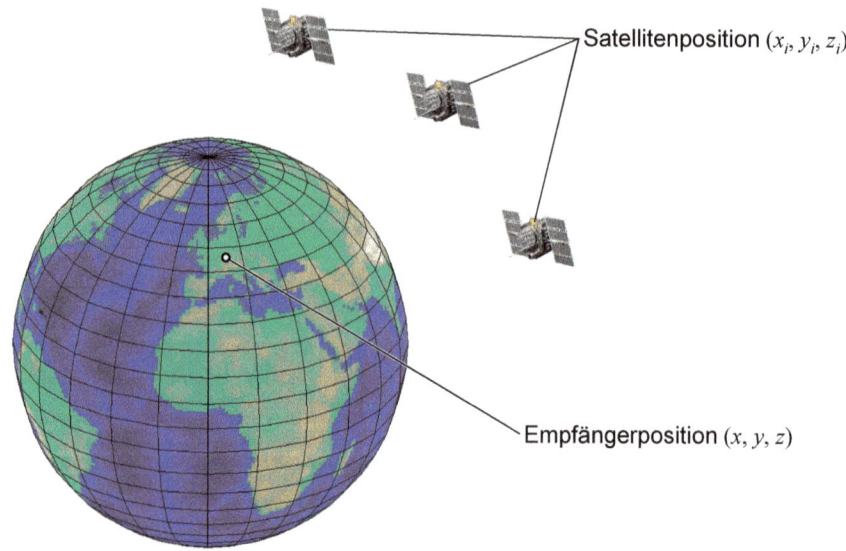

Bild 13-3 Zur Positionsbestimmung mit GPS

13.2 Komponenten eines Navigationssystems

Die grundlegende Idee der Positionsbestimmung beim GPS ist die Umrechnung von Signallaufzeiten in Entfernungen. Eine ausführliche Darstellung dieser Thematik findet man beispielsweise in [Ba6] und [Ho5]. Sobald das Signal eines Satelliten ausgewertet ist, lässt sich die Position des GPS-Empfängers auf eine Kugel um den Satelliten einschränken, wobei der Mittelpunkt der Kugel durch die Satellitenposition gegeben ist und der Kugelradius der Entfernung entspricht. Sind zwei Satellitensignale bekannt, lässt sich die Position auf einen Kreis reduzieren, da zwei Kugeln um zwei Satelliten einen Kreis als Schnittmenge haben. Dieser Kreis schneidet die dritte Kugel des dritten Satelliten in zwei Punkten. Nur einer der verbleibenden zwei Punkte liegt auf der Erdoberfläche. Der andere kann durch die Software im Empfänger eliminiert werden. Aus den gemessenen Radien R_i um die Satelliten $i = 1, 2, 3$ und den bekannten Satellitenpositionen (x_i, y_i, z_i) kann also die Position (x, y, z) des GPS-Empfängers abgeleitet werden, wobei der Zusammenhang

$$R_i = \sqrt{(x_i - x)^2 + (y_i - y)^2 + (z_i - z)^2}$$

benutzt wird (vgl. hierzu auch Bild 13-3).

Die Lichtgeschwindigkeit im Vakuum beträgt ca. 300000 km/s. Eine Messungenauigkeit von einer millionstel Sekunde führt deshalb bereits zu einer Abweichung von ca. 300 m. Wenn nur drei Satelliten zur Verfügung stehen, muss der Empfänger deshalb mit einer sehr präzisen Uhr ausgestattet sein. Empfänger beinhalten jedoch oft kostengünstige Quarzoszillatoren, die eine gewisse Abweichung haben. Stehen mehr als drei Satelliten zur Verfügung, kann eine präzise Positionsbestimmung auch ohne Atomuhr im GPS-Empfänger erfolgen.

Um insbesondere auch in Tunneln, unter Brücken und in Hochhausschluchten eine präzise Positionsbestimmung zu ermöglichen, werden die absoluten und relativen Positionen aus Satellitenpeilung und Koppelnavigation zu einer Position vereinigt. Dieser Positionsabgleich erfolgt normalerweise in einem so genannten Kalman-Filter (siehe z. B. [Re1], [Re2], [Un1]), wobei iterativ ein neuer Schätzwert aus dem alten Schätzwert und den neuen Messwerten berechnet wird.

13.2.4 Map-Matching

In diesem Schritt wird die ermittelte Position einem oder mehreren Straßensegmenten zugeordnet, nachdem die Position des Fahrzeugs mit diversen Sensoren bestimmt wurde. Beispielsweise wird die Fahrzeugposition bei der Koppelnavigation relativ zu einem Ausgangspunkt ermittelt. Die dabei gemessenen abschnittsweisen Richtungsänderungen eines Fahrzeugs und die zurückgelegte Distanz ergeben aneinandergereiht die relative Position zum Ursprung. Bei diesem Vorgehen wächst der kumulative Fehler immer weiter an und beeinträchtigt deshalb den Prozess der Koppelnavigation. Dieses Problem ist selbst bei der Verwendung von mehreren sehr gut kalibrierten Sensoren unvermeidlich. Schließlich wird die Abweichung so groß, dass die tatsächliche Fahrzeugposition erheblich von der durch die Koppelnavigation bestimmten Position abweicht.

Um mit dieser Unsicherheit umzugehen, wurden Map-Matching-Algorithmen entwickelt. Dabei wird die aus der Koppelnavigation gewonnene Position einem Straßensegment der digitalen Karte zugeordnet. Dies erfolgt durch Abgleichen der digitalisierten Daten aus der Navigationsstraßenkarte mit den vom Kalman-Filter aufbereiteten Werten. Dieses Map-Matching genannte Verfahren berücksichtigt auch die Vorgeschichte der bereits ermittelten Messwerte sowie Messfehler und bestimmt damit die aktuelle Fahrzeugposition. Die bei diesem mathematischen Verfahren errechneten Aufenthaltswahrscheinlichkeiten werden immer wieder in die Berechnungen zur Ermittlung der besten Position mit einbezogen. Daraus ergibt sich in der Regel nur ein plausibler Standort. Stehen mehrere Alternativen zur Wahl, wird mit den Wegdaten der nächsten Sekunden die richtige Alternative gewählt. Das Fahrzeug kann so einer absoluten Position auf der digitalen Karte zugeordnet werden. Auf diese Weise lässt sich durch das Map-Matching der kumulative Fehler bei der Koppelnavigation eliminieren. Wenn man dieses Vorgehen in regelmäßigen Abständen anwendet, kann die Positionsbestimmung entscheidend verbessert werden.

In der Realität wird das Map-Matching durch eine Vielzahl von Fehlerquellen erschwert. Häufig treten Sensorfehler auf, wie beispielsweise eine falsche Messung der zurückgelegten Distanz bei der Koppelnavigation. Des Weiteren führt die fehlerhafte Digitalisierung des Kartenmaterials zu Problemen beim Map-Matching. Darüber hinaus stellen digitalisierte Karten nur eine stark vereinfachte Abstraktion der Realität dar, d. h., reale Straßenverläufe werden in digitalen Karten durch Approximationen beschrieben. Erwähnenswert ist außerdem veraltetes Kartenmaterial. Map-Matching kann nur für existierende Objekte in der digitalen Karte erfolgen. Nicht digitalisierte Bereiche oder neu gebaute Straßen sind somit eine häufig anzutreffende Problemquelle.

13.2.5 Routenberechnung

Ausgehend von der ermittelten Position und dem ausgewählten Ziel berechnet das Navigationssystem die Route. Die Routenberechnung ist ein Prozess, der einem Autofahrer bei der Planung einer Reise vom Startpunkt zu einem Ziel vor oder während der Fahrt behilflich ist. Sie wird von der Navigationssoftware durchgeführt und kann auf mehrere algorithmische Techniken zurückgreifen, die eine Lösung für dieses Problem bieten. In der Fachliteratur (siehe z. B. [Zh1]) wird die Aufgabenstellung der Routenberechnung im Allgemeinen auf das Problem der Berechnung eines optimalen Pfades in einem Graphen zurückgeführt. Als Optimierungskriterium für die Routenberechnung können verschiedene Faktoren eingesetzt werden, wie z. B. Distanz, Reisezeit, durchschnittliche Reisegeschwindigkeit, Anzahl der Abbiegemanöver und Ampeln, sowie dynamische Verkehrsinformationen. Um eine abstrakte Sicht auf mögliche Optimierungskriterien und deren Kombinationen zu ermöglichen, spricht man von einem Kostenmodell. Somit lässt sich das Ziel der Routenberechnung als Kostenminimierung verallgemeinern. Die Software sucht immer die kostengünstigste Route.

Die Optimierungskriterien für die Routenberechnung können über die Benutzerschnittstelle ausgewählt werden. Wenn man beispielsweise die Distanz als Optimierungskriterium der Routenplanung verwendet, werden die im Datenbankmodul abgespeicherten Längen von einzelnen Straßensegmenten benutzt, um die Gesamtlänge der Route zu bestimmen. Ist die Reisezeit als Optimierungskriterium ausgewählt, so erfolgt die Kostenminimierung auf Basis von Längen und maximal möglichen Geschwindigkeiten, die zu einem Segment korrespondieren und in dem Datenbankmodul gespeichert sind. Die von den Kartenherstellern durchgeführte Klassifizierung der Straßen ermöglicht eine Zuweisung von fiktiven Kosten für jedes Segment. Die Kosten hängen hierbei von der Straßenklasse und der durchschnittlich erzielbaren Geschwindigkeit auf dem entsprechenden Segment ab. In diesem Kostenmodell verursachen kleine Straßenklassen hohe Kosten und große Straßenklassen geringe Kosten. Weitere Faktoren können das Kostenmodell abrunden, wie z. B. eine zeitabhängige Komponente, falls eine Straße in Innenstädten nur zu bestimmten Zeiten befahren werden darf oder eine Fähre einen festen Fahrplan hat. Auch die Verlässlichkeit der Straßen kann bewertet werden, da manche Straßen zwar digitalisiert, aber noch nicht klassifiziert sind.

13.2 Komponenten eines Navigationssystems

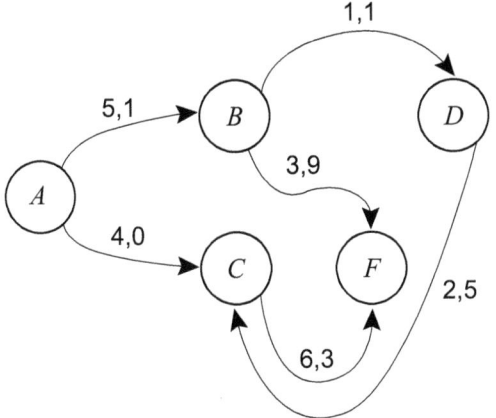

Bild 13-4 Beispiel für einen bewerteten, gerichteten Graph:
$V = \{A, B, C, D, F\}$;
$E = \{e_1, e_2, e_3, e_4, e_5\}$;
$e_1 = (A, B); e_2 = (A, C)$;
$e_3 = (B, D); e_4 = (B, F)$;
$e_5 = (C, F); e_6 = (D, C)$;
$\omega(e_1) = 5{,}1; \omega(e_2) = 4{,}0$;
$\omega(e_3) = 1{,}1$;
$\omega(e_4) = 3{,}9$;
$\omega(e_5) = 6{,}3$;
$\omega(e_6) = 2{,}5$

In den letzten Jahrzehnten wurden mehrere Algorithmen entwickelt, die einen optimalen Pfad in einem Straßennetzgraphen basierend auf einem vorgegebenen Kostenmodell berechnen können. Die zwei zur Routenberechnung am häufigsten benutzten Algorithmen sind unter den Namen Dijkstra und A* bekannt (siehe z. B. [Co], [Zi2]). Um die Funktionsweise dieser beiden Algorithmen zu erklären, sind folgende Begriffe notwendig: Ein Knoten v in einem Straßennetzgraphen ist durch den Schnittpunkt zwischen zwei Straßensegmenten oder den Endpunkt eines Straßensegments definiert (siehe Bild 13-2). Ein Straßensegment e stellt eine richtungsabhängige Verbindung zwischen zwei Knoten dar. Richtungsabhängig deshalb, weil die Kosten von der Fahrtrichtung abhängen können, z. B. bei einer unterschiedlichen Anzahl von Fahrspuren. Somit ist ein Straßennetzwerk durch einen gerichteten Graphen definiert und kann durch das Tupel $G = (V, E)$ modelliert werden. V bezeichnet hierbei die Menge aller Knoten $v \in V$. Ferner bezeichnen E die Menge aller Kanten $e \in E$, die den Straßensegmenten entsprechen. V und E sind hierbei disjunkt und es gilt $E \subset V \times V$. Im mathematischen Sinne ist der Graph bewertet, da ein Kostenmodell für die Bewertung von einzelnen Straßensegmenten vorhanden ist. Das Kostenmodell wird anhand einer Bewertungsfunktion ω dargestellt. Diese Bewertungsfunktion ordnet jeder Kante $e \in E$ eine Zahl $\omega(e)$ aus dem Wertebereich der reellen Zahlen $\mathbf{R}$ zu.

Ein Pfad p ist eine Folge von Knoten $v_0, v_1, v_2,..., v_k \in V$, so dass v_i und v_{i+1} immer durch eine Kante $e \in E$ verbunden und alle Knoten in der Folge $\langle v_0, v_1, v_2,..., v_k \rangle$ voneinander verschieden sind, d. h., für $0 \le i, j \le k$ gilt $v_i \ne v_j$, falls $i \ne j$. Ein Knoten $v_i \in p$ wird als Nachfolger von $v_j \in p$ bezeichnet, falls $j = i + 1$ gilt. Die Gesamtkosten eines Pfades $p = \langle v_0, v_1, v_2,..., v_k \rangle$ sind durch die Summe der Kosten der einzelnen Kanten definiert und können gemäß

$$\omega(p) = \sum_{i=1}^{k} \omega(v_{i-1}, v_i) \tag{13.1}$$

berechnet werden. Ein Graph lässt sich dadurch visualisieren, dass seine Knoten als Punkte oder Kreise und seine Kanten als Linien zwischen den beiden Knoten der jeweiligen Kante dargestellt werden. Um einen gerichteten Graphen darzustellen, wird ein Pfeil an das entsprechende Ende einer Linie gezeichnet. Ein Beispiel für ein durch einen gerichteten, bewerteten Graphen modelliertes Straßennetzwerk illustriert Bild 13-4. Die Folge von Knoten $p = \langle A, B, D, C \rangle$ in diesem gerichteten, bewerteten Graphen ist ein Pfad mit den Kanten

$e_1 = (A,B)$, $e_3 = (B,D)$, $e_6 = (D,C)$. Knoten B ist ein Nachfolger von A. Die Gesamtkosten des Pfades p sind durch $\omega(r) = \omega(e_1) + \omega(e_3) + \omega(e_6) = 8{,}7$ gegeben.

Die Aufgabenstellung der Routenberechnung lässt sich auf das mathematische Problem der Suche nach einem optimalen Pfad in einem Graphen zurückführen. Der optimale Pfad zwischen zwei Knoten s, z ist wie folgt definiert. Seien $\delta(s, z)$ die Gesamtkosten des günstigsten Pfades von s zu z:

$$\delta(s,z) = \begin{cases} \min\{\omega(x) : x = \langle s,...,z\rangle\} & \text{falls ein Pfad } x = \langle s,...,z\rangle \text{ existiert,} \\ \infty & \text{sonst.} \end{cases} \qquad (13.2)$$

Ein optimaler Pfad von s zu z ist ein Pfad $p = \langle s,...,z\rangle$, für den $\omega(p) = \delta(s, z)$ gilt.

Der Dijkstra-Algorithmus dient zur Berechnung eines optimalen Pfades und basiert auf einer lokal optimierenden Strategie, bei der in jedem Schritt eine optimale Auswahl getroffen wird. Diese Strategie geht von der Annahme aus, dass sich eine lokal-optimale Teillösung zu einer global-optimalen Problemlösung erweitern lässt. Des Weiteren wird angenommen, dass alle Kosten nicht negativ sind, d. h. $\omega(e) \geq 0$ für jedes $e \in E$.

Ein möglicher Pseudocode für den Dijkstra-Algorithmus, der einen bezüglich des Kostenmodells optimalen Pfad von s zu z berechnet, soll im Folgenden erläutert werden. Hierbei sei $G = (E, V)$ ein bewerteter, gerichteter Graph, sowie ω eine Bewertungsfunktion mit $\omega(e) > 0$ für $e \in E$. Sei $s \in V$ der Start- und $z \in V$ der Zielknoten. Der Pseudocode lautet:

(1) Setze $Q := \{s\}$, $c(s) := 0$ und $c(u) := \infty$ für jedes $u \neq s$.

(2) Falls die Menge Q leer ist, dann ist man fertig. Kein Pfad wurde gefunden.

(3) Bestimme $u \in Q$, so dass $c(u) \leq c(r)$ für jedes $r \in Q$ gilt.

(4) Wenn $u = z$, dann ist man fertig. Der kürzeste Pfad ist gefunden. Gebe den optimalen Pfad von s zu z aus.

(5) Setze $Q := Q \setminus \{u\}$.

(6) Für jeden Nachfolger n von u führe aus:

(7)   Falls $c(n) > c(u) + \omega(u,n)$,

(8)   setze $c(n) := c(u) + \omega(u,n)$,

(9)   setze $Q := Q \cup \{n\}$,

(10)   aktualisiere den optimalen Pfad von s zu n.

(11) Gehe zu (2).

Im Initialisierungsschritt (Zeile 1) fügt der Dijkstra-Algorithmus den Startknoten s zur Menge Q der aktuellen Kandidaten zur weiteren Expansion im Straßennetzgraphen hinzu. Des Weiteren werden die Kosten für das Erreichen von s auf 0 gesetzt. Die Kosten für das Erreichen von allen restlichen Knoten in G sind zu diesem Zeitpunkt noch nicht bekannt und werden daher mit ∞ belegt.

Im nächsten Schritt (d. h. in Zeile 2) wird die Möglichkeit zur weiteren Expansion im Straßennetzgraphen überprüft. Diese Zeile ist gleichzeitig der Anfang für die Iterationen, die im Rahmen des Dijkstra-Algorithmus durchlaufen werden. Die weitere Expansion ist möglich, falls die Menge Q nicht leer ist, also falls es benachbarte Knoten gibt, zu denen der Pfad führen kann. Da sich der Algorithmus gerade in der ersten Iteration befindet und diese Menge in Zeile 1 mit dem Startknoten s initialisiert wurde, ist es zunächst möglich, weiter zur Zeile 3 zu gehen. Dort wird der kostengünstigste Knoten aus der Menge Q bestimmt und als der in der

13.2 Komponenten eines Navigationssystems

aktuellen Iteration zu expandierende Knoten u verwendet. Bevor man die eigentliche Expansion im Graphen vornimmt, wird in Zeile 4 überprüft, ob der Knoten u mit dem gesuchten Zielknoten z übereinstimmt. Ist das der Fall, dann ist der Algorithmus fertig. Der kostengünstigste Pfad wurde gefunden und wird als Ergebnis ausgegeben.

Falls u und z nicht identisch sind, geht die Ausführung des Algorithmus zu Schritt 5 weiter. Da über den aktuellen Knoten u expandiert wird, wird er in den darauf folgenden Iterationen nicht mehr betrachtet, d. h., u wird aus der Menge Q entfernt. Die Zeilen 6 bis 10 repräsentieren die eigentliche Expansion im Straßennetzgraphen. Diese Expansion nimmt den aktuellen Knoten u und analysiert die Übergänge zu allen Nachfolgern n von u. Dabei kann es sein, dass ein Knoten n in einer der vorherigen Iterationen bereits betrachtet wurde. Daher überprüft der Dijkstra-Algorithmus in Zeile 7, ob es möglich ist, mit Hilfe des durch u verlaufenden Pfades die Kosten für das Erreichen des Knotens n zu reduzieren, d. h., ob $c(n) > c(u) + \omega(u,n)$. (Hierbei bewertet die Funktion $\omega(u,n)$ die Kosten für den Übergang von u zu n.) Falls diese Bedingung erfüllt ist, werden die Kosten für das Erreichen von n in Zeile 8 aktualisiert. Hierbei ist zu beachten, dass für einen bisher noch nicht betrachteten Knoten n der Wert $c(n)$ noch aus dem Initialisierungsschritt (siehe Zeile 1) stammt und somit ∞ ist. Für solche Knoten ist die Bedingung $c(n) > c(u) + \omega(u,n)$ also stets erfüllt. Des Weiteren wird der Knoten n zu der Menge Q hinzugefügt (siehe Zeile 9). In der darauf folgenden Zeile 10 wird der günstigste der bisher gefundenen Pfade zwischen s und n gespeichert. Zeile 11 beendet die aktuelle Iteration und beginnt die nächste, indem die Ausführung des Algorithmus zur Zeile 2 weitergeleitet wird. So findet man im Laufe der Iteration (viele) Knoten, zu denen man die Kosten von Startpunkt s aus berechnet hat. Zu jedem dieser Knoten gibt es wiederum benachbarte Knoten (aktuelle Kandidaten zur weiteren Expansion im Straßennetzgraphen), von denen stets der untersucht (zu dem expandiert) wird, der von s aus am kostengünstigsten zu erreichen ist. Nach hinreichend langer Iteration stößt man dann auf den Zielknoten z.

Der A*-Algorithmus ist eine Erweiterung des Dijkstra-Algorithmus. Zusätzlich zu den Anforderungen des Dijkstra-Algorithmus benötigt er noch eine Schätzfunktion h mit $h(v) \geq 0$ für $v \in V$. Diese Schätzfunktion wird oft als Heuristik bezeichnet und dient zur Berechnung der unteren Schranke für die Kosten, die auf dem noch nicht betrachteten Restpfad zum Zielknoten anfallen. Der A*-Algorithmus führt die gleichen Schritte wie der Dijkstra-Algorithmus aus, außer dass in Zeile 3 statt $c(u) \leq c(r)$ die Ungleichung

$$c(u) + h(u) \leq c(r) + h(r) \tag{13.3}$$

verwendet wird. Aus den bisher bestimmten Kosten $c(v)$ von s zu v und der unteren Schranke $h(v)$ für die Kosten von v bis z ergeben sich die Gesamtkosten, anhand derer entschieden wird, über welchen Knoten als nächstes expandiert wird. Dies hilft dem A*-Algorithmus, unnötige Expansionen innerhalb des Straßennetzgraphen in die falsche Richtung zu vermeiden. Um die Richtigkeit des Ergebnisses garantieren zu können, muss die Schätzfunktion gewisse Anforderungen erfüllen. Eine Schätzfunktion h ist für den A*-Algorithmus zulässig, falls sie die Kosten zum Zielknoten niemals überschätzt und somit eine untere Schranke für die Kosten auf dem verbleibenden Pfad bildet. Am häufigsten wird die Euklidische Distanzfunktion als Schätzfunktion eingesetzt. Hierbei betrachtet man die Knoten des Graphen als Punkte in einem zweidimensionalen Vektorraum. Dieses Vorgehen ist dadurch motiviert, dass die Knoten Kreuzungen und Endpunkte eines Straßensegments modellieren. Somit entspricht die Euklidische Distanz in einem Straßennetzgraphen einer Luftlinie zwischen zwei Knoten.

Im Weiteren gibt es bei der Routenberechnung zwei gegenläufige Anforderungen, nämlich die optimale Qualität des Ergebnisses und die höchstmögliche Geschwindigkeit der Berechnung.

Um beiden Anforderungen gerecht zu werden, haben sich die folgenden algorithmischen Ansätze etabliert: Die unidirektionale Routenberechnung expandiert den Suchraum nur vom Start aus. Die Expansion stoppt hierbei, wenn der Zielpunkt erreicht ist. Bei der bidirektionalen Routenberechnung wird der Suchraum abwechselnd vom Start- und vom Zielpunkt aus expandiert. Die Expansion stoppt in diesem Fall, wenn sich beide Suchräume treffen.

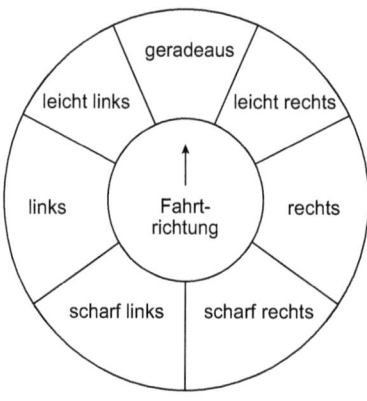

Bild 13-5
Abbiegerichtung und -stärke für Kreuzungen

13.2.6 Zielführung

Unter der Zielführung versteht man die Führung des Benutzers entlang der berechneten Route bis zum Ziel. Die Zielführung selbst besteht aus zwei Teilen, dem so genannten Manöver-Generator und der Routenführung. Der Manöver-Generator operiert auf der Geometrie der berechneten Route und erzeugt Hinweise für all diejenigen Stellen, an denen der Fahrer später tätig werden muss. Die Liste aller Manöver für eine bestimmte Route ist normalerweise statisch, d. h. nicht von weiteren Parametern wie der aktuellen Position und Geschwindigkeit abhängig. Ein wichtiges Attribut, das an Kreuzungen hinterlegt werden muss, ist die Abbiegerichtung. In Bild 13-5 ist eine Windrose dargestellt, aus der die Manöver-Information für Abbiegerichtung und -stärke an Kreuzungen abhängig von der aktuellen Fahrtrichtung generiert werden kann.

Die Informationen zu den einzelnen Manövern werden oft in einer so genannten Hashtabelle abgelegt. Eine *Hashtabelle* ist hierbei eine Datenstruktur [Co1], [Kn2], die ein sehr effizientes Speichern und Lesen von Objekten ermöglicht. Man kann sich diese Datenstruktur als eine dynamisch wachsende und schrumpfende Tabelle vorstellen. Die folgenden Operationen werden üblicherweise unterstützt: das Einfügen eines Objektes, wobei die Einfügestelle aus einem Schlüssel k berechnet wird, der Zugriff auf ein Objekt (z. B. Lesen oder Entfernen) anhand eines Schlüssels k und die Abfrage (wieder anhand eines gegebenen Schlüssels k), ob ein Element in der Hashtabelle steht oder nicht. Bei der Ablage der Informationen zu den einzelnen Manövern dient das zugehörige Objekt der digitalen Karte als Schlüssel.

Während der Fahrt ist es die Aufgabe der Routenführung, für die zuvor berechneten Manöver entsprechende Kommandos für den Fahrer zu generieren. Dazu wird die berechnete Route beginnend mit der aktuellen Position auf Manöver untersucht. Kommt die zuvor erwähnte Hashtabelle zum Einsatz, kann effizient für die demnächst zu befahrenden Objekte der digitalen Karte geprüft werden, ob dafür Einträge in der Hashtabelle vorhanden sind. Diese Einträge werden dann ausgewertet und dem Fahrer als Hinweise präsentiert. Die Hinweise der Routenführung können dabei visuell, akustisch oder als eine Kombination von beidem erfolgen. Die

13.2 Komponenten eines Navigationssystems

Sprachführung enthält akustische Hinweise, die sich auf die Art des Manövers (z. B. „abbiegen"), die Richtung (z. B. „links") sowie die Entfernung zum Manöver selbst (z. B. „jetzt", „in 500 Metern") beziehen.

Die Erzeugung dieser Kommandos erfolgt in Abhängigkeit vom Straßentyp, der Straßengeometrie, von Abbiegerestriktionen, der Geschwindigkeit und der Entfernung bis zum Manöver in mehreren Stufen: Einer ersten Vorankündigung („demnächst rechts abbiegen"), der präzisen Ankündigung („in 500 Metern rechts abbiegen") und dem letztlichen Kommando („jetzt rechts abbiegen"). Die Wiedergabe der Manöver-Kommandos steuert die Benutzerschnittstelle. Wenn aufgrund der aktuellen Geschwindigkeit der zeitliche Abstand von aufeinanderfolgenden Manövern zu kurz ist, um sie in voller Länge getrennt auszugeben, werden sie entweder gekürzt wiedergegeben oder zu einem einzigen Manöver zusammengefasst.

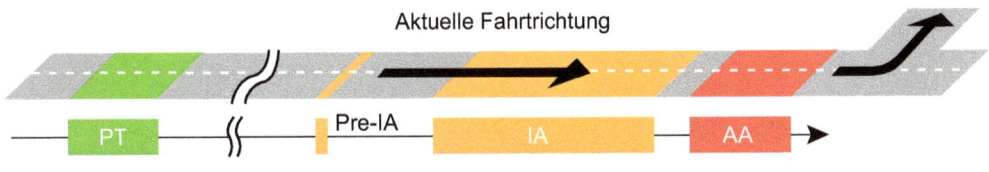

Bild 13-6 Phasen der Routenführung

In Bild 13-6 sind vier wichtige Phasen während der Routenführung dargestellt. In der Phase „Plain Text Announcement" (PT) wird der Benutzer angewiesen, auf der aktuellen Straße zu bleiben. Weitere Manöver erfolgen noch so weit in der Zukunft, dass keine Notwendigkeit besteht, den Benutzer derzeit darüber zu informieren. Auf Hauptstraßen kann es nötig sein, den Benutzer in der Phase „Pre-Information Announcement" (Pre-IA) frühzeitig auf das Verlassen der Straße hinzuweisen, um beispielsweise rechtzeitig auf die Abbiegespur wechseln zu können. In der Phase „Information Announcement" (IA) wird dem Benutzer die Entfernung und die Art des kommenden Manövers mitgeteilt. Kurz vor dem Manöverpunkt wird dem Fahrer in der Phase „Activation Announcement" (AA) mitgeteilt, das Manöver auszuführen.

14 Lichttechnik

14.1 Formeln und Einheiten der Lichttechnik

14.1.1 Von der strahlungsphysikalischen zur lichttechnischen Größe

Aus dem Gesamtspektrum der elektromagnetischen Strahlung nach Bild 14-1, bei dem die Wellenlänge λ einen Bereich von 24 Zehnerpotenzen überdeckt, umfasst die optische Strahlung nur etwa 5 Dekaden von rund $\lambda = 10$ nm bis etwa $\lambda = 1$ mm. Das menschliche Auge nimmt aus diesem Bereich wiederum nur einen sehr kleinen Ausschnitt als Licht im Sinne von Farb- und Helligkeitseindrücken wahr.

In der Physik wird die in das Auge eindringende und zur Erregung der Rezeptoren geeignete elektromagnetische Strahlung als Licht definiert. Dieser Bereich umfasst den Wellenlängenbereich von typischerweise $\lambda = 380$ nm (violett) bis $\lambda = 780$ nm (rot, siehe Bild 14-1). Die angrenzenden Bereiche Infrarot (IR) und Ultraviolett (UV) werden im erweiterten Sinne auch als Licht bezeichnet, obwohl diese elektromagnetische Strahlung beim Menschen keine Hellempfindungen, sondern nur biologische Wirkungen, z. B. Bräunung der Haut oder ein Wärmegefühl, hervorruft.

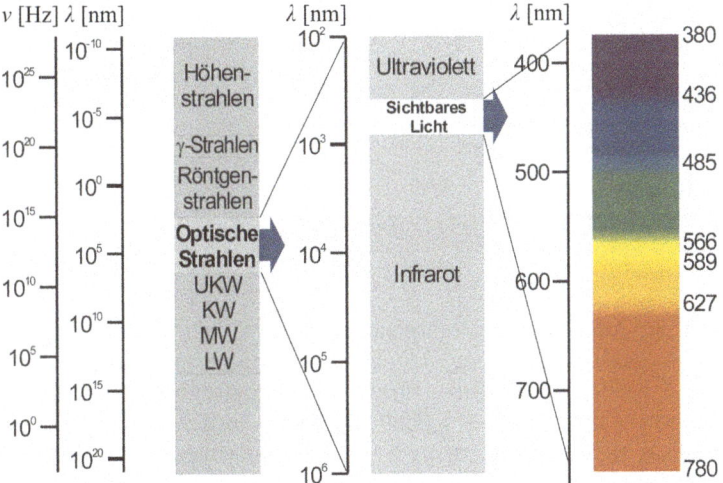

Bild 14-1 Elektromagnetisches Spektrum. λ bezeichnet die Wellenlänge, ν die Frequenz

In der Lichttechnik werden optische und physiologische Aspekte gemeinsam bearbeitet, wobei Fragestellungen zur Wahrnehmung des Lichtes durch den Menschen im Vordergrund stehen. Unter Licht wird eine Hellempfindung verstanden, die durch Reizung der Rezeptoren (Zapfen und Stäbchen im Auge) hervorgerufen wird. Diese Empfindung vermittelt dem Menschen über das Gehirn ein Abbild der Umwelt. Für die Lichttechnik ist also nur der Teil des physikalischen Strahlungsfeldes interessant, den das Auge wahrnehmen kann.

Die Beziehung zwischen den physikalischen und den physiologischen Größen gewinnt man über die spektrale Hellempfindlichkeitskurve des Auges. Wie eine bestimmte physikalische Strahlungsmenge physiologisch bewertet wird, hängt also entscheidend von ihrer spektralen Zusammensetzung ab.

14.1.2 Spektrale Empfindlichkeit des Auges

Das Auge hat sich im Laufe der menschlichen Entwicklung als Empfänger für die Strahlung der Sonne im Wellenlängenbereich von 380 bis 780 nm ausgebildet. Das Spektrum der sichtbaren Strahlung wird jedoch vom menschlichen Auge nicht als gleich stark, d. h. gleich hell, empfunden. Die größte Helligkeitsempfindung tritt typischerweise in der Mitte des Spektrums des sichtbaren Bereichs auf. Zu den Rändern des Spektrums wird die Hellempfindung deutlich schwächer (siehe Bild 14-2).

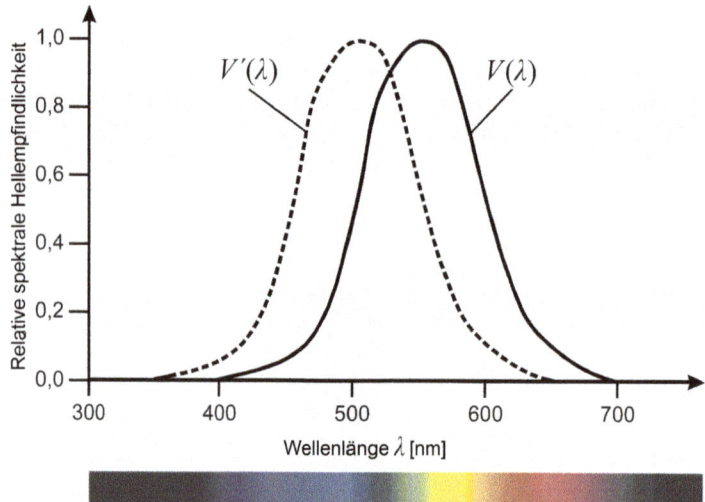

Bild 14-2 Relative spektrale Hellempfindlichkeit des menschlichen Auges für Tagessehen (photopisches Sehen, $V(\lambda)$-Kurve) und für das Nachtsehen (skotopisches Sehen, $V'(\lambda)$-Kurve)

Die relative Empfindlichkeit des Auges für die wahrgenommene Strahlung in Abhängigkeit von der Wellenlänge wird als *spektrale Hellempfindlichkeit* $V(\lambda)$ des menschlichen Auges bezeichnet. Die in Bild 14-2 dargestellte $V(\lambda)$-Kurve für einen „Normalbeobachter" stellt das Bindeglied zwischen strahlungsphysikalischen und lichttechnischen Größen dar, d. h., jede strahlungsphysikalische Größe X_e (*e* bedeutet energetisch) lässt sich allgemein in eine analoge lichttechnische Größe X überführen, indem sie mit $V(\lambda)$ bewertet wird (siehe unten). Die $V(\lambda)$-Kurve ist somit die Grundlage für das lichttechnische Maßsystem.

Weil die spektrale Hellempfindlichkeit des Auges vom Helligkeitsniveau abhängig ist, werden für die relative spektrale Hellempfindlichkeit des so genannten Normalbeobachters drei Bereiche unterschieden, die in Tabelle 14.1 aufgeführt sind.

1924 wurde die Hellempfindlichkeitskurve ($V(\lambda)$-Kurve) mit 200 Versuchspersonen durch die CIE (Commission Internationale de l'Eclairage) bestimmt. Aus einer Mittelung der Ergebnisse wurde diese Kurve (Bild 14-2) festgelegt und einem so genannten Normalbeobachter zugeordnet. Bei niedrigen Leuchtdichten (< 10^{-3} cd/m², siehe Abschnitt 14.1.7) wird die kurzwelligere Strahlung (violett, blau) gegenüber langwelligerer Strahlung (rot) als heller bewertet. Diesen

14.1 Formeln und Einheiten der Lichttechnik

Zusammenhang verdeutlicht die $V'(\lambda)$-Kurve in Bild 14-2, die für das Nachtsehen (dunkeladaptiertes Auge) bestimmt wurde. In der Lichttechnik werden alle Größen, die sich auf das dunkeladaptierte Auge beziehen, mit einem Strich gekennzeichnet. Während beim photopischen Sehen das Empfindlichkeitsmaximum bei ca. 555 nm, also im Grünen liegt, verschiebt sich die Empfindlichkeitskurve im skotopischen Bereich um etwa 50 nm zu kürzeren Wellenlängen. Das Maximum der $V'(\lambda)$-Kurve liegt bei ca. 507 nm. Für das Dämmerungssehen ergibt sich je nach Adaptationsleuchtdichte (siehe Tabelle 14.1) ein Maximalwert der Hellempfindlichkeitskurve zwischen 507 und 555 nm sowie eine zwischen der $V(\lambda)$- und der $V'(\lambda)$-Kurve liegende Kurve ähnlicher Form.

Tabelle 14.1 Bereiche für die spektrale Hellempfindlichkeit. Die Leuchtdichte L wird in Abschnitt 14.1.7 erklärt

Bereich	Leuchtdichte L [cd/m^2]	Bezeichnung	Maximum [nm]	Aktive Rezeptoren
Tagessehen (Photopisches Sehen)	$> 10^1$	$V(\lambda)$	555	Zapfen (ca. $5 \cdot 10^6$)
Dämmerungssehen (Mesopisches Sehen)	$10^1 \ldots 10^{-3}$	$V_{eq}(\lambda)$	555 ... 507	Stäbchen, Zapfen
Nachtsehen (Skotopisches Sehen)	$< 10^{-3}$	$V'(\lambda)$	507	Stäbchen (ca. $1{,}2 \cdot 10^8$)

Die Verschiebung der spektralen Empfindlichkeitskurve zum Kurzwelligen hin wird als Pukinje-Shift bezeichnet. Im nächtlichen Straßenverkehr wird dieser Effekt durch die Verwendung von roten Lichtquellen für die Armaturenbeleuchtung ausgenutzt. Das langwellige Licht kann nur von den Zapfen wahrgenommen werden und somit wird die von den Stäbchen vermittelte Dunkeladaptation des Fahrers bei kurzzeitigem Blick vom Außenraum auf die Armatur nicht gestört.

Die $V(\lambda)$-Kurve ist eine relative Kurve, deren Maximalwert gleich eins ist. Aufgrund der Abhängigkeit der spektralen Hellempfindlichkeitskurve von der Gesichtsfeldgröße wurden Untersuchungen für ein Großfeld (10°) und ein Kleinfeld (2°) durchgeführt. Als Gesichtsfeld wird der Ausschnitt der Umwelt bezeichnet, den ein unbewegtes Auge bei fixiertem Kopf sieht. Allgemein wurde für das helladaptierte Auge, d. h. $V(\lambda)$, ein Gesichtsfeld von 2° und für das dunkeladaptierte Auge, d. h. $V'(\lambda)$, ein Gesichtsfeld von 10° gewählt (siehe Bild 14-2).

Alle lichttechnischen Größen werden durch die photometrische Bewertung mit dem photometrischen Strahlungsäquivalent $K(\lambda)$ aus den entsprechenden Strahlungsgrößen abgeleitet. Für $K(\lambda)$ gilt

$$K(\lambda) = K_m \, V(\lambda), \tag{14.1}$$

wobei K_m der Maximalwert des photometrischen Strahlungsäquivalents $K(\lambda)$ ist, das auf die relative spektrale Hellempfindlichkeit des helladaptierten Auges $V(\lambda)$ bezogen ist. Für diesen Maximalwert ergibt sich für Tagessehen ein Wert von $K_m = 683$ lm/W (siehe Abschnitt 14.1.3).

Analog zu den photopischen Größen werden die skotopischen Größen auf die relative spektrale Hellempfindlichkeit bei Nachtsehen $V'(\lambda)$ bezogen. Entsprechend Gleichung (14.1) ergibt sich für Nachtsehen

$$K'(\lambda) = K_m \, V'(\lambda) \tag{14.2}$$

mit einem Wert des maximalen photometrischen Strahlungsäquivalents von K'_m = 1699 lm/W. Aufgrund der Verschiebung der relativen spektralen Hellempfindlichkeit bei zunehmender Dunkeladaptation besteht kein linearer Zusammenhang zwischen $K(\lambda)$ und $K'(\lambda)$. Dies bedeutet aber auch, dass Zwischenwerte für das Dämmerungssehen von der spektralen Verteilung der zu bewertenden Strahlung abhängig sind.

Jede strahlungsphysikalische Größe X_e lässt sich über die entsprechende spektrale Größe $X_{e\lambda}$ = $dX_e/d\lambda$ in eine lichttechnische Größe X überführen, indem sie mit der $V(\lambda)$-Kurve bewertet wird:

$$X = K_m \int_{\lambda_{\min}}^{\lambda_{\max}} X_{e\lambda} \, V(\lambda) \, d\lambda = \int_{\lambda_{\min}}^{\lambda_{\max}} X_{e\lambda} \, K(\lambda) \, d\lambda \tag{14.3}$$

mit $\lambda_{\min}$ = 380 mm und $\lambda_{\max}$ = 780 mm. Im Folgenden werden anhand Gleichung (14.3) die wichtigsten photometrischen Grundgrößen mit ihren Einheiten eingeführt und vorgestellt.

14.1.3 Lichtstrom

Die strahlungsphysikalische Größe Strahlungsfluss Φ_e stellt die gesamte Strahlungsleistung eines betrachteten Feldes dar. Die dazu analoge lichttechnische Größe ist der *Lichtstrom* Φ. Der Lichtstrom beschreibt die von einem leuchtenden Körper in den Raum abgegebene, sichtbare Strahlungsleistung (siehe Bild 14-3). Nach Gleichung (14.3) ergibt sich mit $\Phi_{e\lambda} = d\Phi_e/d\lambda$ für den Lichtstrom:

$$\Phi = K_m \int_{\lambda_{\min}}^{\lambda_{\max}} \Phi_{e\lambda} \, V(\lambda) \, d\lambda. \tag{14.4}$$

Die Einheit des Lichtstroms ist das Lumen (lm). Das Lumen hängt mit den in den folgenden Abschnitten erklärten SI-Einheiten Candela (cd) und Steradiant (sr) über die Beziehung 1 lm = 1 cd sr zusammen. Beispiele für den Lichtstrom typischer Strahlungsquellen sind in Tabelle 14.2 angegeben.

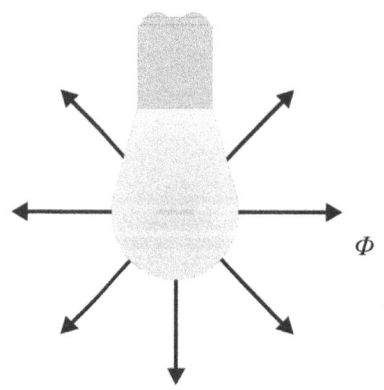

Bild 14-3 Lichtstrom Φ

14.1 Formeln und Einheiten der Lichttechnik

Tabelle 14.2 Lichtstrom und Lichtausbeute typischer Strahlungsquellen

Lampenart	Leistung [W]	Lichtstrom [lm]	Lichtausbeute [lm/W]
Glühlampe	100	1250	10 – 20
Leuchtstofflampe	65	4000	35 – 65
Halogen-Metalldampflampe	400	26000	60 – 80
H7-Lampe	55	1200	20 – 25
D2S-Gasentladungslampe	35	3200	80 – 100

Die *Lichtausbeute* η einer Lichtquelle ist gleich dem Quotienten aus dem Lichtstrom Φ und der Leistung P und hat damit die Einheit lm/W:

$$\eta = \frac{\Phi}{P}. \tag{14.5}$$

Typische Lichtquellen weisen die in Tabelle 14.2 aufgeführten Lichtausbeuten auf. Die physikalische Obergrenze der Lichtausbeute ist 683 lm/W.

14.1.4 Raumwinkel

Eine strahlende Kugeloberfläche emittiert Strahlung in den gesamten umgebenden Raum. In der Lichttechnik wird jedoch oft Strahlung untersucht, die in einer bestimmten Vorzugsrichtung ausgestrahlt wird. Daher ist der *Raumwinkel* Ω in der Lichttechnik ein wichtiger Begriff. Er ist als mathematische Größe zu verstehen. Der Raumwinkel gibt an, unter welchem Sehwinkel eine Fläche von einem Punkt aus gesehen wird. Der Raumwinkel stellt damit einen allgemeinen Kegel dar, der aus den Strahlen gebildet wird, die von einem Punkt ausgehen und auf der Berandung der betrachteten Fläche enden (siehe Bild 14-4a). Der Wert des Raumwinkels ist gleich dem Quotienten aus der Fläche A_K, die von den Randstrahlen des allgemeinen Kegels aus einer Kugel mit dem Radius r ausgeschnitten wird, und dem Quadrat des Kugelradius:

$$\Omega = \frac{A_K}{r^2} \Omega_0, \tag{14.6}$$

$$d\Omega = \frac{dA_K}{r^2} \Omega_0, \tag{14.7}$$

wobei die Multiplikation mit dem Einheitsraumwinkel $\Omega_0 = 1$ sr erforderlich ist. Der Steradiant sr ist eine SI-Einheit. Wenn es der physikalische Sachverhalt erfordert, ist die Einheit zu berücksichtigen. Das ist in Bezug auf den Raumwinkel in der Lichttechnik immer der Fall.

Der Raumwinkel der Vollkugel hat nach Gleichung (14.6) den Wert 4π sr. Der Raumwinkel des geraden Kreiskegels aus Bild 14-4b ist nach Gleichung (14.6) durch das Verhältnis der Fläche der Kugelkalotte zum Quadrat des Radius gegeben. Mit der Fläche A_K der Kugelkalotte (siehe Bild 14-4b) gilt

$$A_K = 2\pi rh = 2\pi r^2 (1 - \cos \alpha).$$

Somit ergibt sich der Raumwinkel zu

$$\Omega = 2\pi (1 - \cos \alpha) \Omega_0.$$

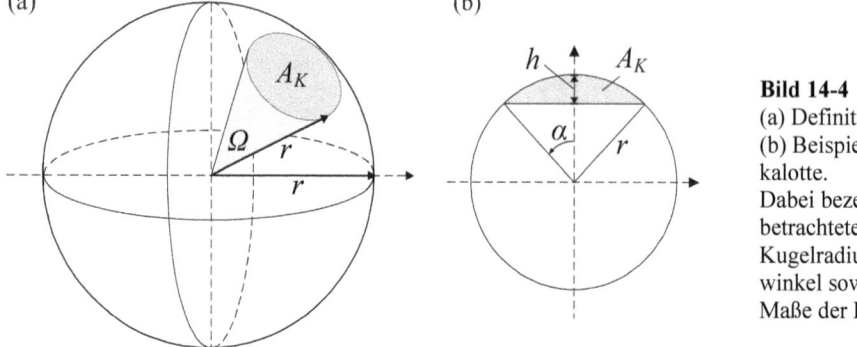

Bild 14-4 Raumwinkel: (a) Definition. (b) Beispiel einer Kugelkalotte. Dabei bezeichnet A_K die betrachtete Fläche, r den Kugelradius, Ω den Raumwinkel sowie α und h die Maße der Kugelkalotte

14.1.5 Lichtstärke

In der Strahlungsphysik versteht man unter der Strahlstärke I_e die emittierte Leistung (in Watt) je Raumwinkeleinheit (in Steradiant) von einer praktisch punktförmigen Strahlungsquelle. Die analoge lichttechnische Größe ist die *Lichtstärke I*. Sie ist als der Quotient aus dem in einen beliebig kleinen Raumwinkel $d\Omega$ gestrahlten Lichtstrom $d\Phi$ und diesem Raumwinkel definiert (Bild 14-4a):

$$I = \frac{d\Phi}{d\Omega} \ . \tag{14.8}$$

Die zugehörige Einheit ist Candela (cd), die als SI-Grundeinheit festgelegt ist. Definiert ist sie als die Lichtstärke einer Strahlungsquelle in einer gegebenen Richtung, die eine monochromatische Strahlung der Frequenz $540 \cdot 10^{12}$ Hz aussendet und deren Strahlstärke in dieser Richtung $1/683$ W/sr beträgt. Strahlung der Frequenz $\nu = 540 \cdot 10^{12}$ Hz hat nach der Beziehung $\lambda = c/\nu$ mit der Lichtgeschwindigkeit c im Vakuum die Wellenlänge $\lambda = 555$ nm.

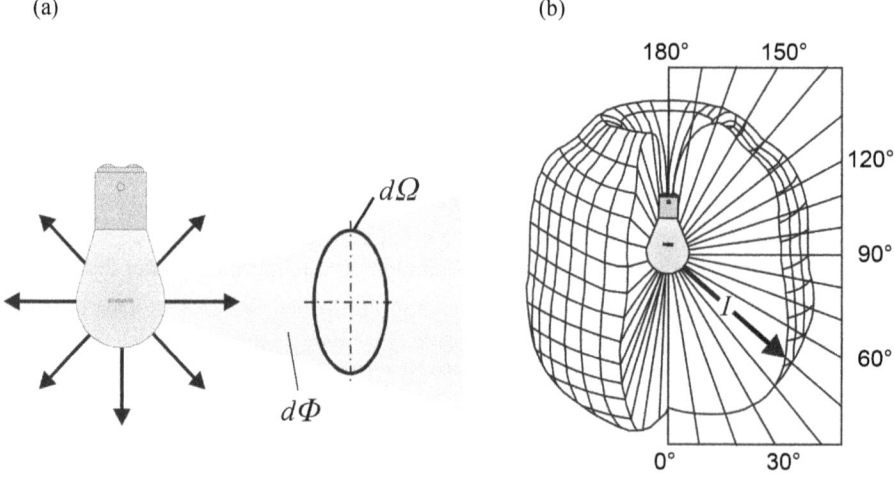

Bild 14-5 Zur Definition der Lichtstärke $I = d\Phi/d\Omega$: (a) Veranschaulichung von $d\Phi$ und $d\Omega$. (b) Lichtstärkeverteilungskörper für eine Glühlampe

Wird die Lichtstärke eines Leuchtkörpers unter allen möglichen Winkeln gemessen, erhält man in einer räumlichen Darstellung (die Lichtstärke radial nach außen) den so genannten Lichtstärkeverteilungskörper (Bild 14-5b), der für die betrachtete Lichtquelle charakteristisch ist. Legt man einen ebenen Schnitt durch den Lichtstärkeverteilungskörper mit der Lichtquelle im Zentrum, so erhält man die so genannte „Lichtstärkeverteilungskurve" (LVK). Meist wird die Lichtstärkeverteilungskurve in einem Polardiagramm in einer Ebene dargestellt, die sich an den Symmetrieachsen orientiert. Bei rotationssymmetrisch strahlenden Leuchtkörpern kann der Lichtstärkeverteilungskörper deshalb durch eine einzige Kurve festgelegt werden.

Die maximalen Lichtstärken typischer Strahlungsquellen liegen in etwa bei 1 cd für eine Kerze, 100 cd für eine Glühlampe mit 10 W und $3 \cdot 10^{27}$ cd für die Sonne.

14.1.6 Beleuchtungsstärke

Die *Beleuchtungsstärke* E wird als Quotient aus dem auf eine Fläche auftreffenden Lichtstrom $d\Phi$ und der beleuchteten Fläche dA definiert (Bild 14-6):

$$E = \frac{d\Phi}{dA}. \tag{14.9}$$

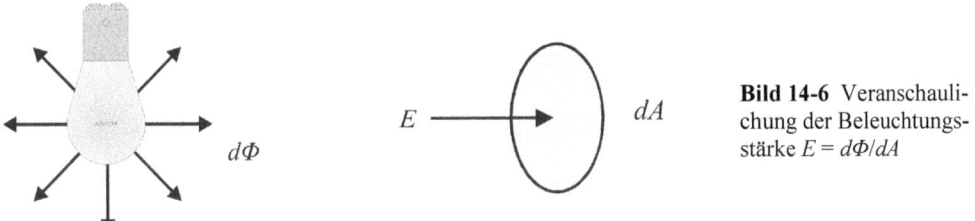

Bild 14-6 Veranschaulichung der Beleuchtungsstärke $E = d\Phi/dA$

Das bedeutet, $E\,dA$ beschreibt die Menge des Lichtes, die auf die Fläche dA fällt. Für ein endliches Flächenstück A kann die mittlere Beleuchtungsstärke angegeben werden:

$$E_m = \frac{\Phi}{A}. \tag{14.10}$$

Die Einheit der Beleuchtungsstärke ist das Lux (lx), wobei 1 lx = 1 lm/m $5 \cdot 10^6$ gilt. Die entsprechende strahlungsphysikalische Größe ist die Bestrahlungsstärke E_e, nämlich der Quotient der auf eine Fläche A auftreffenden Stahlungsleistung Φ und dieser Fläche: $E_e = \Phi/A$.

Ist die Beleuchtungsstärke für ein senkrecht auf eine Fläche A auftreffendes Lichtbündel gleich E_0 und fällt das gleiche Lichtbündel schräg unter dem Winkel α auf die Fläche A, dann gilt für die Beleuchtungsstärke:

$$E = E_0 \cos\alpha. \tag{14.11}$$

Die Mittagssonne im Sommer besitzt beispielsweise eine typische horizontale Beleuchtungsstärke von bis zu 100000 lx. Im Winter sinkt diese auf bis zu 10000 lx ab. Die horizontale Beleuchtungsstärke einer Glühlampe mit 100 W liegt, gemessen in einem Abstand von einem Meter, bei etwa 100 lx. Eine Vollmondnacht erreicht lediglich einen Wert von ungefähr 0,5 lx.

14.1.7 Leuchtdichte

Die zur physikalischen Strahldichte L_e analoge lichttechnische Größe ist die *Leuchtdichte L*. Sie kann im Gegensatz zu den bisher dargestellten Größen Lichtstärke und Beleuchtungsstärke vom Menschen wahrgenommen werden.

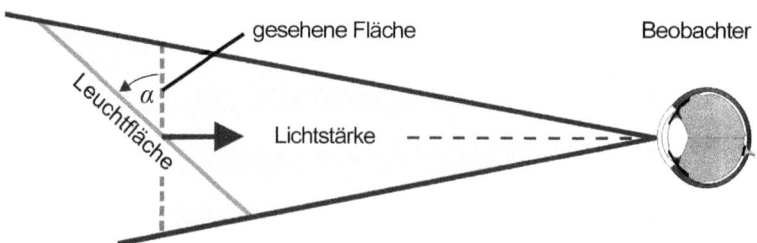

Bild 14-7 Zur Erläuterung der Leuchtdichte

Die Leuchtdichte ist ein Maß für den Helligkeitseindruck, den das Auge in einer bestimmten Richtung von einem selbstleuchtenden oder beleuchteten Flächenelement dA hat (vgl. Bild 14-7). Sie ist definiert als Quotient aus der Lichtstärke dI des Flächenelementes dA in dieser Richtung und der Projektion des Flächenelementes dA auf die zur Ausstrahlungsrichtung senkrechte Ebene, d. h. der „gesehenen Fläche". Ist die Betrachtungsebene um den Winkel α gegen die Flächennormale geneigt (siehe Bild 14-7), so gilt:

$$L = \frac{1}{\cos \alpha} \frac{dI}{dA} = \frac{1}{\cos \alpha} \frac{d^2\Phi}{d\Omega\, dA}. \tag{14.12}$$

Die Einheit der richtungsabhängigen Leuchtdichte ist cd/m². Die folgenden Beispiele verdeutlichen anhand ungefährer Werte typische Leuchtdichten: So liegt die Leuchtdichte der Sonnenfläche bei $1,6 \cdot 10^9$ cd/m², die Fläche eines Vollmondes erzeugt eine Leuchtdichte von $2,5 \cdot 10^3$ cd/m². Ein blauer Tageshimmel liegt mit seiner Leuchtdichte bei $4 \cdot 10^4$ cd/m², die einer Landschaft im Mondlicht bei $2,0 \cdot 10^{-2}$ cd/m². Beispiele typischer Leuchtdichten im Kraftfahrzeug sind in Tabelle 14.3 aufgelistet.

Tabelle 14.3 Leuchtdichten für typische Beleuchtungen im Kraftfahrzeug

Art der Beleuchtung	Leuchtdichte [cd/m²]
Symbole im Kombiinstrument (Fernlicht, Nebelschlussleuchte usw.)	15–500
Displays bei Tag	15–60
Displays bei Nacht	1,5–20
Schalter- und Tastenbeleuchtung (Nachtdesign)	2–10

14.2 Lichttechnische Stoffkennzahlen

Trifft ein Lichtstrom auf eine Fläche, so kann dieser Lichtstrom teilweise oder ganz reflektiert, transmittiert oder absorbiert werden. Diese lichttechnischen Eigenschaften von Materialien werden durch Stoffkennzahlen beschrieben und sind wie folgt definiert (siehe Bild 14-8):

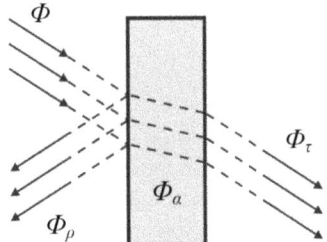

Bild 14-8 Reflexion, Transmission und Absorption: Dabei bezeichnet Φ den eingestrahlten, Φ_ρ den reflektierten, Φ_α den absorbierten und Φ_τ den transmittierten Lichtstrom

Der *Reflexionsgrad* ρ ist ein Maß für die Eigenschaft eines Materials, den eingestrahlten Lichtstrom zurückzuwerfen. Er ist gleich dem Quotienten aus dem zurückgeworfenen Lichtstrom und dem eingestrahlten Lichtstrom:

$$\rho = \frac{\Phi_\rho}{\Phi}. \tag{14.13}$$

Dagegen ist der *Transmissionsgrad* τ ein Maß für die Eigenschaft eines Materials, den eingestrahlten Lichtstrom durchzulassen. Er ist durch den Quotienten aus dem durchgelassenen Lichtstrom und dem eingestrahlten Lichtstrom gegeben:

$$\tau = \frac{\Phi_\tau}{\Phi}. \tag{14.14}$$

Schließlich ist der *Absorptionsgrad* α ein Maß für die Eigenschaft eines Materials, den eingestrahlten Lichtstrom zu absorbieren. Er ist gleich dem Quotienten aus dem absorbierten Lichtstrom und dem eingestrahlten Lichtstrom:

$$\alpha = \frac{\Phi_\alpha}{\Phi}. \tag{14.15}$$

Zwischen den lichttechnischen Stoffkennzahlen besteht bei gleicher Messgeometrie ein Zusammenhang. Da kein Lichtstrom verloren geht, muss für den eingestrahlten Lichtstrom Φ gelten:

$$\Phi = \Phi_\rho + \Phi_\tau + \Phi_\alpha. \tag{14.16}$$

Hieraus folgt $\rho + \tau + \alpha = 1$. Die lichttechnischen Stoffkennzahlen ρ, τ und α sind nicht nur vom Material abhängig, sondern sie werden durch verschiedene Faktoren beeinflusst: durch die spektrale Zusammensetzung des eingestrahlten Lichtes, durch den Einstrahlwinkel des Lichtes, durch den Polarisationszustand des Lichtes sowie durch die Form und die Dicke des Materials sowie die zugehörigen Oberflächenbeschaffenheit.

14.3 Photometrie

Mit den lichttechnischen Größen Lichtstrom, Lichtstärke, Beleuchtungsstärke und Leuchtdichte sind die für das Verständnis dieses Kapitels wichtigen Begriffe definiert und beschrieben. Im Folgenden wird das quadratische Entfernungsgesetz als Sonderfall des photometrischen Grundgesetzes vorgestellt, da es entscheidend für mathematische Verfahren zur Simulation und Berechnung von Beleuchtungsstärkeverteilungen ist.

14.3.1 Photometrisches Grundgesetz

Für die Ausbreitung des Lichtes gilt das *photometrische Grundgesetz,* das den Zusammenhang zwischen der Geometrie strahlender Flächen und ihrer wechselseitigen Energiezustrahlung angibt. Als Voraussetzung enthält es die Geradlinigkeit der Lichtausbreitung und den Energieerhaltungssatz. Für die Herleitung des photometrischen Grundgesetzes betrachtet man den Lichtstrom Φ_{12}, der von A_1 nach A_2 gelangt (siehe Bild 14-9). Die Größe des Lichtstroms ergibt sich aus folgender Überlegung: Ein Flächenelement dA_1 strahlt zum Flächenelement dA_2 mit seiner Flächenprojektion in Ausstrahlungsrichtung $dA_1 \cos\alpha_1$ in einen Raumwinkel $d\Omega_1$, der durch die Flächenprojektion $dA_2 \cos\alpha_2$ und durch das Abstandsquadrat r^2 gegeben ist. Proportionalitätsfaktor ist die Leuchtdichte L. Den gesamten Lichtstrom Φ_{12} erhält man durch Integration über die Fläche A_1 und den Raumwinkel Ω_1:

$$\Phi_{12} = \int_{\Omega_1} \int_{A_1} L \, dA_1 \cos\alpha_1 \, d\Omega_1 . \tag{14.17}$$

Aus Gründen der Energieerhaltung muss das Gleiche für die Fläche A_2 gelten, wenn man das auftreffende Licht betrachtet. Es gilt also:

$$\Phi_{21} = \Phi_{12} = \int_{\Omega_2} \int_{A_2} L \, dA_2 \cos\alpha_2 \, d\Omega_2 . \tag{14.18}$$

Diese Gleichung gilt ebenso für einen Lichtstrom Φ_{21}, der von A_2 nach A_1 fließt und der bei gleichen Werten der Leuchtdichte L in beiden Richtungen ebenfalls gleich Φ_{12} sein muss. Eine Unterscheidung der Richtung des Lichtstroms ist damit nicht erforderlich und man erhält als allgemeine Beziehung für den Strahlungsaustausch das photometrische Grundgesetz:

$$\Phi = \int_{\Omega} \int_{A} L \, dA \cos\alpha \, d\Omega . \tag{14.19}$$

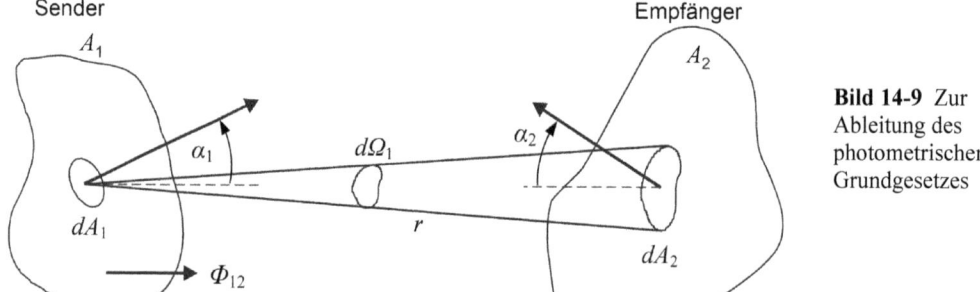

Bild 14-9 Zur Ableitung des photometrischen Grundgesetzes

14.3.2 Photometrisches Entfernungsgesetz

Das *photometrische Entfernungsgesetz* (auch quadratisches Entfernungsgesetz genannt) ist ein Sonderfall des photometrischen Grundgesetzes. Es gibt die folgende Näherung wieder: Die Beleuchtungsstärke E in einem Punkt einer senkrecht bestrahlten Fläche ist proportional zur Lichtstärke I der bestrahlenden Lichtquelle und umgekehrt proportional zum Quadrat der Entfernung r zwischen dem bestrahlten Punkt und der Lichtquelle.

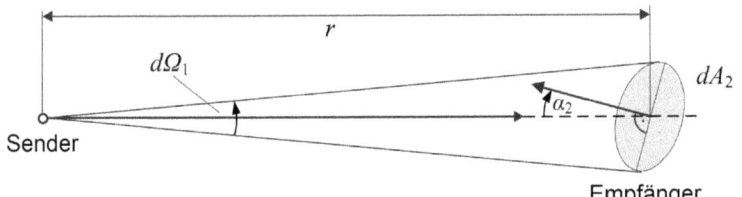

Bild 14-10 Zur Ableitung des photometrischen Entfernungsgesetzes

Aus Bild 14-10 folgt $\cos\alpha_2 \, dA_2 = r^2 \, d\Omega_1$. Mit den Gleichungen (14.8) und (14.9) ergibt sich das photometrische Entfernungsgesetz:

$$E = \frac{d\Phi}{dA_2} = \frac{d\Phi}{d\Omega_1} \frac{\cos\alpha_2}{r^2} = \frac{I}{r^2} \cos\alpha. \tag{14.20}$$

Das Entfernungsgesetz gilt streng genommen nur für eine Punktlichtquelle. Für reale Lichtquellen mit endlicher Ausdehnung darf das Gesetz nur dann angewandt werden, wenn die Entfernung zwischen Lichtquelle und Empfänger sehr groß ist.

Die Beleuchtungsstärkeverteilung eines Scheinwerfers wird üblicherweise auf einer Messwand in 25 m Entfernung in einem festgelegten Raster gemessen. Mit Hilfe des quadratischen Entfernungsgesetzes wird hieraus die Beleuchtungsstärke in Entfernungen von 1 bis 250 m vor dem Fahrzeug berechnet. Bei der Umrechnung ist die so genannte „Nahfeldproblematik" zu berücksichtigen: Aufgrund der Abmessungen der einzelnen Scheinwerfer ist für das Nahfeld die Annahme einer Punktlichtquelle nicht gegeben und das photometrische Entfernungsgesetz darf für diesen Bereich nicht angewandt werden.

Zur Bestimmung der *photometrischen Grenzentfernung* (d. h. der Entfernung, ab der das photometrische Entfernungsgesetz gilt) für Fahrzeugscheinwerfer wird die Beleuchtungsstärke E in den Entfernungen 1 m, 3 m, 5 m, 8 m, 14 m und 25 m gemessen. Bild 14-11 zeigt, dass ab einer Entfernung von etwa 14 m bereits mit dem photometrischen Entfernungsgesetz gerechnet werden darf, da dann das Produkt Er^2 aus Beleuchtungsstärke und Abstandsquadrat annähernd unabhängig vom Abstand r ist.

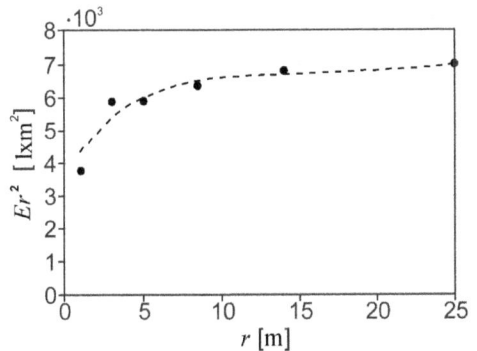

Bild 14-11 Überprüfung des quadratischen Entfernungsgesetzes anhand der Beleuchtungsstärke eines Scheinwerfers

Bei der Berechnung der Beleuchtungsstärken für den Bereich von 3 bis 14 m ergibt sich eine um maximal 15 Prozent höhere Beleuchtungsstärke aus der Berechnung gegenüber der Messung. Deshalb ist das Gesetz auch für diesen Bereich prinzipiell anwendbar.

14.4 Farbmetrik

14.4.1 Begriffsbildung

Der Begriff Farbe wird in unserem täglichen Sprachgebrauch häufig unpräzise für unterschiedliche Dinge benutzt. Wir sprechen von der Farbe, die der Maler im Eimer anrührt und meinen damit etwas stoffliches, z. B. die Anstreicherfarbe. Die Wortverbindungen wie Malfarbe, Druckfarbe, Wasserfarbe oder Farbstoffe kennzeichnen den stofflichen Charakter dieser Dinge besser als nur das Wort Farbe. Farbe im physikalischen oder technischen Sinn ist im Gegensatz zu den angeführten Beispielen aber nicht materiell, sondern eine reine Sinnesempfindung. Auch Wärme und Töne sind Sinnesempfindungen und die Gebiete der Wärmelehre und der Akustik sind zentrale Bereiche der Physik. Die Wärmelehre befasst sich allerdings mit einer Energieform, die eine Wärmeempfindung auslösen kann, und die Akustik befasst sich mit Schallwellen, die Hörerlebnisse auslösen. Eine physikalische Größe, die mit dem Farbempfinden in ähnlich einfacher Weise verknüpft ist, existiert nicht. Die Messung des Sinneseindruckes „Farbe" ist daher etwas anders gestaltet als die Messung sonstiger Größen. Das Gebiet, welches sich mit der messtechnischen Erfassung von Farbe befasst, nennt man Farbmetrik.

Wesentlicher Ansatz der Farbmetrik ist es, die strahlungsphysikalischen Größen eines Lichtreizes, des Farbreizes, in Größen eines Bezugssystems Farbe zu überführen. Man nennt diese Größen Farbvalenzen. Sie beschreiben die unter Normbedingungen entstehenden Farbempfindungen. In Präzisierung unserer Definition hat die Farbmetrik die Aufgabe, diese Farbvalenzen quantitativ zu kennzeichnen, sie also in einen metrischen, dreidimensionalen Raum einzuordnen. Anzumerken ist noch, dass die Farbmetrik in die so genannte niedere und die höhere Farbmetrik aufgeteilt wird. Das Gebiet der niederen Farbmetrik umfasst die quantitative Bestimmung von Farbvalenzen auf Basis von Gleichheitsurteilen in Farbmischversuchen. Sie ist die Basis der heute gebräuchlichen Systeme und wird im Weiteren auch diskutiert. In der höheren Farbmetrik wird darüber hinaus versucht, außer der Kennzeichnung einer Farbe durch Zahlen auch die Unterschiede zwischen Farben entsprechend der menschlichen Empfindung angeben zu können. In einer solchen Metrik soll also der geometrische Abstand der ermittelten Farbvalenzen mit dem empfundenen Farbunterschied korrelieren.

14.4.2 Von der strahlungsphysikalischen zur farbmetrischen Größe

Das menschliche Auge bildet das von außen einfallende Licht auf die Netzhaut ab, wo es in Nervensignale umgesetzt wird. Dieser Prozess läuft in den Stäbchen und Zapfen genannten Photorezeptoren ab. Für das Farbempfinden sind die Zapfen die verantwortlichen Photorezeptoren. Diese existieren in drei Typen mit den wellenlängenabhängigen Empfindlichkeiten $\overline{p}(\lambda)$, $\overline{d}(\lambda)$ und $\overline{t}(\lambda)$. Die Zapfen bilden daher aus der einfallenden Strahlung $\Phi_{e\lambda}$ drei unterschiedliche intensitätslineare Nervensignale:

$$P = \int_{\lambda_{min}}^{\lambda_{max}} \Phi_{e\lambda}\, \overline{p}(\lambda)\, d\lambda, \qquad (14.21a)$$

$$D = \int_{\lambda_{\min}}^{\lambda_{\max}} \Phi_{e\lambda}\, \bar{d}(\lambda)\, d\lambda, \qquad (14.21\text{b})$$

$$T = \int_{\lambda_{\min}}^{\lambda_{\max}} \Phi_{e\lambda}\, \bar{t}(\lambda)\, d\lambda. \qquad (14.21\text{c})$$

Dabei beschreibt $\Phi_{e\lambda}$ das ebenfalls wellenlängenabhängige Leistungsdichtespektrum des einfallenden Lichtes.

Diese Nervensignale stellen einerseits die Grundlage für die Sinneswahrnehmung Farbe dar. Andererseits bilden diese drei Farbwerte, die voneinander linear unabhängig sind, ein „Urfarbvalenzsystem" im dreidimensionalen Vektorraum der Einheitsvektoren $\vec{e}_P$, $\vec{e}_D$ und $\vec{e}_T$. Das heißt nichts anderes, als dass Farbe messtechnisch als dreidimensionaler Vektor dargestellt wird:

$$\vec{F} = P\,\vec{e}_P + D\,\vec{e}_D + T\,\vec{e}_T. \qquad (14.22)$$

Normalerweise schreibt man nur die Farbwerte P, D, T auf und verzichtet auf die Vektornotation als Farbvalenz. An dieser Stelle wird klar, dass die drei unterschiedlichen Zapfenempfindlichkeiten $\bar{p}(\lambda)$, $\bar{d}(\lambda)$ und $\bar{t}(\lambda)$ über die Ausgangssignale der entsprechenden Zapfen ein Wertetriplett erzeugen, welches als Ortsangabe in einem dreidimensionalen Raum aufgefasst werden kann. Aus genau diesem Grund spricht man von Farbräumen.

Die Farbvalenzen können mit Hilfe einer linearen Abbildung in ein beliebiges Bezugssystem transformiert werden, dessen Einheitsvektoren wiederum voneinander linear unabhängig sind. So transformierte Basisvektoren nennt man in der Farbmetrik Primärvalenzen eines neuen Farbsystems. Hierzu gehören beispielsweise die Farbsysteme CIE-*XYZ* (CIE: Commission Internationale de l'Eclairage) und sRGB (der standardisierte RGB-Raum; RGB steht für Rot, Grün, Blau).

14.4.3 Grundspektralwertkurven

Möchte man Farbe messen oder angeben, muss die gerade beschriebene Bewertung des Auges nachgebildet werden. Dies läuft auf die Bestimmung der Empfindlichkeiten $\bar{p}(\lambda)$, $\bar{d}(\lambda)$ und $\bar{t}(\lambda)$ hinaus, die man *pdt*-Grundspektralwertkurven nennt. Historisch stellte man allerdings fest, dass diese Kurven für den Bau technischer Farbmessgeräte ungeeignet waren, denn sie lagen zu eng beieinander. Aus diesem Grunde wechselte man auf das *XYZ*-Farbsystem, welches durch eine lineare Abbildung aus dem *PDT*-System hervorgeht.

Farbe wird also mit Hilfe der *xyz*-Grundspektralwertkurven $\bar{x}(\lambda)$, $\bar{y}(\lambda)$ und $\bar{z}(\lambda)$ gemessen, die das Verhalten der Zapfen des menschlichen Auges widerspiegeln, wenn sie auch nicht damit identisch sind. Die Messergebnisse sind unter Normbedingungen und nach Umrechnung von *xyz* nach *pdt* gleich.

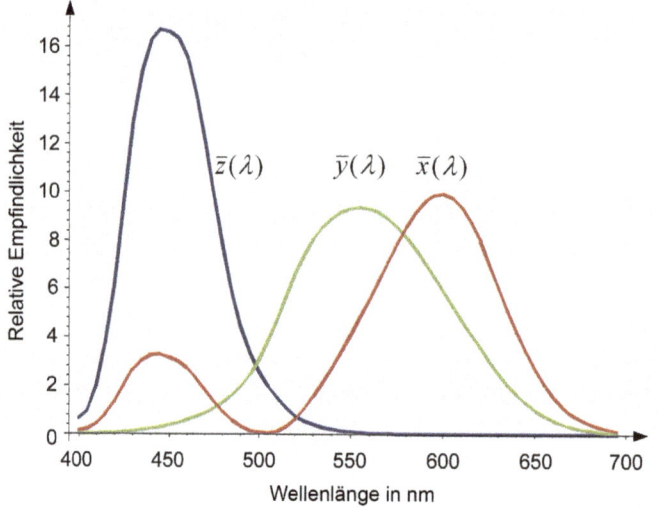

Bild 14-12 Die *xyz*-Grundspektralwertkurven des CIE-*XYZ*-Systems

Die Kurven wurden von der CIE durch Mittelwertbildung gewonnen und als Standard veröffentlicht. Das gesamte System wird aus diesem Grunde CIE-*XYZ*-Farbsystem genannt. Die Kurven sind in Bild 14-12 gezeigt. Die *xyz*-Grundspektralwertkurven führen über die Integration von λ_{min} = 380 nm bis λ_{max} = 780 nm Wellenlänge zu den Farbwerten *X*, *Y* und *Z*:

$$X = \int_{\lambda_{min}}^{\lambda_{max}} \Phi_{e\lambda}\, \bar{x}(\lambda)\, d\lambda, \tag{14.23a}$$

$$Y = \int_{\lambda_{min}}^{\lambda_{max}} \Phi_{e\lambda}\, \bar{y}(\lambda)\, d\lambda, \tag{14.23b}$$

$$Z = \int_{\lambda_{min}}^{\lambda_{max}} \Phi_{e\lambda}\, \bar{z}(\lambda)\, d\lambda. \tag{14.23c}$$

Das einfallende Licht wird dabei wiederum durch $\Phi_{e\lambda}$ charakterisiert.

14.4.4 Die Farbtafel

Das im vorangegangenen Abschnitt beschriebene Verfahren zur Bestimmung von Farbvalenzen ist zwar korrekt, aber unhandlich. Neben der Tatsache, dass immer drei Koordinaten angegeben werden müssen, kann man auch die Lage von Farbvalenzen im Inneren der Farbräume schlecht darstellen. Aus diesem Grund hat man eine Abbildung definiert, welche die dreidimensionale Information über den Farbort in eine zweidimensionale Information überführt. Die Information über die Helligkeit geht dabei verloren und wird nicht mehr dargestellt. Man definiert mit Hilfe der Farbwerte *X*, *Y*, *Z* die Normfarbwertanteile *x*, *y*, *z*:

$$x = \frac{X}{X+Y+Z}, \quad y = \frac{Y}{X+Y+Z}, \quad z = \frac{Z}{X+Y+Z}. \tag{14.24a,b,c}$$

Aus diesem Ansatz entsteht in der *xy*-Ebene das CIE-*xy*-Farbdreieck. Wegen $x + y + z = 1$ lassen sich alle Farben bereits mit zwei Werten, üblicherweise *x* und *y*, beschreiben.

14.4 Farbmetrik

Um die Entstehung der Farbtafel in Bild 14-13 zu erläutern, wird ein Gedankenexperiment durchgeführt. Ein Laser mit veränderlicher Zentralwellenlänge und extrem schmalem Spektrum wird von 380 nm bis 780 nm Wellenlänge durchgestimmt. Das entstandene Licht wird durch die *XYZ*-Grundspektralwertkurven für jede Wellenlänge bewertet und führt zu den Farbwerten *X, Y, Z*. Die Definition überführt nun die Werte *X, Y, Z* in einen *xy*-Kurvenzug. Der so entstehende Koordinatensatz wird *Spektralfarbenzug* genannt und beschreibt damit die äußere Grenze der Farbtafel. Der Spektralfarbenzug sieht wie ein nach rechts unten geöffnetes Hufeisen aus und wird im anglo-amerikanischen Sprachraum daher gerne als „horseshoe" bezeichnet. Der Kurvenzug wird durch die so genannte Purpurgerade geschlossen. Nach der beschriebenen Konstruktion der Farbtafel müssen alle wahrnehmbaren Farben einen Ort im Inneren des Spektralfarbenzuges haben.

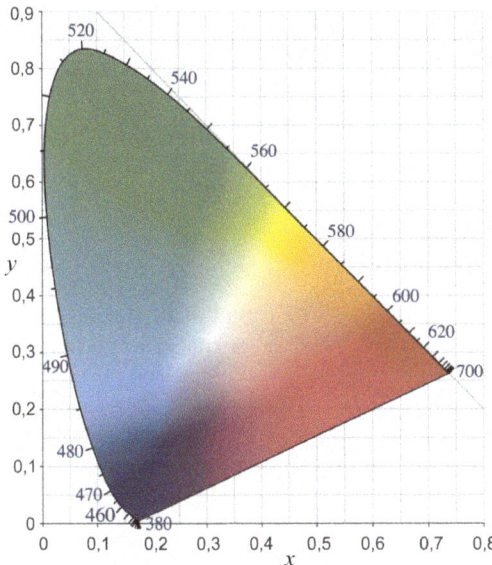

Bild 14-13 CIE-*xy*-Farbdreieck nach der Definition von 1931. Alle wahrnehmbaren Farben liegen innerhalb des Spektralfarbenzuges in Form eines Hufeisens. Die Zahlen entlang des Spektralfarbenzugs bezeichnen die Wellenlänge λ in nm

14.4.5 Farbtemperatur

In dem Bestreben, mit möglichst wenig Angaben auszukommen, zieht man in einem weiteren Schritt den Planckschen Strahler als Vergleichsbasis heran. Der Plancksche Strahler ist eine Idealisierung zur Beschreibung der Strahlung eines so genannten schwarzen Körpers, der einen idealen Temperaturstrahler darstellt. Das Plancksche Strahlungsgesetz betrifft die spektrale Strahldichte $L_{e\lambda}$, die mit der Strahldichte L_e über die Gleichung $L_{e\lambda} = dL_e/d\lambda$ zusammenhängt, wobei die Strahldichte in Analogie zu Gleichung (14.12) durch

$$L_e = \frac{1}{\cos \alpha} \frac{d^2 \Phi_e}{d\Omega \, dA} \tag{14.25}$$

mit dem Strahlungsfluss Φ_e gegeben ist (siehe z. B. [Ku1]). Die spektrale Strahldichte eines schwarzen Körpers der Temperatur *T* hängt von der Wellenlänge λ ab und lautet

$$L_{e\lambda} = \frac{2hc^2}{\Omega_0 \lambda^5} \frac{1}{e^{\frac{hc}{\lambda kT}} - 1} \tag{14.26}$$

mit dem Planckschen Wirkungsquantum h, der Lichtgeschwindigkeit c, der Boltzmann-Konstante k und dem Einheitswinkel $\Omega_0 = 1$ sr. In Bild 14-14 ist die spektrale Strahldichte nach der Planckschen Formel (14.26) und diejenige einer H7-Glühlampe aufgetragen. Wie man sieht, gibt es im sichtbaren Bereich (380 bis 780 nm) keinen nennenswerten Unterschied zwischen den beiden Kurven.

Aus diesem Grund kann man das Verhalten einer Glühlampe im sichtbaren Bereich immer durch einen geeignet parametrierten Planckschen Strahler darstellen. Da die Amplitude (Helligkeit) hier keine Rolle spielt, ist der geeignete Parameter die Temperatur. Daher können Glühlampen durch die Angabe der Temperatur des farbgleichen Planckschen Strahlers beschrieben werden (siehe Bild 14-15). Genau dies ist unter der Angabe der Farbtemperatur einer Glühlampe zu verstehen.

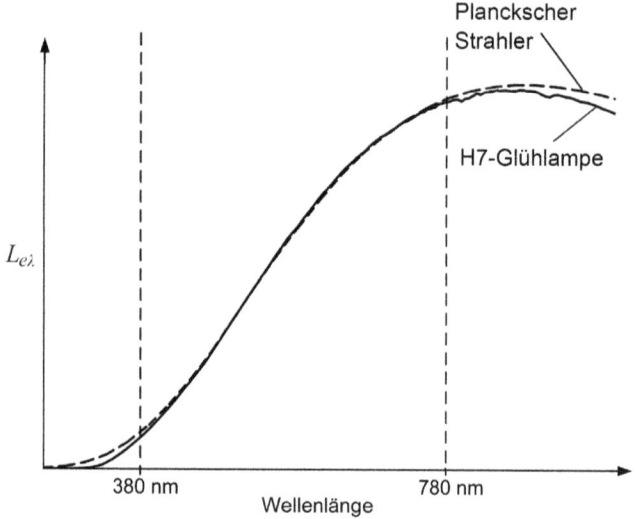

Bild 14-14 Gemessene, spektrale Strahldichte einer H7-Glühlampe (ausgezogen) und eines Planckschen Strahlers der Temperatur 3280 K (gestrichelt)

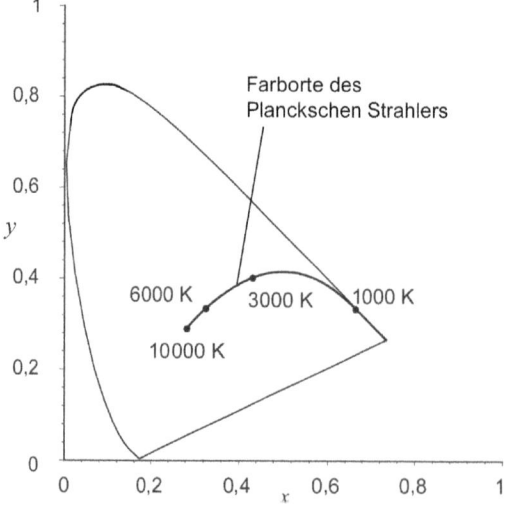

Bild 14-15 Die Farborte des Planckschen Strahlers im CIE-xy-Farbdreieck, parametriert mit der Temperatur des Strahlers

14.5 Farbe im Verkehrsraum

Die wesentlichen Informationen im Verkehrsraum werden dem Fahrer über Farbe vermittelt. Diese Signalfarben können als Körperfarben durch beleuchtende Lichtquellen oder als Selbstleuchter durch Lichtquellen und Filter erzeugt werden.

Wenn ein Signallicht eingesetzt wird, soll dem Verkehrsteilnehmer die Information durch die Lichtfarbe übermittelt werden. Die Anzahl der dabei verwendeten Lichtfarben sollte möglichst gering sein. Die Wahrscheinlichkeit der Verwechslung farbiger Signallichter ist um so geringer, je weniger Farben das Signallicht enthält, je weiter die Signalfarben voneinander entfernt sind und je näher die Farbörter am Spektralfarbenzug liegen.

Die Farbbereiche für die Signalfarben Grün, Gelb und Rot im Straßenverkehr wurden unter physiologischen Gesichtspunkten festgelegt. Dabei wird die in der Natur auftretende Assoziation von Warnung und Gefahr mit den Farben Gelb und Rot genutzt. Grün ist als dritte Hauptfarbe des Signalsystems eine sinnvolle Ergänzung, um eine gute Unterscheidbarkeit der Farben sicherzustellen. Wie andere Begriffe auch, sind Farbnennungen Konventionen zwischen Menschen, die von der Zeit und der Kultur abhängen. In ihrer Kindheit lernen Menschen in Westeuropa, dass der Eindruck, den sie beim Betrachten von Gras oder dem Himmel empfinden, grün bzw. blau genannt wird. Stillschweigend wird oft vorausgesetzt, dass sich die Eindrücke von allen Menschen bei einem bestimmten Farbreiz entsprechen. Tatsächlich empfinden etwa 10 Prozent der Bevölkerung anders als die Mehrheit, die als normalsichtig bezeichnet wird. Solche Farbsinnesstörungen können mit entsprechend aufgebauten Bildern nachgewiesen werden. Farbfehlsichtige Menschen erkennen darin unmittelbar Muster, die für Normalsichtige nicht offensichtlich sind, oder umgekehrt. Vererbungsbedingt treten diese Störungen bei Männern wesentlich häufiger auf als bei Frauen.

Aus Gründen der Einheitlichkeit des Signalbildes sind Kraftfahrzeug-Signalleuchten in gesetzlichen Regelungen festgeschrieben. Um die Erkennbarkeit und Eindeutigkeit zu gewährleisten, unterscheiden sich die Signalfunktionen am Kraftfahrzeug durch ihre Farbe, ihr Lichtstärkeniveau, ihre relative Lichtstärkeverteilung und teilweise auch durch die Frequenz, mit der sie geschaltet werden.

14.6 Lichttechnische Einrichtungen am Fahrzeug

Für den visuellen Verarbeitungsprozess aller Informationen aus der unmittelbaren Fahrzeugumgebung, den der Fahrer im Straßenverkehr zu vollbringen hat, kommt den lichttechnischen Einrichtungen am Kraftfahrzeug eine besonders wichtige Bedeutung zu. Beleuchtungseinrichtungen können unterteilt werden in:

a) Fahrzeugscheinwerfer,
b) Fahrzeugsignalleuchten und
c) Fahrzeuginnenleuchten.

Die Scheinwerfer übernehmen die Funktionen Abblendlicht, Fernlicht und Nebellicht. In den USA gibt es außerdem eine Zulassung für das so genannte Cornering Light (Bild 14-16). Hierbei handelt es sich um eine breite Ausleuchtung der Straße beim Einfahren in den Kreuzungsbereich. Ähnliche Funktionen werden zum gegenwärtigen Zeitpunkt im europäischen Raum eingeführt. Hierzu zählt das Advanced Frontlighting System, das je nach Fahr- und Umweltsituation eine Anpassung der Lichtverteilung vornimmt. Beispiele dafür sind Schlechtwetterlicht, Stadtlicht, dynamisches und statisches Kurvenlicht sowie das Autobahnlicht. Seit 1993 gehört im Gesetzraum der ECE die Leuchtweitenregulierung zur Standardausrüstung eines jeden Scheinwerfersystems, um auf Beladungszustände reagieren zu können und damit den Gegenverkehr nicht unnötig zu blenden.

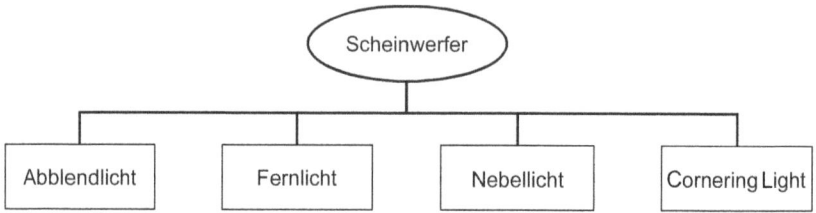

Bild 14-16 Scheinwerferlichtfunktionen am Fahrzeug

Bei der Einteilung der Leuchten des Fahrzeugs kann zwischen vorderem, rückwärtigem und seitlichem Signalbild unterschieden werden. Diese Beleuchtungseinrichtungen haben die Aufgabe, anderen Verkehrsteilnehmern (Gegenverkehr, Radfahrer, Fußgänger etc.) alle nötigen Informationen über Position, Größe und beabsichtigte Bewegungsänderung des eigenen Fahrzeugs zu geben. Das Organigramm in Bild 14-17 zeigt die verschiedenen Funktionen und die zugehörigen Beleuchtungseinrichtung der Leuchten.

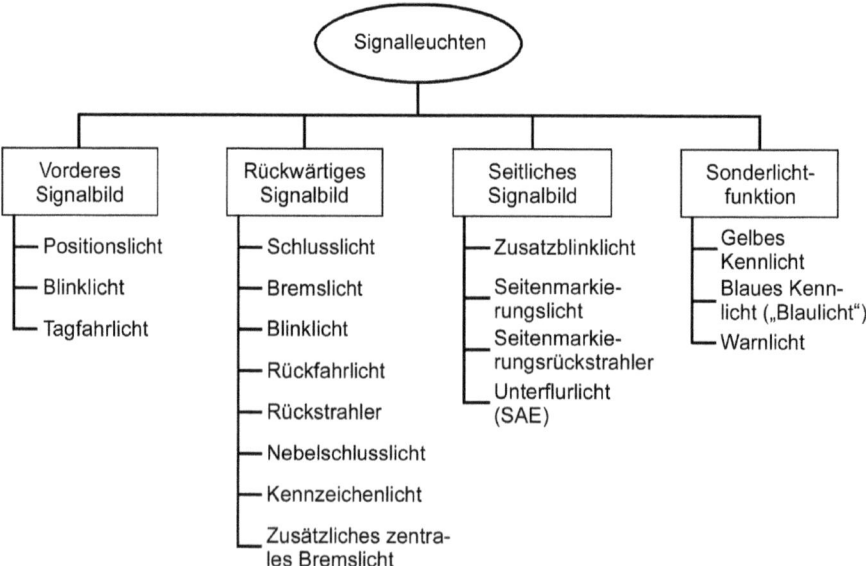

Bild 14-17 Organigramm der Leuchtenfunktionen: Unterteilung in vorderes, rückwärtiges und seitliches Signalbild mit Zuordnung der entsprechenden Beleuchtungseinrichtungen am Fahrzeug

14.6 Lichttechnische Einrichtungen am Fahrzeug

An die Fahrzeuginnenleuchten wird vor allem der Anspruch gestellt, dem Fahrer alle wichtigen Informationen bezüglich des Status der Fahrzeugeinrichtung zur Verfügung zu stellen und für ein allgemeines Wohlbefinden zu sorgen. Gleichzeitig darf sie den Fahrer aber nicht blenden oder sein Adaptationsniveau ändern. Entsprechend müssen auch die Kontrollleuchten ein Höchstmaß an präziser Information vermitteln, ohne sich störend auf das Gesichtsfeld des Fahrers auszuwirken.

Für die Beleuchtung der Innenräume von Fahrzeugen können vier Innenlichtfunktionsgruppen unterschieden werden. Neben der externen Komfortbeleuchtung, der Funktionalbeleuchtung und der Orientierungsbeleuchtung hat die Ambientebeleuchtung im Wesentlichen die Aufgabe, das Wohlbefinden des Fahrers zu steigern. Eine Einteilung der Beleuchtungseinrichtungen im Innenraum zeigt das Organigramm in Bild 14-18.

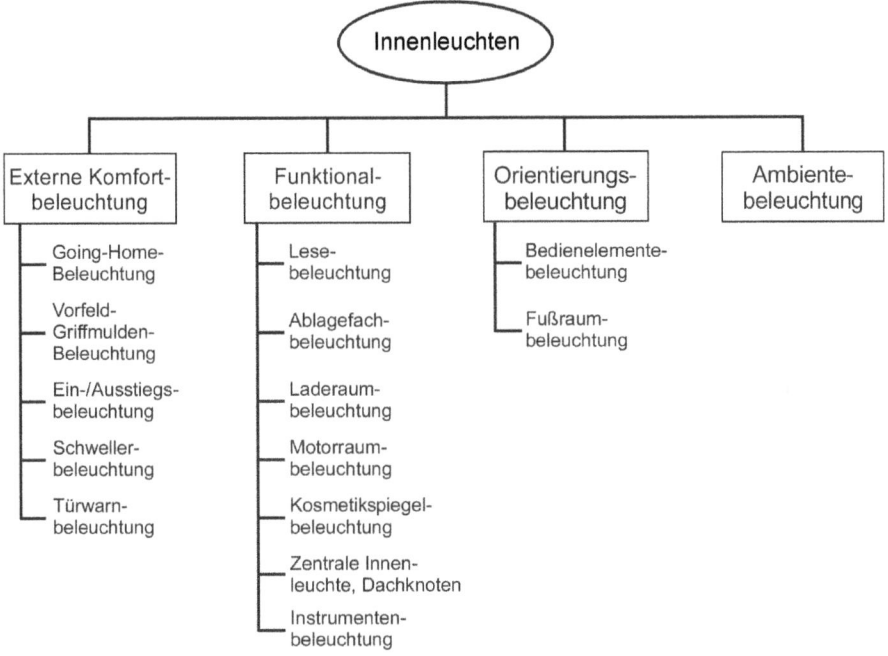

Bild 14-18 Einteilung der Innenleuchten nach externer Komfort-, Funktional-, Orientierungs- und Ambientebeleuchtung

Neben der Fahrzeuginnenraumbeleuchtung spielen auch Spiegel und Scheiben des Fahrzeugs eine wichtige Rolle, da sie für die Wahrnehmung ebenfalls relevant sind. Abhängig von der Geschwindigkeit und dem befahrenen Straßentyp kann bei Nacht das Erkennen des Straßenverlaufs, der Straßenbegrenzung, der Verkehrszeichen sowie möglicher Hindernisse ein echtes Problem für den Fahrer darstellen. Hier kommen die Anforderungen einer ausgewogenen Lichtverteilung sowohl für die Scheinwerfer als auch für die Leuchten zum Tragen, um dem Fahrer ausreichend Information in Gefahrensituationen, z. B. bei Hindernissen, zur Verfügung zu stellen.

14.7 Lichtquellen und deren elektrische Eigenschaften

In der heutigen Zeit gibt es optimierte Lichtquellen für die verschiedensten Zwecke, wobei das Prinzip der Lichterzeugung immer dasselbe ist. Energie wird in Form von elektromagnetischer Strahlung frei, wenn geladene Teilchen (im Folgenden wird von Elektronen ausgegangen) von einem Zustand höherer Energie in einen Zustand geringerer Energie übergehen. Zuvor müssen die Elektronen durch Energiezufuhr in diesen höheren Zustand gelangen. Nachfolgend werden verschiedene Lichtquellentypen und die Art und Weise der jeweiligen Energiezufuhr näher beschrieben.

14.7.1 Temperaturstrahler

Die meisten der uns vertrauten Lichtquellen sind Temperaturstrahler, sei es eine Kerze, bei der chemische Energie in Wärme umgesetzt wird oder die elektrische Glühlampe, bei der ein Wolframdraht in Form einer Wendel durch elektrischen Stromfluss zum Glühen gebracht wird. Jeder Festkörper gibt permanent Strahlung ab, deren kontinuierliche, spektrale Zusammensetzung im wesentlichen von der Temperatur abhängt. Bei einer Temperatur von 25 °C (298 K) liegt praktisch die gesamte abgegebene Strahlungsleistung unsichtbar im Infraroten. Je höher die Temperatur eines Körpers wird, umso größer wird der Anteil im kurzwelligeren und damit auch im sichtbaren Spektralbereich. Außerdem steigt die insgesamt abgegebene Lichtleistung mit der Temperatur an. Die genauen physikalischen Zusammenhänge werden durch die Plancksche Strahlungsformel (14.26) beschrieben.

Da elektrische Glühlampen thermische Strahler sind, wächst ihre Lichtausbeute mit der Temperatur der Glühwendel, die wiederum durch den Schmelzpunkt des Wendelmaterials begrenzt wird. Die Schmelztemperatur von Wolfram liegt bei 3650 K. Selbst bei dieser Temperatur werden nur maximal 24 Prozent der insgesamt abgegebenen Strahlung als Licht emittiert. Wird eine Glühlampe bei derart hohen Temperaturen ohne weitere Vorkehrungen betrieben, hat sie nur eine kurze Lebensdauer. Die Verdampfung des Wolframs führt zu einer deutlich erkennbaren Schwärzung des Glaskolbens. Aus technischer Sicht muss daher eine Oxidation und eine Verdampfung des Drahtes verhindert werden. Dies lässt sich durch ein Vakuum oder eine Gasatmosphäre erzielen.

14.7.2 Halogen-Lampen

Die Eignung von Halogenen (Salzbildner wie Fluor, Chlor, Brom, Jod) zur Unterdrückung der Kolbenschwärzung durch verdampfendes Wolfram wurde bereits zu Beginn des letzten Jahrhunderts erkannt. Den komplizierten Halogenkreisprozess bekam man jedoch erst Anfang der 1960er Jahre in den Griff. Durch den Kreisprozess zwischen Wolfram und Halogendampf wird das gesamte verdampfte Wolfram wieder auf die Glühwendel zurückgeführt. Dadurch gibt es keine Schwärzung des Glaskolbens, eine erhöhte Lichtausbeute bei höherer Lebensdauer und einen nahezu konstanten Lichtstrom über die gesamte Lebensdauer.

Die erste Glühfadenlampe wurde 1908 in der Fahrzeugbeleuchtung eingesetzt. 1924 wurde dann die Bilux-Lampe eingeführt, in deren Glaskolben zwei getrennte Glühwendeln vorhanden waren. Auf diese Weise konnten zwei Lichtverteilungen (Fern- und Abblendlicht) mit einem Reflektor realisiert werden. Durch den Einsatz von Halogenen (meist Brom) als Lampenfüllung waren ab 1964 die Halogen-Einfadenlampen H1 (Bild 14-19a), H2 und H3 verfügbar. Ab 1971 konnte dann die H4-Zweifadenlampe (Bild 14-19b) eingesetzt werden, die sich in den folgenden Jahren praktisch zur Standardlichtquelle entwickelte. Neuere Entwicklungen, wie die seit 1992 verfügbare H7-Lampe (Bild 14-19c), zeichnen sich durch hohe Wendelleuchtdichten und verringerte Wendeltoleranzen aus.

14.7 Lichtquellen und deren elektrische Eigenschaften

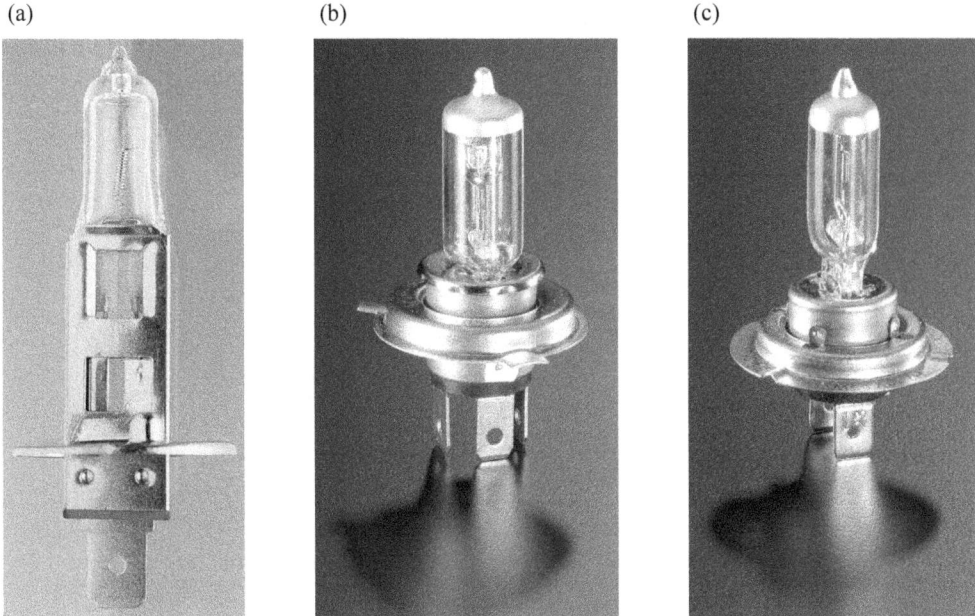

Bild 14-19 Halogenlampen: (a) H1-Lampe. (b) H4-Lampe. (c) H7-Lampe (Hella)

Der abgegebene Lichtstrom einer Glühlampe lässt sich über die Versorgungsspannung nur begrenzt steuern. Bei verringerter Versorgungsspannung sinkt zwar auch die Wendeltemperatur und damit der abgegebene Lichtstrom. Zusätzlich sinkt aber auch der Wirkungsgrad und der Farbort bewegt sich ins Rote. Eine Erhöhung der Versorgungsspannung führt zwar zu einem höheren Wirkungsgrad, die Lebensdauer sinkt jedoch drastisch. Als Faustregel gilt: Erhöht man die Versorgungsspannung einer Lampe um 5 Prozent, so steigt der Lichtstrom um 20 Prozent, die Leistungsaufnahme nimmt um 8 Prozent zu, gleichzeitig wird jedoch die Lebensdauer auf 50 Prozent gesenkt. Die Lebensdauer von Halogen-Scheinwerferlampen beträgt mehr als 250 Stunden. In der Praxis können sogar 600 Stunden bis zum Wendelbruch erreicht werden, was jedoch immer noch deutlich weniger als die Lebensdauer von Xenon-Gasentladungslampen ist.

14.7.3 Gasentladungslampen

Bis 1991 waren Glühlampen die einzigen Lichtquellen für Kraftfahrzeugscheinwerfer. Ende der 1980er Jahre wurde das lange bekannte Prinzip der Gasentladungslampe (Gas Discharge Lamp GDL) zum Einsatz in Scheinwerfern und zur Verbesserung der Kraftfahrzeugbeleuchtung weiterentwickelt.

In einer Gasentladungslampe (siehe Bild 14-20a) entzündet sich durch Anlegen einer Hochspannung ein Lichtbogen zwischen den beiden Elektroden. Die Lampe ist unter anderem mit dem Edelgas Xenon (daher die gebräuchliche Bezeichnung Xenon-Gasentladungslampe) und einer Mischung aus Metallhalogeniden gefüllt. Durch Anlegen der Zündspannung von 10 bis 30 kV wird das Gas ionisiert und damit ein Lichtbogen gezündet. Durch einen geregelten Stromfluss (Wechselstrom mit 400 Hz) verdampfen die Metallhalogenide aufgrund des Temperaturanstiegs und strahlen dabei Energie in Form von Licht ab. Hierbei handelt es sich im

Allgemeinen um ein Linienspektrum, das Bild 14-20b für die Gasentladungslampe D2R zeigt. Ihre volle Helligkeit erreicht die Lampe erst nach ca. 3 Sekunden, wenn alle Teilchen ionisiert sind.

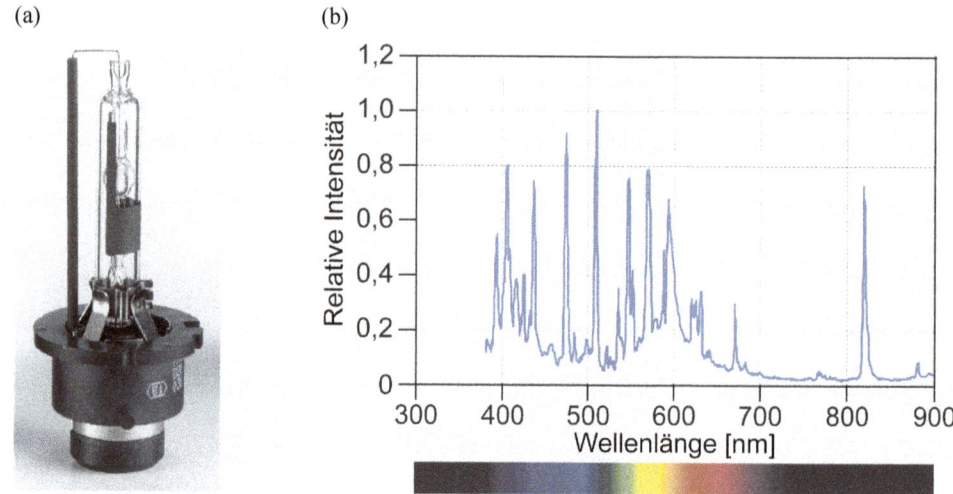

Bild 14-20 Zur Gasentladungslampe D2R: (a) Bauform. (b) Spektrale Verteilung

Durch Zugabe geeigneter Stoffe lassensich die verschiedenen auftretenden Spektrallinien in weiten Bereichen streuen, so dass bei geeigneter Komposition aller Bestandteile auch die Erzeugung von Licht mit einem tageslichtähnlichen Farbeindruck möglich ist. Das Licht einer Gasentladungslampe mit einer Farbtemperatur von ca. 4300 K kommt dem Tageslicht (ca. 6500 K) schon wesentlich näher als die Farbtemperatur des Glühfadens einer Halogen-Glühlampe (ca. 3200 K). Bei Dunkelheit erscheint das Xenonlicht nur im Vergleich bläulich, weil die weit verbreiteten Halogen-Scheinwerfersysteme einen gelblichen Farbton besitzen. Die Lebensdauer von Xenon-Abblendlichtlampen hängt unter anderem stark von der reinen Brennzeit und der Häufigkeit des Ein- und Ausschaltens ab. Eine Xenon-Lampe überlebt deutlich mehr als 20000 Ein- und Ausschaltvorgänge. Die Brennzeit wird mit mehr als 2000 Stunden angegeben und liegt damit über der durchschnittlichen Gesamtbetriebsdauer eines Fahrzeugs.

Tabelle 14.4 Kennzahlen aktueller Halogen- und Xenon-Scheinwerferlampen

Lampe	Prinzip	Leistungs- aufnahme [Watt]	Lichtstrom bei Prüfspannung 12 Volt [lm]	Lichtstrom bei Betriebsspannung 13,2 Volt [lm]
H1	Halogen	55	1150	1550
H4	Halogen	55	750	1000
H7	Halogen	55	1100	1500
D2R	Xenon	35	2800	2800
D2S	Xenon	35	3200	3200

14.7 Lichtquellen und deren elektrische Eigenschaften

Tabelle 14.4 verdeutlicht, dass Xenon-Lampen gegenüber Halogen-Lampen einen um den Faktor 2,5 höheren Lichtstrom erzeugen. Im Gegensatz zur D2S-Lampe ist auf dem Kolben der D2R-Lampe zur Erzeugung der Hell-Dunkel-Grenze beim Abblendlicht eine Blende angebracht. Deshalb wird die D2R-Lampe in Reflexionssystemen eingesetzt. In Projektionssystemen befindet sich die erforderliche Blende im Strahlengang zwischen Lampe und Linse, weshalb hier die D2S-Lampe eingesetzt wird. Da das abgestrahlte Spektrum des Lichtbogens auch Anteile ultravioletter Strahlung enthält, wodurch z. B. die Kunststoffe der Scheinwerferstreuscheiben angegriffen werden können, haben die Lampen einen UV-Schutzglaskolben.

Durch das Vorschaltgerät einer Gasentladungslampe, das die Zündspannung und den Betriebsstrom bereitstellt, ist diese Lampe zudem weitgehend unabhängig von der Bordnetzspannung. Ein weiterer Vorteil gegenüber konventionellen Glühlampen liegt in dem verbesserten Wirkungsgrad, da keine starke Infrarotstrahlung auftritt (siehe Bild 14-20 im Vergleich zu Bild 14-14). Dadurch kann eine höhere Lichtausbeute realisiert werden.

14.7.4 Leuchtdioden

Auch bei Halbleiter-Leuchtdioden wird elektrische Energie direkt genutzt, um Elektronen in angeregtere Zustände zu bringen, die dann unter Aussendung von Licht wieder in den Grundzustand zurückkehren. Eine Leuchtdiode ist eine klassische elektrische Diode (ausgeführt als Halbleiter-Chip), die in Durchlassrichtung betrieben wird. Bild 14-21 verdeutlicht den prinzipiellen Aufbau und stellt eine häufig eingesetzte Bauform dar. Im Bereich des *pn*-Übergangs können Elektronen und Löcher unter Aussendung von Licht rekombinieren. Leuchtdioden haben eine ausgesprochen kleine Bauform und werden mit geringen Spannungen betrieben. Im abgestrahlten Spektrum tritt Licht in einem bestimmten Wellenlängenbereich auf, der bei einfachen Leuchtdioden charakteristisch für das verwendete Halbleitermaterial ist. Die Lichtausbeute hängt wesentlich von der Betriebtemperatur (je niedriger umso besser) und der Qualität des verwendeten Halbleiterkristalls ab.

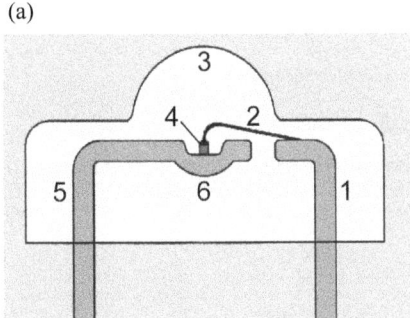

Bild 14-21 Leuchtdiode: (a) Prinzipieller Aufbau. 1 Anode, 2 Golddraht, 3 Kunststoff, 4 Halbleiter-Chip, 5 Kathode, 6 Reflektorwanne. (b) Bauform

Speziell für Signalfunktionen mit roter Farbe haben Leuchtdioden eine hohe Lichtausbeute (Verhältnis des abgegebenen Lichtstroms zur Leistungsaufnahme), da sie unmittelbar die vorgeschriebene Farbe abstrahlen. Konventionelle Glühlampen benötigen einen roten Farbfilter, der ca. 75 Prozent des einfallenden Lichtstroms „vernichtet".

14.8 Frontbeleuchtungssysteme

Eine Analyse des Anteils der Fahrten bei unterschiedlichen Tageszeiten (Tag, Nacht, Dämmerung) zeigt, dass Fahrten bei Nacht das höchste Risiko bergen. Aus einem Fahranteil bei Nacht von ca. 25 Prozent gehen über 36 Prozent aller Schwerverletzten und 46,6 Prozent aller Getöteten hervor [La1]. Fahrzeughersteller und Zulieferer verfolgen daher das Ziel, die Sicht bei Nacht zu verbessern und betreiben unterschiedliche Entwicklungsaktivitäten. Herstellerübergreifend wurde ab 1993 im Rahmen des EUREKA-Projektes EU 1403 AFS (Advanced Frontlighting System) an der Entwicklung intelligenter Scheinwerfersysteme gearbeitet. Ein wichtiger Bestandteil dieses von der Europäischen Union geförderten Projekts lag auch in der Schaffung der erforderlichen gesetzlichen Grundlagen.

Seit Veröffentlichung der geänderten ECE-Regelungen R48 [Ec1], R112 [Ec3] und R98 [Ec2] zum Jahresanfang 2003 ist es in Europa erlaubt, statisches und dynamisches Kurvenlicht einzuführen (siehe Abschnitt 14.8.2). Seit 2006 kommen in einem zweiten Schritt noch weitere Funktionen hinzu, auf die im weiteren Verlauf noch eingegangen wird (siehe Abschnitt 14.8.3). Alle zusätzlichen Lichtfunktionen verfolgen das Ziel, in spezifischen Fahrsituationen (Abbiegevorgang, Kurvenfahrt, ...) eine Verbesserung der Sichtverhältnisse zu erreichen.

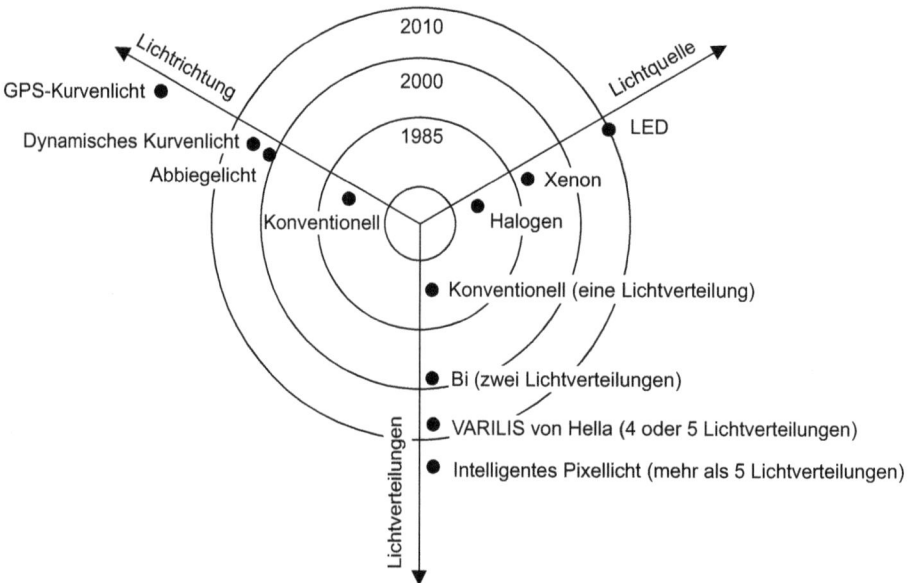

Bild 14-22 Basis für neue Lichtfunktionen

Die Basis für diese neuen Lichtfunktionen lässt sich in drei Ebenen unterteilen (siehe Bild 14-22), nämlich die Lichtquelle, die Lichtrichtung und die Lichtverteilungen.

Als *Lichtquelle* wurden die ersten Glühlampen für Frontbeleuchtungsfunktionen Mitte der 1920er Jahre im Automobil eingeführt. Mit der Einführung der Halogenlampe Ende der 1960er Jahre konnte die Lichtleistung erheblich gesteigert werden. Anfang der 1990er Jahre konnte die Lichtleistung mit der Einführung der Xenon-Gasentladungslampe nochmals erheblich um den Faktor 2 bis 3 gesteigert werden. Eine künftige Technologie stellt die LED dar, die ähnlich gute Eigenschaften wie Xenon-Lichtquellen, jedoch eine höhere Lebensdauer verspricht.

14.8 Frontbeleuchtungssysteme

Während bisher die *Lichtrichtung* ausschließlich starr nach vorne ausgerichtet war, erlaubt die AFS-Gesetzgebung, Licht seitlich abzustrahlen (Abbiegelicht) und in Kurven dem Straßenverlauf folgend zu schwenken (dynamisches Kurvenlicht). Einen möglichen weiteren Schritt stellt die Steuerung von Kurvenlicht basierend auf GPS-Daten (Global Positioning System) dar.

In den 1980er Jahren konnte mit einem Lichtmodul nur eine *Lichtverteilung*, z. B. Abblendlicht oder Fernlicht, realisiert werden. Mit der Einführung von so genannten Bi-Halogen- oder Bi-Xenon-Lichtmodulen erhöhte sich die Anzahl der Lichtverteilungen pro Lichtmodul auf zwei, nämlich auf Abblend- und Fernlicht. Durch weitere Entwicklungen können fünf oder mehr Lichtverteilungen mit einem Lichtmodul ermöglicht werden. Mit Pixellicht können beliebige Lichtverteilungen erzeugt werden [En1].

14.8.1 Leuchtweitenregulierung

Sicheres Fahren bei Dunkelheit ist nur mit Scheinwerfern möglich, deren Neigungswinkel stets richtig eingestellt ist. Mit der heute in Europa gesetzlich vorgeschriebenen Leuchtweiten-Handverstellung für Halogenscheinwerfer hat der Fahrer die Möglichkeit, mit einem Bedienelement am Armaturenbrett die Scheinwerferneigung dem jeweiligen Beladungszustand anzupassen.

Das Verfahren der Reflektoren oder des reflektortragenden Rahmens im Scheinwerfergehäuse erfolgt in der Regel über elektromotorische Steller. Die in der Folge entwickelten automatischen Leuchtweiten-Regelungssysteme passen den Neigungswinkel der Scheinwerfer an die Straßenlage des Fahrzeuges an, ohne dass der Fahrer eingreifen muss. Derartige Systeme sind ebenso wie die Streuscheibenreinigung für Xenon-Scheinwerfer vorgeschrieben. Die statische automatische Leuchtweitenregelung korrigiert Neigungsänderungen auf Grund von Beladungsänderungen.

Im Gegensatz dazu reagiert die dynamische Leuchtweitenregelung zusätzlich auf Neigungsänderungen aufgrund von Beschleunigungs- und Bremsvorgängen. Sensoren an den Achsen liefern das Signal der Einfederung an ein Steuergerät (Bild 14-23). Dieses berechnet unter Berücksichtigung des Fahrzustandes die Sollneigung der Scheinwerfer und steuert die Leuchtweitensteller an den Scheinwerfern entsprechend an. Hierdurch wird eine optimale Sichtweite des Fahrers erreicht und die Blendung des Gegenverkehrs vermieden [He3].

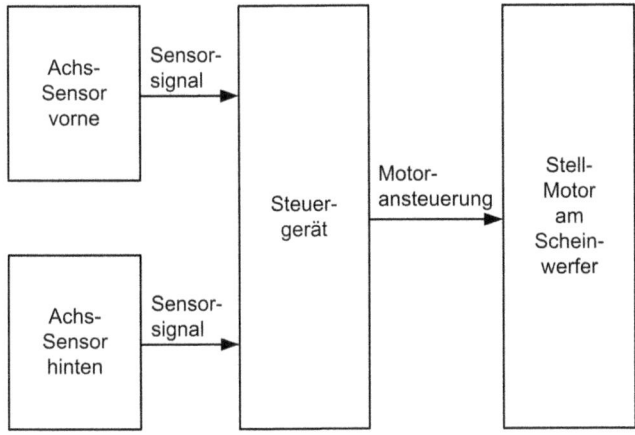

Bild 14-23 Prinzipdarstellung einer dynamischen Leuchtweitenregulierung

14.8.2 Kurvenlicht

Wie bereits oben erwähnt, lässt sich das Kurvenlicht in zwei Arten unterteilen, nämlich in das Abbiegelicht und das dynamische Kurvenlicht.

Das Abbiegelicht, auch statisches Kurvenlicht genannt, verbessert die Ausleuchtung beim Abbiegen im innerstädtischen Bereich. Die Reichweite dieser Zusatzbeleuchtung ist sehr stark beschränkt. Das statische Abbiegelicht wird deshalb auch nur im Bereich niedriger Geschwindigkeiten aktiviert, wenn auf Grund des Fahrzeugzustandes (z. B. bei eingeschaltetem Richtungsblinker sowie beim entsprechenden Einschlagen des Lenkrades) auf einen Abbiegevorgang geschlossen werden kann. Mit dem Abbiegelicht wird die Sichtweite in Kurven trotz der geringen Reichweite etwa um den Faktor 2,5 erweitert, weil ohne Abbiegelicht im relevanten Bereich nur Streulicht des Scheinwerfers verfügbar ist (siehe Bild 14-24).

Das dynamische Kurvenlicht, auch Adaptive Head Lights (AHL) genannt, wurde mit dem Ziel entwickelt, eine spürbare Verbesserung der Fahrbahnausleuchtung bei nächtlichen Kurvenfahrten zu erreichen. Zu diesem Zweck wird aus Messgrößen der Kurvenradius berechnet und das Abblend- und Fernlicht in die Kurve geschwenkt. Die auf diese Weise erzielten Vorteile sind in Bild 14-25 dargestellt: Das Hindernis wird frühzeitig erkannt, ein Ausweichen ist möglich. Die erzielten Reichweitenvorteile (in Bild 14-26 dargestellt) sind von erheblichem Vorteil im Bereich von Radien unter 1000 m. Bei einem Kurvenradius von 200 m beträgt der Vorteil etwa 60 Prozent.

(a)  (b)

Bild 14-24 Sichtverhältnisse beim Abbiegen:
(a) Konventionelles Abblendlicht. (b) Abblendlicht mit zusätzlich aktiviertem Abbiegelicht

(a)  (b)

Bild 14-25 Sichtverhältnisse in einer Kurve:
(a) Konventionelles Abblendlicht. (b) Dynamisches Kurvenlicht

14.8 Frontbeleuchtungssysteme

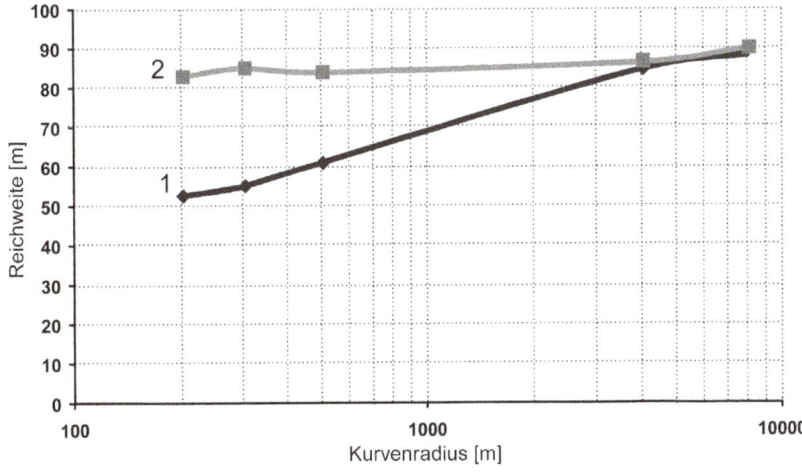

Bild 14-26
Reichweite des
Abblendlichts
in Kurven:
1 ohne,
2 mit Schwenken

14.8.3 Variable Lichtverteilungen

Im Eureka-Arbeitskreis AFS (Advanced Frontlighting System) wurden mit breiter Beteiligung der Automobilhersteller und der Zuliefererindustrie Anforderungen und Regelungsvorschläge für eine variable Lichtverteilung entwickelt, die eine optimale Ausleuchtung für verschiedene Verkehrssituationen bieten. Die bislang kritischsten Situationen im nächtlichen Straßenverkehr, nämlich Autobahnfahrt mit hohen Geschwindigkeiten, Kurven- und Abbiegesituationen, Schneefall und Regen wurden hierbei besonders analysiert und berücksichtigt.

Die einfachste Methode ist das Zu- oder Abschalten von einzelnen Modulen im Scheinwerfer. Dies bedeutet eine teilweise geringe Nutzungsdauer pro Modul und damit eine Verschwendung von Platz im Scheinwerfer. Einen vielversprechenden Ansatz bietet daher die Mehrfachnutzung der verwendeten Einsätze und Module. Dies bedeutet den Einsatz von Aktoren in den Reflektoren, mit deren Hilfe die Lichtverteilung gedreht oder verändert wird.

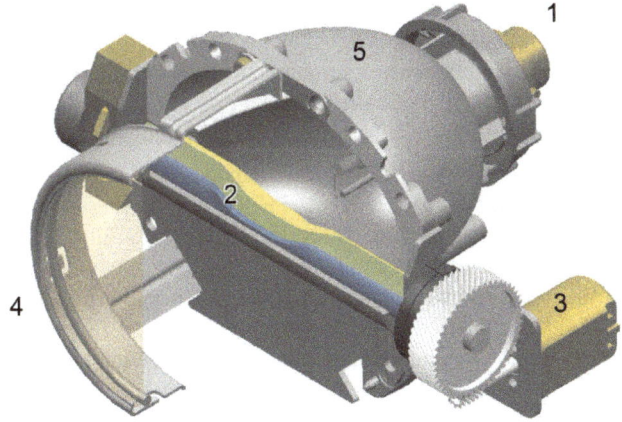

Bild 14-27 Projektionsmodul mit drehbarer Walze für verschiedene Lichtverteilungen (Hella). Die gekreuzten Ebenen symbolisieren die Stellungen der Walze:
1 Xenon-Gasentladungslampe,
2 drehbare Walze mit bis zu sechs Profilierungen zur Erzeugung der Lichtverteilung,
3 Aktor zur Verstellung der Walze (Elektromotor),
4 Linsenhalter,
5 Reflektor

Zur Erzeugung der verschiedenen Lichtverteilungen wird ein Projektionsmodul eingesetzt, das über eine drehbare Walze verfügt (siehe Bild 14-27). Mit Hilfe eines Motors (3) wird die Walze (2) in die gewünschte Stellung gedreht und somit die gewünschte Lichtverteilung eingestellt. Insgesamt lassen sich bis zu sechs Lichtverteilungen mit der Walze einstellen.

Außerdem wird die Leistung der Gasentladungslampe geregelt. Hierbei wird das zur Ansteuerung ohnehin notwendige Steuergerät verwendet, um die abgegebene Lichtmenge unabhängig vom Bordnetz zu beeinflussen. Die zusätzliche Lichtleistung wirkt dabei wie eine variable zusätzliche Lichtquelle. Ohne die Veränderung der Lichtfarbe und innerhalb der Lampenspezifikationen bietet sich die Möglichkeit, 36 Prozent mehr Licht aus dem gleichen Modul zur Verfügung zu stellen [Fr1]. Sämtliche Lichtwerte können so sprunghaft oder kontinuierlich durch Variation der Lichtleistung an die Fahrsituation angepasst werden (siehe Bild 14-28).

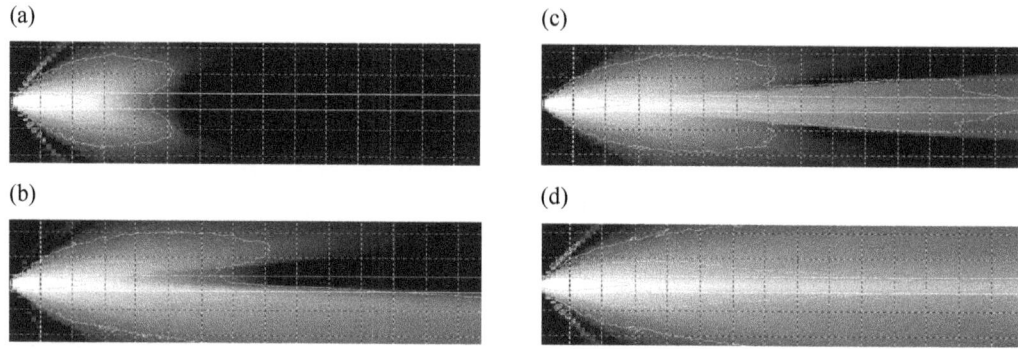

Bild 14-28 Mögliche variable Lichtverteilungen für ein Adaptive Frontlighting System:
(a) Stadtlicht. (b) Landstraßenlicht. (c) Autobahnlicht. (d) Fernlicht

Charakteristisch für das *Stadtlicht* (Town Light) ist die breite Ausleuchtung der Fahrbahn, um eine gute Vorfeldausleuchtung zu erzielen und der reduzierte asymmetrische Anteil, um die Blendung anderer Verkehrsteilnehmer zu vermeiden. Das *Landstraßenlicht* (Cross Country Light) entspricht der heutigen asymmetrischen Abblendlichtverteilung, bei der die eigene Fahrbahn und der rechte Straßenrand im Bereich von 50 bis 60 m ausgeleuchtet wird, ohne den Gegenverkehr zu blenden. Beim *Autobahnlicht* (Motorway Light) wird die eigene Fahrbahn gezielt stärker ausgeleuchtet, um die Erkennbarkeit von Objekten in großer Entfernung zu fördern. Das Autobahnlicht führt durch eine angehobene, symmetrische Hell-Dunkel-Grenze zu einer deutlich größeren Reichweite als das Landstraßenlicht. Das *Fernlicht* (High Beam) wird in multifunktionalen Lichtmodulen durch Freigabe des gesamten Strahlengangs erzielt.

Eine weitere mögliche Lichtverteilung stellt das *Schlechtwetterlicht* dar, da insbesondere bei schlechter Witterung die Beleuchtungsverhältnisse kritisch sind. Fehlende Orientierung am Straßenrand und eine dunkle, regennasse und spiegelnde Fahrbahn sind schlechte Bedingungen für das Erkennen von Gefahren. Die Schlechtwetterlichtverteilung soll den Fahrer besser führen und gleichzeitig die Gegenverkehrblendung reduzieren. Insbesondere das periphere Sehen, das die automatische Orientierung des Fahrers generiert, wird dabei zusätzlich unterstützt. Das Schlechtwetterlicht kann beispielsweise durch Absenken und nach außen Schwenken der Lichtmodule realisiert werden.

14.8 Frontbeleuchtungssysteme

Beispielhaft seien die Verbesserungen der Sichtweite durch die adaptive Lichtverteilung gegenüber den nicht geschwenkten Halogen- und Xenonlichtsystemen in Tabelle 14.5 dargestellt. Es lassen sich Verbesserungen der Sichtweite von über 200 Prozent erzielen, wodurch ein erheblicher Zuwachs an Sicherheit erreicht werden kann.

Tabelle 14.5 Erkennbare Entfernung für verschiedene Beleuchtungssysteme im Vergleich [Fr1]

Beleuchtungssystem	Erkennbare Entfernung [m]		
	Kurvenfahrt	Autobahnfahrt	Abbiegen
Halogen	53	70	13
Xenon ohne Zusatzfunktion	65	85	17
Xenon mit adaptiver Lichtverteilung	89	148	32

14.8.4 Absicherung und Ansteuerung

Die heutigen Kraftfahrzeuge sind mit sehr komplexen Systemen und vielen elektrischen Verbrauchern ausgestattet, die abgesichert werden müssen. Während in Fahrzeugen mit geringer Ausstattung vor ca. 10 Jahren 80 bis 100 Steckverbindungen und 22 Sicherungen zum Einsatz kamen [Be3], befinden sich in einem Golf IV bereits 44 Sicherungen. Dagegen verfügen heutige Oberklassefahrzeuge wie der 7er BMW über bis zu 100 Einzelleitungen mit einer Gesamtlänge von 2100 m und 395 Steckverbindern. Die Anzahl der Schmelzsicherungen beträgt bei Werten zwischen 5 A und 60 A bis zu 60 Stück. Über die 60-A-Sicherung wird der Starter abgesichert. Im Phaeton liegt die Anzahl der zugänglichen Schmelzsicherungen mit Werten bis 80 A bei bis zu 94 Stück.

Neben den Schmelzsicherungen kommen in zunehmenden Maße seit Ende der 1990er Jahre auch Halbleiter als Absicherungselemente zum Einsatz. Diese Halbleiter haben gegenüber den Schmelzsicherungen den Vorteil, dass sie im Fehlerfall in der Regel nicht zerstört werden. In einigen Fahrzeugen werden beispielsweise bereits alle Lichtfunktionen durch Halbleiter geschaltet und abgesichert.

Bewertung herkömmlicher Topologien

Personenwagen und Lastkraftwagen müssen nach StVZO, § 50, mit zwei nach vorn wirkenden Scheinwerfern ausgerüstet sein. Außerdem dürfen sie nach § 52 zusätzlich über zwei Nebelscheinwerfer verfügen. Bezüglich der Leistungsaufnahme gibt es keine Vorschriften, lediglich Einschränkungen für die Beleuchtungsstärke in 25 m Entfernung. Die Leistungsaufnahme eines dieser Schweinwerfer liegt je nach Baujahr und Fabrikat zwischen 35 W und 60 W. Das bedeutet, die Stromaufnahme eines Schweinwerferpaares liegt etwa zwischen 7 A und 10 A.

In diesen herkömmlichen Frontbeleuchtungssystemen ohne elektronische Steuerkomponenten werden ausschließlich Glühfadenlampen verwendet. Ihre Topologien lassen sich in zwei Gruppen einteilen. Bei der ursprünglichen und bei kleineren Personenwagen bis in die jüngste Zeit hinein angwandten Topologie verläuft der Lampenstrom plusseitig durch den Lichtschalter und den Umblendschalter oder den Nebellichtschalter im Armaturenbrett und durch mindestens eine nachfolgende thermische Sicherung je Scheinwerfer. Minusseitig wird immer die

Karosserie als Rückleitung zum Generator benutzt. Dadurch passiert der Strom nicht nur relativ lange Leitungen, sondern auch sehr viele Kontaktstellen. Als Kontaktstellen sind nicht nur Schraub- oder Steckkontakte anzusehen, sondern alle Übergänge von Leitungen auf Kabelschuhe und mehrfache genietete oder geschweißte Materialverbindungen in Sicherungen und Schaltern. Die Praxis zeigt, dass selbst bei Neufahrzeugen mit dieser Topologie der plus- und der minusseitige Spannungsabfall in der Summe die Größenordnung von 2 Volt erreicht. Sehr häufig liegt die Spannung an den Lampen somit unter 12 Volt. Das bedeutet, die angeschlossenen Scheinwerfer erreichen nicht die gewünschte Helligkeit.

Eine deutliche Reduzierung der Spannungsabfälle in den Lampenstromkreisen ermöglicht die Anwendung von Relais. Bei geeigneter Platzierung der Relais verkürzt sich bei dieser zweiten Topologie die Länge der Lampenzuleitung auf beispielsweise die Hälfte und die Zahl der Kontaktierungen reduziert sich ebenfalls erheblich (siehe Bild 14-29). Trotz der Reduzierung der Übergangswiderstände in den Lampenstromkreisen und der Verkürzung der Leitungen variiert die Helligkeit mit der Spannung des Bordnetzes. Falls das Energiemanagement die Spannungshöhe auch nur kurzzeitig reduziert, geht auch die Lampenhelligkeit zurück.

Keine dieser beiden Topologien erlaubt eine Eigendiagnose, weil keine Überwachungselektronik vorhanden ist. Der Vollständigkeit wegen sei noch darauf hingewiesen, dass in Bild 14-29 die so genannte „Fernlichtmeldelampe" (H) lediglich meldet, dass der Umblendschalter (S2) die Fernlichtstellung einnimmt, und nicht, ob das Fernlicht tatsächlich leuchtet.

Wie die Erfahrung zeigt, sind mit zunehmendem Alter des Fahrzeugs Kontaktstellen auch Schwachstellen. Oxidation, elektrochemische Korrosion und Elektrolyse erhöhen die Übergangswiderstände an den Kontaktstellen. Sie verursachen nicht nur erhöhte Spannungsabfälle in den Zuleitungen, sondern können im Extremfall sogar einen Kabelbrand auslösen.

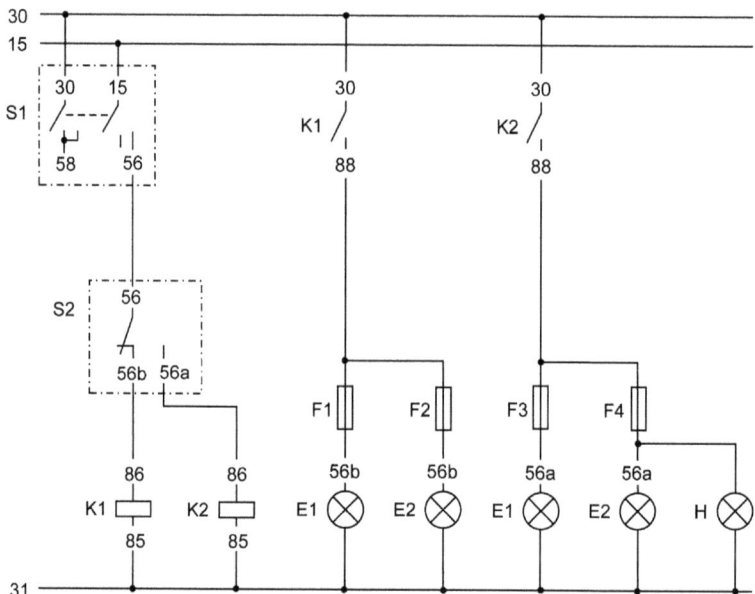

Bild 14-29 E1 Scheinwerfer links, E2 Scheinwerfer rechts, F1...F4 Sicherungen, H Fernlichtmeldelampe, K1 Steuerrelais für Abblendlicht, K2 Steuerrelais für Fernlicht, S1 Lichtschalter, S2 Umschalter zwischen Abblend- und Fernlicht. Zu den Klemmenbezeichnungen siehe Anhang B.2

14.8 Frontbeleuchtungssysteme   413

Moderne Topologien

Auch moderne Frontbeleuchtungssysteme benutzen die Fahrzeugkarosserie als Rückleitung. Mit dem Einsatz elektronischer Steuergeräte zur Steuerung der Beleuchtungssysteme entsteht eine hersteller- und modellabhängige Variantenvielfalt. In einem ersten Schritt in Richtung elektronisch gesteuerter Systeme werden die Spulen der Steuerrelais vom Steuergerät angesteuert.

Ein weiterer Schritt ist die Lampenüberwachung. Darunter versteht man die Kontrolle der Lampenstromkreise im stromlosen Zustand (Kaltüberwachung) oder während des Betriebs (Warmüberwachung) auf Unterbrechung. Die meisten Unterbrechungen entstehen in der Lampe selbst. Diese als Lampenüberwachung bezeichnete Strompfadkontrolle ist eine Eigendiagnose, die mit der Kaltüberwachung eine Unterbrechung bereits vor Inbetriebnahme des Systems melden kann. Dabei werden auch die Standbeleuchtung und die Bremsleuchten mit einbezogen. Das Prinzip der Lampenüberwachung besteht darin, dass über einen Vorwiderstand die Stromstärke als Spannungsabfall erfasst wird. Zur Kaltüberwachung wird dabei der kontrollierte Strompfad so kurzzeitig geschlossen, so dass die Glühlampen nicht aufleuchten.

Eine interessante Alternative zu Relais sind Halbleiterschalter (Lowside-Schalter in Bild 14-30a, Highside-Schalter in Bild 14-30b). Sie werden leistungslos angesteuert und können neben den stationären Zuständen „ein" und „aus" auch getaktet werden. Damit können Verbraucher in ihrer Leistungsaufnahme gesteuert werden. Der Lowside-Schalter ist in der Regel als kostengünstiger MOSFET-Transistor ausgelegt. Der Überstrom muss durch eine Schmelzsicherung begrenzt werden. Der Highside-Schalter übernimmt die Sicherungsfunktion sowie das Schalten (einschließlich Taktung) in einem Baustein. Darüber hinaus verfügt dieser Baustein über umfangreiche intelligente Diagnosefunktionen (Kurzschluss, Übertemperatur usw.) sowie teilweise über eine Stromsensierungsfunktion. Daher wird er auch Smart-Power-Baustein genannt.

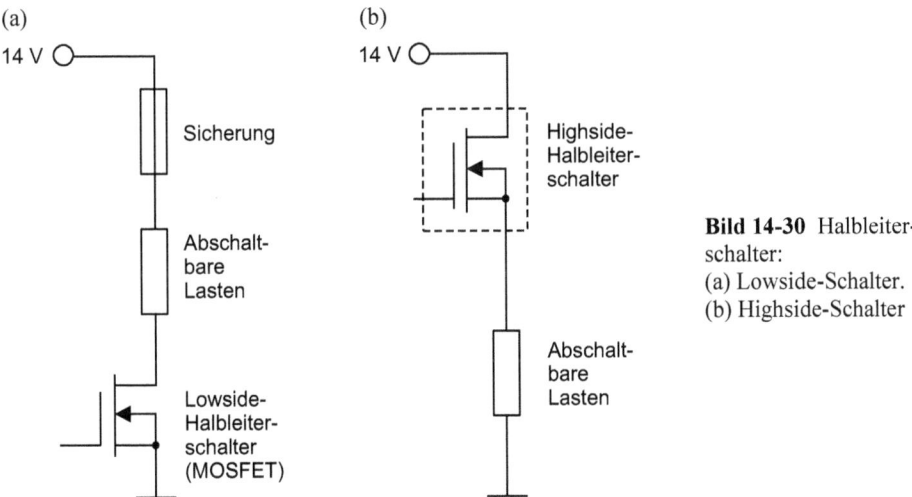

Bild 14-30 Halbleiterschalter:
(a) Lowside-Schalter.
(b) Highside-Schalter

Den Stand der Technik in modernen Lichtmodulen stellen die Highside-Schalter dar, die in einem Lichtsteuergerät nahezu alle Lichtfunktionen schalten. Ausfälle der Leuchtmittel können detektiert und an das Steuergerät übermittelt werden. Auf diese Weise wird der Fahrer über defekte Leuchtmittel informiert.

In Bild 14-31a ist die klassische Lastschaltung mit Sicherung und Relais dargestellt. In Bild 14-31b wird die Ansteuerung mit in einem Lichtsteuergerät verbauten Smart-Power-Bausteinen realisiert. Auf diese Weise kann die Anzahl der Bauteile und der Kontaktstellen deutlich reduziert werden. Damit kann neben einem geringeren Spannungsabfall auch eine verringerte Ausfallrate der Elektronik erreicht werden.

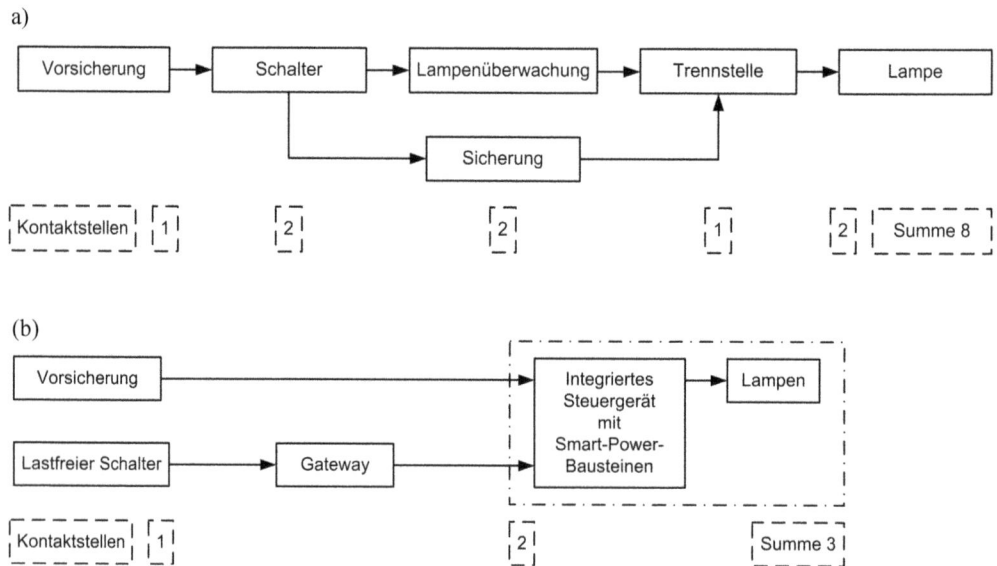

Bild 14-31 Lastschaltung im Kraftfahrzeug [Ba2]: (a) Klassisch mit Sicherung und Relais (mindestens acht Kontaktstellen). (b) Mit Smart-Power-Baustein (drei Kontaktstellen)

Moderne Lichtsteuergeräte nutzen die Treiberbausteine zur Ansteuerung aller Frontlichtfunktionen (siehe Bild 14-32). Das in Bild 14-32a dargestellte Gateway stellt alle zur Lichtschaltung und -steuerung relevanten Informationen aus dem Fahrzeug bereit. In den an den Scheinwerfern angebrachten Lichtsteuergeräten entscheiden Algorithmen, wann das Licht ein- oder ausgeschaltet wird. Weiterhin werden Schrittmotoren angesteuert, die die bereits vorgestellten Funktionen der Leuchtweitenregulierung, des dynamischen Kurvenlichts sowie der variablen Lichtverteilungen (angesteuert durch je einen Schrittmotor) erfüllen. Die Schrittmotortreiber befinden sich außerhalb des Steuergeräts am Schrittmotor. Über CAN werden Diagnosefunktionen, z. B. der Ausfall eines Leuchtmittels, an das Fahrzeug übermittelt. Das Xenonlicht wird über ein separates Vorschaltgerät betrieben.

In Bild 14-32b ist eine andere Variante dargestellt. Bei dieser Variante wird auf das Gateway verzichtet und die Schrittmotortreiber sind im Lichtsteuergerät integriert. Darüber hinaus hat eine Fusion von Xenon-Vorschaltgerät und Lichtsteuergerät zu einem Steuergerät stattgefunden.

14.8 Frontbeleuchtungssysteme

(a) (b)

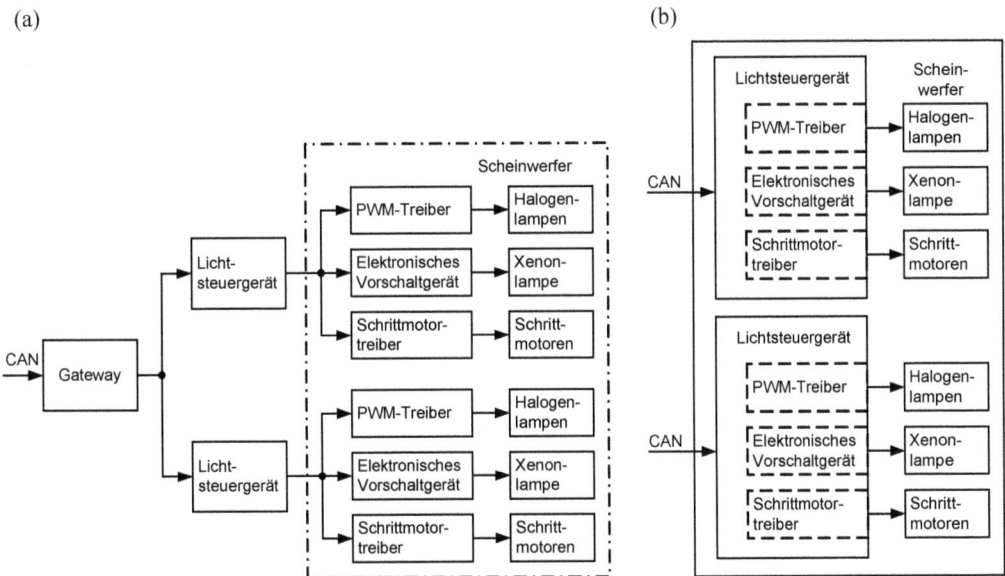

Bild 14-32 Steuergerätekonzepte zur Steuerung der variablen Lichtverteilung [Ha2]:
(a) Zentrale Steuerung über Gateway. (b) Integration der Licht-Steuergeräte

15 Diagnose

15.1 Begriffsdefinitionen

15.1.1 Der erweiterte Diagnosebegriff

Der Begriff Diagnose stammt ursprünglich aus der Medizin und kann folgendermaßen definiert werden: Aus konkreten oder mehr diffusen Symptomen des Patienten und der Krankheitsgeschichte erstellt der Arzt unter Zuhilfenahme seines Instrumentariums ein Zustandsbild des Patienten. Aus diesen Erkenntnissen leitet er geeignete Maßnahmen zur Heilung ein. Die klassische Fahrzeugdiagnose definiert sich sehr ähnlich: Aus konkreten und diffusen Symptomen, die der Fahrer schildert, wird im Service unter Zuhilfenahme der Diagnosesysteme ein exaktes Fehlerbild erstellt und es werden geeignete Reparaturmaßnahmen eingeleitet.

Grundsätzlich unterscheidet sich die Diagnosewelt in die gesetzlich geforderte Abgas-Diagnose (OBD – vgl. Kapitel 5.9) und die erweiterte („enhanced") Diagnose. Diese Unterscheidung lässt sich besser verstehen, wenn nach der Motivation der handelnden Akteure gefragt wird. Die abgasrelevante Diagnose wurde von der Gesetzgebung eingefordert, damit die einwandfreie Funktion der Abgasbehandlung im Antriebsstrang überwacht und vor allem die Einhaltung der Grenzwerte überprüft werden kann. Dazu unterliegt die Onboard-Diagnose (OBD) strengen gesetzlichen Auflagen, die zwingend einzuhalten sind. Die erweiterte Diagnose zielt auf die Analyse des Gesamtsystems Fahrzeug ab. Die Hersteller sind am Zustand ihres Produktes interessiert und an einer möglichst eindeutigen Fehleranalyse. Die erweiterte Diagnose unterliegt keinen gesetzlichen Bestimmungen und kann individuell ausgelegt werden. Sie umfasst On- und Off-Board-Methoden, Prozesse und Werkzeuge, um im gesamten Lebenszyklus von Steuergeräten und Fahrzeugen die Vorgänge Entwicklung, Programmierung (Flashen), Konfiguration, Fehlersuche und Reparatur durchführen zu können.

Die Diagnose von elektronischen Steuergeräten im Fahrzeug erfolgt durch Diagnose-Testgeräte mit Hilfe von Diagnose-Kommunikationsinterfaces (Vehicle Communcation Interface VCI) und der im Fahrzeug verbauten Diagnoseschnittstelle. Die Kommunikation erfolgt über Diagnose-Kommunikationsprotokolle unter Verwendung von Diagnosediensten.

Der Diagnose-Entwicklungsprozess dient der Definition und der Umsetzung von Diagnosefunktionen in Steuergeräten und Diagnose-Testgeräten, sowie für deren Kommunikation. Der Diagnose-Entwicklungsprozess umfasst auch Test, Freigabe und Verteilung der Diagnosedaten und Diagnoseanwendungen.

15.1.2 Steuergeräte-Fehlercodes

Elektronische Steuergeräte überwachen sich und ihre Peripherie (Sensoren und Aktoren) in der Regel selbst. Speziell im Bereich der sicherheitskritischen Funktionen und der Funktionen, die dem Nutzer merkliche Beeinträchtigungen bescheren, ist eine weitgehende Eigendiagnose implementiert. Erkennt ein Steuergerät eine Fehlfunktion, wird dies durch einen Eintrag im Fehlerspeicher des Steuergerätes dokumentiert. Diese Steuergeräte-Fehlercodes (Diagnostic

Trouble Codes DTC) spielen eine zentrale Rolle in der Fahrzeugdiagnose. Sie bilden zusammen mit den Symptomen die Basis für die Fehlersuche und die Reparatur an Fahrzeugen. Fehlercodes und deren Umfeld werden in diversen Normen der Organisationen ISO und SAE (vgl. Anhang A) beschrieben.

15.2 Diagnosekommunikation

15.2.1 Einführung

Als Diagnose-Kommunikation wird die Kommunikation zwischen einem Diagnose-Testgerät und den Steuergeräten bezeichnet. Die zahlreichen Protokolle der Diagnose-Kommunikation lassen sich auf die verschiedenen Schichten des ISO/OSI Referenzmodels (siehe Kapitel 1.1.2) abbilden. Das eigentliche Diagnoseprotokoll umfasst dabei je nach Ausprägung und Anwendungsfall die Schichten 5-7. Die Datenübertragung erfolgt durch entsprechende Protokolle für das jeweilige physikalische Kommunikationsmedium in den Schichten 1-4. Im Folgenden wird dazu eine kurze Einführung gegeben, entsprechende Vertiefungen finden sich in der Literatur (z. B. [Zi1]).

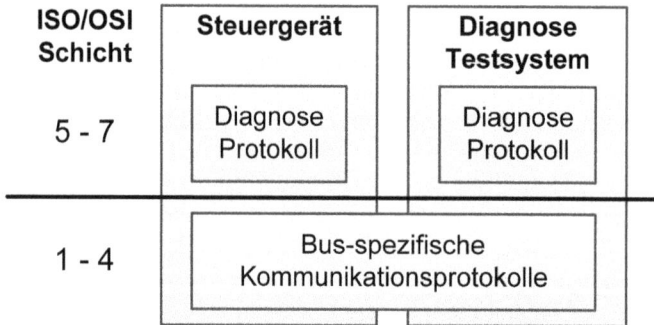

Bild 15-1 Diagnose-Kommunikation

Wie das Kapitel 1.2. bereits zeigt, werden in der Fahrzeugtechnik unterschiedlichste serielle Bussysteme für die fahrzeuginterne Kommunikation verwendet. Über diese Bussysteme findet auch die Diagnosekommunikation statt. Im Gegensatz zur klassischen Kommunikation unter Steuergeräten, die einzelne Signale austauschen und diese in der Regel in einzelnen Busbotschaften unterbringen können, müssen in der Diagnose auch größere zusammenhängende Datenmengen übertragen werden. Dazu müssen diese gemäß ISO/OSI Schichtenmodell durch Protokolle für die jeweilige Übertragung auf einem Bussystem segmentiert und später wieder korrekt zusammengesetzt werden. Auf Grund der unterschiedlichen Eigenschaften der jeweiligen Bussysteme in der Automobilbranche hat sich daher für jedes Bussystem ein eigener Kommunikationsprotokollstack etabliert. Dieser muss während der Entwicklungsphase entsprechend abgesichert werden.

15.2.2 Diagnoseprotokoll

Die derzeit etablierte Diagnosekommunikation basiert auf einer Client-Server-Architektur. Das Diagnose-Testgerät ist der Client, das Steuergerät der Server. Der Datenaustausch erfolgt über Diagnosedienste (Diagnostic Services), wobei das Diagnose-Testgerät eine Anfrage (Request) stellt und das Steuergerät entsprechend antwortet (Response).

Seit Mitte der 1990er Jahre wurden zunächst fahrzeugherstellerspezifische Protokolle entwickelt, bevor eine Standardisierung dieser Protokolle innerhalb der ISO stattgefunden hat. Das derzeit in der Automobil-Branche am häufigsten anzutreffende Diagnoseprotokoll „Unified Diagnostic Services – UDS" ist in [Is18] standardisiert. Dieses Diagnose-Protokoll umfasst eine Vielzahl von Diagnosedienste zur Durchführung unterschiedlichster Funktionalitäten in einem Steuergerät: Die Dienste lassen sich grob in folgende Kategorien einteilen:

1. Identifikationsdienste: Dienste zur Identifikation des Steuergerätes (Hardware, Software und Konfiguration),
2. Session-Control: Dienste zur Steuerung des Steuergerätefunktionsmodus (Standard, erweiterte Diagnose, Programmierung ...),
3. Security: Dienste zur Absicherung der Diagnose vor unbefugter Benutzung.
4. Lesen von Daten und Messwerte: Dienste zur Übertragung von speziellen Daten, Zuständen oder Messgrößen aus dem Steuergerät an das Diagnose-Testgerät,
5. Ansteuerungen von Ausgängen: Dienste zur Ansteuerung von Steuergeräteausgängen durch die Diagnose-Testgeräte,
6. Ansteuerung von Routinen: Dienste zur Aktivierung und Deaktivierung internen Steuergeräte-Routinen (z. B. Kalibrierläufe etc.)
7. Up- und Download: Dienste zur Übertragung von Speicherinhalten zwischen Steuergerät und Diagnose-Testgerät,

Durch die Ausführung mehrere Diagnose-Dienste nacheinander lassen sich sogenannte Diagnose-Sequenzen erzeugen. Solche Abläufe werden dann zum Beispiel für eine vollautomatische Erstinbetriebnahme eines Steuergerätes oder für dessen Reprogrammierung verwendet.

15.2.3 Steuergeräte-Programmierung

Elektronische Steuergeräte sind im Allgemeinen mit wiederbeschreibbaren Speichern auf Basis der Flashtechnologie ausgestattet. Diese Technologie erlaubt es, die Software im Speicher des Steuergerätes zu reprogrammieren, ohne dass dazu das Steuergerät geöffnet oder ausgebaut werden muss. Die Einführung dieser Speichertechnologie in Verbindung mit der Methode zur Reprogrammierung (umgangssprachlich als „Flashen" bezeichnet) führte zu beträchtlichen Kosteneinsparungen in der Automobilbranche

Die Software in einem Steuergerät kann in unterschiedliche Softwarekomponenten (Module oder Blöcke) unterteilt sein. Man unterscheidet hierbei zwischen Code-, Daten- und Bootmodulen. Diese Module können einzeln oder als Gesamtes reprogrammiert werden. Für die zu programmierende Software, bestehend aus einem oder mehreren Fahrzeug- oder kundenspezifischen Code- und/oder Datenmodulen hat sich der Begriff Flashware etabliert.

Der Reprogrammierungsvorgang wird über Diagnose-Services gesteuert. Der Ablauf folgt dabei einer innerhalb der ISO standardisierten Programmiersequenz aus nacheinander ausgeführten Diagnoseservices. Diese Programmiersequenz lässt jedoch einige Freiheitsgrade, um den Programmiervorgang an die jeweiligen Automobilhersteller-spezifischen Logistikprozesse anzupassen. Die Hauptschritte der Reprogrammiersequenz sind dabei:

- Identifikation des Steuergerätes und Authentifizierung,
- Löschen des Speichers
- Übertragung und Speicherung der Softwareblöcke
- Überprüfung der Software und Reset des Steuergerätes.

Um sicherzustellen, dass die richtige Software programmiert wird, ist eine umfangreiche Logistik bei der Versorgung der Flashware in der Produktion oder zu den Werkstätten notwendig

15.2.4 Steuergeräte-Konfiguration

Um Steuergeräte individuell ans Fahrzeug und an Kundenwünsche anpassen zu können, besteht die Möglichkeit, zu codieren und zu parametrieren. Dabei werden durch Beschreiben von nichtflüchtigen Speichern im Steuergerät bereits implementierte Funktionen an- oder abgeschaltet oder parametriert. Dies erfolgt über spezielle Diagnose-Services. Statt Steuergeräte-Konfiguration werden auch die Begriffe Codierung oder Parametrierung verwendet.

Es werden verschiedene Codiertypen unterschieden:

1. Einzelbits: Softwareschalter für Funktionen, die als Boolsche Informationen (ein/aus, wahr/falsch) codiert werden,
2. Bitfelder: Listen alternativer Konfigurationen, die als Bitfelder abgebildet werden (z. B. eine Länderliste mit den Einträgen EU, USA, Japan, China usw.),
3. Parameter: Zahlenwerte (Integer, Floating-Point) zur Konfiguration von Steuergerätesoftware (z. B. Maximaldrehzahl des Drehzahlbegrenzers 6500/min als 16-Bit-Integer),
4. Kennfelder: Zwei- oder mehrdimensionale Kennfelder.

Um die Verbindung zwischen Ausstattungslisten von Fahrzeugen und der Steuergeräte-Konfiguration herzustellen, existieren logistische Verfahren bei den Autoherstellern, die eine sichere und eindeutige Zuordnung gewährleisten und diese dokumentieren. Die große Herausforderung besteht nicht in den Codierverfahren, sondern im Logistik- und Dokumentationsprozess.

15.2.5 Busspezifische Transportprotokolle

Innerhalb eines Fahrzeugs werden unterschiedlichste Bussysteme eingesetzt (vgl. Kapitel 1.2). Die Kommunikation der Steuergeräte untereinander erfolgt typischerweise auf Basis von Signalen. Diese werden so gruppiert, dass die Nutzdatengröße des jeweiligen Bussystems optimal ausgenutzt wird. Im Gegensatz dazu kann ein Diagnoseservice deutlich mehr Nutzdaten enthalten, als mit einer Botschaft des jeweiligen Bussystems versendet werden kann. Wird zum Beispiel der Fehlerspeicherinhalt eines Motorsteuergerätes ausgelesen, so kann die Antwort (Response) auf die Anfrage (Request) durchaus mehrere hundert Byte betragen. Aus diesem Grund sind für die Diagnosekommunikation sogenannte Transportprotokolle auf der ISO/OSI Schicht 4 notwendig. Diese segmentieren auf Senderseite bei Bedarf einen längeren Diagnoseservice (Request oder Response) in mehrere Botschaften auf dem Bussystem bzw. setzten einen segmentierten Diagnoseservice auf der Empfängerseite wieder korrekt zusammen.

15.2 Diagnosekommunikation

Für die typischerweise im Fahrzeug verwendeten Bussysteme CAN, CAN-FD, LIN und FlexRay folgen die Transportprotokolle alle dem selben Prinzip. Sie unterscheiden grundsätzlich zwei Übertragungsarten:

- Unsegmentierter Datentransfer
- Segmentierter Datentransfer

Bei unsegmentiertem Datentransfer kann ein Diagnoseservice vollständig innerhalb einer Busbotschaft (Single Frame) übertragen werden. Es wird keine weitere Botschaft benötigt.

Bei einem segmentierten Datentransfer werden die Daten auf mehrere Botschaften aufgeteilt. Die Übertragung beginnt mit einer initialen Botschaft (First Frame oder Start Frame). Hier werden zunächst einigen Kommunikationsprotokollinformationen (Protocol Controll Information – PCI) vom Sender an den Empfänger übermittelt (z. B. die Anzahl der zu übertragenden Datenmenge) sowie erste Nutzdaten übertragen. Der Empfänger antwortet darauf mit einer Botschaft zur Datenflußkontrolle (Flow Control) und teilt so dem Sender die notwendigen Übertragungsparameter mit. Danach übermittelt der Sender die verbleibenden Daten in mehreren Botschaften Consecutive Frames).

Die jeweiligen Bus-spezifischen Transportprotokolle sind weitestgehend innerhalb der ISO standardisiert [IS17]. Für Kommunikation via Ethernet wird auf die gängigen Protokolle TCP, UDP und IP zurückgegriffen. Entsprechende Vertiefungen sehr finden sich in der Literatur (z. B. [Zi1]).

15.2.6 Architekturmodell des Diagnose-Kommunikationssystems

Zu Beginn der Diagnose von elektrischen Systemen waren auf der Seite der Diagnose-Testsysteme vorwiegen proprietäre Implementierungen im Einsatz. Zwischenzeitlich erfolgte in diesem Umfeld eine starke Standardisierung innerhalb der ISO und diverser ASAM-Gremien (Association for Standardization of Automation and Measuring Systems). Aus herstellerspezifischen Diagnosesystemen hat sich ein Software-Architekturmodell für PC-basierte Diagnosesysteme entwickelt, das in allen Bereichen der Diagnosenutzung, nämlich in der Entwicklung, in der Produktion und im Service zum Einsatz kommen kann (siehe Bild 15-2).

Das Ziel der Standardisierungsbemühungen in den ASAM-MCD-Arbeitsgruppen (MCD steht für Measurement, Calibration and Diagnostics) war es, ein generisches, rein Daten-getriebenes Diagnose-Testsystem zu entwickeln, welches über standardisierte Schnittstellen und entsprechende Module bestimmte Funktionalitäten vollumfänglich kapselt.

Mit diesem Diagnosetestsystem kann dann zum Beispiel eine symbolische Anfrage wie „Lese Motordrehzahl" an der Anwendungsschnittstelle des Diagnose-Servers mit Hilfe der Diagnose-Datenbasis in einen Diagnoseprotokoll-konformen Diagnose-Service-Request (im dargestellten Beispiel $22, $F0, $12) an das Steuergerät umgesetzt werden. Die Antwort des Steuergeräts ($62, $F0, $0C, $0A, $F0) wird umgekehrt in die zugehörige symbolische Antwort (Motordrehzahl = 2800/min) gewandelt und an die Anwendung übermittelt. Die Anwendung ist damit bei Verwendung der Diagnose-Datenbasis und eines geeigneten Diagnose-Kommunikationsinterfaces (VCI) unabhängig von der Implementierung der Diagnosekommunikation im Steuergerät.

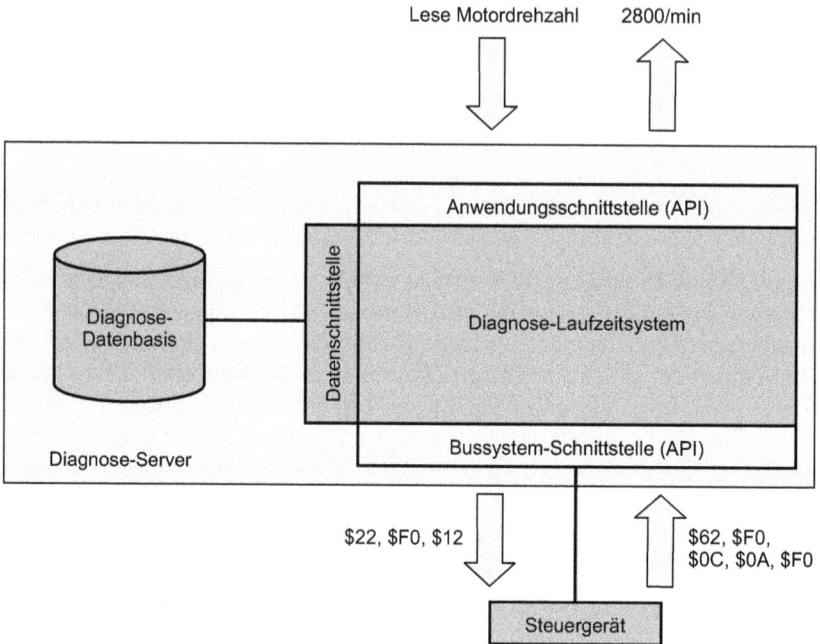

Bild 15-2 ASAM/ISO-Diagnose-Server-Prinzip (Kommunikationsprinzip) [Zi2]

Die Diagnose-Datenbasis bildet in einer definierten Datenstruktur dabei die gesamte Diagnose eines individuellen Steuergerätes ab. Hier werden alle Diagnosefunktionen, Daten und Umrechnungs- und Darstellungsformen aufgeführt. Diese Datenstruktur ist als ASAM-Standard ASAM MCD-2D (Open Diagnostic Data Exchange ODX, siehe [As2]) sowie innerhalb der ISO 22901-1 [Is12] standardisert. Das Diagnose-Laufzeitsystem liest diese Informationen über die ASAM-MCD-2D-Datenschnittstelle ein.

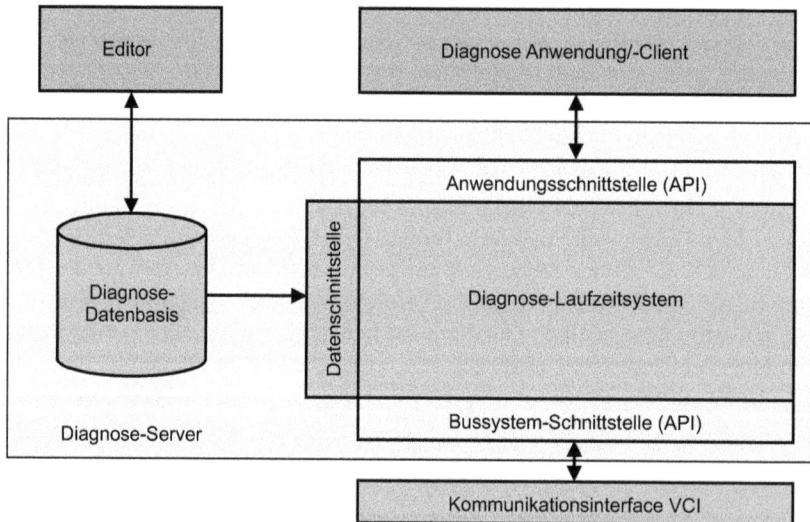

Bild 15-3 Diagnose-Softwarearchitekturmodell nach ASAM-MCD und ISO-MVCI

15.2 Diagnosekommunikation

Die Anwendungsschnittstelle wurde als ASAM-MCD3-Schnittstelle erarbeitet. Beide wurden mit Erweiterungen (Bussystemschnittstelle und Hardwarearchitektur) zu den Normen ISO 22901 [Is12] und ISO 22900 MVCI [Is13] erweitert. Diesen Normen und Standards liegt das Kommunikationsprinzip ASAM/ISO-Diagnose-Server zugrunde, das im Bild 15-3 dargestellt ist.

Die Bussystemschnittstelle bedient die busspezifischen Protokolle und ist innerhalb der ISO als Norm ISO 22900 – MVCI (MVCI steht für Modular Vehicle Communication Interface) veröffentlicht.

Innerhalb der Diagnose-Datenbasis lassen sich auch Ablaufsequenzen von Diagnose-Services, sogenannte Jobs, einbinden. Innerhalb eines Flashjobs wird beispielsweise der gesamte Ablauf zur Reprogrammierung eines Steuergerätes gekapselt.

15.2.7 Diagnose-Kommunikationsinterface und Bussystemschnittstelle

In der ISO 22900-2 MVCI – D-PDU-API [Is14] wird die Softwareschnittstelle zur Ankopplung von Diagnose-Kommunikationsinterfaces an das Diagnoselaufzeitsystem beschrieben. Sie ermöglicht es, standardmäßige Diagnose-Kommunikationsinterfaces verschiedener Hersteller mit unterschiedlichen Diagnose-Softwareprodukten zu kombinieren. Ferner stellt sie durch ein modulares Konzept sicher, dass unterschiedliche physikalische Bussysteme und verschiedene Diagnose-Kommunikationsprotokolle benutzt werden können. Eine Kompatibilität der D-PDU-API zu den vor allem in den USA verbreiteten Standards SAE J2534 [Sa3] und RP1210A [Te3] ist in der Norm berücksichtigt.

15.2.8 Diagnose-Daten

Das ODX-Datenformat nach ISO 22901-1 und ASAM-MCD-2D ist ein Datenmodell, das zur Beschreibung der Diagnosedaten und der Diagnosekommunikation zwischen Steuergerät und Diagnose-Testgerät dient. Neben anderen Funktionen beschreibt ODX die bidirektionale Umrechnung zwischen physikalischen und codierten Werten mit Hilfe von so genannten Data Object Properties (DOP). Diese Umrechnung ist in Bild 15-4 prinzipiell dargestellt [Zi2].

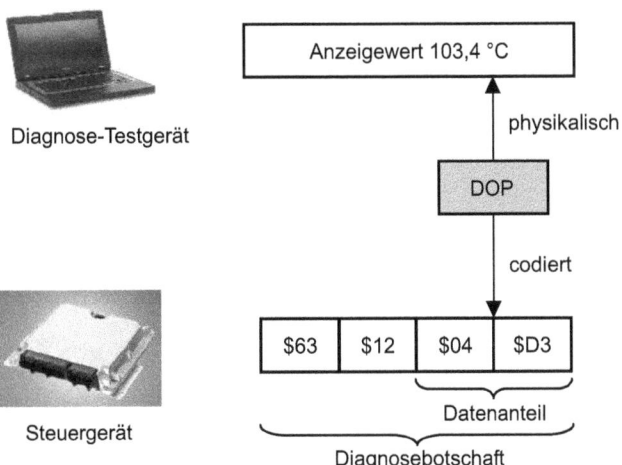

Bild 15-4 Bidirektionale Umrechnung von Diagnosedaten mit Hilfe der Data Object Property (DOP)

Neben der Beschreibung der Diagnosedienste ermöglicht ODX auch die Beschreibung von Codier- und Flashdaten, Protokollparametern sowie von Diagnosejobs. Das ODX-Datenmodell kennt acht Kategorien. Diese beschreiben alle zur Diagnosekommunikation erforderlichen Daten in strukturierter Form. Hierbei wird eine vorgegebene Hierarchie und Referenzierung sowie die Vererbung angewandt. Weitergehende Informationen sind in der Literatur (siehe z. B. [Ma3], [Wa1] und [Zi2]) zu finden.

15.2.9 Diagnose-Anwendungsschnittstelle

Die Diagnose-Anwendungsschnittstelle nach ASAM-MCD3 und ISO 22900-3 ermöglicht den standardisierten Zugriff gemäß MVCI-Architektur. Dabei ist auch der lesende Zugriff auf die Diagnosedaten (ODX-Daten) beinhaltet (Bild 15-5). Es handelt sich um eine objektorientierte Schnittstelle, die ein Basis-Objektmodell definiert. Die Objekte und Methoden der Schnittstelle definieren den Zugriff auf ODX-Daten (Diagnose, Flashen und Codieren), Kommunikationshardware und Diagnoseprotokolle und sichern so den Einsatz für alle Anwendungsbereiche der Diagnose.

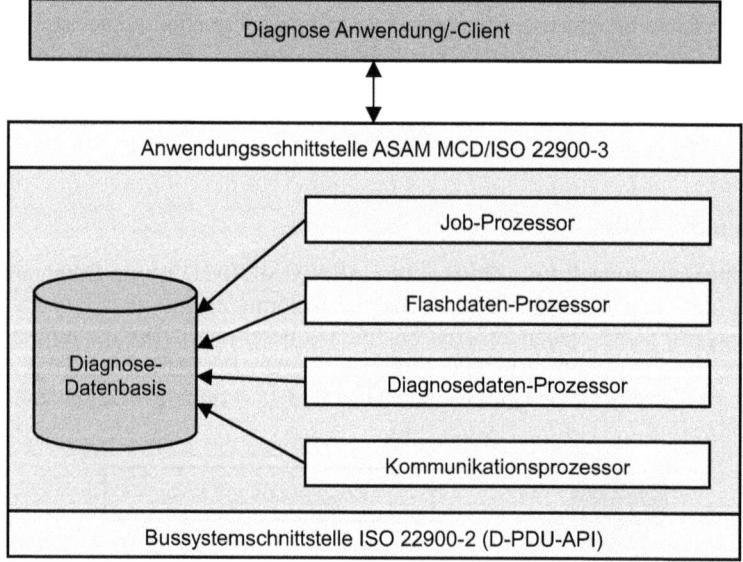

Bild 15-5 Innerer Aufbau eines Diagnoseservers gemäß MVCI-Standard

15.2.10 Diagnosestandards

Wie bereits mehrfach erwähnt unterliegt die Diagnose einer massiven Standardisierung innerhalb unterschiedlichster Gremien und Organisationen:
- International Organisation for Standardisation (ISO, siehe Anhang A),
- Society of Automotive Engineers (SAE, siehe Anhang A),
- Association for Standardization of Automation and Measuring Systems (ASAM, siehe Abschnitt 3.2.2),
- Automotive Open System Architecture (AUTOSAR, siehe Abschnitt 2.3).

Die Standardisierung wird zum Teil durch gesetzliche Anforderungen initiiert. Aber auch Bestrebungen der Industrie, durch Standards oder Normen Kosten zu sparen und die Qualität zu erhöhen, führten zu diesen Organisationen oder zu neuen Normen und Standards.

Historisch betrachtet begann die Automobilindustrie über die Standardisierungsgremien der SAE und der ISO mit den Standardisierungsarbeiten der Diagnosekommunikation in den 1980er Jahren.

1989 wurde die erste Norm für Diagnose, die ISO 9141:1989 [Is7] erstellt.

1996 und 1998 folgten Normen zur Definition von Diagnosediensten in der ISO 9141-2 und in der ISO 14229:1998 [Is15].

2001 bis 2006 wurde in der ISO 15031 [Is16] in sieben Teilen die Basis für die abgasrelevante Diagnose standardisiert und vom Gesetzgeber in den USA referenziert.

2004 folgte der Übergang von der K-Leitung zum CAN-Bus mit der ISO 15765 [Is17]. Die ISO 15765 spezifiziert die Diagnosedienste und Teile des Transportprotokolls. Es gab jedoch noch viele firmenspezifische Ausprägungen.

2006 wurde dann mit der ISO 14229:2006 – UDS [Is18] die Vereinheitlichung vollzogen. Diese Norm wird bei nahezu allen Neuentwicklungen der Fahrzeughersteller eingesetzt. Die Abkürzung UDS steht dabei für Unified Diagnostic Services.

Seit 2006 wird in einer Arbeitsgruppe der ISO an der Harmonisierung der abgasrelevanten Diagnose sowie einer Harmonisierung zur erweiterten Diagnose unter dem Arbeitstitel World Wide Harmonized Onboard Diagnostics – ISO 27145 WWH-OBD [Is19] gearbeitet.

Neben den standardisierten Protokollen sind aber auch weiterhin noch firmenspezifische Protokolle im Einsatz, insbesondere bei älteren Fahrzeugen.

15.3 Diagnose-Entwicklungsprozess

15.3.1 Diagnose als Funktion im Steuergerät

Es befinden sich bereits Motorsteuergeräte im Einsatz, bei denen der Softwareanteil für die Diagnose mehr als 50 Prozent ausmacht. Diagnose im erweiterten Sinn ist damit kein Zusatz mehr, sondern eine wesentliche Funktion der Steuergeräte. Die Diagnose in elektronischen Steuergeräten wird parallel zur ursprünglichen Hauptfunktion (d. h. die Hauptfunktion ohne die Diagnose) mit den gleichen Entwicklungsmethoden und mit den gleichen Qualitätsanforderungen entwickelt und freigegeben. Die Entwicklung der Diagnose ist also ein integraler Bestandteil im Fahrzeugentwicklungsprozess geworden.

15.3.2 Beteiligte am Diagnose-Entwicklungsprozess

Die Entwicklung der Fahrzeugdiagnose erfordert ein enges Zusammenspiel zwischen allen Beteiligten. Von Beginn der Entwicklung eines Fahrzeugs bis zur garantierten Unterstützung beim Kunden (10 bis 15 Jahre nach Produktionsende) muss die Diagnose entwickelt und gepflegt werden.

Die lange Zeit, die große Anzahl der Beteiligten, die Anforderungen an Aktualität und Qualität sowie der Kostendruck erfordern Prozesse, die eine enge Zusammenarbeit zwischen allen

Beteiligten sicherstellen. Die am Diagnose-Entwicklungs- und -Betreuungsprozess Beteiligten und deren Aufgaben werden im Folgenden näher erläutert.

Die Entwickler beim Steuergeräte-Lieferanten setzen die Diagnoseanforderungen gemäß Lastenheft um. Entwicklung und Test der Software im Steuergerät, Konfiguration der Diagnose-Softwarekomponenten (Diagnose-Softwaremodule) und Erstellung der Basis-ODX-Daten gehören ebenso zu ihren Aufgaben.

Die Systementwickler beim Fahrzeughersteller definieren die systembezogene Diagnose in Zusammenarbeit mit den Steuergeräte-Lieferanten und den Diagnoseentwicklern aus Entwicklung, Produktion und Service. Die Aufgaben sind die Erstellung des Diagnoselastenheftes, der Test und die Freigabe der Diagnosefunktionalität mit Flashen, Codieren und Parametrieren und das Änderungs-Management für die Diagnose.

Die Diagnoseentwickler beim Fahrzeughersteller definieren die allgemeine und die baureihenbezogene Diagnose. Dies umfasst die Festlegung der Diagnose-Kommunikationsprotokolle, die Konfiguration der Diagnose-Softwarekomponenten, die Erstellung der Diagnose-Baureihenlastenhefte und die Festlegung der Bedatungsrichtlinen für die ODX-Daten. Die Integration der Diagnose in die Steuergerätevernetzung und die Steuergerätearchitektur gehören ebenso zu ihren Aufgaben wie die Koordination der Diagnoseentwicklung für neue Fahrzeugbaureihen. Die Definition, Koordination und Freigabe von Diagnoseänderungen fallen auch in ihren Verantwortungsbereich.

Die Fahrzeug-Integratoren definieren die Fahrzeugvernetzung einschließlich der Diagnose. Er überprüft die Diagnosefunktionen im Zusammenspiel der Steuergeräte und Systeme an Brettaufbauten und Hardware-in-the-Loop-Prüfständen.

Das Testteam überprüft die Diagnosefunktionen in Fahrzeugen beim Dauerlauf und auf Erprobungsfahrten. Dazu gehören auch die Fehlernachverfolgung im Versuchsbetrieb und die Aktualisierung von Software sowie die Codierung und Parametrierung von Steuergeräten im Versuchsbetrieb.

Die Mitarbeiter der Prüfplanung in der Fahrzeugproduktion definieren die Diagnosefunktionalitäten im Produktionsbereich. Neben der Datenlogistik für Flashen, Codieren und Parametrieren sind die Planung der diagnosebasierten Prüfungen und Inbetriebnahmen weitere Aufgaben dieses Bereichs. In der Lastenheftphase der Steuergeräte werden die produktionsrelevanten Diagnoseinhalte definiert, um sie in Prüfmodulen für die Testgeräte in der Fahrzeugproduktion umsetzen zu können.

Der Bereich Fahrzeugmontage und -produktion definiert die Prüf- und Inbetriebnahmeabläufe für die Diagnose-Testgeräte in der Fahrzeugproduktion und ist für die Durchführung und Dokumentation der Prüfungen und Inbetriebnahmen verantwortlich. Die Fehlersuche und die Reparatur in der Nacharbeit gehören auch zu seinen Aufgaben.

Die Diagnose-Autoren im Service definieren die Diagnosefunktionalitäten für den Service und die Datenlogistik für Flashen, Codieren und Parametrieren in den Servicewerkstätten. Er definiert auch die servicerelevanten Diagnoseinhalte in der Lastenheftphase und setzt sie in Prüfabläufe für die Service-Testgeräte um.

15.3.3 Entwicklungsprozess für Diagnosedaten

Ein modernerer Entwicklungsprozess für Diagnosedaten beruht auf zentraler Entwicklung, Test, Freigabe und Verteilung der Daten. Hierbei werden möglichst früh in der Entwicklungsphase des Fahrzeugs und der Steuergeräte unter Einbeziehung der Vorgaben (Diagnoselasten-

15.3 Diagnose-Entwicklungsprozess

heft) die Diagnosedaten für Kommunikation, Flashen, Codieren und Parametrieren von den Diagnose-Autoren definiert. Unter Berücksichtigung von firmeninternen und externen Standards und Normen erfolgt die Datenerstellung mit Hilfe spezieller Editoren. Die Steuergeräte-Lieferanten können die so erstellten Diagnosedaten auch zur Generierung der Steuergeräte-Software verwenden. Die Daten werden in einer Datenbank oder einem Webserver zur Verwendung in Entwicklung, Produktion und Service bereitgestellt (vgl. Bild 15-6). Die Verwendung des Diagnosedatenformats ODX nach ISO 22901-1 [Is12] bietet hier die Möglichkeit, den gesamten Datenumfang standardisiert im XML-Format zu beschreiben und Werkzeuge unterschiedlicher Hersteller einzusetzen.

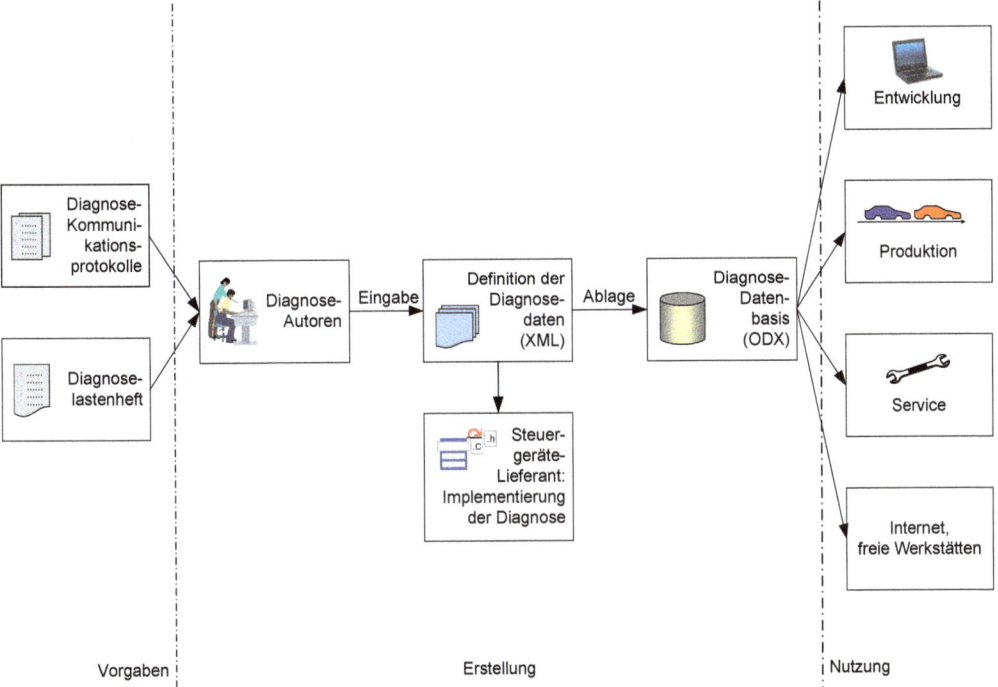

Bild 15-6 Entwicklungsprozess für Diagnosedaten

15.3.4 Erweitertes V-Modell für die Diagnose

Das in der Softwareentwicklung bekannte V-Modell wird bei der Diagnose zum erweiterten V-Modell für die Diagnose (siehe Bild 15-7). Diese Darstellung soll verdeutlichen, dass mit der Freigabe durch die Entwicklung der Prozess nicht beendet ist, sondern durch die Verwendung der Diagnose in Produktion und Service erweitert wird.

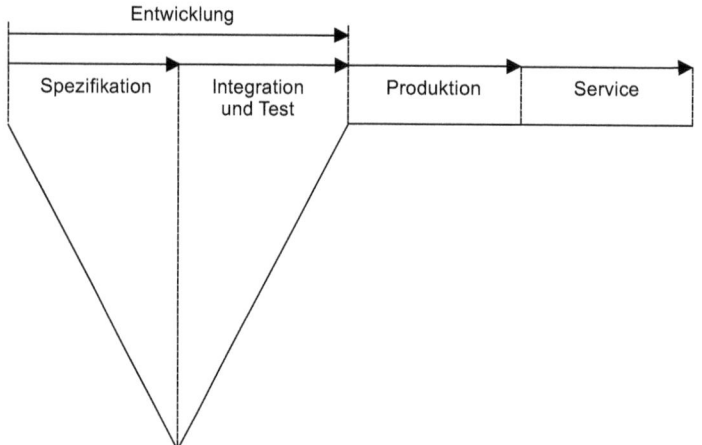

Bild 15-7 Erweitertes V-Modell für die Diagnose (schematisch). Vergleiche hierzu auch die Bilder 3-7 und 3-8

15.3.5 Definition der Diagnoseinhalte

Die Anforderungen an die Diagnose von Steuergeräten und Systemen aus Entwicklung, Produktion und Service werden in der Definitionsphase des Steuergerätes gemeinsam definiert und in das Lastenheft integriert. Diese Aufgabe wird in Diagnosegesprächen erledigt, die von einem Diagnosebetreuer moderiert werden. Das so entwickelte Diagnoselastenheft ist die Basis für die Diagnosefunktion im Steuergerät, für die Diagnosedaten, sowie für die Programmierung und die Konfiguration der Software-Werkzeuge in Entwicklung, Produktion und Service.

15.3.6 Diagnosefunktionen im Steuergerät

Die Diagnose eines Steuergerätes muss, eingebunden ins Betriebssystem und in die Hauptfunktionalität, als integraler Bestandteil der Software und der Funktion mitentwickelt werden. Die Funktionalitäten der Diagnosekommunikation sind in Standard-Softwarekomponenten (auch Standard-Softwaremodule genannt, siehe Bild 15-8) enthalten, die in die Steuergerätesoftware integriert werden. Diese Softwarekomponenten (Module) werden für viele Prozessoren und für das OSEK-Betriebssystem (siehe Abschnitt 2.2) sowie zukünftig auch für AUTOSAR (siehe Abschnitt 2.3) angeboten. Sie werden mit Hilfe von Konfigurationstools an das jeweilige Steuergerät angepasst.

Es werden im Allgemeinen standardisierte Softwarekomponenten für das Transportprotokoll (z. B. ISO 15765-2 [Is17]), das Diagnose-Kommunikationsprotokoll (z. B. ISO 14229-1 [Is18]) und den Flash-Bootloader eingesetzt. Es existieren auch Softwarekomponenten für das Fehlermanagement (Fehlererkennung, Fehlerverwaltung und Fehlerspeicherverwaltung) im Steuergerät. Zur Komplettierung müssen noch Messwerte und Ansteuerungen definiert und programmiert werden.

15.4 Diagnose in der Fahrzeugproduktion

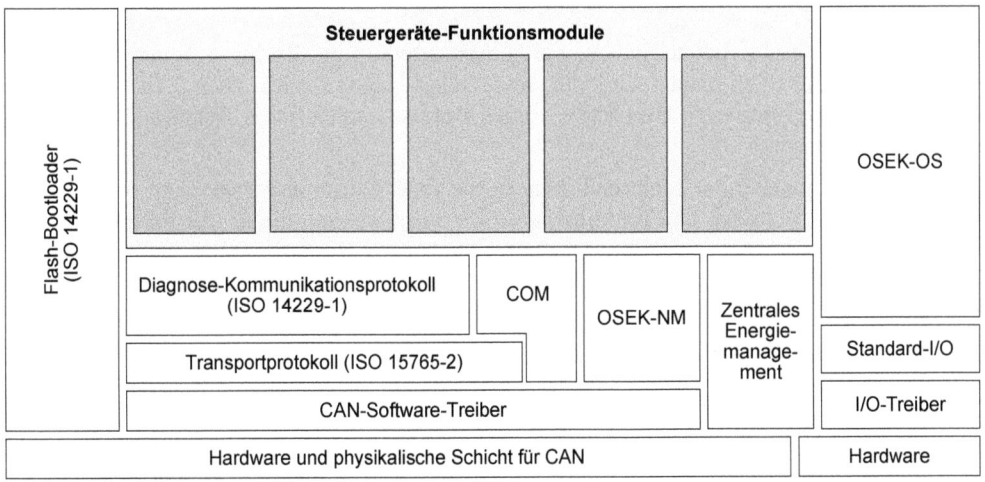

Bild 15-8 Standard-Softwarekomponenten: COM Kommunikation, I/O Ein- und Ausgabe, zum OSEK siehe Abschnitt 2.2. Zur Standardisierung gemäß ISO 14229-1 (Unified Diagnostic Services UDS) und ISO 15765-2 siehe Abschnitt 15.2.2. Die Funktionsmodule sind Softwarekomponenten, die die Funktionen (z. B. Steuerungsfunktionen) oder die Diagnosefunktionen des Steuergeräts beinhalten

15.3.7 Test und Integration

Nach der Entwicklung der Diagnosefunktionalitäten der Steuergeräte erfolgt der Test auf Steuergeräteebene unter Verwendung von Diagnose-Testwerkzeugen und Hardware-in-the-Loop-Prüfständen (HIL-Prüfständen, siehe Abschnitt 3.4.2). Anschließend wird in der Fahrzeugintegrationsphase die Diagnose integriert, getestet und freigegeben.

15.4 Diagnose in der Fahrzeugproduktion

15.4.1 Diagnoseprozesse in der Fahrzeugproduktion

Elektronik in der Fahrzeugproduktion – eine Vorbetrachtung

Während in den vorangehenden Kapiteln der Aufbau, die Funktion und der Entwicklungsprozess elektronischer Systeme im Fahrzeug näher beschrieben wurden, liegt der Fokus in den folgenden Abschnitten auf dem Fertigungsprozess von Fahrzeugen mit stark vernetzter Elektronik. In der Fahrzeugproduktion werden die Diagnosefunktionen der Steuergeräte vorteilhaft eingesetzt, um diese Fahrzeuge in Betrieb zu nehmen und zu prüfen.

Aufgrund der hohen Komplexität der Vernetzung ist eine strukturierte Vorgehensweise bei der Planung der Fertigungsprozesse unter den gegebenen Produkteigenschaften geradezu zwingend notwendig (vgl. hierzu auch [Re6], [Wa2]).

Fahrzeugproduktion – Optimierung von Kenngrößen

Ziele der Planungsaktivitäten sind es, Fertigungsprozesse (und damit auch Inbetriebnahme- und Prüfprozesse) so zu planen, dass die wesentlichen Kenngrößen Kosten, Zeit und Qualität ein Optimum erreichen (vgl. Bild 15-9). Einige Beispiele sollen diese Kennzahlen etwas anschaulicher machen.

Unter dem Blickwinkel der Elektronik können die fixen Kosten der Fahrzeugproduktion den Investitionen für Betriebs- und Prüfmittel zugeschrieben werden, die für die Prüfprozesse der Fahrzeugelektronik benötigt werden. Die laufenden Kosten ergeben sich im Wesentlichen aus Fertigungszeiten, d. h. aus solchen Zeitaufwendungen für Montage-, Inbetriebnahme- und Prüfaktivitäten, die einer Mitarbeiterbindung unterliegen.

Der Fertigungsablauf ist in einzelne Takte untergliedert. Diese kleinsten Prozessabschnitte enthalten klar festgelegte Arbeitsinhalte, deren Abarbeitung in einer festen Zeit, der so genannten Taktzeit, zu erfolgen hat. Sie ist das Zeitmaß der Produktion, das auch bei Inbetriebnahme- und Prüfaktivitäten bei elektronischen Systemen einzuhalten ist. Häufig ist die Zeitspanne eines Takts zu kurz für umfangreichere Inbetriebnahmen und Prüfungen einschließlich der prozessbegleitenden Vor- und Nachbereitungen (wie Prüfmittel an- und abklemmen), so dass mehrere aufeinander folgende Takte an einem Prozessort zusammengefasst werden.

Die Qualitätsansprüche des Fahrzeugherstellers bestimmen den Umfang und die Tiefe der Prüfungen, welche zur Absicherung nach der Fahrzeugmontage und Inbetriebnahme notwendig sind. Beispielsweise kann es durchaus ausreichend sein, nur einen Kontakt einer Steckverbindung zu prüfen, um daraus die Aussage abzuleiten, dass die Steckung fehlerfrei ist. Eine größere Prüftiefe würde bedeuten, dass etwa alle Kontakte der Steckung zu überprüfen sind.

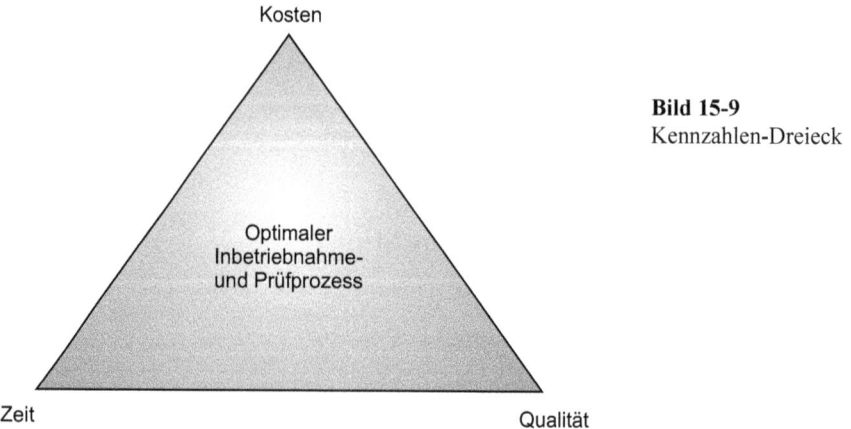

Bild 15-9
Kennzahlen-Dreieck

Diese Kennzahlen werden für die erstmalige Erstellung eines Produktionsprozesses genau so erstellt, protokolliert und optimiert wie für Änderungen über den gesamten Lebenszyklus des Fahrzeugprojekts.

Elektronikprozesse in der Fahrzeugproduktion

Die Montage elektrischer und elektronischer Systeme wird im Folgenden nicht weiter betrachtet, da sie für die weiteren Ausführungen im ersten Ansatz keine weiteren Erkenntnisse erbringt und sich durch die klassische Montageplanung genügend beschreiben lässt. Auch die

15.4 Diagnose in der Fahrzeugproduktion

klassischen Elektrik-Themen sollen nur am Rande betrachtet werden, da sie aus Sicht der Diagnosefunktionalitäten keinen wesentlichen Beitrag liefern.

Die Elektronikprozesse der Fahrzeugproduktion unterteilen sich in einen wertschöpfenden und einen prozessabsichernden Anteil. Eine Übersicht gibt Tabelle 15.1, auf deren Einträge im Folgenden noch genauer eingegangen wird.

Tabelle 15.1 Elektronikprozesse in der Fahrzeugproduktion

	Montage	Inbetriebnahme	Prüfung	Nacharbeit (nur bei Bedarf)
Art des Prozesses	Wertschöpfungsprozess	Wertschöpfungsprozess	Absicherungsprozess	Analyse- und Absicherungsprozess
Aufgaben und Inhalte	Montage der Steuergeräte Verlegen des Leitungssatzes Kontaktieren der Steuergeräte, Sensoren und Aktoren	Konfigurieren der Steuergeräte durch Codieren (z. B. von Ländervarianten) Anpassen (z. B. den Anzeigebereich des Kombiinstruments an das tatsächliche Tankvolumen) Grundeinstellung (z. B. Lernlauf Mittelstellung Leuchtweitenregulierung) Parameter-Download (z. B. Auslöseparameter Airbag)	Überprüfung kritischer Wertschöpfungsumfänge	Analyse von Problemen, Beseitigung von Fehlerursachen Überprüfung überarbeiteter Wertschöpfungsumfänge
Typische Methoden	Schrauben, Clipsen, Stecken und Verrasten	Nutzung von Diagnosefunktionen	Sichtprüfung Strommessung Steuergeräte-Diagnose	Sichtprüfung Strommessung Steuergeräte-Diagnose

Zunächst wird die *Inbetriebnahme* näher betrachtet: Die Möglichkeit, Systeme flexibel zu konfigurieren, hat einhergehend mit den immer weiter fallenden Kosten für Halbleiterspeicher zu einer Aufgabenverschiebung von der Entwicklung zur Produktion geführt. Wurden anfangs für die verschiedenen Einsatzfälle unterschiedliche Steuergerätevarianten entwickelt, so sehen moderne Steuergerätekonzepte eine Hardwarebasis vor, die sich mit einer geeigneten Diagnosefunktionalität für den jeweiligen Einsatzfall flexibel konfigurieren lässt. Man unterscheidet in diesem Zusammenhang drei verschiedene Möglichkeiten, nämlich das Codieren, das Parametrieren und das Flashen. Beim *Codieren* werden Softwareschalter gesetzt, um bestimmte Teile der im Steuergerät hinterlegten Anwendung zu aktivieren oder inaktiv zu setzen. Das Codieren ist unter anderem von Kundenwünschen oder von landesspezifischen Vorgaben abhängig. Ein Beispiel hierfür ist die Funktion „Warnblinkanlage ein bei Vollbremsung". Diese Funktion ist in einigen Ländern verboten und daher deaktiviert, in anderen gewünscht oder Pflicht und deshalb aktiviert. Das *Parametrieren* umfasst das Laden von Parameterlisten, Kennlinien o. Ä. Schließlich bedeutet das *Flashen* von Steuergeräten, dass entweder die komplette Anwendung oder Teile davon ins Steuergerät geladen werden.

Die Vorteile dieser Vorgehensweise liegen klar auf der Hand: Die Teilebereitstellung in der Fertigung durch die Logistik wird wesentlich vereinfacht, am Montageband wird weniger Bereitstellungsraum benötigt und der Werker muss weniger Varianten verbauen. Dadurch sinkt die Fehlerwahrscheinlichkeit. Die Konfiguration eines Steuergeräts kann automatisch erfolgen, wodurch keine Werkerbindung nötig wird. Es zeichnen sich also Verbesserungen bei allen Kennzahlen ab.

Neben der Konfiguration ist das „Einstellen" der elektronischen Systeme auf das individuelle Fahrzeug ein weiterer wesentlicher Inbetriebnahmeschritt, der vor allem bei mechatronischen Systemen auftritt, also immer dort, wo Aktoren und Sensoren anzusprechen sind. Wesentliche Vorgehensweisen sind das Anpassen, die Adaption und die Kalibrierung.

Beim *Anpassen* erfolgt das Einschreiben von Justagewerten und Daten in das Steuergerät. Bei Fahrzeugen mit Niveauregelung muss beispielsweise die tatsächliche Niveaulage der Karosserie zum Fahrwerk durch eine Messung ermittelt werden. Die Ergebnisse dieser Messung (z. B. durch einen externen Prüfstand durchgeführt) werden in Form von Anpassungen ins Steuergerät geschrieben, so dass dieses etwaige Toleranzen elektronisch durch die Niveauregelung ausgleichen kann.

Unter einer *Adaption* versteht man die Initialisierung eines Aktors auf klar definierte Positionen, z. B. auf die Anfangs- und Endposition des Verstellbereichs. Ein typisches Beispiel hierzu ist die Drosselklappenadaption. Über einen Lernlauf fährt die Drosselklappe in ihre Maximalpositionen „auf" und „zu". Das Motorsteuergerät kennt dadurch den tatsächlichen Verstellweg der Drosselklappe.

Bei der *Kalibrierung* erfolgt der Abgleich von Messwerten auf die zugeordnete Referenzgröße. In der Fahrzeugproduktion wird beispielsweise der Geber für das Tankniveau auf eine zuvor eingefüllte genau bemessene Kraftstoffmenge kalibriert, so dass das Kombiinstrument immer die zur Kraftstoffmenge passende Anzeige liefert, auch wenn das Tankvolumen herstellungsbedingten Toleranzen unterliegt.

Ein Großteil (ca. 80 bis 90 Prozent) der Steuergeräteinbetriebnahmen kann mit Hilfe von geeigneten Diagnosefunktionen und unter Einsatz von Prüftechnik und Prüfständen nahezu vollautomatisch ablaufen. Es ist also kein Werker oder Prüfer für die Durchführung notwendig, was den Kosten- und Zeitfaktor wesentlich reduziert.

Als weiterer wichtiger Punkt wird nun die *Prüfung* ausführlicher erläutert: Die störungsfreie Funktion komplexer Elektroniksysteme setzt voraus, dass bei ihrem Zusammenbau während des Montageprozesses keine Fehler gemacht werden. Diese Voraussetzung ist bei manuellen Montageprozessen grundsätzlich nicht erfüllt. Mit anderen Worten besteht potentiell das Risiko von Montagefehlern. Um die geforderten Qualitätsziele trotzdem erreichen zu können, müssen derartige Prozesse durch geeignete Prüfungen abgesichert werden.

Prüfungen umfassen eine mehrstufige Vorgehensweise: Zunächst muss durch einen Anstoß oder eine Anregung das zu prüfende Merkmal in den zu prüfenden Zustand versetzt werden. Dann erfolgt als nächster Schritt die Messwertaufnahme. Abschließend erfolgt die Bewertung des Messwertes hinsichtlich Einhaltung oder Überschreitung der gesetzten Limits.

Ein Beispiel hierfür ist die Prüfung des elektrisch korrekten Verbaus der Kennzeichenbeleuchtung. Als erster Schritt wäre die Kennzeichenbeleuchtung einzuschalten, denn im inaktiven Zustand kann normalerweise nicht direkt erkannt werden, ob die Kennzeichenleuchte richtig angeschlossen ist. Über die Diagnose des Steuergeräts wird ein Stellgliedtest angestoßen, der die Kennzeichenleuchte einschaltet. Im zweiten Schritt erfolgt die Messung. Elektronisch wird

15.4 Diagnose in der Fahrzeugproduktion

der Stromfluss im aktiven Zustand ermittelt. Je nach Aufbau der Ansteuerungsstufe kann dies durch das Steuergerät direkt erfolgen (On-Board-Messung). Im abschließenden dritten Schritt wird die Prüfung bewertet: Konnte ein Stromfluss in ausreichender Höhe erkannt werden, ist das Prüfergebnis in Ordnung. Andernfalls wird ein Fehler erkannt, der nach ausreichender Qualifizierungszeit in den Fehlerspeicher des Steuergeräts eingetragen wird. Über die Diagnose kann das Ergebnis der Prüfung aus dem Fehlerspeicher ausgelesen werden. Das Beispiel zeigt den Idealfall, bei dem alle Vorgänge der Prüfung, nämlich der Anstoß durch einen Stellgliedtest, die interne Messwerterfassung und die Bewertung sowie die Dokumentation durch geeignete Diagnosefunktionen im Steuergerät erfolgen.

Als Nächstes werden Diagnosefunktionen betrachtet, die bei Prüfungen häufig zum Einsatz kommen. Beim *Auslesen der Identifikation* wird bestimmt, ob die richtige Steuergerätevariante verbaut wurde. Oft wird dieser Diagnosedienst auch gleichzeitig dazu benutzt, um zu prüfen, ob ein Steuergerät per Diagnose grundsätzlich angesprochen werden kann. Dabei wird überprüft, ob es korrekt versorgt wird und ob es über die Vernetzung korrekt ansprechbar ist. Das *Auslesen der Fehlerspeicher* wird eingesetzt, um zu bestimmen, ob ein Steuergerät nominal korrekt arbeitet. Nach Durchführung aller Inbetriebnahmen und Prüfungen dürfen keine Fehlerspeichereinträge mehr vorliegen. Das *Auslesen von Messwerten* wird dazu benutzt, um bei einer Prüfung die dabei erfassten Messergebnisse auszulesen und extern, beispielsweise in der Prüfanlage, zu bewerten.

Weiterhin sind in vielen Steuergeräten *Selbsttests* implementiert. Diese können entweder automatisch ausgelöst werden, beispielsweise nachdem „Zündung ein" erkannt wurde. Oft bieten Steuergeräte auch Selbsttests, die über die Fahrzeugdiagnose ausgelöst werden müssen. Als Beispiel sei die automatische Motorprüfung genannt. Bei dieser aufwändigen Prüfung werden vom Motorsteuergerät mehrere aufeinanderfolgende Prüfschritte durchlaufen, um alle abgasrelevanten Komponenten auf Funktionsfähigkeit zu prüfen. Das Prüfergebnis wird in Form von Fehlerspeichereinträgen hinterlegt. Weiterhin geben so genannte Readinesscodes Aufschluss darüber, ob alle Teilprüfungen durchgeführt und gegebenenfalls welche Teilprüfungen noch nicht abgeschlossen wurden.

Produktbeeinflussung

Die Diagnosefunktionen der Steuergeräte bestehen nicht ihrer selbst wegen, sondern verfolgen den Zweck, die Inbetriebnahme, die Prüfung und die Analyse der elektronischen Fahrzeugsysteme zu unterstützen. Ursprünglich eher für den Kundendienst konzipiert, ist die Nutzung der Diagnosefunktionen im Produktionsablauf nicht mehr wegzudenken.

Mit Bezug auf die eingangs eingeführten Kennzahlen Kosten, Qualität und Zeit ist bei der Produktbeeinflussung schon beim Steuergerätedesign darauf zu achten, dass neue Diagnosefunktionen von Anfang an produktionsgerecht konzipiert werden. Kosten können beispielweise dadurch optimiert werden, dass für die Inbetriebnahme und die Prüfung keine manuellen Aktivitäten notwendig werden. Zur weiteren Optimierung der Investitionskosten sollten möglichst einfache Verfahren für die Inbetriebnahmen und solche Prüfungen zum Einsatz kommen, die keine aufwändige – idealerweise gar keine – Prüftechnik benötigen. Natürlich sollten die Fertigungs- und Prozesszeiten für Inbetriebnahmen und Prüfungen möglichst vermieden oder gering gehalten werden. Möglichst alle Merkmale des neu zu entwickelnden Systems sollten per Diagnose erfasst werden können, da manuelle Prozesse hinsichtlich Qualität potentiell prozessunsicher sind.

Um diese Ziele zu erreichen, ist es zwangsläufig notwendig, bei den elektronischen Systemen einen möglichst hohen Grad an Eigendiagnose zu implementieren und möglichst standardisierte Methoden und Verfahren zum Einsatz zu bringen. Dem steht gegenüber, dass die Implementierung eines großen Diagnoseumfangs höhere Entwicklungskosten und längere Entwicklungszeiten mit sich bringt. Somit muss in der Entwicklung immer eine Balance zwischen Entwicklungsaufwand der Diagnose und kostenoptimaler Umsetzung der Inbetriebnahmen und der Prüfungen in der Produktion gefunden werden.

Prüfplanung

Die Prüfplanung verfolgt unter Beachtung der anfangs eingeführten Kennzahlen das Ziel, einen Inbetriebnahme- und Prüfprozess für ein Fahrzeug und einen dazugehörigen Fertigungsablauf zu erstellen und zu beschreiben. Aufgrund der Komplexität des Produkts und der daraus resultierenden Prozesse ist eine strukturierte Herangehensweise zweckmäßig, welche schrittweise von abstrakten Aktivitäten der Planungsstrategie zur immer weiteren Detaillierung während der Produkt- und Prozessplanung führt.

In der frühen Planungsphase, der *Planungsstrategie*, werden Prämissen und Planungsziele beschrieben. Diese lauten unter anderem:

- Optimierung von Zeitaufwand und Kosten,
- hoher Fahrzeugdurchsatz,
- niedrige Anzahl der Prozessorte,
- Erfüllung der grundlegenden Anforderungen an Prüftechniksysteme.

Eingangsgrößen für diesen Prozess sind u. a. die Vernetzungstopologie mit den verschiedenen Steuergeräten und deren Peripherie sowie Erkenntnisse aus früheren Fahrzeugprojekten mit den Aufwänden für Inbetriebnahmen und Prüfungen. Diese frühe Phase gibt anhand der Konzepte und ersten Entwicklungsstände die ersten Abschätzungen über die erwarteten Zeiten und Kosten vor. Daraus werden Vorgaben für die weiteren Planungsaktivitäten abgeleitet.

Die detaillierte *Produktplanung* beginnt zunächst mit der Betrachtung der elektrischen und elektronischen Eigenschaften jedes einzelnen Steuergeräts. Für die Inbetriebnahme müssen folgende Fragen beantwortet werden:

- Welche Schritte müssen durchgeführt werden?
- Welche Voraussetzungen müssen erfüllt sein?
- Welche Randbedingungen gelten für die Durchführung?
- Welche Daten werden zur Konfiguration benötigt?
- Welche Prüfmitteleigenschaften und Anlagenfunktionalitäten müssen vorhanden sein?

Bezüglich der Prüfung stellen sich folgende Fragen:

- Aus der Peripheriebeschreibung, dem Kabel- und dem Steckerplan ergibt sich: Welche Sensoren, Aktoren, diskreten Verbindungen und Stecker sind vorhanden?
- Anhand der Diagnoseeigenschaften: Welche Prüfmethode wird festgelegt?
- Welche Voraussetzungen müssen erfüllt sein?
- Welche Randbedingungen gelten für die Durchführung der Prüfung?
- Welche Größe hat der Sollwert, ab wann ist das Ergebnis nicht in Ordnung?

15.4 Diagnose in der Fahrzeugproduktion

Anhand dieser Systembetrachtung ergeben sich die in Betrieb zu nehmenden Systeme oder zu prüfenden Merkmale. Darunter versteht man alle peripheren Elemente, Sensoren, Aktoren oder auch diskreten Verbindungen. Über geeignete Diagnoseeigenschaften ergeben sich die Methoden zur Durchführung der Inbetriebnahme oder Prüfung. Kann für bestimmte Merkmale keine passende Diagnosefunktion gefunden werden, so können insbesondere bei Prüfungen manuelle Methoden, wie z. B. Sichtprüfungen, zum Einsatz kommen.

Die Diagnoseeigenschaften entscheiden somit maßgeblich über die Art der Durchführung einer Prüfung, nämlich vollautomatisch, teilautomatisch oder komplett manuell. Bei einer vollautomatischen Durchführung wird sie komplett über Diagnosefunktionen, bei einer teilautomatischen Durchführung teils über Diagnosefunktionen, teils manuell realisiert. Im Falle der komplett manuellen Durchführung gibt es keine passenden Diagnosefunktionen. Daher müssen manuelle Prüfmethoden herangezogen werden.

In einem weiteren Schritt ist anhand der Vernetzungsabhängigkeiten zu klären, ob und wie die Inbetriebnahmen und Prüfungen voneinander abhängen. Häufig ergeben sich Abhängigkeiten der Art, dass zur Inbetriebnahme eines Steuergerätes C die Inbetriebnahmen der Steuergeräte A und B erfolgreich abgeschlossen sein müssen. Die Kenntnis dieser Abhängigkeiten ist für die weitere Prozessplanung wesentlich, da sie die Abläufe an den verschiedenen Prozessorten maßgeblich beeinflussen.

Mit diesem Kenntnisstand kann zu jedem Steuergerät eine Liste seiner Merkmale und der zugehörigen Methoden erstellt werden. Die Liste wird mit weiteren Erkenntnissen wie Abhängigkeiten, Randbedingungen und notwendigen Anlageneigenschaften ergänzt. Schrittweise detailliert sich somit der so genannte Produktplan.

In der *Prozessplanung* ist zu klären, wo in der Fertigungslinie die in der Produktplanung gefundenen Merkmale in Betrieb zu nehmen oder zu prüfen sind. Aufgrund der hohen Steuergeräteanzahl, der Vernetzungsabhängigkeiten der Steuergeräte und der meist sehr kurzen Taktzeiten weisen moderne Fertigungslinien heute oft mehrere ausgezeichnete Prozessorte auf, an denen Inbetriebnahmen und Prüfungen der elektronischen Fahrzeugsysteme durchgeführt werden. Gängig sind zudem auch Modulprüfungen, bei denen ein vormontiertes Modul geprüft oder in Betrieb genommen wird, wie z. B. die Türen oder das Cockpit.

Im Rahmen der Prozessplanung müssen also zunächst die Prozessorte der Elektronikumfänge festgelegt werden. Hierzu bilden unter anderem die Kenntnisse folgender Prozess-Randbedingungen eine wesentliche Entscheidungshilfe, die passenden Stellen im Montageprozess zu finden:

- Welche Systeme lassen sich im aktuell vorliegenden Aufbauzustand des Fahrzeuges elektronisch ansprechen?
- Reicht die verfügbare Zeit an einem Prozessort aus, um alle vorgesehenen Aktivitäten in der vorgegebenen Zeit umzusetzen?
- Welche Anlagenfunktionalität steht zur Verfügung oder muss zur Verfügung stehen?
- Wie sieht das Stromversorgungskonzept aus?

Für jeden definierten Prozessort werden als nächstes die grundlegenden Aktivitäten festgelegt. Beispielsweise wird man bei den ersten Prozessorten in der Montagelinie bevorzugt Prüfungen zum korrekten Verbau durchführen. An Prozessorten, bei denen kein Prüfer zur Verfügung steht, werden gezielt automatisch ablaufende Prüfungen vorgesehen, also z. B. Inbetriebnahmeprüfungen.

Anhand der zuvor genannten Randbedingungen, der festgelegten grundlegenden Aktivitäten an den Prozessorten und der vernetzungsbedingten Abhängigkeiten erfolgt die so genannte „Vertaktung". Mit diesem Planungsschritt erstellt man den Prozessplan durch Zuweisung der in der Produktplanung festgelegten Merkmale auf die einzelnen Prozessorte.

Das Resultat aus Produkt- und Prozessplanung, der so genannte Prüfplan, weist einen recht hohen Informationsgehalt und Detaillierungsgrad auf. Er stellt die Verknüpfung von Produkteigenschaften und Fertigungsprozess dar. Aus dem Prüfplan kann für jedes Steuergerät bestimmt werden, wo im gesamten Fertigungsablauf Aktivitäten bezüglich Inbetriebnahmen und Prüfungen stattfinden, welche Merkmale bearbeitet werden und welche Methoden (Diagnosefunktionen) zum Einsatz kommen. Weiterhin kann aber auch für jeden Prozessort abgelesen werden, welche Steuergeräte dort generell bearbeitet werden und welche Merkmale und Methoden der einzelnen Steuergeräte dort betroffen sind. Werden für die Methoden zusätzlich Ausführungszeiten hinterlegt, so kann daraus berechnet werden, wie lange die Inbetriebnahmen und Prüfungen für ein Steuergerät oder für einen Prozessort dauern werden.

Der Einsatz von Diagnosefunktionen in der Fahrzeugproduktion bietet also erhebliche Vorteile bei der Inbetriebnahme und der Prüfung der elektrischen Fahrzeugsysteme durch Reduzierung von Kosten und Zeitaufwendungen. Zudem kann die Qualität durch automatische Prozesse ohne Werker wesentlich gesteigert werden. Durch die Komplexität des Produkts ist vor der Prüfprogrammerstellung eine strukturierte Vorgehensweise zur Planung der Inbetriebnahme- und Prüfabläufe in einer Fertigungslinie notwendig. Das Resultat dieser Anstrengungen ist der Prüfplan, der angibt, welche Merkmale in Betrieb zu nehmen oder prüfen sind, welche Methoden hierzu eingesetzt werden und wo in der Fertigungslinie die entsprechenden Aktivitäten stattfinden. Im Prüfplan sind somit alle Informationen zusammengetragen, um die Prüfprogramme erstellen zu können.

15.4.2 Diagnose-Testgeräte in der Fahrzeugproduktion

Anforderungen an die Diagnose-Testgeräte

Um die Inbetriebnahme- und Prüfprozesse der komplexen und stark vernetzten Fahrzeugelektronik innerhalb immer kürzer werdender Produktionstaktzeiten unterzubringen, müssen die eingesetzten Diagnose-Testgeräte sehr leistungsfähig sein. Solche leistungsfähigen Geräte nutzen sämtliche Potenziale der fahrzeugseitigen Steuergeräte-Diagnose. Insbesondere die Vielfach-Parallelität der Diagnosekommunikation über Diagnose-CAN und Fahrzeug-Gateway sowie die zunehmenden Berechnungsanforderungen benötigen hohe Rechenleistungen und Datendurchsätze.

Prinzipiell profitiert man bei der Gerätekonstruktion und -auswahl sehr von den rasanten Entwicklungsschüben der Konsumelektronik, was z. B. das Mainboard und dessen Leistungsdaten wie Prozessortyp, CPU-Taktrate und RAM-Ausbau sowie die Grafikdisplays anbelangt. Allerdings spielen aufgrund der Auslegung für die typischerweise siebenjährigen Fahrzeugzyklen Technik-Standards und deren Bewährung, Reifegrad und Stabilität von Hard- und Software, mechanische, thermische und elektromagnetische Robustheit, Langzeit-Ersatzteilversorgung sowie Software-Treibersupport eine weitaus größere Rolle als im Bereich der Konsumelektronik, die typische, kurze Marktpräsenzzeiten von 1 bis 3 Jahren besitzt. Typische Gerätesets sind in den Bildern 15-10 und 15-11 gezeigt.

15.4 Diagnose in der Fahrzeugproduktion

Bild 15-10 Typisches Geräteset auf Basis des Betriebssystems Windows XP und Windows Mobile mit WLAN-Kopplung (Siemens AG)

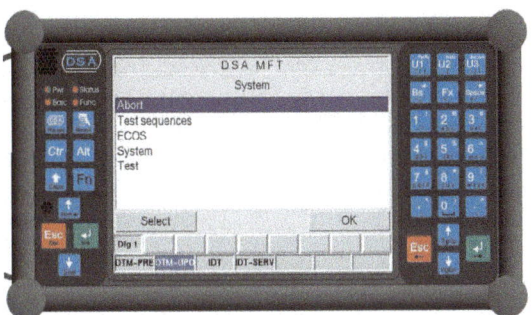 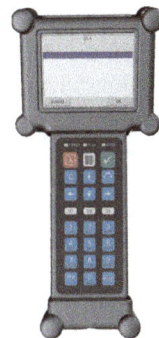

Bild 15-11 Typisches Geräteset auf Basis Betriebssystem LINUX mit WLAN-Kopplung (DSA GmbH)

Gerätebeschreibung

Die Geräte vereinen im kompakten und robusten Package komplette PC-Funktionalität mit Farbdisplay, Folientastatur, IR-Schnittstelle, WLAN-Interface, Diagnose-Kommunikationsinterface und Akkus mit Akkumanagement. Sie besitzen mechanische Halterungen zum Aufsetzen des Gerätes am Lenkrad des zu prüfenden Fahrzeuges sowie zum Halten des Diagnosesteckers mit Diagnoseleitung zur leichteren Handhabung beim Transport.

Den in den Bildern 15-10 und 15-11 gezeigten Gerätekonzepten ist gleich, dass die Diagnose-Testgeräte als vollständige, autarke Prüfsysteme im Fahrzeug während des Produktionsprozesses im Fahrzeug „mitlaufen". Die Fahrzeugdiagnose wird kabelgebunden und damit störungsfrei unter Ausnutzung einer mehrkanaligen Diagnosekommunikation durchgeführt. Die Kommunikation mit dem übergeordneten Leitrechner geschieht kabellos über WLAN. Der Datenaustausch auf dieser Funkstrecke betrifft die Fahrzeugausstattungsdaten, die Prüfprogramme mit Prüfparametern sowie die Prüfergebnisdaten für Qualitäts- und Statistiksysteme.

Die in den Bildern 15-10 und 15-11 jeweils rechts dargestellten Handterminals dienen im Prinzip als „verlängerte Tastatur und externer Monitor" und stehen mit dem mitlaufenden Prüfsystem ebenso über WLAN in Kontakt. Dadurch sind die Werkerführungen bei Bedien- und

Visualisierungsprozessen außerhalb des Fahrzeuges besonders ergonomisch und effektiv gestaltbar, weil der prüfende Werker ohne störendes Kabel, d. h. ohne „Stolperfalle" an jeden Ort rund um das Fahrzeug geführt werden kann. Das Display zur Anzeige der Werkerhinweise und die Tastatur zur Quittierungseingabe hat der Werker in Form des Handterminals jederzeit bei sich.

Diese Quasi-Echtzeit-Anzeige am Handterminal erfordert geringe Latenzzeiten für die Funkanbindung. Heutige WLAN-Standards am Markt können das noch nicht leisten, weil sie keine definierte Übertragungskapazität garantieren. Die Latenzzeitanforderungen sind deshalb nur durch entsprechend sorgfältige Planung, Funkfeldausleuchtung und abgestimmte Koexistenz mit anderen Funkanwendungen erreichbar. Des Weiteren ist ein 2D-Barcode-Scanner, der im Prinzip eine Digitalkamera mit Bildverarbeitungssoftware ist, zur Erfassung von fahrzeug- oder prozessseitigen Barcodes in das Diagnose-Testgerät integriert. Im Fertigungsprozess wird z. B. die Karosserie und die jedem Fahrzeug beigelegte Wagenbegleitkarte durch Barcodes identifiziert. Weitere Barcode-Anwendungen im Fahrzeug sind z. B. die Identifikation der Reifendruckkontrollsensoren durch Barcodeaufkleber an den Felgen sowie der Barcode an den Dieseleinspritzdüsen.

Mit den beispielhaft gezeigten Gerätekonzepten und den enthaltenen Technologien und Komponenten werden die Anforderungen bezüglich Fahrzeug und Fertigungsprozess über die gesamte Laufzeit eines Fahrzeugmodells vollständig und prozesssicher umgesetzt. Nur durch die frühzeitige Schritt-für-Schritt-Migration der Geräte in die laufende Serienproduktion des Vorgänger-Fahrzeugmodells und die damit einhergehende sukzessive „Kundenerprobung" ist die Serientauglichkeit und Verfügbarkeit der Diagnose-Prüftechnik entsprechend lange vor Serienstart des Neufahrzeuges (SOP) auf hohem Qualitätsniveau erreichbar.

15.4.3 Tools zur Analyse und zur Fehlersuche

Einleitung

Kennzeichnend für die Automobilindustrie ist, dass ein vom Kunden gewünschtes Fahrzeug durch viele Konfigurationsmöglichkeiten variieren kann. Des Weiteren sind durch länderspezifische Gesetze und Vorschriften weitere Differenzierungen von Fahrzeugen nötig. Dies führt zu einer sehr hohen Variantenvielfalt an möglichen Kombinationen von Steuergeräten, die in einem Fahrzeug verbaut sein können. Darüber hinaus können die Eigenschaften des Steuergeräts selbst noch variieren. Daher ist es mit vertretbarem Aufwand nicht möglich, alle in der Praxis vorkommenden Varianten während des Entwicklungsprozesses auf Funktionsfähigkeit hin abzuprüfen.

Bedingt durch verschiedene Anforderungen werden im Verlauf der Fahrzeugendmontage Inbetriebnahmen und Prüfungen an teilverbauten Fahrzeugen oder auch an einzelnen Fahrzeugkomponenten (Cockpit, Türen) durchgeführt. Im Entwicklungszeitraum werden jedoch in der Regel nur entweder einzelne Steuergeräte oder komplette Fahrzeuge getestet.

Analyse

Die Analyse findet vermehrt im Zusammenhang mit Fahrzeugneuanläufen statt. Hier werden erste Fahrzeuge mit serienreifer Hard- und Software über den geplanten Fertigungsprozess aufgebaut. Somit finden hier erste Integrationstests statt. Wenn bei diesen Tests Probleme auftauchen, ist es hier wichtig, zeitnah eine Ursache des Problems festzustellen, um damit die Fehlerabstellung einleiten zu können.

15.4 Diagnose in der Fahrzeugproduktion

Im Wesentlichen können vier Problemursachen benannt werden, nämlich:

- das Produkt „Fahrzeug",
- der Fertigungsprozess,
- die Basissoftware des Prüfsystems,
- das Prüfprogramm, das mit der Basissoftware erstellt wurde.

Um die Zuordnung eines Problems zu einem bestimmten Verursacher treffen zu können, kann es nötig werden, die einzelnen Botschaften und darauf aufbauend die Diagnose-Kommunikationsprotokolle zu analysieren. Voraussetzung hierfür ist eine Aufzeichnung (ein so genannter Trace) der Kommunikation auf dem dabei verwendeten CAN-Bus. Allein mit dem Trace des Busverkehrs ist die Analyse von einzelnen Diagnosebotschaften bei paralleler Kommunikation jedoch nur mit sehr großem Aufwand möglich. Noch schwieriger gestaltet sich hier die Analyse bezüglich Verletzungen von Timingparametern, die durch Diagnose-Kommunikationsprotokolle vorgegeben werden.

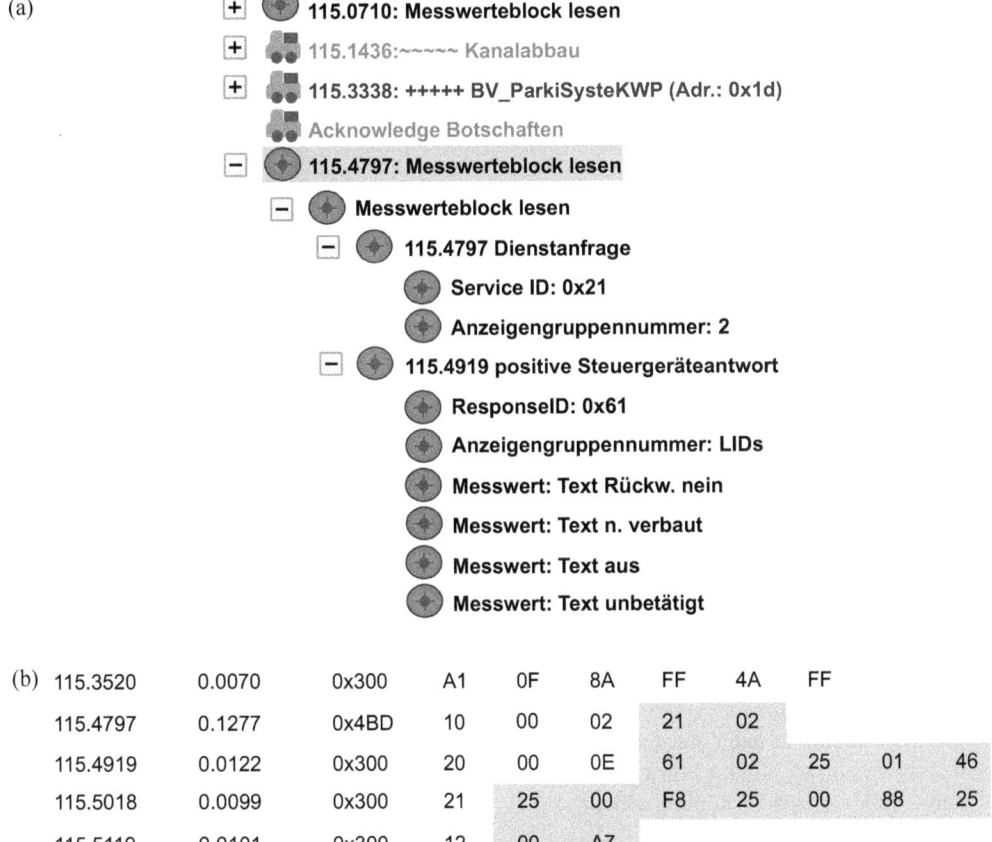

Bild 15-12 Auszüge der interpretierten Darstellung von Diagnosebotschaften: (a) Baumstruktur für die einzelnen Diagnosedienste. (b) Hexadezimale Darstellung des Traces. Die Bedeutung der verschiedenen Spalten wird im Text erklärt. Die dunkel hinterlegten Werte gehören zum Dienst „Messwerteblock lesen" aus (a)

Um die Darstellung der Diagnosebotschaften übersichtlicher zu gestalten, wurden Werkzeuge entwickelt, welche automatisiert die Protokollregeln überprüfen und die die Kommunikation nach logischen Gesichtspunkten strukturiert darstellen. Des Weiteren wird die Bedeutung der Botschaften interpretiert und angezeigt.

In Bild 15-12a ist die interpretierte Darstellung der Botschaften auszugsweise zu sehen. Folgende Informationen sind erkennbar: In der obersten Hierarchieebene werden die einzelnen Diagnosedienste mit Zeitstempel dargestellt. Auf der gleichen Ebene befinden sich auch Informationen zum Transportprotokoll (vgl. Abschnitt 15.2.5). Zur besseren Unterscheidung zwischen den beiden Informationstypen werden diese durch unterschiedliche Symbole gekennzeichnet (die Transportprotokollinformationen durch einen kleinen Lastkraftwagen). Sind innerhalb eines Dienstes detailliertere Informationen (wie z. B. zu den Anfrage- und Antwortparametern) vorhanden, so können sie durch Verzweigen in die nächst tieferen Ebenen angezeigt werden. Dies ist in Bild 15-12a beispielhaft an dem Dienst „Messwerteblock lesen" illustriert.

Bild 15-12b zeigt die interpretierte Darstellung des Traces. In der ersten Spalte der Darstellung wird die absolute Zeit seit dem Beginn der Aufzeichnung angezeigt. In der zweiten Spalte werden die relativen Zeiten zwischen den einzelnen Zeilen des Traces dargestellt. Die dritte Spalte enthält den CAN-Identifier, auf dem die Botschaft gesendet wurde. Die nächsten eins bis acht Spalten enthalten die Informationen aus dem Transport- und dem Diagnose-Kommunikationsprotokoll. Dunkel hinterlegt sind exakt die Werte, die zu dem Dienst „Messwerteblock lesen" (siehe Bild 15-12a) gehören.

15.4.4 Diagnoseprozess Flashen in der Fahrzeugproduktion

Softwarebedingte Steuergerätevarianten

Viele Funktionen heutiger Fahrzeuge werden im Wesentlichen durch die Fahrzeugelektronik ermöglicht. Die Anzahl der Steuergeräte korreliert hierbei oft mit der Anzahl der Funktionen des Fahrzeugs: Mehr Funktionen bedeuten in vielen Fällen eine größere Anzahl verbauter Steuergeräte.

Abhängig von der übrigen Fahrzeugausstattung, den Gesetzesvorgaben in den verschiedenen Vertriebsländern und den Kundenwünschen entstehen Funktionsvarianten dieser Steuergeräte. Diese Varianten unterscheiden sich in vielen Fällen in der Software. Man spricht daher von softwarebedingten Steuergerätevarianten.

Jede über die Prozesskette vom Lieferanten über das Lager bis zur Fahrzeugproduktion zu steuernde Steuergerätevariante erzeugt Kosten und Aufwand. Es liegt somit im Interesse des Unternehmens, Varianten so spät wie möglich im Prozess zu bilden. Es ergeben sich Kosten- und Prozessvorteile für das Unternehmen, wenn softwarebestimmte Steuergerätevarianten erst beim Fahrzeugaufbau nach Verbau des Steuergeräts gebildet werden. Diese Vorteile kommen zum Tragen, sofern für die Programmierung des variantenbestimmenden Softwareanteils geeignete Verfahren zur Verfügung stehen.

Verfahren zur Bildung von softwarebedingten Steuergerätevarianten

Die Steuergerätediagnose stellt hierfür unterschiedliche Dienste bereit, nämlich das Codieren, das Anpassen, den Datensatzdownload und die Updateprogrammierung. Das Codieren und das Anpassen wurden bereits in Abschnitt 15.2.4 behandelt. Der *Datensatzdownload* ähnelt funk-

15.4 Diagnose in der Fahrzeugproduktion

tional der Anpassung. Allerdings werden hier nicht einzelne Parameter, sondern ganze Parametersätze im Steuergerät abgelegt. Dieses Verfahren wird z. B. zum Einstellen von Klangkennlinien im Audio-Verstärker in Abhängigkeit von der Karosserieform, dem Sitz- oder dem Teppichmaterial angewendet.

Bei der *Updateprogrammierung* wird die gesamte Anwendungssoftware in das Steuergerät geschrieben, z. B. die gesamte Software eines Motor- oder Getriebesteuergeräts inklusive der Kennlinien. Die Verfahren Codierung, Anpassung und Datensatzdownload sind bei allen Automobilherstellern sehr verbreitet im Einsatz.

Anwendungsformen der Updateprogrammierung

Der Diagnosedienst Updateprogrammierung findet in unterschiedlichen Prozessformen Anwendung (siehe Tabelle 15.2). Die Prozessformen definieren sich hierbei über zwei Kriterien. Zum einen ist die Prozessform davon abhängig, ob das Steuergerät bereits im Fahrzeug verbaut wurde oder nicht. Zum anderen ist für die Prozessform entscheidend, ob die Programmierung mit oder ohne Bezug auf den Produktionstakt erfolgt.

Tabelle 15.2 Updateprogrammierung in unterschiedlichen Prozessformen

Verbauzustand des Steuergeräts im Fahrzeug	Prozessform mit Taktbezug	Prozessform ohne Taktbezug
Eingebautes Steuergerät	Bandprogrammierung	Kundendienstprogrammierung
Ausgebautes Steuergerät	Kommissionierungsprogrammierung	Lagerprogrammierung

Die Updateprogrammierung im Bandablauf (Bandprogrammierung) oder in Kommissionierzonen (Kommissionierungsprogrammierung) findet nur vereinzelt Anwendung. Ein Grund hierfür ist der im Vergleich zu den Taktzeiten hohe Zeitbedarf einer Updateprogrammierung. Weiter sind in der Regel mit diesen Verfahren hohe Kosten durch die Schaffung neuer Prozessorte und Abläufe verbunden. Letztlich können Störungen bei einer taktbezogenen Updateprogrammierung nur schwer kompensiert werden und haben direkte Auswirkungen auf den Produktionsablauf und die Fahrzeugfertigstellung. Deshalb ist dieses Verfahren nur dann das Mittel der Wahl, wenn andere unternehmerische Gründe den Einsatz sinnvoll und notwendig erscheinen lassen. Derartige Gründe entstehen häufig aus wirtschaftlichen Aspekten heraus. So können durch die Programmierung eines Steuergeräts beim Fahrzeughersteller Kostenvorteile beim Einkauf der Steuergeräte erzielt werden. Ist das Steuergerät in einer übergeordneten Komponente verbaut (z. B. das Getriebesteuergerät im Getriebe), so verstärken sich die Kostenvorteile in der Regel weiter.

Die Updateprogrammierung wird aber auch verwendet, um Steuergeräte im ausgebauten Zustand und ohne Taktbezug im Lager zu programmieren (Lagerprogrammierung). Dies ist immer dann erforderlich, wenn die Steuergeräte im Lager „überaltern" und nicht mehr die aktuell gewünschte Software beinhalten. Auslöser hierfür können Softwareänderungen sein, die aus den fortlaufenden Absicherungs- und Optimierungsaktivitäten der technischen Entwicklung hervorgehen. Weiter können lange Lieferwege und Abnahmeverpflichtungen gegenüber dem Steuergerätelieferanten dazu führen, dass die im Lager vorhandenen Steuergeräte einem Update unterzogen werden müssen. Hierfür werden üblicherweise so genannte „Softwaretankstellen" verwendet. Diese Tischaufbauten (siehe Bild 15-13) stellen die Stromversorgung des

Steuergeräts sicher und generieren eventuell notwendige Umgebungssignale. Ein PC oder ein Notebook mit geeigneter Diagnosesoft- und -hardware führt dann die Updateprogrammierung durch.

Da von optimierter Software nicht nur Fahrzeugneukunden, sondern auch Bestandskunden profitieren sollen, findet die letztere Form der Updateprogrammierung als Kundendienstprogrammierung auch in den Kundendienstwerkstätten Anwendung. Im Rahmen eines Kundendienstaufenthalts des Fahrzeugs in der Werkstatt ermittelt die dortige Prüftechnik über Datenbanken des Fahrzeugherstellers, für welche Umfänge aktualisierte Software zur Verfügung steht. Diese wird dann per Updateprogrammierung in das jeweilige Steuergerät geschrieben.

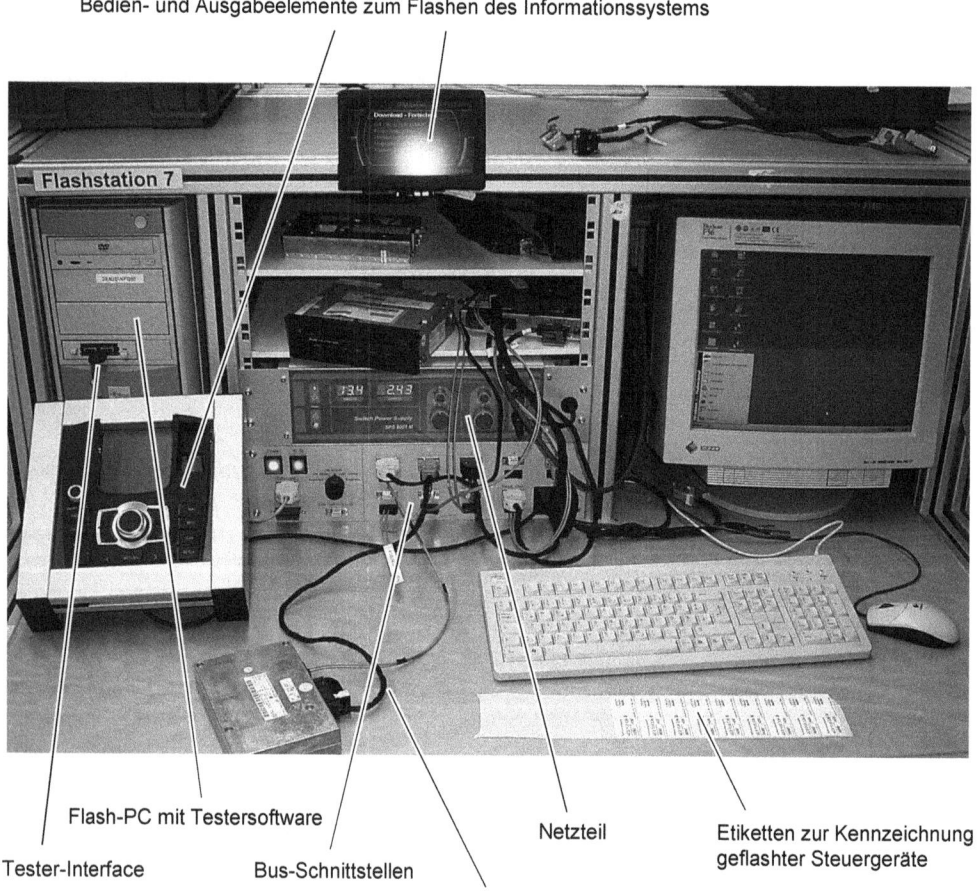

Bild 15-13 Softwaretankstelle zur Updateprogrammierung

15.5 Diagnose in der Werkstatt

15.5.1 Off-Board-Diagnose in der Werkstatt

Diagnoseanlass

Ein Fahrzeug wird beispielsweise in die Werkstatt gebracht, weil eine Routinemaßnahme ansteht (Wartung, Abgasuntersuchung, Hauptuntersuchung) oder weil dem Kunden eine Unregelmäßigkeit aufgefallen ist. Hinsichtlich der zur Verfügung stehenden Prüf- und Testgeräte und damit der Prüf- und Testmöglichkeiten ist eine Differenzierung in fabrikatsgebundene und „freie" Werkstätten erforderlich. Die fabrikatsgebundenen Werkstätten müssen aus Garantie- und Haftungsgründen ihre fabrikatsspezifischen Geräte benutzen und sich streng an vorgeschriebene Prüfanleitungen, z. B. geführte Fehlersuche, halten. Freien Werkstätten hingegen steht eine große Auswahl von „universellen" Prüf- und Testgeräten zur Auswahl. In jedem Fall ist, eventuell nach der Kundenbefragung zur Auffälligkeit und nach einer Probefahrt, der Fehlerspeicher auszulesen (siehe Bild 15-14). Es gibt nur zwei Möglichkeiten. Entweder ist der Fehlerspeicher belegt, oder er ist leer.

Fehler im Fehlerspeicher abgelegt

Steuergeräte können zwar viele Fehler erkennen, aber oft nicht exakt lokalisieren. Um zu klären, ob der Fehler in der Peripherie oder im Steuergerät selbst liegt, muss messtechnisch von außen eingegriffen werden.

Den geringsten Zeitaufwand für die Überprüfung ein- und ausgehender Signale nimmt die Messwertabfrage per Werkstatt-Diagnosegerät in Anspruch. Dazu wird das Gerät an den Fahrzeug-OBD-Stecker angeschlossen, das relevante Teilsystem oder Steuergerät aufgerufen und der passende Messwertblock zusammengestellt (siehe Bild 15-14). In der Praxis gibt es dafür verschiedene Bezeichnungen, z. B. Statusabfrage, Istwertabfrage und Messwertabfrage. Weil eine serielle Schnittstelle die Daten überträgt, erscheinen die Messwerte mit einer gewissen Verzögerung.

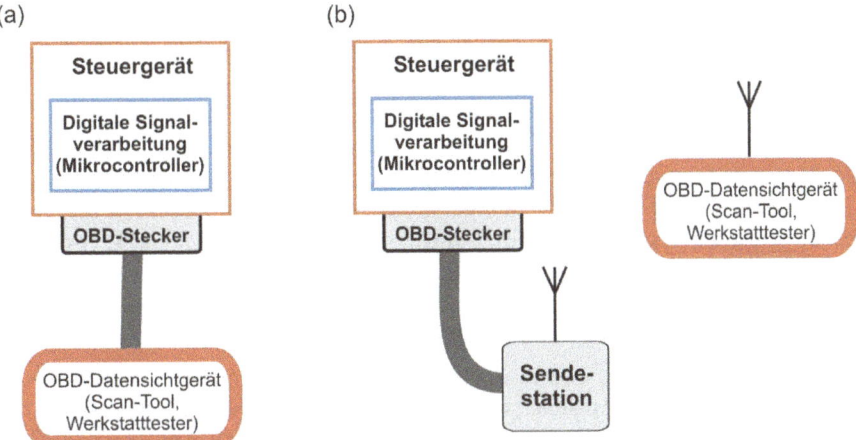

Bild 15-14 Fehlerspeicherabfrage und Messwertabfrage: (a) OBD-Datensichtgerät an der OBD-Steckdose angeschlossen, Datensichtgerät in Fahrzeugnähe. (b) Sendestation an OBD-Stecker, Datensichtgerät an zentraler Stelle in der Werkstatt

Ein gewisses Diagnose-Restrisiko verbleibt bei Displayanzeigen, die nicht in elektrischen Größen, sondern in bereits decodierten Aussagen erfolgen, wie beispielsweise „Motortemperatur 60 °C", oder „Fahrpedal 50 Prozent ausgelenkt". Wenn diese Werte mit der überprüfbaren Realität übereinstimmen, können sie akzeptiert werden. Wenn aber zwischen der Anzeige und der Realität ein Widerspruch liegt, ist immer noch nicht klar, ob die Information wirklich falsch ist, oder ob das Steuergerät fehlerhaft auswertet. Gleiches gilt für 1-0-Signale der Schalter, wie folgendes Beispiel zeigt: Die Meldung „Schalter ein" mag zwar stimmen; wenn aber das Spannungssignal, beispielsweise feuchtigkeitsbedingt, nicht eindeutig ist, kann das Steuergerät zu einem anderen Zeitpunkt fälschlicherweise den Zustand „Schalter aus" erkennen.

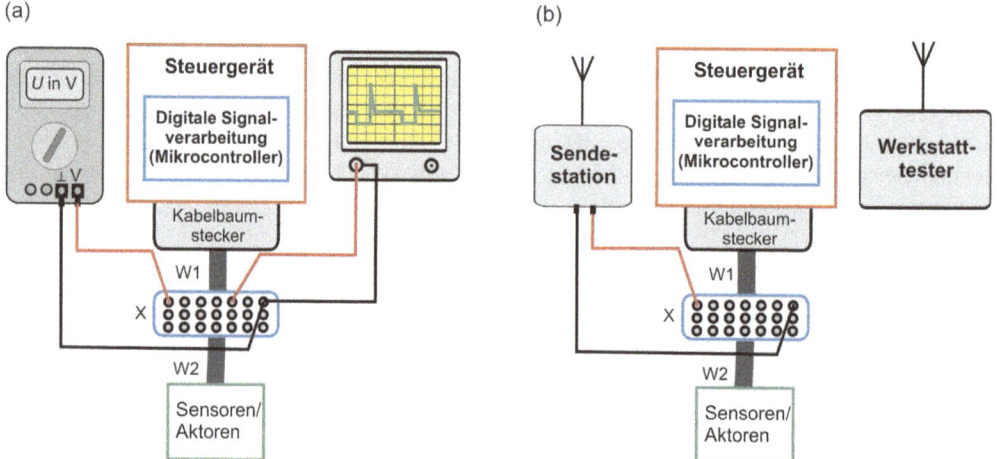

Bild 15-15 Pinbox als Messadapter: W1 Pinboxkabelbaum, W2 Steuergerätekabelbaum, X Pinbox. (a) Multimeter und Oszilloskop an der Pinbox angeschlossen, beide in Fahrzeugnähe. (b) Messeingänge der Sendestation an der Pinbox angeschlossen, Datensichtgerät (Werkstatttester) an zentraler Stelle in der Werkstatt

Sicherheitshalber sollten im Fehlerspeicher abgelegte Beanstandungen mit Hilfe eines Multimeters oder eines Oszilloskops nachgewiesen werden. Dazu bieten Fahrzeughersteller und Prüfgerätehersteller spezielle Adapter an, die es ermöglichen, Spannungswerte bei eingeschaltetem, eventuell sogar in Betrieb genommenem Fahrzeugsystem (Rollenprüfstand, hochgebocktes Fahrzeug) zu messen. Ein Beispiel für solche Messadapter sind spezielle Prüfstecker oder die Pinbox (siehe Bild 15-15). Die Pinbox wird bei ausgeschaltetem Fahrtschalter zwischen Steuergerät und Fahrzeugkabelbaum angeschlossen. Über die Buchsen der Pinbox sind die Steuergeräteanschlüsse messtechnisch zugänglich. Wenn die Pinbox angeschlossen ist, muss die Zündung wieder eingeschaltet werden, damit die Sensor- und Aktorstromkreise wieder eine Spannungsversorgung erhalten. Die Messwerterfassung erfolgt zwar in Echtzeit, aber nicht selten ist der Fehler im Moment der Kontrollmessung nicht vorhanden.

Moderne Steuergeräte erfassen auch die Umstände der Fehlererkennung wie Drehzahl, Temperatur, Häufigkeit usw. Diese Angaben verringern zwar das Diagnose-Restrisiko, aber es kann dann immer noch nicht mit hundertprozentiger Sicherheit gesagt werden, ob der Fehler in der Peripherie auftrat, oder ob das Steuergerät nicht richtig gearbeitet hat. Dies sind zwar Ausnahmefälle, aber es sind die Situationen, die einer Werkstatt Lohn- und möglicherweise auch Materialkosten bescheren, die sie dem Kunden nicht in Rechnung stellen kann.

Kundenbeanstandung, aber kein Fehler gespeichert

Es gibt Beanstandungsursachen, die ein Steuergerät bzw. eine Fahrzeugeigendiagnose nicht erkennen kann. Die Vorgehensweise in solchen Situationen hängt davon ab, welche Hilfe der Fahrzeughersteller bietet und wie die Werkstatt hierauf personell, messtechnisch und organisatorisch vorbereitet ist.

Etwa seit dem Jahr 2000 bieten verschiedene Fahrzeughersteller ihren Vertragswerkstätten die computergestützte *geführte Fehlersuche* an. Falls die Reklamation innerhalb der Garantiezeit auftritt, ist diese Vorgehensweise sogar verpflichtend vorgeschrieben, um die Garantie nicht zu verwirken. Bei der geführten Fehlersuche werden vom Fehlersuchprogramm zunächst vielfältige Symptome angeboten, aus denen das Zutreffende ausgesucht wird. Dann übernimmt das Fehlersuchprogramm die weitere Vorgehensweise, wobei sich Anweisungen und Befundeingaben abwechseln, bis dann eine konkrete Reparaturanweisung erfolgt. Manche Fahrzeughersteller sind dazu übergegangen, in die geführte Fehlersuche einzelne Schritte so einzubauen, dass die Fehlersuche erst dann weitergeht, wenn vorgeschriebene Motorbetriebszustände durchfahren wurden, die das Überprüfen der noch nicht geprüften Teilsysteme ermöglichen. Eine Endkontrolle (Probefahrt mit anschließendem Fehlerspeicherauslesen) schließt die Reparatur ab. Häufig führt auch diese Prüfmethode nicht zum Erfolg. Für diese Fälle bieten die Fahrzeughersteller ihren Vertragswerkstätten weitere Hilfe in verschiedenen Kommunikationsformen (Fax, E-Mail, Telefon) an.

Für fabrikatsfremde Fahrzeuge, die beispielsweise in Zahlung genommen wurden, oder für freie Werkstätten besteht häufig nicht die Möglichkeit, sich der originalen, fabrikatsspezifischen geführten Fehlersuche zu bedienen. Um diese Lücke zu schließen, bieten Hersteller von universell einsetzbaren Kfz-Testgeräten umfangreiche, wiederum fabrikatsspezifische PC-Fehlersuchprogramme und Online-Beratungen an, beispielsweise im Rahmen eines Pauschalvertrages.

Ungeachtet der vielfältigen Unterstützungen, die Fahrzeug- und Testgerätehersteller bieten, ist es unerlässlich, dass ein qualifizierter Servicefachmann eine Systemüberprüfung durchführen kann, soweit dies mit Hilfe eines Stromlaufplanes und werkstattüblicher Messgeräte (Multimeter, Oszilloskop, eventuell Strommesszange) überhaupt möglich ist. Hierbei ist die Analyse des betrachteten Systems der Einstieg in die Prüfprozedur.

15.5.2 Freie Fehlersuche

Die freie Fehlersuche ist dann gefragt, wenn fabrikatsspezifisch angeleitete Messungen ausgereizt oder nicht möglich sind. Diese Diagnosemethode wird im Folgenden exemplarisch am Common-Rail-System behandelt. Grundsätzlich lässt sich jedes System oder Teilsystem in die Bereiche Stromversorgung, Peripheriebereich Sensorik, Peripheriebereich Aktorik und Datenverbindung mit anderen Systemen einteilen.

Bereich Stromversorgung

Bei älteren und ungepflegten Fahrzeugen ist häufig, korrosions- oder feuchtigkeitsbedingt, die Stromversorgung eines Steuergerätes fehlerhaft. Die Fehler Leitungsunterbrechung und Leitungskurzschluss sind relativ einfach zu diagnostizieren. Schwieriger zu erfassen sind von Übergangswiderständen hervorgerufene plus- oder minusseitige Spannungsabfälle. Eine intakte Stromversorgung ist jedoch von größter Wichtigkeit, weil Steuergeräte nur dann einwandfrei arbeiten können.

Beim Start sinkt die Batteriespannung auch in intakten Fahrzeugen häufig kurzzeitig unter 8 V. Wenn dann in einer plus- oder minusseitigen Zuleitung zum Steuergerät noch ein überdurchschnittlich großer Spannungsabfall auftritt, fallen die Steuergeräte aus und der Motor kann nicht gestartet werden.

Das Schaltplanbeispiel in Bild 15-16 zeigt den Bereich der Stromversorgung eines Steuergerätes, der analysiert und überprüft werden soll. Sobald S1 in Stellung 1 gebracht wird, erfährt es das Steuergerät A über II/13 und verbindet II/46 mit Masse (Minus). Dadurch spricht K1 an und verbindet die Steuergeräteanschlüsse I/7 und I/8 mit dem Bordnetzplus 30. Minusseitig ist das Steuergerät über die Anschlüsse I/4, I/5 und I/6 mit dem Bordnetzminus dauernd verbunden.

Über den Diagnosestecker kann man mit dem Fahrzeugtestgerät die am Steuergerät anliegende Bordnetzspannung abfragen. Wie das Schaltbeispiel zeigt, sind die Plus- und die Minusverbindungen jedoch auf mehrere Anschlüsse verteilt. Deshalb kann über die Abfrage per Diagnosestecker nicht definitiv gesagt werden, welchen der Anschlüsse das Steuergerät zur Spannungsanzeige benutzt. Die Mehrfachausführung der Plus- und der Minusverbindungen sind erforderlich, weil hohe Stromstärken auftreten können.

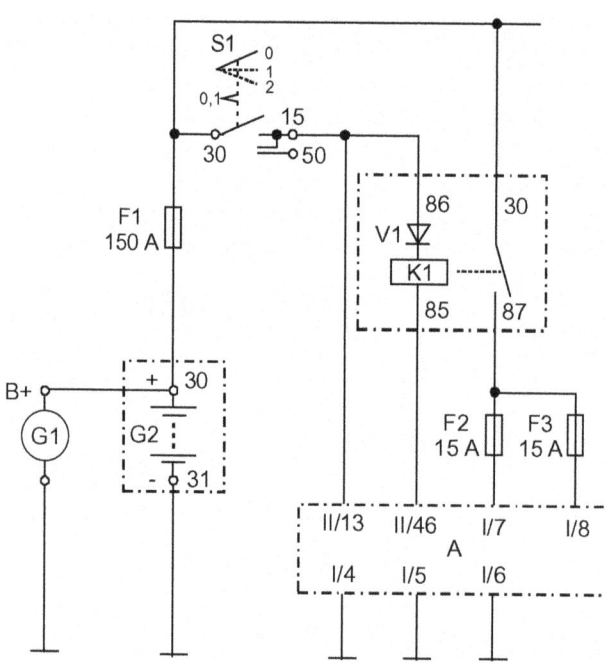

Bild 15-16 Schaltplanbeispiel für die Stromversorgung eines Steuergerätes:
I, II Steuergerätestecker,
A Steuergerät,
F1 Hauptsicherung,
F2, F3 Einzelsicherungen,
G1 Generator,
G2 Batterie,
K1 Hauptrelais 1 der Motorelektronik,
S1 Fahrtschalter,
V1 Verpolschutz-Diode

Treten nun in den Plus- oder Minuszuleitungen ungleiche Spannungsabfälle auf, so haben die Anschlüsse der betroffenen Polarität unterschiedliche Potentiale, die sich im Steuergerät über (dünne) Leiterbahnen ausgleichen und diese thermisch überlasten können, was im Extremfall einen Brand verursachen kann. Außerdem geht das Steuergerät von einer falschen Bordnetzspannungshöhe aus und steuert Aktoren mit falsch berechneten Zeiten an. Ein so verursachter Fehler wird möglicherweise von einer betroffenen Steuerstrecke nicht erkannt oder von einem betroffenen Regelalgorithmus aufgrund der begrenzten Stellgröße nicht mehr aufgefangen und vom Steuergerät falsch diagnostiziert.

15.5 Diagnose in der Werkstatt

Die Überprüfung der Steuergerätestromversorgung muss bei abgezogenem Steuergerät vom steuergeräteseitigen Kabelbaumstecker aus vorgenommen werden. Das Steuergerät ist bei ausgeschaltetem Fahrtschalter abzuziehen. Anschließend sind alle plus- und minusseitigen Leitungen einzeln zu überprüfen. Realistische Verhältnisse lassen sich näherungsweise herstellen, wenn man die Leitungen beispielsweise mit einer 21-W-Lampe belastet, um dann die Spannungsabfälle aller Leitungen zwischen Batterie und Steuergerätstecker zu überprüfen (siehe Bild 15-17). Für eine in Bild 15-16 dargestellte Stromversorgung ist bei eingeschaltetem Fahrtschalter (Kabelbaum wurde vorher bereits vom Steuergerät getrennt) der Kabelbaumstecker-Pin II/46 mit Masse zu überbrücken, damit das Relais K1 die Verbindungen zwischen dem Batterieplus und den Anschlüssen I/7 und I/8 herstellt. Die Spannungsabfälle sollen in plusseitigen und in minusseitigen Stromversorgungsleitungen bei einer Belastung mit 21 W etwa 0,5 V nicht überschreiten. Als allgemeine Regel gilt außerdem, dass alle plusseitigen und alle minusseitigen Spannungsabfälle jeweils annähernd gleich sein sollen.

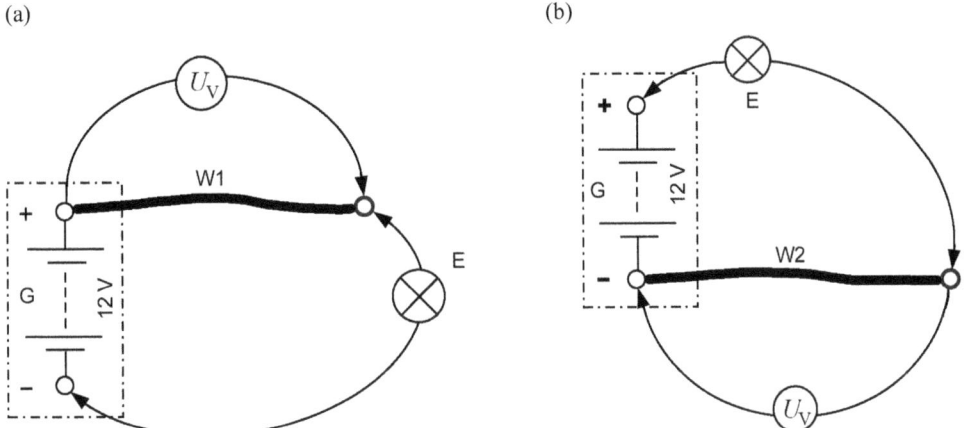

Bild 15-17 Überprüfung einer Leitung: (a) Plusleitung. (b) Minusleitung. E Belastungslampe, G Fahrzeugspannungsquelle, W1 Prüfobjekt Plusleitung, W2 Prüfobjekt Minusleitung, U_V Spannungsabfall

Peripheriebereich Sensorik

Die elektronische Steuerung des Common-Rail-Systems benötigt umfangreiche und vielfältige Informationen, die es nicht aus anderen Systemen über den Datenbus erhalten kann, sondern die speziell für dieses System erfasst werden. Bild 15-18 zeigt ein Schaltplanbeispiel für den Bereich Sensorik eines Common-Rail-Systems.

Für die Off-Board-Überprüfung der Sensorik muss zunächst bei ausgeschaltetem Fahrtschalter eine Pinbox zwischen den steuergeräteseitigen Kabelbaumstecker und das Steuergerät angeschlossen und danach der Fahrtschalter wieder in Stellung 1 gebracht werden. Somit sind alle Sensoren aus dem Bordnetz oder aus dem Steuergerät heraus mit der erforderlichen Spannung versorgt. An der Pinbox lassen sich alle Steuergeräteanschlüsse messtechnisch abfragen. Diese messtechnische Hilfsmaßnahme wurde bereits angesprochen und in Bild 15-15 dargestellt.

Für die exemplarische Schaltung in Bild 15-18 kann die folgende Analyse erstellt werden: Alle Leitungen des Sensorbereichs sind im Stecker III angeschlossen. Die Information des im Steuergerät integrierten Höhengebers geht in die Sollwertfestlegung des Ladedrucks ein. Sein Signal wird nicht nach außen weitergeleitet.

B1 ist ein Induktionsgeber, der mit einem Festwiderstand im Steuergerät in Reihe geschaltet ist. Zwischen Pin 26 und Pin 37 ist auch bei stehendem Motor eine Gleichspannung von beispielsweise 0,5 V messbar. Bei laufendem Motor ist die Spannung zwischen Pin 26 und 37 eine Mischspannung. Höhe und Frequenz des Wechselspannungsanteils steigen mit der Drehzahl. Die Frequenz enthält die Drehzahlinformation.

B2 ist ein Hallgeber. Er erhält über die Steuergerätpins 12 und 2 die erforderliche Spannungsversorgung. Bei laufendem Motor kommt an Pin 3 eine, möglicherweise codierte, Rechteckspannung an, der das Steuergerät nicht nur die momentanen Kolbenstellungen und die Nockenwellendrehzahl entnehmen kann, sondern auch den Takt der einzelnen Zylinder.

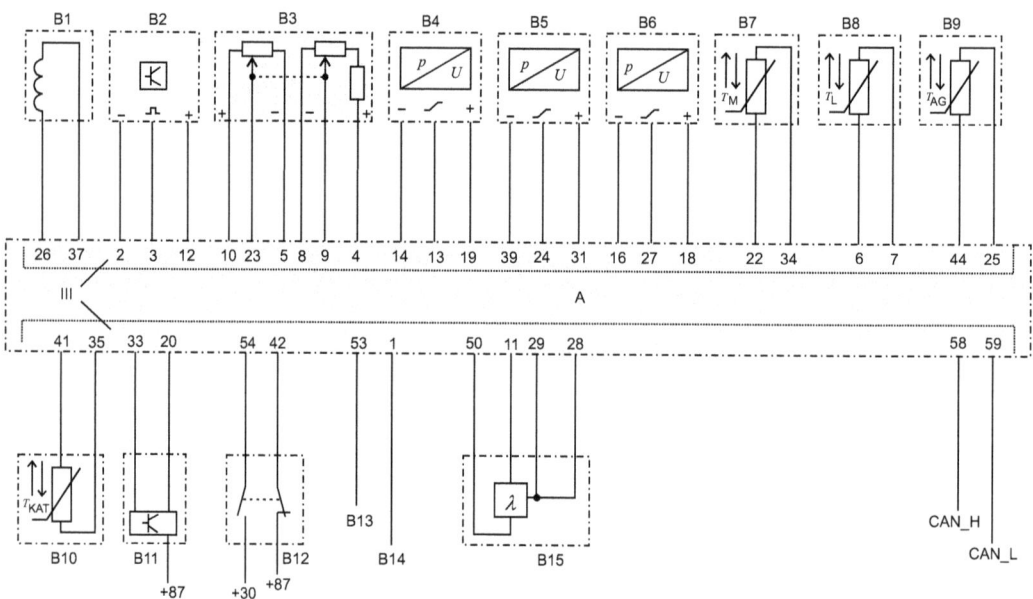

Bild 15-18 Schaltplanbeispiel für den Sensorikbereich eines Common-Rail-Systems: A Steuergerät mit integriertem Drucksensor als Höhengeber, B1 kombinierter Kurbelwellen-Drehzahl-Positionsgeber, B2 Nockenwellen-Hallgeber, B3 redundanter Fahrpedalgeber, B4 Ladedrucksensor, B5 Kraftstoffdrucksensor, B6 Differenzdrucksensor am Partikelfilter (siehe Bild 6-23), B7 Temperaturfühler Kühlmittel, B8 Temperaturfühler Ladeluft, B9 Temperaturfühler Abgas, B10 Temperaturfühler Katalysator, B11 Luftmassenmesser, B12 Bremsschalter, B13 Info Kl. 50 (Startschalter betätigt), B14 Info Wählhebelschalter Park/Neutral, B15 Breitband-λ-Sonde, CAN_H CAN-High-Leitung, CAN_L Can-Low-Leitung, III Stecker des Motorsteuergerätes

B3 ist ein Doppel-Potentiometer. Beide Einzelpotentiometer erhalten eine eigene 5-V-Versorgung aus dem Steuergerät (Pins 5 und 10 bzw. 4 und 8). Die Pins 9 und 23 nehmen die Information entgegen. Das rechte Potentiometer liegt plusseitig in Reihe mit einem Festwiderstand, der üblicherweise den gleichen Wert hat wie das Potentiometer selbst. Somit ist die Spannung zwischen den Pins 9 und 8 halb so hoch wie die Spannung zwischen den Pins 23 und 5. Unter dem Einfluss von Feuchtigkeit (Motorwäsche, Straßenwasser) und Korrosion kann sich dieser Spannungszusammenhang verschieben. Das Steuergerät erkennt auf Grund der Redundanz des Sensors eine Positionsfalschmeldung. Die Grenzwerte 0 V und 5,0 V entstehen nur bei Kurzschluss oder Leitungsunterbrechung. Diese beiden Fehler erkennt das Steuergerät ebenfalls.

Die Sensoren B4, B5 und B6 sind Druck-Spannungswandler. Sie arbeiten alle mit 5 V Versorgungsspannung. Sensoren dieser Art sind an die zu erwartenden Drücke so angepasst, dass ihre Informationsspannung bei Minimaldruck etwa 0,25 V und bei Maximaldruck etwa 4,75 V beträgt. Durch Korrosion und Feuchtigkeit entstehen zu hohe oder zu niedrige Signalspannungen. Sie werden deswegen nicht sofort als Falschwerte erkannt, weil es diese Spannungswerte auch in intakten Sensoren gibt. Leitungsunterbrechungen und Kurzschlüsse verursachen unplausible 0 oder 5 V.

B7 bis B10 sind NTC-Widerstände. Ihr temperaturabhängiger Widerstandswert ändert sich über den möglichen Temperaturbereich so, dass im Messkreis die Teilspannung zwischen den jeweiligen Steuergerätepins im untersten Temperaturbereich über 4 V und im obersten Temperaturbereich unter 1 V liegt.

Der Luftmassenmesser B11 bezieht aus dem Bordnetz über ein Entlastungsrelais seinen Arbeitsstrom. Eine der beiden Leitungen, die zum Steuergerät gehen, liefert die Luftmassenstrom-Information, die andere ist die Minusleitung, auf die sich die Spannung der Signalleitung bezieht.

Der zweipolige Bremsschalter B12 besteht aus einem Schließ- und einem Öffnerkontakt. Diese Doppelausführung erhöht die Meldesicherheit. Je nachdem, ob das Bremspedal betätigt ist, liegt an den Eingangspins 0 V oder Bordnetzspannung an, wobei die beiden Informationen jeweils gegensätzliches Spannungspotential haben.

B13 meldet, wenn der Startvorgang beginnen soll und B14 meldet, ob eine Fahrstufe eingelegt ist. Bei eingelegter Fahrstufe kann nicht gestartet werden. Bei Fahrzeugen mit Handschaltgetriebe ist B14 ein Schalter, der schließt, wenn das Kupplungspedal gedrückt wird.

Die λ-Sonde B15 ist eine Breitband-λ-Sonde. Ihre elektrische Heizung wird im Schaltbeispiel Aktorik berücksichtigt (siehe unten). Den vier zum Steuergerät führenden Leitungen lässt sich ohne spezielle Serviceinformation kein eindeutiger elektrischer Wert zuordnen. Außerdem erkennt das Steuergerät einen Sondenfehler, wenn auf eine gezielte Kraftstoff-Einspritzänderung nicht die erwartete Rückmeldung kommt.

Über den CAN-Datenbus steht das Motorsteuergerät in Verbindung mit den Steuergeräten für den Zugang und die Fahrberechtigung, für die Bremsregelung und für das automatische Getriebe.

Peripheriebereich Aktorik

Aktoren, die sich einpolig steuern lassen, beziehen üblicherweise die Plusversorgung aus dem Bordnetz, wobei ihre Zuleitungen nach Bedarf mit Schmelzsicherungen abgesichert werden. Das Steuergerät schaltet die Aktoren minusseitig für eine vom Betriebszustand des aktivierten Teilsystems abhängige Zeit zu oder taktet sie minusseitig (PWM). Preisgünstige elektromagnetische Relais sind fabrikatsübergreifend zur Steuerung großer Leistungen bei Langzeitbetrieb auch in modernsten Fahrzeugen Standard. Die zweipolige Ansteuerung von Aktoren übernimmt ausschließlich das Steuergerät.

Alle Leitungen des Aktorbereichs sind in Bild 15-19 im Stecker IV angeschlossen. Die Aktoransteuerungen lassen sich über die Pinbox messtechnisch abfragen. Die Spannungsmessungen an der Aktorseite schließen sich an die Messwertüberprüfung der Sensorseite an. Somit ist die Pinbox immer noch angeschlossen. Bei einpoligen Ansteuerungen erfolgt die Spannungsmessung zwischen dem entsprechenden Steuergerätepin des Steckers IV und einem Minusanschluss des Steckers I im Bild 15-16, Pin I/4, I/5, oder I/6. Für die exemplarische Schaltung in Bild 15-19 kann die folgende Analyse erstellt werden:

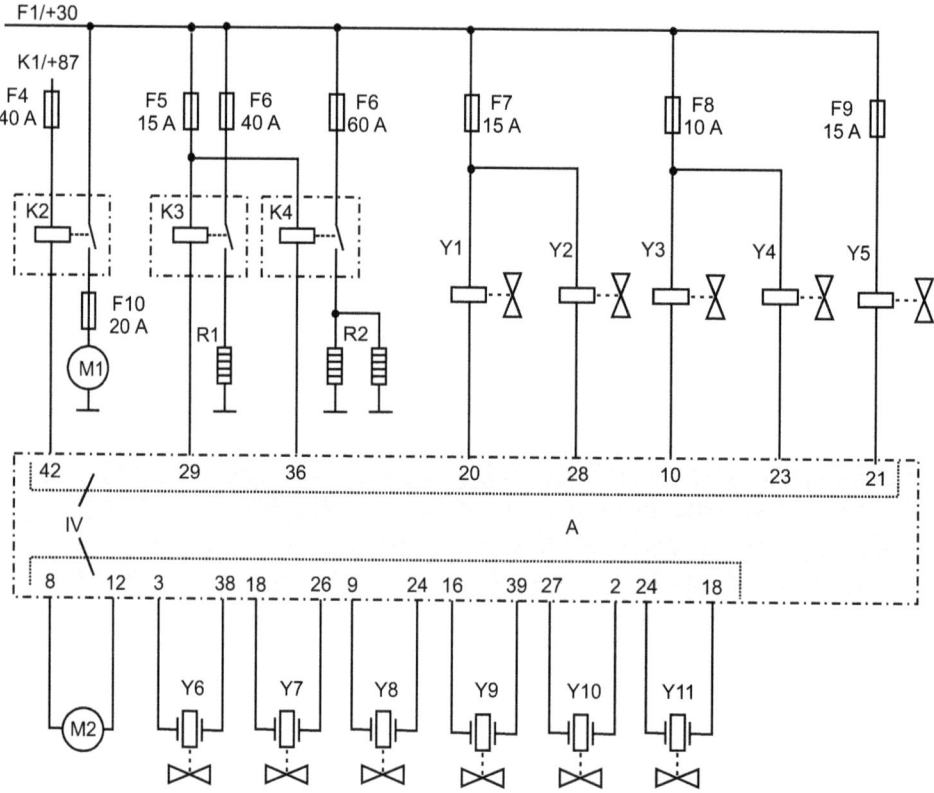

Bild 15-19 Schaltplanbeispiel für den Aktorikbereich eines Common-Rail-Systems: A Motorsteuergerät, F4...F12 Sicherungen, K2 Relais für Kraftstoff-Vorförderpumpe, K3 Relais für Luft-Zusatzheizung Stufe 1, K4 Relais für Luftzusatzheizung Stufe 2, M1 Motor der Kraftstoff-Vorförderpumpe, M2 Motor für die elektrische Leitschaufelverstellung des Turboladers, R1 Heizelement 1 für Zusatzheizung, R2 Heizelement 2 für Zusatzheizung, R3 Heizung der λ-Sonde, IV Stecker des Motorsteuergeräts, Y1 Magnetventil zur Anpassung der Abgasrückführung, Y2 Magnetventil zur Kühlung der Abgasrückführung, Y3 Dosierventil der Kraftstoffzufuhr zur Hochdruckpumpe, Y4 Druckregelventil des Common-Rail-Systems, Y5 Antrieb der Drosselklappe, Y6...Y11 Piezoinjektoren

Die Relaisansteuerungen und -abschaltungen erfolgen in relativ großen Zeitabständen. Deshalb eignet sich zur Spannungsmessung ein Multimeter. Wenn ein Relais aktiviert ist, liegt der Spannungswert zwischen dem entsprechenden Steuergerätepin und dem Minusanschluss unter 1 V, weil das Steuergerät den Relaisspulenausgang zur Relaisaktivierung mit dem Fahrzeugminus verbunden hat (Stecker I, Pin 4, 5 oder 6). Beim nicht angesteuerten Relais liegt zwischen diesen Messpunkten Bordnetzspannung an. Gleiches gilt für das Magnetventil Y2. Das zu kühlende Abgas wird immer durch den am Kühlmittelkreislauf des Motors angeschlossenen Wärmetauscher geleitet, wenn das Motorkühlmittel bereits eine Mindesttemperatur erreicht hat, z. B. 50 °C. Durch dieses spätere Zuschalten wird die Warmlaufphase des Motors nicht beeinträchtigt.

Die Ventile Y1 und Y3...Y5 sind Proportionalventile. Zwischen dem entsprechenden Steuergerätepin und der Fahrzeugmasse ist eine pulsweitenmodulierte Rechteckspannung messbar. Der Sollwert wird als Tastverhältnis (in Prozent) angegeben. Die zweipoligen Ansteuerungen der Aktoren M2 und Y6...Y11 sind immer sehr schnelle Kurzzeitansteuerungen und lassen sich nur mit einem Oszilloskop mit zwei potentialfreien Eingängen je Kanal messtechnisch erfassen.

Anhang

A Normung und Standardisierung

Im Folgenden werden einige wichtige Organisationen kurz beschrieben, die für die Automobilelektronik eine Rolle spielen. Die hier gegebene Aufstellung erhebt jedoch keinen Anspruch auf Vollständigkeit.

Die *International Organization for Standardization (ISO)* ist die internationale Vereinigung von Normungsorganisationen aus über 150 Ländern. Sie erarbeitet internationale Normen (engl. standards) in allen Bereichen mit Ausnahme der Elektrotechnik und Elektronik, für die die International Electrotechnic Commission (IEC, siehe unten) zuständig ist. Es geht dabei um technische (z. B. MP3), klassifikatorische (z. B. Ländercodes wie .de, .jp) und Verfahrensnormen (z. B. Qualitätsmanagement nach ISO 9000). Jedes Mitglied der ISO vertritt ein Land, aus jedem Land kann es nur ein Mitglied geben. Das Deutsche Institut für Normung (DIN, siehe unten) ist Mitglied der ISO für die Bundesrepublik Deutschland.

Die *International Electrotechnic Commission (IEC)* setzt sich aus Mitgliedern nationaler Komitees aus der ganzen Welt zusammen. Sie erarbeitet internationale Normenvorschläge in der Elektrotechnik, in der Elektronik und in verwandten Bereichen, die dann von nationalen Komitees übernommen werden (können) und als Basis für internationale Verträge dienen.

Das *Comité Européen de Normalisation (CEN)* ist verantwortlich für europäische Normen in allen technischen Bereichen außer Elektrotechnik und Telekommunikation. Das *Comité Européen de Normalisation Electrotechnique (CENELEC)* ist zuständig für europäische Normen im Bereich Elektrotechnik, das *European Telecommunications Standards Institute (ETSI)* im Bereich Telekommunikation. Eine europäische Norm wird mit EN bezeichnet.

Das *Deutsches Institut für Normung (DIN)* ist die nationale Normungsorganisation Deutschlands. Es bietet ein Forum für Handel, Industrie, Wissenschaft, Verbraucher und Behörden, um technische, klassifikatorische, Begriffs- und Verfahrens-Normen zu entwickeln. Die Normen dienen vor allem zur Rationalisierung und zur Qualitätssicherung. Die Bezeichnung DIN EN besagt, dass die damit bezeichnete Norm eine europäische Norm ist und vom Deutschen Institut für Normung in das deutsche Normenwerk übernommen wurde.

Das *Institute of Electrical and Electronic Engineers (IEEE)* ist ein weltweiter Berufsverband von Ingenieuren aus den Bereichen Elektrotechnik und Informatik. Es ist Veranstalter von Fachtagungen und Herausgeber von Zeitschriften. Außerdem bildet es Gremien zur Standardisierung von Technologien, Hardware und Software.

Der *Verband der Elektrotechnik Elektronik Informationstechnik (VDE)* ist ein Berufsverband, der sich auch an der Normungsarbeit beteiligt. Die *Deutsche Kommission Elektrotechnik Elektronik Informationstechnik (DKE)* ist ein Organ des DIN und des VDE. Sie ist zuständig für die Erarbeitung von Normen und Sicherheitsbestimmungen in den Bereichen Elektrotechnik, Elektronik und Informationstechnik. Die Bezeichnung DIN VDE besagt, dass die damit bezeichneten Ausführungen von beiden Organisationen herausgegeben werden.

Der *Verband der Automobilindustrie (VDA)* ist der größte gemeinsame Interessenverband der deutschen Autohersteller und seiner Zulieferer. Er ist bekannt als Veranstalter der Internationalen Automobilausstellung (IAA) in Frankfurt. Seine Aufgaben sind die Interessenvertretung, der Meinungsaustausch und die Erarbeitung von Standards, wie z. B. Empfehlungen für logistische Verfahren oder zum Recycling.

Die *Society of Automotive Engineers (SAE)* ist eine gemeinnützige amerikanische Organisation, die sich dem technologischen Fortschritt der Mobilität gewidmet hat. Sie setzt sich auch dafür ein, Standards in der Automobilindustrie zu schaffen. Dazu arbeitet sie selbst weltweit mit anderen Standardisierungs- und Mobilitätsorganisationen zusammen.

B Kennzeichnungen

B.1 Kennbuchstaben

Den verschiedenen Betriebsmitteln der Elektrotechnik sind nach IEC 750 [Ie3] Kennbuchstaben zugeordnet, z. B. G für Spannungsquelle, M für Motor usw. (siehe Tabelle B.1). Wenn mehrere Betriebsmittel mit gleichem Kennbuchstaben in einer Darstellung vorkommen, erhalten die Betriebsmittel eine fortlaufende Nummer, z. B. G1, G2, ... oder M1, M2 ...

In der Regel hat ein Betriebsmittel mehrere Anschlüsse, die durch Zahlen oder Buchstaben gekennzeichnet sind (siehe Abschnitt B.2). Sollen in einer Angabe Betriebsmittel und Klemmenbezeichnung gleichzeitig angegeben werden, so sind sie durch einen Doppelpunkt zu trennen, z. B. bedeutet M1 : 30 die Klemme 30 am Motor M1. Es sei jedoch darauf hingewiesen, dass viele Fahrzeughersteller an Stelle des Doppelpunktes einen Schrägstrich (z. B. M1/30) oder einen Bindestrich (z. B. M1-30) einsetzen.

Will man betonen, dass ein Betriebsmittel zu einer bestimmten Betriebsmittelgruppe gehört, z. B. zur Gruppe 2, so kann dies durch die Zahl der Gruppenbezeichnung dokumentiert werden. 2M6 : 1 besagt, dass Anschluss 1 am Motor M6 der Motorengruppe 2 gemeint ist. Auf die Automobilelektrik bezogen könnten mit der Motorengruppe 2M beispielsweise die Elektromotoren der Sitzverstellung auf der Beifahrerseite gemeint sein.

Tabelle B.1 Kennbuchstaben nach IEC 750

Kenn-buchstabe	Art des Betriebsmittels	Beispiele
A	Baugruppen	Steuergeräte
B	Umsetzer von nichtelektrischen auf elektrische Größen und umgekehrt	Sensoren
C	Kondensatoren	
D	Binäre Elemente, Speichereinrichtungen	Fehlerspeicher
E	Verschiedenes	Scheinwerfer
F	Schutzeinrichtungen	Sicherungen
G	Generatoren, Stromversorgungen	Fahrzeuggenerator, Batterie
H	Meldeeinrichtungen	Signallampen, Hupe, Begrenzungsleuchten
K	Relais, Schütze	Magnetschalter am Starter
L	Induktivitäten	Entstörspulen, Wicklungen in Zündspulen oder Elektromotoren
M	Motoren	Alle Elektromotoren im Kfz
N	Analoge Bauelemente	Regler, Spannungsstabilisierung
P	Mess- und Prüfeinrichtungen	Multimeter, Oszilloskope, Uhren
Q	Starkstromschaltgeräte	Batterietrennschalter
R	Widerstände	Vorwiderstände, Potentiometer
S	Schalter	Alle Schalter im Kfz
T	Transformatoren	Zündspule
U	Modulatoren, Umsetzer	Wechselrichter, Gleichspannungswandler
V	Halbleiter	Alle Halbleiterbauelemente
W	Übertragungswege, Antennen	Alle elektrischen Leitungen im Kfz
X	Klemmen, Stecker, Steckdosen	Abzweigungen im Kabelbaum, Anhängersteckdose
Y	Elektrisch betätigte mechanische Einrichtungen	Einspritzventile, Injektoren
Z	Filter, Entzerrer, Begrenzer	Frequenzpässe, Funkentstöreinrichtungen

B.2 Klemmenbezeichnungen

Betriebsmittel der Fahrzeugelektrik haben mehrere Anschlüsse, die bei Montage- oder Instandsetzungsarbeiten nicht vertauscht werden dürfen. Ausnahmen bilden einfache Schalter oder Bauteile mit nur einem Leitungsanschluss (beispielsweise Glühkerzen), weil der zweite Anschluss gleichzeitig als Bauteilbefestigung dient und so mit der Fahrzeugmasse in Verbindung steht. Für Standard-Betriebsmittel, die bereits vor Jahrzehnten in der Fahrzeugelektrik Anwendung fanden, gibt es genormte Klemmenbezeichnungen gemäß DIN 72552-2 [Di4]. In Tabelle B.2 sind verschiedene Klemmenbezeichnungen in Anlehnung an DIN 72552-2 aufgelistet.

Tabelle B.2 Klemmenbezeichnungen der Fahrzeugelektrik in Anlehnung an DIN 72552-2. Klemmen 85 und 86 beziehen sich auf handelsübliche Arbeitsstromrelais der Kfz-Technik

Klemmenbezeichnung	Bedeutung
1	Zündspule, Niederspannungsausgang
4	Zündspule, Hochspannungsausgang
15	Ausgang Fahrtschalter, Niederspannungseingang der Zündspule
30	Nichtgeschaltetes Bordnetzplus
31	Nichtgeschaltetes Bordnetzminus (Masse)
49	Pluseingang beim Blink-Warnblink-Relais (15 oder 30)
49a	Plusausgang beim Blink-Warnblink-Relais (Blinkfrequenz)
50	Startersteuerung (Magnetschalter, Steuerrelais)
53	Wischermotor, Pluseingang für Stufe 1
54	Bremslicht
55	Nebelscheinwerfer
56, 56a, 56b	Fahrlicht, Fernlicht, Abblendlicht
58	Stand- und Begrenzungsleuchten, Kennzeichen-, Innenbeleuchtung
61	Generatorkontrollleuchte
75	Radio, Zigarrenanzünder
85	Relaisspule, Minusseite
86	Relaisspule, Plusseite

Mit dem Einzug der Elektronik in die Fahrzeugtechnik wurden die Bezeichnungsmuster der Anschluss- und Steckverbindungen aus der allgemeinen Elektrotechnik mit übernommen. In der Regel beginnen diese Anschlussbezeichnungen mit der Nummer 1 und werden fortlaufend durchnummeriert. Bei diesen elektronischen Mehrfachanschlüssen muss der technischen Dokumentation in jedem Fall ein Steckerbelegungsplan oder ein Steckernummerierungsplan beigefügt sein. In Ausnahmefällen und wenn wenig Kontakte vorhanden sind, kann auch ein Plus- und ein Minuszeichen für den Gleichspannungsanschluss in den Stecker eingeprägt sein, eventuell auch noch eine 0 für einen dritten Anschluss.

B.3 Leitungskennzeichnung

Eine große Hilfe bei der Identifizierung von Einzelleitungen in einem Kabelbaum ist die Leitungskennzeichnung. Die in der Gleichstromtechnik übliche Farbsymbolik wird dabei jedoch nur selten verwendet. Die Farbe rot als Einzelfarbe oder als Farbstreifen ist für die Kennzeichnung einer Plusleitung üblich, alle anderen Leitungsfarben legt üblicherweise der Autohersteller fest. Es kommt auch vor, dass alle Leitungen eine einheitliche Farbe haben und jede Leitung in kurzen Abständen mit einer jeweils anderen Nummer nach einem herstellerspezifischen System bedruckt wird.

Unabhängig davon, welche Lösung verwendet wird, müssen die Leitungsbezeichnungen im Stromlaufplan eingetragen werden. Die Kennzeichnung kann eine landessprachliche oder eine internationale Abkürzung sein, wobei meist Großbuchstaben verwendet werden, beispielsweise GE oder Y für gelb (yellow).

B.4 Grafische Symbole für Schaltpläne

Tabelle A.3 auf der folgenden Seite listet exemplarisch wichtige Symbole für Schaltpläne der Automobilelektrik und -elektronik auf.

C Darstellungs- und Schaltplanarten

In der Norm DIN EN 61082-1 [En2] sind die Elemente der Darstellungsmöglichkeiten und der Schaltpläne vorgegeben und durch eine Vielzahl von Über- und Unterbegriffen strukturiert. Diese Norm bezieht sich allgemein auf die Elektrotechnik. Die folgenden Ausführungen interpretieren die derzeit geltenden Normen für den Sonderfall Automobilelektrik.

C.1 Anordnungsplan

Für Instandhaltungsarbeiten an einem Fahrzeug müssen die Betriebsmittel möglichst schnell lokalisierbar sein. Ein Anordnungsplan zählt im Sinne der Norm DIN EN 61082-1 [En2] zu den *ortsbezogenen Dokumenten*. Es gibt Betriebsmittel, die aufgabengemäß im Fahrzeug einen bestimmten Platz einnehmen müssen, z. B. die Fahr- und Begrenzungsleuchten, der Starter, die Instrumente am Armaturenbrett oder die Sensoren und die Aktoren eines bestimmten Fahrzeugsystems. Viele Betriebsmittel lassen sich jedoch mehr oder weniger an beliebigen Punkten unterbringen. Zur Orientierung bedient sich ein Fahrzeughersteller verschiedener Methoden. Es hängt zwangsläufig von der Art des Informationsmediums ab, für welche Möglichkeit man sich entscheidet. Unter Ausnutzung der computerunterstützten Datenbereitstellung lassen sich beispielsweise Darstellungen und Abbildungen aufrufen, indem die gesuchte Komponente als Text eingegeben wird. Eine andere Methode ist das Anklicken des Schaltsymbols im relevanten Schaltplan, um Abbildungen und Ortsbeschreibungen aufzurufen.

Tabelle C.1 Grafische Symbole für elektrische Schaltpläne in der Automobiltechnik nach IEC 60617 [Ie2]

Lfd. Nr.	Schaltzeichen	Benennung	Lfd. Nr.	Schaltzeichen	Benennung
1		Leitung, Übertragungsweg	24		Widerstand, allgemein
2	12 V / 6 mm², Cu	Oberhalb der Leitung elektrische Angaben, unterhalb Angaben zum Leiter	25		Heizelement
3		Leitung geschirmt	26		Links PTC-Widerstand, rechts NTC-Widerstand, T in Kelvin
4		Leitungsabzweig	27		Sicherung, allgemein
5		Leitungsdoppelabzweig	28		Elektrothermischer Überstromauslöser und mit mechanischer Betätigung
6		Steckverbindung mit Buchse und Stecker	29		Links Lampe allgemein, rechts Leuchtmelder blinkend
7		Veränderbarkeit, inhärent links linear, rechts nichtlinear	30		Kondensator, links ungepolt, rechts gepolt
8		Veränderbarkeit, nicht inhärent links linear, rechts nichtlinear	31		Doppelschichtkondensator
9		Regelung oder automatische Steuerung, inhärent	32		Induktivität, Spule, Wicklung
10		Wirkverbindung links ohne, rechts mit Raste	33		Relaisspule
11		Handantrieb, allgemein	34		Dauermagnet
12		Betätigung links durch Ziehen, rechts durch Drücken	35		Hall-Sensor
13		Betätigung links durch Drehen, rechts durch Annähern	36		Piezoelektrischer Kristall
14		Betätigung links durch Pedal, rechts durch Hebel	37		Links Halbleiterdiode, rechts Z-Diode
15		Betätigung durch Nocken	38		Links Fotodiode, rechts Leuchtdiode (LED)
16		Gleichspannungsquelle, allgemein	39		Links NPN-Transistor, rechts PNP-Transistor
17		Batterie mit mehreren Zellen	40		Felddeffekttransistor, MOSFET, selbstsperrend, links N-Kanal, rechts P-Kanal
18		Links ideale Stromquelle, rechts ideale Spannungsquelle	41		Thyristor, P-Gate
19		Generator, links für Gleichspannung, rechts für Wechselspannung	42		Schaltkontakt, links Schließer, rechts Öffner
20		anzeigendes Messgerät, allgemein	43		Wechsler mit Unterbrechung
21		anzeigendes Messgerät, *Maßeinheit der Messgröße	44		Drehstromgenerator
22		Schreibendes Messgerät, allgemein	45		Spannungsregler
23		Schreibendes Messgerät, *Maßeinheit der Messgröße	46		Links Gleichstrommotor, rechts Schrittmotor
			47		Einspritzventil

C.2 Übersichtsschaltplan

Für grundsätzliche Darstellungen eignet sich der Übersichtsschaltplan (Bild C-1) mit den wichtigsten Verbindungen zwischen den Betriebsmitteln. In diesem Sinne zählt der Übersichtsschaltplan gemäß DIN EN 61082-1 zu den *funktionsbezogenen Dokumenten*.

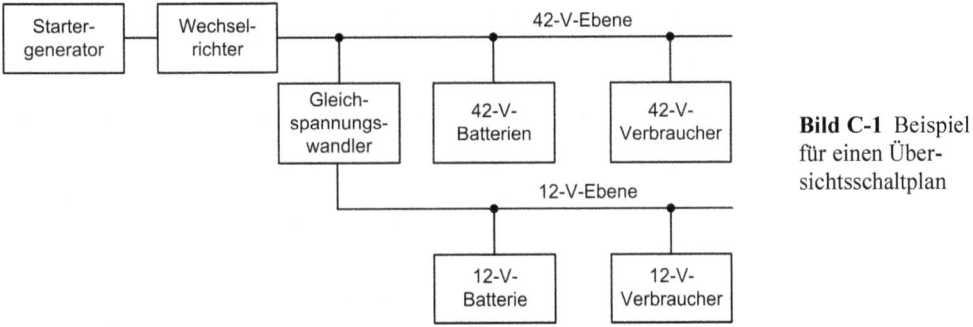

Bild C-1 Beispiel für einen Übersichtsschaltplan

C.3 Blockschaltplan

Der Blockschaltplan (siehe Bild C-2) verwendet Blocksymbole und ist eine Fortführung des Übersichtsschaltplanes. Blocksymbole erhöhen die Deutlichkeit des Schaltplanes. Zur Verdeutlichung können die Kennbuchstaben für die Kennzeichnung von Betriebsmitteln gemäß IEC 750 den Blocksymbolen zugeordnet und die Anschlüsse mit Klemmenbezeichnungen versehen werden. Für weitere Aussagen muss auf einen ausführlichen Schaltplan, z. B. einen Stromlaufplan, oder eine spezielle Einzeldarstellung verwiesen werden.

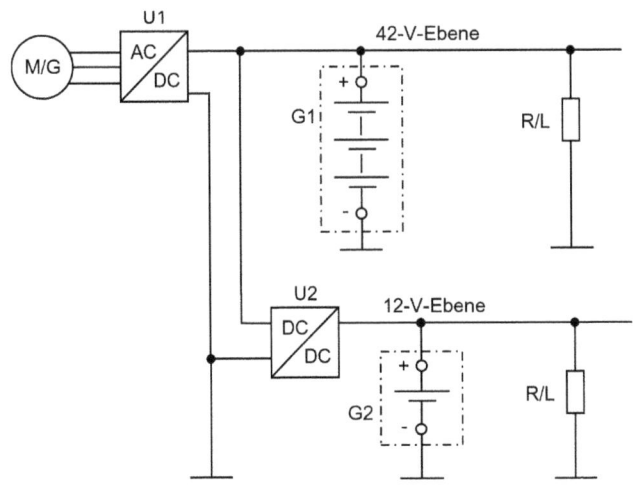

Bild C-2 Beispiel für einen Blockschaltplan:
G1 Batterie der 42-V-Ebene,
G2 Batterie der 12-V-Ebene,
M/G Startergenerator,
R/L Bordnetzverbraucher,
U1 Wechselrichter,
U2 Gleichspannungswandler

C.4 Feldeinteilung als Orientierungshilfe

Die Feldeinteilung dient zur Lokalisierung der Betriebsmittel im Schaltplan. Umfangreiche Schaltpläne lassen sich nicht auf einer einzigen Seite unterbringen. In solchen Fällen enthält eine dem Schaltplan zugeordnete Legende nicht nur die genaue Bezeichnung der mit den Kennbuchstaben versehenen Betriebsmittel, sondern auch ihre Platzierung im entsprechenden Feld. Ein Feld ist ein durch einen Buchstaben und durch eine Zahl definiertes Quadrat in einem Koordinatensystem. Der in Bild C-3 dargestellte Motor M1 befindet sich beispielsweise im Feld C3. Die Feldeinteilung kann für verschiedene Darstellungsarten vorgenommen werden. Im Schriftfeld steht auch die laufende Blattnummer.

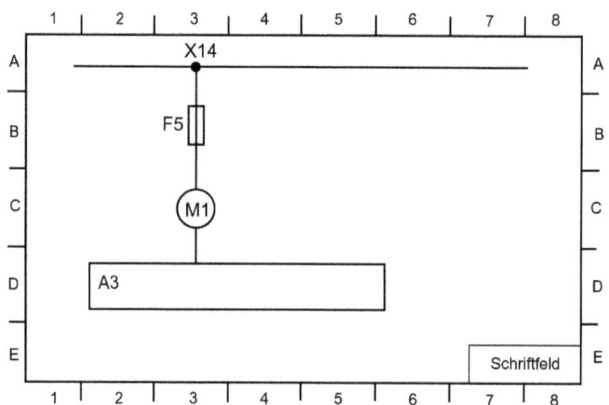

Bild C-3 Beispiel für ein Koordinatenfeld als Orientierungshilfe

C.5 Zusammenhängende und aufgelöste Darstellung

Die Ausgangsform von Schaltplänen war in der Fahrzeugelektrik die zusammenhängende Darstellung. Die Bauteile wurden in ihrer Gesamtheit zusammenhängend dargestellt, nach Möglichkeit in einem strichpunktierten Kasten, um diese Zusammengehörigkeit zu verdeutlichen. Die beiden Scheinwerfer E1 und E2 in Bild C-4a sind jeweils als ein Betriebsmittel dargestellt. Außerdem achtete man auch darauf, die Systemkomponenten möglichst lagetreu im Schaltplan zu positionieren, beispielsweise den linken Scheinwerfer im Schaltplan oben links, die linke Schlussleuchte unten links. Bei dieser Anordnungskonzeption lassen sich Leitungskreuzungen nicht vermeiden. Je umfangreicher die elektrische Anlage ist, um so verwirrender sieht der Schaltplan aus und um so größer ist die Gefahr, dass beim Schaltplanlesen Verwechslungen auftreten.

Bei der aufgelösten Darstellung sind die elektrischen Teilsysteme und ihre Symbole in einzelne Stromzweige aufgeteilt, unabhängig von ihrer Lage im Fahrzeug. Die klare Erkennung des Stromverlaufs von plus nach minus steht im Vordergrund. Üblicherweise stellt die oberste Leitungslinie im Schaltplan die Plusversorgung des Systems dar, dann folgen von oben nach unten der Reihe nach die relevanten Betriebsmittel mit ihren Verbindungsstellen. Die Minusleitung schließt den Schaltplan am unteren Ende ab. Allerdings müssen der Schaltplan und beigestellte Text- oder Tabellenpassagen Zusatzinformationen enthalten, um die Gesamtheit des betroffenen Teilsystems zu erfassen und die Platzierung der Komponenten im Fahrzeug lokalisieren zu können.

In Bild C-4b ist die Beleuchtungsanlage in elf Strompfade unterteilt. Die Strompfade sind am unteren Bildrand durchnummeriert. Die einzelnen Komponenten eines Betriebsmittels, bei-

C Darstellungs- und Schaltplanarten

spielsweise die drei Lampen des linken Scheinwerfers E1, befinden sind in verschiedenen Strompfaden. Deshalb erscheint beispielsweise die Kennzeichnung des Scheinwerfers E1 in den Strompfaden 1, 7 und 9. Aus der Klemmenbezeichnung ist ersichtlich, welche Komponente des Betriebsmittels jeweils gemeint ist. Im Strompfad 1 befindet sich die Anschlussklemme E1–58. E1 steht für Scheinwerfer links (siehe Legende zu Bild C-4) und 58 für Stand- und Begrenzungsleuchte (siehe Tabelle C.2).

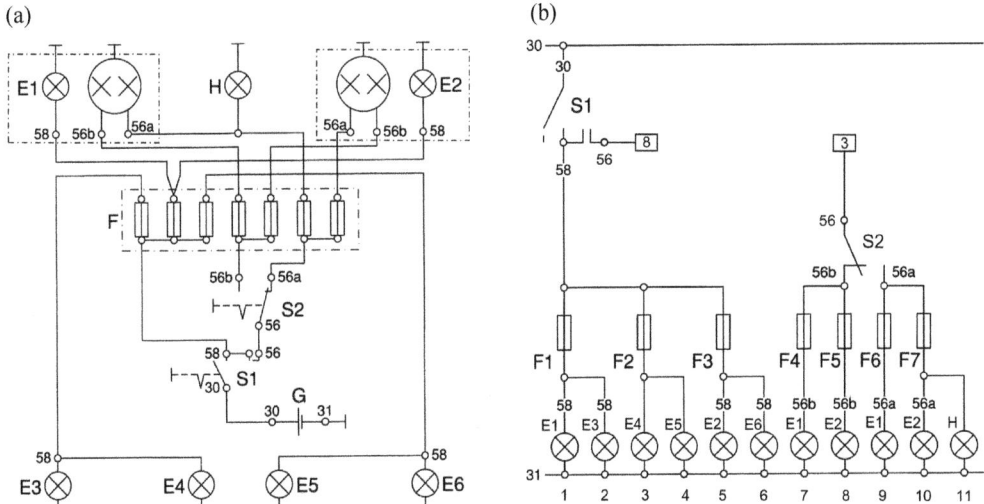

Bild C-4 Schaltplan für eine einfache Beleuchtungsanlage: (a) In zusammenhängender Darstellung. (b) In aufgelöster Darstellung. E1 Scheinwerfer links, E2 Scheinwerfer rechts, E3 Schlussleuchte links, E4 Kennzeichenleuchte links, E5 Kennzeichenleuchte rechts, E6 Schlussleuchte rechts, F Sicherungen, G Batterie, H Fernlichtmeldeleuchte, S1 Lichtschalter, S2 Umschalter zwischen Fern- und Abblendlicht

Um Kreuzungen zu vermeiden, ist es gängige Praxis, eine Leitung zu unterbrechen. Die Unterbrechung beginnt mit einem Kästchen, in dem die Zielstrompfad-Nummer steht. In Bild C-4b steht im Kästchen des Strompfades 3 die Zahl 8, weil diese Leitung zum Strompfad 8 verläuft. Im Zielstrompfad 8 beginnt die unterbrochene Leitung mit einem Kästchen, in dem die Herkunftsstrompfad-Nummer 3 steht. Insbesondere bei umfangreichen Teilsystemen, deren Schaltplan mehrere Seiten in Anspruch nimmt, hilft diese Art der Leitungsführung, Kreuzungen zu vermeiden und steigert die Übersicht.

C.6 Neue Darstellungsformen im Wandel der Technik

Mit der Einführung von elektronischen Steuergeräten und busgesteuerten Systemen wurden die Stromkreise immer einfacher und damit immer übersichtlicher. Zwischenzeitlich findet die Signalaufbereitung und -digitalisierung vielfach bereits im Sensor statt. Auf der Aktorseite ist es möglich, den Steuerbefehl bis zum Stellglied als digitalisierte Businformation zu versenden.

Bild C-5 zeigt eine Beleuchtungsanlage mit den vier Betriebszuständen Standlicht, Fahrlicht mit Abblendlicht, Fahrlicht mit Fernlicht und automatische Fahrlichtsteuerung. Die automatische Fahrlichtsteuerung erkennt über optoelektronische Bauelemente die Außenhelligkeit und schaltet bei Bedarf Stand- und Abblendlicht ein.

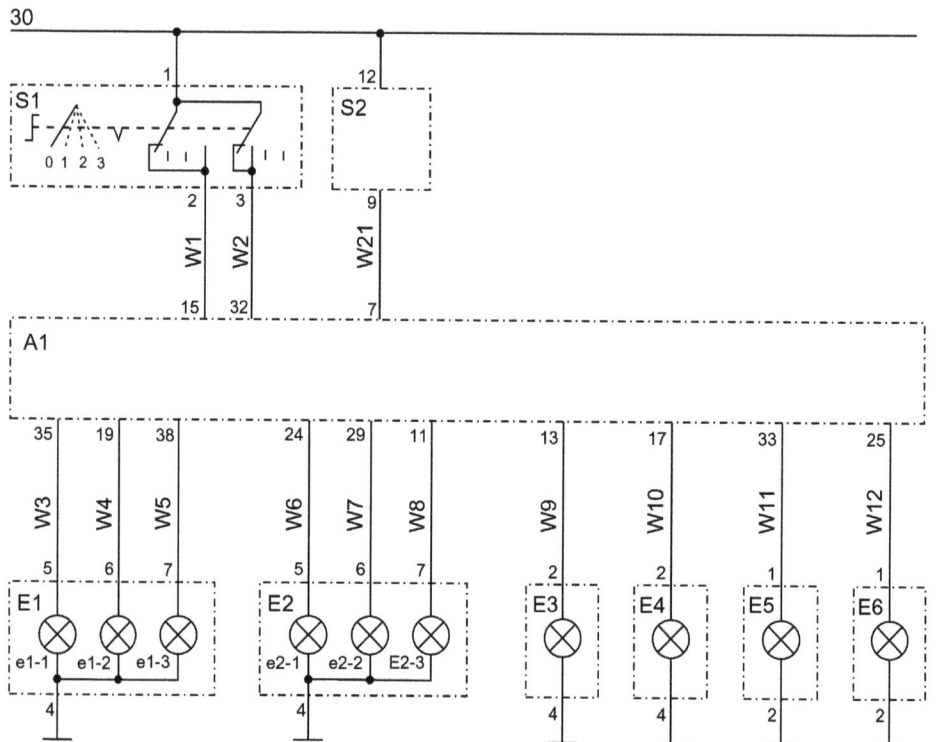

Bild C-5 Beleuchtungsanlage mit Steuergerät und Datenbus: A1 Steuergerät der Beleuchtung, E1 Scheinwerfer vorne links, e1-1 Standlicht, e1-2 Abblendlicht, e1-3 Fernlicht, E2 Scheinwerfer vorne rechts, e2-1 Fernlicht, e2-2 Abblendlicht, e2-3 Standlicht, E3 Schlusslicht links, E4 Schlusslicht rechts, E5 Kennzeichenleuchte links, E6 Kennzeichenleuchte rechts, S1 Lichtschalter, S2 Umschalter zwischen Fern- und Abblendlicht mit Signalaufbereitung und -digitalisierung, W1...W12 herkömmliche Leitungen, W21 Datenbusleitung

Die Komplexität vieler elektronischer Betriebsmittel ermöglicht es nicht, ihre Innenbeschaltung in den Schaltplan zu übernehmen. Um die Aufgabe und den Einfluss solcher Betriebsmittel trotzdem verständlich zu machen, sind technische Erklärungen und Ergänzungen erforderlich. Die folgenden Angaben beziehen sich auf die Beleuchtungsschaltung nach Bild C-5. Mit dem Lichtschalter (S1) wird die Beleuchtung in Betrieb genommen. Tabelle C.4 ist eine Wahrheitstabelle und zeigt exemplarisch die mögliche Codierung. Das 1-Signal entspricht der Bordspannungshöhe.

Tabelle C.4 Wahrheitstabelle für Lichtschalter S1

Schalterstellung, Betriebszustand	S1-2	S1-3
0, Licht aus	1	1
1, Standlicht	0	1
2, Abblendlicht	0	0
3, Automatische Fahrlichtsteuerung	1	0

Der Umschalter zwischen Fern- und Abblendlicht (S2) befindet sich beispielsweise am Lenkstock, wie dies auch bei Fahrzeugen mit konventionellen Beleuchtungsanlagen üblich ist, und muss lediglich durch Ziehen oder Drücken angetippt werden, um zwischen Abblend- und Fernlicht umzuschalten. Im Schalter ist eine Signalaufbereitung und -digitalisierung integriert, die über einen Datenbus (Leitung W21) die digitalisierten Signale an das Steuergerät übermittelt. Über den Bedienhebel des Schalters S2 gibt der Fahrer auch die Befehle für das Richtungsblinken ein. Auch diese werden in der gleichen Elektronik digitalisiert und ebenfalls per Datenbus über W21 dem Steuergerät A1 mitgeteilt. Das Steuergerät A1 setzt die Informationen der Schalter S1 und S2 um und verbindet die Leitungen W3...W12 mit dem Bordnetzplus. Im Steuergerät befinden sich außerdem die Lampenkalt- und die Lampenwarmüberwachung (siehe Abschnitt 14.8.4) sowie ein elektronischer Überlastschutz für die Stromzweige der Leitungen W3...W12.

D IP-Schutzarten

Die IP-Schutzart definiert die Schutzanforderung bezüglich Fremdkörpern und Feuchtigkeit. Die Klassifizierung erfolgt nach [Ie4] gemäß IPab, mit a als Anforderung für Fremdkörperschutz und b als Anforderung für Feuchtigkeitsschutz (siehe Tabelle D.1).

Tabelle D.1 Anforderungen an Fremdkörperschutz und Feuchtigkeitsschutz [Ie4]

a	Fremdkörperschutz
0	Kein Schutz
1	Schutz gegen Fremdkörper mit Durchmesser > 50 mm
2	Schutz gegen Fremdkörper mit Durchmesser > 12 mm
3	–
4	Schutz gegen Fremdkörper mit Durchmesser > 1 mm
5	Schutz gegen Staubeindringung
b	Feuchtigkeitsschutz
0	Kein Schutz
1	Schutz gegen senkrecht fallendes Tropfwasser
2	Schutz gegen fallendes Tropfwasser bis zu 15° zur Senkrechten
3	Schutz gegen Sprühwasser bis zu 60° zur Senkrechten
4	Schutz gegen Spritzwasser aus allen Richtungen
5	Schutz gegen Strahlwasser aus allen Richtungen
6	Schutz bei Überflutung
7	Schutz beim Eintauchen unter definierten Druck- und Zeitbedingungen
8	Schutz beim Untertauchen unter definierten Druck- und Zeitbedingungen
9K	Schutz gegen Hochdruckreinigung

Literaturverzeichnis

[Ae1] Automotive Electronics Council (AEC), AEC – Q100 Rev – F.2: Stress Qualification for Integrated Circuits

[Ai1] Aidam, R.; Kocher, P.; Recknagel, R.-J.: Alternative Seitencrashsensoren. VDI-Berichte Nr. 1794. Düsseldorf: VDI-Verlag, 2003

[An1] Analog Devices: New iMEMS Angular Rate-Sensing Gyroscope. In: Analog Dialog 37-03 (2003). www.analog.com

[As1] Assmann, B.: Technische Mechanik, Bd. 3: Kinematik und Kinetik, 11. Auflage, Oldenbourg, 1998

[As2] ASAM Association for Standardisation of Automation- and Measuring Systems: ASAM MCD-2D (ODX) Data Model Specification, Version 2.0.1, 2005

[As3] Association for Standardisation of Automation and Measuring Systems, http://www.asam.net

[Au1] Audi AG: Selbststudienprogramm 325, Audi A6 '05 Aggregate. – Firmenschrift

[Au2] AUTOSAR Specification of RTE Software, Version 3.1.0, Release 4.0, www.autosar.org

[Au3] AUTOSAR Methodology, Version 1.2.2, Rlease 3.2, www.autosar.org

[Ba1] Balzert, H.: Lehrbuch der Software Technik, 2. Auflage, Heidelberg: Spektrum Verlag, 2000

[Ba2] Bach, F.; Hoffmann, V.: Hierarchische Busvernetzung – Multiplex Belichtungssteuerung. VDI-Berichte Nr. 1415, Düsseldorf: VDI-Verlag, 1998

[Ba3] Basshuysen, R. van; Schäfer, F. (Hrsg.): Handbuch Verbrennungsmotor, 6. Auflage, Wiesbaden: Vieweg+Teubner Verlag, 2012

[Ba4] Baumann, K.-H.; Justen, R.; Schöneburg, R.: Pre-Crash-Erkennung, ein neuer Weg in der Pkw-Sicherheit. VDI-Berichte Nr. 1471, Düsseldorf: VDI-Verlag, 1999

[Ba5] Barr, M.: Programming Embedded Systems in C and C++. OReilly Media, 1999

[Ba6] Bauer, M.: Vermessung und Ortung mit Satelliten: GPS und andere satellitengestützte Navigationssysteme, Wichmann, 2002

[Ba7] Basshuysen, R. van: Ottomotor mit Direkteinspritzung, 2. Auflage, Wiesbaden: Vieweg+Teubner Verlag, 2008

[Be1] Bender, M.: Introducing the MLX4 – a Microcontroller for LIN. In: Automotive Electronics, EDN Europe, S. 22–26, 2004

[Be2] Beck, K.: eXtreme Programming. München: Addison-Wesley, 2000

[Be3] Beil, F.; Schürmann, B.: Integration der Bordnetzfunktion – ein Schritt zu einem Gesamtkonzept in der Fahrzeugelektrik. VDI Tagung Elektronik im Kraftfahrzeug, Baden-Baden, 1996

[Be4] Berg, F. A.; Egelhaaf, M.; Krehl, M.; Niewöhner, W.: Rollover-Crashtests und Unfallanalysen. VDI-Berichte Nr. 1794, Düsseldorf: VDI-Verlag, 2003

[Be5] Berwanger, J.; Kuffner, W.; Peteratzinger, M.; Reichart, G.; Schedl, A.: FlexRay-Exploitation of a Standard and Future Prospects, Convergence Transportation Electronics Conference, SAE, 2006

[Be6] Bertsche, B.; Lechner, G.: Zuverlässigkeit im Fahrzeug- und Maschinenbau, 4. überarbeitete Auflage, Berlin, Heidelberg: Springer, 2004

[Bi1] Bielefeld, M.; Bieler, N.: Modulare Hybrid-Antriebssysteme. In: ATZ Automobiltechnische Zeitschrift, 107. Jahrgang, Ausgabe 9, 2005

[Bi2] Birolini, A.: Zuverlässigkeit von Geräten und Systemen. Berlin, Heidelberg: Springer Verlag, 1997

[Bl1] Block, R.: 3-dimensionale numerische Feldberechnung und Simulation eines Klauenpolgenerators. Dissertation, RWTH Aachen: Shaker, 1993

[Bö1] Börcsök, J.: Elektronische Sicherheitssysteme. Heidelberg: Hüthig Verlag, 2004

[Bö2] Börcsök, J.: IEC 61508 – eine Norm für viele Fälle. atp Heft 12 2002 Jahrgang 44, S. 48–55

[Bo1] Robert Bosch GmbH (Hrsg.): Ottomotor-Management, 3. Auflage, Wiesbaden: Vieweg Verlag, 2005

[Bo2] Reif, K. (Hrsg.): Sensoren im Kraftfahrzeug. Wiesbaden: Vieweg+Teubner Verlag, 2010

[Bo3] Robert Bosch GmbH (Hrsg.): Konventionelle und elektronische Bremssysteme. Bosch Gelbe Reihe, 2001

[Bo4] Robert Bosch GmbH (Hrsg.); Konrad Reif (Autor); Karl-Heinz Dietsche (Autor) und 160 weitere Autoren: Kraftfahrtechnisches Taschenbuch, 27. Auflage, Wiesbaden: Vieweg+Teubner Verlag, 2011

[Bo5] Robert Bosch GmbH (Hrsg.): Dieselmotor-Management, 4. Auflage, Wiesbaden: Vieweg Verlag, 2004

[Bo6] Robert Bosch GmbH: CAN Specification, Version 2.0, 1991, www.can.bosch.com

[Br1] Broekman, B.; Notenboom, E.: Testing Embedded Software. London: Addison-Wesley, 2003

[Br2] Broy, M.: Informatik. Eine grundlegende Einführung. Bd. 1 und 2. Berlin, Heidelberg: Springer Verlag, 1998

[Br3] Brewerton, S.; Schneider, R.; Eberhard, D.: Implementation of a Basic Single-Microcontroller Monitoring Concept for Safety Critical Systems on a Dual-Core Microcontroller SAE 2007 World Congress, 2007-01-1486

[Br4] Breuer, B. (Hrsg.); Bill, K.-H. (Hrsg.): Bremsenhandbuch. Vieweg Verlag, 3., vollst. überarb. u. erw. Auflage, September 2006

[Br5] Brockhaus, Naturwissenschaften und Technik. Wiesbaden: Brockhaus Verlag, 1989

[Bu1] Bubb, H.: Der Fahrprozess – Informationsverarbeitung durch den Fahrer. VDA Technischer Kongress, Stuttgart 2002

[Bu2] Bundesverband Güterkraftverkehr Logistik und Entsorgung (BGL) e.V., Daten & Fakten, Frankfurt am Main, 2010

[Ca1] CAN in Automation, CiA DS 301 V4.0.2: CANopen application layer and communication profile, 2002. www.can-cia.org

[Ch1]   Chen, Yi-Fu: Bird-view Surrounding Monitor System for Parking Assistance, Institute of Computer Science and Information Engineering, National Central University, 2008

[Cm1]   Carnegie Mellon Software Engineering Institute (SEI): CMMI (Capability Maturity Model Integration), 2002. www.sei.cmu.edu/cmmi

[Co1]   Cormen, T. H.; Leiserson, Ch. E.; Rivest, R. L.; Stein, C.: Introduction to Algorithms, Second Edition. The MIT Press, 2001

[Da1]   Dach, H.; Gruhle, W.-D.; Köpf, P.: Pkw-Automatgetriebe, 2. Auflage, Bonn: Verlag Moderne Industrie, 2001

[De1]   Deutschmann, R.; Günther, F.; Roch, M.; Reuss, H.-C.; Kessler, F.; Bohne, W.; Krug, C.: Neue Strategien und Lösungen zur Testautomatisierung für die Validierung von Steuergeräte-Software. 6. Internationales Stuttgarter Symposium für Kraftfahrwesen und Verbrennungsmotoren, Stuttgart, 2005

[De2]   Decius, N.; Klein, H.; Fortkort, K.; Olk, J.; Tuttor, W.; Schöllmann, M.: Modulare Bordnetzarchitektur für Hybridfahrzeuge. In: ATZ Automobiltechnische Zeitschrift. Jahrgang 107, Ausgabe 12, 2005

[Di1]   Norm DIN 40042: Zuverlässigkeit elektrischer Geräte, Anlagen und Systeme – Begriffe, 1970

[Di2]   Norm DIN 40041: Zuverlässigkeit – Begriffe, 1990

[Di3]   Norm DIN VDE 31000 Teil 2: Allgemeine Leitsätze für das sicherheitsgerechte Gestalten technischer Erzeugnisse – Begriffe der Sicherheitstechnik – Grundbegriffe, 1987

[Di4]   Norm DIN 72552-2: Klemmenbezeichnungen in Kraftfahrzeugen, Bedeutungen, 1971

[Di5]   Norm DIN 44300: Informationsverarbeitung – Begriffe

[Di6]   Dijkstra, E. W.: Selected Writings on Computing: A Personal Perspective (Springer Series in Cognitive Development), Berlin: Springer Verlag, April 1982

[Di7]   Dittmar, G.; Nolting, J.: Wärmebildgeräte im Kraftfahrzeug zur verbesserten Nachtsicht, DGZfP-Berichtsband 86, Thermografie-Kolloquium an der Universität Stuttgart 2003

[Do1]   Douglass, B. P.: Doing Hard Time. Object Technology Series. Addison-Wesley, MA, 1999

[Do2]   Donges, E.: Aspekte der aktiven Sicherheit bei der Führung von Personenkraftwagen. Automobilindustrie 27, 1982

[Ec1]   Wirtschaftskommission der Vereinten Nationen für Europa (UN/ECE), Regelung Nr. 48: Einheitliche Bedingungen für die Genehmigung der Fahrzeuge hinsichtlich des Anbaus der Beleuchtungs- und Lichtsignaleinrichtungen, 2004

[Ec2]   Wirtschaftskommission der Vereinten Nationen für Europa (UN/ECE), Regelung Nr. 98: Einheitliche Bedingungen für die Genehmigung der Kraftfahrzeugscheinwerfer mit Gasentladungs-Lichtquellen, 2003

[Ec3]   Wirtschaftskommission der Vereinten Nationen für Europa (UN/ECE), Regelung Nr. 112: Einheitliche Vorschriften der Kraftfahrzeugscheinwerfer mit Glühlampen für asymmetrisches Abblendlicht oder Fernlicht oder für beides, 2003

[Ec4]   ECE-R 79: Uniform provisions concerning the approval of vehicles with regard to steering equipment, 2005

[Ec5]   Wiener Übereinkommen über den Straßenverkehr, Convention on road traffic, Wien, 1968

[Eh1]   Ehrfeld, W. (Hrsg.): Handbuch Mikrotechnik, München: Hanser-Verlag, 2002

[Eh2]   Ehlgen, T.; Pajdla, T.: Monitoring surrounding areas of truck-trailer Combinations, Proceedings of the 5th International Conference on Computer Vision Systems, 2007

[En1]   Enders, M.: Intelligentes Pixellicht. VDI-Berichte Nr. 1646. Düsseldorf: VDI-Verlag, 2001

[En2]   Norm DIN EN 61082-1: Dokumente der Elektrotechnik – Teil 1: Allgemeine Regeln, 1993

[En3]   Norm DIN EN 50342: Blei-Akkumulatoren – Starterbatterien – Allgemeine Anforderungen, Prüfungen und Kennzeichnung, 2001

[En4]   d'Entremont, K.: Light-Duty Vehicles in Tripped-Rollover Situations. Safety Brief Bulletin Volume 1, No. 4, 1995

[Et1]   Etschberger, K.: Controller-Area-Network. Grundlagen, Protokolle, Bausteine, Anwendungen. 3. Auflage, München: Hanser Verlag, 2002

[Eu1]   Europäische Gemeinschaft: Richtlinie 74/60/EWG des Rates zur Angleichung der Rechtsvorschriften der Mitgliedstaaten über die Innenausstattung der Kraftfahrzeuge, 1974

[Eu2]   Europäische Gemeinschaft: Richtlinie 2003/102/EG des Europäischen Parlaments und des Rates zum Schutz von Fußgängern und anderen ungeschützten Verkehrsteilnehmern vor und bei Kollisionen mit Kraftfahrzeugen und zur Änderung der Richtlinie 70/156/EWG des Rates, 2003

[Eu3]   Europäische Gemeinschaft: Richtlinie 70/157/EWG des Rates zur Angleichung der Rechtsvorschriften der Mitgliedstaaten über den zulässigen Geräuschpegel und die Auspuffvorrichtung von Kraftfahrzeugen, 1970

[Fl1]   FlexRay Communications System. Protocol Specification Version 2.0, 2004. www.flexray.com

[Fl2]   FlexRay Communications System. Bus Guardian Specification Version 2.0, 2004. www.flexray.com

[Fl3]   FlexRay Communications System. Electrical Physical Layer Specification Version 2.0, 2004. www.flexray.com

[Fm1]   U.S. Department of Transportation National Highway Traffic Safety Administration: Federal Motor Vehicle Safety Standard FMVSS 118, 1971

[Fm2]   U.S. Department of Transportation National Highway Traffic Safety Administration: Federal Motor Vehicle Safety Standards, Part 571, Safety Assurance, 1998

[Fr1]   Fröhlich, T.; Hamm, M.: Einfluss von adaptiven Scheinwerfer-Technologien auf die zukünftige Bordnetzstruktur. VDI-Berichte Nr. 1789. Düsseldorf: VDI-Verlag, 2003

[Fü1]   Fürst, S. u. a.: AUTOSAR – A Worldwide Standard is on the Road, 14th International VDI Congress Electronic Systems for Vehicles, Baden-Baden 2009

[Ga1]   Gad-el-Hak, M. (Hrsg.): The MEMS-Handbook. London: CRC Press, 2002

[Ge1]   Gelb, A.: Applied Optimal Estimation. Cambridge, Massachusetts: M.I.T. Press, 1992

[Gi1] Gintner, K.: Ein Sensor auf Basis des anisotropen magnetoresistiven Effektes. Erlangen: Univ., Diss., 1999

[Gö1] Göhring, D.: Digitalkameratechnologien, eine vergleichende Betrachtung. Humboldt Universität Berlin, 2002

[Gr1] Grezmba, A.: LIN-Bus – Die Technologie. Teil 1: Netzwerkarchitektur mechatronischer Systeme und Übersicht über die Technologie sowie das Protokoll. In: Elektronik Automotive, Heft 4, 2003

[Gr2] Grezmba, A.: LIN-Bus – Die Technologie. Teil 2: Fehlererkennung und Fehlerbehandlung, Netzwerkmanagement, Bitübertragungsschicht. In: Elektronik Automotive, Heft 5, 2003

[Gr3] Grezmba, A.: LIN-Bus – Die Technologie. Teil 4: Hardware – Transceiver und Controller. In: Elektronik Automotive, Heft 1, 2004

[Gr4] Gruhle, W.-D.; Jauch, F.; Knapp, T.; Rüchardt, C.: Modellgestützte Applikation einer „Geregelten Wandlerüberbrückungskupplung" in Pkw-Automatgetrieben. VDI-Getriebetagung, Friedrichshafen, 1995

[Gu1] Gussmann, V.; Draxlmeyr, D.; Reiter, J.; Schneider, T.; Rettig, R.: Intelligent Hall Effect based Magnetosensors in Modern Vehicle Stability Systems, Convergence Transportation Electronics Conference, Detroit: SAE, 2000

[Ha1] Halliday, D.; Resnick, R.: Fundamentals of Physics. New York: John Wiley and Sons, 1988

[Ha2] Hamm, M.: Adaptives Licht: Innovative Vernetzung von Systemen in der Lichttechnik. VDI-Berichte Nr. 1547. Düsseldorf: VDI-Verlag, 2000

[Ha3] Haken, K.-L.: Grundlagen der Fahrzeugtechnik. München: Carl Hanser Verlag, 2007

[He1] Hering, E.; Martin, R.; Stohrer, M.: Physik für Ingenieure. Düsseldorf: VDI-Verlag, 1989

[He2] Heinecke, H.; Schedl, A.; Berwanger, J.; Peller, M.; Nieten, V.; Beischner, R.; Hedenetz, B.; Lohrmann, P.; Bracklo, C.: FlexRay – ein Kommunikationssystem für das Automobil der Zukunft. In: Elektronik Automotive, Sep. 2002

[He3] Hella KGaA Hueck & Co: Hella Licht Research & Development Review 2000. – Firmenschrift

[He4] Heinol, H. G.; Schwarte, R.: Photomischdetektor erfasst 3D-Bilder. In: Elektronik, Heft 12, 2000

[He5] Heim, A.: Intelligenter Batteriesensor: Schlüsselkomponente für das Energiemanagement der Zukunft, Tagung „Elektronik im Kraftfahrzeug" Baden-Baden, VDI-Bericht Nr. 1789, Düsseldorf: VDI-Verlag, 2003

[Hi1] Hubert; Hietl; Kötz; J; Linn, G.: Bereit für FlexRay – FlexRay-Serieneinführung bei Audi, Elektronic Automotive 1 (2007), S. 32–36

[Hi2] Herstellerinitiative Software, 2008, http://www.automotive-his.de/

[Ho1] Horowitz, P.; Hill, W.: The Art of Electronics. Cambridge: Cambridge University Press, 1990

[Ho2] Horn, B.: Robot Vision. Cambridge (MA): MIT Press, 1986

[Ho3] Homann, M.: OSEK. Betriebssystem-Standard für Automotive und Embedded Systems. mitp, 2004

[Ho4] Hoffmeister, K.: AUTOSAR – Entwicklung leicht gemacht. In: Elektronik Automotive 1-2006

[Ho5] Hofmann-Wellenhof; Lichtenegger; Wasle: GNSS – Global Navigation Satellite Systems: GPS, GLONASS, „Galileo & more". Berlin, Heidelberg: Springer, 2007

[Ie1] IEEE Institute of Electrical and Electronics Engineers: IEEE Std 610.12-1990. IEEE Standard Glossary of Software Engineering Terminology, IEEE Press, 1990

[Ie2] Norm IEC 60617: Internationale Standards über graphische Symbole für Schaltpläne, 1996

[Ie3] Norm IEC 750: Kennzeichnung von elektrischen Betriebsmitteln, 1983

[Ie4] Norm IEC EN 60529: Schutzarten durch Gehäuse (IP-Code)

[Ie5] Norm IEC EN 61508: Functional safety of electrical/electronic/programmable electronic safety-related systems, Part 1–7, 2000

[Ie6] Norm IEC TR 62380: Technical Report, Reliability Data Handbook – Universal Model for Reliability Prediction of Electronic Components, PCBs and Equipment, 2004

[In1] Infineon, Halbleiter, Publics MCD Corporate Publishing, 2. Auflage, München, 2001

[Is1] Norm ISO 7498-1: Information technology – Open Systems Interconnection – Basic Reference Model: The Basic Model, 1994

[Is2] Norm ISO 11898-1: Road vehicles – Controller Area network (CAN) – Part 1: Data link layer and physical signalling, 1999

[Is3] Norm ISO 11898-2: Road vehicles – Controller Area network (CAN) – Part 2: High speed medium access unit, 1999

[Is4] Norm ISO 11898-3: Road vehicles – Controller Area network (CAN) – Part 3: Low speed medium access unit, 1999

[Is5] Norm ISO 11898-4: Road vehicles – Controller Area network (CAN) – Part 4: Time triggered communication, 2000

[Is6] Norm ISO 11992: Road vehicles – Electrical connections between towing and towed vehicles; interchange of digital information. Part 1: Physical layer and data link layer, 2003

[Is7] Norm ISO 9141: Straßenfahrzeuge; Diagnosesysteme; Anforderungen für den Austausch digitaler Informationen, 1992

[Is8] Norm ISO 15622: Road vehicles – Adaptive Cruise Control Systems – Performance requirements and test procedures, 2002

[Is9] Norm ISO 17356: Open interface for embedded automotive applications, 2005

[Is10] Norm ISO/TR 15497: 2000 Road vehicles – Development guidelines for vehicle based software

[Is11] Norm ISO 26262 Entwurf: Straßenfahrzeuge – Funktionale Sicherheit, FAKRA

[Is12] Norm ISO/DIS 22901-1: Road Vehicles – Open diagnostic data exchange – Part 1 Data model specification

[Is13] Norm ISO 22900: 2008 Road vehicles – Modular vehicle communication interface (MVCI)

[Is14] Norm ISO 22900-2: Road vehicles – Modular vehicle communication interface (MVCI) – Part 2: Diagnostic protocol data unit application programming interface (D-PDU API)

[Is15] Norm ISO 14229: 1998 Road vehicles – Diagnostic systems – Diagnostic services specification

[Is16] Norm ISO 15031-1 bis 7: Road vehicles – Communication between vehicle and external equipment for emissions-related diagnostics

[Is17] Norm ISO 15765-2: 2004 Road vehicles – Diagnostics on Controller Area Networks (CAN)

[Is18] Norm ISO 14229-1: 2006 Road vehicles – Unified diagnostic services (UDS) – Part 1: Specification and requirements

[Is19] Norm ISO 27145: Road vehicles – Implementation of WWH-OBD communication requirements – Part 1: General information and use case definition

[Je1] Jersak, M.; Richter, K.; Sarnowski, H.; Gliwa, P.: Laufzeitanalysen zur frühzeitigen Absicherung von Software, ATZ Elektronik 01/2009, Jahrgang 4

[Ju1] Jung, C.; Woltereck, M.: Vorschlag eines Funktionssicherheitsprozesses für die verteilte Entwicklung sicherheitsrelevanter Systeme. Elektronik im Kraftfahrzeug/ VDI-Gesellschaft Fahrzeug- und Verkehrstechnik. Düsseldorf: VDI-Verlag, 2003

[Ki1] Kiesewetter, W.; Klinkner, W.; Reichelt, W.; Steiner, M.: Der neue Brake Assist von Mercedes-Benz. In: ATZ Automobiltechnische Zeitschrift, Jahrgang 99, Ausgabe 6/1997

[Ki2] Kindel, O.; Friedrich, M.: Softwareentwicklung mit AUTOSAR. Grundlagen, Engineering, Managment in der Praxis. 1. Auflage, dpunkt.verlag 2009

[Kn1] Kneuper, R.: Verbesserung von Softwareprozessen mit Capability Maturity Model Integration. Heidelberg: dpunkt.verlag, 2003

[Kn2] Knuth, D. E.: The Art of Computer Programming Volume 3, 2. Auflage, Addison Wesley, 1998

[Ko1] Konik, D.; Müller, R.; Prestl, W.; Tölge, T.; Leffler, H.: Elektronisches Bremsen-Management als erster Schritt zu einem Integrierten Chassis Management. In: ATZ Automobiltechnische Zeitschrift, Jahrgang 101, Ausgabe 4/1999

[Ko2] Kopetz, H.: Real-Time Systems. Berlin, Heidelberg: Springer, 1997

[Kö1] Köhler, B.-U.: Konzepte der statistischen Signalverarbeitung. Heidelberg: Springer Verlag, 2005

[Kr1] Kröger, R.; Unbehauen, R.: Elektrodynamik. Stuttgart: B.G. Teubner Verlag, 1997

[Kr2] Kruse, R.; Schäfer, H.; Wähner, L.: Integrierter Starter-Generator für das 42-V-Bordnetz. In: ATZ Automobiltechnische Zeitschrift, Jahrgang 104, Ausgabe 7–8/ 2002

[Ku1] Kuchling, H.: Taschenbuch der Physik. 19. aktualisierte Auflage, München: Fachbuchverlag Leipzig im Carl-Hanser-Verlag, 2007

[La1] Langwieder, K.; Bäumler, H.: Charakteristik von Nachtunfällen. In: Progress in Lighting. TH Darmstadt 1997, PAL 1997. – Proceedings

[La2] Lang, H.-P.; Knödler, K.; Kocher, P.; Rölleke, M.; Oswald, K.: Erweiterte Crashsensierung mit zusätzlicher Beschleunigungssensorik, Radarsensoren und Winkelgeschwindigkeitssensoren. VDI-Berichte Nr. 1471. Düsseldorf: VDI-Verlag, 1999

[Li1] LIN Local Interconnected Network: LIN Specification Package Version 2.1, 2006. www.lin-subbus.org

[Li2] Liu, J.: Real-Time Systems. Prentice Hall, 2000

[Li3] Liggesmeyer, P., Rombach, D. (Hrsg.): Software-Engineering eingebetteter Systeme. Spektrum Akademischer Verlag, 2005

[Lo1] Lovric, T.: Sicherheitsanforderungen an Fahrerassistenzsysteme, TÜV Nord, Sachverständigentag, 2006

[Ma1] Marek, J.; Trah, H. P.; Suzuki, Y.; Yokomori, I.: Sensors for Automotive Technology, 2004

[Ma2] Mattes, W.; Mayr, K.; Neuhauser, W.; Steinparzer, F.: BMW 6-Zylinder-Dieselmotor mit Euro-4-Technik. In: MTZ Motortechnische Zeitschrift, Jahrgang 65, Ausgabe 7-8/2004

[Ma3] Marscholik, Chr.; Subke, P.: Datenkommunikation im Automobil Grundlagen, Bussysteme, Protokolle und Anwendungen. Hüthig Verlag, 2007

[Ma4] Mandl, P.: Grundkurs Betriebssysteme. Architekturen, Betriebsmittelverwaltung, Synchronisation, Prozesskommunikation. 2. Auflage. Wiesbaden: Vieweg+Teubner Verlag, 2010

[Ma5] Maurer, M.; Stiller, Chr. (Hrsg.): Fahrerassistenzsysteme mit maschineller Wahrnehmung. Berlin, Heidelberg: Springer Verlag, 2005

[Mi1] MISRA The Motor Industry Software Reliability Association: Guidelines for the Use of the Language in Vehicle based Software, 1998. http://www.misra.org.uk

[Mi2] Mitschke, M.; Wallentowitz, H.: Dynamik der Kraftfahrzeuge. 4. Auflage, Berlin, Heidelberg: Springer Verlag, 2004

[Mi3] Miedreich, M.; Schober, H.: Fußgängerschutzsystem mit faseroptischem Sensor. In: ATZ Automobiltechnische Zeitschrift, Jahrgang 107, Ausgabe 3/2005

[Mi4] MIL-HDBK-217, Reliability Prediction of Electronic Equipment, Revision F-2, 1991

[Mo1] MOST Specification Rev. 2.4, 2005. www.mostcooperation.com

[Mo2] MOST Dynamic Specification Rev. 1.1, 2005. www.mostcooperation.com

[Mo3] Morgan, G.: AUTOSAR – ein Projekt zur Entwicklung von Steuergeräte-Software. In: Elektronik Automotive 1-2006

[Mü1] Münzenberger, R.; Kramer, T.: Absichern des Echtzeit-Verhaltens durch virtuelle Integration, INCHRON GmbH, 4. Tagung – Simulation und Test für die Automobilelektronik, IAV, Berlin 2010

[My1] Myers, G.: Methodisches Testen von Programmen, 7. Auflage, Oldenbourg Verlag, 2001

[Na1] Naumann, R: Spannungs-, strom- und impedanzbasierte Methoden der Batteriediagnose – Möglichkeiten und Grenzen. Haus der Technik Fachbuch „Energiemanagement und Bordnetze". Renningen: Expert Verlag, 2004

[Ni1]   Nishi, Y.; Doering, R. (Hrsg.): Handbook of Semiconductor Manufactoring Technology, Marcel Decker Inc., New York, 2000

[Od1]   Open DeviceNet Vender Association (ODVA): DeviceNet Specifications, Volumes I and II, Rev. 2.0, 1998. www.odva.org

[Od2]   Odenthal, D.: Ein robustes Fahrdynamik-Regelungskonzept für die Kippvermeidung von Kraftfahrzeugen. München: Techn. Univ., Diss., 2001

[Oe1]   Oestereich, B.: Objektorientierte Softwareentwicklung. Analyse und Design mit der UML 2.0. 6. Auflage, Oldenbourg Verlag, 2004

[Ol1]   Olk, J.; Rosenmayr, M.: Systematische Entwicklung des Energiemanagements. Tagung „Elektronik im Kraftfahrzeug", Baden-Baden. VDI-Bericht Nr. 1789. Düsseldorf: VDI-Verlag, 2003

[Ol2]   Olk, J.; Schöllmann, M; Rosenmayr, M.: Trends bei der Batterieüberwachung mit Sensoren. Tagung des DGES: Hybrid- und Brennstoffzellen-Fahrzeuge: Energiemanagement – Aufgaben und Strukturen. Ingolstadt, Juni 2005

[Ol3]   Olk, J.; Körner, A.: Komponenten für strukturierte Bordnetze, Haus der Technik Fachbuch „Energiemanagement und Bordnetze". Renningen: Expert-Verlag, 2004

[Os1]   OSEK/VDX Operating System Specification 2.2.3, 2005. www.osek-vdx.org

[Os2]   OSEK Open systems and the corresponding interfaces for automotive electronics: Binding Specification 1.4.2, 2004. www.osek-vdx.org

[Pa1]   Paul, R.: MOS-Feldeffekttransistoren. Berlin, Heidelberg: Springer Verlag, 2002

[Pr1]   ProdHaftG Gesetz über die Haftung für fehlerhafte Produkte

[Pr2]   Schröder-Preikschat, W.: „Echtzeitbetriebssysteme", in Software Engineering eingebetteter Systeme, Hrsg. Peter Liggesmeyer und Dieter Rombach, Elsevier: Spektrum-Verlag, 2005

[Pr3]   Press, W. H.; Teukolsky, S. A.; Vetterling, W. T.; Flannery, B. P.: Numerical Recipes: The Art of Scientific Computing, 3rd ed. (gebundene Ausgabe), Cambridge University Press, 2007

[Ra1]   Rausch, M.: Optimierte Mechanismen und Algorithmen in FlexRay. In: Elektronik Automotive, 2002

[Ra2]   Radio Technical Commission for Aeronautics: DO-178B, Software Considerations in Airborne Systems and Equipment Certification, 1992

[Ra3]   Rasmussen, J.: Skills, Rules and Knowledge; Signals, Signs and Symbols and other Distinctions in human performance Models. IEEE Transactions on Systems, Man and Cybernetics, Vol. SMC 13, No. 3, 1983

[Re1]   Reif, K.; Unbehauen, R.: The extended Kalman filter as an exponential observer for nonlinear systems, IEEE Trans. Signal Processing, Bd. SP-47, S. 2324–2328, 1999

[Re2]   Reif, K.; Yaz, E.; Günther, S.; Unbehauen, R.: Stochastic stability of the discrete-time extended Kalman filter, IEEE Trans. Autom. Contr., Bd. AC-44, S. 714–728, 1999

[Re3]   Rettig, R.; Katzmeier, E.: Sensors for Transmission Applications: Requirements, Status and Future Trends. Third international CTI Symposium on Innovative Automotive Transmissions. Würzburg, 2004

[Re4] Reif, K.; Milbredt, P.: Weckvorgang und Hochlauf von FlexRay-Vernetzungen, 8. Internationales Stuttgarter Symposium für Automobil- und Motorentechnik, Bd. 2, S. 441–451, 2008

[Re5] Reif, K.; Renner, K; Saeger, M.: Fahrzustandschätzung auf Basis eines nichtlinearen Zweispurmodells, ATZ Automobiltechnische Zeitschrift, Jahrgang 109, S. 682–687, August 2007

[Re6] Reich, A.; Spängler, O.: Diagnose als wesentlicher Faktor zum Beherrschen der Elektronik. In: Elektronik Automotive, Sonderausgabe Audi A4, 2007

[Re7] Reif, K. (Hrsg.): Dieselmotor-Management im Überblick (einschließlich Abgastechnik). Wiesbaden: Vieweg+Teubner Verlag, 2010

[Re8] Reif, K. (Hrsg.): Fahrstabilisierungssysteme und Fahrerassistenzsysteme. Wiesbaden: Vieweg+Teubner Verlag, 2010

[Re9] Reichelt, S.; Schmidt, K.; Gesele, F.; Seidler, N.; Hardt, W.: Nutzung von FlexRay als zeitgesteuertes automobiles Bussystem im AUTOSAR-Umfeld. In: Workshop über Mobilität und Echtzeit. Boppard am Rhein 2007

[Re10] Rennert, P.; Schmiedel, H; Weißmantel, C.: Kleine Enzyklopädie Physik: Thun, Frankfurt am Main: Verlag Harri Deutsch 1987

[Ri1] Rieth, P.; Drumm, S.; Harnischfeger, M.: Elektronisches Stabilitätsprogramm – die Bremse, die lenkt. Verlag Moderne Industrie, 2001

[Ri2] Richter, K.; Feiertag, K.; Rudorfer, M.; Scheickl, O.; Ainhauser, C.: How Timing Interfaces in AUTOSAR can Improve Distributed Development of Real-Time Software. GI Jahrestagung 2008, S. 662–667

[Ro1] Robertson, S.; Robertson, J.: Mastering the Requirements Process. ACM Press, 1999

[Ro2] Rosenmayr, M.; Schöllmann, M.; Gronwald, F.: Batteriediagnose mit dem Intelligenten Batteriesensor IBS Haus der Technik Fachbuch „Energiemanagement und Bordnetze". Renningen: Expert-Verlag, 2004

[Ru1] Rupp, C.: Requirements-Engineering und -Management. Professionelle, iterative Anforderungsanalyse für die Praxis. 3. Auflage, München: Carl Hanser Verlag, 2004

[Ru2] Runkler, T. A.: Data Mining. Wiesbaden: Vieweg+Teubner Verlag, 2009

[Sa1] SAE J2411: Single Wire CAN Network for Vehicle Applications, 2000

[Sa2] Sauerwein, E.: Das Kano-Modell der Kundenzufriedenheit. Wiesbaden: Deutscher Universitätsverlag, 2000

[Sa3] SAE J2534/1: Recommended Practice for Pass-Thru Vehicle Programming

[Sc1] Schäuffele, J.; Zurawka, T.: Automotive Software Engineering, 4. Auflage, Wiesbaden: Vieweg+Teubner Verlag, 2010

[Sc2] Schoeppe, D.; Bercher, N.; Guerrassi, D.; Spadafora, P.: Common-Rail-Technologie für zukünftige Diesel Fahrzeuge mit niedrigen Emissionswerten. 13. Aachener Kolloquium Fahrzeug und Motorentechnik, 2004

[Sc3] Schatz, O.: Sensoren für die Sicherheit, IIR Automobil-Technologie-Kongress AutoTec, 2003

[Sc4]   Schoof, J.: OSEK/VDX-OS Betriebssystemstandard für Steuergeräte in Kraftfahrzeugen, P. Holleczek (Hrsg.), PEARL 2000 – Echtzeitsysteme und Linux, Informatik aktuell. Berlin, Heidelberg: Springer Verlag, 2000, S. 43–52

[Sc5]   Schneider, B.: Der Photomischdetektor zur schnellen 3D-Vermessung für Sicherheitssysteme und zur Informationsverarbeitung im Automobil, Dissertation, Universität-Gesamthochschule Siegen, 2003

[Sc6]   Schneider, R.; Kalhammer, M.; Eberhard, D.; Brewerton, S.: Basic Single-Microcontroller Monitoring Concept for Safety Critical Systems. SAE 2007 World Congress, 2007-01-1488

[Sc7]   Schmidt, K.; Gesele, F.: AUTOSAR-konforme Entwicklung von Fahrwerksfunktionen mit TargetLink. In: dSPACE Anwenderkonferenz 2007. München 2007

[Sc8]   Schwarz, H.-R.; Köckler, N.: Numerische Mathematik. Wiesbaden: Vieweg Verlag, 2004

[Sp1]   SPICE: http://www.squi.qu.edu.au/spice

[St1]   StVZO, § 30 Straßenverkehrszulassungsordnung Deutschland

[Su1]   Sundaram, P.; D'Ambrosio, J. G.: Controller Integrity in Automotive Failsafe System Architectures. SAE 2006 World Congress, 2006-01-0840

[Te1]   Teepe, G.: Durchgängige Elektronikarchitekturen auf der Basis von einheitlichen Standards entwirren das Kfz-Netzwerk. In: Elektronik Automotive, Juni 2003

[Te2]   Telcordia: SR-322 Reliability Prediction Procedure for Electronic Equipment, 2001

[Te3]   Technology and Maintenance Council: RP1210A-TMC standard. A software driver that interfaces a PC or PDA to a specific communication device like a Vehicle Link Adapter

[Ti1]   Tietze, U.; Schenk, C.: Halbleiter-Schaltungstechnik. Berlin, Heidelberg: Springer Verlag, 2002

[Un1]   Unbehauen, R.: Systemtheorie, Bd. 1, Allgemeine Grundlagen, Signale und lineare Systeme im Zeitbereich und Frequenzbereich. Oldenbourg, 2002

[Un2]   Unbehauen, R.: Grundlagen der Elektrotechnik 1. Berlin, Heidelberg: Verlag, 1999

[Vd1]   Verband der Automobilindustrie: Qualitätsmanagement in der Automobilindustrie – System FMEA, Failure Mode and Effects Analysis. Bd. 4.2., 1996

[Vd2]   Verband der Automobilindustrie: Qualitätsmanagement in der Automobilindustrie – QM-Systemaudit. Bd. 6.1., 1998

[Vd3]   Verband der Automobilindustrie: Qualitätsmanagement in der Automobilindustrie – Zuverlässigkeits-Methoden und -Hilfsmittel. Bd. 3.2., 2000

[Vd4]   Norm VDI 4003: Zuverlässigkeitsmanagement (2005-07)

[Ve1]   Vesely, W. u. a.: Fault Tree Handbook. NUREG-0492, U.S. Nuclear Regulatory Commission, Washington DC, 1981

[Vi1]   Vieler, C. et al.: Strukturkonzepte zur Realisierung zukünftiger Sicherheitsanforderungen. VDI-Berichte Nr. 1794. Düsseldorf: VDI-Verlag, 2003

[Vm1]   Bundesministerium des Inneren: AU 250/1 Entwicklungsstandard für IT-Systeme des Bundes: Vorgehensmodell, 1997

[Vm2]   V-Modell: http://www.v-modell-xt.de, 2005

[Vo1]   Vollrath, M.; Schießl, C.: Belastung und Beanspruchung im Fahrzeug – Anforderungen an Fahrerassistenz. Integrierte Sicherheit und Fahrerassistenzsysteme. VDI-Berichte Nr. 1864, 1. Düsseldorf: VDI Verlag, 2004

[Vo2]   Volkswagen AG: Selbststudienprogamm 316, Der 2,0 l TDI Motor. – Firmenschrift

[Vo3]   Volkswagen AG: Selbststudienprogramm 298, Der Touareg, Elektrische Anlage. – Firmenschrift

[Vo4]   Volkswagen AG: Selbststudienprogramm 350, Der 3,0 l V6 TDI-Motor. – Firmenschrift

[Vo5]   Volkswagen AG: Selbststudienprogramm 330, Das Dieselpartikelfiltersystem mit Additiv. – Firmenschrift

[Vö1]   Völklein, F.; Zetterer, Th.: Einführung in die Mikrosystemtechnik, Braunschweig: Vieweg Verlag, 2000

[Wa1]   Wallentowitz, H.; Reif, K. (Hrsg.): Handbuch Kraftfahrzeugelektronik – Grundlagen – Komponenten – Systeme – Anwendungen. 2., verbesserte und aktualisierte Auflage. Wiesbaden: Vieweg+Teubner Verlag, 2010

[Wa2]   Wagner, G.; Flerlage, F.: Reifegradbestimmung durch gezieltes Fehlermanagement. In: Elektronik Automotive, Sonderausgabe Audi A4, 2007

[We1]   Weghaus, L.: DCDC-Wandler im Kraftfahrzeug. Haus der Technik Tagung Energiemanagement und Bordnetze, Essen, 2007

[Wi1]   Winner, H.; Hakuli, St.; Wolf, G. (Hrsg.): Handbuch Fahrerassistenzsysteme. Wiesbaden: Vieweg+Teubner Verlag, 2012

[Wö1]   Wörn, H.; Brinkschulte, U.: Echtzeitsysteme. Berlin, Heidelberg: Springer Verlag, 2005

[Zh1]   Zhao, Y.: Vehicle Location and Navigation Systems. Artech House Publishers, 1997

[Zi1]   Zimmermann,W; Schmidgall, R.: Bussysteme in der Fahrzeugtechnik: Protokolle und Standards. 5.Auflage, Wiesbaden: Springer Vieweg Verlag, 2014, Kapitel 4 + 5

[Zi2]   Zimmermann,W; Schmidgall, R.: Bussysteme in der Fahrzeugtechnik: Protokolle und Standards. 5.Auflage, Wiesbaden: Springer Vieweg Verlag, 2014, Kapitel 6

Sachwortverzeichnis

A
A*-Algorithmus 379
Abbiegelicht 408
Abbiegerichtung 380
Abbiegestärke 380
Abblendlicht 400
Abdeckungsbereich 339
Abgas 169
– bestandteile 172
– führung 168 f.
– funktion 167
– gesetzgebung 167
– messung 167
– nachbehandlung 168, 171 ff.
– nachbehandlungssystem
– nachbehandlungssystem, geschlossenes 173
– nachbehandlungssystem, offenes 173
– reinigungssystem 170
– rückführsystem 181
– rückführung (AGR) 171
– rückführung, äußere 171
– rückführung, innere 171
– rückführungsrate 172
– rückführungsventil 144, 172
– strom 146
– system 168
– temperaturmodellierung 168
– temperaturveränderung 168 f.
– -Turboaufladung 147
– turbolader 146
abgasführende Komponente 168
Ablaufplanung 60
Abnahme 83
ABS *siehe* Anti-Blockier-System 307
Abscherversuch 281
Absicherung 201, 411
– maßnahmen 358
– , thermische 201
Absorption 391
Absorptionsgrad 391
Abstandsinformationssystem 349
Abstandsmessung 327, 330
Abstandsregeltempomat 353
Abstrahlcharakteristik 326
– , keulenförmige 354

Abtriebsdrehzahl 183
Abweichung 252
Abzugversuch 281
ACC *siehe* Adaptive Cruise Control
Adaption 196, 432
Adaptive Cruise Control (ACC) 353
– Regelung, angepasste 354
– Regelung, einfache 354
– Regelung, passive 354
– Steuergerät 354
Adaptive Head Lights (AHL) 408
Adblue 175
Additiv 175
Adern 205
– anzahl 206
– optimierung 206
Adressfehler 274
Advanced Frontlighting System 409
AFS 409
AGR *siehe* Abgasrückführung
AHL *siehe* Adaptive Head Lights 408
Airbag 285
– steuergerät 289
– , zweistufiger 287
Aktor
– -Softwarekomponenten 53
– -SWC 58
Alarm 45
Algorithmus 377
– , schlupfreduzierender 308
– zur Fahrdynamik-Regelung 315
Alterung, künstliche 281
Ambiente 321
– -Beleuchtung 401
Ammoniak 176
AMR
– -Effekt 112
– -Sensor 112
Analog-Digital-Wandler 96, 136
Androsseln 144
Anforderung 253
– , mechanische 240
Anforderungsdefinitionsprozess 86
Anforderungsmanagement 84
Anforderungsmanagementprozess 74

Anhalteweg 312
Anionen 207
anisotrop-magnetoresistiver Effekt 111
Ankerrückwirkung 214
Anlagewechsel 142
Anode 207
Anordnungsplan 457
Anpassen 432
Ansauganlage, variable 144
Ansteuerzeit 159, 165
Ansteuerzeitberechnung 165
Anti-Blockier-System (ABS) 307
– -Regler 308
Antiruckelregelung 142
Antriebsmomentenregelung 307
Antriebs-Schlupf-Regelung (ASR) 310
Antriebsstrangschwingung 142
Anwendungsschicht 6
Anwendungsschnittstelle 424
Anwendungs-Software-Komponente 58
API *siehe* Application Programming Interface
Application Layer 6
Application Programming Interface (API) 46
Applikation 66, 82
Appraisal 69
Arbeitsprozess 133
Arbitrierung
– Phase 10
– , verlustlose 15
ASAM *siehe* Association for Standardization of Automation and Measuring Systems
ASAM/ISO-Diagnose-Server 422
– Prinzip 422
ASAM-MCD 421
ASIL *siehe* Automotive Safety Integrity Level
ASR *siehe* Antriebs-Schlupf-Regelung
Assistenzsystem 321
Association for Standardization of Automation and Measuring Systems (ASAM) 71, 421, 424
– Standard 71
Asynchronmaschine 224
Atomic Software Components 54
Atomuhr 374
Aufladung 146
Auflösung 97
Auge 384
Augenschutz 335

Ausbrechen 313
– des Fahrzeugs 313
Ausfall 252
– datenbank 264
– dichte der Lebensdauer 259
– , elektrischer 279
– funktion, empirische 259
– , gefährlicher 261
– mechanismus 280
– rate 260, 263
– rate, empirische 259
– , sicherer 261
– wahrscheinlichkeit 259
Ausführungszeit 36
– , maximale 39
Ausgangselement 137
Ausgleichsgerade 342
Ausreißer 341
Aussetzer 180
Aussetzererkennung 180 f.
Ausweichverhalten 356
Autoclav 281
Automotive 61508 256
Automotive Open System Architecture (AUTOSAR) 52, 424
– AUTOSAR-OS 59
Automotive Safety Integrity Level (ASIL) 256
– Einstufungen 256
– Entwicklung 53
– Initiative 52
– Softwarearchitektur 53
– Softwarekomponenten 53 f.
– Standard 53
AUTOSAR *siehe* Automotive Open System Architecture
Availability 253
Azimutwinkel 330, 332

B

Backbone-Bus 34
Badewannenkurve 260
Bandbreite 98
Bandpassfilterung 157
Bandprogrammierung 441
Basic Events 271
Basisleitungssatz 206
Basissoftware 55

Sachwortverzeichnis

Basiszündzeitpunkt 152
Batterie 206
– algorithmus 232
– diagnose 230
– hauptschalter 202
– kenngröße 231
– monitor 228
– sensor 229
– sensor, intelligenter 230
– sensorik 229
– spannung 203, 446
– temperatur 227
– trennschalter 202, 228, 232
– trennvorrichtung 202
– zustand 227
– zustandsbestimmung 232
– zustandserkennung 231
Bauräume 205
Bayes'scher Schätzer 342
Beanstandungsursache 445
Bedienelemente 371
Bedienung, haptische 371
Beginning of Injection Period (BIP) 161
Begrenzung 96
–, thermische 159
Behältermodell 145
Beleuchtungsstärke 389
– verteilung 393
Belichtungszeit 336
Benutzer
– interaktion 371
– schnittstelle 370 f.
Berührungsschutz 203
Beschleunigungsaufnehmer, piezoelektrischer 124
Beschleunigungssensor 122, 166, 286
– mikromechanischer 123
Beschreibung 62
Beschreibungsmodelle 55
Betauungstest 241
Betriebsarten 143
– mit hoher Anforderungsrate 255
– mit kontinuierlicher Anforderungsrate 255
– mit niedriger Anforderungsrate 255
– wechsel 170
– umschaltung 143
Betriebserlaubnis, allgemeine 167
Betriebsmittel 35, 454
Betriebspunkt 321

Betriebssystem 35
Betriebszustand 226
Bild
– sensor 336
–, virtuelles 348
– wiederholrate 338
Bilux-Lampe 402
BIP siehe Beginning of Injection Period
Bitstuffing 5
Bi-Xenon-Lichtmodul 407
Blackbox-Test 90
Blei-Säure-Batterie 208
Blende 332
blind wedge 348
Blockschaltbild 62
Blockschaltplan 459
Blocksicherungsverfahren 274
Blocksicherungsverfahren
– mit Blockreplikation 274
–, zyklische 11
Blooming 338
Bluetec 176
Boostbetrieb 219
Boosterspannung 160
Bordnetzspannung 446
Bordnetztopologie 233
Break-Field 21
Brechungsgesetz 132
Brechungsindize 329
Breitbandradar 333
Breitband-λ-Sonde 150
Bremsassistent 312, 356
–, adaptiver 357
Bremsdruck 306, 357
– sensor 121
– verstärkung 358
Bremseingriff 310, 316
–, sinnvoller 320
Bremsflüssigkeit 306
Bremsgerät 306
Bremshydraulik 305
Bremskraft 301
– aufteilung, diagonale 305
– verstärker 306
Bremsmomentenregelung 307
Bremspedal 306
Bremsruck 367
Bremsverzögerung 354
Bremsvorgang 307, 312
–, radselektiver 313
Brenndauer 154

Brennspannungsdauer 154
Bridge 7
Broadcast-Verbindung 3
Brückenendstufe 137
Bus Driver 24
Bus Guardian 23
Bussystem 1 f.
- schnittstelle 422
Bus-Topologie 7
Buszugriff
- , deterministischer 9
- Verfahren 8, 25
- , zufälliger 10
Bypass 147
- ventil 147

C

callback function 45
CAN 14
- -Controller 19
- -Driver 56
- -Interface 56
- -Kommunikationsstack 56, 57
- -Telegramm 16
- -Transceiver 56
- -Transceiver-Driver 56
- -Treiber 56
Candela 388
Capability Maturity Model Integration (CMMI) 68
Car Set 205
Carrier Sense Multiple Access (CSMA) 8
- Collision Avoidance (CSMA/CA) 10
- Collision Detection (CSMA/CD) 10
CDD siehe Complex Device Drivers
CEN siehe Comité Européen de Normalisation 453
CENELEC siehe Comité Européen de Normalisation Electrotechnique
Ceroxid 173
Charge-Coupled Devices 337
Checkerboard-Methode 274
CIE-xy-Farbdreieck 396
CIE-XYZ 395
Clamping 96
Client-Server
- -Kommunikation 54
- -Modell 6
- -Operation 54

CMMI siehe Capability Maturity Model Integration
CMOS siehe Complementary Metal Oxide Semiconductor
Code
- inspektion 91
- wort 11
Codierer 11
Codierung 11, 420, 426, 441
Coldstart-Knoten 29
Collosion Avoidance Symbol 29
Comité Européen de Normalisation (CEN) 453
Comité Européen de Normalisation Electrotechnique (CENELEC) 453
Commercial Off-The-Shelf-Software (COTS) 52
Common Rail (CR) 163
- -Einspritzung 163
- -System 157, 163
Communication Controller 24
Compactgenerator 211
Complementary Metal Oxide Semiconductor (CMOS) 338
- -Imager 338
- -Kamera 363
- -Sensor 338
Complex Device Drivers (CDD) 54
- -Chip 337
Composition 54
Conformance Classes 47
Continuous Mode 255
Continuous Wave (CW) 330
- -Radar 330
Coriolis-Beschleunigung 125
COTS siehe Commercial Off-The-Shelf-Software
Counter 45
CR siehe Common Rail
Crashdynamik 284
CRC siehe Cyclic Redundancy Check
Critical Sliding Velocity 296
CSMA siehe Carrier Sense Multiple Access
CSMA/CA 10
CSMA/CD 10
CW siehe Continuous Wave
Cyclic Redundancy Check (CRC) 11

D

Dämmerungssehen 385
Dämpfung der Drehungleichförmigkeit 192
Data Link Layer 5
Data Object Properties (DOP) 423
Daten
– bank 372
– bankmodul 370
– feld 15
– fusion 341
– satzdownload 441
– sicherung 10
– sichtgerät 443
– struktur 380
– transfer, segmentierter 421
– transfer, unsegmentierter 421
Dauerstrichradar 330
DC 263
– /DC-Wandler 233
Deadline
– , absolute 36
– , feste 38
– , harte 37
– , relative 36
– , weiche 38
Decodierer 11
Defect 252
Delamination 280
Desulfatisierungsphase 171
Deutsche Kommission Elektrotechnik Elektronik Informationstechnik (DKE) 453
Deutsches Institut für Normung (DIN) 453
Diagnose 177 ff., 417 ff.
– abgasrelevante 417
– anforderung 178
– anlass 442
– -Anwendungsschnittstelle 424
– -Autor 427
– begriff, erweiterter 417
– botschaft 439
– daten 417
– datenformat 427
– dienst 417 f., 423
– entwickler 426
– -Entwicklungsprozess 425 f.
– funktion 137, 177 f., 426
– inhalt 426
– job 418

– -Kommunikation 418 ff.
– -Kommunikationsinterface 423
– -Kommunikationsprotokoll 428
– -Kommunikationssystem 421
– lastenheft 426
– protokoll 418 f.
– prozess 429
– -Restrisiko 444
– server 421
– -Softwarearchitekturmodell 422
– standard 424
– stecker 177
– -Testgerät 426, 434
– überdeckung 263
Diagnostic Trouble Codes (DTC) 417
Dichtigkeitsanforderung 282
Dielektrikum 210
Dieselmotor 133
Differentialsperre 310
Differenzdrucksensor 121, 181
Digitalisierung 136
digital vernetze Regelsysteme 30
Dijkstra-Algorithmus 378
DIN *siehe* Deutsches Institut für Normung
DIN EN 453
DIO-Driver 56
Direktecho 327
Direkteinspritzung 134, 149, 157
Dispatcher 40
DKE *siehe* Deutsche Kommission Elektrotechnik Elektronik Informationstechnik
DOP *siehe* Data Object Properties
Doppelgenerator 218
Doppelschichtkondensator 210
Dopplereffekt 331, 354
Dopplerfrequenz 330 f.
Download 418
Downsizing 146
Drehmasse
– , primäre 196
– , sekundäre 197
Drehmoment 134, 138
– anforderung 138
– begrenzung 159
– klasse 139
– wandler 192
drehmomentenbasierte Grundstruktur 138
Drehrate 304

Drehratensensor 125
– mikromechanischer 127
– piezoelektrischer (schwingende Becher) 127
Drehstromgenerator 211
Drehstromsynchronmaschine 223
Drehstrom-Wechselspannung 214
Drehstromwicklung 212
Drehungleichförmigkeit, Dämpfung 192
Drehzahlbegrenzung 159
Drehzahlregelung 165
Drehzahlsensor
– , aktiver 112
– , differenzieller 114
– , induktiver 113
– , passiver 112
Dreidrahtschnittstelle 104
Dreieckschaltung 213
Dreiwegekatalysator 170, 179
Drift 98
Druckmessung 295
Druckregelventil 164
Drucksensor 120, 131
Druckspeicherrohr 163
Drucksteuerung, adaptive 185, 188, 190
DSC *siehe* Dynamisches Stabilitäts Control
DTC *siehe* Diagnostic Trouble Codes
Durchdrehen 310
Duty-Cycle 104
Dynamisches Stabilitäts Control (DSC) 313

E

E-Box 135
Echo 326
Echolot 329
Echtzeitanforderung 36
Echtzeitarchitektur 38
Echtzeitbetrieb 35, 38
Echtzeitbetriebssystem 35
EEPROM 137
Eigendiagnose 417
Eindringphase 283
Einfadenlampe 402
Einflussanalyse 270
Eingangssignal 178
Eingriffsrad 319
– , primäres 320
– , sekundäres 320
Einheitsraumwinkel 387
Einparksystem, semiautonomes 351

Einprozessorsystem 278
Einrichtung, zu überwachende 255
Einspannungsbordnetz 201
Einspritzbeginn 159 f.
Einspritzkorrektur 150
Einspritzmasse 149, 151
Einspritzmenge 158 f.
Einspritzmengengenauigkeit 181
Einspritzsystem 160
Einspritzung 151, 159
Einspritzventil 151
Einspritzvolumen 159
Einspritzzeitpunkt 151, 159
Einspurmodell 304
– , lineares 304
Einstellpfad 143
Eintrittswahrscheinlichkeit 251
Einzelfunken-Spulenzündung 153
Einzelpolgenerator 218
Eisenkern 153
Electro Static Discharge (ESD) 281
Elektrik/Elektronik-Architektur 52
elektrische Charakterisierung 282
Elektrochemie 207
Elektrode 207, 403
– , negative 208
– , positive 208
Elektrofahrbetrieb 219
Elektrolyt 207
elektromagnetische Verträglichkeit (EMV) 135
Elektron 337
Elektronikprozess 430 f.
Elektronisches Stabilitäts-Programm (ESP) 313
Elevationsfehler 333
Emissionsgrenzwert 167
Empfangsantenne 330
Empfangsfrequenz 331
EMV *siehe* elektromagnetische Verträglichkeit
Enddrehzahlregler 164
Endkontrolle 445
Endstufe, redundante 290
Energie
– dichte 209
– management, elektrisches 225
– reserve 290
– speicher 206, 234
– speicher, elektrochemischer 207
– versorgung 201
– versorgung, elektrische 201

– versorgung, Regelung der 227
– verteilung 201
Entfernungsgesetz
–, photometrisches 393
–, quadratisches 393
Entladezyklenzahl 208
Entladung, elektrostatische 281
Entlastungsrelais 202
Entwicklungsprozess 253
Entzerrung 345
EOBD *siehe* On-Board-Diagnose, europäische
Equipment under Control (EUC) 255
Ereignisse 271
Erregerfeld 212
Erregerstrom 211
Erregerwicklung 211
Error 252
ESD *siehe* Electro Static Discharge
ESP *siehe* Elektronisches Stabilitäts-Programm
ETSI *siehe* European Telecommunications Standards Institute
EUC *siehe* Equipment under Control
EU-Gesetzgebung 167
European Telecommunications Standards Institute (ETSI) 453
Events 271
Eventsteuerung 45
Extended Tasks 45

F

Fachausschuss Kraftfahrzeuge 256
Fahraufgabe 321
–, primäre 321
–, sekundäre 321
–, tertiäre 321
Fahrbahnmarkierung 360
Fahrbarkeitsfunktion 141, 143
Fahrdynamik 301
– regelsystem 320 f.
– -Regelung (FDR) 313
Fahrerassistenzsystem (FAS) 321
– für Nutzfahrzeuge 366
Fahrer
– unterstützung 322
– wunsch 323
Fahrpedalwinkel 139
Fahrschlauch 329
Fahrsituation 322
Fahrspurauswertung 359

Fahrspurerkennung 360
Fahrspurmarkierung 359
Fahrtrajektorie 335
Fahrtroute 322
Fahrwiderstand 184
Fahrzeug
– bedienkonsole 371
– beschleunigung 305
– eigendiagnose 445
– führer 323
– funktion 65
– funktionsbereiche 13
– generator 211
– geschwindigkeit 308
– hersteller 445
– innenleuchte 399, 401
– innenraumbeleuchtung 401
– kabelbaum 447
– leitungssatz 205
– navigationssystem 369
– -OBD-Stecker 443
– produktion 426
– regelkreis 64
– regler 164
– scheinwerfer 399
– signalleuchte 399
– stabilisierung 315
–, übersteuertes 313
–, untersteuertes 313
Fahrzyklus 167
–, modifizierter neuer europäischer (MNEFZ) 167
Fail-Operational-System 276
Fail-Reduced-System 276
Fail-Safe-System 275
Fail-Silent-System 276
Failure 252
– in Time (FIT) 263
FAKRA 256
Falschauslösung 357
Farbe 394
Farbmetrik 394
farbmetrische Größe 394
Farbraum 395
Farbtafel 396
Farbtemperatur 397
Farbvalenz 394
FAS *siehe* Fahrerassistenzsystem
Fast Fourier Transformation (FFT) 330

Fault 252
- Events 271
- Tree Analysis (FTA) 271
FDR *siehe* Fahrdynamik-Regelung
Fehler 252, 258, 432
- auslesen 177
- baum 272
- baumanalyse 271
- behandlung 46, 275
- bild 417
- code, Steuergerät 417
- erkennung 273
- kontrolle 10
- kontrolle, passive 12
- korrektur 275
- maskierung 275
- meldung 276
- möglichkeitsanalyse 270
- quadrate, Methode der kleinsten 341
- rate 264
- signalisierung, aktive 12
- speicher 177, 433
- speicherabfrage 433
- speicherauslesen 177
- speichereintrag 177
- speicherung 275
- suche 438
- suche, freie 445
- suche, geführte 443, 445 f.
- ursache 279
- verhalten 258
Fehlfunktion 251 f.
Fehlwarnmeldung 358
Fenster
- , fremdkraftbetätigtes 243
- heberelektronik 243
- heberfunktion 243
ferninfraroter Bereich 337
Fernlicht 364, 400
- , blendfreie 366
- kegel 365
Fertigungsablauf 428
Feuchtigkeit 449
Feuchtigkeitsschutz 463
FFT *siehe* Fast Fourier Transformation
FIR
- -Kamera 338, 339, 362
- -Strahlung 362
FIT *siehe* Failure in Time

Fläche 373
Flashen 426 ff.
Flash-EPROM 136
Flashjob 423
Flashware 423
Flexible Time Division Multiple Access
   (FTDMA) 9
Flexray 23
- -Botschaft 31
- -Frame 31
- -Kommunikationszyklus 25
Flussaufbau 153
FMCW-Verfahren 331
Following-Coldstart-Knoten 28
Fotodiode 337
fotoelektrischer Effekt 337
Fremdkörperschutz 463
Frequenz 383
- band 333
Frischgasfüllung 143
Frischgasmasse 144
Frischluftmasse 134
Front-Algorithmus 292
Frontalkollision 356
Frontbeleuchtungssystem 406
Frühausfälle 260
FTA *siehe* Fault Tree Analysis
FTDMA *siehe* Flexible Time Division
   Multiple Access
Führung 321
Führungsaufgabe 322
Füllausgleichsphase 185
Full-Hybrid 219
Fülltoleranz 185
Füllungserfassung 144
- , modellbasierte 145
Füllungsfunktion 143
Füllungsmodell 149
Füllungspfad 144
Füllungsregelung 142
Füllungssteuerung 142, 144
Functional Safety 253
Fünf-Prozent-Frau 294
Funken
- dauer 154
- strecke 154
- überschlag 155
Funktion 62
Funktionalbeleuchtung 401

Funktionsbus, virtueller 57 f.
Funktionseinschränkung 275
Funktionsgruppe 138
Funktionsnetzwerk 63
Fußgängerschutz 297
Fuzzy-Logik 342

G
Gangwechsel 183
gas discharge lamp 403
Gasentladungslampe 403
Gates 271
Gateway 7, 34, 414
Gebläseleistung 249
Gefahrenabwendung 267
Gefahrenphase 283
Gegenspannung 153
Gemischbildung 135, 149
Gemischbildungsfunktion 149
Gemischzusammensetzung 134
Genauigkeit 98
Generator
– ausfall 217
– ausgangsspannung 213, 215
– drehzahl 216
– , flüssigkeitsgekühlter 218
– management 235
– regler 217
– spannung 203
Geschwindigkeitsregelsystem 352
Geschwindigkeitsregelung, aktive 353
Gesetze 253
Gesichtsfeld 385
– größe 385
Getriebeausgangsmoment 139
Getriebesteuerung 183
gewichteter Durchschnitt 341
Giant Magnetoresistive (GMR) 111 f.
– -Effect 111 f.
– -Sensor 112
Giermoment 317
Giermomentenregelung 314
Gierrate 304
Gischt 336
Glaskolben 402
Gleichrichterdiode 214
Gleichrichtung 214
Gleichspannungswandler 205
Gleitgeschwindigkeit, kritische 296

Gleitreibung 301
Gleitreibungszahl 301
Global Positioning System (GPS) 374
– -Empfänger 375
Glühfunktion 166
Glühkerze 134, 166
Glühlampe 402
Glühwendel 402
GMR *siehe* Giant Magnetoresistive Effect
GPS *siehe* Global Positioning System
Graceful Degradation 258
Grafikprozessor 372
Graph 376
– gerichteter 377
Grenzentfernung, photometrische 393
Grenzfrequenz 98
Grenzrisiko 252
Grenzwert 168
Grundeinspritzmasse 149
Grundfunktionalität 369
Gunndiode 330
Gurtkraftbegrenzer 285
Gurtstraffer 285

H
Haftkraft 301
Haftreibung 301
Haftreibungszahl 301
Halbleiter 263
– -Leuchtdiode 405
– prüfung 280
– schalter 413
Hall
– -Effekt 109
– -Element 109
– -Sensor, differenzieller 114
Halogen 402
– kreisprozess 402
– -Lampe 402
Haltestrom 161
Hamming
– -Abstand 11
– -Distanz 11
Handterminal 437 f.
Hardware in the Loop 93
Hardwarefehlertoleranz (HFT) 263, 269
hardwareunabhängig 58
Harnstoff 175
Hashtabelle 380

Hauptbremszylinder 306
Haupteinspritzung 158
Hauptleitung 202
Hauptsicherung 202
Header-Segment 31
Head-up-Display 362
Heckflosse 343
Hecküberwachung 349
Hell-Dunkel-Grenze 365
– , statische 365
– , variable 365
Hellempfindlichkeit 384
Helligkeitsempfindung 384
HF *siehe* Hochfrequenz
HF-Mikrocontroller 330
HFT *siehe* Hardwarefehlertoleranz
High Demand Mode 255
Highside-Schalter 413
Hilfslinie 344
– , dynamische 345, 347
– , statische 345
Hindernis 327
Hinweise 381
HMI *siehe* Human-Machine-Interface
Hochdruck
– -Dampfsterilisator 281
– -Einspritzventil 160
– -Leitung 164
– -Magneteinspritzventil 160
– -Regelung 181
Hochfrequenz (HF) 330
Hochlastverbraucher 226
Hochlauf 28, 50
Hochleistungsverbraucher 204
Hochspannungserzeugung 152
Höchstgeschwindigkeit, Begrenzung 140
Homogenbetrieb 143, 164
Hooks 46
Horizontalkraft 301
House Events 271
Human-Machine-Interface (HMI) 370
Hundegang 332
Hybridfahrzeug 220
Hydraulikplan 306
Hydraulikteil 305
Hydroaggregat 306
Hysterese
– fehler 98
– kurve 108

I
I-Anteil 150
Identifier 6, 15
Identifikationsdienst 419
IEC *siehe* International Electrotechnic Commission
IEEE *siehe* Institute of Electrical and Electronic Engineers
Imager 336
– , mikrobolometrischer 339
– , pyroelektrischer 339
Inbetriebnahme 426, 430 f.
Induktion 109
Induktionsgesetz 109
Informationsplattform 341
Infrarot (IR) 383
– kamera 361
– sensorik 333
– -Strahlung 362
Injektor 181
– nadel 161
– verhalten 165
Innenwiderstand 209, 231
Insassen
– klassifizierung 293
– schutzsystem, vorausschauendes 356
Instationäreffekt 150
Institute of Electrical and Electronic Engineers (IEEE) 453
Integration 81
International Electrotechnic Commission (IEC) 453
– IEC 61508 254
International Organization for Standardization (ISO) 423, 453
– ISO 9000 68
– ISO/OSI-Referenzmodell 3
Interruptverwaltung 44
Intervallregler 164
Intervallton 350
I/O-Treiber 58
IP-Schutzart 463
IR *siehe* Infrarot
ISO *siehe* International Organization for Standardization

J
Jitter 38

K

Kabelbrand 202
Kalibrierung 348, 430
Kalman-Filter 342
Kältemitteldruck 250
Kaltstartsituation 159
Kamera 336, 343
Kamerasystem 344
Kamm'scher Kreis 303
Kanal
– , asynchroner 33
– , synchroner 33
Kano-Modell 88
Karten
– darstellung 372
– , digitale 373
– elemente 370
– formate, fahrzeugspezifische 370
– material, Update 370
Katalysator 169, 173
– diagnose 179
– erwärmung 169
– regenerierung 170
Kathode 207
Kationen 207
Kennbuchstabe 454
Kennlinie 96
Kennzahl 280
Kennzeichnung 454
Kernel Mode 59
Kerzenmittelelektrode 154
Keule 326
Kickdown 183
Klauen 212
– polgenerator 211
– polrad 212
Kleinverbraucher 226
Klemmenbezeichnung 456
Klimaanlage 250
Klimasteuergerät 249
Klimasystem 249
Klopfereignis 157
Klopferkennung 156
Klopfgrenze 156
Klopfregelung 152, 156
Knallgasbildung 209
Knoten 373
Koaxialleitung 205
kollisionsvermeidendes System 356

Kollisionswarnung 357
Komfortbeleuchtung 401
Komfortelektronik 239
Komfortgewinn 322
Kommando 381
Kommissionierungsprogrammierung 439
Kommunikationsarchitektur 34
Kommunikationsarten 54
Kommunikationsbereich 324
Kommunikationsformen 3
Kommunikationsport 58
Kommunikationsprinzipien 6
Kommunikationsschnittstelle 137
Kommunikationssoftware 55
Kommunikationsstack 56
Kommunikation über Funk 370
Kompatibilitätsklassen 47
Komponentenarchitektur 57
Kondensator 210
Kontakt
– , elektrischer 135
– stelle 412
– zone 301
Kontaktierung 135
– , korrodierte 178
Kontextwechsel 36, 39
Kontrollleuchte 401
Konvertierungsleistung 169, 179
Konvertierungsrate 170
Kopfairbag 285
Koppelnavigation 374
Körperschall 157
Kraftschluss 310
– beiwert 301
– -Schlupf-Kurve 302, 303
Kraftstoff 149
– dosierung 164
– druck 151
– menge 134
– strahl 167
– system 138, 163, 181
– temperatur 159
Kraftübertragung 307
Kreuzecho 327
Kundenbeanstandung 445
Kundendienstprogrammierung 441 f.
Kupferader 205
Kupplung 185
Kupplungsmoment 138

Kurbelwellen
- -Geberrad 180
- moment 139
Kurvaturpunkte 373
Kurvenlicht 408
- , dynamisches 408
Kurzhubfunktion 243
Kurzschluss 279

L

λ siehe Luftverhältnis
Ladedruck 147
- Regelung 147
Ladeluft 147
- kühler 147
Ladermotor 146
Ladewandler 235
Ladezustandsänderung 231
Ladungsbewegung 144
Ladungsmasse 134
Ladungspool 337
Ladungsschichtung 134
Ladungstrennung 338
Ladungsverschiebung 337
Lageregelung 181
Lagerprogrammierung 441
Lambert-Strahler 333
Lampenüberwachung 413
Landkarte 372
Lane Departure Protection (LDP) 360
Lane Departure Warning (LDW) 359
Längsführung 351
Längsparklücke 352
längsregelndes System 352
Längsregelung 352
Langstreckenfahrzeug 176
Laplace-Transformation 98
Last 144
- änderung, positive 141
- einstellung 134
- information 149
- schaltkupplung 185
- schaltung, geregelte 185, 190
- schaltung, gesteuerte 189
- schlagdämpfung 141
- schlagreaktion 141
- signal 145
- steuerung 134
- übernahme 186
- - und Generatormanagement 235

Latch-up 280
Latenz 38
- zeit 2
Latsch 301
Laufruheregelung 165
Laufzeit 325
- messung 330, 333
- umgebung 58
- verhalten, deterministisches 35
LDP siehe Lane Departure Protection
LDW siehe Lane Departure Warning
Leading-Coldstart-Knoten 28
Least Significant Bit 98
Lebensdauerverteilung 259
Leerlauf 158
- nenndrehzahl 164
- regelung 143, 158, 164
- -Solldrehzahl 164
Lehnenneigung 247
Leistungsbilanz 225
Leistungselektronik 234
Leistungstransistor 154
Leitschaufel 148
Leitung, kurzgeschlossene 178
Leitungsband 337
Leitungskennzeichnung 457
Leitungskurzschluss 202, 445
Leitungslänge 201
Leitungsquerschnitt 201
Leitungssatz 205
Leitungssatzanordnung 206
Leitungsunterbrechung 445, 449
Lenkeingriff 352
Lenkkorrektur 313
Lenkradwinkel
- sensor 119
- vorgabe 351
Lenkungssteller 351
Lenkunterstützung 352
Lenkwinkel 347
Leuchtdichte 390
Leuchtdiode 405
Leuchtweite 365
Leuchtweitenregelung, dynamische 407
Leuchtweitenregulierung 407
Licht
- assistent 364
- ausbeute 387
- bogen 154 f., 403
- empfindlichkeit 338

- geschwindigkeit 330
- leitfaserleitung 205
- puls 333
- quelle 402
- sensor 365
- , sichtbares 337
- stärke 388
- stärkeverteilungskörper 389
- stärkeverteilungskurve 389
- strom 386
- technik 383
- technik, Einheiten der 383
- verteilung, variable 366, 409
lichttechnische Größe 383 f.
lichttechnische Stoffkennzahl 391
Lidar (Light Detection and Ranging) 333
- -Sensor 354 f.
Limiter 353
LIN *siehe* Local Interconnect Network
Linearitätsfehler 98
Linienspektrum 404
Linien-Topologie 7
Lithium-Ionen-Batterie 208
Lithium-Polymer-Batterie 208
Lkw 367
- -Unfall 366
Local Interconnect Network (LIN) 20
Lordosenversteller 247
Lötprozess 281
Low Demand Mode 255
Lowside-Schalter 413
Luft-Kraftstoff-Gemisch 134
Luftmasse 134
Luftmassenmesser 145
Luftmassenregelung 181
Luftmassenstrom 145
Luftsack 287
Luftschicht 329
Luftspalt 115
Luftsystem 138
Luftverhältnis 150
Luftverhältnis λ 134, 150
- -Regelung 150
- -Sensor 150
- -Sonde 150, 180
Luftzumessung 144
Lumen 386
Lux 389

M
Magnet
- fluss 153, 215
- injektor 160
- kreis 112
- ventilinjektor 160
Magnetismus 107
magnetoresistiver Effekt 111
Makroticks 27
Malfunction Indicator Lamp (MIL) 177
Manchester-Codierung 4
Manhattan-Effekt 348
Manöver 381
- -Generator 380
Map-Matching 370, 375
- -Algorithmen 375
March-Methode 274
Masseelektrode 154
Maßsystem, lichttechnisches 384
Master-Slave-Verfahren 9
Matrix 337
MDT *siehe* Mean down Time
Mean down Time (MDT) 265
Mean Time between Failure (MTBF) 265
Mean Time to Failure (MTTF) 265
Mean Time to Repair (MTTR) 265
Mehrfacheinspritzung 151, 158
Mehrfachnutzung 339
Mehrheitsentscheider 278
Mehrspannungsbordnetz 203
Mehrstrahler 332
Memoryeffekt 209
MEMS *siehe* mikro-elektromechanisches System
Merkmale 336
mesopisches Sehen 385
Messadapter 444
Messages 46
messendes System 364
Messfehler 341
Messgröße 325
- extensive 96
- intensive 96
Messwertabfrage 443
Messwerterfassung 444
Metallhalogeniden 403
Micro-Hybrid 219, 221
Middleware 58
Migration 279
Mikrobolometer 339

Mikrocontroller 135
mikro-elektromechanisches System (MEMS) 129
- -Sensor 129
- -Technologie 129
Mikrolinse 338
Mikroticks 27
MIL *siehe* Malfunction Indicator Lamp
Mild-Hybrid 219, 222
Mindestanforderung 253
Mindestlichtstärke 365
Minislot 26
Minusleitung 201
MISRA 254
Mittelelektrode 154
Mittelpunktsdiode 214
Mittelpunktsleiter 213
MNEFZ *siehe* Fahrzyklus, modifizierter neuer europäischer
Modellierung 62
Modular Vehicle Communication Interface (MVCI) 423
- -Architektur 424
- -Standard 424
Modus
- , nicht-präemptiver 47
- , präemptiver 47
Moment, inneres 139
Momentenabsenkung 164
Momentenanforderung 140
Momentenanhebung 164
Momentenbilanz 186
Momentenkoordination 140
Momentenreserve 143, 164
Momentenstruktur 138
Momentenumsetzung 142
Momentenwunsch 139
Momentstruktur 138
Monopulsverfahren 332
Montagetoleranz 344
MOST 32
Motor
- aufladung 146
- kabelbaum 135
- kontrollleuchte 177
- leitungssatz 206
- raum 135
- , schichtfähiger 170
- -Schleppmoment-Regelung (MSR) 310
- steuergerät 135

- steuerung 133
- steuerungsfunktion 164
- steuerungssystem 135
- verhalten 133
MSR *siehe* Motor-Schleppmoment-Regelung
MTBF *siehe* Mean Time between Failure
MTTF *siehe* Mean Time to Failure
MTTR *siehe* Mean Time to Repair
Multicast-Verbindung 3
Multifunktionsregler 216
Multi-Master-System 15
Multitasking 60
MVCI *siehe* Modular Vehicle Communication Interface

N
Nacharbeit 431
Nacheinspritzung 158, 173
Nachrüstlösung 344
Nachtsehen 385
Nachtsichtassistent 361
- , aktiver 362, 363
- , passiver 362
Nagelbandrattern 367
Nahbereichssensorik 354
Nahfeldproblematik 393
nahinfraroter Bereich 337
Navigation 321
Nebellicht 400
Nebenschluss 178
Nennspannung 208
NF *siehe* Niederfrequenz
NF-Teil 330
Nickel-Cadmium-Batterie 208
Nickel-Metallhydrid-Batterie 208
Niederfrequenz (NF) 330
Niederspannung 205
Niederspannungsbereich 205
NIR 363
- -Empfindlichkeit 364
- -Scheinwerfer 363
- -Strahler 364
Non-Coldstart-Knoten 28
Non-Return-to-Zero-Codierung 4
Normalbeobachter 384
Normalkraft 301
Normen 67, 253 f.
Normung 453
Notbremsfunktion 312

Notbremssystem 352, 356, 367
Notbremsung 357
NO$_x$
- -Bildung 171
- -Katalysator 172
- -Reduzierung 175
- -Sensor 180
- -Speicherkatalysator 180
NRZ-Codierung 4
Nullmenge 158
Nullmengenkalibrierung 165 f.
Nutzfahrzeug 366

O

OBD *siehe* On-Board-Diagnose
Oberwelle 214
Oberwelligkeit 214
ODX *siehe* Open Diagnostic Data Exchange
Öffnungsverzögerung 165 f.
Offsetkorrektur 28
OIL 48
Ölasche 173
Öldruck 185
On-Board-Diagnose (OBD) 177
- -Datensichtgerät 177, 441
- europäische (EOBD) 177
- OBD I 177
- OBD II 177, 179
- -Steckdose 443
Open Diagnostic Data Exchange (ODX) 422 f.
- -Daten 426
- -Datenmodell 424
Optimierungskriterien 376
Orientierungsbeleuchtung 401
OSEK
- -Betriebssystem 42
- Implementation Language 48
- -OS 59, 72
- -Task 44
- time 51, 59
- /VDX 42, 72
Oszillator 330
Ottomotor 133
- , direkteinspritzender 134
Oxidationskatalysator 173, 180

P

Parallelanordnung 266
Parameter 341

Parametrieren 426
Parametrierung 66, 420, 426
Parity Check 11
Parken 342
Parkfläche 346
Parkführung 346, 351
Parkhilfe 342, 351
Parklücke 346, 352
Parklückenlänge 351
Parklückenlokalisierung 351
Parklückenvermessung 351
Partikelfilter 172 ff., 181
- -Differenzdrucksensor 173
Partitionierung 100
Payload-Segment 31
PD *siehe* Pumpe-Düse-System
PDT-System 395
PDU-Router 56
Peilstab 343
peripheres Sehen 410
Peripherie 434
- bereich, Aktorik 445
- bereich, Sensorik 445
- fehler 178
Personenschaden 251
Pfad
- , langsamer 142
- , optimaler 376
- , schneller 142
PFD *siehe* Probability of Failure on Demand
PFH *siehe* Probability of Dangerous Failure per Hour
Phasendifferenz 332
Phasengeber 117
Phasenverzug 335
Photometrie 392
photometrisches Entfernungsgesetz 393
photometrisches Grundgesetz 392
Photomischdetektor 298
Photon 337
Photonic Mixer Device (PMD) 298
photopisches Sehen 385
Photorezeptoren 394
Physical Layer 4
PID
- -Regelung 164
- -Regler 150
piezoelektrischer Beschleunigungsaufnehmer 124

Piezoinjektor 161 f., 165
Piezokristall-Plättchen 161
Piezoplättchen 326
Piezoschichtung 161
Piezo-Stellmodul 161 f.
Piktogramme 372
Piloteinspritzung 158
Pinbox 442
Pixel 338
Planckscher Strahler 397
Plancksches Strahlungsgesetz 397
Planungsstrategie 434
Plausibilisierung 291
Plausibilitätsüberprüfung 179
Plausibilitätsuntersuchung 182
PLD *siehe* Pumpe-Leitung-Düse-System
PMD *siehe* Photonic Mixer Device
pn-Übergang 337
Point-to-Point-Verbindung 3
Polarisationsspannung 207
Polarisationszustand 391
Polklemme 229
Port 54, 57
Positionierung 374
Positionierungsmodul 370
Positionsabgleich 375
Positionsbestimmung 369
Positionsfalschmeldung 449
Positionssensor, inkrementeller 116
Postcrashphase 283
Potenziometer 106
Precrashphase 283
Prekollisionsphase 356
Primärspannung 154
Primärspule 154
Primärstrom 152 f.
Primärwicklung 153, 155
Priorisierung der Verbraucher 236
Prioritätsgrenze 46
Prioritätssteuerung 47
Priority Ceiling Protocol 46
Probability
– of Dangerous Failure per Hour (PFH) 269
– of Failure on Demand (PFD) 269
Probefahrt 441, 443
Producer-Consumer-Modell 6
Produkt
– haftung 323
– lebenszyklus 52
– planung 434

Programmcode 66
Programmiersequenz 419
Programmstand 66
Projektionsmodul 409
Proportionalventil 451
Protected Identifier 21
Protokoll 2
– , nachrichtenorientiertes 6
– prinzipien 6
– , teilnehmerorientiertes 6
Prozess 35
– ort 430
– planung 434
– zustand 39
Prozessor 35, 273
Prüfeinheit 276
Prüfplanung 434
Prüfprozedur 445
Prüfung 426 ff.
Pull-up-Widerstand 104
Pulsradar 330
Pulssignal 136
Pumpe-Düse-System (PD) 157
Pumpe-Leitung-Düse-System (PLD) 157
Punktlichtquelle 393
Purpurgerade 397
Push-Pull-Schalter 243
PWM 449
Pyroelektrizität 338
pyrotechnisch 287

Q
Qualifikation 280
Qualitätsregelung 134
Quantisierungsfehler 98
Quantitätsregelung 134
Querbeschleunigung 305
Querempfindlichkeit 98
Querführung 351
Querparklücke 345, 352

R
Radar 329
– -Fernbereichssensor 354
– -Sensor 354
– strahl 330
– -System 329
– technik 330
Raddrehzahl 308

Radialkolbenpumpe 163
Radio Detecting and Ranging
  siehe Radar
radioastronomische Anlagen 333
Radlast
– differenz 305
– schwankung 305
Radmittelpunktsgeschwindigkeit 302
Radmoment 139
Rail 163
Raildruck-Regelung 181
RAM 136
Rangieren 342
Rangierhilfe 342, 350
Rauchgas
– begrenzung 159
– neigung 159
Raumklima 249
Raumwinkel 387
Reaktion, sicherheitsgerichtete 276
Real-Time Operating System (RTOS) 36
rechtliche Randbedingungen 323
Recyclinganforderung 282
Reduktionsmittel 175
Redundancy 253
Redundanz 253
– , diversitäre 253, 278
– , homogene 253, 278
Reflexion 325, 391
– des Lichtes 131
Reflexionsgrad 391
Regelalgorithmus 30
Regelungssystem 62
Regen 132
Regeneration 175
– , aktive 173
– , passive 173
Regenerationsfähigkeit 180
Regensensor 131 f.
Reibungszahl 301
Reinraum 129
Reisehinweis 369
rekombinieren 405
Rekonfigurierung 275
Rekuperation 219
Relais 202, 447
– , bistabiles 236
– box 202
Relativgeschwindigkeit 331, 335

Reliability 253
Repeater 7
Request 419
Resonanzaufladung 146
Response-Zeit 36, 419
Ressourcenverwaltung 45
Restgasmenge 144
Restkapazität 232
Restrisiko 252
Restsauerstoffgehalt 150
Rettungsphase 283
RGB-Raum 395
Riementrieb 221
Ring-Topologie 7
Risiko 67, 251
– abschätzung 267, 270
– betrachtung 253
– funktion 267
– graf 268
– phase 283
– prioritätszahl (RPZ) 270
– reduktion 267
– reduzierung 252
Risk 251
Rohbild 336
Rohrabschnitt 168 f.
Rohrwand 169
Rohrwandtemperatur 168
Rollenprüfstand 444
Route, kostengünstigste 376
Routenberechnung 369 f., 376, 378
Routenberechnungsmodul 371
Routenführung 380
Router 7
RPZ *siehe* Risikoprioritätszahl
RTE *siehe* Runtime Environment
RTOS *siehe* Real-Time Operating System
Ruckelschwingung 141
Rückfahrkamera 343
Rückfahrkamerasystem 345
Rückförderpumpe 306, 311
Rückführungsrate 172
Rückhaltemittel 285
Rückruffunktion 45
Rückschaltung 184
Rückwärtszug 351
Ruhestrom 203, 226
Ruhestromrelais 228
Runnable 54

Runtime Environment (RTE) 55, 58
- -Signal 56
Ruß 173
- anteil 176
- ausstoß 172
- reduzierung 172, 175
Rutschphase 186

S

Sachschaden 251
SAE *siehe* Society of Automotive Engineers
Safe Failure Fraction (SFF) 261, 269
Safety 252
Safety Function 252
Safety Integrity Level (SIL) 256, 267
Safety Plan 257
sample time uncertainty 99
Satellit 374
Satellitenpeilung 374
Sauerstoffgehalt 150
Saugmotor 144
Saugrohr
- einspritzung 135, 151
- modell 145
Säure
- dichte 208, 231
- dichteverteilung 231
- schichtung 209
Scalability Class 59
Scanning 332
Scan-Tool 177
Schadensausmaß 251
Schadensfall 251
Schadstoff 170
- reduzierung, innermotorische 171
Schallgeschwindigkeit 325
Schallwelle 325
Schaltdruckberechnung 188
Schaltkennlinie 183
- , adaptive 184
Schaltpendeln 183
Schaltprogramm 184
- auswahl 184
Schaltpunktsteuerung 183
Schaltsaugrohr 146
Schaltstrategie 184
Schalttransistor 153
Schätzwert 342
Schedule Table 60

Scheduler 40
Scheduletabelle 60
Scheduling 40
- , dynamisches 41
- , präemptives 41
- , statisches 40
- strategie 48
Scheibenbeschlag 249
Scheibenposition 243
Scheibenwischer 132
Scheinwerfer 400
Schicht
- betrieb 134, 164
- , physikalische 4
- widerstand 106
Schichtenmodell 3
Schichtenstruktur 56
Schieberegister 337
Schleifkontakt 106
Schleifzeitmessung 189
Schließzeit 152, 154
Schlupf (S) 224, 302, 310
- wert 308
Schmelzsicherung 449
Schnittstelle, ratiometrische 101
Schräglauf 302
- winkel 302
Schubabschaltung 158
Schubbetrieb 159, 166
Schutz
- funktion 159
- -Kleinspannung 203
- -Kleinspannungsbereich 203
- mechanismus 59
schwarzer Körper 397
Schwefel 170
- einlagerung 170
Schwerpunktsgeschwindigkeit 304
Schwerpunktshöhe 305
Schwimmwinkel 304, 314
Schwingrohraufladung 146
SCR *siehe* Selective Catalytic Reduction
    (selektive katalytische Reduktion)
Sechspulsgleichrichtung 214
Segment 373
- , dynamisches 24, 26
- , statisches 24, 26
Sehen
- , mesopisches 385

– , peripheres 410
– , photopisches 385
– , skotopisches 385
Seiten
– -Algorithmus 292
– airbag 285
– kraft 302
– kraftbeiwert 301
Sekundärluft 169
– ansteuerung 169
Sekundärspannung 152, 154
Sekundärwicklung 153, 155
Selbsttest 433
Selbstzündung 134
Selective Catalytic Reduction (SCR) 175
– -Technologie 175 f.
selektive katalytische Reduktion (SCR) 175
Semaphor 45
Sendeantenne 330
Sendefrequenz 331
Sendeleistung 334
Sender-Receiver-Kommunikation 54
Sensor 95, 324, 449
– datenfusion 340
– , differenziell messender 113
– fusion 340
– , konkurrierender 339
– , kooperativer 339
– justage 332
– kennlinie 98
– mikromechanischer, Fertigung 129
– -Modul 289
– schnittstelle 101
– -Softwarekomponente 53
– strukturen 129
– -SWC 58
Sensorik 95, 324
Separation of Concerns 57
Serienanordnung 266
Servicefachmann 445
SFF siehe Safe Failure Fraction
Sicherheit 67, 251 f.
– , funktionale 251, 253
Sicherheitsaspekt 251
Sicherheitsfunkion 252
Sicherheitskonzept 182, 290
Sicherheitslebenszyklus 257
Sicherheitslogik 275
Sicherheitsplan 257

sicherheitsrelevante Fehlfunktion 182
Sicherheitssystem 251
sicherer Zustand 252
Sicherung 201 f.
Sicherungsschicht 5
Sicherungsverfahren, wortweise, mit
    mehrfacher Redundanz 274
Sichtverbesserung 361
Side Pull Ratio 296
Signal
– alter, variables 99
– laufzeit 375
– verarbeitung 136
SIL siehe Safety Integrity Level
Silizium-CMOS-Kamera 364
Single-Master-System 20
Sitz
– belegungserkennung 293
– neigung 247
– steuergerät 247
Skalierbarkeit 52
skotopisches Sehen 385
Smart-Power-Baustein 413
Society of Automotive Engineers (SAE) 423, 454
– -Klassen 13
Soft-Hybrid 219
Software 254
– -Architektur 78
– -Architekturmethode 57
– -Architekturmodell 421
– entwicklung 254
– in the Loop 93
– Komponenten (SWC) 53, 57, 59
– module 55
– -Sicherheitslebenszyklus 257
– tankstelle 441
– -Update 370
Solleinspritzmenge 159
Sondenfehler 449
Spannungsabfall 445
Spannungsschnittstelle 101
Spannungswandler 232 f.
Speicher 274
– fähigkeit 180
– grad 170
– katalysator 170
spektrale Empfindlichkeit 384
Spektralfarbenzug 397
Spektrallinie 404

Sperrdiode 153
Spielraum 36
Spracheingabe 372
Sprachsteuerungsfunktionalität 371
Sprachverarbeitung 372
Spritzbeginn 134
– -Erkennung 161
Sprungsonde 150
Spulenstrom 161
Spur
– breite 360
– erkennung 359
– haltesystem 360
– krümmung 360
– verlassenswarnung 359
– wechsel 359
– wechselassistent 361
– wechselassistenz 361
Stabilisierung 321
Stakeholder 84
Standard 67, 254
– -Softwarekomponenten 426
– -Softwaremodul 426
Standardisierung 52
Standverbraucher 203, 226
Start 158
Startergenerator 219
Start
– fähigkeit 202, 231
– hilfe, thermische 166
– menge 158
– up 28
– up-Frames 29
Stecksystem 135
Steckverbindung 205
Steigungskorrektur 28
Steradiant 387
Stern
– -Koppler 25
– schaltung 213
– -Topologie 7
– -Topologie, aktive 25
Steuerfeld 15
Steuergeräte 443
– anschluss 444
– elektronik 136
– -Fehlercode 417
– funktionsmodus 419
– -Konfiguration 419

– -Programmierung 419
– software 53
– variante
– variante, softwarebedingte 438
– verbund 58
– , zentral angeordnete 288
Sticking 280
Stickoxid 170, 175 f.
– konzentration 170
– reduzierung 172
Stimmgabel-Drehratensensor, piezoelektrischer 127
stöchiometrischer Betrieb 143
Stoff
– , diamagnetischer 108
– , ferromagnetischer 108
– kennzahl, lichttechnische 391
– , paramagnetischer 108
Stop-Start-Betrieb 221
Störgrößenaufschaltung 140
Stoß
– belastung 240
– , mechanischer 280
Strahl
– anordnung 334
– dichte 390
– stärke 388
– wasserdichtigkeit 135
Strahlung, elektromagnetische 383
Strahlungsäquivalent, photometrisches 385
Strahlungsfluss 386
Strahlungsleistung 386
Strangspannung 213
Strangverkettung 213
Straßenkarte, digitale 373
Straßennetzgraph 377
Straßenverkehrsordnung 323
Strom
– laufplan 443, 459
– pfad 201, 460
– versorgung 441
Strukturierung 62
Stuffbit 5
Stuffweite 5
Surroundview 347
– -Bild 348
– -System 347
SWC *siehe* Software-Komponenten
Sweep 334
Symptome 417

Sachwortverzeichnis

Synchronisations-Bits 21
Synchronmaschine 222
System 62
– , anzeigendes 343
– , betriebsbewährtes 253
– , eingebettetes 63
– , ereignisgesteuertes 38
– , erprobtes 253
– , passives 343
– , zeitgesteuertes 38
Systemarchitektur
– , logische 76
– , technische 77
Systemdruck 306
Systemfunktion 179
Systemoptimierung 206
Systemsicherheit 258
Systemstruktur
– einkanalige 276
– mehrkanalige 277
Systemzuverlässigkeit 258

T

Tagessehen 385
Taskpriorität 60
TDMA *siehe* Time Division Multiple Access
TDM-Verfahren 33
Technik, Stand der 253
Teilbremsung, autonome 357
Teillast 158
– bereich 134
Temperatur
– beständigkeit 135
– lagerung 281
– schocktest 241
– strahler 397, 402
– überwachung 217
– zyklus 281
Temposchwankung 352
Test
– , dynamischer 90
– gerätehersteller 444
– methoden 89
– muster 274
– , statischer 91
– , thermischer 281
TFT-Display 372
Threads 36
Tilt Table Ratio (TTR) 296

Time Division Multiple Access (TDMA) 9
Time to Collision 356
TMC *siehe* Traffic Message Channel
Toleranz 337, 348
– band 179
– kette 337
Topologie 7, 25
– beispiel 140
Totalreflexion 132, 329, 334
toter Keil 348
Totwinkelassistent 361
Touchscreen 372
Traffic Message Channel (TMC) 369
Trailer-Segment 31
Trajektorie 351 f.
Traktionsverhalten 310
Transducer 95
Transmission 391
Transmissionsgrad 391
Transportprotokoll 420
Treibstoff 287
Triggerereignis 54
Trockenraumseite 244
True-Power-On 117
TTCAN 15
TTR *siehe* Tilt Table Ratio
Turbinendrehzahl 148
Turbolader 146, 171
– mit Bypass 147
– mit variabler Turbinengeometrie 147
– -System 146
Turbulenz 144
Türsteuergerät 245

U

Übereinkommen über den Straßenverkehr 323
Übergangswiderstand 412, 445
Überlast 97
Überlebenswahrscheinlichkeit 259
Überrollen 295, 320
Überrollerkennung 295
Überrollschutz 295
Überrollvorgang 295
Überschuss
– kraft 243
– kraftbegrenzung 243
Übersichtsschaltplan 459
Übersteuern 313
Übertemperaturschutz 217

Übertragungsart 4
Übertragungsfunktion 98
Übertragungsrate 2
Überwachung 67
Überwachungsfunktion 137, 180
Überwachungsrechner 182
UDS *siehe* Unified Diagnostic Services
Uhrensynchronisation 27
Ultraschall
− messverfahren 325
− puls 329
− sensor 325 f.
Ultraviolett (UV) 383
− -Schutzglaskolben 405
Umfangsgeschwindigkeit 302
Umgebungsbereich 339
Umgebungserfassung 324
− , vernetzte 339
Umkippen 320
Umwelt
− anforderung 241, 280
− belastung 280
− einfluss 279
− schadstoff 282
− test 280
Undeveloped Events 271
UND-Verknüpfung 278
Unfall 323
− forschung 321
− statistik 322
− ursache 322
− vermeidung 321
Unicast-Verbindung 3
Unified Diagnostic Services (UDS) 419, 425
Unterdruck 144, 147
Untersteuern 313
Unterverteilung 202
Update 370
− programmierung 439
Upfrontsensor 286
User Mode 59
UV *siehe* Ultraviolett

V

Valenzband 337
VDA *siehe* Verband der Automobilindustrie
VDE *siehe* Verband der Elektrotechnik Elektronik Informationstechnik
Ventilüberschneidung 171

Verband der Automobilindustrie (VDA) 454
Verband der Elektrotechnik Elektronik
  Informationstechnik (VDE) 453
Verbandsregel 253
Verbrennung
− , klopfende 156 f.
− , stöchiometrische 134
Verbrennungsaussetzer 180
Verbrennungserkennung 165 f.
Verbrennungsmotor 133
Verbrennungsvorgang 133
Verfügbarkeit 253
Verfügbarkeitskenngröße 265
Vergleicher 278
Verkehrszeichen 324
Verknüpfung, logische 271
Vernetzungstopologie 58
Verschleißausfälle 260
Verspannung 280
Vertragswerkstatt 445
VFB *siehe* Virtual Functional Bus
Vibration 240
Viertakt-Hubkolbenmotor 133
Vierzylinder-Zündanlage 154
Virtual Functional Bus (VFB) 58
V-Modell 70, 427
Vogelperspektive 347, 350
Vollbremsung, autonome 358
Volllast 158
Vorausschaubereich 324
Voreinspritzung 158, 165
Vorgehensmodell 67
Vorschaltgerät 405
Vorschriften, fahrzeugtechnische 323
Vorsicherung 202
Vorsicherungsbox 202
VTG-Lader 147

W

Wahrscheinlichkeitsdichte der Lebensdauer 259
Wake-up 28
− -Pattern 28
Walkpath-Methode 274
Wandfilmkompensation 150
Wandler 95
− kupplung 192
− kupplung, geregelte 192
− moment, primärer 196
− moment, sekundärer 197

- überbrückungskupplung 192
- verlust 195
- wirkungsgrad 233
Wankbeschleunigung 320
Wärme
- abfuhrbedarf 135
- strahlung 338
- übergangskoeffizient 169
Warnung 358
Wartezeit 36
Wartung 443
Wastegate-Lader 147
Watchdog 278
- funktion 278
WCET *siehe* Worst Case Execution Time
Wechselrichter 205
Wecken 28
Wellen
- , elektromagnetische 329, 333
- länge 383
Wendel
- leuchtdichte 402
- temperatur 403
Werkstatt 443
- -Diagnosegerät 443
Werkstoff
- , magnetisch harter 108
- , magnetisch weicher 108
Whitebox-Test 90
Wiederholgenauigkeit 98
Wiederholungsprüfung 255
Windschutzscheibe 335
Winkelgeschwindigkeit
- , primäre 196
- , sekundäre 197
Winkelsensor, linearer 118
Witterungseinflüsse 335
Wolframdraht 402
Worst Case Execution Time (WCET) 39
Wunschgeschwindigkeit 353

X

Xenon
- -Gasentladungslampe 403
- -Lampe 404
- licht 404
XMR-Effekt 112
XYZ-Farbsystem 395

Z

Z-Diode 214
Zeit
- basen, lokale 28
- schranke 37
- stempel 374
- überwachung 59
Zellenspannung 208
Ziel
- adresse 369
- bremsung, geregelte 357
- führung 369 f., 380
- führungsmodul 371
- parkposition 352
Zirkulator 330
Zufallsausfälle 260
Zugkraftunterbrechung 185
Zündanlage 153
Zündhaken 143
Zündkerze 152, 154
Zündkerzenelektrode 153
Zündkerzenstrom 154
Zündkreis-Endstufen 290
Zündspannung 154, 403
Zündspule 152, 155
Zündstrahl 167
Zündung 138, 153
Zündungsfunktion 151 f.
Zündzeitpunkt 151 f., 154, 157
- eingriff 157
Zusammenstoß eines Fahrzeugs 283
Zustandsänderungen 54
Zuverlässigkeit 67, 253, 258
Zuverlässigkeitsfunktion 259, 265
- , empirische 259
Zuverlässigkeitskenngröße 258
Zuverlässigkeitsprüfung 280
Zwangsanregung 150, 170
Zwei-Batterien-Bordnetz 202
Zweidrahtschnittstelle 103
Zweifadenlampe 402
Zweiprozessorsystem 278
Zweispannungsbordnetz 204
Zweitbatterie 203, 234
Zyklenhäufigkeit 209
Zylinder
- füllung 144
- ladung 144

GPSR Compliance
The European Union's (EU) General Product Safety Regulation (GPSR) is a set of rules that requires consumer products to be safe and our obligations to ensure this.

If you have any concerns about our products, you can contact us on

ProductSafety@springernature.com

In case Publisher is established outside the EU, the EU authorized representative is:

Springer Nature Customer Service Center GmbH
Europaplatz 3
69115 Heidelberg, Germany

www.ingramcontent.com/pod-product-compliance
Ingram Content Group UK Ltd.
Pitfield, Milton Keynes, MK11 3LW, UK
UKHW051238180426
11947UKWH00013B/828